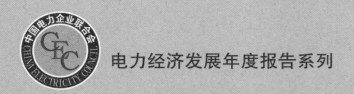

电力经济发展年度报告系列

2018

全球典型国家电力经济发展报告（一）

—— 全球综述

中国电力企业联合会　编

中国水利水电出版社
www.waterpub.com.cn

·北京·

内 容 提 要

《电力经济发展年度报告系列·全球典型国家电力经济发展报告2018》通过对全球电力供需和经济发展形势进行分析，结合环境需求、电力发展趋势及电力行业政策导向，对全球电力和经济未来发展进行展望；并将典型发达国家、金砖国家和"一带一路"典型国家的电力与经济状况及特点进行了整体的梳理与分析。

本报告可供与电力相关的政府部门、研究机构、企业、海内外投资机构、图书情报机构、高等院校等参考使用。

图书在版编目（ＣＩＰ）数据

全球典型国家电力经济发展报告. 2018. 一, 全球综述 / 中国电力企业联合会编. -- 北京 : 中国水利水电出版社, 2019.1
（电力经济发展年度报告系列）
ISBN 978-7-5170-7328-4

Ⅰ. ①全… Ⅱ. ①中… Ⅲ. ①电力工业－工业发展－研究报告－世界－2018 Ⅳ. ①F416.61

中国版本图书馆CIP数据核字(2019)第016709号

书 名	电力经济发展年度报告系列 **全球典型国家电力经济发展报告（一）2018——全球综述** QUANQIU DIANXING GUOJIA DIANLI JINGJI FAZHAN BAOGAO（YI）2018——QUANQIU ZONGSHU
作 者	中国电力企业联合会　编
出版发行	中国水利水电出版社 （北京市海淀区玉渊潭南路１号Ｄ座　100038） 网址：www.waterpub.com.cn E-mail：sales@waterpub.com.cn 电话：（010）68367658（营销中心）
经 售	北京科水图书销售中心（零售） 电话：（010）88383994、63202643、68545874 全国各地新华书店和相关出版物销售网点
排 版	中国水利水电出版社微机排版中心
印 刷	北京博图彩色印刷有限公司
规 格	210mm×285mm　16开本　44.5印张（总）　1286千字（总）
版 次	2019年1月第1版　2019年1月第1次印刷
印 数	0001—1000册
总 定 价	**1800.00**元（全4册）

凡购买我社图书，如有缺页、倒页、脱页的，本社营销中心负责调换

《全球典型国家电力经济发展报告 2018》
编 委 会

前　言

随着我国供给侧结构性改革的不断深化，国内电力投资及建设需求已经不能满足快速发展的供给能力，电力能源企业向全球扩张的意愿不断加强。同时，全球主要经济体逐步走出经济危机阴影，正全面复苏。在新的全球经济格局下，国际多边投资贸易格局正在酝酿调整，全球投资合作是备受各界关注的焦点。由于海外市场与国内市场存在差异、信息不对等，加上国内机构对全球电力经济形势研究项目较少，企业获取信息存在一定难度。

在这样的形势和背景下，编写了《电力经济发展年度报告系列·全球典型国家电力经济发展报告2018》。报告通过收集大量的国际能源数据和相关信息，对全球电力与经济情况进行梳理，综合分析各国电力与经济的发展趋势，为国内机构研究各国电力与经济情况提供信息支持，为国内企业对外投资提供借鉴参考。

《电力经济发展年度报告系列·全球典型国家电力经济发展报告2018》包括《全球综述》《发达国家》《金砖国家》《"一带一路"国家》四册。《全球综述》分册介绍全球电力经济发展概况，主要对全球电力供需形势和经济发展形势进行分析，并结合环境需求、电力发展新形势以及电力行业政策导向，对全球电力与经济未来发展趋势进行分析；并将典型发达国家、金砖国家、"一带一路"典型国家的电力与经济形势分别进行了整体的梳理与分析。《发达国家》分册以美国、日本、德国、英国、法国和澳大利亚为代表，《金砖国家》选取中国、印度、巴西、俄罗斯和南非金砖五国，《"一带一路"国家》分册以印度尼西亚、泰国、菲律宾、马来西亚、越南、缅甸、柬埔寨和老挝为代表，对这些国家的电力与经济发展形势进行研究，分析该国电力与经济的相关关系，并通过研究各国电力与经济政策导向，对各国电力与经济发展趋势进行展望。

本丛书由中国电力企业联合会牵头，电力发展研究院组织实施，中图环球能源科技有限公司和华北电力大学共同编写完成。中图环球能源科技有限公司负责丛书主体设计，《全球综述》分册和美国、巴西、马来西亚等3个国家的编写，华北电力大学负责其余国家的编写。报告的编写得到了中国电力企业联合会的大力支持以及中国电

力企业联合会专家们的精心指导，在此谨向他们表示衷心的感谢！

　　本书部分内容引用国际机构相关研究成果数据，内容观点不代表中国电力企业联合会立场。由于时间仓促，本报告难免存在不足和错误之处，恳请读者谅解并批评指正！

编者

2018 年 9 月

目 录

第一章

全球电力经济概况

2017 年，国际金融危机爆发后已经过去了 9 年，在全球各国的政策支撑和协同努力下，全球经济已经逐渐摆脱衰退，开始平稳复苏。本报告从典型发达国家、金砖国家和"一带一路"典型国家 3 个区域对全球电力与经济发展情况以及两者相关性关系进行分析，并根据各国规划，对其未来发展进行预测。

发达国家，指经济发展水平较高、技术较为先进、生活水平较高的国家。根据联合国开发计划署"人类发展指数"界定，美国、加拿大、日本、韩国、奥地利、比利时、丹麦、芬兰、法国、德国、爱尔兰、卢森堡、荷兰、挪威、葡萄牙、西班牙、瑞典、瑞士、英国、澳大利亚和新西兰等国家属于发达国家，这些国家主要集中在北美、欧洲和东北亚地区。本报告分别从以上 3 个区域根据GDP 排名选取了美国、德国、英国、法国、日本和澳大利亚 6 个典型发达国家作为目标进行研究。2017 年，6 个典型发达国家 GDP 总额达到 34.5 万亿美元，占全球 GDP 总额的 42.7%。

金砖国家又称金砖五国，分别是中国、印度、巴西、俄罗斯和南非，是全球五个最具发展前景的新兴市场，人口和国土面积在全球占有重要份额，也是全球经济增长的主要动力之一。作为主要新兴市场国家，金砖国家国土面积占全球近 30%，人口占全球总人口的 42%，国内生产总值占全球总量的 23.3%，对全球经济增长的贡献率逐渐提高，是全球经济增长的主要动力之一。近十年来，金砖机制对促进五国经济贸易发展、新兴市场和发展中国家发展、全球经济发展均发挥了重要作用。

"一带一路"是由中国国家主席习近平于 2013 年提出的发展战略概念。"一带"是指丝绸之路经济带，依托国际大通道，以沿线中心城市为支撑，以重点经贸产业园区为合作平台，共同打造国际合作走廊；"一路"是指 21 世纪海上丝绸之路，以重点港口为节点，共同建设的运输大通道。东盟国家是最有条件对接"一带一路"建设的沿线国家，同时中国政府提出相应的发展政策，也顺应东盟国家发展规划，更有利于其参与到"一带一路"建设中，实现互联互通。本报告中，选取 8 个东盟国家，分别为印度尼西亚、泰国、菲律宾、马来西亚、越南、缅甸、柬埔寨和老挝，对"一带一路"典型国家经济现状及发展形势展开分析。2017 年各类型国家 GDP 比重如图 1-1 所示。

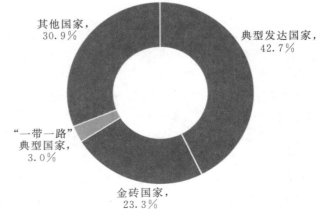

图 1-1 2017 年各类型国家 GDP 比重
（资料来源：世界银行）

第一节 经济发展状况

一、经济发展概况

2017年，受全球经济持续复苏、石油输出国组织达成石油限产协议等多种因素影响，国际大宗商品价格稳步回升。全球经济活动也在不断加快，投资、制造业和贸易进入周期性复苏阶段。

以美国为代表的典型发达国家经济缓慢复苏。美国在宽松货币政策、住房销售和零售稳步增长等因素推动下经济继续复苏，2017年GDP增速达到3.3%，超过全球GDP增速0.1个百分点。同时，通胀率也在平缓回升，逐渐达到美国联邦储备系统（简称美联储）设定的2%的通胀目标；失业率不断下降，达到2007年8月以来的最低水平。在良好的经济形势下，美联储开始逐步紧缩货币政策。欧元区货币政策仍以宽松为导向，在宽松货币政策的推动下，经济持续缓慢复苏，德国和法国GDP增速均高于2016年水平，欧元区国家12月制造业采购经理人指数（Purchase Management Index，PMI）整体保持上升趋势，达到2011年4月以来的最高水平，失业率逐渐降低、但仍处于较高水平。

金砖国家经济情况不一。中国经济持续快速增长，是全球经济增长的第一引擎，是全球经济复苏的主要动力。随着中国经济体量的增大，资源、环境等已经不能再支撑这样的高速增长。于是，中国经济增速主动由之前的高速增长切换至中高速增长，进入经济发展"新常态"。2017年，中国经济总量位列全球第二，同比增长6.9%，对全球经济增长的贡献率在30%左右。莫迪政府执政以来，"强制造、强基建、强外交"的"古吉拉特模式"在印度大放异彩，经济保持较快增长，2016年、2017年受"废钞令"影响，印度经济增速虽然有所下滑，但仍高达7.1%和6.6%，保持全球最快经济增速。巴西政治格局紧张，贪腐问题严重，自新一任总统特梅尔上台后，在一揽子经济刺激政策之下，经济虽然依旧萧条，但出现了复苏趋势，2017年GDP由2016年的下滑3.6%转为增长1.0%，但失业率依然较高。俄罗斯在2014年乌克兰危机之后，受到西方国家的联合经济制裁，经济一路下滑，卢布大幅贬值，再加上国际原油价格走低，依赖原油和天然气出口的俄罗斯经济陷入困境，2017年随着国际能源价格上涨和货币宽松政策影响，俄罗斯经济同比增长1.5%，走出衰退。南非经济陷入低增长甚至是接近零增长、高失业、贫富悬殊的困局，标准普尔（简称标普）、惠誉国际对南非的主权债务评级为"BBB－"。在大宗商品市场低迷和国内严重旱灾的影响下，2016年南非经济下滑0.3%，为10年来最低值；2017年，受益于农业增长强劲和商品价格上升，南非经济重归正增长，达到1.3%。

在"一带一路"相关国家中，东盟国家是最有条件对接"一带一路"建设的沿线国家。近年来，在全球经济增速放缓的形势下，东盟国家经济增速也普遍放缓。各国积极出台宏观经济政策，实施经济转型和结构调整，加快国内基础设施建设，推进区域经济一体化进程。2015年，东盟正式宣布建成东盟经济共同体，以应对国际市场需求萎靡和典型发达国家退出量化宽松带来的大规模资金撤离。2017年东盟国家经济增速普遍加快，多数国家经济保持中速增长，东南亚成为世界经济增长最活跃的地区之一。2017年，"一带一路"典型国家经济增速升至8.1%。1995—2017年各类型国家GDP及增速变化如图1-2所示。

美国、日本、德国、英国、法国和澳大利亚是全球发达国家的代表，这6个国家在全球GDP总额中占据很大份额，1992年达到62.3%。2008年，典型发达国家（澳大利亚除外）受全球经济危机影响较深，经济下滑严重，GDP占比首次低于50%。随着中国、印度等金砖国家和东南亚各国的快速发展，典型发达国家在全球经济总额的比重逐年降低，到2017年，6个典型发达国家GDP总额占

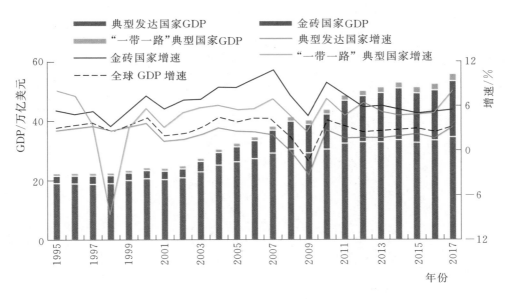

图 1-2 1995—2017 年各类型国家 GDP 及增速变化

（资料来源：世界银行）

比降至 42.7%。

2000 年以前，金砖国家在全球 GDP 总量中所占比重低于 9%，2000 年以后，以中国为首的金砖国家经济迅猛发展，金砖五国 GDP 占全球比重从 2007 年的 13.4% 增加至 2017 年的 23.3%。其中，中国 GDP 占全球比重呈持续快速增加的趋势，从 2007 年的 6.1% 增加至 2017 年的 15.2%；印度、巴西占全球 GDP 比重有所增加，分别从 2007 年的 2.1% 和 2.4% 升至 2017 年的 3.2% 和 2.5%；俄罗斯、南非占全球 GDP 比重出现萎缩，分别从 2007 年的 2.2% 和 0.5% 降至 2017 年的 2.0% 和 0.4%。

"一带一路"典型国家也保持了较快的增长速度，随着经济水平的发展，经济体量有所增长，在全球 GDP 所占比重平稳扩大。近十年来，"一带一路"典型国家 GDP 总量占全球的比重由 1.9% 升至 3.0%。1995—2017 年各类型国家 GDP 占全球比重如图 1-3 所示。

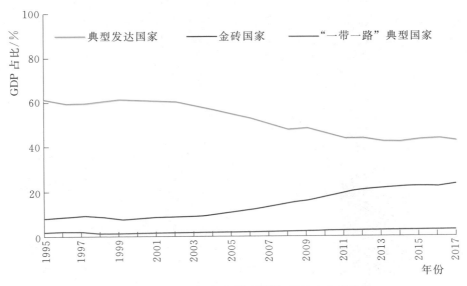

图 1-3 1995—2017 年各类型国家 GDP 占全球比重

（资料来源：世界银行）

典型发达国家经济发展程度较高且体量较大，是全球经济增长的基础，1995 年以来，典型发达国家 GDP 增速大多低于全球 GDP 总体增速，趋势与全球基本一致。

自 1993 年以来，金砖国家平均经济增速持续高于全球增速，成为拉动全球经济增长的主要力量。近几年来，受全球经济大环境影响，金砖国家经济增速明显放缓，仅印度和中国经济表现良好，经济增长引领全球。

"一带一路"典型国家经济体量偏小，经济相对落后，在贸易全球化过程中，这些国家通过出售资源和吸引投资，经济得到了快速的发展，经济整体增速高于全球平均增速，但低于金砖国家。1995—2017 年各类型国家 GDP 增速如图 1-4 所示。

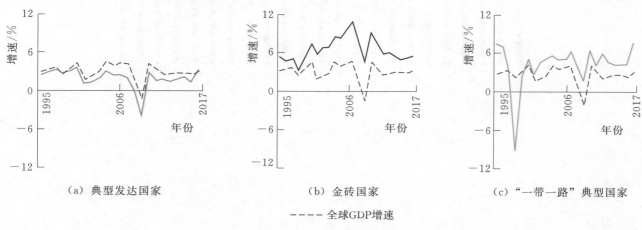

（a）典型发达国家　　　　　　　（b）金砖国家　　　　　　　（c）"一带一路"典型国家

- - - - 全球GDP增速

图 1-4　1995—2017 年各类型国家 GDP 增速

（资料来源：世界银行）

二、人均 GDP 情况

世界银行数据显示，2017 年，全球人均 GDP 为 10714 美元；典型发达国家平均人均 GDP 为 49742 美元，是全球人均 GDP 的 4.6 倍；金砖国家和"一带一路"典型国家人均 GDP 水平均低于全球平均水平，其中，金砖国家为 6000 美元，"一带一路"典型国家为 3730 美元。虽然人均 GDP 水平较低，但 1990 年以来，金砖国家和"一带一路"典型国家人均 GDP 均保持了较高的增长速度，年均增速分别为 8.0% 和 8.2%，远高于全球 1.5% 和典型发达国家 2.9% 的年均增长水平。1990 年、2000年和 2017 年各类型国家及全球人均 GDP 情况如图 1-5 所示。

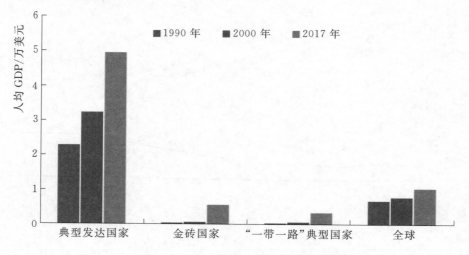

图 1-5　1990 年、2000 年和 2017 年各类型国家及全球人均 GDP 情况

（资料来源：世界银行）

三、对外投资及吸引外资情况

在全球产业转移的过程中，典型发达国家承担着资本输出的角色。2000—2017 年，典型发达国家对外投资总额大多高于吸引外资总额，对外投资总额在全球的比重也大多高于吸引外资总额所占比重。随着美国"再工业化"进程的推进，2016—2017 年，典型发达国家吸引外资总额及比重开始较大幅度高于对外投资总额及比重。

金砖国家作为新兴经济体的代表，在国际投资舞台扮演着重要角色。2000—2014 年，金砖国家尤其是中国、印度处于快速发展阶段，劳动力成本低廉，吸引外资总额高于对外投资总额，吸引外资总额在全球的比重高于对外投资总额所占比重。随着中国"一带一路"的大力推进及国内劳动力成本的上升，中国企业"走出去"步伐加快，对"一带一路"沿线国家的投资大幅增加；相反中国吸引外资额呈下降趋势。2014—2016 年，金砖国家吸引外资总额下降，而对外投资总额大幅增加。2017 年，情况又出现了反转，金砖国家吸引外资总额比重上升，对外投资总额比重出现下滑。

东盟国家是"一带一路"建设的重点和优先地区，近几年吸引了来自中国等较多国家的投资。在 2009 年以前，"一带一路"沿线 8 国对外投资额略高于吸引外资额，而随着 2013 年中国提出"一带一路"发展思路，吸引投资开始高于对外投资，并且随着"一带一路"理念的深入推进，以及东盟发展互联互通规划的逐步落实，各国间合作深入，吸引投资额将会逐步提高。

2017 年，典型发达国家对外投资总额为 9075 亿美元，占全球对外投资总额的 56.0%；吸引外资总额为 5918 亿美元，占全球吸引外资总额的 30.0%。其中美国是对外投资和吸引外资总额最高的国家，分别为 4244 亿美元和 3487 亿美元，分别占全球总额的 26.2% 和 17.7%。金砖国家对外投资总额为 1655 亿美元，占全球对外投资总额的比重从 2007 年的 3.1% 升至 10.9%；吸引外资总额为 3078 亿美元，占全球吸引外资总额的比重从 2007 年的 9.3% 升至 16.5%。其中中国对外投资额最高，为 1019 亿美元，占全球对外投资总额的 6.7%；吸引外资总额为 1682 亿美元，占全球吸引外资总额的 9.0%。2017 年"一带一路"典型国家吸引外资 695 亿美元，占全球吸引外资总额的 3.5%；对外投资 310.4 亿美元，占全球对外投资总额的 1.9%（缺少柬埔寨和老挝数据）。自 2013 年中国提出"一带一路"倡议后，东南亚 8 国吸引外资占全球比重逐步提高。未来在东盟国家互联互通发展的进程中，"一带一路"典型国家吸引外资在全球的比重将继续提高。2000—2017 年各类型国家对外投资总额和吸引外资总额占全球比重如图 1-6 和图 1-7 所示。

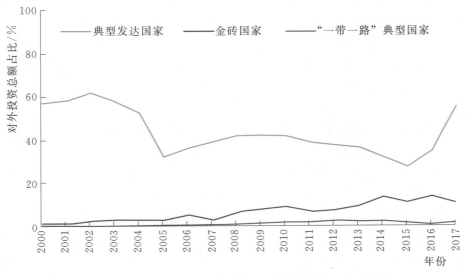

图 1-6　2000—2017 年各类型国家对外投资总额占全球比重

（资料来源：世界银行）

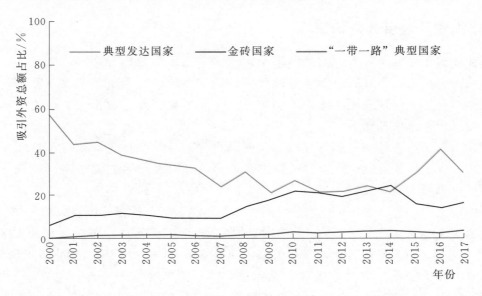

图 1-7 2000—2017 年各类型国家吸引外资总额占全球比重

（资料来源：世界银行）

四、产业结构分析

从 20 世纪 80 年代开始，随着典型发达国家工业化水平日趋完善，土地和工资成本逐渐提高，民众的劳动意识和环保意识也在提高，加之资源枯竭，工业生产成本快速增长，企业家开始把制造工厂尤其是劳动密集型产业由发达国家大城市迁移到中小城镇和农村地区，甚至迁移到国外。发展中国家工资成本低廉，并提供了诸多优惠政策，更加剧了发达国家的"去工业化"进程。

在发达国家的"去工业化"过程中，发展中国家是直接受益者，尤其是金砖国家，由于工资成本低廉，基础设施良好，成为发达国家产业转移的重要接纳者。通过吸引外资，金砖各国技术和经济水平都得到快速的发展。随着经济水平的提高，近年来，金砖国家进入了新的发展阶段，经济结构开始进行优化调整，服务业增长速度逐渐高于制造业，以初级产品加工为主的工业开始向深加工方向升级转型。

"一带一路"典型国家也在经历与金砖国家类似的发展路径，承接产业转移带来的红利。如印度尼西亚、马来西亚和泰国等国家经济得到快速发展，居民消费能力大幅提高，而缅甸、老挝和越南等国家起步较晚，经济水平明显落后于其他国家。

典型发达国家服务业的主导地位日益明显，工业的支撑作用逐步减弱。2000—2017 年，以美国为首的 6 个典型发达国家服务业增加值占 GDP 的比重由 73.4% 升至 77.6%；工业增加值占 GDP 比重由 25.3% 下降至 21.3%；农业增加值比重由 1.3% 降至 1.0%。

金砖国家也同样将服务业作为发展重点。2000—2017 年，金砖国家服务业增加值占比从 54.6% 增加至 56.9%，提高 2.3 个百分点；工业增加值占比由 34.6% 增加至 34.9%，提高 0.3 个百分点。金砖国家工业占比虽然高于典型发达国家及全球平均水平，但增长趋势明显下降，工业竞争力日益提高，而服务业是工业的延伸，在良好的工业基础之下，服务业也在坚实发展。

"一带一路"典型国家中，由于自然条件良好，农业在经济中所占比重很高，工业水平经过长期发展，有了快速的提高，而服务业水平依然较低。2000—2017 年，"一带一路"典型国家农业增加值占比由 15.6% 降至 12.4%；工业增加值占比由 43.5% 下降至 37.8%；服务业增加值占比由 40.9% 提高至 49.8%，接近一半。2000 年和 2017 年各类型国家产业结构变化如图 1-8 所示。

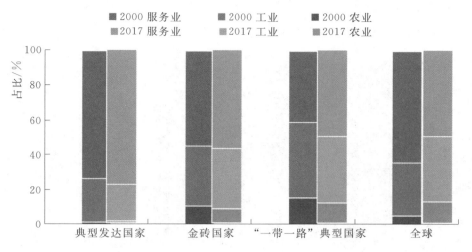

图 1-8 2000 年和 2017 年各类型国家产业结构变化
（资料来源：世界银行）

第二节 电力发展状况

一、电力供应能力状况

（一）装机容量及结构

自 2005 年以来，全球电力装机容量呈平稳较快增长的趋势，金砖国家电力装机容量增长引领全球装机容量增长。2005—2015 年，全球电力装机容量增速由 6.3% 逐步放缓至 4%，期间受 2008 年经济危机影响，增速降至低点后逐步反弹。2005—2015 年，典型发达国家装机容量年均增长 1.5%，低于全球装机容量年均增速 4.3%；金砖国家年均增速达 8.5%，是全球电力装机容量增长的主要推动力量。"一带一路"典型国家年均增速也较高，为 6.2%。

2005—2012 年，金砖国家电力装机容量与典型发达国家有较大差距，但随着装机容量的快速增长，于 2013 年超过典型发达国家。2015 年全球发电装机容量 62.8 亿千瓦，2005—2015 年年均增长 4.3%。典型发达国家电力装机容量 18.9 亿千瓦，占全球比重 30.1%，2005—2015 年年均增长 1.5%，低于全球年均增速 2.8 个百分点；金砖国家发电装机容量 23.1 亿千瓦，占全球比重达 36.8%，2005—2015 年年均增长 8.5%，比全球增速快 4.2 个百分点；"一带一路"典型国家近十年来装机容量增速波动较大，随着"一带一路"战略逐步推进，电力基础设施建设进入高峰期。2015 年"一带一路"典型国家发电装机容量 2.0 亿千瓦，2005—2015 年年均增长 6.2%，比全球年均增速快 1.9 个百分点。2005—2015 年各类型国家装机容量及增速变化如图 1-9 所示，占全球比重变化如图 1-10 所示。

从装机类型来看，全球装机仍以火电为主。2005—2015 年全球火电装机容量年均增速 3.6%，其中典型发达国家、金砖国家、"一带一路"典型国家火电装机容量年均增速分别为 -2.2%、7.9%、5.5%。分时段来看，全球火电装机容量增速呈阶段性下行趋势，受 2008 年金融危机影响，电力投资增速回落，装机容量增速降至低点；随着新兴经济体快速发展加大对电力基础设施投资，装机容量增速逐步回升至新的高点、但略低于前期高位；全球气候变暖、各国对环保要求越来越重视，尤其是典型发达国家更多地使用清洁能源，对火电投资明显下降，火电装机容量出现负增长。水电装机容量受资源条件影响较大，2005 年以来全球水电装机容量基本保持相对平稳的增长态势。核电发展

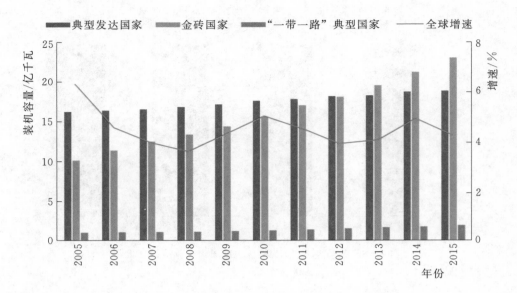

图 1-9　2005—2015 年各类型国家装机容量及增速变化

（资料来源：国际能源署）

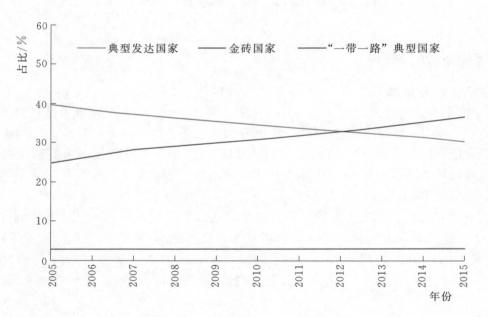

图 1-10　2005—2015 年各类型国家装机容量占全球比重变化

（资料来源：国际能源署）

受资源、技术以及各国民众意愿等多方面因素影响，发展较缓慢，一些国家出现负增长。2005—2015年全球分类型装机容量情况如图 1-11 所示，装机结构比较如图 1-12 所示。

（二）火电装机情况

2015 年，全球火电装机容量 39.2 亿千瓦，同比增长 2.5%。其中，典型发达国家火电总装机容量 11.6 亿千瓦，同比下降 2.2%，占全球比重 29.6%，比 2005 年下降 11.7 个百分点。金砖国家火电总装机容量 14.9 亿千瓦，同比增长 6.5%，占全球比重 38.0%，比 2005 年提高 12.5 个百分点。"一带一路"典型国家火电总装机容量 1.5 亿千瓦，同比增长 9.3%，占全球比重 3.8%，比 2005 年提高 0.6 个百分点。2005—2015 年各类型国家火电装机情况如图 1-13 所示。

图 1-11　2005—2015 年全球分类型装机容量情况

（资料来源：国际能源署）

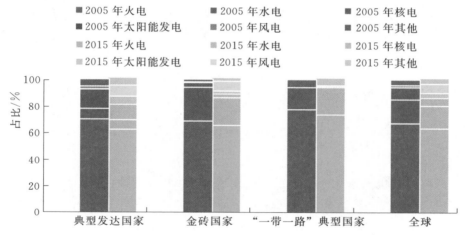

图 1-12　2005 年和 2015 年各类型国家装机结构比较

（资料来源：国际能源署）

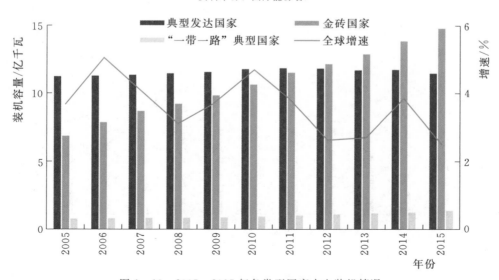

图 1-13　2005—2015 年各类型国家火电装机情况

（资料来源：国际能源署）

（三）水电装机情况

2015 年，全球水电装机容量 10.7 亿千瓦，同比增长 3.1%。其中，典型发达国家水电总装机容量 1.3 亿千瓦，同比增长 0.3%，占全球比重 12.5%，比 2005 年提高 4.7 个百分点。金砖国家水电总装机容量 4.9 亿千瓦，同比增长 3.9%，占全球比重 45.3%，比 2005 年提高 10.8 个百分点。"一带一路"典型国家水电总装机容量 0.4 亿千瓦，同比增长 8.1%，占全球比重 4.0%，比 2005 年提高 1.5 个百分点。2005—2015 年各类型国家水电装机情况如图 1-14 所示。

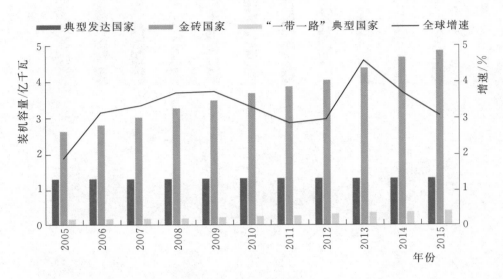

图 1-14　2005—2015 年各类型国家水电装机情况

（资料来源：国际能源署）

（四）核电装机情况

2015 年，全球核电装机容量 3.8 亿千瓦，同比增长 1.6%。其中，典型发达国家核电总装机容量 2.2 亿千瓦，占全球比重 58.0%。金砖国家核电总装机容量 0.6 亿千瓦，占全球比重 16.0%。"一带一路"典型国家未发展核电。2005—2015 年各类型国家核电装机情况如图 1-15 所示。

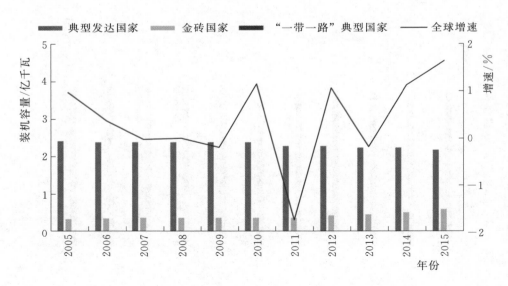

图 1-15　2005—2015 年各类型国家核电装机情况

（资料来源：国际能源署）

（五）非水可再生能源装机情况

2005—2015年，全球非水可再生能源装机容量年均增速18.4%，快于其他传统能源发电装机容量增速，金砖国家非水可再生能源装机容量增长带动全球快速增长。据国际能源署数据显示，2015年全球非水可再生能源装机容量7.6亿千瓦，2005—2015年年均增长19.9%；其中典型发达国家非水可再生能源装机容量3.1亿千瓦，2005—2015年年均增长18.1%，占全球比重40.4%，比2005年下降6.4个百分点；金砖国家可再生能源装机容量2.4亿千瓦，2005—2015年年均增长31.5%，占全球比重32.1%，比2005年提高了19.4个百分点；"一带一路"典型国家非水可再生能源装机容量1225万千瓦，2005—2015年年均增长9.6%，占全球比重1.6%，比2005年下降2.3个百分点。2007—2015年各类型国家非水可再生能源发电装机情况如图1-16所示。

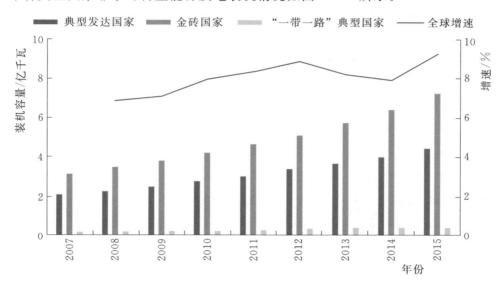

图1-16　2007—2015年各类型国家非水可再生能源发电装机情况

（资料来源：国际能源署）

二、电力生产形势

2005—2015年，全球发电量年均增速3.0%，比装机容量年均增速低1.3个百分点。随着发达国家进入工业化后期，发电量平稳低速增长；而新兴国家发电量总体保持较快增长。2005—2010年，典型发达国家发电量高于金砖国家，但自2011年开始被金砖国家超越。2012年以来，新兴经济体发电量增速经过前期较快增长后逐步回落，全球发电量增速也随之放缓。

2015年，全球总发电量23.1万亿千瓦时，2005—2015年年均增长2.9%。典型发达国家发电量71653亿千瓦时，2005—2015年年均增长-0.1%，比全球年均增速低3.0个百分点。金砖国家发电量91418亿千瓦时，2005—2015年年均增长6.6%，比全球年均增速低3.7个百分点。"一带一路"典型国家发电量8179亿千瓦时，2005—2015年年均增长5.9%，比全球年均增速高3.0个百分点。2005—2015年全球各类型国家发电量情况如图1-17所示。

从发电结构来看，全球各经济体资源优势及发电技术发展程度与其发电结构有密切关系，但都趋于向清洁化方向发展。2015年，典型发达国家煤电比例仍较高，但已降至四成以下；其次为气电和核电。金砖国家煤电比重近六成，其次为核电和气电。"一带一路"典型国家以火力发电为主的国家中，天然气和煤炭占比均较高，为四成左右；而以水电为主的国家，占比远高于其他两个经济体的水电比重。

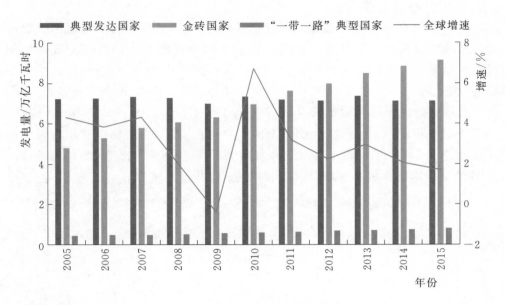

图 1-17　2005—2015 年全球各类型国家发电量情况

（注：缺少老挝数据。资料来源：国际能源署）

2015 年，煤电在典型发达国家、金砖国家和"一带一路"典型国家的发电结构中比重最高，分别为 32.7％、60.9％和 39.8％；天然气发电仅次于煤电，比重分别为 28.2％、9.0％和 42.2％；核能发电占比也相对较高，分别为 20.1％、19.7％和 0，"一带一路"典型国家未发展核电；水电比重依次为 6.5％、4.7％和 13.8％；风电比重依次为 4.9％、2.8％和 0.2％；太阳能发电比重依次为 1.8％、0.6％和 0.4％。2015 年各类型国家分类型发电量占比如图 1-18 所示。

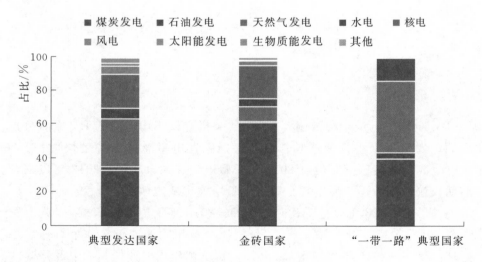

图 1-18　2015 年各类型国家分类型发电量占比

（注：缺少老挝数据。资料来源：国际能源署）

三、电力消费形势

2005—2015 年以来全球终端用电量保持低速增长，年均增速 3.3％。期间受 2008 年全球金融危机影响，2009 年终端用电量增速回落至近年来最低点，下降 0.3％；之后随着新兴市场国家通过投资刺激经济增长效果显现，于 2010 年底部反弹，增长 6.5％；从 2011 年开始，全球用电量增速回落至

2%，之后在此水平上下波动调整。2005—2015年，典型发达国家终端用电量年均增速－0.1%，金砖国家年均增速7.1%，"一带一路"典型国家年均增速6.1%。

2015年全球终端用电量21.2万亿千瓦时，2005—2015年年均增长3.0%。2015年，典型发达国家终端用电量为61839亿千瓦时，2005—2015年年均增长－0.1%，比全球年均增速低3.1个百分点。金砖国家终端用电量73201亿千瓦时，同比增长7.1%，增速比全球平均水平高3.1个百分点；金砖国家用电量占全球的比重由2005年的23.4%升至2015年34.6%。"一带一路"典型国家终端用电量7350亿千瓦时，2005—2015年年均增长6.1%，比全球年均增速高3.1个百分点；"一带一路"典型国家用电量占全球的比重由2005年的2.6%升至2015年的3.5%。2005—2015年各类型国家终端用电量如图1-19所示。

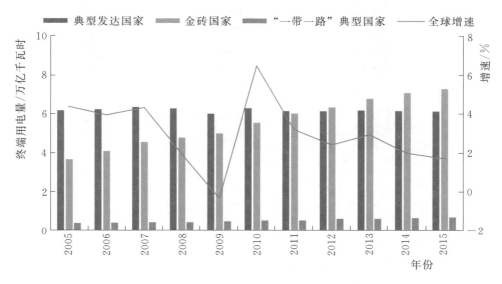

图1-19 2005—2015年各类型国家终端用电量

（注：缺少老挝数据。资料来源：国际能源署）

从用电结构来看，经济发达程度越高，进入工业化后期，服务业和居民生活用电占比将增加，工业用电量占比逐步下降。2005—2015年，典型发达国家工业用电量年均增速－1.3%，2015年占比26.1%，比2005年回落3.4个百分点；金砖国家工业用电量年均增速7.0%，2015年占比58.9%，比2005年回落0.2个百分点；"一带一路"典型国家工业用电量年均增速5.4%，2015年占比41.2%，比2005年回落2.8个百分点。

2005—2015年，典型发达国家居民用电量年均增速0.1%，2015年占比34.2%，比2005年提高0.4个百分点；金砖国家居民用电量年均增速7.8%，2015年占比18.0%，比2005年提高1.1个百分点；"一带一路"典型国家居民用电量年均增速7.0%，2015年占比31.6%，比2005年提高2.4个百分点。

2005—2015年，典型发达国家商业用电量年均增速0.6%，2015年占比34.7%，比2005年提高2.3个百分点；金砖国家商业用电量年均增速6.4%，2015年占比9.7%，比2005年回落0.7个百分点；"一带一路"典型国家商业用电量年均增速5.6%，2015年占比24.5%，比2005年回落1.2个百分点。2015年各类型国家分部门用电量占比如图1-20所示。

四、电力发展新形势

据国际可再生能源署数据显示，2007—2016年全球太阳能发电装机容量年均增长48.2%，装机容量达29566万千瓦；其中典型发达国家太阳能发电装机容量年均增长37.6%，装机容量达

14095万千瓦，占全球装机总量的47.7%；金砖国家太阳能发电装机容量年均增长108.3%，装机容量达8918万千瓦，占全球比重30.2%；"一带一路"典型国家太阳能发电装机容量186万千瓦，年均增长43.5%，占全球比重不足1%。2007—2016年各类型国家太阳能发电装机情况如图1-21所示。

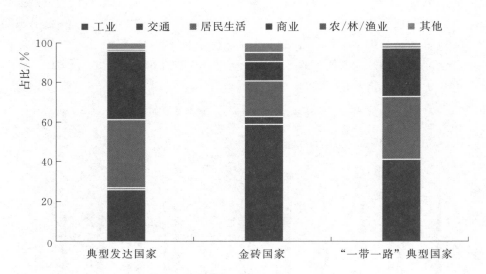

图1-20 2015年各类型国家分部门用电量占比
（注：缺少老挝数据。资料来源：国际能源署）

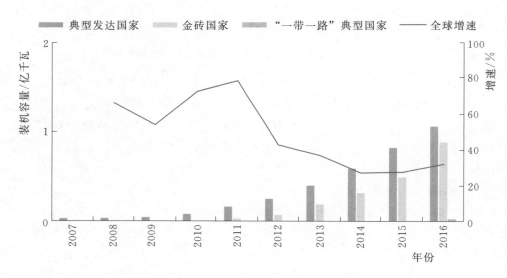

图1-21 2007—2016年各类型国家太阳能发电装机情况
（资料来源：国际可再生能源署）

全球风电装机容量增速低于太阳能发电装机增速。据国际可再生能源署数据显示，2007—2016年全球风电装机容量年均增长21.4%，装机容量达46650万千瓦；其中典型发达国家风电装机容量年均增长15.9%，装机容量达16550万千瓦，占全球比重35.5%，比2007年下降13.9个百分点；金砖国家风电装机容量年均增长33.4%，装机容量达18974万千瓦，占全球比重40.7%，比2007年提高25.6个百分点；"一带一路"典型国家风电装机容量58万千瓦，处于刚起步阶段。2007—2016年各类型国家风电装机情况如图1-22所示。

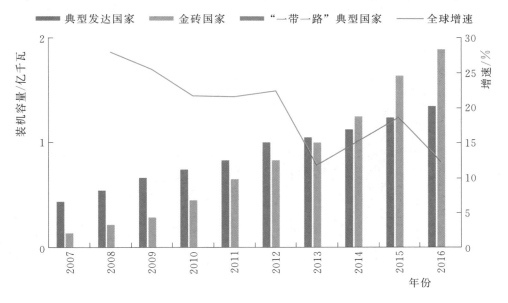

图 1-22 2007—2016 年各类型国家风电装机情况

（资料来源：国际可再生能源署）

第三节 电力与经济相关关系

一、单位 GDP 电耗

单位 GDP 电耗是反映电力消费水平和节能降耗状况的主要指标，该指标说明一个国家经济活动中对电力的利用程度，反映经济结构和电力利用效率的变化。由于技术水平的进步和产业结构的调整，单位 GDP 电耗整体呈降低趋势，而在经济放缓年份，该指标会有所增长。

从全球范围而言，1990 年以来，发展中国家工业的快速发展为全球经济增长带来了新的动力，工业的发展带动了经济和电力需求的增长。1990—2015 年，全球单位 GDP 电耗整体保持平稳，由 2743 千瓦时/万美元小幅增长至 2797 千瓦时/万美元，年均增速约为 0.1%。

典型发达国家技术先进，产业结构中服务业占比很高，而电力消耗最高的工业在 GDP 中所占比重较小，所以单位 GDP 电耗一直低于全球水平。1990—2015 年，典型发达国家单位 GDP 电耗由 2370 千瓦时/万美元降低至 1867 千瓦时/万美元，年均增速为 -0.9%。几次明显的增长分别发生在 1991—1993 年、1998 年、2002 年和 2010 年，分别处于日本经济危机、东南亚金融危机和美国次贷危机时期。

金砖国家工业占 GDP 比重较大，单位 GDP 电耗一直高于全球水平。1990—2015 年，由于金砖国家经济发展和产业结构调整交织作用，单位 GDP 电耗不断波动，由 1990 年的 4743 千瓦时/万美元上涨到 1992 年的峰值 5261 千瓦时/万美元，之后一直降至 2001 年的 4251 千瓦时/万美元，随后又波动上涨，到 2015 年达到 4687 千瓦时/万美元，基本与 1990 年时持平。

"一带一路"典型国家经济相对落后，农业在 GDP 中占比较高，工业不发达，2000 年以前单位 GDP 电耗一直低于全球水平，之后随着工业化进程不断加深，工业占 GDP 的比重也在稳步提高，在带动经济增长的同时，用电需求也在快速增长，单位 GDP 电耗在 2000 年时首次超过全球平均水平，并保持相对平稳的增长态势。1990—2015 年，"一带一路"典型国家单位 GDP 电耗由 1945 千瓦时/

万美元增长至 3339 千瓦时/万美元，年均增速为 2.2%。1990—2015 年各类型国家及全球单位 GDP 电耗变化如图 1-23 所示。

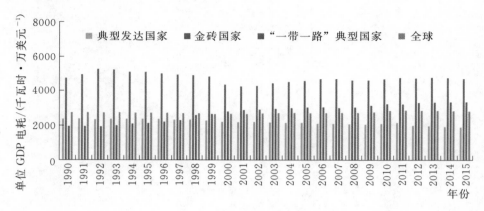

图 1-23　1990—2015 年各类型国家及全球单位 GDP 电耗变化

（资料来源：国际能源署）

二、电力消费弹性系数

1990—2015 年，由于技术进步和服务业增加值比重提高，典型发达国家电力消费弹性系数呈现下滑趋势，由 1990—1999 年的 0.8 下滑至 2010—2015 年的 -0.3。1990—2015 年，GDP 年均增长 1.9%，用电量年均增速为 1.0%，电力消费弹性系数为 0.5，整体波动幅度为 -1.1~1.6（剔除异常值），其中在 1990—1999 年波动区间为 0.2~1.5，相对比较平稳，表明经济发展稳定；2000—2010 年波动区间扩大，为 -1.1~1.9，经济危机对经济和用电量的影响明显，2008—2010 年，电力消费弹性系数均处于 1.0 以上区间，其中 2010 年达到 1.9 的峰值，2008 年也出现了 7.1 的异常峰值。

1990—2015 年，金砖国家 GDP 年均增长 5.5%，用电量年均增长 5.4%，电力消费弹性系数为 1.0，整体波动幅度为 -0.6~1.6（剔除异常值），2009—2011 年，受全球经济危机的影响，金砖国家经济大幅下滑，用电量增速也有所降低，电力消费弹性系数升至 1.0 以上区间；2010 年后，随着经济状况的恢复，电力消费弹性系数重回 1.0 以下区间。

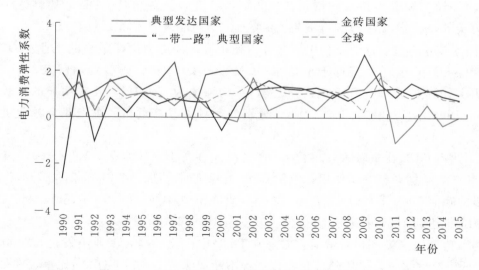

图 1-24　1990—2015 年各类型国家电力消费弹性系数

（资料来源：世界银行、国际能源署）

"一带一路"典型国家电力消费弹性系数逐步下滑，但由于工业基础相对薄弱和技术水平较低，电力消费弹性系数仍处于 1.0 以上水平。1990—2015 年，"一带一路"典型国家电力消费弹性系数为 1.5，分时间段来看，1990—1999 年为 1.8，2000—2009 年降至 1.3，2010—2015 年降至 1.1。在经济危机时期，电力消费弹性系数波动比较明显，如 1997—2000 年东南亚金融危机时期，电力消费弹性系数达到 2.3 的峰值，2009 年全球经济危机时期，又出现了 2.7 的峰值。1990—2015 年各类型国家电力消费弹性系数如图 1-24 所示。

第四节　电力与经济发展展望

一、经济发展展望

2017 年，由于发达经济体和中国的需求增强，全球经济活动持续加快，其他新兴市场经济体的增长表现改善。全球投资的持续复苏促使制造业活动加强；贸易增长平稳；PMI 指数持续高位。国际货币基金组织（IMF）对全球经济增长预期增强，将 2018 年全球经济增速上调至 3.9%，2020 年增速达到至 3.7%。

世界经济在增速回升的同时，面临的风险威胁仍未消散，对世界经济的影响日趋加深。世界经济格局的变化调整仍在继续。

一方面，贸易保护主义和逆全球化风潮对世界经济增长造成的威胁持续，宽松货币环境催生的资产泡沫仍在累积，全球债务水平过高，以发达经济体货币政策转向引发的外部效应逐渐显露；另一方面，各方仍在努力推进全球宏观经济政策协调。

发达国家经济活动日趋活跃。2018 年，美国经济延续了 2017 年的良好形势，国内需求和产出增长快于 2017 年，经济增长明显加快。作为美国经济的支柱，消费支出增幅较大。同时，由于经济状况良好，美联储于 2017 年 10 月开始逐步退出量化宽松。在欧元区（英国受脱欧影响较大，例外）和日本，个人消费、投资和外部需求都有所加强，经济总体保持稳健复苏势头。

在新兴市场和发展中经济体，中国的国内需求扩大，主要新兴经济体继续复苏。印度受"废钞令"影响，经济增长势头减缓。巴西出口表现强劲，国内需求放缓。俄罗斯国内需求和外部需求的复苏支持了经济增长回升。"一带一路"典型国家中，外部需求增长带动了经济增长。

虽然经济指标有所提高，但在贸易保护主义和地缘政治风波之下，全球经济前景仍有较大的不确定性。除美国外，典型发达国家通胀仍然低于目标，而且政策带来的不确定性对典型发达国家经济走势的影响程度依然很难确定，如美国和欧元区开始逐步收紧货币政策，对经济的负面影响显而易见。在发达国家货币政策收紧的趋势下，流向发展中国家的资本大量回流，投资出现回落，对经济增长造成影响。

根据国际货币基金组织（IMF）预计，随着全球经济的复苏，全球 GDP 将呈平稳增长趋势，2018 年和 2019 年全球 GDP 增速均为 3.9%，到 2020 年略有下滑至 3.7%。其中，典型发达国家 GDP 增速在 2018 年后开始回落，2018 年为 2.2%，2020 年降至 1.7%；金砖国家 GDP 增速相对平稳，2018 年为 5.4%，2020 年仍保持 5.4% 的增长水平，高于全球 GDP 增速；"一带一路"典型国家经济将保持平稳较快增长，2018 年为 6.0%，2020 年仍保持 6.0% 的增长水平。1990—2020 年各类型国家 GDP 增速变化及预测如图 1-25 所示。

二、电力发展展望

随着经济的发展及用电需求的增加，2020 年全球装机容量将增至 72.8 亿千瓦；2030 年将达

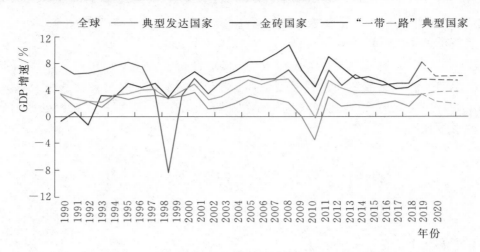

图 1-25　1990—2020 年各类型国家 GDP 增速变化及预测

（资料来源：国际货币基金组织）

79.7 亿千瓦，2015—2030 年年均增速为 1.5%。中国、美国、经济合作与发展组织（Organization for Economic Co-operation and Development，OECD）的欧洲国家、印度、日本等国是全球电力装机容量的主要增长力量，其中印度和中国将引领全球装机容量的增长，年均增速分别为 3.6% 和 1.9%。2010—2030 年全球主要国家和地区总装机容量及预测如图 1-26 所示。

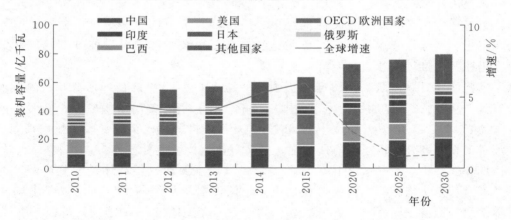

图 1-26　2010—2030 年全球主要国家和地区总装机容量及预测

（资料来源：美国能源信息署）

　　在环保、气候变化以及清洁能源技术发展迅速、成本不断下降等因素影响下，目前大部分国家越来越重视可再生能源，传统能源逐步向可再生能源过渡。到 2030 年，电力装机结构继续优化调整，煤炭装机比例将大幅下滑，风电和太阳能发电装机占比将大幅提升。2010—2030 年全球装机结构变化及预测如图 1-27 所示，2015 年和 2030 年全球装机结构变化如图 1-28 所示。

（一）化石能源发电发展展望

　　气电引领火电增长，煤电将逐步退役。由于美国页岩气革命，天然气产量呈爆发式增长，美国天然气发电装机容量超过煤电，占据发电主导地位；同时中国环境问题日益严重，煤电产能过剩，优先发展天然气发电是推进绿色低碳发展的需要，因此气电将较快发展。2020 年全球气电装机容量将增至 17.6 亿千瓦，占总装机容量的 24.2%；2030 年将达 18.5 亿千瓦，2015—2030 年年均增速为 0.9%，其中，中国、印度和澳大利亚气电发展较快。预计 2020 年，美国、OECD 欧洲国家、俄罗斯、日本、中国和印度气电装机容量将分别达到 4.0 亿千瓦、2.5 亿千瓦、1.25 亿千瓦、1.0 亿千瓦、0.77 亿千瓦和 0.28 亿千瓦。2010—2030 年全球主要国家和地区气电装机容量及预测如图 1-29 所示。

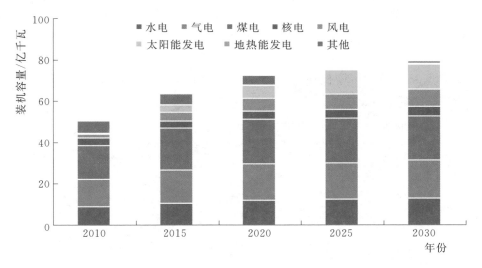

图 1-27 2010—2030 年全球装机结构变化及预测

（资料来源：美国能源信息署）

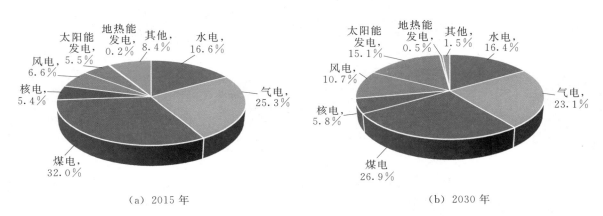

（a）2015 年

（b）2030 年

图 1-28 2015 年和 2030 年全球装机结构变化

（资料来源：美国能源信息署）

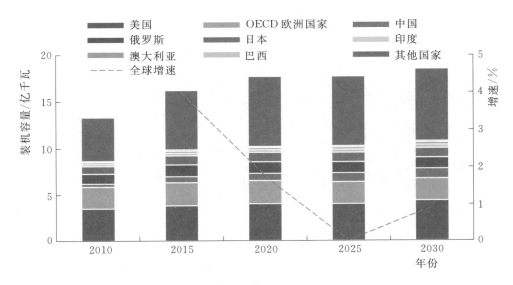

图 1-29 2010—2030 年全球主要国家和地区气电装机容量及预测

（资料来源：美国能源信息署）

中国作为最大的煤电装机国家目前面临着煤电过剩、投资大幅下降的形势；欧洲和美国的煤电将逐步退出能源系统，全球煤电退役高潮或将出现在 2026 年。2020 年全球煤电装机容量将达 21.7 亿千瓦，占总装机容量的 29.9％；2030 年为 21.45 亿千瓦，比例降至 26.9％，2015—2030 年年均增速仅为 0.3％，除印度和中国保持增长外，其他主要国家煤电装机容量呈下滑趋势。2010—2030 年全球主要国家和地区煤电装机容量及预测如图 1-30 所示。

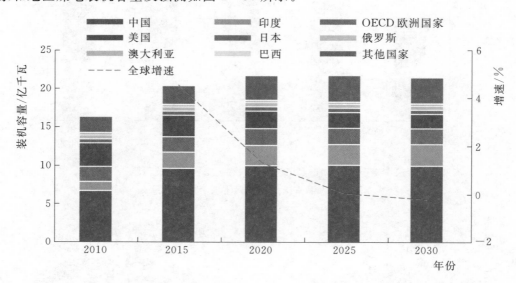

图 1-30　2010—2030 年全球主要国家和地区煤电装机容量及预测
（资料来源：美国能源信息署）

（二）水电发展展望

全球水电平稳增长。2020 年全球水电装机容量将增至 12.1 亿千瓦，占总装机容量的 16.6％；2030 年将达 13.1 亿千瓦，占比 16.4％；2015—2030 年年均增速为 1.4％。2010—2030 年全球主要国家和地区水电装机容量及预测如图 1-31 所示。

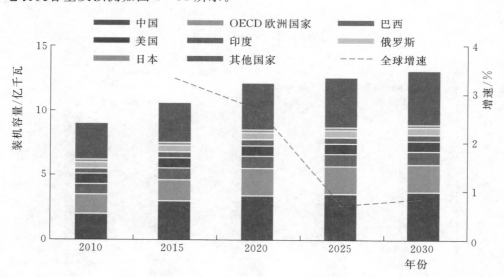

图 1-31　2010—2030 年全球主要国家和地区水电装机容量及预测
（资料来源：美国能源信息署）

（三）核电发展展望

中国和印度核电装机增速或将领先其他国家。核电一直以来都面临着成本、安全、政治和竞争等各种问题，自福岛核电站事故以来，核电发展增速放缓。2020年全球核电装机容量将增至3.9亿千瓦，占总装机的5.3%；2030年将达4.6亿千瓦，比例升至5.8%。2015—2030年年均增速为2%，其中中国和印度核电装机将较快增长，年均增速分别为7.8%和13.1%。日本可能会陆续重启几座核电站，但装机容量远未达到核事故之前的水平。法国核电国内市场饱和，核电比例处于下滑状态。美国目前运行中的核电机组多数将迎来设计年限，如果没有新机组作为补充，核电装机容量将会下降。2010—2030年全球主要国家和地区核电装机容量及预测如图1-32所示。

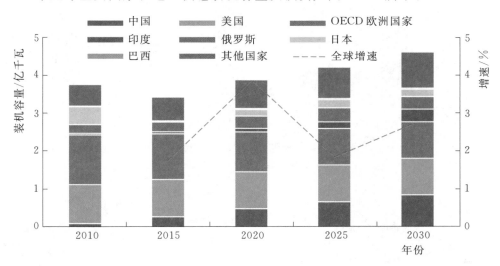

图1-32　2010—2030年全球主要国家和地区核电装机容量及预测

（资料来源：美国能源信息署）

（四）非水可再生能源发电发展展望

非水可再生能源发电逐步替代化石能源发电成为主力电源，太阳能发电、风电是电力新增装机容量的主要引擎。近几年来清洁能源技术快速发展，成本不断下降。自2010年以来，新建太阳能光伏发电的成本已经降低了70%，风电成本降低了25%，电池成本降低了40%。国际能源署（International Energy Agency，IEA）公布的可再生能源五年全球预测，受中国和印度太阳能发电量预期的推动影响，预计到2022年可再生能源发电量将增长43%，高于预期。

2020年全球可再生能源装机容量将增至27.8亿千瓦，占总装机容量的38.2%；2030年将达37亿千瓦，比例升至46.5%，2015—2030年年均增速为1.0%。其中，2020年全球非水可再生能源装机容量将增至15.7亿千瓦，占总装机容量的21.5%；2030年将达24亿千瓦，比例升至30.1%，2015—2030年年均增速为5.6%，其中风电、太阳能发电和地热能发电将保持快速增长。2010—2030年全球可再生能源发电装机结构变化及预测如图1-33所示，2015年和2030年全球可再生能源发电装机结构变化如图1-34所示。

2020年，全球风电装机容量将增至6.2亿千瓦，占总装机容量的8.6%；2030年将达8.5亿千瓦，比例升至10.7%，2015—2030年年均增速为4.8%。其中，中国、美国、印度和澳大利亚年均增速较快，分别为6.0%、5.1%、5.1%和5.3%。2010—2030年全球主要国家和地区风电装机容量及预测如图1-35所示。

2020年全球太阳能发电装机容量将增至6.2亿千瓦，略低于风电装机水平，占总装机容量的8.6%；2030年将达12亿千瓦，大幅超过风电装机容量，比例升至15.1%，2015—2030年年均增速为8.5%。其中，印度、美国、中国、巴西和澳大利亚年均增速较快，分别为17.7%、14.3%、8.3%、7.6%和5.0%。2010—2030年全球主要国家和地区太阳能发电装机容量及预测如图1-36所示。

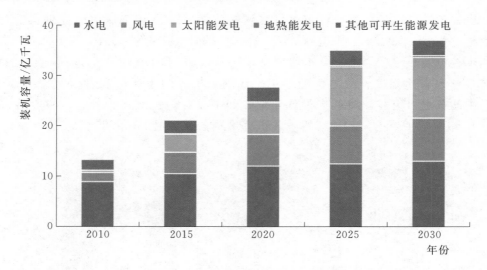

图 1-33 2010—2030 年全球可再生能源发电装机结构变化及预测

（资料来源：美国能源信息署）

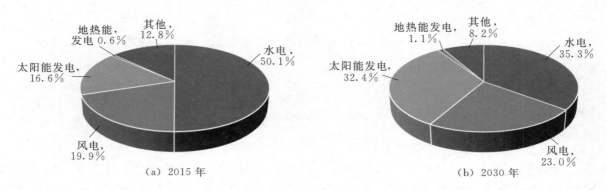

（a）2015 年

（b）2030 年

图 1-34 2015 年和 2030 年全球可再生能源发电装机结构变化

（资料来源：美国能源信息署）

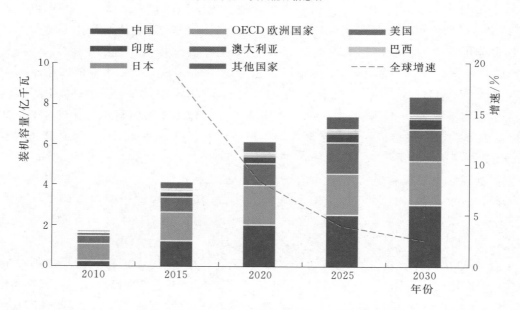

图 1-35 2010—2030 年全球主要国家和地区风电装机容量及预测

（资料来源：美国能源信息署）

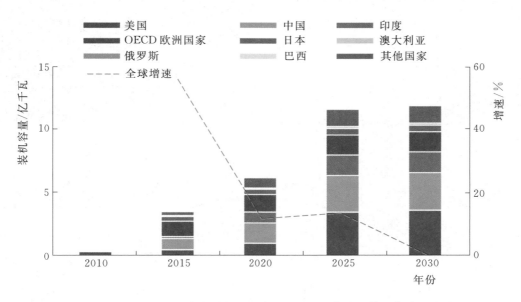

图 1 - 36   2010—2030 年全球主要国家和地区太阳能发电装机容量及预测

（资料来源：美国能源信息署）

第二章

典型发达国家电力与经济形势概况

2017 年，美国、德国、英国、法国、日本和澳大利亚六个典型发达国家 GDP 总额达到 34.5 万亿美元，占全球 GDP 总额的 42.7%。2017 年典型发达国家 GDP 比重如图 2-1 所示。

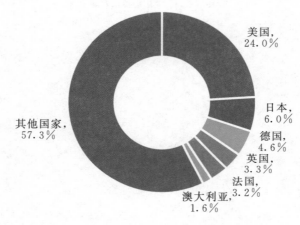

图 2-1 2017 年典型发达国家 GDP 比重

（资料来源：世界银行）

第一节 经济发展状况

一、经济发展概况

2000 年后，全球经济在经历了近十年的繁荣后，美国"IT 泡沫"的破裂让全球经济的平稳增长态势止步，美国消费需求和固定资产投资增速急剧下滑，公司盈利状况普遍恶化，失业率大幅提高。美国的经济衰退引起了一系列连锁反应。在欧元区，美元贬值带来了石油和其他大宗商品价格的上涨，贸易条件恶化，实际收入下降，消费需求疲软，加上之前在高技术领域投资过度，造成了实际利润的减少，失业率持续处于较高水平。虽然欧元区的内贸比重很高，一定程度上缓解了国际贸易的不足，但恶劣的全球形势依然造成欧元区经济不同程度下滑。以欧元区工业最发达的德国为例，2002 年，德国经济与 2001 年持平，2003 年出现了 0.7% 的衰退。日本情况更差，刚刚从 20 世纪 90年代初房地产泡沫带来的十年衰退中走出，内需不足，不良债权高企，股市持续暴跌，财政百废待兴。作为出口导向型国家，日本出口的 30% 依赖美国市场，美国经济衰退造成了日本对美国出口量的大幅下滑，欧洲和亚洲地区的市场也间接受到了美国经济衰退的波及，日本对欧洲和亚洲的出口量都在下滑，2001 年日本贸易顺差同比减少 28%，经济增速只有 0.1%，失业率达到了 5% 的历史最高水平。澳大利亚也是出口导向型国家，但丰富的资源和良好的基础使澳大利亚在 2001 年经济增速由 3.9% 下滑至 1.9% 之后，2002 年就回到了 3.9% 的原有水平。

在各国宽松的货币政策和投资刺激之下，各典型发达国家经济稳步复苏。美国经济在一系列投资政策带动下，2004—2006 年增长强劲，增速一度达到 3.8%，劳动力市场稳步改善，国民收入提升。随着全球需求恢复，尤其是美国和中国的强劲拉动下，欧元区国家和日本经济也呈现了稳步扩张的趋势。

2007 年，美国房地产泡沫带来的金融问题初步显现，高位的贷款利率使很多收入不稳定的购房人无力偿还，银行虽然收回房屋，却无法高价出售，引发了大面积亏损，将这些不良贷款进行抵押而形成的金融产品，如抵押支持债券（Mortgage－Backed Security，MBS）信用大幅下降，成为不良资产，使美国金融机构举步维艰，次级贷款抵押机构破产、投资基金关闭、股市剧烈震荡，"次贷危机"就此形成。"次贷危机"使美国金融市场产生了强烈的信贷紧缩效应，美元流动性出现严重短缺，投资大幅下滑，失业率大幅提高，消费能力下滑，需求不足又再次传导到投资上，美国经济遭受了巨大的打击，经济出现衰退。由于 MBS 等金融产品的高回报率，全球很多金融机构都进行了投资，"次贷危机"爆发使这些产品成为不良资产，影响迅速波及全球。以欧洲为例，欧洲银行拆借利率大幅提高，货币流动性不足，与美国相似的"欧债危机"也开始显现。欧洲主要经济体德国、英国和法国的 GDP 增速从 2008 年开始下滑，2009 年出现全面衰退，德国 GDP 增速为 -5.6%，英国为 -4.2%，法国为 -2.9%。作为全球另一金融中心和以出口为导向的日本尚未走出上次衰退的阴影，新的经济危机再度重创了日本经济，2008 年和 2009 年日本 GDP 增速分别为 -1.1% 和 -5.4%。在这些典型发达国家经济衰退的影响下，2009 年全球经济出现了第二次世界大战以来的首次衰退，GDP 增速为 -1.7%。

经济危机爆发后，典型发达国家普遍采用了以量化宽松作为基础的经济政策，以刺激经济。2010—2016 年，美国总共投入 3.94 万亿美元以购买国债和 MBS 等不良资产，并先后投入超过 1 万亿美元进行税收减免，以刺激经济发展。随着美国量化宽松政策的实施，美国的经济重新回到了金融危机之前的正常水平。美国经济温和增长，复苏趋势明显。虽然制造业略显低迷，但消费者信心指数稳步回升，并且自 2012 年开始，消费者信心指数增速高于 GDP 增速。消费支出的大幅增长和出口的回温拉动了美国经济。同时，随着房地产市场的持续改善，美国的就业市场也稳步复苏，内需基础得到进一步巩固。欧元区经济复苏也得益于量化宽松政策，2013 年以来，高于 10% 的欧元区失业率开始下降，但以出口为导向的德国、法国和英国等欧洲典型发达国家经济在量化宽松政策之下表现出明显的脆弱性，以石油为代表的全球大宗商品价格下跌造成欧元区经济复苏缓慢，法国复苏明显动力不足，而德国和英国在内需带动下，复苏脚步相对坚实。日本在经历了房地产泡沫引发的经济衰退和东南亚金融危机之后，危机的应对经验比较丰富，但其以出口为导向的经济格局依然不容乐观。而且，自 1999 年东南亚金融危机发生后，日本就开启了零利率时代，并开始推行量化宽松政策，量化宽松虽然使日本消费支出整体平稳，工业也有复苏迹象，但日本经济增长始终乏力，风险水平较高。1990—2017 年典型发达国家 GDP 及增速变化如图 2-2 所示。

美国、日本、德国、英国、法国和澳大利亚是全球典型发达国家的代表，这 6 个国家在全球 GDP 总额中占据很大份额。1992 年，六国 GDP 总额占比高达 62.3%，之后随着中国、印度等金砖国家和东南亚诸国的快速发展，这六国占全球经济总额的比重逐年下降，到 2008 年占比首度低于 50%。在全球经济危机爆发后，除澳大利亚外，其他典型发达国家受到的冲击较发展中国家更为明显，经济衰退严重。到 2017 年，六国 GDP 总额占全球 GDP 总额的比例已经降至 42.7%，比 2016 年

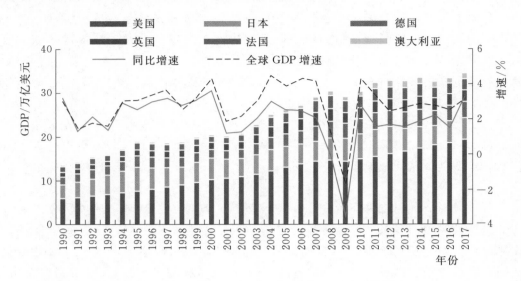

图 2-2 1990—2017 年典型发达国家 GDP 及增速变化

（资料来源：世界银行）

下降 1.3 个百分点。1990—2017 年典型发达国家 GDP 占全球比重如图 2-3 所示。

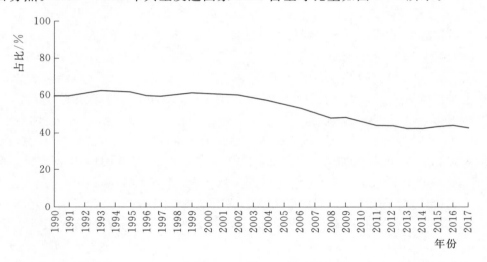

图 2-3 1990—2017 年典型发达国家 GDP 占全球比重

（资料来源：世界银行）

由于经济发展程度较高，除澳大利亚外，其他典型发达国家 GDP 增速大多低于全球 GDP 总体增速，但趋势基本与全球经济变化趋势一致。近十年来，经济体系成熟、体量巨大的美国，经济增长保持相对平稳；而以出口为导向的日本和德国受到外部情况影响最大，在全球经济危机最严重的 2009 年，日本和德国经济增速分别为-5.4%和-5.6%，在典型发达国家中衰退最为显著；澳大利亚属于资源型国家，物资丰富，在亚太诸国的强劲需求带动下，经济保持了平稳较快的增长速度，也是典型发达国家中在全球经济危机时期唯一一个没有出现经济衰退的国家。2000—2017 年典型发达国家 GDP 增速变化如图 2-4 所示，1990—2017 年典型发达国家经济增速变化如表 2-1 所示。

二、人均 GDP 情况

世界银行数据显示，2017 年 6 个典型发达国家的平均人均 GDP 约是全球人均 GDP 的 4.6 倍。其中，美国人均 GDP 最高，为 6.0 万美元；其次为澳大利亚，为 5.4 万美元；日本人均 GDP 最低，为 3.8 万美元。1990—2017 年，美国人均 GDP 年均增速最高，为 1.8%；澳大利亚次之，为 1.5%，略高于全球年均增速；法国和日本年均增速最低，分别为 0.6% 和 0.1%。1990 年、2000 年和 2017 年典型发达国家及全球人均 GDP 情况如图 2-5 所示。

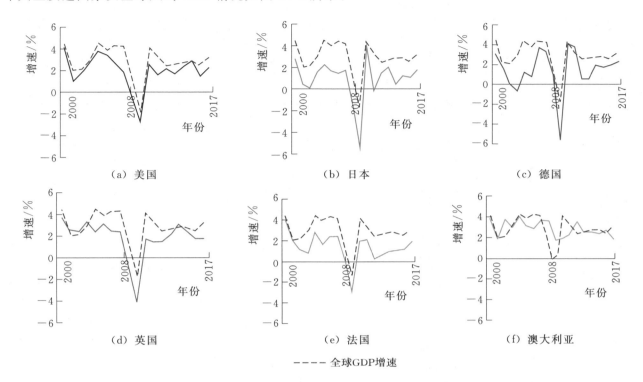

（a）美国　　　　　　　（b）日本　　　　　　　（c）德国

（d）英国　　　　　　　（e）法国　　　　　　　（f）澳大利亚

---- 全球GDP增速

图 2-4　2000—2017 年典型发达国家 GDP 增速变化

（资料来源：世界银行）

表 2-1　　　　　　　　　　1990—2017 年典型发达国家经济增速变化　　　　　　　　　　%

年份	美国	日本	德国	英国	法国	澳大利亚	合计增速	全球增速
1990	1.9	5.6	5.3	0.7	2.9	3.5	3.2	3.0
1991	−0.1	3.3	5.1	−1.1	1.0	−0.4	1.4	1.4
1992	3.6	0.8	1.9	0.4	1.6	0.4	2.2	1.8
1993	2.7	0.2	−1.0	2.5	−0.6	4.1	1.4	1.6
1994	4.0	0.9	2.5	3.9	2.3	4.1	3.0	3.0
1995	2.7	2.7	1.7	2.5	2.1	3.9	2.6	3.0
1996	3.8	3.1	0.8	2.5	1.4	3.9	3.0	3.4
1997	4.5	1.1	1.8	4.0	2.3	3.9	3.2	3.7
1998	4.4	−1.1	2.0	3.1	3.6	4.4	2.7	2.5
1999	4.7	−0.3	2.0	3.2	3.4	5.0	3.1	3.3
2000	4.1	2.8	3.0	3.7	3.9	3.9	3.6	4.4
2001	1.0	0.4	1.7	2.5	2.0	1.9	1.2	1.9
2002	1.8	0.1	0.0	2.5	1.1	3.9	1.3	2.2
2003	2.8	1.5	−0.7	3.3	0.8	3.1	2.0	2.9
2004	3.8	2.2	1.2	2.4	2.8	4.1	3.0	4.4

续表

年份	美国	日本	德国	英国	法国	澳大利亚	合计增速	全球增速
2005	3.3	1.7	0.7	3.1	1.6	3.2	2.5	3.8
2006	2.7	1.4	3.7	2.5	2.4	3.0	2.5	4.3
2007	1.8	1.7	3.3	2.4	2.4	3.7	2.1	4.3
2008	−0.3	−1.1	1.1	−0.5	0.2	3.7	−0.1	1.8
2009	−2.8	−5.4	−5.6	−4.2	−2.9	1.8	−3.6	−1.7
2010	2.5	4.2	4.1	1.7	2.0	2.0	2.9	4.3
2011	1.6	−0.1	3.7	1.5	2.1	2.4	1.6	3.2
2012	2.2	1.5	0.5	1.5	0.2	3.6	1.7	2.4
2013	1.7	2.0	0.5	2.1	0.6	2.6	1.6	2.6
2014	2.4	0.3	1.9	3.1	0.9	2.6	1.9	2.8
2015	2.9	1.2	1.7	2.3	1.1	2.4	2.2	2.8
2016	1.5	1.0	1.9	1.8	1.2	2.8	1.5	2.5
2017	2.3	1.7	2.2	1.8	1.8	2.0	3.3	3.2

资料来源：世界银行。

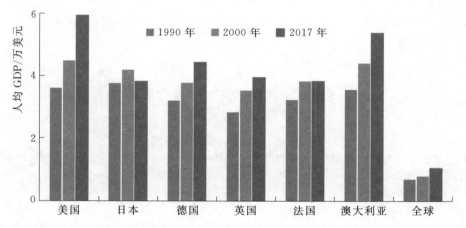

图2-5　1990年、2000年和2017年典型发达国家及全球人均GDP情况

（资料来源：世界银行）

三、对外投资及吸引外资情况

在全球产业转移的过程中，典型发达国家承担着资本输出的角色，2000—2017年，典型发达国家对外投资总额大多高于吸引外资总额，对外投资总额在全球的比重也大多高于吸引外资总额所占比重。随着美国"再工业化"进程的推进，2015—2017年，典型发达国家吸引外资总额和比重开始较大幅度高于对外投资总额及比重。

2017年，典型发达国家对外投资总额为9075亿美元，同比增长31.3%，占全球对外投资总额的56.0%，其中美国对外投资总额最高，为4244亿美元，其次为日本1686亿美元，美国和日本分别占全球总额的26.2%和10.4%。典型发达国家吸引外资总额为5918亿美元，同比下降35.7%，占全球吸引外资总额的30.0%，其中美国吸引外资总额最高，为3487亿美元，德国次之，为780亿美元，分别占全球吸引外资总额的17.7%和1.0%。2000—2017年典型发达国家对外投资和吸引外资总额占全球比重变化如图2-6所示，增速情况如图2-7所示。

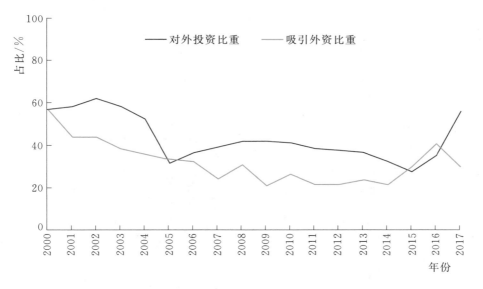

图 2-6 2000—2017 年典型发达国家对外投资和吸引外资总额占全球比重变化

（资料来源：世界银行）

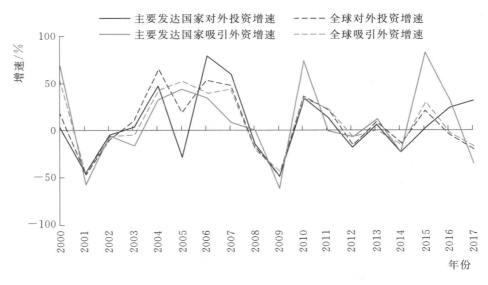

图 2-7 2000—2017 年典型发达国家对外投资和吸引外资增速情况

（资料来源：世界银行）

四、对外贸易情况

典型发达国家在全球贸易体系中也占有很高比例，2000 年，六国贸易总额为 6.5 万亿美元，占全球贸易总额的 41.1%。随着产业转移和发展中国家的快速发展，典型发达国家贸易占比开始逐年下滑，到 2016 年，所占比例只有 31.3%。

2000 年以来，典型发达国家贸易总体处于逆差状态，6 个典型发达国家进出口情况差异较大：贸易体量最大的美国一直处于贸易逆差状态；排在第二位的德国由于自身工业发达，长期处于顺差状态；英国、日本、法国、澳大利亚与美国一致，为逆差状态。

2017 年，典型发达国家贸易总额为 9.19 万亿美元，其中出口额为 3.5 万亿美元，进口额为 5.7 万亿美元，贸易逆差 2.2 万亿美元，除 2009 年外贸总额大幅下滑外，典型发达国家外贸总额总体呈增长趋势，贸易逆差总体呈下滑趋势。美国是典型发达国家中贸易总额占比最高的国家，为 3.9 万亿美元。出口和进口额分别为 1.5 万亿美元和 2.3 万亿美元。2000—2017 年典型发达国家贸易情况如图 2-8 所示。

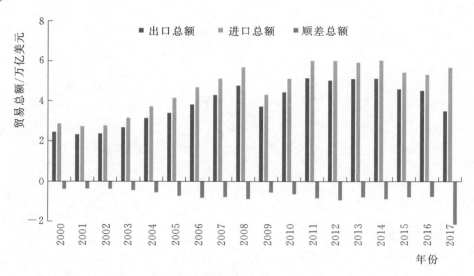

图 2-8　2000—2017 年典型发达国家贸易情况

（资料来源：世界银行）

五、产业结构分析

从 20 世纪 80 年代开始，典型发达国家工业化水平日趋完善，土地和工资成本逐渐提高，随着民众劳动和环保意识的提高，加之资源枯竭，导致工业生产成本快速增长，企业家开始把制造工厂由发达国家大城市迁移到中小城镇和农村地区，甚至国外。尤其是劳动密集型产业，因发展中国家工资成本低廉，并提供了诸多优惠政策，更加剧了发达国家的"去工业化"进程。

在"去工业化"过程中，劳动力迅速从第一产业、第二产业向第三产业转移，工业占本国 GDP 的比重和全球工业的比重持续降低，金融业、房地产业为代表的服务业快速增长。以美国为例，1980 年服务业增加值占 GDP 比重为 64.1%，到 2017 年服务业增加值占 GDP 比重已经高达 77.7%。"去工业化"不仅削弱了典型发达国家工业的国际竞争力，使汽车、钢铁、消费电子产品等具有优势的产业逐步被新兴发展中国家尤其是中国超越，而且过度依赖于以金融业、房地产业为代表的虚拟经济，使发达国家更容易受到经济波动的影响。在 2008 年全球经济危机爆发后，虚拟经济价值大幅缩水，发达国家遭受了沉重打击，市场萎缩严重，抗风险能力不足的弱点充分显现。重归实体经济，推进"再工业化"战略在 2008 年全球经济危机后成为发达国家之间的普遍共识，制造业的地位再次受到重视。各国都制定了本国的"再工业化"战略，如美国的《复苏与再投资法案》、德国的"工业 4.0"计划和法国的"未来工业"计划等，制造业开始结构性复苏，并将在未来成为经济增长的新动力，但服务业的主导地位不会改变。

2000—2017 年，典型发达国家经济结构不断调整，服务业的主导地位日益明显，工业的支撑作用逐步减弱。2017 年，以美国为首的 6 个典型发达国家服务业增加值达到 25.9 万亿美元，占 GDP 的比重由 73.4% 升至 77.7%；工业增加值为 7.1 万亿美元，占 GDP 的比重由 25.3% 下降至 21.3%；农业、畜牧业、渔业和狩猎行业增加值为 0.3 万亿元，比重由 1.3% 降至 1.0%。2000 年和 2017 年典型发达国家产业结构变化如图 2-9 所示。

与全球产业结构相比，2017 年典型发达国家农业增加值比重为 1.0%，低于全球平均水平 3.2 个百分点；工业增加值比重为 21.3%，低于世界平均水平 5.4 个百分点；服务业增加值比重为 77.7%，高于全球平均水平 8.5 个百分点。具体来看，德国和日本工业比重显著高于其他发达国家及全球平均

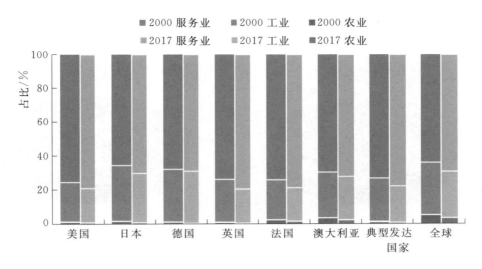

图 2-9 2000 年和 2017 年典型发达国家产业结构变化

（资料来源：世界银行）

水平；美国、法国和英国服务业占主导地位更加明显，比重高于其他典型发达国家及世界平均水平。2000—2017 年典型发达国家农业、工业和服务业占全球各产业的比重变化如图 2-10 所示。

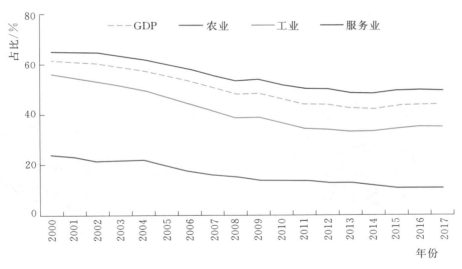

图 2-10 2000—2017 年典型发达国家农业、工业和服务业占全球各产业的比重变化

（资料来源：世界银行）

第二节 电力发展状况

一、能源结构特点

典型发达国家的能源结构与全球能源结构存在一定差异。能源生产方面，2015 年典型发达国家化石能源生产占比为 87.8%，高于全球 83.7% 的比例，其中典型发达国家天然气资源更具有优势，产量占比为 29.9%，高于全球 7.8 个百分点；石油产量占比为 26.4%，低于全球 32.8% 的水平。可再生能源生产占比为 10.7%，低于全球 13.8% 的水平。可再生能源中，风、光、地热及其他可再生能源产量占比为 2.3%，高于全球平均水平；而水能和生物质燃料方面均低于全球水平。2015 年全球

和典型发达国家能源生产结构比较如图 2-11 所示。

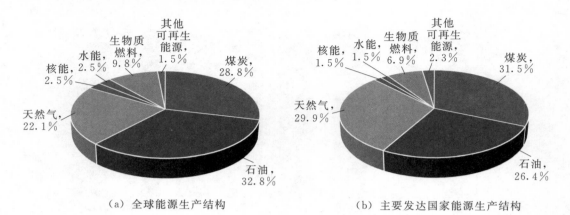

（a）全球能源生产结构 　　　　　（b）主要发达国家能源生产结构

图 2-11　2015 年全球和典型发达国家能源生产结构比较

（资料来源：国际能源署）

能源消费方面，典型发达国家化石能源消费占比为 72.0%，高于全球 5.1 个百分点，燃料油和天然气在典型发达国家能源消费结构中所占比例较大，分别为 48.6% 和 20.7%，均高于全球平均水平，而煤炭消费占比明显低于全球煤炭消费占比；其他能源方面，典型发达国家电力消费比重超过全球水平，为 22.3%，高于全球 3.8 个百分点，而生物质燃料、其他可再生能源和热能消费占比均低于全球平均水平。2015 年全球和典型发达国家能源消费结构比较如图 2-12 所示。

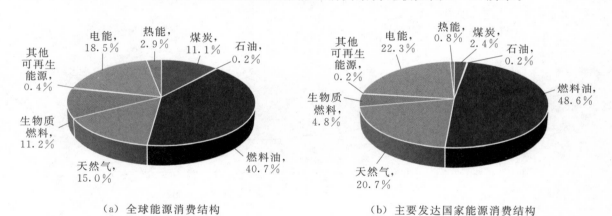

（a）全球能源消费结构 　　　　　（b）主要发达国家能源消费结构

图 2-12　2015 年全球和典型发达国家能源消费结构比较

（资料来源：国际能源署）

具体来看，美国、英国和澳大利亚偏重于化石能源生产，而各国根据能源储量不同，化石能源生产结构也有差异，具体分类如下：

（1）偏重化石能源型国家。美国化石能源产量占比为 81.7%，煤炭、石油和天然气生产方面比较均衡，分别为 21.4%、28.8% 和 31.5%；英国化石能源产量占比为 73.7%，主要为石油和天然气，所占比例分别为 39.5% 和 29.9%；澳大利亚化石能源产量占比最高，达到 97.8%，其中煤炭产量占比就达到了 78.3%，石油和天然气产量占比分别为 4.7% 和 14.8%。

（2）结构均衡型国家。德国能源生产结构比较均衡，其中化石能源生产占比为 43.9%，其中煤炭产量占比为 36.0%；核能产量占比为 20.0%；可再生能源产量占比为 36.1%，其中生物质燃料占比为 25.5%，风光等其他非水可再生能源占比为 9.2%。

（3）非化石能源型国家。日本和法国能源储量贫乏，但能源生产结构差异也比较明显。可再生能源是日本的主要能源，占比达到 82.4%，其中生物质燃料占比为 37.6%，水能占比为 24.2%，其他可再生能源占比为 20.6%。由于 2011 年福岛核泄漏事故影响，曾占日本能源产量 3/4 以上的核能在 2015 年占比仅为 8.3%。法国能源生产结构与 2011 年以前的日本接近，核能是主要的能源生产类型，占比达到 82.7%；可再生能源占比为 16.5%，主要为生物质燃料，占比为 11.1%。2015 年典型发达国家及全球能源供需结构如表 2-2 所示。

表 2-2 　　　　　　　　　2015 年典型发达国家及全球能源供需结构　　单位：百万吨油当量（Mtoe）

类　型		煤炭	石油	燃料油	天然气	核能	可再生能源	电能	热能	合计
美国	产量	431.3	582.1	0	636.5	216.4	152.3	0	0	2018.5
	消费量	19.5	4.2	753.7	333.2	0	79.0	325.2	5.5	1520.1
日本	产量	0	0.5	0	2.4	2.5	25.0	0	0	30.3
	消费量	23.6	0.3	152.0	29.5	0	3.8	81.6	0.5	291.4
德国	产量	43.0	3.2	0	6.3	23.9	43.1	0	0	119.6
	消费量	7.6	0	92.1	51.7	0	15.0	44.3	9.6	220.2
英国	产量	5.1	47.0	0	35.6	18.3	12.9	0	0	119.0
	消费量	2.7	0	53.5	37.9	0	3.9	26.0	1.2	125.3
法国	产量	0	1.0	0	0	114.0	22.8	0	0	137.8
	消费量	2.6	0	67.2	27.5	0	11.7	36.5	2.3	147.8
澳大利亚	产量	298.6	18.1	0	56.4	0	8.3	0	0	381.3
	消费量	2.3	0	42.6	13.5	0	4.7	18.2	0	81.3
全球	产量	3871.5	4416.3	0	2975.7	670.7	1854.0	0	1.8	13790
	消费量	1044.1	19.1	3820.5	1401.1	0	1090.5	1737.2	271.1	9383.6

资料来源：国际能源署。

二、电力供需形势

（一）电力工业发展概况

美国、日本、德国、英国、法国和澳大利亚等典型发达国家经济发展处于全球领先地位，这些国家经济实力雄厚，GDP 占比达到全球 GDP 的 40% 以上，发达的经济实力也使这些国家电力需求十分巨大，为保证充足的电力供应，典型发达国家大力发展电力工业，装机容量占全球的比重近 40%，并一度达到 50% 以上。

1. 美国

美国电力工业十分发达，至今已有百余年的历史。根据 2016 年全球统计数据，美国发电装机容量、年发电量均居世界第二位。美国电力行业由私营电力公司、联邦政府经营的电力局、市政公营电力公司和农电合作社 4 种形式的电力企业构成，其中私营电力公司的发电量和装机容量大约占全国总数的 75%，市政公营电力公司、联邦政府经营的电力局和农电合作社等占 25%。截至 2016 年年底，美国共有发电厂 7600 余个，只有约 20% 的电厂属于联邦政府经营的电力局。

在电力市场方面，美国对电力行业实行联邦和州两级监管体制，联邦能源监管委员会主要监管州际之间的电力交易，而各州公用事业管理委员会主要监管州内电力交易。2007 年，联邦能源监管委员会授权北美可靠性公司（North American Electric Reliability Corporation，NERC）负责发输电系统的可靠性管理，包括标准制定、执行和监管等。配电系统的可靠性管理和信息发布主要在各州公用事业管理委员会。此外，联邦能源监管委员会和州公用事业监管委员会都设有专门的部门负责投诉举报处理、争议纠纷解决以及违法违规行为查处等稽查业务工作。

2. 日本

日本是缺乏能源的国家，能源主要依赖于进口，因此日本能源利用追求高效、经济。其能源利用的显著特点是：在燃料的购置、设备的选用及其运营、电力的调度等方面都精打细算，以求得最佳的经济效益；以原子能、天然气替代石油，选择含硫量低的燃料，保护环境、减轻污染。

日本电力工业的主体由 10 家上市私营电力公司组成，按东京、东北、北海道、中部、北陆、关西、中国、四国、九州及冲绳等区域划分供电范围，管理体制采用总、分公司的形式，采取发、输、配、售垂直一体化的电力服务模式。"中央电力协会"负责各公司间的运行协调，研究共同发展计划以及全国范围内的联网工作。该协会下设"中央给电联络指令所"，负责跨地区的电力调度工作。

随着福岛核泄漏事故的发生，核电的发展停滞不前，核电占比大幅下降。目前火电发电量位居日本发电量榜首，在 2015 年占比达 80％以上，其中天然气发电已取代煤炭发电成为火力发电的最主要方式，光伏发电也得到了很大发展。日本电力需求比较稳定，近 10 年来保持在 1 万亿千瓦时左右，电力供应基本可以满足当地需求。

3. 德国

德国位于网络化的欧洲电力系统之中，地处欧洲中心，是欧洲电力市场的重要合作伙伴，也是欧洲电力交通的枢纽，德国有越来越多的电力出口到邻国。德国政府的能源理念表明了电力工业的前进方向：风能和太阳能逐渐成为中央能源。可再生能源和输电网的快速发展，成为了电力行业发展的核心。

德国电力体制通过电力市场化改革由垂直一体化寡头垄断转变为发电、输电、配电各环节分离，售电端完全放开的模式。电力改革将原来的传统垂直整合电力公司切割为发、输、配、售电公司，逐步形成了包括 1000 多家电力公司和 499 万户计费终端用户的新市场格局。其中，由以德国莱茵 TüV 集团公司、德国意昂集团（E. ON）、德国巴登-符滕堡州能源公司（EnBW）和瑞典大瀑布电力公司（Vattenfall）为主的 31 家大中型电力企业提供发电服务；Amprion TSO、TransnetBW TSO、TenneT TSO 和 50Hertz TSO 等 4 家电网调度公司负责提供输电服务；由 800 多家地区供电公司和市政电力公司提供配电业务服务。

4. 英国

英国政府在电力市场方面采取开放政策，鼓励自由竞争。英国电力供应链包括发电、输电、配电、售电、计量 5 个环节。其中发电、售电、计量领域已实现完全竞争，而输、配电网运营仍为垄断或区域垄断，并实行价格管制。

在发电结构方面，英国是低碳经济的倡导者和先行者。如风能和太阳能等可再生能源在发电领域正发挥着越来越重要的作用。为发挥分布式电源的补充作用，英国制定了比较完善的发展规划、技术方案和服务策略，分布式电源的并网管理体系成熟。在传统火电方面，燃煤发电厂逐步关闭，煤电占比显著降低，天然气发电比例明显提高。清洁、环保成为英国能源的发展方向。

但面对火电和传统核电发电量的下滑，新能源发电目前仍不能完全补足缺口，使英国成为了为数不多的电力进口国，需要从法国、荷兰等欧盟其他国家进口电力。脱欧之后，英国在电力进口方面的税率优惠将大幅减少，电力价格将会增加。

5. 法国

法国位于欧洲西部，是世界上电力工业比较发达的国家之一。但由于法国国内化石燃料匮乏，能源主要依赖核能、水资源，形成了以核能、水力发电为主的发电结构。

核电在法国电力工业发展过程中发挥着不可替代的作用。自 1969 年发展压水堆以来，核电发展迅速，装机容量迅速增加。法国共有 19 座核电站，所有河流沿岸均建有核电站，共 58 台压水反应堆机组（34 台 900 兆瓦系列，20 台 1300 兆瓦系列，4 台 N4 型 1450 兆瓦系列）。2020 年，法国三分之一在役核电机组将进入更新换代阶段，将建设更经济、更环保、安全水平更高的新一代核电站。

水力发电也是法国主要的电源形式，其中抽水蓄能电站获得大力发展。目前，法国已拥有1万千瓦以上的抽水蓄能电站18座。

法国电力供给充足，在满足自身需求的同时还向周边国家输出。意大利、英国、瑞士、比利时和西班牙都从法国进口电力。

6. 澳大利亚

澳大利亚国内煤炭资源丰富。燃煤发电是澳大利亚最主要的发电形式，占总发电量的70%。近年来，随着低碳政策的深化，煤电发展出现萎缩，而天然气发电开始增长，但由于煤电体量巨大，短期内天然气发电仍无法取代煤电的地位。

在扩大天然气发电的同时，澳大利亚推出了发展可再生能源发电的举措。政府于2000年通过的可再生能源法要求电力生产商到2020年将可再生能源发电所占的比例增加2%。

（二）装机容量及结构

1. 装机容量及结构变化情况

典型发达国家装机容量在全球占比一度超过50%以上，但随着中国、印度等发展中国家经济和电力工业的快速发展，装机容量迅速提升，这些典型发达国家的装机占比逐步下滑。2005—2015年，典型发达国家装机总量从163043万千瓦增长到189102万千瓦，占全球总装机容量的比例由39.6%下降至30.1%，装机年均增速为1.5%，低于全球4.3%的年均增速水平。美国是典型发达国家中装机容量最大的国家，为107383万千瓦，占典型发达国家总装机容量的56.8%和全球总装机容量的17.1%，由于美国经济成熟，各产业发展比较平稳，近十年来总装机容量增长不大，由97802万千瓦增长至107383万千瓦，年均增速不足1%。日本情况也比较相似，2005—2015年，日本装机容量从27534万千瓦增长至32216万千瓦，年均增速约为1.6%。德国是6个典型发达国家中装机容量增长最快的。近十年来，由于风电和太阳能发电的快速发展，德国装机容量由2005年的12863万千瓦增长至2015年的20405万千瓦，年均增速达到4.7%，在新增的7000万千瓦装机容量中，风电和太阳能发电装机容量就超过了6000万千瓦。澳大利亚是资源大国，电力发展一直倚重煤炭，虽然近年来火电装机容量有所下滑，但十年间仍保持了平稳的增长。在煤电带动下，澳大利亚装机容量由2005年的5014万千瓦增长至2015年的近6703万千瓦，年均增速为2.9%。此外，英国和法国装机容量增长较慢，分别从8238万千瓦增长至9464万千瓦和从11592万千瓦增至12931万千瓦，年均增速分别为1.4%和1.1%。2005—2015年典型发达国家装机容量及增速变化如图2-13和表2-2所示。

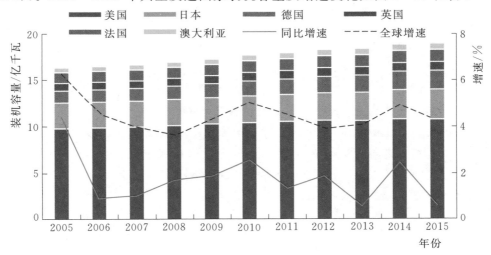

图2-13 2005—2015年典型发达国家装机容量及增速变化

（资料来源：国际能源署）

表 2－3 2005—2015 年典型发达国家总装机容量、占全球比重及增速变化

| 年份 | 典型发达国家总装机容量/万千瓦 | | | | | | | 占比 /% | 同比增速 /% |
	美国	日本	德国	英国	法国	澳大利亚	合计		
2005	97802	27534	12863	8238	11592	5014	163043	39.6	4.3
2006	98621	27683	13225	8363	11600	5065	164558	38.2	0.9
2007	99489	27716	13656	8354	11682	5344	166240	37.1	1.0
2008	101017	27988	14346	8488	11786	5435	169059	36.4	1.7
2009	102540	28246	15167	8674	11925	5706	172257	35.6	1.9
2010	103906	28619	16272	9301	12448	6129	176676	34.7	2.6
2011	105125	28883	16750	9292	12726	6303	179079	33.7	1.4
2012	106303	29480	17729	9525	12925	6484	182447	33.1	1.9
2013	106006	30241	18612	9237	12843	6537	183476	32.0	0.6
2014	107575	31525	19842	9415	12894	6723	187974	31.2	2.5
2015	107383	32216	20405	9464	12931	6703	189102	30.1	0.6

资料来源：国际能源署。

2015 年典型发达国家装机构成中，火电装机容量为 115932 万千瓦，占比 61.3%；水电装机容量为 13396 万千瓦，占比 7.1%；核电装机容量为 22181 万千瓦，占比 11.7%；风电装机容量为 14879 万千瓦，占比 7.9%；太阳能发电装机容量为 11768 万千瓦，占比 6.2%；抽水蓄能发电、地热能发电和生物质发电等其他类型发电装机容量为 10947 万千瓦，占比约为 5.8%。

近十年来，典型发达国家发电装机结构变化较为明显，传统常规能源装机比重下滑，新能源发展迅猛。火力发电是典型发达国家最主要的发电形式，2015 年火电装机容量占总装机容量的 61.3%。近年来，随着对碳排放控制力度的提高，火力发电在内部结构和外部需求方面均有所变化，表现出外部政策限制力度加大，内部煤减气增的结构变化趋势。典型发达国家的核电优势也比较明显，包括美国和法国两个核电大国，核电装机容量占典型发达国家总装机容量的 11.7%，由于 2011 年日本福岛核泄漏事件影响，日本核电装机容量大幅下滑，其他典型发达国家也减缓了核电的发展速度，装机占比有所下滑。典型发达国家水力发电发展比较成熟，除美国和澳大利亚外，其他典型发达国家水电装机基本饱和，目前占比为 7.1%。风电和太阳能发电一直是典型发达国家电力能源发展的重点，在政策的支持和技术进步过程中，风电和太阳能发电装机容量增长迅速，到 2015 年，风电和太阳能发电装机容量已经占典型发达国家装机总量的 7.9% 和 6.2%，根据各国规划，未来还将继续快速增长。

2005—2015 年，典型发达国家火电装机容量占比下滑明显，由 69.6% 下降至 61.3%，下滑 8.3 个百分点；水电装机容量占比由 8.0% 下滑至 7.1%；核电装机容量占比由 14.9% 下滑至 11.7%。可再生能源装机容量占比明显上升，2005 年典型发达国家风电和太阳能发电占比仅为 2.1%，随着政策支持力度的提高和技术水平的发展，可再生能源装机容量占比大幅提高，2015 年风电和太阳能发电装机容量占比已经分别达到了 7.9% 和 6.2%，均比 2005 年提高 6.0 个百分点。2005 年和 2015 年典型发达国家装机结构变化如图 2－14 所示。

2. 火电装机情况

火力发电是典型发达国家电力供给的重要方式，火电装机容量占总装机容量的比例超过 60%。近十年来，由于发达国家在气候政策方面要求日趋严格，煤炭、石油和天然气等化石能源发电装机容量增速逐年放缓，装机容量已经开始下滑。2005 年，6 个典型发达国家火电装机容量为 11.3 亿千

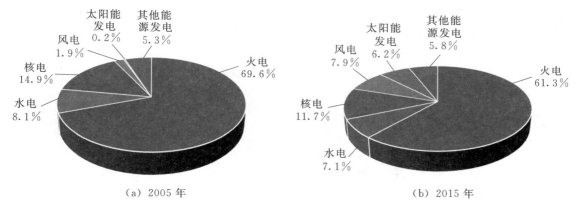

（a）2005 年　　　　　　　　　　（b）2015 年

图 2-14　2005 年和 2015 年典型发达国家装机结构变化

（资料来源：国际能源署）

瓦，占 6 国总发电装机容量的比重为 69.5％。2015 年，火电装机容量为 11.6 亿千瓦，年均增速为
0.2％，所占比重已下滑至 61.3％。美国是全球煤炭储量最大的国家，火电装机容量占比接近 80％。
2015 年，美国火电装机容量为 75848 万千瓦，几乎与 2005 年一致，而美国火电装机容量呈先增后减
趋势，在 2011 年达到 78625 万千瓦的最高值，之后逐年下滑。日本火电装机容量在 2005—2015 年保
持了微速增长，由 17747 万千瓦增长至 19154 万千瓦，年均增速约为 0.9％。欧洲对气候的重视程度
更高，除德国外，英国和法国火电装机容量均出现减少。德国火电装机容量由 7285 万千瓦增长至
8698 万千瓦。英国火电装机容量在 2005 年为 6306 万千瓦，到 2010 年达到峰值 7074 万千瓦，随后逐
年下降，2015 年已降至 5259 万千瓦。法国火电装机容量则一直保持下滑，由 2548 万千瓦下降至
2085 万千瓦。澳大利亚也是煤炭资源丰富的国家，火电装机容量仍保持增长，由 4006 万千瓦增长至
4888 万千瓦，年均增速为 2.0％。虽然美国、日本、德国和澳大利亚火电装机容量在 2005—2015 年
整体有所增长，但增速逐步放缓，到 2015 年，这些国家的火电装机容量都出现了不同程度的下降。
2005—2015 年典型发达国家火电装机容量及增速变化如图 2-15 所示。

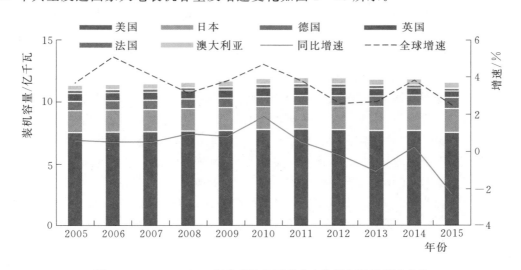

图 2-15　2005—2015 年典型发达国家火电装机容量及增速变化

（资料来源：国际能源署）

3. 水电装机情况

由于水力资源并不十分丰富，6 个典型发达国家水力发电发展缓慢，总装机容量由 2005 年的
13108 万千瓦增长至 2015 年的 13396 万千瓦，年均增速为 0.2％，水电装机容量占比也相对较低，始

终保持在 7％～8％的水平。2015 年,在 6 个典型发达国家中,美国水电装机容量最大,为 7966 万千瓦;日本次之,为 2249 万千瓦;法国为 1816 万千瓦;德国、英国和澳大利亚水电装机容量较少,均低于 1000 万千瓦。2005—2015 年典型发达国家水电装机容量及增速变化如图 2 - 16 所示。

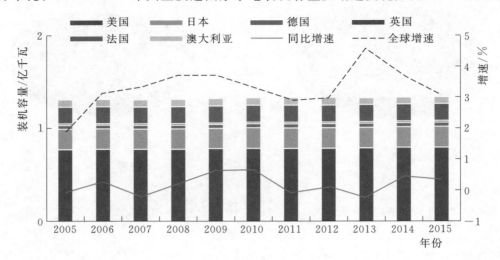

图 2 - 16 2005—2015 年典型发达国家水电装机容量及增速变化

(资料来源:国际能源署)

4. 核电装机情况

核电对技术水平要求较高,全球有完善核电技术的国家不多,典型发达国家在该领域处于优势地位,核电装机总量一直占全球核电装机总量的 6 成左右。进入 21 世纪,面对电力需求增长、保障能源安全和应对气候变化的战略需要和技术进步的影响,核电重新成为典型发达国家能源结构的重要选项,发展核电的势头有所增长,典型发达国家核电装机容量增速与全球核电装机容量增速保持持平。各国先后推出核电相关利好法案和计划,积极协调政府与产业界进行密切合作,改善制度环境。不过,受 2011 年日本福岛核电站泄漏事故影响,反核风潮一时间波及全球,各国对核电站采取了更为谨慎的态度,从 2007 年开始的世界新一轮核电建设又陷入了低谷。德国宣布弃核,当年就停掉了 17 个反应堆中的 8 个,还宣布在 2022 年停掉境内所有核电设施。作为全球核电发达国家之一的法国,核电发电量占全国总发电量的 3/4 以上,由于体量巨大且技术成熟,加之民众对核电认识充分,2011 年之后,法国并没有核电机组退役。

2005—2015 年,受福岛核电站事故影响,典型发达国家核电装机总量由 24303 万千瓦下降到 22181 万千瓦,年均增速为－0.9％。由于在全球核电装机总量中占比较高,增速在 2011 年之前与全球核电装机容量增速接近,2011 年后,随着"弃核"风潮出现,典型发达国家核电建设停滞或进展缓慢,装机增速逐渐低于全球核电装机增速。美国是典型发达国家中核电装机容量最大的国家,在 2012 年核电装机容量达到 10189 万千瓦的峰值之后开始逐步下滑,到 2015 年下滑至 9867 万千瓦,2005—2015 年年均增速为－0.1％。日本核电装机容量自 2011 年开始下滑,2015 年装机容量为 4029 万千瓦,年均增速为 1.7％。德国"弃核"态度比较坚决,2010 年德国核电装机容量为 2049 万千瓦,而在 2011 年,8 个反应堆关闭后,德国核电装机容量只有 1207 万千瓦,2015 年降至 1080 万千瓦,2005—2015 年年均增速为－6.1％。英国也从 2011 年开始削减核电,到 2015 年装机容量降至 892 万千瓦。法国核电装机容量变化不大,2005—2008 年一直保持在 6326 万千瓦,2009 年降至 6313 万千瓦。澳大利亚没有发展核电工业。2005—2015 年典型发达国家核电装机容量及增速变化如图 2 - 17 所示。

5. 非水可再生能源发电装机情况

以太阳能发电和风电为主的非水可再生能源发电对技术要求较高,科技水平发达的典型发达国

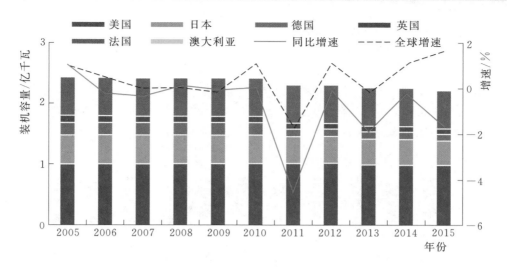

图 2-17 2005—2015 年典型发达国家核电装机容量及增速变化

（资料来源：国际能源署）

家具有一定优势，在 2006 年之前就开始发展风电和太阳能发电。2005—2015 年，典型发达国家非水可再生能源装机发展迅速，装机容量由 5816 万千瓦增长至 30772 万千瓦，年均增速为 18.1%，低于全球增速 1.7 个百分点，占全球的比重从 46.8% 降至 40.4%。美国非水可再生能源装机容量居世界第二，2015 年为 11445 万千瓦，年均增速为 17.9%。日本非水可再生能源装机容量由 2005 年的 468 万千瓦增加至 2015 年的 4030 万千瓦，年均增速为 24.0%。德国非水可再生能源基础较好，2005 年装机容量达 2458 万千瓦，2015 年为 9488 万千瓦，年均增速为 14.5%。英国风电发展较快，非水可再生能源装机容量由 318 万千瓦增加至 2863 万千瓦，年均增速为 24.6%。法国由 208 万千瓦增长至 2005 万千瓦，年均增速为 25.4%。澳大利亚非水可再生能源体量相对较小，2015 年装机容量仅为 942 万千瓦，年均增速为 19.8%。2005—2015 年典型发达国家非水可再生能源发电装机容量及增速变化如图 2-18 所示。

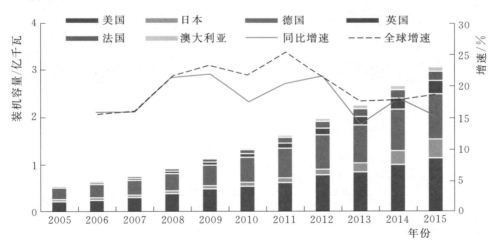

图 2-18 2005—2015 年典型发达国家非水可再生能源发电装机容量及增速变化

（资料来源：国际能源署）

（三）发电量及结构

1. 发电量情况

近 10 年来，典型发达国家发电量总体保持平稳，年均增速为 -0.1%。由于 2009 年和 2014 年经济影响较大，发电量同比出现较大降幅，分别下降 4.1% 和 3.0%。2015 年，典型发达国家发电量为

71653 亿千瓦时，与 2014 年基本持平。

2005—2015 年，6 个典型发达国家发电总量结构变化不大，美国发电量占 6 个典型发达国家比重最高，2015 年占 60.3%，较 2005 年提高 0.9 个百分点；日本发电量占比略有下滑，由 15.7% 降至 15.6%，降低 1.1 个百分点；德国占比由 8.6% 提高 0.4 个百分点至 9.0%；英国下滑 0.8 个百分点至 4.7%；法国保持在 7.9% 水平；澳大利亚占比由 3.1% 增加至 3.5%。2005—2015 年典型发达国家发电量及增速变化、占比情况具体如图 2-19、图 2-20 和表 2-4 所示。

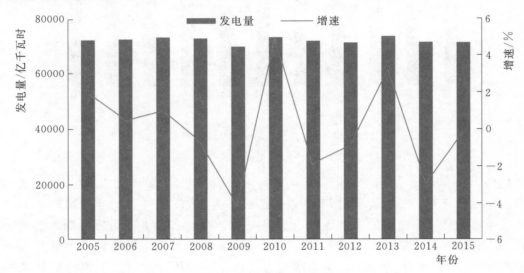

图 2-19　2005—2015 年典型发达国家发电量及增速变化

（资料来源：国际能源署）

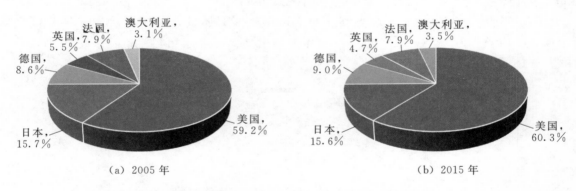

（a）2005 年　　　　　　　　　　（b）2015 年

图 2-20　2005 年和 2015 年典型发达国家发电量占比情况

（资料来源：国际能源署）

表 2-4　　　　　　2005 年和 2015 年典型发达国家分能源类型发电量变化　　　　　单位：亿千瓦时

发电类型	美国		日本		德国		英国		法国		澳大利亚		合计	
	2005 年	2015 年	2005 年	2015 年	2005 年	2015 年	2005 年	2015 年	2005 年	2015 年	2005 年	2015 年	2005 年	2015 年
煤炭	21540	14710	2977	2837	1363	767	307	122	3075	3432	1816	1586	31078	23454
石油	1413	388	120	62	53	21	79	22	1782	1025	28	68	3476	1587
天然气	7828	13726	740	630	1526	1000	231	198	2438	4098	238	525	13002	20177
核电	8107	8303	1631	918	816	703	4515	4374	3048	94	0	0	18117	14393
水电	2979	2711	264	249	79	90	563	594	864	913	156	134	4905	4692
风电	179	1930	272	792	29	403	10	212	18	52	9	115	516	3504

续表

发电类型	美国		日本		德国		英国		法国		澳大利亚		合计	
	2005年	2015年	2005年	2015年	2005年	2015年	2005年	2015年	2005年	2015年	2005年	2015年	2005年	2015年
太阳能发电	11	356	13	387	0	76	0	73	15	359	1	60	40	1310
生物质能发电	485	616	111	446	81	266	17	39	120	346	38	36	853	1749
其他	402	431	97	148	35	64	38	51	34	95	0	0	607	788
总发电量	42944	43172	6226	6469	3984	3391	5761	5685	11392	10413	2287	2524	72593	71653

资料来源：国际能源署。

2. 发电量结构变化

2015年典型发达国家发电量分类型构成中，火力发电量为45218亿千瓦时，占比最高，为63.1%；水力发电量为4692亿千瓦时，占比6.5%；核能发电量为14393亿千瓦时，占比20.1%；风力发电量为3504亿千瓦时，占比4.9%；太阳能发电量为1310亿千瓦时，占比1.8%；其他能源发电量为2537亿千瓦时，占比3.5%。

2005—2015年，典型发达国家发电量结构变化明显，呈现传统能源发电量占比下滑，可再生能源发电量占比提高的特点。其中，火力发电量占比由65.5%降至63.1%，下滑2.4个百分点；水力发电量占比下滑0.2个百分点；核能发电量占比由24.9%降至20.1%，下滑4.8个百分点。风电和太阳能发电量占比均有所提高，其中，风电占比由0.7%增至4.9%，提高4.2个百分点；太阳能发电量占比由0.1%增至1.8%，提高1.7个百分点；其他能源发电量2005年占比2.0%（包含地热能发电、潮汐发电和生物质能源发电等），2015年达到3.5%。2005年和2015年典型发达国家发电量结构变化如图2-21所示。

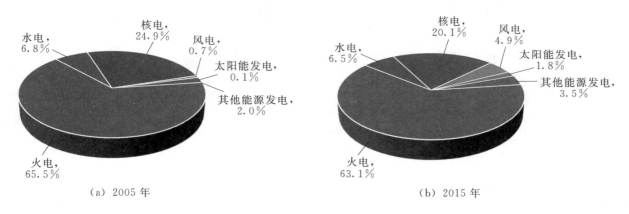

（a）2005年　　　　　　　　　　（b）2015年

图2-21　2005年和2015年典型发达国家发电量结构变化

（资料来源：国际能源署）

近10年来，典型发达国家火力发电结构变化显著，煤炭占比大幅减少，天然气占比相应提高。2015年，典型发达国家火力发电量为45218亿千瓦时，其中煤炭发电量占比由2005年的65.4%下降至51.9%，降幅达13.5个百分点；天然气发电量占比由2005年的27.3%增长至44.6%，提高17.3个百分点；石油发电量占比下滑3.8个百分点。2005年和2015年典型发达国家火电发电结构变化如图2-22所示。

（四）用电量及结构

2015年，典型发达国家终端用电量为61839亿千瓦时，同比下降0.1%。近10年来，除2009年

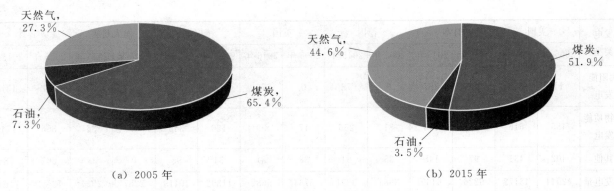

（a）2005 年　　　　　　　　　　　　　　　　（b）2015 年

图 2-22 2005 年和 2015 年典型发达国家火电发电结构变化

（资料来源：国际能源署）

受经济影响，用电量波动明显外，典型发达国家用电量总体处于平稳状态，年均增速为 -0.1%。2009 年，典型发达国家用电量同比下降 4.3%，2010 年同比增速为 4.4%。2005—2015 年典型发达国家终端用电量及增速变化如图 2-23 所示。

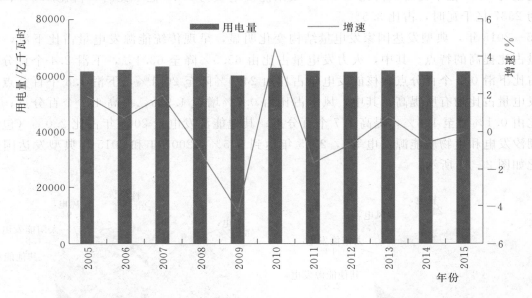

图 2-23 2005—2015 年典型发达国家终端用电量及增速变化

（资料来源：国际能源署）

2015 年典型发达国家分行业终端用电量构成中，商业用电量为 21432 亿千瓦时，占比最高，为 34.7%；居民生活用电量为 21178 亿千瓦时，占比 34.2%；工业用电量为 16126 亿千瓦时，占比 26.1%；其他终端用电量为 3103 亿千瓦时，占比为 5.0%。

近 10 年来，典型发达国家分行业终端用电量结构变化不明显，工业用电占比 29.5% 降至 26.1%，下降 3.4 个百分点；商业用电量占比由 32.4% 升至 34.7%，增长 2.3 个百分点；居民生活用电量占比由 33.8% 增至 34.2%，增加 0.4 个百分点；其他用电占比由 4.3% 增至 5.0%，增加 0.7 个百分点。2005—2015 年，典型发达国家用电结构虽然变化不大，但民众消费能力提高和服务业比重增大的趋势仍然得到充分显现。2005 年和 2015 年典型发达国家分行业终端用电结构变化如图 2-24 和表 2-5 所示。

（五）电力进出口情况

为满足国内经济增长需要，典型发达国家电力产业发展都比较成熟，基本可以满足国内需求，德国和法国由于地理位置优势，将大量电力出口到周边国家。

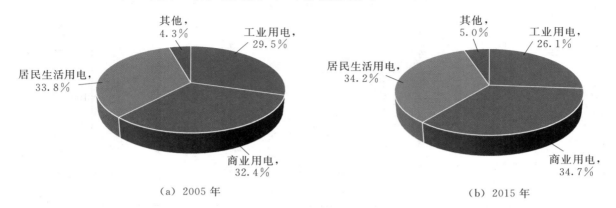

（a）2005 年　　　　　　　　　　　　　　　（b）2015 年

图 2-24　2005 年和 2015 年典型发达国家分行业终端用电结构变化

（资料来源：国际能源署）

表 2-5　　　　　　　　　　　　2005 年和 2015 年典型发达国家用电量变化　　　　　　　　　单位：亿千瓦时

用电部门	美国		日本		德国		英国		法国		澳大利亚		合计	
	2005 年	2015 年	2005 年	2015 年	2005 年	2015 年	2005 年	2015 年	2005 年	2015 年	2005 年	2015 年	2005 年	2015 年
能源部门	3184	3477	696	506	664	583	301	281	610	467	241	268	5696	5580
工业	8982	8062	3762	3051	2306	2249	1160	925	1395	1070	741	769	18345	16126
交通	62	89	191	179	132	113	41	45	99	102	35	55	558	582
居民生活	13592	14016	2831	2676	1413	1287	1257	1082	1385	1524	548	593	21026	21178
商业	12751	13595	3200	3267	1372	1499	989	937	1252	1463	545	671	20109	21432
农/林/渔业	410	381	17	28	0	0	40	41	74	82	24	26	566	557
其他	1518	1665	15	290	0	0	0	0	23	8	0	0	1556	1964
总用电量	40499	41285	10711	9998	5887	5730	3788	3309	4838	4717	2133	2381	67856	67419

资料来源：国际能源署。

1. 美国

美国是世界上电力工业最发达的国家之一，其发电装机容量、发电量均处于世界前列，电力供应充足，除边境部分地区外，电力供应基本可以满足需求，电力自给率保持在 98% 以上。但美国电网的产权结构分散，难以统一管理，同时发达的电力供应使美国电力投资缺口不断扩大，电力自给率呈现逐年小幅下滑趋势。2005—2015 年美国电力供需情况如图 2-25 所示。

2. 日本

日本电力工业也比较发达，但是一次能源储量匮乏，所需的能源依赖进口。由于地理位置原因，日本电力完全自给，也无电力出口。由于产业转移，日本发电量和用电量呈现低速下滑趋势。2005—2015 年日本电力供需情况如图 2-26 所示。

3. 德国

德国是欧洲电力工业最发达的国家，由于其地处欧洲的地理中心，是欧洲网络化电力系统的枢纽和主要供给国。除满足本国电力需求外，德国将越来越多的电力出口到邻近国家。到 2015 年，德国向邻国净出口电量 483 亿千瓦时，自给率达到 108.1%。2005—2015 年德国电力供需情况如图 2-27 所示。

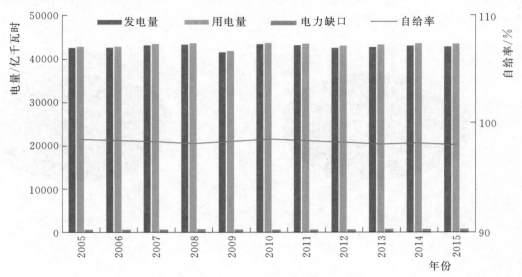

图 2 - 25　2005—2015 年美国电力供需情况

（资料来源：国际能源署）

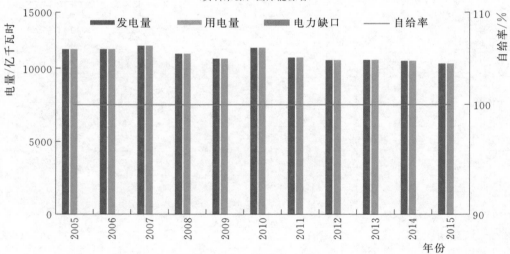

图 2 - 26　2005—2015 年日本电力供需情况

（资料来源：国际能源署）

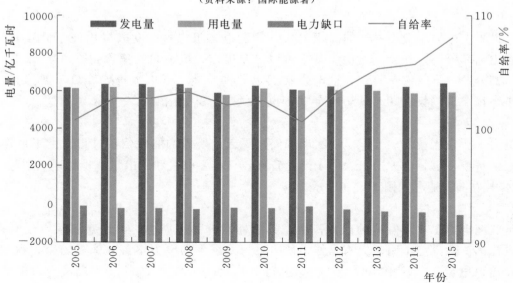

图 2 - 27　2005—2015 年德国电力供需情况

（资料来源：国际能源署）

4. 英国

英国是 3 个欧洲典型发达国家中唯一的电力净进口国，随着燃煤电厂的淘汰速度加快，英国电力缺口呈逐年提高趋势，2005 年只有 83 亿千瓦时，占英国用电量的 2％左右；到 2015 年，电力缺口已经达到 209 亿千瓦时，占比也达到 6％左右。英国进口的电力主要来源于法国和荷兰。2005—2015 年英国电力供需情况如图 2-28 所示。

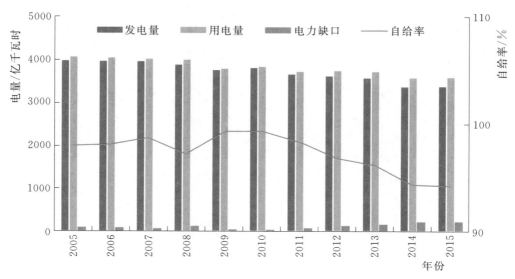

图 2-28　2005—2015 年英国电力供需情况

（资料来源：国际能源署）

5. 法国

法国是欧洲另一大电力出口国，强大的核电工业为法国提供了清洁稳定的电力，除满足本国需求外，每年还向周边国家输出大量电力。除 2008—2009 年外，近十年法国电力净出口量占本国发电量的 10％左右，电力自给率保持 110％左右。2005—2015 年法国电力供需情况如图 2-29 所示。

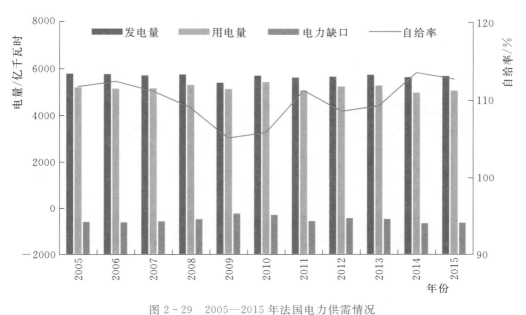

图 2-29　2005—2015 年法国电力供需情况

（资料来源：国际能源署）

6. 澳大利亚

澳大利亚电力供需情况与日本类似，由于远离其他国家，电力完全自给，也无电力出口，丰富的资源储量给澳大利亚发展电力工业带来了良好的条件。2005—2015 年澳大利亚电力供需情况如图 2－30 所示。

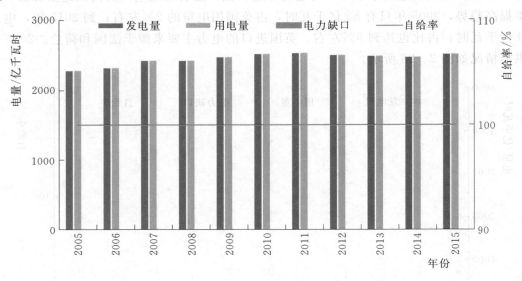

图 2 - 30　2005—2015 年澳大利亚电力供需情况

（资料来源：国际能源署）

三、电力发展新形势

（一）新能源发电发展形势

风能是各类可再生能源中技术最为成熟和最具有经济可行性的可再生能源。全球风能产业发展良好，各国政府不断出台鼓励政策，为风能产业发展提供巨大动力。随着技术进步和环保事业的发展，风力发电在商业上将可以与燃煤发电竞争。

根据国际可再生能源署（International Renewable Energy Agency，IRENA）发布的数据显示，自 2006 年以来，全球风力发电装机容量从 7350 万千瓦提高到 46650 万千瓦，增长了 5 倍以上，年均增速超过 20％。典型发达国家风电装机容量从 3768 万千瓦增长到 16550 万千瓦，增长了 3 倍多，年均增速为 15.9％。预计未来几年，全球风能市场每年仍将递增 10％以上。

海上风电虽然起步较晚，但是凭借海风资源的稳定性和大发电功率的特点，海上风电近年来正在快速发展。在陆上风电已经能够在成本上与传统电源技术展开竞争的情况下，高度依赖技术驱动的海上风电优势也日益明显，已经具备了作为核心电源来推动未来全球低碳经济发展的条件。

据 IRENA 统计，2016 年全球海上风电新增装机容量 1408 万千瓦，主要发生在 7 个国家。其中英国是世界上最大的海上风电市场，装机容量占全球装机容量的近 36.6％，其次是德国，占 29.2％。2016 年，中国海上风电装机容量占全球装机容量的 10.5％，取代了丹麦，跃居第三。其次，丹麦占 9.0％，荷兰占 6.8％，比利时占 5.0％。除此之外还包括瑞典、芬兰、爱尔兰、西班牙、日本、韩国、美国和挪威等市场，共同促进了整个海上风电的发展。2006—2016 年典型发达国家风电装机容量变化如图 2-31 所示。

除风电之外，太阳能发电也是能源转型的关键因素之一。早在 20 世纪 60 年代，在政府资金和政策扶持下，太阳能发电技术快速发展起来。起初，光伏发电只是单家独户屋顶应用，随着光伏发电成本降低以及政府补贴，数量大增并接入电网，分散式电力交易快速发展，推进了能源互联网的建立。光伏发电正在迅速成为廉价的、低碳和可利用的再生能源。但是，目前太阳能发电成本仍然高于化石燃料发电，依赖于政府补贴，所以目前太阳能发电占全球发电总量的比例很小，

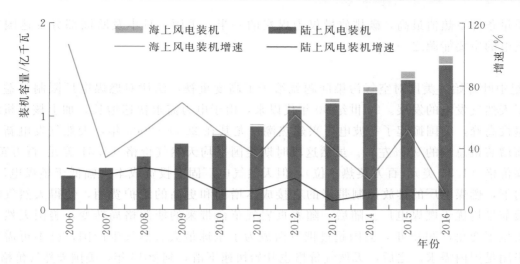

图 2 - 31 2006—2016 年典型发达国家风电装机容量变化

（资料来源：国际可再生能源署）

未来随着太阳能发电技术进步，成本降低，光伏发电将很快发展起来。根据国际能源署估计，到 2050 年光伏发电和光热发电分别占全球电力消费量的 16％和 11％。太阳能发电将成为世界上重要的电力来源。

IRENA 发布的数据显示，自 2006 年以来，全球太阳能发电装机容量已经从 580 万千瓦增长到 2016 年的 29566 万千瓦，增长了 50 倍，年均增速达到 48.2％。典型发达国家对太阳能发电技术开发较早，装机容量从 580 万千瓦增长到 2016 年的 14095 万千瓦，增长了 23 倍，年均增速为 37.6％。

2016 年，在典型发达国家中，日本太阳能发电装机容量 4160 万千瓦，占比最高，达到全球太阳能发电装机总量的 14.1％；其次是德国 4099 万千瓦，占比 13.9％；美国装机容量为 3471 万千瓦，占比 11.7％。2006—2016 年全球和典型发达国家太阳能发电装机容量及增速变化如图 2 - 32 所示。

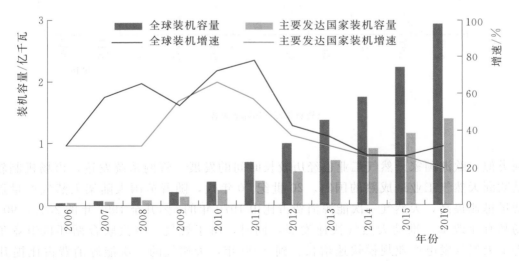

图 2 - 32 2006—2016 年全球和典型发达国家太阳能发电装机容量及增速变化

（资料来源：国际可再生能源署）

（二）天然气发电发展形势

当前，能源低碳、高效成为推动世界经济社会可持续发展的目标，天然气作为一种优质、低碳、高效的能源备受青睐。在煤、石油、天然气三大化石能源中，天然气含氢比例最低，热能利用效率高，相同质量条件下热值最高，碳排放量仅为煤炭的一半。美国、日本及欧洲部分发达国家已将天然气作为发电的主要能源之一。

1. 美国

20世纪中叶开始，美国对空气污染问题就给予了高度重视，法律对燃煤电厂限制日益提高，同时也推动了天然气发电的发展。20世纪90年代以来，由于电力需求快速增长，加上核电机组和燃煤机组迎来退役高峰，美国掀起了一波电厂兴建热潮。尤其在2000—2005年，天然气发电新增装机容量占同期新增装机总量的98%左右。虽然这段时期美国平均天然气价格（5.31美元/百万英热单位）远高于电煤价格（1.31美元/百万英热单位），但天然气电厂固定投资成本大幅低于燃煤电厂。同时，在政策导向下，燃煤电厂的排放控制带来的直接成本增加和更高的维护费用，使得天然气电厂综合成本和发展前景均优于燃煤电厂。随后，随着页岩气革命带来的能源格局转变，美国天然气供需平衡关系也发生了变化，2009年，美国超过俄罗斯成为了全球最大天然气生产国，已不再需要大量进口天然气来满足国内需求。之后，天然气价格也开始快速下滑，到2016年，美国天然气价格已经跌破1.70美元/百万英热单位，天然气发电优势更加明显。2015年，美国天然气发电装机容量为4.4亿千瓦，比2005年增加5114万千瓦，2005—2015年年均增速为1.4%。天然气发电比重大幅增加，由1990年的11%左右提升到2015年的31.8%，煤炭发电比例由2000年的52%下降到2015年的34.1%，天然气发电逐步超越煤炭发电。2005—2015年美国煤炭和天然气发电量变化如图2-33所示。

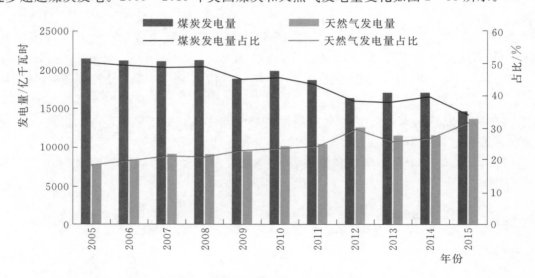

图2-33　2005—2015年美国煤炭和天然气发电量变化

（资料来源：国际能源署）

2. 英国

与美国类似，欧洲国家天然气工业也经历较长时间的发展，管网系统发达，市场机制较为完善，而英国又是欧洲天然气工业最成熟的国家。20世纪70年代，随着英国大陆架天然气产量迅猛增长，天然气消费量迅速提高，天然气一次能源消费占比由1970年的5%升至1990年的25%。90年代，英国电力市场私有化改革，推动天然气快速发展，同时，由于燃气—蒸汽联合循环机组竞争力更强，也有力促进了天然气发电产业规模快速增长。到2000年，天然气的一次能源消费占比提升至41%，天然气发电份额也相应大幅上升，占比由1990年的1.1%升至2000年的29.4%。2000—2010年，天然气消费份额相对稳定，2010年天然气的一次能源消费占比约为43%。2010年后，受英国产业结构调整、能源效率提升，以及经济下滑、煤电和可再生能源竞争等影响，天然气消费量明显下滑，一次能源消费占比降至2015年的29.5%。与天然气行业发展趋势相一致，英国天然气发电起步于20世纪60年代，当时装机容量比例很低，不足0.2%；70年代前半期天然气发电发展较快，1974年发电份额已接近 8%，但由于 1973 年第二次石油危机影响欧洲能源安全，1975 年欧盟委员会发布指令限制天然气发电，造成 80 年代该产业停滞不前；90 年代，随着英国竞争性电力市场改革的开启和燃气—蒸汽联合循环发电技术的成熟，天然气发电迅速发展，2015 年天然气发电量为 1000.3 亿千瓦时，占全国总发电量的 29.5%。2005—2015 年英国煤炭和天然气发电量变化如图 2-34 所示。

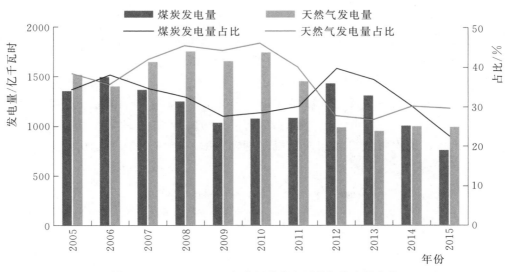

图 2-34　2005—2015 年英国煤炭和天然气发电量变化

（资料来源：国际能源署）

3．日本

日本情况与欧美不同，天然气资源匮乏，主要依靠进口液化天然气（Liquefied Natural Gas，LNG）发展本国产业。在两次"石油危机"之后，日本开始通过建设燃气、燃煤电站和核电站来减少对石油的依赖。石油发电量占比由 1980 年的 46% 降至 2015 年的 9.8%，天然气和煤炭的总发电量所占比重得到提升，天然气发电量占总发电量的比例由 1980 年的 15% 升至 2015 年的 39.4%，煤炭发电量占比也由 1980 年的 5% 升至 2015 年的 33.0%。2005—2015 年日本煤炭、石油和天然气发电量变化如图 2-35 所示。

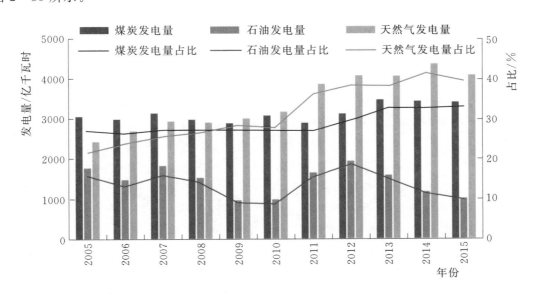

图 2-35　2005—2015 年日本煤炭、石油和天然气发电量变化

（资料来源：国际能源署）

第三节 电力与经济相关关系

一、单位 GDP 电耗

由于典型发达国家技术发达，产业结构中服务业占比很高，电力消耗最高的工业在 GDP 中所占比重较小，所以典型发达国家单位 GDP 电耗一直低于全球水平。1981—2015 年，典型发达国家单位 GDP 电耗由 5607.7 千瓦时/万美元降低至 1900.2 千瓦时/万美元，全球由 6462.9 千瓦时/万美元降低至 2829.6 千瓦时/万美元。典型发达国家年降幅为－3.1％，降速高于全球－2.4％的水平。几次明显的增长分别发生在 1989 年、1996—1998 年、2009 年、2013 年和 2015 年，分别发生在日本经济危机、东南亚金融危机、美国次贷危机和欧债危机时期。1981—2015 年典型发达国家及全球单位 GDP 电耗变化如图 2-36 所示。

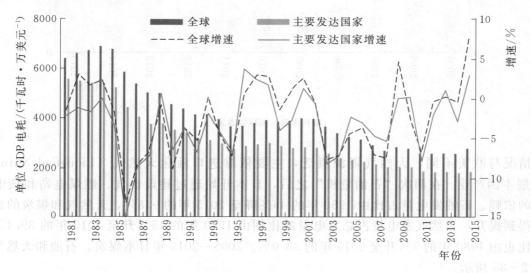

图 2-36 1981—2015 年典型发达国家及全球单位 GDP 电耗变化

（资料来源：国际能源署）

二、电力消费弹性系数

1981—2015 年，由于技术进步和服务业增加值比重提高，典型发达国家电力消费弹性系数呈现下滑趋势，从 1981—1990 年间的 0.89 下滑至 2001—2015 年间的 0.27。1981—2015 年，GDP 年均增长 2.4％，用电量年均增长 1.5％，电力消费弹性系数为 0.66，整体波动幅度为－1.1～1.9（剔除异常值）。其中 1981—2000 年波动区间为 0.2～1.6，相对比较平稳，表明经济发展稳定；2001—2015 年波动区间扩大，为－1.1～1.9，经济危机对经济和用电量的影响明显；2007—2010 年，电力消费弹性系数均处于 1.0 以上区间，其中 2010 年达到 1.9 的峰值。

2001 年"9·11"恐怖袭击事件造成美国经济衰退，2002 年影响到其他发达国家，电力消费弹性系数达到 1.7 的次高值；2003—2006 年电力与经济平稳发展，但用电量与经济增速开始放缓；2007—2010 年，美国次贷危机爆发，继而影响到全球经济发展，欧洲诸国和日本受到严重影响，经济衰退明显，货币流通严重不足，工业及服务业活动受制，用电量也相应出现萎缩，电力消费弹性系数由 2006 年的 0.2 快速升至 1.0 以上的逆向发展区间，在 2010 年，电力消费弹性系数达到 1.9 的峰值水平；2011 年后，在一系列经济刺激政策支持下，典型发达国家经济逐步好转，GDP 重归增长区间，用电量回归平稳增长，电力消费弹性系数也逐步回落至 1.0 以下，电力与经济稳步向好。1981—2015 年典型发达国家电力消费弹性系数变化如图 2-37 所示。

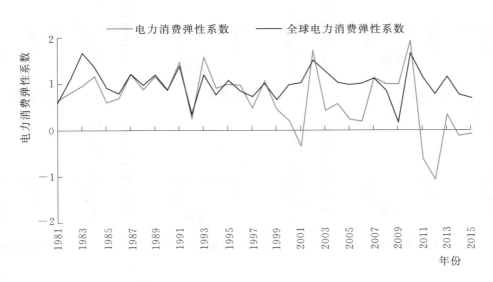

图 2-37 1981—2015 年典型发达国家电力消费弹性系数变化
（资料来源：世界银行、国际能源署）

1981—2015 年，全球电力消费弹性系数为 1.1，典型发达国家普遍优于全球水平，其中法国和澳大利亚相对较高，均为 1.0，日本为 0.9，美国为 0.6，德国和英国最低，只有 0.3。分时间段来看，除日本外，其他典型发达国家电力消费弹性系数均呈降低趋势，说明技术水平和产业结构在持续优化。1991—2000 年，由于房地产泡沫破裂，日本经济出现明显衰退，电力消费弹性系数由 1981—1990 年的 0.9 逆势增长至 1991—2000 年的 1.7。2000 年后，随着经济发展逐步趋稳，电力消费弹性系数重归良好区间。不同时期典型发达国家电力消费弹性系数对比如图 2-38 所示。

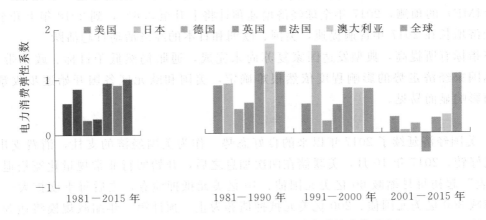

图 2-38 不同时期典型发达国家电力消费弹性系数对比
（资料来源：世界银行、国际能源署）

具体来看，日本电力消费弹性系数波动最为明显，虽然存在异常数据，但-2.8～7.6 的电力消费弹性系数峰值出现在 20 世纪 90 年代日本经济大萧条时期，经济衰退对电力消费影响显著。法国也存在类似问题，20 世纪 90 年代初的货币紧缩政策造成了法国经济的衰退，6.7 的电力消费弹性系数峰值也出现在这个时期。美国、德国、英国和澳大利亚电力消费弹性系数相对平稳，但在 2008 年全球经济危机发生后，各国均出现了连续高于 1 的情况。1981—2015 年典型发达国家电力消费弹性系数如图 2-39 所示。

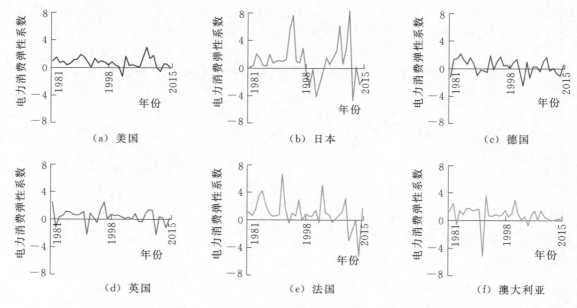

图 2-39　1981—2015 年典型发达国家电力消费弹性系数

（资料来源：世界银行、国际能源署）

第四节　电力与经济发展展望

一、经济发展展望

自 2016 年下半年起，全球经济活动趋于活跃；2017 年上半年，该趋势进一步走强。根据国际货币基金组织（IMF）的预测，2017 年全球经济增速预计将上升至 3.6%，到 2018 年上升至 3.7%。发达经济体的经济增长在 2017 年普遍提速，美国、欧洲和日本的经济活动日趋活跃。

虽然经济指标有所提高，典型发达国家复苏尚未完成，通胀仍然低于目标。政策带来的不确定性对典型发达国家经济走势的影响程度依然很难确定，美国和欧元区各国开始逐步收紧货币政策，对经济的负面影响显而易见。

（一）美国

2018 年，美国经济延续了 2017 年以来的良好态势。作为美国经济的支柱，消费支出增幅较大。由于经济状况好转，2017 年 10 月，美联储在两次加息之后，开始实行非常规量化宽松退出手段——"缩表"。"缩表"起初每月缩减 60 亿美元国债、40 亿美元抵押债券，之后每季度扩大一次规模，最终达到每月缩减 300 亿美元国债、200 亿美元抵押债券为止。预计第一年缩减规模将达 3000 亿美元，第二年起每年缩减近 6000 亿美元。"缩表"将造成货币流通性减小，对投资产生直接影响，继而影响美国经济的增长，美国经济的不确定性依然较大。

由于经济指标良好，国际货币基金组织（IMF）上调了美国经济增长预期，2018 年和 2019 年 GDP 增速分别由 2.2% 和 2.1% 上调至 2.9% 和 2.7%，但对 2020 年预期并不理想，为 1.9%。1990—2020 年美国 GDP 增速变化趋势及预测如图 2-40 所示。

（二）日本

作为外需拉动型经济，日本在贸易保护主义之下受到的影响最为明显，2018 年日本出口出现大幅下滑，经济也在一定程度上出现衰退。

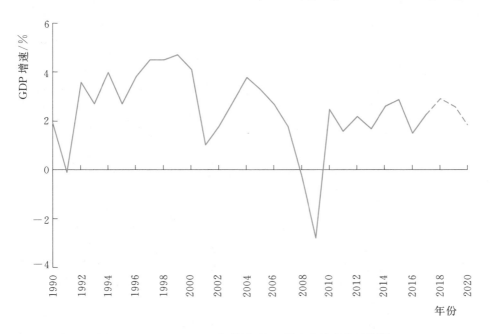

图 2-40 1990—2020 年美国 GDP 增速变化趋势及预测
（资料来源：国际货币基金组织）

根据国际货币基金组织（IMF）预测，日本 2018 年的经济增速仅为 1.2%，2020 年将降至
0.3%。1990—2020 年日本 GDP 增速变化趋势及预测如图 2-41 所示。

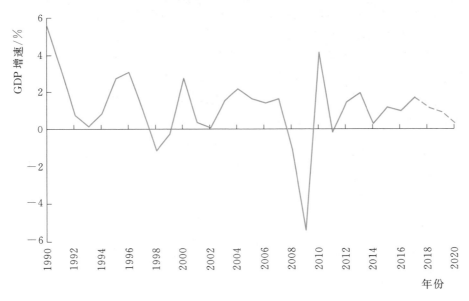

图 2-41 1990—2020 年日本 GDP 增速变化趋势及预测
（资料来源：国际货币基金组织）

（三）德国

德国是欧元区的经济引擎，随着全球工业品需求增长，2018 年德国经济增势良好，出口和投资
快速提高，制造业生产持续扩大，就业持续强劲增长，国内消费增长平稳。但未来德国经济依然存
在不确定性，欧洲央行决定于 2018 年开始收紧货币政策，德国经济能否延续上年的强势仍存在疑问。

根据国际货币基金组织（IMF）发布的预测数据显示，2018 年，德国 GDP 增速将达到 2.5%，
2019 年略有下降，为 2.0%。1990—2020 年德国 GDP 增速变化趋势及预测如图 2-42 所示。

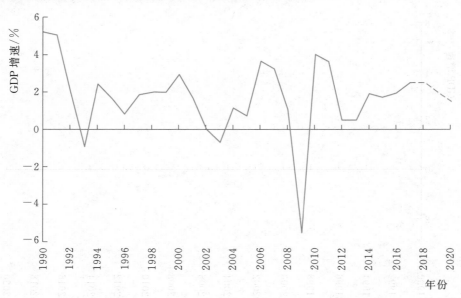

图 2-42 1990—2020 年德国 GDP 增速变化趋势及预测

（资料来源：国际货币基金组织）

（四）英国

自 2016 年公投脱欧以来，英镑汇率大跌刺激了英国出口增长，但进口成本也相应增加，居民消费价格指数（Consumer Price Index，CPI）提高虽然造成居民财富缩水，实际收入下降，但是英国的劳动力市场得到改善，失业率已经远低于经济危机前水平。全球经济扩张和英镑贬值推动了贸易的增长，强劲的国外需求、企业高盈利水平、低融资成本和低闲置生产力推动了投资和工业的增长，工业产出持续增长。而脱欧必将会给英国经济带来可预见的损失，首先，脱欧必须支付高额的费用；其次，非关税壁垒将显著增加，英国企业向欧盟国家出口产品和服务的竞争力将受损，包括金融业在内的英国服务业或面临较大冲击，英国经济面临很高的下行风险。

根据国际货币基金组织（IMF）预测，2017 年英国 GDP 增速为 1.8%，2018 年将降至 1.6%。1990—2020 年英国 GDP 增速变化趋势及预测如图 2-43 所示。

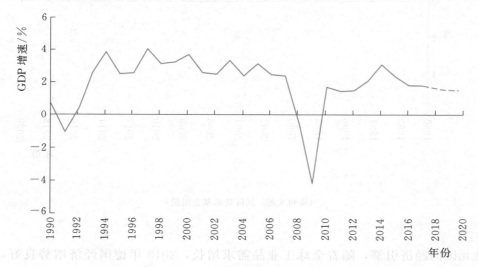

图 2-43 1990—2020 年英国 GDP 增速变化趋势及预测

（资料来源：国际货币基金组织）

（五）法国

2018 年，马克龙政府打破了法国数十年来"左右分野"的传统政治格局，形成了执政党一党独大的局面。新政府抓住上台后的窗口期，迅速有序地推进各项改革。在改革推动下，法国经济得以恢复，失业率重回10％以下水平，消费支出加速，投资出现强劲增长。英国脱欧给法国带来不少益处，作为欧盟组织的缔造国，欧洲银行管理局总部将由伦敦迁往巴黎，从而带动巴黎金融业的发展，同时，英镑贬值促使法国2017年的GDP超过英国成为全球第五大经济体。随着马克龙改革的进一步推行，法国经济前景有望继续向好。

根据国际货币基金组织（IMF）预测，2018年法国GDP增速将由2017年的1.8％增至2.0％，2020年为1.8％。1990—2020年法国GDP增速变化趋势及预测如图2-44所示。

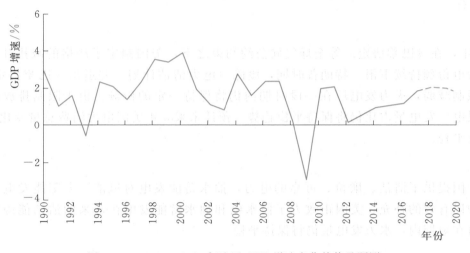

图2-44 1990—2020年法国GDP增速变化趋势及预测
（资料来源：国际货币基金组织）

（六）澳大利亚

全球经济的复苏为澳大利亚经济发展提供了良好的外部条件。一方面，2018年澳大利亚就业水平强劲，失业率降低，劳动力市场继续增强，劳动力市场的复苏将带动经济的发展，通胀也将进一步出现回升，经济增长平稳；另一方面，澳大利亚的经济结构转变也取得了明显的成效，对矿产资源的依赖逐步下降，非矿业的投资进一步增强，基础设施投资增长也一定程度上促进了经济的发展。预计未来几年澳大利亚GDP增速将维持在3％左右。1990—2020年澳大利亚GDP增速变化趋势及预测如图2-45所示。

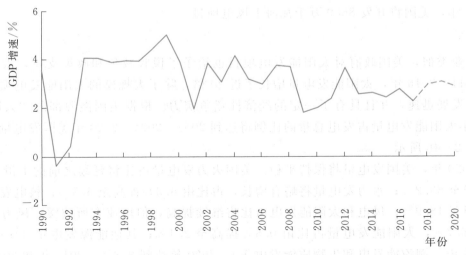

图2-45 1990—2020年澳大利亚GDP增速变化趋势及预测
（资料来源：国际货币基金组织）

二、电力发展展望

（一）美国

近 10 年来，美国用电量总体处于平稳状态。2005—2015 年用电量年均增速仅为 0.1%。特朗普当政时期，美国政策导向有所调整，再工业化进程加快，但工业在美国经济中仅占 20% 左右，电力需求不会产生明显增长，预计未来 5 年，美国用电量仍将保持平稳，达到 43370 亿千瓦时，增速仍保持在 0.1% 左右。

1. 火电

过去 10 年，在《巴黎协定》等全球气候公约约束之下，美国制定了严格的减排计划，火力发电尤其是燃煤发电份额持续下滑。特朗普时期，废除《电力清洁计划》并退出《巴黎协定》，对电厂二氧化碳排放限制减弱，火力发电厂在一段时期内仍将保持一定的份额。由于限制排放政策由趋严转至宽松，燃煤电厂发电量占比仍将保持平稳趋势。预计未来 5 年美国电力消费总量变化不大，火力发电量仍将保持平稳。

2. 水电

水电为美国提供了清洁、廉价、可靠的电力，抽水蓄能发电对风能、太阳能发电等目前快速发展的新技术加以有效的补充，美国正致力于使水电和抽水蓄能发电在未来的清洁能源发展中发挥更大的作用。而在短期内，水力发电量仍将保持平稳。

3. 核电

自 2011 年日本福岛核电站事故以来，全球许多国家一改以往对核电的支持态度，纷纷放缓核电发展步伐。截至 2016 年年底，美国没有新建核电项目，只有部分核电站进行扩建。根据美国官方数据，2017—2040 年，美国将新增扩建 470 万千瓦核电装机容量，但同时期，将有 1060 万千瓦机组退役，从长期来看，未来美国核能装机容量和发电量将逐步缩减。

4. 风电

美国在政策上对风力发电项目给予了资金补助和税收减免，风电产业得到了快速的发展，随着技术的不断进步，风电成本优势进一步凸显。根据美国官方预测，2021 年，美国风力发电量将超过 3000 亿千瓦时，2040 年后将超过 5000 亿千瓦时。海上风电也是美国风电发展的重点，根据美国能源部计划，2050 年，美国将开发 8600 万千瓦海上风电项目。

5. 太阳能发电

与风电产业类似，美国政府对太阳能发电项目也给予了税收减免和政策支持，太阳能发电产业快速发展，2011—2016 年，太阳能发电量增长了近 20 倍，除了大规模的太阳能发电项目外，分布式太阳能项目也发展迅速，并且具有了一定的经济性竞争实力。根据美国能源部的"太阳计划 2030"，预计到 2030 年太阳能发电量占发电总量的比例将达到 20%。2005—2020 年美国发电量、结构变化趋势及预测如图 2-46 所示。

预计到 2020 年，美国发电量将保持平稳。美国火力发电量占比将延续之前的下滑趋势，由 2015 年的 66.8% 降至 63.2%；水力发电量将略有增长，占比由 6.3% 提高至 6.5%；核电发电量下滑，占比由 19.2% 降至 18.9%；风电和太阳能发电占比将继续提高，但增速有所放缓，风力发电量占比由 4.5% 提高至 6.7%，太阳能发电量占比由 0.8% 提高至 2.4%；其他能源发电量 2015 年占比 2.4%（包含地热能发电、潮汐能发电和生物质能发电等），2020 年达到 2.8%。2015 年和 2020 年美国发电量结构变化如图 2-47 所示。

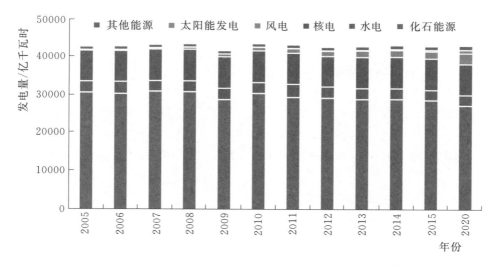

图 2-46 2005—2020 年美国发电量、结构变化趋势及预测

（资料来源：国际能源署）

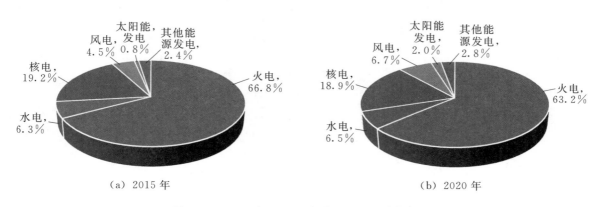

图 2-47 2015 年和 2020 年美国发电量结构变化

（资料来源：国际能源署）

（二）日本

1. 火电

日本的火力发电始终占有一定的主导地位，在福岛核电站事故之后，迫于国内的压力，日本的核电站关停造成了巨大的电力缺口，需要大力发展火电弥补缺口。未来几年，日本的火力发电还将继续发展，新建电站主要是燃煤电站。

2. 水电

受地势限制，日本很难建设大型水电站，小水力发电应用范围广泛。小水力发电投资成本低、体积小、不受天气影响，并且发电过程中二氧化碳排放量极低。2015 年，水力发电量占全国总发电量比例为 8.4%。据日本全国小水力利用推进协会的概算，日本未开发的小水力发电蕴藏量还有 300 万千瓦，仍有较大开发空间。

3. 核电

福岛核泄漏事故沉重打击了日本核电产业，2012 年，日本所有核电机组进入停运状态，占日本发电总量约 1/4 的核电站不得不停止供电。日本于 2015 年开始重启核电机组，不过在民间反核力量的制约下，重启核电的工作进展非常缓慢，但政府的"战略能源计划"预计，到 2030 年，核电将占到发电量的 20%～22%。日本的核电在未来几年将会缓慢重启，不排除投资新建核电站的可能。

4. 风电

日本离岸风电资源潜力巨大，而且由于离岸风电不存在土地制约问题，同时利用率可达45%～50%，发展离岸风电在日本具有明显优势。日本政府计划投入数百亿日元，大规模增加风力发电机数量，预计到2030年，日本离岸风电产能将达到100亿瓦。

5. 太阳能发电

由于一次能源缺乏，日本对太阳能等新能源的关注度一直较高。到2030年，日本太阳能发电量在电力能源结构中占比将达到12%。2015年，日本经济产业省提出在2030年可再生能源消纳量达到21%的目标，可再生能源享有规划和调度优先权。2005—2020年日本发电量、结构变化趋势及预测如图2-48所示。

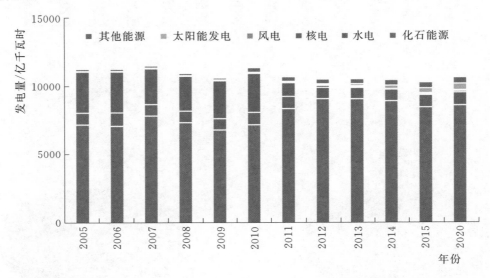

图2-48 2005—2020年日本发电量、结构变化趋势及预测
（资料来源：国际能源署）

预计到2020年，日本火电为主的格局将不会有很大改变，但火力发电量占比将有所下降，由2015年的82.2%下滑至80.7%；水力发电量略有增长，占比保持在8.8%；核电发电量缓慢恢复，占比由0.9%增至1.1%，但仍远低于2011年以前水平；风力发电占比有所提高，由0.5%增至0.6%；太阳能发电占比由3.4%提升至4.5%；其他能源发电量（包含地热能发电、潮汐能发电和生物质能发电等）变化相对较小，由2015年的4.2%增至2020年的4.3%。2015年和2020年日本发电量结构变化如图2-49所示。

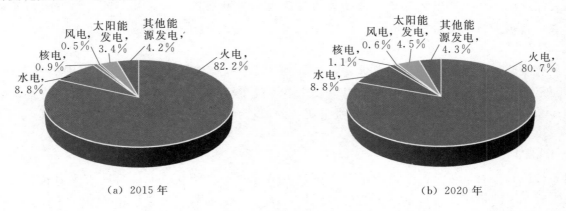

（a）2015年   （b）2020年

图2-49 2015年和2020年日本发电量结构变化
（资料来源：国际能源署）

（三）德国

1. 火电

为了达到 2020 年的气候目标，德国制订了严格的减排计划，逐步淘汰燃煤电厂，火力发电份额持续下滑，火力发电量占比由 2005 年的 61.6% 下降到 2015 年的 54.6%，燃煤发电占比由 47.8% 下降至 43.9%。为了保证能源供应安全，未来 5 年德国不会大幅削减火电产能，火力发电量将缓慢下降。

2. 核电

自 2011 年日本福岛核电站事故以来，德国考虑到用核安全问题，于 2011 年 7 月 31 日修订"原子能法"，逐步淘汰核能，到 2021 年关闭境内 17 座核电站。随着核电站机组逐渐关停，德国发电量持续下降。

3. 风电

德国是全球最大的风电市场之一，风电设备制造业居全球领先地位。2005 年以前，德国每年新增装机容量一直居世界首位。到 2015 年，德国风力发电量达 792 亿千瓦时。当前，世界各国都在大力提倡发展低碳经济，作为绿色新能源的风能越来越成为各国关注的目标，未来 5 年，随着可再生能源政策的推进和技术水平的提高，德国风力发电也将持续发展。根据德国官方预测，2020 年，德国风力发电量将达到 900 亿千瓦时。

4. 太阳能发电

与风电产业类似，德国政府对太阳能发电项目也给予了税收减免和政策支持，太阳能发电产业快速发展。2005—2015 年，太阳能发电量增长了 30 倍以上。除了大规模的太阳能发电项目外，分布式太阳能项目也发展迅速。10 年前，大型光伏系统发电成本约 40 美分/每千瓦时，而目前已经降到 7 美分/千瓦时以下。2005—2020 年德国发电量、结构变化趋势及预测如图 2-50 所示。

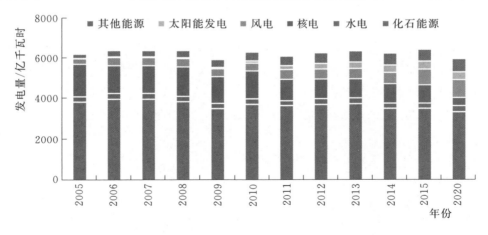

图 2-50　2005—2020 年德国发电量、结构变化趋势及预测
（资料来源：国际能源署、德国联邦经济部）

近 10 年来，德国发电量基本保持平稳。2005—2015 年发电量年均增速为 0.4%，而用电量出现 -0.1% 的回落。未来 5 年德国发电量将会有所下滑。预计到 2020 年，德国火力发电量虽有所下降，但由于发电总量下滑更为明显，火电占比将略有提高，由 2015 年的 54.6% 增长至 56.0%；水力发电将略有增长，占比由 3.8% 提高至 5.0%；核电发电量下滑明显，占比也由 14.2% 下滑至 6.7%；风电和太阳能发电占比将继续提高，但增速放缓，风力发电量占比由 12.2% 提高至 15.0%，太阳能发电占比由 6.0% 提升至 6.5%；其他能源发电量 2015 年占比 9.2%（包含地热能发电、潮汐能发电和生物质能发电等），2020 年达到 10.8%。2015 年和 2020 年德国发电量结构变化如图 2-51 所示。

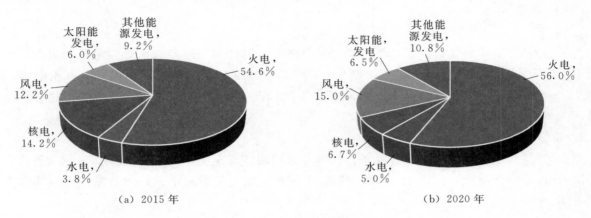

(a) 2015 年   (b) 2020 年

图 2-51   2015 年和 2020 年德国发电量结构变化

（资料来源：国际能源署、德国联邦经济部）

（四）英国

1. 火电

根据英国制定的《能源法案》要求，减碳势在必行。英国官方宣布，将于 2025 年关闭所有燃煤电厂，不足部分将使用天然气和可再生能源发电进行补充。到目前为止，英国煤炭发电量占比已经低于 10%，而天然气发电已经接近 50%。

2. 核电

英国核能发电处于世界领先地位，英国政府给予核能产业大力支持。目前，装机 320 万千瓦的欣克利角 C 核电项目已经开工建设。未来，随着传统燃煤电站的逐步退役，作为稳定清洁能源的核能将平稳发展。

3. 风电

英国风电产业十分发达，根据英国官方报道，2017 年英国风电装机容量为 950 万千瓦，风电规模已经超过煤电。海上风电装机容量达到 530 万千瓦，占风电装机容量的 56%。随着风电成本的进一步降低，英国风电行业将继续稳定发展，预计到 2020 年，英国风力发电量将达到 551 亿千瓦时，占总发电量的 17.8%。2005—2020 年英国发电量、结构变化趋势及预测如图 2-52 所示。

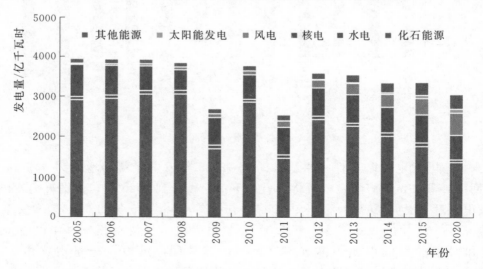

图 2-52   2005—2020 年英国发电量、结构变化趋势及预测

（资料来源：国际能源署、英国《能源法案》）

近 10 年来，英国发电量呈下滑趋势。2005—2015 年发电量年均增速为 −1.6%。未来 5 年英国发电量将持续下滑。预计到 2020 年，随着英国去煤进程的加快，火力发电量将大幅降低至 1393 亿千瓦时，占比由 2015 年的 52.8% 降至 45.2%；水力发电量将有所下滑，占比由 2.7% 降至 2.1%；核电发电量有所降低，占比由 20.7% 下滑至 19.9%；风力发电持续增长，发电量由 403 亿千瓦时增长至 551 亿千瓦时，占比由 11.9% 提升至 17.8%，其中海上风电发电量为 27.1 亿千瓦时，占风电发电量的 49.1% 和总发电量的 8.8%；太阳能发电增速较缓，占比由 2.2% 提升至 3.2%；其他能源发电量 2015 年占比 9.7%（包含地热能发电、潮汐能发电和生物质能发电等），2020 年将达到 11.8%。2015 年和 2020 年英国发电量结构变化如图 2−53 所示。

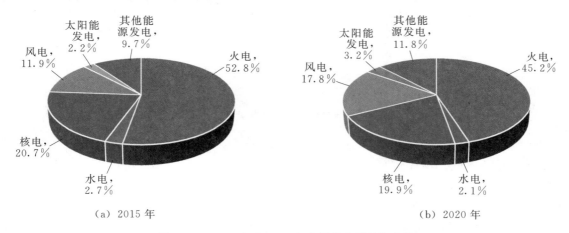

（a）2015 年　　　　　　　　　　　（b）2020 年

图 2−53　2015 年和 2020 年英国发电量结构变化

（资料来源：国际能源署）

（五）法国

1. 火电

法国一次能源储量相对匮乏，火电未得到充分发展。近年来，随着欧盟对环保、碳排放要求的不断提高，决定削减以煤炭为主要能源的火电机组数量，并计划在 2023 年淘汰煤电，而环境友好的天然气发电占比将有所提高。

2. 水电

法国目前水能资源的开发程度已接近 100%。未来水电发展并不会扩大规模，而是注重水资源的利用率和经济性。

3. 核电

由于民众对核能认知程度较高，作为法国主要供电方式的核电并未受到福岛核事故的很大影响，未来法国将会通过加强安全管理的方式继续发展核电产业。未来 5 年，核能发电量将不会有太大变化。

4. 风电

2016 年，法国风电新增装机容量为 156.1 万千瓦，占全球总新增容量的 2.9%。累计风电装机容量为 1206.6 万千瓦，占全球风电累计装机容量的 2.5%，排名第七。法国不仅发展内陆风电，也发展海上风电，同时鼓励家庭发展小型风电站。法国政府在削减火电、控制核电的同时，为了保证本国的电力供应，势必会大力发展风电等可再生能源发电，弥补未来下降的核能发电量。

5. 太阳能发电

法国太阳能发电主要来源于家庭安装的光伏电池板，实现自产自足，基本没有多余的电量入网。未来将会有更多的太阳能电力接入电网。2005—2020 年法国发电量、结构变化趋势及预测如图 2−54 所示。

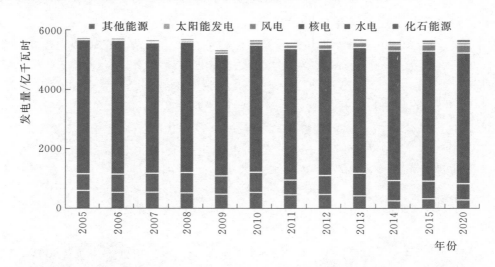

图 2-54 2005—2020 年法国发电量、结构变化趋势及预测

（资料来源：国际能源署）

近 10 年来，法国发、用电量基本保持平稳。2005—2015 年发电量年均增速为 −0.1％。未来 5 年发电量将继续保持平稳。预计到 2020 年，法国火力发电量将有所下降，火电发电量占比由 2015 年的 6.0％降至 5.3％；水电占比由 10.4％降至 9.6％；作为主要能源的核电发电量有所提高，占比由 77.0％小幅增至 77.2％；风电和太阳能发电占比将有所提高，风电占比由 3.7％提高至 4.6％，太阳能发电占比由 1.3％提升至 1.6％；其他能源发电 2015 年占比 1.6％（包含地热能发电、潮汐能发电和生物质能发电等），2020 年将达到 1.8％。2015 年和 2020 年法国发电量结构变化如图 2-55 所示。

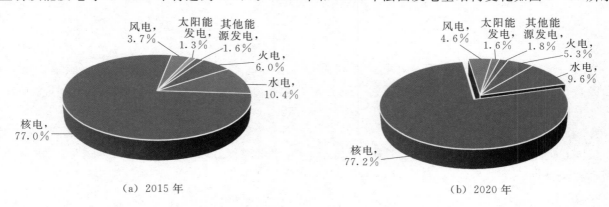

(a) 2015 年   (b) 2020 年

图 2-55 2015 年和 2020 年法国发电量结构变化

（资料来源：国际能源署）

（六）澳大利亚

1. 火电

煤炭是澳大利亚最大的发电来源，煤电发电量占比一度超过 80％。随着天然气、可再生能源发电的发展，近年来煤炭占比总体呈下降趋势，但依旧很高，在 2015 年达到 63％。根据巴黎气候公约协定，澳大利亚需要在 2035 年前关闭几乎所有的燃煤电厂，但根据澳政府公布的预测报告显示，该国目前的碳排放趋势表明，现行政策将导致到 2030 年污染排放进一步增加，与协定背道而驰。未来 5 年，澳大利亚火力发电量仍将保持平稳。

2. 水电

水力发电是澳大利亚可再生能源最主要的来源。由于水力发电量波动明显，在枯水期不能保证电力平稳供应，同时澳大利亚丰富的风能和太阳能资源，也使水电优势减弱，未来 5 年，澳大利亚水力发电量变化不大。

3. 风电

澳大利亚风电产业发展相对缓慢，由于可开发的风能资源主要集中在西部和南部沿海地区，而西部地区风电发展意向较弱，所以澳大利亚风电场主要集中在南部沿海地区。虽然随着技术水平的提高，风电的发电成本已经大幅减少，新建风力发电企业在价格上已经优于新建燃煤或者燃气电厂，但与那些经营多年的传统发电企业相比，竞争力依旧较弱，现阶段仍然需要一定的政策扶持。

4. 太阳能发电

澳大利亚是少数同时拥有丰沛日照资源与广大土地的国家之一，太阳能发电产业前景光明。根据澳大利亚可再生能源局预测，预计到 2050 年，太阳能发电量占比将达到总发电量的 29%。而 2015 年，太阳能发电占比只有 2.3%。预计到 2020 年，澳大利亚太阳能发电量将达到 150 亿千瓦时。2005—2020 年澳大利亚发电量、结构变化趋势及预测如图 2-56 所示。

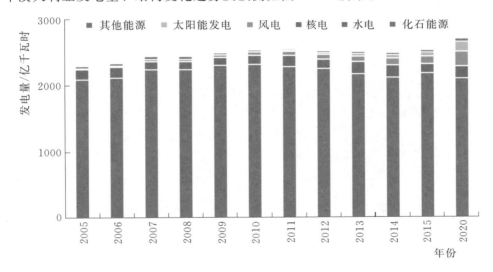

图 2-56　2005—2020 年澳大利亚发电量、结构变化趋势及预测

（资料来源：国际能源署）

2005—2015 年发电量年均增速为 1.0%。未来 5 年澳大利亚发电量将略有增长。预计到 2020 年，澳大利亚火力发电量下降明显，火电占比由 2015 年的 86.3% 降至 77.8%；水电占比由 5.3% 增至 6.7%；风电和太阳能发电占比将有所提高，风电占比由 4.5% 提高至 8.1%，太阳能发电占比由 2.4% 提升至 5.6%；其他能源发电量 2015 年占比 1.4%（包含地热能发电、潮汐能发电和生物质能发电等），2020 年达到 1.9%。2015 年和 2020 年澳大利亚发电量结构变化如图 2-57 所示。

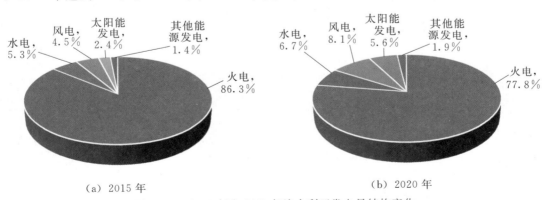

（a）2015 年　　　　　　　　　　　（b）2020 年

图 2-57　2015 年和 2020 年澳大利亚发电量结构变化

（资料来源：国际能源署）

第三章

金砖国家电力与经济形势概况

金砖国家又称金砖五国，分别是中国、印度、巴西、俄罗斯、南非，是全球五个最具发展前景的新兴市场，人口和国土面积在全球占有重要份额，国土面积占世界的近30％，人口占世界总人口的42％，国内生产总值占世界总量的23.3％，对全球经济增长的贡献率逐渐提高，是全球经济增长的主要动力之一。

长期以来，金砖国家增长强劲，有力地拉动了其他新兴市场国家和发展中经济体的发展，更成为全球经济持续增长和稳定复苏的基石，对全球经济增长的贡献率高达50％。近10年来，金砖机制对促进五国经济贸易、新兴市场以及发展中国家和全球经济的发展均发挥了重要作用。

第一节 经济发展状况

一、经济发展概况

近10年来，金砖五国GDP占全球比重从2007年的13.4％增加至2017年的23.3％。其中，中国GDP占全球比重呈持续快速增加的趋势，从2007年的6.1％增加至2017年的15.2％；印度、巴西占全球GDP比重有所增加，分别从2007年的2.1％和2.4％升至2017年的3.2％和2.5％；俄罗斯、南非占全球GDP比重出现萎缩，分别从2007年的2.2％和0.5％降至2017年的2.0％和0.4％。1990—2017年金砖国家GDP比重变化如图3-1所示。

近10年来，金砖各国占金砖国家总量的比重变化明显，中国大幅提升，其他四国，尤其是巴西、俄罗斯比重出现大幅萎缩。其中，中国GDP占金砖五国的比重从2007年的45.8％快速增长至2017年的65.0％；印度比重略有下滑，从2007年的15.5％降至2017年的13.8％；巴西、俄罗斯占金砖五国的比重分别从2007年的18.0％和16.8％下滑至10.9％和8.4％；南非在金砖国家中体量最小，所占比重从2007年的3.9％降至2017年的1.9％。2007年和2017年金砖国家中各国GDP占比变化如图3-2所示。

自1993年以来，金砖五国平均经济增速持续高于全球增速，有力地拉动了全球经济的增长。2017年，金砖五国GDP总量18.8万亿美元，同比增长5.4％，增速高于全球2.2个百分点。近几年来，受全球经济大环境影响，金砖国家经济增速明显放缓，仅印度、中国经济表现良好，经济增长引领全球；巴西、俄罗斯2015年、2016年处于衰退阶段，南非经济增长持续低迷。2017年，世界经济增速明显提升，金砖国家尤其是巴西、俄罗斯经济呈现复苏趋势。1990—2017年金砖国家GDP及增速变化如图3-3所示。

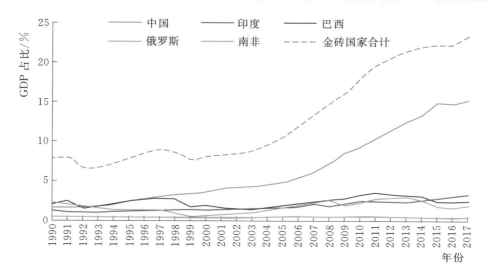

图 3-1 1990—2017 年金砖国家 GDP 比重变化

（资料来源：世界银行）

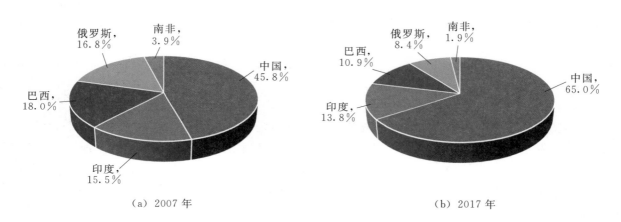

（a）2007 年   （b）2017 年

图 3-2 2007 年和 2017 年金砖国家中各国 GDP 占比变化

（资料来源：世界银行）

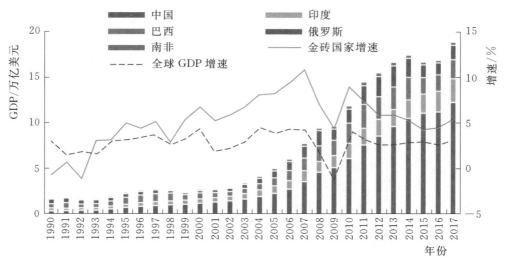

图 3-3 1990—2017 年金砖国家 GDP 及增速变化

（资料来源：世界银行）

1. 中国

中国经济保持中高速增长，是全球经济稳定增长的重要引擎，是全球经济复苏的主要动力。改革开放 40 年来，中国经济保持年均近 10% 的高增长，从加入世界贸易组织（WTO）之初的世界第九大经济体快速成长为第二大经济体、世界第一大出口国和世界第二大贸易国。2008—2009 年，受国际金融危机的冲击，中国经济增速出现较大幅度回落。之后，受政府推进的"四万亿经济刺激计划"影响，从 2010 年到 2011 年上半年，中国经济增速重新回到两位数。然而，随着中国经济体量的增大，资源、环境等已经不能再支持这样的高速增长，中国经济增速主动由之前的高速增长切换至中高速增长，进入了经济发展新常态。2017 年，中国 GDP 总量为 12.2 万亿美元，经济总量稳居世界第二位；占世界经济比重 15.2%；增速为 6.9%；对全球经济增长的贡献率在 30% 左右。

2. 印度

印度经济发展相对较好，经济增速名列前茅，但废钞令影响经济增长。作为世界重要的新兴经济体及南亚和环印度洋地区最具影响力的大国之一，印度在全球发展中占据重要地位，在地区和国际事务中发挥着越来越重要的作用。自 1991 年开始实行经济改革以来，印度经济保持了较快的增长速度。2000—2010 年，印度经济进入快车道，GDP 年平均增速达到 8.5%。虽然自 2011 年以来，受欧债危机和世界经济周期因素影响，印度经济增速有所放缓，但在新兴经济体中表现仍然耀眼。尤其在 2014 年莫迪政府执政以来，"强制造、强基建、强外交"的"古吉拉特模式"在印度大放异彩，2015 年 GDP 增速高达 8.0%，首次超越中国成为世界上经济增长最快的新兴经济体。受"废钞令"影响，2016 年、2017 年印度经济增速有所下滑，分别为 7.1% 和 6.6%，但仍保持全球最快的经济增速。

3. 巴西

巴西经济萧条，连续两年衰退，略现复苏趋势。巴西是南半球最大的发展中国家，自 2011 年以来，国际环境发生变化，美国和欧元区经济低迷，国际原材料价格下跌，贸易需求量下降，加之巴西国内经济的高利率、高税收、投资不足等问题，制约了巴西经济的增长。为保持经济持续发展，巴西政府采取了一系列减税降息、鼓励投资、加快基建、拉动消费的刺激性措施，但收效甚微，经济增长乏力。2011—2014 年，巴西 GDP 年均增速仅为 2.1%，远低于之前水平。2014 年巴西反腐形势严峻，就业率下滑、通胀率上涨，政府不得不依靠提高利率来调节经济。到 2015 年 7 月，巴西基础利率达到 14.3%，成为全球利率最高的国家之一。同时国际大宗商品价格暴跌又使巴西经济雪上加霜，2015 年巴西 GDP 同比下滑 3.8%，为 25 年来最严重衰退。2016 年，罗塞夫被弹劾，新一任总统特梅尔上台即颁布了一揽子经济刺激政策，广泛涉及基础设施及其他亟待解决的领域。而巴西的政治局面依旧紧张，贪腐问题一度影响到政局的稳定；同时国际大宗商品价格低迷，在多重不利因素之下，2016 年，巴西经济持续萎缩，GDP 下滑 3.6%，通胀率居高不下，失业率高达 11.5%。2017 年，巴西政府采取了一系列刺激措施增强经济活力，央行连续降息促进了投资和消费，经过两年严重衰退，巴西经济重现增长，增速为 1%。

4. 俄罗斯

俄罗斯经济已由困境逐渐走出，呈现复苏。1992 年俄罗斯开始经济政策改革，"休克疗法"使俄罗斯经济持续低迷。从 2000 年普京执政以来，俄罗斯经济保持持续增长状态，2000—2007 年，年均 GDP 增速接近 7%。受 2008 年全球金融危机的重创，2009 年 GDP 增速下降到 −7.8%。得益于国内经济刺激计划，2010—2011 年，经济迅速恢复增长，增幅分别达到 4.5%、5.3%。2012 年以来，经济增速开始放缓，2013 年和 2014 年 GDP 增速分别为 1.3% 和 0.2%。2014 年乌克兰危机之后，西方国家联合对俄罗斯实施经济制裁，俄罗斯经济一路下滑，卢布大幅贬值，同时国际原油价格走低，依赖原油和天然气出口的俄罗斯经济陷入困境，2015 年经济增速下滑至 −2.8%。2016 年，俄罗斯经济略有恢复，GDP 同比下降 0.2%，降幅比上年收窄 2.6 个百分点。2017 年，由于国际能源价格上涨以及降低利率等因素影响，俄罗斯经济总量为 1.6 万亿美元，同比增长 1.5%，经济出现转机，走向复苏。

5. 南非

南非经济增长缓慢，近年来经济增长几近停滞。南非属于中等收入的发展中国家，也是非洲经济最发达国家。南非是世界第四大矿产国，黄金、钻石的储量和产量均居世界第一位，采矿业居世界领先地位。2010 年 11 月，南非申请加入金砖国家，作为金砖国家合作机制的新成员，拥有巨大的经济发展潜力。但近年来南非经济已陷入低增长甚至是接近零增长、高失业、贫困悬殊的困局，标普、惠誉对南非的主权债务评级为"BBB－"。经济增长放缓的主要原因是全球新兴经济体普遍的放缓以及大宗商品市场的低迷；同时英国脱欧的影响、国内遭遇旱灾带来严重的食品价格上涨等因素使得 2016 年成为南非经济下滑最严重的一年，是近十年以来的最低值，由此引发的众多问题也使得南非的经济地位下滑，整体趋势不容乐观。2016 年南非经济增长由 2015 年的 1.3% 进一步降至0.3%，失业率高达 25.9%。受益于农业增长强劲和商品价格上升，2017 年，南非经济增长超预期，增速升至 1.3%。

2000—2017 年金砖国家 GDP 增速变化如图 3－4 所示。1990—2017 年金砖国家经济增速变化情况如表 3－1 所示。

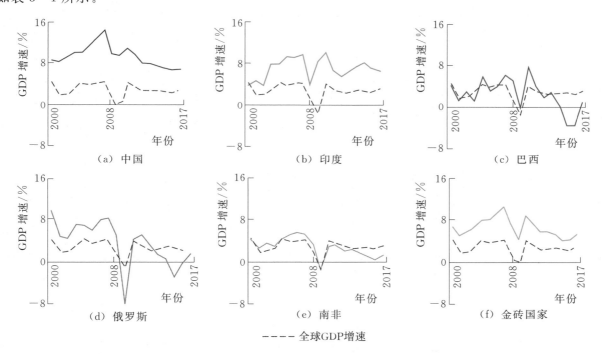

图 3－4 2000—2017 年金砖国家 GDP 增速变化

（资料来源：世界银行）

表 3－1 　　　　　　　　　　　1990—2017 年金砖国家经济增速变化情况 　　　　　　　　　　　%

年　份	中国	印度	巴西	俄罗斯	南非	合计增速	全球增速
1990	3.9	5.5	－3.1	－3.0	－0.3	－0.6	2.9
1991	9.3	1.1	1.5	－5.0	－1.0	0.6	1.4
1992	14.2	5.5	－0.5	－14.5	－2.1	－1.2	1.8
1993	13.9	4.8	4.7	－8.7	1.2	3.1	1.6
1994	13.1	6.7	5.3	－12.6	3.2	3.1	3.0

续表

年　份	中国	印度	巴西	俄罗斯	南非	合计增速	全球增速
1995	10.9	7.6	4.4	−4.1	3.1	5.0	3.0
1996	9.9	7.5	2.2	−3.6	4.3	4.4	3.4
1997	9.2	4.0	3.4	1.4	2.6	5.1	3.7
1998	7.8	6.2	0.3	−5.3	0.5	2.8	2.5
1999	7.7	8.8	0.5	6.4	2.4	5.3	3.3
2000	8.5	3.8	4.1	10.0	4.2	6.7	4.4
2001	8.3	4.8	1.4	5.1	2.7	5.2	1.9
2002	9.1	3.8	3.1	4.7	3.7	5.9	2.2
2003	10.0	7.9	1.1	7.3	2.9	6.8	2.9
2004	10.1	7.9	5.8	7.2	4.6	8.1	4.4
2005	11.4	9.3	3.2	6.4	5.3	8.2	3.8
2006	12.7	9.3	4.0	8.2	5.6	9.3	4.3
2007	14.2	9.8	6.1	8.5	5.4	10.7	4.2
2008	9.7	3.9	5.1	5.2	3.2	7.0	1.8
2009	9.4	8.5	−0.1	−7.8	−1.5	4.4	−1.7
2010	10.6	10.3	7.5	4.5	3.0	8.9	4.3
2011	9.5	6.6	4.0	5.3	3.3	7.4	3.2
2012	7.9	5.5	1.9	3.7	2.2	5.8	2.5
2013	7.8	6.4	3.0	1.8	2.5	5.9	2.6
2014	7.3	7.4	0.5	0.7	1.8	5.2	2.9
2015	6.9	8.2	−3.5	−2.8	1.3	4.1	2.9
2016	6.7	7.1	−3.5	−0.2	0.6	4.3	2.5
2017	6.9	6.6	1.0	1.5	1.3	5.4	3.2

资料来源：世界银行。

二、人均 GDP 情况

金砖国家人均 GDP 总体低于全球平均水平。1990—1993 年，金砖国家人均 GDP 与全球平均水平差距较大，低于全球平均水平 3000 多美元；1994—2003 年，两者差距扩大至 4000 多美元。2004 年以来，由于俄罗斯、巴西、南非经济增长疲软，金砖国家人均 GDP 与世界水平再次拉开差距，差额扩大至 5000 多美元。2017 年，金砖国家人均 GDP 从 1990 年的 757 美元升至 6000 美元，是全球平均水平的 56%。

金砖国家中，俄罗斯人均 GDP 最高，印度最低。近 10 年来，中国人均 GDP 呈平稳较快增长的趋势；印度人均 GDP 低位缓慢增长；2017 年俄罗斯、巴西、南非经济略有好转，人均 GDP 同比均出现上升。2017 年，俄罗斯、巴西、中国、南非、印度人均 GDP 分别为 10743 美元、9821 美元、8827 美元、6161 美元、1940 美元，比 2007 年分别增加 1642 美元、2508 美元、6132 美元、167 美元、921 美元。中国人均 GDP 接近 9000 美元，进入"中等收入"国家行列。1990 年、2000 年和 2017 年金砖国家及全球人均 GDP 变化如图 3-5 所示。

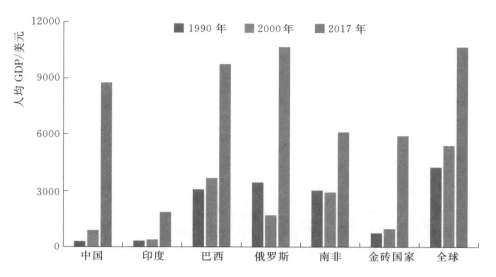

图 3-5　1990 年、2000 年和 2017 年金砖国家及全球人均 GDP 变化
（资料来源：世界银行）

三、对外投资及吸引外资情况

金砖国家作为新兴经济体的代表，在国际投资舞台扮演着重要角色。2000—2014 年，金砖国家尤其是中国、印度处于快速发展阶段，劳动力成本低廉，吸引投资总额高于对外投资总额，吸引外资总额占全球的比重高于对外投资总额所占比重。随着中国"一带一路"的大力推进及国内劳动力成本的上升，中国企业"走出去"步伐加快，对"一带一路"沿线国家的投资大幅增加；相反中国吸引外资额呈下降趋势。2014—2016 年，金砖国家吸引外资总额下降，而对外投资总额大幅增加。2017 年，情况出现了反转，金砖国家吸引外资比重上升 3.0 个百分点至 16.5%，而对外投资比重下降 2.1 个百分点至 10.9%。2000—2017 年金砖国家对外投资和吸引外资总额占全球比重变化如图 3-6 所示。

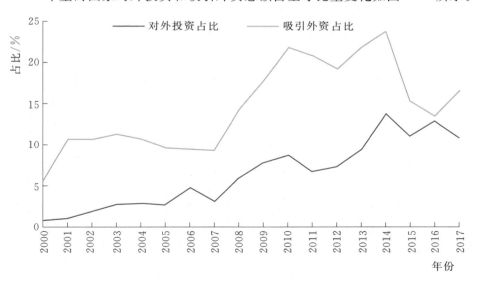

图 3-6　2000—2017 年金砖国家对外投资和吸引外资总额占全球比重变化
（资料来源：世界银行）

根据世界银行统计，2017 年，金砖国家对外投资总额 1655 亿美元，同比下降 36.6%，占全球对外投资总量的比重从 2007 年的 3.1% 升至 10.9%。其中中国对外投资额最高，为 1019 亿美元，同比

大幅下滑 52.9%，占全球对外投资总量的比重从 2007 年的 0.5% 升至 6.7%；俄罗斯、巴西、印度、南非对外投资额占全球对外投资总量的比重分别为 2.5%、0.4%、0.7%、0.5%。

2017 年，金砖国家吸引外资总额为 3078 亿美元，同比下降 7.4%，占全球吸引外资总额的比重从 2007 年的 9.3% 升至 16.5%。其中，中国吸引外资总额最高，为 1682 亿美元，同比下降 3.7%，占全球吸引外资总量的比重从 2010 年的 13.1% 降至 9.0%；巴西、印度、俄罗斯、南非吸引外资总额占全球吸引外资总量的比重分别为 3.8%、2.1%、1.5%、0.1%。

四、对外贸易情况

金砖国家在全球贸易中的比重总体逐年上升。2017 年，金砖国家国际贸易占全球的比重从十年前的 12.6% 上升至 16.7%。自 2009 年以来，中国成为全球第一大贸易出口国，在 2013 年首次超越美国，跃居世界第一大货物贸易国。在持续 3 年世界第一之后，受新兴市场国家经济明显减速、需求低迷影响，2016 年中国的进出口贸易额被美国反超。2017 年，在中国等亚洲国家进口势头强劲的带动下，全球货物贸易增速达 4.7%，创 2011 年后近 6 年来新高。中国货物贸易总额超美国，重夺全球首位。

金砖国家贸易总体呈顺差趋势，但各国贸易情况差异较大。中国、俄罗斯由于成本优势、资源条件优厚等因素，一直处于贸易顺差状态；印度是贸易逆差国，出口疲软，能源大部分需要进口；巴西在经历了几年的贸易逆差后，2015 年转为贸易顺差；南非由于国内需求疲软导致进口需求减少，近十多年来一直呈贸易逆差状态。

2017 年，金砖国家贸易总额为 6.0 万亿美元，同比增长 13.8%，扭转了连续两年下滑的态势。其中，出口总额为 3.2 万亿美元，进口总额为 2.8 万亿美元，贸易顺差 4359 亿美元。中国作为贸易大国和出口大国，贸易总额为 4.1 万亿美元；出口额同比增长 7.9%，仍居全球第一位；进口额增长 16.0%，贸易顺差 4214 亿美元。印度贸易总额为 7456 亿美元，其中进口额 4472 亿美元，贸易逆差 1489 亿美元。俄罗斯贸易总额为 5909 亿美元，其中出口额 3531 亿美元，贸易顺差 1153 亿美元。巴西贸易总额为 3752 亿美元，其中出口额 2178 亿美元，贸易顺差 603 亿美元。南非贸易总额为 1904 亿美元，其中出口额 890 亿美元，贸易逆差 123 亿美元。2000—2017 年金砖国家贸易情况如图 3-7 所示。

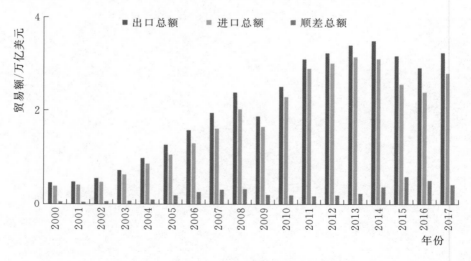

图 3-7　2000—2017 年金砖国家贸易情况

（资料来源：世界银行）

五、产业结构分析

近几年来，金砖国家进入了一个新的发展阶段，经济结构正在深度调整。中国经济进入了新常态，经济增长速度放缓，结构调整逐步优化，消费占GDP的比重逐年上升，贸易顺差占GDP的比重显著下降，服务业的增长速度远远超过制造业，工业内部结构升级转型加速。印度进行新一轮改革，近3年来经济增速保持在7%左右。巴西和南非正在推动一批非资源类产业的发展，积极推进基础设施产业，创造经济新的增长点。俄罗斯长期过分依赖自然资源，为摆脱地缘政治的压力及国际能源市场的不确定性，目前正在积极调整经济结构。

金砖五国的产业结构调整各有特色。中国产业结构不断优化，农业比重持续下降；随着"一带一路""中国制造2025""互联网＋"行动计划等战略的加快推进，工业提质升级，工业比重先升后降；服务业占比不断提升，2015年首次超过50%。印度产业结构与发展阶段相似的其他国家相比，其工业部门明显落后，服务业是经济的主导产业。巴西以服务业为主，占GDP的70%，而工业占比只有20%左右；由于人力资源培养机制不健全，尽管服务业"超前"发展，但始终徘徊在低端行业。俄罗斯经济转型以来，农业、工业比重迅速下降，服务业比重上升；工业中轻、重工业发展失衡，重工业发达，轻工业相对落后。南非经济以服务业为主，金融、房地产、商业服务占GDP比重合计为20.1%；矿业一直是南非经济的支柱，占GDP的7.3%；制造业地位逐年下降，经济增长缺乏动力。

2017年，金砖国家农业、工业、服务业占GDP比重分别为8.2%、34.9%、56.9%，其中，农业增加值占比较2007年降低0.8个百分点，工业增加值占比降低1.9个百分点，服务业增加值占比增加9.4个百分点。与全球产业结构相比，金砖国家农业增加值占比高于全球平均水平4.0个百分点，工业增加值占比高于全球平均水平4.4个百分点，服务业增加值占比低于全球平均水平7.7个百分点。具体来看，印度、中国农业增加值占比虽有所降低，但仍占有较大份额；中国、俄罗斯工业增加值占比显著高于其他金砖国家及全球平均水平；巴西、南非服务业占主导地位，服务业占比高于其他金砖国家及全球平均水平。2000年和2017年金砖国家产业结构变化如图3-8所示。

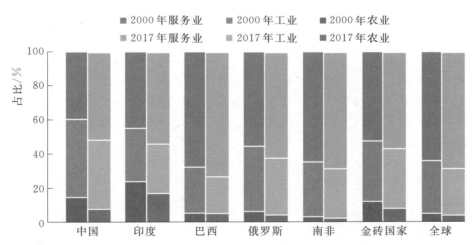

图3-8　2000年和2017年金砖国家产业结构变化

（资料来源：世界银行）

金砖国家农业相对发达，农业增加值占全球的比重近一半；工业比重不断提升，工业增加值占全球工业的比重超30%；服务业占全球的比重仍需继续加强，目前占比接近20%。随着经济的快速发展，金砖国家各产业增加值占全球各产业的比重持续增加，其中农业增加值占全球的比重由2000年的29.3%升至2017年的45.9%；工业增加值占全球的比重由2000年的14.0%升至2017年的28.9%；服务业增加值占全球的比重由2000年的8.6%升至2017年的15.6%。2000—2017年金砖国家农业、工业和服务业占全球各产业的比重变化如图3-9所示。

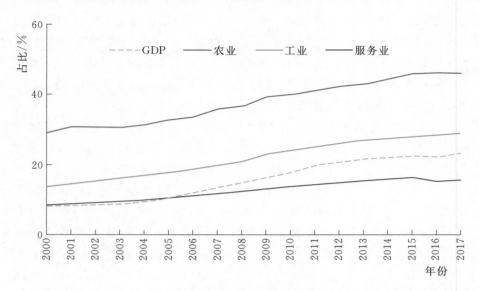

图3-9　2000—2017年金砖国家农业、工业和服务业占全球各产业的比重变化

（资料来源：世界银行）

第二节　电力发展状况

一、能源结构特点

金砖国家是能源生产和消费大国，2015年金砖国家一次能源生产量占全球的35%，终端能源消费量占全球的34.5%。金砖国家煤炭资源极其丰富，煤炭产量占全球的64.1%，消费量占全球的比重达81.1%；其次为水能，产量占全球的比重达45.8%；生物质能源也极为丰富，生物质燃料产量占全球的31.8%，生物质燃料消费量占比32.6%；石油产量占全球的21%，消费量占比18.4%；天然气产量占全球的23%，消费量占比20.7%；其他可再生能源产量占全球的27.1%，消费量占比达72.4%。2015年全球和金砖国家能源生产结构如图3-10所示。2015年全球和金砖国家能源消费结构如图3-11所示。

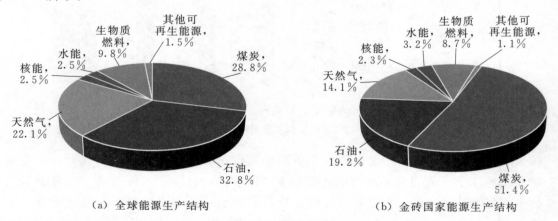

（a）全球能源生产结构　　　　　（b）金砖国家能源生产结构

图3-10　2015年全球和金砖国家能源生产结构

（资料来源：国际能源署）

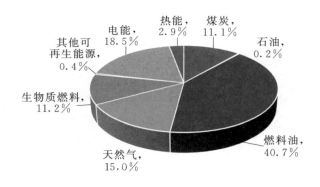

（a）全球能源消费结构

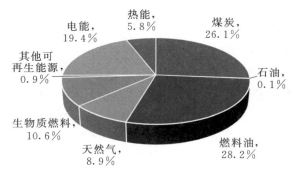

（b）金砖国家能源消费结构

图 3-11　2015 年全球和金砖国家能源消费结构

（资料来源：国际能源署）

　　金砖国家中，南非、中国、印度、俄罗斯煤炭资源丰富，煤炭产量占本国一次能源总产量的比重分别达 87.4%、74.9%、47.5% 和 15.0%，巴西煤炭占比仅为 1.1%。巴西、俄罗斯油气资源较为丰富，石油产量占本国一次能源总产量的比重分别为 47.5% 和 40.2%；中国、印度和南非石油产量相对其他能源较少，占本国一次能源总产量的比例分别为 8.6%、7.6% 和 0.2%。俄罗斯天然气储量居全球第三，2015 年天然气产量占本国一次能源总产量的 39.3%，巴西、印度、中国、南非天然气产量占比分别为 7.1%、4.7%、4.5% 和 0.6%。金砖国家核能占本国一次能源产量比重相对发达国家较低，其中俄罗斯占比 3.8%，中国、印度、巴西和南非分别占比 1.8%、1.8%、1.4% 和 1.9%。印度、巴西、南非和中国生物质燃料占一次能源总产量的比重相对较高，分别为 35.4%、30.9%、9.6% 和 4.5%，俄罗斯生物质燃料占比仅为 0.6%。2015 年金砖国家及全球能源供需结构如表 3-2 所示。

表 3-2　　　　　　　　　　　　2015 年金砖国家及全球能源供需结构　　　　　　　　单位：百万吨油当量

类型		煤炭	石油	燃料油	天然气	核能	水电	生物质燃料	其他可再生能源	电能	热能	合计
中国	产量	1868.2	214.8	0	112.6	44.5	95.8	113.5	46.2	0	0	2495.6
	消费量	700.8	3.4	477.0	105.4	0	0	90.1	26.3	419.4	83.3	1905.7
印度	产量	263.5	41.9	0	26.2	9.8	11.9	196.4	4.8	0	0	554.4
	消费量	108.2	0	174.4	28.9	0	0	177.1	0.7	88.3	0	577.7
俄罗斯	产量	200.3	536.3	0	524.2	51.3	14.4	7.6	0.2	0	0	1334.2
	消费量	12.2	0.1	134.6	141.2	0	0	3.0	0	62.5	103.3	456.9
巴西	产量	3.1	132.8	0	19.9	3.8	30.9	86.2	2.6	0	0.1	279.4
	消费量	7.7	0	102.6	12.7	0	0	60.9	0.7	42.3	0	226.9
南非	产量	146.2	0.3	0	1.0	3.2	0.1	16.1	0.5	0	0	167.4
	消费量	18.3	0	26.0	1.7	0	0	11.6	0.1	17.1	0	74.8
金砖国家	产量	2481.2	926.0	0	683.9	112.6	153.2	419.7	54.3	0	0.1	4831.0
	消费量	847.2	3.5	914.7	290.0	0	0	342.7	27.7	629.5	186.6	3241.9
全球	产量	3871.5	4416.3	0	2975.7	670.7	334.4	1319.0	200.6	0	1.8	13790.0
	消费量	1044.1	19.1	3820.5	1401.1	0	0	1052.2	38.3	1737.2	271.1	9383.6

资料来源：国际能源署。

二、电力供需形势

（一）电力工业发展概况

电力行业是支撑国民经济和社会发展的基础性产业和公用事业。随着经济的快速发展，金砖国家电力占全球的份额逐渐增加，2015 年金砖国家电力装机占全球总装机的比重约为 36.8%，发电量占比约为 37.6%。全球排名前十的发电站有 7 个来自金砖国家，其中中国 4 家、巴西 2 家、俄罗斯 1 家。金砖国家的新能源发展潜力巨大，新能源发电装机占全球的份额约为 32.1%。金砖国家中，已经有三国实现或基本实现"户户通电"，中国和俄罗斯两国通电率已经达 100%，巴西通电率也接近 100%，南非的通电率为 86%，印度的无电人口还较多，通电率为 79.2%。

1. 中国

中国目前是世界上发电装机容量和电网规模最大的经济体，2016 年年底发电装机容量为 16.5 亿千瓦，220 千伏及以上输电线路回路长度 64.2 万千米，公用变电设备容量达 34.2 亿千伏安。中国的水电、火电、风电、太阳能发电装机容量均居世界第一。随着电力工业的迅猛发展，中国电力供应能力目前总体富余，部分地区供应能力过剩。中国特高压建设进入高峰期，截至 2017 年 12 月，特高压建成"八交十直"、核准在建"三交一直"工程，建成和核准在建线路长度超过 3.2 万千米、变电容量超过 3.4 亿千伏安，特高压输电通道累计送电超过 9000 亿千瓦时。2015 年 3 月印发的《关于进一步深化电力体制改革的若干意见》（中发〔2015〕9 号）文件，开启了新一轮电力体制改革的序幕。随后陆续发布了 6 个电力体制改革配套文件，分别从电价、电力交易体制、电力交易机构、发用电计划、售电侧、电网公平接入等电力市场化建设相关领域以及相应的电力监管角度，明确和细化电力改革的政策措施。

2. 印度

印度电力能源短缺，电厂燃料供应不足，上网电价低，电网输送损耗大。印度家庭通电率由 2001 年的 56% 增至 2014 年的 79.2%，农村通电率为 70%，城市供电不稳定。电力供应不足仍将是长期制约印度经济发展的瓶颈。由于资金短缺及政策问题，2014 年之前印度电力行业发展缓慢。在新政府大力推进经济改革的背景下，印度电力行业迎来复苏。印度与孟加拉、尼泊尔、不丹、缅甸、斯里兰卡建立电力领域合作。印度协助尼泊尔、不丹、缅甸建设水电站，并从这些国家进口水电；协助孟加拉建设火电站，同时向孟加拉出口电力。印度电力工业是最早进行市场化改革的领域之一，改革主要围绕电力产业的纵向拆分进行，然后引入竞争实现电力工业经济效益和社会效益的统一。印度的电力改革虽然取得了一定的成效，但也伴随不同的问题，如调度不统一、电价过低、设施建设滞后等。近两年来，由于政策的大力支持，印度风能和太阳能前景光明、发展迅猛，印度电力长期存在的短缺问题有望逐渐缓解。

3. 俄罗斯

俄罗斯是电力生产大国，电力供应充足，不仅可以满足本国经济和社会发展的需要，而且还向其他独联体国家以及中国、蒙古等国出口。俄罗斯发电装机分布大致可分为欧洲区、西伯利亚区、远东区 3 个区域。俄罗斯的装机结构以火电、水电和核电为主，火电主要为凝汽式发电厂和热电厂，欧洲区主要为天然气发电，西伯利亚区和远东区主要为燃煤发电。俄罗斯电力系统是欧洲最大，全球第四大电力系统。欧洲区的装机容量占俄罗斯总装机容量的 72%，主要是火电、核电以及伏尔加河上的梯级水电站；西伯利亚区的装机容量中有一半是水电，还有 7 个 100 万千瓦以上的火电厂；远东区的装机容量占俄罗斯总装机容量的 7%，只有几个小型火电厂。

4. 巴西

巴西发电量位居美洲第三，仅次于美国和加拿大，其电源结构以水电为主。2016 年年底，巴西电力总装机容量 11101 万千瓦，交流输电线总长为 99649 千米，电压等级 230～765kV，覆盖巴西约

60%国土和95%人口。两条800千米的±600kV双极直流线路，将全球第二大水电站伊泰普水电站（总装机容量1400万千瓦）发电量远距离输送至东南部负荷中心。巴西国家互联电网分为南部、东南部、北部和东北部4个大区电网，由国家电力调度中心进行集中调度。国际联网方面，巴西已与阿根廷、乌拉圭、委内瑞拉等国实现联网。目前巴西国家互联电网的主要特点是：主网电压等级以500kV和220kV为主，网架呈树形分布，大区电网间联络线薄弱，电网稳定性较弱，电网扩建潜在空间巨大。在电力体制改革之前，巴西电力工业由联邦政府独家经营。1995年，巴西政府开始施行电力行业的私有化改革，逐步分离发、输、配环节，建立电力批发市场和特许权拍卖市场。电力批发市场通过长期交易合同和竞价上网两种方式规范电力交易。

5. 南非

南非是非洲电力大国，供应全非洲40%的电力。发电燃料以煤炭为主，有13座火电厂、1座核电站、2座抽水蓄能电站、6座水电站、2座燃油电站。南非的电力生产主要由南非电力公司（Eskom）负责，南非95%以上的电力供应来自该公司，拥有世界最大的干冷凝电站。目前，南非电力公司为满足国内不断增长的电力需求，计划在今后十年内每年增加100万千瓦，其后每年增加200万千瓦。由于南非政府近年来疏忽了电力的维护和发展，2008年爆发了大规模电力危机，且一时难以完全恢复，虽然政府紧急出台了扩容计划，但受金融危机等因素影响，本国电力公司资金短缺，外国公司也在投资方面持观望态度。2010年年底，南非能源部发布《2011/2012—2015/2016财年能源发展战略规划》，明确能源发展的目标任务和远景规划，力求通过规范和改造能源部门架构，促进能源可持续发展，为经济社会发展提供安全、可持续的能源供应，2025年远景目标是改善能源结构，到2025年清洁能源占比达到30%。

（二）装机容量及结构

1. 装机容量及结构变化情况

金砖国家作为新兴市场最具发展前景的代表，经济和电力工业发展迅速，装机容量快速增长。1992—2015年，金砖国家装机总量从55137万千瓦增长到230983万千瓦，占全球总装机容量的比例由19.5%升至36.8%，年均增速为6.4%，高于全球3.5%的年均增速水平。2015年，在金砖国家中，中国装机容量最大，为151856万千瓦，居世界第一位，占金砖国家总装机容量的65.7%和全球总装机的24.2%；近20年来总装机容量增长迅猛，年均增速为10.1%。印度装机容量发展也较快，1990—2015年，印度装机容量从7571万千瓦增长至32491万千瓦，年均增速约为6.0%。由于火电和风电的快速发展，巴西装机容量由1990年的5097万千瓦增长至2015年的15555万千瓦，年均增速为4.6%。俄罗斯电力装机增长缓慢，装机总量由1992年的21174万千瓦增长至2015年的26353万千瓦，年均增速仅为1%。南非装机容量增长也较为缓慢，从1990年的3385万千瓦增长至2015年的4728万千瓦，年均增速为1.3%。1990—2015年金砖国家总装机容量及增速变化如图3-12所示。2000—2015年金砖国家总装机容量、占全球比重及增速如表3-3所示。

表3-3　　　　　　　　2000—2015年金砖国家总装机容量、占全球比重及增速

年份	金砖国家总装机容量/万千瓦						占比 /%	同比增速 /%
	中国	印度	巴西	俄罗斯	南非	合计		
2000	32406	11171	20445	7049	4612	75683	22.3	5.1
2001	34319	12267	20630	7271	4192	78678	22.5	4.0
2002	36193	12685	21403	7781	4188	82250	22.7	4.5
2003	39564	13107	21517	8139	4188	86515	23.0	5.2

续表

年份	金砖国家总装机容量/万千瓦						占比 /%	同比增速 /%
	中国	印度	巴西	俄罗斯	南非	合计		
2004	44631	13707	21679	8471	4188	92676	23.9	7.1
2005	51841	14964	21807	9325	4209	102147	24.8	10.2
2006	62659	15919	22061	9677	4275	114591	26.6	12.2
2007	71852	17316	22318	10024	4297	125806	28.1	9.8
2008	79420	18188	22281	10354	4434	134676	29.0	7.1
2009	87884	19435	22415	10541	4432	144707	29.9	7.4
2010	97179	21313	22932	11370	4420	157214	30.9	8.6
2011	106948	24597	23285	11714	4424	170968	32.2	8.7
2012	115457	26026	23479	12138	4434	181533	32.9	6.2
2013	126771	28297	23793	12806	4462	196129	34.2	8.0
2014	137980	31088	25949	13479	4585	213080	35.4	8.6
2015	151856	32491	26353	15555	4728	230983	36.8	8.4

资料来源：国际能源署。

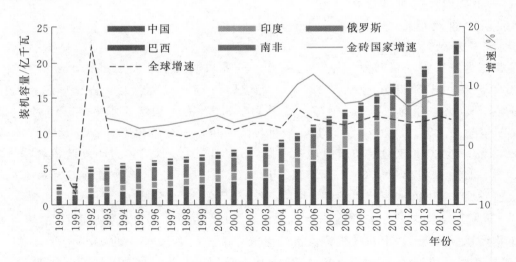

图 3-12　1990—2015 年金砖国家总装机容量及增速变化

（注：1991 年苏联解体之前没有俄罗斯单独数据。

资料来源：国际能源署）

　　2015 年金砖国家装机构成中，火电装机容量 148793 万千瓦，占比 64.4％；水电装机容量 48566 万千瓦，占比 21％；核电装机容量 6127 万千瓦，占比 2.7％；风电装机容量 16355 万千瓦，占比 7.1％；太阳能发电装机容量 4998 万千瓦，占比 2.2％；生物质能发电装机容量 3074 万千瓦，占比 1.3％；其他能源发电装机容量 3071 万千瓦，占比 1.3％。

　　近 10 年来，金砖国家发电装机结构变化明显，传统常规能源装机比重下滑，新能源发展迅猛。传统常规能源中，火电装机容量占比由 68.2％下降至 64.4％，下滑 3.8 个百分点；水电装机容量占比由 25.8％下滑至 21.0％；核电装机容量占比由 3.4％下滑至 2.7％。可再生能源装机容量占比明显上升，2005 年，金砖国家风能和太阳能发电装机占比仅为 0.6％，随着各国政策的大力支持及技术水平的提升，可再生能源装机占比大幅提高，2015 年，风电和太阳能发电装机占比分别达到了 7.1％和 2.2％，比 2005 年分别提高 6.5 个和 2.2 个百分点。2005 年和 2015 年金砖国家装机结构如图 3－13 所示。

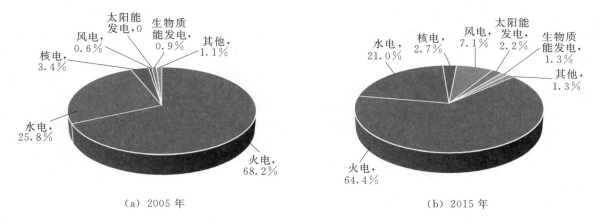

（a）2005 年 　　　　　　　　　（b）2015 年

图 3－13　2005 年和 2015 年金砖国家装机结构

（资料来源：国际能源署）

2015 年，金砖国家中，南非、印度、俄罗斯和中国火电装机容量占本国总发电装机的比重较高，分别为 86.7％、71.5％、70.2％和 65.2％；巴西水电装机容量占比为 59.2％；在以生物质能替代石油方面，巴西处于世界领先地位，巴西生物质能发电装机容量占比达 8.6％；俄罗斯核电装机容量占比最高，为 9.7％，南非为 3.9％。中国、印度和巴西风电装机发展较快，占本国总装机容量比重分别为 8.5％、7.6％和 5.6％。中国、南非和印度太阳能发电装机容量占比分别为 2.8％、2.5％和 1.7％。2015 年金砖各国装机容量结构如图 3－14 所示。

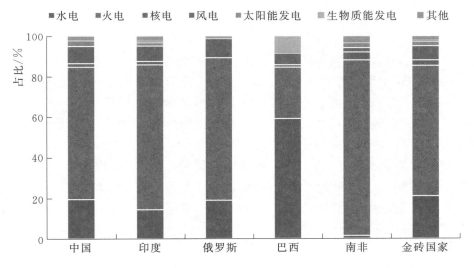

图 3－14　2015 年金砖各国装机容量结构

（资料来源：国际能源署）

2. 火电装机情况

火力发电是金砖国家电力供给的重要来源，火电装机占总装机容量的比例超过 60％。近 10 年来，由于金砖国家经济快速发展，火电装机也呈快速增长的趋势，大幅高于全球平均增速。1992 年，金砖国家火电装机容量为 3.7 亿千瓦，占全球总发电装机的比重为 20.4％；2015 年，火电装机容量增至 14.9 亿千瓦，年均增速为 6.2%，增速高于全球平均水平 2.8 个百分点，所占比重升至 38%。
中国煤炭资源丰富，火电装机燃料主要以煤炭为主，2015 年中国火电装机容量为 99020 万千瓦，居
世界第一位，年均增速达 9.5%。印度装机以火电为主，火电装机容量总体保持较快增速，由 1990
年的 5435 万千瓦增长至 2015 年的 23219 万千瓦，年均增速约为 6%。巴西发电以水电为主，但由于
近年来连续极端干旱导致大面积缺电，火电装机发展迅速，由 478 万千瓦增长至 3956 万千瓦，年均
增速为 8.8%。俄罗斯火电装机增长缓慢，由 1992 年的 14951 万千瓦增长至 2015 年的 18500 万千瓦，
年均增速约为 0.9%。南非约有 87% 的火电装机，绝大部分是燃煤机组，还有少量的燃气轮机组和柴
油机组。2015 年，南非火电装机容量为 4097 万千瓦，年均增速为 1.2%。1990—2015 年金砖国家火
电装机容量及增速如图 3-15 所示。

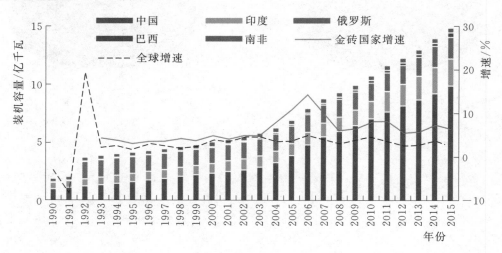

图 3-15 1990—2015 年金砖国家火电装机容量及增速
（注：1991 年苏联解体之前没有俄罗斯单独数据。
资料来源：国际能源署）

3. 水电装机情况

由于中国、巴西水力资源较为丰富，金砖国家水电装机容量由 1992 年的 15181 万千瓦增长至
2015 年的 48566 万千瓦，年均增速为 5.2%，水电装机占全球水电总装机的比重由 1992 年的 25.9%
升至 45.3%。2015 年，在金砖国家中，中国水电装机容量最高，居世界第一位，为 29600 万千瓦，
年均增速为 8.8%。巴西水电潜能居世界第三位，仅次于俄罗斯和中国，巴西水电装机容量 9260 万
千瓦，年均增速为 2.9%。俄罗斯水电资源丰富，主要分布在西伯利亚区和远东区，但开发利用程度
较低，2015 年水电装机容量为 5017 万千瓦，年均增速仅为 0.6%。印度水力资源丰富，其可开发的
水电资源在世界上排名第五，2015 年水电装机容量为 4677 万千瓦，年均增速为 3.7%。南非境内河
流稀疏，降雨量少，可开发的水能资源极少，水电装机容量仅为 66 万千瓦。1990—2015 年金砖国家
水电装机容量及增速如图 3-16 所示。

4. 核电装机情况

受技术、安全等因素限制，金砖国家核电比例相对较低。1992—2015 年，金砖国家核电装机容
量由 2321 万千瓦增加至 6127 万千瓦，年均增速为 4.3%，所占比重由 7.0% 提高至 16.0%。中国核
电装机总体增长较快，在金砖国家中核电装机容量最高，由 1992 年的 30 万千瓦增长至 2015 年的
2677 万千瓦，年均增速为 21.6%。俄罗斯核电发展较早，但受 1986 年切尔诺贝利事故影响，装机增
长缓慢，由 1992 年的 1890 万千瓦增长至 2015 年的 2544 万千瓦，年均增速为 1.3%。印度核电装机
总量较小，1990 年为 132 万千瓦，2015 年增加至 531 万千瓦，年均增速为 5.7%。巴西、南非核电装
机容量基本持平，2015 年核电装机容量分别为 188 万千瓦、186 万千瓦。1990—2015 年金砖国家核

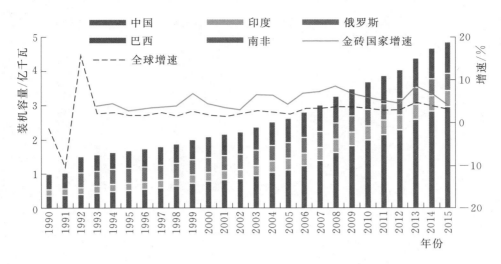

图 3-16 1990—2015 年金砖国家水电装机容量及增速

（注：1991 年苏联解体之前没有俄罗斯单独数据。

资料来源：国际能源署）

电装机容量及增速如图 3-17 所示。

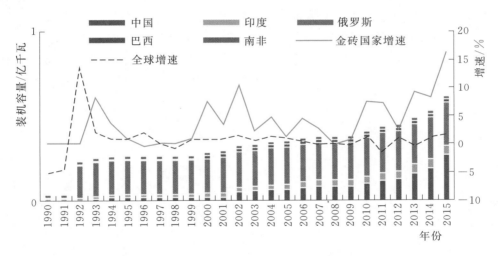

图 3-17 1990—2015 年金砖国家核电装机容量及增速

（注：1991 年苏联解体之前没有俄罗斯单独数据。

资料来源：国际能源署）

5. 非水可再生能源装机情况

近 10 年来，在全球环保要求日益严格的情况下，金砖国家非水可再生能源装机容量发展迅猛。2005—2015 年，金砖国家非水可再生能源装机容量由 1577 万千瓦增长至 24437 万千瓦，年均增速为 31.5%，高于全球平均水平 11.7 个百分点，占全球的比重从 12.7% 增加至 32.1%。中国非水可再生能源装机容量居世界第一，2015 年为 18253 万千瓦，年均增速达 50.5%。印度非水可再生能源装机容量由 2005 年的 630 万千瓦增加至 2015 年的 3586 万千瓦，年均增速为 19%。俄罗斯非水可再生能源发展较慢，2015 年装机容量仅为 156 万千瓦。巴西风电发展较快，非水可再生能源装机容量由 611 万千瓦增加至 2204 万千瓦，年均增速为 13.7%。南非非水可再生能源体量较小，2015 年装机容量仅为 238 万千瓦，年均增速为 27.5%。2005—2015 年金砖国家非水可再生能源装机容量及增速如图 3-18 所示。

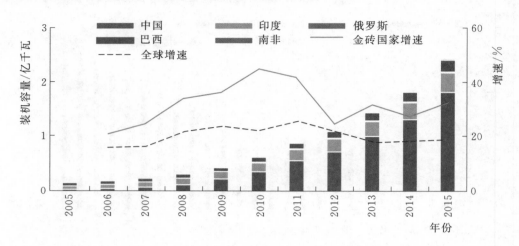

图 3-18 2005—2015 年金砖国家非水可再生能源装机容量及增速

（注：1991 年苏联解体之前没有俄罗斯单独数据。

资料来源：国际能源署）

（三）发电量及结构

1. 发电量情况

2000—2015 年，金砖国家发电量整体保持较快增长，平均增速为 6.9%，高于全球用电增速 3.9 个百分点。2001 年和 2008 年爆发经济危机，全球经济增速下滑，发电量增速也随之放缓。2014 年以来，由于中国经济增速降速换挡，发电量增速再次放缓。2015 年，金砖国家发电量 91418 亿千瓦时，同比增长 2.9%，增速比全球平均水平低 1.2 个百分点。2000—2015 年金砖国家发电量及增速变化如图 3-19 所示。

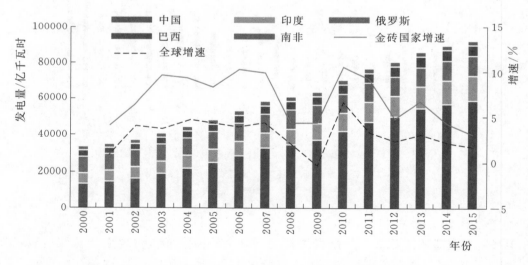

图 3-19 2000—2015 年金砖国家发电量及增速变化

（资料来源：国际能源署）

具体来看，2015 年，中国发电量占金砖五国发电量比重由 2005 年的 51.9% 升至 64.1%；印度发电量占金砖五国发电量比重由 2005 年的 14.8% 升至 15.1%；俄罗斯、巴西和南非发电量比重均有所下滑，分别由 2005 年的 19.8%、8.4% 和 5.1% 降至 2015 年的 11.7%、6.4% 和 2.7%。2005 年和 2015 年金砖国家中各国发电量占比情况如图 3-20 所示。

2005 年和 2015 年金砖国家分能源类型发电量情况如表 3-4 所示。

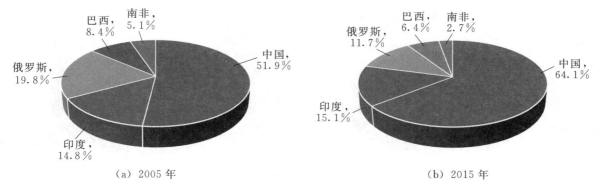

（a）2005 年　　　　　　　　　　　　　　　　（b）2015 年

图 3-20　2005 年和 2015 年金砖国家中各国发电量占比情况

（资料来源：国际能源署）

表 3-4　　　　　　　　　　　**2005 年和 2015 年金砖国家分能源类型发电量情况**　　　　　单位：亿千瓦时

发电类型	中国		印度		俄罗斯		巴西		南非		合计	
	2005 年	2015 年	2005 年	2015 年	2005 年	2015 年	2005 年	2015 年	2005 年	2015 年	2005 年	2015 年
煤炭	19803	41090	4785	10415	1655	1586	107	275	2291	2288	28640	55653
石油	505	97	254	230	212	101	117	293	1	2	1089	723
天然气	121	1453	755	681	4393	5297	188	795	0	0	5457	8227
核电	531	1708	173	374	1494	1955	99	147	113	122	2410	4306
水电	3970	11303	1079	1381	1746	1699	3375	3597	42	37	10212	18017
风电	20	1858	62	428	0	1	1	216	0	23	84	2526
太阳能发电	1	453	0	56	0	3	0	1	0	22	1	535
生物质能发电	52	637	49	265	26	28	136	488	3	3	266	1422
其他	1	1	0	0	4	5	8	4	0	0	13	10
总发电量	25005	58600	7157	13830	9531	10675	4030	5817	2449	2497	48172	91418

资料来源：国际能源署。

2. 发电量结构变化

金砖国家发电量火电占比较高，2015 年金砖国家发电量分类型构成中，火力发电量为 64602 亿千瓦时，占比最高，为 70.7%；水力发电量为 18017 亿千瓦时，占比 19.7%；核能发电量为 4306 亿千瓦时，占比 4.7%；风力发电量为 2526 亿千瓦时，占比 2.8%；太阳能发电量为 535 亿千瓦时，占比 0.6%；生物质能发电量为 1422 亿千瓦时，占比 1.5%。2005—2015 年，金砖国家发电量结构变化明显，传统能源发电量占比下滑，可再生能源发电量占比提高。其中，火力发电量占比下滑 2.3 个百分点，水力发电量占比下滑 1.5 个百分点，核电占比下滑 0.3 个百分点。风电和太阳能发电占比均有所提高，其中风电占比提高 2.6 个百分点；太阳能发电量占比提高 0.6 个百分点。2005 年和 2015 年金砖国家发电量结构如图 3-21 所示。

金砖国家火电以煤炭为主。2015 年，金砖国家煤炭发电量为 55653 亿千瓦时，煤炭发电量占火电发电量比例由 2005 年的 81.4% 升至 86.1%，增加 4.7 个百分点；天然气发电量占比由 2005 年的 15.5% 降至 12.7%，降低 2.8 个百分点；石油发电量占比下滑 2 个百分点。2005 年和 2015 年金砖国家火电发电结构如图 3-22 所示。

2015 年，金砖国家的南非、印度、中国和俄罗斯火力发电量占本国总发电量的比重较高，其中南非火电占比达 91.7%，主要为煤炭发电，印度、中国、俄罗斯和巴西火电占比分别为 81.9%、

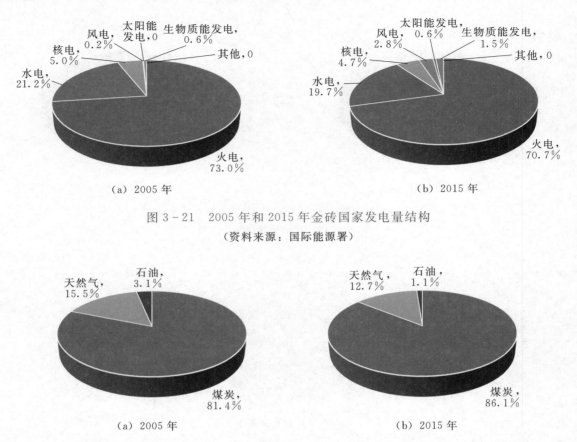

图 3-21 2005 年和 2015 年金砖国家发电量结构

（资料来源：国际能源署）

图 3-22 2005 年和 2015 年金砖国家火电发电结构

（资料来源：国际能源署）

72.8%、65.4%和 23.4%；巴西是水电大国，水电发电量占比达 61.8%；由于资源条件优势，巴西生物质能发电量贡献较高，占比为 8.4%；俄罗斯核电装机占比最高，为 18.3%。巴西、中国和印度风电发展较快，风力发电量占本国总发电量比重分别为 3.7%、3.2%和 3.1%。2015 年金砖国家发电量结构如图 3-23 所示。

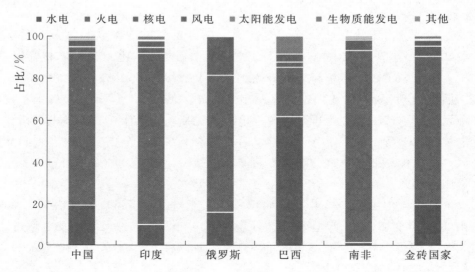

图 3-23 2015 年金砖国家发电量结构

（资料来源：国际能源署）

（四）用电量及结构

1. 用电量情况

2000—2015 年，金砖国家终端用电量整体保持较快增长，平均增速为 7.4%，高于全球用电增速 4.3 个百分点。2001 年和 2008 年，全球经济增速下滑，用电量增速放缓。2014 年以来，由于中国经济增速降速换挡，电力需求增速再次放缓。2015 年，金砖国家终端用电量 73201 亿千瓦时，同比增长 2.9%，增速比全球平均水平高 1.3 个百分点；金砖国家用电量占世界总用电量的比重由 2000 年的 19.8% 升至 36.2%。

具体来看，2015 年，中国终端用电量占全球用电比重由 2000 年的 8.2% 升至 24.1%，接近1/4；印度终端用电量占全球用电比重由 2000 年的 3.0% 升至 5.1%。巴西终端用电量比重保持平稳，为 2.5% 左右；俄罗斯和南非终端用电量比重有所下滑，分别由 2000 年的 4.8% 和 1.4% 降至 2015 年的 3.6% 和 1.0%。2000—2015 年，由于经济快速增长，中国终端用电量年均增速达 10.9%，印度为 6.9%。俄罗斯、巴西和南非终端用电量增长相对缓慢，平均增速分别为 1.2%、2.9% 和 0.9%。2000—2015 年金砖国家终端用电量及增速变化如图 3-24 所示。

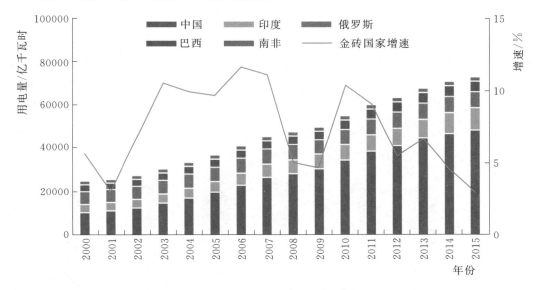

图 3-24 2000—2015 年金砖国家终端用电量及增速变化

（注：终端用电量不含能源部门自用及电力损失量。

资料来源：国际能源署）

2. 用电量结构变化

金砖国家能源部门用电量占比较高，约占总用电的 1/5，其比重由 2000 年的 23.8% 降至 2015 年的 20.0%。其中俄罗斯、印度、巴西、南非、中国能源部门用电量占总用电量的比重分别为 31.2%、25.8%、20.2%、20%、16.6%。

由于中国的工业尤其是制造业快速发展，工业用电量占据较高份额，金砖国家终端用电量中工业用电占比最高，其次为居民生活、商业用电等。2015 年金砖国家分部门终端用电量构成中，工业用电量为 43108 亿千瓦时，占比 58.9%；居民生活用电量为 13188 亿千瓦时，占比 18.0%；商业用电量为 7113 亿千瓦时，占比 9.7%；农/林/渔业用电量为 3404 亿千瓦时，占比 4.6%；其他用电量为 3541 亿千瓦时，占比为 4.8%。

2000—2015 年，金砖国家终端用电量结构中，工业、商业、农业等用电比重降低，居民生活、交通、其他部门用电比重提高。2015 年，居民生活用电量占比由 16.9% 增至 18.0%，增加 1.1 个百分点；交通部门用电量占比由 3.7% 增至 3.9%，增加 0.2 个百分点；其他部门用电占比由 4.3% 增至

4.8%，增加 0.5 个百分点；工业用电占比由 59.1% 降至 58.9%，下降 0.2 个百分点；商业用电量占比由 10.4% 降至 9.7%；农业用电量占比由 5.6% 降至 4.6%。2005 年和 2015 年金砖国家终端用电部门结构如图 3-25 所示。

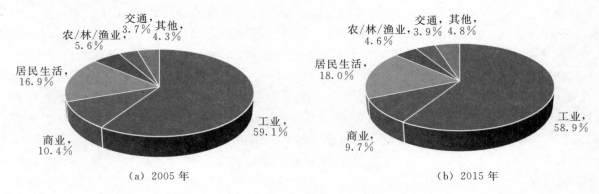

（a）2005 年　　　　　　　　（b）2015 年

图 3-25　2005 年和 2015 年金砖国家终端用电部门结构
（资料来源：国际能源署）

2015 年，金砖国家中，中国、南非、俄罗斯、印度和巴西工业用电量占本国终端用电量的比重均超过 40%，分别为 65.9%、61.3%、45.3%、44% 和 40%；巴西和俄罗斯居民用电量占比较高，超过 20%，分别为 26.7% 和 20.2%；由于服务业比较发达，巴西商业用电量占比在金砖五国中最高，为 27.3%；俄罗斯交通部门用电量占比较高，达 11.3%；印度农业用电量占比较高，为 18.3%。2015 年金砖国家分行业用电结构如图 3-26 所示。

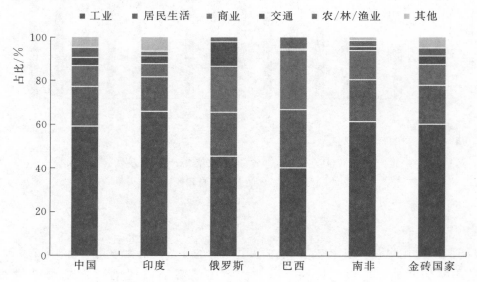

图 3-26　2015 年金砖国家分行业用电结构
（资料来源：国际能源署）

2005 年和 2015 年金砖国家用电量情况如表 3-5 所示。

（五）电力进出口情况

1. 中国

中国发电装机增长迅猛，自 2006 年以来每年新增装机 1 亿千瓦左右，电力供应盈余，自给率达到 100%，近几年来电力行业出现产能过剩。2016 年，中国电力供应能力总体富余，部分地区供应能力过剩。中国内地一直为香港、澳门送电。中国与俄罗斯、蒙古、越南和缅甸等周边国家实现了跨国输电线路互联和电力交易，交易能力已超过 200 万千瓦。2006—2015 年中国电力供需情况如图 3-27 所示。

表 3 - 5 　　　　　　　　　　2005 年和 2015 年金砖国家用电量情况 　　　　　　　　单位：亿千瓦时

用电部门	中国		印度		俄罗斯		巴西		南非		合计	
	2005 年	2015 年	2005 年	2015 年	2005 年	2015 年	2005 年	2015 年	2005 年	2015 年	2005 年	2015 年
能源部门	5017	9706	2278	3562	2907	3296	804	1243	494	496	11500	18302
工业	13552	32122	2109	4514	3299	3290	1754	1966	1100	1216	21814	43108
交通	370	1796	99	168	832	821	12	28	54	34	1367	2848
居民生活	2885	7565	1062	2470	1089	1465	832	1313	370	375	6237	13188
商业	1168	3047	420	931	1109	1522	862	1341	271	272	3831	7113
农/林/渔业	776	1040	903	1875	171	165	157	269	55	55	2062	3404
其他	1195	3198	301	311	0	0	0	0	81	32	1578	3541
总用电量	24963	58473	7172	13831	9407	10559	4421	6159	2426	2481	48388	91503

资料来源：国际能源署。

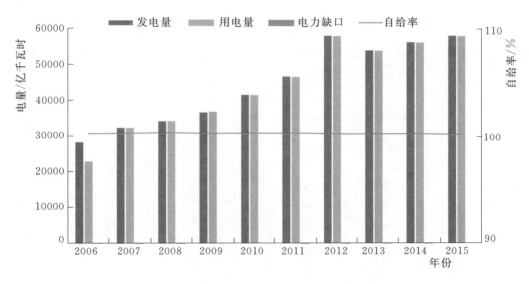

图 3 - 27　2006—2015 年中国电力供需情况

（资料来源：国际能源署）

2. 印度

印度电力长期短缺，目前有 3 亿人口无电可用，主要集中在农村地区，有超过 1.8 万个村庄未能通电。印度电力短缺的原因一方面是供电体制和基础设施落后，另一方面是盗电和输电损耗，印度输变电损耗为 30% 左右，远高于世界平均水平的 9%。2015/2016 财年，印度电力需求负荷峰值为 15336.6 万千瓦，但电力系统仅能满足 14846.3 万千瓦，缺口达 490 万千瓦（-3.2%），该缺口与过去几年的供需紧张状况相比已经有了很大改善，2012/2013 财年电力缺口曾高达 1200 万千瓦（-9%）。世界银行的报告显示，电力短缺给印度经济带来的损失相当于该国 GDP 的 7% 左右。印度是电力净进口国，一直从不丹进口电力，向尼泊尔、孟加拉国和缅甸等国出口电力，随着与其邻国间的跨境输电线路的建设，印度将会越来越多地出口电力。2005—2015 年印度电力供需情况如图 3-28 所示。

3. 巴西

巴西水电供电比重为 70% 以上，来水的不确定性导致巴西电力供应不稳定。近年来巴西东南部连续 3 年遭遇干旱，2015—2016 年的强厄尔尼诺现象使得旱情变得更加严峻，电力供应出现短缺。

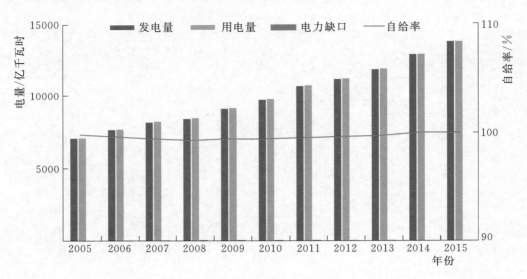

图 3-28　2005—2015 年印度电力供需情况
（资料来源：国际能源署）

巴西电力自给率保持在 90％以上，随着火电和其他能源发电的发展，近 10 年来电力自给率呈稳定增长态势。2005—2015 年巴西电力供需情况如图 3-29 所示。

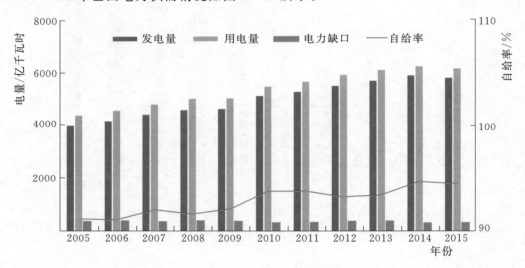

图 3-29　2005—2015 年巴西电力供需情况
（资料来源：国际能源署）

4. 俄罗斯

俄罗斯电力供应充足，不仅可以满足本国经济和社会发展的需要，而且还向其他独联体国家以及中国、蒙古等国出口。国际能源署数据显示，2015 年，俄罗斯发电量为 10675 亿千瓦时，同比增长 0.3％；用电量为 10559 亿千瓦时，与上年基本持平；电力出口 182 亿千瓦时，同比增长 24.35％；电力进口 66 亿千瓦时，同比下降 0.6％。2005—2015 年俄罗斯电力供需情况如图 3-30所示。

5. 南非

南非电力短缺问题严重，拉闸限电情况普遍，电力基础设施投资不足是缺电危机的重要原因。随着南非电力公司在建火电站的陆续投运，南非电力供应情况将有较为明显的改善。2005—2015 年南非电力供需情况如图 3-31 所示。

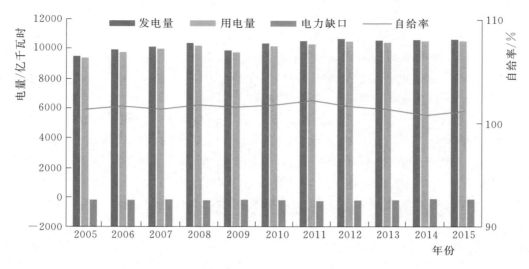

图 3-30 2005—2015 年俄罗斯电力供需情况
（资料来源：国际能源署）

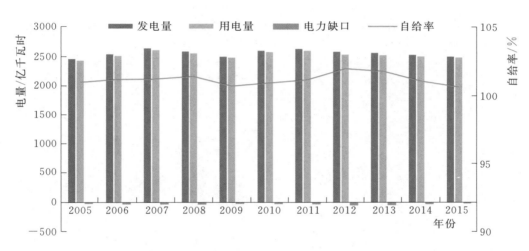

图 3-31 2005—2015 年南非电力供需情况
（资料来源：国际能源署）

三、电力发展新形势

金砖国家占全球可再生能源的比重不断增加，可再生能源发展势头迅猛。2016 年，金砖国家占全球可再生能源发电装机容量的 40.5%，高于 2007 年 2.4 个百分点。其中，中国居主导地位，占金砖国家可再生能源总装机容量的 2/3，占全球可再生能源装机的 27.1%，居世界第一；巴西和印度的可再生能源发展强劲，分别占全球总装机容量的 6.1% 和 4.5%；俄罗斯和南非占比相对较小，但可再生能源发展正在加速。

（一）风电

随着风电产业技术不断成熟、成本逐渐下降以及各国的政策支持，风电投资热情高涨，金砖国家的风电出现井喷式增长，近几年超过欧洲等发达国家的增长势头。金砖国家风电装机容量由 2007 年的 1414 万千瓦增加至 2016 年的 18974 万千瓦，占全球风电装机总量的 40.7%，年均增速为 33.4%，高出全球增速 13.9 个百分点。

在金砖国家中，中国的风电装机总量最大，由 2007 年的 603 万千瓦增长至 2016 年的 14864 万千瓦,占金砖国家风电装机总量的78.3%和全球的31.9%,居世界第一位,2007—2016年年均增速为42.8%。在国家经济发展需求、政府能源转型等因素驱动下,印度风电发展迅猛,成为全球风电发展最有潜力的市场。印度风电装机容量由2007年的785万千瓦增长到2016年的2888万千瓦,年均增速为15.6%,占金砖国家风电装机总量的15.2%和全球风电装机总量的6.2%。由于良好的风力条件以及政府对风电发展的重视,巴西近年来风电发展如火如荼。巴西风电装机容量由2007年的25万千瓦增长到2016年的1074万千瓦,年均增速为52.1%,占全球风电装机总量的2.3%。2000—2012年南非风电装机容量仅为1万千瓦;2012年开始,南非风电装机容量迅速发展,2013年新增风电装机容量达3万千瓦,2014年新增60.6万千瓦,2015年新增48.3万千瓦;2016年风电装机容量为147万千瓦。俄罗斯虽拥有巨大的风能潜力,发展却止步不前;由于对可再生能源没有任何的扶持和补贴政策,风电场建设用地落实困难,发电项目屡次搁浅;2016年,俄罗斯风电装机容量仅为1.1万千瓦。

金砖国家海上风电发展相对落后于欧洲等发达国家,仅中国发展迅猛,其他国家处于起步阶段。受益于海上风电机组的突破创新,2016年中国海上风电新增装机大幅增长,累计装机容量148万千瓦,超过丹麦,位居世界第三,仅次于英国和德国。2007—2016年金砖国家风电装机容量及增速如图3-32所示。

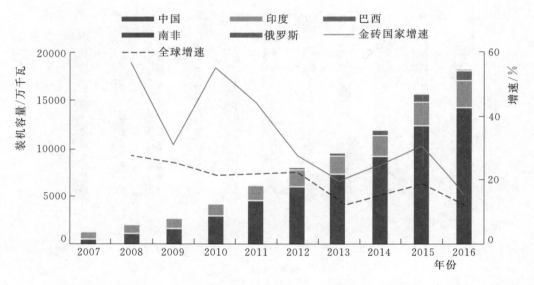

图3-32　2007—2016年金砖国家风电装机容量及增速

(资料来源:国际可再生能源署)

(二)太阳能发电

由于太阳能技术进步、成本降低及政策的大力支持,太阳能发电发展近几年突飞猛进。金砖国家的太阳能发电起步相比发达国家略晚,但发展势头强劲。2016年,金砖国家太阳能发电装机容量由2007年的12.1万千瓦增加至8918万千瓦,占全球太阳能发电装机总量的30.2%,年均增速为108.3%,高出全球增速61.1个百分点。

在金砖国家中,中国太阳能发电装机总量最大,由2007年的10万千瓦增长至2016年的7743万千瓦,占金砖国家太阳能发电装机总量的86.8%和全球的26.2%,居世界第一位,2007—2016年年均增速为109.4%。印度将太阳能作为核心发展目标,太阳能发展出现大跃进式增长。印度太阳能发电装机容量由2007年的0.4万千瓦增长到2016年的989万千瓦,年均增速为138.2%,占金砖国家太阳能发电装机总量的11.1%和全球的3.3%。南非拥有丰富的太阳能资源,是最具发展潜力的新兴光热发电市场之一,面对开发新能源的现实需求以及政府的激励扶持,南非太阳能发电自2013年以来快速发展。2016 年，南非太阳能发电装机容量由 2007 年的 1.7 万千瓦增长到 174 万千瓦，年均增速为 67.3%。巴西光照资源非常充沛，年日照时间超过 3000 小时，发展潜力巨大，但由于太阳能发电成本远高于水电和风电以及国内经济危机影响，其占总发电装机的比重极低，2016 年太阳能发电装机容量仅为 2.3 万千瓦。俄罗斯太阳能产业尚处于起步阶段，2016 年太阳能发电装机容量 8.8 万千瓦。2007—2016 年金砖国家太阳能发电装机容量及增速如图 3-33 所示。

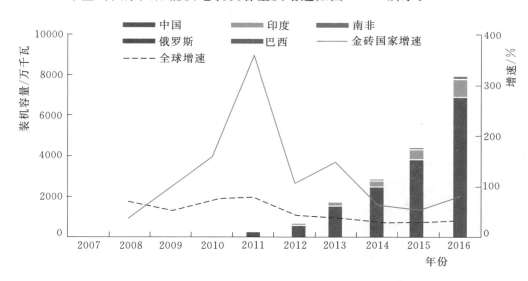

图 3-33 2007—2016 年金砖国家太阳能发电装机容量及增速

（资料来源：国际可再生能源署）

（三）生物质能发电

受益于资源条件优势，金砖国家生物质能发电保持快速增长趋势。2016 年，金砖国家生物质能发电装机容量由 2007 年的 1008 万千瓦增加至 3702 万千瓦，占全球生物质能发电装机总量的 33.7%，年均增速为 15.6%，高出全球增速 7 个百分点。

巴西生物质能发展处于世界领先地位，装机容量居世界第一位，由 2007 年的 410 万千瓦增长至 2016 年的 1418 万千瓦，占金砖国家生物质能发电装机的 38.3% 和全球的 12.9%，2007—2016 年年均增速为 14.8%。中国生物质能呈快速增长趋势，2016 年中国生物质能发电装机容量由 2007 年的

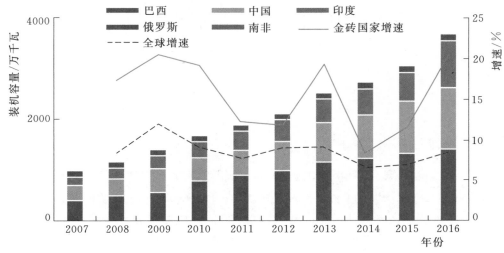

图 3-34 2007—2016 年金砖国家生物质能发电装机容量及增速

（资料来源：国际可再生能源署）

300万千瓦增长至1214万千瓦，年均增速为16.8%，居世界第三位，仅次于巴西和美国。印度生物质能发电发展也较快，2016年生物质能发电装机容量由2007年的159万千瓦增长至919万千瓦，年均增速为21.5%，居世界第五位。俄罗斯和南非生物质能发电装机容量较小，分别为137万千瓦和14万千瓦，年均增速分别为0.9%和1.4%。2007—2016年金砖国家生物质能发电装机容量及增速如图3-34所示。

第三节 电力与经济相关关系

一、单位 GDP 电耗

随着技术水平的进步和产业结构的调整，单位 GDP 电耗整体呈降低趋势，在经济波动年份，单位产值电耗上升。由于金砖国家工业占 GDP 比重较大，单位 GDP 电耗一直高于全球水平。1990—2015年，随着工业由粗放式发展到工业转型升级、技术改造等，金砖国家单位 GDP 电耗总体呈波动趋势，2015年为4687千瓦时/万美元，高出全球水平2016千瓦时/万美元。2015年，金砖国家中国 GDP 电耗水平最高，为5474千瓦时/万美元；其次为南非4744千瓦时/万美元；由于巴西以服务业为主导产业，工业比重偏低，单位 GDP 电耗仅为2108千瓦时/万美元，低于全球平均水平。1990—2015年金砖国家及全球单位 GDP 电耗情况如图3-35所示。1990—2015年金砖各国单位 GDP 电耗情况如图3-36所示。

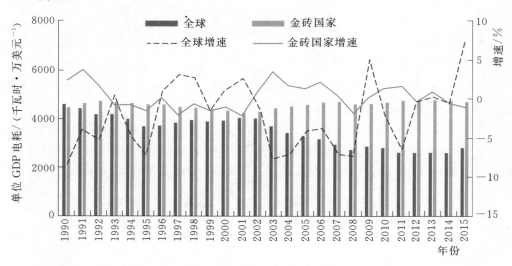

图3-35 1990—2015年金砖国家及全球单位 GDP 电耗情况

（资料来源：国际能源署）

二、电力消费弹性系数

1992—2015年，金砖国家 GDP 年均增速为6%，用电量年均增速为5.8%，电力消费弹性系数为1.0，整体波动幅度为0.1~1.3（剔除异常值），其中1993—2001年波动区间为0.1~0.9，整体低于1；2002—2007年，波动区间为1.0~1.3，这段时期金砖国家经济快速发展，用电量和经济呈现很强的正相关关系；2008—2009年，受全球经济危机的影响，金砖国家经济及用电量增速均大幅下滑，电力消费弹性系数降至0.7~0.9；2010—2013年，受各国陆续实施大规模经济刺激计划的影响，经济和用电量出现反弹，电力消费弹性系数重回1.0以上区间，其中2011年达到1.3。2014年以来，

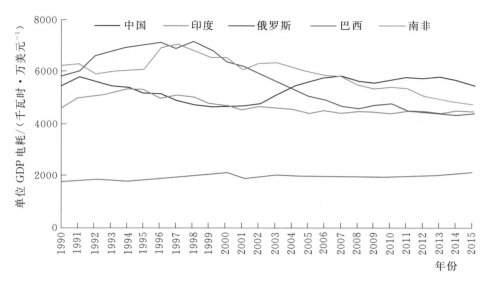

图 3 - 36　1990—2015 年金砖各国单位 GDP 电耗情况

（资料来源：国际能源署）

受中国经济进入新常态、经济结构优化调整升级以及俄罗斯、南非经济萎缩等影响，金砖国家经济与用电量增速总体下滑，电力消费弹性系数降至 1 以下。1981—2015 年金砖国家 GDP 与用电量增速对比及金砖国家与全球电力消费弹性系数情况如图 3 - 37 所示。

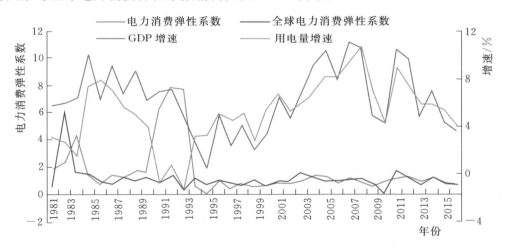

图 3 - 37　1981—2015 年金砖国家 GDP 与用电量增速对比

及金砖国家与全球电力消费弹性系数情况

（资料来源：世界银行、国际能源署）

　　1992—2015 年，全球电力消费弹性系数为 1.0，金砖国家总体与全球水平一致，其中巴西相对较高，为 1.2，中国为 1.0，印度为 0.9，南非和俄罗斯最低，分别为 0.6 和 0.1。分时间段来看，金砖国家电力消费弹性系数总体呈降低趋势。中国在 2001—2007 年期间经济快速发展，工业对经济增长的贡献率很高，用电量增速快于经济增速，电力消费弹性系数高于 1；2008—2015 年，由于经济危机及最近几年经济增速换挡、供给侧结构改革、工业转型升级等影响，电力消费弹性系数下滑，降至 1 以下。不同时期金砖国家电力消费弹性系数对比如图 3 - 38 所示。

　　具体来看，1981—2015 年，由于中国经济发展增速比较平稳，没有出现大起大落的情况，中国电力消费弹性系数波动也总体平稳，波动区间为 0.5～1.7。印度电力消费弹性系数也相对较为平稳，但在 1991 年爆发国际收支危机，经济增速下滑至 1.1%，电力消费弹性系数升至 8.7。俄罗斯电力消费弹性

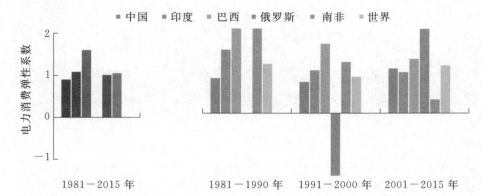

图 3-38 不同时期金砖国家电力消费弹性系数对比
（资料来源：世界银行、国际能源署）

系数变化不大，总体处于 -1.1~1.5。受经济大幅波动影响，巴西、南非电力消费弹性系数变化比较明显，分别处于 -5.5~12.2 和 -11.5~2.9。1981—2015 年金砖国家电力消费弹性系数如图 3-39 所示。

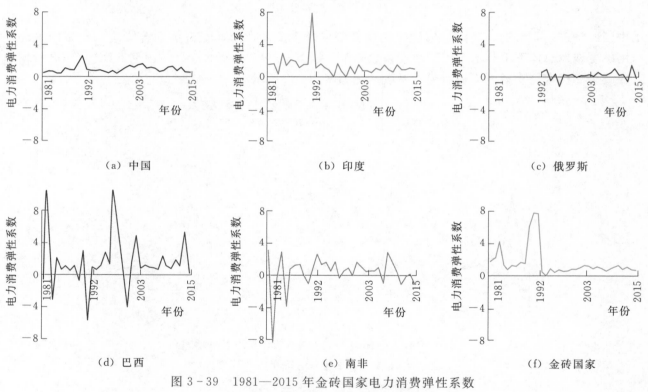

图 3-39 1981—2015 年金砖国家电力消费弹性系数
（注：1991 年苏联解体前无俄罗斯数据。
资料来源：世界银行、国际能源署）

第四节 电力与经济发展展望

一、经济发展展望

近年来，全球经济形势日趋复杂多变，金砖国家经济发展进入新阶段。中国经济降速换挡，发展进入新常态；印度经济增速领先全球；俄罗斯经济衰退后逐步复苏；巴西经济继续衰退；南非经济增长持续疲软。2017年，全球贸易和投资回暖，金融市场预期向好，大宗商品价格回升，全球经济迎来逐步向好局面，金砖国家经济增速企稳回升。预计2018年，中国、印度经济仍将保持强劲增长；巴西经济增长仍面临很多不确定性；俄罗斯经济增长稳定；南非经济略有好转。

（一）中国

经过三十多年的持续高速增长后，中国经济进入新常态，经济降速换挡，由高速增长降至中高速增长，自2015年开始，经济增速降至"6"时代。近几年来，中国供给侧改革成效显著，通过持续对低效率产能的出清，有效促进了上游产品价格的回升，增强了上游企业的盈利能力，降低了区域性金融风险爆发的可能性；同时经济新动能正在形成，新兴制造业迅速增长，物价水平总体保持稳定。2017年，中国GDP同比增长6.9％。根据国际货币基金组织（IMF）预测，随着金融部门监管收紧措施产生效果、外部需求减弱，预计GDP增速将从2017年的6.9％下降至2018年的6.6％，2019年、2020年将进一步降至6.4％、6.3％。1990—2020年中国GDP增速变化趋势及预测如图3-40所示。

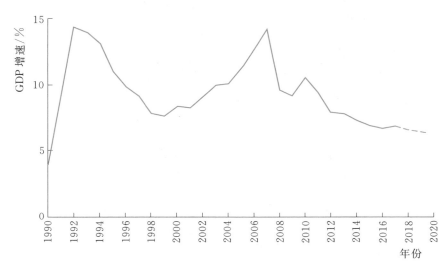

图3-40　1990—2022年中国GDP增速变化趋势及预测

（资料来源：国际货币基金组织）

（二）印度

印度是亚洲乃至世界经济增长最快的主要经济体。在2017年，尽管受莫迪政府"废钞令"、商品和服务税（Goods and Services Tax，GST）改革等影响，印度2017财年的经济增速略低于2016财年的7.1％，但还是取得6.7％的成绩。预计未来3年，印度将会是全球增长最快的经济体。根据IMF预测，随着换钞措施以及商品和服务税实施带来的不利影响消退，2018年印度经济将增长至7.4％，领跑金砖五国，并将超过法国和英国成为世界第五大经济体；2020年经济增速将升至7.9％。1990—2020年印度GDP增速变化趋势及预测如图3-41所示。

（三）巴西

2015—2016年，巴西经济连续两年衰退。2017年GDP重现增长，增速为1％，经济恢复至2011年上半年的水平。其中，农牧业发展较快，增速为13％，创1996年以来最佳表现，推动巴西经济走向复苏；服务业增长0.3％，主要得益于巴西家庭的消费扩大；在连续3年下滑后，2017年工业为零增长。尽管2018年巴西面临大选的不确定性，以及政府财政状况不佳和失业率较高的影响，但经济增长势头总体良好，预计2018年经济将增长2.3％。根据IMF预测，2019年、2020年经济将分别增长2.5％和2.2％。1990—2020年巴西GDP增速变化趋势及预测如图3-42所示。

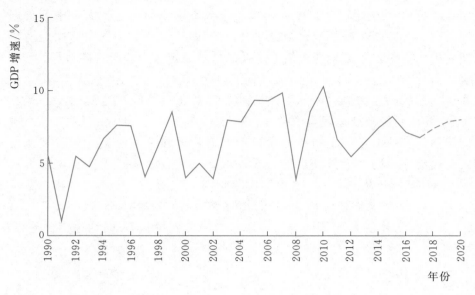

图 3-41 1990—2020 年印度 GDP 增速变化趋势及预测
（资料来源：国际货币基金组织）

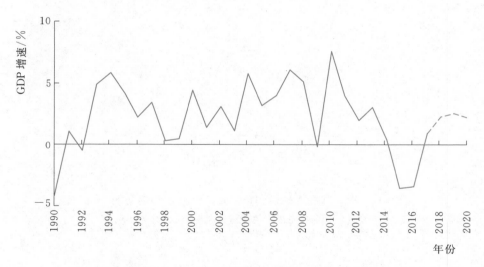

图 3-42 1990—2020 年巴西 GDP 增速变化趋势及预测
（资料来源：国际货币基金组织）

（四）俄罗斯

2014 年以来，受西方对俄罗斯制裁和国际油价大幅波动影响，俄罗斯经济面临较大下行压力，2015 年经济较前一年萎缩 2.5%，2016 年又再下滑 0.2%。2017 年俄罗斯走出经济危机呈现复苏，当年粮食产量创纪录，预计达到 1.35 亿吨；失业率降至 5.2%。俄罗斯总统普京 2017 年 12 月 21 日宣布，俄罗斯经济已结束衰退，经济已明显改善。普京强调，为保证经济稳定发展，必须提高劳动生产率，继续系统性改善商业和投资环境，促进竞争，这是至关重要的中期任务。根据国际货币基金组织（IMF）预测，石油价格上涨的积极效应将被制裁的影响所抵消，俄罗斯经济涨幅有限。预计 2018 年经济增速将提高至 1.7%，2019 年、2020 年将稳定在 1.5%。1990—2020 年俄罗斯 GDP 增速变化趋势及预测如图 3-43 所示。

（五）南非

近几年来，由于失业率高企、经济的不确定性、旱灾和大宗商品价格低迷等的影响持续，南非经济

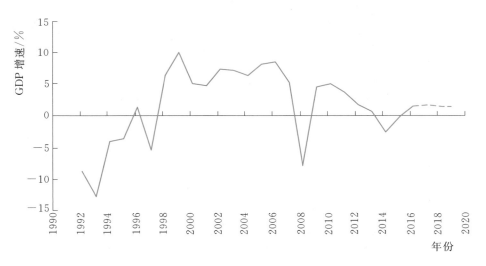

图 3-43 1990—2020 年俄罗斯 GDP 增速变化趋势及预测

（注：1991 年苏联解体前无俄罗斯数据。

资料来源：国际货币基金组织）

增长势头减弱，由 2015 年的 1.3％进一步降至 2016 年的 0.3％。2017 年南非经济增长 1.3％，超出预期，其中对经济贡献最大的部门是农/林/渔业部门。随着消费和投资的恢复以及产出缺口的缩小，预计经济增长将在随后几年缓慢复苏。根据 IMF 预测，2018 年经济增速将提高至 1.5％，2019 年、2020 年将分别增长 1.7％和 1.8％。1990—2020 年南非 GDP 增速变化趋势及预测如图 3-44 所示。

图 3-44 1990—2020 年南非 GDP 增速变化趋势及预测

（资料来源：国际货币基金组织）

二、电力发展展望

金砖国家电力装机占全球的 36.8％左右，火电比重较大。随着对气候和环保政策的重视以及新能源技术的日益成熟，预计未来数年内，金砖国家在全球可再生能源发展中的作用将迅速增强。根据金砖国家各自制定的可再生能源目标，2020—2030 年，金砖国家可再生能源总装机容量将升至 12.52 亿千瓦，即新增装机容量 4.98 亿千瓦，新增量约占当前全球可再生能源总装机容量的 25％。金砖国家核电需求将增加，电力需求上升是核电需求增加的主要原因。随着中国、印度煤电装机的饱和甚至出现过剩现象，金砖国家煤电装机增速将逐步放缓。

（一）中国

根据中国《电力发展"十三五"规划》，预计 2020 年中国全社会用电量为 6.8 万亿～7.2 万亿千瓦时，年均增长 3.6%～4.8%；全国发电装机容量 20 亿千瓦，年均增长 5.5%；人均装机容量突破 1.4 千瓦，人均用电量 5000 千瓦时左右，接近中等发达国家水平。城乡电气化水平明显提高，电能占终端能源消费比重达到 27%。

按照非化石能源消费比重达到 15% 的要求，到 2020 年，非化石能源发电装机容量达到 7.7 亿千瓦左右，比 2015 年增加 2.5 亿千瓦左右，占比约 39%，提高 4 个百分点，发电量占比提高到 31%；气电装机容量增加 5000 万千瓦，达到 1.1 亿千瓦以上，占比超过 5%；煤电装机容量力争控制在 11 亿千瓦以内，占比降至约 55%；全面协调风电开发和高效利用，确保风电并网装机容量达到 2.1 亿千瓦以上；推动太阳能多元化利用，实现太阳能发电并网装机容量 1.1 亿千瓦以上。

合理布局能源富集地区外送，建设特高压输电和常规输电技术的"西电东送"输电通道，新增装机容量 1.3 亿千瓦，达到 2.7 亿千瓦左右；电网主网架进一步优化，省间联络线进一步加强，形成规模合理的同步电网，严格控制电网建设成本。全国新增 500 千伏及以上交流线路 9.2 万千米，变电容量 9.2 亿千伏安。2007—2020 年中国发电装机容量及结构如图 3-45 所示，2015 年和 2020 年中国装机容量结构如图 3-46 所示。

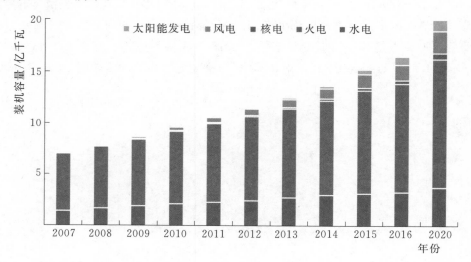

图 3-45 2007—2020 年中国发电装机容量及结构
（资料来源：中国国家能源局）

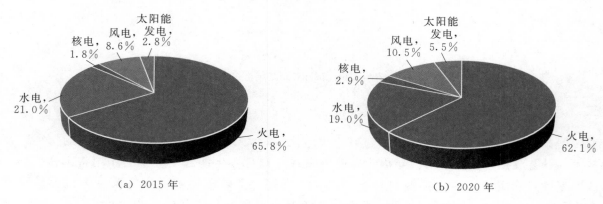

（a）2015 年 （b）2020 年

图 3-46 2015 年和 2020 年中国装机容量结构
（资料来源：中国国家能源局）

（二）印度

（1）非化石能源比重大幅提高。根据印度国家自定贡献目标，印度将大力推动清洁能源的长期发展，致力于在 2030 年前，将该国非化石燃料资源在发电组合中的比例提高至 40%。

为改善印度电力短缺现象，印度"十三五"（2017 年 4 月－2022 年 3 月）计划新增装机容量 14700 万千瓦，年均电网投资超千亿元。数据显示，印度 2017 年发电总装机容量略高于 3.1 亿千瓦，其中煤电占比 58%，可再生能源发电占比 18%，其他零排放技术占比 17%。第三份《国家电力规划》草案预计，到 2022 年，印度煤炭发电占比将下降到 50% 以下，可再生能源占比将达到 30% 以上。2017 年和 2020 年印度装机容量结构如图 3－47 所示。

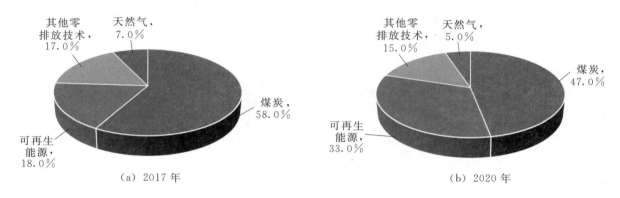

（a）2017 年　　　　　　　　　　（b）2020 年

图 3－47　2017 年和 2020 年印度装机容量结构

（资料来源：印度中央电力局）

（2）煤电产能将面临过剩。由于印度尚有 5000 万千瓦煤电产能在建且将于 2017—2022 年投入运营，因此，印度在今后 10 年内不仅无需新建任何煤电产能，还将面临过剩煤电产能。

（3）大力发展水电。第三份《国家电力规划》草案预计，随着 2017—2022 年在建和批准建设项目投入运行，到 2027 年，印度将新增 2730 万千瓦大水电。

（4）核电将快速发展。根据国家能源政策，印度核电发展目标是：到 2020 年装机容量达到 1450 万千瓦，包括轻水堆、重水堆及快堆。计划到 2032 年增加约 40 座反应堆，发电能力提高至 10 倍以上。

（5）大力发展可再生能源，太阳能发电为重中之重。2015 年年底，可再生能源（不含大水电）约占印度总发电装机容量的 15%。2016 年年底，印度发布第十三期国家电力规划草案，计划到 2022 年将可再生能源装机容量增至 17500 万千瓦，其中风电有望达到 6000 万千瓦，生物质能发电及其他小型工程发电约达到 1500 万千瓦，太阳能发电将发挥主要作用，预计实现装机容量 10000 万千瓦。2027 年可再生能源装机容量将达到 27500 万千瓦，是 2012 电力规划预测产能的 3 倍。

（6）输电线损将大幅降低。为降低输变电造成的损耗，印度政府帮助输变电公司降低债务，2016 年 50% 输变电公司债务由邦政府接管，2017 年政府承担 25%。在输变电上签署中央、邦和输变电公司三方协议，规范电力输出，促进输变电效率。目前已有 16 个邦签署三方协议。印度联邦政府主导的一项计划希望通过追踪盗电、改进计量与收费方式等途径，到 2019 年将平均电力损耗率降至 15%。印度输电部门正在推动一体化输电系统，在各地区建立大型输电枢纽，鼓励私有部门投资输电项目。

（7）电力消费将快速增长。据印度中央电力局的数据预测，在印度"十三五"（2017—2022 年）结束后，印度电力消耗将达到 13005 亿千瓦时，较上一个五年计划完成时消耗量增加近 30%。2017 年和 2021 年印度用电量及预测如图 3－48 所示。

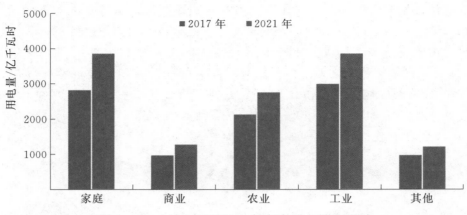

图 3-48　2017 年和 2021 年印度用电量及预测

（资料来源：印度中央电力局）

（三）巴西

尽管近两年经济萎缩使得巴西电力需求的增长放缓，但巴西计划在未来几年实现发电模式多样化。《2024 年巴西能源计划》将增加非水可再生能源发电 3600 万千瓦，天然气发电 1100 万千瓦，核能发电 140 万千瓦。美国能源信息署发布的《2016 年国际能源展望》预计，2014—2024 年，巴西的 GDP 和电力需求的年均增长将分别达到 2.4% 和 2.0%。

（1）水电是支柱产业，未来几年将平稳增长。巴西丰富的水力资源给电力工业发展带来了异乎寻常的发展模式，大型水电站发电量占比一度超过 80%，也为巴西履行《巴黎协定》公约带来了得天独厚的便利。随着经济的发展，巴西电力需求不断提高，而气候变化使巴西近年来饱受电力短缺的困扰。2012 年，雨季停止较早，巴西主要地区水库蓄水量仅能满足水电站 40% 左右的发电能力，大部分地区电力供应短缺。为应对水电不足的状况，巴西开始重视发展化石能源发电，水力发电在未来将缓慢增长。预计 2020 年，巴西水力发电量将达到 4090 亿千瓦时，年均增速约为 2.6%。

（2）受制于环保影响，火电发展将放缓。由于水力发电量受气候影响较大，在枯水期经常会发生电力短缺，近几年来，巴西火力发电发展较快，但火力发电量占比不足 1/4。2005—2015 年，巴西天然气发电量增长迅速，其他类型火力发电占比均有所萎缩。未来 5 年，巴西火力发电量将不会有大幅变化，预计 2020 年巴西火力发电量约为 1450 亿千瓦时，年均增速约为 1.2%。

（3）核电近几年将保持稳定。巴西核能技术尚不完善，目前只有安哥拉核电厂的 3 台机组运行，装机一直保持稳定。截至 2016 年年底，巴西没有新建核电项目。未来 5 年，巴西核电装机容量仍将保持在 199 万千瓦。预计到 2020 年，巴西核电发电量为 160 亿千瓦时，与 2015 年相比变化不大。巴西计划到 2030 年，增设 4 台新的核电机组。

（4）风电是重点产业，仍将保持快速增长。巴西风电的发展可追溯至 2002 年，当时巴西政府启动了《替代电力能源激励计划》，通过固定电价制度推动风电等其他可再生能源的发展，此后又有多项鼓励政策。但是受制于本土基础研究滞后，当地政府对风电机组需要进行相关认证之后才能进入市场，而且出于本土企业保护，巴西政府要求风电机组必须有一定本土化成分，从一定程度上限制了风电产业发展。随着技术的提升，巴西风力发电成本逐步降低，风电装机容量也会以较快速度增长。预计 2020 年，巴西风电发电量将达到 420 亿千瓦时，年均增速约为 14.0%。

（5）太阳能发电将出现爆式式增长。巴西对太阳能发电给予了充分的政策支持，在联邦政府通过税收减免和投资鼓励下，太阳能发电在巴西开始起步，产业虽然有所发展，但仍处于初级阶段，装机容量很小，并且以分布式电站为主。巴西能源机构预计，未来 5 年，巴西太阳能发电成本将下降 40%，太阳能发电装机容量会出现井喷式增长，预计到 2020 年，巴西太阳能发电量将达到 119 亿千瓦时，年均增速高达 189%。

（6）生物质能发电平稳增长。巴西是发展和利用生物质燃料最成功的国家之一，生物质燃料产量占全球的 1/4 左右，甘蔗和大豆的高产量为生产燃料乙醇和生物柴油提供了充足的原料。巴西生物质燃料发电行业发展成熟，生物质燃料发电装机和发电量占比均在 8% 以上。预计到 2020 年，巴西生物质燃料发电量增长平稳，达到 530 亿千瓦时，年均增速约为 1.7%。

2005—2020 年巴西发电量及结构变化趋势如图 3-49 所示。

图 3-49　2005—2020 年巴西发电量及结构变化趋势
（资料来源：国际能源署）

（四）俄罗斯

（1）重点发展核能和可再生能源发电。俄罗斯联邦能源部发布的《2035 年前俄罗斯能源战略草案》（以下简称《2035 能源战略》），提出了包括降低对能源经济的依赖程度、调整能源结构、加大能源科技创新、拓展亚太市场等一系列措施。在《2035 能源战略》中，俄罗斯能源在经济中的地位从原来的拉动国民经济增长"火车头"转变为现在的"基本促进因素"，强调经济发展多元化的重要性。由于经济增长放缓，俄罗斯下调了对国内能源需求增长的预期：2013—2035 年，能源需求的增幅乐观估计为 3.8%，保守估计为 2.8%。《2035 能源战略》对能源生产结构作出调整，降低石油产量，提高天然气、煤炭、电能产量，优化热能供应。在一次能源生产过程中，石油和凝析油的比重从 39% 降到 32%～33%；天然气和伴生气的比重从 41% 增到 47%，年产量预计 9350 亿立方米；固体燃料的比重维持在 11%～12%，煤炭开采量提高到 9.35 亿吨；加速发展电能，发电站功率提高 1/3，发电能力是目前的 1.6 倍，核电站的发电比重从 16% 增加到 22%～23%。

（2）火电装机占比将会降低。根据重点发展核能和可再生能源的政策，未来几年俄罗斯的火电在发电结构中的占比会逐渐降低，天然气发电在火力发电中的占比会持续升高。

（3）大型水电站在俄罗斯可再生能源发电中占主导地位。2020 年前俄罗斯水电发展纲要规定：到 2020 年水电装机容量为 2030 万千瓦，水电发电量将增加 1.5 倍，从 1690 亿千瓦时增加到 2500 亿千瓦时。

（4）风电将开始发展。俄罗斯工业和贸易部宣布，将投资约 300 亿卢布在俄境内建设风电站。首个 3.5 万千瓦风电站于 2017 年在乌里扬诺夫斯克州投入运行。其他风能设施将建在摩尔曼斯克州和俄罗斯南部地区。到 2024 年计划建成 360 万千瓦的风电设施。

（5）太阳能发电装机将快速发展。2016 年年底，俄罗斯太阳能发电装机容量为 54 万千瓦，其中 2015 年新增 6 万千瓦，2016 年新增 7 万千瓦。俄罗斯的目标是到 2024 年增加太阳能装机容量 152 万千瓦，2024—2030 年将再增加 118 万千瓦。根据 IRENA 预测，到 2030 年，俄罗斯有潜力将太阳能装机容量翻番至 500 万千瓦。分布式光伏发电在俄罗斯偏远地区大有可为。

（6）大力投资建设新电网，改造升级现有电网。俄罗斯电力设施老化状况严重，电力建设资金匮乏，一半以上的发电设备运行超过 30 年，发电设备利用小时数平均达 7100 小时，输电网中60%～80% 的输电线路处于严重老化状态，电力设备老化和较为落后的电网水平成为制约俄罗斯电力和经济发展的瓶颈。根据 2012 年俄罗斯能源部制定的《俄罗斯 2020 年前电力现代化纲要方案》，到 2020 年，俄罗斯电网投资的总规模将达到 6645 亿元，其中新建电网工程投资规模为 3842 亿元，现有电网的改造和技术升级投资规模为 2803 亿元。

（五）南非

南非能源部于 2016 年 11 月公布《综合能源计划》草案，为天然气和可再生能源在 2050 年前大规模扩建装机容量指明了方向。与 2011 年的计划草案相比，燃煤发电的装机容量显著减少，但煤电和核能仍然是 2050 年之前能源的主要发电来源。该草案提出，南非希望到 2050 年大幅提升自主发电能力，实现风能发电 3740 万千瓦，太阳能发电 1760 万千瓦，燃气发电 3529.2 万千瓦，燃煤发电 1500 万千瓦。南非还计划于 2037 年新建核电站并正式运行，到 2050 年实现发电装机总量 2038.5 万千瓦。

燃煤发电仍然是南非发展的主力和趋势，风电、光热发电潜力巨大，核电、水力发电、抽水蓄能、生物质能发电也将进入快速发展，并逐步增加在发电项目的比重。2011 年 3 月，南非政府内阁批准由南非能源部修订的《综合资源规划 2010》（IRP2010）草案。到 2030 年，南非全国发电能力8953 万千瓦，其中煤电装机占 45.9%，发电量占 65%；可再生能源装机占 21%，发电量占 9%；核电装机占 12.7%，发电量占 20%；开式循环燃气轮机发电占 8.2%；联合循环燃气轮机发电占2.6%；水力发电占 5.3%；抽水蓄能发电占 3.3%。按照 IRP2010 计划，开式循环燃气轮机发电、联合循环燃气轮机发电、垃圾焚烧发电、生物质发电、太阳能发电、风力发电等技术将会是主流应用。到 2030 年，风电新增容量达到 840 万千瓦，光伏太阳能新增容量达到 840 万千瓦，聚热太阳能新增容量达到 100 万千瓦，可再生能源装机总量达到 1780 万千瓦，占新增装机容量的 42%，与核电以及调整后的水电加在一起，新能源新增装机容量达到新增装机总容量的 71%。这个方案，预计耗资超过 8000 亿兰特，峰值电价达到 1.12 兰特。每度电的二氧化碳排放将从 2010 年的 912 克下降到 2030年的 600 克，下降幅度达到 34%。

根据 IRP2010 计划，在 2030 年之前，南非部分发电厂要关停淘汰，由此减少 1090 万千瓦的发电能力；同时要新建 5653 万千瓦的发电能力。煤电仍将集中在南非北部，规划建设 Medupi、Kusile 等大型坑口电厂；在南部沿海规划建设 2～3 座核电站；西南沿海发现天然气田，将规划建设燃气电站；风电将集中在南部沿海一带，太阳能集中在广大内陆地区，并在东部沿海开发甘蔗等生物质能发电项目。2015 年和 2030 年南非装机容量结构如图 3－50 所示。

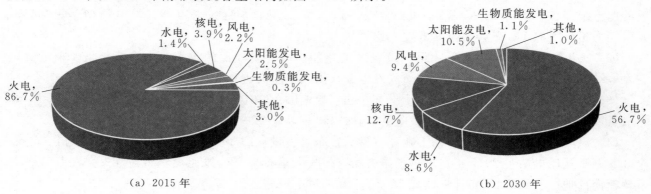

(a) 2015 年　　　　　　　　　　　　　(b) 2030 年

图 3－50　2015 年和 2030 年南非装机容量结构

（资料来源：国际能源署）

第四章

"一带一路"典型国家电力
与经济形势概况

　　"一带一路"倡议是由习近平主席于 2013 年提出的。"一带"是指丝绸之路经济带，依托国际大通道，以沿线中心城市为支撑，以重点经贸产业园区为合作平台，共同打造新亚欧大陆桥、中蒙俄，中国—中亚—西亚、中国—中南半岛等国际合作走廊；"一路"是指 21 世纪海上丝绸之路，以重点港口为节点，共同建设通畅安全高效的运输大通道。东盟国家作为最有条件对接"一带一路"建设的沿线国家，已经逐渐感受到实实在在的好处，越来越积极地响应和支持"一带一路"倡议。同时，中国政府提出"一带一路"倡议的相关发展政策，与东盟国家发展规划相适应，东盟国家积极参与到"一带一路"建设中，实现互联互通，从而更好地应对全球贸易化发展带来的机遇和挑战。因此，本章从东盟国家中选取了印度尼西亚、泰国、菲律宾、马来西亚、越南、缅甸、柬埔寨和老挝等 8 个国家作为"一带一路"典型国家研究对象进行分析。

第一节　经济发展状况

一、经济发展概况

　　"一带一路"典型国家大多以外向型经济为主导，由于历史原因，多为人力和资源输出国，本国基础设施发展相对落后，工业水平严重滞后，经济增长对外部需求的依赖明显，在全球经济波动时期，国际市场需求萎缩，国内经济也会出现剧烈波动。

　　在 2008 年全球经济危机后，泰国、马来西亚和菲律宾等对外需依赖度较高的国家经济衰退明显，各国开始积极调整经济发展战略，相继推出经济转型与产业升级的政策目标和相应措施，实施经济重组和结构调整，推行刺激内需的政策，加大基础设施的投资。如印度尼西亚提出《2011—2025 年加速与扩大印尼经济发展中长期总体规划（Masterplan Percepatan dan Perluasan Pembangunan Ekonomi Indonesia，MP3EI）》和马来西亚的经济转型计划（Economic Transformation Programme，ETP）等。通过加强基础建设投资和加大吸引外资力度等一系列措施，"一带一路"典型国家经济逐渐恢复。

　　根据世界银行统计数据显示，近 10 年来"一带一路"典型国家经济得到了快速的发展，2017 年8 个国家 GDP 总额达到 24311 万亿美元，比 2007 年增长了 43.9%；占全球的比重也由 1.9% 升至3.0%。比 2016 年增加了 1192.4 亿美元，增长 7.3%。2000—2017 年"一带一路"典型国家 GDP 总量及增速如图 4-1 所示。

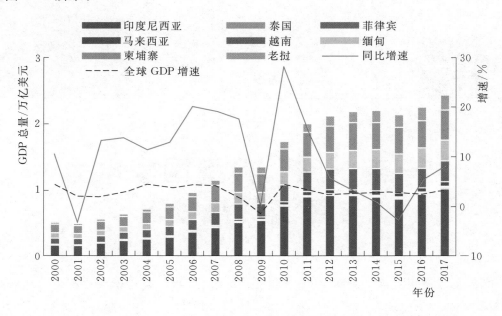

图 4-1 2000—2017 年"一带一路"典型国家 GDP 总量及增速

（资料来源：世界银行）

2000 年以来，"一带一路"典型国家经济得到了快速的发展，经济总量年均增长 9.9%，在全球 GDP 的比重逐步提高。8 个国家中，经济体量最大的印度尼西亚由于内需强劲，且国际大宗商品总体趋势向好，经济发展稳定，占比由 2007 年的 37.6% 增至 2017 年的 41.8%，提高 4.2 个百分点。泰国作为外向型经济体，受全球经济影响较大，从 1998 年东南亚金融危机爆发以来，泰国经济一直波动剧烈，2007—2017 年，泰国经济占比出现下滑，由 22.9% 降至 18.7%，下滑 4.2 个百分点。其他国家中，越南和基础薄弱的缅甸、柬埔寨、老挝等国占比均有所提高，马来西亚和菲律宾占比不同程度下降。2007 年和 2017 年"一带一路"典型国家 GDP 占比如图 4-2 所示，GDP 情况如图 4-3 所示。

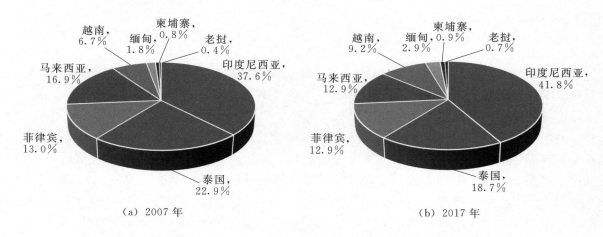

（a）2007 年 （b）2017 年

图 4-2 2007 年和 2017 年"一带一路"典型国家各国 GDP 占比

（资料来源：世界银行）

2000—2017 年，由于整体经济发展相对落后，"一带一路"典型国家 GDP 增速大多高于全球平均水平，外向型为主导的经济模式使这些国家的经济容易受到全球经济形势影响，2000 年以来各国经济增速情况来看，泰国、菲律宾和马来西亚受外界影响尤其明显，而内需较强的印度尼西亚在全球经济波动时期经济仍保持相对稳定。2000—2017 年"一带一路"典型国家 GDP 增速变化如图 4-4 所示，1990—2017 年"一带一路"典型国家经济增速变化情况如表 4-1 所示。

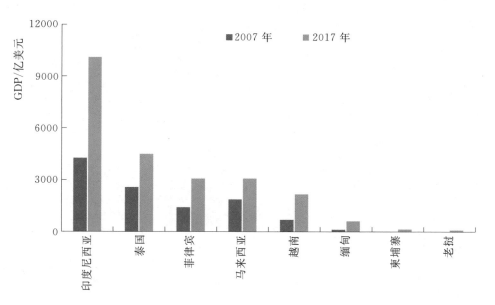

图 4-3　2007 年和 2017 年"一带一路"典型国家 GDP 情况

（资料来源：世界银行）

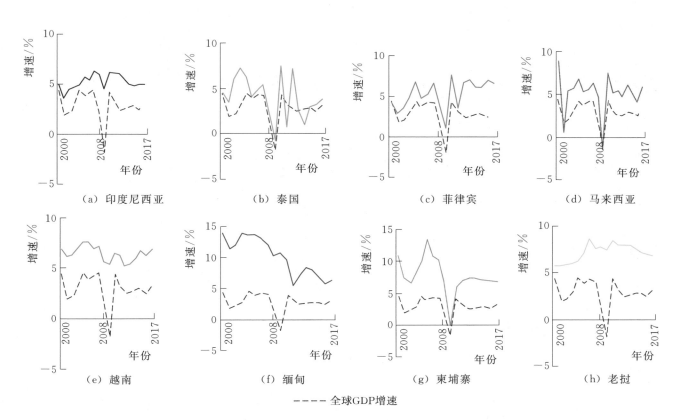

图 4-4　2000—2017 年"一带一路"典型国家 GDP 增速变化

（资料来源：世界银行）

表 4 - 1　　　　　　　1990—2017 年"一带一路"典型国家经济增速变化情况　　　　　　　%

年份	印度尼西亚	泰国	菲律宾	马来西亚	越南	缅甸	柬埔寨	老挝	全球增速
1990	7.2	11.2	3.0	9.0	5.1	2.8		6.7	2.9
1991	6.9	8.6	−0.6	9.5	6.0	−0.7		4.3	1.4
1992	6.5	8.1	0.3	8.9	8.6	9.7		5.6	1.8
1993	6.5	8.3	2.1	9.9	8.1	6.0		5.9	1.6
1994	7.5	8.0	4.4	9.2	8.8	7.5	−34.8	8.2	3.0
1995	8.2	8.1	4.7	9.8	9.5	6.9	9.9	7.0	3.0
1996	7.8	5.7	5.8	10.0	9.3	6.4	5.9	6.9	3.4
1997	4.7	−2.8	5.2	7.3	8.2	5.7	4.0	6.9	3.7
1998	−13.1	−7.6	−0.6	−7.4	5.8	5.9	4.7	4.0	2.5
1999	0.8	4.6	3.1	6.1	4.8	10.9	12.7	7.3	3.3
2000	4.9	4.5	4.4	8.9	6.8	13.7	10.7	5.8	4.4
2001	3.6	3.4	2.9	0.5	6.2	11.3	7.4	5.8	1.9
2002	4.5	6.1	3.6	5.4	6.3	12.0	6.6	5.9	2.2
2003	4.8	7.2	5.0	5.8	6.9	13.8	8.5	6.1	2.9
2004	5.0	6.3	6.7	6.8	7.5	13.6	10.3	6.4	4.4
2005	5.7	4.2	4.8	5.3	7.5	13.6	13.3	7.1	3.8
2006	5.5	5.0	5.2	5.6	7.0	13.1	10.8	8.6	4.3
2007	6.3	5.4	6.6	6.3	7.1	12.0	10.2	7.6	4.2
2008	6.0	1.7	4.2	4.8	5.7	10.3	6.7	7.8	1.8
2009	4.6	−0.7	1.1	−1.5	5.4	10.6	0.1	7.5	−1.7
2010	6.2	7.5	7.6	7.4	6.4	9.6	6.0	8.5	4.3
2011	6.2	0.8	3.7	5.3	6.2	5.6	7.1	8.0	3.2
2012	6.0	7.2	6.7	5.5	5.2	7.3	7.3	8.0	2.5
2013	5.6	2.7	7.1	4.7	5.4	8.4	7.4	8.0	2.6
2014	5.0	1.0	6.1	6.0	6.0	8.0	7.1	7.6	2.9
2015	4.9	3.0	6.1	5.0	6.7	7.0	7.0	7.3	2.9
2016	5.0	3.3	6.9	4.2	6.2	5.9	7.0	7.0	2.5
2017	5.1	3.9	6.7	5.9	6.8	6.4	6.8	6.9	3.2

资料来源：世界银行。

二、人均 GDP 情况

由于基础相对薄弱，"一带一路"典型国家在全球一直处于人力和资源输出的位置，工业水平较低，人均 GDP 与全球水平差距较大。2017 年"一带一路"典型国家人均 GDP 为 3730 美元，比 2016年增加 240 美元，与全球 10714 美元的水平还有较大差距。2000—2017 年，"一带一路"典型国家人均 GDP 从 975 美元增长至 3730 美元，年均增速为 8.2%，高于全球 4.0% 的增长水平。马来西亚和泰国人均 GDP 水平较高，分别为 9945 美元和 6594 美元，缅甸和柬埔寨人均 GDP 较低，仅为 1299美元和 1384 美元。2000 年和 2017 年"一带一路"典型国家及全球人均 GDP 变化如图 4 - 5 所示。

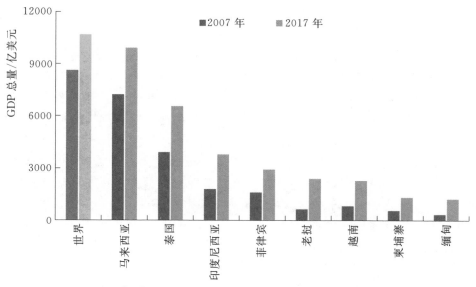

图 4-5　2007 年和 2017 年 "一带一路" 典型国家及全球人均 GDP 变化

（资料来源：世界银行）

三、对外投资及吸引外资情况

"一带一路" 典型国家经济处于不同发展周期，在基础设施建设上合作的潜力和空间巨大。由于部分国家基础设施相对落后，成为 "一带一路" 建设的重点和优先地区，近几年吸引了来自中国及其他国家较多的投资。2009 年以前，"一带一路" 典型国家对外投资额略高于吸引外资额，在 2013 年中国提出 "一带一路" 倡议之后，吸引投资略高于对外投资，并且随着 "一带一路" 理念的深入推进，以及东盟共同体逐步实现互联互通，各国间合作深入，未来 "一带一路" 典型国家仍是外资投资的要地。

2003 年，中国与东盟建立了战略伙伴关系，"一带一路" 典型国家吸引外资情况各有差异。其中，越南、柬埔寨、缅甸、老挝等国的基础设施相对落后，为吸引外资提供了机会和空间。而其他国家，由于地缘政治问题，会对吸引外资有一定的影响。2000—2017 年 "一带一路" 典型国家对外投资和吸引外资总额占全球比重变化如图 4-6 所示。

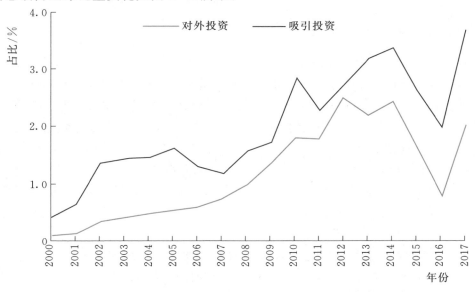

图 4-6　2000—2017 年 "一带一路" 典型国家对外投资和吸引外资总额占全球比重变化

（资料来源：世界银行）

四、对外贸易情况

"一带一路"典型国家进、出口总额基本呈逐年上升趋势。受2008年金融危机影响，进出口额均有所回落，自2009年开始逐年回升；在2013年中国提出"一带一路"倡议后，"一带一路"典型国家作为邻近国家受益最为明显，进出口额在2014年达到高点。随着"一带一路"建设深入，以及各国经济发展的推动，"一带一路"典型国家未来在全球贸易中的比重会继续增加。

2017年，"一带一路"典型国家贸易总额1.8万亿美元，同比增长14.7%。其中，出口总额为0.93万亿美元，进口总额为0.92万亿美元，贸易顺差105.8亿美元。泰国贸易总额为4595亿美元，其中出口额2367亿美元，贸易顺差139亿美元，贸易量和出口量在"一带一路"典型国家排名第一，占比为25%和25.6%，分别比2016年回落0.6个和1.1个百分点。2000—2017年"一带一路"典型国家贸易情况如图4-7所示。

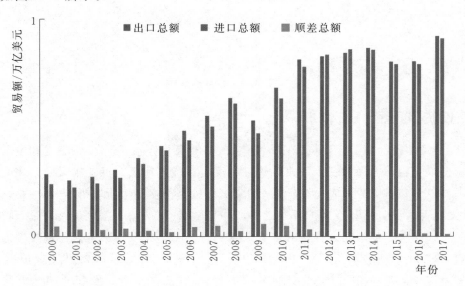

图4-7 2000—2017年"一带一路"典型国家贸易情况
（资料来源：世界银行）

五、产业结构分析

由于良好的自然环境，农业增加值在"一带一路"典型国家GDP构成中占比较高，普遍在10%及以上水平，均远高于全球3.6%的占比，其中缅甸和柬埔寨2016年农业增加值占比达到本国GDP总额的25.5%和24.7%，泰国和马来西亚工业化程度较高，农业增加值占比相对较低，但也达到8%～9%。工业是"一带一路"典型国家的主要经济支柱，随着产业转移的推进和投资力度的加大，八国工业增加值比重呈现增长趋势，到2016年，印度尼西亚工业增加值占比达到39.3%，泰国和缅甸也增长明显，分别达到35.8%和35.0%，柬埔寨工业化程度偏低，2016年工业增加值占比只有29.5%。"一带一路"典型国家服务业发展滞后，除泰国、菲律宾、马来西亚及越南服务业增加值占比高于50%外，其他国家均低于50%，低于全球71%的平均水平。2000年和2016年"一带一路"典型国家GDP结构变化如图4-8所示。

"一带一路"典型国家农业相对发达，2016年农业增加值占全球农业的比重为8.5%左右，近些年比重有所降低；工业比重维持在1.1%；服务业占全球比重较小，为2.2%，近些年呈逐步上调的趋势。2000—2016年"一带一路"典型国家农业、工业和服务业占全球各产业比重变化如图4-9所示。

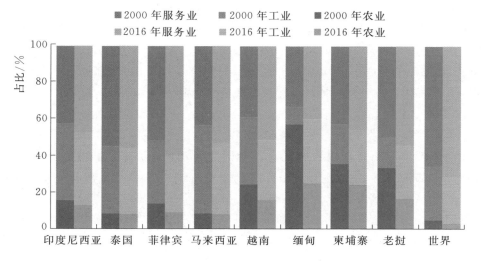

图 4-8 2000 年和 2016 年"一带一路"典型国家 GDP 结构变化

（资料来源：世界银行）

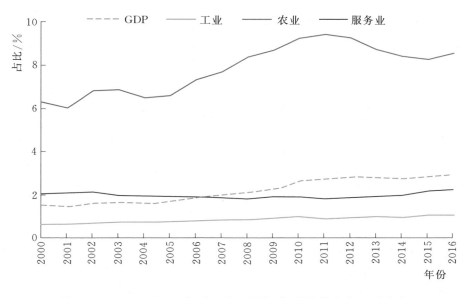

图 4-9 2000—2016 年"一带一路"典型国家农业、工业和

服务业占全球各产业比重

（资料来源：世界银行）

第二节 电力发展状况

一、能源结构特点

由于"一带一路"典型国家是出口导向型经济，近年来经济的快速发展，带来了能源的大量消耗。以下简要介绍各国的能源资源特点和电力工业发展情况，以便更好地判断未来各国的能源发展趋势。

1. 印度尼西亚

印度尼西亚油气、煤炭资源丰富，油气产业占 GDP 的比重约为 7.3%；是全球第八大煤炭生产国，东南亚最大的煤炭生产、消费和出口大国，也是继澳大利亚之后全球第二大煤炭出口国和最大的动力煤出口国。煤炭资源量共计934亿吨，储量187亿吨，开采潜力巨大。印度尼西亚水资源非常丰富，水力发电潜力为7500万千瓦，可供开发利用的潜力为2560万千瓦。印度尼西亚潜在风能较小，大约为45万千瓦。印度尼西亚地处赤道线上，日照充足，峰值日照时间达3.2小时/天，日太阳能辐射量达到4.8千瓦时/平方米，太阳能发展潜力巨大。印度尼西亚地热资源约占全球的40%，发电潜力约为2800万千瓦。

2. 泰国

泰国的一次能源消费主要来自化石燃料，占全国能源消费总量的80%以上。主要化石能源有煤炭、石油、天然气和油页岩等。受制于本国石油存储量及供给能力，石油对外依存度较大；虽然拥有大量已探明天然气储量，但由于能源需求较大，目前为天然气净进口国。泰国太阳能资源比较丰富，首都曼谷日照时数每年达1800小时，泰国中部与东北部的日照时数超过每年1850小时，气候条件有利于太阳能产业的发展。固体生物质和废弃物在泰国是重要的能源资源，大部分生物质原料来自于甘蔗、稻壳、甘蔗渣、木材废料和棕榈油残渣。

3. 菲律宾

菲律宾一次能源消费主要以石油、煤炭、生物质燃料为主。煤炭资源储量有限且质量较差；石油资源相对较少，基本依赖进口。菲律宾水力资源丰富，水力发电潜能达400万～880万千瓦。菲律宾位于赤道附近，太阳能资源丰富，每天可获得4.5～5.5千瓦时/平方米的日照辐射。菲律宾地热能资源丰富，预计有20.9亿桶原油标准的地热能源。

4. 马来西亚

马来西亚拥有较为丰富的油气资源，油气产业一直以来都是马来西亚的支柱产业之一，油气产值占GDP的20%。天然气储藏量位居全球第14位，石油储藏量位居全球第23位。马来西亚是亚洲主要经济体中唯一的石油净出口国，也是全球第二大液化天然气出口国，东南亚第二大石油和其他液体燃料生产商，位列印度尼西亚之后。截至2017年1月，马来西亚已探明原油储量达36亿桶，是位列中国、印度和越南之后，亚太地区原油储量居第四位的国家。马来西亚煤炭储量约为17亿吨，产量少，发电用煤主要从印度尼西亚进口。

5. 越南

越南化石能源较为丰富。天然气和石油主要分布在南部离岸地区，大部分地区都有天然气资源，海上气田储量较大。煤炭储量（主要是无烟煤）主要分布在北部地区。越南拥有丰富的水力资源，全国水能资源蕴藏量为3000亿千瓦时，其中可开发的水能资源为820亿千瓦时。越南拥有巨大的风电发展潜力，有近3400公里的海岸线，每年每平方米的风能达500～1000千瓦时，在东南亚国家中位居第一。越南太阳日照强度较高，中南部地区每年日照天数约300天，每天每平方米为5千瓦时，太阳能发电发展潜力较大。

6. 缅甸

缅甸水力资源丰富，地表水资源量约为1082立方千米，地下水资源约为495立方千米，水电潜在装机容量为1.08亿千瓦。据亚洲开发银行调查报告显示，缅甸石油储量为1.6亿桶，天然气储量为20.11万亿立方米。缅甸煤炭资源储量有限，约为7.11亿吨。缅甸风电理论发电能力365.1万亿千瓦时；太阳能理论发电能力52万亿千瓦时。

7. 柬埔寨

柬埔寨化石能源相对贫瘠，煤炭储量不多，且开采价值不大。油气资源极其缺乏，但近些年发现了油气盆地，勘探研究工作逐步展开，有望甩掉"贫油国"的帽子。柬埔寨河流众多，水力资源丰富，水电潜能达1000万千瓦，目前建成和正在建设中的水电站发电能力只占总蕴藏量的13%。柬埔寨拥有十分充足的太阳能资源，约有13.45万平方公里的土地适宜发展太阳能发电。

8. 老挝

老挝是东南亚地区水能蕴藏量最丰富的国家之一，境内水电资源蕴藏量为 3000 万千瓦，其中湄公河蕴藏量约为 1800 万千瓦。老挝光照辐射强度为 3.6～5.5 千瓦时/平方米，年日照时数为 1800～2000 小时，按照 10% 的转化率估算，每年太阳能发电量可达 146 千瓦时/平方米。老挝煤炭储量不大，主要是褐煤和无烟煤。2015 年"一带一路"典型国家及全球能源供需结构比较如表 4-2 所示。

表 4-2 　　　　　2015 年"一带一路"典型国家及全球能源供需结构比较　　　单位：百万吨油当量

类型		煤炭	石油	燃料油	天然气	核能	水电	生物质燃料	其他可再生能源	电能	热能	合计
印度尼西亚	产量	244.2	40.4	0	65.5	0	1.2	57.3	17.3	0	0	425.9
	消费量	9.6	1.1	62.1	17.0	0	0	55.5	0	17.4	0	162.8
泰国	产量	3.9	19.7	0	25.8	0	0.4	25.2	0.2	0	0	75.2
	消费量	8.2	0.6	51.1	7.2	0	0	16.0	0	15.0	0	98.0
马来西亚	产量	1.6	33.6	0	57.8	0	1.2	2.3	0	0	0	96.5
	消费量	1.8	0	27.6	9.6	0	0	1.2	0	11.4	0	51.6
越南	产量	23.2	17.2	0	9.5	0	4.8	15.5	0	0	0	70.4
	消费量	11.8	0	18.0	1.5	0	0	14.6	0	12.3	0	58.2
缅甸	产量	0.4	0.6	0	14.8	0	0.8	10.1	0	0	0	26.7
	消费量	0.4	0	5.4	0.7	0	0	10.1	0	1.2	0	17.7
菲律宾	产量	3.9	0.8	0	2.9	0	0.7	8.5	9.6	0	0	26.3
	消费量	2.3	0	15.1	0.1	0	0	6.4	0	5.8	0	29.6
柬埔寨	产量	0	0	0	0	0	0.2	0	4.2	0	0	4.4
	消费量	0	0	1.9	0	0	0	0	3.6	0.4	0	5.9
合计	产量	277.2	112.3	0	176.3	0	9.3	118.9	31.3	0	0	725.4
	消费量	34.1	1.7	181.2	36.1	0	0	103.8	3.6	63.5	0	423.8
全球	产量	3871.5	4416.3	0	2975.7	670.7	334.4	1319.0	200.6	0	1.8	13790.0
	消费量	1044.1	19.1	3820.5	1401.1	0	0	1052.2	38.3	1737.2	271.1	9383.6

注：1. 缺少老挝数据。

　　2. 资料来源：国际能源署。

二、电力供需形势

(一) 电力工业发展概况

1. 印度尼西亚

印度尼西亚国家电力公司 (Perusahaan Listrik Negara，PLN) 是印度尼西亚政府指定的拥有电力控制权的国有企业，作为发、输、配、售各环节一体化的国家电力公司，PLN 掌握着全国超过八成的装机容量。2015 年 PLN 发电量占全国发电总量的七成左右，私营企业占比为三成。

印度尼西亚现有的电网主要分布在各个岛屿内，电网跨度小；岛屿之间的跨海电网规模也很小。多年来，只有爪哇—巴厘—马都拉电网，苏门答腊岛一部分电站也简单连接在一起，但还未构成电网；其他地区电站都是独立的，并对周围进行供电。近年来，各电压等级的电网长度呈现出较快的增长趋势。PLN 承担全国 84% 的电力传输，剩余的 16% 则由独立发电企业 (Independent Power

Producers，IPP）运营。

2. 泰国

随着经济的发展，泰国电力供需矛盾日益突出。目前泰国与老挝、缅甸等周边国家积极开展合作，以期满足本国日益上涨的电力需求。泰国电力市场私有化程度并不高，对于加速发展本国电力市场的作用不明显，甚至新上任的军事政府给泰国政局带来很大的不稳定性，会减缓电力市场发展。自 20 世纪 70 年代以来，泰国电力部门一直由泰国发电管理局（Electricity Generating Authority of Thailand，EGAT）、首都电力局（Metropolitan Electricity Authority，MEA）和省电力局（Provincial Electricity Authority，PEA）三大国有电力企业垄断经营。泰国的输配电损耗率在亚太地区较低，2016 年泰国输配电损耗率为 6.3%。

3. 菲律宾

菲律宾近年来经济发展较快，当地现有的发电能力和电力基础设施已跟不上快速增长的电力需求，缺电现象严重，电力成本高昂，居民用电和工业用电价格居世界前列。为满足经济增长，菲律宾每年需要增加 100 万千瓦的电力装机容量，菲律宾政府通过对其国家电力公司进行私有化改革、发展可再生能源等措施，努力提高发电量。

4. 马来西亚

马来西亚的电力供应紧缺，并且存在地区性不均衡，马来西亚半岛的供电危机比较明显，电力缺口依靠进口补充。马来西亚发电以火电为主，燃料有天然气、煤炭和石油 3 种，其中天然气为最主要的发电燃料，装机占到一半，其次是煤电装机、水电及其他（生物质、太阳能等）发电方式，所占比重较小。马来西亚电力行业监管组织为马来西亚能源委员会，电力运行方面有 3 家事业单位，即马来西亚国家能源有限公司（Tenaga Nasional Berhad，TNB）、马来西亚沙捞越能源公司（Sarawak Energy Berhad，SEB）和沙巴电力公司（Sabah Electricity Sdn. Bhd，SESB）。TNB 发电市场占比为 56.7%，独立的私人发电厂占 43.3%。

5. 越南

随着越南经济持续较快发展，电力需求越来越大，供需较为紧张。每年从中国进口电力约 50 亿千瓦时。越南电网已经覆盖了 98.2% 的农村。越南全国高压电网 1.3 万多公里，其中，500 千伏电网全长 1531 公里，220 千伏电网全长 3839 公里，110 千伏电网全长 7703 公里。全国变电站总功率为 2370.9 万千瓦，其中，500 千伏变电站功率为 423.1 万千瓦，220 千伏变电站功率为 847.4 万千瓦，110 千伏变电站功率为 1100.4 万千瓦。越南正努力发展农村电气化，目标是到 2020 年将农村电气化率提高至 100%。

越南政府 2017 年初发布了《关于电力行业 2016—2020 年、远景 2025 年体制改革方案》，将电力行业改革分两个阶段进行。2016—2018 年，对越南电力集团（Electricity of Viet Nam，EVN）、越南油气集团（Petro of Viet Nam，PVN）和越南煤炭矿产集团（Vietnam National Coal - Mineral Industries Group，Vinacomin）所属各发电总公司实行股份制，发电总公司仍隶属各集团，由集团控股不少于 51%，股份制改革后的发电总公司按照政府总理批准的《2011—2020 年、远景 2030 年国家电力发展规划》负责新的发电投资项目建设。电力输送仍由越南电力集团独资的国家电力输送总公司承担。电力分配、零售供应仍由越南电力集团独资的各电力总公司承担，各电力总公司之间建立供电调节机制，以电力销售竞争形式满足市场用电需求。2019—2020 年，视情况继续撤出在发电总公司的国家股份至控股线以下，并在评估实行股份制两年以后的经营效果基础上，将发电总公司剥离其所属集团。同时，允许 BOT（Build - Operate - Transfer）发电厂参与竞争性电力销售。

6. 缅甸

由于电力装机水平有限，缅甸主电网覆盖率较低且输电损耗较大，偏远地带的山区、农村或少数民族聚居区域面临电力短缺。电力短缺与经济发展相互制约。目前，缅甸共有 29 座水电站、14 座天然气电站、1座燃煤电站以及废弃物作为能源的电站。尽管近年来缅甸电力发展加速，到2015/2016财年电力总装机容量由2010/2011财年的341.3万千瓦增长1.5倍至502.9万千瓦，电网输电线路长度由2010/2011财年的1.5万英里延长至2015/2016财年的3.4万英里，增加到原来的两倍多，但是仍有2/3的家庭缺电。根据各地资源分布情况，就近建设小型分布式电站并通过微电网输送，是解决偏远地带电力短缺的有效途径。缅甸的煤炭储量不多，煤电发展前景并不乐观。截至2015年，缅甸水电装机容量仅314万千瓦，不足其技术可开发量的6%。要实现到2030年总装机容量2300万千瓦及用电全覆盖的目标，必须保证每年新增装机速度达到15%。

7. 柬埔寨

柬埔寨电力供应短缺。目前国内电网仅覆盖了75%的农村地区，仍需从老挝、泰国、越南进口电力以满足日常需求。得益于中国电力企业的投资建设，柬埔寨的电力自给能力不断提高，到2020年电网覆盖全国的目标可以基本实现。

8. 老挝

老挝现有的发电能力基本能够满足本国的电力需求，由于输电线路网络还未实现全国覆盖，因此部分地区仍需要从泰国、越南和中国进口电力。根据老挝国家电力公司的数据，老挝输配电线路主要由115千伏和22千伏高压输电线和0.4千伏配电线路组成。近年来老挝全国配电损耗率不降反升，2013年配电网络损耗率达12.02%，反映出老挝电网线路设备老化，电网亟须更新升级。在跨境电网连接方面，老挝与泰国间主要为远距离高压电网，电网电压等级为115千伏、230千伏和500千伏。老挝与越南间电网则以中压线路为主，电压等级为22千伏和35千伏。

（二）装机容量及结构

1. 装机容量及结构变化情况

"一带一路"典型国家电力基础设施建设相对偏弱，电力供应普遍短缺。近年来，随着东盟经济及"一带一路"合作建设的推进，"一带一路"典型国家发电装机快速发展。1990—2015年，"一带一路"典型国家装机总量从0.4亿千瓦增长到2.0亿千瓦，年均增速高达7.0%，高于全球3.6%的平均增速，全球占比也从1.4%升至3.3%。

具体来看，"一带一路"典型国家经济结构有所差异，发电装机排名与经济地位有所不同。经济体量最大的印度尼西亚发电装机位居八国首位；泰国次之；而菲律宾和马来西亚对服务业有所偏重，工业占比相对较低，装机容量排名分列第四和第五位，低于经济总量排名；越南经济排名第五，但由于水利资源丰富，水电装机容量较高，使越南整体装机排名高于经济排名。1990—2015年"一带一路"典型国家总装机容量及增速变化如图4-10所示。2000—2015年"一带一路"典型国家总装机容量占全球比重及增速情况如表4-3所示，装机增速变化如图4-11所示。

表4-3   2000—2015年"一带一路"典型国家总装机容量、占全球比重及增速

年份	"一带一路"典型国家总装机容量/万千瓦									占比/%	同比增速/%
	印度尼西亚	泰国	马来西亚	越南	菲律宾	缅甸	柬埔寨	老挝	合计		
2000	2178	2165	1167	1376	625	115	13	64	7703	2.3	—
2001	2196	2262	1186	1481	832	119	15	64	8155	2.3	5.9
2002	2196	2562	1311	1567	857	119	17	67	8696	2.4	6.6
2003	2543	2613	1353	2012	903	121	19	72	9635	2.6	10.8
2004	2567	2720	1430	2443	1160	156	19	72	10568	2.7	9.7
2005	2889	2822	1630	2373	1239	169	23	73	11218	2.7	6.2
2006	3203	2932	1649	2306	1296	168	35	73	11662	2.7	4.0

续表

年份	"一带一路"典型国家总装机容量/万千瓦									占比/%	同比增速/%
	印度尼西亚	泰国	马来西亚	越南	菲律宾	缅甸	柬埔寨	老挝	合计		
2007	3260	3109	1662	2353	1335	172	39	73	12003	2.7	2.9
2008	3201	3270	1637	2393	1502	175	39	73	12288	2.6	2.4
2009	3495	3210	1630	2607	1701	254	37	186	13119	2.7	6.8
2010	3706	3389	1705	2779	1845	341	37	257	14059	2.8	7.2
2011	4163	3468	1685	2918	2219	359	58	262	15132	2.8	7.6
2012	4700	3646	1771	2919	2708	373	61	302	16480	3.0	8.9
2013	5270	3851	1801	3010	3064	415	118	306	17836	3.1	8.2
2014	5477	4010	1856	2990	3415	478	154	337	18717	3.1	4.9
2015	5735	4097	2121	3334	4049	478	154	454	20423	3.3	9.1

资料来源：国际能源署。

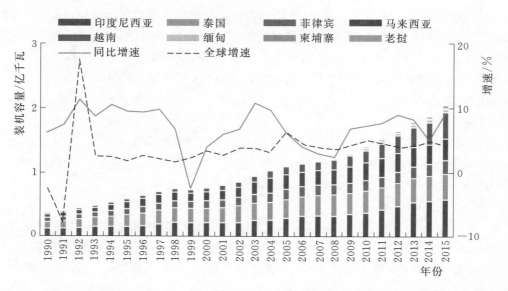

图 4-10 1990—2015 年 "一带一路" 典型国家总装机容量及增速变化

（资料来源：国际能源署）

2. 装机容量结构

分能源类型来看，由于石油、煤炭的资源优势，火电成为"一带一路"典型国家的主要发电形式。2015 年，八国火电装机总量达到 14780 万千瓦，占比达到 73.0%；八国水力资源也比较丰富，因此具有良好的发展条件，2008 年后，水电项目建设脚步加快，装机容量快速增长，到 2015 年，八国水电装机总量占比已经达到 21.0%，装机容量为 4245 万千瓦；非水可再生能源在"一带一路"典型国家发展相对缓慢，除具有优势的生物质燃料保持了稳定的增长外，风电和太阳能发电由于技术和资金限制发展缓慢。

在全球"低碳化"趋势之下，"一带一路"典型国家装机结构也在向清洁化方向发展，化石能源发电装机比重呈现下滑趋势。2005—2015 年，八国火电装机容量占比由 78.4% 下降到 73.0%，降低 5.4 个百分点；可再生能源发电装机占比都有所增长，但除水电装机总量较高外，其他发电类型体量仍然较小，2005—2015 年，八国水电装机占比由 17.2% 增加到 21.0%，风电和太阳能占比在 2011 年之前可以忽略不计，到 2015 年，分别达到 0.3% 和 0.9%，如图 4-12 所示。

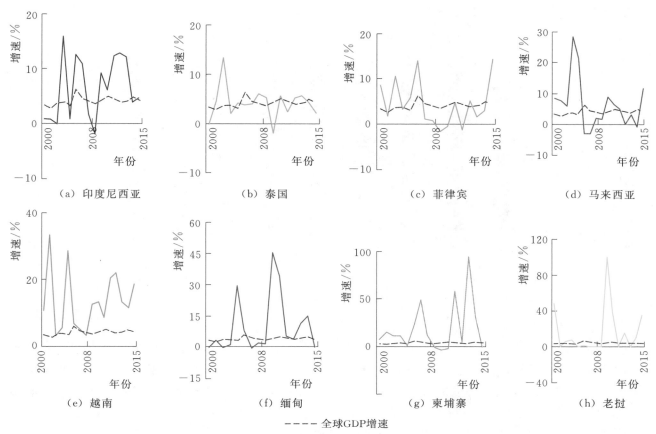

（a）印度尼西亚　　　　（b）泰国　　　　（c）菲律宾　　　　（d）马来西亚

（e）越南　　　　（f）缅甸　　　　（g）柬埔寨　　　　（h）老挝

－－－－ 全球GDP增速

图 4-11　2000—2015 年"一带一路"典型国家装机增速变化

（资料来源：国际能源署）

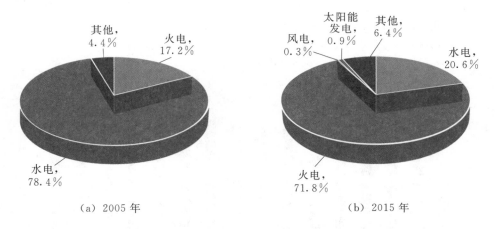

（a）2005 年　　　　　　　　　　（b）2015 年

图 4-12　2005 年和 2015 年"一带一路"典型国家装机结构变化

（资料来源：国际能源署）

分国家来看，"一带一路"典型国家装机结构有所差异，经济相对发达的印度尼西亚、泰国、菲律宾和马来西亚火电装机占比较高，占比在 80% 左右，而越南、缅甸、柬埔寨和老挝对水电的依赖度较高，装机占比超过 40%，其中老挝水电装机占比达到本国装机总量的 98.9%。其他发电类型主要包括风电、太阳能发电和生物质能发电，这些发电类型在"一带一路"典型国家发展比较缓慢，2015 年，除泰国装机占比达到 12.2% 外，其他国家装机占比均在 4% 以下。2015 年"一带一路"典型国家装机结构如图 4-13 所示。

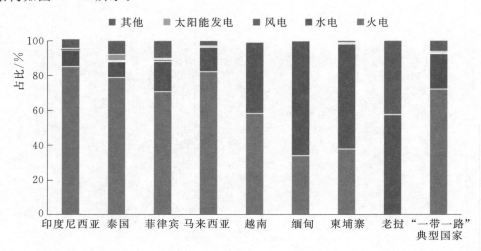

图 4-13 2015 年"一带一路"典型国家装机结构
（资料来源：国际能源署）

3. 火电装机情况

工业发展使电力需求快速增加，作为稳定的发电类型，"一带一路"典型国家火电装机得到了快速的发展，2000—2015 年，八国火电装机年均增速达到 6.1%，高于全球水平。全球火电装机保持 2%~6% 的增长区间，相对平稳；"一带一路"典型国家火电装机发展增速波动较大，2000—2005 年快速发展后回落，2005—2008 年低位调整，2009—2015 年呈较快增长趋势，如图 4-14 所示。结合各国能源资源特点及节能环保的目标，火电在各个国家的占比有不同的表现，在一些以火电为主要发电类型的国家里，比重将逐步下降；像老挝等国家电力工业清洁化程度很高，但为保障电力供应的稳定，仍需适度发展火电。

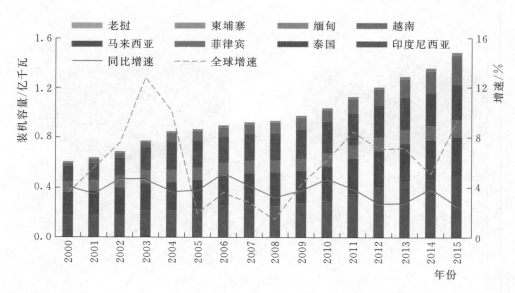

图 4-14 2000—2015 年"一带一路"典型国家火电装机容量及增速变化
（资料来源：国际能源署）

4. 水电装机情况

"一带一路"典型国家水力资源丰富，水电是部分国家的主要供电方式，也是可再生能源的主要来源。2000—2007年，"一带一路"典型国家水电装机增速波动较大，受经济和技术水平限制，水电开发较缓慢；2008年全球金融危机过后，受出口利好带动经济增长，用电需求增加，对电力基础设施建设的需求越来越迫切，水电作为优势资源，发展较快。

2015年，"一带一路"典型国家水电装机容量4245.4万千瓦，比2000年增加265.16万千瓦，年均增长5.8%。2000—2015年"一带一路"典型国家水电装机容量及增速变化如图4-15所示。

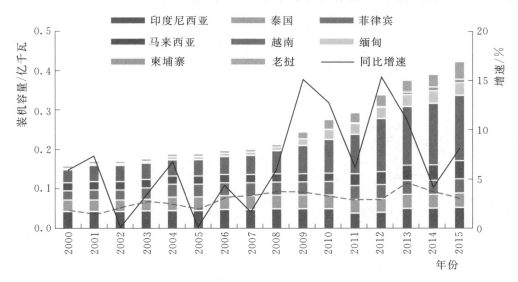

图4-15 2000—2015年"一带一路"典型国家水电装机容量及增速变化

（资料来源：国际能源署）

5. 非水可再生能源发电装机情况

"一带一路"典型国家非水可再生能源发电装机容量处于初步发展阶段，整体慢于全球增速。2005—2015年，八国非水可再生能源发电装机容量由490万千瓦增长至1226万千瓦，年均增速为9.6%。2015年泰国、印度尼西亚和菲律宾的非水可再生能源装机容量发展相对较快，分别为488万千瓦、315万千瓦和246万千瓦，其余国家的非水可再生能源发电装机均处于起步阶段。2005—2015年"一带一路"典型国家非水可再生能源发电装机容量及增速如图4-16所示。

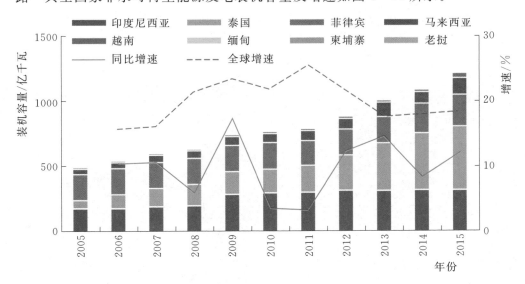

图4-16 2005—2015年"一带一路"典型国家非水可再生能源发电装机容量及增速

（资料来源：国际能源署）

（三）发电量及结构

1. 发电量情况

近十年来，"一带一路"典型国家发电量总体增长较快，年均增速为6.1%。除2008年和2011年受全球经济影响，发电量同比增速放缓外，其他年份多保持较快增速。2015年，"一带一路"典型国家发电量8190亿千瓦时，比2014年增长4.6%。

"一带一路"典型国家中，基础较为落后的柬埔寨发电量增速最高，年发电量由2000年的4.5亿千瓦时增长至2015年的44.0亿千瓦时，年均增速为16.4%；受经济及产业发展带动，越南发电量也有较大增长，2000年，越南发电量只有265.6亿千瓦时，到2015年已经达到1532.8亿千瓦时，年均增速达12.4%；印度尼西亚是八国中发电量最高的国家，2015年发电量为2340.8亿千瓦时，2000—2015年年均增速为6.3%；其他国家发电量增长相对平缓，年均增速为4.1%~5.3%。2000—2015年"一带一路"典型国家发电量及增速变化如图4-17所示。2005年和2015年"一带一路"典型国家分能源类型发电量情况如表4-4所示。

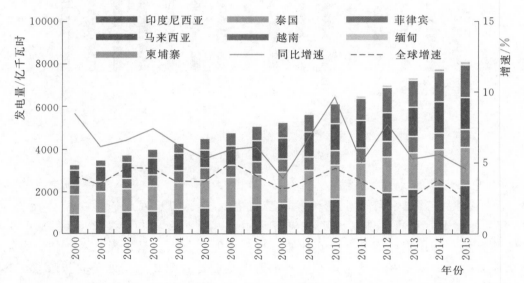

图4-17 2000—2015年"一带一路"典型国家发电量及增速变化

（注：缺少老挝数据。

资料来源：国际能源署）

表4-4 　　　　2005年和2015年"一带一路"典型国家分能源类型发电量情况　　　　单位：亿千瓦时

发电类型	印度尼西亚		泰国		马来西亚		越南	
	2005年	2015年	2005年	2015年	2005年	2015年	2005年	2015年
煤炭	518	1305	205	346	200	635	122	453
石油	393	197	87	10	22	17	22	7
天然气	191	589	956	1270	553	700	223	509
核电	0	0	0	0	0	0	0	0
水电	107	137	58	47	52	139	169	561
风电	0	0	0	3	0	0	0	1
太阳能发电	0	0	0	24	0	3	0	0
生物质能发电	0	11	15	77	0	8	1	1
其他	66	101	0	3	0	0	0	1
总发电量	1275	2340	1321	1780	827	1502	537	1533

发电类型	菲律宾		缅甸		柬埔寨		合计	
	2005 年	2015 年	2005 年	2015 年	2005 年	2015 年	2005 年	2015 年
煤炭	153	367	6	3	0	21	1204	3130
石油	61	59	0	1	9	2	594	293
天然气	169	189	24	62	0	0	2116	3319
核电	0	0	0	0	0	0	0	0
水电	84	87	30	94	0	20	500	1085
风电	0	7	0	0	0	0	0	11
太阳能发电	0	1	0	0	0	0	0	28
生物质能发电	0	4	0	0	0	0	16	101
其他	99	118	0	0	0	0	165	223
总发电量	566	832	60	160	9	43	4595	8190

资料来源：国际能源署。

2. 发电量结构变化

2005—2015 年，"一带一路"典型国家发电总量结构有所变化，印度尼西亚发电量占比最高，2015 年占 28.6%，较 2005 年提高 0.9 个百分点；泰国受本国经济及政治因素影响，发电量占比下滑，由 28.8%降至 21.7%，降低 7.1 个百分点；菲律宾占比由 12.3%下降 2.2 个百分点至 10.1%；马来西亚提高 0.4 个百分点至 18.4%；越南经济发展推动发电量增长，由 11.7%增至 18.7%，提高 7.0 个百分点；缅甸和柬埔寨体量较小，但较高的经济增长速度推动了电力需求的提高，发电量占比也有所增加，如图 4-18 所示。

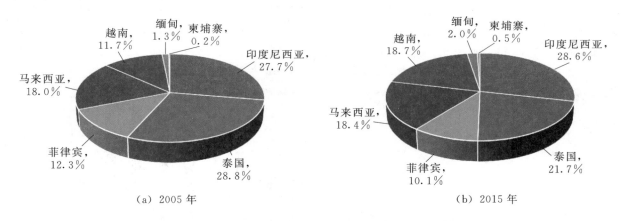

（a）2005 年   （b）2015 年

图 4-18　2005 年和 2015 年"一带一路"典型国家发电量占比情况

（注：缺少老挝数据。

资料来源：国际能源署）

从各国的发电类型来看，大部分国家仍以火电为主。其中，泰国、印度尼西亚和马来西亚火电占比达 80%以上；菲律宾、越南、柬埔寨和缅甸火电占比为 40%～60%；老挝以水电为主，水电占全国发电量的 95%以上，火电仅占 4%左右。缅甸的水电占比近六成；柬埔寨和越南的水电占比较高，分别为 45.5%和 36.7%；菲律宾、马来西亚、印度尼西亚、泰国水电占比在 10%以下，如图 4-19 所示。

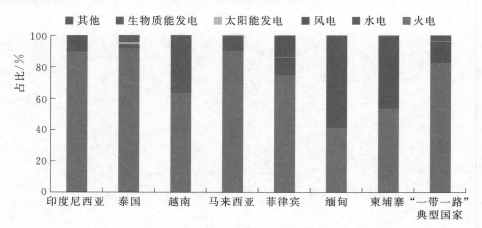

图4-19 2015年"一带一路"典型国家发电量结构比较

（注：缺少老挝数据。

资料来源：国际能源署）

（四）用电量及结构

1. 用电量情况

"一带一路"典型国家由于经济发展程度不同及产业结构差异较大，用电结构也有明显不同。2015年，用电量排名依次为印度尼西亚、泰国、菲律宾、马来西亚、越南、缅甸、柬埔寨和老挝，用电量分别为1993亿千瓦时、1683亿千瓦时、1343亿千瓦时、1330亿千瓦时、712亿千瓦时、129亿千瓦时、50亿千瓦时和42亿千瓦时。

2000—2015年，"一带一路"典型国家终端用电量整体保持较快增长，平均增速为6.4%，高于全球用电增长水平3.1%。受2008年经济危机影响，"一带一路"典型国家用电增速有所下滑；2010年用电量增速快速反弹，然而欧债危机给欧洲国家带来的经济阴霾，通过双边贸易和投资直接影响到东南亚国家，导致2011年用电增速回落，之后继续调整稳定在4%~6%，如图4-20所示。2015年，"一带一路"典型国家终端用电量7400亿千瓦时，同比增长4.6%，增速比全球平均水平高3.0个百分点；"一带一路"典型国家用电量占全球总用电量的比重由2000年的2.2%升至3.5%。

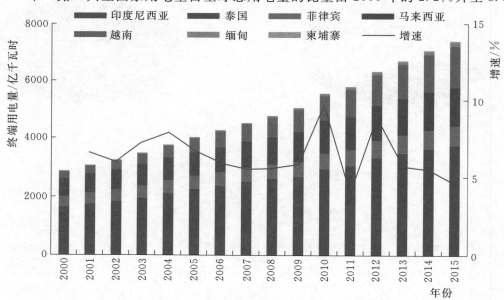

图4-20 2000—2015年"一带一路"典型国家终端用电量及增速变化

（注：缺少老挝数据。

资料来源：国际能源署）

2．用电量结构变化

由于各国所处的地理位置和自然资源不同，以及经济处于不同发展周期，各国经济产业结构有明显差异，用电结构也各具特色。印度尼西亚不仅有丰富的农产品资源，其能源矿产资源也相对丰富，所以其农业、工业和服务业都有良好的发展基础，工业用电占比 31.6％，商业用电占比 24.7％，居民用电占比 42.4％，农、林业用电占比 1.3％；泰国工业、商业和居民用电占比依次为 43.7％、29.8％和 23.1％，其他行业占比 3.0％；菲律宾工业、商业、居民用电占比依次为 33.2％、29.6％、33.6％，农林业占比为 3.1％；马来西亚工业、商业、居民用电占比依次为 45.6％、32.1％和 21.7％；越南工业、商业、居民用电占比依次为 53.7％、9.6％、35.1％，农林业占比为 1.6％；缅甸工业、商业、居民用电占比依次为 16.0％、26.6％、10.9％，其他行业占比为 46.4％；柬埔寨工业、商业、居民用电比重依次为 18.1％、27.7％、50.4％，其他行业占比为 3.9％，如图 4－21 所示。2005 年和 2015 年"一带一路"典型国家用电量情况如表 4－5 所示。

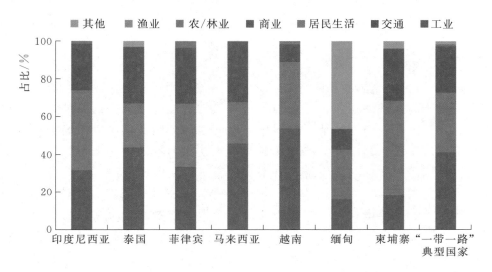

图 4－21　2015 年"一带一路"典型国家用电量结构

（注：缺少老挝数据。

资料来源：国际能源署）

表 4－5　　　　　2005 年和 2015 年"一带一路"典型国家用电量情况　　　　　单位：亿千瓦时

用电部门	印度尼西亚		泰国		马来西亚		越南	
	2005 年	2015 年	2005 年	2015 年	2005 年	2015 年	2005 年	2015 年
能源部门	54	91	40	33	33	66	7	59
工业	427	641	569	764	392	605	228	771
交通	0	0	1	2	1	3	0	0
居民生活	396	861	256	404	162	287	195	504
商业	235	501	379	521	253	426	39	137
农/林/渔业	19	26	2	4	0	5	10	23
其他	0	0	6	53	0	0	0	0
总用电量	1131	2120	1253	1781	841	1392	479	1494

用电部门	菲律宾		缅甸		柬埔寨		合计	
	2005 年	2015 年	2005 年	2015 年	2005 年	2015 年	2005 年	2015 年
能源部门	46	71	0	0	46	71	226	391
工业	154	225	14	21	154	225	1938	3252
交通	1	1	0	0	1	1	4	7
居民生活	160	227	15	36	160	227	1344	2546
商业	131	201	7	15	131	201	1175	2002
农/林/渔业	5	24	0	0	5	24	41	106
其他	0	0	1	62	0	0	7	115
总用电量	497	749	37	134	497	749	4735	8419

资料来源：国际能源署。

（五）电力进出口情况

"一带一路"典型国家电力供需总体平衡。泰国、越南和柬埔寨电力缺口较大。印度尼西亚当前阶段的电力市场正处于高速发展阶段，且电力投资环境相对成熟。马来西亚的电力供应紧缺，国内电力市场供不应求，地区性不均衡特征比较明显，比如西马地区的供电危机略突出，依靠进口来补充。随着泰国经济快速发展，2013 年以来电力缺口逐年扩大，泰国正与老挝、缅甸等周边国家逐渐展开合作，以期不断满足本国日益增长的电力需求。菲律宾缺电比较严重，电力成本高昂，政府通过对菲律宾国家电力公司进行私有化改革、发展可再生能源发电等措施，改善发电的质量。随着缅甸经济的发展，用电需求快速增长，中国在缅甸投建及拟投建的水电项目数量较多，未来逐步投入使用后，将进一步保障其国内居民生活、工业生产用电。缅甸的电网暂未对外实现互联互通。老挝水电资源比较丰富，除自用外，还向外部出口，但仍有少部分村、县未通电，未来随着周边国家用电需求的增长，老挝向外出口电力的需求也越来越大，目前主要电力出口国家是越南和泰国。2005—2015 年"一带一路"典型国家的电力供需情况如图 4-22～图 4-28 所示。

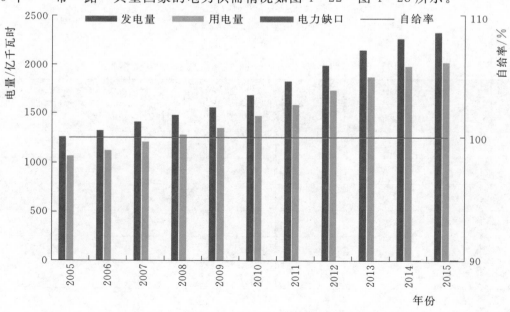

图 4-22 2005—2015 年印度尼西亚电力供需情况

（资料来源：国际能源署）

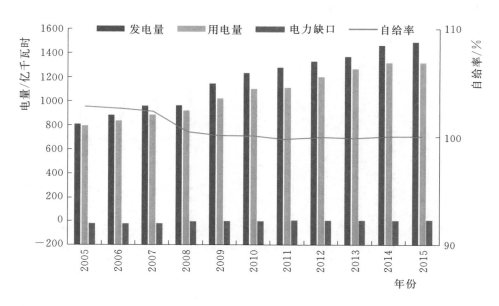

图 4 - 23　2005—2015 年马来西亚电力供需情况

（资料来源：国际能源署）

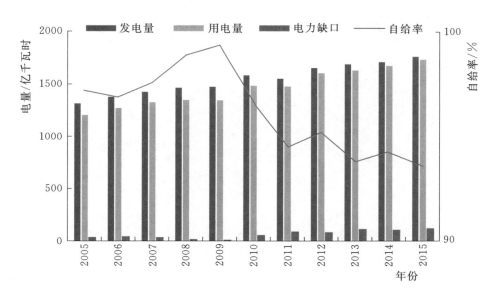

图 4 - 24　2005—2015 年泰国电力供需情况

（资料来源：国际能源署）

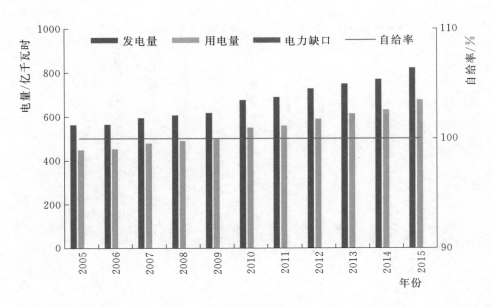

图 4-25　2005—2015 年菲律宾电力供需情况

（资料来源：国际能源署）

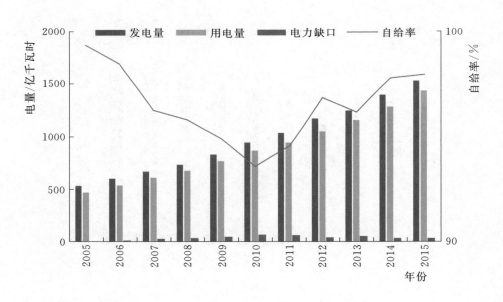

图 4-26　2005—2015 年越南电力供需情况

（资料来源：国际能源署）

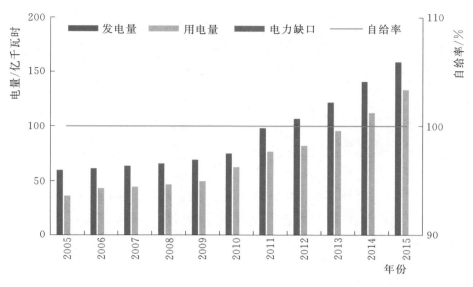

图 4 - 27　2005—2015 年缅甸电力供需情况

（资料来源：国际能源署）

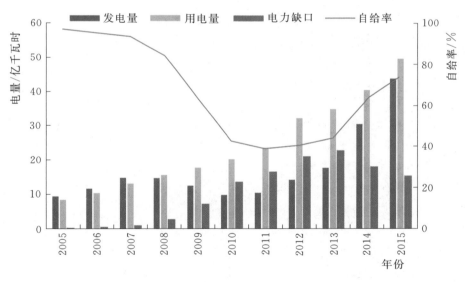

图 4 - 28　2005—2015 年柬埔寨电力供需情况

（资料来源：国际能源署）

三、电力发展新形势

随着环保意识的增强，"一带一路"典型国家对新能源的需求日益加强，但受资源条件限制，可再生能源发电仍将以水电为主，太阳能发电和风电正处于起步阶段。乘上"一带一路"这班列车，以及响应全球能源清洁化发展的政策，"一带一路"典型国家可再生能源发电将进入新的发展阶段。IMS Research 发布的研究报告显示，2016 年东南亚市场累计光伏发电装机容量达 500 万千瓦，泰国是东南亚地区市场发展潜力最大的国家之一。

（一）可再生能源资源特点

印度尼西亚可再生能源主要有水能、地热能、生物柴油、生物质/垃圾发电、太阳能、风能、海洋能等，水能和地热能是最具有发展前景的新能源类型，各类新能源资源储量如表4-6所示。

表4-6   印度尼西亚部分类型新能源资源储量统计

序号	类　别	储　量	序号	类　别	储　量
1	地热能	29164兆瓦	4	太阳能	4.8千瓦时/（平方米·日）
2	水能	75000兆瓦	5	风能	3～6米/秒
3	生物质能	49810兆瓦	6	海洋能	49吉瓦

资料来源：《Indonesia Energy Outlook 2013》。

在泰国的电力供应中，风能、水能、太阳能等可再生能源发电量仅占8%。由于本国的能源需求一半以上来自进口燃料，再加上石油和天然气储量的快速消耗，泰国的能源安全对可再生能源的依赖性增强。根据IRENA和泰国能源部发布的报告显示，泰国可再生能源份额未来可能达到37%，超过其可再生能源目标的30%。太阳能和生物质能发展潜力巨大，泰国是东南亚最大的生物燃料生产国，是亚洲国家中仅次于中国和印度尼西亚的第三大生产国。

菲律宾是全球第二大地热能生产国，有260万千瓦地热储量尚未开发利用。风能和水能的未开发储量分别为7660万千瓦和1309.7万千瓦。菲律宾的椰子和甘蔗产量十分可观，作为生物柴油的主要原料，生物柴油出口潜力巨大。

马来西亚光照条件丰富，太阳能发电占可再生能源发电的68%，发展潜力巨大。马来西亚目前是全球第三大光伏电池和模块制造国，拥有全球最大的薄膜生产基地，是美国太阳能电池板的最大出口国之一。

越南可再生能源具有较大的开发潜力。有近3400公里的海岸线，每年每平方米的风能达500～1000千瓦时；光照条件为每天每平方米为5千瓦时；每年水电站发电功率超过400万千瓦；每年生物质能约7300万吨，其中农/林/渔业6000万吨、垃圾1300万吨，发电功率达500万千瓦。据越南能源研究院估计，可再生能源发电成本为：水电300～1000盾/度，风电1200～1800盾/度，生物质能发电700～1600盾/度，地热发电1100～1600盾/度，垃圾气体发电700～800盾/度，垃圾焚烧发电1600～1800盾/度，太阳能发电3600～6000盾/度。

（二）可再生能源发电发展形势

"一带一路"典型国家可再生能源发电装机增速远高于全球水平。随着"一带一路"建设的深入推进，为了适应全球能源的清洁化趋势，"一带一路"典型国家可再生能源占发电市场份额逐步提高。2016年可再生能源发电装机容量合计5809万千瓦，占全球的比重为2.9%。2007—2016年全球可再生能源发电装机容量年均增速为10.2%，柬埔寨、老挝、缅甸、越南、马来西亚、泰国、印度尼西亚和菲律宾可再生能源装机年均增速分别为53.0%、23.1%、16.7%、15.3%、11.5%、9.6%、4.7%和3.0%，大部分国家增速高于全球平均水平，如图4-29所示。

水电是"一带一路"典型国家最主要的可再生能源发电类型。随着"一带一路"建设的推进，有更多的资金和技术进入，水电发展将会加快。2007—2016年全球水电年均增长3.3%，柬埔寨和老挝水电装机容量高速增长，年均增长分别为23.0%和59.4%。2016年"一带一路"典型国家水电装机容量为4413.1万千瓦，占全球的3.6%，如图4-30所示。

"一带一路"典型国家地热能装机主要集中在菲律宾和印度尼西亚。2016年地热能发电装机容量合计345万千瓦，占全球的27.3%。2007—2016年，全球地热能发电装机容量年均增速3.7%，"一带一路"典型国家增速为1.8%，增速低于全球水平。印度尼西亚地热能发电装机总量略低于菲律宾，但发展较快，年均增速为5.1%，如图4-31所示。

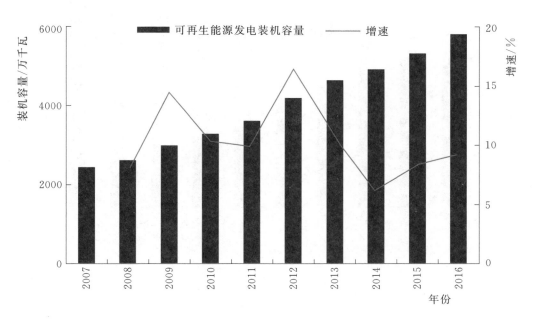

图 4 - 29 2007—2016 年"一带一路"典型国家
可再生能源发电装机容量及增速情况
（资料来源：国际可再生能源署）

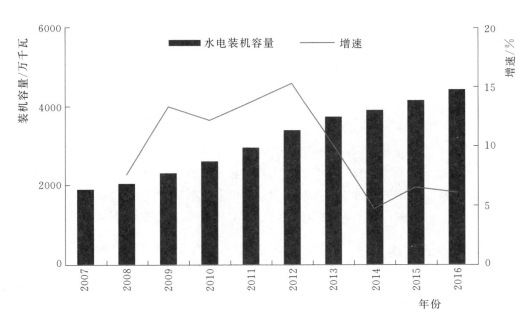

图 4 - 30 2007—2016 年"一带一路"典型国家
水电装机容量及增速情况
（资料来源：国际可再生能源署）

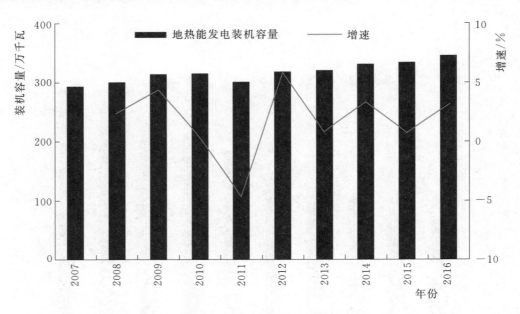

图4-31 2007—2016年"一带一路"典型国家
地热能发电装机容量及增速情况
（资料来源：国际可再生能源署）

第三节 电力与经济相关关系

一、单位 GDP 电耗

"一带一路"典型国家经济结构以农业为主、工业欠发达，在工业化发展初期，单位 GDP 电耗先增长后逐步回落。受 2000 年和 2008 年金融危机影响，"一带一路"典型国家单位 GDP 电耗出现上涨，之后逐年回落。2013 年"一带一路"倡议提出后，作为优先合作地区，这些国家的工业化发展较快，经济增速加快，此阶段单位 GDP 电耗增加。

2001 年，"一带一路"典型国家单位 GDP 电耗从高点 6154 千瓦时/万美元回落至 3479 千瓦时/万美元。受 2008 年金融危机影响，2009 年单位 GDP 电耗上升至 3687 千瓦时/万美元，之后逐年回落。2015 年"一带一路"典型国家单位 GDP 电耗 3486 千瓦时/万美元，高于全球水平 656 千瓦时/万美元。2000—2015 年"一带一路"典型国家单位 GDP 电耗变化情况如图 4-32 所示。

二、电力消费弹性系数

2000—2015 年，随着技术进步，工业占 GDP 的比重逐步提高，用电结构调整，"一带一路"典型国家电力消费弹性系数在较高范围内波动，总体在 1 以上。分阶段来看，2000—2007 年电力消费弹性系数为 3.5，到 2008—2015 年回落至 2.3。2000—2015 年"一带一路"典型国家 GDP 年均增速为 5.6%，用电量增速为 15.4%，电力消费弹性系数为 2.8，整体波动幅度在 0.9～3.5 之间，其中在 2000—2007 年波动区间为 0.9～1.7，2008—2015 年波动区间为 0.9～3.5，2001—2015 年"一带一路"典型国家电力消费弹性系数变化情况如图 4-33 所示。受 2008 年经济危机影响，电力消费弹性系数明显下降，于 2009 年回落至低点再次反弹，以后逐年微幅调整。

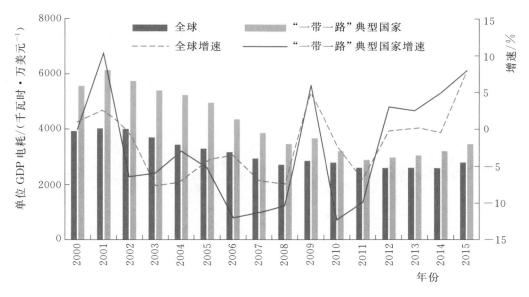

图 4 - 32 2000—2015 年"一带一路"典型国家单位 GDP 电耗变化

（资料来源：国际能源署、世界银行）

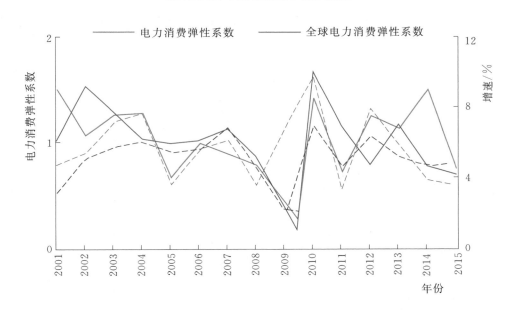

图 4 - 33 2001—2015 年"一带一路"典型国家电力消费弹性系数变化情况

（注：缺少越南数据。

资料来源：国际能源署、世界银行）

2000—2015 年，全球电力消费弹性系数为 1.1，"一带一路"典型国家大部分处于工业化发展初期，电力消费弹性系数总体高于全球水平。印度尼西亚、泰国、菲律宾、马来西亚、越南、缅甸、柬埔寨和老挝的电力消费弹性系数分别为 1.2、1.2、0.9、1.1、2.0、0.9、2.4 和 2.0。"一带一路"典型国家经济分别处于不同发展周期，因此电力消费弹性系数在同一时段呈不同的变化趋势，差异也较大。2000—2007 年，印度尼西亚、泰国、菲律宾、马来西亚、越南、缅甸、柬埔寨和老挝电力消费弹性系数分别为 1.3、1.2、0.8、0.8、2.2、0.3、2.0 和 2.5；2008—2015 年电力消费弹性系数依次为 1.2、1.3、0.9、1.5、1.8、2.0、3.1 和 1.5。不同时期"一带一路"典型国家电力消费弹性系数对比，如图 4 - 34 所示。

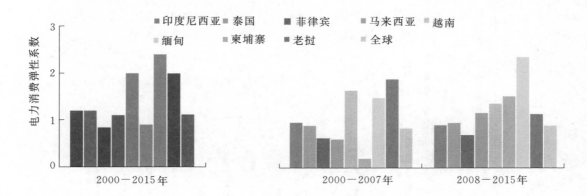

图 4-34 不同时期"一带一路"典型国家电力消费弹性系数对比

（资料来源：国际能源署、世界银行）

　　分国家来看，"一带一路"典型国家的电力消费弹性系数受 2000 年和 2008 年经济危机影响较为明显。尤其是 2008 年经济危机对泰国、马来西亚、缅甸及老挝等国家的影响较明显。2008—2015 年泰国电力消费弹性系数为 1.3，波动区间-0.4~1.7；马来西亚电力消费弹性系数为 1.5，波动区间-8.9~1.4；缅甸电力消费弹性系数为 2.0，波动区间 0.2~4.6；老挝电力消费弹性系数为 1.5，波动区间 0.6~2.6，如图 4-35 所示。

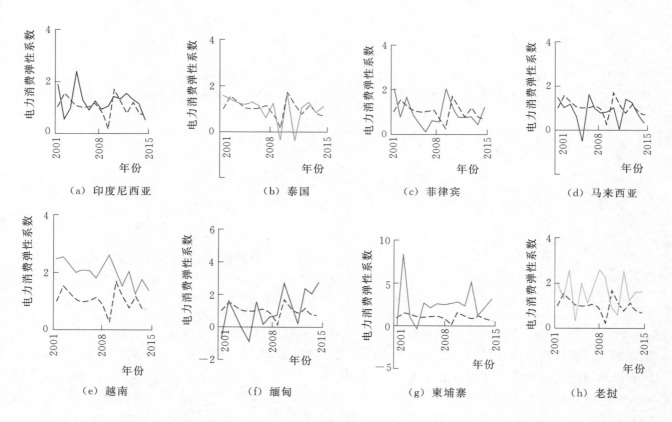

图 4-35 2001—2015 年"一带一路"典型国家电力消费弹性系数

（资料来源：国际能源署、世界银行）

第四节 电力与经济发展展望

一、经济发展展望

2016 年和 2017 年全球经济正处于经济危机之后的复苏阶段，目前经济复苏尚未完善，许多国家的经济增长仍比较疲软。进入 2018 年，在石油价格上涨、美国收益率上升、贸易紧张局势加剧导致市场情绪变化、国内政治和政策不确定性等各种因素的共同作用下，新兴市场和发展中经济体的增长也变得更不均衡。然而，全球经济增长的活动性需要依靠新兴经济和发展中国家来进一步拉动。东南亚八国受"一带一路"建设倡议的推动，大量的基建项目工程逐步实施建成，互联互通性更加完善，由此带来的贸易活动更加频繁，经济更加活跃，对全球经济增长的贡献将越来越明显。

根据 IMF 预测，2018 年和 2019 年全球经济增速为 3.9％；"一带一路"典型国家中缅甸经济发展逐年向好，2018—2020 年经济增长保持在 6.9％～7.2％；老挝的经济增速在 6.8％～7.0％波动；菲律宾经济增速在 6.7％～6.9％。而柬埔寨 2018—2020 年经济年均增速逐年下降，从 6.9％降至 6.5％；越南经济增速在 6.5％左右波动；体量较大的马来西亚和印度尼西亚经济增速相对较慢，印尼在 5.3％提高到 5.6％，而马来西亚经济增速略有走低，由 5.3％降至 4.9％，泰国经济增速从 3.9％下降到 3.6％，如图 4-36 所示。

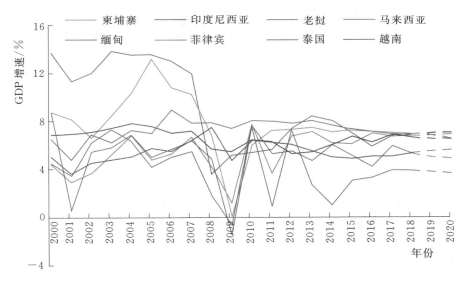

图 4-36 2000 年以来"一带一路"典型国家 GDP 增速变化趋势及预测

（资料来源：国际货币基金组织）

二、电力发展展望

作为基础设施产业的电力产业适度超前发展，对于一个国家的未来经济发展至关重要。"一带一路"典型国家处于不同经济发展周期，电力产业发展程度各不相同。"一带一路"建设倡议提出后，这些国家希望通过更加灵活的方式，吸引企业进行电力合作，从而促进本国经济发展。2015 年第 33 届东盟能源部长会议中，各成员国达成理想化目标是在 2025 年之前增加可再生能源份额达到 23％。

（一）印度尼西亚

新增装机将主要由 IPP 投资建设。印度尼西亚电力市场正处于高速发展阶段，电力投资环境相对成熟。佐科维政府上台后，提出了到 2019 年开发建设 3500 万千瓦电站的宏伟计划，其中有 2500 万千瓦电站由独立发电商（IPP）投资开发。政府计划在 2019 年将可再生能源从目前的 1070 万千瓦提高至 2150 万千瓦，将重点建设水电站。

可再生能源发电装机容量将大幅增加。根据印度尼西亚政府的国家能源政策，其未来的能源结构发展目标为：到 2025 年，新能源和可再生能源比例至少为 23%（水电和地热能被寄予厚望）、燃油装机降至 25% 以下、火电装机比例占比 25%、燃气装机占比 22%。到 2050 年，新能源和可再生能源比例至少为 31%、燃油装机降至 20% 以下、火电装机 25%、燃气装机 24%。在 2016—2025 年电力规划中，印尼需要新增装机容量 8050 万千瓦，年均增加约 800 万千瓦，其中 70% 新增装机将由 IPP 投资建设。2016—2025 年印度尼西亚装机容量预测如图 4-37 所示，新能源装机趋势如图 4-38 所示。

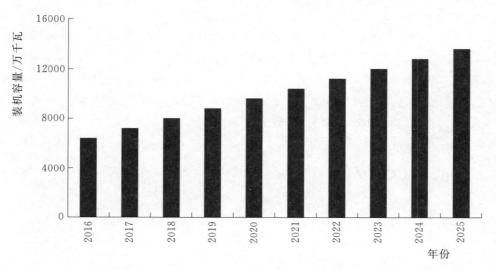

图 4-37　2016—2025 年印度尼西亚装机容量预测
（资料来源：印尼国家电力公司）

（二）泰国

太阳能发电装机领先可再生能源增长。到 2040 年，泰国的累计装机容量将翻一倍，达到 8700 万千瓦。化石燃料装机容量将增加大约 1550 万千瓦，但另有 1850 万千瓦容量退役，因此净增长将减少 300 万千瓦。尽管油价和煤炭价格均处于低位，泰国电力市场从"以化石燃料为主"到"多元化零碳能源系统"的转型进程仍在继续。化石燃料在总装机容量中的比例将从 2015 年的 72% 下降至 32%，而可再生能源的比例则将从 21% 上升至 55%。太阳能发电将以 2280 万千瓦的新增容量（相当于泰国发电容量缺口的 36%），在泰国电力领域转型中处于领军地位，届时太阳能发电占总装机容量的比例将从目前的 5% 上升至 29%。

天然气发电量比重将持续下滑。到 2040 年，化石燃料占泰国总发电量的比例将从 2015 年的 90% 下降至 54%。由于未来成本持续竞争力低于可再生能源，天然气发电量在总发电量中的比例将从 2015 年的 73% 下降至 33%。到 2040 年，泰国国内可再生能源发电由 2015 年的 10% 增加到 42%（876 亿千瓦时），其中太阳能发电和陆上风电分别占 16% 和 11%。

未来 1/4 以上电力仍将依赖进口。2015—2040 年，泰国的总电力需求预计为 1.6% 的复合年增长率，并在 2040 年达到 2660 亿千瓦时。泰国将越来越倚赖从周边邻国进口电力，到 2040 年，泰国将有 700 亿千瓦时（27%）的电力需求必须通过国外互联电网满足。

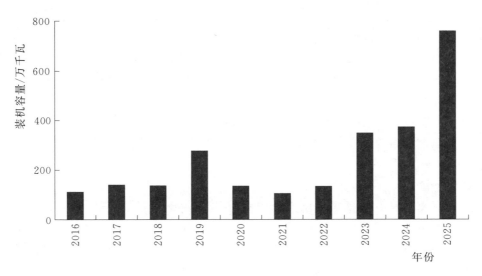

图 4 - 38 2016—2025 年印度尼西亚新能源装机趋势
（资料来源：印尼国家电力公司）

（三）菲律宾

菲律宾电气化程度较高且 GDP 增长较快，但是供电能力的增速并未达到同等水平，最终将出现供电设施无法满足需要的状况。供应全国发电量 1/4 的海上气田——马拉帕雅气田预计在 10 年后逐步耗尽。菲律宾能源部希望 2030 年之前在能源领域获得约 2.8 万亿比索的新增投资，以满足本国的能源需求。能源部预计到 2030 年将需要 2907 万千瓦的新增装机容量，其中 1767 万千瓦将由已承诺开建的电站项目提供，其余 1140 万千瓦由私有部门投资来解决。政府计划通过对国家电力公司进行私有化来提高发电量和生产效率，降低电价水平。

可再生能源发电装机占比将提高。2012—2030 年，菲律宾能源部预计低碳战略将使可再生能源在全国总能源中所占比重提高 3.2 个百分点，达到 37.1%，2030 年可再生能源发电总装机容量将达1530 万千瓦。

电力需求快速增长。根据 2016 年菲律宾国家电力部相关数据及未来规划，菲律宾电力装机容量缺口达到 800 万千瓦以上。预计到 2030 年，菲律宾售电量将从 2008 年的 554 亿千瓦时增长至 2018年的 868 亿千瓦时，2030 年达到 1491 亿千瓦时。菲律宾电力最大需求量（峰荷载量）将从 2008 年的923 万千瓦增长至 2018 年的 1431 万千瓦，2030 年达到 2453 万千瓦。菲律宾每年的电力需求将以4.6% 的速度增长。

（四）马来西亚

燃气发电比重将有所降低，燃煤发电比重增加。根据 BMI 的统计，截至 2016 年，马来西亚电力总装机容量为 3420 万千瓦，其中常规火力发电装机容量占 81.6%，水力发电装机容量占 14.3%，非水可再生能源发电装机占比 4.1%；发电量方面，2016 年燃气发电量约为 663 亿千瓦时，占总发电量的比重为 43.3%。据 BMI 预测，到 2026 年，马来西亚总装机容量将增加到 4571 万千瓦，年复合增速为 2.9%。未来马来西亚火力发电结构将面临调整，燃气发电量占火力发电量的比重将由 2016 年的 44.0% 降低至 2021 年的 42.9%，同时，燃煤发电量的占比将由 39.6% 提高至 2021 年的 44.0%。

电力消费量将保持较快增长。根据 BMI 预测，2017—2026 年马来西亚电力消费量有望保持4.8% 的年增速，到 2026 年有望达到 2280 亿千瓦时。

能源消耗量将快速增加。根据马来西亚在 2020 年前向中等收入国家发展的计划，国家能源消耗将保持平均每年 5% 的增长。实际能源需求预计从 2015 年的 169 亿瓦增至 2020 年的 203 亿瓦。马来西亚能源供不应求，2015 年储量低至 30%。政府计划到 2020 年通过新建 13 座发电站并扩展 3 座现存电站来增加 100 亿瓦的储量。能源储量的增长主要趋向可再生资源，马来西亚政府承诺与 2005 年相比，2020 年要减少 40% 的碳排放量。马来西亚政府提供"新兴工业地位""投资税负抵减"和相关免税政策等激励措施，鼓励外资投资生物、沼气、太阳能和微型水电站等可再生能源领域。

推进可再生能源发展。马来西亚政府推行的电力回购制度、净电能计量政策，将有助于马来西亚可再生能源规模在 2020 年达到 208 万千瓦、占总发电量的 7.8%，并可减少温室气体排放量 713 万吨。马来西亚在"国家能源效率行动计划蓝图"（2016—2025 年）下，未来 10 年耗电量可节省 522 亿千瓦时，政府及私人电费开支约为 63 亿马币，可直接节省 185 亿马币费用，届时还将减少 3800 万吨的碳排放量。

（五）越南

发、用电量将快速增长。根据越南电力部门的总体发展规划，至 2025 年，电力部门总投资将达到约 799 亿美元。近年来，越南经济发展较为迅速，对电力的需求大大增加，电力消费量快速增长。未来越南电力消费结构将变为：工业生产用电约占 50%，服务业用电占 20%，居民用电占近 30%。如果电力供应仍不能满足日益增长的需求，未来越南从中国进口电力仍将继续增长。为满足国内不断飙升的电力需求，预计 2015—2023 年，越南总发电量将以年均 8.5% 的增速增长到 2023 年的 2755 亿千瓦时。

大力发展新能源和可再生能源。越南公布《工业发展 2025 年战略规划和 2030 年前景展望》，2025 年前大力发展新能源和可再生能源，如风能、太阳能、生物质能；2025 年后大力发展核能、地热、潮汐能。到 2030 年越南全国总装机容量 14680 万千瓦，发电量为 6950 亿千瓦时。到 2030 年，可再生能源发电占 9.4%；核电占 6.6%；4.9% 的电能需要进口。

电力市场改革方面，越南政府发布了《关于电力行业 2016—2020 年、远景 2025 年体制改革方案》，目的是进一步提高电力行业生产经营效益和市场化程度，使电力行业在国际化进程中更加公开、透明、平等和公平。

（六）缅甸

新增装机容量将快速增长。截至 2015 年，缅甸水电装机容量为 314 万千瓦，仅为可开发技术量的 6%，若实现到 2030 年总装机容量（包含水电、天然气和煤炭发电）2300 万千瓦及用电全覆盖目标，缅甸新增装机能力必须保证每年 15% 的增速。

缅甸国家能源总体规划将从 2016 年开始实施。该规划是继国家电力总体规划和电力供应规划之后又一个能源方面的规划，包括燃料使用、资源获取、技术和价格竞争、自然环境、社会环境等 5 个部分，规划时间至 2030 年。该规划在制定过程中得到了亚洲开发银行和一些民间组织的协助。缅甸政府表示将通过上述 3 个规划在能源利用方面与邻国合作，制定良好的能源政策为国家服务。

（七）柬埔寨

目前，柬埔寨电力供应无法满足本国的基本电力需求，输电线路特别是农村电网普及率较低。柬埔寨电网容量小，电网规划滞后，全国电网尚未形成，电源端与负荷端不匹配，大部分缺电与局部电力富余共存。柬埔寨电力供应结构中，燃料油发电约占一半，政府每年要对燃料油进口补贴 2000 万美元，这样不仅推高了电价，也造成了电力供应的极不稳定。《电力发展规划》制定了 2008—2021 年的电力拓展规划方案，包括发电站和电力输送等基础设施建设，预期在 2020 年柬埔寨所有城市家庭实现 100% 电力供应，2030 年 70% 的农村家庭可以实现电力供应。根据该规划方案，柬埔寨开始通过开发水电来保障电力供应。至 2020 年柬埔寨电力负荷预计峰值将由 2015 年的 162 万千瓦增加至 2020 年的 277 万千瓦。

（八）老挝

水电仍为发展重点，电力以出口为主。老挝现有的发电能力能够满足本国的电力需求，但为了避免单一水电能源结构造成的季节性短缺，老挝已经开始建设本国第一座火电站，这将提高老挝本国电力供给的稳定性。可再生能源方面，根据统计，老挝具备一定的发展风电的资源基础；光照辐射强度为 3.6～5.5 千瓦时/平方米，年日照时数在 1800～2000 小时，按照 10％的转化率估算，老挝每年光伏发电量可达 146 千瓦时/平方米。截至目前老挝尚没有核电站运行，也没有在建的核电站，但已有核电站建设计划。老挝能源部长表示，目前老挝共有发电站 47 座，总装机容量达 646.5 万千瓦，年发电量为 31824 千瓦时。到 2020 年，老挝发电站将达到 100 座，总装机容量达 1306.2 万千瓦，年发电量达 66944 千瓦时，其中 85％用于出口。

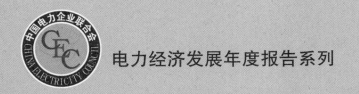

电力经济发展年度报告系列

2018

全球典型国家电力经济发展报告（二）

——发达国家

中国电力企业联合会　编

中国水利水电出版社
www.waterpub.com.cn
·北京·

内 容 提 要

《电力经济发展年度报告系列·全球典型国家电力经济发展报告 2018》通过对全球电力供需和经济发展形势进行分析，结合环境需求、电力发展趋势及电力行业政策导向，对全球电力和经济未来发展进行展望；并将典型发达国家、金砖国家和"一带一路"典型国家的电力与经济状况及特点进行了整体的梳理与分析。

本报告可供与电力相关的政府部门、研究机构、企业、海内外投资机构、图书情报机构、高等院校等参考使用。

图书在版编目（ＣＩＰ）数据

全球典型国家电力经济发展报告. 2018. 二，发达国家 / 中国电力企业联合会编. -- 北京 ： 中国水利水电出版社，2019.1
（电力经济发展年度报告系列）
ISBN 978-7-5170-7328-4

Ⅰ．①全… Ⅱ．①中… Ⅲ．①电力工业－工业发展－研究报告－世界－2018 Ⅳ．①F416.61

中国版本图书馆CIP数据核字(2019)第016708号

书　名	电力经济发展年度报告系列 **全球典型国家电力经济发展报告（二）2018——发达国家** QUANQIU DIANXING GUOJIA DIANLI JINGJI FAZHAN BAOGAO（ER）2018——FADA GUOJIA
作　者 出版发行	中国电力企业联合会　编 中国水利水电出版社 （北京市海淀区玉渊潭南路 1 号 D 座　100038） 网址：www. waterpub. com. cn E - mail：sales@ waterpub. com. cn 电话：(010) 68367658 （营销中心）
经　售	北京科水图书销售中心（零售） 电话：(010) 88383994、63202643、68545874 全国各地新华书店和相关出版物销售网点
排　版 印　刷 规　格 版　次 印　数 总 定 价	中国水利水电出版社微机排版中心 北京博图彩色印刷有限公司 210mm×285mm　16 开本　44.5 印张（总）　1286 千字（总） 2019 年 1 月第 1 版　2019 年 1 月第 1 次印刷 0001—1000 册 **1800.00** 元（全 4 册）

《全球典型国家电力经济发展报告 2018》
编 委 会

主　　　编　　杨　昆

常务副主编　　沈维春

副　主　编　　张慧翔　丁娥丽　李　伟

编　　　委　　（以姓氏笔画为序）

　　　　　　　　王　婷　　王海峰　　王继娴　　王维军　　王皓月
　　　　　　　　仝　庆　　刘　达　　刘尊贤　　杜　红　　李　璠
　　　　　　　　李妙华　　李曙光　　杨少梅　　张成平　　张洪珊
　　　　　　　　张晓彤　　赵　丹　　高　昂　　高富赓　　彭伟松
　　　　　　　　程　铭　　谭锡崇

专家审查组　　张卫东　　冀瑞杰　　许光斌　　周　霞　　罗朝宇

前　言

随着我国供给侧结构性改革的不断深化，国内电力投资及建设需求已经不能满足快速发展的供给能力，电力能源企业向全球扩张的意愿不断加强。同时，全球主要经济体逐步走出经济危机阴影，正全面复苏。在新的全球经济格局下，国际多边投资贸易格局正在酝酿调整，全球投资合作是备受各界关注的焦点。由于海外市场与国内市场存在差异、信息不对等，加上国内机构对全球电力经济形势研究项目较少，企业获取信息存在一定难度。

在这样的形势和背景下，编写了《电力经济发展年度报告系列·全球典型国家电力经济发展报告2018》。报告通过收集大量的国际能源数据和相关信息，对全球电力与经济情况进行梳理，综合分析各国电力与经济的发展趋势，为国内机构研究各国电力与经济情况提供信息支持，为国内企业对外投资提供借鉴参考。

《电力经济发展年度报告系列·全球典型国家电力经济发展报告2018》包括《全球综述》《发达国家》《金砖国家》《"一带一路"国家》四册。《全球综述》分册介绍全球电力经济发展概况，主要对全球电力供需形势和经济发展形势进行分析，并结合环境需求、电力发展新形势以及电力行业政策导向，对全球电力与经济未来发展趋势进行分析；并将典型发达国家、金砖国家、"一带一路"典型国家的电力与经济形势分别进行了整体的梳理与分析。《发达国家》分册以美国、日本、德国、英国、法国和澳大利亚为代表，《金砖国家》选取中国、印度、巴西、俄罗斯和南非金砖五国，《"一带一路"国家》分册以印度尼西亚、泰国、菲律宾、马来西亚、越南、缅甸、柬埔寨和老挝为代表，对这些国家的电力与经济发展形势进行研究，分析该国电力与经济的相关关系，并通过研究各国电力与经济政策导向，对各国电力与经济发展趋势进行展望。

本丛书由中国电力企业联合会牵头，电力发展研究院组织实施，中图环球能源科技有限公司和华北电力大学共同编写完成。中图环球能源科技有限公司负责丛书主体设计，《全球综述》分册和美国、巴西、马来西亚等3个国家的编写，华北电力大学负责其余国家的编写。报告的编写得到了中国电力企业联合会的大力支持以及中国电

力企业联合会专家们的精心指导，在此谨向他们表示衷心的感谢！

　　本书部分内容引用国际机构相关研究成果数据，内容观点不代表中国电力企业联合会立场。由于时间仓促，本报告难免存在不足和错误之处，恳请读者谅解并批评指正！

编者

2018 年 9 月

目 录

第一章

美 国

第一节 经济发展与政策

一、经济发展状况

（一）经济发展及现状

20 世纪 90 年代，美国经济出现了连续 123 个月的持续增长，经济发展迅猛。进入 21 世纪以来，美国经济遭受了互联网泡沫危机和次贷金融危机的打击，经历了严重的经济衰退。2008 年金融危机期间，美国失去了近 30 万个制造业岗位，中产阶级收入萎缩，国债增加 1 倍。奥巴马政府以经济复苏为主要目标，出台一系列经济政策用于修复美国经济金融系统，刺激经济发展，为经济持续增长夯实了基础。2017 年，美国经济逐步回暖并缓慢增长，特朗普政府以"在未来十年内创造 2500 万个就业机会，并使美国经济增速重回 4％"为目标，在税收、金融、投资和产业等方面出台一系列经济政策。

1990—2000 年，美国经济保持长期持续稳健增长，就业人数不断增加，失业率稳步下降，物价增幅保持在较低水平，消除长期面临的通货膨胀压力，联邦财政赤字逐年减少并转亏为盈。对外贸易的快速发展推动了美国经济的稳定增长，实现了产业结构的优化，同时，美国联邦政府加强对外贸易的干预，积极推动出口扩张，加速企业的兼并与重组，提高企业竞争力。

21 世纪初，美国经历了 IT 业泡沫破灭危机，经济与股市的增长出现重大转折。2000 年美国国内生产总值（GDP），第一季度增建为 7％，第二季度为 5.7％，第三季度为 2.2％，第四季度降到了 1.4％，几近于零，美国经济放缓并呈衰退迹象。2001 年经济衰退显现，前三个季度的经济增速分别为－0.6％，－1.6％和－0.3％，第四季度为 2.7％。2002—2007 年美国经济逐渐好转，截至 2007 年，第一季度 GDP 增长率为 4.83％，第二季度为 5.42％，第三季度为 4.15％，第四季度为 3.21％，各季度经济持续增长。

2008—2009 年，美国经济出现衰退。2008 年美国发生次贷危机，金融市场遭受全面打击，流动性严重不足，经济受冲击严重。2008 年第四季度美国 GDP 增速为－7.67％，2009 年第一季度为－4.49％，第二季度为－1.2％，失业率快速攀升，由 2007 年的 4.6％增至 9.3％，创下 50 多年来的最高纪录，美国经济连续两年出现明显跌幅。

2010—2012 年，美国经济开始复苏。美国政府出台了经济刺激计划，美联储采取多次降息手段，并实施三轮量化宽松政策，通过购买大量的资产支持证券、出售国债为市场注入流动性。美国经济在经历了两年的经济衰退之后，开始逐渐复苏，2010 年实现 2.5％的正增长。2011 年美国 GDP 增速

1

为 1.6%，失业率在 9% 以上的水平波动。2012 年 GDP 增速达到 2.2%，失业率从 9% 以上降至 7.8%。

2013 年美国实行了"一增一减"的财政政策，税收得以增加，国防支出有所减少。政策刺激促进了房地产市场持续回暖，失业率持续降低至 6.7%，居民消费稳定增长，经济增速提高。此外，美国政府财政赤字占 GDP 的比重下降，州和地方政府的财政窘境开始缓解。

2014 年极寒暴雪天气严重影响了美国的经济状况，第一季度 GDP 下滑 2.1%。随着天气回暖，美国经济在后三个季度中以大约 4% 的速度增长。2014 年，美国 GDP 增速达到 2.6%，失业率下降至 6.4%。

2015 年美国经济延续复苏的格局，复苏脚步比较缓慢。前三季度美国 GDP 同比增速分别为 2.9%、2.7%、2.1%，较 2014 年分别上升 1.2 个百分点、上升 0.1 个百分点和下降 0.8 个百分点。受到企业去库存、美元走强和全球需求放缓等因素的影响，第四季度的 GDP 增速为 0.7%，全年 GDP 增速为 2.4%。2015 年 12 月 16 日，通胀率回升到 2%，美联储停止实施零利率政策，宣布加息 25 个基点，利率由 0.25% 增至 0.5%。

2016 年美国工资水平提高，失业率保持低位，GDP 为 18.03 万亿美元，较 2015 年 GDP 增加 1.6%，保持低位增长。美国经济发展陷入困境，出现原油价格降低、企业资本支出大幅削减、新增非农业就业人数减少、汽车需求降温和通胀率降至 1% 等现象。

2017 年美国消费支出大幅放缓，第一季度美国 GDP 增速为 1.4%，第二季度美国 GDP 增速出现反弹，同比增速高达 3.1%，第三季度美国 GDP 增速为 3.3%，第 4 季度美国 GDP 增速为 2.6%，年度 GDP 增速为 2.3%。

（二）主要经济指标分析

1. GDP 及增速

美国作为全球最大的经济体，GDP 总量排名稳居世界第一，2017 年美国 GDP 为 19.39 万亿美元，占全球 GDP 总额的 23.90%。1990—2017 年，美国 GDP 整体呈现增长，2000 年和 2008 年美国受到互联网泡沫危机和金融危机的影响，经济增长受到严重的阻滞，2008 年美国经济出现严重的负增长。金融危机过后，美国经济开始缓慢复苏，各项经济指标平稳回升。1990—2017 年美国 GDP 及增速如表 1-1、图 1-1 所示。

表 1-1　　　　　　　　　　　　1990—2017 美国 GDP 及增速

年　份	1990	1991	1992	1993	1994	1995	1996
GDP/亿美元	61740	65393	68787	73087	76640	81002	61740
GDP 增速/%	-0.1	3.6	2.7	4	2.7	3.8	-0.1
年　份	1997	1998	1999	2000	2001	2002	2003
GDP/亿美元	86085	90891	96657	102897	106253	109802	115122
GDP 增速/%	4.5	4.5	4.7	4.1	1	1.8	2.8
年　份	2004	2005	2006	2007	2008	2009	2010
GDP/亿美元	122770	130954	138579	144803	147203	144179	149853
GDP 增速/%	3.8	3.3	2.7	1.8	-0.3	-2.8	2.5
年　份	2011	2012	2013	2014	2015	2016	2017
GDP/亿美元	155338	162446	167997	172368	174200	185619	193906
GDP 增速/%	1.6	2.2	1.7	2.6	2.9	1.5	2.3

数据来源：联合国统计司；国际货币基金组织；世界银行。

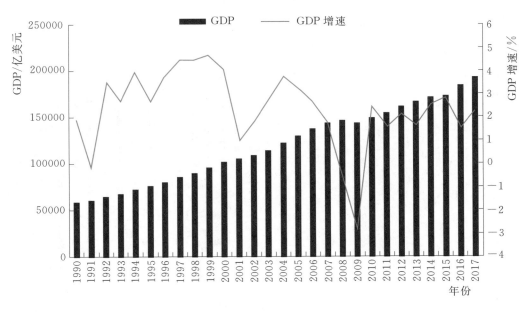

图 1-1 1990—2017 年美国 GDP 及增速

2. 人均 GDP 及增速

2017 年美国 GDP 总量排名世界第一，人均 GDP 排名为世界第八位。1990—2017 年，美国人均 GDP 增速整体上呈现波动幅度递减的趋势。1990—2008 年美国人均 GDP 增幅波动较大，受 2008 年金融危机的影响，2009 年美国人均 GDP 呈现小幅下跌，跌幅为－3.62％，2010—2017 年，美国人均 GDP 增速整体波动性相对较小，在 0.9％～1.9％范围内波动。1990—2017 年美国人均 GDP 及增速如表 1-2、图 1-2 所示。

表 1-2　　　　　　　　　　1990—2017 年美国人均 GDP 及增速

年　份	1990	1991	1992	1993	1994	1995	1996
人均 GDP/美元	23954.4	24405.2	25493.0	26464.9	27776.6	28782.2	30068.2
人均 GDP 增速/％	0.77	－1.40	2.13	1.40	2.77	1.50	2.60
年　份	1997	1998	1999	2000	2001	2002	2003
人均 GDP/美元	31572.7	32949.2	34620.9	36449.9	37273.6	38166.0	39677.2
人均 GDP 增速/％	3.24	3.24	3.49	2.94	－0.02	0.85	1.93
年　份	2004	2005	2006	2007	2008	2009	2010
人均 GDP/美元	41921.8	44307.9	46437.1	48061.5	48401.4	47001.6	48373.9
人均 GDP 增速/％	2.83	2.40	1.68	0.82	－1.23	－3.62	1.68
年　份	2011	2012	2013	2014	2015	2016	2017
人均 GDP/美元	49790.7	51450.1	52787.0	54598.6	56207.0	57466.8	59472
人均 GDP 增速/％	0.85	1.46	0.97	1.61	1.85	0.91	1.55

数据来源：联合国统计司；国际货币基金组织；世界银行。

3. GDP 分部门结构

21 世纪以来，美国经过长达 17 年的经济结构调整和优化，具有多元化的特点，形成房地产业、重工业（如汽车和机械制造）、钢铁工业、航空航天工业、金融行业、军事工业、食品工业和影视娱乐业等许多支柱产业。此外，美国高端服务行业迅速发展，计算机系统设计、研发服务、软件、通信

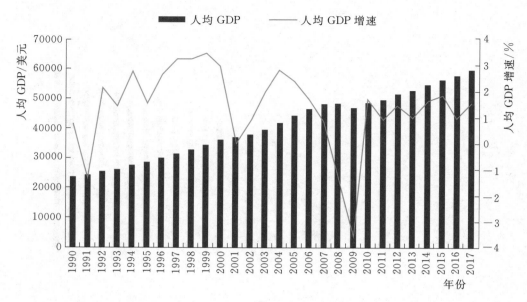

图 1-2 1990—2017 年美国人均 GDP 及增速

等服务产业对美国就业起到了一定的促进作用。

美国服务业增加值占 GDP 比重最大，占比稳定在 70%～80%，包括分销贸易、房地产、交通、金融、保险、医疗和商业服务等。工业和农业增加值占 GDP 比重相对较低，其中工业占比在 20%～30%，而农业 GDP 占 GDP 总量比重基本保持不变，稳定在 1%左右。1990—2017 年，美国服务业增加值比重逐步上升，工业增加值比重呈现逐年递减，农业增加值比重基本不变。1990—2017 年美国GDP 分部门占比情况如表 1-3、图 1-3 所示。

表 1-3　　　　　　　　　　　　　1990—2017 年美国 GDP 分部门占比　　　　　　　　　　　　%

年　份	1990	1991	1992	1993	1994	1995	1996
农业	2.1	1.9	2	1.9	1.8	1.6	1.8
工业	27.9	26.7	25.8	25.7	26.2	26.3	25.8
服务业	70.1	71.4	72.2	72.4	72	72.1	72.4
年　份	1997	1998	1999	2000	2001	2002	2003
农业	1.4	1.3	1.2	1.2	1.2	1	1.2
工业	23.9	23.4	23.3	23.2	22.1	21.3	21.4
服务业	74.7	75.3	75.5	75.7	76.7	77.7	77.4
年　份	2004	2005	2006	2007	2008	2009	2010
农业	1.3	1.2	1.1	1.1	1.2	1.1	1.2
工业	21.7	21.9	22.3	22.2	21.6	20.2	20.4
服务业	77	76.9	76.6	76.8	77.2	78.7	78.4
年　份	2011	2012	2013	2014	2015	2016	2017
农业	1.4	1.2	1.5	1.3	1.3	1.1	0.9
工业	20.6	20.5	20.6	20.7	20.7	20	19.1
服务业	78	78.2	77.9	78	78	78.9	80

数据来源：联合国统计司；国际货币基金组织；世界银行。

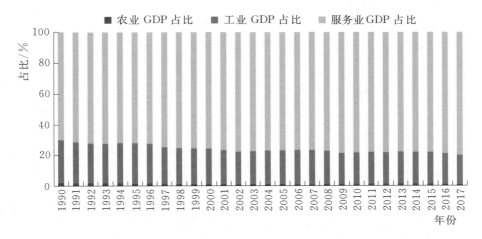

图 1-3 1990—2017 年美国分部门 GDP 占比

对比 1990 年和 2017 年美国分部门 GDP 占比对比，如图 1-4 所示。其中，服务业的主导地位日益明显，工业的支撑作用正在减弱。服务业占比由 70.1% 增加至 80%，增加 9.9%，变化幅度最大；工业占比由 27.9% 下降至 19.1%，减少 8.8%；农业占比由 2.1% 下降至 0.9%，减少 1.2%，变化幅度最小。

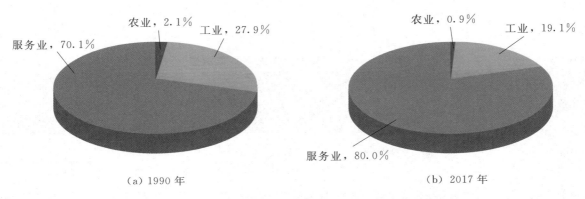

（a）1990 年　　　　　　　　　　　（b）2017 年

图 1-4 1990 年和 2017 年美国分部门 GDP 占比对比

4. 工业增加值增速

1990—2017 年，美国工业增加值增速整体上呈现出大范围波动趋势。受金融危机影响，2008—2009 年美国工业增加值增速出现大幅下降，增速分别为 -1.09% 和 -8.4%。2010—2015 年，美国工业增加值增速不断下降，由 4.96% 下降至 1.06%，下降 3.9 个百分点。2016—2017 年美国工业增加值增速有所回升。1990—2017 年美国工业增加值增速如表 1-4、图 1-5 所示。

表 1-4　　　　　　　　　　　1990—2017 年美国工业增加值增速　　　　　　　　　　　%

年　份	1990	1991	1992	1993	1994	1995	1996
工业增加值增速	—	-1.19	2.35	4.78	8.32	5.26	3.68
年　份	1997	1998	1999	2000	2001	2002	2003
工业增加值增速	-1.55	3.37	5.89	6	-1.63	-0.4	5.34
年　份	2004	2005	2006	2007	2008	2009	2010
工业增加值增速	8.14	7.65	7.76	4.02	-1.09	-8.4	4.96
年　份	2011	2012	2013	2014	2015	2016	2017
工业增加值增速	4.68	4.07	3.92	3.1	1.06	2.95	2.3

数据来源：联合国统计司；国际货币基金组织；世界银行。

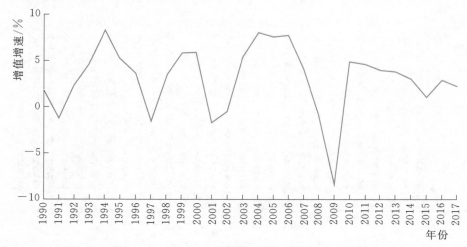

图 1-5　1990—2017 年美国工业增加值增速

5. 服务业增加值增速

1990—2017 年，美国服务业增加值增速整体上呈现较大波动性，有较明显的下降趋势。受金融危机影响，2009 年美国服务业增加值增速为近 26 年来最低值，增速为 -0.15％。2010—2012 年，美国服务业增加值增速增幅明显，2012 年服务业增加值增速高达 4.84％。2013—2015 年，美国服务业增加值增速出现连续下降，由 4.84％下降至 1.06％，下降 3.78 个百分点。2016—2017 年美国服务业增加值增速有所上升。1990—2017 年美国服务业增加值增速如表 1-5、图 1-6 所示。

表 1-5　　　　　　　　　　　　　1990—2017 年美国服务业增加值增速　　　　　　　　　　　　　％

年　份	1990	1991	1992	1993	1994	1995	1996
服务业增加值增速	—	5.17	7.10	5.48	5.66	5.01	6.13
年　份	1997	1998	1999	2000	2001	2002	2003
服务业增加值增速	9.65	6.43	6.63	6.74	4.63	4.69	4.44
年　份	2004	2005	2006	2007	2008	2009	2010
服务业增加值增速	6.09	6.53	5.41	4.76	2.19	-0.15	3.54
年　份	2011	2012	2013	2014	2015	2016	2017
服务业增加值增速	3.13	4.84	3.02	2.73	1.06	7.78	2.4

数据来源：联合国统计司；国际货币基金组织；世界银行。

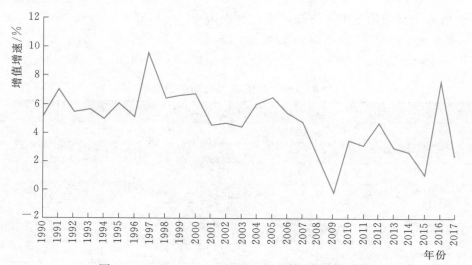

图 1-6　1990—2017 年美国服务业增加值增速

6. 外国直接投资

美国是全球最发达的经济体和吸收外国投资最多的国家之一，其市场体制、规章制度和税收体系给予投资者充分的竞争自由。外国直接投资美国净额变化整体呈现较大波动趋势。1990—1996年外国直接投资净额呈现持续增加，1997—2011年呈现波动性增长趋势，其中2000年和2005年降幅明显。2012—2015年呈现持续下降趋势。随着经济好转，2016—2017年外国直接投资净额出现增长，其中2017年出现较大增幅，达到145.13％。1990—2017年外国直接投资净额如表1-6、图1-7所示。

表1-6　　　　　　　　　　　　　1990—2017年外国直接投资净额　　　　　　　　　　单位：亿美元

年　份	1990	1991	1992	1993	1994	1995	1996
外国直接投资净额	−112.9	147.2	284.6	325.7	340.5	409.8	536
年　份	1997	1998	1999	2000	2001	2002	2003
外国直接投资净额	−7.7	363.9	649.6	−1627.6	−264.6	679.3	781.1
年　份	2004	2005	2006	2007	2008	2009	2010
外国直接投资净额	1603.6	−897.5	−146.6	1772.8	24.9	1515.1	857.9
年　份	2011	2012	2013	2014	2015	2016	2017
外国直接投资净额	1731.2	1269	1046.7	1012	−1950.2	−1678.3	757.5

数据来源：联合国统计司；国际货币基金组织；世界银行。

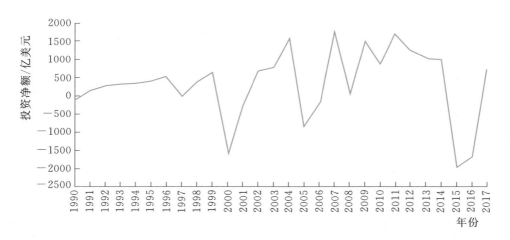

图1-7　1990—2017年外国投资净额

7. CPI涨幅

2017年美国CPI涨幅为2.11％，物价水平相对稳定，居民消费水平波动性小。1990—2017年，CPI增幅在较低范围内波动，并呈现出缓慢增长趋势。1990—2008年期间，CPI增幅维持在较高水平，约为3％。受次贷危机的影响，美国居民消费出现疲态，2009年美国CPI涨幅出现负值。2009—2011年，美国CPI涨幅开始复苏，呈现良好的增长趋势。2011—2015年美国CPI涨幅持续下降，由3.16％下降至1.26％。2016—2017年美国CPI增速持续上升。1990—2017年美国CPI涨幅情况如表1-7、图1-8所示。

表 1－7　　　　　　　　　　　　　　　　　1990—2017 年美国 CPI 涨幅　　　　　　　　　　　　　　　　　　　%

年　份	1990	1991	1992	1993	1994	1995	1996
CPI 涨幅	5.40	4.24	3.03	2.95	2.61	2.81	2.93
年　份	1997	1998	1999	2000	2001	2002	2003
CPI 涨幅	2.33	1.55	2.19	3.38	2.83	1.59	2.27
年　份	2004	2005	2006	2007	2008	2009	2010
CPI 涨幅	2.68	3.39	3.23	2.85	3.84	－0.36	1.64
年　份	2011	2012	2013	2014	2015	2016	2017
CPI 涨幅	3.16	2.07	1.46	1.62	0.12	1.26	2.11

数据来源：联合国统计司；国际货币基金组织；世界银行。

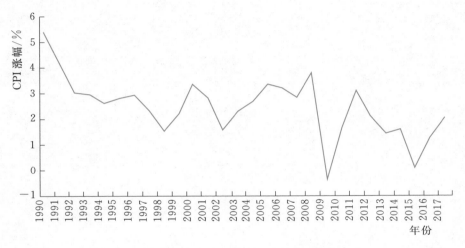

图 1－8　1990—2017 年美国 CPI 涨幅

8. 失业率

2017 年美国失业率为 4.6%，其低失业率水平位居世界前列。1990—2017 年美国失业率呈现较大波动趋势。1990—2000 年，美国失业率呈现持续下降，受 2000 年金融危机影响，2000—2003 年失业率明显增加，2004 年美国执行再就业补贴政策来激励失业者重新就业，失业率呈缓慢下降趋势。受次贷危机影响，2009—2010 年美国出现较大规模的失业情况，其中 2010 年失业率高达 9.61%。2011—2017 年失业率呈现持续下降趋势。1990—2017 年美国失业率变化情况如表 1－8、图 1－9 所示。

表 1－8　　　　　　　　　　　　　　　　　1990—2017 年美国失业率　　　　　　　　　　　　　　　　　　　　%

年　份	1990	1991	1992	1993	1994	1995	1996
失业率	5.62	6.85	7.49	6.91	6.1	5.59	5.41
年　份	1997	1998	1999	2000	2001	2002	2003
失业率	4.94	4.5	4.22	3.97	4.74	5.78	5.99
年　份	2004	2005	2006	2007	2008	2009	2010
失业率	5.54	5.08	4.61	4.62	5.8	9.28	9.61
年　份	2011	2012	2013	2014	2015	2016	2017
失业率	8.94	8.07	7.37	6.15	5.47	5.15	4.6

数据来源：联合国统计司；国际货币基金组织；世界银行。

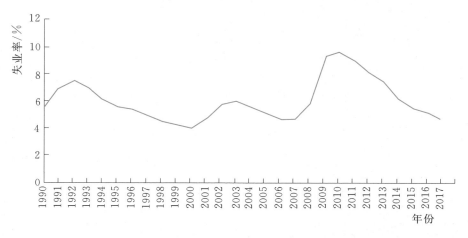

图 1-9　1990—2017 年美国失业率

二、主要经济政策

（一）税收政策

美国是以直接税为主的国家，实行联邦、州和地方（市、县）三级征税制度，属于彻底的分税制国家。美联邦政府为刺激经济复苏，税收政策以减税为主，美国通过不断调整税收政策来调控经济发展。美国税收政策如表 1-9 所示。

表 1-9 美国税收政策

时期	序号	名　称	主　要　内　容	发布时间
奥巴马时期	1	《减税和延长救济法案》	为潜在购房者提供税务方面的激励	2009.11
	2	《税收减免、失业保险重新授权和就业机会创造法案》	减免工资税收，为特定就业群体提供工资免税	2010.12
	3	《中产阶级税收减免和就业创造法案》	减免中产阶级税收	2012.6
	4	奥巴马新税改方案	通过向富有阶层增税和向大型金融机构收费，提高资本利得税上限，给中产阶级更多的税收优惠	2015.1
特朗普时期	1	《改革我们破碎税制的联合框架》	（1）个税方面：将 7 档个人所得税简化为 3 档，分别为 12%、25% 和 35%；废除遗产税；废除最低替代税 AMT。 （2）公司税方面：将公司税率削减至 20%；将小企业等实体企业的最高税率限制在 25%；施行属地征税制度，对美国母公司持股 10% 以上的海外子公司的利润汇回进行全额税收豁免；资本支出费用化，即在投资发生当年就将全部支出作为费用处理；通过降低税率和在全球范围内对美国跨国公司的海外利润进行征税来保护美国税基	2017.6
	2	《减税和就业法案》	①对独资企业、合伙企业和小企业的业务收入征收的最高税率限制在 20%；②采取措施来防止富人将个人收入纳入营业收入中；③取消公司的替代最小税额；④对于 2017 年 9 月 27 日以后的新增可计提折旧资产的投资，可冲销至少 5 年的费用；⑤美国现行企业所得税的税前扣除项目将被削减；⑥个税最高边际税率从 39.6% 降至 35%，最低边际税率从 10% 提至 12%；⑦鼓励美国公司将海外利润带回美国，对美国母公司拥有至少 10% 股权的海外子公司股利 100% 的免税	2017.11

为促进经济复苏及发展，吸引制造业、知识产权和高科技人才"三重回流"，美国税收政策以减税为主。美联邦政府以减税为核心进行多次税收政策调整以及改革，在奥巴马减税的基础上，特朗普通过税改进行更大规模减税，目的是避免个人的高税率、为中产阶级减税，让小企业享受最大幅度减税和公司税，通过免税、减税来促进美国企业将海外资产带回国内，激励企业加大在美国的投资。

（二）金融政策

1. 货币政策

（1）量化宽松政策。2008 年，在金融危机的背景下，美国开始实行货币量化宽松政策，共计执行四轮，具体内容如表 1-10 所示。

表 1-10　　　　　　　　　　　美国四轮量化宽松政策及额度

轮数		开始时间	结束时间	计　划	总额
1	QE1	2008.11	2010.3	购买最高达 1000 亿美元的直接债务；另购买最高达 5000 亿美元的抵押贷款支持证券	1.725 万亿美元
		2009.3 扩大 QE1		购买最高达 7500 亿美元的抵押贷款支持证券和最高达 1000 亿美元的机构	
2	QE2	2010.11	2011.6	购买 6000 亿美元国债	6000 亿美元
3	QE3	2012.9	2014.10	无限期每月购买价值 400 亿美元抵押贷款支持证券	1.613 万亿美元
4	QE4	2012.12	—	每月购买约 450 亿美元长期国债	—
总计				3.938 万亿美元	

美联储通过三轮量化宽松（QE）政策，大规模购买美国国债、机构债和抵押贷款支持证券，以致资产负债表迅速扩张，总规模达到 4.4 万亿美元，接近危机前 7500 亿美元的 6 倍，总资产与 GDP 之比从 5% 的水平飙升至 23%。2012 年 12 月 12 日，美联储宣布了第四轮量化宽松货币政策，每月购买 450 亿美元国债，替代扭曲操作，加上第 3 轮量化宽松每月 400 亿美元的宽松额度，联储每月资产采购额已达到 850 亿美元，旨在进一步支持经济复苏和改善就业。

（2）货币正常化政策。量化宽松政策是针对金融危机提出的非常规政策，危机过后，美联储启动货币政策正常化进程，其已经通过 2015 年 12 月、2016 年 12 月、2017 年 3 月、2017 年 6 月四次加息以推进货币政策的正常化。美国利率调整情况如表 1-11，2005—2017 年上半年美国基准利率变化如图 1-10 所示。

表 1-11　　　　　　　　　　　美 国 利 率 调 整 情 况

序号	年　份	调 整 幅 度	调整后利率/%
1	2005	美联储 1 年内先后 8 次调整利率，共计调升 200 基点	4.25
2	2006	美联储 1 年内先后 4 次调整利率，共计调升 100 基点	5.25
3	2007	美联储 1 年内先后 3 次调整利率，共计调降 100 基点	4.25
4	2008	美联储 1 年内先后 7 次调整利率，共计调降 325～400 基点	0～0.25
5	2009—2014	维持利率不变	0～0.25
6	2015	美联储 1 年内先后 2 次调整利率，共计调升 25 基点	0.25～0.5
7	2016	美联储 1 年内 1 次调整利率，调升 25 基点	0.5～0.75
8	2017	美联储上半年内先后 2 次调整利率，调升 0.5 基点	1～1.25

数据来源：美联储；美国商务部。

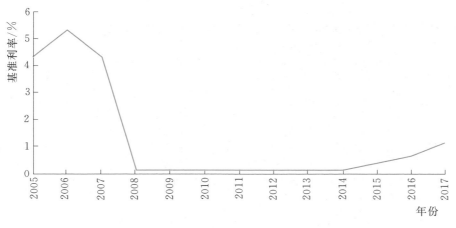

图 1-10 2005—2017 上半年美国基准利率

自 2008 年次贷金融危机后，美联储通过大幅降低利率来刺激经济复苏，随后 5 年内维持较低利率，经济逐步回暖后，2015 年美联储开始进行缓慢的加息调整，利率呈现出稳重有增的趋势。美联储将在未来 2—3 年内继续进行加息调整。

2017 年 10 月，美联储正式启动渐进式被动缩表，美国步入全面紧缩货币时代。缩表即缩减资产负债表，同时减少资产和债务额度。缩表进度计划为：每月国债的缩减规模最初不超过 60 亿美元，并在此后的 12 个月内将规模上限逐步提高，每 3 个月提高 60 亿美元，直至达到每月 300 亿美元；机构债和 MBS 每月的缩减规模最初不超过 40 亿美元，并在此后的 12 个月内逐步提高规模上限，每 3 个月提高 40 亿美元，直至达到每月 200 亿美元。

2. 金融监管政策

美国金融政策由加强金融监管逐渐转变为放松监管，旨在进一步刺激经济增长，增加就业。

2010 年，奥巴马宣布《多德—弗兰克法案》，旨在扩大美联储的金融监管权限，制定更加严格的美国银行业资本金标准。

2017 年 6 月 8 日，国会众议院通过了《为投资者、消费者和企业家创造希望和机会的金融法案》，其主要目的是削减监管以推动经济增长，并承诺不再用纳税人的钱款救助"大而不倒"的金融机构。6 月 12 日，财政部发布首份金融监管核心原则报告，敦促联邦政府机构放松对金融服务业的监管。

（三）产业政策

美国产业政策主要包括产业结构政策和产业技术政策，在产业结构方面，以重振和发展美国制造业发展为核心，通过出台相关法案、政策来实现制造业的繁荣的目标，从而推动经济发展。在产业技术政策方面，采取对国内企业进行研发补助或其他形式的科技支持，改造和提高劳动密集型和资本密集型产业的技术水平。具体产业结构政策如表 1-12 所示。

表 1-12 美 国 产 业 政 策

时期	序号	法案名称	主 要 内 容	发布时间
产业结构政策	1	《重振美国制造业框架》	从劳动力、资本和技术研发三大要素方面为制造业发展提供良好的条件	2009
	2	《美国制造业促进法案》	通过税收优惠，降低在美国企业成本，并刺激出口	2010
	3	《先进制造业伙伴计划》	整合工业界、高校和联邦政府为可创造高品质制造业工作机会以及提高美国全球竞争力的新兴技术进行投资	2011
	4	《先进制造业国家战略计划》	提出了促进美国先进制造业发展的五大目标及相应的对策措施	2013
	5	继续推动美国重返制造业	延续了奥巴马振兴制造业的发展思路，继续推进制造业发展	2017

续表

时期	序号	法案名称	主 要 内 容	发布时间
产业技术政策	1	《透明和开放的政府》	建立数据开放网站 Data.gov，公开政府数据	2009
	2	《大数据研究和发展计划》	将大数据研究和生产计划提高到国家战略层面，投资 2 亿美元增强海量数据的收集、分析和萃取能力	2012
	3	《美国数字政府战略》	加强政府部门的相互协调，所有部门共同提高海量数据收集、储存、管理、分析和共享所需的核心技术的先进性，同时扩大大数据技术开发和应用所需人才的供给	2012

在产业结构政策方面，政府着力发展制造业，实施"重振美国工业"战略，重点培育发展高端制造业新增长点。在此基础上，特朗普主张继续推动美国重返制造业，促进制造业的发展。

在产业技术政策方面，美国注重在大数据技术开发和应用方面的研究，该技术的飞速发展以及取得的世界领先水平，主要得益于政府的高度重视和推进。

（四）投资政策

投资政策分为美国对内投资政策和外资产业政策两方面，在对内投资方面，美国加强在基础设施和可再生能源两方面的投资，并出台许多相关政策来推动其发展。在外资产业政策方面，美国政府及各州针对不同行业制定相关政策。具体投资政策如表 1－13 所示。

表 1－13   美 国 投 资 政 策

时期	序号	名称	主 要 内 容	时间
对内投资政策	1	《经济复苏与再投资法》	3 年内可再生能源产量翻倍，投资新能源开发，发展混合动力汽车；2025 年实现风能和太阳能发电量占美国总发电量的 25％	2009
	2	加强公共基础设施投资	对基础设施建设提供资金、税收和技术上的支持	2009
	3	基础设施建设	提出 1 万亿美元规模的基础建设方案，其涵盖范围广泛，包括交通、能源、水利工程等多个领域	2017
外资产业政策	1	优惠政策	鼓励外资的条款包括鼓励外资投向基础设施、允许全部减免外国投资者的资产收益税、允许某些资产加速折旧等；多数州和地方政府给新开办的外资企业以 5—15 年的财产税减免；扩建机场、港口、铁路、公路、供电、供水等各种基础设施，为外国投资者创造良好的投资环境	2010
	2	限制政策	禁止外国投资介入核能生产与利用，内河、内湖和近海航运等部门；只有某些合法形式的外国企业才可获得许可，介入美国水力发电和某些区域的水产业	—

美国对内投资政策以振兴工业为主要目标，一方面积极推进能源改革，另一方面不断修缮和建设基础公共设施。美国外资产业政策实行中立政策，并没有针对特定行业制定优惠政策，各州和地方政府可视当地情况实施吸引或限制投资的具体政策。此外，美国航空运输、通信、能源、矿产、渔业及水电等部门对外国投资者设有一定的限制，例如限制水电、禁止核电等。

第二节　电力发展与政策

一、电力供应形势分析

（一）电力工业发展概况

美国电力工业十分发达，至今已有百余年的历史。2017年全球统计数据，美国发电装机容量、年发电量均居世界第二位。美国电力行业由私营电力公司、联邦政府经营的电力局、市政公营电力公司和农电合作社4种形式的电力企业构成，其中私营电力公司的发电量和装机容量大约占全国总数的75%，市政公营电力公司、联邦政府经营的电力局和农电合作社等占25%。截至2016年年底，美国共有发电厂7600余个，只有约20%的电厂属于联邦政府经营的电力局。

2006—2017年，美国总装机容量呈现缓慢稳步提升，年均增长率为1.38%，年发电量呈现整体平稳，略有波动的走势。美国2016年全年累计全口径净发电量为40786.70亿千瓦时，同比增长0.03%，以下为按照发电部门和发电燃料类别划分的具体情况：

1. 按照发电部门构成划分

电力部门发电量达到39191.40亿千瓦时，商业部门自发电量125.93亿千瓦时，工业部门自发电量达到1466.37亿千瓦时，前两者同比增长均与上年持平，后者同比增长0.6%。

2. 按照发电燃料类别划分

美国拥有世界上最大的煤炭储量，是世界第二大煤炭生产国，自2000年以来，随着美国页岩气革命的成功和向全世界蔓延，美国能源结构主导者由煤炭变为天然气。2016年美国煤电发电量达到12400.89亿千瓦时，同比下降8.3%，占比30.4%；天然气及其他燃气发电量13932.93亿千瓦时，同比增长3.5%，占比34.16%；核电发电量8053.27亿千瓦时，同比增长1.0%，占比19.71%；可再生能源发电量3432.28亿千瓦时，同比增长16.3%，占比8.42%；常规水电发电量2658.29亿千瓦时，同比增长6.7%，占比6.52%；其他发电量309.03亿千瓦时，同比下降16.9%，占比0.76%。

在电网架构方面，依托于各自区域内的优势能源资源，美国形成了东部、西部和德克萨斯（ERCOT）三大电网体系。东部电网地区靠近美国主要煤、气供应地以煤炭和天然气发电为主。西部电网地区靠近科罗拉多山系和河流，分布有落基山脉等地势落差很大的山体，主要以水电装机为主。南部的德克萨斯电网处于页岩气盆地所在地，依靠天然气发电形成了区域内的独立小电网。此外，美国电网的产权结构分散，掌握在超过五百家的公司与组织手中，再加上电力产业的自然垄断性质，每一家电力公司都是当地的行业垄断者。

在电力市场方面，美国对电力行业实行联邦和州两级监管体制，联邦能源监管委员会主要监管州际之间的电力交易，而各州公用事业管理委员会主要监管州内电力交易。2007年，联邦能源监管委员会授权北美可靠性公司（NERC）负责发输电系统的可靠性管理，包括标准制定、执行和监管等。配电系统的可靠性管理和信息发布主要在各州公用事业管理委员会。此外，联邦能源监管委员会和州公用事业监管委员会都设有专门的部门负责投诉举报处理、争议纠纷解决以及违法违规行为查处等稽查业务工作。

（二）发电装机容量及结构

1. 总装机容量及增速

2017年美国发电总装机容量达到10.8019亿千瓦，较2016年增加0.0081亿千瓦，同比增速为0.08%。1990—2017年，美国发电装机容量整体上呈现逐渐增加的趋势，累计增加3.4521亿千瓦。1990—1997年，美国发电机装机容量增长缓慢，增速呈现波动性。1998—2004年，美国发电装机容量迅速增加，增速明显提高，2002 年美国发电装机容量增速高达 6.73%。2005—2011 年，装机容量增速基本保持平稳。2012—2017 年新增装机容量增速发生较明显的波动，呈现一定的规律性。1990—2017 年美国装机容量及增速情况如表 1-14、图 1-11 所示。

表 1-14 1990—2017 年美国发电装机容量及增速

年 份	1990	1991	1992	1993	1994	1995	1996
装机容量/亿千瓦	7.3498	7.3987	7.4651	7.5458	7.6394	7.6952	7.7589
增速/%	—	0.67	-1.07	1.08	1.24	0.73	0.83
年 份	1997	1998	1999	2000	2001	2002	2003
装机容量/亿千瓦	7.7865	7.7587	7.8593	8.1172	8.4825	9.0530	9.4845
增速/%	0.36	-0.36	1.30	3.28	4.50	6.73	4.77
年 份	2004	2005	2006	2007	2008	2009	2010
装机容量/亿千瓦	9.6294	9.7802	9.8624	9.9489	10.1017	10.2540	10.3906
增速/%	1.53	1.57	0.84	0.88	1.54	1.51	1.33
年 份	2011	2012	2013	2014	2015	2016	2017
装机容量/亿千瓦	10.5125	10.6303	10.6006	10.7464	10.6933	10.7938	10.8019
增速/%	1.17	1.12	-0.28	1.38	-0.49	0.94	0.08

数据来源：国际统计年鉴；联合国统计司；国际能源署。

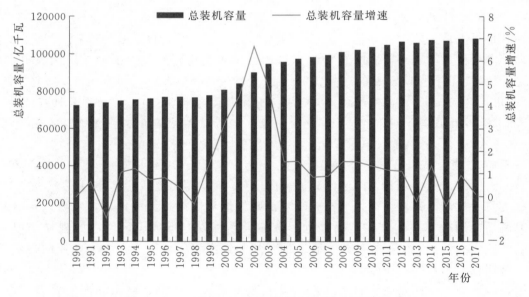

图 1-11 1990—2017 年美国年装机容量及增速

2. 各类装机容量及占比

美国是以火电为主要电力来源的国家，1985 年美国燃煤发电开始减少，天然气发电开始崛起。21 世纪初，美国大力推广可再生能源政策，开展页岩气革命，2005 年天然气发电超过燃煤发电，成为发电的主导者，风力发电开始成为主流的发电技术之一，2011 年太阳能发电开始出现显著性的增长。可再生能源的不断发展对燃煤发电的复苏产生一定程度的抑制作用。

美国发电装机容量的构成分为火电、核电、水电、非水可再生能源发电和其他类型，其中火电包括燃煤发电、燃气发电和燃油发电。受美国政府推行保护环境的政策影响，煤电行业遭受重创，页岩气的开发与利用使得天然气发电迅速发展并逐渐取代煤电的位置，火电总体的装机容量保持在 8 亿千瓦左右。常规水电和核电装机容量较为接近，稳定在 1 亿千瓦左右，非水可再生能源发电呈现出良好的增长趋势。

火电装机容量在美国各类电源装机容量中占比最大，稳定在 70％左右，2005 年后呈现逐步减少的趋势。2009—2016 年，非水可再生能源装机比重呈现逐渐增加的趋势，此外，核电和水电的占比十分接近，呈现出缓慢递减趋势。1990—2016 年美国发电装机容量及占比如表 1－15 所示，1990—2016 年各类电源占比如图 1－12 所示。

表 1－15　　　　　　　　　　　　1990—2016 年美国发电装机容量及占比

年　份		1990	1991	1992	1993	1994	1995	1996
火电	装机容量/万千瓦	53666.7	54333.5	55163.1	55779.4	56705.8	57165.9	57968.7
	占比/%	73.16	73.28	73.37	73.33	73.54	73.66	74.04
核电	装机容量/万千瓦	9964.3	9960.9	9900.5	9906.1	9914.8	9951.5	10078.4
	占比/%	13.58	13.43	13.17	13.02	12.86	12.82	12.87
水电	装机容量/万千瓦	9236	9361.8	9605.9	9865.1	9972.8	9983.9	9746.9
	占比/%	12.59	12.63	12.78	12.97	12.93	12.86	12.45
非水可再生能源发电	装机容量/万千瓦	491.9	493.0	511.6	518.1	514.2	509.9	498.1
	占比/%	0.67	0.66	0.68	0.68	0.67	0.66	0.64
其他	装机容量/万千瓦	—	—	—	—	—	—	—
	占比/%							
年　份		1997	1998	1999	2000	2001	2002	2003
火电	装机容量/万千瓦	58245.5	58388.4	59765.8	61012.4	64504.4	69985.1	74149.7
	占比/%	74.13	74.47	74.82	75.20	76.04	77.3	78.16
核电	装机容量/万千瓦	9971.6	9707.0	9755.7	9786.0	9815.9	9865.7	9920.9
	占比/%	12.69	12.38	12.21	12.06	11.57	10.9	10.46
水电	装机容量/万千瓦	9866.0	9802.2	9774.2	9760.0	9858.0	9972.7	9921.6
	占比/%	12.56	12.50	12.24	12.03	11.62	11.02	10.46
非水可再生能源发电	装机容量/万千瓦	485.4	507.5	585.7	576.5	653.9	712.2	880.9
	占比/%	0.62	0.65	0.73	0.71	0.77	0.79	0.93
其他	装机容量/万千瓦	—	—	—	—	—	—	—
	占比/%							
年　份		2004	2005	2006	2007	2008	2009	2010
火电	装机容量/万千瓦	75570.2	76731.6	77216.1	77519.5	78179.1	78605.0	79355.1
	占比/%	78.45	78.41	78.24	77.84	79.21	76.55	76.23
核电	装机容量/万千瓦	9962.8	9998.8	10033.4	10026.6	10075.5	10100.4	10116.7
	占比/%	10.34	10.22	10.17	10.07	10.21	9.84	9.72
水电	装机容量/万千瓦	9840.5	9888.7	9928.2	9977.1	9978.8	10067.8	10102.3
	占比/%	10.21	10.11	10.06	10.02	10.11	9.8	9.7
非水可再生能源发电	装机容量/万千瓦	935.9	1187.2	1470.2	2016.8	426.9	3876.4	4491.9
	占比/%	0.97	1.21	1.49	2.03	0.43	3.77	4.31
其他	装机容量/万千瓦	25.1	47.6	47.6	47.6	42.2	37.3	34.7
	占比/%	0.03	0.05	0.05	0.05	0.04	0.04	0.03

续表

年 份		2011	2012	2013	2014	2015	2016
火电	装机容量/万千瓦	79883.3	79335.2	78729.7	78740.7	75387.2	73484.19
	占比/%	75.7	74.29	73.9	73.35	73.15	68.08
核电	装机容量/万千瓦	10141.9	10185.5	9924.0	9856.9	10386.04	11117.61
	占比/%	9.61	9.54	9.32	9.18	8.90	10.3
水电	装机容量/万千瓦	10094.4	10110.6	10158.9	10216.2	10053	10254.11
	占比/%	9.57	9.47	9.54	9.52	8.61	9.50
非水可再生能源发电	装机容量/万千瓦	5372.8	7028.0	7562.6	8329.1	10706.3	12866.21
	占比/%	5.09	6.58	7.1	7.76	9.17	11.92
其他	装机容量/万千瓦	35.5	125.5	154.1	200.9	204.02	215.88
	占比/%	0.03	0.12	0.14	0.19	0.17	0.20

注：由于燃油发电装机容量值较小，计入其他类。

数据来源：联合国统计司；国际能源署。

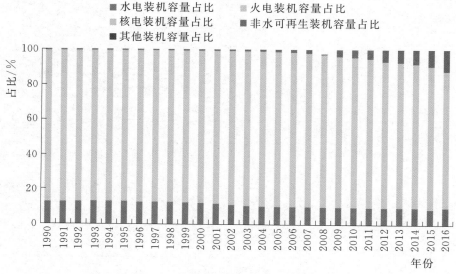

图 1-12 1990—2016 年各类电源占比

对比 2004 年和 2016 年美国电源结构占比如图 1-13 所示。其中，美国发电装机容量的变化较为明显，火电装机容量占比由 78.45% 下降至 68.08%，下滑 10.37 个百分点；水电和核电装机容量占比逐渐减小；非水可再生能源装机容量占比由 0.97% 增加到 11.92%。

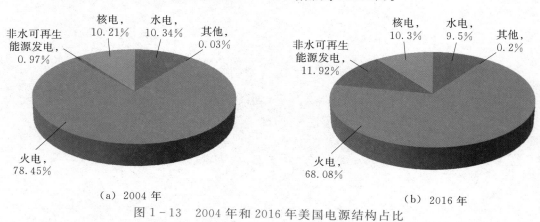

(a) 2004 年　　　　　　　　　　　　(b) 2016 年

图 1-13 2004 年和 2016 年美国电源结构占比

可再生能源发电得到美国电力政策的大力支持，具有良好的发展前景。2013—2016 年，美国可再生能源新增装机容量呈现逐年递增的趋势，同比增速分别为 73.03％、21.54％和 60.79％。美国出台多种保护环境的法案限制火电发展，美国煤电装机总量占比逐年下降，2015 年美国共退役发电装机总量约 18 吉瓦，其中 80％以上是火电机组，非水可再生能源年新增装机容量逐年增加，在一定程度上弥补了火电机组退役所造成的容量空缺。2013—2016 年美国非水可再生能源新增装机容量如表 1-16、图 1-14 所示。

表 1-16　　　　　　　　　2013—2016 年美国非水可再生能源新增装机容量　　　　　　　单位：万千瓦

年　份	2013	2014	2015	2016
太阳能发电	263.4	468.6	646.9	774.8
风电	85.9	305.6	319.2	786.5
生物质能发电	80.0	24.2	13.2	31.4
地热能发电	42.4	17.8	12.7	2.3
合计	471.7	816.2	992.0	1595.0

数据来源：联合国统计司；国际能源署。

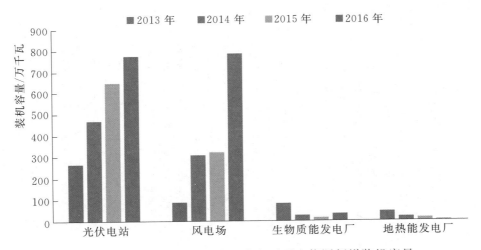

图 1-14　2013—2016 年美国非水可再生能源新增装机容量

2013—2016 年，美国非水可再生能源新增装机容量逐年增加，呈现出较好的增长趋势。太阳能发电和风电是非水可再生能源发电的主要构成部分，两者新增装机容量逐年增加，2016 年太阳能发电新增装机容量为 774.8 万千瓦，风电新增装机容量为 786.5 万千瓦，较 2013 年分别增加 1.94 倍和 8.16 倍。随着新能源政策的推广，风电和太阳能发电迅速发展，在电力装机容量中比重越来越大，两者作为非水可再生能源发电的主力军，正在逐步发挥作用。

（三）发电量及结构

1. 总发电量及增速

2017 年美国总发电量为 42818 亿千瓦时，同比减少 1.3％。1990—2017 年美国总发电量先缓慢增加后趋于平稳，年均增速为 1.1％。1990—1999 年，美国年发电量呈现逐渐递增的趋势，发电量增速呈现小幅波动。2000—2016 年，美国年发电量整体趋于平稳，2001 年和 2009 年美国年发电量增速先后出现两次较大跌幅，分别为－4.62％和－4.1％。2017 年美国发电量出现下降。1990—2017 年美国年总发电量及增速情况如表 1-17、图 1-15 所示。

表 1-17 　　　　　　　　　　　　　　1990—2017 年美国年总发电量及增速

年 份	1990	1991	1992	1993	1994	1995	1996
发电量/亿千瓦时	32186.2	32758.4	32911.1	34112.8	34734.4	35821.1	36770.2
增速/%	1.78	0.47	3.65	1.82	3.13	2.65	1.78
年 份	1997	1998	1999	2000	2001	2002	2003
发电量/亿千瓦时	36977.3	38304.9	38975.2	40526.7	38653.1	40511.2	40817.6
增速/%	0.56	3.59	1.75	3.98	-4.62	4.81	0.76
年 份	2004	2005	2006	2007	2008	2009	2010
发电量/亿千瓦时	41748.6	42943.7	43310	44318	43901	42065	43943
增速/%	2.28	2.86	0.23	2.26	-0.90	-4.10	4.42
年 份	2011	2012	2013	2014	2015	2016	2017
发电量/亿千瓦时	43634	43106	43303	43633	43487	43508	42818
增速/%	-0.60	-1.28	0.45	0.68	-0.39	0.04	-1.3

数据来源：国际能源署；世界能源统计年鉴。

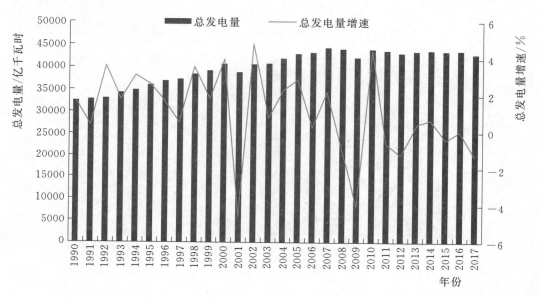

图 1-15　1990—2017 年美国年总发电量及增速

2. 发电量结构及占比

美国发电量以传统火力发电为主，其中煤炭发电比重逐步减少，而天然气比重逐渐增加。核能和水能作为美国电力工业的传统发电能源，年发电量保持平稳。在美国政策支持下，非水可再生能源发电量呈现递增的趋势。1990—2017 年美国各类型年发电量及占比如表 1-18、图 1-16 所示。

表 1-18 　　　　　　　　　　　　　　1990—2017 年美国各类型年发电量及占比

年 份		1990	1991	1992	1993	1994	1995	1996
煤电	装机容量/万千瓦	16996.48	17121.08	17412.76	18111.32	18127.71	18325.37	19250.1
	占比/%	52.81	52.26	52.91	53.09	52.19	51.16	52.35
燃气发电	装机容量/万千瓦	3816.69	4022.3	4269.08	4410	4920.96	5288.44	4787.65
	占比/%	11.86	12.28	12.97	12.93	14.17	14.76	13.02

续表

年　份		1990	1991	1992	1993	1994	1995	1996
核电	装机容量/万千瓦	6115.89	6493.99	6559.7	6469.87	6789.2	7138.06	7152.12
	占比/%	19.00	19.82	19.93	18.97	19.55	19.93	19.45
水电	装机容量/万千瓦	2889.6	3091.55	2748.83	3030.6	2843.73	3378.56	3767.02
	占比/%	8.98	9.44	8.35	8.88	8.19	9.43	10.24
非水可再生能源发电	装机容量/万千瓦	1061.06	758.69	855.63	822.42	847.58	818.82	845.92
	占比/%	3.30	2.32	2.60	2.41	2.44	2.29	2.30
其他	装机容量/万千瓦	1306.49	1270.79	1065.09	1268.59	1205.17	871.89	967.41
	占比/%	4.06	3.88	3.24	3.72	3.47	2.43	2.63
年　份		1997	1998	1999	2000	2001	2002	2003
煤电	装机容量/万千瓦	19760.05	20063.1	20188.14	21294.98	19821.2	20396.65	20833.26
	占比/%	53.44	52.38	51.80	52.55	51.28	50.35	51.05
燃气发电	装机容量/万千瓦	5056.47	5584.49	5819.33	6342.9	6599.14	7124.32	6701.92
	占比/%	13.67	14.58	14.93	15.65	17.07	17.59	16.42
核电	装机容量/万千瓦	6663.63	7141.24	7718.11	7977.18	7926.04	8045.19	7878.18
	占比/%	18.02	18.64	19.80	19.68	20.51	19.86	19.31
水电	装机容量/万千瓦	3586.85	3220.8	3017.93	2799.86	2147.28	2917.55	3057.24
	占比/%	9.70	8.41	7.74	6.91	5.56	7.20	7.49
非水可再生能源发电	装机容量/万千瓦	827.09	824.27	874.45	926.93	863.84	962.37	965.5
	占比/%	2.24	2.15	2.24	2.29	2.23	2.38	2.37
其他	装机容量/万千瓦	1083.19	1470.99	1357.22	1184.82	1295.57	1061.38	1370.15
	占比/%	2.93	3.84	3.48	2.92	3.35	2.62	3.36
年　份		2004	2005	2006	2007	2008	2009	2010
煤电	装机容量/万千瓦	20904.95	21539.56	21277.96	21184.55	21325.96	18926.61	19941.94
	占比/%	50.07	50.16	49.47	48.70	48.82	45.19	45.55
燃气发电	装机容量/万千瓦	7315.52	7828.29	8427.74	9151.96	9101.76	9497.76	10178.69
	占比/%	17.52	18.23	19.60	21.04	20.84	22.68	23.25
核电	装机容量/万千瓦	8133.39	8107.26	8161.95	8366.34	8378.04	8302.1	8389.31
	占比/%	19.48	18.88	18.98	19.23	19.18	19.82	19.16
水电	装机容量/万千瓦	2978.94	2979.26	3176.89	2755.45	2819.95	2984.1	2863.33
	占比/%	7.14	6.94	7.39	6.33	6.46	7.12	6.54
非水可再生能源发电	装机容量/万千瓦	1017.83	1069.94	1165.58	1247.28	1471.26	1660.78	1892.73
	占比/%	2.44	2.49	2.71	2.87	3.37	3.97	4.32
其他	装机容量/万千瓦	1397.93	1419.37	798.19	792.83	585.64	510.8	518.3
	占比/%	3.35	3.31	1.86	1.82	1.34	1.22	1.18

续表

年 份		2011	2012	2013	2014	2015	2016	2017
煤电	装机容量/万千瓦	18754.13	16434.3	17124.08	17125.77	14709.97	15122.19	13140
	占比/%	43.12	38.30	39.76	39.47	34.07	34.76	30.69
燃气发电	装机容量/万千瓦	10452.54	12645.52	11584.54	11613.33	13725.7	13932.93	13687
	占比/%	24.03	29.47	26.90	26.76	31.79	32.02	31.97
核电	装机容量/万千瓦	8214.05	8011.29	8220.04	8305.84	8302.88	8053.27	8473
	占比/%	18.89	18.67	19.09	19.14	19.23	18.51	19.79
水电	装机容量/万千瓦	3445.61	2982.87	2901.13	2815.27	2711.29	2658.29	2965
	占比/%	7.92	6.95	6.74	6.49	6.28	6.11	6.92
非水可再生能源	装机容量/万千瓦	2192.18	2460.58	2821.78	3089.74	3278.2	3432.28	4189
	占比/%	5.04	5.73	6.55	7.12	7.59	7.89	9.78
其他	装机容量/万千瓦	436.12	372.04	412.14	442.15	443.55	309.03	363
	占比/%	1.00	0.87	0.96	1.02	1.03	0.71	0.85

数据来源：国际能源署；美国能源信息署。

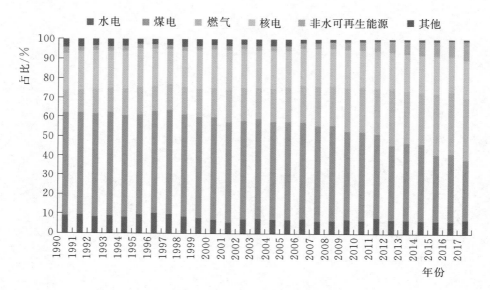

图 1-16 1990—2017 年美国各类型年发电量占比

1990—2017 年美国煤电占比逐渐减少而燃气发电占比逐渐增加，2017 年两者基本持平，分别占总发电量的 30.69%、31.97%。非水可再生能源发电比重逐渐增加，2017 年达到 9.78%。核电和水电发电量基本保持不变，分别稳定在 19.79% 和 6.92% 左右，其他类型发电量占比维持在 1% 左右。

对比 1990 年和 2017 年美国各类型年发电量占比，如图 1-17 所示。其中，美国大量削减煤电机组装机容量，煤电发电量减少 22.12%，燃气发电量增加 20.11%，火电整体发电量增加 2.01%。此外，核电占比减少 0.79%，水电占比减少 2.06%，非水可再生能源发电增加 6.48%，其他类型发电减少 3.21%。美国不断对发电装机容量进行结构性调整，非水可再生能源发电量占比将继续提升。

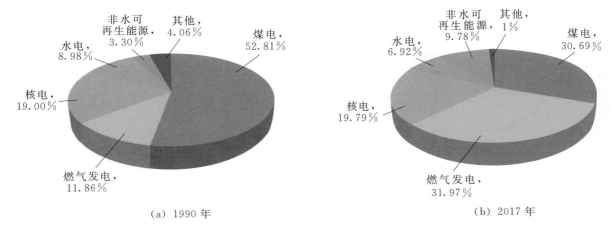

$$(a)\ 1990\ 年 \qquad\qquad (b)\ 2017\ 年$$

图 1-17 1990 年和 2017 年美国各类型年发电量占比对比

（四）电网建设规模

美国电网迄今已有 100 多年的建设发展历史，最初是由私营和公营电力公司根据各自的负荷和电源分布组成孤立的电网，在互利原则基础上通过双边或多边协议、联合经营等方式相互联网，逐步形成了东部、西部和德克萨斯三大联合电网，彼此间由少数低容量的直流线路连接，分别占美国售电量的 73%、19% 和 8%。

美国的输电网纵横交错，常见的电压等级有 765 千伏、500 千伏、345 千伏、230 千伏、161 千伏、138 千伏、115 千伏。美国电网管理体制分散，全国范围内统计口径数据很少。

美国电网建设时间较早，电网结构在 20 世纪中期基本已经成型，随着经济与电力需求增速放缓，电网建设与改造处于停滞状态。1995—2012 年，美国 200 千伏及以上输电线路长度增长 27%，增速缓慢。2012 年美国 200 千伏以上高压输电线路达为 30.7 万公里，其中包括约 3888 公里的 765 千伏交流输电线路，以及 3545 公里±500 千伏直流输电线路。

2017 年，美国面临电网分散、电网技术陈旧，输电能力不足等问题，电网结构及规模需要升级和扩大。美国有 9000 多个发电站，输电线路总长约 48.3 万公里，电网布局杂乱、运营效率低下，当负载需求以 3%～4% 的速度增加时，当前电网无法有效供电，严重影响美国用电的可靠性。

二、电力消费形势分析

（一）总用电量

2016 年美国用电总量为 37108 亿千瓦时，同比增速−1.85%。1990—2016 年美国年用电量呈现先增长后下降的趋势。1990—2005 年，美国年用电量呈现良好的增长趋势，2005 年用电量较 1990 年增加 10979.5 亿千瓦时，增幅为 41.69%，受到互联网泡沫危机的影响，2001 年美国用电量较 2000 年减少 434 亿千瓦时，同比增速为−1.24%。2005 年以后，美国用电量总体处于平稳状态且有小幅波动，受经济危机的影响，2009 年美国用电量出现明显跌幅，较 2008 年减少 1849.3 亿千瓦时，同比增速为−4.83%。2013—2016 年美国用电量增速连续四年出现下降，处于低速增长甚至负增长状态。1990—2016 年美国年用电量及增速如表 1-19、图 1-18 所示。

表 1-19   1990—2016 年美国年用电量及增速

年 份	1990	1991	1992	1993	1994	1995	1996	1997	1998
用电量/亿千瓦时	26335.8	27729.3	27754.5	28730.3	29562.6	30419.8	31279.8	31741.9	32813.3
增速/%	—	5.29	0.09	3.52	2.90	2.90	2.83	1.48	3.38

续表

年 份	1999	2000	2001	2002	2003	2004	2005	2006	2007
用电量/亿千瓦时	33698.9	34994.6	34560.6	35557.1	35850.1	36360.7	37315.3	37486.2	38491.9
增速/%	2.70	3.84	−1.24	2.88	0.82	1.42	2.63	0.46	2.68
年 份	2008	2009	2010	2011	2012	2013	2014	2015	2016
用电量/亿千瓦时	38296.3	36447.0	37883.2	37794.2	37267.7	37675.6	37877.9	37808.4	37108
增速/%	−0.51	−4.83	3.94	−0.23	−1.39	1.09	0.54	−0.18	−1.85

数据来源：国际能源署；联合国统计司。

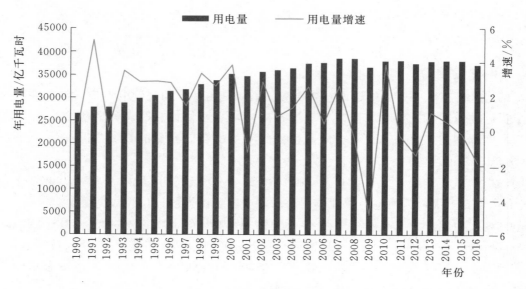

图 1-18 1990—2016 年美国年用电量及增速

(二) 分部门用电量

美国电力消费构成与经济产业特点关系密切，随着美国服务业逐步发展，人口不断增加，制造业比重下降，服务业和居民用电量逐渐增加，工业用电量逐渐减少。美国服务业和居民用电占用电量的主导地位，2016 年美国用电量构成中，居民生活用电量为 14073.94 亿千瓦时，占比为 37.93%；商业用电量为 13596.17 亿千瓦时，占比为 36.64%；工业用电量为 9362.69 亿千瓦时，占比为25.2%；交通用电量为 74.99 亿千瓦时，占比为 0.2%。

1990—2016 年美国住宅、服务业用电量占比整体上呈现递增的趋势，而美国工业用电量占比整体上呈现递减的趋势。1990—2000 年美国工业、居民生活、商业和公共服务业用电量占比呈现递增的趋势，农林业、交通运输和其他行业用电量占比基本不变。2000—2016 年，美国商业、服务业和居民生活用电量继续呈现较强的增长趋势；工业用电量在 2000—2002 年出现较大跌幅，随后保持较平稳的趋势；农林业、运输和其他行业用电量占比保持较平稳的趋势。1990—2016 年美国分部门年用电量及占比如表 1-20、图 1-19 所示。

表 1-20 美国分部门年用电量及占比

年 份		1990	1991	1992	1993	1994	1995	1996
工业	用电量/亿千瓦时	8665.42	9575.08	9848	9887.3	10296.76	10413.85	10605.21
	占比/%	32.90	34.53	35.48	34.41	34.83	34.23	33.90

续表

年 份		1990	1991	1992	1993	1994	1995	1996
交通运输	用电量/亿千瓦时	41.27	40.79	40.05	38.59	39.63	38.52	39.38
	占比/%	0.16	0.15	0.14	0.13	0.13	0.13	0.13
居民生活	用电量/亿千瓦时	9240.18	9554.17	9359.39	9947.81	10084.82	10425.01	10824.91
	占比/%	35.09	34.46	33.72	34.62	34.11	34.27	34.61
商业和公共服务	用电量/亿千瓦时	8388.88	8559.23	8507.08	8856.59	9141.37	9542.4	9810.26
	占比/%	31.85	30.87	30.65	30.83	30.92	31.37	31.36
农业/林业	用电量/亿千瓦时	0	0	0	0	0	0	0
	占比/%	0	0	0	0	0	0	0
其他	用电量/亿千瓦时	0	0	0	0	0	0	0
	占比/%	0	0	0	0	0	0	0
年 份		1997	1998	1999	2000	2001	2002	2003
工业	用电量/亿千瓦时	10670.84	10815.47	11158.57	11421.11	10502.91	8743.89	8934.84
	占比/%	33.62	32.96	33.11	32.64	30.39	24.59	24.92
交通运输	用电量/亿千瓦时	41.54	41.79	43.18	44.2	45.92	60.21	59.78
	占比/%	0.13	0.13	0.13	0.13	0.13	0.17	0.17
居民生活	用电量/亿千瓦时	10757.67	11277.35	11449.23	11924.46	12026.47	12651.79	12758.21
	占比/%	33.89	34.37	33.98	34.08	34.80	35.58	35.59
商业和公共服务	用电量/亿千瓦时	10271.87	10678.67	11046.3	11603.08	11983.18	12045.22	11987.28
	占比/%	32.36	32.54	32.78	33.16	34.68	33.88	33.44
农业/林业	用电量/亿千瓦时	0	0	0	0	0	396.53	415.81
	占比/%	0	0	0	0	0	1.12	1.16
其他	用电量/亿千瓦时	0	0	0	0	0	1659.41	1694.2
	占比/%	0	0	0	0	0	4.67	4.73
年 份		2004	2005	2006	2007	2008	2009	2010
工业	用电量/亿千瓦时	8975.46	8981.52	9013.94	9152.63	8930.78	7973.2	8264.32
	占比/%	24.68	24.07	24.05	23.78	23.32	21.88	21.82
交通运输	用电量/亿千瓦时	61.12	62.16	62.28	66.83	68.12	63.23	64.17
	占比/%	0.17	0.17	0.17	0.17	0.18	0.17	0.17
居民生活	用电量/亿千瓦时	12919.84	13592.27	13515.2	13922.4	13799.8	13644.78	14457.12
	占比/%	35.53	36.43	36.05	36.17	36.03	37.44	38.16
商业和公共服务	用电量/亿千瓦时	12304.31	12750.79	12997.5	13363.2	13359.8	13071.66	13302.02
	占比/%	33.84	34.17	34.67	34.72	34.89	35.86	35.11
农业/林业	用电量/亿千瓦时	400.53	410.48	409.67	398.15	386.3	401.64	383.92
	占比/%	1.10	1.10	1.09	1.03	1.01	1.10	1.01
其他	用电量/亿千瓦时	1699.39	1518.09	1487.68	1588.69	1751.53	1292.51	1411.66
	占比/%	4.67	4.07	3.97	4.13	4.57	3.55	3.73

续表

年　份		2011	2012	2013	2014	2015	2016
工业	用电量/亿千瓦时	8515.55	8459.11	8464.85	8210.4	8062.48	9362.69
	占比/%	22.53	22.70	22.47	21.68	21.32	25.23
交通运输	用电量/亿千瓦时	65.59	68.41	72.34	76.05	88.72	74.99
	占比/%	0.17	0.18	0.19	0.20	0.23	0.20
居民生活	用电量/亿千瓦时	14227.99	13745.9	13910.3	14169.8	14016.16	14073.94
	占比/%	37.65	36.88	36.92	37.41	37.07	37.93
商业和公共服务	用电量/亿千瓦时	13280.6	13238.5	13383.9	13499.29	13594.8	13596.17
	占比/%	35.14	35.52	35.52	35.64	35.96	36.64
农业/林业	用电量/亿千瓦时	341.68	307.64	296.96	276.71	380.91	—
	占比/%	0.90	0.83	0.79	0.73	1.01	—
其他	用电量/亿千瓦时	1362.82	1448.19	1547.23	1645.71	1665.29	—
	占比/%	3.61	3.89	4.11	4.34	4.40	—

数据来源：国际能源署；联合国统计司。

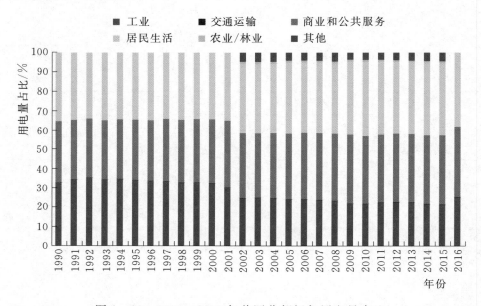

图 1-19　1990—2016 年美国分部门年用电量占比

1990—2016 年美国各行业用电量占比变化较为明显，居民生活用电占比由 35.09% 升至 37.93%，增长 2.84 个百分点；商业和公共服务用电量占比由 31.85% 升至 36.64%，增长 4.79 个百分点；工业用电量占比由 32.9% 下降至 25.23%，下滑 7.67 个百分点；交通运输用电占比由 0.16% 升至 0.2%，基本保持不变。1990 年和 2016 年美国分部门用电量占比如图 1-20 所示。

三、电力供需平衡分析

美国是世界上电力工业最发达的国家之一，其发电装机容量、发电量均位居世界前列，电力供应充足，除边境部分地区外，电力供应基本可以满足电力需求，电力自给率保持在 98% 以上。

美国电网的产权结构分散，难以统一管理，同时净出口电量长期处于贸易逆差且投资缺口不断扩大，电力自给率呈现逐年小幅下滑趋势。1990—2016 年美国电力供需平衡情况如表 1-21、

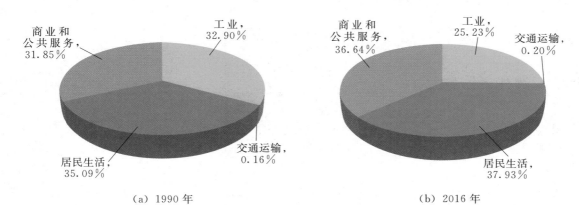

(a) 1990 年　　　　　　　　　　　　　　(b) 2016 年

图 1-20　1990 年和 2016 年美国分部门用电量占比

图 1-21 所示。

表 1-21　　　　　　　　　　1990—2016 年美国电力供需平衡情况

年　份	1990	1991	1992	1993	1994	1995	1996
发电量/亿千瓦时	32186.2	32758.4	32911.1	34112.8	34734.4	35821.1	36770.2
用电量/亿千瓦时	26335.8	27729.3	27754.5	28730.3	29562.6	30419.8	31279.8
电力损失/亿千瓦时	19.8	222.72	283.49	284.27	446.38	376.14	380.09
进口电量/亿千瓦时	225.06	308.12	372.04	390.82	522.3	467.6	452.88
出口电量/亿千瓦时	205.26	85.4	88.55	106.55	75.92	91.46	72.79
电力缺口/亿千瓦时	2966.84	2283.97	2374.53	2527.04	2407.96	2487.53	2521.6
自给率/%	99.92	99.20	98.98	99.01	98.49	98.76	98.78
年　份	1997	1998	1999	2000	2001	2002	2003
发电量/亿千瓦时	36977.3	38304.9	38975.2	40526.7	38653.1	40511.2	40817.6
用电量/亿千瓦时	31741.9	32813.3	33698.9	34994.6	34560.6	35557.1	35850.1
电力损失/亿千瓦时	2172.83	2284.78	2203.39	2291.24	1694.54	2496.15	2275.73
进口电量/亿千瓦时	430.32	395.13	432.15	485.92	385.01	363.73	303.9
出口电量/亿千瓦时	89.74	127.3	142.21	146.78	164.74	135.61	239.72
电力缺口/亿千瓦时	340.58	267.83	289.94	339.14	220.27	228.12	64.18
自给率/%	98.93	99.18	99.14	99.03	99.36	99.36	99.82
年　份	2004	2005	2006	2007	2008	2009	2010
发电量/亿千瓦时	41748.6	42943.7	43310	44318	43901	42065	43943
用电量/亿千瓦时	36360.7	37315.3	37486.2	38491.9	38296.3	36447.0	37883.2
电力损失/亿千瓦时	2659.18	2691.62	2662.77	2670.43	2461.16	2607.08	2609.99
进口电量/亿千瓦时	342.1	445.27	426.91	513.96	570.19	521.91	450.83
出口电量/亿千瓦时	228.98	198.03	242.71	201.43	241.98	181.38	191.07
电力缺口/亿千瓦时	113.12	247.24	184.2	312.53	328.21	340.53	259.76
自给率/%	99.69	99.34	99.51	99.19	99.14	99.07	99.31

年　份	2011	2012	2013	2014	2015	2016
发电量/亿千瓦时	43634	43106	43303	43633	43487	43508
用电量/亿千瓦时	37794.2	37267.7	37675.6	37877.9	37808.4	37108
电力损失/亿千瓦时	2595.28	2687.53	2553.22	2553.22	2553.22	2553.22
进口电量/亿千瓦时	523.01	592.57	703.55	665.11	757.7	678.7
出口电量/亿千瓦时	150.38	119.95	113.53	132.98	91	124.4
电力缺口/亿千瓦时	372.63	472.62	590.02	532.13	666.7	554.3
自给率/%	99.01	98.73	98.43	98.60	98.24	98.51

数据来源：国际能源署；联合国统计司。

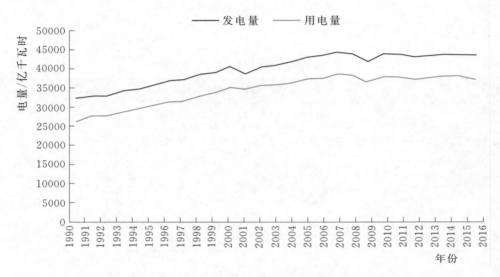

图 1-21　1990—2016 年美国电力供需平衡情况

1990—2016 年，美国发电量和用电量呈平行增长趋势，发电量大于用电量，其差值稳定在 5500 亿千瓦时左右，美国电能供应量能够随着电能需求的变化及时进行调整。考虑到电厂用电和电力损失，美国电力供给无法满足全部电力需求，需要依靠电力进口贸易来弥补电力缺口。1990—2016 年美国电力缺口及自给率如图 1-22 所示。

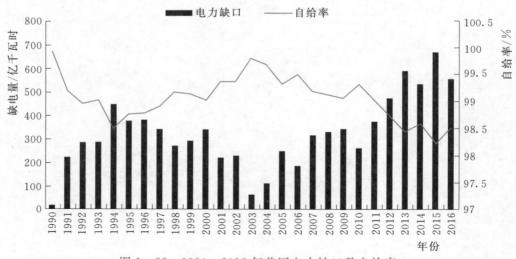

图 1-22　1990—2016 年美国电力缺口及自给率

1990—2003 年，美国电力缺口值整体先增后降，2004—2016 年电力缺口值整体呈现出逐渐上升趋势，电能自给率随之波动并呈现下降趋势，自给率高达 98％以上。美国电力供需状况良好，电力缺口值较小，电力对外依赖性小。

四、电力相关政策

（一）电力投资相关政策

1. 火电政策

奥巴马政府对火电实行抑制政策，2017 年特朗普上任后，已撤销对该行业的政策限制。

2015 年 4 月，美国环境保护署（EPA）出台了汞及有毒气体排放标准（Mercury and Air Toxics Standards，MATS），直接导致部分火电机组提前退役。2015 年 8 月，奥巴马发布清洁电力计划，要求到 2030 年美国发电厂碳排放目标在 2005 年基础上减少 32％。

2017 年 6 月 2 日，美国总统特朗普正式宣布退出《巴黎协定》，并于 2017 年 10 月 11 日，正式撤销了《清洁能源计划》，两项政策变更将有助于美国煤电行业的发展和复兴。

2. 核电政策

美国对核电给予政策上的大力支持，但禁止海外投资进入核电行业。

2017 年 1 月，美国众议院通过了《先进核技术发展法案》和《能源部创新法案》，将有助于在美国创造更多就业机会，并促进下一代核反应堆技术的发展。2017 年 6 月 20 日，美国众议院通过了《两党核能税法案》，将在未来十年扩大对新核电站的税收优惠措施。2017 年 6 月 29 日，特朗普宣布能源新政，主张重振核电政策。

3. 燃气发电政策

美国拥有丰富的页岩气资源，燃气发电依托页岩气革命的推进迅速发展，已经超过煤电发电量，成为火电构成的第一大发电来源，美国天然气产业发展政策主要体现在供给侧方面，通过制定法规政策，促使老旧煤电厂淘汰、天然气发电产业发展，使天然气成为最重要的发电能源。工业和电力市场需求的增加以及低天然气价格和税收抵免，将推动天然气在发电行业中的份额日益增长。美国天然气产业主要政策见表 1-22。

表 1-22　　　　　　　　　　　美国天然气产业主要政策

序号	年份	名　称	政策内容
1	1992	《联邦能源管理委员会 636 号法令》	推动天然气州际管道公司重组，政府解除天然气行业管制
2	2004	《能源法案》	10 年内政府每年投资 4500 万美元用于包括页岩气在内的非常规天然气研发
3	2005	《2005 年能源政策法案》	（1）免除《清洁能源法案》《清洁水法案》以及《综合环境响应、补偿和责任法案》的部分约束条款； （2）对油气生产和增采实行税收刺激
4	2011 至今	修订《跨州大气污染法》、《有害空气污染物国家排放标准》和《大气清洁法案》	严格汞、二氧化硫、碳氧化物等污染物排放限制，对现有发电站的碳排放进行管制，促使老旧煤电厂淘汰
5	2015	清洁电力计划	首次推出了全国性的二氧化碳排放限制体系，推动天然气发电的快速发展

4. 可再生能源政策

美国在可再生能源（水能、风能、太阳能、生物质能和地热能等）发展中，执行"一手硬，一手软"的"两手"政策法规,美国联邦政府和州政府,一方面制定强制性政策和规定,另一方面实行经济激励政策,从而促进可再生能源的开发和利用。针对可再生能源提出税收减免、补贴政策,包括生产税收抵免、投资补贴和财政补贴。

(1)生产税收抵免政策。对 2012 年年底前新投产的风电和封闭式生物质发电厂(要求燃料即某种生物质专门为该电厂种植,成本较高),以及 2013 年年底前投入运行的地热、城市垃圾发电、沼气发电、海洋和潮汐能等其他可再生能源,实施生产税收抵免政策,以减免税收的形式给予支持。生产税收抵免依据发电量计算,标准为风电、封闭式生物质发电和地热发电 2.2 美分/千瓦时,满足条件的其他可再生能源 1.1 美分/千瓦时,抵免期限均为 10 年。生产税收抵免不用申请,在征税时直接减免。

(2)投资补贴政策。对 2012 年年底前投入运行的风电、2016 年年底前投入运行的其他可再生能源发电项目,投入运行后 60 天内提出补贴申请,经财政部下属部门审核认定后,由联邦政府给予项目建成价 30% 的税务减税额度,政府并不发放现金,而是用企业今后若干年内的营业利润冲抵。

(3)财政补贴政策。对 2009 年和 2010 年在役项目,以及 2009 年和 2010 年开工并在联邦政府规定的税务减免截止日期前投入运行的可再生能源项目,按项目建成价的 30% 由联邦政府提供一次性现金补贴。

上述三条政策只能选其一。联邦政府除出台上述刺激政策外,还先后出台了可再生能源加速折旧、可再生能源项目贷款担保、可再生能源债券等法规、法律。各州政府根据各州实际情况,也出台了若干优惠政策。例如,2011 年 4 月 12 日,美国加利福尼亚州签署《加州扩大可再生能源组合标准(RPS)的 SB2X 法案》,要求在 2020 年前确保全州 1/3 的电力供应来自可再生能源,在 2025 年之前提高到 25%。

(1)水电政策。2017 年 7 月 26 日,美国能源部(DOE)发布了《水电展望:美国第一个可再生电力源新篇章》报告,强调了抽水蓄能的重大进步,并制定了发展水电路线具体见表 1-23。能源部宣布将提供 980 万美元的资金用于推动 12 项水电工程技术的创新,抽水蓄能工程将研究闭环抽水蓄能水电系统创新概念的可行性。

表 1-23 美国水电发展路线内容

序号	阶段名称	具 体 内 容
1	推动水电技术进步	研发新一代的大坝水力发电和抽水蓄能(PSH)发电技术,并验证其可靠性;关注并改善新旧水力发电技术的环境效益,并确保这一改善工作持续不断进行
2	水电可持续开发和运营	提高水力发电灵活性以应对气候变化;强化水力发电行业各利益相关方的合作;提高盆地和流域内水利开发的集成度;评估新式水力发电设施的环境可持续性,开发量化的环境可持续指标并应用到水力发电设施的开发和运营中
3	改善水电收益和市场结构	改善水电在电力市场中的评估和补偿机制,改善现有的市场方案和开发新方案;改善 PSH 在电力市场中的评估和补偿机制,改善电力市场中 PSH 相关的运营和调度市场规则;消除水电项目的融资障碍;提高对参与可再生清洁能源市场的资质认识,创建一套工具以更好的理解政策规则和市场准入
4	优化水电监管流程	识别监管改善的结果;加速各利益相关方获得新知识和创新技术用于实现监管目标;分析不同政策情景的影响,给决策者提供信息;加强各利益相关方对监管领域参与和理解
5	加强合作、教育和宣传	提高水电作为可再生能源的接受度;编译、传播和实行最佳的实践和基准运营与研发活动;开展水力发电专业知识和人才的培训课程;利用现有的联邦研发团队研究分析数据,将其编译成可供决策者和机构投资人员使用的数据,以便做出合适的决策和投资;维护发展路线图以实现水电发展愿景

2017 年 8 月公布的《水电愿景：美国最早的可再生能源新篇章》，明确指出水电和抽水蓄能发电将在未来的清洁能源发展中发挥更大的作用。在 2050 年以前，美国的水力发电和储电规模能够从现在的 101 吉瓦增加到近 150 吉瓦，并提供 19.5 万个工作岗位，产生价值达 1500 亿美元的累积经济增长。

（2）光伏发电政策。美国对光伏发电采取支持政策，美国是一个典型的"分裂式"市场，各个州对光伏发电的政策法规各有不同。除了联邦政府的补贴政策外，美国各州政府也颁布自己的补贴政策。美国光伏发电政策汇总如表 1-24 所示。

表 1-24　　　　　　　　　　　　　美国光伏发电政策汇总

序号	年 份	政 策 内 容
1	2009	美国将可再生能源生产税返还的期限延长至 2011 年，取消了对用户和商用光伏系统投资抵扣税的额度限制了
2	2011	采用"投资税负优惠＋贷款担保近期"政策，给予商业太阳能安装 30% 的投资赋税优惠 ITC 直至 2011 年年底
3	2014	白宫鼓励联邦政府机构、家庭、企业、社区安装太阳能电池板；美国能源部将出资 1500 万美元帮助家庭、企业和社区发展太阳能项目；美国环保局宣布绿色能源合作计划承诺，十年内使包括太阳能在内的可再生能源使用增加一倍；美国能源部宣布计划为太阳能创新应用项目提供至少 25 亿美元贷款担保，以完善分布式太阳能发电系统

美国联邦政府和各州政府实行了多元化和创新的支持政策，采用投资补贴、电价补贴、光伏投资税收减免、加速折旧抵免、绿色电力证书（REC）、净电表计量电价、强制实施可再生能源发电配额制（RPS）等一系列政策，主要包括以下方面：

1）强制性产业推动政策，以 RPS 为主，强制要求美国各地区推动可再生能源的使用。

2）光伏用户补贴政策，如直接补贴、投资税抵免、补贴电价和贷款优惠等。

3）光伏企业补贴政策，包括补贴给制造商和系统商，如技术研发补贴和信贷担保等。

4）政府采购政策，由政府出资购买与安装光伏系统，以扩大光伏市场应用。

2016 年 11 月美国能源部发布了"太阳计划 2030"（SUNSHOT 2030），计划 2030 年光伏电站成本降为 3 美分每千瓦时，太阳能发电量在 2030 年之前占到 20%，在 2050 年之前占到 40%。2020 年太阳能电站将获得 26% 的投资税收抵免。随着持续、递减的税收抵免、成本下降和峰值发电剖面，公用事业和分布式太阳能发电将不断发展。

（3）风力发电政策。美国内政部于 2011 年在联邦政府授权下成立了海洋能源管理、法规和实施局（BOEM），旨在系统推进海上风电发展。

2016 年 10 月，美国能源部和内政部联合公布了一份旨在继续加快美国海上风电发展的计划——《国家海上风电战略：促进美国海上风电产业的发展》，此报告中指出，到 2050 年，美国可开发 8600 万千瓦海上风电。2018 年开工建设的风力发电厂到达 2022 年后将收到一个通货膨胀调整后为 14 美元/兆瓦时的联邦生产税收抵免。

2017 年 7 月 21 日，美国参议院延长对可再生能源的主要联邦税收优惠政策，即 PTC 和 ITC。此外，美国 29 个州已经授权可再生能源配额标准（RPS）要求每个州的公共事业每年定量从可再生能源中提供电力。

5. 电网投资政策

2003 年，美国能源部针对美国电力系统面临的设备及基础设施老化问题，发布了《2030 电网》远景规划，计划包括 3 个部分，分别为国家电力主干网、区域互联网、地方配电系统，各部分具体内容如表 1-25 所示。

表 1-25　　　　　　　　　　　　　　　　《2030 电网》计划介绍

序号	名称	目 标	新技术、材料
1	国家电力主干网	高容量的输电通道将东西海岸及加拿大墨西哥连在一起，可以在全国范围内平衡供需。从众多电源中选取高效的发电厂，在全国范围内从季节的差异和区域天气的差异中相互补偿，从而使系统的效率更高	新技术包括支持实时运行和国家电力交易的信息、通信和控制技术；新材料包括特低阻抗的超导电缆及变压器、区域间互联的高压直流输电设备和其他类型的先进导线
2	区域互联网	分配主干网的电力，利用现有交流设备升级为可控型，或利用直流联络线并进行扩容	区域系统的计划和运行效益来自发电设备及负荷状态的实时信息，广泛地应用先进的储能装置来解决因天气条件或其他因素引起的供需不平衡问题
3	地方配电系统	配电设备的电功率流向或来自用户，连接到区域电网，功率的流向由供需条件决定。实时监测和信息交换使市场能够瞬时地处理交易且在全国范围内进行	利用传感器和控制器系统、发布时发电系统和氢能技术等，使用户有能力根据自身对电力产品品种的需要定制供电服务

2005 年，美国政府颁布了《2005 年能源政策法》，包含多个鼓励建设输电设施的条款，例如能源部（DOE）每 3 年要进行一次深入研究，确定需要改善可靠性或保证经济运行的"符合国家利益"的输电走廊。

2007 年，美国国会颁布了"能源独立与安全法案"，其中第 13 号法令为智能电网法令，该法案用法律形式确立了智能电网的国策地位，并就技术研究、示范工程、政府资助以及智能电网安全性等问题进行了详细和明确的规定。

2009 年，美国总统奥巴马发布了《复苏计划尺度报告》，宣布将铺设或更新 3000 英里输电线路，并为 4000 万美国家庭安装智能电表。在美国的经济复苏计划中，建设一个可实现电力在东西两岸传输的新的坚强智能电网。

美国对电网的政策支持涵盖跨区电网连接、智能电网建设和清洁能源并网三大方面。在跨区电网方面，目前美国正在利用各方面的措施来促进国家和区域骨干电网的形成，并且逐步实现大规模联网。2005 年以来，美国通过《新能源法》不断的加大输电投资以及电网建设的投资，截至目前，大规模跨洲而且跨地区的输电网络仍然没有形成；在智能电网方面，美国积极推进智能电网建设，整个电力市场用户的选择进一步呈现开放趋势，而且随着零售市场的不断发展和竞争性加强，电力用户在双向的互动和用电弹性方面都在逐步发展；在清洁能源并网方面，美国正进行电源结构的优化，使得新能源的份额的不断扩大。由于可再生能源发电具有运行成本较低、间歇性发电和难以准确预测等特点，在不断扩大可再生能源接入的同时，需要提升整个系统调度的安全性。

（二）电力市场相关政策

美国电力产业结构十分复杂，电网的产权结构松散，分散于超过五百家的公司与组织。美国的宪法与立国精神高度重视对于私有财产权的保护，电力体制改革非常艰难。政府只能以协商、呼吁的方式将邻近区域的电力公司联合起来，组成共同的电网调度组织。美国电力市场改革大事记如表 1-26 所示。

表 1-26　　　　　　　　　　　　　　　美国电力市场改革大事记

序号	时 间	改 革 内 容
1	1992.10	总统签署 EPACT，鼓励 FERC 通过输电电网开放接入促进电力批发市场竞争
2	1996	FERC 发布 888 号等一系列法令，放开输电网的公开接入
3	1999.12	FERC 发布 2000 号法令，鼓励各类输电公司加入区域输电组织（RTO）

续表

序号	时　间	改　革　内　容
4	2003.11	FERC 发布 2004 号法令，制定了传输提供者的行为准则
5	2005.8	总统签署 EPA，重申致力于促进电力批发市场竞争的国家政策
6	2006.7	FERC 发布 681 号和 NO.679 法令，确立独立输电组织的指导方针和运营规则
7	2007.2	FERC 发布 890 号法令，改革公开接入输电网的管制框架
8	2008.10	FERC 发布 719 号法令，增强有组织批发电力市场的运营能力和提高市场竞争程度
9	2011.7	FERC 发布 1000 号法令，改革公开接入传输费用高（OATT）传输计划程序和成本分配机制
10	2012.9	FERC 发布 768 号法令，要求市场参与者实行价格透明
11	2015.10	FERC 发布 816 号法令，细化了市场定价政策和程序

2017 年 8 月，蕴含丰富且成本低的天然气和可再生能源增长正在加速基本负荷电厂，特别是火电厂和核能发电厂的过早退役，美国电网的弹性正不断减缩。

美国德州最大发电商、电力零售商 Vistra Energy 与同业者戴纳基（Dynegy）达成合并意向，电力行业出现新整合。

第三节　电力与经济关系分析

一、电力消费与经济发展相关关系

（一）用电量增速与 GDP 增速

美国宏观经济发展与电力供应息息相关，1990—2016 年美国经济发展增速与用电量增速变化呈现出一定的波动性。1990—2007 年，美国 GDP 增速和用电量增速大小相近，呈现小幅波动。2008—2009 年，美国 GDP 增速和用电量增速出现严重下降，分别为 -2.8%、-4.83%。2010—2016 年，美国 GDP 增速明显高于用电量增速，GDP 增速在 2% 附近波动，用电量增速呈下降趋势。1990—2016 年美国用电量增速和 GDP 增速如图 1-23 所示。

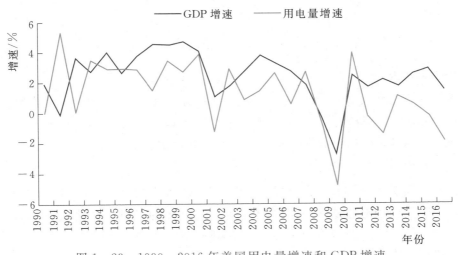

图 1-23　1990—2016 年美国用电量增速和 GDP 增速

（二）电力消费弹性系数

2016年美国电力消费弹性系数为－0.28，GDP总量增加，用电量减少。1990—2016年美国电力消费弹性系数整体上保持相对平稳状态，呈现出一定的波动性。1990—2000年美国工业部门、服务业部门和流通业部门获得极大发展，促进电力消费的稳定增加，GDP增速较用电量增速发展更为迅速，美国电力弹性消费系数大约维持在0.6。2000—2012年美国电力消费弹性系数出现较大的波动，其中2000年和2008年波动最为明显，甚至出现负值。2013—2016年，美国GDP增速总体稳定且伴有小幅波动，用电量增速逐渐递减，甚至出现负值，电力消费弹性系数逐渐减小。1990—2016年美国电力消费弹性系数如表1-27所示，1990—2016年美国电力消费弹性系数如图1-24所示。

表1-27 1990—2016年美国电力消费弹性系数

年 份	1990	1991	1992	1993	1994	1995	1996	1997	1998
电力消费弹性系数	—	1.63	0.02	0.68	0.46	0.60	0.50	0.24	0.60
年 份	1999	2000	2001	2002	2003	2004	2005	2006	2007
电力消费弹性系数	0.43	0.60	－0.38	0.86	0.17	0.21	0.39	0.08	0.60
年 份	2008	2009	2010	2011	2012	2013	2014	2015	2016
电力消费弹性系数	－0.31	2.35	1.00	－0.06	－0.30	0.32	0.21	－0.17	－0.28

数据来源：国际能源署；联合国统计司；世界银行。

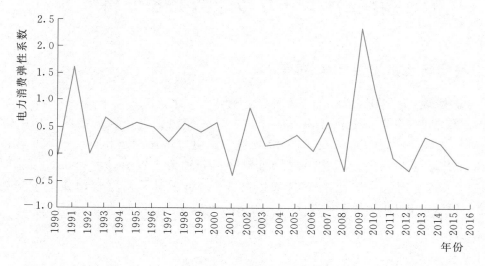

图1-24 1990—2016年美国电力消费弹性系数

（三）单位产值电耗

2016年美国GDP单位产值电耗为1999.15千瓦时/万美元。1990—2016年，美国单位产值电耗总体上呈现出较为明显的下降趋势。2016年美国单位产值电耗较1990年减少2405.12千瓦时/万美元，降幅为54.61%。1990—2016年美国各年单位产值电耗如表1-28、图1-25所示。

（四）人均用电量

2016年，美国人口数达到3.23亿，人均用电量为11485千瓦时，人均用电量增速为－2.26%。1990—2016年，美国人均用电量总体上呈现出先增长后下降的趋势，且整体变化幅度较小。1990—2007年人均用电量逐渐增加，2007年人均用电量达到近26年来最大值，为12760.2千瓦时。2008—2016年人均用电量逐渐降低。

表 1-28   **1990—2016 年美国单位产值电耗**   单位：千瓦时/万美元

年 份	1990	1991	1992	1993	1994	1995	1996	1997	1998
单位产值电耗	4404.27	4491.30	4244.26	4176.70	4044.85	3969.18	3861.61	3687.27	3610.18
年 份	1999	2000	2001	2002	2003	2004	2005	2006	2007
单位产值电耗	3486.44	3400.93	3252.67	3238.29	3114.10	2961.69	2849.50	2705.04	2658.23
年 份	2008	2009	2010	2011	2012	2013	2014	2015	2016
单位产值电耗	2601.60	2527.90	2528.02	2433.03	2294.16	2242.64	2197.50	2170.40	1999.15

数据来源：国际能源署；联合国统计司；世界银行。

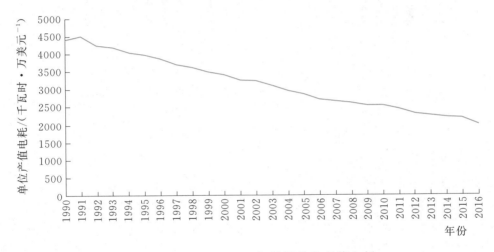

图 1-25   1990—2016 年美国单位产值电耗

1990—2016 年，美国人均用电量增速整体波动较大且呈现下降趋势。1990—2007 年和 2011—2016 年美国人均用电量呈现小范围的波动，2008—2010 年呈现较大波动性，2009 年美国人均用电量增速是近 26 年最低值，为 -5.68%。2013—2016 年美国人均用电量增速连续 4 年出现下降，平均降幅为 3.32%。1990—2016 年美国人均用电量及增速如表 1-29、图 1-26 所示。

表 1-29   **1990—2016 年美国人均用电量及增速**

年 份	1990	1991	1992	1993	1994	1995	1996	1997	1998
人均用电量/亿千瓦时	10415.7	10858.6	10761.4	11027.8	11227.7	11424.2	11607.3	11607.3	11632.1
人均用电量增速/%	—	4.25	-0.90	2.48	1.81	1.75	1.60	0.21	2.08
年 份	1999	2000	2001	2002	2003	2004	2005	2006	2007
人均用电量/亿千瓦时	11873.6	12046.9	12370.1	12092.8	12326.1	12387.3	12600.6	12543.0	12760.2
人均用电量增速/%	1.46	2.68	-2.24	1.93	-0.05	0.55	1.72	-0.46	1.73
年 份	2008	2009	2010	2011	2012	2013	2014	2015	2016
人均用电量/亿千瓦时	12577.9	11863.0	12225.3	12098.4	11838.5	11880.0	11857.3	11750.0	11485.0
人均用电量增速/%	-1.43	-5.68	3.05	-1.04	-2.15	0.35	-0.19	-0.90	-2.26

数据来源：国际能源署；联合国统计司；世界银行。

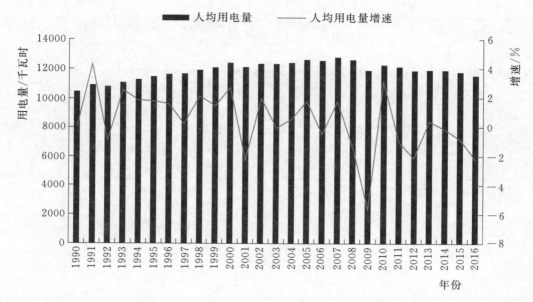

图 1-26　1990—2016 年美国人均用电量及增速

二、工业用电与工业经济增长相关关系

（一）工业用电量增速与工业增加值增速

2016 年美国工业增加值增速为 2.95％，工业用电量增速为 16.13％。1990—2016 年，美国工业增加值增速和工业用电量增速整体上呈现波动性变化趋势，工业增加值增速波动幅度小于工业用电量增速波动幅度。2002 年美国工业用电量增速出现严重下降，为－16.75％。2009 年美国工业增加值增速和工业用电量增速出现明显下降，分别为－8.4％和－10.72％。2010—2014 年，美国工业增加值增速和工业用电量增速持续下降，后者下降更加明显。2015－2016 年工业用电量增速出现增长。1990—2016 年美国工业用电量增速与工业增加值增速如图 1-27 所示。

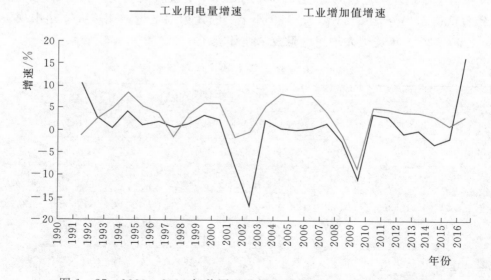

图 1-27　1990—2016 年美国工业用电量增速与工业增加值增速

（二）工业电力消费弹性系数

2016 年美国工业用电量增速为 16.13％，工业增加值增速为 2.95％，工业电力消费弹性系数

为 5.46。

1990—2016 年，美国工业增加值增速和工业电力消费增速变化趋势相近，工业电力消费弹性系数总体上较为稳定，除 2002 年工业电力消费弹性系数为 41.88 外，基本保持在 1.5 左右。美国工业电力消费弹性系数趋势图呈现出较强的规律性，表现出短时期大幅波动、长时期保持平稳的特点。2010—2015 年工业电力消费弹性系数保持稳定趋势，2016 年出现增加。1990—2016 年美国工业电力消费弹性系数如表 1-30、图 1-28 所示。

表 1-30　　　　　　　　　1990—2016 年美国工业电力消费弹性系数

年　份	1990	1991	1992	1993	1994	1995	1996	1997	1998
工业电力消费弹性系数	−8.82	1.21	0.08	0.50	0.22	0.50	−8.82	−0.40	0.40
年　份	1999	2000	2001	2002	2003	2004	2005	2006	2007
工业电力消费弹性系数	0.54	0.39	4.92	41.80	0.41	0.06	0.01	0.05	0.38
年　份	2008	2009	2010	2011	2012	2013	2014	2015	2016
工业电力消费弹性系数	2.22	1.28	0.74	0.65	−0.16	0.02	−0.97	−1.70	5.46

数据来源：国际能源署；联合国统计司；世界银行。

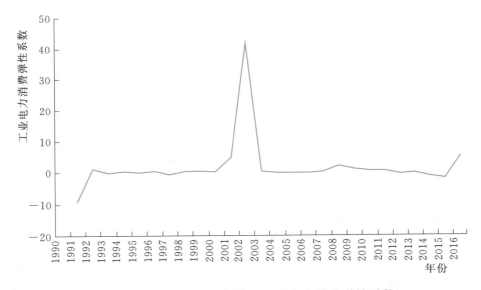

图 1-28　1990—2016 年美国工业电力消费弹性系数

（三）工业单位产值电耗

2016 年美国工业单位产值电耗为 2522.02 千瓦时/万美元，较 2015 年增加 286.13 千瓦时/万美元，增幅为 12.8%。1990—2016 年，美国工业单位产值电耗总体上呈现出较为明显的下降趋势，2016 年单位产值电耗较 1990 年减少 2672.12 千瓦时/万美元，降幅为 51.44%。1990—1992 年，美国工业单位产值电耗呈现增长趋势，增加 642.96 千瓦时/万美元；1993—2002 年美国工业单位产值电耗呈现波动性下降，其中 2002 年工业单位产值电耗较 2001 年下降最为明显，减少 734.12 千瓦时/万美元，降幅为 16.41%；2003—2015 年美国工业单位产值电耗呈现出较为均匀的下降趋势，平均降幅为 3.2%；2016 年出现增长。1990—2016 年美国工业单位产值电耗情况如表 1-31、图 1-29 所示。

表 1-31　　　　　　　　　　　1990—2016 年美国工业单位产值电耗　　　　　　　　　单位：千瓦时/万美元

年　份	1990	1991	1992	1993	1994	1995	1996	1997	1998
单位产值电耗	5194.14	5808.51	5837.10	5592.92	5377.24	5166.54	5074.62	5186.49	5085.21
年　份	1999	2000	2001	2002	2003	2004	2005	2006	2007
单位产值电耗	4954.72	4784.29	4472.77	3738.65	3626.73	3369.03	3131.75	2916.84	2847.18
年　份	2008	2009	2010	2011	2012	2013	2014	2015	2016
单位产值电耗	2808.79	2737.66	2703.41	2661.14	2540.16	2445.97	2301.11	2235.89	2522.02

数据来源：国际能源署；联合国统计司；世界银行。

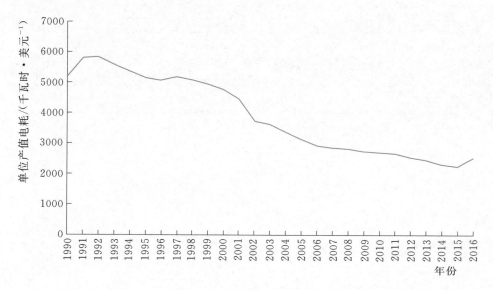

图 1-29　1990—2016 年美国工业单位产值电耗

三、服务业用电与服务业经济增长相关关系

（一）服务业用电量增速与服务业增加值增速

2016 年，美国服务业增加值增速为 7.78%，服务业用电量增速为 0.01%。1990—2016 年，美国服务业增加值增速和服务业用电量增速整体上呈现波动趋势，服务业增加值增速高于服务业用电量增速。2009 年美国服务业增加值增速和服务业用电量增速均出现明显下降，分别为 -0.15% 和 -2.16%。2013—2015 年，美国服务业增加值增速和服务业用电量增速出现持续下降，2016 年出现回升。1990—2016 年美国服务业用电量增速与服务业增加值增速如图 1-30 所示。

（二）服务业电力消费弹性系数

2016 年美国服务业电力消费增速为 0.01%，服务业增加值增速为 7.78%，服务业电力消费弹性系数约为 0。美国服务产业的发展主要依托知识和技术创新，在一定范围内与电力消费增速变化相对一致，其极易受到新型服务模式和技术突破的影响，造成服务业电力消费增速和服务业增加值增速相违背，出现服务业增加值增速加快而电力消费增速放缓的情况。

1990—2016 年，美国服务业电力消费弹性系数总体上较为稳定，除 2009 年服务业电力消费弹性系数高达 14.26 外，基本保持在 0.4 左右。2011—2015 年，美国服务业电力消费弹性系数呈现出缓慢的增长趋势，2016 年出现下降。1990—2016 年美国服务业电力消费弹性系数如表 1-32、图 1-31 所示。

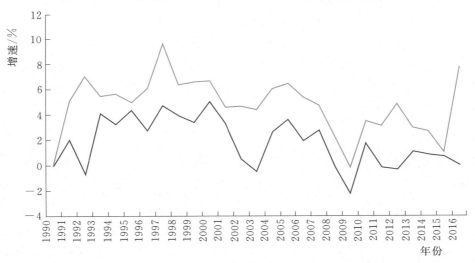

图 1-30　1990—2016 年美国服务业用电量增速与服务业增加值增速

表 1-32　　　　　　　　　　**1990—2016 年美国服务业电力消费弹性系数**

年　份	1990	1991	1992	1993	1994	1995	1996	1997	1998
服务业电力消费弹性系数	0.39	−0.09	0.75	0.57	0.88	0.46	0.39	0.49	0.62
年　份	1999	2000	2001	2002	2003	2004	2005	2006	2007
服务业电力消费弹性系数	0.52	0.75	0.71	0.11	−0.11	0.43	0.56	0.36	0.59
年　份	2008	2009	2010	2011	2012	2013	2014	2015	2016
服务业电力消费弹性系数	−0.01	14.26	0.50	−0.05	−0.07	0.36	0.32	0.67	0.00

数据来源：国际能源署；联合国统计司。

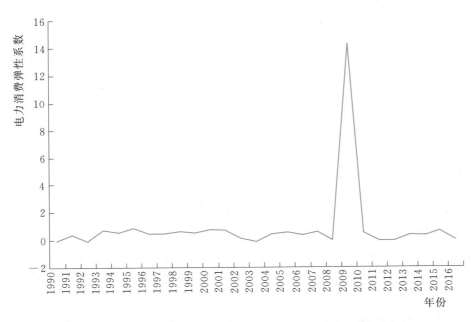

图 1-31　1990—2016 年美国服务业电力消费弹性系数

（三）服务业单位产值电耗

2016年美国服务业单位产值电耗为928.36千瓦时/万美元，较2015年减少72.17千瓦时/万美元。1990—2016年，美国服务业单位产值电耗总体上呈现出明显的下降趋势，2016年服务业单位产值电耗较1990年减少1072.95千瓦时/万美元，下降53.61%。1992年服务业单位产值电耗下降明显，较1990年减少139.83千瓦时/万美元，降幅为7.2%；1993—2016年，服务业单位产值电耗呈现出均匀下降的趋势，2016年服务业单位产值电耗较1993年下降850.01千瓦时/万美元，平均降幅为2.08%。1990—2016年美国服务业单位产值电耗如表1-33、图1-32所示。

表1-33 　　　　　　　　　　1990—2016年美国服务业单位产值电耗 　　　　　　　　单位：千瓦时/万美元

年　份	1990	1991	1992	1993	1994	1995	1996	1997	1998
服务业单位产值电耗	2001.31	1941.65	1801.82	1778.37	1737.16	1726.90	1672.81	1597.35	1560.28
年　份	1999	2000	2001	2002	2003	2004	2005	2006	2007
服务业单位产值电耗	1513.69	1489.62	1470.40	1411.83	1345.31	1301.59	1266.17	1224.42	1201.63
年　份	2008	2009	2010	2011	2012	2013	2014	2015	2016
服务业单位产值电耗	1175.62	1152.00	1132.23	1096.09	1042.13	1022.69	1004.06	1000.53	928.36

数据来源：国际能源署；联合国统计司；世界银行。

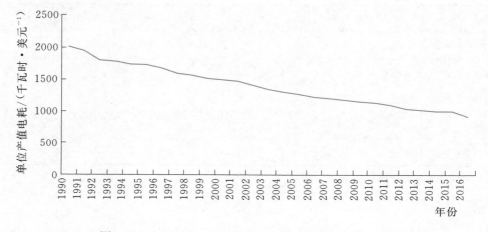

图1-32　1990—2016年美国服务业单位产值电耗

第四节　电力与经济发展展望

一、经济发展展望

金融危机以后，2013—2015年美国经济逐渐显现复苏迹象，2016年美国经济增长放缓，企业投资下降，通胀低于目标，但CPI增速回升到1.26%，失业率下降0.32%。2017年美国年度GDP增速为2.3%，第一季度GDP增速只有1.4%，第二季度增速明显加快，达到3.1%，第三季度受飓风等非经济因素影响，美国GDP增速仍达到3.0%，好于市场预期；第四季度美国GDP增速为2.6%。

美国继续推行减税政策，放松金融监管，加强制造业发展，旨在进一步刺激经济复苏与发展。2017年10月，美联储开始实行"缩表"手段，起初每月缩减60亿美元国债、40亿美元抵押债券，之后每季度扩大一次规模，最终达到每月缩减300亿美元国债、200亿美元抵押债券为止。"缩表"

将造成货币流通性减小，对投资产生直接影响，继而影响美国经济的增长，美国经济的不确定性依然较大。

针对美国未来经济预期，国际货币基金组织不断下调美国经济增长预期，此外，世界银行对美国未来 2 年经济增长的预期并不乐观，预计 GDP 增速呈下降趋势 2001—2019 年美国 GDP 增速趋势及预测如图 1-33 所示。

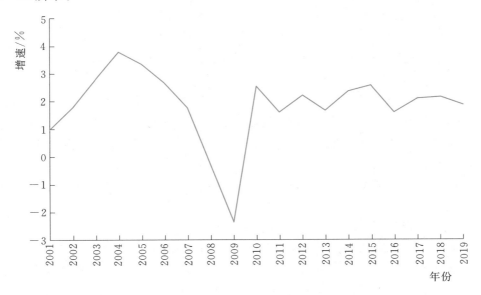

图 1-33　2001—2019 年美国 GDP 增速趋势及预测

二、电力发展展望

（一）电力需求展望

2016 年美国电力消费构成中，居民生活用电占比达到 37.92％，商业用电量占比为 36.64％，工业用电量占比为 25.23％，交通用电占比为 0.2％。

美国电力需求主要依靠第三产业带动，由于 2016 年美国第三产业增值占 GDP 比重高达 78.9％，1990—2016 年美国第三产业增值增速基本保持平稳状态，预计短期内美国服务业电力需求基本保持不变。随着美国推行"振兴制造业"的政策，制造业发展前景较好，考虑到工业和电力的密切关系，预计工业电力需求会有小幅增长。

结合美国经济结构特点以及电力需求与经济结构的关系，预计未来几年内美国电力总需求整体保持平稳，并有小幅增长。

（二）电力发展规划与展望

1. 火电发展展望

2016 年美国总发电量为 43508 亿千瓦时，其中火电发电量 29055.12 亿千瓦时，火电占比为 66.78％，其中煤电占比为 34.76％，天然气发电占比为 32.02％。

1990—2016 年煤电发电量占比逐年下降，天然气发电量占比逐年上升，两者呈现很好的互补趋势，虽然受到《巴黎协定》和清洁电力计划的限制，但火电整体发电量并未减少，反而增加 2.11％。其主要原因是页岩气革命促进天然气发电的迅速发展，不仅弥补了煤电减少的空缺，而且增加了火电的整体发电量。

2017 年特朗普时期废除了《电力清洁计划》并退出《巴黎协定》，二氧化碳限制排放政策由严格转至宽松，天然气发电较煤电具有明显的优势，预计煤电发电量减幅趋势会受到一定控制，保持平稳趋势。美国天然气资源丰富，燃气轮机技术成熟，已建立密集的天然气管网，同时，页岩气开采技术的发展也为美国提供了稳定的气源，随着煤炭产量的提升，煤炭价格会出现回调趋势，而天然气价格会有所反弹，预计美国天然气发电量会有小幅增长。

预计未来几年内，美国火电发电量会呈现逐渐稳步增加的趋势。

2. 水电发展展望

2017年美国水电发电量3211.44亿千瓦时，占比为7.5％。美国能源部不仅明确指出水电和抽水蓄能发电将在未来的清洁能源发展中发挥更大的作用，而且对水电开发技术进行投资。考虑到水电作为美国常规电力能源，1990—2017年水电发电量基本保持不变。

预计未来几年内，美国水力发电量仍将保持平稳趋势。

3. 核电发展展望

2017年美国核电发电量8473亿千瓦时，占比为19.79％。2017年美国先后颁布《先进核技术发展法案》《能源部创新法案》和《两党核能税法案》来扩大对新核电站的税收优惠措施，旨在重振核电行业。1990—2017年美国核电发电量基本保持不变。据官方数据显示，截至2040年美国将新增核电装机容量470万千瓦，同时期将有1060万千瓦机组退役。

预计未来几年内，美国核能发电量将继续保持平稳趋势，甚至有可能小幅下降。

4. 风电发展展望

2017年美国风电发电量为2697.61亿千瓦时，约占美国发电总量的6.3％。1990—2017年风电发电量呈现明显的增加趋势，具体如图1-34所示。作为非水可再生能源的重要组成部分，美国在政策上对风电项目给予了资金补助和税收减免，随着技术的不断进步，风电成本优势进一步凸显，使得风电极具竞争力。此外，美国大力发展海上风电项目，根据美国能源部计划，2050年美国将开发8600万千瓦海上风电项目。

预计未来几年内，美国风电发电量将继续保持较高速增长趋势。

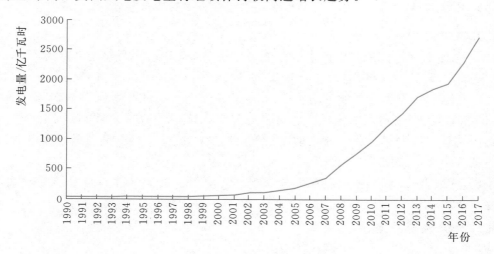

图1-34 1990—2017年美国风电发电量

5. 太阳能发电发展展望

2017年美国太阳能发电量为556.65亿千瓦时，约占美国发电总量的1.3％。1990—2017年光伏发电量呈现明显的增加趋势，具体如图1-35所示。美国政府对太阳能发电项目也给予了税收减免和政策支持，从2011年到2017年，太阳能发电量增长了7.96倍，除了大规模的太阳能发电项目外，分布式太阳能项目也发展迅速，并且具有了一定的经济性竞争实力。根据美国能源部的"太阳计划2030"，预计到2030年光伏电站成本降至3美分/千瓦时，太阳能发电量占发电总量的比例将达到20％。

预计未来几年内，美国太阳能发电量将继续保持较高速增长趋势。

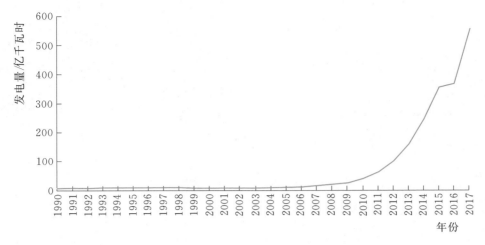

图 1-35 1990—2017 年美国光伏发电量

6. 电网建设展望

美国电网已有百余年历史，由东部、南部和德克萨斯（ERCOT）三大独立体系组成，依靠几条小容量的直流线路相连，分别占美国电力销售量的 73%、19% 和 8%，呈三足鼎立的态势。美国各州形成独立的电网，形成分散的电网体系。目前，美国电网设备老化、技术陈旧问题突出。按照美国能源部（DOE）统计，70% 的输电线路和电力变压器运行年限在 25 年以上，60% 的断路器运行年限超过 30 年。由于美国未形成全国联网，电网协调分散、运行机制不畅，导致安全事故频发。

在跨区电网建设方面，美国跨州和跨区电网联系薄弱，存在输电阻塞，亟须建设新的输电线路。Grid 2030 计划提出建设国家主干网和区域互联网的目标，由于美国电网管理体制相对分散，电网监管权由联邦和州政府同时把控，并且各州电网发展及规划存在差异性，近年来美国电网建设发展较缓慢。预计未来几年内，美国跨区电网建设不会取得较大发展。

在可再生能源并网方面，美国可再生能源发展迅速，但输电网建设却停滞不前，两者发展极不协调，对可再生能源并网及消纳造成负面影响。美国陆上风能资源主要集中在中部地区，太阳能资源主要分布在西南沙漠区域，均远离东部负荷中心，大规模开发陆上风电和太阳能等可再生能源，需要建设更多跨越数州的远距离输电线路，输电网投资大大增加。近年来，由于缺乏大规模远距离的跨区输电通道，风电等可再生能源发展已经受到制约。现行体制机制下，可再生能源远距离大容量输送所面临的跨州输电线路规划、选址和成本分摊等问题还难以有效解决。

在智能电网建设方面，美国政府围绕智能电网建设，重点推进了核心技术研发，并出台相关支持政策。美国各地智能电网的发展速度不同，2010—2014 年美国公共和私营部门对智能电网的投资已达 90 亿美元，其中 2014 年美国在智能电网领域的投资为 24 亿美元，使得先进通信与控制技术得到广泛应用。预计未来几年内，美国智能电网投资会继续增加，加快建设速度和进一步扩大智能电网规模。

第二章

日 本

第一节 经济发展与政策

一、经济发展状况

（一）经济发展及现状

1. 经济发展状况

日本是全球第三大经济体，根据世界银行数据显示，2017 年，日本国内生产总值为 4.87 万亿美元，占全球 GDP 总额的 6.04％。

日本经历了 20 世纪 80 年代后期到 90 年代初期的泡沫经济，90 年代初泡沫破裂，日本经济长期陷入萧条；1997—1999 年的亚洲金融风暴使得日本汇率一路下跌，对日本金融业产生了巨大冲击；进入 21 世纪，国际形势渐好，日本降低利率并实施超宽松的金融政策，经过多年调整，日本金融业终于恢复了活力；2006—2012 年日本首相更换频繁，国内政治环境缺乏稳定性，经济政策缺乏连续性，期间日本经济一直处于低迷状态，2008 年的国际金融危机，令日本经济收到巨大冲击。

在日本日益严峻的少子老龄化进程中，面对经济低迷和长期通缩的困境，2012 年底安倍晋三任日本首相，推出以旧三支箭和新三支箭为中心的"安倍经济学"，目标是摆脱通缩，刺激经济增长。最主要的目标要在短期内实现通胀率 2％，使物价提高 2％，到 2020 年期间，年均实现实际 GDP 增速 2％，名义 GDP 增速 3％，到 2020 年基础财政收支实现盈余。

2013 年日本经济呈现逐步复苏势头，安倍经济学的三支箭取得了一定成效；2014 年提高消费税率导致日本经济出现回落，日本经济从快速增长转向明显放缓，复苏缺乏持续有效的动力；受消费需求低迷的影响，2015 年日本经济延续缓慢复苏，呈现出口增长加快、贸易逆差收窄、制造业扩张加快、企业经营改善、通缩局面缓解、就业形势乐观等特征；2016 年，日本经济运行总体延续弱复苏趋势，从复苏态势看，私人消费相对疲弱、企业设备投资不振、制造业扩张放缓、通缩局面严峻，但贸易状况有所改善，失业率由 3.4％降至 3.1％，形势较为乐观。2017 年全球经济复苏、国际市场回暖、能源价格稳定、外部需求改善，日本经济稳定复苏。

2. 产业结构现状

作为经济强国，日本的工业和服务业是世界上最为发达的国家之一，其制造业处于世界领先水平。

根据日本统计局数据显示，日本的农业在国民经济中的比重只有1％左右。日本各种资源匮乏，全国只有12％日本土地是可耕地，使用系统化耕作零碎地，使得日本有世界最高的精密农业成果也就是单位土地产量世界第一。日本是世界第二大渔业国，日本至今依然有世界最大渔船船队和全球15％的渔获量占有率。

日本的工业主要集中在太平洋沿岸地区，主要有京滨、中京、阪神三大工业地带。日本有90家工业企业名列全球福布斯2000大排名（2017）。日本的汽车制造业在世界上处于领先水平，知名产业如本田、丰田在世界上占据很大的市场，作为日本制造业的龙头，日本汽车制造业都是以精工制造、品质可靠著称。日本的机器人产业世界闻名，根据统计数据，日本品牌工业机器人在全球产业机器人市场中所占份额已经超过50％。如今日本机器人产业已从工业机器人，向服务机器人延伸，如索尼为首的日本品牌，用来适应老龄化社会的刚需。

日本的服务业在国民经济中的占比达到70％，是国民经济的重要产业。日本有229家企业名列全球福布斯2000大排名，占11.45％（2017），服务业将是日本最大规模产业也是工作机会提供者。

（二）主要经济指标分析

1. GDP及增速

1990—2017年，日本GDP处于较大范围的波动状态，1995年日本的泡沫经济使日本的GDP出现高峰，1995年后，日本的房地产泡沫经济破裂导致日本的GDP大幅下降，首次出现负增长。2008年受金融危机影响，2009年的GDP增速降为1990年以来的最低水平－5.42％，2012年GDP达到1990年来的最大值62032.1亿美元。安倍晋三任日本首相期间，日本GDP在小范围内波动，GDP的增速保持在0～2％。1990—2017年日本GDP及增速如表2-1、图2-1所示。

表 2-1　　　　　　　　　　　　1990—2017 年日本 GDP 及增速

年　份	1990	1991	1992	1993	1994	1995	1996
GDP/亿美元	31399.7	35781.4	38978.3	44665.7	49070.4	54491.2	48337.1
GDP 增速/％	5.57	3.32	0.82	0.17	0.86	2.74	3.10
年　份	1997	1998	1999	2000	2001	2002	2003
GDP/亿美元	44147.3	40325.1	45620.8	48875.2	43035.4	41151.2	44456.6
GDP 增速/％	1.08	－1.13	－0.25	2.78	0.41	0.12	1.53
年　份	2004	2005	2006	2007	2008	2009	2010
GDP/亿美元	48151.5	47554.1	45303.8	45152.6	50379.1	52313.8	57001.0
GDP 增速/％	2.20	1.66	1.42	1.65	－1.09	－5.42	4.19
年　份	2011	2012	2013	2014	2015	2016	2017
GDP/亿美元	61574.6	62032.1	51557.2	48487.3	43830.8	49393.8	48721.4
GDP 增速/％	－0.12	1.50	2.00	0.34	1.22	1.00	1.71

数据来源：世界银行。

2. 人均 GDP 及增速

1990—2017年，日本人均GDP呈现出大范围波动的状态。2008年金融危机之后日本政府推出经济刺激方案，随着经济逐渐复苏，人均GDP逐渐增长，2011年人均GDP达到最高。人均GDP增速在1990—2009年期间波动较大，其中2009年受金融危机影响人均GDP增速达到－5.41％，2010—2017年期间，人均GDP增速整体趋于平缓，呈现出在小范围内波动的情况。1990—2017年日本人均GDP及增速如表2-2、图2-2所示。

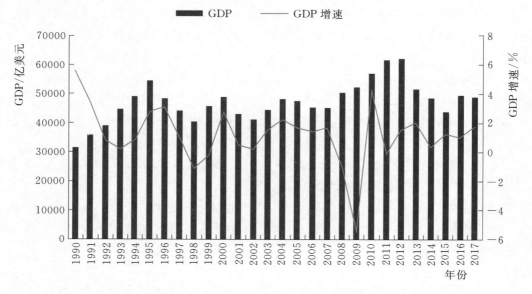

图 2-1　1990—2017 年日本 GDP 及增速

表 2-2　1990—2017 年日本人均 GDP 及增速

年　份	1990	1991	1992	1993	1994	1995	1996
人均 GDP/美元	25417.3	28874.4	31376.1	35865.7	39268.6	43440.4	38436.9
人均 GDP 增速/%	5.21	3.00	0.57	−0.08	0.52	2.35	2.84
年　份	1997	1998	1999	2000	2001	2002	2003
人均 GDP/美元	35021.7	31902.8	36026.6	38532.0	33846.5	32289.4	34808.4
人均 GDP 增速/%	0.84	−1.40	−0.43	2.61	0.16	−0.11	1.31
年　份	2004	2005	2006	2007	2008	2009	2010
人均 GDP/美元	37688.7	37217.7	35434.0	35275.2	39339.3	40855.2	44507.7
人均 GDP 增速/%	2.17	1.65	1.36	1.54	−1.14	−5.41	4.17
年　份	2011	2012	2013	2014	2015	2016	2017
人均 GDP/美元	48168.0	48603.5	40454.5	38096.2	34474.1	38894.5	38428.1
人均 GDP 增速/%	0.07	1.66	2.15	0.47	1.33	1.12	1.88

数据来源：世界银行。

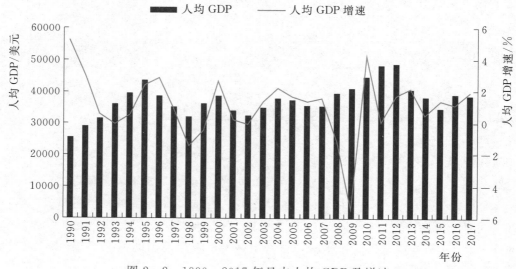

图 2-2　1990—2017 年日本人均 GDP 及增速

3. GDP 分部门结构

1990 年以来，日本的产业结构发生了明显变化，服务业占比呈上升趋势，从 1990 年的 60.55％提升到 2015 年的 70.04％，提高了 9.49 个百分点；工业占比总体呈下降趋势，从 1990 年的 37.36％下降至 28.89％，下降了 8.47 个百分点，2012 年以来日本的工业占比近几年来情况有所好转，农业下降了 1.01 个百分点，服务业逐渐成为日本国民经济中的重要产业，但仍不可忽视工业的重要作用。1990—2016 年日本分部门 GDP 占比如表 2-3、图 2-3 所示。

表 2-3　　　　　　　　　　1990—2016 年日本分部门 GDP 占比　　　　　　　　　　　%

年份	1990	1991	1992	1993	1994	1995	1996	1997	1998
农业	2.08	1.94	1.85	1.7	1.95	1.7	1.7	1.56	1.63
工业	37.36	37.01	35.87	34.51	34.82	34.66	34.68	34.15	33.51
服务业	60.55	61.05	62.28	63.79	63.24	63.64	63.61	64.29	64.86
年份	1999	2000	2001	2002	2003	2004	2005	2006	2007
农业	1.59	1.53	1.39	1.39	1.31	1.24	1.12	1.09	1.06
工业	32.91	32.71	31.41	30.54	30.39	30.28	30.11	29.97	29.87
服务业	65.49	65.76	67.2	68.07	68.3	68.47	68.77	68.93	69.07
年份	2008	2009	2010	2011	2012	2013	2014	2015	2016
农业	1.06	1.08	1.1	1.08	1.15	1.11	1.06	1.07	1.16
工业	29.05	27.3	28.51	27.02	26.89	27.1	27.9	28.89	29.53
服务业	69.89	71.61	70.38	71.9	71.96	71.79	71.04	70.04	69.31

数据来源：世界银行。

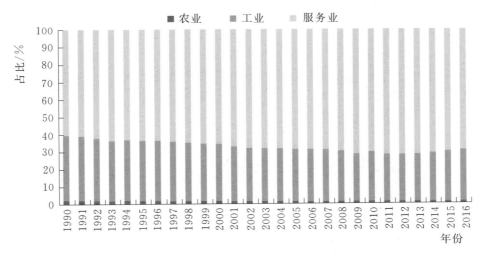

图 2-3　1990—2016 年日本分部门 GDP 占比

4. 工业增加值增速

日本工业增加值呈现出在一定范围波动的情况，受 20 世纪 90 年代的泡沫经济影响，90 年代的工业增加值增速有 5 年出现负值；受 2008 年金融危机的影响，造成 2009 年日本工业增加值增速达到最低水平－14.86％。随着经济逐渐复苏，工业增加值增速回归正常，并保持在±5％以内的增速。1990—2016 年日本工业增加值增速如表 2-4、图 2-4 所示。

表 2－4　1990—2016 年日本工业增加值增速　　　　　　　　　　　　％

年　份	1990	1991	1992	1993	1994	1995	1996	1997	1998
工业增加值增速	8.04	3.05	−1.88	−2.16	3.46	2.52	4.16	−0.32	−2.88
年　份	1999	2000	2001	2002	2003	2004	2005	2006	2007
工业增加值增速	−0.74	2.67	−3.79	−1.93	1.82	3.11	3.28	2.59	1.93
年　份	2008	2009	2010	2011	2012	2013	2014	2015	2016
工业增加值增速	−1.05	−14.86	11.30	−3.10	0.44	2.08	2.89	0.66	1.99

数据来源：世界银行。

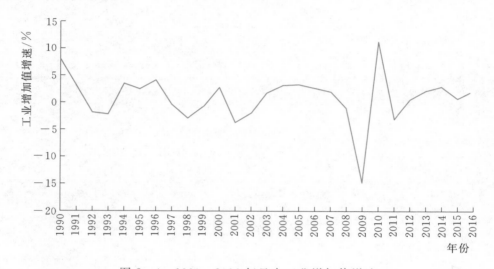

图 2－4　1990—2016 年日本工业增加值增速

5. 服务业增加值增速

日本服务业增加值增速基本保持在 0 以上的增速，少数几年出现负增速。20 世纪 90 年代初，泡沫经济的破裂给日本经济带来了沉重打击，1994 年日本服务业增加值增速降为−0.62％。1997—1999 年持续三年的亚洲金融风暴令日本经济陷入困境，服务业增加值增速再一次出现负值。2008 年爆发的全球金融危机同样使日本经济受到严重冲击，日本的服务业增加值增速在 2008 年和 2009 年连续两年出现负值。随着经济复苏，日本的服务业增加值增速回升到 0 以上。1990—2016 年日本服务业增加值增速如表 2－5、图 2－5 所示。

表 2－5　　　　　　　　　　1990—2016 年日本服务业增加值增速　　　　　　　　　　％

年　份	1990	1991	1992	1993	1994	1995	1996	1997	1998
服务业增加值增速	4.21	4.53	2.35	1.63	−0.62	2.59	2.88	2.28	−0.30
年　份	1999	2000	2001	2002	2003	2004	2005	2006	2007
服务业增加值增速	0.37	2.47	1.34	1.19	1.53	1.81	1.67	0.92	1.47
年　份	2008	2009	2010	2011	2012	2013	2014	2015	2016
服务业增加值增速	−1.26	−2.47	1.20	0.88	1.64	1.91	−0.62	1.08	0.36

数据来源：世界银行。

6. 外国直接投资净额

1990 年日本发生了世界上空前的房地产泡沫，导致经济增长持续低迷，1990 年至 1996 年日本对外国的投资吸引力很小，投资额不超过 30 亿美元；1997 年至 2005 年在日本政府对经济政策的调整

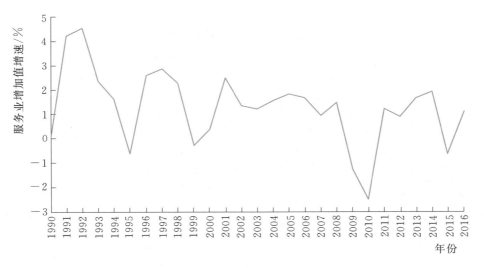

图 2 - 5　1990—2016 年日本服务业增加值增速

下，日本经济有所好转，外国投资有很大提升，2001 年受亚洲金融危机影响外国投资额出现下降；2007—2010 年，日本经济逐渐复苏，外国投资净额大幅增长，2011 年日本发生大地震，导致福岛核泄漏，外国投资净额出现负值；安倍政府执政以来，日本经济缓慢复苏，外国投资净额逐步回升并大幅增长。1990—2017 年外国直接投资净额如表 2 - 6、图 2 - 6 所示。

表 2 - 6　　　　　　　　　　　　　　1990—2017 年外国直接投资净额　　　　　　　　　　　单位：亿美元

年　份	1990	1991	1992	1993	1994	1995	1996
外国直接投资净额	17.77	12.86	27.60	1.19	9.12	0.39	2.08
年　份	1997	1998	1999	2000	2001	2002	2003
外国直接投资净额	32.00	32.68	123.08	106.88	49.26	115.57	87.72
年　份	2004	2005	2006	2007	2008	2009	2010
外国直接投资净额	75.28	54.60	−23.97	216.31	246.25	122.26	74.41
年　份	2011	2012	2013	2014	2015	2016	2017
外国直接投资净额	−8.51	5.47	106.48	197.52	52.52	393.23	188.38

数据来源：世界银行。

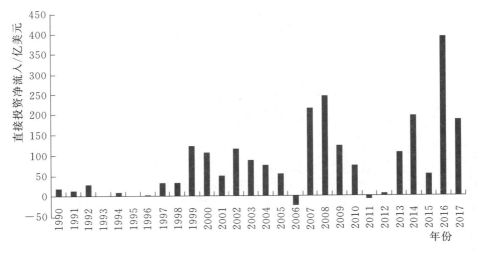

图 2 - 6　1990—2017 年外国直接投资净额

7. CPI 涨幅

1990—2016 年，日本 CPI 增速呈窄幅波动状态，波动范围基本在±3％以内，受 2008 年金融危机的影响，造成 2009 年日本 CPI 呈现负增长，2014 年日本推行 QQE 政策来刺激消费，当年的 CPI 指数涨幅达到 2.76％，创近十年来最高涨幅。1990—2016 年日本 CPI 涨幅如表 2-7、图 2-7 所示。

表 2-7 　　　　　　　　　　　　　1990—2016 年日本 CPI 涨幅 　　　　　　　　　　　　　　 ％

年 份	1990	1991	1992	1993	1994	1995	1996	1997	1998
CPI 涨幅	3.03	3.30	1.71	1.27	0.69	−0.12	0.13	1.76	0.66
年 份	1999	2000	2001	2002	2003	2004	2005	2006	2007
CPI 涨幅	−0.33	−0.65	−0.74	−0.92	−0.26	−0.01	−0.28	0.25	0.06
年 份	2008	2009	2010	2011	2012	2013	2014	2015	2016
CPI 涨幅	1.38	−1.35	−0.72	−0.27	−0.05	0.35	2.76	0.79	−0.12

数据来源：世界银行。

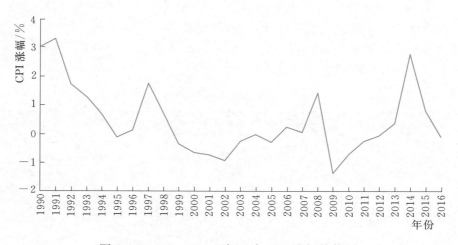

图 2-7　1990—2016 年日本 CPI 涨幅趋势图

8. 失业率

日本的失业率在 1991—2003 年呈增长状态，失业人数逐渐增多。日本采用终身雇用制，不会轻易解雇员工，日本的失业率维持在 6％以下。金融危机过后，日本政府大力调整产业结构，创造新的就业需求，加大就业财政投入，实现稳定的就业，2010—2017 年日本的失业率处于下降趋势。1990—2017 年日本失业率如表 2-8、图 2-8 所示。

表 2-8 　　　　　　　　　　　　　1991—2017 年日本失业率 　　　　　　　　　　　　　　 ％

年 份	1991	1992	1993	1994	1995	1996	1997	1998	1999
失业率	2.10	2.20	2.50	2.90	3.20	3.40	3.40	4.10	4.70
年 份	2000	2001	2002	2003	2004	2005	2006	2007	2008
失业率	4.70	5.00	5.40	5.30	4.70	4.40	4.10	3.90	4.00
年 份	2009	2010	2011	2012	2013	2014	2015	2016	2017
失业率	5.10	5.10	4.52	4.30	4.00	3.60	3.40	3.14	2.83

数据来源：世界银行。

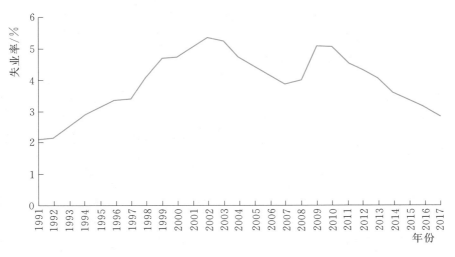

图 2-8 1991—2016 年日本失业率

二、主要经济政策

(一) 税收政策

金融危机以来，日本的税收政策主要是提高消费税，企业税收实行减税措施，能源排放税实行增税政策，对环保型产业的税收则实行优惠政策。

2008 年的《推广太阳能发电行动计划》提出对利用太阳能的而承担贷款的家庭，可以在连续 10 年的年限内从所得税额中抵扣贷款余额 1%，对于采取了节能措施的企业，可以从所得税中扣除改革成本的 10% 但不超过 5 百万日元。

2010 年日本政府将中小企业的企业所得税从 18% 调低到 11%，废除汽油税的暂定税率，把汽油税、轻油交易税统一为地球温暖化对策税，废除汽车所得税。

2011 年 4 月，日本众议院通过《税制特例法》，对石油、天然气等化石燃料新设 "地球温暖化对策税"，"地球温暖化对策税" 依附于已有的石油煤炭税种内于 2012 年 10 月 1 日开始征收。

2012 年 3 月日本政府新设环境税，10 月开始征收。环境税征收标准分别为每千升石油或每吨天然气、煤炭 250 日元（约合 3.2 美元）、260 日元（约合 3.3 美元）、220 日元（约合 2.8 美元）。2014 年度和 2016 年度还将分阶段提高征收标准。到 2016 年度，每年可征收环境税 2623 亿日元（约合 33.7 亿美元）。

2014 年日本开始实施提高消费税的，从 4 月 1 日开始，把日本的消费税从过去的 5% 提高到 8%。

2016 年 3 月日本经济产业省确定并公布了可再生能源固定价格收购制度 2016 年度的收购价格和税费单价。收购价格决定按照采购价格等估算委员会提出的委员长草案，10 千瓦以上的非光伏电力为 24 日元/千瓦时（不含税）。

(二) 金融政策

金融危机以来，在 "安倍经济学" 政策的引导下，日本持续实行超宽松的金融政策，以实现 2% 的通货膨胀目标。

2013 年 4 月 4 日，日本央行提前开启开放式资产购买计划，实施质化和量化宽松政策 (quantitative and qualitative monetary easing，QQE)。核心内容是将政策目标由无担保隔夜拆借利率改为基础货币，大幅提高长期国债，交易型开放式指数基金和不动产的购买规模以及贷款支持计划，从而保持市场充裕的流动性。QQE 的具体政策主要分为四大点：第一，扩大基础货币规模。通过调节无抵押隔夜拆借利率来影响基础货币；第二，扩大国债购买规模、扩展国债剩余期限，鼓励收益率曲线中利率的进一步下降；第三，扩大交易型开放式指数基金和不动产的购买规模，以降低资产价格的风险溢价；第四，持续推行 QQE，以实现 2% 的物价稳定目标。最为主要的是，央行希望通过改变实质性预期，从而实现物价上涨 2% 的目标。

2016 年 1 月 29 日，日本银行政策委员会在例行的货币政策会议上宣布将采取负利率政策，于 2016 年 2 月 16 日起开始实行 −0.1% 的利率。

（三）产业政策

日本的产业政策立足于世界市场，充分利用产业结构的发展规律，实行政府主导与市场结合的多样化政策手段。

1. 能源行业政策

日本能源政策以能源的安全性为前提，把能源的稳定供给放在第一位，提高经济效率实现低成本的能源供给，同时实现与环境的协调发展。

2014 年发布《汽车产业战略 2014》，设定了新一代汽车战略的发展目标，到 2020 年在日本销售的新车中纯电动汽车和混合动力汽车等"新一代汽车"总销量比例达到 50%，旨在更好地缓解日本能源短缺的情况，同时达到保护环境的目的。

2016 年，日本政府主导制定了"EV/PHV 城市倡议"，提出要建设电动汽车运行示范区，经济产业省与地方政府配合，选择试点城市并制定相应推广计划，实施 EV/PHV 由点到面区域示范性普及。

2016 年，日本发布了《能源革新战略》报告，旨在确保能源安全和实现低碳发展。《能源革新战略》是对以节能、可再生能源为主的相关制度进行整改，进而对整体能源消费结构进行改革，且改革必须与经济增长以及应对全球变暖问题相结合。此次改革主要围绕节能、可再生能源、能源供给系统这三大主题，并分别策划了节能标准义务化、新能源固定上网电价改革、利用物联网进行远程控制技术开发等战略。提高三方能效报告显示，《能源革新战略》分别从家庭、工业和交通运输三个方面入手，制定节能政策和法规。

2018 年 7 月 3 日，日本政府公布了最新制定的"第五次能源基本计划"，提出了日本能源转型的新目标、新路径和新方向，首次将可再生能源定位为 2050 年的"主力能源"。

2. 制造业政策

2013 年，日本经济再生总部制定的经济增长战略探讨课题的方针草案出炉，其中提到要"重振战略制造业"、控制因核电站停运导致的电费持续上涨情况以及为在国际竞争中胜出促进行业洗牌等内容。

2014 年发布《汽车产业战略 2014》，设定了新一代汽车战略的发展目标，其中指出，到 2020 年在日本销售的新车中纯电动汽车和混合动力汽车等新一代汽车总销量比例达到 50%，到 2030 年新一代汽车在新车的销售中占比从 50% 增长到 30%，旨在更好地缓解日本能源短缺的情况，同时达到保护环境的目的。

2015 年，日本经济产业省公布了《2015 年版制造白皮书》，日本制造业要积极发挥 IT 的作用，建议转型为利用大数据的"下一代"制造业。

3. 大数据行业政策

日本政府对大数据技术开发高度重视并着力推进，技术领先全球。日本着重发展物联网和人工智能，重视开发和应用大数据，创建最尖端 IT 国家。

2013 年 6 月，安倍内阁正式公布新 IT 战略——"创建最尖端 IT 国家宣言"。阐述 2013—2020 年期间以发展开放公共数据和大数据为核心的日本新 IT 国家战略，提出把日本建设成为一个具有世界最高水准的广泛运用信息产业技术的社会。

2017 年 6 月 2 日，日本内阁会议出台了《科学技术创新综合战略 2017》。重点阐述了 2017—2018

年度应重点推进的举措，包括实现超智能社会5.0的必要举措，今后应对经济社会问题的策略，加强资金改革，构建面向创造创新人才、知识、资金良好循环的创新机制和加强科学技术创新的推进功能等六项重点项目。

（四）投资政策

日本对外国投资十分重视。日本经产省推出了针对外资企业的优惠政策，设立对日直接投资综合指导窗口，设置市场开放问题投诉处理机制，鼓励地方政府给外资提供优惠政策。此外，日本各地方政府根据相关条例和制度，单独制定了优惠政策，通过减免事业税、减免房地产购置税等税收优惠、发放补贴、提供土地和建筑、融资贷款制度等各种措施鼓励投资。

2017年，日本政府临时内阁会议通过了《未来投资战略2017》的经济增长新战略，明确指出未来的目标是实现将人工智能、机器人等先进技术最大化、并运用到智能型社会5.0中，确定以人才投资为支柱，重点推动物联网建设和人工智能的应用。要把物联网、人工智能等第四次工业革命的技术革新应用到所有产业和社会生活中，以解决当前的社会问题，将政策资源集中投向健康、移动、供应链、基础设施和先进的金融服务这5个领域。2020年正式将小型无人机用于城市物流；2022年卡车在高速公路编队自动行驶进入商业使用阶段。

第二节　电力发展与政策

一、电力供应形势分析

（一）电力工业发展概况

日本是缺乏能源的国家，使用的能源主要依赖于进口，日本能源利用追求高效、经济。在燃料的购置、设备的选用及其运营、电力的调度等方面都精打细算，以求得最佳的经济效益，是日本能源利用的显著特点之一；以原子能、天然气替代石油，选择含硫量低的燃料，保护环境、减轻污染。

日本电力工业的主体由10家上市私营电力公司组成，按东京、东北、北海道、中部、北陆、关西、山阴山阳、四国、九州及冲绳等区域划分供电范围，管理体制采用总、分公司的形式，采取发、输、配、售垂直一体化的电力服务模式。"中央电力协会"负责各公司间的运行协调，研究共同发展计划以及全国范围内的联网工作。该协会下设"中央给电联络指令所"，负责跨地区的电力调度工作。1952年和1957年，又先后建立了电源开发公司和原子能开发公司，从事水电、煤电和核电的开发。电源开发公司和原子能开发公司是仅次于九大电力公司的公用事业单位。

随着福岛核泄漏事故的发生，核电的发展停滞不前，核电的占比大幅下降，目前火电的发电量位居日本发电量榜首，在2015年占比达80%以上，其中天然气发电已取代煤炭发电成为火力发电的最主要方式，光伏发电也得到了很大发展，光伏发电的发电量在2015年占比3.44%，已经成为日本的一种重要供电方式。日本电力需求比较稳定，近10年来保持在1万亿千瓦时左右，电力供应基本可以满足当地需求。

随着电力市场改革，日本全面放开电力零售市场，允许所有用户自由选择售电商；取消批发市场的价格管制，允许电力公司依据市场竞争自由定价，鼓励发电商、十大区域电力公司和售电商一起进入交易市场。日本能源产业省数据显示，截至2017年10月，日本注册的售电公司已高达434家。所有公司通过日本电力交易市场（JEPX）进行交易，共有四种交易模式、现货交易、长期交易、当前时间交易、公告板交易。售电公司数量的猛增，将刺激整个电力市场价格和服务产品上的竞争。

（二）发电装机容量及结构

1. 总装机容量及增速

1990 年以来，日本的发电装机容量一直呈稳定增长趋势，装机容量增速稳定在 0 以上。1990—2015 年日本总装机容量及增速如表 2-9、图 2-9 所示。

表 2-9　　　　　　　　　　　　1990—2015 年日本总装机容量及增速

年 份	1990	1991	1992	1993	1994	1995	1996	1997	1998
总装机容量/万千瓦	19473	19997.3	20550.7	21332.2	22135.7	22751.7	23443.3	24331	25119.7
增速/%	—	2.69	2.77	3.80	3.77	2.78	3.04	3.79	3.24
年 份	1999	2000	2001	2002	2003	2004	2005	2006	2007
总装机容量/万千瓦	25460.5	26036	26339.8	26801.1	27082.8	27569.8	27790.5	27958.2	28016.9
增速/%	1.36	2.26	1.17	1.75	1.05	1.80	0.80	0.60	0.21
年 份	2008	2009	2010	2011	2012	2013	2014	2015	
总装机容量/万千瓦	28053.4	28448.6	28833.1	29357.5	29673	30428.9	31712.5	32391.7	
增速/%	0.13	1.41	1.35	1.82	1.07	2.55	4.22	2.14	

数据来源：国际能源署；联合国统计司。

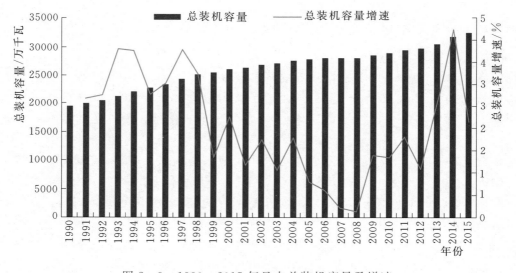

图 2-9　1990—2015 年日本总装机容量及增速

2. 各类装机容量及占比

1990 年以来，日本的发电装机容量一直呈稳定增长趋势，2015 年日本装机容量构成中，火电装机容量 19436.1 万千瓦，占比 60%；水电装机容量 5003.4 万千瓦，占比 15.45%；核电装机容量 4204.8 万千瓦，占比 12.98%；风电装机容量 280.8 万千瓦，占比 0.87%；光伏发电装机容量 3415 万千瓦，占比 10.54%；地热发电等其他类型发电装机容量 51.6 万千瓦，占比约为 0.16%。

1990 年以来，日本发电装机结构变化较为明显，传统常规能源装机比重下滑，新能源发展迅猛。其中，火电装机容量占比由 64.18% 下降至 60%，下滑 4.18 个百分点；核电占比由 16.25% 下降至 12.98%，下滑 3.27 个百分点；水电占比由 16.25% 下降至 15.45%，略有下滑；可再生能源装机容量占比明显上升。1990 年，日本可再生能源装机容量占比较小，受政策支持，可再生能源装机容量占比大幅提高，2015 年，仅风电和太阳能装机容量占比就达到 11.41%，按照日本计划，未来该比例还将继续提升。2015 年装机容量为 32391.7 万千瓦，较 2014 年同比增长 2.14％。1990—2015 年日本各类装机容量及占比如表 2-10、图 2-10 所示。

表 2-10 　　　　　　　　　1990—2015 年日本各类装机容量及占比

年　份		1990	1991	1992	1993	1994	1995	1996
水电	装机容量/万千瓦	3783	3911.6	3952.4	3996.5	4193.2	4345.6	4440.7
	占比/％	19.43	19.56	19.23	18.73	18.94	19.10	18.94
火电	装机容量/万千瓦	12498.4	12718.2	13111	13449.2	13848.3	14215.7	14672.3
	占比/％	64.18	63.60	63.80	63.05	62.56	62.48	62.59
核电	装机容量/万千瓦	3164.5	3340.4	3458.4	3854.1	4053.1	4135.6	4271.2
	占比/％	16.25	16.70	16.83	18.07	18.31	18.18	18.22
风电	装机容量/万千瓦	0	0	0	0.1	0.1	0.1	0.1
	占比/％	0.00	0.00	0.00	0.00	0.00	0.00	0.00
光伏发电	装机容量/万千瓦	0.1	0.1	1.9	2.4	3.1	4.3	6
	占比/％	0.00	0.00	0.01	0.01	0.01	0.02	0.03
地热发电	装机容量/万千瓦	27	27	27	29.9	37.9	50.4	53
	占比/％	0.14	0.14	0.13	0.14	0.17	0.22	0.23
年　份		1997	1998	1999	2000	2001	2002	2003
水电	装机容量/万千瓦	4446.2	4538.2	4586	4632.4	4635.6	4640.3	4671.2
	占比/％	18.27	18.07	18.01	17.79	17.60	17.31	17.25
火电	装机容量/万千瓦	15297.8	15989.5	16272	16784.1	16997.4	17425.4	17647.1
	占比/％	62.87	63.65	63.91	64.46	64.53	65.02	65.16
核电	装机容量/万千瓦	4524.8	4524.8	4524.8	4524.8	4590.7	4590.7	4574.2
	占比/％	18.60	18.01	17.77	17.38	17.43	17.13	16.89
风电	装机容量/万千瓦	0.1	0.6	3.5	8.4	17.5	27.7	50.8
	占比/％	0.00	0.00	0.01	0.03	0.07	0.10	0.19
光伏发电	装机容量/万千瓦	9.1	13.3	20.9	33	45.3	63.7	86
	占比/％	0.04	0.05	0.08	0.13	0.17	0.24	0.32
地热发电	装机容量/万千瓦	53	53.3	53.3	53.3	53.3	53.3	53.5
	占比/％	0.22	0.21	0.21	0.20	0.20	0.20	0.20
年　份		2004	2005	2006	2007	2008	2009	2010
水电	用电量/亿千瓦时	4673.7	4729.2	4735.8	4731.3	4734.1	4724.3	4773.6
	占比/％	16.95	17.02	16.94	16.89	16.88	16.61	16.56
火电	装机容量/万千瓦	17940.3	17784.9	17871.2	17941.1	18082.6	18323.7	18518.6
	占比/％	65.07	64.00	63.92	64.04	64.46	64.41	64.23
核电	装机容量/万千瓦	4712.2	4958	4946.7	4946.7	4793.5	4884.7	4896
	占比/％	17.09	17.84	17.69	17.66	17.09	17.17	16.98
风电	装机容量/万千瓦	76.9	122.7	180.5	152.7	175.6	199.7	229.4
	占比/％	0.28	0.44	0.65	0.55	0.63	0.70	0.80

年　份		2004	2005	2006	2007	2008	2009	2010
光伏发电	装机容量/万千瓦	113.2	142.2	170.8	191.9	214.4	262.7	361.8
	占比/%	0.41	0.51	0.61	0.68	0.76	0.92	1.25
地热发电	装机容量/万千瓦	53.5	53.5	53.2	53.2	53.2	53.5	53.7
	占比/%	0.19	0.19	0.19	0.19	0.19	0.19	0.19

年　份		2011	2012	2013	2014	2015
水电	装机容量/万千瓦	4841.8	4893.4	4893.2	4959.7	5003.4
	占比/%	16.49	16.49	16.08	15.64	15.45
核电	装机容量/万千瓦	18832.7	19194.2	19433.7	19666.4	19436.1
	占比/%	64.15	64.69	63.87	62.01	60.00
火电	装机容量/万千瓦	4896	4614.8	4426.4	4426.4	4204.8
	占比/%	16.68	15.55	14.55	13.96	12.98
风电	装机容量/万千瓦	241.9	256.2	264.5	275.3	280.8
	占比/%	0.82	0.86	0.87	0.87	0.87
光伏发电	装机容量/万千瓦	491.4	663.2	1359.9	2333.9	3415
	占比/%	1.67	2.24	4.47	7.36	10.54
地热发电	装机容量/万千瓦	53.7	51.2	51.2	50.8	51.6
	占比/%	0.18	0.17	0.17	0.16	0.16

数据来源：国际能源署；联合国统计司。

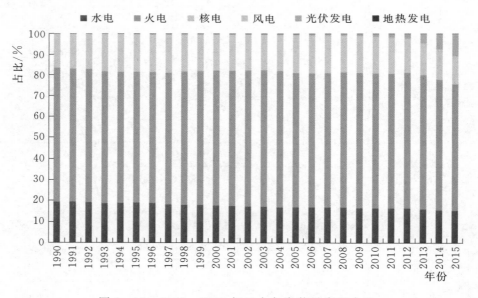

图 2-10　1990—2015 年日本各类装机容量占比

（三）发电量及结构

1. 总发电量及增速

1990—2007 年日本的总发电量整体处于增长状态，从 2007 年开始有所下降，2011 年几乎所有核电站关停，造成严重的电力缺口，2011 年的发电量同比降幅 5.71%，2011—2016 年的发电量呈小幅下降趋势，2017 年发电量有所回升。2017 年日本发电量 10200.1 亿千瓦时，比 1990 年增长了 15.71%，与

2016 年相比上升了 1.76％。1990—2017 年日本总发电量及增速如表 2-11、图 2-11 所示。

表 2-11 1990—2017 年日本总发电量及增速

年 份	1990	1991	1992	1993	1994	1995	1996
发电量/亿千瓦时	8815	9113.0	9167.87	9261.03	9844.93	10108.8	10298.6
增速/％	—	3.38	0.60	1.02	6.30	2.68	1.88
年 份	1997	1998	1999	2000	2001	2002	2003
发电量/亿千瓦时	10548.6	10596.2	10790.9	10995.8	10831.1	11030.4	10925.5
增速/％	2.43	0.45	1.84	1.90	-1.50	1.84	-0.95
年 份	2004	2005	2006	2007	2008	2009	2010
发电量/亿千瓦时	11211.2	11390.3	11397.6	11632.0	11077.2	10747.1	11432.1
增速/％	2.62	1.61	0.08	2.05	-4.76	-2.97	6.81
年 份	2011	2012	2013	2014	2015	2016	2017
发电量/亿千瓦时	10770.2	10590.6	10602.9	10530.3	10344.4	10023.4	10200.1
增速/％	-5.71	-1.67	0.15	-0.66	-1.70	-3.75	1.76

数据来源：国际能源署；联合国统计司。

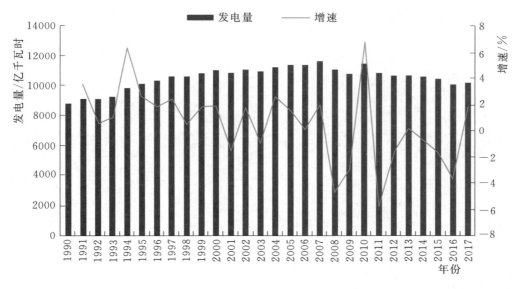

图 2-11 1990—2017 年日本总发电量及增速

2. 各类发电量及占比

国际能源署数据显示，2015 年日本发电方式主要以火电为主，火电占比 82.16％，水电 8.76％，生物质能发电 3.98％，光伏发电 3.44％，核电 0.91％，风电 0.5％，地热发电 0.25％，总发电量为 10292.79 亿千瓦时，比 1990 年增长了 17.26％。

1990 年以来，日本发电量结构变化明显，发电方式中，火电占据很大的比重，从 1990 年的 64.9％提升到 2015 年的 82.16％，提高了 17.26 个百分点，尤其是 2011 年之后，核电站的关停留下的电力缺口主要由火电和可再生能源发电填补，2012 年一度高达 86.25％。核电占比变化最大，由 1990 年的 22.95％下滑至 0.91％，降低了 22.04 个百分点。2011 年之后，可再生能源发电在国家政策的推进中得到了快速发展，其中光伏发电的发展最为显著，从 2011 年的 0.48％提高到了 2015 年的 3.44％。2015 年日本发电量分类型构成中，火力发电量为 8555.76 亿千瓦时，占比最高，为 82.16％；水力发电量为

912.7亿千瓦时，占比8.76％；核能发电量为94.37亿千瓦时，占比0.91％；风力发电量为51.6亿千瓦时，占比0.5％；光伏发电量为358.58亿千瓦时，占比3.44％；地热和生物质发电量为440.42亿千瓦时，占比4.23％。1990—2015年日本各类发电量及占比如表2-12、图2-12所示。

表 2-12　　　　　　　　　　　　　1990—2015 年日本各类发电量及占比

年　份		1990	1991	1992	1993	1994	1995	1996
火电	发电量/亿千瓦时	5720.81	5806.5	5914.59	5600.08	6274.93	6144.17	6236.61
	占比/％	64.90	63.72	64.51	60.47	63.74	60.78	60.56
生物质发电	发电量/亿千瓦时	95.7	98.24	98.2	95.66	101.17	107.73	108.25
	占比/％	1.09	1.08	1.07	1.03	1.03	1.07	1.05
地热发电	发电量/亿千瓦时	17.41	17.73	17.87	17.77	20.64	31.73	36.73
	占比/％	0.20	0.19	0.19	0.19	0.21	0.31	0.36
垃圾发电	发电量/亿千瓦时	0	0	0	0	0	0	0
	占比/％	0	0	0	0	0	0	0
水电	发电量/亿千瓦时	958.35	1055.95	896.16	1054.7	756.59	912.16	894.33
	占比/％	10.87	11.59	9.78	11.39	7.69	9.02	8.68
核电	发电量/亿千瓦时	2022.72	2134.6	2240.85	2492.56	2691.26	2912.54	3022
	占比/％	22.95	23.42	24.44	26.91	27.34	28.81	29.34
光伏发电	发电量/亿千瓦时	0.01	0.01	0.2	0.25	0.33	0.46	0.63
	占比/％	0	0	0	0	0	0	0.01
风电	发电量/亿千瓦时	0	0	0	0.01	0.01	0.01	0.02
	占比/％	0	0	0	0	0	0	0
年　份		1997	1998	1999	2000	2001	2002	2003
火电	发电量/亿千瓦时	6202.3	6109.33	6527.61	6667.57	6555.64	7016.13	7325.83
	占比/％	58.80	57.65	60.49	60.63	60.52	63.60	67.05
生物质发电	发电量/亿千瓦时	111.87	100.79	104.29	101.5	96.53	100.8	106.02
	占比/％	1.06	0.95	0.97	0.92	0.89	0.91	0.97
地热发电	发电量/亿千瓦时	37.56	35.31	34.51	33.48	34.32	33.74	34.84
	占比/％	0.36	0.33	0.32	0.30	0.32	0.31	0.32
垃圾发电	发电量/亿千瓦时	0	0	0	0	0	0	0
	占比/％	0	0	0	0.01	0	0	0
水电	发电量/亿千瓦时	1004.14	1025.87	955.77	968.17	938.72	918.01	1041.37
	占比/％	9.52	9.68	8.86	8.80	8.67	8.32	9.53
核电	发电量/亿千瓦时	3191.77	3323.43	3166.16	3220.49	3198.58	2950.94	2400.13
	占比/％	30.26	31.36	29.34	29.29	29.53	26.75	21.97
光伏发电	发电量/亿千瓦时	0.96	1.4	2.19	3.47	4.75	6.69	9.03
	占比/％	0.01	0.01	0.02	0.03	0.04	0.06	0.08
风电	发电量/亿千瓦时	0.01	0.07	0.38	1.08	2.51	4.14	8.26
	占比/％	0	0	0	0.01	0.02	0.04	0.08

续表

年　份		2004	2005	2006	2007	2008	2009	2010
火电	发电量/亿千瓦时	7186.94	7294.52	7197.05	7945.41	7457.53	6903.15	7283.46
	占比/%	64.10	64.03	63.12	68.28	67.29	64.20	63.42
生物质发电	发电量/亿千瓦时	109.66	120.07	122.45	129.18	123.91	115.57	255.46
	占比/%	0.98	1.05	1.07	1.11	1.12	1.07	2.22
地热发电	发电量/亿千瓦时	33.74	32.26	30.81	30.43	27.5	28.86	26.47
	占比/%	0.30	0.28	0.27	0.26	0.25	0.27	0.23
垃圾发电	发电量/亿千瓦时	0	0	0	0	0	0	0
	占比/%	0.01	0.02	0.04	0.04	0.04	0.06	0.46
水电	发电量/亿千瓦时	1031.47	863.5	973.4	842.34	835.04	838.32	906.82
	占比/%	9.20	7.58	8.54	7.24	7.54	7.80	7.90
核电	发电量/亿千瓦时	2824.42	3047.55	3034.26	2638.32	2581.28	2797.5	2882.3
	占比/%	25.19	26.75	26.61	22.67	23.29	26.02	25.10
光伏发电	发电量/亿千瓦时	11.89	14.93	17.94	20.15	22.51	27.58	38
	占比/%	0.11	0.13	0.16	0.17	0.20	0.26	0.33
风电	发电量/亿千瓦时	13.03	17.51	21.67	26.14	29.42	36.13	39.62
	占比/%	0.12	0.15	0.19	0.22	0.27	0.34	0.34

年　份		2011	2012	2013	2014	2015
火电	发电量/亿千瓦时	8454.59	9183.53	9166.62	9015.89	8555.76
	占比/%	78.07	86.25	85.96	85.11	82.16
生物质发电	发电量/亿千瓦时	256.92	268.33	282.38	323.74	345.56
	占比/%	2.37	2.52	2.65	3.06	3.32
地热发电	发电量/亿千瓦时	26.76	26.09	25.96	25.77	25.82
	占比/%	0.25	0.25	0.24	0.24	0.25
垃圾发电	发电量/亿千瓦时	0	0	0	0	0
	占比/%	0.54	0.54	0.57	0.60	0.66
水电	发电量/亿千瓦时	917.09	836.45	849.23	869.42	912.7
	占比/%	8.47	7.86	7.96	8.21	8.76
核电	发电量/亿千瓦时	1017.61	159.39	93.03	0	94.37
	占比/%	9.40	1.50	0.87	0.00	0.91
光伏发电	发电量/亿千瓦时	51.6	69.63	142.79	245.06	358.58
	占比/%	0.48	0.65	1.34	2.31	3.44
风电	发电量/亿千瓦时	45.59	47.22	42.86	50.38	51.6
	占比/%	0.42	0.44	0.40	0.48	0.50

数据来源：国际能源署；联合国统计司。

3. 火电发电量结构

1990 年以来，日本火电发电结构变化显著，石油占比大幅减少，天然气和煤炭发电占比相应提

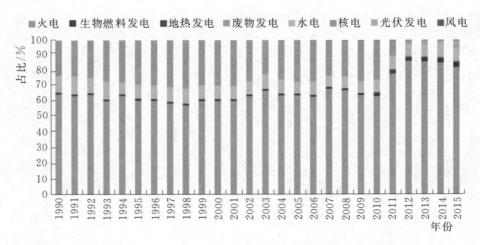

图 2 - 12　1990—2015 年日本各类发电量占比

高。2015 年，日本火力发电量为 8555.76 亿千瓦时，其中煤炭发电量占比由 1990 年的 20.58% 提升至 40.12%，增幅达 19.54 个百分点；天然气发电量占比由 1990 年的 29.83% 增长至 47.9%，提高 18.07 个百分点；石油发电量占比由 1990 年的 49.6% 下降至 11.98%，下降了 37.62 个百分点。1990—2015 年日本传统火电发电量及占比如表 2 - 13、图 2 - 13 所示。

表 2 - 13　　　　　　　　　　1990—2015 年日本传统火电发电量及占比

	年　份	1990	1991	1992	1993	1994	1995	1996
煤电	发电量/亿千瓦时	1177.06	1245.61	1304.71	1398.95	1544.86	1675.04	1770.37
	占比/%	20.58	21.45	22.06	24.98	24.62	27.26	28.39
油电	发电量/亿千瓦时	2837.33	2732.29	2789.27	2382.25	2768.85	2470.57	2353.87
	占比/%	49.60	47.06	47.16	42.54	44.13	40.21	37.74
天然气发电	发电量/亿千瓦时	1706.42	1828.60	1820.61	1818.88	1961.22	1998.56	2112.37
	占比/%	29.83	31.49	30.78	32.48	31.25	32.53	33.87
	年　份	1997	1998	1999	2000	2001	2002	2003
煤电	发电量/亿千瓦时	1891.95	1910.43	2126.63	2337.68	2505.74	2688.07	2851.36
	占比/%	30.50	31.27	32.58	35.06	38.22	38.31	38.92
油电	发电量/亿千瓦时	2101.20	1912.14	1941.97	1793.47	1518.35	1758.54	1808.24
	占比/%	33.88	31.30	29.75	26.90	23.16	25.06	24.68
天然气发电	发电量/亿千瓦时	2209.15	2286.76	2459.01	2536.42	2531.55	2569.52	2666.23
	占比/%	35.62	37.43	37.67	38.04	38.62	36.62	36.39
	年　份	2004	2005	2006	2007	2008	2009	2010
煤电	发电量/亿千瓦时	2936.76	3074.85	3005.30	3154.07	2998.38	2903.05	3095.86
	占比/%	40.86	42.15	41.76	39.70	40.21	42.05	42.51
油电	发电量/亿千瓦时	1686.58	1781.62	1488.58	1840.71	1540.52	979.42	1001.47
	占比/%	23.47	24.42	20.68	23.17	20.66	14.19	13.75
天然气发电	发电量/亿千瓦时	2563.60	2438.05	2703.17	2950.63	2918.63	3020.68	3186.13
	占比/%	35.67	33.42	37.56	37.14	39.14	43.76	43.74

续表

年 份		2011	2012	2013	2014	2015
煤电	发电量/亿千瓦时	2911.60	3140.53	3488.71	3451.73	3432.19
	占比/%	34.44	34.20	38.06	38.28	40.12
油电	发电量/亿千瓦时	1663.52	1951.87	1601.96	1187.56	1025.24
	占比/%	19.68	21.25	17.48	13.17	11.98
天然气发电	发电量/亿千瓦时	3879.47	4091.13	4075.95	4376.60	4098.33
	占比/%	45.89	44.55	44.47	48.54	47.90

数据来源：国际能源署；联合国统计司。

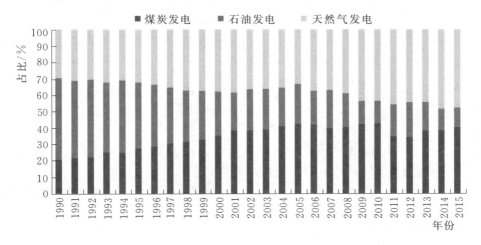

图2-13　1990—2015年日本传统火电发电占比

（四）电网建设规模

日本电网按照电压等级分为500千伏、220千伏、66千伏、22千伏、6.6千伏和100伏等，其中前三种为输电网，后三种为配电网。日本在特高压输电关键技术研究和特高压设备研制方面开展了前瞻性、基础性和实用性的试验研究工作，并取得了一大批世界水平的重要成果，为特高压输电技术的工程应用奠定了坚实的基础。日本的特高压建成后并未按照原先预定的1000千伏运行，而是降压到500千伏运行。日本地域比较狭窄，对远距离大功率输电没有那么高的需求，且国内经济增长趋缓，电力负荷增长缓慢，无负荷需求。日本认为将大电网分散为若干独立的小电网在一定程度上可以避免大面积停电，以至于特高压发展处于缓慢状态。

智能电网建设早已成为世界热门话题，日本一方面能源匮乏，除核电外，能源自给率只有4%，石油依赖度为50%；另一方面，《京都议定书》从2005年生效，和1990年相比，日本从2008年至2012年的二氧化碳等温室效应气体排放量有义务减少6%，这些客观因素逼迫日本大力发掘智能电网的潜力。

日本的智能电网的主角是蓄电池。日本的大型锂离子蓄电池正在紧锣密鼓的研发，2016年3月已成功推出由312个锂离子电池构成的小型组合蓄电池，蓄电能力达1.6千瓦时。2016年秋季。日本三菱电机公司计划把29万个笔记本电脑用锂离子电池连接在一起，蓄电容量达1500千瓦时。研发大型蓄电池的公司越来越多，三菱重工业公司和九州电力公司把448个组合蓄电池连接起来成功制成蓄电容量为132千瓦时的大型蓄电池。日本在蓄电池方面的投资到2020年将累计达5万亿日元，由此可以看出蓄电池对于智能电网的重要性。

日本将近有150个智能社区项目正在进行，表2-14列出了日本智能电网四大示范工程及其概况。

表 2–14　　　　　　　　　　　　　　日本智能电网四大示范工程概况

实验城市和特点	参加单位	实 验 内 容
横滨市， 中大型城市，规模大	横滨市，Accenture，日产，东芝，明电舍，Panasonic，东京电力，东京煤气	（1）前期对 20 户居民开展智能住宅实验； （2）开展包含蓄电池和电气汽车在内的地区能源管理系统的技术实验； （3）将太阳能发电规模扩大到 2 万千瓦，参与智能住宅实验用户达 4000 户，电动汽车数量达 2000 辆
丰田市， 小型城市	丰田市，丰田汽车，Denson，夏普，中部电力，东邦煤气，富士通，东芝，KDDI，三菱重工，罗森，丰田住宅，三菱商事	（1）对 150 户新建住宅安装太阳电池板、热泵、燃料电池、蓄电池等，开展智能住宅实验； （2）构建电动汽车充电网络； （3）开展能源消费可视化实验
学研都市， 文化学术型城市	京都府，关西文化学术研究都市推进机构，京都大学，关西电力，大阪煤气	（1）以楼宇、学校和 900 户住宅为对象开展实验； （2）安装可对用电设备进行控制的智能终端（smart tap），根据电力使用情况进行节能控制；对节省下的能源累计点数，并给予激励
九州市， 产业型城市	北九州市，新日铁，富士电机系统，GE，日本 IBM	（1）实验对象为 200 户居民住宅、4 个商业设施和 4 所学校等； （2）区域内所有的建筑物安装智能电表； （3）根据电力需求变化设定动态电价

来源：论文《日本智能电网政策体系及发展重点研究》。

二、电力消费形势分析

（一）用电量

日本的用电量在 1990—2007 年间呈小幅增长趋势，2008 年后就一直在小范围内波动。2011 年所有核电站关停，无法在短时间内弥补核电的缺口，用电量下降。2011 年之后日本增大了火电发电量弥补电量缺口，大力发展可再生能源并取得一定成效。1990—2015 年日本用电量及增速如表 2–15、图 2–14 所示。

表 2–15　　　　　　　　　　　　　　1990—2015 年日本用电量及增速

年　份	1990	1991	1992	1993	1994	1995	1996	1997	1998
用电量/亿千瓦时	7711.4	7953.7	8020.8	8074.0	8616.4	8781.3	8986.4	9043.9	9246.8
增速/%	—	3.14	0.84	0.66	6.72	1.91	2.34	0.64	2.24
年　份	1999	2000	2001	2002	2003	2004	2005	2006	2007
用电量/亿千瓦时	9462.4	9688.2	9534.9	9717.7	9611.5	9949.6	10015.3	10215.3	10357.4
增速/%	2.33	2.39	−1.58	1.92	−1.09	3.52	0.66	2.00	1.39
年　份	2008	2009	2010	2011	2012	2013	2014	2015	
用电量/亿千瓦时	9934.4	9681.9	10215.6	9649.8	9634.8	9683.7	9619.0	9492.3	
增速/%	−4.08	−2.54	5.51	−5.54	−0.15	0.50	−0.66	−1.32	

数据来源：国际能源署；联合国统计司。

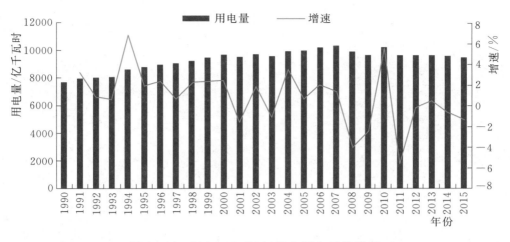

图 2-14　1990—2015 年日本用电量及增速

（二）分部门用电量

1990 年以来，日本分行业用电量结构发生了显著变化，居民生活用电占比由 23.88% 降至 27.28%，下降 3.4 个百分点；服务业用电量占比由 21.03% 升至 36.31%，增长 15.28 个百分点；工业用电量占比由 54.86% 下降至 31.10%，下滑 23.76 个百分点；其他用电量有很大的提升。1990 年以来，日本分行业用电结构变化显著，主要是工业和服务业用电量发生了显著变化。随着服务业在日本国民经济中的比重越来越高，服务业用电量则处于上升趋势；工业在日本国民经济中所占比重从 1990 年以来一直处于下降趋势，随着技术的提升，工业上可能采用了节能技术，使工业用电量减少。

2015 年日本分行业用电量构成中，商业和公共服务用电量为 3446.74 亿千瓦时，占比最高，为 36.31%；居民生活用电量为 2676.38 亿千瓦时，占比 27.28%；；工业用电量为 3051.36 亿千瓦时，占比 31.10%，其他用电量在 2015 年占比 3.06%，相比 1990 年有了很大的提升。1990—2015 年日本分行业用电量及占比如表 2-16、图 2-15 所示。

表 2-16　　　　　　　　　　1990—2015 年日本分行业用电量及占比

年　份		1990	1991	1992	1993	1994	1995	1996
农业	用电量/亿千瓦时	17.55	17.58	17.35	17.05	17.91	17.71	17.89
	占比/%	0.23	0.22	0.22	0.21	0.21	0.20	0.20
工业	用电量/亿千瓦时	4230.86	4232.14	4128.31	4004.88	4135.75	4071.52	4151.52
	占比/%	54.86	53.21	51.47	49.60	48.00	46.37	46.20
服务业	用电量/亿千瓦时	1621.55	1785.18	1890.11	2011.25	2256.27	2393.5	2487.48
	占比/%	21.03	22.44	23.56	24.91	26.19	27.26	27.68
居民生活	用电量/亿千瓦时	1841.48	1918.8	1984.87	2040.59	2206.15	2298.15	2328.92
	占比/%	23.88	24.12	24.75	25.27	25.60	26.17	25.92
其他	用电量/亿千瓦时	0	0	0.2	0.25	0.33	0.45	0.62
	占比/%	0	0	0.00	0.00	0.00	0.01	0.01
年　份		1997	1998	1999	2000	2001	2002	2003
农业	用电量/亿千瓦时	17.77	18.23	18.12	18.05	17.58	17.38	16.9
	占比/%	0.20	0.20	0.19	0.19	0.18	0.18	0.18

续表

年 份		1997	1998	1999	2000	2001	2002	2003
工业	用电量/亿千瓦时	3995.71	3893.77	3939.49	3999.01	3872.9	3889.46	3834.6
	占比/%	58.70	42.11	41.63	41.28	40.62	40.02	39.90
服务业	用电量/亿千瓦时	2665.05	2887.56	2985.67	3089.15	3067.8	3145.63	3135.04
	占比/%	39.15	31.23	31.55	31.89	32.17	32.37	32.62
居民生活	用电量/亿千瓦时	2364.41	2445.82	2516.93	2578.54	2571.85	2658.61	2615.94
	占比/%	34.74	26.45	26.60	26.62	26.97	27.36	27.22
其他	用电量/亿千瓦时	0.94	1.38	2.17	3.45	4.74	6.67	9.01
	占比/%	0.01	0.01	0.02	0.04	0.05	0.07	0.09

年 份		2004	2005	2006	2007	2008	2009	2010
农业	用电量/亿千瓦时	16.97	16.72	17.66	17.23	17.27	27.08	23.26
	占比/%	0.17	0.17	0.17	0.17	0.17	0.28	0.23
工业	用电量/亿千瓦时	3879.65	3761.77	4053.7	3906.55	3556.82	3313.28	3364.21
	占比/%	38.99	37.56	39.68	37.72	35.80	34.22	32.93
服务业	用电量/亿千瓦时	3301.92	3391.06	3330.09	3503.56	3476.05	3453.99	3737.76
	占比/%	33.19	33.86	32.60	33.83	34.99	35.67	36.59
居民生活	用电量/亿千瓦时	2739.23	2830.8	2795.94	2909.99	2861.89	2860.16	3052.65
	占比/%	27.53	28.26	27.37	28.10	28.81	29.54	29.88
其他	用电量/亿千瓦时	11.87	14.92	17.88	20.06	22.4	27.43	37.77
	占比/%	0.12	0.15	0.18	0.19	0.23	0.28	0.37

年 份		2011	2012	2013	2014	2015
农业	用电量/亿千瓦时	30.31	34.53	27.67	27.65	27.65
	占比/%	0.31	0.36	0.29	0.29	0.29
工业	用电量/亿千瓦时	3243.49	3139.87	2981.71	3063.04	3051.36
	占比/%	33.61	32.59	30.79	31.84	32.15
服务业	用电量/亿千瓦时	3422.89	3518.96	3690.69	3581.97	3446.74
	占比/%	35.47	36.52	38.11	37.24	36.31
居民生活	用电量/亿千瓦时	2902.08	2873.43	2851.8	2739.38	2676.38
	占比/%	30.07	29.82	29.45	28.48	28.20
其他	用电量/亿千瓦时	50.99	68.03	131.29	206.99	290.21
	占比/%	0.53	0.71	1.36	2.15	3.06

数据来源：国际能源署；联合国统计司。

三、电力供需平衡分析

日本是世界上电力工业最发达的国家之一，其发电装机容量、发电量均处于世界前列，电力供应充足，无进出口电量，电力供应可以满足需求。日本的电力能做到自给自足，所需的能源主要依赖于进口，能源自给率非常低。日本作为发达国家，电力需求比较稳定，近十年来保持在1万亿千瓦时左右，电力供应基本可以满足需求。1990—2015年日本电力供需平衡情况如表2-17、图2-16所示。

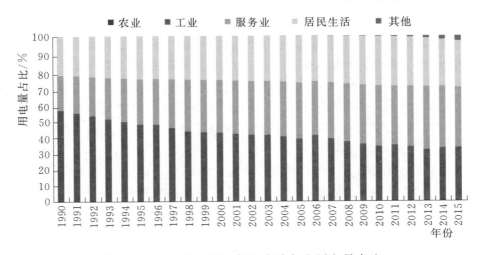

图 2-15 1990—2015 年日本分行业用电量占比

表 2-17　　　　　　　　**1990—2015 年日本电力供需平衡情况**　　　　　　单位：亿千瓦时

年　份	1990	1991	1992	1993	1994	1995	1996	1997	1998
发电量	8815	9113.03	9167.87	9261.03	9844.93	10108.8	10298.57	10548.64	10596.63
用电量	7711.44	7953.7	8020.84	8074.02	8616.41	8781.33	8986.43	9043.88	9246.76
年　份	1999	2000	2001	2002	2003	2004	2005	2006	2007
发电量	10791.42	10996.71	10831.42	11030.81	10925.95	11211.93	11392.45	11401.99	11636.2
用电量	9462.38	9688.20	9534.87	9717.75	9611.49	9949.65	10015.27	10215.27	10357.39
年　份	2008	2009	2010	2011	2012	2013	2014	2015	
发电量	11081.87	10753.05	11485.34	10829.05	10647.91	10663.88	10593.69	10413.43	
用电量	9934.43	9681.94	10215.65	9649.76	9634.82	9683.16	9619.03	9492.34	

数据来源：国际能源署；联合国统计司。

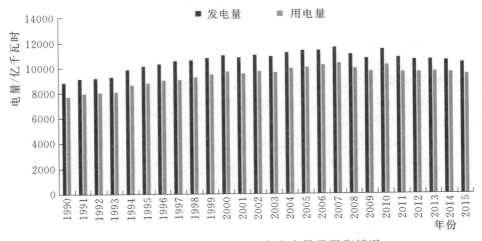

图 2-16 1990—2015 年日本电力供需平衡情况

四、电力相关政策

（一）电力投资相关政策

1. 火电政策

日本的火力发电始终占有一定的主导地位，在福岛核电站事故之后，迫于国内的压力，日本的核电站关停造成了巨大的电力缺口，需要大力发展火电弥补缺口。

2014年战略能源计划提出了未来能源结构的设想。政府于2015年制定了各能源的能源组合目标：煤炭在日本能源结构中的作用将维持到2030年，约占基础能源总量的25%。煤炭对发电的贡献将从2014年的31%降至26%左右，与东日本大地震之前的水平相似。日本能源与自然资源咨询委员会的附属委员会2015年6月1日审议通过了日本长期能源供给与需求计划报告，在该报告中，2030年日本将有20%～22%的能源来自核能，这份计划缩减了化石能源的比例，同时主张扩大可再生能源的比例。

2015年，日本内阁会议决定了《燃气事业法》修正案，规定在2017年前后使城市燃气零售全面自由化，2022年4月剥离东京、大阪和东邦三大燃气巨头的输气管业务。

2. 核电政策

能源方面日本经历了一个挺核、废核到零核，然后再到拥核的过程。目前日本不会放弃核电，相反会重启核电站，使核电占比少于1/4。

2014年，安倍内阁通过《日本能源基本计划》，确认核能是基荷能源，核能供给稳定、效率高、运营成本低、二氧化碳零排放，能为日本能源结构做出重要贡献。

2016年，日本能源经济研究所发布了《2017财年日本经济与能源展望》报告，对2016财年和2017财年日本以及全球经济与能源的发展做出了展望与评估。关于重启反应堆的问题，报告按照重启反应堆的速度提出了三个方案，分别是高重启方案、参考方案和低重启方案。

3. 水电政策

日本的水力发电受地势限制，难以建设大型水电站。日本的小水力发电应用范围广泛，小水力发电具有投资成本低、体积小、不受天气影响，并且发电过程中二氧化碳排放量极低的优点。

日本环境省2014年8月宣布，将大力普及利用自来水厂引水管的小水力发电，并在2015年调查新型发电机的可行性。

2016年12月日本经济产业省宣布，将根据电力公司可再生能源"固定价格收购制"降低发电运营商购入的风力发电的价格。从2017年10月1日起，1千瓦时收购价从22日元降低到21日元左右。2019年为19日元，比现在降低约14%，离岸风电的收购价将维持在36日元。这是日本自2012年引进固定价格收购制以来，首次降低风力发电的价格。

4. 可再生能源政策

日本鼓励发展可再生能源，可再生能源发电在日本的发电结构中占有相当的比重，发展可再生能源主要是依靠国家的政策支持。

2009年，日本开始实施《太阳能发电固定价格收购制度》，并于2012年将全额采购的范围扩大到其他可再生能源，以鼓励其发展。

2011年日本通过了《可再生能源特别措施法案》，电力公司有义务购买个人和企业利用太阳能、风力和地热等方式生产的电力，鼓励并普及可再生能源发电；利用可再生能源发电成本高，日本将设立一个第三方委员会，负责确定电力价格，以确保电价的透明度。

2014年内阁通过了《能源基本计划》草案，明确了加速可再生能源的利用，将其作为未来实现能源本土化供应的重要手段。

2016年12月日本经济产业省宣布，将根据电力公司可再生能源"固定价格收购制"降低发电运营商购入的风力发电的价格。从2017年10月1日起，1千瓦时收购价从22日元降低到21日元左右。2019年为19日元，比现在降低约14%，离岸风电的收购价将维持在36日元。

2016年，日本调整可再生能源固定价格收购制度的《修订可再生能源特别措施法》，在5月25日的参议院全体会议上通过而成立。将从2017年4月开始施行。

2017年，日本新能源与产业技术综合开发机构、东京电力控股公司等在东京都新岛村展开以政府设想的 2030 年度电源构成为前提的验证试验，可再生能源比例较目前大幅增加，旨在推动研发稳定供电的新技术。日本政府设想的 2030 年度电源构成比例中核电增至发电总量的 20％～22％，风力、太阳能、水力等可再生能源预计从 2015 年度的 15％左右升到 22％～24％。

（二）电力市场相关政策

目前，日本电网处于电改的第三阶段，将电网环节与发电业务进行法律分离，全面开放市场价格管制，且日本还十分重视智能电网建设。

2013 年 11 月，日本通过了《电气事业法修正案》，明确分三阶段实施电力改革：第一阶段（截至 2015 年），成立广域系统运行协调机构，负责协调全国各个电力公司调度机构运营；第二阶段（截至 2016 年），全面放开零售市场，允许所有用户自由选择售电商；第三阶段（2018—2020 年），将电网环节与发电业务进行法律分离，全面放开市场价格管制。

第一阶段成立一个全国性的机构负责协调各个电力调度机构运营。该机构的名称为"广域系统运行机构"，其主要职责是接管电力系统利用协会（ESCJ）的职责，强化其在全国范围的电力供需平衡与调整，跨区域电力线路的规划、运营等方面的职能。在灾害以及供需紧张等紧急时刻，还有权力对电力公司进行适合的供需调整。

2016 年 4 月 1 日起，进入电改的第二阶段，日本全面放开电力零售市场，允许所有用户自由选择售电商；取消批发市场的价格管制，允许电力公司依据市场竞争自由定价，鼓励发电商、十大区域电力公司和售电商一起进入交易市场。方案提出在零售市场放开的过渡期，要制定相关措施，保障用户的用电权益。设定默认供电商，在用户与售电公司无法达成协议时，保障用户的最终供电服务。

第三阶段将发电等业务与电网环节分离，加强电力批发市场建设。在保证输配电网一体化的情况下将十大电力公司的发电等业务与电网环节进行法律分离，电网环节成立独立法人公司。确保输配环节中立，并向所有电厂和用户公平开放，促进新的企业和资本参与市场竞争。电网环节的输配电价格按照成本加收益的原则，由经济产业省进行核定。鼓励新投资者进入电力批发市场，扩大分布式能源和可再生能源发电比例，实现发电侧多元化。放开批发市场的价格管制，通过建立实时市场、容量市场、期货市场等方式，鼓励发电商、十大电力公司和售电商进入交易市场，引导新的规模发电公司参与市场竞争。

2011 年 6 月，在第十三次"新时代能源社会系统研讨会"上，日本正式提出"日本版智能电网"，在原有中远期智能电网规划目标的基础上，进一步提出了智能社区的近期建设目标，并首次给出了智能电网完整的体系化发展理念。经济产业省已经成立"关于下一代能源系统国际标准化研究会"，发表《关于下一代能源系统国际标准化》的报告，并积极采取行动与美国合作。

2015 年，日本内阁通过《电气事业法》修正案，规定在 2020 年 4 月把输配电业务从大型电力公司剥离，由电力巨头垄断的输配电网将新参与市场的电力企业开放，促进电力公司间的竞争；设立"广域系统运行协调机构"，旨在监督全国电力交换计划，协调电力供需，确保紧急情况下的稳定供电，有益于实现可再生能源在日本全国范围内跨区消纳。

第三节　电力与经济关系分析

一、电力消费与经济发展相关关系

（一）总用电量增速与 GDP 增速

1990 年以来，日本的总用电量增速和 GDP 增速的走势基本相同。20 世纪 90 年代初日本处于泡沫经济破裂时期，日本的房地产经济破裂导致 GDP 增速下降，总用电量增速也随之下降。2008 年的全球金融危机令日本经济受挫，GDP 增速和总用电量增速均呈负值。2011 年的福岛地震致使日本所有核电站关停，总用电量增速为 1990 年以来的最低水平，GDP 增速也有所下降。1990—2015 年日本总用电量增速与 GDP 增速如图 2-17 所示。

图 2-17　1990—2015 年日本总用电量增速与 GDP 增速

（二）电力消费弹性系数

电力消费弹性系数可以反映电力发展速度与国民经济发展速度关系。1991 年以来，日本的电力消费弹性系数整体较为稳定，在 2007 年出现最小值 -4.17，2007 年之后，日本经济开始好转，在 2011 年，电力消费弹性系数降至 -0.69，在安倍经济学的作用下，日本经济逐渐缓慢复苏，GDP 形势仍不乐观，用电量处于平稳状态，电力消费弹性系数逐渐回升至正值。1991—2015 年日本电力消费弹性系数如表 2-18、图 2-18 所示。

表 2-18　　　　　　　　　　1991—2015 年日本电力消费弹性系数

年　份	1991	1992	1993	1994	1995	1996	1997	1998	1999
电力消费弹性系数	0.23	0.09	0.05	0.68	0.17	-0.21	-0.07	-0.26	0.18
年　份	2000	2001	2002	2003	2004	2005	2006	2007	2008
电力消费弹性系数	0.33	0.13	-0.44	-0.14	0.42	-0.53	-0.42	-4.17	-0.35
年　份	2009	2010		2011	2012	2013	2014		2015
电力消费弹性系数	-0.66	0.62		-0.69	-0.21	-0.03	0.11		0.14

数据来源：世界银行；国际能源署；联合国统计司。

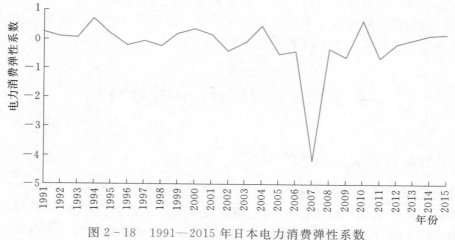

图 2-18　1991—2015 年日本电力消费弹性系数

（三）单位产值电耗

1990—2015 年，日本单位产值电耗总体上在小范围内波动，整体处于 0.2 千瓦时/美元的水平。日本是发达国家，其技术设备水平先进，二十年来 GDP 的变化不大，产业结构发展相对平衡，单位产值电耗较低，在世界上处于领先水平。1990—2015 年日本电力消费单位产值电耗如表 2-19、图 2-19 所示。

表 2-19　　　　　　　　　　　1990—2015 年日本电力消费单位产值电耗　　　　　　　单位：千瓦时/美元

年　份	1990	1991	1992	1993	1994	1995	1996	1997	1998
单位产值电耗	0.25	0.22	0.21	0.18	0.18	0.16	0.19	0.20	0.23
年　份	1999	2000	2001	2002	2003	2004	2005	2006	2007
单位产值电耗	0.21	0.20	0.22	0.24	0.22	0.21	0.21	0.23	0.23
年　份	2008	2009	2010	2011	2012	2013	2014	2015	
单位产值电耗	0.20	0.19	0.18	0.16	0.16	0.19	0.20	0.22	

数据来源：世界银行；国际能源署；联合国统计司。

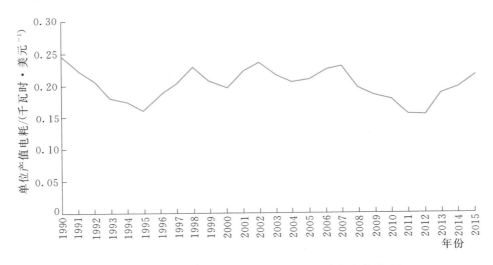

图 2-19　1990—2015 年日本电力消费单位产值电耗

（四）人均用电量

1990 年以来，日本人均用电量总体呈小幅增长状态。1990—2007 年期间，日本的人均电力消耗呈小幅增长状态，2008—2011 年处于小幅波动状态，2011—2015 年，日本的人均用电量处于稳定状态。1990—2015 年日本人均用电量情况如表 2-20、图 2-20 所示。

表 2-20　　　　　　　　　　　1990—2015 年日本人均用电量情况　　　　　　　　　　单位：千瓦时

年　份	1990	1991	1992	1993	1994	1995	1996	1997	1998
人均用电量	6246.10	6418.42	6448.14	6469.57	6885.42	6999.31	7146.27	7174.84	7318.37
年　份	1999	2000	2001	2002	2003	2004	2005	2006	2007
人均用电量	7474.82	7638.73	7497.74	7626.55	7531.34	7788.38	7837.90	7990.04	8092.98
年　份	2008	2009	2010	2011	2012	2013	2014	2015	
人均用电量	7757.03	7561.06	7977.86	7544.77	7550.21	7604.18	7570.46	7490.21	

数据来源：世界银行；国际能源署；联合国统计司。

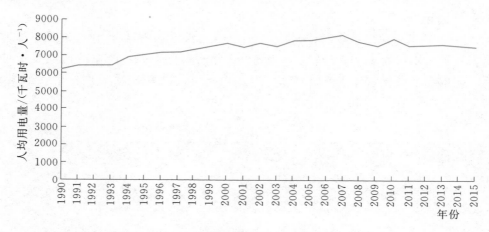

图 2-20　1990—2015 年日本人均用电量情况

二、工业用电与工业经济增长相关关系

（一）工业用电量增速与工业增加值增速

1990 年以来，日本工业用电量增速与工业增加值增速走势基本相同。20 世纪 90 年代初日本处于泡沫经济时期，日本的房地产经济破裂导致工业增加值增速下降，2009 年日本工业增加值增速下降为 -14.86％，创历史新低。1990—2015 年日本工业用电量增速与工业增加值增速如图 2-21 所示。

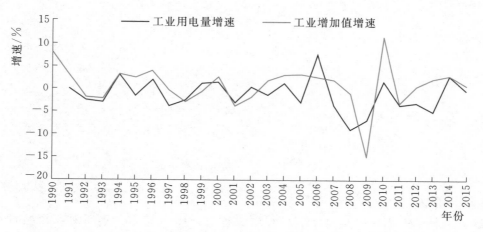

图 2-21　1990—2015 年日本工业用电量增速与工业增加值增速

（二）工业电力消费弹性系数

日本工业占 GDP 比重呈现递减趋势，经济危机对工业造成巨大影响，2009 年，日本工业增加值增速分别下降 1.67％，工业用电量也产生了大幅度的萎缩，2008 年和 2009 年工业用电量分别下滑 8.95％和 6.85％，工业电力经济相关性系数一度高达 5.4493。日本工业用电量与增加值相关系数一直处于大幅波动状态，2013 年之后相对稳定。1990—2015 年日本工业电力消费弹性系数如表 2-21、图 2-22 所示。

（三）工业单位产值电耗

1990 年以来，日本的工业产值电耗整体呈下降趋势，期间出现一定范围内的波动，2012 年出现最小值 0.1882 千瓦时/美元。日本的工业在国民经济中的占比减小，技术设备的环保性有了一定提高，用电量相对减少。1990—2015 年日本工业单位产值电耗如表 2-22、图 2-23 所示。

表 2 - 21   **1990—2015 年日本工业电力消费弹性系数**

年 份	1990	1991	1992	1993	1994	1995	1996	1997	1998
工业电力消费弹性系数	—	0.00	−0.44	−0.29	0.30	−0.15	−0.17	0.37	0.25
年 份	1999	2000	2001	2002	2003	2004	2005	2006	2007
工业电力消费弹性系数	0.11	0.23	0.20	−0.06	−0.19	0.15	1.69	−1.50	5.45
年 份	2008	2009	2010	2011	2012	2013	2014	2015	
工业电力消费弹性系数	−1.05	2.84	0.11	−1.51	−12.37	0.31	−0.86	0.06	

数据来源：世界银行；国际能源署；联合国统计司。

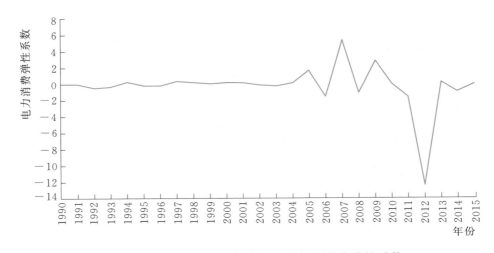

图 2 - 22   1990—2015 年日本工业电力消费弹性系数

表 2 - 22   **1990—2015 年日本工业单位产值电耗**   单位：千瓦时/美元

年 份	1990	1991	1992	1993	1994	1995	1996	1997	1998
单位产值电耗	0.36	0.32	0.30	0.26	0.24	0.22	0.25	0.27	0.29
年 份	1999	2000	2001	2002	2003	2004	2005	2006	2007
单位产值电耗	0.26	0.25	0.29	0.31	0.28	0.27	0.26	0.30	0.29
年 份	2008	2009	2010	2011	2012	2013	2014	2015	
单位产值电耗	0.24	0.23	0.21	0.19	0.19	0.21	0.23	0.24	

数据来源：世界银行；国际能源署；联合国统计司。

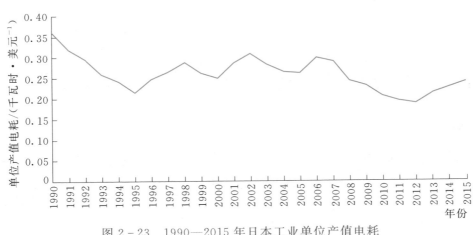

图 2 - 23   1990—2015 年日本工业单位产值电耗

三、服务业用电与服务业经济增长相关关系

（一）服务业用电量增速与服务业经济增加值增速

1990—2015 年，日本服务业用电量增速波动较大，服务业增加值增速较为平稳。服务业用电量增速与服务业增加值增速之间的规律性较弱。1990—2015 年日本服务业用电量增速与服务业增加值增速如图 2-24 所示。

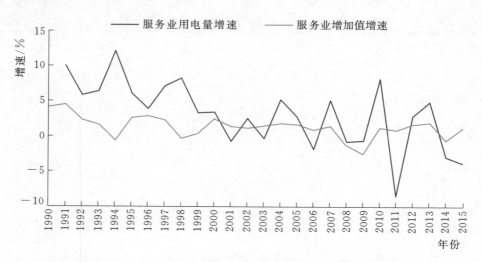

图 2-24　1990—2015 年日本服务业用电量增速与服务业增加值增速

（二）服务业电力消费弹性系数

服务业占日本的国民经济的比重增大，2015 年服务业占 GDP 的 70% 左右，是国民经济的重要组成部分，1991—2015 年，日本服务业用电量与增加值相关性系数总体上较为稳定，大部分在小于 1 的水平，个别年份的系数大于 1。1990—2015 年日本服务业电力消费弹性系数如表 2-23、图 2-25 所示。

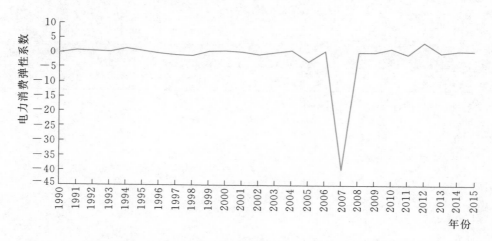

图 2-25　1990—2015 年日本服务业电力消费弹性系数

（三）服务业单位产值电耗

1990—2015 年间，日本的服务业单位产值电耗整体呈小幅波动上升趋势。在 1990—1995 年处于下降趋势，1998—2010 年在 0.1 千瓦时/美元上下波动，在 2011 年达到近十年来的最低水平，2011 年之后呈上升趋势。1990—2015 年日本服务业单位产值电耗如表 2-24、图 2-26 所示。

表 2－23   1990—2015 年日本服务业电力消费弹性系数

年 份	1990	1991	1992	1993	1994	1995	1996	1997	1998
服务业电力消费弹性系数	—	0.68	0.53	0.37	1.37	0.52	−0.35	−0.93	−1.06
年 份	1999	2000	2001	2002	2003	2004	2005	2006	2007
服务业电力消费弹性系数	0.24	0.46	0.07	−0.81	−0.04	0.62	−3.34	0.40	−39.72
年 份	2008	2009	2010	2011	2012	2013	2014	2015	
服务业电力消费弹性系数	−0.06	−0.10	1.16	−0.81	3.39	−0.29	0.42	0.35	

数据来源：世界银行；国际能源署；联合国统计司。

表 2－24   1990—2015 年日本服务业单位产值电耗   单位：千瓦时/美元

年 份	1990	1991	1992	1993	1994	1995	1996	1997	1998
服务业单位产值电耗	0.09	0.08	0.08	0.07	0.07	0.07	0.08	0.09	0.11
年 份	1999	2000	2001	2002	2003	2004	2005	2006	2007
服务业单位产值电耗	0.10	0.10	0.11	0.11	0.10	0.10	0.10	0.11	0.11
年 份	2008	2009	2010	2011	2012	2013	2014	2015	
服务业单位产值电耗	0.10	0.09	0.09	0.08	0.08	0.10	0.10	0.11	

数据来源：世界银行；国际能源署；联合国统计司。

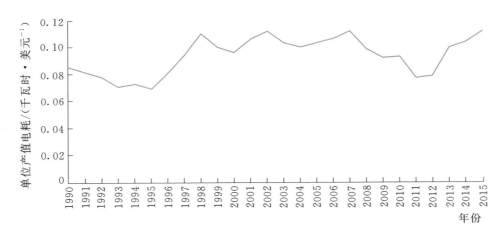

图 2－26 1990—2015 年日本服务业单位产值电耗

第四节 电力与经济发展展望

一、经济发展展望

  2017 年第二季度，日本实际 GDP 同比增长 1.4%，日本经济呈现温和复苏态势。从 GDP 的构成来看，2016 年以来日本经济增长主要是由净出口带动：2016 年第四季度经济同比增长 1.7%，为近一年来峰值，净出口拉动的经济增长达 1.1 个百分点，贡献率达 64.76%。在以"负利率＋修订版 QQE"为核心的宽松货币政策环境下，投资与消费对日本经济增长的推动作用也有所加强。

  国际贸易方面，2016 年日本商品和服务净出口额高达 375.59 亿美元，这是自 2011 年以来首次扭转逆差。其中，日本对美国顺差 626.46 亿美元，同比增长 6%，是其净出口总额的 1.67 倍；对欧洲逆差 47.82 亿美元，同比下降 49%；对中国逆差 423.7 亿美元，同比下降 17%。外贸回暖成为推动日本经济复苏的主导力量。

日本《日本研究报告 2017》预计，2014—2024 年度日本实际 GDP 年均增长率约为 0.7%；消费者物价指数年均上涨约 1.3%；受人口少子老龄化及劳动力减少影响，有效求人倍率上升，失业率仍徘徊在 3.1%～3.5%。低增长、低通胀、低失业在未来 10 年将是日本经济发展的常态。

IMF 预测，日本 2017 年的经济增长率有望达到 1.5%，2018 年将降至 0.7%。与 2017 年相比，私人消费支出拉低经济 0.39 个百分点，公共消费支出拉低 0.16 个百分点，固定资本形成拉低 0.25 个百分点，存货与净出口的作用微弱，总体上拉低经济增长 0.8 个百分点，实际 GDP 增长率由 2017 年的 1.5% 降至 2018 年的 0.7%。

二、电力发展展望

（一）电力需求展望

历年日本电力供应与消耗显示，日本的电力供应能满足需要的消耗。随着日本电力市场改革，售电市场的全面放开引进了一大批新的公司进入零售市场，2017 年，日本有 10% 的用电量由供电企业以外的公司提供。随着日本经济缓慢复苏，对用电量的需求可能会有所上升，与近几年的需求量相差不大。

（二）电力发展规划与展望

2015 年，日本政府制定了新的能源政策，公布了到 2030 年的能源供应与需求目标。该政策旨在实现能源安全、经济、环境和安全的协调发展。日本政府计划到 2030 年发电组成预计为：核电 22%、煤炭 26%、液化天然气 27%、石油 3%、其他可再生能源 22%。日本政府要确保实现 60% 左右的基荷电力，保证供电的稳定性，燃煤发电将贡献 56% 的基荷电力。

1. 火电发展规划与展望

日本的火力发电始终占有一定的主导地位，迫于群众的压力，日本的核电重启计划进行得十分缓慢，需要火电补上巨大的电力缺口。在未来几年，日本的火力发电还将继续发展，但是随着国际倡导使用可再生能源，日本的火电占比将有所回落。

随着日本电力市场的开放和煤炭价格相对于天然气的低价，未来几年将计划投入 20 亿千瓦的新燃煤发电量。2016 年 2 月，日本环境署批准了未来 12 年日本预计将建设 43 座燃煤发电厂。2016 年，日本有总计 90 座燃煤设施，总容量达 40.5 吉瓦。到 2028 年将再增加 50 座，总容量有望达 61 吉瓦。

未来几年，日本计划建设新的燃煤电厂，以取代旧热电厂，弥补核电容量的损失。2017—2020 年日本大容量（超过 500 兆瓦）燃煤发电厂建设计划见表 2 - 25。

表 2 - 25　　　　　　　　　　　　　燃煤发电厂建设计划

公 司 名 称	技术	容量/MW	开始时间
电源开发株式会社	USC	1×600	2020 年
东京电力公司	IGCC	1×500	2020 年
东京电力公司	IGCC	1×500	2020 年
中部电力公司、东京电力公司	USC	1×650	2020 年
新日铁住金、电源开发株式会社	USC	1×640	2020 年
九州电力公司	USC	1×1000	2020 年
九州、出光兴产株式会社、东京天然气	USC	2×1000	2020 年

公 司 名 称	技术	容量/MW	开始时间
中国电力公司、JFE 钢铁公司、东京天然气	USC	1×1000	2020 年
东北电力公司	USC	1×600	2020 年
鹿岛电力建设公司	USC	1×640	2020 年

数据来源：国际能源署。

2. 水电发展规划与展望

日本的水力发电受其地势限制，难以建设大型水电站，日本的小水力发电应用范围广泛，小水力发电具有投资成本低、体积小、不受天气影响，并且发电过程中二氧化碳排放量极低的优点。据相关统计，目前日本全国的小水力发电设施的年合计发电量达 4.9 万千瓦时以上，相当于 55000 户普通家庭一年的电力消耗。日本的水电发展迅速，2015 年水电的发电量在国内占比已经达到 8.76%，日本全国小水力利用推进协会预计，日本未开发的小水力蕴藏量还有 300 万千瓦，日本未来的水电还是以发展小水电为主。

3. 核电发展规划与展望

福岛核泄漏事故沉重打击了日本核电产业，很大程度上影响了决策者和公众对核电前景的看法。迫于国内民众的压力，2012 年夏天，日本所有核电机组进入停运状态，占日本发电总量约 1/4 的核电站不得不停止供电。

2014 年 4 月，日本发布的《第四次能源基本计划》认为，核能仍然是重要的基荷电源，出于安全性的考虑，还是应当尽量减少对核能的依赖程度。日本于 2015 年开始重启核电机组，不过在民间反核力量的制约下，重启核电的工作进展非常缓慢，政府的"战略能源计划"预计，到 2030 年，核电将占到发电量的 20%～22%。日本的核电在未来几年将会缓慢重启，不排除投资新建核电站的可能。

4. 风电发展规划与展望

日本离岸风电资源潜力巨大，能够为满足基本负荷电力需求做出贡献，离岸风电不存在土地制约问题，同时利用率可达 45%～50%，离岸风电能够满足部分基本负荷发电需求。日本计划在 2020 年前大规模增加风力发电机数量，投入数百亿日元发展该工业，预计到 2030 财年，日本离岸风电产能将达到 100 亿瓦。日本风力发电协会预计，到 2040 年，日本海上风力发电占风力发电业务的比例将提高到 50% 左右。

5. 太阳能发电发展规划与展望

日本多年来一直积极开发太阳能等新能源。2015 年，日本经济产业省提出在 2030 年可再生能源消纳量达到 21% 的目标，可再生能源享有规划和调度优先权，预计光伏发电的装机容量将达到 6141 万千瓦，发电量约 700 亿千瓦时，在电力能源构成中占到 7%。

日本市场中大型太阳能电站规模将稳步增长，而住宅和中等规模（小于 500 千瓦）市场将继续下滑。随着日本对电力行业进行重组，到 2030 年光伏发电占日本发电比重有望从 2017 年的 4% 上升至 12%，要维持太阳能发展，日本政府需要给予新的政策支持。

第三章

德　国

第一节　经济发展与政策

一、经济发展状况

（一）经济发展及现状

德国是经济较为发达的国家，社会保障制度完善，国民具有极高的生活水平。以美元汇率计算的话是世界第四大经济体，以购买力平价计算为世界第五大经济体。2017 年德国国内生产总值达 36774 亿美元，增速为 2.22％。德国是欧洲最大经济体，以出口导向型经济为主，出口对德国经济有着重大影响。几十年来，德国贸易出口额高居世界第一，被誉为"出口冠军"。

1990 年德国统一，统一后的德国经历了三任总理，为其经济发展提供了稳定的政治环境。统一前西德经济刚开始转向良性发展的轨道，统一后国家被迫实施干预，给整个国民经济带来了"统一后遗症"。科尔政府时期，正处德国统一初期，是"后遗症"得到全面开展的时期，20 世纪 90 年代中期，德国经济困难重重，在欧盟经济体中德国经济滑到了最后。1998 年施罗德任德国总理，为走出困境，实施"第三条道路"政策，坚持通过减税激发投资和消费者的需求，活跃经济，实施国家福利政策改革。2003 年，施罗德公布了著名的"2010 议程"，改革劳动力市场、压缩社会福利、降低税率、加大科技创新的力度以及大力发展职业教育事业，施罗德政府希望通过实施"2010 议程"提高经济效率、强化国际竞争力。施罗德的改革是有成效的，为默克尔继续推动改革创造了有利条件。默克尔上台后继续推行"2010 议程"，2006 年，默克尔政府出台了"八点规划"，开始务实和真正改善了德国的投资环境，2006 年德国的经济达到了 21 世纪以来的最高增速 3％。2008 年国际金融危机期间德国的出口额依然全球第一，2009 年金融危机对德国的影响开始显著出现，经济增长迅速下滑，失业率上升，这种情况仅维持了一个季度。金融危机过后，半个欧洲深陷债务危机，德国经济虽受到一定影响却也有所受益，德国获得了大量廉价劳动力，失业率下降，危机提升了德国的政治经济地位。

德国是全球八大工业国之一，著名的鲁尔工业区主是德国最重要的工业区，柏林、莱比锡、德累斯顿是德国东部的工业重镇，新兴工业则集中在慕尼黑一带。德国的汽车制造业世界闻名，宝马、奔驰、保时捷、大众等汽车制造业总部均在德国，德国汽车制造业在世界上占据很大的市场。机械设备制造业是德国就业人数最多的行业，德国的机械设备制造业是典型的出口导向型产业，是世界第一大机械设备出口国。化工制药业作为德国的优势产业，多年来保持研发优势，在世界处于领先水平。德国拥有世界技术领先的电子电气工业，如西门子、英飞凌、博世等，德国电子元件的发展很大程度上依赖于汽车业的发展。德国的服务业中，很大一部分服务对象是工业制造业。1990 年以来，德国服务业快速发展，对德国 GDP 贡献率最大的是服务业，2017 年服务业增加值贡献了 GDP 总量的将近 70%。

（二）主要经济指标分析

1. GDP 及增速

1990—2017 年，德国 GDP 处于波动增长状态，由 1990 年的 17649.7 亿美元增长到 2017 年的 36674.4 亿美元。受 2008 年金融危机的影响，GDP 小幅下降，随着政府的经济复苏政策的扶持下，德国经济逐渐复苏，并且 GDP 平缓增长。1990—2017 年德国 GDP 及增速如表 3-1、图 3-1 所示。

表 3-1   **1990—2017 年德国 GDP 及增速**

年 份	1990	1991	1992	1993	1994	1995	1996
GDP/亿美元	17649.7	18618.7	21231.3	20685.6	22059.7	25916.2	25036.7
GDP 增速/%	5.26	5.11	1.92	−0.962	2.46	1.74	0.82
年 份	1997	1998	1999	2000	2001	2002	2003
GDP/亿美元	22186.9	22432.3	21999.6	19499.5	19506.5	20791.4	25057.3
GDP 增速/%	1.85	1.98	1.99	2.96	1.70	0	−0.71
年 份	2004	2005	2006	2007	2008	2009	2010
GDP/亿美元	28192.5	28614.1	30024.5	34399.5	37523.7	34180.1	34170.9
GDP 增速/%	1.17	0.71	3.70	3.26	1.08	−5.62	4.08
年 份	2011	2012	2013	2014	2015	2016	2017
GDP/亿美元	37577.0	35439.8	37525.1	38792.8	33636.0	34667.6	36774.4
GDP 增速/%	0.49	0.49	1.60	1.72	1.87	0.49	2.22

数据来源：联合国统计司；国际货币基金组织；世界银行。

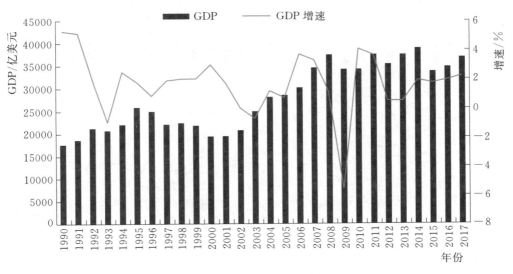

图 3-1   1990—2017 年德国 GDP 及增速

2. 人均 GDP 及增速

德国人均 GDP 呈现出较好的整体增长趋势。与 2007 年后的人均 GDP 相比，1990—2001 年期间德国人均 GDP 处于较低水平，在施罗德政府的大力改革下，德国的人均 GDP 在 2002 年之后有了很大的提升。2008 年受金融危机的影响，造成 2009 年德国人均 GDP 呈现小幅下跌，2009—2017 年期间，人均 GDP 增速整体趋于平缓，呈现出在小范围内波动的情况。1990—2017 年德国人均 GDP 及增速如表 3－2、图 3－2 所示。

表 3－2　　　　　　　　　　　　1990—2017 年德国人均 GDP 及增速

年　份	1990	1991	1992	1993	1994	1995	1996
人均 GDP/美元	22219.6	23269.4	26333.5	25488.5	27087.6	31729.7	30564.2
人均 GDP 增速/%	4.35	4.35	1.15	－1.61	2.10	1.44	0.53
年　份	1997	1998	1999	2000	2001	2002	2003
人均 GDP/美元	27045.7	27340.7	26796.0	23718.7	23687.3	25205.2	30360.0
人均 GDP 增速/%	1.70	1.96	1.92	2.82	1.52	－0.17	－0.76
年　份	2004	2005	2006	2007	2008	2009	2010
人均 GDP/美元	34165.9	34696.6	36447.9	41814.8	45699.2	41732.7	41785.6
人均 GDP 增速/%	1.19	0.77	3.82	3.40	1.27	－5.38	4.24
年　份	2011	2012	2013	2014	2015	2016	2017
人均 GDP/美元	46810.3	44065.2	46530.9	47902.7	41176.9	41936.1	44469.91
人均 GDP 增速/%	5.60	0.30	0.22	1.17	0.84	0.66	1.79

数据来源：联合国统计司；国际货币基金组织；世界银行。

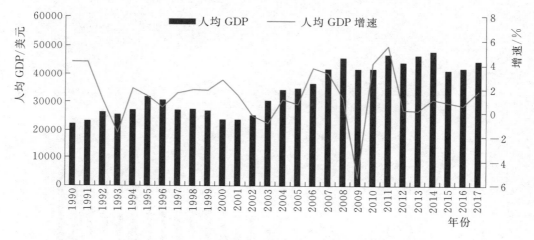

图 3－2　1990—2017 年德国年人均 GDP 及增速

3. 分部门 GDP 结构

1991 年以来，德国的产业结构发生了一些变化，服务业占比呈上升趋势，从 1991 年的 61.37% 提升到 2017 年的 71.77%，提高了 10.4 个百分点；工业占比总体呈下降趋势，从 1991 年的 33.56% 下降至 2017 年的 27.60%，下降了 5.96 个百分点，2012 年以来德国的工业占比近几年来情况有所好转，农业下降了 0.53 个百分点，服务业逐渐成为德国国民经济中的重要产业，德国服务业大部分是服务于工业的，不可忽视工业的重要作用。1991—2017 年德国分部门 GDP 占比如表 3－3、图 3－3 所示。

4. 工业增加值增速

德国工业增加值增速呈现出在一定范围波动的情况，受 2008 年金融危机的影响，造成 2009 年德国工业增加值增速呈现负增长，随着经济逐渐复苏，工业增加值增速回归正常，并保持在±5% 以内的增速。1992—2016 年德国工业增加值增速如表 3－4、图 3－4 所示。

表 3-3   **1991—2017 年德国分部门 GDP 占比**   %

年 份	1991	1992	1993	1994	1995	1996	1997
农业	1.06	0.97	0.92	0.93	0.95	0.99	0.98
工业	33.56	32.64	30.68	30.28	29.82	28.89	28.61
服务业	65.37	66.39	68.41	68.79	69.23	70.12	70.41
年 份	1998	1999	2000	2001	2002	2003	2004
农业	0.93	0.91	0.95	1.04	0.86	0.78	0.91
工业	28.44	27.78	27.88	27.21	26.56	26.42	26.66
服务业	70.63	71.30	71.17	71.75	72.58	72.80	72.44
年 份	2005	2006	2007	2008	2009	2010	2011
农业	0.69	0.71	0.74	0.80	0.66	0.65	0.74
工业	26.60	27.25	27.47	27.05	24.95	27.14	27.46
服务业	72.71	72.04	71.79	72.15	74.39	72.21	71.80
年 份	2012	2013		2014	2015	2016	2017
农业	0.70	0.88		0.69	0.56	0.55	0.63
工业	27.59	27.09		27.40	27.49	27.47	27.60
服务业	71.70	72.03		71.91	71.96	71.98	71.77

数据来源：联合国统计司；国际货币基金组织；世界银行。

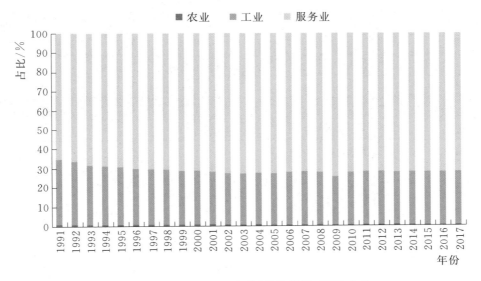

图 3-3   1991—2017 年德国分部门 GDP 占比

表 3-4   **1992—2016 年德国工业增加值增速**   %

年 份	1992	1993	1994	1995	1996	1997	1998	1999
工业增加值增速	-0.73	-5.45	3.06	-0.62	-2.90	2.02	0.15	0.46
年 份	2000	2001	2002	2003	2004	2005	2006	2007
工业增加值增速	4.62	-0.57	-1.84	-0.34	2.92	0.38	5.03	3.90
年 份	2008	2009	2010	2011	2012	2013	2014	2015	2016
工业增加值增速	-1.17	-13.53	14.41	5.19	-0.38	-0.69	5.00	1.90	1.87

数据来源：联合国统计司；国际货币基金组织；世界银行。

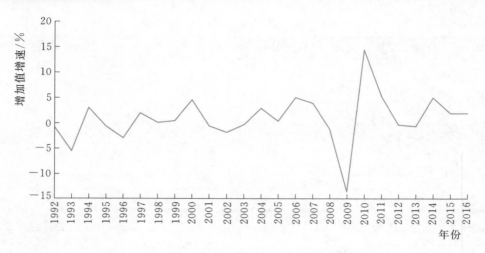

图 3-4 1992—2016 年德国工业增加值增速

5. 服务业增加值增速

1992—2001 年，服务业增加值增速在一定范围波动，2001—2003 年服务业增加值增速大幅下降。受 2008 年金融危机的影响，造成 2009 年德国服务业增加值增速呈现负增长，随着经济逐渐复苏，服务业增加值增速回归正常，并保持在 1% 以上的增速。1992—2016 年德国 GDP 服务业增加值增速如表 3-5、图 3-5 所示。

表 3-5 　　　　　　　　　　　　　 1992—2016 年德国服务业增加值增速 　　　　　　　　　　 %

年　份	1992	1993	1994	1995	1996	1997	1998	1999
服务业增加值增速	3.57	1.63	2.25	3.37	2.94	2.15	3.13	2.35
年　份	2000	2001	2002	2003	2004	2005	2006	2007
服务业增加值增速	2.82	3.29	1.22	−0.80	0.7—	1.22	3.29	3.63
年　份	2008	2009	2010	2011	2012	2013	2014	2015	2016
服务业增加值增速	2.01	−2.99	0.75	3	1.02	1.02	0.68	1.27	1.94

数据来源：联合国统计司；国际货币基金组织；世界银行。

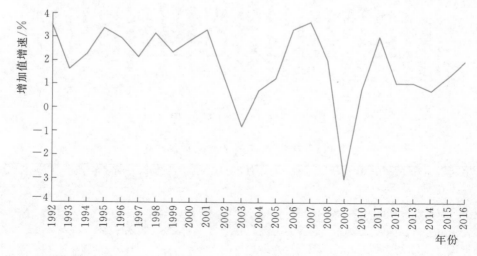

图 3-5 1992—2016 年德国服务业增加值增速

6. 外国直接投资

德国在"二战"后迅速重新崛起，带头创立了欧洲联盟与欧元，如今已是欧洲经济发展的火车头，GDP 总值为世界第四，领先英国与法国，且为世界第三大出口国。德国曾创下连续六年蝉联世界出口冠军，现今出口额仅次于中国大陆与美国。1990—2000 年，外国直接投资净额呈上升趋势，2000 年外国直接投资净额达 2479.9 亿美元。2001—2017 年，外国直接投资净额呈波动曲线，2015—2017 年稳定在 500 亿美元以上。1990—2017 年外国直接投资净额及增速如表 3-6、图 3-6 所示。

表 3-6 　　　　　　　　　　　 1990—2017 年外国直接投资净额 　　　　　　　 单位：亿美元

年 份	1990	1991	1992	1993	1994	1995	1996
外国直接投资净额	30.0	47.5	−21.2	4.0	72.9	119.9	64.3
年 份	1997	1998	1999	2000	2001	2002	2003
外国直接投资净额	128.0	236.4	559.1	2479.9	569.3	512.2	653.5
年 份	2004	2005	2006	2007	2008	2009	2010
外国直接投资净额	−204.5	598.6	874.4	508.5	309.3	566.7	860.5
年 份	2011	2012	2013	2014	2015	2016	2017
外国直接投资净额	974.8	654.6	674.1	197.8	541.2	580.6	779.8

数据来源：联合国统计司；国际货币基金组织；世界银行。

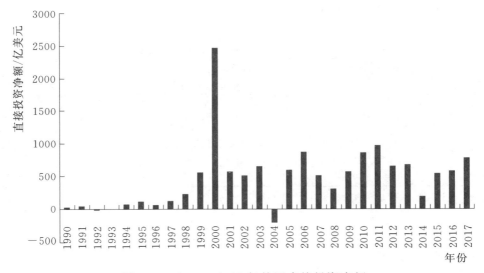

图 3-6　1990—2017 年外国直接投资净额

7. CPI 涨幅

1992—1996 年德国 CPI 呈下降趋势，受 2008 年金融危机的影响，造成 2009 年德国 CPI 下降至 0.31%，受欧债危机影响，德国 CPI 在 2011—2015 年呈下滑趋势，2015 年出现最小值 0.23%。2016 年能源价格上涨，欧洲央行实施超级宽松的货币政策，德国通胀率增长。1991—2016 年德国 CPI 涨幅如表 3-7、图 3-7 所示。

表 3-7 　　　　　　　　　　　　　 1992—2016 年德国 CPI 涨幅 　　　　　　　　　　　　 %

年 份	1992	1993	1994	1995	1996	1997	1998	1999
CPI 涨幅	5.08	4.43	2.74	1.72	1.45	1.88	0.94	0.57
年 份	2000	2001	2002	2003	2004	2005	2006	2007
CPI 涨幅	1.47	1.98	1.42	1.03	1.67	1.55	1.58	2.30
年 份	2008	2009	2010	2011	2012	2013	2014	2015	2016
CPI 涨幅	2.63	0.31	1.10	2.08	2.01	1.50	0.91	0.23	0.48

数据来源：联合国统计司；国际货币基金组织；世界银行。

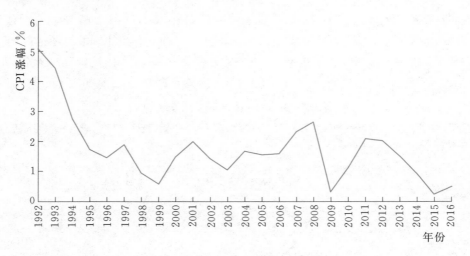

图 3-7　1992—2016 年德国 CPI 涨幅

8. 失业率

1991—2005 年，德国失业率成波动增长趋势，2005 年达到峰值 11.17%，200—2017 年，失业率持续下降。1991—2017 年德国失业率如表 3-8、图 3-8 所示。

表 3-8　　　　　　　　　　　　　　1991—2017 年德国失业率　　　　　　　　　　　　　　%

年　份	1991	1992	1993	1994	1995	1996	1997	1998	1999
失业率	5.32	6.32	7.68	8.73	8.16	8.83	9.86	9.79	8.86
年　份	2000	2001	2002	2003	2004	2005	2006	2007	2008
失业率	7.92	7.77	8.48	9.78	10.73	11.17	10.25	8.66	7.53
年　份	2009	2010	2011	2012	2013	2014	2015	2016	2017
失业率	7.74	6.97	5.82	5.38	5.23	4.98	4.62	4.31	3.74

数据来源：联合国统计司；国际货币基金组织；世界银行。

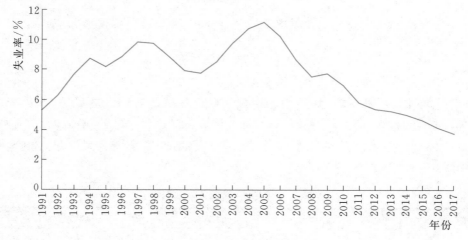

图 3-8　1991—2017 年德国失业率

二、主要经济政策

（一）税收政策

2006 年 10 月，默克尔政府对个人所得税率进行了微调，规定自 2007 年起，年收入超过 25 万欧元时个人所得税最高税率将从 42％提高到 45％。

2008 年德国营业税改革，税法中引入了新的所得税。自 2009 年 1 月 1 日起，资本利得税适用预扣税。所有的利息、股息和投资收益以及私人证券销售的所有利润一律按 25％征收。

2009 年 7 月以来，任何拥有汽车的人都必须缴纳汽车税，纯电动汽车按允许总重量征税，减半征税。

2017 年 2 月 15 日，联邦内阁通过了修订的《能源税和电力税法》第二法案草案。该法案规定将天然气的税收优惠延长到 2026 年年底，2024 年起，税收优惠逐渐减少。

（二）金融政策

1．货币政策

欧元区各国没有独立的货币政策，一切货币政策由统一的欧洲央行制定。欧洲央行 2017 年 10 月宣布，维持欧元区现行的零利率政策不变，同时将月度购债计划从 600 亿欧元削减至 300 亿欧元，并从 2018 年 1 月起延续 9 个月，意味着欧元区超宽松货币政策时代正在终结。

2．对外担保政策

德国于 2016 年由联邦政府接管的联邦出口信贷担保的范围，联邦保证约定的价值：206 亿欧元，这相当于占德国出口总量的 1.7％。

3．利率政策

德国一直维持低利率政策，近年来利率维持在 0.4％左右。

（三）产业政策

2006 年德国国家层面首次提出中长期发展战略《德国高科技战略》（2006—2009 年），该战略的政策突破点在于政府将支持引导中小企业从事高科技研发创新置于战略中心地位，并重点加强了对处于未来战略重点领域的 17 个高科技产业的研发支持。

2010 年 7 月德国联邦政府紧接着又通过了《思想、创新、增长——德国 2020 高科技战略》，延续重点支持中小企业创新政策的同时，进一步将战略研发支持领域缩减为 5 个，该战略特别强调了产业集群化战略意义。

2012 年，推出《高科技战略行动计划》为《国家高科技战略 2020》框架下《十大未来项目》的开展保驾护航。

2013 年 4 月，在诺汉威工业博览会上，德国正式推出了《德国"工业 4.0"战略计划实施建议》，"工业 4.0"计划是德国《国家创新战略 2020》中 ICT 领域的重点项目，"工业 4.0"除延续上两个计划对中小企业创新及产业集聚的支持政策外，还突出强调了"官产学研"结合的目标实施战术途径。

为保证以上创新产业政策的顺利实施，德国提出并实施了一系列保障措施。为促进区域平衡，德国制定了一系列包括《创新地区计划》《东部新研究资助计划》等保障性计划政策并对东部投入大量研究资助款，旨在平衡东西部经济发展以及助力经济情况稍有逊色的东德地区顺利实施制造业创新政策。此外，还在人才培养引进及金融领域进行了制度创新和改革。德国的"双轨制"职业教育体系一直以来都为德国输送大量的基础专业人才，2012 年提出的"蓝卡"制度也为德国吸引了大量国外的高级技术与管理人才。德国较为稳定的金融体系以及近几年不断推出的金融创新工具都为企业最初的融资发展提供了坚实保障。

（四）投资政策

1．《投资法》豁免条例

联邦政府代表联邦议院财政委员会在 2016 年评估了豁免条例，并于 2017 年 2 月向财政委员会提交了详细报告。该法扩大了《投资法》的适用范围，该法为以前未确认的投资产品引入了招股说明书义务。自《小投资者保护法》于 2015 年 7 月 10 日生效以来，股东贷款、次级贷款或其他投资的提供者必须在公开发售其投资产品前公布经德国联邦金融监管局批准的销售说明书。

（1）部分贷款和次级贷款。对于参与的贷款，投资者为特定目的向提供者提供资金，并分享利润。

在次级贷款以及公司破产的情况下，投资者的债权得不到满足，直到所有的公司债权人都满意为止。

（2）集群融资或众筹。通过互联网作为投资者获得的大量人群（所谓的人群）的项目融资。众筹是传统银行融资的一种替代方式，可以为社会，慈善或创意项目筹集资金。创业公司也经常使用众筹来筹集资金。广告和调解通常运行在特殊的互联网平台上。

2. 联邦政府的第 26 次补贴报

2017 年 8 月 23 日通过了联邦政府的第 26 次补贴报告。报告期内补贴额从 2015 年的 209 亿欧元增加到 2018 年的 252 亿欧元，补贴额增加了 43 亿欧元。

3.《对外贸易条例》的修正案

2017 年 8 月德国政府发布了有关外国投资控制的规定（即由德国经济部根据《对外贸易法》的授权所制定的《对外贸易条例》）的修正案。该修正案将会对中国投资者的投资时间安排产生重大影响：根据现有规定，申报后一个月将被授予无异议证明或视为已被授予"无异议证明"。申报后两个月可获得该"无异议证明"，提前批准。相应的，正式审批程序（极少数未获得事先批准的情况）将从二个月延长至四个月，从而将可能的调查期间从三个月延长至六个月。经济部有权对过去五年内订立的相关协议进行审查，其潜在的后果是这些协议可能会被认定无效。根据修正案，交易获得批准的等待期将会被延长，其他条件没有变化。

第二节　电力发展与政策

一、电力供应形势分析

（一）电力工业发展概况

德国位于网络化的欧洲电力系统之中，地处欧洲中心，是欧洲电力市场的重要合作伙伴，也是欧洲电力交通的枢纽。德国出口越来越多的电力到邻国。德国 2015 年向邻国出口电量 852.5 亿千瓦时，进口电量 370.08 亿千瓦时。在欧洲，德国电厂的发电量最高，发电量也最多。

电力市场化改革前的德国电力市场，处于高度垄断状态。垂直一体化的四大电力公司拥有装机容量超过全国的 80%，并且四家公司各自垄断一块区域的电力发电和输配电等。通过电力市场化改革，德国电力体制由"垂直一体化寡头垄断"的电力市场，改革为"发电、输电、配电各环节分离，售电端完全放开"的电力市场。将原来的传统垂直整合电力公司切割为发、输、配、售电公司，逐步形成了新的市场格局：德国电网 180 万公里，共有 1000 多家电力公司，499 万户计费终端用户。由 Amprion TSO、TransnetBW TSO、TenneT TSO、50 Hertz TSO 四家电网调度公司提供输电服务，由 800 多家地区供电公司和市政电力公司提供配电业务服务，由以德国莱茵、德国意昂、瑞典大瀑布和德国 EnBW 为主的 31 家大中型电力企业提供发电服务。

可再生能源的迅速扩张和电力公路的规划，即输电网，是近年电力行业发展的焦点。联邦政府的能源理念表明了电力工业的前进方向：风能和太阳能逐渐成为中央能源。将会越来越多地使用风能和太阳能驱动的汽车加热建筑物并在工业上生产。

在德国，2016 年发电量约为 6480 亿千瓦时。随着可再生能源比例稳步增长，核电、褐煤和硬煤在德国电力供应能源结构中的份额正在下降。可再生能源在发电中越来越重要，2016 年可再生能源发电量达 1880 亿千瓦时，占总用电量的 31.7%。

（二）发电装机容量及结构

1. 总装机容量及增速

1990 年以来，德国的发电装机容量呈稳定增长趋势，装机容量增速基本在 0 以上，少数几年增速低于 0。1990—2015 年德国总装机容量及增速如表 3-9、图 3-9 所示。

表 3-9 1990—2015 年德国装机容量及增速

年 份	1990	1991	1992	1993	1994	1995	1996	1997	1998
总装机容量/万千瓦	12316.2	11819.1	11556.4	11452.7	11482.3	11622.6	11494.2	11402.5	11373.8
增速/%	—	−4.04	−2.22	−0.90	0.26	1.22	−1.10	−0.80	−0.25
年 份	1999	2000	2001	2002	2003	2004	2005	2006	2007
总装机容量/万千瓦	11510.9	11888.4	12011.8	12634.5	12083.1	12605.2	12804.7	13139.7	13593.2
增速/%	1.21	3.28	1.04	5.18	−4.36	4.32	1.58	2.62	3.45
年 份	2008	2009	2010	2011	2012	2013	2014	2015	
总装机容量/万千瓦	14301.7	15122.9	16225	17543.1	17693.3	18569.7	19796.4	20364.9	
增速/%	5.21	5.74	7.29	8.12	0.86	4.95	6.61	2.87	

数据来源：国际能源署；联合国统计司。

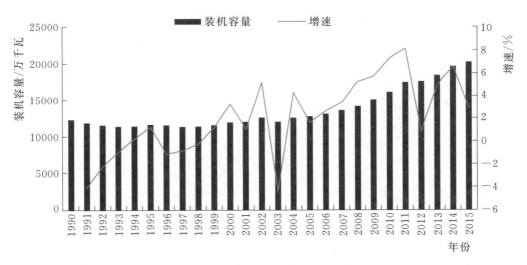

图 3-9 1990—2015 年德国装机容量及增速

2. 各类装机容量及占比

2015 年德国装机构成中，火电装机容量 9696.7 万千瓦，占比 47.61%；水电装机容量 1139.9 万千瓦，占比 5.6%；核电装机容量 1079.9 万千瓦，占比 5.3%；风电装机容量 4467 万千瓦，占比 21.93%；光伏发电装机容量 3937.8 万千瓦，占比 19.54%；地热能发电等其他类型发电装机容量 2.6 万千瓦，占比约为 0.01%。

1990 年以来，德国发电装机容量变化较为明显，传统常规能源装机比重下滑，新能源发展迅猛。其中，火电装机容量占比由 72.45% 下降至 47.61%，下滑了 24.84 个百分点；核电占比由 20.28% 下降至 5.3%，下滑 14.98 个百分点；水电占比由 7.26% 下降至 5.6%，占比略有下滑，装机容量有所提升；可再生能源装机容量占比明显上升。1990 年，德国可再生能源装机容量占比较小，受政策支持，可再生能源装机容量占比大幅提高，2015 年，仅风电和光伏发电装机容量占比就达到 41.47%，按照德国计划，未来该比例还将继续提升。1990—2016 年，德国装机容量总体呈上升趋势，年均增长率为 1.88%。2015 年装机容量为 20364.3 万千瓦，同比增长 2.87%。1990—2015 年德国各类型发电装机容量及占比如表 3-10、图 3-10 所示。

表 3 - 10　　　　　　　　　　　　　1990—2015 年德国各类发电装机容量及占比

年　份		1990	1991	1992	1993	1994	1995	1996
火电	装机容量/万千瓦	8923.6	8700.3	8414.5	8283.4	8261.6	8336.1	8150
	占比/%	72.45	73.61	72.81	72.33	71.95	71.72	70.91
地热发电	装机容量/万千瓦	0	0	0	0	0	0	0
	占比/%	0.00	0.00	0.00	0.00	0.00	0.00	0.00
水电	装机容量/万千瓦	894.4	854.9	862.5	869.3	883.9	887.6	894
	占比/%	7.26	7.23	7.46	7.59	7.70	7.64	7.78
核电	装机容量/万千瓦	2498	2252.7	2260.5	2265.7	2271.3	2283.4	2291
	占比/%	20.28	19.06	19.56	19.78	19.78	19.65	19.93
光伏发电	装机容量/万千瓦	0	0.2	0.6	0.9	1.2	1.8	2.8
	占比/%	0.00	0.00	0.01	0.01	0.01	0.02	0.02
风电	装机容量/万千瓦	0.2	11	18.3	33.4	64.3	113.7	156.4
	占比/%	0.00	0.09	0.16	0.29	0.56	0.98	1.36
年　份		1997	1998	1999	2000	2001	2002	2003
火电	装机容量/万千瓦	8086.2	7978.4	7937.1	8079.4	7938	8109.2	7487.1
	占比/%	70.92	70.15	68.95	67.96	66.09	64.18	61.96
地热发电	装机容量/万千瓦	0	0	0	0	0	0	0
	占比/%	0.00	0.00	0.00	0.00	0.00	0.00	0.00
水电	装机容量/万千瓦	884.1	891.4	920.1	948.5	939.3	958.9	949.3
	占比/%	7.75	7.84	7.99	7.98	7.82	7.59	7.86
核电	装机容量/万千瓦	2231.4	2231.4	2232.9	2239.6	2239.6	2340.3	2143.9
	占比/%	19.57	19.62	19.40	18.84	18.64	18.52	17.74
光伏发电	装机容量/万千瓦	4.2	5.4	7	11.4	19.5	26	43.5
	占比/%	0.04	0.05	0.06	0.10	0.16	0.21	0.36
风电	装机容量/万千瓦	196.6	267.2	413.8	609.5	875.4	1200.1	1459.3
	占比/%	1.72	2.35	3.59	5.13	7.29	9.50	12.08
年　份		2004	2005	2006	2007	2008	2009	2010
火电	装机容量/万千瓦	7747	7638	7688	7853.5	8178.8	8324.5	8582.3
	占比/%	61.46	59.65	58.51	57.78	57.19	55.05	52.90
地热发电	装机容量/万千瓦	0	0	0	0.3	0.3	0.8	0.8
	占比/%	0.00	0.00	0.00	0.00	0.00	0.01	0.00
水电	装机容量/万千瓦	1031.3	1085.8	1084.2	1083.3	1080.5	1123.8	1121.8
	占比/%	8.18	8.48	8.25	7.97	7.56	7.43	6.91
核电	装机容量/万千瓦	2055.2	2037.8	2020.8	2020.8	2048.6	2048	2046.7
	占比/%	16.30	15.91	15.38	14.87	14.32	13.54	12.61
光伏发电	装机容量/万千瓦	110.5	205.6	289.9	417	612	1056.6	1755.4
	占比/%	0.88	1.61	2.21	3.07	4.28	6.99	10.82
风电	装机容量/万千瓦	1661.2	1837.5	2056.8	2218.3	2381.5	2569.2	2718
	占比/%	13.18	14.35	15.65	16.32	16.65	16.99	16.75

年 份		2011	2012	2013	2014	2015
火电	装机容量/万千瓦	8942.1	8964.9	9136.8	9720.3	9696.7
	占比/%	50.97	50.67	49.20	49.10	47.61
地热发电	装机容量/万千瓦	0.8	1.2	2.4	2.4	2.6
	占比/%	0.00	0.01	0.01	0.01	0.01
水电	装机容量/万千瓦	1143.6	1125.7	1124	1123.4	1139.9
	占比/%	6.52	6.36	6.05	5.67	5.60
核电	装机容量/万千瓦	2046.7	1206.8	1206.8	1207.4	1079.9
	占比/%	11.67	6.82	6.50	6.10	5.30
光伏发电	装机容量/万千瓦	2503.9	3264.3	3633.7	3823.6	3978.8
	占比/%	14.27	18.45	19.57	19.31	19.54
风电	装机容量/万千瓦	2906	3130.4	3466	3919.3	4467
	占比/%	16.56	17.69	18.66	19.80	21.93

数据来源：国际能源署；联合国统计司。

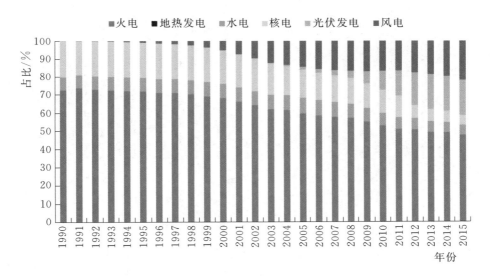

图 3-10　1990—2015 年德国各类发电装机容量占比

（三）发电量及结构

1. 总发电量及增速

1990—2008 年德国的总发电量整体处于小幅增长状态，从 2008 年开始有所下降，受 2011 年日本福岛核泄漏事件影响，部分核电站关停，造成一部分的电力缺口，2011 年的发电量同比降幅达 3.16%，2012—2015 年的发电量在小范围内波动。2015 年德国发电量 6450.65 亿千瓦时，比 1990 年增长了 17.28%，与 2014 年相比增长了 3.08%。1990—2016 年德国总发电量及增速如表 3-11、图 3-11 所示。

2. 各类发电量及占比

国际能源署数据显示，2015 年德国发电方式以火电为主，火电占比 54.71%，光伏发电 6.00%，风电 12.28%，水电 3.86%，生物燃料发电 6.91%，垃圾发电 1.99%，核电 14.23%，地热发电 0.2%，总发电量为 6450.65 亿千瓦时，比 1990 年增长了 17.28%。

表 3-11　　　　　　　　　　　1990—2016 年德国总发电量及增速

年　份	1990	1991	1992	1993	1994	1995	1996	1997	1998
总发电量/亿千瓦时	5500.15	5396.34	5374.7	5262.76	5291.6	5372.84	5553.72	5515.54	5563.93
增速/%	—	−1.89	−0.40	−2.08	0.55	1.54	3.37	−0.69	0.88
年　份	1999	2000	2001	2002	2003	2004	2005	2006	2007
总发电量/亿千瓦时	5563	5765.43	5864.06	5866.94	6066.56	6153.67	6193.38	6357.12	6381.92
增速/%	−0.02	3.64	1.71	0.05	3.40	1.44	0.65	2.64	0.39
年　份	2008	2009	2010	2011	2012	2013	2014	2015	2016
总发电量/亿千瓦时	6381.96	5935.03	6306.66	6107.56	6278.08	6369.64	6257.72	6450.65	6491
增速/%	0	−7.00	6.26	−3.16	2.79	1.46	−1.76	3.08	0.34

数据来源：国际能源署；联合国统计司。

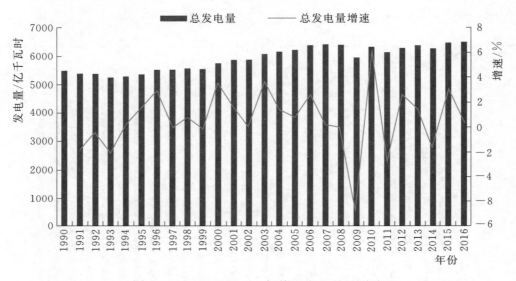

图 3-11　1990—2016 年德国发电量及增速

　　1990 年以来，德国发电量结构变化明显，发电方式中，火电的占比有所降低，从 1990 年的 67.73% 降低到 2015 年的 54.71%，降低了 13.02 个百分点。2011 年核电站的关停留下的电力缺口主要由火电和可再生能源发电填补。核电占比变化最大，由 1990 年的 27.72% 下滑至 2015 年的 14.23%，降低了 14.39 个百分点。2010 年之后，可再生能源发电在国家政策的推进中得到了快速发展，其中光伏发电的发展最为显著，从 2010 年的 1.86% 提高到了 2015 年的 6.00%。2015 年德国发电量分类型构成中，火力发电量为 3529.36 亿千瓦时，占比最高，为 54.71%；水力发电量为 248.98 亿千瓦时，占比 3.86%；核能发电量为 917.86 亿千瓦时，占比 14.23%；风力发电量为 792.06 亿千瓦时，占比 12.28%；光伏发电量为 387.26 亿千瓦时，占比 6.00%；地热和生物质发电量为 446.89 亿瓦时，占比 6.93%。1990—2015 年德国分类发电量及占比如表 3-12、图 3-12 所示。

表 3-12　　　　　　　　　　　1990—2015 年德国分类发电量及占比

年　份		1990	1991	1992	1993	1994	1995	1996
火电	发电量/亿千瓦时	3724.98	3677.67	3509.63	3444.6	3459.13	3485.28	3586.47
	占比/%	67.73	68.15	65.30	65.45	65.37	64.87	64.58

年 份		1990	1991	1992	1993	1994	1995	1996
生物燃料发电	发电量/亿千瓦时	3.76	6.55	7.81	7.62	7.58	10.85	11.61
	占比/%	0.07	0.12	0.15	0.14	0.14	0.20	0.21
地热发电	发电量/亿千瓦时	0	0	0	0	0	0	0
	占比/%	0.00	0.00	0.00	0.00	0.00	0.00	0.00
垃圾发电	发电量/亿千瓦时	48.1	50.68	54.32	54.34	64.66	66.11	68.2
	占比/%	0.87	0.94	1.01	1.03	1.22	1.23	1.23
水电	发电量/亿千瓦时	197.91	186.99	211.95	216.67	238.85	262.5	266.38
	占比/%	3.60	3.47	3.94	4.12	4.51	4.89	4.80
核电	发电量/亿千瓦时	1524.68	1472.29	1588.04	1532.76	1507.03	1530.91	1600.16
	占比/%	27.72	27.28	29.55	29.12	28.48	28.49	28.81
光伏发电	发电量/亿千瓦时	0.01	0.01	0.04	0.03	0.07	0.07	0.12
	占比/%	0.00	0.00	0.00	0.00	0.00	0.00	0.00
风电	发电量/亿千瓦时	0.71	2.15	2.91	6.74	14.28	17.12	20.78
	占比/%	0.01	0.04	0.05	0.13	0.27	0.32	0.37
年 份		1997	1998	1999	2000	2001	2002	2003
火电	发电量/亿千瓦时	3490.05	3591.51	3490.85	3614.42	3648.35	3654.26	3885.91
	占比/%	63.28	64.55	62.75	62.69	62.22	62.29	64.05
生物燃料发电	发电量/亿千瓦时	12.56	14.4	17.72	24.87	27.31	33.6	66.04
	占比/%	0.23	0.26	0.32	0.43	0.47	0.57	1.09
地热发电	发电量/亿千瓦时	0	0	0	0	0	0	0
	占比/%	0.00	0.00	0.00	0.00	0.00	0.00	0.00
垃圾发电	发电量/亿千瓦时	70.13	82.96	64.79	76.34	97.1	91.58	44.78
	占比/%	1.27	1.49	1.16	1.32	1.66	1.56	0.74
水电	发电量/亿千瓦时	209	212.34	234.02	259.62	272.53	278.64	228.97
	占比/%	3.79	3.82	4.21	4.50	4.65	4.75	3.77
核电	发电量/亿千瓦时	1703.28	1616.44	1700.04	1696.06	1713.05	1648.42	1650.6
	占比/%	30.88	29.05	30.56	29.42	29.21	28.10	27.21
光伏发电	发电量/亿千瓦时	0.18	0.35	0.3	0.6	1.16	1.88	3.13
	占比/%	0.00	0.01	0.01	0.01	0.02	0.03	0.05
风电	发电量/亿千瓦时	30.34	45.93	55.28	93.52	104.56	158.56	187.13
	占比/%	0.55	0.83	0.99	1.62	1.78	2.70	3.08
年 份		2004	2005	2006	2007	2008	2009	2010
火电	发电量/亿千瓦时	3830.51	3837.47	3861.38	3978.92	3853.99	3524.39	3725.49
	占比/%	62.25	61.96	60.74	62.35	60.39	59.38	59.07
生物燃料发电	发电量/亿千瓦时	82.19	111.04	147.93	198.32	231.22	262.55	295.59
	占比/%	1.34	1.79	2.33	3.11	3.62	4.42	4.69

年 份		2004	2005	2006	2007	2008	2009	2010
地热发电	发电量/亿千瓦时	0	0	0	0	0.18	0.19	0.28
	占比/%	0.00	0.00	0.00	0.00	0.00	0.00	0.00
垃圾发电	发电量/亿千瓦时	45.06	65.04	78.14	90.62	96.99	99.46	110.99
	占比/%	0.73	1.05	1.23	1.42	1.52	1.68	1.76
水电	发电量/亿千瓦时	264.6	264.17	267.68	280.84	264.69	246.82	273.53
	占比/%	4.30	4.27	4.21	4.40	4.15	4.16	4.34
核电	发电量/亿千瓦时	1670.65	1630.55	1672.69	1405.34	1484.95	1349.32	1405.56
	占比/%	27.15	26.33	26.31	22.02	23.27	22.73	22.29
光伏发电	发电量/亿千瓦时	5.57	12.82	22.2	30.75	44.2	65.83	117.29
	占比/%	0.09	0.21	0.35	0.48	0.69	1.11	1.86
风电	发电量/亿千瓦时	255.09	272.29	307.1	397.13	405.74	386.47	377.93
	占比/%	4.15	4.40	4.83	6.22	6.36	6.51	5.99

年 份		2011	2012	2013	2014	2015
火电	发电量/亿千瓦时	3667.71	3722.42	3749.46	3528.4	3529.36
	占比/%	60.05	59.29	58.86	56.38	54.71
生物燃料发电	发电量/亿千瓦时	328.46	396.78	411.54	433.45	445.55
	占比/%	5.38	6.32	6.46	6.93	6.91
地热发电	发电量/亿千瓦时	0.19	0.25	0.8	0.98	1.34
	占比/%	0.00	0.00	0.01	0.02	0.02
垃圾发电	发电量/亿千瓦时	111.56	115.04	119.94	135.03	128.24
	占比/%	1.83	1.83	1.88	2.16	1.99
水电	发电量/亿千瓦时	235.11	278.49	287.82	254.44	248.98
	占比/%	3.85	4.44	4.52	4.07	3.86
核电	发电量/亿千瓦时	1079.71	994.6	972.9	971.29	917.86
	占比/%	17.68	15.84	15.27	15.52	14.23
光伏发电	发电量/亿千瓦时	195.99	263.8	310.1	360.56	387.26
	占比/%	3.21	4.20	4.87	5.76	6.00
风电	发电量/亿千瓦时	488.83	506.7	517.08	573.57	792.06
	占比/%	8.00	8.07	8.12	9.17	12.28

数据来源：国际能源署；联合国统计司。

3. 火电发电量结构

1990 年以来，德国火电发电结构有所变化，油电占比无显著变化，燃气发电占比提高，煤电占比显著下降。2015 年，德国火力发电量为 3529.36 亿千瓦时，其中煤炭发电量占比由 1990 年的86.35%降低至 2015 年的 80.39%，降幅达 5.96 个百分点；燃气发电量占比由 1990 年的 10.86%增长至 2015 年的 17.86%，提高 7 个百分点；石油发电量占比由 1990 年的 2.79%下降至 2015 年的 1.76%，下降了 1.03 个百分点。1990—2015 年德国火电发电量及占比如表 3-13、图 3-13所示。

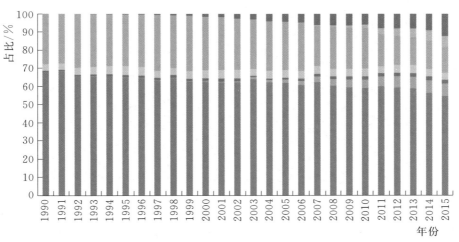

■火电 ■生物燃料发电 ■地热发电 ■垃圾发电 ■水电 ■核电 ■光伏发电 ■风电

图 3-12　1990—2015 年德国分类发电量占比

表 3-13　　　　　　　　　　　**1990—2015 年德国火电发电量及占比**

年　份	1990	1991	1992	1993	1994	1995	1996	1997	1998
煤电/亿千瓦时	3216.41	3169.2	3048.57	2997.95	2968.88	2963.65	3026.63	2924.11	2989.45
煤电占比/%	86.35	86.17	86.86	87.03	85.83	85.03	84.39	83.78	83.24
油电/亿千瓦时	103.97	147.4	132.17	100.91	87.74	89.83	79.66	68.66	63.76
油电占比/%	2.79	4.01	3.77	2.93	2.54	2.58	2.22	1.97	1.78
燃气发电/亿千瓦时	404.6	361.07	328.89	345.74	402.51	431.8	480.18	497.28	538.3
燃气发电占比/%	10.86	9.82	9.37	10.04	11.64	12.39	13.39	14.25	14.99
年　份	1999	2000	2001	2002	2003	2004	2005	2006	2007
煤电/亿千瓦时	2881.77	3041.62	3016.47	3065.93	3143.82	3081.78	2977.14	2984.21	3082.92
煤电占比/%	82.55	84.15	82.68	83.90	80.90	80.45	77.58	77.28	77.48
油电/亿千瓦时	58.45	47.85	47.58	43.22	103.33	107.75	119.97	109.55	100.07
油电占比/%	1.67	1.32	1.30	1.18	2.66	2.81	3.13	2.84	2.52
燃气发电/亿千瓦时	550.63	524.95	584.3	545.11	638.76	640.98	740.36	767.62	795.93
燃气发电占比/%	15.77	14.52	16.02	14.92	16.44	16.73	19.29	19.88	20.00
年　份	2008	2009	2010	2011	2012	2013	2014	2015	
煤电/亿千瓦时	2854.38	2602.55	2734.56	2723.8	2870.13	2990.11	2849.11	2837.1	
煤电占比/%	74.06	73.84	73.40	74.26	77.10	79.75	80.75	80.39	
油电/亿千瓦时	96.78	100.66	87.41	71.62	76.27	71.98	56.59	62.09	
油电占比/%	2.51	2.86	2.35	1.95	2.05	1.92	1.60	1.76	
燃气发电/亿千瓦时	902.83	821.18	903.52	872.29	776.02	687.37	622.7	630.17	
燃气发电占比/%	23.43	23.30	24.25	23.78	20.85	18.33	17.65	17.86	

数据来源：国际能源署；联合国统计司。

（四）电网建设规模与输送能力

德国地处欧洲中部，是世界第四，欧洲第一大经济体。制造业发达的德国，电力消费总量也位居欧盟首位，2015 年达到了 5147.31 亿千瓦时，约为中国电力消费量的十分之一。德国人口 8110

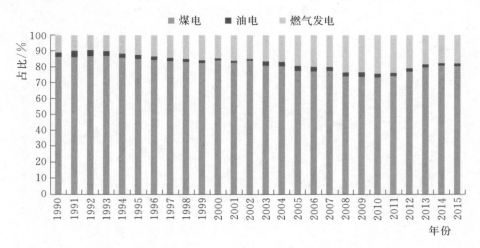

图 3 - 13　1990—2015 年德国火电发电量占比

万，最大负荷约为 8200 万千瓦，拥有约 2 亿千瓦的装机容量。

德国的电力系统是西欧联合电力系统的组成部分，全国有 10 个互联地区电网，分别经营管理，并通过电力联网协会相互协调发供电、电力建设和电网运行方式。截至 2013 年年底，德国输电线路总长约 180 万千米，144 万千米的输电线路为接地电缆。

德国因为其极高的城镇化水平，电网覆盖率高，网架坚强。德国输电网分为 220 千瓦和 380 千瓦两个等级，线路总长 3.5 万千米。配网层面，高压配网（60～220 千瓦）7.7 万千米，中压配网（6～60 千瓦）49.7 万千米，低压配网（230～400 伏）112.3 万千米。

德国北部是主要的新能源发电中心，南部是用电的主力军，因此北电南送工程势在必行，德国政府也在加紧建设国家电网，让境内电力供应和分配更加合理和流畅。此外，德国也正在积极建设与邻国电网之间的衔接，以便日后如果德国发电量盈余可向邻国兜售，发电量不足时也可向他国购买。

二、电力消费形势分析

（一）总用电量

德国的用电量在 1990—2007 年间处于小幅增长趋势，2008 年受金融危机影响，全球经济不景气，对电力行业造成一定影响，用电量开始下降，2009 年降到 4972.59 亿千瓦时，2009 年降到了最低增速－5.75％。2010 年达到 1990 年以来最大增速，达到了 7.07％，2010 年之后用电量一直在小范围内波动，增速在－2％～0.5％范围内浮动。1990—2016 年德国总用电量及增速如表 3 - 14、图 3 - 14 所示。

表 3 - 14　　　　　　　　　　1990—2016 年德国总用电量及增速

年　份	1990	1991	1992	1993	1994	1995	1996	1997	1998
用电量/亿千瓦时	4550.8	4553.2	4509.3	4460.7	4435.7	4512.1	4583.6	4617.3	4661.3
增速/％	—	0.05	－0.97	－1.08	－0.56	1.72	1.58	0.74	0.95
年　份	1999	2000	2001	2002	2003	2004	2005	2006	2007
用电量/亿千瓦时	4734.8	4834.5	4952.0	5085.1	5146.1	5212.7	5222.6	5279.7	5293.6
增速/％	1.58	2.11	2.44	2.67	1.20	1.29	0.19	1.09	0.26
年　份	2008	2009	2010	2011	2012	2013	2014	2015	2016
用电量/亿千瓦时	5275.7	4972.6	5324.2	5255.5	5258.3	5232.0	5128.3	5147.3	5155.0
增速/％	－0.34	－5.75	7.07	－1.29	0.05	－0.50	－1.98	0.37	0.15

数据来源：国际能源署；联合国统计司。

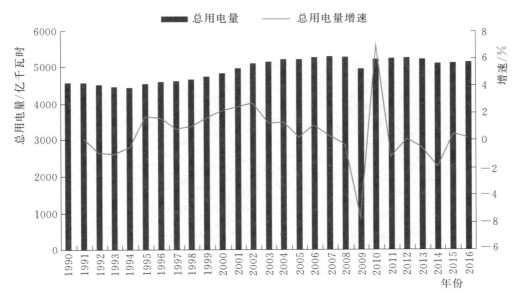

图 3-14 1990—2016 年德国总用电量及增速

(二) 分部门用电量

1990—2016 年，德国分部门用电量结构发生了一些变化，居民生活用电占比由 30.12％降至 24.93％，下降 5.19 个百分点；服务业用电量占比由 22.31％升至 31.15％，增长 8.84 个百分点；工业用电量占比由 47.57％下降至 43.92％，下滑 3.65 个百分点。德国用电量结构中，工业用电量占比处于下降状态，而服务业用电量则处于上升趋势。2016 年德国分部门用电量构成中服务业用电量为 1606 亿千瓦时，为 31.15％；居民生活用电量为 1285 亿千瓦时，占比 24.93％；工业用电量为 2264 亿千瓦时，占比 43.92％。1990—2016 年德国分部门用电量及占比如表 3-15、图 3-15 所示。

表 3-15　　　　　　　　　1990—2016 年德国分部门用电量及占比

年 份		1990	1991	1992	1993	1994	1995	1996
工业	用电量/亿千瓦时	2164.79	2145.13	2119.12	2022	2014.03	2047.24	2011.29
	占比/％	47.57	47.11	46.99	45.33	45.40	45.37	43.88
服务业	用电量/亿千瓦时	1015.46	1186.56	1162.11	1177.73	1176.37	1193.09	1230.78
	占比/％	22.31	26.06	25.77	26.40	26.52	26.44	26.85
居民生活	用电量/亿千瓦时	1370.54	1221.54	1228.03	1260.93	1245.33	1271.76	1341.51
	占比/％	30.12	26.83	27.23	28.27	28.07	28.19	29.27
年 份		1997	1998	1999	2000	2001	2002	2003
工业	用电量/亿千瓦时	2062.97	2082.93	2123.67	2115.9	2192.27	2205.8	2205.02
	占比/％	44.68	44.69	44.85	43.77	44.26	43.38	42.85
服务业	用电量/亿千瓦时	1246.18	1273.58	1298.33	1413.63	1420.4	1514.28	1550.12
	占比/％	26.99	27.32	27.42	29.24	28.68	29.78	30.12
居民生活	用电量/亿千瓦时	1308.12	1304.76	1312.81	1305	1340	1365	1391
	占比/％	28.33	27.99	27.73	26.99	27.06	26.84	27.03

续表

年 份		2004	2005	2006	2007	2008	2009	2010
工业	用电量/亿千瓦时	2271.04	2305.61	2318.03	2393.07	2349.66	2020.21	2245.3
	占比/%	43.57	44.15	43.90	45.21	44.54	40.63	42.17
服务业	用电量/亿千瓦时	1537.64	1504.03	1546.67	1499.49	1531.08	1560.38	1661.94
	占比/%	29.50	28.80	29.29	28.33	29.02	31.38	31.21
居民生活	用电量/亿千瓦时	1404	1413	1415	1401	1395	1392	1417
	占比/%	26.93	27.06	26.80	26.47	26.44	27.99	26.61
年 份		2011	2012	2013	2014		2015	2016
工业	用电量/亿千瓦时	2298.05	2262.39	2242.69	2287.73		2248.8	2264
	占比/%	43.73	43.02	42.86	44.61		43.69	43.92
服务业	用电量/亿千瓦时	1591.41	1625.95	1629.32	1544.62		1611.51	1606
	占比/%	30.28	30.92	31.14	30.12		31.31	31.15
居民生活	用电量/亿千瓦时	1366	1370	1360	1296		1287	1285
	占比/%	25.99	26.05	25.99	25.27		25.00	24.93

数据来源：国际能源署；联合国统计司。

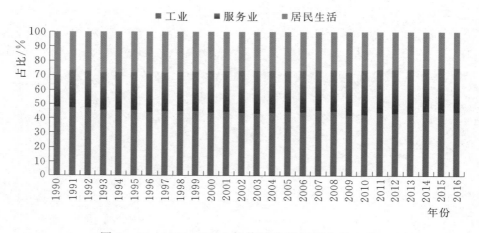

图 3-15 1990—2016 年德国分部门用电量占比

三、电力供需平衡分析

(一) 电力供需情况

德国是欧盟中电力工业最发达的国家之一，其发电装机容量、发电量均处于欧盟前列，电力供应充足，电力供应可以满足需求。德国的电力能做到自给自足，所需能源大部分依赖进口，能源自给率较低。德国作为发达国家，电力需求比较稳定，21 世纪以来保持在 6000 亿千瓦时左右，电力供应可以满足需求。1990—2015 年德国可供电量及增速如表 3-16、图 3-16 所示。

(二) 电力进出口情况

德国的电力出口国主要其他欧盟国家。1990—2003 年期间电力进口量和出口量处于上下波动状态，2004 年后出口一直大于进口，且相差较多，2011 年之后进口电量下降，出口电量明显上升，出口电量明显大于进口电量，为电力输出型国家。德国是欧盟最重要的电力市场和最大的电力中转国。可再生能源发电和煤炭发电量的大幅增长，对可再生能源的补贴造成了能源过剩。2011—2015 年，德国的电力出口量一直呈增长趋势。1990—2015 年德国进出口电量如表 3-17、图 3-17 所示。

表 3-16   1990—2015 年德国可供电量及增速

年 份	1990	1991	1992	1993	1994	1995	1996	1997	1998
可供电量/亿千瓦时	5509.45	5390.59	5321.5	5271.46	5314.97	5421.08	5501.06	5557.55	5573.4
增速/%	—	−2.16	−1.28	−0.94	0.83	2	1.48	−0.16	1.19
年 份	1999	2000	2001	2002	2003	2004	2005	2006	2007
可供电量/亿千瓦时	5796	5900.63	5966.92	6033.87	6130.49	6147.72	6187.35	6216.37	6180.96
增速/%	0.29	3.99	1.81	1.12	1.12	1.60	0.28	0.64	0.47
年 份	2008	2009	2010	2011	2012	2013	2014	2015	
可供电量/亿千瓦时	5812.3	6157.11	6069.91	6072.66	6047.71	5918.87	5967.83	6072.66	
增速/%	−0.57	−5.96	5.93	−1.42	0.05	−0.41	−2.13	0.83	

数据来源：国际能源署；联合国统计司。

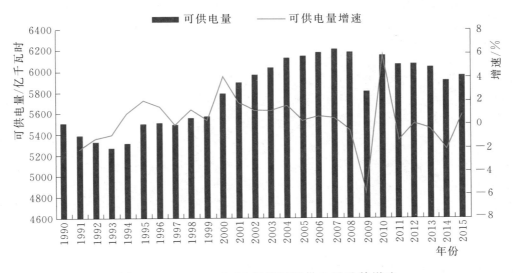

图 3-16   1990—2015 年德国可供电量及其增速

表 3-17   1990—2015 年德国进出口电量   单位：亿千瓦时

年 份	1990	1991	1992	1993	1994	1995	1996	1997	1998
进口电量	316.69	304.16	284.18	336.28	359.08	397.35	374.04	380.12	383.15
出口电量	307.39	309.91	337.38	327.58	335.71	349.11	426.7	403.61	389.53
年 份	1999	2000	2001	2002	2003	2004	2005	2006	2007
进口电量	405.98	451.34	457.79	483.7	491.1	481.87	568.61	484.64	459.53
出口电量	395.58	420.77	421.22	383.72	523.79	505.05	614.27	654.41	625.08
年 份	2008	2009	2010	2011	2012	2013	2014	2015	
进口电量	416.7	418.59	429.62	510.03	462.68	392.22	404.35	370.08	
出口电量	617.7	541.32	579.17	547.68	668.1	714.15	743.2	852.9	

数据来源：国际能源署；联合国统计司。

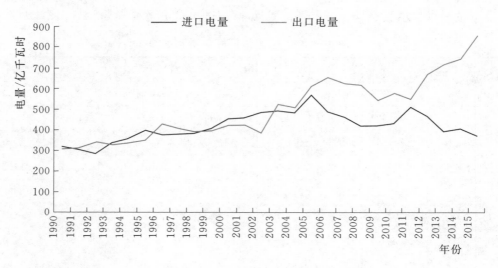

图 3-17 1990—2015 年德国进出口电量

四、电力相关政策

(一) 电力投资相关政策

1. 火电政策

德国煤炭资源丰富，火电发电量占德国总发电量的一半以上。

2015 年 12 月，德国与全球 190 多个国家在巴黎一致同意通过《巴黎协定》，约定改造化石燃料驱动的经济，对 2020 年之后应对全球气候变化做出应对安排。德国政府计划在 2016 年中期至 2050 年间，逐步摆脱化石燃料，并在 2050 年左右实现较 1990 年二氧化碳排放量减少 95% 的目标。德国政府计划 2030 年在能源领域二氧化碳的排放量，必须较 2014 年减少 50%。

为了达到德国 2020 年的气候目标，联邦环境局在短期内提出了两项措施：一方面，20 年以上的褐煤和硬煤发电厂只允许每个电厂每年最高电量达到 4000 小时。另一方面，最老化和效率最低的褐煤发电厂应该关闭，容量至少为 5 吉瓦。

2. 核电政策

2011 年 5 月德国总理默克尔及其执政联盟宣布在 2022 年前关闭德国境内所有座核电站，至 2022 年德国将全面退出核电。2011 年 7 月 31 日修订"原子能法"，宣布逐步淘汰核能。

3. 可再生能源政策

德国《可再生能源法》的一步步修订逐步完善了德国的可再生能源政策。2000 年，德国制定《可再生能源法》，确定以固定上网电价为主的可再生能源激励政策，德国国内可再生能源发电市场启动。2004 年修订《可再生能源法》，完善上网电价政策，促进可再生能源发电快速发展。2009 年，德国再次修订《可再生能源法》，对收购电价和风机技术要求进行了修改，完善上网电价政策，促进可再生能源发电快速发展。2012 年修订《可再生能源法》，完善基于新增容量的固定上网电价调减机制和自发自用激励机制，鼓励可再生能源进入市场。2014 年修订《可再生能源法》严格控制可再生能源发电补贴，首次提出针对光伏电站的招标制度试点，分阶段、有重点推动光伏发电市场化。2017 年修订《可再生能源法》，全面引入可再生能源发电招标制度，正式结束基于固定上网电价的政府定价机制，全面推进可再生能源发电市场化。

德国的生物质发电在 2015 年占据总发电量的 6.89%，是可再生能源中占比较大的发电方式之一。《生物质发电条例》在 2001 年 6 月生效，2005 年 8 月再次修订，推动生物质发电。2007 年 1 月生效的《生物燃料配额法》为第二代生物燃料、纯生物柴油和 E85 型乙醇汽油提供免税政策，规定必须按时间表提高生物燃料在燃料中的含量。

光伏发电是德国重要的可再生能源发电方式之一，在 2015 年德国发电量中占比为 6%。2008 年，德国政府发布《太阳能电池政府补贴规则 2009》，规定光伏系统投资将部分获得政府补贴，并于 2008 年 7 月开始生效。

（二）电力市场相关政策

德国的输电网由四家输电公司经营，是一个监管严格的寡头垄断市场。德国原是发输一体的电力格局，后来按照欧盟的统一要求进行改革，将输电业务从资产及管理上予以独立。德国法律规定电网公司不能与最终用户直接签约，所有用户都只能与独立的售电公司签约买电，售电公司与发电公司或电网公司签约买电并支付输配电公司输配电费。

德国电力市场的发电系统正日趋多元化。截至 2015 年，德国已经至少拥有 1500 万个大小不一的发电系统。在这些发电系统中，传统四大电厂的发电量约占到总装机的 12%，剩余 88% 的装机容量分别来自农民、居民个人、开发商以及工业用户的发电系统。

1998 年，德国通过《电力市场开放规定》，开启了电力市场化的改革之路。在欧盟发布第 3 个有关电力和天然气市场化改革的指令草案一年后，2008 年德国进行更为彻底的电力改革，德国电改至今已历经 20 多年。

1996 年，欧盟发布了关于开放电力市场的第一个指令，加强竞争和降低电价为主要目标，强调部分开放、适度监管和厂网分开。1998 年，德国通过《电力市场开放规定》，开启了电力市场化的改革之路。

2007 年 9 月，欧盟委员会提出了第三个有关电力和天然气市场改革的指令草案。主要任务是将发电和供电从电网经营活动中特别是产权上实现有效分离，同时强化各国监管机构的权力和独立性。2008 年，德国开始进行更为彻底的电力改革。

2014 年 10 月，德国联邦与经济能源部公布电力市场绿皮书，公开征询电力市场各方意见，讨论未来电力市场设计。

2015 年 7 月，德国联邦经济与能源部再次发布《适应能源转型的电力市场》白皮书，作为指导德国电力市场未来发展的战略性文件。白皮书提出，德国将构建能够适应未来以可再生能源为主的电力市场 2.0。电力市场 2.0 的核心之处，是确定未来电力市场将坚持市场化的原则，即电能的定价将根据市场需求确定，确保德国电能供应的可靠和优质价廉，具有市场竞争能力。

2015 年 10 月，德国联邦与经济能源部向德国联邦政府内阁提交新的《德国电力市场法》草案，2016 年完成立法正式实施。

第三节　电力与经济关系分析

一、电力消费与经济发展相关关系

（一）总用电量增速与 GDP 增速

1990 年以来，德国的总用电量增速和 GDP 增速的走势存在一定差异，整体走势大致相同。1990—1995 年，德国 GDP 增速高于用电量增速，1995—2007 年总用电量增速与 GDP 增速在一定范围内波动，走势基本相同，2009 年 GDP 增速和总用电量增速是 1990 年以来的最低增速，2010 年后的德国 GDP 增速和总用电量增速在一定范围内波动。德国总用电量增速与 GDP 增速变化趋势具有较高的一致性。1990—2015 年德国总用电量增速与 GDP 增速如图 3 - 18 所示。

图 3-18 1990—2015 年德国总用电量增速与 GDP 增速

（二）电力消费弹性系数

1991 年以来，德国的电力消费弹性系数整体来说是稳定的，基本维持在 ±1 以内。1991—2015 年德国电力消费弹性系数如表 3-18、图 3-19 所示。

表 3-18   1991—2015 年德国电力消费弹性系数

年　份	1991	1992	1993	1994	1995	1996	1997	1998	1999
电力消费弹性系数	0.01	−0.50	1.13	−0.23	0.99	1.94	0.40	0.48	0.79
年　份	2000	2001	2002	2003	2004	2005	2006	2007	2008
电力消费弹性系数	0.71	1.44	0	0.40	−1.69	1.10	0.27	0.30	0.08
年　份	2009	2010	2011	2012	2013	2014	2015	2016	
电力消费弹性系数	−0.31	1.02	1.73	−0.35	0.11	−1.02	−1.03	0.08	

数据来源：世界银行；国际能源署。

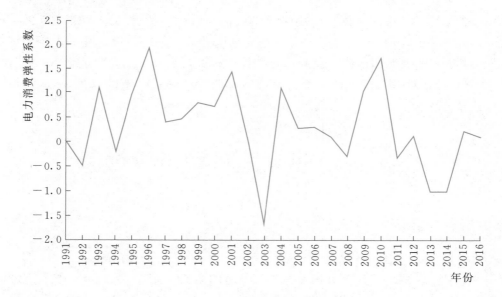

图 3-19   1991—2016 年德国电力消费弹性系数

（三）电力消费单位产值电耗

1990—2016 年，德国单位产值电耗整体呈下降趋势。1990—1995 年处于两德统一初期，德国单位产值电耗处于下降趋势，1996—2001 年，德国单位产值电耗一直在增长，2001 年达到峰值 0.2539

千瓦时/美元。2008 年的金融危机以及随之爆发的欧债危机影响德国经济，使得德国单位产值电耗处于小幅波动状态。德国是发达国家，设备技术水平先进，单位产值电耗较低，在世界上处于领先水平。1990—2016 年德国单位产值电耗如表 3-19、图 3-20 所示。

表 3-19 　　　　　　　　　　　1990—2016 年德国电力消费单位产值电耗 　　　　　　　　　单位：千瓦时/美元

年　份	1990	1991	1992	1993	1994	1995	1996	1997	1998
单位产值电耗	0.2578	0.2446	0.2124	0.2156	0.2011	0.1741	0.1831	0.2081	0.2078
年　份	1999	2000	2001	2002	2003	2004	2005	2006	2007
单位产值电耗	0.2152	0.2479	0.2539	0.2446	0.2054	0.1849	0.1825	0.1758	0.1539
年　份	2008	2009	2010	2011	2012	2013	2014	2015	2016
单位产值电耗	0.1406	0.1455	0.1558	0.1399	0.1484	0.1394	0.1318	0.1525	0.1482

数据来源：世界银行；国际能源署。

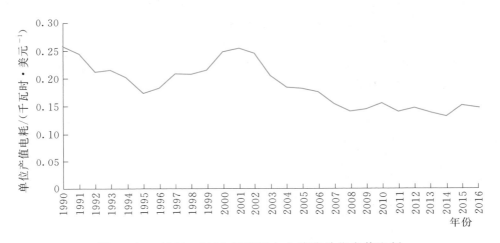

图 3-20　1990—2016 年德国电力消费单位产值电耗

（四）人均用电量

1990—2015 年，德国的人均用电量整体有小幅提升。1990—1995 年，德国人均 GDP 增势高于电力消费，1996—2008 年人均用电量一直处于增长状态。21 世纪以来，德国人均用电量维持在 6000 千瓦时/人以上。1990—2015 年德国人均用电量如表 3-20、图 3-21 所示。

表 3-20 　　　　　　　　　　　　　1990—2015 年德国人均用电量 　　　　　　　　　　　　　　单位：千瓦时

年　份	1990	1991	1992	1993	1994	1995	1996	1997	1998
人均用电量	5736.53	5666.04	5568.36	5483.97	5439.94	5514.65	5589.05	5626.70	5681.70
年　份	1999	2000	2001	2002	2003	2004	2005	2006	2007
人均用电量	5762.91	5877.13	6007.61	6160.75	6235.48	6318.40	6335.08	6413.63	6438.29
年　份	2008	2009	2010	2011	2012	2013	2014	2015
人均用电量	6433.83	6078.96	6512.83	6542.34	6530.48	6477.66	6323.49	6326.59

数据来源：世界银行；国际能源署。

二、工业用电与工业经济增长相关关系

（一）工业用电量增速与工业经济增加值增速

德国是发达国家，产业结构发展相对平衡，工业发展水平处于世界前列。1990—2015 年，德国

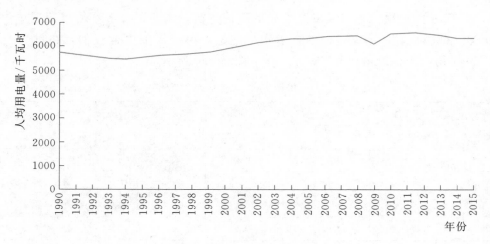

图 3-21　1990—2015 年德国人均用电量

工业用电量增速与工业增加值增速基本在±5％以内波动，工业用电量增速与工业增加值增速一致性较高。受 2008 年金融危机影响，工业用电量增速和工业增加值增速达到 1990 年以来的最低水平。随着全球经济复苏，德国的工业增加值增速和工业用电量增速回归正常水平。1990—2015 年德国工业用电量增速与工业增加值增速如图 3-22 所示。

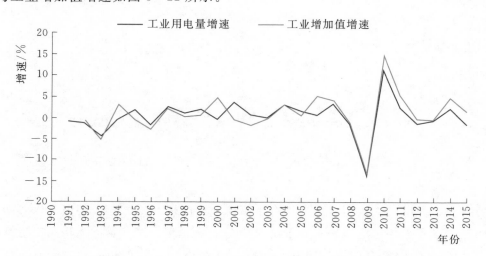

图 3-22　1990—2015 年德国工业用电量增速与工业增加值增速

（二）工业电力消费弹性系数

1992 年以来，德国工业电力消费弹性系数基本维持在±4 以内，1998 年达到最大值 6.6，2001 年达到最小值-6.38。1992—2015 年德国工业电力消费弹性系数如表 3-21、图 3-23 所示。

表 3-21　　　　　　　　　1992—2015 年德国工业电力消费弹性系数

年　份	1992	1993	1994	1995	1996	1997	1998	1999
工业电力消费弹性系数	1.66	0.84	-0.13	-2.68	0.60	1.27	6.60	4.29
年　份	2000	2001	2002	2003	2004	2005	2006	2007
工业电力消费弹性系数	-0.083	-6.38	-0.34	0.10	1.03	4.03	0.11	0.83
年　份	2008	2009	2010	2011	2012	2013	2014	2015
工业电力消费弹性系数	1.56	1.04	0.77	0.45	4.10	1.33	0.44	-1.28

数据来源：世界银行；国际能源署。

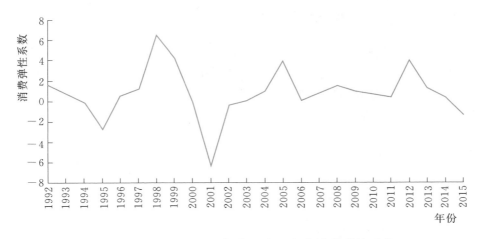

图 3-23 1992—2015 年德国工业电力消费弹性系数

(三) 工业单位产值电耗

1991—2015 年，德国工业单位产值电耗整体呈波动下降趋势。1990—1995 年两德统一初期，德国工业单位产值电耗处于下降趋势，1996—2001 年，德国工业单位产值电耗一直增长，2001 年迎来峰值 0.3733 千瓦时/美元。2008 年的金融危机以及随之爆发的欧债危机影响了德国经济，使得德国工业单位产值电耗处于小幅波动状态。1991—2015 年德国工业单位产值电耗如表 3-22、图 3-24 所示。

表 3-22　　　　　　　　　　1991—2015 年德国工业单位产值电耗　　　　　　　　单位：千瓦时/美元

年　份	1991	1992	1993	1994	1995	1996	1997	1998
工业单位产值电耗	0.3122	0.2779	0.2890	0.2722	0.2400	0.2521	0.2950	0.2960
年　份	1999	2000	2001	2002	2003	2004	2005	2006
工业单位产值电耗	0.3133	0.3511	0.3733	0.3613	0.3009	0.2738	0.2741	0.2563
年　份	2007	2008	2009	2010	2011	2012	2013	2014	2015
工业单位产值电耗	0.2279	0.2083	0.2125	0.2179	0.2001	0.2079	0.1980	0.1926	0.2185

数据来源：世界银行；国际能源署。

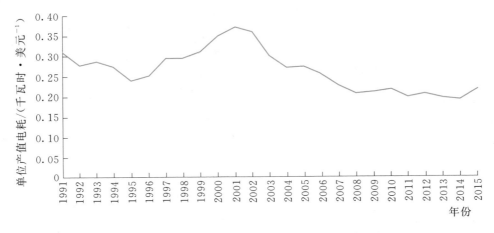

图 3-24　1991—2015 年德国工业单位产值电耗

三、服务业用电与服务业经济增长相关关系

（一）服务业用电量与服务业经济增加值

1992—1999 年期间，服务业用电量增速与服务业增加值增速一致性较高。2000 年之后服务业用电量增速波动较大，服务业增加值增速波动范围相对较小。1991—2015 年德国服务业用电量增速与服务业增加值增速如图 3-25 所示。

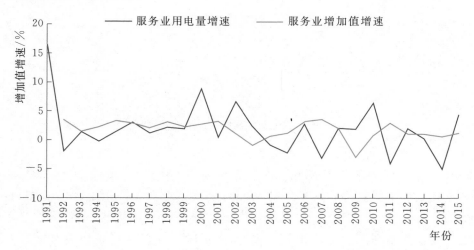

图 3-25　1991—2015 年德国服务业用电量增速与服务业增加值增速

（二）服务业电力消费弹性系数

服务业占德国的国民经济的比重增大，2015 年服务业占 GDP 的 68.91%，是国民经济的重要组成部分。1992—1999 年，德国服务业电力消费弹性系数较为稳定，维持在 ±1 以内。2000 年以后的德国服务业电力消费弹性系数处于不稳定的状态，上下波动幅度较大。1992—2015 年德国服务业电力消费弹性系数如表 3-23、图 3-26 所示。

表 3-23　　　　　　　　　1992—2015 年德国服务业电力消费弹性系数

年　份	1992	1993	1994	1995	1996	1997	1998	1999
服务业电力消费弹性系数	-0.58	0.82	-0.05	0.42	1.08	0.58	0.70	0.83
年　份	2000	2001	2002	2003	2004	2005	2006	2007
服务业电力消费弹性系数	3.15	0.15	5.43	-2.95	-1.16	-1.79	0.86	-0.84
年　份	2008	2009	2010	2011	2012	2013	2014	2015
服务业电力消费弹性系数	1.05	-0.64	8.72	-1.42	2.13	0.20	-7.68	3.41

数据来源：世界银行，国际能源署。

（三）服务业单位产值电耗

1991—2015 年，德国的服务业单位产值电耗整体呈下降趋势。1991—1995 年处于下降趋势，1996—2000 年呈增长状态，2000 年服务业单位产值电耗达到最高 0.1065 千瓦时/美元。2001—2008 年，服务业单位产值电耗呈下降趋势，2008 年后在 0.0591 千瓦时/美元上下波动。1991—2015 年德国服务业单位产值电耗如表 3-24、图 3-27 所示。

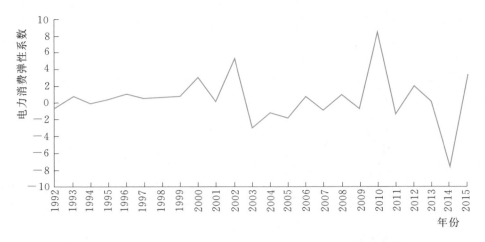

图 3-26　1992—2015 年德国服务业电力消费弹性系数

表 3-24		1991—2015 年德国服务业单位产值电耗					单位：千瓦时/美元	
年　份	1991	1992	1993	1994	1995	1996	1997	1998
服务业单位产值电耗	0.1029	0.0869	0.0874	0.0815	0.0697	0.0733	0.0833	0.0840
年　份	1999	2000	2001	2002	2003	2004	2005	2006
服务业单位产值电耗	0.0866	0.1065	0.1059	0.1045	0.0885	0.0784	0.0753	0.0745
年　份	2007	2008	2009	2010	2011	2012	2013	2014	2015
服务业单位产值电耗	0.0635	0.0591	0.0639	0.0704	0.0617	0.0670	0.0630	0.0578	0.0693

数据来源：世界银行，国际能源署。

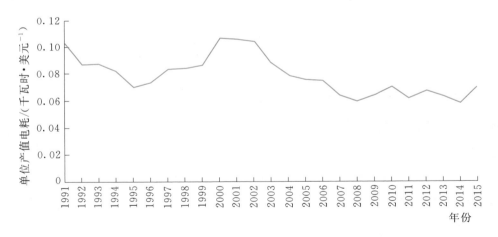

图 3-27　1991—2015 年德国服务业单位产值电耗

第四节　电力与经济发展展望

一、经济发展展望

2017 年，受益于国内需求的强劲、全球经济的周期性回暖、民粹主义退潮，欧元区各国从危机中走出，欧洲各国迎来了携手增长。

德国经济在 2017 年第三季度继续强劲回升。建筑行业正在接近能力极限，制造业秩序状况越来越好，失业率继续降低。在德国经济与坚实的基础，国内稳定和广泛的复苏的情况下，德国经济的不确定性持续下降，就业持续上升，消费价格稳定。联邦政府预计 2017 年调整后 GDP 将增长 2.0%，到 2018 年，预计增长 1.9%。德国经济增长势头强劲，未来几年将持续增长。2000—2022 年德国 GDP 增速趋势预测如表 3-25、图 3-28 所示。

表 3-25　　　　　　　　　　　2000—2022 年德国 GDP 增速趋势预测　　　　　　　　　　　　　%

年　份	2000	2001	2002	2003	2004	2005	2006	2007
GDP 增速	3.2	1.8	0	−0.7	0.7	0.9	3.9	3.4
年　份	2008	2009	2010	2011	2012	2013	2014	2015
GDP 增速	0.8	−5.6	3.9	3.7	0.7	0.6	1.9	1.5
年　份	2016	2017	2018	2019	2020	2021	2022	
GDP 增速	1.9	2	1.8	1.5	1.4	1.3	1.2	

数据来源：世界银行。

图 3-28　2000—2022 年德国 GDP 增速趋势预测

二、电力发展展望

（一）电力需求展望

1990 年以来德国用电量总体呈上升趋势，2006—2015 年德国用电量呈较明显的下降状态。德国推出工业 4.0 战略，再工业化进程加快，工业在德国经济中比重有所回升，电力需求会有小幅上涨的迹象。

（二）电力发展规划与展望

1. 火电发展规划与展望

为达到 2020 年的气候目标，德国制定了严格的减排计划，煤电厂将逐步淘汰，火力发电占比减少，火力发电量占比由 2005 年的 59.89% 下降到 2015 年的 53.66%。为了保证能源供应安全，德国不会大幅削减火电产能，火力发电量将缓慢下降。

天然气在未来几十年将继续为德国的能源供应做出重要贡献。天然气在德国只有很小的一部分。天然气主要依靠进口，从数据上看，德国天然气消耗量持续上升，在火电燃料比重中持续上涨，将有望成为火电的主要燃料能源。

2. 核电发展规划与展望

2011 年日本福岛核电站事故以来，德国考虑到核安全问题，于 2011 年 7 月 31 日修订"原子能法"，宣布逐步淘汰核能，2021 年关闭德国境内 17 座核电站。德国核电站机组逐渐关停，发电量持续下降。

3. 风电发展规划与展望

德国是全球最大的风电市场之一，风电设备制造业全球领先。世界各国大力提倡发展低碳经济，作为绿色新能源的风能成为各国关注的目标。新型大功率风力发电机正迅速取代小型风力发电机。ENERCON 公司已研制成功转子直径 112 米、功率 4500 千瓦的新型大功率风机。5000 千瓦供海上风力发电场使用的大型风机已投入商业运行。德国官方预测，2020 年，德国风力发电量将达到 900 亿千瓦时。

德国风力发电发展势头迅猛，德国正在开发海上风电项目。与陆地使用风能相比，海上使用风能是一种相对较新的发电形式。海上设施的建设，网络连接和运行比陆地复杂，投资成本显著高于陆上风能。2010—2015 年期间，投资研究报告中所报告的数值约为 3000～4400 欧元/千瓦，未来大多数研究预计学习曲线和规模效应会降低投资成本。到 2050 年，预计只有 1500～2800 欧元/千瓦的投资成本。

4. 太阳能发电发展规划与展望

与风电产业类似，德国政府对太阳能发电项目也给予了税收减免和政策支持，太阳能发电产业发展迅速，2011—2016 年，太阳能发电量增长了近 20 倍，除大规模的太阳能发电项目外，分布式太阳能项目也发展迅速，并具有了一定的经济性竞争实力。2005 年，大型光伏电站的投资得到了刺激，每千瓦时约 40 美分，2016 年生产成本降至 7 美分/千瓦时以下。国际能源机构预计，到 2040 年，太阳能发电成本将下降 40％～70％。

第四章

英　国

第一节　经济发展与政策

20世纪90年代初，英国保守党采用货币主义经济政策，提倡私有化运动，通过调整经济结构，使经济得以恢复并缓慢增长。1997—2009年，英国改为工党执政，其倡导"第三条道路"发展路线，结合知识经济时代发展背景，力促高科技发展，调整产业、产品结构，适时运用经济政策，保持了经济的持续增长，受到英国次贷危机、全球经济危机和欧洲债务危机的影响，2008—2009年英国GDP出现负增长。2010—2016年，在欧元区仍然陷入经济衰退的整体环境中，英国经济保持平稳且呈现增长趋势。2016年6月23日英国通过脱欧公投，2017年2月1日，英国议会下议院通过政府提交的"脱欧"法案，授权首相启动"脱欧"程序。受脱欧和执政选举的影响，英国经济发展停滞，2015—2017年GDP增速呈现持续下降。

英国经济前景存在许多的不确定性，"脱欧"带来了新机遇和新挑战。英国财政部下调了2018—2019年英国经济增长预期，并推出一系列减税措施，并将积极加大在基础设施和科技领域的投入。

一、经济发展状况

（一）经济发展及现状

英国作为一个重要的贸易实体、经济强国以及金融中心，是世界第五大经济体系。受到脱欧大选的影响，2015年英国经济现状不容乐观，已经退至全球第六的位置。考虑到英国与其他成员国之间经济联系的复杂性以及脱欧以后的选择多样性，英国脱欧成为宏观经济和金融市场的重要不稳定因素，经济处于动态变化时期。

20世纪90年代，英国经济处于和平繁荣的发展时期，经济总体上呈现出良好的增长趋势。受到欧洲货币金融危机的影响，1992—1993年英国出现了"92英镑危机"，使得1993年英国GDP出现下降，增加值达到－10.03％。

21世纪初，英国经济整体呈现平稳状态，GDP世界排名第4位，2002年开始出现迅速的增长，2002—2007年英国GDP累计增加值为13060亿美元，增加74.28％。

2008—2009年，全球金融危机和欧洲债务危机对英国经济造成极大的冲击，出现严重的衰退，是受经济危机影响最严重的欧盟成员国之一。英国经济连续两年出现下降趋势，其中2009年下降最为明显，GDP同比下降17.68％。

2010—2014年，英国政府通过灵活的政策调控，并采用产业创新推动经济发展战略，2010年英国经济开始出现好转，2012年英国连续举办奥运会与女王登基60周年纪念活动，拉动了英国经济增长。2014年英国经济恢复到危机前的最高水平，正式结束经济衰退期，英国经济出现高增长、低失业、低通胀的"一高两低"良好增长态势，新增加就业岗位50万个，全国新增加就业人口超过26.5万，失业率下降1.42%。2014年第1季度和第2季度经济增长幅度均达到0.8%，较去年同期增长3.1%，与2008年同期相比，2014年英国整体经济增长了0.2%，超过了6年前的最高水平。

2015年英国经济出现跌幅，GDP总值为28860美元，增速为2.35%。英国第4季度贸易逆差由第3季度的85.15亿英镑扩大至103.52亿英镑，为全年最大贸易逆差。2016年英国GDP出现小幅下降，GDP值为26188.86亿美元，增速为−8.27%。2016年英国GDP四季度环比增幅分别为0.2%、0.6%、0.5%和0.7%，全年经济运行平稳，消费是支持经济强劲增长的主要因素。2015—2016年，英国实际GDP处于连续增长态势。受英镑贬值影响，英国美元名义GDP下降。

2017年，英国经济增长势头逐渐减弱，GDP增速为1.79%。英国经济发展面临日益增加的不确定因素及诸多风险，包括高通胀对家庭购买力的冲击、储蓄率下降以及净移民数量减少。

在"疲软"的国际经济和动荡的国际政治背景下，英国结合自身"去工业化严重，服务业比重过大"的实际情况，采用新一轮的产业结构调整，加速制造业回流，并加大对生产性工业的投入，努力实现技术与生产网络的融合，加速开发新兴产业和先进技术，进而在新产业中开发新产品，并拓展新的服务渠道。此外，英国进一步加大对企业的扶持力度，通过刺激政策和降低企业税收来提升企业生产力水平和激发企业科技创新。

（二）主要经济指标分析

1. GDP及增速

英国作为欧洲的第三大经济体，其国内生产总值一直位居世界前列。1990—2017年，英国GDP总量总体上呈现增长趋势，波动性较大。受到欧洲货币金融危机影响，1993年GDP下降较为严重。受到全球金融危机和欧洲债务危机影响，2008—2009年英国GDP连续两年出现较大跌幅，分别为−0.47%和−4.19%。2015—2017年，英国经济增长呈现持续下降，GDP增速逐渐放缓。1990—2017年英国GDP及增速如表4−1、图4−1所示。

表 4−1　　　　　　　　　　　1990—2017 年英国 GDP 及增速

年　份	1990	1991	1992	1993	1994	1995	1996
GDP/亿美元	10930	11430	11800	10610	11400	13350	14090
增速/%	0.73	−1.09	0.37	2.53	3.88	2.47	2.54
年　份	1997	1998	1999	2000	2001	2002	2003
GDP/亿美元	15520	16390	16660	16480	16220	17680	20380
增速/%	4.04	3.14	3.22	3.66	2.54	2.46	3.33
年　份	2004	2005	2006	2007	2008	2009	2010
GDP/亿美元	23990	25210	26930	30740	28910	23830	24410
增速/%	2.36	3.10	2.46	2.36	−0.47	−4.19	1.70
年　份	2011	2012	2013	2014	2015	2016	2017
GDP/亿美元	26200	26620	27400	30230	28860	26510	26220
增速/%	1.45	1.48	2.05	3.05	2.35	1.94	1.79

数据来源：联合国统计司；国际货币基金组织；世界银行。

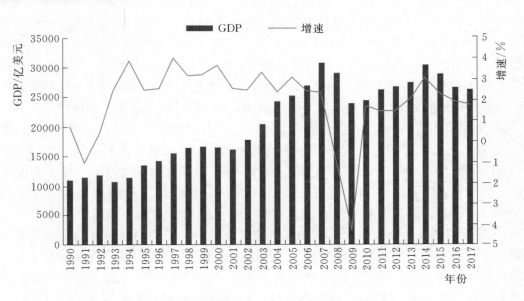

图 4-1　1990—2017 年英国 GDP 及增速

2. 人均 GDP 及增速

英国 GDP 总量世界排名位居前列，人均 GDP 排名相对靠后。2016 年英国人均 GDP 为 40413 美元，世界排名第 14 位；2017 年英国人均 GDP 为 39720.4 美元，世界排名第 24 位。

1990—2017 年，英国人均 GDP 整体上呈现出波动性增长趋势。1990—2001 年，英国人均 GDP 呈现缓慢的增长趋势。2002—2007 年英国人均 GDP 上升明显，增加 20348.3 美元。2008—2014 年，英国人均 GDP 先下降后逐渐回升，波动性较大，2009 年人均 GDP 增速出现大幅下降。2015—2017 年，英国人均 GDP 连续下降。1990—2017 年英国人均 GDP 及增速如表 4-2、图 4-2 所示。

表 4-2　　　　　　　　　　　1990—2017 年英国人均 GDP 及增速

年　份	1990	1991	1992	1993	1994	1995	1996
人均 GDP/美元	19095.5	19900.7	20487.2	18389.0	19709.2	23013.5	24219.6
人均 GDP 增速/%	0.43	−1.39	0.10	2.28	3.62	2.20	2.28
年　份	1997	1998	1999	2000	2001	2002	2003
人均 GDP/美元	26621.5	28014.9	28383.7	27982.4	27427.6	29786.0	34174.0
人均 GDP 增速/%	3.77	2.84	2.87	3.29	2.15	2.03	2.85
年　份	2004	2005	2006	2007	2008	2009	2010
人均 GDP/美元	39984.0	41732.6	44252.3	50134.3	46767.6	38262.2	38893.0
人均 GDP 增速/%	1.78	2.39	1.71	1.56	−1.25	−4.91	0.90
年　份	2011	2012	2013	2014	2015	2016	2017
人均 GDP/美元	41412.3	41790.8	42724.1	46783.5	44305.6	40412.0	39720.4
人均 GDP 增速/%	0.66	0.78	1.37	2.28	1.54	1.21	1.13

数据来源：联合国统计司；国际货币基金组织；世界银行。

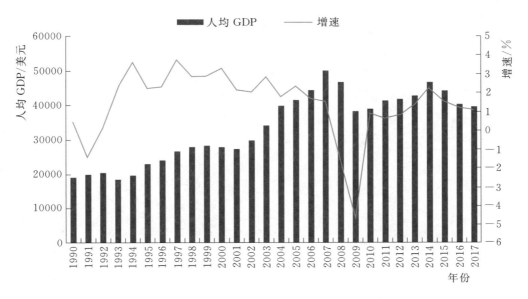

图 4-2　1990—2017 年英国人均 GDP 及增速

3. 分部门 GDP 结构

英国服务业迅速发展，产业结构呈现出"去工业化""产业空心化"特点。经历 2008 年金融危机后，英国针对产业结构的失衡态势以及脆弱性，积极采取以"回归制造业"为主的产业结构调整措施，鼓励工业发展，促进产业结构的"再平衡"。

英国分部门 GDP 构成中服务业构成比重最大，其次是工业、农业。1990—2017 年，英国服务业比重持续上升，占比由 70.78% 增加至 80.91%，增长约 10.13 个百分点。英国工业比重持续下降，占比由 27.89% 下降至 18.57%，下降 9.32 个百分点。农业占比较小，基本保持平稳，占比由 1.33%下降至 0.52%，下降 0.81 个百分点。1990—2017 年英国分部门 GDP 占比如表 4-3、图 4-3 所示。

表 4-3　　　　　　　　　　　　　　1990—2017 年英国分部门 GDP 占比　　　　　　　　　　　　　　%

年　份	1990	1991	1992	1993	1994	1995	1996
农业	1.33	1.31	1.30	1.31	1.35	1.30	1.13
工业	27.89	27.16	26.75	26.16	26.68	24.89	24.99
服务业	70.78	71.53	71.96	72.54	71.97	73.81	73.88
年　份	1997	1998	1999	2000	2001	2002	2003
农业	1.00	0.91	0.85	0.78	0.75	0.73	0.77
工业	24.13	23.18	22.11	22.54	21.41	21.09	20.26
服务业	74.87	75.92	77.04	76.68	77.85	78.18	78.98
年　份	2004	2005	2006	2007	2008	2009	2010
农业	0.78	0.58	0.56	0.57	0.63	0.55	0.66
工业	19.50	19.73	19.75	19.30	19.01	18.01	17.99
服务业	79.72	79.70	79.69	80.13	80.36	81.44	81.35
年　份	2011	2012	2013	2014	2015	2016	2017
农业	0.61	0.60	0.65	0.64	0.59	0.54	0.52
工业	18.05	17.92	18.15	17.83	17.85	17.99	18.57
服务业	81.34	81.48	81.19	81.53	81.56	81.48	80.91

数据来源：联合国统计司；国际货币基金组织；世界银行。

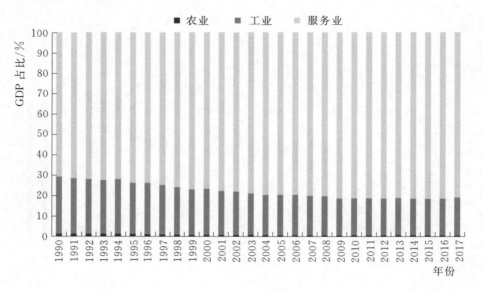

图 4-3　1990—2017 年英国分部门 GDP 占比

4. 工业增加值增速

1990—2017 年，英国"去工业化"程度不断加大，制造业市场占有率和国际竞争力逐渐降低，工业增加值增速呈现较大的波动性。1991—1995 年工业增加值增速先减后增，1993 年英国工业增加值增速为−12.28％。1996—2001 年英国工业增加值增速不断下降，由 16.18％降至−6.44％，下降 22.62 个百分点。2002—2014 年英国工业增加值增速出现大幅波动，2009 年工业增加值增速为近 25 年最低值，为−22.36％。受英国脱欧的影响，英镑出现贬值，宏观经济发展出现阻滞，2015—2017 年英国工业增加值保持较低增速，工业化进程出现"疲软"现象。1991—2017 年英国工业增加值增速如表 4-4、图 4-4 所示。

表 4-4　　　　　　　　　　　　　　1990—2017 年英国工业增加值增速　　　　　　　　　　　　　　％

年　份	1990	1991	1992	1993	1994	1995	1996
工业增加值增速	—	2.39	1.06	−12.28	9.03	16.18	5.51
年　份	1997	1998	1999	2000	2001	2002	2003
工业增加值增速	7.17	1.71	−2.54	0.58	−6.44	7.14	10.52
年　份	2004	2005	2006	2007	2008	2009	2010
工业增加值增速	13.60	5.95	7.27	11.26	−7.87	−22.36	3.67
年　份	2011	2012	2013	2014	2015	2016	2017
工业增加值增速	8.44	0.43	4.82	8.12	2.88	2.77	3.77

数据来源：联合国统计司；国际货币基金组织；世界银行。

5. 服务业增加值增速

1990—2017 年，英国服务业增加值增速整体上呈现较大波动性，以 5％为中心上下波动。1990—2007 年，英国服务业增加值增速整体上呈现波动性上升趋势，2004 年服务业增加值增速高达 19.16％。受金融危机影响，2009 年英国服务业增加值增速为近 25 年来最低值，增速为−16.31％。2010—2014 年，英国服务业增加值增速波动性减小。2015 年英国服务业增加值增速下降至−3.75％，

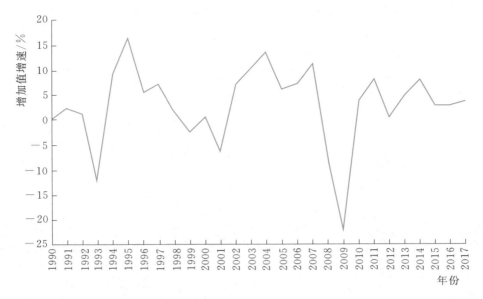

图 4 - 4　1991—2017 年英国工业增加值增速

2016—2017 年服务业增加值增速逐渐增加。1991—2017 年英国服务业增加值增速如表 4 - 5、图 4 - 5 所示。

表 4 - 5　　　　　　　　　　　**1991—2017 年英国服务业增加值增速**　　　　　　　　　　　%

年　份	1991	1992	1993	1994	1995	1996	1997	1998	1999
服务业增加值增速	5.44	4.11	−9.13	6.85	15.60	5.66	11.90	7.24	3.43
年　份	2000	2001	2002	2003	2004	2005	2006	2007	2008
服务业增加值增速	−1.55	0.50	9.54	16.79	19.16	4.85	6.79	15.10	−5.64
年　份	2009	2010	2011	2012	2013	2014	2015	2016	2017
服务业增加值增速	−16.31	2.26	7.10	1.68	2.26	10.83	−3.75	2.32	5.66

数据来源：联合国统计司；国际货币基金组织；世界银行。

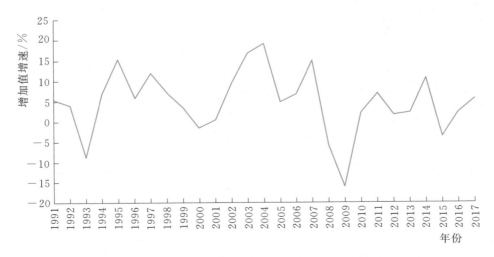

图 4 - 5　1991—2017 年英国服务业增加值增速

6. 外国直接投资净额

英国脱欧之前，一直保持着低利率和低通货膨胀率，使其在激烈的市场竞争中，经济持续平稳的发展，作为第五大经济强国，在吸引境外投资方面一直保持较强的竞争力。

1990—2017年，英国在吸引外国直接投资上一直保持较为强劲的势头，经历了1998—2001年和2006—2009年两次高峰期，2000年外国投资净额达到1279.20亿美元，2007年外国投资净额高达1608.80亿美元。2011—2016年外国直接投资净额呈现持续下降，2016年外国直接投资净额为－2133.90亿美元。英国脱欧以后，预计会对外国投资造成负面影响，使英国的生产力受到损害。跨国并购是英国吸引外国直接投资的主要因素，大量并购活动使得英国的外国直接投资净额位居世界前列。同时，英国作为生产和贸易基地具有优越的地理位置、发达的交通体系和充足的能源等优势，能够提供便捷的金融、市场及其他各项专业服务。1990—2017年外国直接投资净额如表4－6、图4－6所示。

表4－6　　　　　　　　　　　　1990—2017年外国直接投资净额　　　　　　　　单位：亿美元

年　份	1990	1991	1992	1993	1994	1995	1996
外国投资净额	－133.80	3.02	31.40	107.40	241.70	273.80	93.02
年　份	1997	1998	1999	2000	2001	2002	2003
外国投资净额	233.90	481.60	1124.50	1279.20	213.20	311.40	460.70
年　份	2004	2005	2006	2007	2008	2009	2010
外国投资净额	415.80	－927.40	－613.80	1608.80	1032.40	－629.50	－123.30
年　份	2011	2012	2013	2014	2015	2016	2017
外国投资净额	538.20	－347.30	－82.20	－1728.10	－1145.00	－2133.90	847.10

数据来源：欧洲经济数据中心；英国统计局。

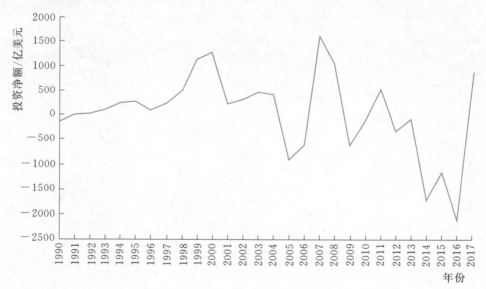

图4－6　1990—2017年外国直接投资净额

7. CPI 涨幅

2017年英国CPI增幅为2.63%，英国物价水平稳定，通货膨胀率较低，居民的消费水平稳步提升。1990—2017年，英国CPI涨幅整体呈现下降的趋势，1991—2000年，英国CPI涨幅下降明显，由7.53%降为0.79%，减少6.74%。2001—2011年，英国CPI呈现逐渐增加的趋势，2011年CPI涨幅达到4.48%，出现较为严重的通货膨胀。2012—2015年，CPI涨幅持续下降，2016—2017年CPI涨幅出现增加，维持在较低水平。1990—2017年英国CPI涨幅如表4－7、图4－7所示。

表 4 - 7   1990—2017 年英国 CPI 涨幅   ％

年　份	1990	1991	1992	1993	1994	1995	1996
CPI 涨幅	6.97	7.53	4.26	2.51	1.98	2.66	2.48
年　份	1997	1998	1999	2000	2001	2002	2003
CPI 涨幅	1.78	1.59	1.34	0.79	1.24	1.26	1.36
年　份	2004	2005	2006	2007	2008	2009	2010
CPI 涨幅	1.34	2.05	2.33	2.32	3.61	2.17	3.29
年　份	2011	2012	2013	2014	2015	2016	2017
CPI 涨幅	4.48	2.82	2.55	1.46	0.05	0.64	2.63

数据来源：联合国统计司；欧洲经济数据中心；英国统计局。

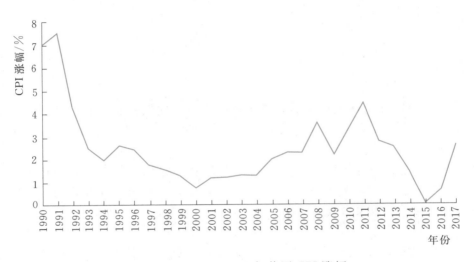

图 4 - 7   1990—2017 年英国 CPI 涨幅

8. 失业率

英国失业率呈现出良好的下降趋势。2017 年英国失业率为 4.68％，世界排名第 4，仅次于欧元区、加拿大和澳大利亚，英国劳动市场相对稳定。

1990—2017 年，英国失业率整体上呈现出较大的波动性，1993 年英国失业率高达 10.35％，为近 25 年的最高值。1994—2004 年英国经济增长良好，失业率随之减小。2005—2011 年失业率开始逐渐增加，受到金融危机的影响，2009 年英国失业率较 2008 年增加 1.93 个百分点，2012—2017 年英国失业率逐步减小。1990—2017 年英国失业率如表 4-8、图 4-8 所示。

表 4 - 8   1990—2017 年英国失业率   ％

年　份	1990	1991	1992	1993	1994	1995	1996
失业率	—	8.55	9.78	10.35	9.65	8.69	8.19
年　份	1997	1998	1999	2000	2001	2002	2003
失业率	7.07	6.20	6.04	5.56	4.70	5.04	4.81
年　份	2004	2005	2006	2007	2008	2009	2010
失业率	4.59	4.75	5.35	5.26	5.61	7.54	7.79
年　份	2011	2012	2013	2014	2015	2016	2017
失业率	8.04	7.89	7.53	6.11	5.30	4.85	4.68

数据来源：联合国统计司；国际货币基金组织；世界银行。

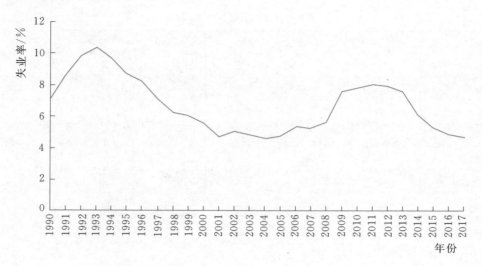

图 4-8 1990—2017 年英国失业率

二、主要经济政策

在经历了 2007—2009 年金融危机之后，英国还要经历退欧带来的长期不确定性。英国 2017 年经济增长平均预测值为 1.3%，低于 2016 年的 2% 和 2015 年的 2.2%。货币政策委员会投票决定将央行利率维持在 0.25%。

脱欧使得英国在贸易、金融和投资方面受到较大影响，在贸易方面，英国将无法享受欧盟内部的关税优惠政策；在金融方面，英镑汇率直线下滑，英镑大幅贬值；在投资方面，英国退出欧盟将失去欧盟单一市场，其投资吸引力或将大幅削减。

（一）税收政策

2015 年英国政府对税收政策进行调整，包括下调公司所得税率、提高最低工资标准和调高个税免征额与遗产税征收门槛等。2017 年以后公司所得税税率由 20% 降至 19%，并在 2020 年进一步调降至 17%；在 2020 年之前，将居民最低工资水平由当前的时薪 6.5 英镑（约合 10 美元）上调至 9 英镑；2016 年 4 月起，个税免征额从当前的 1.06 万英镑提高至 1.1 万英镑；在 2017 年之前，遗产税有效起征门槛上调至 100 万英镑。

2016 年 9 月 5 日，英国 2016 年财政法案经皇家批准成为《2016 年财政法》。其中涉及许多税收政策调整，如调整个人所得税扣除标准、2020 年公司所得税将降至 17% 等。

2017 年 4 月 1 日，英国一系列新的减税政策开始生效。减税政策主要包括：永久性降低公司所得税，小企业减税优惠被延长 1 年；就业扣除标准从 2000 英镑提高至 3000 英镑；资本利得税税率从 28% 降至 20%。

（二）金融政策

1. 货币政策

2015 年，英国央行货币政策委员会宣布维持利率在 0.5% 不变，并维持量化宽松规模在 3750 亿英镑不变。

2016 年 8 月，英国央行推出新的货币宽松政策，将基准利率削减 25 个基点至 0.25%，增加购买 600 亿英镑英国国债，将购债计划扩大至 4350 亿英镑。英国 9 月央行量化宽松规模维持在 4350 亿英镑不变，符合市场预期。11 月 3 日，英国央行货币政策委员会一致投票决定维持基准利率 0.25% 和资产购买规模 4350 亿英镑不变。

2. 金融监管政策

金融危机重创英国金融业之后，2009 年英国对金融监管进行大力度改革。英国拆分了原来大一统的混业监管机构金融服务局（FSA），以增强中央银行在金融监管体系中的地位为主线，围绕构建"双峰"监管体制下的监管协调机制和推动银行业结构性监管改革这两大"支柱"，不断强化中央银行实施金融监管和维护金融稳定的职能。

2016年，脱欧使英国的经济前景转差，金融市场大乱，投资者信心一度大幅下滑。为稳定金融市场情绪，英国央行在7月5日宣布，实时将英国银行的逆周期缓冲资本规定从加权风险资产的0.5%减至0，使得银行的放贷更为灵活，有助于增加信贷供应量，从而达到刺激经济的作用。

（三）产业政策

金融危机以后，英国重振制造业，努力实现产业结构"再平衡"。为加速制造业回流和提升科技创新，英国产业政策以横向政策为基础，更加重视部门政策的实施，加大政府的干预力度。此外，英国强调技术与科技创新推动经济增长，采用"高端智能＋绿色低碳"的产业形式。

英国产业机构调整取得一定的效果，部分制造业产业的国际竞争力有所增强。在世界经济疲软和国际政治形势动荡背景下，英国产业结构发展形势仍旧不够明朗。

（四）投资政策

英国政府鼓励外商在制造业、研究开发及服务行业的投资，尤其鼓励引进新技术。英国为外商投资提供便利条件，如英国在出入境投资、收入及资本的汇出、持有外币账户以及贸易结算等方面没有外汇管制限制；外商或外资控股公司从法律意义上与英资公司享有同等待遇，他们在英国可从事多种形式的经济活动。

英国没有指导或限制外商投资的专门法律，外国及英国投资者必须同样遵循有关垄断和合并的规定。英国政府所有或由政府机构控制的产业具有行业限制，例如，国防、核能领域对外国公司和英国公司均有限制；收购大型或经济上有重要影响的英国企业，必须获得政府批准；银行和保险公司开业前，必须获得金融服务局及政府的批准。

（1）"北方经济增长区"发展战略。英国政府提出"北方经济增长区"发展战略，以实现北方城市再生、将北部城市群打造成世界最具活力和竞争力的城市群为目标，实现经济互通和区域协调发展。

（2）中部引擎计划。中部引擎计划致力于打造中部地区品牌，重点提升技能、创新、交通、产业、商业融资五大关键领域，提高劳动生产率，吸引投资者和贸易伙伴，推动经济增长、出口和就业。目标是本届政府任期内新增就业30万个。英国政府给予500万英镑资金支持。

（3）商业投资补助金计划。商业投资补助金（GBI）是一项可自由支配的计划，为企业提供资金支持，以支持英国的可持续投资。它的目标是帮助企业扩张、实现现代化和多样化。

（4）提高生产率计划。为提高生产力，英国政府建立在鼓励长期投资和推动动态经济两大支柱上，提出"提高生产率计划"框架，其包括15个重点领域，主要内容见表4-9。

表4-9　　　　　　　　　英国"提高生产率计划"主要内容

名　称	领　域	内　　容
长期投资	商业长期投资	削减公司税到18%，增加商业66亿英镑年储蓄；增加个人津贴12500英镑；鼓励企业储蓄长期投资
	技能和人力资本	高技能劳动力；引入一种强制学徒税，要求企业为自己的未来投资世界一流大学；世界一流大学向所有能受益的人开放。包括取消学生上限，确保大学投资的可持续性
	经济基础设施	建立现代交通运输系统；提供可靠的低碳能源，确保英国吸引必要的投资，保证能源供应安全；发展世界级的数字基础设施，确保2017年95%的英国家庭和企业能用上超高速宽带

续表

名 称	领 域	内 容
动态经济	灵活、公正的市场	更高的工资，更低的福利；引入新的国民生活工资，以帮助提高工资，降低税收，让更多的人有机会工作
	生产性金融	引领世界投资增长的金融服务，包括建立一个 PRA/FCA 新银行股
	开放和竞争	降低市场监管，削减各项杂税，引入新的转换原则，发布新的数字转换计划；建立更有效的英国贸易和投资（UKTI）合作关系，更好地出口金融产品，与新兴市场建立更紧密的贸易联系

英国吸引外资的主要目的在于提升本国科技实力、扩大就业以及保持国民经济的可持续发展，其鼓励在研发（R&D）、电子、软件、电子商务、电信业、制药及生物技术、创意产业、金融服务业、化工业、汽车、食品与饮料业、环保技术和可再生能源等方面进行投资。

英国中央、地区和地方一级政府都有鼓励投资的措施，包括地区资金援助、地方援助、特殊项目援助以及研究开发援助等，外国投资者一般均享有鼓励政策。此外，英国的公司的税率为 30%，是欧洲经济大国中税率最低者。增值税为 17.5%，在欧洲是较低的，与其他欧洲国家相比，有更多的交易免交增值税，英国对商业征收的唯一地方税是基于财产的税赋，称为营业税。

第二节 电力发展与政策

一、电力供应形势分析

（一）电力工业发展概况

英国政府开放电力生产市场，鼓励自由竞争。英国电力行业面临着北海油田的油气资源逐步枯竭的挑战，英国将不得不依赖进口原油。另外，占英国总发电能力 50% 以上的火电和核能发电开始衰落。随着核电站设备老化，寿命即将到期，核电发电量逐渐减少，火力发电受到欧盟日益严格的环保规定的约束被强制关闭。英国虽然在新能源发电领域发展较快，但其发电量不足英国用电量的 50%，加上进口量减少，英国的供电量出现暂时性短缺。

英国是为数不多的电力进口国，截至 2017 年 3 月，过去 12 个月中英国进口 17.22 太瓦时电力，出口电量仅为 2.78 太瓦时。庞大的电力进口量使英国对欧洲进口电力产生依赖，面临国内供电中断、电价上涨和发电容量紧缩等威胁。脱欧之前，英国电力进口国主要是各欧盟国，"脱欧"之后，英国便不能享受欧盟国之前的进口税优惠等政策，进口量出现下降。

英国的能源正在朝着更清洁、环保的方向发展。风能、太阳能以及其他可再生能源在发电领域正发挥着越来越重要的作用。随着燃煤发电厂的关闭，煤炭发电比例显著降低，天然气发电比例明显提高。

英国电力供应链包括发电、输电、配电、售电、计量五个环节。其中发电、售电、计量领域已实现完全竞争，输、配电网运营仍为垄断或区域垄断，并实行价格管制。英国是低碳经济的倡导者和先行者，对风能、太阳能、热电混合等分布式电源的并网管理比较成熟，制定了比较完善的发展规划、技术方案和服务策略，并将客户端新能源发电接入作为常规业务。

（二）发电装机容量及结构

1. 发电装机容量及增速

2015 年，英国总装机容量为 9464 万千瓦，同比增速为 0.52%。1990—2016 年，英国电力总装机容量整体上呈现缓慢增长的趋势，2012 年达到近 25 年来的最大值，总装机容量达到 9525 万千瓦。
2013—2015 年英国发电装机容量呈现小幅下降，基本保持稳定。英国发电装机总容量增速波动较大，
平均增速约为 2%。1990—2015 年英国装机容量及增速如表 4-10、图 4-9 所示。

表 4-10　　　　　　　　　　　　1990—2015 年英国发电装机容量及增速

年　份	1990	1991	1992	1993	1994	1995	1996	1997	1998
装机容量/亿千瓦	0.7308	0.7032	0.6751	0.6811	0.6818	0.6976	0.7284	0.7221	0.7250
增速/%	—	−3.79	−3.99	0.89	0.10	2.31	4.42	−0.87	0.40
年　份	1999	2000	2001	2002	2003	2004	2005	2006	2007
装机容量/亿千瓦	0.7445	0.7720	0.7855	0.7542	0.7664	0.7849	0.8238	0.8363	0.8354
增速/%	2.69	3.70	1.75	−3.98	1.63	2.40	4.96	1.52	−0.11
年　份	2008	2009	2010	2011	2012	2013	2014	2015	
装机容量/亿千瓦	0.8488	0.8674	0.9301	0.9292	0.9525	0.9237	0.9415	0.9464	
增速/%	1.61	2.19	7.23	−0.10	2.51	−3.03	1.93	0.52	

数据来源：国际统计年鉴；联合国统计司。

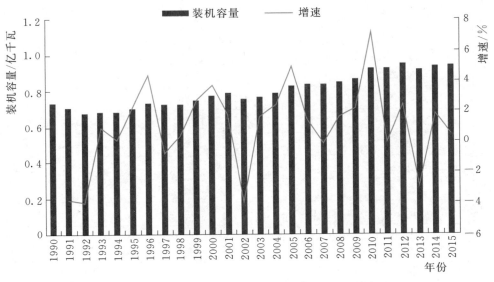

图 4-9　1990—2015 年英国装机容量及增速

2. 各类装机容量及占比

2015 年英国发电装机容量中，火电装机容量占 55.57%，核电装机容量占 9.42%，水电装机容
量占 1.86%，非水可再生能源发电占 30.25%。

英国以火力发电为主，21 世纪以来，随着《大型火电机组法令》和《工业排放法令》的实施，
英国政府推行低碳减排的政策，积极开展低碳减排行动，燃煤发电行业逐步退出市场。为了弥补削
减燃煤发电装机容量带来的空缺，英国加大天然气的进口量，天然气发电迅速发展。2010 年，由于
燃煤机组退出英国发电行业速度过快，而天然气发电行业受到进口的影响，新增燃气机组容量小于
退役燃煤机组容量，导致英国火电总装机容量下降。英国海上风电的迅速发展以及太阳能发电技术
不断成熟，非水可再生能源发电呈现出良好的增长趋势。常规水电装机容量基本保持不变，核电装
机容量呈现缓慢下降趋势。

英国火电装机容量在各类发电装机容量中占比最大，1990—2015 年火电占比呈明显下降趋势，下
降 23.55 个百分点。非水可再生能源装机比重在 2005 年以后呈现逐渐增加的趋势，2015 年非水可再生

能源装机容量占比达到 30.25%。核电呈现出缓慢的递减趋势，1990—2015 年内下降 6.12 个百分点。

英国发电装机构成分为火电、核电、水电、非水可再生能源发电和其他，其中火电包括燃煤发电、燃气发电和燃油发电。由于英国燃油发电量占比太小，不再单独统计，计入其他发电量。1990—2015 年英国发电装机容量及占比如表 4-11、图 4-10 所示。

表 4-11　　　　　　　　　　　　　　1990—2015 年英国发电装机容量及占比

年 份		1990	1991	1992	1993	1994	1995	1996
火电	装机容量/万千瓦	5782.5	5458	5168.3	5203.1	5227	5262.8	5569.1
	占比/%	79.12	80.85	76.55	76.39	76.66	75.44	76.45
核电	装机容量/万千瓦	1136	1153.3	1161.8	1187	1170.1	1291	1291
	占比/%	15.54	16.40	17.21	17.43	17.16	18.51	17.72
水电	装机容量/万千瓦	111	141.5	142.3	142.5	142.5	143.2	145.5
	占比/%	1.52	2.01	2.11	2.09	2.09	2.05	2.00
非水可再生能源发电	装机容量/万千瓦	0	0	0	0	0	0	0
	占比/%	0	0	0	0	0	0	0
其他	装机容量/万千瓦	278.7	278.7	278.7	278.7	278.8	278.8	278.8
	占比/%	3.81	3.96	4.13	4.09	4.09	4.00	3.83
年 份		1997	1998	1999	2000	2001	2002	2003
火电	装机容量/万千瓦	5498.4	5527.3	5722.1	6043.4	6164	5879.5	6032.5
	占比/%	76.14	76.24	76.86	78.29	78.48	77.96	78.71
核电	装机容量/万千瓦	1295	1296	1296	1249	1249	1224.4	1204.4
	占比/%	17.93	17.88	17.41	16.18	15.90	16.24	15.71
水电	装机容量/万千瓦	148.8	147.5	147.7	148.5	162.9	159	148.6
	占比/%	2.06	2.03	1.98	1.92	2.07	2.11	1.94
非水可再生能源发电	装机容量/万千瓦	0	0	0	0	0	0	0
	占比/%	0	0	0	0	0	0	0
其他	装机容量/万千瓦	278.8	278.8	278.8	278.8	278.8	278.8	278.8
	占比/%	3.86	3.85	3.74	3.61	3.55	3.70	3.64
年 份		2004	2005	2006	2007	2008	2009	2010
火电	装机容量/万千瓦	6234.7	6305.9	6476.5	6480	6518.4	6586.6	7073.7
	占比/%	79.44	76.55	77.44	77.57	76.79	75.94	76.05
核电	装机容量/万千瓦	1185.2	1185.2	1096.5	1022.2	1009.7	1013.7	1013.7
	占比/%	15.10	14.39	13.11	12.24	11.90	11.69	10.90
水电	装机容量/万千瓦	149.9	150.1	151.5	152.2	162.6	163.8	163.7
	占比/%	1.91	1.82	1.81	1.82	1.92	1.89	1.76
非水可再生能源发电	装机容量/万千瓦	0	317.9	365.8	425	523.3	635.4	775.9
	占比/%	0	3.86	4.37	5.09	6.16	7.33	8.34
其他	装机容量/万千瓦	278.8	278.8	272.6	274.4	274.4	274.4	274.4
	占比/%	3.55	3.38	3.26	3.28	3.23	3.16	2.95

年 份		2011	2012	2013	2014	2015
火电	装机容量/万千瓦	6778.9	6765.3	6062.3	5736.9	5258.9
	占比/%	72.95	71.03	65.63	60.93	55.57
核电	装机容量/万千瓦	992	923.1	924.3	937.3	891.8
	占比/%	10.68	9.69	10.01	9.96	9.42
水电	装机容量/万千瓦	167.3	169.4	170.9	172.8	175.9
	占比/%	1.80	1.78	1.85	1.84	1.86
非水可再生能源发电	装机容量/万千瓦	1079.6	1393	1805.1	2293.5	2863
	占比/%	11.62	14.62	19.54	24.36	30.25
其他	装机容量/万千瓦	274.4	274.4	274.4	274.4	274.4
	占比/%	2.95	2.88	2.97	2.91	2.90

数据来源：联合国统计司；国际能源署。

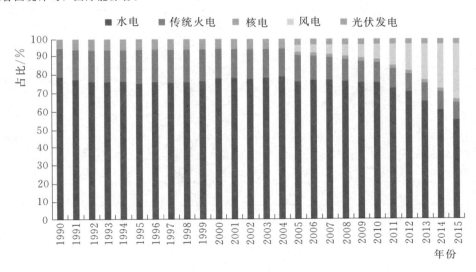

图 4-10 1990—2015 年英国发电装机容量占比

对比 2005 年和 2015 年英国电源结构占比变化，如图 4-11 所示。其中，英国发电装机结构变化较为明显，火电装机容量占比由 77% 下降至 56%，下滑 21 个百分点，水电和核电装机容量占比逐渐减小，非水可再生能源装机容量占比由 4% 增加到 3%。

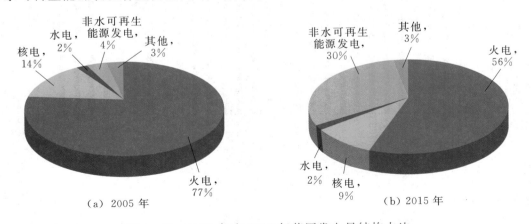

图 4-11 2005 年和 2015 年英国发电量结构占比

（三）发电量及结构

1. 总发电量及增速

英国作为发达国家，其经济发展对电力需求较大，年发电总量位居世界前列。2017年英国全年总发电量为3359亿千瓦时。1990—2017年，英国各年总发电量呈现先增后减的趋势，2005年发电量为近26年来最高值，达到3983.56亿千瓦时。随着全球气温上升，英国政府致力于减少煤炭发电量，以清洁能源代替煤炭发电，燃煤机组逐渐退役，2005年英国年发电量逐渐减少。2005年以后出现持续负增长。2015—2017年，英国总发电量呈现缓慢下降趋势。1990—2017年英国年总发电量及增速如表4-12、图4-12所示。

表4-12　　　　　　　　　　　1990—2017年英国总发电量及增速

年　份	1990	1991	1992	1993	1994	1995	1996
发电量/亿千瓦时	3197.37	3228.75	3210.43	3231.02	3264.87	3340.41	3508.69
增速/%	—	2.80	0.91	3.03	1.87	4.49	2.41
年　份	1997	1998	1999	2000	2001	2002	2003
发电量/亿千瓦时	3506.66	3627.03	3681.52	3770.69	3847.9	3872.47	3981.98
增速/%	0.14	2.67	2.03	4.54	−5.00	5.45	−0.01
年　份	2004	2005	2006	2007	2008	2009	2010
发电量/亿千瓦时	3939.27	3983.56	3972.83	3968.3	3889.19	3767.56	3816.28
增速/%	2.27	2.94	1.51	−90.38	−1.99	−3.13	1.29
年　份	2011	2012	2013	2014	2015	2016	2017
发电量/亿千瓦时	3667.99	3629.55	3583.77	3381.76	3390.95	3386	3359
增速/%	−3.89	−1.05	−1.26	−5.64	0.27	−0.15	−0.18

数据来源：国际能源署；世界能源统计年鉴。

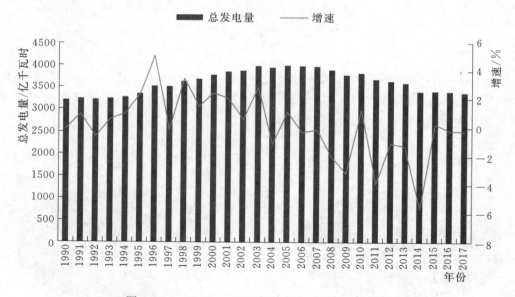

图4-12　1990—2017年英国总发电量及增速

2. 发电量结构及占比

英国发电量以传统火力发电为主，其中煤炭发电比重逐步减少，而天然气比重逐渐增加。核电和水电作为英国电力工业的传统发电能源，年发电量趋于平稳。非水可再生能源发电在国家政策支持下，年发电量呈现递增的趋势。2017 年，英国总发电量构成中，煤电占 6.73%，燃气发电占 39.68%，核电占 20.93%，水电占 1.76%，非水可再生能源发电占 27.66%，发电比例相对比较均衡。

英国政府大力削减燃煤机组，燃气发电成为火力发电的主要来源，1990—2017 年，英国煤电逐渐减少而燃气发电逐渐增加。1990—1997 年，燃煤发电量迅速减少而燃气发电量迅速上升，随后燃气发电量超过燃煤发电量，2014—2016 年，燃煤发电量和燃气发电量均有所下降。核电作为英国第三大电源，发电量占比稳定在 20%，大约维持在 700 亿千瓦时，其发电量仅次于燃煤发电和燃气发电。2002—2015 年非水可再生能源发电呈现快速上升趋势，2015 年非水可再生能源发电量超过核电和燃煤发电量，发电量占全年发电量比重增长 23.84 个百分点；水电基本保持不变，稳定在 2% 左右。其他类型电源（主要包括燃油发电）的年发电量整体比较平稳，2010—2011 年连续两年出现下降，累计下降 29.77 亿千瓦时。1990—2017 年英国分类发电量及占比如表 4-13、图 4-13 所示。

表 4-13　　　　　　　　　　1990—2017 年英国分类发电量及占比

年　份		1990	1991	1992	1993	1994	1995	1996
煤电	发电量/亿千瓦时	2064.38	2114.58	1936.38	1712.46	1613.41	1552.06	1472.69
	占比/%	64.56	65.49	60.32	53.00	49.42	46.46	41.97
燃气发电	发电量/亿千瓦时	49.98	58.24	125.83	340.39	532.58	637.39	840.86
	占比/%	1.56	1.80	3.92	10.54	16.31	19.08	23.97
核电	发电量/亿千瓦时	657.49	705.43	768.07	893.53	882.82	889.64	946.71
	占比/%	20.56	21.85	23.92	27.65	27.04	26.63	26.98
水电	发电量/亿千瓦时	71.89	61.47	71.28	57.39	65.57	63.9	49.49
	占比/%	2.25	1.90	2.22	1.78	2.01	1.91	1.41
非水可再生能源发电	发电量/亿千瓦时	6.87	7.87	10.78	15.82	22.12	24.45	27.09
	占比/%	0.21	0.24	0.34	0.49	0.68	0.73	0.77
其他	发电量/亿千瓦时	346.76	281.16	298.09	211.43	148.37	172.97	171.85
	占比/%	10.85	8.71	9.29	6.54	4.54	5.18	4.90
年　份		1997	1998	1999	2000	2001	2002	2003
煤电	发电量/亿千瓦时	1219.73	1251.01	1083.41	1223	1330.48	1256.81	1398.42
	占比/%	34.78	34.49	29.43	32.43	34.58	32.45	35.12
燃气发电	发电量/亿千瓦时	1109.63	1177.99	1429.02	1480.77	1419.05	1522.76	1488.81
	占比/%	31.64	32.48	38.82	39.27	36.88	39.32	37.39
核电	发电量/亿千瓦时	981.46	994.86	951.33	850.63	900.94	878.48	886.86
	占比/%	27.99	27.43	25.84	22.56	23.41	22.69	22.27
水电	发电量/亿千瓦时	56.55	67.42	82.38	77.8	64.78	74.39	59.61
	占比/%	1.61	1.86	2.24	2.06	1.68	1.92	1.50
非水可再生能源发电	发电量/亿千瓦时	32.6	41.14	48.38	54.03	80.13	92.04	102.34
	占比/%	0.93	1.13	1.31	1.43	2.08	2.38	2.57
其他	发电量/亿千瓦时	106.69	94.61	87	84.46	52.52	47.99	45.94
	占比/%	3.04	2.61	2.36	2.24	1.36	1.24	1.15

续表

年 份		2004	2005	2006	2007	2008	2009	2010
煤电	发电量/亿千瓦时	1332.68	1363.36	1504.8	1374.91	1257.7	1044.47	1087.97
	占比/%	33.83	34.22	37.88	34.65	32.34	27.72	28.51
燃气发电	发电量/亿千瓦时	1570.65	1526.4	1408.28	1657.93	1762.19	1664.99	1753.32
	占比/%	39.87	38.32	35.45	41.78	45.31	44.19	45.94
核电	发电量/亿千瓦时	799.99	816.18	754.51	630.28	524.86	690.98	621.4
	占比/%	20.31	20.49	18.99	15.88	13.50	18.34	16.28
水电	发电量/亿千瓦时	74.92	78.52	84.46	89.36	92.3	89.13	67.15
	占比/%	1.90	1.97	2.13	2.25	2.37	2.37	1.76
非水可再生能源发电	发电量/亿千瓦时	114.59	145.71	159.04	165.33	185.05	218.03	236.95
	占比/%	2.91	3.66	4.00	4.17	4.76	5.79	6.21
其他	发电量/亿千瓦时	46.44	53.39	61.74	50.49	67.09	59.95	49.47
	占比/%	1.18	1.34	1.55	1.27	1.73	1.59	1.30
年 份		2011	2012	2013	2014	2015	2016	2017
煤电	发电量/亿千瓦时	1093.97	1441.81	1317.02	1016.33	767.11	307	226
	占比/%	29.82	39.72	36.75	30.05	22.62	9.05	6.73
燃气发电	发电量/亿千瓦时	1461.9	997.96	958.41	1008.95	1000.33	1434	703
	占比/%	39.86	27.50	26.74	29.84	29.50	42.25	20.93
核电	发电量/亿千瓦时	689.8	704.05	706.07	637.48	703.45	717	1333
	占比/%	18.81	19.40	19.70	18.85	20.74	21.13	39.68
水电	发电量/亿千瓦时	85.85	82.51	76.08	87.76	90.28	54	59
	占比/%	2.34	2.27	2.12	2.60	2.66	1.59	1.76
非水可再生能源发电	发电量/亿千瓦时	306.28	378.17	505.47	612.26	808.43	778	929
	占比/%	8.35	10.42	14.10	18.10	23.84	22.92	27.66
其他	发电量/亿千瓦时	30.18	25.01	20.66	18.96	21.33	103	108
	占比/%	0.82	0.69	0.58	0.56	0.63	3.03	3.22

数据来源：国际能源署；联合国统计司。

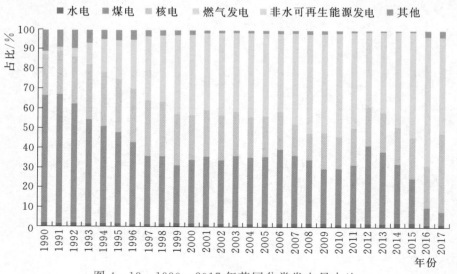

图 4-13 1990—2017 年英国分类发电量占比

对比 1990—2017 年英国各类型发电量占比如图 4-14 所示。其中，英国大量削减煤电机组装机容量，导致煤电机组发电量减少 57.83%，燃气发电量增加 19.37%，火电整体发电量减少 38.46%。此外，核电占比增加 19.12%，水电占比降低 0.49%，非水可再生能源发电增加 27.45%，其他类型发电减少 7.63%。

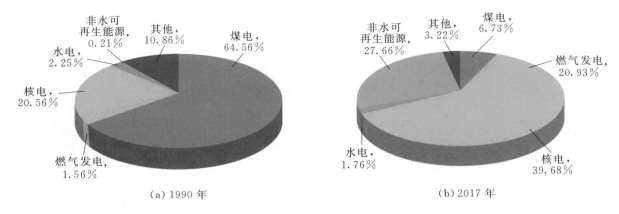

图 4-14 1990 年和 2017 年英国分类发电量占比

（四）电网建设规模

英国国家电网公司拥有英格兰和威尔士的输电网，苏格兰的输电网则由苏格兰电力公司（苏格兰输电公司，SPTL）和 SSE（苏格兰水电输送公司，SHETL）所有。北爱尔兰电网由北爱尔兰电力公司（NIE，属于 ESB）所有，由北爱尔兰系统运行公司运行。8 家配电公司管理着英格兰和威尔士的 10 个配电区域、苏格兰的 2 个配电区域以及北爱尔兰的 1 个配电区域。其中，苏格兰和北爱尔兰通过 250 千伏的高压直流线路互联，输送容量 25 万千瓦，总长 63.5 公里，其中 55 公里为海底电缆；爱尔兰和威尔士由一条 200 千伏的高压直流线路连接，线路总长 261 公里，其中 186 公里为海底电缆，输电容量 50 万千瓦。英国目前有 3 条高压直流线路分别连接法国、荷兰和爱尔兰，内部有 1 条直流线路连接北爱尔兰和大不列颠电网。纵观英国电网，北部电源大于负荷，南部负荷大于电源，呈现北电南送的电力流格局。

2011 年，英国高压架空输电网长度约为 2.5 万公里，架空线路和地下电缆组成的配电网长度约为 80 万公里。英国输电网电压等级主要为 400 千伏、275 千伏（苏格兰地区的 132 千伏电网属于输电网），拥有超过 22000 公里的架空线路，1200 公里以上的电缆线路，拥有变电站 685 座，主变压器 1160 台。英国配电网主要由 132 千伏、66 千伏、33 千伏、11 千伏、400 伏电压等级构成，城市配电线路主要为电缆。英国各电压等级输变电设备情况如表 4-14 所示。

表 4-14　2011 年英国电网输变电规模

电压等级	400 千伏	275 千伏	132 千伏	其 他	合 计
架空线路/公里	11634	5766	5254	—	22654
电缆线路/公里	195	498	216	327（直流电缆）	1200
变电站/座	163	127	395	—	685
变压器/台	363	487	290	20（移相变）	1160

数据来源：国际能源署；联合国统计司。

二、电力消费形势分析

（一）电力消费总量

1990—2015 年英国年用电量累计增加 284.18 亿千瓦时，年均增速为 1.51%。1990—2005 年，英国年用电量呈现良好的增长趋势，其中 2000 年受到互联网泡沫危机的影响，用电量明显减少。2005 年以后，英国用电量总体处于平稳下降状态，其中 2008 年受经济危机的影响，用电量出现明显跌幅。英国用电量增速波动较大，整体呈现增速逐渐放缓的趋势，2013—2014 年英国用电量增速连续 2 年出现下降，处于低速增长甚至负增长状态，2015 年用电量增速有所增加，具体情况如表 4-15 所示。

表 4-15　　　　　　　　　　　　1990—2015 年英国用电量及增速

年　份	1990	1991	1992	1993	1994	1995	1996	1997	1998
用电量/亿千瓦时	2744.32	2810.48	2814.69	2861.31	2842.64	2947.22	3093.66	3111.96	3156.78
增速/%	—	2.41	0.15	1.66	−0.65	3.68	4.97	0.59	1.44
年　份	1999	2000	2001	2002	2003	2004	2005	2006	2007
用电量/亿千瓦时	3227.44	3294.2	3327.22	3334.01	3362.18	3389.46	3486.75	3452.29	3416.56
增速/%	2.24	2.07	1.00	0.20	0.84	0.81	2.87	−0.99	−1.03
年　份	2008	2009	2010	2011	2012	2013	2014	2015	
用电量/亿千瓦时	3418.22	3217.47	3289.57	3179.42	3180.82	3163.84	3030.18	3028.5	
增速/%	0.05	−5.87	2.24	−3.35	0.04	−0.53	−4.22	−0.06	

数据来源：国际能源署；联合国统计司。

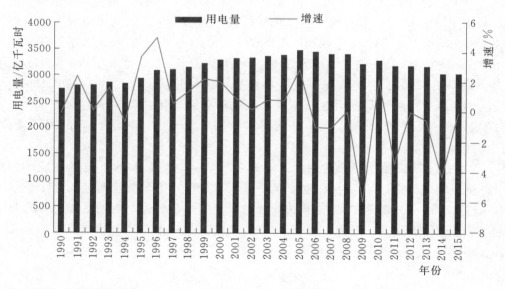

图 4-15　1990—2015 年英国用电量及增速

（二）分部门用电量

1990—2015 年，英国用电量以居民、工业和商业用电为主，三者合计占英国用电总量比重达到 95% 以上，2004—2015 年，比重维持在 97% 以上。交通运输和农业用电量相对较小，各自占比均不足 2%。

2015 年英国用电量构成中，居民生活用电量为 1081.57 亿千瓦时，占比最高，为 35.71%；商业用电量为 936.8 亿千瓦时，占比 30.93%；工业用电量为 924.52 亿千瓦时，占比 30.53%；交通运输用电量为 44.76 亿千瓦时，占比为 1.48%；农林业用电量为 40.85 亿千瓦时，占比为 1.35%。

1990—2005 年英国工业、居民生活和商业用电量呈现递增的趋势，2005 年三者总量达到近 25 年来的最大值，为 3406.14 亿千瓦时，2005—2015 年三者的用电量逐渐减少，2015 年和 2014 年基本持平。农林业、运输用电量很小，2003年英国运输业用电量下降37.07亿千瓦时，2004—2015年，英国农林业和运输业用电量基本一致，几乎稳定不变。各行业用电量占比总体上呈现相对稳定趋势，其中商业用电量比重逐渐增加，而工业用电量比重逐渐减少。1990—2015年英国分部门用电量及占比如表4-16、图4-16所示。

表4-16　　　　　　　　　　1990—2015年英国分部门用电量及占比

年　份		1990	1991	1992	1993	1994	1995	1996
工业	用电量/亿千瓦时	1006.42	995.7	952.76	968.42	950.67	1006.56	1064.3
	占比/%	36.67	35.43	33.85	33.85	33.44	34.15	34.40
交通运输	用电量/亿千瓦时	52.83	52.74	53.61	74.51	69.7	81.25	82.53
	占比/%	1.93	1.88	1.90	2.60	2.45	2.76	2.67
居民生活	用电量/亿千瓦时	937.93	980.98	994.82	1004.56	1014.07	1022.1	1075.13
	占比/%	34.18	34.90	35.34	35.11	35.67	34.68	34.75
商业和公共服务	用电量/亿千瓦时	708.7	741.68	775.04	774.69	769.89	799.39	833.44
	占比/%	25.82	26.39	27.54	27.07	27.08	27.12	26.94
农业/林业	用电量/亿千瓦时	38.44	39.38	38.46	39.13	38.31	37.92	38.26
	占比/%	1.40	1.40	1.37	1.37	1.35	1.29	1.24
年　份		1997	1998	1999	2000	2001	2002	2003
工业	用电量/亿千瓦时	1068.57	1071.77	1109.78	1141.12	1113.37	1126.48	1092.78
	占比/%	34.34	33.95	34.39	34.64	33.46	33.79	32.50
交通运输	用电量/亿千瓦时	84.8	85.11	85.79	86.23	88.28	84.54	82.12
	占比/%	2.72	2.70	2.66	2.62	2.65	2.54	2.44
民居生活	用电量/亿千瓦时	1044.55	1094.1	1103.08	1118.42	1153.37	1145.34	1230.01
	占比/%	33.57	34.66	34.18	33.95	34.66	34.35	36.58
商业和公共服务	用电量/亿千瓦时	875.94	865.29	886.99	904.85	931.2	936.2	917.22
	占比/%	28.15	27.41	27.48	27.47	27.99	28.08	27.28
农业/林业	用电量/亿千瓦时	38.1	40.51	41.8	43.58	41	41.45	40.05
	占比/%	1.22	1.28	1.30	1.32	1.23	1.24	1.19
年　份		2004	2005	2006	2007	2008	2009	2010
工业	用电量/亿千瓦时	1114.66	1160.25	1148.96	1128	1141.51	997.37	1046.54
	占比/%	32.89	33.28	33.28	33.02	33.39	31.00	31.81
交通运输	用电量/亿千瓦时	40.58	40.59	40.02	39.61	39.43	40.4	42.51
	占比/%	1.20	1.16	1.16	1.16	1.15	1.26	1.29
民居生活	用电量/亿千瓦时	1242	1257.11	1247.04	1230.76	1198	1185.41	1188.33
	占比/%	36.64	36.05	36.12	36.02	35.05	36.84	36.12
商业和公共服务	用电量/亿千瓦时	951.78	988.78	976.18	977.64	998.61	956.28	971.9
	占比/%	28.08	28.36	28.28	28.61	29.21	29.72	29.54
农业/林业	用电量/亿千瓦时	40.44	40.02	40.09	40.55	40.67	38.01	40.29
	占比/%	1.19	1.15	1.16	1.19	1.19	1.18	1.22

年 份		2011	2012	2013	2014	2015
工业	用电量/亿千瓦时	1024.76	982.99	970.67	929.15	924.52
	占比/%	32.23	30.90	30.68	30.66	30.53
交通运输	用电量/亿千瓦时	42.53	42.62	43.52	45.05	44.76
	占比/%	1.34	1.34	1.38	1.49	1.48
居民生活	用电量/亿千瓦时	1115.91	1146.67	1134.5	1083.24	1081.57
	占比/%	35.10	36.05	35.86	35.75	35.71
商业和公共服务	用电量/亿千瓦时	956.74	969.83	976.41	934.3	936.8
	占比/%	30.09	30.49	30.86	30.83	30.93
农业/林业	用电量/亿千瓦时	39.48	38.71	38.74	38.44	40.85
	占比/%	1.24	1.22	1.22	1.27	1.35

数据来源：国际能源署；联合国统计司。

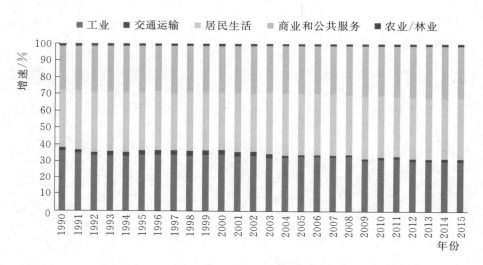

图4-16　1990—2015年英国分部门用电量占比

1990—2015年英国各行业用电量占比变化较为明显，居民生活用电占比由34.18%增至35.71%，增加1.54个百分点；商业用电量占比由25.82%升至30.93%，增长5.11个百分点；工业

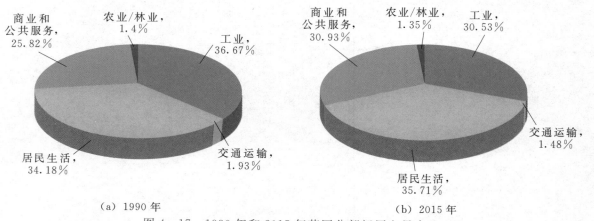

（a）1990年　　　　　　　　　　　　　　（b）2015年

图4-17　1990年和2015年英国分部门用电量占比

用电量占比由 36.67% 下降至 30.53%，下滑 6.15 个百分点；交通用电占比为由 1.93% 降至 1.48%，下降 0.45 个百分点。

三、电力供需平衡分析

英国电力行业已有 100 多年历史，电力工业发展趋于成熟，其年发电量处于世界前列，电力供应基本可以满足需求，2010—2015 年，英国电力进口量逐渐增加，出口量逐渐减少，2015 年英国电力自给率降至 93.09%。

1990—2015 年，英国发电量和用电量呈平行变化趋势，先逐渐增加后逐渐减少，发电量大于用电量，其差值稳定在 464.6 亿千瓦时左右，发电能力基本能够满足用电量需求。考虑到电力损失以及厂用电量，英国发电量仍存在电力缺口，需要依靠电力进出口贸易来弥补发电量不足。

1990—2015 年，英国电力缺口值整体呈现先减小后增加的趋势，相反，电力自给率整体呈现先增加后减小的趋势。2003 年，英国电力缺口降至近 25 年来最低值 21.6 亿千瓦时，自给率高达 99.36% 以上，2003—2009 年电力缺口值呈现较强的波动性，2010—2015 年，英国电力缺口值迅速上升，电能自给率随之下降，英国推进撤销燃煤机组进度，发电生产能力下降，英国对电力进口的依赖性不断增加。1990—2015 年英国电力供需统计情况见表 4-17，1990—2015 年英国电力缺口及自给率变化如图 4-18 所示。

表 4-17　　　　　　　　　　1990—2015 年英国电力供需平衡情况

年　份	1990	1991	1992	1993	1994	1995	1996	1997	1998
发电量/亿千瓦时	3197.37	3228.75	3210.43	3231.02	3264.87	3340.41	3508.69	3506.66	3627.03
用电量/亿千瓦时	2744.32	2810.48	2814.69	2861.31	2842.64	2947.22	3093.66	3111.96	3156.78
电力损失/亿千瓦时	250.29	262.2	237.86	228.28	320.41	268.51	293.35	271.38	298.18
进口电量/亿千瓦时	119.9	164.22	167.25	167.21	168.87	163.36	167.92	166.15	128.39
出口电量/亿千瓦时	0.17	0.15	0.31	0.05	0	0.23	0.37	0.41	1.31
电力缺口/亿千瓦时	119.73	164.07	166.94	167.16	168.87	163.13	167.55	165.74	127.08
自给率/%	95.64	94.16	94.07	94.16	94.06	94.46	94.58	94.67	95.97
年　份	1999	2000	2001	2002	2003	2004	2005	2006	2007
发电量/亿千瓦时	3681.52	3770.69	3847.9	3872.47	3981.98	3939.27	3983.56	3972.83	3968.3
用电量/亿千瓦时	3227.44	3294.2	3327.22	3334.01	3362.18	3389.46	3486.75	3452.29	3416.56
电力损失/亿千瓦时	298.62	311.43	320.77	309.63	320.7	331.75	279.01	275.15	278.3
进口电量/亿千瓦时	145.07	143.08	106.63	91.82	51.19	97.84	111.6	102.82	86.13
出口电量/亿千瓦时	2.63	1.34	2.64	7.68	29.59	22.94	28.39	27.65	33.98
电力缺口/亿千瓦时	142.44	141.74	103.99	84.14	21.6	74.9	83.21	75.17	52.15
自给率/%	95.59	95.70	96.87	97.48	99.36	97.79	97.61	97.82	98.47
年　份	2008	2009	2010	2011	2012	2013	2014	2015	
发电量/亿千瓦时	3889.19	3767.56	3816.28	3667.99	3629.55	3583.77	3381.76	3390.95	
用电量/亿千瓦时	3418.22	3217.47	3289.57	3179.42	3180.82	3163.84	3030.18	3028.5	
电力损失/亿千瓦时	281.03	281.48	266.12	274.97	283.34	266.74	274.4	291.29	
进口电量/亿千瓦时	122.94	66.09	71.44	86.89	137.43	175.32	232.44	227.16	
出口电量/亿千瓦时	12.71	37.48	44.81	24.67	18.72	31.01	27.23	17.78	
电力缺口/亿千瓦时	110.23	28.61	26.63	62.22	118.71	144.31	205.21	209.38	
自给率/%	96.78	99.11	99.19	98.04	96.27	95.44	93.23	93.09	

数据来源：国际能源署；联合国统计司。

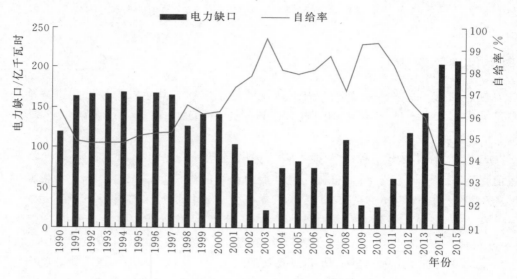

图 4-18 1990—2015 年英国电力缺口及自给率变化

四、电力相关政策

（一）电力投资相关政策

随着北海油气资源的逐渐消耗，从 2004 年起，英国结束了能源自给自足的局面，开始成为能源净进口国。同时，碳排放目标的压力使得英国需要在未来的 20 年中快速降低其碳强度。随着《大型火电机组法令》和《工业排放法令》的实施，大量燃煤和燃油机组将关闭，取而代之的是高成本或出力间歇性的可再生能源机组和其他运行灵活的低碳机组，需要通过充足的电网备用、先进的需求侧管理机制、储能以及电网基础设施的升级改造支撑其发展。为此，英国能源部制定了低碳减排路径，开始酝酿以促进低碳电力发展为核心的新一轮电力市场化改革。

1. 火电政策

由于油气资源的限制和低碳减排的要求，英国以及欧盟政策对温室气体减排越来越重视，英国电力政策以削减火电为主。《大型火电设备指令》（LCPD）限制了退役燃煤电厂能够继续运营的时限，燃煤和燃油发电站将逐步关闭。

2017 年 9 月，英国政府宣布将在 2025 年之前淘汰煤电。

2. 核电政策

2008 年，英国通过了《气候变化法案》，该法案中规定了能源的长期发展目标：到 2050 年，英国的温室气体排放量需在 1990 年的基础上减少 80%。为实现这一目标，英国正在进行一场巨大的能源重组计划，即将传统发电厂退役，同时启动包括核能在内的新能源发电项目。英国核电相关政策如表 4-18 所示。

表 4-18 英国核电相关政策

名 称	内 容
"保持核选择开放"计划	2005 年，英国启动"保持核选择开放（KNOO）"计划，资助科研活动，计划为期 5 年，耗资 640 万英镑。政府正在计划继续追加科研经费以更好促进计划的落实
《核能白皮书》	2008 年，英国政府发布《核能白皮书》，该决定使一度停滞的核电发展得到了重启
核建设投资	英国政府技术战略委员会（TSB）于 2010 年提供了 200 万英镑的资金，用于在核能研发及应用领域的 20 项可行性研究，旨在促进创新和加强供应链建设

名　称	内　容
税收专利盒	"专利盒"税收制度指只收取公司实施专利进行商业活动获得利润的10%的税率。而在商业核能技术研究方面，这个税收制度同样适用，税收的减免助力了商业核能技术的研发
区域投资基金	政府专门为高技术产业设立了24亿区域投资基金，其中专门针对核能发展的专项拨款对核能产业的发展提供了良好的资金支持
SMART	这是技术战略委员会（TSB）提出的一个支持资金方案。该方案专门为参与具有战略意义的科学、工程、技术领域研发项目的中小企业提供资金，其在核能企业方面的参与和投入备受瞩目
《新能源法案》	2012年11月，英国发布《新能源法案》，支持并鼓励包括核能在内的新能源发展
上网电价补贴	2012年《新能源法案》中，政府对于核能相关的条款虽没有直接的财政补贴，英国政府通过强制光伏上网电价以及调整低碳最低价鼓励新能源电力的发展，这对核能发展无疑起到了良好的催化作用

英国核电行业具有开放且巨大的投资市场，并且在核安全监管、新建核能设施以及核设施退役处理等方面具有完善的管理体系和技术。《英国2008核能白皮书》显示，新建核电站将会在未来英国发电格局中占据一席之地，帮助填补英国出现的电力供应缺口，减少温室气体排放，英国政府希望2025年前再增加1600万千瓦核电装机。

3. 天然气发电政策

英国颁布了一系列旨在促进可再生能源发展的鼓励政策，主要包括可再生能源义务政策、固定电价等，这些政策是英国政府为确保二氧化碳减排和支持欧盟排放贸易体系等其他政策措施的重要内容。

2002年，英国开始实施可再生能源义务政策（RO），同期建立了配套的可再生能源电力交易制度和市场。供电商都必须履行责任和义务，从可再生能源发电企业购买配额（ROC）证书（或者从电力监督局直接购买）以达到当年所规定的可再生能源电力配额。

2010年4月，英国引进固定上网电价机制。通过固定电价机制的应用，英国能源与气候变化部（DECC）希望可以鼓励其他小规模（低于5MW）低碳电力的开发利用，尤其是针对那些传统上不参与电力市场运作的组织、商户、社区和个人。2014年在审查基础上引入减税机制，税费将依据前一年资源配置情况减少2.5%～20%。

2013年10月，能源与气候变化部发布《能源法案》，要求减少火力，降低碳排放量，鼓励多使用清洁能源，主要内容如表4-19所示。

表4-19　　　　　　　　　　　　《能源法案》主要内容

名称	内　容
电力市场改革（EMR）	实行差价合约（CFD），为企业投资低碳发电提供稳定和可预测的长期合同；落实可再生能源义务计划投资的过渡安排；制定排放性能标准（EPS），限制新化石燃料发电站的二氧化碳排放量
核监管	该法案将核监管临时办公室（ONR）置于法定基础上，以规范下一代核电站的安全性和安全性
健全消费者制度	规定对国内消费者征收的能源关税限额；要求供应商向消费者提供可获得的最佳替代交易的信息，要求能源企业为因违约而遭受损失的消费者提供补偿

2016年英国开启"零煤电"之路，百年来首次实现无燃煤发电。英国的能源正在朝着更清洁、环保的方向发展。风能、太阳能，以及其他可再生能源在发电领域正发挥着越来越重要的作用。

（1）光伏发电政策。英国光伏市场起步较晚，为促进其快速发展，英国政府颁布一系列优惠政策，随着光伏装机容量的提升，补贴逐渐下调。

2011年，英国减少对太阳能发电的补贴，政策内容为：50～150千瓦的项目补贴下调至19便士/千瓦时；150～250千瓦的项目下调为15便士/千瓦时，降低了73%；250瓦～5兆瓦的项目以及独立安装系统下调为8.5便士/千瓦时，减少72%。

2014年4月1日，英国政府下调可再生能源义务许可证（ROC），英国政府已将大型光伏发电企业由之前每兆瓦时获得的1.6个ROC削减到1.4个，同时超过50千瓦的屋顶光伏项目ROC补贴从1.7个削减到1.6个。

2017年3月31日，英国可再生能源义务证书（renewable energy certificate）对地面光伏项目的激励政策到期，英国光伏发展动力转为依靠市场竞争力。

（2）风力发电政策。英国风力发电尤其海上发电发展迅速，英国政府2013年成立了海上风电投资组织（OWIO），目的是促进英国海上风电行业的就业机会。截至2016年年底，英国风共计建成28座风电场，并网风电机组1472台，并网风电容量达到5156兆瓦。

英国是全球海上风电的先驱者，是英国最成功的产业之一。英国政府加大对海上风电的研发和投资力度，预计2020年英国装机容量为10吉瓦。同时，通过可再生能源义务证书向规模较大的发电商提供补贴，并采用税收激励、可交易能源证书等措施，推动海上风电的发展。自2016年4月1日起取消对新建陆上风电场的《可再生能源义务令》（RO）补贴政策。

4. 电网投资政策

为了激励国内外投资者参与跨国输电线路建设，英国政府出台了Capand Floor政策，即"保底封顶"政策，具体内容包括：英国的能源监管机构OFGEM根据输电线路的投资规模、折旧、运维成本、资金成本等财务数据核定每条输电线路每年的最低收入（Floor）和最高收入（Cap）。当输电线路年度收入低于监管机构核定的最低收入时，政府将通过补贴的形式补齐两者差额，补贴由所有电力用户共同分担；当输电线路年度收入高于监管机构核定的最高收入时，超出部分将分配给所有电力用户。此政策使跨国输电线路投资者能够规避风险，获得稳定收入。

英国大力推广智能电网，2020年前将为3000万户住宅及写字楼共计安装5300万台智能电表。英国建立了基于GPS的管理系统，并给技术人员配备手持电脑，可迅速定位故障，合理调配人力，提升响应能力和工作效率。

（二）电力市场相关政策

英国正在进行第三轮电力市场改革，旨在通过引入资金、减少政府干预、建立相关监督体系等手段，保证英国电力市场稳定地提高经济效益，保持增长水平。改革以NETA模式为基础，建立全国统一的电力交易、平衡和结算系统，统一了输电定价方法和电网使用权合同。制定了《英国电力平衡与结算规范》《联络线与系统使用规范》等，在全国范围内实行单一的交易、平衡和结算机制，使电力市场的扩展、运行、管理、监管更为容易，运营成本更低。主要改革政策如下：

（1）建立了唯一的国家级系统操作机构（great britain system operator，GBSO），负责电力调度，保证系统安全和供电质量。

（2）修订《国家电网公司电网规范》和《苏格兰电网规范》，制定了新的、独立的《英国电网规范》。

（3）制定新的《系统运行机构与输电网拥有者协议》，明确界定了系统运行机构与输电网拥有者的职责范围。

（4）消除了跨大区电网的使用障碍。建立了新的英格兰—苏格兰高压电力输送网络，市场范围扩大，对参与者更加开放。

第三节 电力与经济关系分析

一、电力消费与经济发展相关关系

（一）用电量增速与 GDP 增速

2015 年英国 GDP 增速为－4.59％，用电量增速为－0.06％。1990—2015 年，英国 GDP 增速与用电量增速整体上呈现波动变化，两者交替领先，呈现出较强的规律性。1990—2010 年英国 GDP 增速波动性较大，整体高于用电量增速，2009 年 GDP 增速出现明显下跌，为－17.68％。2010—2015 年，英国 GDP 增速波动幅度减小，用电量增速保持平稳波动。1990—2015 年英国 GDP 增速与用电量增速如图 4-19 所示。

图 4-19 1990—2015 年英国 GDP 增速与用电量增速

（二）电力消费弹性系数

2015 年英国电力消费弹性系数为 0.01，较 2014 年电力消费弹性系数增加 0.42。1990—2015 年，英国电力消费弹性系数整体上保持相对平稳状态，呈现出一定的波动性，电力弹性消费系数大约维持在 0.05。1999—2002 年英国电力消费弹性系数出现较大的波动，2000 年电力消费弹性系数是近 25 年来最低值，为－2.04。2003—2005 年，英国电力消费弹性系数在－0.05～0.58 之间波动，呈现较强的规律性。1990—2015 年英国电力消费弹性系数如表 4-20、图 4-20 所示。

表 4-20　　　　　　　　　　1990—2015 年英国电力消费弹性系数

年　份	1990	1991	1992	1993	1994	1995	1996	1997	1998
电力消费弹性系数	—	0.53	0.05	－0.17	－0.09	0.23	0.90	0.06	0.26
年　份	1999	2000	2001	2002	2003	2004	2005	2006	2007
电力消费弹性系数	1.27	－2.04	－0.73	0.02	0.05	0.05	0.58	－0.15	－0.07
年　份	2008	2009	2010	2011	2012	2013	2014	2015	
电力消费弹性系数	－0.01	0.33	0.85	－0.45	0.03	－0.19	－0.41	0.01	

数据来源：国际能源署；联合国统计司；世界银行。

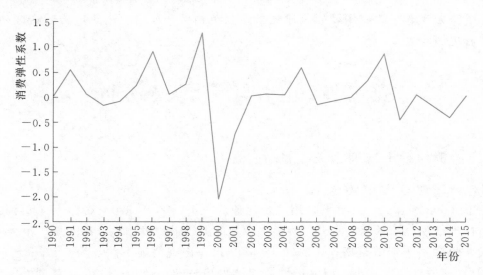

图 4-20 1990—2015 年英国电力消费弹性系数

（三）单位产值电耗

2015 年英国 GDP 单位产值电耗为 1058.51 千瓦时/万美元，较 2014 年单位产值电耗增加 48.06 千瓦时/万美元。1990—2015 年，英国单位产值电耗总体上呈现出较为明显的下降趋势，2015 年单位产值电耗较 1990 年减少 1451.92 千瓦时/万美元，降幅为 57.84%。1990—2015 年英国各年单位产值电耗如表 4-21、图 4-21 所示。

表 4-21　　　　　　　　　1990—2015 年英国单位产值电耗　　　　　　单位：千瓦时/万美元

年　份	1990	1991	1992	1993	1994	1995	1996	1997	1998
单位产值电耗	2510.43	2459.30	2386.02	2695.84	2492.47	2232.31	2220.89	2024.58	1944.35
年　份	1999	2000	2001	2002	2003	2004	2005	2006	2007
单位产值电耗	1953.47	2014.26	2062.71	1896.94	1657.48	1418.78	1390.19	1289.00	1115.43
年　份	2008	2009	2010	2011	2012	2013	2014	2015	
单位产值电耗	1188.76	1359.23	1353.91	1218.72	1202.12	1163.39	1010.45	1058.51	

数据来源：国际能源署；联合国统计司；世界银行。

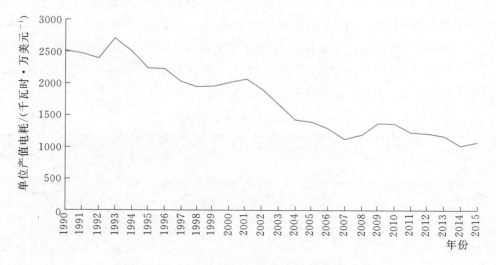

图 4-21　1990—2015 年英国单位产值电耗

（四）人均用电量

2015 年，英国人口数达到 0.65 亿人，人均用电量为 4663.5 千瓦时/人，人均用电量增速为 −0.72%。

英国人均用电量总体上呈现出先增长后下降的趋势，整体变化幅度较小。1990—2005 年人均用电量逐渐增加，2005 年人均用电量达到近 25 年来最大值，为 5788.1 千瓦时/人。2008—2016 年人均用电量逐渐降低。

英国人均用电量增速整体波动较大，呈现向下的趋势。1990—2008 年英国人均用电量波动性相对较小，2009—2015 年英国人均用电量波动性较大，2009 年英国人均用电量增速是近 25 年最低值，为 −6.47%。2015 年英国人均用电量增速绝对值较 2014 年下降 0.72%，增速回升明显。1990—2015 年英国人均用电量及增速如表 4-22、图 4-22 所示。

表 4-22　　　　　　　　　　1990—2015 年英国人均用电量及增速

年　份	1990	1991	1992	1993	1994	1995	1996	1997	1998
人均用电量/千瓦时	4794.4	4892.9	4887.5	4958.1	4913.0	5078.8	5319.2	5336.9	5398.1
人均用电量增速/%	—	2.05	−0.11	1.44	−0.91	3.38	4.73	0.33	1.15
年　份	1999	2000	2001	2002	2003	2004	2005	2006	2007
人均用电量/千瓦时	5500.1	5593.8	5628.9	5620.4	5646.0	5664.2	5788.1	5698.7	5601.8
人均用电量增速/%	1.89	1.70	0.63	−0.15	0.46	0.32	2.19	−1.54	−1.70
年　份	2008	2009	2010	2011	2012	2013	2014	2015	
人均用电量/千瓦时	5567.1	5207.1	5283.6	5023.6	4992.7	4936.6	4697.2	4663.5	
人均用电量增速/%	−0.62	−6.47	1.47	−4.92	−0.62	−1.12	−4.85	−0.72	

数据来源：国际能源署；联合国统计司；世界银行。

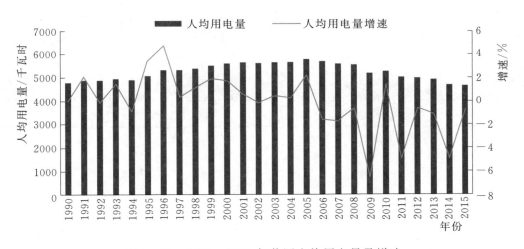

图 4-22　1990—2015 年英国人均用电量及增速

二、工业用电与工业经济增长相关关系

（一）工业用电量增速与工业增加值增速

2015 年英国工业增加值增速为 −0.06%，工业用电量增速为 −0.5%。1990—2015 年，英国工业增加值增速和工业用电量增速整体上呈现波动性变化趋势，工业增加值增速与工业用电量增速大小交替领先，前者波动幅度大于后者。2009 年英国工业增加值增速和工业用电量增速出现明显下降，分别为 −22.36% 和 −12.63%。1990—2015 年英国工业用电量增速与工业增加值增速如图 4-23 所示。

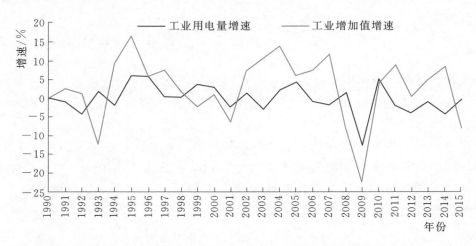

图 4-23 1990—2015 年英国工业用电量增速与工业增加值增速

（二）工业电力消费弹性系数

2015 年英国工业用电量增速为 -0.5%，工业增加值增速为 -7.92%，工业电力消费弹性系数为 0.06。1990—2015 年，英国工业电力消费弹性系数总体上较为稳定，除 1991 年、2000 年和 2012 年工业电力消费弹性系数分别为 -4.07、4.88 和 -9.57 外，基本保持在 0.1 左右。英国工业电力消费弹性系数呈现出较强的规律性，表现出短时期大幅波动、长时期小幅波动的周期性循环。经历 2012 年剧烈下降后，2013—2015 年英国工业电力消费弹性系数呈现出小幅波动趋势。1990—2015 年英国工业电力消费弹性系数如表 4-23、图 4-24 所示。

表 4-23 　　　　　　　　　　　1990—2015 年英国工业电力消费弹性系数

年 份	1990	1991	1992	1993	1994	1995	1996	1997	1998
工业电力消费弹性系数	-0.45	-4.07	-0.13	-0.20	0.36	1.04	-0.45	0.06	0.17
年 份	1999	2000	2001	2002	2003	2004	2005	2006	2007
工业电力消费弹性系数	-1.39	4.88	0.38	0.16	-0.28	0.15	0.69	-0.13	-0.16
年 份	2008	2009	2010	2011		2012	2013	2014	2015
工业电力消费弹性系数	-0.15	0.56	1.34	-0.25		-9.57	-0.26	-0.53	0.06

数据来源：国际能源署；联合国统计司；世界银行。

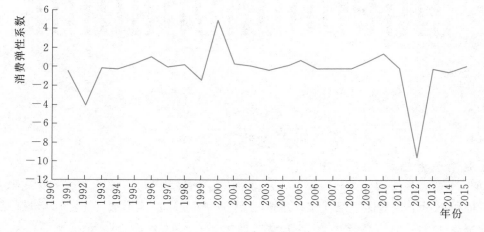

图 4-24 　1990—2015 年英国工业电力消费弹性系数

（三）工业单位产值电耗

2015 年英国工业单位产值电耗为 1665.65 千瓦时/万美元，较 2014 年增加 124.17 千瓦时/万美元，增幅为 8.06%。1990—2015 年英国工业单位产值电耗总体上呈现出较为明显的下降趋势，并呈现出波动性，2015 年单位产值电耗较 1990 年减少 1487.24 千瓦时/万美元，降幅为 47.17%。英国工业单位产值电耗趋势图呈现出较强的规律性，表现出短时期小幅增长、长时期大幅下降的周期性循环。2001—2007 年工业单位产值电耗下降时期最长，降幅最大，2007 年工业单位产值电耗较 2001 年减少 1045.03 千瓦时/万美元，降幅为 37.89%。经历 2010—2014 年连续 4 年的下降后，英国工业单位产值电耗在 2015 年出现增长。1990—2015 年英国工业单位产值电耗如表 4-24、图 4-25 所示。

表 4-24　　　　　　　　　　1990—2015 年英国工业单位产值电耗　　　　　　　单位：千瓦时/万美元

年　份	1990	1991	1992	1993	1994	1995	1996	1997	1998
工业单位产值电耗	3152.89	3046.45	2884.49	3342.18	3009.25	2742.44	3152.89	2748.36	2574.78
年　份	1999	2000	2001	2002	2003	2004	2005	2006	2007
工业单位产值电耗	2538.98	2697.65	2757.89	2875.98	2715.80	2140.27	2102.73	1941.14	1712.86
年　份	2008	2009	2010	2011	2012	2013	2014	2015	
工业单位产值电耗	1881.44	2117.30	2142.94	1935.00	1848.26	1741.11	1541.48	1665.65	

数据来源：国际能源署；联合国统计司；世界银行。

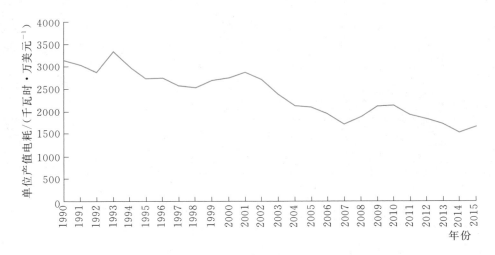

图 4-25　1990—2015 年英国工业单位产值电耗

三、服务业用电与服务业经济增长相关关系

（一）服务业用电量增速与服务业增加值增速

2015 年英国服务业增加值增速为 -3.75%，服务业用电量增速为 0.72%。1990—2015 年，英国服务业增加值增速和服务业用电量增速整体上呈现水平波动趋势，服务业增加值增速波动幅度较大，2009 年英国服务业增加值增速出现明显下降，为 -16.31%，具体如图 4-26 所示。服务业用电量增速整体波动幅度较小，规律性较强。

（二）服务业电力消费弹性系数

2015 年英国服务业用电量增速为 0.27%，服务业增加值增速为 -3.75%，服务业电力消费弹性

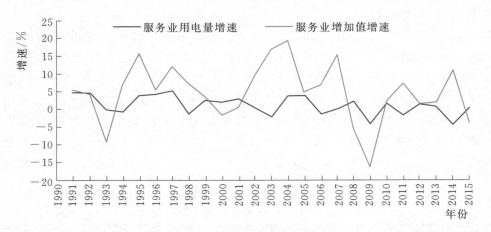

图 4-26　1990—2015 年英国服务业用电量增速与服务业增加值增速

系数为 -0.07。1990—2015 年，英国服务业电力消费弹性系数总体上呈现出小幅的波动，除 2001 年服务业电力消费弹性系数高达 5.82 外，均保持在 -1.30～1.09 范围内波动。英国服务业电力消费弹性系数呈现出较强的规律性，增减频率高，连续增加或减少时间均未超过 2 年，即一个增减周期为 2～4 年。2012—2014 年，英国服务业电力消费弹性系数连续下降，2015 年服务业电力消费弹性系数出现增长，较 2014 年增加 0.33。1990—2015 年英国服务业电力消费弹性系数如表 4-25、图 4-27 所示。

表 4-25　　　　　1990—2015 年英国服务业电力消费弹性系数

年　份	1990	1991	1992	1993	1994	1995	1996	1997	1998
服务业电力消费弹性系数	—	0.85	1.09	0.00	-0.09	0.25	0.75	0.43	-0.17
年　份	1999	2000	2001	2002	2003	2004	2005	2006	2007
服务业电力消费弹性系数	0.73	-1.30	5.82	0.06	-0.12	0.20	0.80	-0.19	0.01
年　份	2008	2009	2010	2011	2012	2013	2014	2015	
服务业电力消费弹性系数	-0.38	0.26	0.72	-0.22	0.81	0.30	-0.40	-0.07	

数据来源：国际能源署；联合国统计司；世界银行。

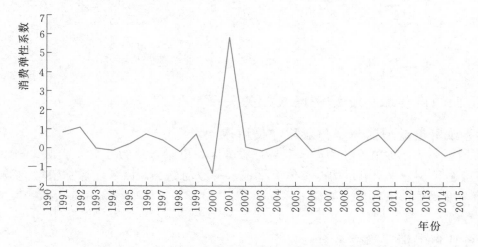

图 4-27　1990—2015 年英国服务业电力消费弹性系数

（三）服务业单位产值电耗

2015 年英国服务业单位产值电耗为 409.80 千瓦时/万美元，较 2014 年增加 16.42 千瓦时/万美元。1990—2015 年，英国服务业单位产值电耗下降趋势明显，并呈现出波动性，2015 年服务业单位产值电耗较 1990 年减少 524.35 千瓦时/万美元，降幅为 56.13%。英国服务业单位产值电耗呈现出较强的规律性，表现出短时期小幅增长、长时期大幅下降的周期性循环。2001—2007 年工业单位产值电耗下降时期最长，降幅最大，减少 357.43 千瓦时/万美元，降幅为 46.56%。2009—2014 年，英国服务业单位产值电耗下降幅度放缓，平均降幅为 4.52%。经历连续 5 年的下降后，英国工业单位产值电耗在 2015 年出现增长。1990—2015 年英国服务业单位产值电耗如表 4-26、图 4-28 所示。

表 4-26　　　　　　　　　　1990—2015 年英国服务业单位产值电耗　　　　　　　　单位：千瓦时/万美元

年　份	1990	1991	1992	1993	1994	1995	1996	1997	1998
服务业单位产值电耗	934.15	927.15	930.60	1023.69	952.12	855.20	843.88	792.59	730.08
年　份	1999	2000	2001	2002	2003	2004	2005	2006	2007
服务业单位产值电耗	723.54	749.70	767.68	704.59	591.07	514.73	510.01	471.51	410.25
年　份	2008	2009	2010	2011	2012	2013	2014	2015	
服务业单位产值电耗	444.10	508.16	505.07	464.22	462.79	455.63	393.38	409.80	

数据来源：国际能源署；联合国统计司；世界银行。

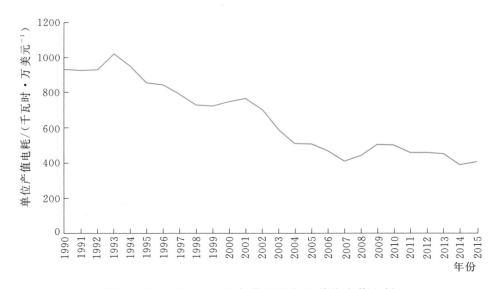

图 4-28　1990—2015 年英国服务业单位产值电耗

第四节　电力与经济发展展望

一、经济发展展望

金融危机以后，2010—2014 年英国经济呈现良好的恢复趋势，2015—2016 年英国经济增长放缓，实际 GDP 较上年同比增长值分别为 2.2％、1.8％，增幅分别下滑 0.9 个百分点和 0.4 个百分点。2016 年英镑兑美元年平均汇率为 1 英镑＝1.3542 美元，英镑对美元贬值 11.4％，造成英国名义 GDP 同比下降 8.47％。2017 年英国年 GDP 实际增长 1.79％，其中第一季度增速为 1.6％，第二季度增速为 1.8％，第三季度增速为 2.9％，第四季度增速为 1.5％。

英国 GDP 增速主要依靠居民消费，高通胀和放缓的工资增速将不断挤压居民的购买力，导致总需求下降，逐步拉低 GDP 增速。英国政府继续采取量化宽松的货币政策，降低企业税，推动制造业发展。脱欧成为英国经济面临的重大不确定性因素，英国还面临着欧洲政治混乱和经济动荡等欧元区危机。

针对英国未来经济预期，经济发展与合作组织（OECD）预测 2018 年 GDP 出现较大降幅。此外，世界银行预计未来 2 年英国 GDP 增速呈缓慢下降趋势，2001—2019 年英国 GDP 增速趋势及预测如图 4-29 所示。

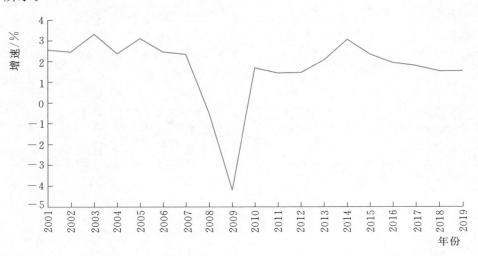

图 4-29 2001—2019 年英国 GDP 增速趋势及预测

二、电力发展展望

（一）电力需求展望

2005—2015 年，英国用电量总体处于平稳下降状态，用电量增速波动较大，整体呈现增速逐渐放缓的趋势。2015 年英国电力消费构成中，居民生活用电占比达到 35.71％，商业用电占比为 30.93％，工业用电占比为 30.53％，交通用电占比为 1.48％。

英国电力需求构成比较均衡，居民生活用电、服务业用电和工业用电量均超过 30％。2005—2015 年，居民生活用电、服务业用电和工业用电均呈现下降趋势，预计短期内英国电力总需求量会继续下降。

（二）电力发展规划与展望

1. 火电发展展望

2017 年英国发电总量为 3359 亿千瓦时，其中煤电发电量为 226 亿千瓦时，占比为 6.73％，燃气发电量为 703 亿千瓦时，占比为 20.93％。1990—2017 年煤电发电量占比逐年下降，然气发电量占比逐渐增加，燃气发电已经超过燃煤发电，替代关停燃煤机组导致下降的产能。2012—2017 年，英国燃煤发电量呈现较快的下降趋势，燃气发电量逐渐增加。

随着英国对温室气体减排越来越重视，英国不断加大削减火电力度，燃煤机组将逐渐退出英国发电行业。英国政府采取免除气候变化税、免除商务税、补贴金等措施，促进天然气发电行业的发展，考虑到天然气价格的优势，英国天然气发电可能会逐渐增加。可再生能源在占发电行业比重越来越大，对火电行业造成冲击。

预计未来几年内，英国火电发电量会呈现逐渐下降的趋势。

2. 水电发展展望

2017年，英国水电发电量为59亿千瓦时，占总发电量的1.76%。1990—2017年，英国水电年发电量基本保持不变，考虑到水电受地理位置的限制特点以及英国政府并未出台促进水电发展的强力政策，预计未来几年，英国水电发电量仍然保持平稳趋势。

3. 核电发展展望

2017年，英国核电发电量为1333亿千瓦时，占总发电量的39.68%。1990—2017年英国核电发电量呈现出缓慢的下降趋势，2010年以后，英国核电发电量持续增长。《英国能源生产展望报告》显示，截至2030年英国核电的需求将增至18吉瓦。

英国政府通过《新能源法案》、上网电价补贴等方式支持核电发展，核电行业具有开放、巨大的投资市场。考虑到燃煤发电量的不断削减，预计未来几年内，英国核电发电量会继续保持较快的增长趋势。

4. 风电发展展望

2015年，英国风力发电量为403.1亿千瓦时，较2014年增加83.44亿千瓦时，增幅为26.1%。1990—2015年英国风力发电量增长趋势如图4-30所示。《英国能源生产展望报告》显示，2020年海上风力发电将达到10吉瓦。

英国政府加大对海上风电的研发和投资力度，通过可再生能源义务证书向规模较大的发电商提供补贴，并采用税收激励、可交易能源证书等措施，推动海上风电的发展。

预计未来几年内，英国风力发电量保持快速增长。

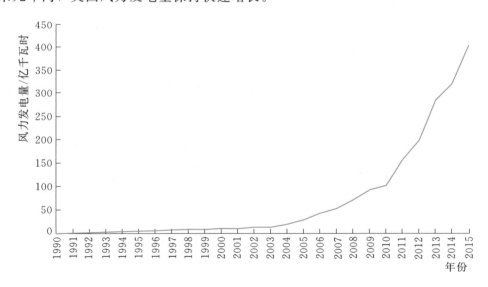

图4-30 1990—2015年英国风力发电量增长趋势

5. 太阳能发电发展展望

2015年，英国太阳能发电量为75.61亿千瓦时，较2014年增加35.21亿千瓦时，增幅为87.15%。1990—2015年，英国光伏发电量增长趋势如图4-31所示。《英国能源生产展望报告》显示，2020年海上风力发电将达到10吉瓦。

英国政府逐渐下调光伏发电的补贴政策，2017年英国可再生能源义务证书（renewable energy certificate）对地面光伏项目的激励政策到期，英国光伏发展动力转为依靠市场竞争力。

预计未来几年内，英国光伏发电量仍会保持增长，增速有所放缓。

图 4 - 31　1990—2015 年英国光伏发电量增长趋势

第五章

法　国

第一节　经济发展与政策

一、经济发展状况

（一）经济发展及现状

1. 经济发展现状

法国是全球发达国家之一，欧盟的成员国之一。从 2008 年金融危机、2009 年欧债危机之后，法国经济出现衰退。2012 年奥朗德总统执政后，法国面临公共债务高驻、财政赤字严重、失业率持续高涨等问题。法国 GDP 增长趋于缓慢，2017 年人均 GDP 为 38476.66 美元。失业率居高不下，劳动力市场正在改善，经济活力有望提高。

2017 年法国大选，马克龙总统上台后，主要强调"减赤"和"减税"，计划在 5 年内减税 200 亿欧元。通过加大能源、环保、教育、创新等方面的投资来刺激法国经济增长，提升经济发展潜力；拉动就业，保证民众就业的稳定性，降低失业率，提升国民对国内经济发展的信心；削减公共开支、控制财政赤字和减税并行，确保经济平稳上升。

2. 产业结构发展

法国地理位置较好，优势明显。农业受气候的影响，以耐旱农作物、木本经济作物和饲养牲畜为主，如小麦、玉米、葡萄等经济作物。法国工业发展较好，特色产业包括核能、能源工业，航空航天工业，汽车及材料加工，电子信息工业等。法国旅游业发展势头良好，成为法国的一大支柱产业。

法国农业占 GDP 比重下降。在国内生产总值中，农业所占比重由 2005 年的 2％下降到 2016 年的 1％。农业产值占国内生产总值的比重减小，一些农产品产量依然位居世界前列，并且国家积极推进农业机械化发展，制定有利于农业发展的政策，促进农业高效经济发展。

工业占比有所下降，由 2005 年的 19.61％下降为 2016 年的 17.56％，下降幅度较小。法国实施"未来工业"计划以来，以数字技术促进工业转型升级，在汽车、航天航空等方面，将进入新工业时代。

服务业占比增加，2005 年服务业占比为 78.77％，到 2016 年，占比达到 80.99％。其中，咨询业、物业管理、住宿和餐饮业、社会服务、管理服务等行业增长尤为明显。

（二）主要经济指标分析

1. GDP 及增速

法国在 2008 年金融危机时，GDP 达到 29234.66 亿美元，GDP 增速为 0.20%，未大幅下滑，GDP 增速最小为 2009 年的 −2.94%，好于其他欧元区成员国同时期的 GDP。就法国而言，2012—2017 年 GDP 增速变缓。2016 年和 2017 年分别为 1.19% 和 1.82%。1990—2017 年法国 GDP 及增速如表 5−1、图 5−1 所示。

表 5−1　　　　　　　　　　　1990—2017 年法国 GDP 及增速

年　份	1990	1991	1992	1993	1994	1995	1996
GDP/亿美元	12753.01	12755.63	14087.25	13300.95	14016.36	16098.92	16142.45
GDP 增速/%	2.91	1.04	1.60	−0.61	2.35	2.09	1.39
年　份	1997	1998	1999	2000	2001	2002	2003
GDP/亿美元	14607.09	15107.58	15002.76	13684.38	13822.18	15003.38	18481.24
GDP 增速/%	2.34	3.56	3.41	3.88	1.95	1.12	0.82
年　份	2004	2005	2006	2007	2008	2009	2010
GDP/亿美元	21241.12	22036.79	23250.12	26631.13	29234.66	26938.27	26468.37
GDP 增速/%	2.79	1.61	2.37	2.36	0.20	−2.94	1.97
年　份	2011	2012	2013	2014	2015	2016	2017
GDP/亿美元	28626.80	26814.16	28085.11	28493.05	24335.62	24654.54	25825.01
GDP 增速/%	2.08	0.18	0.58	0.95	1.07	1.19	1.82

数据来源：联合国统计司；国际货币基金组织；世界银行。

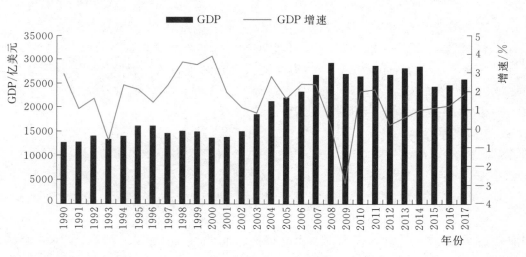

图 5−1　1990—2017 年法国 GDP 及增速

2. 人均 GDP 及增速

2009 年前人均 GDP 增速波动较大，2008 年人均 GDP 为 45413.07 美元，为历年最高。2009 年受金融危机、欧债危机等大环境的影响，人均 GDP 增速达到最低，为 −3.44%。而 2010 年至今，人均 GDP 波动幅度较小。2013—2016 年，人均 GDP 增速不足 1%，经济发展缓慢，2017 年 GDP 增速有所回升。1990—2017 年法国人均 GDP 及增速如表 5−2、图 5−2 所示。

表 5 - 2 1990—2017 年法国人均 GDP 及增速

年　份	1990	1991	1992	1993	1994	1995	1996
人均 GDP/美元	21795.24	21782.42	23937.06	22503.26	23625.53	27037.97	27015.26
人均 GDP 增速/%	2.33	0.96	1.10	−1.04	1.97	1.72	1.03
年　份	1997	1998	1999	2000	2001	2002	2003
人均 GDP/美元	24359.43	25101.37	24799.30	22465.64	22527.32	24275.24	29691.18
人均 GDP 增速/%	1.98	3.18	2.88	3.17	1.22	0.39	0.11
年　份	2004	2005	2006	2007	2008	2009	2010
人均 GDP/美元	33874.74	34879.73	36544.51	41600.58	45413.07	41631.13	40703.34
人均 GDP 增速/%	2.03	0.84	1.66	1.73	−0.36	−3.44	1.46
年　份	2011	2012	2013	2014	2015	2016	2017
人均 GDP/美元	43810.20	40838.02	42554.12	42955.24	36526.77	36854.97	38476.66
人均 GDP 增速/%	1.59	−0.30	0.06	0.44	0.62	0.78	1.43

数据来源：联合国统计司；国际货币基金组织；世界银行。

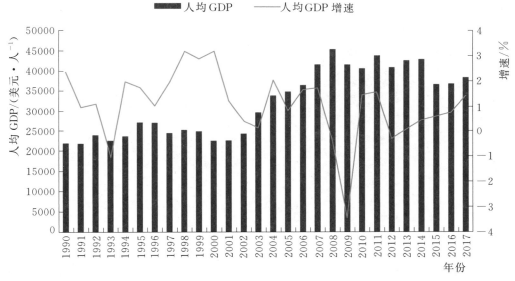

图 5 - 2　1990—2017 年法国人均 GDP 及增速

3. GDP 分部门结构

1990—2017 年，法国农业占 GDP 比重呈下降的趋势，2017 年农业占比 1.51%。工业占比下降较平缓，从 1990 年占比 24.46% 下降至 2015 年占比 17.68%。法国服务业发展迅速，占比增长较大。2017 年法国服务业占比达 81.13%。1990—2017 年法国分部门 GDP 占比如表 5 - 3、图 5 - 3 所示。

表 5 - 3 1990—2017 年法国分部门 GDP 占比 ％

年　份	1990	1991	1992	1993	1994	1995	1996
农业	3.14	2.61	2.59	2.30	2.40	2.44	2.40
工业	24.46	24.30	24.01	23.06	22.24	22.31	21.68
服务业	72.41	73.09	73.40	74.64	75.35	75.25	75.92
年　份	1997	1998	1999	2000	2001	2002	2003
农业	2.34	2.36	2.24	2.10	2.11	2.01	1.85
工业	21.53	21.44	21.20	21.29	20.94	20.65	20.19
服务业	76.13	76.19	76.56	76.61	76.95	77.34	77.96

续表

年 份	2004	2005	2006	2007	2008	2009	2010
农业	1.82	1.68	1.52	1.61	1.52	1.32	1.60
工业	19.96	19.61	19.28	19.14	18.81	18.30	17.85
服务业	78.22	78.71	79.20	79.25	79.67	80.37	80.55
年 份	2011	2012	2013	2014	2015	2016	2017
农业	1.65	1.63	1.46	1.56	1.61	1.45	1.51
工业	17.98	17.87	17.97	17.75	17.68	17.56	17.36
服务业	80.37	80.50	80.57	80.70	80.71	80.99	81.13

数据来源：联合国统计司；国际货币基金组织；世界银行。

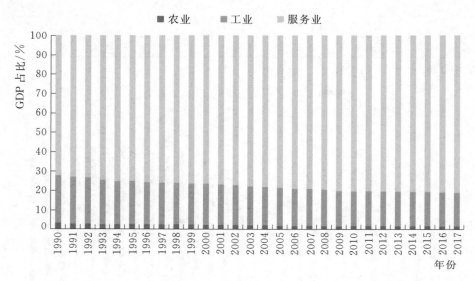

图 5-3 1990—2017 年法国分部门 GDP 占比

4. 工业增加值增速

总体工业增加值增速波动较大。2000 年法国的工业增加值增速最大，为 5.14%。2009 年，工业增加值增速降至最低值—6.03%。2008—2009 年金融危机后，工业增加值增速在±1%左右波动，波动范围较小。1990—2017 年法国工业增加值增速如表 5-4、图 5-4 所示。

表 5-4 　　　　　　　　　　　1990—2017 年法国工业增加值增速 　　　　　　　　　　　%

年 份	1990	1991	1992	1993	1994	1995	1996
工业增加值增速	4.00	0.67	1.32	—4.08	0.78	2.99	—0.35
年 份	1997	1998	1999	2000	2001	2002	2003
工业增加值增速	1.01	3.97	3.80	5.14	2.46	0.45	1.26
年 份	2004	2005	2006	2007	2008	2009	2010
工业增加值增速	2.27	1.30	1.92	2.70	—2.99	—6.03	0.60
年 份	2011	2012	2013	2014	2015	2016	2017
工业增加值增速	1.31	—1.15	0.84	—0.29	0.48	1.10	1.29

数据来源：联合国统计司；国际货币基金组织；世界银行。

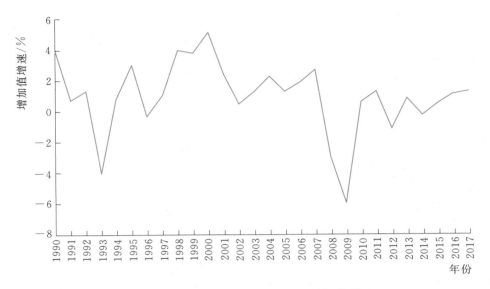

图 5-4 1990—2017 年法国工业增加值增速

5. 服务业增加值增速

法国服务业高度发达，居全球前列。除 2009 年服务业增加值增速出现负值以外，1990—2016 年服务业增加值增速都为正值。1990—2016 年法国服务业增加值增速如表 5-5、图 5-5 所示。

表 5-5　　　　　　　　　　　1990—2016 年法国服务业增加值增速　　　　　　　　　　　%

年　份	1990	1991	1992	1993	1994	1995	1996	1997	1998
服务业增加值增速	2.65	1.50	1.76	0.61	2.46	1.99	1.84	2.71	3.60
年　份	1999	2000	2001	2002	2003	2004	2005	2006	2007
服务业增加值增速	3.29	3.59	1.93	1.17	0.95	2.80	1.63	2.57	2.49
年　份	2008	2009	2010	2011	2012	2013	2014	2015	2016
服务业增加值增速	1.31	−2.02	2.18	2.28	1.02	0.62	1.17	0.98	1.30

数据来源：联合国统计司；国际货币基金组织；世界银行。

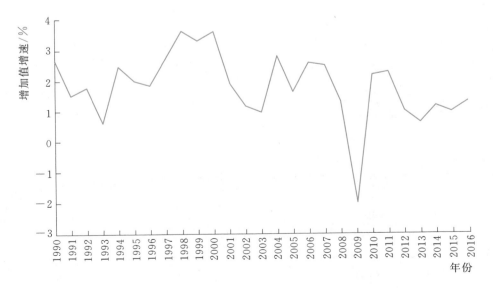

图 5-5 1990—2016 年法国服务业增加值增速

6. 外国直接投资净额

外国直接投资净额在法国经济发展中占有十分重要的位置。每年法国吸引大量外国投资，以此增加就业岗位和增强经济活力。许多外国公司也会把法国作为向外投资的首选地，希望借此将业务扩展到整个欧洲。2009—2017年，外国直接投资净额相比2005—2008年的有所下降。2014年投资额为负数，2014年后的外国直接投资净额逐渐增多。相比2005—2007年，2008—2017年外国投资额大幅度下降。1990—2017年外国直接投资净额如表5-6、图5-6所示。

表5-6　　　　　　　　　　　　1990—2017年外国直接投资净额　　　　　　　　　　　单位：亿美元

年　份	1990	1991	1992	1993	1994	1995	1996
外国直接投资净额	131.83	151.53	218.40	207.54	157.97	237.36	219.72
年　份	1997	1998	1999	2000	2001	2002	2003
外国直接投资净额	230.48	295.18	459.87	413.82	501.27	514.93	423.25
年　份	2004	2005	2006	2007	2008	2009	2010
外国直接投资净额	355.81	851.79	789.46	837.81	679.99	183.80	389.00
年　份	2011	2012	2013	2014	2015	2016	2017
外国直接投资净额	441.92	329.50	315.89	—10.48	349.69	423.10	509.48

数据来源：联合国统计司；国际货币基金组织；世界银行。

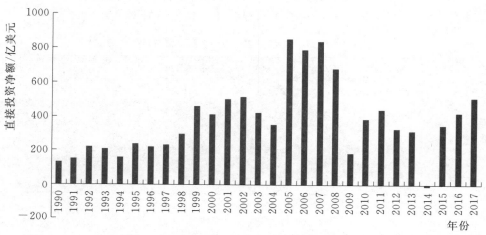

图5-6　1990—2017年外国直接投资净额

7. CPI涨幅

法国CPI涨幅整体呈下降趋势，从1990年的3.38%下降至2014年的0.18%。2006年以来，CPI涨幅基本保持的2%以内。CPI涨幅在2008年达到2.81%，2015年降至最低值0.04%。物价在2008年变动较大，货币一再贬值，到2015年略有好转。总体上CPI涨幅基本保持在3%以内，趋势良好，但波动较大。1990—2016年法国CPI涨幅如表5-7、图5-7所示。

表5-7　　　　　　　　　　　　　1990—2016年法国CPI涨幅　　　　　　　　　　　　　%

年　份	1990	1991	1992	1993	1994	1995	1996	1997	1998
CPI涨幅	3.38	3.22	2.37	2.11	1.66	1.78	2.00	1.22	0.60
年　份	1999	2000	2001	2002	2003	2004	2005	2006	2007
CPI涨幅	0.53	1.70	1.63	1.92	2.11	2.13	1.74	1.68	1.49
年　份	2008	2009	2010	2011	2012	2013	2014	2015	2016
CPI涨幅	2.81	0.09	1.53	2.12	1.96	0.86	0.51	0.04	0.18

数据来源：联合国统计司；国际货币基金组织；世界银行；欧洲经济数据中心。

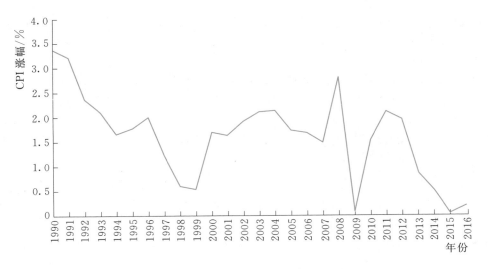

图 5-7 1990—2016 年法国 CPI 涨幅

8. 失业率

1991—1994 年法国失业率从 9.13% 上升至 12.59%。1997—2008 年失业率呈下降趋势，2008 年下降至 7.48%。2008 年以来，法国失业率一直居高不下，特别是 2013—2015 年失业率高达 10% 以上，失业人口众多，2015 年达到 359 万人。1991—2016 年法国失业率如表 5-8、图 5-8 所示。

表 5-8 　　　　　　　　　　　　　1991—2016 年法国失业率 　　　　　　　　　　　　%

年　份	1991	1992	1993	1994	1995	1996	1997	1998	1999
失业率	9.13	10.20	11.32	12.59	12.04	12.85	13.06	12.61	12.51
年　份	2000	2001	2002	2003	2004	2005	2006	2007	2008
失业率	10.74	9.11	9.17	8.79	9.40	8.95	8.94	8.05	7.48
年　份	2009	2010	2011	2012	2013	2014	2015	2016	
失业率	9.15	9.30	9.25	9.81	10.35	10.31	10.36	9.97	

数据来源：联合国统计司；国际货币基金组织；世界银行。

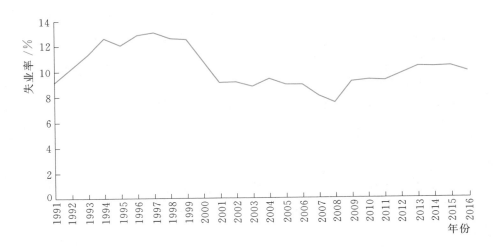

图 5-8 1991—2016 年法国失业率

二、主要经济政策

（一）税收政策

法国企业税收主要实行减税措施，而对于能源排放税收则增加税费。

2008年出台的《研发税收抵免政策》主要提到农业、商业和工业抵免的税费将直接从所得税中扣除。2013年出台的《竞争力与就业税抵免政策》中规定企业应缴纳的收入所得税要根据雇用员工的报酬支出来减免。员工的薪酬开支越大，企业享受的抵扣税优惠也越大。此外，在《责任和团结公约》中政府承诺2017年前为企业减少300亿元的社会福利分摊金。奥朗德总统执政时期提出的《财政法案》中强调，要支持所得税代扣，对中产阶级所得税减免，预计2017年减税总额达10亿欧元，下调企业税率来支持中小企业发展，增进经济活力。马克龙总统执政后，更重视税收的改革，提出继续实施税收抵免优惠政策，取消医保、失业保险、独立劳工医疗保险分摊金。2017年通过的《2018年预算案》中提出逐步取消居住税，将"巨富税"改为"不动产巨富税"等措施，希望通过减轻税负，刺激企业发展，从而带动经济增长。

对于能源方面的税收，法国响应欧盟低碳减排的环境要求，从本国的长期发展考虑，设置能源税收最低水平，并在能源产品税中规定碳要素与二氧化碳排放量成比例。2016年法国通过了《能源排放法案》，规定2020年前二氧化碳排放税为56欧元/吨，到2023年提高到100欧元/吨。

（二）金融政策

法国主张加大投资，控制财政赤字，削减公共支出，推进结构性改革，确保社会经济平稳发展。

2014年时任法国经济部部长马克龙出台了"马克龙法案"，提出增加周日商店营业的时间和次数，鼓励新超市开业并加入到市场竞争中来。同年《重振实体经济法》规定了对于员工数量超过1000人的企业，在关闭工厂前要为其寻找买家。如果无故未寻找买家，可能要为每个消失的岗位支付大于20倍的最低工资的罚款，上限为公司营业额的2%。

2017年法国政府启动了大规模公共财政支出减赤计划，计划在2022年前将公共财政赤字GDP占比减小至3%以下，削减600亿欧元公共支出，占比下降至52%。对于推进结构性改革方面，主要从劳动法、教育、财政预算、公共生活道德规范、简化行政手续五大改革开始。

（三）绿色产业优惠政策

法国主张发展绿色清洁能源，对于使用、购买清洁能源、安装节能设备、购买环保车等采取一定优惠补贴措施，鼓励民众支持绿色产业的发展。

2008年出台汽车"以旧换新"政策，小排量的新车购买可享受200~1000欧元的补贴，大排量的新车购买时要缴纳最高2600欧元的购置税。对于购买"超级环保车"，政府给予高额补贴5000欧元，提供低息贷款。另外在2012年，政府公布了"扶持汽车工业计划"，电动车环保补贴上升至7000欧元，混合动力汽车环保补贴最高达4000欧元。这些措施都促进了环保汽车产业的发展，鼓励民众消费环保汽车。

2010年出台的《Grenelle2》指出从2020年开始，减少能源消耗和碳排放，开展温室气体排放评估，制订减排行动计划，并颁发能效证书。从建筑方面规定节能，促进减排，支持绿色能源发展。

（四）投资政策

面对疲软的经济环境，法国鼓励扩大投资。奥朗德时期主张追加财政支出，马克龙时期提出更大规模的投资计划，涵盖网络、数字化、新型医药等领域。

奥朗德执政时期，计划支出200亿欧元用于能源转化、基础设施建设等领域。马克龙执政时期，提出未来5年内投资570亿欧元的计划。其中，将有200亿欧元用于环保与能源过渡，70亿欧元用于"发展可再生能源"。

除此之外，法国环境与能源管理署一直负责四项投资计划，用以支持可再生能源、绿色化学、低碳汽车、智能电网等行业的发展。具体资助领域如表5-9所示。

表 5 – 9 法国绿色创新基金具体资助领域

领　域	具　体　内　容
可再生能源和绿色化学	在脱碳能量的新技术（例如太阳能、风能）、生物资源、低碳建筑、能量储存和碳捕获和储存方面的发展
智能电网（165 万欧元）	在实际的研究和测试，使间歇性可再生能源纳入电网以及促进提高能源需求管理的"智能服务"
循环经济（210 万欧元）示范工厂和循环经济产业	包括废物管理、土壤和沉积物整治、生态设计和生态工业
低碳汽车（950 万欧元）	侧重于水陆交通创新技术和解决方案的开发

资料来源：国际能源署。

第二节　电 力 发 展 与 政 策

一、电力供应形势分析

（一）电力工业发展概况

法国位于欧洲西部，是世界上电力工业比较发达的国家之一。自从 1946 年实行国有化以来，发展较快。成立了法国电力公司，负责全国绝大部分的电力发、输配送等业务。法国国内化石燃料匮乏，能源主要依赖核能、水资源，形成了以核能发电、水力发电为主的发电结构。

法国的电力经历了三个阶段的发展：第一阶段采取优先发展水电的策略，水电发展较快；第二阶段开始发展煤电和油电，此阶段燃料主要依靠进口；为了提高电力自给率，法国第三阶段重点发展核电，从发展核电至今，核能发电量已占全国发电总量的 75％以上，2015 年总发电量达 5684.54 亿千瓦时，核电占 48.82％。法国 70％以上的发电量都来自核电。

法国电力工业发展过程中，核电发挥着不可替代的作用。自 1969 年发展压水堆以来，核电发展迅速，装机容量迅速增加。法国共有 19 座核电站，所有河流沿岸均建有核电站，共 58 台压水反应堆机组（34 台 900 兆瓦系列，20 台 1300 兆瓦系列，4 台 N4 型 1450 兆瓦系列）。2020 年，法国三分之一在役核电机组将进入更新换代阶段。法国将建设更经济、更环保、安全水平更高的新一代核电站。法国目前在运行的核电站如表 5 – 10 所示。

表 5 – 10 法国目前在运行的核电站

电站名称	机组类型	机组数/台	单机容量/兆瓦	电站名称	机组类型	机组数/台	单机容量/兆瓦
西沃	压水堆机组	2	1495	希农	压水堆机组	4	900
舒兹	压水堆机组	2	1450	克吕阿	压水堆机组	4	900
格尔费什	压水堆机组	2	1300	圣洛朗	压水堆机组	2	900
彭利	压水堆机组	2	1300	布莱耶	压水堆机组	4	900
贝尔维尔	压水堆机组	2	1300	格拉夫林	压水堆机组	6	900
诺让	压水堆机组	2	1300	特里卡斯坦	压水堆机组	4	900
卡特农	压水堆机组	4	1300	当皮埃尔	压水堆机组	4	900
弗拉芒维尔	压水堆机组	2	1300	比热	压水堆机组	4	900
圣阿尔邦	压水堆机组	2	1300	费斯内姆	压水堆机组	2	900
帕卢埃尔	压水堆机组	4	1300				

资料来源：法国驻北京大使馆。

水力发电主要以发展抽水蓄能电站为主。水电建设主要围绕改造现有水电站，发展抽水蓄能电站。法国已拥有1万千瓦以上的抽水蓄能电站18座。

法国电力在满足自身需求的同时还向周边国家输出，如意大利、英国、瑞士、比利时和西班牙。

（二）发电装机容量及结构

1. 总装机容量

1990—2015年法国总装机容量上升比较平稳，从1990年的10333.6万千瓦上升至2015年的12931万千瓦。1998年增速最小，－1.37%，装机容量稍有减少。2010年增速最大，4.63%。2010年以后，增速减小，总装机容量持续增长，趋于平稳。1990—2015年法国电力总装机容量及增速如表5-11、图5-9所示。

表5-11　　　　　　　　　　　　1990—2015年法国电力总装机容量及增速

年　份	1990	1991	1992	1993	1994	1995	1996	1997	1998
总装机容量/万千瓦	10333.6	10434.8	10525.2	10765.0	10723.4	10761.6	10969.9	11414.7	11258.8
增速/%	—	0.98	0.87	2.28	－0.39	0.36	1.94	4.05	－1.37
年　份	1999	2000	2001	2002	2003	2004	2005	2006	2007
总装机容量/万千瓦	11475.6	11466.5	11589.6	11681.6	11675.4	11696.4	11575.5	11571.6	11655.0
增速/%	1.93	－0.08	1.07	0.79	－0.05	0.18	－1.03	－0.03	0.72
年　份	2008	2009	2010	2011	2012	2013	2014	2015	
总装机容量/万千瓦	11772.8	11903.8	12455.1	12725.6	12925.4	12843.2	12894.2	12931	
增速/%	1.01	1.11	4.63	2.17	1.57	－0.64	0.40	0.29	

数据来源：联合国统计司；国际能源署。

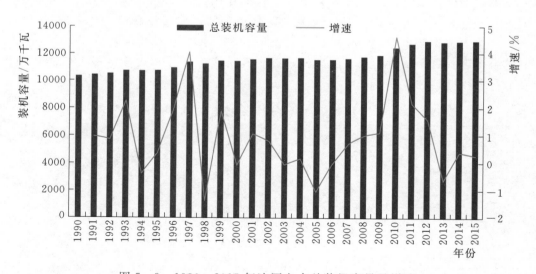

图5-9　1990—2015年法国电力总装机容量及增速

2. 装机结构变化

法国电力装机容量主要包括核电、水电、火电、风电等其他可再生能源发电装机容量。具体构成如表5-12、图5-10所示。

表 5 - 12　　　　　　　　　　　　　**1990—2015 年法国电力装机容量构成**

年　份		1990	1991	1992	1993	1994	1995	1996
水电	发电量/万千瓦	2467.3	2474.2	2485.7	2492.5	2499.1	2498.7	2507.4
	占比/%	23.88	23.71	23.62	23.15	23.31	23.22	22.86
传统火电	发电量/万千瓦	2267.3	2258.5	2247.7	2346.0	2348.3	2386.9	2440.6
	占比/%	21.94	21.64	21.36	21.79	21.90	22.18	22.25
核电	发电量/万千瓦	5575	5678.0	5767.5	5902.0	5851.5	5851.5	5997.0
	占比/%	53.95	54.41	54.80	54.83	54.57	54.37	54.67
风电	发电量/万千瓦	0	0.1	0.1	0.3	0.3	0.3	0.6
	占比/%	0	0.001	0.001	0.003	0.003	0.003	0.006
光伏发电	发电量/万千瓦	0	0	0.2	0.2	0.2	0.2	0.3
	占比/%	0	0	0.002	0.002	0.002	0.002	0.003
潮汐、波浪、海浪发电等	发电量/万千瓦	24	24	24	24	24	24	24
	占比/%	0.23	0.23	0.23	0.22	0.22	0.22	0.22
年　份		1997	1998	1999	2000	2001	2002	2003
水电	发电量/万千瓦	2509.0	2509.5	2511.6	2512.6	2515.4	2525.5	2520.9
	占比/%	21.98	22.29	21.89	21.91	21.70	21.62	21.59
传统火电	发电量/万千瓦	2593.1	2555.8	2619.3	2607.1	2724.6	2790.2	2771.5
	占比/%	22.72	22.70	22.83	22.74	23.51	23.89	23.74
核电	发电量/万千瓦	6287.5	6167.5	6318.3	6318.3	6318.3	6327.3	6336.3
	占比/%	55.08	54.78	55.06	55.10	54.52	54.16	54.27
风电	发电量/万千瓦	0.7	1.5	1.8	3.8	6.6	13.8	21.8
	占比/%	0.006	0.01	0.02	0.03	0.06	0.12	0.19
光伏发电	发电量/万千瓦	0.4	0.5	0.6	0.7	0.7	0.8	0.9
	占比/%	0.004	0.004	0.005	0.006	0.006	0.007	0.008
潮汐、波浪、海浪发电等	发电量/万千瓦	24	24	24	24	24	24	24
	占比/%	0.21	0.21	0.21	0.21	0.21	0.21	0.21
年　份		2004	2005	2006	2007	2008	2009	2010
水电	发电量/万千瓦	2509.4	2510.5	2511.7	2512.9	2509.7	2518.5	2540.1
	占比/%	21.45	21.69	21.71	21.56	21.32	21.16	20.39
传统火电	发电量/万千瓦	2789.8	2644.7	2567.2	2567.2	2564.8	2562.4	2882.4
	占比/%	23.85	22.85	22.19	22.03	21.79	21.53	23.14
核电	发电量/万千瓦	6336.3	6326	6326	6326	6326	6313	6313
	占比/%	54.17	54.65	54.67	54.28	53.73	53.03	50.69
风电	发电量/万千瓦	35.8	69	141.2	222.3	340.3	458.2	591.2
	占比/%	0.31	0.60	1.22	1.91	2.89	3.85	4.75
光伏发电	发电量/万千瓦	1.1	1.3	1.5	2.6	8.0	27.7	104.4
	占比/%	0.01	0.01	0.01	0.02	0.07	0.23	0.84
潮汐、波浪、海浪发电等	发电量/万千瓦	24	24	24	24	24	24	24
	占比/%	0.21	0.21	0.21	0.21	0.20	0.20	0.19

续表

年 份		2011	2012	2013	2014	2015
水电	发电量/万千瓦	2534.7	2536.6	2536.0	2529.4	2527.8
	占比/%	19.92	19.62	19.75	19.62	19.55
传统火电	发电量/万千瓦	2779.2	2776.4	2557.6	2441.1	2255.3
	占比/%	21.84	21.48	19.91	18.93	17.44
核电	发电量/万千瓦	6313	6313	6313	6313	6313
	占比/%	49.61	48.84	49.15	48.96	48.82
风电	发电量/万千瓦	667.9	751.7	820.2	906.8	1021.7
	占比/%	5.25	5.82	6.39	7.03	7.90
光伏发电	发电量/万千瓦	279.6	396.5	465.2	565.4	675.6
	占比/%	2.20	3.07	3.62	4.38	5.22
潮汐、波浪、海浪发电等	发电量/万千瓦	24	24	24	24	24
	占比/%	0.19	0.19	0.19	0.19	0.19
地热发电	发电量/万千瓦	0.2	0.2	0.2	0.2	0.2
	占比/%	0.002	0.002	0.002	0.002	0.002
其他	发电量/万千瓦	127	127	127	127	113.4
	占比/%	1.00	0.98	0.99	0.89	0.88

数据来源：联合国统计司。

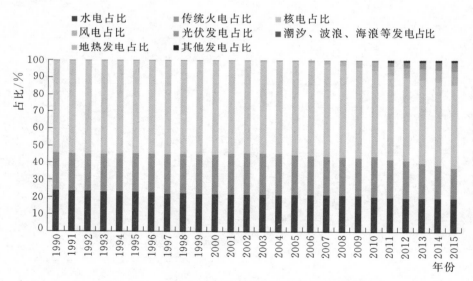

图 5-10 1990—2015 年法国电力装机容量构成

1990—2015 年，核电装机容量在每年总装机容量中占比最大。从 1990 年的 5575 万千瓦到 2008 年的 6326 万千瓦。2014 年提出《能源过渡法案》，限制最高核电装机容量为 6320 万千瓦。2014 年以后核电装机容量一直维持在 6313 万千瓦。占比出现下降的趋势，2010 年以前核电装机容量占比平均在 50% 以上，2010 年以后占比略有下降。

传统火电装机容量变化不显著，仅从 1990 年的 2267.3 万千瓦到 2015 年的 2255.3 万千瓦。占比变化较小，政府主张关闭燃煤电站，故 2011—2015 年装机容量占比持续下降。2015 年火电装机容量占比只达 17.44%。

水电作为法国的第二大发电方式，从 1990 年的 2467.3 万千瓦上升最大至 2010 年的 2540.1 万千瓦，此后装机容量变化不大。相对于水电，其他非水电可再生能源发电装机容量变化较明显，1990—2005 年风电装机容量很少，最大只达到 69 万千瓦，而 2005 年，国家发布《法国能源发展指导法案》主张大力发展风电项目，包括风电在内的其他可再生能源发电项目。风电装机容量发展迅速，2015 年达到 1021.7 万千瓦。太阳能等其他可再生能源发电装机容量也迅速增加，2015 年光伏发电装机容量达到 675.6 万千瓦，占比 5.22%。

利用潮汐、波浪、地热等发电装机容量较少，占比很小。1990—2015 年潮汐、波浪等发电装机容量一直维持在 24 万千瓦，2011 年以后地热发电装机容量一直保持在 0.2 万千瓦。

（三）发电量及结构

1. 总发电量及增速

1990—2005 年法国发电量持续增长，2005 年以后，总发电量略有下降。2009 年下降最多，降至 5359.00 亿千瓦时，同比降幅较大，下降 6.61 个百分点。2010—2015 年总发电量波动不大，平均在 5666.48 亿千瓦时左右。1990—2015 年，除 1997 年、2009 年出现较大降幅外，发电量同比增速总体呈变缓趋势。1990—2017 年法国总发电量及增速如表 5-13、图 5-11 所示。

表 5-13　　　　　　　　　　　　1990—2017 年法国总发电量及增速

年　份	1990	1991	1992	1993	1994	1995	1996
总发电量/亿千瓦时	4207.51	4555.55	4636.39	4727.07	4768.68	4942.74	5133.98
增速/%	—	8.27	1.77	1.96	0.88	3.65	3.87
年　份	1997	1998	1999	2000	2001	2002	2003
总发电量/亿千瓦时	5047.70	5112.76	5258.06	5399.54	5495.30	5590.64	5668.39
增速/%	-1.68	1.29	2.84	2.69	1.77	1.73	1.39
年　份	2004	2005	2006	2007	2008	2009	2010
总发电量/亿千瓦时	5740.54	5760.62	5748.70	5698.00	5738.00	5359.00	5693.00
增速/%	1.27	0.35	-0.21	-0.88	0.70	-6.61	6.23
年　份	2011	2012	2013	2014	2015	2016	2017
总发电量/亿千瓦时	5650.00	5645.00	5738.00	5642.00	5703.00	5562	5541
增速/%	-0.76	-0.09	1.65	-1.67	1.08	-2.47	-0.38

数据来源：国际能源署；联合国统计司。

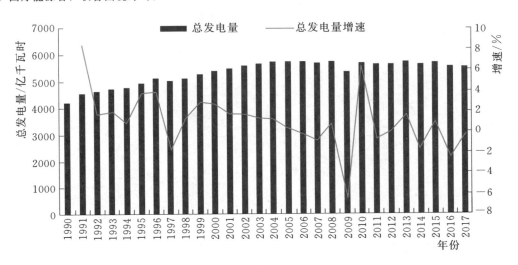

图 5-11　1990—2017 年法国总发电量及增速

2. 发电量结构及变比

法国核电占本国总发电量的 70％ 以上，1990—2006 年，核能发电量增长较平稳，从 3140.81 亿千瓦时增加至 4501.91 亿千瓦时，核电占比均在 72％ 以上。2006 年以后，核能发电量稍有减少，占比逐渐减小。水电占比平均 12％ 左右，法国电力工业发展的早期采取优先发展水电的策略，水力资源开发接近饱和，2013—2015 年发电量有下降的趋势。风能发电量逐年上升，2015 年达 212.49 亿千瓦时，占总发电量的 3.74％。光伏发电正在大力发展，从 2000 年的 0.05 亿千瓦时到 2015 年的 72.59 亿千瓦时，发电量快速增长，风能、太阳能等可再生能源发电将是未来重点发展的方向。1990—2015 年法国发电量结构如表 5－14、图 5－12 所示。

表 5－14　　　　　　　　　　　　　1990—2015 年法国发电量结构

年　份		1990	1991	1992	1993	1994	1995	1996
火电	发电量/亿千瓦时	471.18	603.42	502.36	343.36	333.85	381.45	428.78
	占比/%	11.20	13.25	10.84	7.26	7.00	7.72	8.35
核电	发电量/亿千瓦时	3140.81	3313.40	3384.45	3681.88	3599.81	3772.31	3973.40
	占比/%	74.65	72.73	73.00	77.89	75.49	76.32	77.39
水电	发电量/亿千瓦时	574.18	615.45	725.84	679.48	810.69	761.92	702.82
	占比/%	13.65	13.51	15.66	14.37	17.00	15.41	13.69
光伏发电	发电量/亿千瓦时	0	0	0	0	0.01	0.01	0.01
	占比/%	0	0	0	0	0.0002	0.0002	0.0002
风电	发电量/亿千瓦时	0	0	0	0.02	0.05	0.05	0.07
	占比/%	0	0	0	0	0	0	0
生物燃料发电	发电量/亿千瓦时	11.88	13.58	13.78	12.21	13.86	14.51	14.65
	占比/%	0.28	0.30	0.30	0.26	0.29	0.29	0.29
垃圾发电	发电量/亿千瓦时	4.43	4.53	4.80	5.18	5.40	7.42	9.34
	占比/%	0.11	0.10	0.10	0.11	0.11	0.15	0.18
潮汐发电	发电量/亿千瓦时	5.03	5.17	5.16	4.94	5.01	5.07	4.91
	占比/%	0.12	0.11	0.11	0.10	0.11	0.10	0.10
年　份		1997	1998	1999	2000	2001	2002	2003
火电	发电量/亿千瓦时	384.9	539.38	507.65	495.39	450.05	511.27	557.3
	占比/%	7.63	10.55	9.65	9.17	8.19	9.15	9.83
核电	发电量/亿千瓦时	3954.83	3879.90	3942.44	4151.62	4210.76	4367.60	4410.70
	占比/%	78.35	75.89	74.98	76.89	76.62	78.12	77.81
水电	发电量/亿千瓦时	675.59	661.03	770.83	711.33	785.11	658.31	642.79
	占比/%	13.38	12.93	14.66	13.17	14.29	11.78	11.34
光伏发电	发电量/亿千瓦时	0.02	0.02	0.02	0.05	0.06	0.07	0.08
	占比/%	0	0	0	0	0	0	0
风电	发电量/亿千瓦时	0.11	0.19	0.37	0.48	1.31	2.65	3.88
	占比/%	0	0	0.01	0.01	0.02	0.05	0.07
生物燃料发电	发电量/亿千瓦时	16.15	15.60	15.16	13.98	13.82	15.06	15.80
	占比/%	0.32	0.31	0.29	0.26	0.25	0.27	0.28
垃圾发电	发电量/亿千瓦时	11.00	11.42	16.44	21.62	29.34	30.74	32.94
	占比/%	0.22	0.22	0.31	0.40	0.53	0.55	0.58
潮汐发电	发电量/亿千瓦时	5.10	5.22	5.15	5.07	4.85	4.94	4.90
	占比/%	0.10	0.10	0.10	0.09	0.09	0.09	0.09

续表

年　份		2004	2005	2006	2007	2008	2009	2010
火电	发电量/亿千瓦时	548.12	616.99	552.97	563.47	536.66	492.46	555.96
	占比/%	9.55	10.71	9.62	9.90	9.36	9.19	9.77
核电	发电量/亿千瓦时	4482.41	4515.29	4501.91	4397.30	4394.47	4097.36	4285.21
	占比/%	78.08	78.38	78.31	77.22	76.62	76.50	75.30
水电	发电量/亿千瓦时	648.99	563.32	617.42	632.60	683.68	619.69	675.25
	占比/%	11.31	9.78	10.74	11.11	11.92	11.57	11.87
光伏发电	发电量/亿千瓦时	0.08	0.11	0.12	0.18	0.42	1.74	6.20
	占比/%	0	0	0	0	0.01	0.03	0.11
风电	发电量/亿千瓦时	5.95	9.62	21.82	40.70	56.94	79.12	99.45
	占比/%	0.10	0.16	0.38	0.71	0.99	1.48	1.75
生物燃料发电	发电量/亿千瓦时	15.95	17.34	17.72	19.75	21.08	21.10	24.68
	占比/%	0.28	0.30	0.31	0.35	0.37	0.39	0.43
垃圾发电	发电量/亿千瓦时	34.34	33.14	32.10	35.52	37.26	40.40	39.46
	占比/%	0.60	0.58	0.56	0.62	0.65	0.75	0.69
潮汐发电	发电量/亿千瓦时	4.70	4.81	4.64	4.65	4.65	4.48	4.76
	占比/%	0.08	0.08	0.08	0.08	0.08	0.08	0.08
其他	发电量/亿千瓦时	0	0	0	0	0	0	0
	占比/%	0	0	0	0	0	0	0

年　份		2011	2012	2013	2014	2015
火电	发电量/亿千瓦时	474.88	487.56	440.47	269.16	341.24
	占比/%	8.46	8.63	7.70	4.77	6.00
核电	发电量/亿千瓦时	4423.83	4254.06	4236.85	4364.74	4374.28
	占比/%	78.79	75.31	74.03	77.43	76.95
水电	发电量/亿千瓦时	498.65	635.94	758.67	686.27	594.00
	占比/%	8.88	11.26	13.26	12.17	10.45
光伏发电	发电量/亿千瓦时	20.78	40.16	47.35	59.13	72.59
	占比/%	0.37	0.71	0.83	1.05	1.28
风电	发电量/亿千瓦时	120.52	149.13	160.33	172.49	212.49
	占比/%	2.15	2.64	2.80	3.06	3.74
生物燃料发电	发电量/亿千瓦时	28.96	27.06	28.73	33.63	39.23
	占比/%	0.52	0.48	0.50	0.60	0.69
垃圾发电	发电量/亿千瓦时	42.10	44.54	39.49	41.18	42.48
	占比/%	0.75	0.79	0.69	0.73	0.75
潮汐发电	发电量/亿千瓦时	4.77	4.58	4.14	4.81	4.87
	占比/%	0.09	0.08	0.07	0.09	0.09
其他	发电量/亿千瓦时	0	5.94	6.96	5.53	3.36
	占比/%	0	0.11	0.12	0.10	0.06

数据来源：国际能源署；联合国统计司。

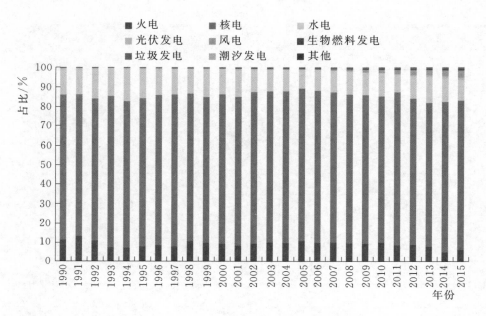

图 5-12 1990—2015 年法国发电量结构

对比 2005 年和 2015 年发电量结构，变化明显。火力发电量占比由 10.71% 降至 6.00%，下滑 4.71 个百分点；水力发电量占比上升 0.67 个百分点；核电占比变化不大，基本维持在 75% 以上；光伏发电变化较大，从 0.002% 上升至 1.28%。风力发电量占比从 2005 年的 0.17% 增长至 2015 年的 3.74%。其他能源发电量 2005 年占比为 0.96%（包含生物燃料、垃圾、潮汐能发电等），2015 年占比 1.58%。2005 年和 2015 年法国发电量结构变化如图 5-13 所示。

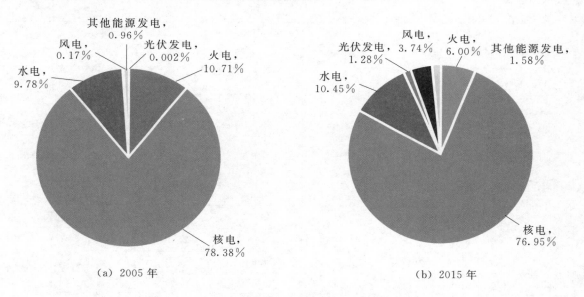

（a）2005 年 　　　　　　　　　　　　　（b）2015 年

图 5-13 2005 年和 2015 年法国发电量结构变化

法国火电结构变化明显。煤炭占比大幅减少，天然气占比相应提高。2015 年，法国火力发电量为 341.24 亿千瓦时，其中煤炭发电量占比由 2005 年的 49.77% 下降至 35.68%，降幅达 14.09 个百分点；天然气发电量占比由 2005 年的 37.39% 增长至 58.01%，提高 20.62 个百分点；石油发电量占比下滑 6.52 个百分点，传统火电逐渐由使用煤炭转向用天然气。2005 年和 2015 年法国火电结构变化如图 5-14 所示。

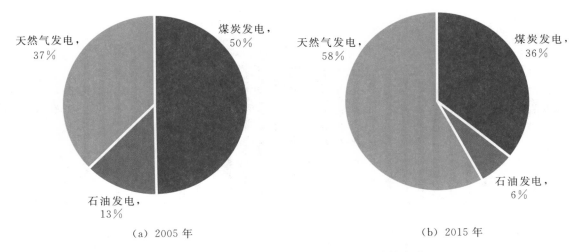

图 5 - 14 2005 年和 2015 年法国火电结构变化

（四）电网建设规模

法国电网发展相对比较成熟，主要有 400kV、225kV、90kV、63kV 以及 45kV 以下的输电线路。法国作为欧洲的主要电能出口国，每年通过跨国线路向其他欧洲各国输送大量电能。此外，还与西欧电网联网运行，充分运用地理优势，东接德国电网，北接英国电网，南接西班牙电网，通过 42 条交流线路分别与比利时、德国、瑞士、意大利、西班牙电网互联。另外，法国与英国还有 ±270kV 海底直流电缆跨越英吉利海峡联网，与周围国家的电力传输设施建设较完善。

二、电力消费形势分析

（一）总用电量

从全国总用电量来看，总体呈上升趋势。在 2010 年达到高峰，4440.89 亿千瓦时，同比增长 6.25%。从 2011 年开始，全国总用电量有所下降。2015 年总用电量只有 4249.19 亿千瓦时。1990—2015 年法国总用电量及增速如表 5 - 15、图 5 - 15 所示。

表 5 - 15　　　　　　　　　　1990—2015 年法国总用电量及增速

年 份	1990	1991	1992	1993	1994	1995	1996	1997	1998
总用电量/亿千瓦时	3022.30	3213.62	3303.27	3325.98	3374.93	3428.50	3558.34	3554.58	3674.37
增速/%	—	6.33	2.79	0.69	1.47	1.59	3.79	−0.11	3.37
年 份	1999	2000	2001	2002	2003	2004	2005	2006	2007
总用电量/亿千瓦时	3749.59	3849.03	3957.77	3934.86	4084.00	4201.60	4227.71	4269.25	4260.15
增速/%	2.05	2.65	2.83	−0.58	3.79	2.88	0.62	0.98	−0.21
年 份	2008	2009	2010	2011	2012	2013	2014	2015	
总用电量/亿千瓦时	4327.36	4179.55	4440.89	4175.66	4340.93	4407.10	4148.10	4249.19	
增速/%	1.58	−3.42	6.25	−5.97	3.96	1.52	−5.88	2.44	

数据来源：国际能源署；联合国统计司。

（二）分部门用电量

法国的电力消费主要来自工业、服务业、住宅用电、农业、渔业等其他非特定产业的消费用电。1990—2015 年法国分部门用电量及占比如表 5 - 16、图 5 - 16 所示。

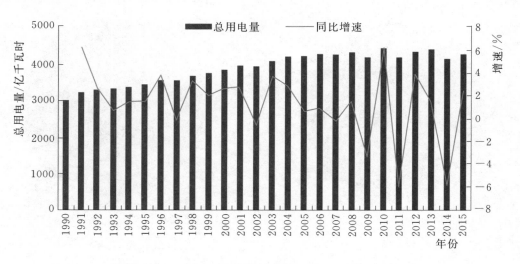

图 5-15 1990—2015 年法国总用电量及增速

表 5-16 1990—2015 年法国分部门用电量

年 份		1990	1991	1992	1993	1994	1995	1996
农业、林业和渔业	用电量/亿千瓦时	21.06	22.67	22.94	22.35	26.2	26.18	28.87
	占比/%	0.70	0.71	0.69	0.67	0.78	0.76	0.81
工业	用电量/亿千瓦时	1146.66	1169.46	1210.52	1206.48	1209.18	1236.07	1245.4
	占比/%	37.94	36.39	36.65	36.27	35.83	36.05	35.00
服务业	用电量/亿千瓦时	882.35	949.95	973.88	982.45	1027.34	1027.45	1054.3
	占比/%	29.19	29.56	29.48	29.54	30.44	29.97	29.63
居民生活	用电量/亿千瓦时	969.08	1068.17	1095.93	1114.7	1112.21	1088.42	1205.09
	占比/%	32.06	33.24	33.18	33.51	32.96	31.75	33.87
其他	用电量/亿千瓦时	3.15	3.37	0	0	0	50.38	24.68
	占比/%	0.10	0.10	0	0	0	1.47	0.69
年 份		1997	1998	1999	2000	2001	2002	2003
农业、林业和渔业	用电量/亿千瓦时	27.24	27.08	26.08	27.26	28.79	30.02	33.88
	占比/%	0.77	0.74	0.70	0.71	0.73	0.76	0.83
工业	用电量/亿千瓦时	1276.99	1319.87	1326.1	1346.56	1346.61	1333.5	1338.4
	占比/%	35.93	35.92	35.37	34.98	34.02	33.89	32.77
服务业	用电量/亿千瓦时	1035.51	1057.1	1089.32	1156.93	1183.25	1183.8	1259.7
	占比/%	29.13	28.77	29.05	30.06	29.90	30.08	30.84
居民生活	用电量/亿千瓦时	1190.84	1231.47	1269.33	1287.2	1338.87	1329.98	1415.54
	占比/%	33.50	33.52	33.85	33.44	33.83	33.80	34.66
其他	用电量/亿千瓦时	24	38.85	38.76	31.08	60.25	57.56	36.48
	占比/%	0.68	1.06	1.03	0.81	1.52	1.46	0.89

续表

年 份		2004	2005	2006	2007	2008	2009	2010
农业、林业和渔业	用电量/亿千瓦时	70.04	74.35	75.98	70.22	67.24	75.78	77.39
	占比/%	1.67	1.76	1.78	1.65	1.55	1.81	1.74
工业	用电量/亿千瓦时	1365.88	1395.47	1342.64	1325.99	1286.44	1117.22	1174.44
	占比/%	32.51	33.01	31.45	31.13	29.73	26.73	26.45
服务业	用电量/亿千瓦时	1303.61	1350.49	1399.06	1432.45	1429.02	1467.47	1547.01
	占比/%	31.03	31.94	32.77	33.62	33.02	35.11	34.84
居民生活	用电量/亿千瓦时	1433.8	1384.83	1433.27	1415.89	1526.52	1490.32	1615.2
	占比/%	34.13	32.76	33.57	33.24	35.28	35.66	36.37
其他	用电量/亿千瓦时	28.27	22.57	18.3	15.6	18.14	28.76	26.85
	占比/%	0.67	0.53	0.43	0.37	0.42	0.69	0.60

年 份		2011	2012	2013	2014	2015
农业、林业和渔业	用电量/亿千瓦时	81.27	81.26	87.71	80.65	81.98
	占比/%	1.95	1.87	1.99	1.94	1.93
工业	用电量/亿千瓦时	1178.91	1143.19	1114.4	1075.74	1070.19
	占比/%	28.23	26.34	25.29	25.93	25.19
服务业	用电量/亿千瓦时	1464.47	1518.01	1508.02	1525.39	1564.47
	占比/%	35.07	34.97	34.22	36.77	36.82
民民生活	用电量/亿千瓦时	1404.75	1582.69	1679.04	1459.49	1524.41
	占比/%	33.64	36.46	38.10	35.18	35.88
其他	用电量/亿千瓦时	46.26	15.78	17.93	6.83	8.14
	占比/%	1.11	0.36	0.41	0.16	0.19

数据来源：国际能源署。

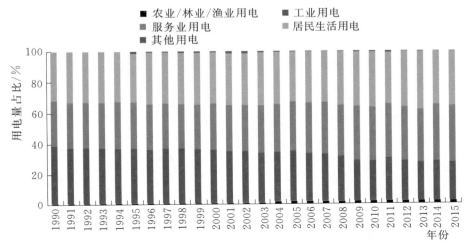

图 5-16　1990—2015 年法国分部门用电量占比

从工业领域电力消费情况来看，2006—2009 年，国家实行"去工业化"战略，导致工业发展停滞，耗电量急速下降，2009 年降至 1117.22 亿千瓦时。随着国家"新工业计划"的实施，工业发展迅速，用电量在近几年略有下降。1990—2015 年工业用电量占比持续下降，2015 年工业用电占总用电量的 25.19%。

居民生活用电一直是最大的电力消费方，2013 年的用电量达到 1679.04 亿千瓦时，占比35.88%。1990—2004 年，随着国家经济的发展，国民用电需求增加，居民生活用电量呈上涨趋势。2004 年以后略有波动。居民生活用电占比变化较平稳，平均稳定在 34% 左右。

农业、林业和渔业总用电量从 2004 年起有大幅度的增长，此后变化波动不大。而渔业用电量一直较少，增速平缓，在 2014 年突增，用电量达到 1.94 亿千瓦时。

服务业用电量总体呈上升趋势，波动不大。2006 年以前，工业用电量一直高于服务业的用电量，2006 年以后，服务业用电量超过工业用电量，国家对服务业的发展越来越重视。

三、电力供需平衡分析

法国电力供应充足，发电量远大于用电量，能满足国民需求。每年还向国外输出大量电力。1990—2010 年，发电量远高于各行业的用电量，此时正值电力工业飞速发展时期，发电量较大，远远满足用电的需求。2010 年以后，法国的发电量与用电量差距逐渐减小，但总体上发电量还是大于用电量，供电充足。1990—2015 年法国电力供需情况如表 5-17、图 5-17 所示。

表 5-17　　　　　　　　　　　1990—2015 年法国电力供需情况　　　　　　　　　　单位：亿千瓦时

年　份	1990	1991	1992	1993	1994	1995	1996	1997	1998
发电量	4207.51	4555.55	4636.39	4727.07	4768.68	4942.74	5133.98	5047.7	5112.76
进口电量	66.74	55.16	47.37	36.63	37.18	28.6	36.17	42.38	45.9
出口电量	521.12	584.09	585.33	650.93	668.86	727.01	724.28	696.34	621.52
可供电量	3753.13	4026.62	4098.43	4112.77	4137	4244.33	4445.87	4393.74	4537.14
年　份	1999	2000	2001	2002	2003	2004	2005	2006	2007
发电量	5258.06	5399.54	5495.3	5590.64	5668.39	5740.54	5760.62	5748.7	5694.17
进口电量	49.65	36.95	44.7	37.05	69.59	65.71	80.62	85.22	107.82
出口电量	681.08	731.74	728.61	807.39	733.73	684.77	683.9	718.63	675.95
可供电量	4626.63	4704.75	4811.4	4820.3	5004.25	5121.48	5157.34	5115.29	5126.04
年　份	2008	2009	2010	2011	2012	2013	2014	2015	
发电量	5735.16	5356.35	5690.97	5614.49	5648.97	5722.99	5636.94	5684.54	
进口电量	107.48	185.17	194.75	95.01	122.13	116.87	78.73	99.61	
出口电量	587.36	444.51	501.88	659.14	567.34	601.48	750.63	740.24	
可供电量	5255.28	5097.01	5383.84	5050.36	5203.76	5238.38	4965.04	5043.91	

数据来源：国际能源署。

法国可供电量呈平稳上升趋势，电量供给满足需求。法国生产的电能不仅为本国供应，且与其他国家进行电量交换。主要出口其他欧盟国家。从电能进出口情况分析，法国的出口电量一直大于进口电量，相差较多，为电力输出型国家。2017 年 1—7 月进口电量达到 107.8167 亿千瓦时，而出口电量达到 386.9633 亿千瓦时，相比 2016 年同期进口电量增长 26.1%。

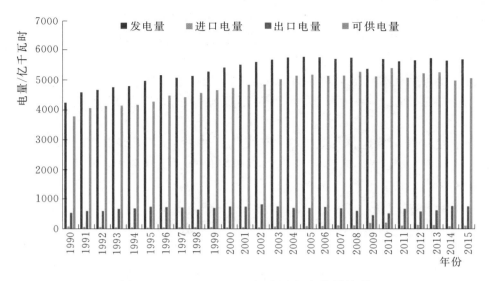

图 5-17 1990—2015 年法国电力供需情况

四、电力相关政策

(一) 电力投资相关政策

1. 核电政策

近几年核安全事故屡有发生,许多国家开始放弃对核电的开发建设。核电作为世界上最清洁的电能,法国的主要发电方式,国家对核电的发展历来都很重视。法国不会放弃对核电的利用,但会逐渐减少核电占比和装机容量。

2014 年 10 月通过的《能源过渡法案》和 2015 年通过的《促进绿色增长的能源转型》法案都主要提到两个方面:①调整未来核电占比,预计 2025 年核电占全国总发电量的比例将下调至 50%,对于减少的核能发电量将用可再生能源发电量来弥补;②限制以后最高核电装机容量为 63.2 吉瓦。

2017 年法国核协会发布的白皮书中表明:要对核电发展建设给予稳定的投资,特别是在役核电机组的延寿,更新换代问题。法国电力公司计划在 2025 年前对核电机组延寿投资 510 亿欧元。

2. 水电政策

水电作为法国继核电之后的第二大电力来源,在法国电力工业领域占有相当的比重,对水电的发展政策主要是加强水电利用率和经济性。

2007 年出台《可再生能源上网电价:水电(四)》提出,对水电安装实行上网电价,电价 6.07 欧分/千瓦时,小型设施的为 0.5～3.5 欧元/千瓦时,冬季的为 0～1.68 欧分/千瓦时。

2008 年法国政府宣布扩大水电计划,主要针对水坝的可再生工艺以及大规模的公共投资等方面。

3. 风电政策

风力发电作为一种清洁能源发电方式,发展迅速。法国对于风电的发展主要采取建立风电开发区,对风电项目给予优惠政策等。同时,既支持风电项目的发展,又鼓励家庭建立小型风力发电站,参与风电业务。

2002 年推出风力发电上网电价优惠政策。要求法国电网公司对所有装机容量在 12 兆瓦以上的风电项目产生的电力,均按照 8.2 欧分/千瓦时的优惠价格收购,收购价格与普通电力批发价格之间的差额由政府财政拨款给予全部补贴。2005 年发布了《法国能源发展指导法案》,大力发展包括风电在内的各种可再生能源。2005 年,法国政府颁布第 2005-781 号法令,宣布将成立风电开发区,在开发区以内的风电项目将享受税收优惠政策,并且风力发电站实行固定电力收购价格。

法国政府也鼓励发展小型家庭风力发电站,有条件的居民可以在自家安装小型的家用风力发电设备。安装高度小于或等于 12 米的风力发电机组，不受政府对风力发电设备各项管理规定的限制。如果安装高度超过 12 米，则必须事先获得所在地省政府或市镇政府发放的安装许可证。

4. 可再生能源发电政策

法国鼓励支持可再生能源发展，对于可再生能源发电，政策核心是价格措施。

2011 年针对生物能源提出生物甲烷注入天然气网格的政策，2015 年期间固定费率为 5～14 欧分/千瓦时。

2016 年《可再生能源上网电价：太阳能光伏发电》规定，9 千瓦及其以下的建筑一体化光伏装置上网电价为 0.246 欧元/千瓦时。对于 36 千瓦以下的简化光伏装置系统，电厂为 0.133 欧元/千瓦时，36～100 千瓦的电站为 0.126 欧元/千瓦时。

（二）电力市场相关政策

欧盟主张开放电力市场以来，法国积极推进电力市场化改革，逐步开放电力市场，引入竞争机制，促进电力市场竞争。

法国制定并实施了《新电力法》，设立公共服务基金，确定供电市场开放时间表和在需求侧有选择权的用户，允许对有选择权用户提供供热、供气等服务。并设立电力监管委员会，成立独立的输电网管理机构，该法还规定电力运营商必须以政府规定的价格收购可再生途径生产的电力，并且确保将这部分电能并网输送和销售。

2000 年，法国进行电力市场化改革。发电和售电向市场完全开放，输电和配电网运营由政府监管。电力市场的开放是逐步推进的，2000 年 30％的电力用户可以自行选择供电商；2003 年 37％的用户可以自行选择供电商；2004 年 70％的非居民用户可以自行选择供电商；从 2007 年 7 月起，国内全部电力用户都可以自行选择供电商，电力市场真正全面开放。

2004 年通过法令，确定对法国电力公司实行"资本开放"，采取增资的方式，发售股票。

2010 年，法国议会颁布《能源市场新组织法》，要求法国电力公司按照政府规定的固定价格出售总发电量的近 1/4 电量给其他电力供应商。此外，每年法国电力公司要以经济性的价格出售 100 太瓦时电量给其余供电商，以此来促进电力市场竞争。同年，法国对"监管电价"进行改革。2016 年起，取消额定功率在 36 伏安以上的监管电价，继续实行对居民用户的"监管电价"。

对于核电，电力改革另外推出了一项政策——在监管条件下获取历史核电。按照各个电力供应商的市场份额配给来自法国电力公司的发电量。

法国的电价按照长期边际成本定价的理论来实践，将全年分成蓝、白、红 3 种电价，每天又分峰荷与非峰荷 2 种电价。

第三节　电力与经济关系分析

一、电力消费与经济发展相关关系

（一）用电量增速与 GDP 增速

2009 年以前，用电量增速与 GDP 增速变化趋势具有较高的一致性。2009 年以后，用电量增速相比 GDP 增速波动较大。1990—2015 年法国用电量增速与 GDP 增速对比如图 5-18 所示。

（二）电力消费弹性系数

电力消费弹性系数可以反映电力发展速度与国民经济发展速度关系。2011 年以前法国电力消费弹性系数波动较小，2011 年以后波动较大。2012 年系数最大，为 21.66，表示电力消费增长速度远远大于国民经济增长速度。2013 年以后，总体电力消费弹性系数较小。2014 年甚至出现了负值，用

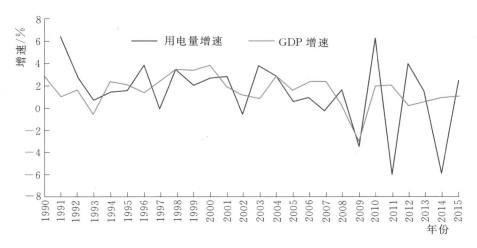

图 5-18　1990—2015 年法国用电量增速与 GDP 增速对比

电量增速明显小于 GDP 增速。1990—2015 年法国电力消费弹性系数如表 5-18、图 5-19 所示。

表 5-18　　　　　　　　　　1990—2015 年法国电力消费弹性系数

年　份	1990	1991	1992	1993	1994	1995	1996	1997	1998
电力消费弹性系数	—	6.09	1.74	-1.12	0.63	0.76	2.73	-0.05	0.95
年　份	1999	2000	2001	2002	2003	2004	2005	2006	2007
电力消费弹性系数	0.60	0.68	1.45	-0.52	4.62	1.03	0.39	0.41	-0.09
年　份	2008	2009	2010	2011	2012	2013	2014	2015	
电力消费弹性系数	8.08	1.16	3.18	-2.87	21.66	2.65	-6.20	2.28	

数据来源：国际能源署；联合国统计司；世界银行。

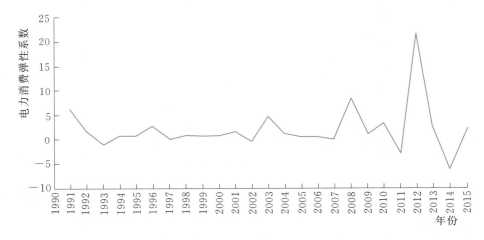

图 5-19　1990—2015 年法国电力消费弹性系数

（三）单位产值电耗

单位产值电耗可用来表示国民经济各部门产值及其用电量之间的关系。法国单位产值电耗总体呈下降趋势。1995—2001 年，呈上升趋势。2001 年，单位产值电耗最大，达到 0.29 千瓦时/美元，随着国家响应欧盟节能、减排的要求，不断地淘汰一些耗能高的旧设备，采用新技术，改进工艺过程，调整产品结构，不断发展节能技术，降低了单位产值的电耗。2015 年单位产值电耗仅为 0.17 千瓦时/美元。1990—2015 年法国单位产值电耗如表 5-19、图 5-20 所示。

表5-19　　　　　　　　　　　　　1990—2015年法国单位产值电耗　　　　　　　　　　单位：千瓦时/美元

年　份	1990	1991	1992	1993	1994	1995	1996	1997	1998
单位产值电耗	0.24	0.25	0.23	0.25	0.24	0.21	0.22	0.24	0.24
年　份	1999	2000	2001	2002	2003	2004	2005	2006	2007
单位产值电耗	0.25	0.28	0.29	0.26	0.22	0.20	0.19	0.18	0.16
年　份	2008	2009	2010	2011	2012	2013	2014	2015	
单位产值电耗	0.15	0.16	0.17	0.15	0.16	0.16	0.15	0.17	

数据来源：国际能源署；联合国统计司；世界银行。

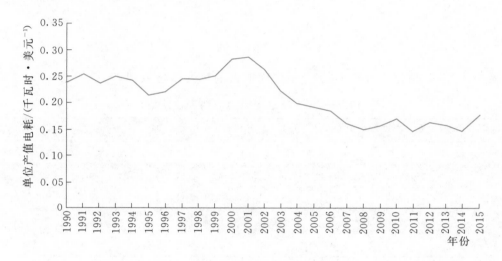

图5-20　1990—2015年法国单位产值电耗

（四）人均用电量

1990—2009年法国人均用电量平稳上升，从5341.64千瓦时上升至6690.49千瓦时，人均用电量增长较快。2009年以后，人均用电量略有波动。1990—2015年法国人均用电量如表5-20、图5-21所示。

表5-20　　　　　　　　　　　　　1990—2015年法国人均用电量　　　　　　　　　　　单位：千瓦时

年　份	1990	1991	1992	1993	1994	1995	1996	1997	1998
人均用电量	5341.64	5653.80	5784.05	5797.42	5862.31	5936.80	6141.42	6115.93	6302.52
年　份	1999	2000	2001	2002	2003	2004	2005	2006	2007
人均用电量	6409.56	6539.30	6677.53	6592.16	6795.34	6943.65	6935.22	6953.18	6893.45
年　份	2008	2009	2010	2011	2012	2013	2014	2015	
人均用电量	6963.89	6690.49	7074.86	6620.68	6849.05	6923.96	6489.52	6617.65	

数据来源：国际能源署；联合国统计司；世界银行。

二、工业用电与工业经济增长相关关系

（一）工业用电量增速与工业增加值增速

法国工业发展居世界前列，其中汽车、建筑业、制造业更是发展迅速。随着进入新工业法国的

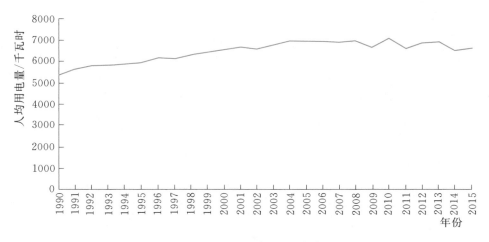

图 5-21　1990—2015 年法国人均用电量

第二个阶段，工业必将更快转型发展。2009 年以前，工业用电量与工业增加值增速变化趋势具有较高的一致性。2009 年以后，工业用电量增速波动较工业增加值增速大。1990—2015 年法国工业用电量增速与工业增加值增速对比如图 5-22 所示。

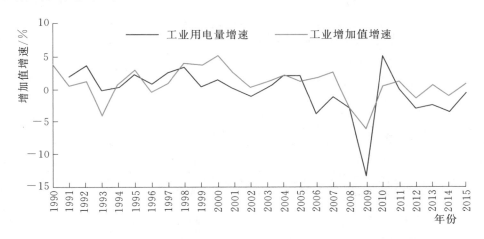

图 5-22　1990—2015 年法国工业用电量增速与工业增加值增速对比

（二）工业电力消费弹性系数

除 2010 年以外，法国工业电力消费弹性系数普遍在±4 附近波动。2010 年工业用电量增速远大于增加值增速，系数达到 8.90。2009 年以前，弹性系数波动较小。2009 年以后，波动较大。1991—2015 年法国工业电力消费弹性系数如表 5-21、图 5-23 所示。

表 5-21　　　　　　　　　1991—2015 年法国工业电力消费弹性系数

年　份	1991	1992	1993	1994	1995	1996	1997	1998
工业电力消费弹性系数	3.02	2.65	0.08	0.30	0.75	-1.96	2.60	0.85
年　份	1999	2000	2001	2002	2003	2004	2005	2006
工业电力消费弹性系数	0.12	0.30	0.00	-2.19	0.29	0.91	1.65	-1.97
年　份	2007	2008	2009	2010	2011	2012	2013	2014	2015
工业电力消费弹性系数	-0.46	1.00	2.18	8.90	0.30	2.56	-3.01	3.73	-0.56

数据来源：国际能源署；联合国统计司；世界银行。

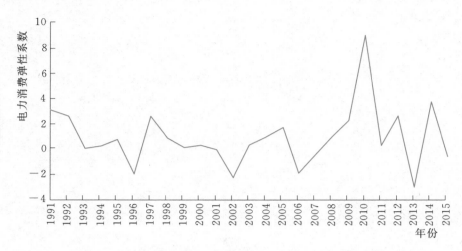

图 5-23　1991—2015 年法国工业电力消费弹性系数

（三）工业单位产值电耗

法国工业单位产值电耗呈先上升后下降的趋势。2001 年以前，呈上升趋势，2001 年达到 0.43 千瓦时/美元。2001 年以后，呈下降趋势，且下降速度较快，从 2001 年的 0.43 千瓦时/美元降至 2009年的 0.21 千瓦时/美元，减少了 50％以上。2009 年以后，波动较小。2013 年以来，随着国家新工业化计划的实施，工业升级改造，工业单位产值电耗进一步下降，2014 年下降至 0.19 千瓦时/美元。2015 年略有上升，达 0.23 千瓦时/美元。总体工业单位产值电耗较小。1990—2015 年法国工业单位产值电耗如表 5-22、图 5-24 所示。

表 5-22　　　　　　　　　　　　　**1990—2015 年法国工业单位产值电耗**　　　　　　　　　单位：千瓦时/美元

年　份	1990	1991	1992	1993	1994	1995	1996	1997	1998
工业单位产值电耗	0.33	0.34	0.33	0.36	0.35	0.31	0.32	0.37	0.37
年　份	1999	2000	2001	2002	2003	2004	2005	2006	2007
工业单位产值电耗	0.38	0.42	0.43	0.39	0.33	0.29	0.29	0.27	0.24
年　份	2008	2009	2010	2011	2012	2013	2014	2015	
工业单位产值电耗	0.21	0.21	0.23	0.21	0.22	0.20	0.19	0.23	

数据来源：国际能源署；联合国统计司；世界银行。

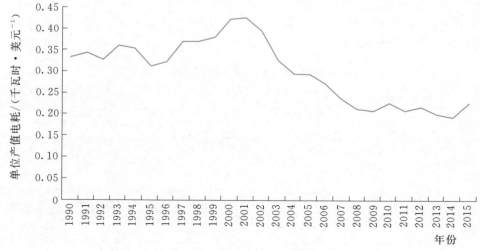

图 5-24　1990—2015 年法国工业单位产值电耗

三、服务业用电与服务业经济增长相关关系

（一）服务业用电量增速与服务业增加值增速

1990—2015 年，服务业增加值增速相比用电量波动较小。1990—2015 年，法国服务业用电量增速与服务业增加值增速相比波动较小，具体如图 5 - 25 所示。

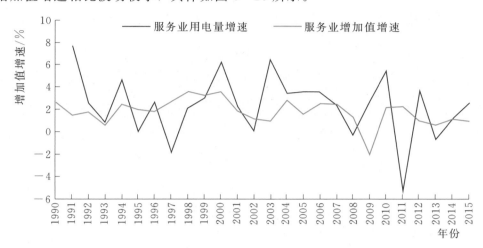

图 5 - 25　1990—2015 年法国服务业用电量增速与服务业增加值增速对比

（二）服务业电力消费弹性系数

除 2003 年出现较大波动以外，法国服务业电力消费弹性系数总体波动较小，在 ±5 左右波动。2003 年服务业用电量增速远大于增加值增速，服务业用电需求增长较快，弹性系数 6.72。1991—2015 年法国服务业电力消费弹性系数如表 5 - 23、图 5 - 26 所示。

表 5 - 23　　　　　　　　　　　1991—2015 年法国服务业电力消费弹性系数

年　份	1991	1992	1993	1994	1995	1996	1997	1998
服务业电力消费弹性系数	5.10	1.43	1.44	1.86	0.01	1.42	−0.66	0.58
年　份	1999	2000	2001	2002	2003	2004	2005	2006
服务业电力消费弹性系数	0.93	1.73	1.18	0.04	6.72	1.24	2.21	1.40
年　份	2007	2008	2009	2010	2011	2012	2013	2014	2015
服务业电力消费弹性系数	0.96	−0.18	−1.33	2.48	−2.34	3.57	−1.06	0.99	2.61

数据来源：国际能源署；联合国统计司；世界银行。

图 5 - 26　1991—2015 年法国服务业电力消费弹性系数

（三）服务业单位产值电耗

法国服务业单位产值电耗普遍较低，在 0.1 千瓦时/美元以下。2001 年达到 0.11 千瓦时/美元，2001 年以后，呈下降趋势。2008 年降至 0.06 千瓦时/美元。2008 年以后略有上升。1990—2015 年法国服务业单位产值电耗如表 5-24、图 5-27 所示。

表 5-24　　　　　　　　　　　　**1990—2015 年法国服务业单位产值电耗**　　　　　　　　单位：千瓦时/美元

年　份	1990	1991	1992	1993	1994	1995	1996	1997	1998
服务业单位产值电耗	0.10	0.11	0.10	0.10	0.10	0.09	0.09	0.10	0.09
年　份	1999	2000	2001	2002	2003	2004	2005	2006	2007
服务业单位产值电耗	0.10	0.11	0.11	0.10	0.09	0.08	0.08	0.08	0.07
年　份	2008	2009	2010	2011	2012	2013	2014	2015
服务业单位产值电耗	0.06	0.07	0.07	0.07	0.07	0.07	0.07	0.08

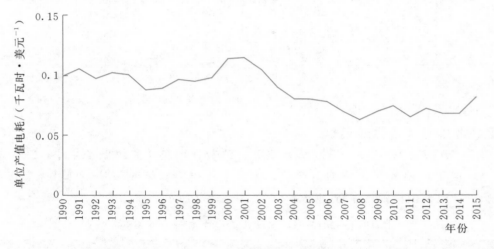

图 5-27　1990—2015 年法国服务业单位产值电耗

第四节　电力与经济发展展望

一、经济发展展望

随着马克龙总统一系列经济政策的实施，法国未来经济有望回暖，GDP 增速加大，人均 GDP 稳定上升。2018 年 GDP 预计达到 26904.83 亿美元，人均 GDP 达到 41329.26 美元，相比 2016 年，GDP 和人均 GDP 都有明显的增长。

预计 2018 年法国 GDP 增速达到 1.8%，相比 2016 年增长 0.6 个百分点。2019 年 GDP 增速为 1.9%，经济增长加速。2005—2020 年法国 GDP 及人均 GDP 变化趋势及预测如表 5-25、图 5-28 所示。

表 5-25　　　　　　　　　　**2005—2020 年法国 GDP 及人均 GDP 变化趋势及预测**

年　份	2005	2006	2007	2008	2009	2010	2011	2012
GDP/亿美元	22036.79	23250.12	26631.13	29234.66	26938.27	26468.37	28626.80	26814.16
人均 GDP/美元	34879.73	36544.51	41600.58	45413.07	41631.13	40703.34	43810.20	40838.02

续表

年 份	2013	2014	2015	2016	2017	2018	2019	2020
GDP/亿美元	28085.11	28493.05	24335.62	24654.54	25865.68	26904.83	28017.52	29401.94
人均 GDP/美元	42554.12	42955.24	36526.77	36854.97	39914.89	41329.26	42841.43	—

数据来源：世界银行；世界经济信息网。

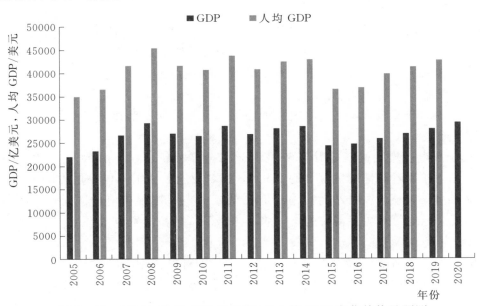

图 5-28 2005—2020 年法国 GDP 及人均 GDP 变化趋势及预测

二、电力发展展望

（一）电力需求展望

1990—2015 年，法国电力消费总量总体平稳增长，2015 年达到 4249.19 亿千瓦时。随着法国经济回暖，平稳增长，电力消费量也会随之增高。特别是冬季电力需求增长较快，供电较多，法国未来电力需求有望平稳增长。

（二）电力发展规划与展望

法国对于传统火电的使用正逐渐从煤炭转向天然气，马克龙总统计划在 2023 年淘汰煤电，逐渐关闭燃煤电站。

对于可再生能源发电，2016 年 4 月 24 日《关于可再生能源发展目标的法令》中提出法国大陆可再生能源发电的目标见表 5-26 所示。

表 5-26　　　　　　　　　　　　　法国大陆可再生能源发电目标

发电类型	目　　标
陆上风电	总装机总量：2018 年 12 月 31 日达到 15000 兆瓦；2023 年 12 月 31 日最低达 21800 兆瓦、最高达 26000 兆瓦
海上风电	总装机容量：2018 年 12 月 31 日达到 500 兆瓦；2023 年 12 月 31 日达到 3000 兆瓦
太阳的辐射能量	总装机容量：2018 年 12 月 31 日达到 10200 兆瓦；2023 年 12 月 31 日达到 18200～20200 兆瓦
水电	总装机容量：2018 年 12 月 31 日达到 25300 兆瓦；2023 年 12 月 31 日达到 25800～26050 兆瓦
通过厌氧消化的方式发电	总装机容量：2018 年 12 月 31 日达到 137 兆瓦；2023 年 12 月 31 日达到 237～300 兆瓦

资料来源：国际能源署。

2014 年 6 月发布《能源政策草案》提到，2030 年将二氧化碳排放量在 1990 年基础上削减 40%。到 2030 年，可再生能源电力消耗量占比应达到 40%，在能源使用总量中所占份额达到 32%。

1. 火电发展展望

法国立足于本国缺乏一次能源的现状，以及欧盟对环境保护、碳排放的要求，不主张发展火电，计划在 2023 年淘汰煤电。其中，未来将会继续减少煤电，提高天然气发电所占比重。

2. 核电发展展望

核电作为法国电力的主要供电方式，是世界上最清洁的电力。法国未来不放弃使用核能，但会加强核安全管理。到 2040 年，全国所有的第一代 900 兆瓦核电机组面临退役，核电需要升级换代，延长寿命。对于核能发电量，计划占比在未来下降至 50%。

3. 水电发展展望

法国对水力资源的开发较好，未来水电发展注重水资源的利用率和经济性。

4. 风电发展展望

2016 年，法国风电新增装机容量为 1561 兆瓦，占全球总新增容量的 2.9%。累计风电装机容量为 12066 兆瓦，占全球风电累计装机容量的 2.5%，排名第七。法国不仅发展内陆风电，也发展海上风电，同时鼓励家庭发展小型风电站。法国政府在削减火电、控制核电的同时，为了保证本国的电力供应，需大力发展风电等可再生能源发电，弥补未来下降的核能发电量。

5. 太阳能发电发展展望

太阳能发电作为一种清洁可再生能源发电方式，在所有可再生能源发电方式中新增装机容量增长最多。法国太阳能发电在众多领域中运用广泛，如用于充电、建设太阳能公路等方面。法国许多家庭都安装光伏电池板，未来随着电价、新能源补贴等政策的调整，太阳能发电能力势必会提升，发电量增加，占比相应增大。

第六章

澳 大 利 亚

第一节 经济发展与政策

一、经济发展状况

（一）经济发展及现状

澳大利亚是一个后起的工业化国家，农牧业、采矿业为澳大利亚传统产业。20 世纪 80 年代以来，澳大利亚通过一系列有效的经济结构调整和改革，使制造业和服务业得到迅速发展，经济得到持续较快增长。2012—2013 年国内生产总值达 15254 亿澳元，比上年增长 2.7％；按季度统计并经季节性调整后，2013 年全年 GDP 增长 2.8％，人均 GDP 达 6.9 万美元，高于大部分欧美发达国家，成为全球经济增长较快的发达国家之一，是全球第 12 大经济体，同时被经济合作与发展组织评为最具活力的经济体。

2014 年开始，澳大利亚政府财政状况持续恶化。2012—2013 年澳大利亚中央财政收入 3602 亿澳元，支出 3826 亿澳元，收支盈余－225 亿澳元；政府财政赤字达到 235 亿澳元，占 GDP 的 1.6％。2013—2014 年预算赤字将扩大到 470 亿澳元，未来 10 年内澳大利亚将维持财政赤字状态，不会出现盈余，开支受到严格限制。

澳大利亚央行为振兴经济，于 2013 年 5—9 月连续四次下调利率，央行基准利率为 2.5％。低利率提振了消费和房屋市场，消费者信心指数升高，贸易条件得到改善。

澳大利亚历届政府均重视经济建设，重点增加了对教育、基础设施建设和研发的投入，调整税制，应对气候变化和水资源匮乏，努力提高国家的劳动生产率。2009 年出台国家宽带网建设计划，2010 年颁布了《港口建设发展计划》和《陆地交通发展计划》，努力解决基础设施不足现象。2013 年 9 月新的联盟政府上任后，提出了包括促进多元经济增长、加大对基础设施建设投入、加强农业生产和创新投资、加快推进对外自贸区建设等一系列经济改革举措，陆续推出了包括公路、铁路、机场建设等一系列大型基础设施建设计划，积极推动取消矿产资源税和碳税。

（二）主要经济指标分析

1. GDP 及增速

2000—2008 年，澳大利亚 GDP 缓慢增长，受 2008 年经济危机的影响，2009 年的 GDP 下降，澳大利亚政府采取一系列经济政策遏制经济的下滑趋势，2010 年 GDP 恢复正增长，2014 年开始 GDP 逐渐下降。1990—2017 年澳大利亚 GDP 及增速如表 6-1、图 6-1 所示。

表 6-1　　　　　　　　　　　　**1990—2017 年澳大利亚 GDP 及增速**

年　份	1990	1991	1992	1993	1994	1995	1996
GDP/亿美元	3114.26	3260.69	3256.93	3123.73	3232.17	3683.92	4018.19
GDP 增速/%	3.53	-0.38	0.44	4.06	4.05	3.89	3.95
年　份	1997	1998	1999	2000	2001	2002	2003
GDP/亿美元	4360.98	3997.79	3891.47	4154.46	3789.00	3946.36	4668.53
GDP 增速/%	3.95	4.44	5.01	3.87	1.93	3.85	3.07
年　份	2004	2005	2006	2007	2008	2009	2010
GDP/亿美元	6133.30	6937.64	7475.73	8537.65	10553.35	9271.68	11428.77
GDP 增速/%	4.15	3.20	2.98	3.75	3.70	1.81	2.01
年　份	2011	2012	2013	2014	2015	2016	2017
GDP/亿美元	13905.57	15381.94	15671.79	14595.98	13453.83	12046.16	13234.2
GDP 增速/%	2.37	3.63	2.57	2.61	2.42	2.77	1.95

数据来源：联合国统计司；国际货币基金组织；世界银行。

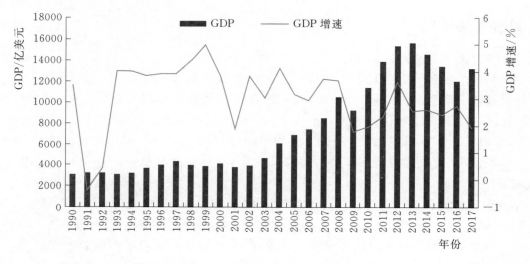

图 6-1　1990—2017 年澳大利亚 GDP 及增速

2. 人均 GDP 及增速

澳大利亚人均 GDP 及增速变化与 GDP 变化趋势大体一致。2001—2008 年保持稳定增加，受 2008 年的经济危机影响，2009 年的人均 GDP 下降，达到 42743 美元。2010 年经济恢复正增长。1990—2017 年澳大利亚人均 GDP 及增速如表 6-2、图 6-2 所示。

表 6-2　　　　　　　　　　　　**1990—2017 年澳大利亚人均 GDP 及增速**

年　份	1990	1991	1992	1993	1994	1995	1996
人均 GDP/美元	18249.29	18865.34	18616.32	17681.15	18102.32	20384.67	21944.16
人均 GDP 增速/%	2.01	-1.64	-0.77	3.05	2.96	2.64	2.59
年　份	1997	1998	1999	2000	2001	2002	2003
人均 GDP/美元	23551.22	21365.98	20561.48	21690.92	19517.84	20081.82	23465.39
人均 GDP 增速/%	2.79	3.36	3.81	2.64	0.56	2.59	1.80

年 份	2004	2005	2006	2007	2008	2009	2010
人均 GDP/美元	30472.38	34016.71	36118.28	40991.98	49664.69	42743.00	51874.08
人均 GDP 增速/%	2.95	1.85	1.47	3.10	1.64	—0.26	0.43
年 份	2011	2012	2013	2014	2015	2016	2017
人均 GDP/美元	62245.10	67677.63	67792.30	62214.61	56554.04	49927.82	55215.28
人均 GDP 增速/%	0.96	1.86	0.84	1.11	1.01	1.33	0.35

数据来源：联合国统计司；国际货币基金组织；世界银行。

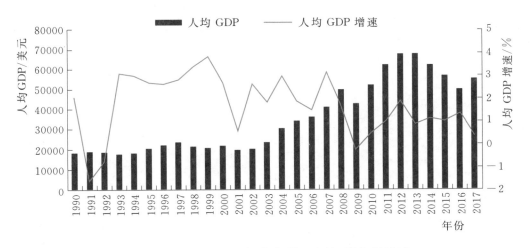

图 6-2 1990—2017 年澳大利亚人均 GDP 及增速

3. 分部门 GDP 结构

澳大利亚最大的经济部门是服务业，包括建筑、批发和零售、交通运输、旅游和娱乐、房地产及商业服务等，服务业的产值约占澳大利亚总产值的 70% 以上，该行业就业人数占总人数的 80%，澳大利亚旅游业和国际教育的发展也带动了服务业的快速扩展，旅游业的收入超过煤炭的两倍以上。

澳大利亚是世界上最发达的畜牧业国家，羊毛和牛肉的出口量均为世界第一。澳大利亚的高科技也在蓬勃的发展，信息产业是发展最快的行业之一，电子通信设备的出口也正逐年上升。1990—2017 年澳大利亚分部门 GDP 占比如表 6-3、图 6-3 所示。

表 6-3　　　　　　1990—2017 年澳大利亚分部门 GDP 占比　　　　　　%

年 份	1990	1991	1992	1993	1994	1995	1996
农业	4.21	3.18	3.05	3.26	3.35	3.02	3.39
工业	28.86	27.73	26.95	26.90	26.86	26.51	26.05
服务业	66.93	69.09	70.00	69.83	69.79	70.47	70.55
年 份	1997	1998	1999	2000	2001	2002	2003
农业	3.24	3.04	3.06	3.12	3.50	3.95	2.89
工业	25.29	25.44	24.71	24.65	23.69	23.64	24.07
服务业	71.46	71.52	72.23	72.23	72.80	72.41	73.04

续表

年 份	2004	2005	2006	2007	2008	2009	2010
农业	3.07	2.89	2.73	2.20	2.34	2.30	2.20
工业	23.92	24.58	25.60	25.59	25.53	26.93	25.06
服务业	73.02	72.53	71.67	72.20	72.13	70.78	72.74
年 份	2011	2012	2013	2014	2015	2016	2017
农业	2.28	2.26	2.28	2.22	2.37	2.43	2.77
工业	26.34	26.19	25.04	25.42	23.55	22.26	23.05
服务业	71.38	71.55	72.68	72.36	74.08	75.31	74.18

数据来源：联合国统计司；国际货币基金组织；世界银行。

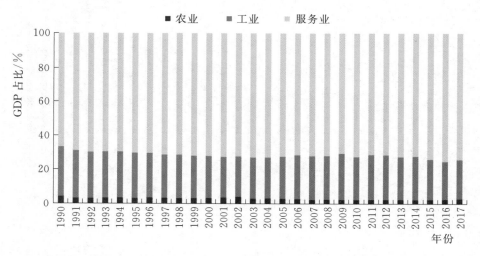

图 6-3 1990—2017 年澳大利亚分部门 GDP 占比

4. 工业增加值增速

澳大利亚的工业以矿业、制造业和建筑业为主。1991—2017 年澳大利亚工业增加值增速如表 6-4、图 6-4 所示。

表 6-4   1991—2017 年澳大利亚工业增加值增速   %

年 份	1991	1992	1993	1994	1995	1996	1997	1998	1999
工业增加值增速	1.02	−2.43	−5.07	3.12	13.58	7.19	5.10	−8.00	−5.47
年 份	2000	2001	2002	2003	2004	2005	2006	2007	2008
工业增加值增速	6.36	−11.52	3.35	21.05	30.38	15.70	12.18	14.20	22.72
年 份	2009	2010	2011	2012	2013	2014	2015	2016	2017
工业增加值增速	−8.34	15.59	28.41	9.46	−3.16	−6.17	−12.93	0.81	−1.59

数据来源：联合国统计司；国际货币基金组织；世界银行。

5. 服务业增加值增速

服务业是澳大利亚经济最重要和发展最快的部门，2004—2005 年，服务业产值 5954.46 亿澳元，

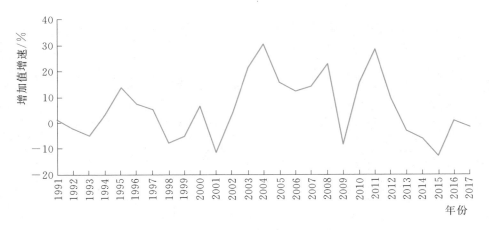

图 6-4　1991—2017 年澳大利亚服务业增加值增速

占澳国内生产总值的 65.3%，就业人数 699 万人，占全部就业人数的 74%。服务业中产值最高的行业是房地产及商务服务业、金融保险业，分别占服务业总产值的 10.3% 和 8%。1991—2016 年澳大利亚服务业增加值增速如表 6-5、图 6-5 所示。

表 6-5　　　　　　　　　　　　　1991—2016 年澳大利亚服务业增加值增速　　　　　　　　　　　　%

年　份	1991	1992	1993	1994	1995	1996	1997	1998	1999
服务业增加值增速	8.46	1.24	−3.95	3.32	14.82	9.24	10.13	−8.19	−1.39
年　份	2000	2001	2002	2003	2004	2005	2006	2007	2008
服务业增加值增速	6.76	−8.27	3.71	19.15	31.38	12.63	6.22	15.20	23.61
年　份	2009	2010	2011	2012	2013	2014	2015	2016	
服务业增加值增速	−13.53	26.68	19.08	11.10	3.94	−7.13	−5.99	3.14	

数据来源：联合国统计司；国际货币基金组织；世界银行。

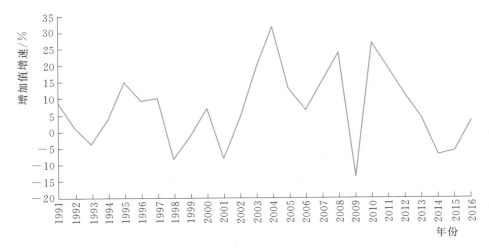

图 6-5　1991—2016 年澳大利亚服务业增加值增速

6. 外国直接投资净额

澳大利亚鼓励外国投资，1990—2000 年澳大利亚的外国投资净额较少，均在 100 亿美元以下；2000—2004 年外国投资净额逐渐上升；2005 年出现大幅度下降；2006—2008 年逐渐上升，2011 年达到最高值 655.55 亿美元。1990—2017 年外国直接投资净额如表 6-6、图 6-6 所示。

表 6-6　　　　　　　　　　　　　　　1990—2017 年外国直接投资净额　　　　　　　　　　　　　单位：亿美元

年　份	1990	1991	1992	1993	1994	1995	1996
外国直接投资净额	81.11	43.12	56.99	43.18	50.01	120.26	61.81
年　份	1997	1998	1999	2000	2001	2002	2003
外国直接投资净额	76.31	59.57	33.11	148.93	107.17	146.56	89.85
年　份	2004	2005	2006	2007	2008	2009	2010
外国直接投资净额	429.08	−250.93	305.51	444.40	451.60	286.83	352.11
年　份	2011	2012	2013	2014	2015	2016	2017
外国直接投资净额	655.55	575.50	539.97	459.79	365.95	419.51	487.5

数据来源：联合国统计司；国际货币基金组织；世界银行。

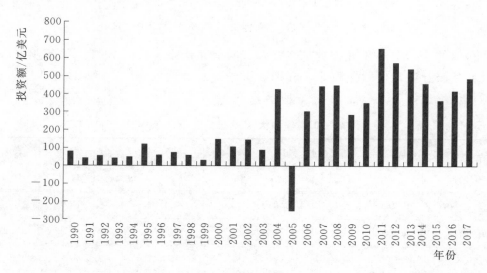

图 6-6　1990—2017 年外国直接投资净额

7. CPI 涨幅

1990—2016 年，澳大利亚 CPI 涨幅均为正值且一直处于波动状态。2013—2016 年 CPI 涨幅有下落的趋势，2017 年澳大利亚的通胀率有小幅度增加。1990—2017 年澳大利亚 CPI 涨幅如表 6-7、图 6-7 所示。

表 6-7　　　　　　　　　　　　　　　1990—2017 年澳大利亚 CPI 涨幅　　　　　　　　　　　　　　　%

年　份	1990	1991	1992	1993	1994	1995	1996
CPI 涨幅	7.27	3.22	0.99	1.81	1.89	4.64	2.61
年　份	1997	1998	1999	2000	2001	2002	2003
CPI 涨幅	0.25	0.85	1.47	4.48	4.38	3.00	2.77
年　份	2004	2005	2006	2007	2008	2009	2010
CPI 涨幅	2.34	2.67	3.54	2.33	4.35	1.82	2.85
年　份	2011	2012	2013	2014	2015	2016	2017
CPI 涨幅	3.30	1.76	2.45	2.49	1.51	1.28	2.01

数据来源：联合国统计司；国际货币基金组织；世界银行。

8. 失业率

1991—2016 年，澳大利亚失业率整体处于下降趋势。受 2008 年的经济危机影响 2009 年澳大利亚的失业率上升，经济政策调整后 2010 年失业率开始逐渐下降。1991—2017 年澳大利亚失业率如表 6-8、图 6-8 所示。

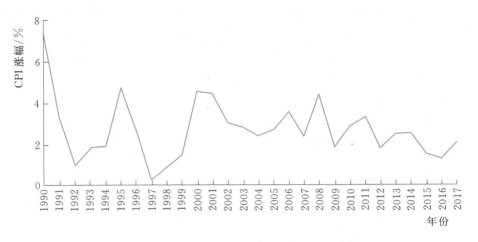

图 6-7 1990—2017 年澳大利亚 CPI 涨幅

表 6-8 **1991—2017 年澳大利亚失业率** %

年 份	1991	1992	1993	1994	1995	1996	1997	1998	1999
失业率	9.58	10.73	10.87	9.72	8.47	8.51	8.36	7.68	6.87
年 份	2000	2001	2002	2003	2004	2005	2006	2007	2008
失业率	6.28	6.74	6.37	5.93	5.39	5.03	4.78	4.38	4.23
年 份	2009	2010	2011	2012	2013	2014	2015	2016	2017
失业率	5.56	5.21	5.08	5.22	5.66	6.07	6.06	5.74	5.23

数据来源：联合国统计司；国际货币基金组织；世界银行。

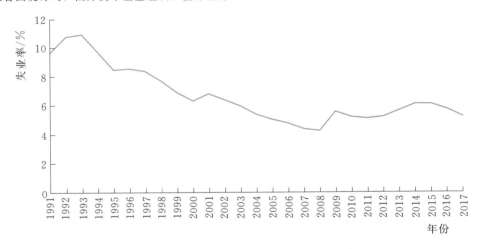

图 6-8 1991—2017 年澳大利亚失业率

二、主要经济政策

(一) 税收政策

澳大利亚实行分税制，税收收入分为联邦税收收入和地方税收收入两类，联邦、州和地方三级政府分别对应三级税收权限。

澳大利亚为减轻企业的经济负担，在 2000 年税制改革中，公司所得税税率从 36% 降到 30%。

澳大利亚的能源税收政策主要体现在对清洁能源，可再生能源的扶持。对可再生能源项目给予税收优惠，为减少污染、控制温室效应。主要政策有：

（1）对太阳能、风能、生物质能、地热、小型水利发电站等项目，减免 5 年的企业所得税。

（2）对使用绿色能源的用户多支付的电费，通过退税的形式以及再补贴。

（3）边远地区企业用可再生能源抽水，购置水能水泵或风能水泵的，政府除拨款形式退回一半的费用外，另外一半的费用在计征所得税时加计扣除 75％。

（二）金融政策

为避免在全球危机的影响下陷入衰退，澳大利亚政府采取各种措施刺激经济增长。主要包括采取扩张性货币政策；采取积极的财政政策，以稳定金融市场围护经济增长；维持相对宽松的投资政策以吸引外资进入。

2009 年 9 月，澳大利亚开始连续降息，联邦现金利率从最高点的 7.5％下降到 5.25％。

2012 年，澳大利亚联邦储蓄银行与国内其他金融监管当局签署并发布《关于金融危机管理的谅解备忘录》，并与美联储等其他各国央行联手设立货币互换机制等多种方式。

2014 年，澳大利亚财长 Swan 宣布，澳大利亚政府将出资 40 亿澳元，用于购买澳大利亚住房抵押贷款支持证券，缓解全球金融危机导致市场流动性近乎枯竭的困境，增强非银行金融机构融资和信贷能力。

（三）产业政策

澳大利亚发展制造业，立足于满足国内市场需求。产业政策的主要内容是通过贸易政策工具，如提高关税与执行差异化的关税税率，直接的进口数量限制等，保护与促进国内替代制造业部门的发展。

20 世纪 60 年代中期，澳大利亚国内有"结构政策"的主张，政府通过投资控制等手段直接干预产业结构。"二战"后澳大利亚政府对制造业进行选择性干预为促进就业和维持国际收支平衡。

1. 能源政策

澳大利亚的能源政策的核心问题和原则是能源的安全供应和能源价格的竞争性。重要原则是维护对资源和基础设施发展的投资的竞争性环境，鼓励开发有效的国内能源市场和寻求能源特别交易权机会。

2014 年澳大利亚政府对已经达成的"联合国关于气候变化的框架协议"做公开承诺，澳大利亚要对温室气体的排放承担义务，并确保能够履行职责。

2016 年澳大利亚宣布要合理的设置能源政策促使能源部门提高对澳大利亚出口创汇的贡献，创造财富和就业。

2. 农业政策

澳大利亚是一个依靠农产品出口的国家，朝着建立更有效的以市场为基础的机制的方向，进行重要的政策改革进程以解决农业市场失灵的问题。澳大利亚的农业政策主要包括以下内容：

（1）风险管理和调整政策，包括抗旱政策、气候变化调整政策、生物安全以及自然救灾和恢复安排政策。

（2）农业推进澳大利亚政策，解决收入差异性问题。

（3）发展水市场，强制执行并转让水资源分配权，提高水的利用效率。

（4）研发政策，解决私营部门投资不足的问题。

（四）投资政策

澳大利亚政府欢迎外国投资，外国投资帮助了澳大利亚的经济建设，促进了澳大利亚的经济增长。澳大利亚对外国投资的政策是有条件的控制，以本国利益为主。

1975 年澳大利亚政府正式制定了第一部外国投资法律——《1975 年外国收购和接管法》，明确规定了鼓励外国投资，外国投资必须符合澳大利亚的需求和愿望。

1990 年澳大利亚颁布《澳大利亚外国投资政策》有以下规定：

（1）外国政府及其附属机构投资者，外国国有企业在澳大利亚直接投资前，无论投资额多少，均需承包澳政府并获得批准。

（2）外国民营投资者收购澳大利亚企业的总资产超过 2.52 亿澳元，或者实质性收购超过 15％的股份，应当事先承包并获得批准。

（3）外国投资者投资于媒体领域投资份额超过 5％，需要经过审批。澳大利亚个别法律对外国投资有具体要求，如外国投资银行领域，必须严格遵守《1959 年银行法》《1998 年金融领域股份法》以及其他银行政策；国际港口领域的外国投资所占股份不得超过 49％；《1996 年机场法》规定，外国投资者占有机场的股份不得超过 49％。

2003 年外交部和贸易部发布了外交政策和贸易白皮书，外国投资要考虑以下几个因素，国家安全、竞争力、经济和社区影响。

2014 年澳大利亚建立地区总部和运营中心的跨国公司，澳大利亚联邦政府推出移民和税收优惠政策。

第二节　电力发展与政策

一、电力供应形势分析

（一）电力工业发展概况

澳大利亚国内煤炭资源丰富，燃煤发电占总发电量的 70％，预计澳大利亚燃煤发电 2025 年将下降到 63％。天然气发电比例预计从 2001 年的 10％达到 2025 年的 19％。天然气发电将代替燃油和燃煤发电。

在扩大天然气发电的同时，澳大利亚推出了发展可再生能源发电的举措。政府于 2000 年通过的可再生能源法要求电力生产商到 2020 年将可再生发电所占的比例增加 2％。

澳大利亚全国有五大区域电网，包括南澳州、维多利亚州、斯诺威地区、新南威尔士州、昆士兰州，已经联网。输电线路电压等级有 500 千伏、330 千伏、275 千伏、220 千伏、132 千伏、110 千伏。澳大利亚在已有电网基础设施的地区积极开展区域电力市场竞争，国家电力市场宣布维多利亚州、新南威尔士州和昆士兰州已取得了完全可竞争的电力市场，计划将竞争扩展到塔斯马尼亚岛和南澳大利亚。

（二）发电装机容量及结构

1. 总装机容量及增速

澳大利亚电源主要依赖火电和水电。澳大利亚国家电网覆盖了 5 个州，6 个区域。分为新南威尔士、昆士兰州、南澳、坦桑马尼亚、西澳、北领地。私营电力公司分为 6 个，占澳洲 77％的总装机容量。1990—2014 年澳大利亚的装机容量持续走高，2014 年达到最大值 6655.7 万千瓦。火电装机仍然是占比最大的一部分。1990—2015 年澳大利亚总装机容量及增速如表 6-9、图 6-9 所示。

表 6-9　　　　　　　　1990—2015 年澳大利亚总装机容量及增速

年　份	1990	1991	1992	1993	1994	1995	1996	1997	1998
总装机容量/万千瓦	3845.10	3806.50	3877.50	3990.60	4153.30	4219.00	4289.40	4357.80	4477.90
增速/％	—	-1.00	1.87	2.92	4.08	1.58	1.67	1.59	2.76

续表

年　份	1999	2000	2001	2002	2003	2004	2005	2006	2007
总装机容量/万千瓦	4599.40	4620.40	4700.30	4972.80	5099.00	5117.30	5014.20	5065.30	5343.80
增速/%	2.71	0.46	1.73	5.80	2.54	0.36	−2.01	1.02	5.50

年　份	2008	2009	2010	2011	2012	2013	2014	2015
总装机容量/万千瓦	5435.00	5705.90	6061.10	6235.70	6416.40	6468.80	6655.70	6702.90
增速/%	1.71	4.98	6.23	2.88	2.90	0.82	2.89	0.71

数据来源：国际能源署；联合国统计司。

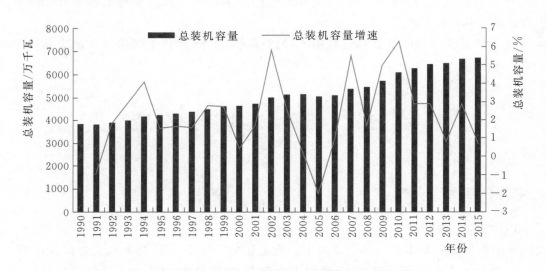

图 6-9　1990—2015 年澳大利亚总装机容量及增速

2. 各类装机容量及占比

澳大利亚的发电主要依赖火力发电和水电发电，两者装机容量占比达到 95%。澳大利亚可再生能源政策的提出，风电装机容量、潮汐能装机容量等可再生能源的装机容量的占比均在逐渐增加。1990—2015 年澳大利亚各类装机容量及占比如表 6-10、图 6-10 所示。

表 6-10　　　　　　　　　　　1990—2015 年澳大利亚各类装机容量及占比

年　份		1990	1991	1992	1993	1994	1995	1996
水电	装机容量/万千瓦	832.10	832.20	846.70	846.70	855.00	856.40	860.50
	占比/%	21.64	21.86	21.84	21.22	20.59	20.30	20.06
火电	装机容量/万千瓦	3013.00	2974.30	3030.80	3143.20	3297.20	3361.30	3427.40
	占比/%	78.36	78.14	78.16	78.77	79.39	79.67	79.90
潮汐能发电	装机容量/万千瓦	0	0	0	0	0	0	0
	占比/%	0	0	0	0	0	0	0
风电	装机容量/万千瓦	0	0	0	0	0.20	0.20	0.20
	占比/%	0	0	0	0	0	0	0
光伏发电	装机容量/万千瓦	0	0	0	0.70	0.90	1.10	1.30
	占比/%	0	0	0	0.02	0.02	0.03	0.03

续表

年份		1997	1998	1999	2000	2001	2002	2003
水电	装机容量/万千瓦	864.40	919.40	919.40	920.10	920.10	926.00	927.80
	占比/%	19.84	20.53	19.99	19.91	19.58	18.62	18.20
火电	装机容量/万千瓦	3491.60	3556.30	3676.70	3694.50	3769.70	4032.80	4148.30
	占比/%	80.12	79.42	79.94	79.96	80.20	81.10	81.36
潮汐能发电	装机容量/万千瓦	0	0	0.10	0.10	0.10	0.10	0.10
	占比/%	0	0	0	0	0	0	0
风电	装机容量/万千瓦	0.20	0.30	1.00	3.30	7.60	10.60	19.00
	占比/%	0	0.01	0.02	0.07	0.16	0.21	0.37
光伏发电	装机容量/万千瓦	1.60	1.90	2.30	2.50	2.90	3.40	3.90
	占比/%	0.04	0.04	0.05	0.05	0.06	0.07	0.08
年份		2004	2005	2006	2007	2008	2009	2010
水电	装机容量/万千瓦	919.70	921.10	921.10	924.30	923.00	929.50	944.90
	占比/%	17.97	18.37	18.18	17.30	16.98	16.29	15.59
火电	装机容量/万千瓦	4155.10	4081.50	4123.80	4354.80	4426.90	4662.80	4957.10
	占比/%	81.20	81.40	81.41	81.49	81.45	81.72	81.79
潮汐能发电	装机容量/万千瓦	0.10	0.10	0.10	0.10	0.10	0.10	0.10
	占比/%	0	0	0	0	0	0	0
风电	装机容量/万千瓦	37.90	74.00	81.90	124.90	144.10	170.30	186.40
	占比/%	0.74	1.48	1.62	2.34	2.65	2.98	3.08
光伏发电	装机容量/万千瓦	4.60	5.20	6.10	7.30	8.50	10.80	40.20
	占比/%	0.09	0.10	0.12	0.14	0.16	0.19	0.66

年份		2011	2012	2013	2014	2015
水电	装机容量/万千瓦	946.40	946.60	871.30	872.40	872.40
	占比/%	15.18	14.75	13.47	13.11	13.02
火电	装机容量/万千瓦	5004.40	5037.70	5017.10	5070.40	4971.00
	占比/%	80.25	78.51	77.56	76.18	74.16
潮汐能发电	装机容量/万千瓦	0.10	0.10	0.10	0.10	0.10
	占比/%	0	0	0	0	0
风电	装机容量/万千瓦	212.70	256.10	322.10	379.70	423.40
	占比/%	3.41	3.99	4.98	5.70	6.32
光伏发电	装机容量/万千瓦	139.70	243.50	325.80	400.70	436.00
	占比/%	2.24	3.79	5.04	6.02	6.50

数据来源：国际能源署；联合国统计司。

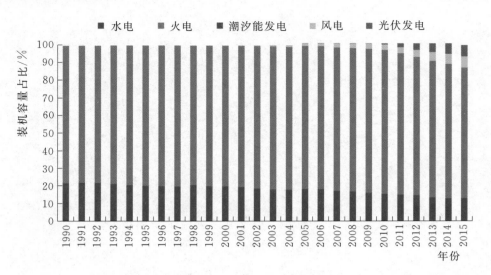

图 6-10　1990—2015 年澳大利亚各类装机容量占比

（三）发电量及结构

1. 总发电量及增速

1990—2015 年，澳大利亚总发电量呈上升趋势。2015 年总发电量为 2523.6 亿千瓦时。1996—2008 年，总发电量增速波动较大。2008—2017 年，增速波动较小，增长平稳。1990—2017 年澳大利亚总发电量及增速如表 6-11、图 6-11 所示。

表 6-11　　　　　　　　　　　1990—2017 年澳大利亚总发电量及增速

年　份	1990	1991	1992	1993	1994	1995	1996
发电量/亿千瓦时	1550.19	1568.18	1595.45	1636.50	1674.63	1731.59	1775.98
发电量增速/%	—	1.16	1.74	2.57	2.33	3.40	2.56
年　份	1997	1998	1999	2000	2001	2002	2003
发电量/亿千瓦时	1829.39	1953.69	2039.87	2102.24	2246.35	2275.55	2208.02
发电量增速/%	3.01	6.79	4.41	3.06	6.86	1.30	−2.97
年　份	2004	2005	2006	2007	2008	2009	2010
发电量/亿千瓦时	2284.34	2286.50	2328.30	2431.57	2432.21	2481.62	2526.97
发电量增速/%	3.46	0.09	1.83	4.44	0.03	2.03	1.83
年　份	2011	2012	2013	2014	2015	2016	2017
发电量/亿千瓦时	2539.58	2511.65	2497.20	2482.98	2523.60	2593.67	2594.45
发电量增速/%	0.50	−1.10	−0.58	−0.57	1.64	2.78	0.03

数据来源：国际能源署；联合国统计司。

2. 各类发电量及占比

2005—2017 年，澳大利亚发电量结构变化明显，火力发电量占比从 91.07% 降到 84.91%；水电从 6.83% 降到 5.28%。可再生能源发电中，风电从 0.39% 升至 5.10%，太阳能光伏发电从 0.03% 升至 2.90%。传统的火力发电逐渐减少，可再生能源发电占比逐渐增多。1990—2017 年澳大利亚分类发电量及占比如表 6-12、图 6-12 所示。

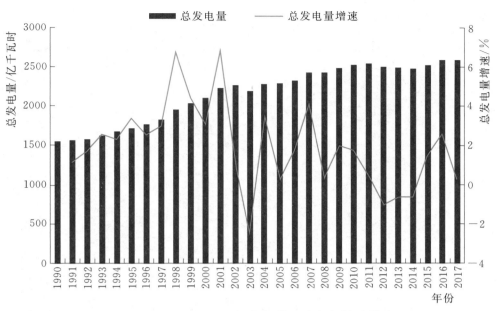

图 6-11 1990—2017 年澳大利亚总发电量及增速

表 6-12 1990—2017 年澳大利亚分类发电量及占比

年 份		1990	1991	1992	1993	1994	1995	1996
水电	发电量/亿千瓦时	148.8	161.0	157.7	169.5	166.5	162.4	157.3
	占比/%	9.60	10.30	9.90	10.40	9.90	9.40	8.90
火电	发电量/亿千瓦时	1393.9	1399.5	1431.1	1460.2	1501.3	1561.7	1609.1
	占比/%	89.90	89.20	89.70	89.20	89.60	90.20	90.60
地热能发电	发电量/亿千瓦时	0	0	0	0	0	0	0
	占比/%	0	0	0	0	0	0	0
风电	发电量/亿千瓦时	0	0	0	0	0	0.1	0.1
	占比/%	0	0	0	0	0	0	0
光伏发电	发电量/亿千瓦时	0	0	0	0.1	0.1	0.2	0.2
	占比/%	0	0	0	0	0	0	0
生物燃料发电	发电量/亿千瓦时	7.5	7.7	6.7	6.7	6.7	7.2	9.3
	占比/%	0.50	0.50	0.40	0.40	0.40	0.40	0.50
年 份		1997	1998	1999	2000	2001	2002	2003
水电	发电量/亿千瓦时	168.5	157.3	165.6	167.2	169.3	160.5	164.9
	占比/%	9.20	8.10	8.10	8.00	7.50	7.10	7.50
火电	发电量/亿千瓦时	1650.9	1785.7	1862.3	1922.7	2061.0	2095.0	2019.7
	占比/%	90.20	91.40	91.30	91.50	91.80	92.10	91.50
地热能发电	发电量/亿千瓦时	0	0	0	0	0	0	0
	占比/%	0	0	0	0	0	0	0
风电	发电量/亿千瓦时	0.1	0.1	0.3	0.6	2.1	3.6	7.0
	占比/%	0	0	0	0	0.10	0.20	0.30
光伏发电	发电量/亿千瓦时	0.2	0.3	0.3	0.4	0.4	0.5	0.6
	占比/%	0	0	0	0	0	0	0
生物燃料发电	发电量/亿千瓦时	9.7	10.3	11.3	11.3	13.5	15.8	15.8
	占比/%	0.50	0.50	0.60	0.50	0.60	0.70	0.70

年　份		2004	2005	2006	2007	2008	2009	2010
水电	发电量/亿千瓦时	163.3	156.1	160.3	145.2	120.6	118.7	135.5
	占比/%	7.10	6.80	6.90	6.00	5.00	4.80	5.40
火电	发电量/亿千瓦时	2095.3	2082.4	2110.9	2219.7	2233.5	2294.9	2308.9
	占比/%	91.70	91.10	90.70	91.30	91.80	92.50	91.40
地热能发电	发电量/亿千瓦时	0	0	0	0	0	0	0
	占比/%	0	0	0	0	0	0	0
风电	发电量/亿千瓦时	7.1	8.9	17.1	26.1	30.9	38.2	50.5
	占比/%	0.30	0.40	0.70	1.10	1.30	1.50	2.00
光伏发电	发电量/亿千瓦时	0.7	0.8	0.9	1.1	1.2	1.6	4.2
	占比/%	0	0	0	0	0.10	0.10	0.20
生物燃料发电	发电量/亿千瓦时	18.0	38.3	39.1	39.5	46.0	28.2	27.8
	占比/%	0.80	1.70	1.70	1.60	1.90	1.10	1.10
年　份		2011	2012	2013	2014	2015	2016	2017
水电	发电量/亿千瓦时	168.1	140.8	182.7	184.2	134.5	178.0	137.0
	占比/%	6.60	5.60	7.30	7.40	5.30	6.90	5.30
火电	发电量/亿千瓦时	2274.3	2245.1	2165.1	2112.6	2178.7	2172.0	2203.0
	占比/%	89.60	89.40	86.70	85.10	86.30	83.70	84.90
地热能发电	发电量/亿千瓦时	0	0	0	0	0	2.0	2.0
	占比/%	0	0	0	0	0	0.10	0.10
风电	发电量/亿千瓦时	60.9	69.7	79.6	102.5	114.7	128.2	132.4
	占比/%	2.40	2.80	3.20	4.10	4.50	4.90	5.10
光伏发电	发电量/亿千瓦时	15.3	25.6	38.2	48.5	59.6	72.4	75.3
	占比/%	0.60	1.00	1.50	2.00	2.40	2.80	2.90
生物燃料发电	发电量/亿千瓦时	21.0	30.4	31.5	35.1	36.1	40.4	44.3
	占比/%	0.80	1.20	1.30	1.40	1.40	1.60	1.70

数据来源：国际能源署；联合国统计司。

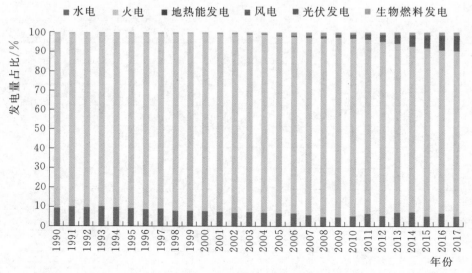

图 6-12　1990—2017 年澳大利亚分类发电量占比

（四）电网建设规模

澳大利亚国家电力市场于 1998 年 12 月 13 日投入运行。涵盖了昆士兰、新南威尔士、澳大利亚首都地区、维多利亚、南澳和塔斯马尼亚 6 个行政区域，仅西澳和北部特区尚未加入国家电力市场。澳洲国家电力市场（NEM）中有 200 多家大型发电企业、5 个州的输电网和 14 个主要配电网，为 900 余万用户提供电力服务，约占全国总电量的 89％。

澳洲国家电力市场（NEM）分为电力批发市场和电力金融市场。电力批发市场采取电力库（Pool）模式，澳大利亚能源市场运营机构（AEMO）负责集中调度和交易，受 AEMO 调度的机组，所有电能交易都要通过 AEMO 的集中交易平台进行交易，AEMO 每半小时公布一次电力市场现货价格。市场的主要购电方是零售商，终端用户也可直接从中购电，这种情况比较少见。2011—2012 年，澳大利亚国家电力市场的交易电量约 1830 亿千瓦时，成交额为 57 亿澳元。

澳大利亚共有三个州正在进行电网储能设施项目的招标，2017 年 6 月 14 日举办的澳大利亚储能产业大会的主题演讲，彭博新能源财经的 AliAsghar 介绍了澳大利亚电网级储能项目的商业运营现状。持续下跌的电池价格为新型储能应用带来了机遇——锂离子电池的成本自 2010 年来已经降低了 73％，预计到 2030 年还将进一步降低 75％，主要受益于锂离子电池的产量将伴随电动汽车的兴起而激增。每次电池价格下跌，会让更多的电池应用在经济上更具可行性，电网级储能项目就是最新的受益者。

二、电力消费形势分析

（一）总用电量

1990—2002 年澳大利亚的电力消耗量持续增加，2003 年出现小幅度减少，2004 年恢复增长。2011—2015 年，澳大利亚总用电量基本保持平稳不变。1990—2015 年澳大利亚总用电量及增速如表 6-13、图 6-13 所示。

表 6-13　　　　　　　　　　　1990—2015 年澳大利亚总用电量及增速

年　份	1990	1991	1992	1993	1994	1995	1996	1997	1998
总用电量/亿千瓦时	1292.1	1317.2	1329.5	1368.7	1405.8	1448.8	1489.6	1538.7	1631.8
增速/％	—	1.94	0.94	2.95	2.71	3.06	2.82	3.30	6.05
年　份	1999	2000	2001	2002	2003	2004	2005	2006	2007
总用电量/亿千瓦时	1685.1	1727.5	1804.0	1911.2	1849.4	1893.2	1892.3	1926.3	2015.6
增速/％	3.26	2.52	4.43	5.94	−3.23	2.37	−0.05	1.80	4.64
年　份	2008	2009	2010	2011	2012	2013	2014	2015	
总用电量/亿千瓦时	2023.6	2064.9	2100.0	2122.4	2099.2	2101.8	2080.5	2113.2	
增速/％	0.40	2.04	1.70	1.06	−1.09	0.13	−1.01	1.57	

数据来源：国际能源署；联合国统计司。

（二）分部门用电量

2015 年澳大利亚分行业用电量构成中，工业用电量占比最大为 45％。通过能源结构的调整，工业用电量逐渐下降。1990—2015 年澳大利亚分部门用电量及占比如表 6-14、图 6-14 所示。

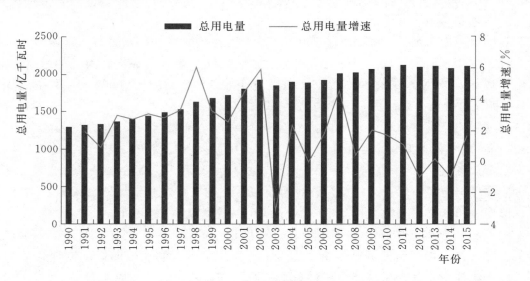

图6-13 1990—2015年澳大利亚总用电量及增速

表6-14　　　　　　　　　　**1990—2015年澳大利亚分部门用电量及占比**

年 份		1990	1991	1992	1993	1994	1995	1996
工业	用电量/亿千瓦时	591.84	594.81	601.68	620.99	645.93	651.03	656.89
	占比/%	45.80	45.16	45.25	45.37	45.95	44.94	44.10
交通运输	用电量/亿千瓦时	18.08	18.28	18.78	18.90	19.32	19.86	20.64
	占比/%	1.40	1.39	1.41	1.38	1.37	1.37	1.39
居民生活	用电量/亿千瓦时	385.42	392.49	393.18	406.42	405.62	421.63	432.03
	占比/%	29.83	29.80	29.57	29.69	28.85	29.10	29.00
商业和服务业	用电量/亿千瓦时	273.08	286.63	290.07	297.98	307.89	330.28	353.69
	占比/%	21.13	21.76	21.82	21.77	21.90	22.80	23.74
农业	用电量/亿千瓦时	23.72	24.95	25.83	24.45	27.02	25.99	26.34
	占比/%	1.84	1.89	1.94	1.79	1.92	1.79	1.77
年 份		1997	1998	1999	2000	2001	2002	2003
工业	用电量/亿千瓦时	672.99	731.53	757.10	770.27	844.18	877.03	721.21
	占比/%	43.74	44.83	44.93	44.59	46.80	45.89	39.00
交通运输	用电量/亿千瓦时	21.33	21.81	22.69	23.35	24.25	21.74	33.90
	占比/%	1.39	1.34	1.35	1.35	1.34	1.14	1.83
居民生活	用电量/亿千瓦时	447.76	461.84	473.19	487.64	495.97	512.50	534.58
	占比/%	29.10	28.30	28.08	28.23	27.49	26.82	28.91
商业和服务业	用电量/亿千瓦时	369.79	389.13	403.81	417.40	410.44	483.35	532.27
	占比/%	24.03	23.85	23.96	24.16	22.75	25.29	28.78
农业	用电量/亿千瓦时	26.84	27.53	28.27	28.83	29.14	16.55	7.40
	占比/%	1.74	1.69	1.68	1.67	1.62	0.87	0.40

续表

年 份		2004	2005	2006	2007	2008	2009	2010
工业	用电量/亿千瓦时	730.64	740.60	756.60	789.17	782.03	787.08	821.03
	占比/%	38.59	39.14	39.28	39.15	38.65	38.12	39.10
交通运输	用电量/亿千瓦时	35.31	34.56	36.89	38.53	40.35	42.52	36.69
	占比/%	1.87	1.83	1.92	1.91	1.99	2.06	1.75
居民生活	用电量/亿千瓦时	555.22	548.44	556.73	573.81	580.88	600.59	606.56
	占比/%	29.33	28.98	28.90	28.47	28.70	29.09	28.88
商业和服务业	用电量/亿千瓦时	545.37	544.73	551.07	588.43	595.14	611.61	611.00
	占比/%	28.81	28.79	28.61	29.19	29.41	29.62	29.09
农业	用电量/亿千瓦时	26.63	23.95	24.99	25.63	25.22	23.10	23.35
	农业占比/%	1.41	1.27	1.30	1.27	1.25	1.12	1.11

年 份		2011	2012	2013	2014	2015
工业	用电量/亿千瓦时	815.02	800.16	796.45	794.83	768.94
	占比/%	38.40	38.12	37.89	38.20	36.39
交通运输	用电量/亿千瓦时	38.35	40.71	47.74	47.70	54.72
	占比/%	1.81	1.94	2.27	2.29	2.59
居民生活	用电量/亿千瓦时	625.37	614.72	605.38	580.31	592.73
	占比/%	29.47	29.28	28.80	27.89	28.05
商业和服务业	用电量/亿千瓦时	614.53	609.71	629.99	633.10	671.26
	占比/%	28.95	29.05	29.97	30.43	31.77
农业	用电量/亿千瓦时	22.33	23.21	22.24	24.61	25.53
	占比/%	1.05	1.11	1.06	1.18	1.21

数据来源：国际能源署；联合国统计司。

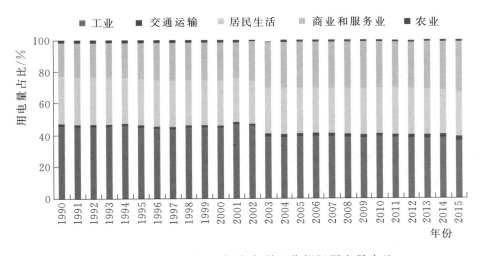

图 6-14 1990—2015 年澳大利亚分部门用电量占比

三、电力供需平衡分析

澳大利亚是发达国家之一，发电装机容量、发电量均处于世界前列，电力供应充足，无进出口电量，电力供应可以满足需求。电力需求比较稳定，2009—2015 年保持在 2500 亿千瓦时左右，电力供应基本可以满足需求。1990—2015 年澳大利亚发电量与用电量对比如表 6-15、图 6-15 所示。

表 6-15　　　　　　　　1990—2015 年澳大利亚发电量与用电量对比　　　　单位：亿千瓦时

年　份	1990	1991	1992	1993	1994	1995	1996	1997	1998
发电量	1550.19	1568.18	1595.45	1636.5	1674.63	1731.59	1775.98	1829.39	1953.69
用电量	1292.14	1317.16	1329.54	1368.74	1405.78	1448.79	1489.59	1538.71	1631.84
年　份	1999	2000	2001	2002	2003	2004	2005	2006	2007
发电量	2039.87	2102.24	2246.35	2275.55	2208.02	2284.34	2286.5	2328.3	2431.57
用电量	1685.06	1727.49	1803.98	1911.17	1849.36	1893.17	1892.28	1926.28	2015.57
年　份	2008	2009	2010	2011	2012	2013	2014	2015	
发电量	2432.21	2481.62	2526.97	2539.58	2511.65	2497.2	2482.98	2523.6	
用电量	2023.62	2064.90	2100.05	2122.37	2099.17	2101.80	2080.55	2113.18	

数据来源：国际能源署；联合国统计司。

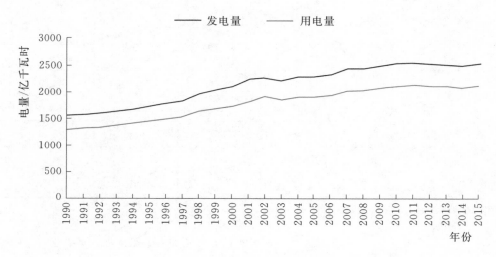

图 6-15　1990—2015 年澳大利亚发电量与用电量对比

四、电力相关政策

（一）电力投资相关政策

1. 火电政策

煤炭发电是澳大利亚最大的发电来源。2000 年，煤电发电量占比一度达到 82%。随着天然气、可再生能源发电的发展，煤炭占比总体呈下降趋势，2014—2015 年达到 63%。澳大利亚采取的主要政策是煤炭紧缩政策。

2010 年，澳大利亚宣布在 2035 年前关闭所有的燃煤电厂，在 2030 年前将污染排放较 2005 年减少 26%。

2013 年 7 月，澳大利亚开征碳税，减少碳的排放量。

2. 核电政策

澳大利亚赋予核能利用以较高的战略重要性，不立即利用核能，而是把核能作为一种后备技术，同时追踪国际上的新发展。

2016年6月，澳大利亚核科学技术组织签署了第四代核能系统国际论坛（GIF）章程，澳大利亚成为第14个成员。澳大利亚没有自己的核电项目，加入国际论坛使它能够积极参与第四代系统相关的研发项目。

3. 可再生能源政策

为降低对化石燃料的严重依赖，2001年起，澳大利亚政府引入立法机制，制定可再生能源目标计划，实施可再生能源发展配额制，鼓励可再生能源在发电领域的发展，并制定了到2020年年底，可再生能源发电量占全国总发电量20%的发展目标。

2001年4月，澳大利亚出台了《强制性可再生能源目标》，旨在到2010年，在每年的总发电量中，可再生能源发电达到95亿千瓦时，占全国总发电量的12%。

2009年，澳大利亚再次通过立法，明确了自2010年起执行新的可再生能源目标计划，确定了到2020年年增450亿千瓦时、20%的电力供应来自可再生能源的目标。

2010年6月，澳大利亚对可再生能源目标进行了修正，2010年《可再生能源法修正案》将目标分为大规模可再生能源目标和小规模可再生能源目标两部分。

（1）光伏发电政策。相对于欧洲等国家，澳大利亚的光伏市场还处于尚未正式启动的阶段，属于新兴的光伏发电市场。2010年，澳大利亚光伏发电市场出现爆发式增长。澳大利亚对太阳能发电处于政府补贴状态。

2000年，澳大利亚政府出台了太阳能扶植方案，包括投资1.5亿澳元用于家庭和社区光伏系统补贴计划。该计划为家庭安装光伏发电和热水系统的同时，对1～1.5千瓦的光伏发电系统提供最高8000澳元的补贴，大幅提升了光伏发电系统的普及率。

2007年，澳大利亚政府启动了偏远地区可再生发电计划，为太阳能发电系统提供50%的成本补贴。澳大利亚政府还投资15亿澳元用于"太阳能旗舰项目"，支持发电量为1000万兆瓦的电力设施网建设和大型发电站的示范项目。

2009年3月，澳大利亚政府启动第一阶段的针对居民生活和商业楼宇的可再生能源电力强制购电法案，同年7月启动第二阶段强制购电法案，主要针对太阳能发电和风力发电项目。

2010年，澳大利亚对光伏上网电价补贴法案提出了修订计划，该计划除了规定总价化发电装机容量要达到240兆瓦以外，还包括大规模、中等规模以及小规模发电项目。

（2）风电政策。风电是澳洲第二大再生能源，提供了1/4的清洁能源，满足能源总需求的4%。风电产业主要依赖政府批准的可再生能源执照获得补贴，以抵消开支。

2010年，澳大利亚开始建设"肯尼迪能源园"项目。随着项目的开发建设，澳大利亚通过可再生能源基本满足其能源需求的50%。

2015年12月，澳洲环境部长亨特向澳洲太阳能巨头发出新的通知，解除阿博特之前对政府使用可再生能源资金来投资风电项目所实施的禁令。

（3）水电政策。澳大利亚可再生能源研究机构绿色能源市场（Green Energy Markets）2017年发布的首份澳大利亚可再生能源指数调查报告显示，2007年，可再生能源的发电量只占澳大利亚发电量的7%，2017年6月已提高到17.2%。2016—2017年，澳大利亚可再生能源产业的发电量可满足澳大利亚70%家庭的用电需求。

澳洲可再生能源最主要的来源是水力发电、风力发电和屋顶光伏发电，但光伏电站发电占比少于2%。澳大利亚存在众多大型光伏电站在建项目，预示这一可再生能源产业的分支将成为该产业的最佳选项。

（二）电力市场相关政策

1. 电力市场结构

澳大利亚电力系统分为东南部、西部和北部三个电网，它们之间相距上千公里，没有输电线路连接。东南部电网覆盖五个行政州和一个首都特区，南北跨度达5000公里。澳大利亚国家电力市场是指东南部电网的电力市场，按行政州划分为五个电价区，首都特区包含在新南威尔士州价区内，该市场用电量约占全国的85％，是澳大利亚最主要的电力市场。另外，澳大利亚西部的西澳州电网设有一个独立的电力市场。

2. 售电与电价情况

澳大利亚电力零售市场与实时市场、金融市场同时开放，开放路径有所差别。零售市场最初由中央政府设计整体开放方案：先开放大用户，后开放小用户，允许新售电公司进入市场，具体开放进程由每个州自己决定。

售电公司数量逐渐增加，政府逐步取消了价格的管制，将零售市场完全放开，用户和售电公司可以根据自身需要签订购、售电合同。90％的用户所在地都已经完全放开电力零售价格，用户和售电公司都可以自由选择交易对象。

最新研究表明，澳大利亚的电费为世界最贵。南澳47.13分/千瓦时的电费排在世界首位，新洲的电费价格为39.1分/千瓦时，昆州和维州的电费处在34.7～35.7分/千瓦时的区域，均超过了大部分欧洲发达国家。

第三节　电力与经济关系分析

一、电力消费与经济发展相关关系

（一）总用电量增速与 GDP 增速

1991年开始，澳大利亚的总用电量与经济总量均持续上升。2012—2014年澳大利亚的经济总量有所下降，总用电量保持稳定趋势。总用电量与国民经济总量的变化趋势大致相同。

1991—2015年澳大利亚总用电量增速与GDP增速如图6-16所示。

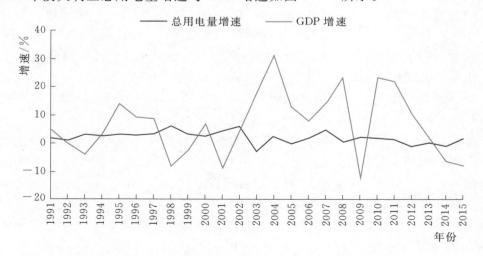

图 6-16　1991—2015 年澳大利亚总用电量增速与 GDP 增速

（二）电力消费弹性系数

1992年澳大利亚的电力消费弹性系数最低为-8.15，1994—1997年保持正数，在1998年、1999

年、2001 年、2003 年、2009 年、2012 年、2015 年出现负值。2003—2015 年波动较小。1991—2015 年澳大利亚电力消费弹性系数如表 6-16、图 6-17 所示。

表 6-16　　　　　　　　　　1991—2015 年澳大利亚电力消费弹性系数

年　份	1991	1992	1993	1994	1995	1996	1997	1998
电力消费弹性系数	0.41	−8.15	−0.72	0.78	0.22	0.31	0.39	−0.73
年　份	1999	2000	2001	2002	2003	2004	2005	2006
电力消费弹性系数	−1.23	0.37	−0.50	1.43	−0.18	0.08	0.00	0.23
年　份	2007	2008	2009	2010	2011	2012	2013	2014	2015
电力消费弹性系数	0.33	0.02	−0.17	0.07	0.05	−0.10	0.07	0.15	−0.20

数据来源：国际能源署；联合国统计司。

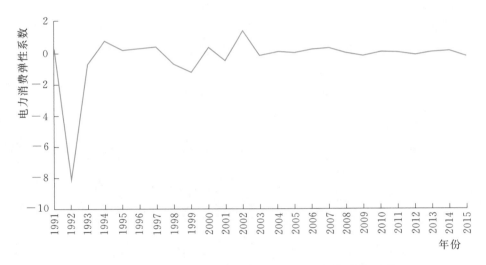

图 6-17　1991—2015 年澳大利亚电力消费弹性系数

（三）单位产值电耗

1990—1994 年，澳大利亚单位产值电耗变化较平稳维持在 0.40 千瓦时/美元左右，1995—2003 年波动式变化，2002 年达到最高值 0.48 千瓦时/美元，2004—2008 年，单位产值电耗持续下降。2009 有回升，2010—2014 年澳大利亚的单位产值电耗继续下降。1990—2015 年澳大利亚单位产值电耗如表 6-17、图 6-18 所示。

表 6-17　　　　　　　　　　1990—2015 年澳大利亚单位产值电耗　　　　　　　　　单位：千瓦时/美元

年　份	1990	1991	1992	1993	1994	1995	1996	1997	1998
单位产值电耗	0.41	0.40	0.41	0.44	0.43	0.39	0.37	0.35	0.41
年　份	1999	2000	2001	2002	2003	2004	2005	2006	2007
单位产值电耗	0.43	0.42	0.48	0.48	0.40	0.31	0.27	0.26	0.24
年　份	2008	2009	2010	2011	2012	2013	2014	2015
单位产值电耗	0.19	0.22	0.18	0.15	0.14	0.13	0.14	0.16

数据来源：国际能源署；联合国统计司。

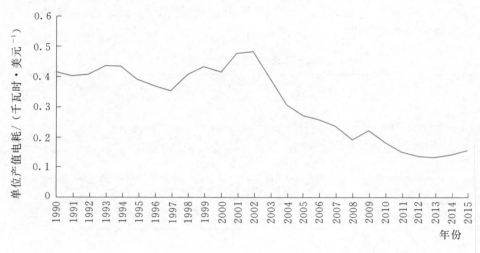

图 6-18 1990—2015 年澳大利亚单位产值电耗

（四）人均用电量

1990—2002 年，澳大利亚的人均用电量呈现上升趋势，2002 年达到最大 9745.89 千瓦时/人。受 2008 年经济危机的影响，2009 年澳大利亚人均 GDP 减少，人均用电量变化不明显。与全国 GDP 变化趋势基本保持一致。1990—2015 年澳大利亚人均用电量如表 6-18、图 6-19 所示。

表 6-18　　　　　　　　　　　　　　1990—2015 年澳大利亚人均用电量　　　　　　　　　　　　单位：千瓦时

年 份	1990	1991	1992	1993	1994	1995	1996	1997	1998
人均用电量	7525.57	7578.60	7571.41	7724.27	7857.91	7995.53	8126.51	8312.86	8721.75
年 份	1999	2000	2001	2002	2003	2004	2005	2006	2007
人均用电量	8906.24	9025.55	9303.66	9745.89	9326.07	9442.24	9316.99	9337.28	9588.82
年 份	2008	2009	2010	2011	2012	2013	2014	2015	
人均用电量	9420.95	9441.70	9472.49	9424.38	9158.68	9016.73	8819.63	8852.87	

数据来源：世界银行；国际能源署。

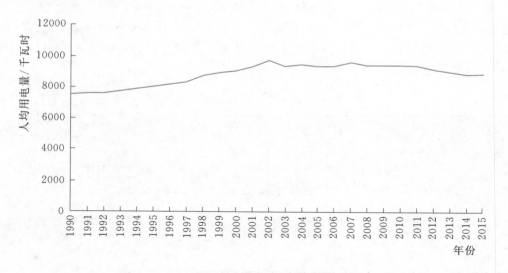

图 6-19 1990—2015 年澳大利亚人均用电量

二、工业用电与工业经济增长相关关系

（一）工业用电量同比增速与工业增加值增速

1990—2001 年澳大利亚的工业用电量与工业增加值均呈现上升状态。2003 年澳大利亚的工业用电量减少至最低点 721.21 亿千瓦时。2003—2008 年保持平稳上升状态。受 2008 年经济危机的影响，2009 年澳大利亚的工业增加值减少至 2679.51 亿美元。2009—2012 年工业增加值保持上升。2012—2014 年澳大利亚的工业增加值下降，与整体的国民经济总量的变化趋势一致。1991—2015 年澳大利亚工业用电量增速与工业增加值增速如图 6-20 所示。

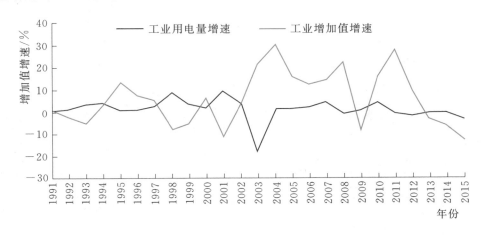

图 6-20 1991—2015 年澳大利亚工业用电量增速与工业增加值增速

澳大利亚全国工业单位产值电耗在 1990—1994 年保持上升趋势，1995—1997 年下降。1997 年达到最低水平为 0.56。在 2001 年、2002 年两年间达到最高水平为 0.86。2003—2015 年澳大利亚工业单位产值电耗继续降低。

（二）工业电力消费弹性系数

1991—1993 年澳大利亚的电力消费弹性系数下降，1994 年反弹达到 1.29。1994—1997 年处于波动状态，1998 年达到最低值 -1.09。2001 年、2003 年、2008 年、2009 年、2011 年出现澳大利亚工业电力消费弹性系数出现负数。1991—2015 年澳大利亚工业电力消费弹性系数如表 6-19、图 6-21 所示。

表 6-19   **1991—2015 年澳大利亚工业电力消费弹性系数**

年 份	1991	1992	1993	1994	1995	1996	1997	1998
工业电力消费弹性系数	0.49	-0.48	-0.63	1.29	0.06	0.13	0.48	-1.09
年 份	1999	2000	2001	2002	2003	2004	2005	2006
工业电力消费弹性系数	-0.64	0.27	-0.83	1.16	-0.84	0.04	0.09	0.18
年 份	2007	2008	2009	2010	2011	2012	2013	2014	2015
工业电力消费弹性系数	0.30	-0.04	-0.08	0.28	-0.03	-0.19	0.15	0.03	0.25

资料来源：世界银行；国际能源署。

（三）工业单位产值电耗

2000—2015 年澳大利亚的工业产值电耗持续下降，与电力产值电耗的变化大体一致。1990—2015 年澳大利亚工业单位产值电耗如表 6-20、图 6-22 所示。

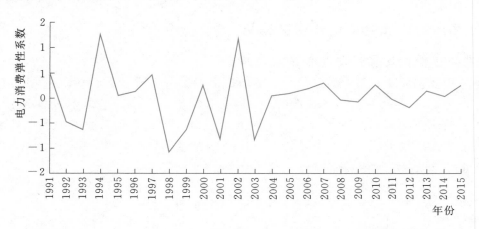

图 6-21　1991—2015 年澳大利亚工业电力消费弹性系数

表 6-20 　1990—2015 年澳大利亚工业单位产值电耗　　单位：千瓦时/美元

年　份	1990	1991	1992	1993	1994	1995	1996	1997	1998
工业单位产值电耗	0.61	0.60	0.63	0.68	0.69	0.61	0.57	0.56	0.66
年　份	1999	2000	2001	2002	2003	2004	2005	2006	2007
工业单位产值电耗	0.72	0.69	0.86	0.86	0.59	0.45	0.40	0.36	0.33
年　份	2008	2009	2010	2011	2012	2013	2014	2015	
工业单位产值电耗	0.27	0.29	0.27	0.20	0.18	0.19	0.20	0.22	

资料来源：世界银行；国际能源署。

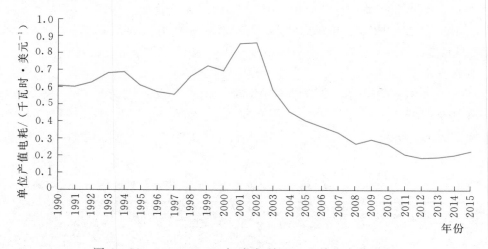

图 6-22　1990—2015 年澳大利亚工业单位产值电耗

三、服务业用电与服务业经济增长相关关系

（一）服务业用电量增速与服务业增加值增速

1990—2001 年澳大利亚的服务业用电量与服务业增加值均呈现上升状态。2003 年澳大利亚的服务业用电量减少至最低点 410.44 亿千瓦时，2003—2008 年保持平稳上升状态。受 2008 年经济危机的影响，2009 年澳大利亚的服务业增加值减少至 6360 亿美元。2009—2012 年服务业增加值保持上升。2012—2014 年澳大利亚的服务业增加值下降，与整体的国民经济总量的变化趋势一致。1991—2015 年澳大利亚服务业用电量增速与工业增加值增速如图 6-23 所示。

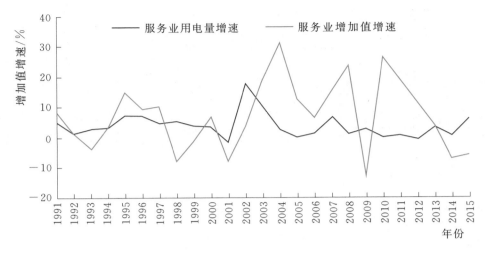

图 6-23 1991—2015 年澳大利亚服务业用电量增速与工业增加值增速

（二）服务业电力消费弹性系数

1991—2015 年澳大利亚的服务业电力消费弹性系数处于波动状态。服务业用电量增速与服务业增加值增速之间的规律性较弱。1991—2015 年澳大利亚服务业电力消费弹性系数如表 6-21、图 6-24 所示。

表 6-21　　　　　　　1991—2015 年澳大利亚服务业电力消费弹性系数

年　份	1991	1992	1993	1994	1995	1996	1997	1998
服务业电力消费弹性系数	10.08	1.79	0.71	0.77	1.61	1.92	0.91	1.28
年　份	1999	2000	2001	2002	2003	2004	2005	2006
服务业电力消费弹性系数	0.66	0.84	−0.52	4.51	3.50	0.54	−0.03	0.36
年　份	2007	2008	2009	2010	2011	2012	2013	2014	2015
服务业电力消费弹性系数	1.60	0.31	1.38	−0.05	0.23	−0.24	1.24	0.21	2.19

资料来源：世界银行；国际能源署。

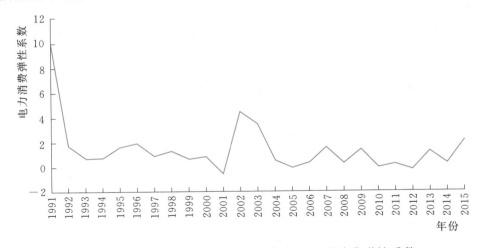

图 6-24 1991—2015 年澳大利亚服务业电力消费弹性系数

（三）服务业单位产值电耗

2003—2008 年澳大利亚的服务业单位产值电耗持续保持降低趋势，2009—2012 年逐年降低，2012—2014 年维持 0.06 不变。1990—2015 年澳大利亚服务业单位产值电耗如表 6-22、图 6-25 所示。

表6-22　　　　　　　　　1990—2015年澳大利亚服务业单位产值电耗　　　　　　单位：千瓦时/美元

年　份	1990	1991	1992	1993	1994	1995	1996	1997	1998
服务业单位产值电耗	0.14	0.13	0.13	0.14	0.14	0.13	0.13	0.12	0.14
年　份	1999	2000	2001	2002	2003	2004	2005	2006	2007
服务业单位产值电耗	0.15	0.14	0.15	0.18	0.16	0.13	0.11	0.11	0.10
年　份	2008	2009	2010	2011	2012	2013	2014	2015	
服务业单位产值电耗	0.08	0.10	0.08	0.06	0.06	0.06	0.06	0.07	

资料来源：世界银行；国际能源署。

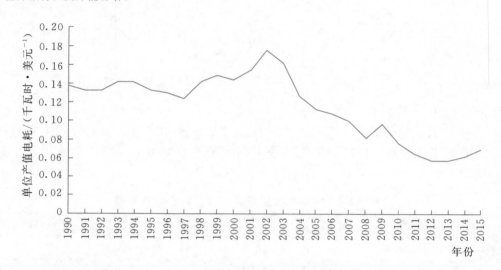

图6-25　1990—2015年澳大利亚服务业单位产值电耗

第四节　电力与经济发展展望

一、经济发展展望

澳洲联储认为2017年失业率降低，劳动力市场继续增强，前瞻性指标预示着劳动力增长将保持稳健，劳动力市场的复苏将带动澳洲经济的发展，通货膨胀也将进一步出现回升，澳洲联储预测澳大利亚2017年后的几年间GDP将维持在3％左右。

澳洲联储认为全球经济的复苏为澳洲经济发展提供了很好的外部条件。维持低利率减轻了物价、生产和就业前景的压力，使得澳洲经济得以稳固的发展。

澳洲联储表示澳洲的经济结构转变已经取得了明显的成效，对矿产资源的依赖逐步下降，非矿业的投资进一步增强，基础设施投资增长也一定程度上促进了澳洲经济的发展。澳洲联储对经济前景表示乐观，认为经济将延续前三季度的增长态势。澳联储表示预计澳大利亚贸易条件指数将继续下跌，仍在较高水平。

二、电力发展展望

（一）电力需求展望

澳大利亚电力需求下滑这一现象使得澳洲电力市场供过于求已经达到一个临界点，未来3～4年，这种现象还将持续。过剩的电力即使到 10 年后，都不能全部为澳大利亚市场所用。

澳大利亚能源市场运营商的最新预测表明，电力供应过剩会给电价施加压力，除非煤价或者汽油价格攀升。澳大利亚在发电机组上的投入多达数十亿美元，约有 20％的装机容量过剩。

受澳大利亚汽车制造公司和铝炼厂相继关闭的影响，工业电力需求下跌，截至 2017 年，澳大利亚电力需求都处在低谷。2018 年以后澳大利亚电力需求预计会逐渐增加。

（二）电力发展规划与展望

1. 火电发展展望

根据国际能源署要求，澳大利亚需要在 2035 年前关闭几乎所有的燃煤电厂。澳大利亚政府近期公布的预测报告，澳大利亚目前的碳排放趋势表明，现行政策将导致到 2030 年污染排放进一步增加。到 2040 年，老化的煤炭和燃气电厂将逐步淡出澳大利亚，取而代之的是成本更低的风电和太阳能发电，占比约为 59％。

2. 风电发展展望

澳大利亚的风电是可再生能源中的重要部分，2016 年至今风电的发电成本与 2011 年相比大幅减少，新建风风场在价格上已经优于新建燃煤或者燃气电厂，但与经营多年的传统发电企业相比，不具备价格竞争力，现阶段仍然需要政策扶持。

3. 太阳能发电发展展望

澳大利亚光照资源排名世界第一，预计截至 2050 年，太阳能发电将满足澳大利亚 29％的用电需求。在政策及各种市场趋势的驱动下，澳大利亚清洁能源迎来巨大发展契机。

2040 年之前，太阳能装机容量将会上涨到现在水平的十倍。太阳能将成为澳大利亚的主要电源，包括 3300 万屋顶光伏电站和 270 万千瓦的大规模光伏电站。

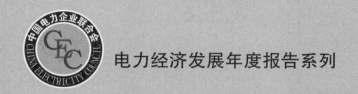

电力经济发展年度报告系列

2018

全球典型国家电力经济发展报告（三）

——金砖国家

中国电力企业联合会　编

中国水利水电出版社

www.waterpub.com.cn

·北京·

内 容 提 要

《电力经济发展年度报告系列·全球典型国家电力经济发展报告 2018》通过对全球电力供需和经济发展形势进行分析，结合环境需求、电力发展趋势及电力行业政策导向，对全球电力和经济未来发展进行展望；并将典型发达国家、金砖国家和"一带一路"典型国家的电力与经济状况及特点进行了整体的梳理与分析。

本报告可供与电力相关的政府部门、研究机构、企业、海内外投资机构、图书情报机构、高等院校等参考使用。

图书在版编目（CIP）数据

全球典型国家电力经济发展报告. 2018. 三，金砖国家 / 中国电力企业联合会编. -- 北京 ： 中国水利水电出版社，2019.1
　　（电力经济发展年度报告系列）
　　ISBN 978-7-5170-7328-4

Ⅰ．①全… Ⅱ．①中… Ⅲ．①电力工业－工业发展－研究报告－世界－2018 Ⅳ．①F416.61

中国版本图书馆CIP数据核字(2019)第016426号

书　名	电力经济发展年度报告系列 **全球典型国家电力经济发展报告（三）2018——金砖国家** QUANQIU DIANXING GUOJIA DIANLI JINGJI FAZHAN BAOGAO (SAN) 2018——JINZHUAN GUOJIA
作　者	中国电力企业联合会 编
出版发行	中国水利水电出版社 （北京市海淀区玉渊潭南路1号D座　100038） 网址：www.waterpub.com.cn E-mail：sales@waterpub.com.cn 电话：(010) 68367658（营销中心）
经　售	北京科水图书销售中心（零售） 电话：(010) 88383994、63202643、68545874 全国各地新华书店和相关出版物销售网点
排　版	中国水利水电出版社微机排版中心
印　刷	北京博图彩色印刷有限公司
规　格	210mm×285mm　16开本　44.5印张（总）　1286千字（总）
版　次	2019年1月第1版　2019年1月第1次印刷
印　数	0001—1000册
总定价	**1800.00**元（全4册）

前　言

随着我国供给侧结构性改革的不断深化，国内电力投资及建设需求已经不能满足快速发展的供给能力，电力能源企业向全球扩张的意愿不断加强。同时，全球主要经济体逐步走出经济危机阴影，正全面复苏。在新的全球经济格局下，国际多边投资贸易格局正在酝酿调整，全球投资合作是备受各界关注的焦点。由于海外市场与国内市场存在差异、信息不对等，加上国内机构对全球电力经济形势研究项目较少，企业获取信息存在一定难度。

在这样的形势和背景下，编写了《电力经济发展年度报告系列·全球典型国家电力经济发展报告2018》。报告通过收集大量的国际能源数据和相关信息，对全球电力与经济情况进行梳理，综合分析各国电力与经济的发展趋势，为国内机构研究各国电力与经济情况提供信息支持，为国内企业对外投资提供借鉴参考。

《电力经济发展年度报告系列·全球典型国家电力经济发展报告2018》包括《全球综述》《发达国家》《金砖国家》《"一带一路"国家》四册。《全球综述》分册介绍全球电力经济发展概况，主要对全球电力供需形势和经济发展形势进行分析，并结合环境需求、电力发展新形势以及电力行业政策导向，对全球电力与经济未来发展趋势进行分析；并将典型发达国家、金砖国家、"一带一路"典型国家的电力与经济形势分别进行了整体的梳理与分析。《发达国家》分册以美国、日本、德国、英国、法国和澳大利亚为代表，《金砖国家》选取中国、印度、巴西、俄罗斯和南非金砖五国，《"一带一路"国家》分册以印度尼西亚、泰国、菲律宾、马来西亚、越南、缅甸、柬埔寨和老挝为代表，对这些国家的电力与经济发展形势进行研究，分析该国电力与经济的相关关系，并通过研究各国电力与经济政策导向，对各国电力与经济发展趋势进行展望。

本丛书由中国电力企业联合会牵头，电力发展研究院组织实施，中图环球能源科技有限公司和华北电力大学共同编写完成。中图环球能源科技有限公司负责丛书主体设计，《全球综述》分册和美国、巴西、马来西亚等3个国家的编写，华北电力大学负责其余国家的编写。报告的编写得到了中国电力企业联合会的大力支持以及中国电

力企业联合会专家们的精心指导，在此谨向他们表示衷心的感谢！

本书部分内容引用国际机构相关研究成果数据，内容观点不代表中国电力企业联合会立场。由于时间仓促，本报告难免存在不足和错误之处，恳请读者谅解并批评指正！

编者

2018 年 9 月

目 录

第一章

印　度

印度是南亚次大陆最大的国家。东北部同中国、尼泊尔、不丹接壤，孟加拉国夹在东北国土之间，东部与缅甸为邻，东南部与斯里兰卡隔海相望，西北部与巴基斯坦交界。东临孟加拉湾，西濒阿拉伯海，海岸线长5560千米。

印度资源丰富，有矿藏近100种，其中云母产量世界第一、煤和重晶石产量居世界第三。印度是世界第二人口大国，是金砖国家之一，其经济产业多元化，涵盖农业、手工艺、纺织以及服务业，其三分之二人口直接或间接依靠农业维生。

印度在软件、制药等产业领域已处在国际先进水平，金融服务体系非常完善，已成为全球软件、金融等服务业最重要的出口国，正在走向一条由贫穷落后国家向经济大国转变的道路。

第一节　经济发展与政策

一、经济发展状况

（一）经济发展及现状

印度经济保持高速增长，已成为最为耀眼的新型经济体之一。2014年莫迪就任印度总理以来，积极推动印度经济体制改革，围绕"印度制造""数字印度""季风计划""向东行动""环印工业走廊"等重大战略重构印度经济格局，以发掘新的经济增长点，降低长期居高不下的潜在失业率，缓解不断拉大的贫富差距，同时培育新的国际竞争力，使印度能够更加紧密地融入到全球产业链中，助力印度走出贫困。

印度的基础设施薄弱，是制约其经济发展的最大约束条件。印度政府提出，要大力新建铁路、公路、机场及港口码头等，改善印度基础设施水平。印度经济发展除面临基础设施薄弱等硬约束外，还受一些社会制度和管理制度方面软约束的制约，最典型的体现在税收、劳动、土地、外资等领域。

20世纪90年代印度实行经济改革，产业结构发生了变化。印度制造业发展薄弱，服务业发展迅速。截至2017年，印度农业、工业、服务业对GDP的贡献分别为17％、29％和54％，劳动力占比分别为49％、20％和31％。印度与发展阶段相似的其他国家相比，其工业部门占比明显落后，服务业占比基本与发达国家趋同。印度经济总量不大，人均收入偏低，贫困问题突出，依靠服务业难以将大量劳动力从农村转移出来，经济成果不能被更广泛的人群所共享。

(二) 主要经济指标分析

1. GDP 及增速

印度已成为最具竞争力的新兴经济体之一。2010—2017 年，GDP 增速基本保持在 5% 以上，2015 年达到 8% 的水平，2016 年印度经济受"废钞运动"的影响，增速有所放缓。1990—2017 年印度 GDP 及增速变化情况如表 1-1、图 1-1 所示。

表 1-1 1990—2017 年印度 GDP 及增速

年 份	1990	1991	1992	1993	1994	1995	1996
GDP/亿美元	3166.97	2665.02	2843.64	2755.7	3229.1	3554.76	3876.56
GDP 增速/%	5.53	1.06	5.48	4.75	6.66	7.57	7.55
年 份	1997	1998	1999	2000	2001	2002	2003
GDP/亿美元	4103.2	4157.31	4527	4621.47	4789.65	5080.69	5995.93
GDP 增速/%	4.05	6.18	8.85	3.84	4.82	3.80	7.86
年 份	2004	2005	2006	2007	2008	2009	2010
GDP/亿美元	6996.89	8089.01	9203.17	12011.12	11869.53	13239.4	16566.17
GDP 增速/%	7.92	9.28	9.26	9.80	3.89	8.48	10.26
年 份	2011	2012	2013	2014	2015	2016	2017
GDP/亿美元	18230.5	18276.38	18567.22	20353.93	21117.51	22635.23	25974.9
GDP 增速/%	6.64	5.46	6.39	7.51	8.01	7.11	6.62

数据来源：联合国统计司；国际货币基金组织；世界银行。

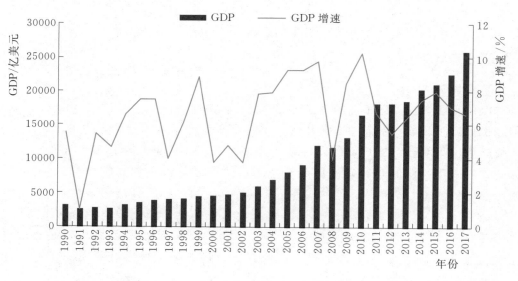

图 1-1 1990—2017 年印度 GDP 及增速

2. 人均 GDP 及增速

1990 年以来，印度人均 GDP 及其增速变化趋势与 GDP 及其增速大体一致。人均 GDP 增速从 1992 年的 3.39% 曲折上升到 2007 年的 8.15%，2008 年，受经济危机的影响，人均 GDP 从 2007 年的 1018.17 美元降至 2008 年的 991.48 美元，其增速降至 2.38%。2009 年，人均 GDP 迅速回升至 1090.32 美元，增速为 6.95%，到 2017 年人均 GDP 增速基本维持在 5% 以上。1990—2017 年印度人均 GDP 及增速如表 1-2、图 1-2 所示。

表 1-2   1990—2017 年印度人均 GDP 及增速

年 份	1990	1991	1992	1993	1994	1995	1996
人均 GDP/美元	363.96	300.1	313.86	298.22	342.72	370.1	396.01
增速/%	3.37	-0.98	3.39	2.71	4.60	5.53	5.53
年 份	1997	1998	1999	2000	2001	2002	2003
人均 GDP/美元	411.39	409.19	437.59	438.86	447.01	466.2	541.14
增速/%	2.12	4.24	6.89	2.02	3.02	2.06	6.09
年 份	2004	2005	2006	2007	2008	2009	2010
人均 GDP/美元	621.32	707.01	792.03	1018.17	991.48	1090.32	1345.77
增速/%	6.19	7.57	7.58	8.15	2.38	6.95	8.76
年 份	2011	2012	2013	2014	2015	2016	2017
人均 GDP/美元	1461.67	1446.99	1452.2	1573.12	1613.19	1709.39	1939.61
增速/%	5.25	4.13	5.10	6.23	6.76	5.88	5.43

数据来源：联合国统计司；国际货币基金组织；世界银行。

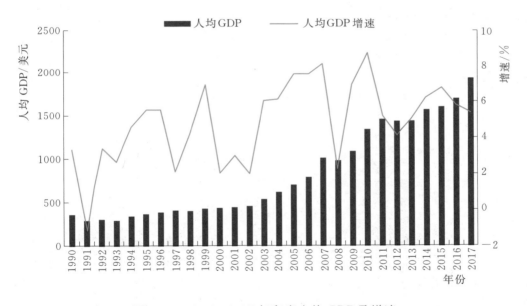

图 1-2   1990—2017 年印度人均 GDP 及增速

3. GDP 分部门结构

印度农业占 GDP 的比重不断下降。受季风气候等自然因素的影响，印度的农业发展具有很大的波动性。印度农业生产率低下，2012 年印度单位面积粮食产量为每公顷 1.7 吨，低于世界平均水平。封建土地关系的束缚、农业投资不足以及贸易政策对印度农业的限制，导致了印度农业发展滞后。

印度工业起步早于中国，20 世纪 90 年代在印度政府的大力扶植下快速发展，印度重化工业和机械制造业发展迟缓，以传统轻工业为主。

印度服务业发展迅速。2006 年达到 52.90%，2008 年受金融危机的影响，印度服务业占 GDP 的比重有所下降，随着 2012 年经济的好转，所占比重得到回升。1990—2017 年印度 GDP 分部门占比如表 1-3、图 1-3 所示。

表 1-3　　　　　　　　　　　　1990—2017 年印度 GDP 分部门占比　　　　　　　　　　　　%

年　份	1990	1991	1992	1993	1994	1995	1996
农业	29.00	29.40	28.70	28.70	28.30	26.30	27.10
工业	26.50	25.40	25.80	25.50	26.40	27.40	26.60
服务业	44.50	45.20	45.50	45.80	45.30	46.30	46.30
年　份	1997	1998	1999	2000	2001	2002	2003
农业	25.90	25.80	24.50	23.00	22.90	20.70	20.70
工业	26.40	25.70	25.20	26.00	25.10	26.20	26.00
服务业	47.70	48.50	50.00	50.80	51.80	53.00	53.20
年　份	2004	2005	2006	2007	2008	2009	2010
农业	19.00	18.80	18.30	18.90	18.40	18.40	18.90
工业	27.90	28.10	28.80	34.70	33.80	33.10	32.40
服务业	53.00	53.10	52.90	46.40	47.80	48.50	48.70
年　份	2011	2012	2013	2014	2015	2016	2017
农业	18.50	18.30	18.60	18.00	17.50	17.94	17.06
工业	32.50	31.70	30.80	30.10	29.60	29.29	28.89
服务业	49.00	50.00	50.60	51.80	53.00	52.77	54.04

数据来源：联合国统计司；国际货币基金组织；世界银行。

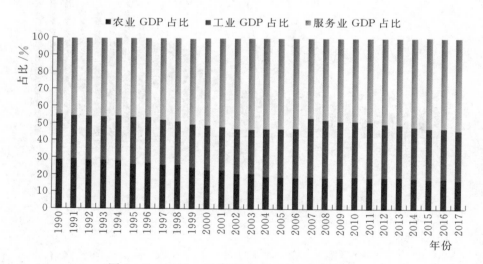

图 1-3　1990—2017 年印度 GDP 分部门占比

4. 工业增加值增速

印度工业发展缓慢，在 1991 年，工业增加值增速最低为 0.34%；1991 年后，工业增加值增速经历多次浮动，在 2006 年，印度工业增加值增速最大为 12.17%，此时正值印度工业飞速发展时期，2008 年经济危机以后，印度的制造业生产有所下滑，工业增加值由 2007 年的 9.67% 下降到 2008 年的 4.44%，2008 年以后，工业增加值增速基本在 4%～8% 间波动。1990—2017 年印度工业增加值增速如表 1-4、图 1-4 所示。

表 1－4 1990—2017 年印度工业增加值增速 ％

年 份	1990	1991	1992	1993	1994	1995	1996
工业增加值增速	7.33	0.34	3.22	5.50	9.16	11.29	6.39
年 份	1997	1998	1999	2000	2001	2002	2003
工业增加值增速	4.01	4.15	5.96	6.03	2.61	7.21	7.32
年 份	2004	2005	2006	2007	2008	2009	2010
工业增加值增速	9.81	9.72	12.17	9.67	4.44	9.16	7.55
年 份	2011	2012	2013	2014	2015	2016	2017
工业增加值增速	7.81	3.27	3.79	7.47	8.76	5.59	4.84

数据来源：联合国统计司；国际货币基金组织；世界银行。

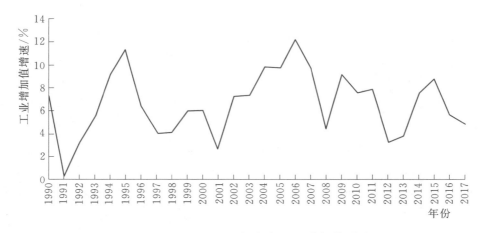

图 1－4 1990—2017 年印度工业增加值增速

5. 服务业增加值增速

印度服务业发展迅速，是其经济发展的重要组成部分。1990—2016 年印度服务业增加值增速基本保持在 6％以上。印度服务业领域涉及范围广泛，包括贸易、交通运输、通信、金融、房地产和商务服务等。1990—2016 年印度服务业增加值增速如表 1－5、图 1－5 所示。

表 1－5 1990—2016 年印度服务业增加值增速 ％

年 份	1990	1991	1992	1993	1994	1995	1996	1997	1998
服务业增加值增速	4.79	6.86	6.01	8.61	5.66	12.20	7.60	11.40	9.25
年 份	1999	2000	2001	2002	2003	2004	2005	2006	2007
服务业增加值增速	14.25	5.83	7.12	8.83	7.79	9.25	11.76	10.56	10.83
年 份	2008	2009	2010	2011	2012	2013	2014	2015	2016
服务业增加值增速	11.58	11.55	9.95	6.59	8.33	7.66	9.66	9.74	7.74

数据来源：联合国统计司；国际货币基金组织；世界银行。

6. CPI 涨幅

CPI 涨幅在 1991 年达到最高为 13.87％，物价变动在该年最大。进入 2015 年后，受国际油价下跌影响，印度消费者价格指数（CPI）持续走低，为印度进一步扩张经济、务实民生基础提供了保证。1990—2017 年印度 CPI 涨幅如表 1－6、图 1－6 所示。

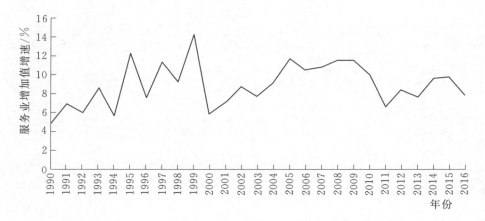

图 1-5　1990—2016 年印度服务业增加值增速

表 1-6 **1990—2017 年印度 CPI 涨幅** %

年　份	1990	1991	1992	1993	1994	1995	1996
CPI 涨幅	8.97	13.87	11.79	6.36	10.21	10.22	8.98
年　份	1997	1998	1999	2000	2001	2002	2003
CPI 涨幅	7.16	13.23	4.67	4.01	3.69	4.39	3.81
年　份	2004	2005	2006	2007	2008	2009	2010
CPI 涨幅	3.77	4.24	6.15	6.37	8.35	10.88	11.99
年　份	2011	2012	2013	2014	2015	2016	2017
CPI 涨幅	8.86	9.31	10.91	6.65	4.91	4.94	3.8

数据来源：联合国统计司；国际货币基金组织；世界银行。

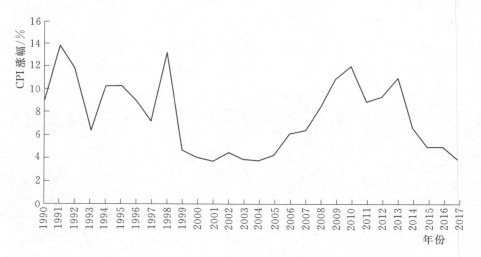

图 1-6　1990—2017 年印度 CPI 涨幅

7. 失业率

印度失业率居高不下，35 周岁以下人口超过 8 亿，占总人口比重约 66%，每年还将新增 1200 万适龄劳动力。1991—2016 年间，印度失业率一直在 4% 浮动，就业情况最不乐观的 2005 年为 4.40%，2005 年后失业率小幅下降，到 2017 年时失业率为 3.52%。1991—2017 年印度失业率如表 1-7、图 1-7 所示。

表 1-7   1991—2017 年印度失业率   %

年 份	1991	1992	1993	1994	1995	1996	1997	1998	1999
失业率	3.99	3.90	4.06	3.70	3.97	3.95	4.39	4.12	4.22
年 份	2000	2001	2002	2003	2004	2005	2006	2007	2008
失业率	4.31	3.78	4.32	3.93	3.89	4.40	4.33	3.72	4.15
年 份	2009	2010	2011	2012	2013	2014	2015	2016	2017
失业率	3.91	3.55	3.54	3.62	3.57	3.53	3.49	3.46	3.52

数据来源：联合国统计司；国际货币基金组织；世界银行。

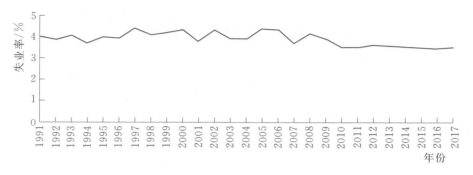

图 1-7   1991—2017 年印度失业率

8. 外国直接投资及增速

2014 年，印度政府一改以往对外商直接投资领域的限制，推动涉及国防、零售业、传媒、民航交通等多达 15 个领域的改革，吸引更多外商参与印度国内经济建设，丰富了融资渠道，改善了投资环境。

从 1993 年开始，外国直接投资增多，2006 年外国直接投资达 200.29 亿美元，较 2005 增长175.53%，2008 年外国直接投资达 434.06 亿美元，其同比增速为 72.06%，2012 年外国直接投资有所减少，2013—2016 年外国直接投资开始增加，2016 年达 444.59 亿美元。1990—2017 年外国直接投资及增速如表 1-8、图 1-8 所示。

表 1-8   1990—2017 年外国直接投资及增速

年 份	1990	1991	1992	1993	1994	1995	1996
外国直接投资/亿美元	2.37	0.74	2.77	5.50	9.73	21.44	24.26
增速/%	-6.11	-68.93	276.01	99.04	76.84	120.25	13.18
年 份	1997	1998	1999	2000	2001	2002	2003
外国直接投资/亿美元	35.77	26.35	21.69	35.84	51.28	52.09	36.82
增速/%	47.45	-26.35	-17.69	65.28	43.07	1.58	-29.31
年 份	2004	2005	2006	2007	2008	2009	2010
外国直接投资/亿美元	54.29	72.69	200.29	252.28	434.06	355.81	273.97
增速/%	47.45	33.89	175.53	25.96	72.06	-18.03	-23.00
年 份	2011	2012	2013	2014	2015	2016	2017
外国直接投资/亿美元	364.99	239.96	281.53	345.77	440.09	444.59	287.23
增速/%	33.22	-34.26	17.33	22.82	27.28	1.02	-35.39

数据来源：联合国统计司；国际货币基金组织；世界银行。

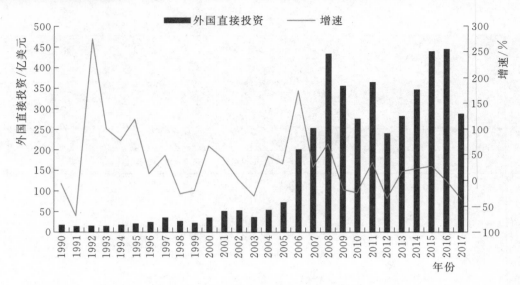

图 1-8　1990—2017 年外国直接投资及增速

二、主要经济政策

(一) 税收政策

印度实行以流转税为主体税种的税收体系。在税收管理体制上，印度各级政府实行按税种划分的分税制。在全部税收总收入中，中央约占 2/3，地方占 1/3。中央收入的一部分要按一定比例划给各邦。各级政府的税权划分，由宪法规定。印度税收法律主要以议会法令形式颁布，对税法的解释则以法庭的判例为重要参照依据。

印度货物劳务税 (GST) 改革宪法修正案于 2016 年 9 月 8 日生效。印度采用"双轨制"GST，即中央政府和邦 (中央直辖区) 政府各自征收自己的 GST。印度 GST 有四种类型：中央 GST (CGST)，邦 GST (SGST)，中央直辖区 GST (UGST) 和综合 GST (IGST)。对邦内的货物和劳务提供，由中央政府和邦政府分别征收中央 GST 和邦 GST；对中央直辖区内的货物和劳务提供，由中央政府和中央直辖区政府分别征收中央 GST 和中央直辖区 GST；对跨邦 (中央直辖区) 交易，由中央政府征收综合 GST，实际上是中央 GST 和邦 GST (中央直辖区 GST) 的综合。2017 年，印度已经开始实施 GST (商品和服务税) 改革。

印度重视能源产业的发展，能源产业投资和消费方面的税收政策主要通过增值税、所得税等多税种的减免来吸引企业对可再生能源产业的投资，重视从能源消费角度征收环境税等来控制非可再生能源的使用。印度 2010 年开始向生产、使用和进口的每吨煤炭征收 50 卢比 (约 0.75 美元) 的碳税，将税款全部投入到新能源基金中，通过降低传统能源的使用以促进可再生能源的发展。

(二) 金融政策

印度作为发展中国家，面临发展资本不足的问题，一直实行赤字财政政策。从印度财政赤字结构来看，经常性支出占总支出的比重维持在 60% 以上，政府可控财力少，支出结构硬化。

站在能源角度，印度重视金融政策对可再生能源的促进作用。以太阳能的发展为例，印度通过可再生能源发展署 (IREDA) 对相关企业提供低息贷款，如 2015 年可再生能源发展署 (IREDA) 为印度并网屋顶太阳能项目推出为期 9 年的贷款计划，利率保持在 9.9% 至 10.75%；印度国家银行 (SBI) 等国有银行和印度电力融资公司逐步降低国有可再生能源企业融资率以推广绿色能源的使用。

(三) 产业政策

2014 年 9 月，印度总理提出"来印度制造"的倡议，其主要目标是增加制造业在 GDP 的比重，提升创新水平，减少环境污染，增加就业岗位。其包含了对能源系统的影响，即保障电力供应覆盖全国和不断扩大制造业在 GDP 的比重。该规划和政策设计，到 2025 年左右，制造业将占 GDP 的 25％，在 2040 年提高到 30％。在未来 10 年电力能源投资将有更快的增长，以实现电力供给的全覆盖和可靠性。

从能源的角度分析，2010 年印度推出新的签证政策，电力行业按照电力项目的机组数目获得项目签证的外籍人员总数，签证门槛较高。2012 年，印度决定对电力设备进口强制征收 21％的进口税费，其中包括 5％的基本关税、12％的反补贴税以及 4％的附加税，取消了针对装机容量超过 1000 兆瓦的超大型发电项目的免税措施，力求保护印度的电力设备制造产业。2016 年，印度取消了资本货物进口促进计划下发电及配电项目的资本货物进口零关税的优惠政策。

（四）投资政策

印度庞大的市场、充足的劳动力和快速的经济增长，使其成为继中国之后的外商首选投资国。

2013 年，印度制定外国投资准入制度，这是对外国投资进行限制许可的一种经济制度，加快其外资法改革步伐，即减少准入审批，通过有规律性的政策发布形成吸引外资的可靠的法律环境。

2016 年，印度政府进一步对外资实行开放，出台了《2016 年印度全面改革外商直接投资规定改革法案》（以下简称《改革法案》），是印度首次出台系统的鼓励外商投资政策。根据该法案的规定，印度向外资完全开放国防和民用航空领域，即国外的投资者可以完全拥有这两个领域的企业所有权。2016 年印度修订了外商直接投资政策，进一步放宽了一些行业的外商投资限制（持股上限）等条件。

第二节　电力发展与政策

一、电力供应形势分析

（一）电力工业发展概况

印度自然资源分布不均，水力资源位于北部地区的喜马拉雅山脚下，煤炭储量集中在加德满都、奥里萨邦、西孟加拉邦、恰蒂斯加尔邦、中央邦等部分地区，在泰米尔纳德邦和古吉拉特邦，褐煤储量丰富。一次能源的分布不均决定了印度在各地区发电类型各有不同。

印度电力工业正在快速发展，从发电结构看，截至 2017 年，其发电以化石燃料为主，火力发电量约占总发电量的 66％，其中：天然气发电量占比为 7.6％；煤炭发电量占比为 59％；核能发电量占比为 2.1％。还有很多发电站，如太阳能发电、风力发电等在全国各地均有分布。截至 2017 年 11 月，印度总装机容量为 330861 兆瓦，其中：传统火电装机容量 218960 兆瓦，占比 66.6％；水电装机容量 44963 兆瓦，占比 13.6％；可再生能源装机容量 60158 兆瓦，占比 17.7％；核电装机容量 6780 兆瓦，占比 2.1％。

从职能角度看，印度在电力方面主要是发布电力行业法规和宏观政策，指导印度电网公司等国有企业发电、建设和运营跨邦输电线路等；邦政府依据中央政府颁布的法规政策，结合本邦的实际情况，指导邦属输电企业建设和运营邦内输电线路。在电价形成与管制问题上，依据电力法案，中央电力管理委员会有权确定上网电价、输电电价、过网费用以及零售电价、发放邦与邦之间的输电和电能交易许可证。在电力调度上，印度根据调度所辖地域范围的不同，建立了全国和邦内电力等多层级的规划和调度体系，保障电网稳定运行。

（二）发电装机容量及结构

1. 总装机容量及同比增速

1996 年，印度电力总装机容量为 9789.7 万千瓦，同比增速为 2.96％，在 2005—2014 年间，电力装机容量以 8.4％的年均增速稳步增长，2011 年增长最快，达到 14.97％，2014 年装机容量达到 31637.9 万千瓦，同比增速为 7.29％。2015 年装机容量为 28713 万千瓦，较 2014 年出现了负增长，同比增速为－9.25％。1990—2015 年印度电力总装机容量及增速如表 1-9、图 1-9 所示。

表 1-9   1990—2015 年印度电力总装机容量及增速

年　份	1990	1991	1992	1993	1994	1995	1996	1997	1998
总装机容量/万千瓦	7470	7836.9	8237.5	8747.5	9233.2	9508.1	9789.7	10226.9	10738.5
增速/％	—	4.91	5.11	6.19	5.55	2.98	2.96	4.47	5.00
年　份	1999	2000	2001	2002	2003	2004	2005	2006	2007
总装机容量/万千瓦	11322.1	11895.0	12364.7	12796.9	13357.9	14056.1	15018.5	16099.5	17589.3
增速/％	5.43	5.06	3.95	3.50	4.39	5.23	6.85	7.20	9.25
年　份	2008	2009	2010	2011	2012	2013	2014	2015	
总装机容量/万千瓦	18460.2	19879.8	21959.1	25247.1	27827.5	29487.3	31637.9	28713	
增速/％	4.95	7.69	10.46	14.97	10.22	5.96	7.29	－9.25	

数据来源：国际能源署；联合国统计司。

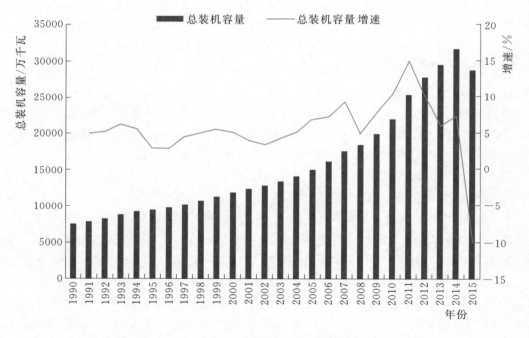

图 1-9　1990—2015 年印度电力总装机容量及增速

2. 各类装机容量及占比

1990—2015 年印度各种发电形式的装机容量占比中，火电装机容量占比维持在 70％左右，水电装机容量占比从 2008 年开始减小，可再生能源的装机容量占比增大。2015 年时火电装机容量占比 73.29％，较 2005 年增长了 0.04 个百分点；水力装机容量占比 14.05％，较 2005 年下降了 7.51 个百分点；可再生能源装机容量占比由 2005 年的 2.95％到 2015 年的 10.66％，增加了 7.71 个百分点。1990—2015 年印度各类装机容量及占比如表 1-10、图 1-10 所示。

表 1-10　　　　　　　　　　1990—2015 年印度各类装机容量及占比

年份		1990	1991	1992	1993	1994	1995	1996
水电	装机容量/万千瓦	1875.7	1919.9	1958	2038.3	2083.7	2099	2166.2
	占比/%	25.11	24.50	23.77	23.30	22.57	22.08	22.13
火电	装机容量/万千瓦	5434.7	5735.1	6075.3	6504.1	6919.6	7165.9	7304.3
	占比/%	72.75	73.18	73.75	74.35	74.94	75.37	74.61
核电	装机容量/万千瓦	156.5	178.5	200.5	200.5	222.5	222.5	222.5
	占比/%	2.10	2.28	2.43	2.29	2.41	2.34	2.27
风电	装机容量/万千瓦	3.1	3.4	3.7	4.6	7.4	20.7	96.7
	占比/%	0.04	0.04	0.04	0.05	0.08	0.22	0.99

年份		1997	1998	1999	2000	2001	2002	2003
水电	装机容量/万千瓦	2192.5	2250.3	2390.4	2515.3	2626.9	2679.4	2953.7
	占比/%	21.44	20.96	21.11	21.15	21.25	20.94	22.11
火电	装机容量/万千瓦	7708.5	8156.7	8542.2	8977	9320.2	9675.3	9919.7
	占比/%	75.37	75.96	75.45	75.47	75.38	75.61	74.26
核电	装机容量/万千瓦	222.5	222.5	268	286	272	272	272
	占比/%	2.18	2.07	2.37	2.40	2.20	2.13	2.04
风电	装机容量/万千瓦	103.4	109	121.5	116.7	145.6	170.2	212.5
	占比/%	1.01	1.02	1.07	0.98	1.18	1.33	1.59

年份		2004	2005	2006	2007	2008	2009	2010
水电	装机容量/万千瓦	3097.4	3238.6	3477.5	3597	3693.9	3692.4	3762.8
	占比/%	22.04	21.56	21.60	20.45	20.01	18.57	17.14
火电	装机容量/万千瓦	10381.7	11000.9	11605	12795.8	13388.8	14638.8	16411.8
	占比/%	73.86	73.25	72.08	72.75	72.53	73.64	74.74
核电	装机容量/万千瓦	277	336	390	412	412	456	478
	占比/%	1.97	2.24	2.42	2.34	2.23	2.29	2.18
风电	装机容量/万千瓦	300	443	627	784.5	965.5	1092.6	1306.5
	占比/%	2.13	2.95	3.89	4.46	5.23	5.50	5.95

年份		2011	2012	2013	2014	2015
水电	装机容量/万千瓦	3905.1	3955.2	4006.1	4006.1	4033.3
	占比/%	15.47	14.21	13.59	12.66	14.05
火电	装机容量/万千瓦	19255.6	21552.2	22644.9	24139.6	21043
	占比/%	76.27	77.45	76.80	76.30	73.29
核电	装机容量/万千瓦	478	478	478	578	578
	占比/%	1.89	1.72	1.62	1.83	2.01
风电	装机容量/万千瓦	1608.4	1842.1	2126.4	2524.4	2508.8
	占比/%	6.37	6.62	7.21	7.98	8.74
光伏发电	装机容量/万千瓦	0	0	231.9	389.8	549.9
	占比/%	0	0	0.79	1.23	1.92

数据来源：国际能源署；联合国统计司。

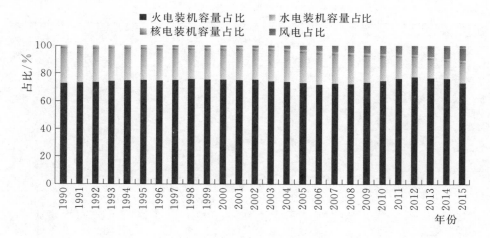

图 1-10 1990—2015 年印度各类装机容量及占比

(三) 发电量及结构

1. 总发电量及同比增速

印度发电量总体持续增长，从 1990 年 2927.32 亿千瓦时到 2017 年 14970.04 亿千瓦时，2008 年总发电量增速最低，为 3.01%，2011 年总发电量增速最高，为 9.71%。1990—2017 年印度发电量及其增速如表 1-11、图 1-11 所示。

表 1-11　　　　　　　　　　1990—2017 年印度发电量及增速

年　份	1990	1991	1992	1993	1994	1995	1996
发电量/亿千瓦时	2927.32	3192.56	3371.81	3608.45	3908.13	4236.60	4430.31
增速/%	—	9.06	5.61	7.02	8.31	8.40	4.57
年　份	1997	1998	1999	2000	2001	2002	2003
发电量/亿千瓦时	4726.78	5037.51	5457.70	5696.88	5881.71	6105.02	6508.37
增速/%	6.69	6.57	8.34	4.38	3.24	3.80	6.61
年　份	2004	2005	2006	2007	2008	2009	2010
发电量/亿千瓦时	6839.91	7156.56	7737.84	8235.63	8483.55	9173.02	9794.16
增速/%	5.09	4.63	8.12	6.43	3.01	8.13	6.77
年　份	2011	2012	2013	2014	2015	2016	2017
发电量/亿千瓦时	10745.36	11230.49	11909.52	12936.82	13830.04	14215.04	14970.04
增速/%	9.71	4.51	6.05	8.63	6.90	2.78	5.31

数据来源：国际能源署；联合国统计司。

2. 发电量结构及占比

印度发电量结构变化不大。2015 年火力发电量为 11325.71 亿千瓦时，占比最高，为 82%，较 2005 年占比增加了 0.94%；水电发电量占比从 15.08% 下滑至 9.98%；核电发电量占比稳定，从 2005 年的 2.42% 到 2015 年的 2.71%；其他可再生能源发电量占比从 2005 年的 1.53% 变化到 2015 年的 5.3%，增加了 3.77%。1990—2015 年印度各发电量结构及占比如表 1-12、图 1-12 所示。

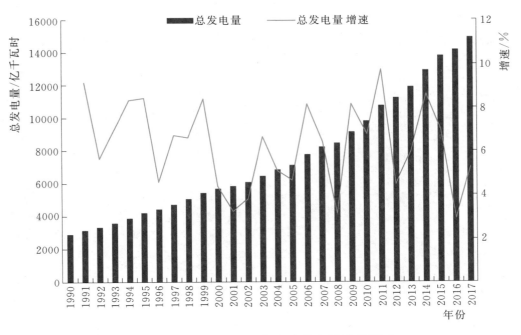

图 1-11 1990—2017 年印度发电量及其增速

表 1-12　　　　　1990—2015 年印度各发电量结构及占比

年　份		1990	1991	1992	1993	1994	1995	1996
火电	发电量/亿千瓦时	2149.03	2409.17	2604.81	2848.7	3022.38	3425.52	3641.06
	占比/%	73.41	75.46	77.25	78.95	77.34	80.86	82.19
水电	发电量/亿千瓦时	716.56	727.75	698.86	704.78	827.27	725.96	689.3
	占比/%	24.48	22.80	20.73	19.53	21.17	17.14	15.56
核电	发电量/亿千瓦时	61.41	55.25	67.26	53.98	56.48	79.82	90.71
	占比/%	2.10	1.73	1.99	1.50	1.45	1.88	2.05
风电	发电量/亿千瓦时	0.32	0.39	0.88	0.99	2	5.29	9.22
	占比/%	0.01	0.01	0.03	0.03	0.05	0.12	0.21
光伏发电	发电量/亿千瓦时	—	—	—	—	—	0.01	0.02
	占比/%	—	—	—	—	—	0	0
年　份		1997	1998	1999	2000	2001	2002	2003
火电	发电量/亿千瓦时	3868.95	4076.97	4492.47	4753.6	4910.16	5175.15	5453.6
	占比/%	81.85	80.93	82.31	83.44	83.48	84.77	83.79
水电	发电量/亿千瓦时	746.61	830.03	808.53	744.62	736.97	684.19	808.02
	占比/%	15.80	16.48	14.81	13.07	12.53	11.21	12.42
核电	发电量/亿千瓦时	100.83	119.22	132.49	169.02	194.75	193.9	177.8
	占比/%	2.13	2.37	2.43	2.97	3.31	3.18	2.73
风电	发电量/亿千瓦时	10.37	11.27	15.09	16.84	22.41	26.87	35.9
	占比/%	0.22	0.22	0.28	0.30	0.38	0.44	0.55
光伏发电	发电量/亿千瓦时	0.02	0.02	0.02	0.02	0.02	0.03	0.03
	占比/%	0	0	0	0	0	0	0

13

续表

年　份		1997	1998	1999	2000	2001	2002	2003
生物质能发电	发电量/亿千瓦时	0	0	9.1	12.78	17.4	24.88	32.36
	占比/%	0	0	0.17	0.22	0.30	0.41	0.50
垃圾发电	发电量/亿千瓦时	—	—	—	—	—	—	0.66
	占比/%	—	—	—	—	—	—	0.01
火电	发电量/亿千瓦时	5678.51	5793.18	6191.5	6592.75	6931.11	7547.11	7956.37
	占比/%	83.02	80.95	80.02	80.05	81.70	82.28	81.24

年　份		2004	2005	2006	2007	2008	2009	2010
水电	发电量/亿千瓦时	905.12	1079.1	1203.72	1278.64	1168.03	1131.36	1230.7
	占比/%	13.23	15.08	15.56	15.53	13.77	12.33	12.57
核电	发电量/亿千瓦时	170.11	173.24	188.02	169.57	149.27	186.36	262.66
	占比/%	2.49	2.42	2.43	2.06	1.76	2.03	2.68
风电	发电量/亿千瓦时	44.9	62.11	97.63	117.96	138.94	187.97	196.57
	占比/%	0.66	0.87	1.26	1.43	1.64	2.05	2.01
光伏发电	发电量/亿千瓦时	0.03	0.03	0.03	0.59	0.63	0.75	1.13
	占比/%	0	0	0	0.01	0.01	0.01	0.01
生物质能发电	发电量/亿千瓦时	39.84	47.32	54.8	71.94	90.47	113.37	139.17
	占比/%	0.58	0.66	0.71	0.87	1.07	1.24	1.42
垃圾发电	发电量/亿千瓦时	1.4	1.58	2.14	4.18	5.1	6.1	7.56
	占比/%	0.02	0.02	0.03	0.05	0.06	0.07	0.08

年　份		2011	2012	2013	2014	2015
火电	发电量/亿千瓦时	8556.78	9128.97	9494.33	10465.39	11325.71
	占比/%	79.63	81.29	79.72	80.90	81.89
水电	发电量/亿千瓦时	1435.82	1245.39	1475.43	1433.42	1380.52
	占比/%	13.36	11.09	12.39	11.08	9.98
核电	发电量/亿千瓦时	322.87	328.66	342.28	361.02	374.13
	占比/%	3.00	2.93	2.87	2.79	2.71
风电	发电量/亿千瓦时	245.31	301.15	331.68	373.46	427.9
	占比/%	2.28	2.68	2.78	2.89	3.09
光伏发电	发电量/亿千瓦时	8.27	20.99	34.33	49.09	56.36
	占比/%	0	0	0.29	0.38	0.41
生物质能发电	发电量/亿千瓦时	166.43	193.39	218.09	239.08	248.92
	占比/%	1.55	1.72	1.83	1.85	1.80
垃圾发电	发电量/亿千瓦时	9.88	11.94	13.38	15.36	16.5
	占比/%	0.09	0.11	0.11	0.12	0.12

数据来源：国际能源署；联合国统计司。

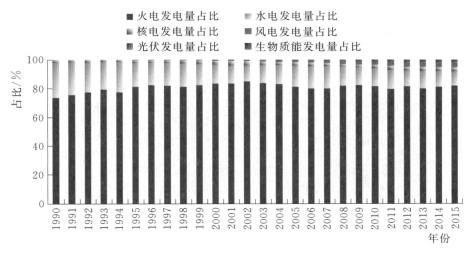

图1-12 1990—2015年印度各形式发电量占比

印度火力发电结构变化不大。火力发电中，煤炭发电量占比均在80%以上。2005—2015年，天然气发电量占比下降，由2005年的13%下降到2015年的6%，石油发电量占比也有所下降，由2005年的4%变化到2015年的2%。1990—2015年印度火力发电结构如表1-13、图1-13所示。

表1-13   1990—2015年印度火力发电结构

年　份		1990	1991	1992	1993	1994	1995	1996
煤炭发电	发电量/亿千瓦时	1916.33	2141.18	2294.12	2527.84	2646.09	2962.92	3122.34
	占比/%	89.17	88.88	88.07	88.74	87.55	86.50	85.75
石油发电	发电量/亿千瓦时	133.12	134.44	148.11	142.08	157.47	168.26	198.48
	占比/%	6.19	5.58	5.69	4.99	5.21	4.91	5.45
天然气发电	发电量/亿千瓦时	99.58	133.55	162.58	178.78	218.82	294.34	320.24
	占比/%	4.63	5.54	6.24	6.28	7.24	8.60	8.79
年　份		1997	1998	1999	2000	2001	2002	2003
煤炭发电	发电量/亿千瓦时	3258.27	3364.84	3654.36	3902.33	4082.91	4267.01	4414.72
	占比/%	84.22	82.53	81.34	82.09	83.15	82.45	80.95
石油发电	发电量/亿千瓦时	208.89	210.38	248.02	291.63	267.91	279.29	310.86
	占比/%	5.40	5.16	5.52	6.13	5.46	5.40	5.70
天然气发电	发电量/亿千瓦时	401.79	501.75	590.09	559.64	559.34	628.85	728.02
	占比/%	10.39	12.31	13.14	11.77	11.39	12.15	13.40
年　份		2004	2005	2006	2007	2008	2009	2010
煤炭发电	发电量/亿千瓦时	4630.05	4784.85	5160.23	5392.86	5806.54	6142.99	6579.55
	占比/%	81.54	82.59	83.34	81.80	83.78	81.39	82.70
石油发电	发电量/亿千瓦时	282.69	253.66	237.63	246.88	255.54	243	243.93
	占比/%	4.98	4.38	3.84	3.74	3.69	3.22	3.06
天然气发电	发电量/亿千瓦时	765.77	754.67	793.64	953.01	869.03	1161.12	1132.89
	占比/%	13.49	13.03	12.82	14.46	12.54	15.38	14.24

续表

年　份		2011	2012	2013	2014	2015
煤炭发电	发电量/亿千瓦时	7173.6	8045.08	8637.11	9636.92	10415.32
	占比/%	83.83	88.13	90.97	92.08	91.96
石油发电	发电量/亿千瓦时	241.25	228.86	232.99	228.65	229.51
	占比/%	2.82	2.51	2.45	2.18	2.03
天然气发电	发电量/亿千瓦时	1141.93	855.03	624.23	599.82	680.88
	占比/%	13.35	9.37	6.57	5.73	6.01

数据来源：国际能源署；联合国统计司。

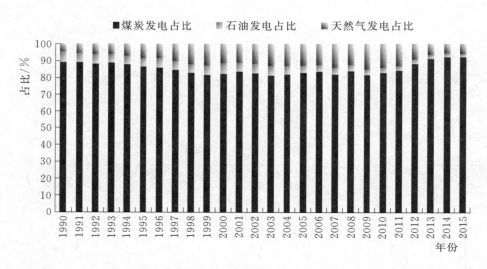

图 1-13　1990—2015 年印度火力发电结构占比

（四）电网建设规模

印度的电力工业由电力部全面负责，其所属的中央电力管理局负责技术、金融，以及经济与协调统一方面的决策。全国行政区划为 21 个邦，各邦设有"邦电力局"，再分别组成 5 个大区的大区电网。直到 20 世纪 90 年代，才因个别地区的频率不同和联网效益，形成初期的全国电网。

印度电网公司正在实施组建可再生能源管理中心，负责管理可再生能源发电的建设和运营，其中包括从可再生能源预测到能源平衡和发电调度等各种活动。截至 2017 年，印度电网公司拥有及经营全国各地长达 14298 千米的超高压输电线路。其庞大的输电网络覆盖了全国超过 45% 的电力。

截至 2017 年，印度大容量输电走廊已经实施，以满足资源丰富和沿海地区的电力运输。印度第十二个五年电力规划期间，电压等级在 220 千伏的输电线路建设和投产了 163268 千米，是第六个电力规划期间建设投产值的 3.55 倍，在第九个电力规划期间同比增速达到了 189.96%；电压等级为 400 千伏的输电线路，第七个电力规划期间建设和投产值同比增速达 228.81%；电压等级为 765 千伏的输电线路在第十二个五年电力规划期结束时建设与投产值为 31240 千米，其同比增速为 495.05%；电压等级为 500 千伏的输电线路从第八个电力规划期间开始建设投产，增加值为 1634 千米，到第十二个电力规划结束后达到 15556 千米，是第八个电力规划期间的 9.52 倍。印度各电力规划结束后输送能力增长情况如表 1-14、图 1-14 所示。

表 1 - 14 印度各电力规划结束后输送能力增长情况

五年规划期名称	第六个	第七个	第八个	第九个	第十个	第十一个	第十二个
500 千伏高压直流							
中央/千米	0	0	1634	3234	4368	5948	12072
地区/千米	0	0	0	1504	1504	1504	1504
私人/千米	0	0	0	0	0	1980	1980
合计/千米	0	0	1634	4738	5872	9432	15556
同比增速/%	0	0	0	189.96	23.93	60.63	64.93
765 千伏							
中央/千米	0	0	0	751	1775	4839	25465
地区/千米	0	0	0	409	409	411	1177
私人/千米	0	0	0	0	0	0	4598
合计/千米	0	0	0	1160	2184	5250	31240
同比增速/%	0	0	0	0	88.28	140.38	495.05
400 千伏							
中央/千米	1831	13068	23001	29345	48708	71023	92482
地区/千米	4198	6756	13141	20033	24730	30191	48240
私人/千米	0	0	0	0	2284	5605	17065
合计/千米	6029	19824	36142	49378	75722	106819	157787
同比增速/%	0	228.81	82.31	36.62	53.35	41.07	47.71
220 千伏							
中央/千米	1641	4560	6564	8687	9444	10140	11014
地区/千米	44364	55071	73036	88306	105185	125010	151276
私人/千米	0	0	0	0	0	830	978
合计/千米	46005	59631	79600	96993	114629	135980	163268
同比增速/%	—	29.62	33.49	21.85	18.18	18.63	20.07
累计/千米	52034	79455	117376	152269	198407	257481	367851

数据来源：印度能源部。

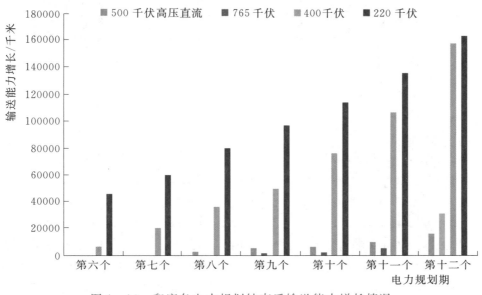

图 1 - 14 印度各电力规划结束后输送能力增长情况

二、电力消费形势分析

（一）电力消费总量

印度用电量总体持续增长。2001 年用电量同比增速最低，为 1.51％，2015 年印度用电量为 10269.4 亿千瓦时，同比增速达到了 7.20％。1990—2015 年印度用电量及增速如表 1-15、图1-15 所示。

表 1-15　　　　　　　　　　　　1990—2015 年印度用电量及增速

年　份	1990	1991	1992	1993	1994	1995	1996	1997	1998
用电量/亿千瓦时	2150.27	2356.18	2518.31	2705.62	2947.56	3151.99	3212.73	3411.28	3577.45
增速/％	—	9.58	6.88	7.44	8.94	6.94	1.93	6.18	4.87
年　份	1999	2000	2001	2002	2003	2004	2005	2006	2007
用电量/亿千瓦时	3687.62	3762.18	3818.97	4056.03	4334.82	4631.50	4894.30	5432.50	5884.21
增速/％	3.08	2.02	1.51	6.20	6.87	6.84	5.67	10.99	8.32
年　份	2008	2009	2010	2011	2012	2013	2014	2015	
用电量/亿千瓦时	6174.23	6672.74	7249.81	7894.52	8318.24	8696.35	9580.02	10269.4	
增速/％	4.93	8.07	8.65	8.89	5.37	4.55	10.16	7.20	

数据来源：国际能源署；联合国统计司。

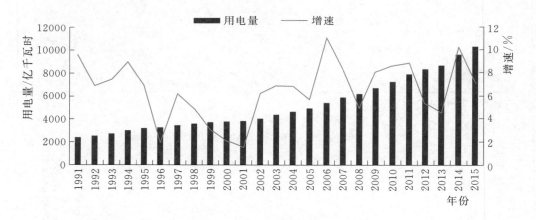

图 1-15　1990—2015 年印度用电量及增速

（二）分部门用电量

2015 年印度分部门用电量构成中，工业用电量为 4514.12 亿千瓦时，占比最高为 43.96％；居民生活用电量为 2470.04 亿千瓦时，占比为 24.05％；农业用电量为 1874.93 亿千瓦时，占比为 18.26％；服务业用电量为 1099.51 亿千瓦时，占比为 10.71％。

印度分部门用电量结构变化不大。2005—2015 年，农业用电量占比由 18.45％下降至 18.26％，下滑 0.19 个百分点；工业用电量占比由 43.09％升至 43.96％，增长 0.87 个百分点；服务业用电量占比由 10.62％上升至 10.71％，增长 0.09 个百分点；居民生活用电量占比由 21.69％升至 24.05％，增长近 3 个百分点。1990—2015 年印度分部门用电量及占比如表 1-16、图 1-16 所示。

表 1 - 16　　　　　　　　　　　　1990—2015 年印度分部门用电量及占比

年　份		1990	1991	1992	1993	1994	1995	1996
农业	用电量/亿千瓦时	503.21	585.57	633.28	706.99	793.01	857.32	840.19
	占比/%	23.40	24.85	25.15	26.13	26.90	27.20	26.15
工业	用电量/亿千瓦时	1055.85	1116.37	1168.60	1219.87	1298.77	1368.27	1389.32
	占比/%	49.10	47.38	46.40	45.09	44.06	43.41	43.24
服务业	用电量/亿千瓦时	163.91	177.60	192.10	212.67	236.51	252.31	262.13
	占比/%	7.62	7.54	7.63	7.86	8.02	8.01	8.16
居民生活	用电量/亿千瓦时	330.80	370.62	412.06	448.47	497.07	537.45	573.67
	占比/%	15.38	15.73	16.36	16.58	16.86	17.05	17.86
其他	用电量/亿千瓦时	96.50	106.02	112.27	117.62	122.2	136.54	147.42
	占比/%	4.49	4.50	4.46	4.35	4.15	4.33	4.59
年　份		1997	1998	1999	2000	2001	2002	2003
农业	用电量/亿千瓦时	912.42	971.95	909.34	847.29	816.73	844.86	870.89
	占比/%	26.75	27.17	24.66	22.52	21.39	20.83	20.09
工业	用电量/亿千瓦时	1424.32	1462.66	1533.31	1583.96	1576.83	1670.05	1795.56
	占比/%	41.75	40.89	41.58	42.10	41.29	41.17	41.42
服务业	用电量/亿千瓦时	286.02	293.81	323.55	337.06	352.63	388.87	432.65
	占比/%	8.38	8.21	8.77	8.96	9.23	9.59	9.98
居民生活	用电量/亿千瓦时	626.37	672.48	736.26	785.77	827.11	880.08	955.9
	占比/%	18.36	18.80	19.97	20.89	21.66	21.70	22.05
其他	用电量/亿千瓦时	162.15	176.55	185.16	208.10	245.67	272.17	279.82
	占比/%	4.75	4.94	5.02	5.53	6.43	6.71	6.46
年　份		2004	2005	2006	2007	2008	2009	2010
农业	用电量/亿千瓦时	885.55	902.92	990.23	1041.82	1077.76	1194.92	1263.77
	占比/%	19.12	18.45	18.23	17.71	17.46	17.91	17.43
工业	用电量/亿千瓦时	1964.88	2109.03	2374.64	2659.01	2788.87	2964.56	3199.82
	占比/%	42.42	43.09	43.71	45.19	45.17	44.43	44.14
服务业	用电量/亿千瓦时	469.15	519.74	581.30	611.15	676.51	749.21	815.85
	占比/%	10.13	10.62	10.70	10.39	10.96	11.23	11.25
居民生活	用电量/亿千瓦时	1016.99	1061.56	1181.12	1242.41	1323.56	1454.04	1596.51
	占比/%	21.96	21.69	21.74	21.11	21.44	21.79	22.02
其他	用电量/亿千瓦时	294.93	301.05	305.21	329.82	307.53	310.01	373.86
	占比/%	6.37	6.15	5.62	5.61	4.98	4.65	5.16

年份		2011	2012	2013	2014	2015
农业	用电量/亿千瓦时	1409.60	1474.62	1527.44	1689.13	1874.93
	占比/%	17.86	17.73	17.56	17.63	18.26
工业	用电量/亿千瓦时	3396.18	3597.67	3653.81	4139.46	4514.12
	占比/%	43.02	43.25	42.02	43.21	43.96
服务业	用电量/亿千瓦时	852.31	914.75	946.08	991.95	1099.51
	占比/%	10.80	11.00	10.88	10.35	10.71
居民生活	用电量/亿千瓦时	1767.47	1882.82	2046.63	2220.32	2470.04
	占比/%	22.39	22.63	23.53	23.18	24.05
其他	用电量/亿千瓦时	468.96	448.38	522.39	539.16	310.86
	占比/%	5.94	5.39	6.01	5.63	3.03

数据来源：国际能源署；联合国统计司。

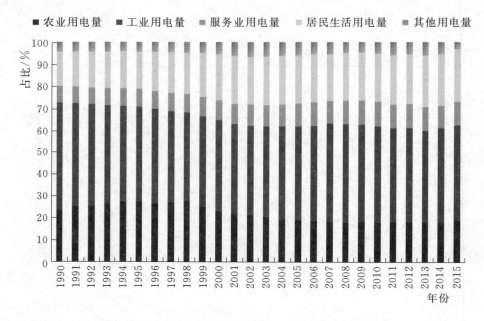

图 1-16　1990—2015 年印度分部门用电量占比

三、电力供需平衡分析

印度电力供应存在短缺。2009 年，非高峰时期电力短缺达 10.1%，高峰时期达 12.7%，到 2016 年，印度在用电高峰时段出现 1.6% 的电力短缺，非高峰时段电力短缺达 0.7%，2017 年，印度在用电高峰时段出现 2% 的电力短缺，非高峰时段电力短缺达 0.7%。1990—2015 年印度电力进口量、出口量、可供量及增速如表 1-17、图 1-17 所示。

2017 年，印度首次成为电力净出口国。2016—2017 年，印度向不丹进口约 56 亿单位电力，向尼泊尔、孟加拉国和缅甸共出口约 58 亿单位电力，超出进口量 2 亿多单位电力。1990—2015 年印度电力进出口情况如图 1-18 所示。

表 1-17   1990—2015 年印度电力进口量、出口量、可供量及增速

年 份	1990	1991	1992	1993	1994	1995	1996	1997	1998
进口量/亿千瓦时	14.4	15.06	13.52	15.47	14.8	15.72	16.75	13.85	13.85
出口量/亿千瓦时	0.64	0.53	1.46	1.01	0.56	0.5	1.3	3.21	2.7
可供量/亿千瓦时	2941.08	3207.09	3383.87	3622.91	3922.37	4251.82	4445.76	4737.42	5048.66
可供量增速/%	—	9.04	5.51	7.06	8.27	8.40	4.56	6.56	6.57
年 份	1999	2000	2001	2002	2003	2004	2005	2006	2007
进口量/亿千瓦时	15.4	14.97	15.18	15.2	17.48	17.35	17.63	29.57	52.3
出口量/亿千瓦时	1.87	1.95	2.32	1.75	0.58	0.4	2.09	2.16	2.9
可供量/亿千瓦时	5471.23	5709.9	5894.57	6118.47	6525.27	6856.86	7172.1	7765.25	8285.03
可供量增速/%	8.37	4.36	3.23	3.80	6.65	5.08	4.60	8.27	6.69
年 份	2008	2009	2010	2011	2012	2013	2014	2015	
进口量/亿千瓦时	58.97	53.59	56.1	52.53	47.95	55.98	50.08	52.44	
出口量/亿千瓦时	0.58	0.58	0.62	1.35	1.54	16.51	44.33	51.5	
可供量/亿千瓦时	8541.94	9226.03	9849.64	10796.5	11276.9	11948.9	12942.5	13830.9	
可供量增速/%	3.10	8.01	6.76	9.61	4.45	5.96	8.32	6.86	

数据来源：国际能源署；联合国统计司。

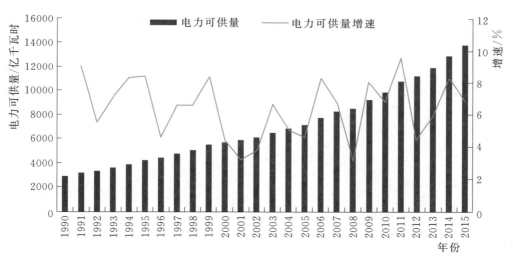

图 1-17   1990—2015 年印度电力可供量及增速

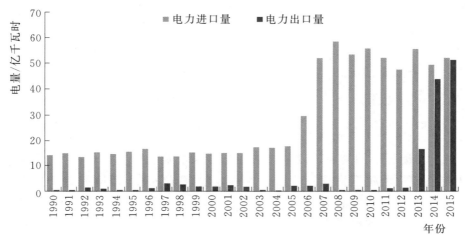

图 1-18   1990—2015 年印度电力进出口情况

印度的电力需求正以每年 4% 的速度增长，其供电体制和基础设施落后，发电厂建设投资长期低于预期水平。印度第十个五年电力规划（2002—2007 年）要求发电装机容量增长 4111 万千瓦，实际实现装机容量 2118 万千瓦，完成目标的 47.5%；第十一个五年电力规划（2007—2012 年）要求增加电力装机容量 7800 万千瓦，在执行过程中目标下调为 6200 万千瓦，5 年的实际装机容量约为 5500 万千瓦。印度盗电和输电损耗严重，1990—2015 年间，印度的电力损耗率基本在 20% 浮动，在 2001 年时达到 27%，远高于世界平均水平（9%）。1990—2015 年印度电力损耗率变化情况如图 1-19 所示。

图 1-19　1990—2015 年印度电力损耗率变化情况

四、电力相关政策

（一）电力投资相关政策

1. 水电政策

印度的水电装机容量在过去几年得到了长足发展。装机容量在 25 兆瓦以下的小型水电站作为"可再生能源项目"享受政府多项优惠政策。印度积极鼓励私营部门及其他行业的投资者加入水电和新能源的开发。考虑到开发水电不可避免会遇到移民安置、环境保护、当地栖息地保存的问题，为了赢得当地民众和社会的支持，印度曾在新的水电站投产后的前十年，向当地居民免费供电。

2. 火电政策

印度以燃煤发电为主，对环境造成一定的破坏。2015 年，印度发布了新版的 S.O.3305（E）《环保法修订案 2015》，该标准大幅提升了燃煤电厂的除尘标准，首次将燃煤电厂的硫化物和氮氧化物列为国家强制标准予以实行。火力发电厂烟气脱硫、脱硝工程全面展开。

3. 核电政策

截至 2016 年，印度实行运行核电站 22 个，总装机容量 6780 兆瓦，核能发电量占印度总发电量的 2.3%。印度核电发展计划的第一阶段是建造加压重水堆（PHWR）；第二阶段是建造一批使用铀钚混合氧化物做燃料的快增殖堆；第三阶段是建造钍燃料反应堆。印度拥有丰富的钍资源，铀资源稀缺，钍反应堆的建造显得尤为重要。

2016 年，印度政府已决定，涉及国外合作者的大型轻水堆（LWR）建设项目必须与公共事业部门（PSU）组成合资企业（JV），这将使得印度核电公司（NPCIL）更加注重为国内在建的、较小的加压重水堆提供资金支持。

2017 年，印度内阁批准建造 10 座自主设计的 700 兆瓦加压重水反应堆（PHWR），预计 2021 年将增加 6700 兆瓦。政府计划在 2024 年完成装机容量达 14000 兆瓦的目标。

4. 可再生能源政策

（1）风能政策。2003 年，印度联邦政府最初试图在"七五"计划（1985—1990 年）期间支持增加风力发电机组的发电量。新能源和可再生能源部（MNRE）颁布了一系列政策措施和财政激励措施鼓励风电的发展，使其在商业上可行。

2009 年印度发布了 RE 关税条例，规定了风电、水电、光伏发电、太阳热发电、非化石燃料热电联产等几项技术。对于风电，关税也会根据资源密度不同而有所区别。

印度正在逐步降低对化石燃料发电的依赖度，新能源与可再生能源部提交了《风电项目扩容方案》草案。印度为了鼓励优化使用风能潜力，颁布刺激政策，包括将风电容量增至 0.1 万千瓦将获 0.25% 的贴息，该政策的目的是为风电场扩容改造提供便利的框架，促进风能资源利用的最大化。印度可再生能源发展署将在新风电项目适用贴息政策的基础上为扩容改造项目额外提供 0.25% 的利率折扣。根据适用条件，新风能项目能享受福利，即加速折旧或"发电刺激政策"（GBI）。更新改造项目将通过各邦促进风能发展的对口机构或组织实施。

印度海上风力资源丰富，发展前景广阔。2017 年，印度国家陆上风力拍卖（第二轮）由印度太阳能公司（SECI）代表印度政府新能源和可再生能源部（MNRE）组织。2016 年，印度的陆上风电装机容量达到 29000 兆瓦，到 2022 年，国家发电能力将达到 60000 兆瓦。

（2）生物质能政策。印度约 60% 的人口以务农为生，该国有充足的农业废弃物，印度每年产出 6 亿吨"农业废弃物"，其中 1.5 亿～2 亿吨未加利用。

2013 年，印度推出了沼气发电（离网）计划。

2014 年，印度推出了国家沼气和粪肥管理计划，是一项主要为农村和半城市家庭建立的中央部门计划，类别被指定为牛粪及其他生物可降解材料。

2016 年，古吉拉特废物能源政策估计，古吉拉特邦的垃圾可以支持约 100 兆瓦的废物能源工厂。该政策指出需要在指定地点向发电商免费提供城市固体废弃物用于能源项目，旨在以可持续的方式促进城市固体废弃物以可负担的成本进行发电。

（3）太阳能政策。2011 年，印度推出了太阳能城市发展计划。为了应对长期的电力短缺问题，改善空气质量，减少对石油进口的依赖，政府颁布了建立太阳能城市的指导方针。

印度通过下调太阳能项目国内的平均融资利率来促进该领域的投资，私人可再生能源企业可获取特许权项目。印度政府向可再生能源企业授予特许权，采取"建设—运营—转让"模式，该融资方式减轻了国家的财政负担，又为太阳能项目发展带来便利与机会。

2017 年，印度商品及服务税（GST）开始实施，太阳能组件将会被征收 5% 的商品及服务税（GST）。

（二）电力市场相关政策

电力市场相关政策如表 1-18 所示。

表 1-18   印 度 电 网 政 策

序号	政策名称	主 要 内 容	时间
1	《电力法》	印度电力改革纲领性法案，规定了国家电力政策、电力局与电监会的构成与职能、农村电气化、输电通道开放、配电逐步开放、发输配电和电力交易的许可发证条件、强制性表计安装和计量、强有力的窃电惩罚办法等	2003 年

续表

序号	政策名称	主 要 内 容	时间
2	《电价政策》	明确各邦电监会有权规定在供电区域内购买可再生能源发电的比例，即实行"可再生能源购买义务"政策	2006年
3	《电价政策》修正	细化具体配额标准，提出专门针对太阳能0.25%的配额标准	2011年
4	可再生能源配额制	国家为培育可再生能源市场、保证可再生能源市场份额，对可再生能源发电在总发电量中所占比例做出强制性的规定，可以有效地促进可再生能源产业技术创新	—

资料来源：国际能源署。

2003年，印度讨论通过了《2003电力法案》，替代了原有的电力法案，电力改革迈出关键性的一步。法案取消了发电许可证制度，给予邦电力监管委员会更大的权利，发放输电、配电和电力交易的许可证，还可决定邦内的输电定价问题。

印度实施以"可再生能源购买义务"和"可再生能源证书"为核心的可再生能源配额制。2003年《电力法》是印度可再生能源发电（包括太阳能、风电、生物质发电和装机容量小于25兆瓦的水电）配额制度的最基本法律依据。该法律第86条规定各邦的电力监管委员会有权"规定在某一供电区域内从可再生能源中的购电比例"。2006年1月印度颁布的《电价政策》文件对电力法中的原则规定进行了细化，要求各邦电监会依据电力法在2006年4月之前推出可再生能源配额，具体配额比例的设置要考虑可用资源以及对消费者最终电价的影响。

第三节 电力与经济关系分析

一、电力消费与经济发展相关关系

（一）用电量增速与GDP增速

1990—1996年，印度GDP增速呈现曲折上升趋势，政府对电力需求预测不足，电力系统发展缓慢，用电量增速曲折下降；1996年后，用电量增速与GDP增速变化趋势具有高度一致性。1990—2016年印度用电量增速与GDP增速如图1-20所示。

图1-20 1990—2016年印度用电量增速与GDP增速

（二）电力消费弹性系数

1991 年的电力消费弹性系数最大，达到 9.06，产业结构和产品结构向节能型方向调整和转变，用电效率不断提高，单位产值电耗降低，电力消费弹性系数呈现下滑趋势，到 1996 年电力消费弹性系数直接下降到 0.26，1997—2016 年（除 2002 年外）电力消费弹性系数基本在 0.5～1.5 之间浮动。1990—2015 年印度电力消费弹性系数如表 1-19、图 1-21 所示。

表 1-19　　　　　　　　1990—2015 年印度电力消费弹性系数

年　份	1990	1991	1992	1993	1994	1995	1996	1997	1998
电力消费弹性系数	—	9.06	1.25	1.57	1.34	0.92	0.26	1.53	0.79
年　份	1999	2000	2001	2002	2003	2004	2005	2006	2007
电力消费弹性系数	0.35	0.53	0.31	1.63	0.87	0.86	0.61	1.19	0.85
年　份	2008	2009	2010	2011	2012	2013	2014	2015	
电力消费弹性系数	1.27	0.95	0.84	1.34	0.98	0.71	1.35	0.90	

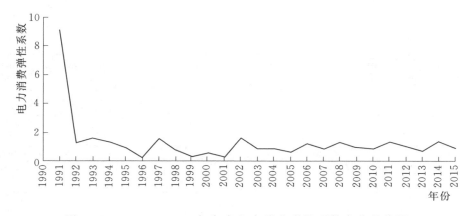

图 1-21　1990—2015 年印度电力消费弹性系数变化趋势图

（三）单位产值电耗

1990—2015 年，印度单位产值电耗在 0.4～1.0 千瓦时/美元范围内浮动，1990—1993 年单位产值电耗持续上升，由 0.68 千瓦时/美元变化到 0.98 千瓦时/美元，随着印度经济结构的调整，通过采用新技术不断地淘汰一些耗能高的旧设备，1993—2011 年单位产值电耗呈现下降趋势，由 0.98 千瓦时/美元降到 0.43 千瓦时/美元，降幅较大，后来印度电气化水平日益提高，致使产值电耗提高，加之价格因素的综合作用，使得单位产值电耗从 2011 年到 2015 年呈现轻微波动。1990—2015 年印度单位产值电耗如表 1-20、图 1-22 所示。

表 1-20　　　　　　　　1990—2015 年印度单位产值电耗　　　　　　　单位：千瓦时/美元

年　份	1990	1991	1992	1993	1994	1995	1996	1997	1998
单位产值电耗	0.68	0.88	0.88	0.98	0.91	0.89	0.83	0.83	0.86
年　份	1999	2000	2001	2002	2003	2004	2005	2006	2007
单位产值电耗	0.81	0.81	0.80	0.80	0.72	0.66	0.61	0.59	0.49
年　份	2008	2009	2010	2011	2012	2013	2014	2015	
单位产值电耗	0.52	0.50	0.44	0.43	0.46	0.47	0.47	0.49	

（四）人均用电量

印度人均用电量长期低于世界平均水平。截至 2017 年，印度有近 2.4 亿民众无电可用，其中 2.2

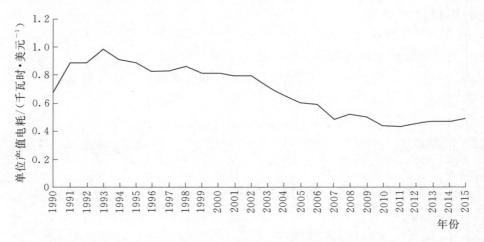

图 1-22 1990—2015 年印度单位产值电耗变化趋势

亿为农村人口，印度用电人口在总人口中的占比为 78%。1990 年，印度人均用电量为 256.55 千瓦时，2015 年，人均用电量增速 805.89 千瓦时。1990—2015 年印度人均用电量如表 1-21、图 1-23 所示。

表 1-21　　　　　　　　　　　1990—2015 年印度人均用电量　　　　　　　　　　单位：千瓦时

年　份	1990	1991	1992	1993	1994	1995	1996	1997	1998
人均用电量	256.55	275.99	289.42	305.12	326.21	342.39	342.61	357.23	368.01
年　份	1999	2000	2001	2002	2003	2004	2005	2006	2007
人均用电量	372.77	373.86	373.20	389.90	410.01	431.17	448.62	490.46	523.44
年　份	2008	2009	2010	2011	2012	2013	2014	2015	
人均用电量	541.33	576.78	618.00	663.87	672.62	694.52	755.88	805.89	

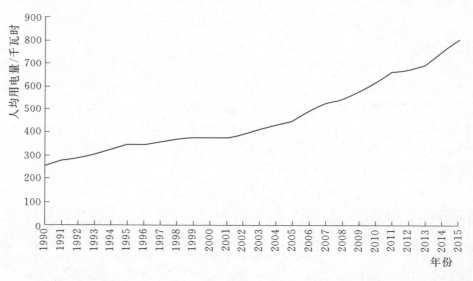

图 1-23 1990—2015 年印度人均用电量变化趋势

二、工业用电与工业经济增长相关关系

（一）工业用电量增速与工业增加值增速

印度重化工业和机械制造业发展迟缓，以传统轻工业为主。长期以来，制约印度工业发展的因

素包括各级政府缺乏招商引资、为私有企业创造市场和销售网络的能力与技术缺乏、电力短缺、劳动力供给结构不平衡等。工业用电量增速与工业增加值增速变化趋势高度一致。1990—2016 年印度工业用电量增速与工业增加值增速如图 1-24 所示。

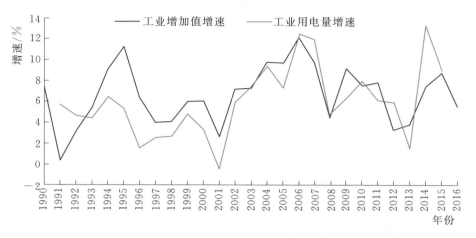

图 1-24　1990—2016 年印度工业用电量增速与工业增加值增速

（二）工业电力消费弹性系数

2001 年工业增加值增速为 2.61%，工业用电量增速为 -0.45%，导致工业电力消费弹性系数达到最小值，为 -0.17，1992 年后（除 2001 年），工业电力消费弹性系数基本维持在 0.5～1.5 浮动，波动较小。1990—2015 年印度工业电力消费弹性系数如表 1-22、图 1-25 所示。

表 1-22　　　　　　　　　　1990—2015 年印度工业电力消费弹性系数

年　份	1990	1991	1992	1993	1994	1995	1996	1997	1998
电力消费弹性系数	—	16.75	1.46	0.80	0.71	0.47	0.24	0.63	0.65
年　份	1999	2000	2001	2002	2003	2004	2005	2006	2007
电力消费弹性系数	0.81	0.55	-0.17	0.82	1.03	0.96	0.75	1.03	1.24
年　份	2008	2009	2010	2011	2012	2013	2014	2015	
电力消费弹性系数	1.10	0.69	1.05	0.79	1.81	0.41	1.78	1.03	

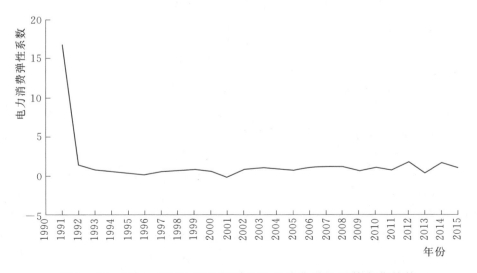

图 1-25　1990—2015 年印度工业电力消费弹性系数变化趋势

（三）工业单位产值电耗

印度工业发展不平衡，基础设施相对落后，制约了其经济发展。1990—1993 年间，印度工业单位产值电耗从 1.26 千瓦时/美元变化到 1.73 千瓦时/美元，变化达到了 0.47 千瓦时/美元。1994—2007 年，该值从 1.52 千瓦时/美元降至 0.64 千瓦时/美元，变化达 0.88 千瓦时/美元。直到 2015 年，该值在 0.6 千瓦时/美元左右小幅波动。1990—2015 年印度工业单位产值电耗如表 1-23、图 1-26 所示。

表 1-23　　　　　　　　　　　　　**1990—2015 年印度工业单位产值电耗**　　　　　　　　　单位：千瓦时/美元

年　份	1990	1991	1992	1993	1994	1995	1996	1997	1998
单位产值电耗	1.26	1.65	1.59	1.73	1.52	1.40	1.35	1.31	1.37
年　份	1999	2000	2001	2002	2003	2004	2005	2006	2007
单位产值电耗	1.34	1.32	1.31	1.25	1.15	1.01	0.93	0.90	0.64
年　份	2008	2009	2010	2011	2012	2013	2014	2015	
单位产值电耗	0.69	0.68	0.59	0.57	0.62	0.64	0.68	0.72	

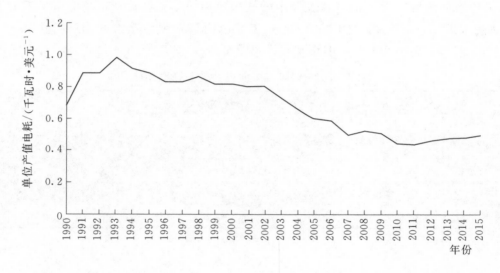

图 1-26　1990—2016 年印度工业单位产值电耗变化趋势

三、服务业用电与服务业经济增长相关关系

（一）服务业用电量增速与服务业增加值增速

印度是新兴经济体的代表，2000 年前，印度服务业增加值增速曲折上升，用电量增速曲折下降；到 2000 年后，印度服务业用电量增速与 GDP 增速变化趋势高度一致。1990—2016 年印度服务业用电量增速与服务业增加值增速如图 1-27 所示。

（二）服务业电力消费弹性系数

1991—1994 年，印度服务业电力消费弹性系数波动较大，1994 年，服务业电力消费弹性系数最大，为 2.39；1995—2015 年（除 2003 年、2013 年外），服务业电力消费弹性系数基本在 0.5～1.5 浮动。1990—2015 年印度服务业电力消费弹性系数如表 1-24、图 1-28 所示。

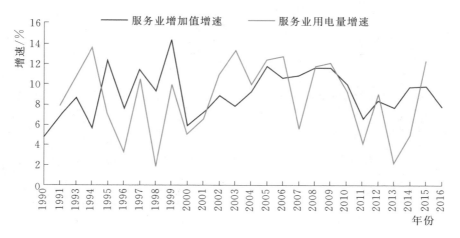

图 1-27　1990—2016 年印度服务业用电量增速与服务业增加值增速

表 1-24　　　　　　　　　　**1990—2015 年印度服务业电力消费弹性系数**

年　份	1990	1991	1992	1993	1994	1995	1996	1997	1998
电力消费弹性系数	—	1.14	1.13	1.24	2.39	0.57	0.42	0.91	0.21
年　份	1999	2000	2001	2002	2003	2004	2005	2006	2007
电力消费弹性系数	0.70	0.87	0.92	1.22	1.69	1.07	1.05	1.19	0.52
年　份	2008	2009	2010	2011	2012	2013	2014	2015	
电力消费弹性系数	1.01	1.04	0.92	0.61	1.07	0.29	0.52	1.25	

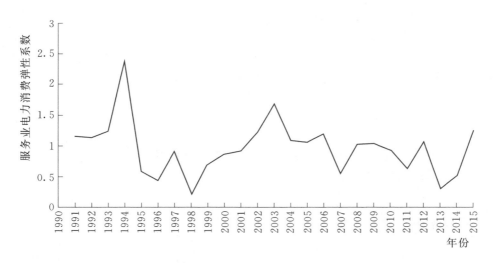

图 1-28　1990—2015 年印度服务业电力消费弹性系数

（三）服务业单位产值电耗

　　印度有良好的服务业基础，民众英文普及程度较高，劳动力成本低廉，对资源的保护较好。1990—1993 年，服务业单位产值电耗由 0.09 千瓦时/美元增长到 0.12 千瓦时/美元，增加 0.03 千瓦时/美元；1994—2011 年，该值持续下降至 0.08 千瓦时/美元时基本稳定；1990—2015 年印度服务业单位产值电耗基本都在 0.07～0.12 浮动。1990—2015 年印度服务业单位产值电耗如表 1-25、图 1-29 所示。

表 1-25				1990—2015 年印度服务业单位产值电耗				单位：千瓦时/美元	
年 份	1990	1991	1992	1993	1994	1995	1996	1997	1998
单位产值电耗	0.09	0.11	0.11	0.12	0.12	0.12	0.11	0.11	0.11
年 份	1999	2000	2001	2002	2003	2004	2005	2006	2007
单位产值电耗	0.11	0.11	0.11	0.11	0.11	0.10	0.09	0.09	0.09
年 份	2008	2009	2010	2011	2012	2013	2014	2015	
单位产值电耗	0.10	0.10	0.09	0.08	0.08	0.08	0.07	0.08	

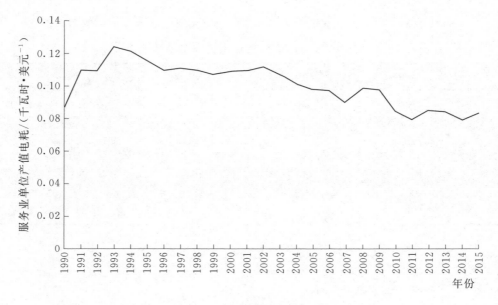

图 1-29 1990—2015 年印度服务业单位产值电耗

第四节 电力与经济发展展望

一、经济发展展望

自 1950 年印度共和国成立后，经过近 70 年的发展，印度经济从开始的"印度式增长"到现在的高速增长，印度宏观经济发生了巨大变化。2004—2008 年平均经济增速达到 8.03%，2008 年受金融危机的影响经济增速度有所下滑，积极的经济刺激政策使得印度经济在 2010 年得到巨大反弹，达到 10.26%，在 2015 年印度经济增速达到 8.01%，成为世界上经济增速最高的国家。印度服务业发展并不是在本国工业发展的基础上发展起来的，印度要想实现可持续发展必须补足农业、工业的短板，形成合理的产业结构。预计 2017 年后印度 GDP 增速依旧会增加，到 2022 年，GDP 增速将达到 8.2%。1990—2022 年印度 GDP 增速变化趋势及预测如表 1-26、图 1-30 所示。

表 1-26　　　　　　　　　1990—2022 年印度 GDP 增速变化趋势及预测　　　　　　　　　%

年　份	1990	1991	1992	1993	1994	1995	1996	1997
GDP 增速	5.53	1.06	5.48	4.75	6.66	7.57	7.55	4.05
年　份	1998	1999	2000	2001	2002	2003	2004	2005
GDP 增速	6.18	8.85	3.84	4.82	3.8	7.86	7.92	9.28
年　份	2006	2007	2008	2009	2010	2011	2012	2013
GDP 增速	9.26	9.8	3.89	8.48	10.26	6.64	5.46	6.39
年　份	2014	2015	2016	2017	2018	2019	2020	2021	2022
GDP 增速	7.51	8.01	7.11	6.62	7.4	7.8	7.9	8.1	8.2

数据来源：IMF。

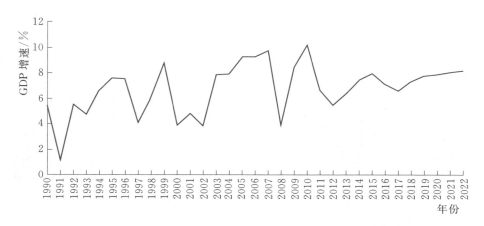

图 1-30　1990—2022 年印度 GDP 增速变化趋势及预测图

二、电力发展展望

（一）电力需求展望

2017—2022 年是印度的第十三个五年电力规划，预测用电量将达到 13004.86 亿千瓦时，较上一个五年电力规划完成时用电量增加近 30%。印度第十三个五年电力规划用电量预测如表 1-27、图 1-31 所示。

表 1-27　　　　　　　印度第十三个五年电力规划用电量预测　　　　　　　单位：亿千瓦时

项　目	第十二个五年电力规划	第十三个五年电力规划预测	项　目	第十二个五年电力规划	第十三个五年电力规划预测
家庭	2832.53	3867.90	工业	3004.82	3864.50
商业	983.33	1288.88	其他	983.31	1220.81
农业	2139.83	2762.77	总和	9943.82	13004.8

数据来源：印度中央电力管理局。

在第十三个五年电力规划结束后，工业电力消耗占比将达 30%，家庭占比将达 30%，农业占比将达 21%，商业占比将达 10%。与上一个五年电力规划结束时各行业电力消耗占比基本相同，整体结构变化不大。印度第十三个五年电力规划用电量预测如图 1-32 所示。

（二）电力发展规划与展望

1. 预计增加的装机方案

印度中央电力管理局发布的国家电力规划草案给出了在第十三个五年规划（即在 2021 年之前）

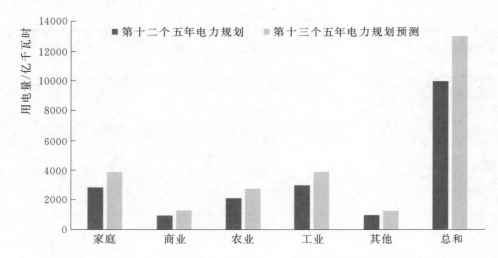

图 1-31 印度第十三个五年电力规划中用电量预测

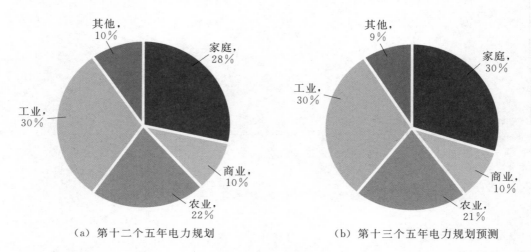

（a）第十二个五年电力规划　　　　　（b）第十三个五年电力规划预测

图 1-32 印度第十二个五年电力规划及第十三个五年电力规划用电量预测

中可能增加的装机方案。

　　印度各地区自然资源分布不均，在印度第十三个五年电力规划中，北部地区将大力增加太阳能装机容量，预计在第十三个五年电力规划期间太阳能装机容量将增加 24566 兆瓦，核电、风电预计增加的装机容量较小；西部地区将大力增加光伏发电、火电、风电装机容量；南部地区将大力增加光伏发电、火电、风电装机容量；东部地区将大力增加火电、光伏发电的装机容量。第十三个五年电力规划期间增加的装机容量如表 1-28、图 1-33 所示。

表 1-28　　　　　　　　　第十三个五年电力规划期间增加的装机容量　　　　　　　　　单位：兆瓦

地　区	火电	水电	核电	风电	光伏发电	总计
北部地区	8000	6791	1400	584	24566	41341
西部地区	17118	480	1400	10000	24515	53513
南部地区	14916.88	1180	0	12894	22238	51228.88
东部地区	13830	1853	0	0	12264	27947
东北地区	500	6111	0	0	1759	8370

数据来源：印度中央电力管理局。

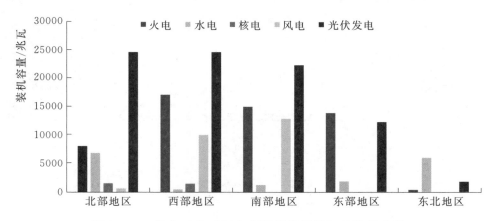

图 1-33 第十三个五年电力规划期间增加的装机容量

2. 电力发展展望

（1）火电发展展望。印度火电中燃煤发电量占比超过 80%，现阶段燃煤发电企业经营所需的 15% 依靠进口，燃煤短缺会制约印度燃煤发电产业的发展；印度火电中天然气发电受限于天然气运输基础设施落后、液化天然气进口成本较高，未来可能出现小幅提升；印度火电中石油发电量占比较低，中长期将呈现逐步下滑的趋势，预计 2024 年，火电中石油发电量占比将降至 0.6%。印度中央电力管理局公布的第三份《国家电力规划（草案）》明确了印度给煤电降温和迅速发展可再生能源的战略：到 2022 年，印度煤电占比将降至 47% 左右。

（2）水电发展展望。丰富的水力资源有力地保障了中长期内清洁能源发电的原料需求，印度第三份《国家电力规划（草案）》预计，随着 2017—2022 年在建和批准建设项目的投入运行，到 2027 年印度将新增 2.73 万兆瓦水电，今后将会大力发展水电。

（3）核电发展展望。根据国家能源政策，印度核电发展目标是：到 2020 年装机容量达到 1.45 万兆瓦，包括轻水堆、重水堆及快堆。计划到 2032 年增加约 40 座反应堆，印度今后的核电扩大计划十分引人关注。

（4）可再生能源发展展望。根据印度第十三个五年电力规划，2017—2022 年可再生能源新增装机容量将会达到 17.5 万兆瓦，风电装机量将是现有规模的 2.5 倍。

据《2015 年世界能源展望（印度篇）》，印度将加快光伏发电的部署步伐，将成为世界上第二大的光伏发电市场。到 2040 年预计印度超过一半的新增发电能力将来自非化石燃料，即光伏发电和风力发电。

2015 年，印度总理莫迪批准了一项扩大印度光伏发电装机容量的目标计划，这项计划将贾瓦哈拉尔·尼赫鲁国家太阳能计划（JNNSM）的目标提高了 5 倍，到 2022 年印度光伏发电量将达到 10 万兆瓦。其目标主要包括实现 4 万兆瓦屋顶光伏发电，同时建造 6 万兆瓦大中型太阳能并网项目。

（5）电网建设展望。印度缺乏智能电网，其电力市场需要大量智能电网基础设施投资。印度输配电损耗率居全球首位，大部分印度电力企业无法实现成本回收，智能电网投资将使电力企业减少损失、增加收益、提高运营效率。在 2015 年，印度能源部部长宣布推出"国家智能电网计划"，为地区和地方性电网升级改造提供补助，最高补助金额可达 30%。预计未来 10 年，印度将大力投资于智能计量、配电自动化、电池储能及其他智能电网领域。

第二章

巴 西

巴西联邦共和国简称"巴西",是南美洲最大的国家。总人口 2.02 亿,国土总面积 854.74 万平方公里,居世界第五,与乌拉圭、阿根廷、巴拉圭、玻利维亚等十国接壤。

巴西拥有丰富的自然资源和完整的工业基础,为世界第七大经济体。它是"金砖五国"之一,也是南美洲国家联盟成员,里约集团创始国之一,南方共同市场、20 国集团成员国,不结盟运动观察员。

中国与巴西为经济合作伙伴。巴西是中国在拉美地区最重要的大宗商品来源国,而巴西对中国生产的电器和电子产品、机械设备、计算机等工业产品需求量日渐增加,两国经济拥有较强互补性;中国企业还通过兼并、收购等多种形式投资于巴西的能源、基础设施等领域,巴西也在飞机制造、压缩机等方面对华投资,双方投资合作机遇多、潜力大。

第一节 经济发展与政策

一、经济发展状况

(一)经济发展及现状

巴西是拉美地区最大的经济体,是全球最封闭的经济体之一。2015 年以来,在全球经济逐步恢复的背景下,巴西政府依旧将经济增长寄予国内市场,贸易保护严重、行政效率低下、基础设施落后,经济深陷衰退,复苏乏力。

2011 年以来,国际环境发生变化,美国和欧元区经济低迷,国际原材料价格下跌,贸易需求量下降,巴西国内经济的高利率、高税收、投资不足等问题,制约了本国的经济增长。为保持经济持续发展,巴西政府采取了一系列减税降息、鼓励投资、加快基建、拉动消费的刺激性措施,但收效甚微,经济增长乏力。2011—2014 年,巴西 GDP 年均增长率仅为 2.1%,远低于之前水平。

2015 年 7 月,巴西基础利率达 14.25%,成为全球利率最高的国家之一。国际大宗商品价格暴跌使巴西经济大幅萎缩,巴西推出"国家出口计划"试图刺激出口,拉动经济增长,却难以挽回预势。巴西产业结构不合理,在工业未发展成熟之时,急于开展去工业化,导致制造业薄弱,未能充当大宗商品的"替补军"。2015 年巴西 GDP 同比下滑 3.8%,创 25 年来最严重衰退。

2017 年 12 月,巴西地理统计局数据显示,第三季度 GDP 同比下降 4.5%,个人消费同比下降 4.5%,固定投资同比下降 1.5%,财政预算赤字超过 GDP 的 9%,雷亚尔兑美元 2017 年累计贬值 46%,巴西经济依然萧条。

巴西是农产品生产大国，最重要的两大行业是种植业和畜牧业。种植业主要农作物包括大豆、玉米等，还有多种热带作物如咖啡、柑橘等，其产量和出口量均十分可观；畜牧业主要以养鸡、牛、猪为主。巴西是农产品出口大国，出口总额中约40%来自农业。2017年前9个月，农产品出口量与2016年同期相比增长5.7%，其中大豆同比增加23.3%；出口额与2016年同期相比增长9%。巴西农业仍存在基础设施与物流落后、农产品运输成本过高、出口价格缺乏竞争力等不足之处。

（二）主要经济指标分析

1. GDP及增速

1990—2000年间，受到1999年经济危机的影响，巴西GDP呈先快速增长后下落的趋势，GDP增速1994年达到峰值5.33%后再次回落。2001—2011年间，巴西的经济保持增长，2009年虽降至-0.13%，2010又突增至7.53%，仅次于中国与印度。2011年以后，巴西GDP增长减缓，2015年、2016年GDP连续两年负增长。2017年恢复正增长，但增长率较低。1990—2017年巴西GDP及增速如表2-1、图2-1所示。

表2-1　　　　　　　　　　　　　　1990—2017年巴西GDP及增速

年　份	1990	1991	1992	1993	1994	1995	1996
GDP/亿美元	4619.52	6028.60	4005.99	4377.99	5581.12	7856.43	8504.26
GDP增速/%	-3.10	1.51	-0.47	4.67	5.33	4.42	2.21
年　份	1997	1998	1999	2000	2001	2002	2003
GDP/亿美元	8831.99	8637.23	5993.89	6554.21	5593.73	5079.63	5583.20
GDP增速/%	3.40	0.34	0.47	4.11	1.39	3.05	1.14
年　份	2004	2005	2006	2007	2008	2009	2010
GDP/亿美元	6693.17	8916.30	11076.4	13970.8	16958.2	16670.2	22088.7
GDP增速/%	5.76	3.20	3.96	6.06	5.09	-0.13	7.54
年　份	2011	2012	2013	2014	2015	2016	2017
GDP/亿美元	26162.02	24651.89	24728.07	24559.94	18022.14	17939.89	20555.06
GDP增速/%	3.99	1.93	3.01	0.51	-3.55	-3.47	0.98

数据来源：联合国统计司；国际货币基金组织；世界银行。

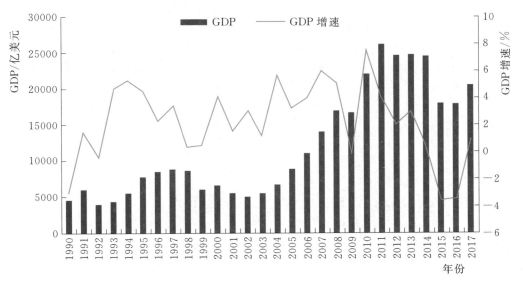

图2-1　1990—2017年巴西GDP及增速

2. 人均 GDP 及增速

巴西人均 GDP 及增速变化与 GDP 及增速变化趋势大体一致。2001—2011 年间，巴西经济增长较快，2010 年人均 GDP 增速突增至 6.49%，是 1990—2016 年的最高水平。2011—2013 年，巴西人均 GDP 增长减缓；2014—2017 年人均 GDP 开始下滑，连续四年负增长，2015 年人均 GDP 增速跌破−4.49%，为 1990 年以来最低水平。2017 年人均 GDP 恢复正增长，增速为 0.19%。1990—2017年巴西人均 GDP 及增速如表 2-2、图 2-2 所示。

表 2-2　　　　　　　　　　　1990—2017 年巴西人均 GDP 及增速

年　份	1990	1991	1992	1993	1994	1995	1996
人均 GDP/美元	3093.04	3966.80	2591.80	2786.17	3494.64	4740.12	5156.81
增速/%	−4.83	−0.24	−2.13	2.95	3.64	2.75	0.59
年　份	1997	1998	1999	2000	2001	2002	2003
人均 GDP/美元	5271.41	5075.63	3469.50	3739.12	3146.95	2819.65	3059.59
增速/%	1.77	−1.21	−1.04	2.61	−0.02	1.68	−0.15
年　份	2004	2005	2006	2007	2008	2009	2010
人均 GDP/美元	3623.05	4770.18	5860.15	7313.56	8787.61	8553.38	11224.15
增速/%	4.47	1.99	2.81	4.94	4.03	−1.11	6.50
年　份	2011	2012	2013	2014	2015	2016	2017
人均 GDP/美元	13167.47	12291.47	12216.90	12026.62	8750.22	8639.37	9821.41
增速/%	3.00	0.98	2.07	−0.38	−4.37	−4.25	0.19

数据来源：联合国统计司；国际货币基金组织；世界银行。

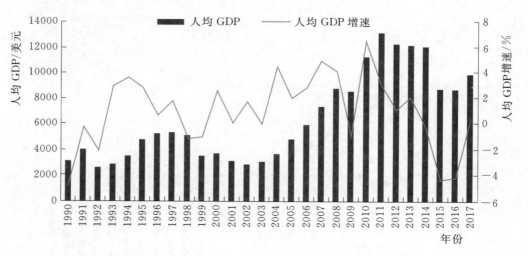

图 2-2　1990—2017 年巴西人均 GDP 及增速

3. GDP 分部门结构

巴西产业结构类似发达国家，以服务业为主力，同时保护农业，促进工业发展。1995 年，巴西服务业占比从 1994 年的 50.15% 跃升至 67.18%，农业、工业占比均下降。1995—2011 年，产业结构较为平衡，服务业仅在 60% 左右小范围波动，农业、工业除 2003—2004 年外，基本保持稳定。2011—2016 年，服务业占比逐年上升，2016 年达到 63.23%；工业占比逐年萎缩，2016 年降至21.16%；1990—2017 年巴西 GDP 分部门占比如表 2-3、图 2-3 所示。

表 2 - 3　　　　　　　　　　　　　1990—2017 年巴西 GDP 分部门占比　　　　　　　　　　　　%

年　份	1990	1991	1992	1993	1994	1995	1996
农业	8.10	7.79	7.72	7.56	9.85	5.79	5.45
工业	38.69	36.16	38.70	41.61	40.00	27.03	25.55
服务业	53.21	56.05	53.58	50.83	50.15	67.18	68.99
年份	1997	1998	1999	2000	2001	2002	2003
农业	5.33	5.40	5.37	5.52	5.64	6.42	7.20
工业	25.71	25.14	25.11	26.75	26.59	26.37	26.96
服务业	68.96	69.46	69.52	67.73	67.78	67.22	65.83
年　份	2004	2005	2006	2007	2008	2009	2010
农业	6.67	5.48	5.14	5.18	5.41	5.24	4.84
工业	28.63	28.47	27.68	27.12	27.33	25.59	27.38
服务业	64.69	66.05	67.18	67.70	67.26	69.18	67.78
年　份	2011	2012	2013	2014	2015	2016	2017
农业	5.11	4.90	5.28	5.03	5.02	5.66	5.30
工业	27.17	26.03	24.85	23.79	22.51	21.16	21.46
服务业	67.72	69.07	69.87	71.18	72.46	73.18	73.24

数据来源：联合国统计司；国际货币基金组织；世界银行。

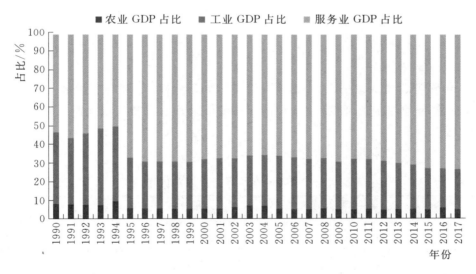

图 2 - 3　1990—2017 年巴西 GDP 分部门占比

4. 工业增加值增速

巴西工业增加值年度差异较大，起伏波动较大，总体呈先增加、中波动、后降低的趋势。2014—2016 年，巴西工业增加值始终处在负增长的状态，2017 年恢复正增长。1990—2017 年巴西工业增加值增速如表 2-4、图 2-4 所示。

年　份	1990	1991	1992	1993	1994	1995	1996
工业增加值增速	−8.20	−4.24	−4.01	7.84	8.05	4.74	−0.96
年　份	1997	1998	1999	2000	2001	2002	2003
工业增加值增速	4.37	−2.09	−2.61	4.41	−0.64	3.80	0.10
年　份	2004	2005	2006	2007	2008	2009	2010
工业增加值增速	8.21	1.99	2.01	6.21	4.10	−4.70	10.20
年　份	2011	2012	2013	2014	2015	2016	2017
工业增加值增速	4.11	−0.72	2.17	−1.51	−5.76	−3.96	0.02

数据来源：联合国统计司；国际货币基金组织；世界银行。

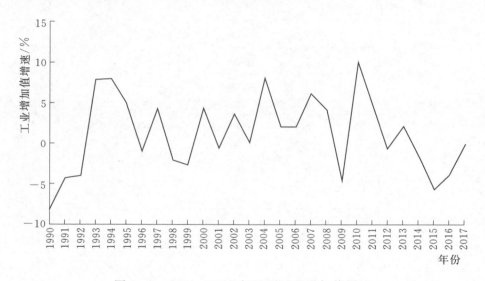

图 2-4　1990—2017 年巴西工业增加值增速

5. 服务业增加值增速

1990—2014 年服务业增加值持续增长，整体水平较高，未出现负增长情况。2014 年以后随着经济持续大幅走低，服务业增加值降低，2015 年、2016 年服务业增加值增速降低至负值，2017 年恢复正增长，但增速缓慢。

1992—2017 年巴西服务业增加值增速如表 2-5、图 2-5 所示。

年　份	1992		1993		1994		1995		1996		1997		1998		1999
服务业增加值增速	0.91		3.09		3.90		2.88		5.83		2.44		1.60		2.04
年　份	2000		2001		2002		2003		2004		2005		2006		2007
服务业增加值增速	1.64		2.06		3.12		1.04		5.02		3.59		4.25		5.87
年　份	2008	2009	2010	2011	2012	2013	2014	2015	2016	2017
服务业增加值增速	4.80	1.97	5.86	3.45	2.88	2.69	0.96	−2.77	−2.59	0.26

数据来源：联合国统计司；国际货币基金组织；世界银行。

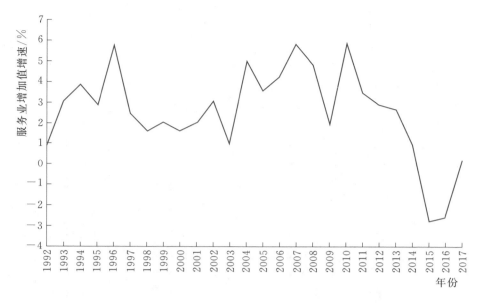

图 2 - 5 1992—2017 年巴西服务业增加值增速

6. 外国直接投资及增速

1990—2017 年，巴西外商投资整体有大幅提升，每年增速波动幅度较大。2007 年矿产、石油和粮食等价格整体走高，大大刺激了外商在巴西投资的扩张，外商直接投资同比增长 130.05％。2010 年，巴西整体经济运行良好，外商投资大量涌入，外资增速高达 180.97％，是 1990 年以来的最高增速。2012 年，巴西 10 月单月吸收外资 77 亿美元，成为全球第四大吸收外国直接投资的国家，位于欧盟及中国、美国之后。2013 年巴西吸引外资 696.86 亿美元，为拉美和加勒比地区的第一名，占该地区总引资的 32％。2015 年巴西国内发生经济危机，外商投资额也随之明显下降。2016 年，巴西政府从宏观和微观角度对巴西经济进行了大幅改革，外国直接投资有所回升，外国投资者对于巴西的信心开始重建。1990—2017 年外国直接投资如表 2 - 6、图 2 - 6 所示。

表 2 - 6　　　　　　　　　　1990—2017 年外国直接投资及增速

年　份	1990	1991	1992	1993	1994	1995	1996
外国直接投资/亿美元	9.89	11.03	20.61	12.92	30.72	48.59	112.00
增速/％	−12.56	11.53	86.85	−37.31	137.77	58.17	130.50
年　份	1997	1998	1999	2000	2001	2002	2003
外国直接投资/亿美元	196.50	319.13	285.76	329.95	232.26	165.87	101.23
增速/％	75.45	62.41	−10.46	15.46	−29.61	−28.59	−38.97
年　份	2004	2005	2006	2007	2008	2009	2010
外国直接投资/亿美元	181.81	154.60	193.78	445.79	507.16	314.81	884.52
增速/％	79.60	−14.97	25.34	130.05	13.77	−37.93	180.97
年　份	2011	2012	2013	2014	2015	2016	2017
外国直接投资/亿美元	1011.58	866.07	696.86	971.80	747.18	782.48	703.32
增速/％	14.36	−14.38	−19.54	39.45	−23.11	4.72	−10.12

数据来源：联合国统计司；国际货币基金组织；世界银行。

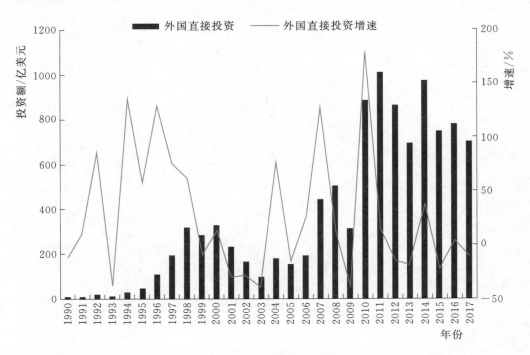

图 2-6　1990—2017 年外国直接投资及增速

7. CPI 涨幅

1990—1994 年，巴西政府滥发货币，又实行了爬行钉住美元的货币政策，导致 CPI 失控飙升，1990 年 CPI 高达 2974.73%，产生了恶性通货膨胀。1995—1998 年，巴西政府通过不断更换货币、改变汇率政策，使通胀率回落至 3.2%，恢复到正常水平。1999 年以后，巴西实行完全自由浮动的汇率制度，CPI 得到一定控制，不再出现极端值，整体水平依然高于其他国家，平均涨幅为 6.70%。2003 年达到 14.72% 的高峰；2007—2016 年通胀率呈缓慢爬升趋势，2016 年达 8.74%。2017 年巴西通胀率回落至 3.66%。1990—2017 年巴西 CPI 涨幅如表 2-7、图 2-7 所示。

表 2-7　　　　　　　　　　　　　　1990—2017 年巴西 CPI 涨幅　　　　　　　　　　　　　　　%

年　份	1990	1991	1992	1993	1994	1995	1996
CPI 涨幅	2947.73	432.78	951.65	1927.98	2075.89	66.01	15.76
年　份	1997	1998	1999	2000	2001	2002	2003
CPI 涨幅	6.93	3.20	4.86	7.04	6.84	8.45	14.72
年　份	2004	2005	2006	2007	2008	2009	2010
CPI 涨幅	6.60	6.87	4.18	3.64	5.66	4.89	5.04
年　份	2011	2012	2013	2014	2015	2016	2017
CPI 涨幅	6.64	5.40	6.20	6.33	9.03	8.74	3.66

数据来源：联合国统计司；国际货币基金组织；世界银行。

8. 失业率

1990—2017 年，巴西失业率总体偏高，总体上失业率在 10% 左右。2015 年以来，经济衰退侵蚀了以消费拉动增长模式的活力，导致企业运营能力下降，工业领域出现了大幅裁减工作岗位的状况。受巴西国内严重贪腐现象影响，失业率再次上升，2016 年突破 10%，2017 年进一步上升至 12.88%。1991—2017 年巴西失业率如表 2-8、图 2-8 所示。

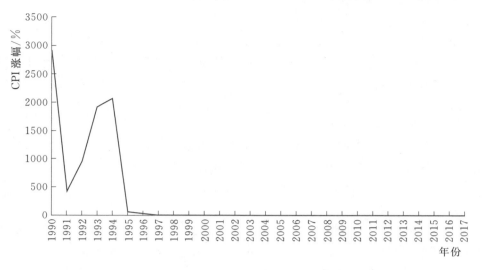

图 2-7 1990—2017 年巴西 CPI 涨幅趋势图

表 2-8　　　　　　　　　　　　1990—2017 年巴西失业率　　　　　　　　　　　　　%

年　份	1990	1991	1992	1993	1994	1995	1996
失业率	10.21	10.11	6.42	6.03	10.51	5.95	6.77
年　份	1997	1998	1999	2000	2001	2002	2003
失业率	7.68	8.90	9.61	13.92	9.35	9.11	9.73
年　份	2004	2005	2006	2007	2008	2009	2010
失业率	8.89	9.31	8.39	8.09	9.46	8.28	8.36
年　份	2011	2012	2013	2014	2015	2016	2017
失业率	6.69	7.19	6.99	6.67	8.44	11.61	12.88

数据来源：联合国统计司；国际货币基金组织；世界银行。

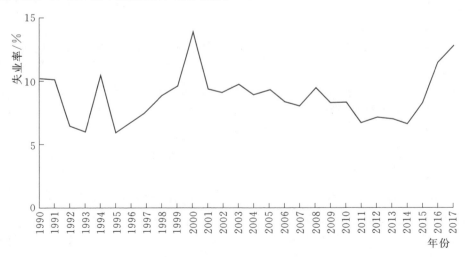

图 2-8 1991—2017 年巴西失业率

二、主要经济政策

（一）税收政策

（1）全面税改提案。2017 年，众议院税改特别委员会于 2 月中旬将一项改革幅度较大的税改方案提交众议院审议。改革包括精简石油和天然气行业税收制度、金融业征税体系的改变以及总体制度的简化。方案将减少由企业和个人负担的社保金比例，降低药品和食品的税率。

（2）简易计税法。2014 年 8 月 7 日，巴西政府颁布第 147 号法令，扩大简易计税法在服务业中的管辖范围，改变部分计税方法，提高出口服务小公司的计税上限。2016 年出台"无畏前行"计划，进一步提高计税上限，缩小不同层次税额的差异。2017 年 12 月调整商品流通服务税（ICMS）和社会服务税（ISS），增加税收重审制度。

（3）个人所得税调整。2017 年 11 月 20 日，联邦税务局在官方公报上发布"第 1760/2017 号规范指令"，将 2018 年纳入个人纳税申报声明（DIRPF）的最低年龄限制从 12 岁调低至 8 岁，旨在避免纳税人滞留于税收环节，加快税收抵免的退还。2019 年开始，不论年龄大小，都需在个人纳税申报声明中注册。

（二）金融政策

2015 年以来巴西货币贬值，引发资本外逃，给国内金融市场和实体经济造成巨大冲击。巴西政府采取增税、减少开支和提高利率的财政货币"双紧缩"政策。2016 年下半年巴西通胀率基本控制在预期范围内，巴西开启货币宽松周期，实行"松货币，紧财政"政策，以提振经济、缓解外部冲击。

2016 年 10 月以来，央行将基准利率连续下调十次，总计从 14.25% 降至 7.0%，累计降息 725 个基点。

2016 年 12 月 15 日巴西联邦政府出台一揽子经济宽松政策，以减少企业和个人债务，简化金融手续，刺激经济复苏。

2017 年 1 月，巴西国开行将中小微企业的界定标准调整为年营业收入在 3 亿雷亚尔以下，将更多企业纳入中小微企业范畴。减少融资条件、简化融资模式、提高融资运作透明度、提高投资保障基金（FGI）对融资的覆盖率，将中小微企业贷款发放时间减少。

2017 年 1 月 9 日，巴西国开行宣布，限制每个项目贷款比例不得超过 80%；因自然灾害而进行重建的项目，仍可获得 100% 的贷款。

2017 年 3 月 31 日，巴西央行和财政部共同通过第 13483/2017 号法令，宣布从 2018 年 1 月 1 日起，长期利率（TLP）取代之前的长期贷款利率（TJLP）。

（三）产业政策

1. 农业政策

巴西重视农业发展，有"以农立国"的可持续发展战略。为促进农业发展，巴西政府在农业方面放松财政、降息补贴，提高农业技术水平，为农民提供便利。

2010 年 8 月 11 日，巴西农业部发布第 27/2010 号决议，宣布农机现代化计划的执行，资助购置农用拖拉机、收割机和咖啡制备干燥加工设备。2016 年 4 月 21 日，巴西国开行宣布将投入 3 亿雷亚尔资金用于"农机现代化项目"，支持购买更新拖拉机和农用机械。

2012 年颁布"灌溉和储藏激励计划"，支持在经济和环境方面发展灌溉农业的可持续性，扩大农民的储存能力，支持建设农业机械设备维修设施。

2013 年，巴西制定《2013—3015 年 PSR 三年计划》，将在农业领域投资 4 亿美元，计划 2014 年投资 4.59 亿美元，2015 年投资 5.05 亿美元。

2016 年，巴西制定《2016—2018 年 PSR 三年计划》，其中的补贴百分比与每年限额相比之前均有所提高，进一步为农业发展提供了良好环境。

2. 旅游业政策

巴西拥有丰富的旅游资源，1995 年开始，巴西政府把发展旅游业列入巴西战略发展规划。2016 年的里约奥运会也为巴西旅游创造了新的机遇，巴西在"后奥运"时期颁布了一系列政策推动旅游业发展。

2017 年巴西旅游局颁布实施旅游地区化，推广新兴内陆旅游目的地和旅游线路。

2017 年巴西旅游局启动巴西可持续发展计划，旨在提高巴西旅游品质和可持续发展力。该计划按全球可持续发展旅游标准建立了国家级标准，为小型饭店业主提供有关培训。

2017 年颁布"水彩计划"，这是巴西旅游史上首个国际旅游营销计划，标志着巴西国家旅游品牌的创建、国家旅游品牌战略的确立，为巴西中长期国际旅游发展及营销确定了目标、提供了指导。

2017 年颁布"巴西色彩"，其目的是推广刺激国内旅游需求，作为促进社会融合、稳定的新途径，改善巴西旅游业淡旺季明显的局面，创造更多就业机会和社会财富。

3. 基建政策

2015 年 6 月 9 日，巴西前总统罗塞芙公布 2015—2018 年的"基础设施投资规划"，包括公路项目 16 个、机场 11 个、铁路 6 个、港口 137 个等基础设施的特许权招标，分布在巴西 20 个州的 130 多个城市，投资金额约为 1984 亿雷亚尔。政府希望通过私营企业的参与，为新一轮发展周期提供基础建设保障。

2016 年 5 月 23 日，巴西政府延续了"基础设施投资计划"的理念，宣布将把公路、港口、机场、铁路、能源、石油等领域的 100 项特许经营权发放给私营部门，将考虑允许私有银行提供融资。

2017 年 8 月 23 日，巴西联邦政府公布了 57 个特许经营项目私有化的计划，向外资开放了 11 个电力输电线路、14 个机场、15 个港口、高速公路等基础设施项目的特许经营权。

（四）投资政策

巴西政府欢迎外资进入本国市场，并实行国民待遇。巴西宪法规定，所有在巴西的外国独资或合资生产企业，均可视作"巴西民族工业"。

为鼓励开发巴西北部和东北部地区，巴西联邦政府和地方政府对外国投资（必须是合资形式，且巴西投资方要占较多股份）实行免征 10 年企业所得税，从第 11 年起的 5 年内减征 50％；免征或减征进口税及工业制成品税；免征或减征商品流通服务税等地方税。

2017 年 1 月，为吸引外资，促进经济复苏，特梅尔总统签署法令，更新并扩大了向外资控股企业开放政府信贷的经济领域，有关主要领域从基础设施、环境卫生、能源电力扩充到石油天然气、纺织工业、贸易、教育和医疗等。

2017 年 4 月 11 日，巴西旅游部宣布，政府将允许外国企业最多 100％控股本国航空公司，继续推进机场的私有化进程。

2017 年 5 月 11 日，特梅尔签署了一份有关延长国有港口运营期限的法令。新法令将运营期限从 25 年提高到 35 年，并允许再次延长最多 70 年。

第二节 电力发展与政策

一、电力供应形势分析

（一）电力工业发展概况

巴西是世界上水资源最丰富的国家之一，拥有全球 19％的水资源，但水资源分布不均，三分之二分布在亚马逊地区。巴西是世界上第十大能源消费国，2015 年，电力总装机容量 15555.1 万千瓦，用电量为 4916.5 亿千瓦时，用电负荷仍集中于经济发达的东南部地区。其中，水电装机容量达 9206 万千瓦，占总装机容量的 59.18％；另外还有部分的天然气、燃油、燃煤、核电、风电和生物质能发电机组。

2014 年，严重干旱袭击了负责全国 70％产电量的东南部地区，水库水位不断下降，东南部、南部与中西部 10 州部分地区断电。巴西大力发展风电、光伏发电等可再生清洁能源，出台了一系列政策与规划进行激励支持，从长远角度解决电力供应不足的问题。

巴西输电主干网称为全国互联系统，2016年年底交流输电线总长为99649千米，电压等级为230～765千伏，覆盖巴西约60％的国土和95％的人口。两条800千米的±600千伏双极直流线路，将世界第二大水电站伊泰普水电站（总装机容量14000兆瓦）发电远距离输送至巴西东南部负荷中心。

巴西互联电网分为南部、东南部、北部和东北部四个大区电网，由国调中心进行集中调度。国际联网方面，巴西与阿根廷、乌拉圭、委内瑞拉等实现联网。巴西国家互联电网的主要特点是：主网电压等级以500千伏和220千伏为主，网架呈树形分布，大区电网间联络线薄弱，大量地区存在电磁环网问题，远未达到$N-1$的最小电网稳定要求，电网稳定性较弱，电网扩建潜在空间巨大。

（二）发电装机容量及结构

1. 总装机容量及增速

1990—2015年，巴西装机容量一直保持逐年较高速上涨，年均增长4.56％。装机容量增速波动较大，2015年增速达15.41％。1990—2015年巴西总装机容量及增速如表2-9、图2-9所示。

表 2-9　　　　　　　　　　1990—2015 年巴西总装机容量及增速

年　份	1990	1991	1992	1993	1994	1995	1996	1997	1998
总装机容量/万千瓦	5096.8	5205.0	5306.9	5410.8	5549.3	5688.5	5926.3	6079.4	6284.0
增速/％	—	2.12	1.96	1.96	2.56	2.51	4.18	2.58	3.37
年　份	1999	2000	2001	2002	2003	2004	2005	2006	2007
总装机容量/万千瓦	6559.1	7048.8	7270.7	7781.0	8138.7	8470.9	9325.3	9677.4	10023.5
增速/％	4.38	7.47	3.15	7.02	4.60	4.08	10.09	3.78	3.58
年　份	2008	2009	2010	2011	2012	2013	2014	2015	
总装机容量/万千瓦	10354.2	10540.9	11369.5	11713.8	12137.6	12806.0	13478.6	15555.1	
增速/％	3.30	1.80	7.86	3.03	3.62	5.51	5.25	15.41	

数据来源：国际能源署；联合国统计司。

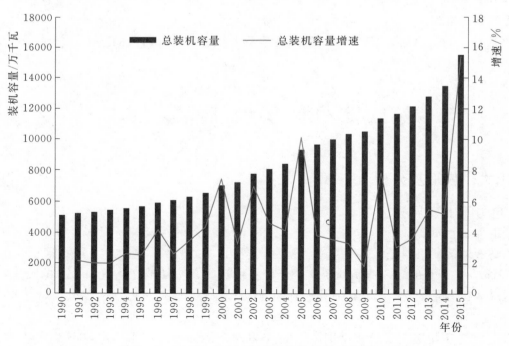

图 2-9　1990—2015 年巴西总装机容量及增速

2. 各类装机容量及占比

1990 年以来，巴西发电装机结构始终以水电为主。2006—2013 年间火电占比缓慢增加，2014 年后有所回落；风电占比逐年大幅增长，2011 年后风能成为巴西第三大电力来源，光伏发电发展起步较晚，占比不足 1.00％。1990—2015 年巴西各类装机容量及占比如表 2-10、图 2-10 所示。

表 2-10 　1990—2015 年巴西各类装机容量及占比

年 份		1990	1991	1992	1993	1994	1995	1996
水电	装机容量/万千瓦	4555.8	4661.6	4770.9	4860	4992.8	5131.1	5342.8
	占比/%	89.39	89.56	89.90	89.82	89.97	90.20	90.15
传统火电	装机容量/万千瓦	478.4	480.8	473.4	488.2	493.9	494.8	520.9
	占比/%	9.39	9.24	8.92	9.02	8.90	8.70	8.79
核电	装机容量/万千瓦	62.6	62.6	62.6	62.6	62.6	62.6	62.6
	占比/%	1.23	1.20	1.18	1.16	1.13	1.10	1.06
年 份		1997	1998	1999	2000	2001	2002	2003
水电	装机容量/万千瓦	5497	5675.9	5899.7	6106.3	6252.3	6531.1	6779.3
	占比/%	90.42	90.32	89.95	86.63	85.99	83.94	83.30
传统火电	装机容量/万千瓦	519.8	545.5	596.8	744.9	820.8	1059.8	1169.3
	占比/%	8.55	8.68	9.10	10.57	11.29	13.62	14.37
核电	装机容量/万千瓦	62.6	62.6	62.6	197.6	197.6	190.1	190.1
	占比/%	1.03	1.00	0.95	2.80	2.72	2.44	2.34
年 份		2004	2005	2006	2007	2008	2009	2010
水电	装机容量/万千瓦	6899.9	7105.9	7367.9	7686.9	7754.5	7861	8070.3
	占比/%	81.45	76.20	76.14	76.69	74.89	74.58	70.98
传统火电	装机容量/万千瓦	1380.9	1418.5	1467	1492.7	1684.1	1821.2	2226.7
	占比/%	16.30	15.21	15.16	14.89	16.26	17.28	19.58
核电	装机容量/万千瓦	190.1	190.1	190.1	179.5	176.6	188.4	188.4
	占比/%	2.24	2.04	1.96	1.79	1.71	1.79	1.66
风电	装机容量/万千瓦	—	2.9	23.7	24.7	41.4	60	92.7
	占比/%	—	0.03	0.24	0.25	0.40	0.57	0.82
光伏发电	装机容量/万千瓦	—	—	—	—	—	—	0.1
	占比/%	—	—	—	—	—	—	0.00
生物质能发电	装机容量/万千瓦	—	607.9	628.7	639.7	697.6	610.3	791.3
	占比/%	—	6.52	6.50	6.38	6.74	5.79	6.96
年 份		2011		2012		2013		2014	2015
水电	装机容量/万千瓦	8245.9		8429.4		8601.8		8919.3	9206
	占比/%	70.39		69.45		67.17		66.17	59.18
传统火电	装机容量/万千瓦	2236.8		2278.6		2508.3		2543.4	3956.4
	占比/%	19.10		18.77		19.59		18.87	25.43
核电	装机容量/万千瓦	188.4		188.4		188.4		188.4	188.4
	占比/%	1.61		1.55		1.47		1.40	1.21
风电	装机容量/万千瓦	142.6		251		347		596	872
	占比/%	1.22		2.07		2.71		4.42	5.61
光伏发电	装机容量/万千瓦	0.1		0.2		0.5		1.5	2.3
	占比/%	0.00		0.00		0.00		0.01	0.01
生物质能发电	装机容量/万千瓦	900		990		1160		1230	1330
	占比/%	7.68		8.16		9.06		9.13	8.55

数据来源：国际能源署；联合国统计司。

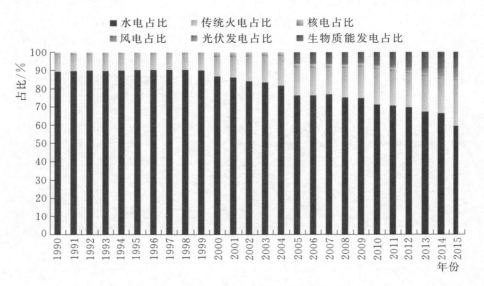

图 2-10 1990—2015 年巴西各类装机容量及占比

（三）发电量及结构

1. 总发电量及增速

1990—2017 年，巴西发电量整体呈增长趋势。2010 年巴西经济腾飞之际，发电量增长至 0.65%。2001 年巴西电力危机时期，发电量出现了 1990 年以来的首次负增长，增速为 -5.85%；2015 年，受国内经济衰退的影响，发电量同比下降 1.58%。2017 年，巴西发电量恢复正增长。1990—2017 年巴西总发电量及增速如表 2-11、图 2-11 所示。

表 2-11　　　　　　　　　　1990—2017 年巴西总发电量及增速

年　份	1990	1991	1992	1993	1994	1995	1996
总发电量/亿千瓦时	2228.20	2343.76	2417.62	2520.03	2600.41	2756.01	2912.79
增速/%	0.49	5.19	3.15	4.24	3.19	5.98	5.69
年　份	1997	1998	1999	2000	2001	2002	2003
总发电量/亿千瓦时	3079.81	3217.49	3347.26	3489.21	3285.19	3456.79	3643.40
增速/%	5.73	4.47	4.03	4.24	-5.85	5.22	5.40
年　份	2004	2005	2006	2007	2008	2009	2010
总发电量/亿千瓦时	3874.52	4030.31	4193.83	4451.49	4628.87	4661.58	5157.99
增速/%	6.34	4.02	4.06	6.14	3.98	0.71	10.65
年　份	2011	2012	2013	2014	2015	2016	2017
总发电量/亿千瓦时	5317.58	5524.99	5708.35	5905.42	5812.28	5788.98	5909.46
增速/%	3.09	3.90	3.32	3.45	-1.58	-0.40	2.08

数据来源：国际能源署；联合国统计司。

2. 各类发电量及占比

巴西的发电结构侧重清洁能源，电力主要来源为水电，1990 年水电发电量占比高达 92.77%。1990—2015 年间，巴西不断发展可再生能源，太阳能发电从无到有；巴西第一台风力发电机于 1992

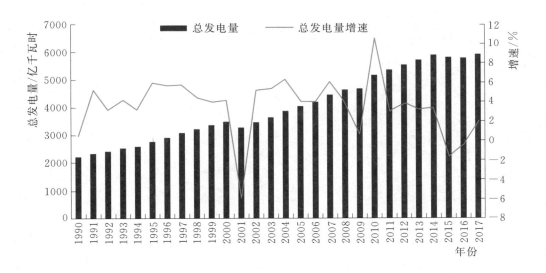

图 2-11 1990—2017 年巴西总发电量及增速

年建成，自此以后风力发电量显著增加，增速仅次于光伏发电。巴西大力开发盐下储藏，天然气与石油发电得到了一定发展。水电发电量的比重不断下降，2015 年降至 61.85％。1990—2015 年巴西各类发电量及占比如表 2-12、图 2-12 所示。

表 2-12　　　　　　　　　　　　1990—2015 年巴西各类发电量及占比

年　份		1990	1991	1992	1993	1994	1995	1996
水电	发电量/亿千瓦时	2067.1	2177.8	2233.4	2350.7	2427.1	2539.1	2657.7
	占比/%	92.77	92.92	92.39	93.29	93.33	92.13	91.24
传统火电	发电量/亿千瓦时	100.2	111.5	117.3	115.2	118.9	135.8	163.3
	占比/%	4.50	4.76	4.85	4.57	4.57	4.93	5.61
核电	发电量/亿千瓦时	22.4	14.4	17.6	4.4	0.6	25.2	24.3
	占比/%	1.00	0.62	0.73	0.18	0.02	0.91	0.83
生物质能发电	发电量/亿千瓦时	38.6	40.0	49.0	49.5	53.9	55.9	67.5
	占比/%	1.73	1.71	2.03	1.97	2.07	2.03	2.32
年　份		1997	1998	1999	2000	2001	2002	2003
水电	发电量/亿千瓦时	2789.7	2914.7	2930.0	3044.0	2678.8	2860.9	3056.2
	占比/%	90.58	90.59	87.54	87.24	81.54	82.76	83.88
传统火电	发电量/亿千瓦时	184.5	195.0	290.1	302.4	369.0	350.5	329.6
	占比/%	5.99	6.06	8.67	8.67	11.23	10.14	9.05
核电	发电量/亿千瓦时	31.7	32.7	39.8	60.5	142.8	138.4	133.6
	占比/%	1.03	1.01	1.19	1.73	4.35	4.00	3.67
风电	发电量/亿千瓦时	0	0.1	0	0	0.4	0.6	0.6
	占比/%	0	0	0	0	0.01	0.02	0.02
生物质能发电	发电量/亿千瓦时	73.8	75.1	83.7	78.4	89.8	102.2	118.9
	占比/%	2.40	2.33	2.50	2.25	2.73	2.96	3.26

年 份		2004	2005	2006	2007	2008	2009	2010
水电	发电量/亿千瓦时	3208.0	3374.6	3488.1	3740.2	3695.6	3909.9	4032.9
	占比/%	82.80	83.73	83.18	84.02	79.81	83.88	78.20
传统火电	发电量/亿千瓦时	419.7	412.3	411.3	389.3	584.1	377.5	638.8
	占比/%	10.83	10.23	9.81	8.74	12.61	8.10	12.39
核电	发电量/亿千瓦时	116.1	98.6	137.5	123.5	139.7	129.6	145.2
	占比/%	3.00	2.45	3.28	2.77	3.02	2.78	2.82
风电	发电量/亿千瓦时	0.6	0.9	2.4	6.5	8.4	12.4	21.8
	占比/%	0.02	0.02	0.06	0.14	0.18	0.27	0.42
生物质能发电	发电量/亿千瓦时	124.8	135.9	147.2	180.3	198.2	226.0	315.0
	占比/%	3.22	3.37	3.51	4.05	4.28	4.85	6.11

年 份		2011	2012	2013	2014	2015
水电	发电量/亿千瓦时	4283.3	4153.4	3909.9	3734.4	3597.4
	占比/%	80.55	75.16	68.46	63.22	61.85
传统火电	发电量/亿千瓦时	522.7	806.7	1173.4	1432.5	1363.0
	占比/%	9.83	14.60	20.55	24.25	23.43
核电	发电量/亿千瓦时	156.6	160.4	154.5	153.8	147.3
	占比/%	2.94	2.90	2.71	2.60	2.53
风电	发电量/亿千瓦时	27.1	50.5	65.8	122.1	216.3
	占比/%	0.51	0.91	1.15	2.07	3.72
光伏发电	发电量/亿千瓦时	—	—	0.1	0.2	0.6
	占比/%	—	—	0	0	0.01
生物质能发电	发电量/亿千瓦时	322.3	352.4	403.9	459.9	488.0
	占比/%	6.06	6.38	7.07	7.79	8.39

数据来源：国际能源署；联合国统计司。

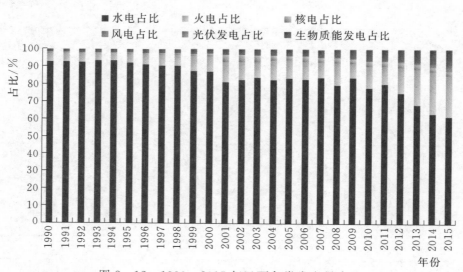

图 2-12 1990—2015 年巴西各类发电量占比

（四）电网建设规模

1983 年伊泰普水电站投产，实现了巴西南部电网和东南部电网的互联；1984 年图库鲁伊水坝电厂输电线路的建设，实现了巴西北部电网和东北部电网的互联；1999 年，巴西建设了一条长 1028 千米的 500 千伏交流输电线路，实现了四个大区电网的互联，形成了如今的全国互联系统。

2017 年 12 月 21 日，由中国国家电网公司与巴西国家电力公司联合投资建设的巴西美丽山±800 千伏特高压直流输电一期工程投运，这是巴西第一条±800 千伏特高压输电线路，共计 4600 千米。1999—2017 年巴西各电压等级输电线路长度如表 2-13、图 2-13 所示。

表 2-13　　　　　　　　　　1999—2017 年巴西各电压等级输电线路长度　　　　　　　　　单位：千米

年　份	1999	2000	2001	2002	2003	2004	2005
132 千伏	12.5	12.5	12.5	12.5	12.5	12.5	12.5
230 千伏	29924.5	30108.2	30292.2	31077.5	31861.1	32914.1	33679.4
345 千伏	8267.6	8267.6	8267.6	8220.2	8220.2	8220.2	8767.7
440 千伏	6185.7	6302.3	6807.6	6807.6	6807.6	6807.6	6808.5
500 千伏	12078.6	13509.2	13509.2	14771.6	18910.0	20180.7	21290.7
525 千伏	2492.1	2884.5	2963.4	3825.5	3825.5	3825.5	4572.1
765 千伏	1138	1410	1722	1722	1722	1722	1722
总计	60099.0	62494.2	63574.5	66436.8	71358.8	73682.6	76852.9
年　份	2006	2007	2008	2009	2010	2011	2012
132 千伏	12.5	12.5	12.5	12.5	12.5	12.5	12.5
138 千伏	—	—	—	115.5	115.5	115.5	115.5
230 千伏	34610.6	35373.6	36203.1	38903.2	40355.6	42422.2	44577.6
345 千伏	8767.7	8953.6	8953.6	8953.6	9234.9	9236.4	9398.4
440 千伏	6814.6	6814.6	6814.6	6814.6	6813.9	6836.1	6883.6
500 千伏	23364.7	23364.7	25914.9	26985.3	28108.2	28488.2	29171.2
525 千伏	5054.4	5094.3	4973.1	5230.5	5267.6	5382.5	5382.5
765 千伏	1722	1722	1722	1722	1722	1722	1722
总计	80346.4	81335.2	84593.7	88737.1	91630.1	94215.3	97263.2
年　份	2013		2014		2015		2016		2017
132 千伏	12.5		12.5		12.5		12.5		12.5
138 千伏	115.5		115.5		145.5		145.5		145.5
230 千伏	46125.0		48088.5		49548.4		50588.4		51272.6
345 千伏	9446.8		9497.2		9497.2		9513.6		9513.6
440 千伏	6883.6		6883.6		6888.7		6977.4		6977.5
500 千伏	32472.6		33194.5		34646.1		38620.2		38945.6
525 千伏	5382.5		6089.5		6420.4		6420.4		6540.4
600 千伏	4772		4772		9544		9544		9544
765 千伏	1722		1722		1722		1722		1722
800 千伏	—		—		—		—		4600
总计	106932.4		110375.3		118424.8		123544.1		129273.8

数据来源：巴西国调中心统计数据。

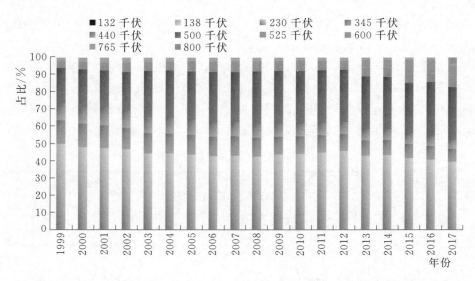

图 2-13 1999—2017 年巴西各电压等级输电线路长度占比

二、电力消费形势分析

(一) 总用电量

1990—2015 年间，巴西用电量保持增长。与发电量变化特点相同，用电量在 2001 年、2009 年和 2015 年这三年出现负增长，其中 2001 年下降幅度最大，增速为 −7.03%。1990—2015 年巴西总用电量及增速如表 2-14、图 2-14 所示。

表 2-14   1990—2015 年巴西总用电量及增速

年 份	1990	1991	1992	1993	1994	1995	1996	1997	1998
总用电量/亿千瓦时	2108.2	2176.0	2226.0	2332.3	2420.4	2565.1	2686.6	2855.5	2974.0
增速/%	—	3.21	2.30	4.77	3.78	5.98	4.74	6.28	4.15
年 份	1999	2000	2001	2002	2003	2004	2005	2006	2007
总用电量/亿千瓦时	3053.3	3211.6	2985.8	3127.3	3302.0	3467.5	3616.6	3753.8	3948.6
增速/%	2.67	5.18	−7.03	4.74	5.59	5.01	4.30	3.79	5.19
年 份	2008	2009	2010	2011	2012	2013	2014	2015	
总用电量/亿千瓦时	4098.6	4072.7	4378.6	4576.0	4729.3	4871.7	5007.8	4916.5	
增速/%	3.80	−0.63	7.51	4.51	3.35	3.01	2.79	−1.82	

数据来源：国际能源署；联合国统计司。

(二) 分部门用电量

1990—2015 年，工业是用电最多的产业，占比整体走低，从 1990 年的 53.29% 降至 2015 年的 39.99%；巴西实行了多种农业激励政策与服务业助推政策，农业、服务业与居民生活用电量及占比均持续走高。2015 年后国内危机对各产业发展产生负面影响，三大产业与居民用电量均无明显提升，工业和居民生活用电量出现负增长。1990—2015 年巴西分部门用电量及占比如表 2-15、图 2-15 所示。

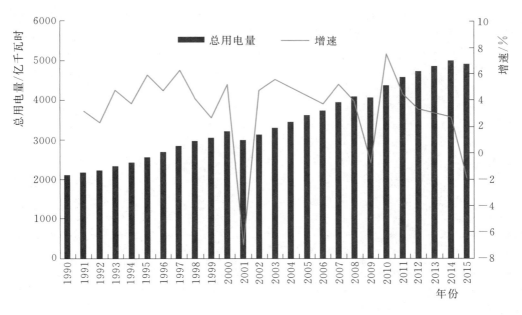

图 2-14 1990—2015 年巴西总用电量及增速

表 2-15 1990—2015 年巴西分部门用电量及占比

年 份		1990	1991	1992	1993	1994	1995	1996
农业	用电量/亿千瓦时	66.7	73.2	75.4	80.1	83.9	91.7	98.5
	占比/%	3.16	3.36	3.39	3.43	3.47	3.58	3.67
工业	用电量/亿千瓦时	1123.4	1150.4	1165.9	1224.6	1261.8	1271.7	1297.6
	占比/%	53.29	52.87	52.37	52.51	52.13	49.58	48.30
服务业	用电量/亿千瓦时	431.5	442.0	466.1	491.3	515.2	565.8	600
	占比/%	20.47	20.31	20.94	21.07	21.29	22.06	22.33
居民生活	用电量/亿千瓦时	486.7	510.4	518.7	536.3	559.5	635.8	690.6
	占比/%	23.08	23.45	23.30	22.99	23.12	24.79	25.70
年 份		1997	1998	1999	2000	2001	2002	2003
农业	用电量/亿千瓦时	108.0	116.0	126.7	128.6	124.0	129.2	142.8
	占比/%	3.78	3.90	4.15	4.00	4.15	4.13	4.33
工业	用电量/亿千瓦时	1355.2	1364.3	1385.5	1467.3	1394.1	1526.5	1607.2
	占比/%	47.46	45.87	45.38	45.69	46.69	48.81	48.67
服务业	用电量/亿千瓦时	651.5	699.9	728.2	779.6	730.0	744.1	790.6
	占比/%	22.82	23.54	23.85	24.27	24.45	23.79	23.94
居民生活	用电量/亿千瓦时	740.7	793.8	812.9	836.1	737.7	727.5	761.4
	占比/%	25.94	26.69	26.62	26.03	24.71	23.26	23.06

续表

年 份		2004	2005	2006	2007	2008	2009	2010
农业	用电量/亿千瓦时	149.0	156.9	164.2	175.4	184.0	166	177.0
	占比/%	4.30	4.34	4.37	4.44	4.49	4.08	4.04
工业	用电量/亿千瓦时	1720.6	1753.7	1834.2	1926.2	1972.2	1862.8	2033.5
	占比/%	49.62	48.49	48.86	48.78	48.12	45.74	46.44
服务业	用电量/亿千瓦时	812.1	874.1	897.3	938.3	986.6	1026.1	1083.6
	占比/%	23.42	24.17	23.90	23.76	24.07	25.20	24.75
居民生活	用电量/亿千瓦时	785.8	831.9	858.1	908.8	955.9	1017.8	1084.6
	占比/%	22.66	23.00	22.86	23.02	23.32	24.99	24.77

年 份		2011	2012	2013	2014	2015
农业	用电量/亿千瓦时	214.6	232.7	237.9	267.4	268.7
	占比/%	4.69	4.92	4.88	5.34	5.47
工业	用电量/亿千瓦时	2093.9	2096.2	2101.6	2059.3	1966.1
	占比/%	45.76	44.32	43.14	41.12	39.99
服务业	用电量/亿千瓦时	1147.8	1224.0	1283.3	1360.6	1368.5
	占比/%	25.08	25.88	26.34	27.17	27.84
居民生活	用电量/亿千瓦时	1119.7	1176.5	1249.0	1320.5	1313.2
	占比/%	24.47	24.88	25.64	26.37	26.71

数据来源：国际能源署；联合国统计司。

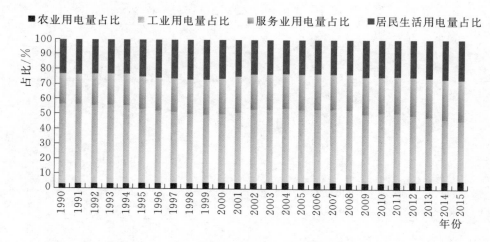

图 2-15 1990—2015 年巴西分部门用电量占比

三、电力供需平衡分析

1990—2015 年，巴西电力可供量除 2001 年、2009 年和 2015 年有所下降外，一直保持持续平稳增长的趋势，平均增速为 3.68%。1990—2015 年巴西电力进口量、出口量、可供量及增速如表 2-16、图 2-16 所示。

表 2-16　　　　　　　　　1990—2015 年巴西电力供需平衡情况

年　份	1990	1991	1992	1993	1994	1995	1996	1997	1998
电力生产量/亿千瓦时	2228.21	2343.77	2417.32	2519.76	2600.41	2756.01	2912.78	3079.82	3217.48
电力进口量/亿千瓦时	265.45	270.88	240.22	275.61	317.67	353.52	365.66	404.78	394.12
电力出口量/亿千瓦时	0.07	0.08	0.08	0.11	0	0	0.08	0.08	0.08
电力可供量/亿千瓦时	2493.59	2614.57	2657.46	2795.26	2918.08	3109.53	3278.36	3484.52	3611.52
电力可供量增速/%	—	4.85	1.64	5.19	4.39	6.56	5.43	6.29	3.64
年　份	1999	2000	2001	2002	2003	2004	2005	2006	2007
电力生产量/亿千瓦时	3347.16	3489.1	3285.08	3456.71	3643.39	3874.53	4030.33	4193.37	4451.47
电力进口量/亿千瓦时	399.68	443.45	378.54	365.8	371.51	373.92	392.02	414.47	408.66
电力出口量/亿千瓦时	0.07	0.07	0.06	0.07	0.06	0.07	1.6	2.83	20.34
电力可供量/亿千瓦时	3746.77	3932.48	3663.56	3822.44	4014.84	4248.38	4420.75	4605.01	4839.79
电力可供量增速/%	3.75	4.96	−6.84	4.34	5.03	5.82	4.06	4.17	5.10
年　份	2008	2009	2010	2011	2012	2013	2014	2015	
电力生产量/亿千瓦时	4630.67	4661.21	5157.45	5317.57	5526.24	5710.96	5906.51	5816.52	
电力进口量/亿千瓦时	429.01	410.64	359.06	384.3	407.22	403.34	337.78	346.42	
电力出口量/亿千瓦时	6.89	10.8	12.57	25.44	4.67	0	0.03	2.19	
电力可供量/亿千瓦时	5052.79	5061.05	5503.94	5676.43	5928.79	6114.3	6244.26	6160.75	
电力可供量增速/%	4.40	0.16	8.75	3.13	4.45	3.13	2.13	−1.34	

数据来源：国际能源署。

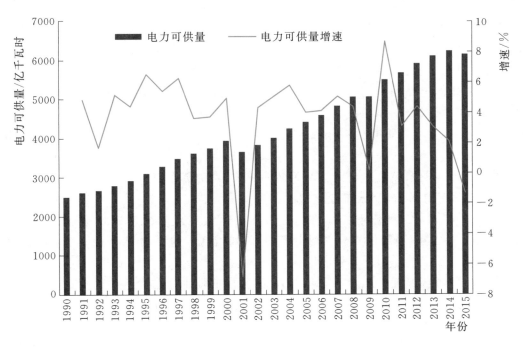

图 2-16　1990—2015 年巴西电力可供量及增速

四、电力相关政策

（一）电力投资相关政策

1. 火电政策

巴西的电力结构以水电为主，火电厂只在水电供应不足时，才有重要作用。随着清洁和可再生能源电厂的上线，巴西政府计划逐步淘汰一些老旧化石燃料电厂。

2. 水电政策

巴西发电以水电为主，2016年水电占巴西总发电量超过70％。这种电力结构受气候的影响较大，在干旱或水量不足时可能出现大面积严重断电。为缓解预防供电危机，促使电能有效分配，巴西政府颁布了一系列控制用电、促进新电厂建设的政策。

2006—2009年，巴西国家电力能源机构（ANEEL，下称"巴西电力局"）分别按照第343/2008号、第390/2009号、第391/2009号和第0235/2006号规范性决议提供了简化授权程序。巴西电力局通过招标授予水力发电厂特许权，即企业在特定时期内发电的权利，通常为20～30年。

2017年5月11日，联邦政府宣布将修改电力自由交易市场的许可证标准，取消水电站通过监管市场进行配额输电的方式，放松水电站特许经营方定价权，允许用电需求达500千瓦以上的企业自由进行能源买卖。

3. 核电政策

巴西核电起步时间早，受资金、社会环境等影响，发展较慢。截至2017年，只建成了两座核电站：安哥拉一号和安哥拉二号核电站，安哥拉三号核电站在等待恢复建设中。

2015年4月，巴西开始将继续投资核能，预计到2030年建成4台新核电机组。2017年3月，联邦政府宣布计划2018年对安格拉三号核电站进行国际招标，中标企业将与巴西电力公司共同继续开展该核电站剩余40％的建设。

4. 可再生能源政策

巴西重视发展其他可再生能源，以代替火电来填补水电的不足。

2004年，巴西政府制定和颁布了风电建设计划，2009年引入风电招标制度，推动风电发展。矿业与能源部计划在2029年以前，风力发电项目将增加30％以上的容量，计划到2035年将风力发电装机容量扩大至少25000兆瓦。

2011年，巴西国家电力局（ANEEL）发布《巴西光伏发电技术和商业计划》，对2017年12月31日前投入运行的光伏电站用户的收费折扣由50％提高到80％，优惠期长达10年。

2015年，巴西在第二十一届缔约方会议上签署了一项国际承诺，将非水电可再生能源的比例扩大到28％～33％，到2030年将非化石能源的国内使用扩大到23％，其中包括增加风能、生物质能和太阳能资源发电量。

2015年3月，金砖国家签署《金砖国家政府间科技创新合作谅解备忘录》，确定了包括新能源、可再生能源及能效等在内的19个优先合作领域。

2015年12月15日，巴西政府推出了以光伏发电作为焦点的分布式发电国家级激励计划——ProGD。计划涵盖了税收激励和设立信用额度等一系列措施，包括对发电者所消耗电力的重要税收减免。

2016年1月，巴西众议院矿产能源委员会还批准了一项针对光伏组件的免税决议，即如果某光伏组件无法在巴西本土进行生产，那么向国外进口该组件时免征进口税。

（二）电力市场相关政策

1995年电力体制改革前，巴西电力行业由联邦政府独营。自改革后巴西电力行业逐步分离发、输、配电环节，建立电力批发市场和特许权拍卖市场。为规范电力交易，电力批发市场还分为长期交易合同和竞价上网市场两种。

2016年3月1日，巴西小规模分布式发电系统"净计量"（net metering）方案正式生效。规范决议第482/2012号的新规定允许安装小型发电机（如太阳电池板、微型涡轮机）的消费者按照净计量法规与当地电网交换能源，从而获得经济回报。巴西电力局预计到2024年，将有超过120万的消费者开始生产自己的能源，相当于4.5吉瓦的装机容量。

2005—2013年的8年间，在电力盗窃方面，巴西圣保罗国家输电公司至少损失了3.8％的价值。为了解决这些窃电乱象，规范居民用电，巴西政府和相关公司自2013年开始大力推行智能电网。

2013年5月，巴西圣保罗国家输电公司计划在2015年前投资7200万雷亚尔，打造巴西最大的智能电网。计划在圣保罗市及郊区所有民用住宅、商用和工业建筑内安装6万台智能电表，并通过无线技术远程监控能耗状况。

2013年8月，巴西圣保罗国家输电公司宣布智能电网项目将采用无线城域网技术。该项目是巴西最大的智能电网项目，三年内需要7200万雷亚尔的投资。到2015年，智能电网的触角将伸及巴西圣保罗的各个大城市区，包括巴卢韦利、大瓦尔任等，将供应60000家用户。

巴西电力监管机构于2012年8月初宣布实施白色电价，主要针对小型电力消费者，分为高峰价、中间价和低谷价三个层次。白色电价会在几天或几小时内变化，周末、假期、黎明、白天的电价较为便宜，在能源消费高峰的傍晚，电价就会提升。

第三节　电力与经济关系分析

一、电力消费与经济发展相关关系

（一）用电量增速与GDP增速

1990—1998年，GDP平均年增速为2.50％，用电量年均增长4.30％，在全国消费总量中所占的比重较大，GDP增长迅速。1998—1999年巴西国内面临金融危机，GDP增速平均仅为0.40％。2001年4月，巴西经历了严重的电力供应危机，实行了9个月的电力配给制，用电量10年来出现第一次下降，增速为－7.03％。2004—2015年，用电量增速与GDP增速发展一致。2015年，巴西国内发生了历史上最严重的经济危机，用电量与GDP同步大幅下降，电力弹性系数降至0.48。1990—2016年巴西用电量增速与GDP增速变化情况如表2-17、图2-17所示。

表2-17　　　　　　　　1990—2016年巴西用电量增速与GDP增速　　　　　　　　　　　　　　%

年　份	1990	1991	1992	1993	1994	1995	1996	1997	1998
用电量增速	—	3.21	2.30	4.77	3.78	5.98	4.74	6.28	4.15
GDP增速	－3.10	1.51	－0.47	4.67	5.33	4.42	2.21	3.40	0.34
年　份	1999	2000	2001	2002	2003	2004	2005	2006	2007
用电量增速	2.67	5.18	－7.03	4.74	5.59	5.01	4.30	3.79	5.19
GDP增速	0.47	4.11	1.39	3.05	1.14	5.76	3.20	3.96	6.07
年　份	2008	2009	2010	2011	2012	2013	2014	2015	2016
用电量增速	3.80	－0.63	7.51	4.51	3.35	3.01	2.79	－1.82	—
GDP增速	5.09	－0.13	7.53	3.97	1.92	3.00	0.50	－3.77	－3.59

数据来源：世界银行；国际能源署；联合国统计司。

图 2-17 1990—2016 年巴西用电量增速与 GDP 增速

（二）电力消费弹性系数

1991—2001 年电力消费弹性系数极端值较多，1998—1999 年巴西国内的金融危机造成 GDP 发展低迷，用电量增速下跌幅度相对较小，电力消费弹性系数在 1998 年高达 12.27%，是 1991—2015 年间的最高纪录。2002—2016 年，每隔一定周期（5 年或 6 年），弹性系数会上浮一次，约至 5 左右。其余年份比较平稳，电力与经济发展较为同步。1991—2015 年巴西电力消费弹性系数如表 2-18、图 2-18 所示。

表 2-18 　　　　　　　　　　　　1991—2015 年巴西电力消费弹性系数

年　份	1991	1992	1993	1994	1995	1996	1997	1998
电力消费弹性系数	2.13	−4.93	1.02	0.71	1.35	2.15	1.85	12.27
年　份	1999	2000	2001	2002	2003	2004	2005	2006
电力消费弹性系数	5.68	1.26	−5.06	1.55	4.90	0.87	1.34	0.96
年　份	2007	2008	2009	2010	2011	2012	2013	2014	2015
电力消费弹性系数	0.86	0.75	5.01	1.00	1.13	1.74	1.00	5.54	0.48

数据来源：世界银行；国际能源署；联合国统计司。

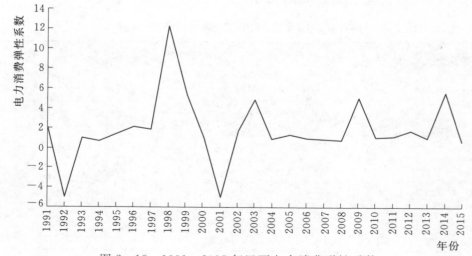

图 2-18 1991—2015 年巴西电力消费弹性系数

（三）单位产值电耗

1990—2015 年，巴西单位产值电耗呈峰谷交替出现的趋势。1992 年、2002 年为明显高峰，1991 年、1995—1998 年以及 2011 年左右为显著低谷。2002 年开始，巴西单位产值电耗开始连续大幅下跌，2014 年以后开始有回升趋势。1990—2015 年巴西单位产值电耗如图 2-19、图 2-19 所示。

表 2-19 　　　　　　　　　1990—2015 年巴西单位产值电耗 　　　　　　　　　单位：千瓦时/美元

年　份	1990	1991	1992	1993	1994	1995	1996	1997	1998
单位产值电耗	0.46	0.36	0.56	0.53	0.43	0.33	0.32	0.32	0.34
年　份	1999	2000	2001	2002	2003	2004	2005	2006	2007
单位产值电耗	0.51	0.49	0.53	0.62	0.59	0.52	0.41	0.34	0.28
年　份	2008	2009	2010	2011	2012	2013	2014	2015	
单位产值电耗	0.24	0.24	0.20	0.17	0.19	0.20	0.20	0.27	

数据来源：世界银行；国际能源署；联合国统计司。

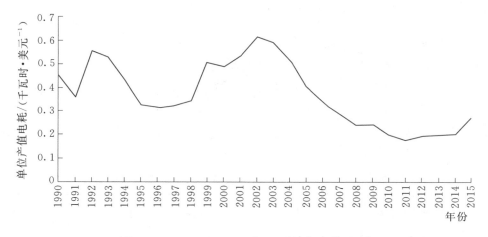

图 2-19　1990—2015 年巴西单位产值电耗

（四）人均用电量

1990—2015 年巴西人均用电量稳步增长，平均增速为 2.12%。1990—2015 年巴西人均用电量如表 2-20、图 2-20 所示。

表 2-20 　　　　　　　　　1990—2015 年巴西人均用电量 　　　　　　　　　单位：千瓦时

年　份	1990	1991	1992	1993	1994	1995	1996	1997	1998
人均用电量	1411.56	1431.77	1440.19	1484.28	1515.54	1580.48	1629.12	1704.29	1747.67
年　份	1999	2000	2001	2002	2003	2004	2005	2006	2007
人均用电量	1767.37	1832.18	1679.74	1735.93	1809.51	1876.96	1934.87	1986.00	2067.05
年　份	2008	2009	2010	2011	2012	2013	2014	2015	
人均用电量	2123.84	2089.68	2224.95	2303.10	2358.05	2406.85	2452.22	2387.09	

数据来源：世界银行；国际能源署；联合国统计司。

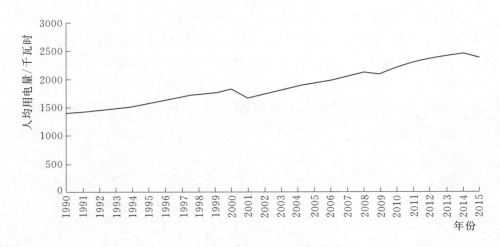

图 2 - 20 1990—2015 年巴西人均用电量

二、工业用电与工业经济增长相关关系

（一）工业用电量增速与工业增加值增速

巴西自 1970 年开始出现"去工业化"，巴西工业产值占 GDP 的比重逐年下降，2015 年在 GDP 中的占比为 21.24%。工业经济增长率年差异较大，波动频繁，没有明显的总体增减趋势。1991—2015 年间，除 2001 年电力危机和 2003 年电力恢复造成反常大幅波动外，其余年份工业电力消费弹性系数平稳，基本保持在 0 到 1 之间，工业用电与工业经济基本同步增长。1990—2016 年巴西工业用电量增速与工业增加值增速如表 2-21、图 2-21 所示。

表 2 - 21 　　　　　1990—2016 年巴西工业用电量增速与工业增加值增速 　　　　　%

年 份	1990	1991	1992	1993	1994	1995	1996	1997	1998
工业用电量增速	—	2.41	1.34	5.04	3.03	0.79	2.03	4.44	0.67
工业增加值增速	−8.20	−4.24	−4.01	7.84	8.05	4.74	−1.80	4.37	−2.09
年 份	1999	2000	2001	2002	2003	2004	2005	2006	2007
工业用电量增速	1.55	5.91	−4.99	9.50	5.28	7.06	1.92	4.59	5.01
工业增加值增速	−2.61	5.30	−0.64	3.80	0.10	8.22	1.99	2.01	6.21
年 份	2008	2009	2010	2011	2012	2013	2014	2015	2016
工业用电量增速	2.39	−5.55	9.16	2.97	0.11	0.26	−2.01	−4.53	—
工业增加值增速	4.10	−4.70	10.20	4.11	−0.72	2.17	−1.51	−6.33	−3.81

数据来源：世界银行；国际能源署。

（二）工业电力消费弹性系数

1991—2015 年，巴西工业电力消费弹性系数基本保持在 ±1.5 以内，2001 年、2002 年、2003 年和 2006 年出现异常值。1991—2015 年巴西工业电力消费弹性系数如表 2-22、图 2-22 所示。

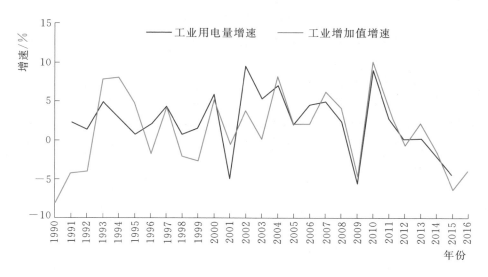

图 2-21　1990—2015 年巴西工业用电量增速与工业增加值增速

表 2-22　　　　　　　1991—2015 年巴西工业电力消费弹性系数

年　份	1991	1992	1993	1994	1995	1996	1997	1998
工业电力消费弹性系数	-0.57	-0.33	0.64	0.38	0.17	-1.13	1.02	-0.32
年　份	1999	2000	2001	2002	2003	2004	2005	2006
工业电力消费弹性系数	-0.60	1.11	7.77	2.50	51.30	0.86	0.96	2.29
年　份	2007	2008	2009	2010	2011	2012	2013	2014	2015
工业电力消费弹性系数	0.81	0.58	1.18	0.90	0.72	-0.15	0.12	1.33	0.72

数据来源：世界银行；国际能源署；联合国统计司。

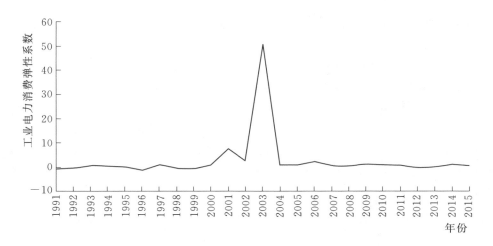

图 2-22　1991—2015 年巴西工业电力消费弹性系数

（三）工业单位产值电耗

巴西工业单位产值电耗与单位产值电耗变化趋势基本相同，2002 年开始连续大幅下跌，2014 年以后有回升迹象。1990—2015 年巴西工业单位产值电耗如表 2-23、图 2-23 所示。

表 2 - 23　　　　　　　　　1990—2015 年巴西工业单位产值电耗　　　　　　　　单位：千瓦时/美元

年　份	1990	1991	1992	1993	1994	1995	1996	1997	1998
单位产值电耗	0.74	0.61	0.86	0.77	0.65	0.69	0.68	0.68	0.71
年　份	1999	2000	2001	2002	2003	2004	2005	2006	2007
单位产值电耗	1.06	0.97	1.10	1.34	1.25	1.06	0.81	0.70	0.60
年　份	2008	2009	2010	2011	2012	2013	2014	2015	
单位产值电耗	0.50	0.51	0.40	0.35	0.38	0.40	0.41	0.57	

数据来源：世界银行；国际能源署；联合国统计司。

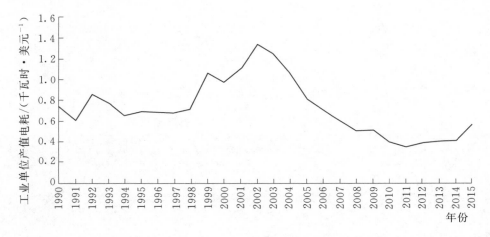

图 2 - 23　1990—2015 年巴西工业单位产值电耗

三、服务业用电与服务业经济增长相关关系

（一）服务业用电量增速与服务业经济增加值增速

1991—2016 年，巴西服务业用电量除 2001 年外，始终保持正增长，增速波动较大，2015 年受经济危机影响，服务业用电量与服务业增加值增速同步下降。1991—2016 年巴西服务业用电量增速与服务业增加值增速变化情况如表 2 - 24、图 2 - 24 所示。

表 2 - 24　　　　　1991—2016 年巴西服务业用电量增速与服务业增加值增速　　　　　　%

年　份	1991	1992	1993	1994	1995	1996	1997	1998	1999
服务业用电量增速	2.43	5.46	5.41	4.86	9.82	6.04	8.59	7.43	4.04
服务业增加值增速	—	0.91	3.09	3.90	2.88	5.83	2.44	1.60	2.04
年　份	2000	2001	2002	2003	2004	2005	2006	2007	2008
服务业用电量增速	7.06	−6.36	1.92	6.26	2.72	7.63	2.66	4.56	5.14
服务业增加值增速	1.64	2.06	3.12	1.04	5.02	3.59	4.25	5.87	4.80
年　份	2009	2010	2011	2012	2013	2014	2015	2016	
服务业用电量增速	4.01	5.60	5.92	6.64	4.84	6.03	0.58	—	
服务业增加值增速	1.97	5.86	3.45	2.88	2.69	0.96	−2.77	−2.59	

数据来源：世界银行；国际能源署。

（二）服务业电力消费弹性系数

1992—2004 年巴西服务业电力消费弹性系数波动幅度较大，无整体增减趋势，2001 年的电力危

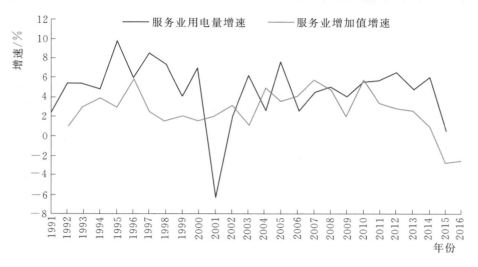

图 2-24 1991—2016 年巴西服务业用电量增速与服务业增加值增速

机造成了最低值-3.08；2004—2013 年巴西国内外环境良好，弹性系数波动范围缩小，服务业电力经济发展呈一定规律性，2014 年以后巴西经济逐渐衰退，弹性系数再次失稳。1992—2015 年巴西服务业电力消费弹性系数如表 2-25、图 2-25 所示。

表 2-25　　　　　　　　1992—2015 年巴西服务业电力消费弹性系数

年　份	1992	1993	1994	1995	1996	1997	1998	1999
服务业电力消费弹性系数	5.99	1.75	1.25	3.41	1.04	3.52	4.66	1.97
年　份	2000	2001	2002	2003	2004	2005	2006	2007
服务业电力消费弹性系数	4.31	-3.08	0.62	6.03	0.54	2.13	0.62	0.78
年　份	2008	2009	2010	2011	2012	2013	2014	2015
服务业电力消费弹性系数	1.07	2.04	0.96	1.72	2.30	1.80	6.25	-0.21

数据来源：世界银行；国际能源署；联合国统计司。

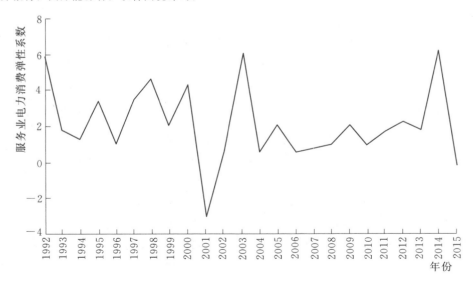

图 2-25 1992—2015 年巴西服务业电力消费弹性系数

（三）服务业单位产值电耗

巴西服务业产值占 GDP 份额较高，服务业单位产值电耗与单位产值电耗变化曲线基本一致，

1990—2003 年峰谷交替，2003—2014 年逐年下降，2014 年、2015 年两年再次回升。1990—2015 年巴西服务业单位产值电耗如表 2-26、图 2-26 所示。

表 2-26　　　　　　　　　　　1990—2015 年巴西服务业单位产值电耗　　　　　　　　　单位：千瓦时/美元

年 份	1990	1991	1992	1993	1994	1995	1996	1997	1998
单位产值电耗	0.21	0.15	0.25	0.25	0.21	0.13	0.12	0.12	0.13
年 份	1999	2000	2001	2002	2003	2004	2005	2006	2007
单位产值电耗	0.20	0.20	0.23	0.26	0.25	0.22	0.17	0.14	0.12
年 份	2008	2009	2010	2011	2012	2013	2014	2015	
单位产值电耗	0.10	0.10	0.09	0.08	0.08	0.09	0.09	0.12	

数据来源：世界银行；国际能源署；联合国统计司。

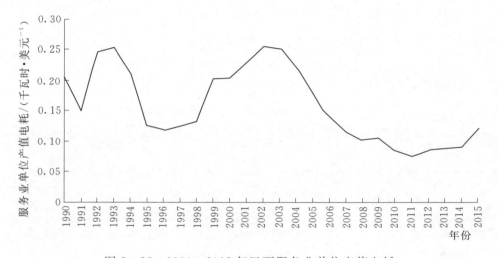

图 2-26　1990—2015 年巴西服务业单位产值电耗

第四节　电力与经济发展展望

一、经济发展展望

　　截至 2016 年年中，巴西采取了各种政策来恢复经济指标的预期，消费者和商业信心指标已经开始回升，主要经济指标并无好转。2016 下半年经济复苏前景受挫，巴西经济危机的持续时间将超过原本预期。

　　巴西的三大部门（农业，工业和服务业）均在收缩，导致产业闲置程度高。劳动力市场的恶化与较多的信贷限制导致国内需求减弱，三大产业表现疲软。短期内，巴西产业存在的较多未利用闲置，以及良好的世界经济环境，是巴西经济回升的重要因素。基础设施的投资可能会受到政治形势和改革方向不确定性的限制，从而影响到中期更为强劲的增长。需考虑短期内劳动力市场恶化的预期，以及需求疲软对面向国内市场的各生产部门的影响。国家复杂的形势与国家的债务可能会破坏财政调整规划，限制其对经济增长的影响程度。

　　经济增长若想更加强劲、更为可持续，需要更大的经济供给能力，减少现有的发展限制。国家需要通过更多地投资基础设施、改善教育、发展技术以及改善商业环境来扩大生产能力。一些措施需要较久的时间才能展现其长远效果，短期内的投资仍会存在恢复缓慢的问题，巴西的潜在增长将继续受到限制。

在这种国内环境下，巴西政府对未来GDP增速的预测持较乐观态度，2006—2026年巴西GDP历史数据及预测如表2-27、图2-27所示。

表2-27　　　　　　　　　　　2006—2026年巴西GDP历史数据及预测　　　　　　　　　　%

年 份	2006	2007	2008	2009	2010	2011	2012
上部轨迹	3.9620	6.0699	5.0942	-0.1258	7.5282	3.9744	1.9212
下部轨迹	3.9620	6.0699	5.0942	-0.1258	7.5282	3.9744	1.9212
年 份	2013	2014	2015	2016	2017	2018	2019
上部轨迹	3.0048	0.5040	-3.7693	-3.5947	0.5	1.8	2.1
下部轨迹	3.0048	0.5040	-3.7693	-3.5947	1.7	2.8	3.1
年 份	2020	2021	2022	2023	2024	2025	2026
上部轨迹	2.7	2.8	2.8	2.9	3.0	3.0	3.0
下部轨迹	3.2	3.5	3.5	3.5	3.5	3.5	3.5

数据来源：巴西能源机构《十年能源扩张计划2026》。

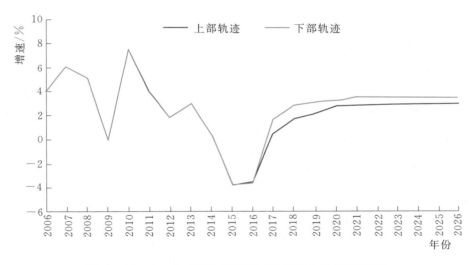

图2-27　2006—2026年巴西GDP历史数据及预测

二、电力发展展望

（一）电力需求展望

2017年1—10月期间，全国互联系统（SIN）电力消费量与2016年同期相比增长了0.6%，到2022年预计电力消费量将以每年3.8%的速度增长，其中鉴于能源密集型产业的逐步复苏，工业电力消费量增速将达年均3.5%，而居民用电和商业用电增长率预计将达4.0%。

按照巴西国调中心（ONS）发布的《2018—2022年度能源运营计划——负载预测》预测，2018—2022年期间全国互联系统（SIN）能源负荷年均增长278.45万千瓦，年均增长率为3.86%。到2022年SIN年均电力负荷值为79.151兆瓦。

（二）电力发展规划与展望

《巴西十年能源扩张计划2026（PDE 2026）》显示，2017—2026年的10年间，巴西预计在电力领域投资约3610亿雷亚尔，发电领域投资约2420亿雷亚尔，输电领域投资约1190亿雷亚尔。规划中各类电力能源装机容量预测如表 2-28 所示。

表 2-28　　　　　2016—2026 年各类电力能源装机容量预测　　　　　单位：万千瓦

年　份	2016	2017	2018	2019	2020	2021
可再生能源	12544.5	13471.1	14388.6	14821.2	15054.8	15397.4
水电	8969.8	9484.6	9984.6	10200.8	10200.8	10200.8
进口电力	700	700	700	700	700	700
其他可再生能源	2874.7	3286.5	3704	3920.4	4154	4496.6
小水电站	582	605.2	627	639.3	665.8	665.8
风力	1002.5	1284.3	1559.8	1664.5	1764.5	1945
生物质能	1288.1	1301	1318.2	1350.6	1357.7	1419.9
太阳能	2.1	96	199	266	366	466
不可再生能源	2294.7	2353.8	2356.6	2390.6	2542.7	2542.7
铀	199	199	199	199	199	199
天然气	1253.2	1321.3	1315.1	1315.1	1467.2	1467.2
煤	317.4	317.4	317.4	351.4	351.4	351.4
石油	372.1	372.1	372.1	372.1	372.1	372.1
柴油	153	153	153	153	153	153
备选方案[①]	—	—	—	—	—	99.4
总计	14839.2	15824.9	16745.2	17211.8	17597.4	18039.5

年　份	2022	2023	2024	2025	2026
可再生能源	15768.7	16147.7	16538.3	16948.9	16948.9
水电	10215	10226.8	10250.1	10250.1	10293.7
进口电力	700	700	700	700	700
其他可再生能源	4853.8	5220.9	5588.2	5955.2	6322.3
小水电站	695.8	725.8	755.8	785.8	815.8
风力	2125.4	2305.8	2486.2	2666.6	2847
生物质能	1466.6	1523.4	1580.2	1636.8	1693.6
太阳能	566	666	766	866	966
不可再生能源	2542.7	2673.5	2575.1	2485.2	2663.4
铀	199	199	199	199	339.5
天然气	1467.2	1617.2	1617.2	1675.6	1735.9
煤	351.4	351.4	351.4	351.4	351.4
石油	372.1	372.1	328.7	180.5	177.4
柴油	153	133.7	78.7	78.7	61.2
备选方案[①]	253.2	433.4	800.2	1219.8	1219.8
总计	18564.6	19254.6	19913.6	20653.9	21252.2

①　备选方案可以包括开放式循环热电厂、可逆式工厂、额外的水力发电、电池管理或需求管理。

数据来源：《巴西十年能源扩张计划 2026》。

巴西 SIN 的管辖范围外，受到技术、经济或环境的影响，尚有未连接到 SIN 中的独立系统。为了对这些独立系统的工作负荷进行预测和规划，巴西国调中心于 2017 年 9 月 28 日完成了《2018 年独立系统能源运行年度计划（PEN SISOL 2018）》。

巴西国调中心通过此计划对巴西境内的工作负荷进行预测和规划。《PEN SISOL 2018》覆盖 233 个独立系统，主要位于北部地区。独立系统的电源主要是柴油热电厂，小型发电机组数量多，供应物流困难。按照《PEN SISOL 2018》，2018 年独立系统的总负荷预测总计为 47.5 万千瓦，相当于巴西总负荷的 0.7%。

1. 火电发展展望

（1）天然气。天然气迄今仍为热电发电的参考，进口液化天然气代表了新火电厂发展情况的燃料标准。巴西桑托斯盆地的盐下储藏开始得到政府的重视，天然气在巴西能源矩阵中的贡献将会显著增加。

（2）煤电。就巴西煤电而言，新工厂的建设缺乏政府资金，其他类型资金来源会增加融资成本，大大降低了煤电扩张方案的经济吸引力。传统煤电的扩张只有在 2026 年以后才有可能继续。巴西在积极开发减少温室气体排放的新技术，促进火电厂的发展。据估计，利用现代化热电技术，更换目前低效率火电厂，在保持发电厂排放相同的条件下，大约可以增加约 340 兆瓦的火电装机容量。

如果供应基础设施的缺失对天然气供应量产生限制，又或者水电项目的限制增多，最终巴西政府仍需选择煤电作为扩张的替代解决方案。在巴西大力推崇可再生能源的大环境下，火电仍有一席之地。

2. 水电发展展望

全国互联系统（SIN）中，水力发电是电力供应扩张的重要载体。北方地区有大部分发电潜力可供利用，要充分利用这些资源，需要迎接许多挑战。

十年能源规划显示，未来的水电建设项目，应该在考虑到社会环境的各种限制以及相关成本的情况后，仍能为社会带来净收益。小型水力发电厂具有分散性、环境友好性、简单性、当地化、标准化等特点，具有广阔的发展前景。小水电与其他可再生能源混合使用的项目尚未被利用，一旦使用将为巴西能源矩阵带来更多效益，特别是在较短运营期内的运营和存储灵活性。2022—2026 年期间，巴西预测向 SIN 提供的小水电开发总量为 1500 兆瓦，每年 300 兆瓦。

3. 核电发展展望

随着能源需求的不断攀升，核电扩张是一个自然的选择。《巴西十年能源扩张计划 2026》中预测，安哥拉三号核电站将于 2026 年 1 月投入使用，装机容量为 1405 兆瓦，每年将能够产生 1200 多万兆瓦时电量，意味着核能发电将产生相当于里约热内卢州电力消费量的 50%。

安哥拉 3 号核电站建设成功后，巴西政府会更快地开展核电项目建设，下一个项目预计将在扩张计划周期结束后的 5～7 年后启动。

4. 风力发电发展展望

巴西风力发电通过招标进行定价，市场价格水平与其他电源项目相比，具有极强的竞争力。风力发电量具有不确定性，若要大量增加其供应份额，为满足能源需求，巴西将需要扩大其相应的补充发电电源。

5. 光伏发电发展展望

光伏发电的成本较高，巴西的价格水平在高速下滑，光伏发电技术在电力市场中仍没有竞争力。未来 10 年，光伏电站的建设成本预计将比 2016 年水平下降 30%，最高可达 40%。巴西政府近几年开始大力发展光伏发电，每年分配出一定量的光伏发电指标进行拍卖。巴西的民众、公司、公共事业单位对太阳能利用的兴趣也日渐提升，屋顶、墙面等形式的光伏发电，将成为巴西未来太阳能利用的主要发展方向。

6. 生物质能发电发展展望

生物质能，特别是利用甘蔗渣的生物质能，在电力生产中的应用潜力极具竞争性。中国国家电网控股的巴西 CPFL 公司旗下专门从事电力交易的子公司 CPFL Brasil，2016 年以来累计完成生物质能发电交易 41 亿千瓦时。

十年计划明确提出将森林质能运用到热电项目中。2016 年，巴西能源机构收到几个运用森林质能的项目，这些项目主要利用桉树的生物质能。生物质能的高潜力已经崭露头角。

第三章

俄 罗 斯

俄罗斯联邦，亦称俄罗斯，简称俄联邦、俄国，是由 22 个自治共和国、46 个州、9 个边疆区、4个自治区、1 个自治州、3 个联邦直辖市组成的联邦共和立宪制国家。国旗为白、蓝、红三色旗。国徽主体为双头鹰图案。俄罗斯位于欧亚大陆北部，地跨欧亚两大洲，国土面积为 1707.54 万平方公里，是世界上面积最大的国家，也是一个由 194 个民族构成的统一多民族国家，主体民族为俄罗斯人，约占全国总人口的 77.7%。

第一节 经济发展与政策

一、经济发展状况

(一) 经济发展及现状

2000 年以来，在多方面因素的作用下，俄罗斯经济呈现持续快速的恢复性增长。总体经济状况明显好转，进入一个稳定的发展阶段。

2006 年，俄罗斯 GDP 增长突破了万亿美元大关，增幅达到 6.70%，经济总量首次超过苏联解体前水平。

2007 年，俄罗斯 GDP 增长速度达到 8.10%，经济总量达到 1.35 万亿美元，人均 GDP 达到9500 美元，成为世界第七大经济体。2007 年俄罗斯国内生产总值相当于 1990 年的水平，俄罗斯已经度过 20 世纪 90 年代初社会转型期的经济危机。拉动俄罗斯经济快速增长的主要因素是投资和消费需求旺盛。2007 年俄罗斯固定资本实现了 21% 的增长，工业增长速度达到 6.3%，加工工业的增速为 9.30%。2000—2007 年，俄罗斯居民实际收入增长了一倍多，贫困人口减少了一半以上。

2008 年受经济危机的影响，2009 年的人均 GDP 下降以及失业率增高，2010 年就已经逐步恢复到了经济危机前的水平。

2014 年俄罗斯经历了乌克兰危机和西方制裁，国内的经济水平下滑，经济受到打击。俄罗斯农业在这个背景下总体生产状况良好。

俄罗斯通货膨胀问题严重，2003—2014 年俄罗斯平均通胀率达 9.72%。2008 年全球通胀风暴中，俄罗斯通胀率超过了 14%。俄罗斯通胀问题的根本原因是经济结构失衡、过分倚重能源行业。受乌克兰危机影响，西方对俄罗斯的制裁迫使俄罗斯央行提高通胀率，加剧了通货膨胀。

（二）主要经济指标分析

1. GDP 及增速

1992 年俄罗斯开始经济政策改革，"休克疗法"使俄罗斯经济、GDP 持续低迷。2000 年普京执政，俄罗斯的经济保持持续增长状态。受 2008 年经济危机影响，2009 年俄罗斯 GDP 增速下降到 −7.82％。2010 年，经济迅速恢复增长，增幅达到 4.50％，高于世界经济平均增长水平。2011 年俄罗斯经济保持增长，增速为 4.26％。2014 年乌克兰危机、西方国家联合的经济制裁，致使俄罗斯经济下滑，2017 年恢复正常增长。1990—2017 年俄罗斯 GDP 及增速如表 3−1、图 3−1 所示。

表 3−1　　　　　　　　　　　　　1990—2017 年俄罗斯 GDP 及增速

年　份	1990	1991	1992	1993	1994	1995	1996
GDP/亿美元	5168.14	5179.63	4602.91	4350.84	3950.77	3955.31	3917.20
增速/％	−3.00	−5.05	−14.53	−8.67	−12.57	−4.14	−3.60
年　份	1997	1998	1999	2000	2001	2002	2003
GDP/亿美元	4049.27	2709.53	1959.06	2597.08	3066.03	3451.10	4303.48
增速/％	1.40	−5.30	6.40	10.00	5.09	4.74	7.30
年　份	2004	2005	2006	2007	2008	2009	2010
GDP/亿美元	5910.17	7640.17	9899.31	12997.05	16608.44	12226.44	15249.16
增速/％	7.18	6.38	8.15	8.54	5.25	−7.82	4.50
年　份	2011	2012	2013	2014	2015	2016	2017
GDP/亿美元	20317.69	21701.44	22306.25	20636.62	13658.65	12831.62	15775.2
增速/％	4.26	3.52	1.28	0.73	−2.83	−0.22	1.50

数据来源：联合国统计司；国际货币基金组织；世界银行。

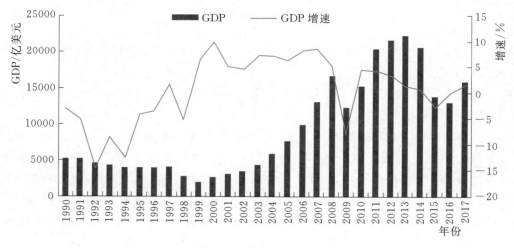

图 3−1　1990—2017 年俄罗斯 GDP 及增速

2. 人均 GDP 及增速

俄罗斯人均 GDP 及增速变化与 GDP 及增速变化趋势大体一致。1990—1999 年（除 1997 年有小幅度增长之外）人均 GDP 逐年递减，2000 年之后，新政策的提出使人均 GDP 逐年上升。受 2008 年经济危机的影响，2009 年的 GDP 减少，2010 年恢复增长。2014 年以后西方联合制裁导致人均 GDP 逐步下降。2017 年随着国内经济状况的好转，人均 GDP 恢复正增长，增速为 24.43％。1990—2017 年俄罗斯人均 GDP 及增速如表 3−2、图 3−2 所示。

表 3-2　　　　　　　　　1990—2017 年俄罗斯人均 GDP 及增速

年　份	1990	1991	1992	1993	1994	1995	1996
人均 GDP/美元	3485.11	3485.06	3095.66	2929.46	2663.39	2665.74	2643.90
增速/%	—	0	−11.17	−5.37	−9.08	−0.09	−0.82
年　份	1997	1998	1999	2000	2001	2002	2003
人均 GDP/美元	2737.56	1834.85	1330.75	1771.59	2100.36	2375.06	2975.13
增速/%	3.54	−32.98	−27.47	33.13	18.56	13.08	25.27
年　份	2004	2005	2006	2007	2008	2009	2010
人均 GDP/美元	4102.37	5323.47	6920.19	9101.25	11635.26	8562.81	10674.99
增速/%	37.89	29.77	29.99	31.52	27.84	−26.41	24.67
年　份	2011	2012	2013	2014	2015	2016	2017
人均 GDP/美元	14212.06	15154.46	15543.68	14125.91	9329.30	8748.36	10885.48
增速/%	33.13	6.63	2.57	−9.12	−33.96	−6.23	24.43

数据来源：联合国统计司；国际货币基金组织；世界银行。

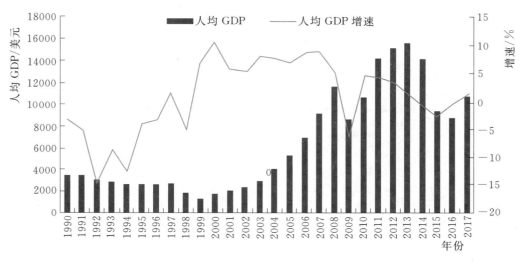

图 3-2　1990—2017 年俄罗斯人均 GDP 及增速

3. GDP 分部门结构

1990 年以后，俄罗斯逐渐提高了服务业的占比，降低了工业和制造业的占比，农业占比几乎维持不变。1990—2017 年俄罗斯 GDP 分部门占比如表 3-3、图 3-3 所示。

表 3-3　　　　　　　　　1990—2017 年俄罗斯 GDP 分部门占比　　　　　　　　　%

年　份	1990	1991	1992	1993	1994	1995	1996
农业	15.46	13.77	7.26	7.56	6.11	6.69	6.55
工业	45.00	45.86	42.25	40.53	41.22	34.54	35.35
服务业	39.54	40.36	50.49	51.92	52.68	58.77	58.10
年　份	1997	1998	1999	2000	2001	2002	2003
农业	5.87	5.10	6.58	5.75	5.88	5.57	5.50
工业	34.69	33.94	33.50	33.92	31.84	28.98	28.65
服务业	59.44	60.95	59.92	60.33	62.29	65.45	65.84

续表

年　份	2004	2005	2006	2007	2008	2009	2010
农业	4.90	4.26	3.86	3.78	3.75	4.08	3.34
工业	31.70	32.63	31.78	31.22	30.79	29.33	30.00
服务业	63.39	63.11	64.36	65.00	65.46	66.59	66.66
年　份	2011	2012	2013	2014	2015	2016	2017
农业	3.39	3.20	3.16	3.54	4.13	4.18	4.01
工业	29.26	29.26	28.21	27.90	29.78	29.28	30.05
服务业	67.36	67.54	68.63	68.56	66.10	66.53	65.94

数据来源：联合国统计司；国际货币基金组织；世界银行。

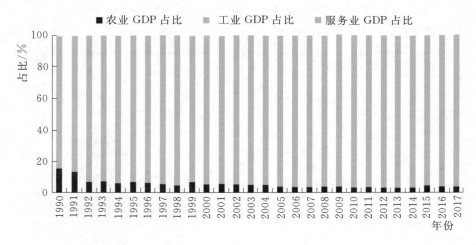

图 3-3　1990—2017 年俄罗斯 GDP 分部门占比

4. 工业增加值增速

俄罗斯的工业以重工业为主，主要工业部门有钢铁工业、机械工业、化学工业等。轻工业的发展比较缓慢，许多与人民生活密切相关的消费品需要进口。2016 年开始，工业增加值增速逐渐放缓。1991—2017 年俄罗斯工业增加值增速如表 3-4、图 3-4 所示。

表 3-4　　　　　　　　　　**1991—2017 年俄罗斯工业增加值增速数据表**　　　　　　　　　　%

年　份	1991	1992	1993	1994	1995	1996	1997	1998	1999
工业增加值增速	−1.43	−19.72	−1.96	−8.99	−17.13	3.59	1.77	−34.32	−28.08
年　份	2000	2001	2002	2003	2004	2005	2006	2007	2008
工业增加值增速	35.06	11.20	3.42	23.94	52.92	35.68	26.51	28.47	26.73
年　份	2009	2010	2011	2012	2013	2014	2015	2016	2017
工业增加值增速	−31.48	28.81	29.78	5.86	0.95	−9.73	−32.37	−0.13	0.57

数据来源：联合国统计司；国际货币基金组织；世界银行。

5. 服务业增加值增速

2000 年新政提出后，俄罗斯的服务业产值占比和就业人口占比持续增加，符合产业结构演变的规律性变化。2011 年达到最大值 34.97%。2014 年以后受西方联合制裁的影响，俄罗斯服务业增加值增速降低。1991—2016 年俄罗斯服务业增加值增速如表 3-5、图 3-5 所示。

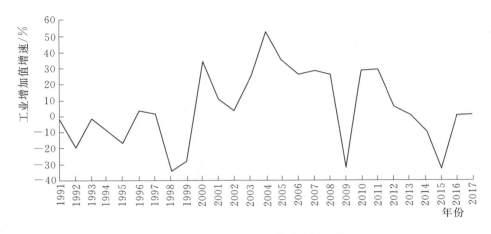

图 3-4 1991—2017 年俄罗斯工业增加值增速

表 3-5   **1991—2016 年俄罗斯服务业增加值增速**   %

年 份	1991	1992	1993	1994	1995	1996	1997	1998	1999
服务业增加值增速	9.10	15.69	−10.24	−6.30	15.15	−4.15	6.05	−31.28	−29.60
年 份	2000	2001	2002	2003	2004	2005	2006	2007	2008
服务业增加值增速	32.81	22.52	18.80	25.31	30.38	26.82	32.30	33.32	28.65
年 份	2009	2010	2011	2012	2013	2014	2015	2016	
服务业增加值增速	−23.66	24.12	34.97	8.01	3.44	−6.61	−35.06	−0.55	

数据来源：联合国统计司；国际货币基金组织；世界银行。

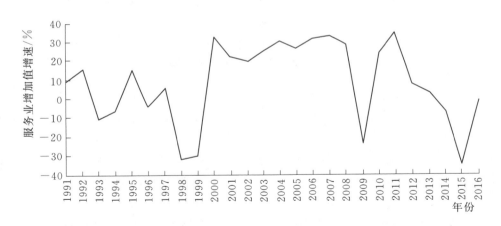

图 3-5 1991—2016 年俄罗斯服务业增加值增速

6. 外国直接投资

1992—2000 年，"休克疗法"导致俄罗斯的外国投资净流入较少。

2000 年普京上台实施新政，2000—2008 年俄罗斯的外国投资大幅度提高，2008 年达到最高值 747 亿美元。受 2008 年经济危机影响，2009 年俄罗斯外国投资大量减少，为吸引更多外资，俄罗斯政府提出了"现代化战略"和国有资产私有化，通过简化外资手续等举措，2010—2013 年俄罗斯外商投资逐渐增多。2014 年开始，受西方国家联合制裁影响，俄罗斯的外国投资逐渐减少。1992—2017 年外国投资及增速如表 3-6、图 3-6 所示。

71

表 3-6   1992—2017 年外国投资及增速

年　份	1992	1993	1994	1995	1996	1997	1998	1999	2000
外国直接投资/亿美元	11.61	12.11	6.90	20.65	25.79	48.65	27.61	33.09	26.78
增速/％	—	4.31	−43.02	199.28	24.89	88.63	−43.24	19.85	−19.08
年　份	2001	2002	2003	2004	2005	2006	2007	2008	2009
外国直接投资/亿美元	28.47	34.74	79.29	154.03	155.08	375.95	558.74	747.83	365.83
增速/％	6.32	22.00	128.24	94.27	0.68	142.42	48.62	33.84	−51.08
年　份	2010	2011	2012	2013	2014	2015	2016	2017	
外国直接投资/亿美元	431.68	550.84	505.88	692.19	220.31	68.53	329.76	278.9	
增速/％	18.00	27.60	−8.16	36.83	−68.17	−68.89	381.20	−15.42	

数据来源：联合国统计司；国际货币基金组织；世界银行。

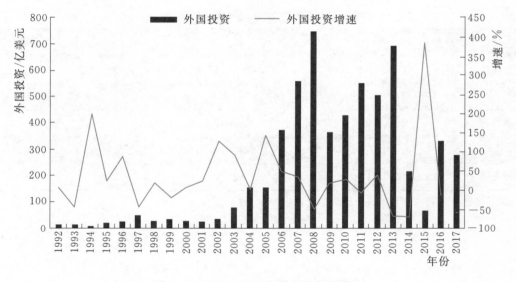

图 3-6　1992—2017 年外国投资及增速

7. CPI 涨幅

2000 年开始俄罗斯的 CPI 均呈现正数。在 2001 年达到最高的 21.45％，2002—2007 年逐步下降。2008 年有所反弹达到 14.11％，2012 年达到最低水平 5.09％。由于 2014 年西方的联合制裁，导致 2014—2015 年的通胀率大幅增加，2016 年后逐步恢复到原有水平。2000 年以前，因采用"休克疗法"政策，数据较大没有可比性。2000—2017 年俄罗斯 CPI 涨幅如表 3-7、图 3-7 所示。

表 3-7   2000—2017 年俄罗斯 CPI 涨幅   ％

年　份	2000	2001	2002	2003	2004	2005	2006	2007	2008
CPI 涨幅	20.78	21.46	15.79	13.68	10.86	12.68	9.69	8.99	14.11
年　份	2009	2010	2011	2012	2013	2014	2015	2016	2017
CPI 涨幅	11.66	6.85	8.44	5.09	6.74	7.83	15.53	7.05	4.24

数据来源：联合国统计司；国际货币基金组织；世界银行。

8. 失业率

1992—1998 年，俄罗斯的失业率持续上升，1998 年达到最大值 13.26％。2000—2007 年逐渐下降，2007 年达到最低为 6.00％。受 2008 年经济危机的影响，俄罗斯的失业率在 2009 年上升到

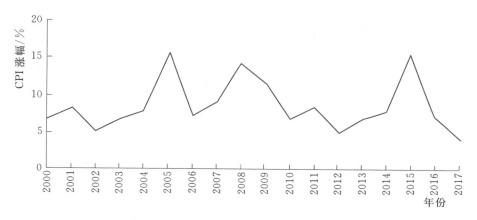

图 3-7　2000—2017 年俄罗斯 CPI 涨幅

8.30%。经济危机影响逐渐减小后，失业率逐渐下降。2014 年受西方联合制裁影响，俄罗斯的失业率在 2015 年、2016 年间有所上升。2017 年失业率暂停上升趋势。1992—2017 年俄罗斯失业率如表 3-8、图 3-8 所示。

表 3-8　　　　　　　　　　　　　　　　　　1992—2017 年俄罗斯失业率　　　　　　　　　　　　　　　　　　　%

年　份	1992	1993	1994	1995	1996	1997	1998	1999	2000
失业率	5.18	5.88	8.13	9.45	9.66	11.81	13.26	13.04	10.58
年　份	2001	2002	2003	2004	2005	2006	2007	2008	2009
失业率	8.98	7.88	8.21	7.76	7.12	7.05	6.00	6.20	8.30
年　份	2010	2011	2012	2013	2014	2015	2016	2017	
失业率	7.34	6.50	5.46	5.48	5.16	5.57	5.72	5.48	

数据来源：联合国统计司；国际货币基金组织；世界银行。

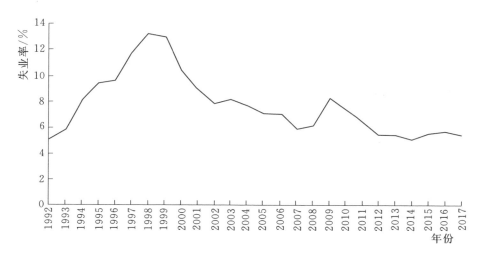

图 3-8　1992—2017 年俄罗斯失业率

二、主要经济政策

(一) 税收政策

俄罗斯的税收政策主要是降低企业利润税，降低能源税，提高消费税和矿产资源税。取消个别种类交通税。俄罗斯税收政策如表 3-9 所示。

表3-9　　　　　　　　　　　俄罗斯税收政策

序号	法案名称	主要内容
1	企业所得税	将企业利润税降低4%，税收从24%降至20%
2	矿产资源开采税	矿产资源开采税的税率根据23种矿产分别规定，从3.8%~16.5%不等
3	税制改革	(1) 石油、天然气开采税逐年上调； (2) 交通税从2011年起减少一半，2011年起开征燃油消费税，为油价的3%~6%，2012年起每年增加1%； (3) 保险金税取代原有的社会税，针对不同收入类型和企业类型，税率在20%~30%
4	税制改革	俄罗斯石油资源开采税税基从470卢布/吨提高至491卢布/吨，石油出口税率从60%降至59%
5	税制改革	俄罗斯石油资源开采税税基2016年提高至545卢布/吨，石油出口税率降至54%
6	俄罗斯联邦税收法	将所得税税率下调至24%；将消费税普遍提高12%；增加矿产资源开采税，代替原矿产资源使用税和矿产资源基地再生产税

资料来源：俄罗斯能源部。

（二）金融政策

2008年国际金融危机爆发后，俄罗斯相继推出一系列反危机的金融政策。其主要方向是大幅增加市场流动性，紧急注资稳定证券市场和信贷机构，对涉及国计民生的行业和大型企业实施紧急救助，提高对自然人存款担保额度以稳定民心、降低赋税、减轻企业负担等。

1. 货币政策

俄罗斯货币政策主要有两个：一是降低通货膨胀率；二是保持卢布币值稳定。俄罗斯经济管理部门要保证通货膨胀率控制在8%以内，同时国家法定货币卢布汇率保持大体稳定。俄罗斯央行将量化宽松计划延续至2017年年底，联邦基金利率预计在2017年年底之前再次上调到2016年的1/3。

2017年俄罗斯央行宣布：2017年银行业对经济的贷款增速将达到3%~5%。随着实际贷款逐步复苏，2018年的贷款活动预计将以年均5%~7%的速度增长，2019—2020年的年均增速为7%~10%。

2. 利率政策

俄罗斯央行表示未来的利率政策将取决于通货膨胀率、银行业放款状况、卢布汇率以及股市表现。

2017年俄罗斯央行采取适度紧缩政策，目标是保持通货膨胀率接近4%，维持关键利率9%不变。

3. 汇率政策

俄罗斯的汇率制度是采用自由浮动式的汇率。自苏联解体之后，俄罗斯的汇率制度可以分为三个阶段：第一阶段是1992—1994年，卢布实行国家内部可兑换制度，卢布汇率自由浮动阶段；第二阶段是1995—1998年8月，实行管理浮动汇率制度，即"外汇走廊"时期；第三是1998年金融危机至2016年，实行抑制外币需求基础上的浮动汇率制阶段。

2014年，根据俄罗斯央行发文"从2014年11月10日开始俄不再对外汇篮子走廊设定上限和下限，也不再保持对外汇篮子走廊的经常干预"。双外汇篮子是俄罗斯央行建立的包括美元和欧元的外汇调节工具，双外汇篮子走廊是俄罗斯的实际有效汇率。长期以来，俄罗斯央行以此为基准，通过外汇市场买卖外汇调节卢布汇率。

（三）产业政策

1. 能源行业政策

俄罗斯主要能源政策是增强能源基础设施建设，使国内和对外能源基础设施平衡发展，改变长期以来出口设施建设局域优先地位的情况，提高能源产品和服务的可获取性，深化能源公司管理和可持续发展。

2001年12月21日，普京政府颁布了新的《俄罗斯联邦国有和市有企业私有化法》，对国有资产的出售程序进行了重新规范，加强了对包括石油和天然气在内的战略产业的控制。

2007年1月，俄罗斯通过修改法律，禁止外国公司进入5亿桶以上储量的油田和500亿立方米以上储量的天然气田。

2008年5月5日，普京签署《有关外资进入对国防和国家安全具有战略意义行业程序》的联邦法，明确列出限制外资进入的包括能源勘探开发在内的42个战略性行业目录。

2009年，《俄罗斯2030年前能源战略》发布，其中明确提出"尽管欧洲仍将是俄罗斯油气出口的主要方向，俄罗斯整个油气出口的增长将主要取决于东部方向的超前发展"。

2009年2月，俄罗斯总统梅德韦杰夫与日本前首相麻生太郎在萨哈林共同出席"萨哈林-2"液化天然气项目对日输送启动仪式，俄罗斯承诺未来20年每年向日本提供600万吨液化气。

2015年，《2035战略》在"能源行业的社会政策以及人的潜力发展"方面确定在能源行业的人力资本方面采取一整套措施。

2. 农业政策

俄罗斯农业政策主要是采取信贷和税收优惠、生产者支持、边境保护措施。

2012年7月14日第717号俄罗斯联邦政府《2013—2020年农业发展和农产品、原材料和粮食市场调控国家纲要》宣布，俄罗斯农业发展的重要方向是进口代替。《俄联邦粮食安全学说》规定，国产食品在国内市场商品总量中的临界值为：糖、植物油、鱼类为80%，盐和肉类为85%，奶和奶制品为90%，谷物和土豆为95%。

2016年《国家纲要》规定，俄罗斯政府从国家预算拨款2370亿卢布用于发展农业，拨款100亿卢布用于支持国产农机制造业。

（四）投资政策

俄罗斯为吸引外资，采用的政策工具主要是为外国投资提供法律保障、实施鼓励性政策（税收优惠、经济特区优惠、地区优惠政策）、保护性政策和限制性政策。

2005年，俄罗斯颁布《经济特区法》规定，在外国投资者成为特区入驻企业后，在进口用于本企业生产需要的货物时，可以免交俄罗斯联邦进口关税和增值税，或在货物输出联邦关境时予以退税。

2013年3月，俄罗斯政府批准《公司合营法》，法案允许国家和地方政府与私人投资者签订各种形式的合同。对私人投资、外资进入俄垄断行业、公共服务，并参与政府采购奠定了法律基础。

《俄罗斯外国投资法》规定，参与优先投资项目的外国投资者和外资商业组织享受专门的优惠和法律保障，保证其投资的稳定性，在一定时期内不受俄罗斯法律法规变化的影响。

第二节 电力发展与政策

一、电力供应形势分析

（一）电力工业发展概况

俄罗斯大致可分为三个区域：欧洲区、西伯利亚区、远东区。俄罗斯电力工业装机容量的72%在欧洲区部分，主要是火电和核电，以及伏尔加河上的梯级水电站。西伯利亚区的能源一半是水电，还有7个100万千瓦以上的火电厂。远东区的电力装机容量占整个俄罗斯装机容量比重的7%。

（1）火电构成。凝汽式发电厂占48.2%，热电厂占51.8%，气候寒冷的区域热电厂分布较多，如在西北系统中，热电占比达74%。

（2）燃料构成。欧洲部分的火电厂主要是燃用天然气（80%），西伯利亚和远东地区的火电厂主要是燃煤（85%）。

（3）统一电力系统。俄罗斯的统一电力系统由大区联合电网组成。西北电网装机容量1950万千瓦，中部电网装机容量5270万千瓦，北高加索电网装机容量1090万千瓦，中伏尔加电网装机容量2390万千瓦，乌拉尔电网装机容量4110万千瓦，西伯利亚电网装机容量4550万千瓦，远东尚未与全国联网，装机容量为1150万千瓦。全俄罗斯统一电力系统由七个地区联合电网组成，其地区联合电网之间的联络线的输送能力薄弱，如西北电网与中部电网的联络线的输送能力只有180万千瓦，中部电网与北高加索之间的联络线的输送能力只有190万千瓦。

（4）调度结构。俄罗斯统一电力系统采取分级调度结构：分为中央调度局、联合电网调度所和地区电网调度所三级。中央调度局除管辖下属电网之外，还管辖装机容量100万千瓦以上的直调电厂以及调度联合电网之间的联络线；下一级为联合电网调度所。联合电网有其所属的容量为30万以上的直调电厂，调度地区电网间的联络线和直属电厂；再下一级为地区电网调度所，调度地区内的电厂。最下一级为发电厂和配电网的调度所。

（二）发电装机容量及结构

1. 总装机容量

俄罗斯电能主要是火电、水电和核电。全俄罗斯共分为九个联邦区：中央联邦区、西北联邦区、伏尔加联邦区、南方联邦区、北高加索联邦区、乌拉尔联邦区、西伯利亚联邦区、远东联邦区及克里米亚联邦区。按照俄罗斯八个联邦区统计，2015年全国装机容量为25707.5万千瓦。

1992—2015年俄罗斯总装机容量及增速如表3-10、图3-9所示。

表3-10　　　　　　　　　1992—2015年俄罗斯总装机容量及增速

年　份	1992	1993	1994	1995	1996	1997	1998	1999	2000
总装机容量/万千瓦	21309.90	21342.10	21468.70	21085.70	21085.70	21095.70	21407.00	21430.70	21277.10
增速/%	—	0.15	0.59	−1.78	0.00	0.05	1.48	0.11	−0.72
年　份	2001	2002	2003	2002	2003	2004	2005	2006	2007
总装机容量/万千瓦	21479.50	21486.00	21599.80	21486.00	21599.80	21665.40	21904.30	22141.40	22398.10
增速/%	0.95	0.03	0.53	0.03	0.53	0.30	1.10	1.08	1.16
年　份	2008	2009	2010	2011	2012		2013	2014	2015
总装机容量/万千瓦	22523.80	22549.90	22293.50	22298.40	23268.50		23942.30	25902.00	25707.5
增速/%	0.56	0.12	−1.14	0.02	4.35		2.90	8.19	8.19

数据来源：国际能源署；联合国统计司。

2. 各类装机容量及占比

俄罗斯的发电主要依靠火电，长期占比为70%。俄罗斯通过调整能源结构，火电占比逐渐减少，可再生能源发电占比逐渐增多。1998年开始新增风力发电，风电装机容量占比、核能和地热能的发电占比在逐渐提高。

1992—2015年俄罗斯各类装机容量及占比如表3-11、图3-10所示。

（三）发电量及结构

1. 总发电量及增速

2000—2008年俄罗斯发电量总体持续增长，受2008年经济危机影响，2009年发电量同比降幅较大，下降7.12%。2015年，俄罗斯发电量10675.44亿千瓦时，与2014年基本持平。2014年以后，发电量逐步缓慢增加。1990—2017年俄罗斯总发电量及增速如表3-12、图3-11所示。

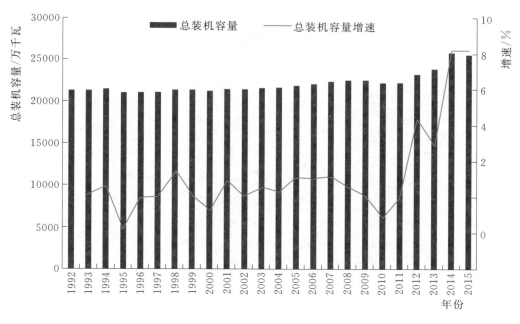

图 3 - 9 1992—2015 年俄罗斯总装机容量及增速

表 3 - 11　　1992—2015 年俄罗斯各类装机容量及占比

年　份		1992	1993	1994	1995	1996	1997	1998	1999
水电	装机容量/万千瓦	4333.60	4343.20	4378.20	4376.00	4376.00	4376.00	4407.30	4424.00
	占比/%	20.34	20.35	20.39	20.75	20.75	20.74	20.59	20.64
火电	装机容量/万千瓦	14951.00	14873.60	14965.20	14584.40	14584.40	14594.40	14825.40	14832.40
	占比/%	70.16	69.69	69.71	69.17	69.17	69.18	69.25	69.21
核电	装机容量/万千瓦	2024.20	2124.20	2124.20	2124.20	2124.20	2124.20	2173.00	2173.00
	占比/%	9.50	9.95	9.89	10.07	10.07	10.07	10.15	10.14
风电	装机容量/万千瓦	—	—	—	—	—	—	0.20	0.20
	占比/%	—	—	—	—	—	—	0	0
地热能发电	装机容量/万千瓦	1.10	1.10	1.10	1.10	1.10	1.10	1.10	1.10
	占比/%	0.01	0.01	0.01	0.01	0.01	0.01	0.01	0.01
年　份		2000	2001	2002	2003	2004	2005	2006	2007
水电	装机容量/万千瓦	4434.50	4468.40	4482.80	4522.20	4553.10	4579.70	4606.20	4680.40
	占比/%	20.84	20.80	20.86	20.94	21.02	20.91	20.80	20.90
火电	装机容量/万千瓦	14667.00	14734.50	14721.30	14795.50	14831.60	14991.50	15151.30	15333.50
	占比/%	68.93	68.60	68.52	68.50	68.46	68.44	68.43	68.46
核电	装机容量/万千瓦	2173.00	2274.20	2274.20	2274.20	2274.20	2324.20	2374.20	2374.20
	占比/%	10.21	10.59	10.58	10.53	10.50	10.61	10.72	10.60
风电	装机容量/万千瓦	0.30	0.30	0.70	0.90	0.90	1.00	1.00	1.00
	占比/%	0	0	0	0	0	0	0	0
地热能发电	装机容量/万千瓦	2.30	2.10	7.00	7.00	5.60	7.90	8.70	9.00
	占比/%	0.01	0.01	0.03	0.03	0.03	0.04	0.04	0.04

续表

年　份		2008	2009	2010	2011	2012	2013	2014	2015
水电	装机容量/万千瓦	4706.60	4730.80	4743.00	4747.90	4944.50	5010.40	5084.50	5099.8
	占比/%	20.90	20.98	21.28	21.29	21.25	20.93	19.63	0.30
火电	装机容量/万千瓦	15477.80	15380.00	15111.40	15111.40	15784.50	16392.60	18246.50	17914.8
	占比/%	68.72	68.20	67.78	67.77	67.84	68.47	70.44	−1.82
核电	装机容量/万千瓦	2330.40	2430.00	2430.00	2430.00	2530.40	2530.40	2530.40	2630.4
	占比/%	10.35	10.78	10.90	10.90	10.87	10.57	9.77	3.95
风电	装机容量/万千瓦	1.00	1.00	1.00	1.00	1.00	1.00	10.10	10.1
	占比/%	0	0	0	0	0	0	0.04	0
地热能发电	装机容量/万千瓦	8.00	8.10	8.10	8.10	8.10	7.90	7.80	7.8
	占比/%	0.04	0.04	0.04	0.04	0.04	0.04	0.03	0.03

数据来源：国际能源署；联合国统计司。

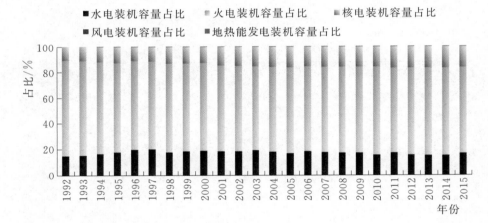

图 3-10　1992—2015 年俄罗斯各类装机容量占比

表 3-12　　　　　　　　　　　　1990—2017 年俄罗斯总发电量及增速

年　份	1990	1991	1992	1993	1994	1995	1996
总发电量/亿千瓦时	10821.52	10681.63	10084.50	9565.87	8759.14	8600.27	8471.83
增速/%	—	−1.29	−5.59	−5.14	−8.43	−1.81	−1.49
年　份	1997	1998	1999	2000	2001	2002	2003
总发电量/亿千瓦时	8341.32	8271.58	8462.26	8777.66	8912.84	8912.85	9162.86
增速/%	−1.54	−0.84	2.31	3.73	1.54	0	2.81
年　份	2004	2005	2006	2007	2008	2009	2010
总发电量/亿千瓦时	9318.65	9530.86	9957.94	10153.33	10403.79	9919.80	10380.30
增速/%	1.70	2.28	4.48	1.96	2.47	−4.65	4.64
年　份	2011	2012	2013	2014	2015	2016	2017
总发电量/亿千瓦时	10547.65	10707.34	10590.92	10642.07	10675.44	10909.7	10911.84
增速/%	1.61	1.51	−1.09	0.48	0.31	2.19	0.02

数据来源：国际能源署；联合国统计司。

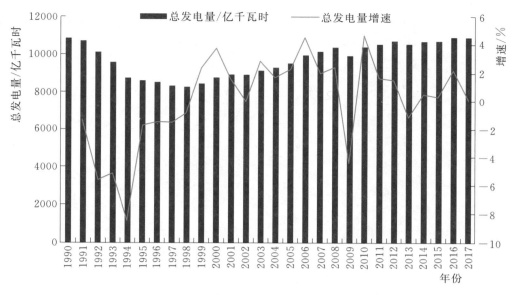

图 3-11　1990—2017 年俄罗斯总发电量及增速

2. 各类发电量及占比

俄罗斯发电类型多样。其中大部分为火力发电，约占全国发电量的 66％，核电约占全国发电量的 25％；水电约占全国发电总量的 8％；非水电可再生能源发电约占全国总发电量的 1％。俄罗斯通过调整能源结构，核电、光伏发电、地热、生物燃料的发电占比都在逐渐提高。1990—2017 年俄罗斯各类发电量及占比如表 3-13、图 3-12 所示。

表 3-13　　　　　　　　　　　　1990—2017 年俄罗斯各类发电量及占比

年	份	1990	1991	1992	1993	1994	1995	1996
水电	发电量/亿千瓦时	1659.17	1675.74	1718.43	1742.84	1760.11	1764.12	1543.45
	占比/％	15.33	15.69	17.04	18.22	20.09	20.51	18.22
火电	发电量/亿千瓦时	7978.65	7805.40	7151.00	6613.33	6004.43	5824.74	5822.28
	占比/％	73.73	73.07	70.91	69.13	68.55	67.73	68.73
核电	发电量/亿千瓦时	1183.05	1199.84	1196.26	1191.86	978.20	995.32	1090.26
	占比/％	10.93	11.23	11.86	12.46	11.17	11.57	12.87
地热发电	发电量/亿千瓦时	0.28	0.29	0.29	0.28	0.31	0.30	0.28
	占比/％	0	0	0	0	0	0	0
垃圾发电	发电量/亿千瓦时	0	0	18.18	17.24	15.79	15.50	15.27
	占比/％	0	0	0.18	0.18	0.18	0.18	0.18
生物燃料发电	发电量/亿千瓦时	0.37	0.36	0.34	0.32	0.30	0.29	0.29
	占比/％	0	0	0	0	0	0	0
年	份	1997	1998	1999	2000	2001	2002	2003
水电	发电量/亿千瓦时	5665.31	5608.23	5608.76	5790.78	5755.37	5825.03	6060.83
	占比/％	67.92	67.80	66.28	65.97	64.57	65.36	66.15
核电	发电量/亿千瓦时	1084.98	1053.20	1218.74	1307.15	1369.35	1416.29	1503.42
	占比/％	13.01	12.73	14.40	14.89	15.36	15.89	16.41

年 份		1997	1998	1999	2000	2001	2002	2003
风电	发电量/亿千瓦时	0	0	0.02	0.02	0.03	0.06	0.09
	占比/%	0	0	0	0	0	0	0
地热发电	发电量/亿千瓦时	0.29	0.30	0.28	0.58	0.91	1.56	3.24
	占比/%	0	0	0	0.01	0.01	0.02	0.04
垃圾发电	发电量/亿千瓦时	15.04	14.91	20.45	25.16	28.45	27.84	17.66
	占比/%	0.18	0.18	0.24	0.29	0.32	0.31	0.19
生物燃料发电	发电量/亿千瓦时	0.28	0.28	0.30	0.22	0.23	0.17	0.42
	占比/%	0	0	0	0	0	0	0
年 份		2004	2005	2006	2007	2008	2009	2010
水电	发电量/亿千瓦时	1777.83	1746.04	1752.82	1789.82	1667.11	1761.18	1683.97
	占比/%	19.08	18.32	17.60	17.63	16.02	17.75	16.22
火电	发电量/亿千瓦时	6071.57	6259.81	6608.68	6738.23	7075.69	6491.67	6959.35
	占比/%	65.16	65.68	66.37	66.36	68.01	65.44	67.04
核电	发电量/亿千瓦时	1447.07	1494.46	1564.36	1600.39	1630.85	1635.84	1704.15
	占比/%	15.53	15.68	15.71	15.76	15.68	16.49	16.42
风电	发电量/亿千瓦时	0.07	0.07	0.05	0.07	0.05	0.04	0.04
	占比/%	0	0	0	0	0	0	0
地热发电	发电量/亿千瓦时	4.03	4.10	4.63	4.85	4.65	4.64	5.05
	占比/%	0.04	0.04	0.05	0.05	0.04	0.05	0.05
垃圾发电	发电量/亿千瓦时	17.66	25.97	26.96	19.83	25.20	26.10	27.38
	占比/%	0.19	0.27	0.27	0.20	0.24	0.26	0.26
生物燃料发电	发电量/亿千瓦时	0.42	0.41	0.44	0.14	0.24	0.33	0.36
	占比/%	0	0	0	0	0	0	0
年 份		2011	2012	2013	2014	2015	2016	2017
水电	发电量/亿千瓦时	1676.08	1673.19	1826.54	1771.41	1699.14	1848.00	1833.00
	占比/%	15.89	15.63	17.25	16.65	15.92	16.94	16.80
火电	发电量/亿千瓦时	7109.12	7223.66	7005.56	7024.95	6984.01	7039.00	6990.00
	占比/%	67.40	67.46	66.15	66.01	65.42	64.52	64.05886
核电	发电量/亿千瓦时	1729.41	1775.34	1725.08	2807.57	1954.70	1966.00	2031.00
	占比/%	16.40	16.58	16.29	26.38	18.31	18.02	18.61281
风电	发电量/亿千瓦时	0.05	0.05	0.05	0.96	1.48	2.23	2.46
	占比/%	0	0	0	0.01	0.01	0.02	0.022544
光伏发电	发电量/亿千瓦时	0	0	0	1.60	3.35	4.05	4.23
	占比/%	0	0	0	0.02	0.03	0.04	0.04
地热发电	发电量/亿千瓦时	5.22	4.77	4.44	4.55	4.57	4.72	5.31
	占比/%	0.05	0.04	0.04	0.04	0.04	0.04	0.05

年　份		2011	2012	2013	2014	2015	2016	2017
垃圾发电	发电量/亿千瓦时	27.42	29.88	28.88	30.71	27.89	37.20	36.30
	占比/%	0.26	0.28	0.27	0.29	0.26	0.34	0.33
生物燃料发电	发电量/亿千瓦时	0.35	0.45	0.37	0.32	0.30	9.80	10.70
	占比/%	0	0	0	0	0	0.09	0.10

数据来源：国际能源署；联合国统计司。

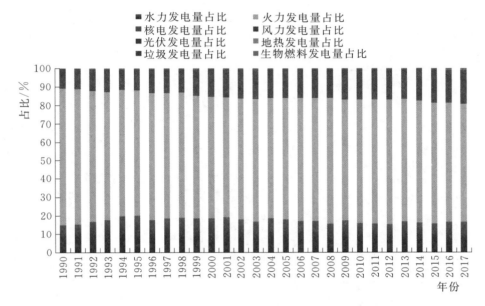

图 3-12　1990—2017 年俄罗斯各类发电量及占比

（四）电网建设规模

俄罗斯统一电力公司是俄罗斯最大的能源公司，是世界上第四大电网系统公司，负责整个国家电网的运行和发展，拥有包括 220 千伏及以上电压等级的高压网络和 8 座发电厂，其中 5 座租给了地方发电公司。

俄罗斯统一电力公司富余发电能力约为 3000 万千瓦，每年电量出口潜力为 1000 亿～1500 亿千瓦时，2016 年可出口 800 万千瓦的发电能力。基础电网建设较为落后，区域间的电网联系较为薄弱。

俄罗斯的电网联络输送能力较弱，一般区域电网交易电量仅占区域发电量的 5%～10%。随着俄罗斯电网的不断加强以及周边国家用电需求的提升，中国、日本、韩国以及欧盟部分国家将进口俄罗斯电力。俄罗斯将来的电力流将由能源富集区向周边国家输送。在西伯利亚，丰富的水电资源将会从西向东南方向输送，即向中国、韩国和日本输送，形成东北亚互联电网。

二、电力消费形势分析

（一）总用电量

1990—1997 年俄罗斯受当时的政策影响，市场低迷，国内总用电量持续减少。1997—2008 年，全国的用电量稳步上升，2008 年达到最高水平 7254.6 亿千瓦时。2008 年受经济危机的影响，2009 年俄罗斯用电量减少为 6862.36 亿千瓦时。2010—2015 年，国内用电量趋于稳定。1990—2015 年俄罗斯总用电量及增速如表 3-14、图 3-13 所示。

表 3 - 14 　　　　　　　　　　　　　1990—2015 年俄罗斯总用电量及增速

年 份	1990	1991	1992	1993	1994	1995	1996	1997	1998
总用电量/亿千瓦时	8266.31	8113.09	7563.55	7057.75	6352.87	6183.3	6011.7	5898.78	5785.23
增速/%	—	-1.85	-6.77	-6.69	-9.99	-2.67	-2.78	-1.88	-1.92
年 份	1999	2000	2001	2002	2003	2004	2005	2006	2007
总用电量/亿千瓦时	5926.17	6085.26	6180.35	6182.37	6322.32	6455.32	6499.73	6814.01	7009.42
增速/%	2.44	2.68	1.56	0.03	2.26	2.10	0.69	4.84	2.87
年 份	2008	2009	2010	2011	2012	2013	2014	2015	
总用电量/亿千瓦时	7254.6	6862.36	7266.83	7288.24	7402.85	7440.91	7378.3	7263.18	
增速/%	3.50	-5.41	5.89	0.29	1.57	0.51	-0.84	-1.56	

数据来源：国际能源署；联合国统计。

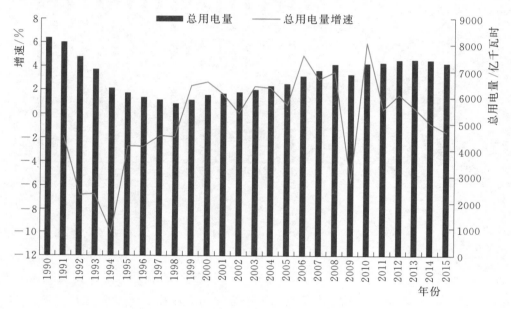

图 3 - 13　1990—2015 年俄罗斯总用电量及增速

（二）分部门用电量

1990—2015 年，俄罗斯分部门用电量结构变化较为明显，工业用电占比由 58.67% 降至 45.30%，降低 13.37%。俄罗斯逐渐降低工业用电，民众消费能力提高，服务业比重逐渐增大。 1990—2015 年俄罗斯分部门用电量及占比如表 3-15、图 3-14 所示。

表 3 - 15 　　　　　　　　　　　　　1990—2015 年俄罗斯分部门用电量及占比

年 份		1990	1991	1992	1993	1994	1995	1996
农业	用电量/亿千瓦时	673.10	704.79	698.70	692.02	614.41	530.39	487.06
	占比/%	7.89	8.69	9.24	9.81	9.67	8.58	8.10
工业	用电量/亿千瓦时	4817.22	4610.99	4191.51	3764.36	3183.67	3140.15	2941.10
	占比/%	58.67	56.83	55.42	53.34	50.11	50.78	48.92
服务业	用电量/亿千瓦时	2775.99	2797.31	2673.34	2601.34	2554.78	2512.76	2583.54
	占比/%	33.44	34.48	35.35	36.86	40.21	40.64	42.98

年　份		1997	1998	1999	2000	2001	2002	2003
农业	用电量/亿千瓦时	420.94	383.64	343.02	301.23	254.25	227.00	203.48
	占比/%	7.14	6.63	5.79	4.95	4.11	3.67	3.22
工业	用电量/亿千瓦时	2915.73	2831.45	2960.44	3124.03	3215.90	3196.41	3282.87
	占比/%	49.43	48.94	49.96	51.34	52.03	51.70	51.93
服务业	用电量/亿千瓦时	2562.10	2570.14	2622.71	2659.10	2710.20	2758.96	2835.97
	占比/%	43.43	44.43	44.26	43.70	43.85	44.63	44.86
年　份		2004	2005	2006	2007	2008	2009	2010
农业	用电量/亿千瓦时	179.93	170.64	170.48	164.50	157.94	153.73	159.69
	占比/%	2.79	2.63	2.50	2.35	2.18	2.24	2.20
工业	用电量/亿千瓦时	3340.91	3298.77	3535.58	3527.78	3600.82	3114.17	3268.49
	占比/%	51.75	50.75	51.89	50.33	49.63	45.38	44.98
服务业	用电量/亿千瓦时	2934.48	3030.32	3107.95	3317.14	3495.84	3594.46	3838.65
	占比/%	45.46	46.62	45.61	47.32	48.19	52.38	52.82
年　份		2011		2012		2013		2014		2015

年　份		2011	2012	2013	2014	2015
农业	用电量/亿千瓦时	151.31	155.66	153.83	161.80	164.88
	占比/%	2.08	2.10	2.07	2.19	2.27
工业	用电量/亿千瓦时	3318.18	3386.08	3366.92	3337.01	3290.00
	占比/%	45.53	45.74	45.25	45.23	45.30
服务业	用电量/亿千瓦时	3808.75	3861.11	3920.16	3879.49	3808.30
	占比/%	52.26	52.16	52.68	52.58	52.43

数据来源：国际能源署；联合国统计司。

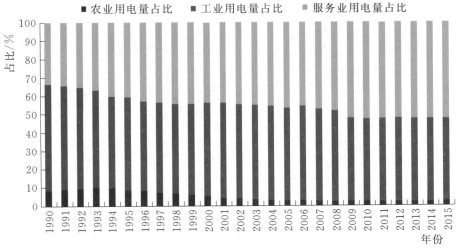

图3-14　1990—2015年俄罗斯分部门用电量占比

三、电力供需平衡分析

俄罗斯用电需求逐渐增大，2018年将增加到1.1752万亿千瓦时，增加17.5%，年均增长2.33%。俄罗斯全国新增发电装机容量超过4000万千瓦，电力供应充足。

1990—2015 年俄罗斯电力生产量、进口量、出口量、可供量及增速如表 3-16、图 3-15 所示。

表 3-16 1990—2015 年俄罗斯电力可供量 单位：亿千瓦时

年 份	1990	1991	1992	1993	1994	1995	1996	1997	1998
电力生产量	10821.50	10681.60	10084.50	9565.87	8759.14	8600.27	8471.83	8341.32	8271.58
电力进口量	350.38	350.88	277.10	246.81	236.51	183.77	123.56	71.51	82.61
电力出口量	−433.50	−471.49	−439.52	−434.13	−441.47	−379.82	−318.46	−268.40	−262.75
电力可供量	11605.40	115040	10801.10	10246.80	9437.12	9163.86	8913.85	8681.23	8616.94
年 份	1999	2000	2001	2002	2003	2004	2005	2006	2007
电力生产量	8462.26	8777.66	8912.84	8912.85	9162.86	9318.65	9530.86	9957.94	10153.30
电力进口量	83.64	87.95	97.98	51.54	82.40	121.79	101.39	51.15	56.70
电力出口量	−225.21	−228.50	−256.59	−180.97	−216.19	−198.00	−225.20	−209.27	−184.68
电力可供量	8771.11	9094.11	9267.41	9145.36	9461.45	9638.44	9857.45	10218.40	10394.70
年 份	2008	2009	2010	2011	2012	2013	2014	2015	
电力生产量	10403.80	9919.80	10380.30	10547.65	10707.34	10590.92	10642.07	10675.44	
电力进口量	31.05	30.66	16.44	15.58	26.61	47.06	66.23	65.86	
电力出口量	−207.38	−179.23	−190.91	−241.11	−191.43	−183.82	−146.71	−182.44	
电力可供量	10642.20	10129.70	10587.70	10804.34	10925.38	10821.80	10855.01	10923.74	

数据来源：国际能源署；联合国统计司。

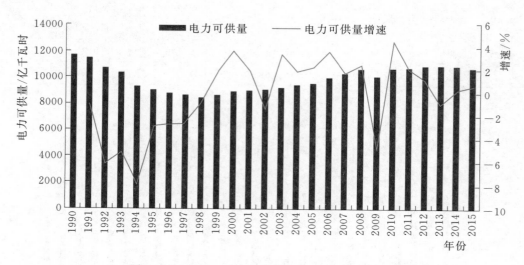

图 3-15 1990—2015 年俄罗斯电力可供量及增速

四、电力相关政策

(一) 电力投资相关政策

1. 火电政策

俄罗斯公布了电力设施布局长期总体规划，2020 年全国燃煤电站占比将增加，天然气电站的占比不断下降。

根据"2030 能源战略"发展规划，到 2030 年全国火电站拟新建 4300 万千瓦。

俄罗斯计划建设 30 个生物燃料厂并对现有设施加以更新，位于西伯利亚地域的城市建有一座乙醇燃料工厂。

2. 核电政策

俄罗斯的核电发展在未来依然处于领先地位。俄罗斯是传统的核电大国，有 35 座正在运营的反应堆，全部机组容量为 269.83 亿瓦。俄罗斯核电政策主要目标是大力发展核电出口，除大力发展出口以外，俄罗斯积极进行核电创新技术，研制全球首座浮动核电站，旨在为偏远的国家和地区供电。

《2020 俄能源战略》将热核能、氢能、快中子核反应堆、潮汐发电、太阳能和化学发电作为新能源的优先发展方向。

《2030 俄能源战略》提出自 2016 年起，每年新建 3 个核电机组，在 2018 年或 2020 年前后，这一数量增至每年 4 个。2015 年俄罗斯政府联邦预算中拨款 6740 亿卢布用于发展核工业。

《2010—2015 年及新一代核能技术》计划，俄罗斯政府加大了在该领域的投资力度，俄罗斯将研发更安全的第四代核反应堆。2020 年前计划建造 26 个核能发电机组。

3. 可再生能源政策

俄罗斯作为传统的化石能源生产和出口大国，为了实现经济可持续发展，俄罗斯对经济结构进行了调整，能源发展战略从传统模式向可再生能源转变，逐步减少对传统石油、天然气的依赖。

《2020 年前利用可再生能源提高电力效率国家可再生能源重点方向》确立了可再生能源利用的宗旨和原则，规定了可再生能源发电的用电规模指标及相关落实措施。

2013 年 5 月，通过了第 861 号决议。该决议确定了到 2020 年新的可再生能源的年度限制。

（1）水电政策。2020 年俄罗斯的国家电力战略目标是水电装机容量达到 6000 万千瓦。俄罗斯水电公司在北高加索地区投资了许多小水电站。

2016 年俄罗斯水电股份有限公司与中国三峡集团确定将在阿穆尔河流域俄方侧建设防洪水电站，并提高俄罗斯水电站的总体效率。

（2）风电政策。2014 年，俄罗斯工业和贸易部宣布，俄罗斯将投资约 300 亿卢布在俄罗斯境内建设风力发电站，并组建大型财团，主要任务是进行风力发电站的设计、施工、安装、调试、投产和运营。

俄罗斯工业和贸易部指出，在第一阶段选定的外国供应商应保证为俄罗斯企业现有高度本地化的风力发电设施供应设备。本地化指标计划逐年提高，从 2016 年的 25% 提高到 2019 年的 65%。

（3）光伏发电。俄罗斯南部地区尤其是北高加索地区，太阳能的潜力最大。克拉斯诺达尔地区和西伯利亚大部分地区的日照水平可与法国南部和意大利中部相媲美。俄罗斯一些地区的日照水平已经超过了成功开发太阳能的欧洲地区。俄罗斯的太阳能规模化应用已经起步。

2014 年 9 月，功率为 5 兆瓦的俄罗斯最大光伏电站在阿尔泰科什阿加赤地区投入运行。

2015 年 5 月在施耐德电气有限公司的参与下，另一个位于俄罗斯南部奥伦堡州的 5 兆瓦的太阳能发电站投入运行。

2016 年年底，俄罗斯光伏发电装机容量已达 540 兆瓦，其中 2016 年新增 70 兆瓦。俄罗斯的目标是到 2024 年光伏装机容量达到 15.2 亿瓦。

（二）电力市场相关政策

1. 俄罗斯电力市场改革

俄罗斯电力体制改革始于 1992 年，经历了四个阶段。

第一次电力改革：1992 年俄罗斯电力系统经历了第一次改革，实现了股份制，由国家所有制转变为股份制，成立了"俄罗斯统一电力公司"分公司（RAO）。RAO 拥有 100 万千瓦以上的火电厂、30 万千瓦以上的水电厂以及地区联合电网之间联络线 100% 股份，还拥有地区电力公司 51% 的股份。电力系统的科研单位、设计单位和建设单位。在此基础上形成了两个电力市场：趸售市场和零售市场。出售趸售电能的市场主体是火电厂、水电厂和功率过剩的地区电业局。在改革方案中，原则上大型用户可直接向趸售市场按合同购电。国家成立了两级调控单位，由联邦调控委员会负责调控趸售电价，地区调控委员会负责调控零售/居民电价，每季度审核一次。买卖双方在趸售市场的中央调度局订立销售合同，合同由联邦委员会审核批准，联邦委员会不仅审核合同，同时也调控电价。

第二次电力改革：1995—1997 年，俄罗斯重新出台了一个改革方案，由于论证不够充分，遭到社会各界的强烈反对，没有得到实施。

第三次电力改革：2000 年 6 月，RAO 出台了一个新的改革方案。该方案打算放弃国家控股的统一电力公司的国家垄断地位，将下属发电厂出售改造为独立的发电公司（核电除外），国家只保留电网、调度控制权，停止干预电价，在电力的生产和销售环节展开竞争，由市场自由定价，发电公司之间实行竞价上网。

第四次电力改革：2000 年 12 月，俄罗斯政府为电力工业召开了专门的会议。2001 年 1 月，俄罗斯总统决定成立电力工业改革工作组，任务是在现有的俄罗斯电力改革方案的基础上吸取国外经济改革经验，形成一个改革方案。

2. 俄罗斯电力市场政策

2002 年 10 月，俄罗斯政府向议会提交了包括《电力法》在内的一系列电力改革方案，将改革的各项目标以法律的形式确定。

2003 年，俄罗斯通过了《电力法》，电力改革正式启动。《电力法》将 2008 年 7 月 1 日确定为电力改革的结束期限，同时规定电力市场开放设 3 年的过渡期，2011 年起电力行业全面实现市场化。

第三节　电力与经济关系分析

一、电力消费与经济发展相关关系

（一）电力消费总量同比增速与 GDP 增速变化趋势

1990—1998 年俄罗斯的"休克疗法"导致国内总用电量与 GDP 均呈现下降趋势，1998—2008 年间两者均上升。2008 年受全球经济危机的影响，用电量减少，随着经济的稳定 2009 年开始用电量处于平稳状态。2014 年西方制裁导致国内生产总值下降，用电量与 GDP 的趋势一致。1991—2016 年，俄罗斯用电量增速与 GDP 增速如图 3-16 所示。

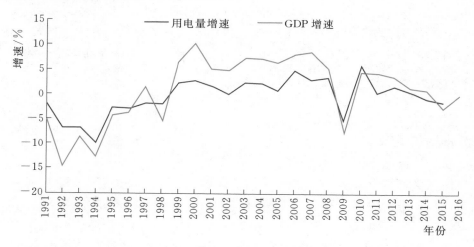

图 3-16　1991—2016 年俄罗斯用电量增速与 GDP 增速

（二）电力消费弹性系数

俄罗斯的电力消费弹性系数呈波动式变化，1997 年最低为 -1.34，1998—2013 年波动变化，

2014 年出现较大下降，降至 −1.15。1991—2015 年俄罗斯电力消费弹性系数如表 3 - 17、图 3 - 17 所示。

表 3 - 17　　　　　　　　　　　1991—2015 年俄罗斯电力消费弹性系数

年　份	1991	1992	1993	1994	1995	1996	1997	1998
电力消费弹性系数	0.37	0.47	0.77	0.79	0.64	0.77	−1.34	0.36
年　份	1999	2000	2001	2002	2003	2004	2005	2006
电力消费弹性系数	0.38	0.27	0.31	0.01	0.31	0.29	0.11	0.59
年　份	2007	2008	2009	2010	2011	2012	2013	2014	2015
电力消费弹性系数	0.34	0.67	0.69	1.31	0.07	0.45	0.40	−1.15	0.55

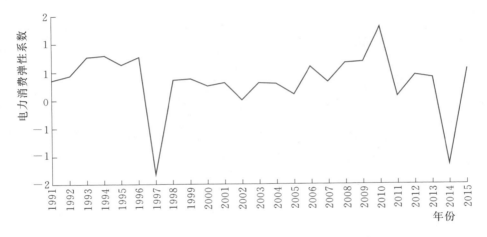

图 3 - 17　1991—2015 年俄罗斯电力消费弹性系数

（三）单位产值电耗

1990—1997 年，俄罗斯单位产值电耗较稳定，保持在 1.60 千瓦时/美元。1999 年达到最大值 3.03。2000—2013 年俄罗斯单位产值电耗持续降低，2013 年为 0.33，2014—2015 年有所回升。1990—2015 年俄罗斯单位产值电耗如表 3 - 18、图 3 - 18 所示。

表 3 - 18　　　　　　　　　　1990—2015 年俄罗斯单位产值电耗　　　　　　　　　单位：千瓦时/美元

年　份	1990	1991	1992	1993	1994	1995	1996	1997	1998
单位产值电耗	1.60	1.57	1.64	1.62	1.61	1.56	1.53	1.46	2.14
年　份	1999	2000	2001	2002	2003	2004	2005	2006	2007
单位产值电耗	3.03	2.34	2.02	1.79	1.47	1.09	0.85	0.69	0.54
年　份	2008	2009	2010	2011	2012	2013	2014	2015	
单位产值电耗	0.44	0.56	0.48	0.36	0.34	0.33	0.36	0.53	

（四）人均用电量

1990—1997 年，俄罗斯人均用电量和人均 GDP 下降，2000 年之后俄罗斯的人均用电量和人均 GDP 均逐渐增长。受 2008 年经济危机的影响，俄罗斯的人均 GDP 下降，人均用电量下降。2009 年后俄罗斯人均 GDP 和人均用电量保持增长趋势。2014 年西方的联合制裁使得俄罗斯人均 GDP 下降。

1990—2015 年俄罗斯人均用电量如表 3-19、图 3-19 所示。

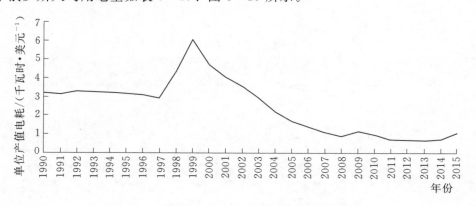

图 3-18　1990—2015 年俄罗斯单位产值电耗

表 3-19　　　　　　　　　　　　　　1990—2015 年俄罗斯人均用电量

年　份	1990	1991	1992	1993	1994	1995	1996	1997	1998
人均用电量/千瓦时	5596.69	5470.73	5089.87	4755.90	4278.03	4169.45	4053.74	3991.06	3922.19
年　份	1999	2000	2001	2002	2003	2004	2005	2006	2007
人均用电量/千瓦时	4034.15	4159.44	4256.44	4263.70	4381.37	4489.10	4538.92	5323.45	4908.56
年　份	2008	2009	2010	2011	2012	2013	2014	2015	
人均用电量/千瓦时	5083.81	4805.57	5085.26	5096.67	5165.98	5178.09	5134.52	5054.41	

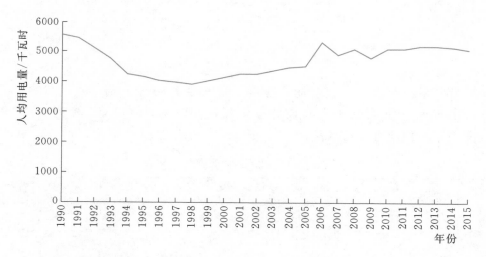

图 3-19　1990—2015 年俄罗斯人均用电量

二、工业用电与工业经济增长相关关系

（一）工业用电量同比增速与工业增加值增速

1990—1998 年俄罗斯工业用电量和工业增加值呈下降趋势。2000 年后，普京新政的推出使工业用电量和工业增加值都在上升，2008 年受经济危机的影响，工业增加值减少，工业用电量也出现下降，而后的几年间趋于稳定。2014 年由于西方的联合制裁导致工业增加值下降。全国的总用电量与国民经济总量变化趋势大致相同。1991—2015 年俄罗斯工业用电量增速与工业增加值增速

如图 3-20 所示。

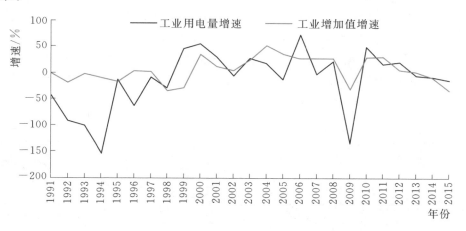

图 3-20　1991—2015 年俄罗斯工业用电量增速与工业增加值增速

（二）工业电力消费弹性系数

1993—1996 年俄罗斯工业电力消费弹性系数持续降低，1996 年降至最低 −1.77。1997—2012 年保持平稳上升趋势，维持在 0 左右。1991—2015 年俄罗斯工业电力消费弹性系数如表 3-20、图 3-21 所示。

表 3-20　　　　　　　　　　1991—2015 年俄罗斯工业电力消费弹性系数

年　份	1991	1992	1993	1994	1995	1996	1997	1998
工业电力消费弹性系数	2.98	0.46	5.20	1.72	0.08	−1.77	−0.49	0.08
年　份	1999	2000	2001	2002	2003	2004	2005	2006
工业电力消费弹性系数	−0.16	0.16	0.26	−0.18	0.11	0.03	−0.04	0.27
年　份	2007	2008	2009	2010	2011	2012	2013	2014	2015
工业电力消费弹性系数	−0.01	0.08	0.43	0.17	0.05	0.35	−0.60	0.09	0.04

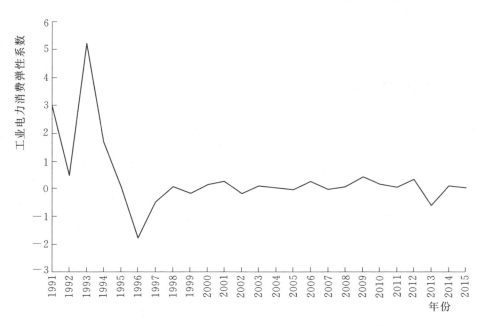

图 3-21　1991—2015 年俄罗斯工业电力消费弹性系数

（三）工业单位产值电耗

1990—1997 年俄罗斯单位产值电耗保持平稳，维持在 2 千瓦时/美元，1999 年达到最高为 4.06 千瓦时/美元。2000 年随着经济政策的改变，俄罗斯工业的单位产值电耗在 2000—2008 年之间持续走低。受 2008 年的经济危机影响，2009 年单位产值电耗小幅度上升达到 0.76 千瓦时/美元。从 2011 年起，俄罗斯工业的单位产值电耗继续降低，与全国 GDP 单位产值电耗趋势保持一致。1990—2015 年俄罗斯工业单位产值电耗如表 3-21、图 3-22 所示。

表 3-21　　　　　　　　　　　1990—2015 年俄罗斯工业单位产值电耗　　　　　　　　单位：千瓦时/美元

年　份	1990	1991	1992	1993	1994	1995	1996	1997	1998
单位产值电耗	1.93	1.87	2.12	1.94	1.80	2.15	1.94	1.89	2.79
年　份	1999	2000	2001	2002	2003	2004	2005	2006	2007
单位产值电耗	4.06	3.17	2.94	2.82	2.34	1.56	1.13	0.96	0.75
年　份	2008	2009	2010	2011	2012	2013	2014	2015	
单位产值电耗	0.60	0.76	0.62	0.48	0.47	0.46	0.50	0.73	

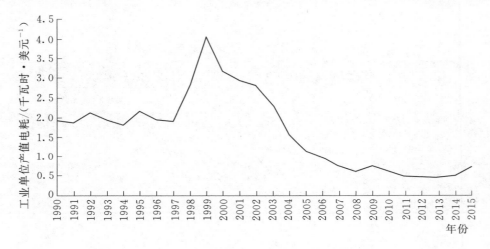

图 3-22　1990—2015 年俄罗斯工业单位产值电耗

三、服务业用电与服务业经济增长相关关系

（一）服务业用电量同比增速与服务业增加值增速

1990—1998 年"休克疗法"导致俄罗斯服务业用电量和服务业增加值在此期间呈下降趋势。2000—2008 年间普京新政的提出，使得俄罗斯的服务业总用电量和服务业增加值有大幅度的提高。2008 年的经济危机导致 2009 年的服务业增加值和服务业的用电量有所下降。经济恢复后，俄罗斯的服务业用电量逐步上升。2014 年西方联合制裁使 2014 年的服务业 GDP 减少，与俄罗斯全国的总用电量与国民经济总量的变化趋势大致相同。1991—2015 年俄罗斯服务业用电量增速与服务业增加值增速如图 3-23 所示。

（二）服务业电力消费弹性系数

1990—2015 年，俄罗斯服务业电力消费弹性系数一直处于波动状态。服务业用电量增速与服务业增加值增速之间的规律性较弱。1991—2015 年俄罗斯服务业电力消耗弹性系数如表 3-22、图 3-24 所示。

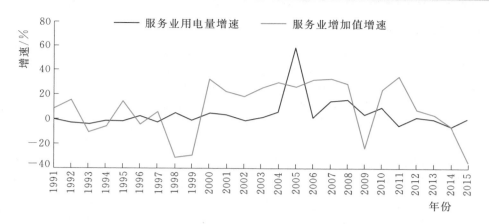

图 3-23　1991—2015 年俄罗斯服务业用电量增速与服务业增加值增速

表 3-22　　　　　　　　　　　　1991—2015 年俄罗斯服务业电力消费弹性系数

年　份	1991	1992	1993	1994	1995	1996	1997	1998
服务业电力消费弹性系数	−0.01	−0.19	0.38	0.31	−0.11	−0.54	−0.44	−0.14
年　份	1999	2000	2001	2002	2003	2004	2005	2006
服务业电力消费弹性系数	0.05	0.13	0.14	−0.08	0.05	0.18	2.20	0.04
年　份	2007	2008	2009	2010	2011	2012	2013	2014	2015
服务业电力消费弹性系数	0.45	0.55	−0.14	0.39	−0.16	0.17	−0.02	0.93	−0.01

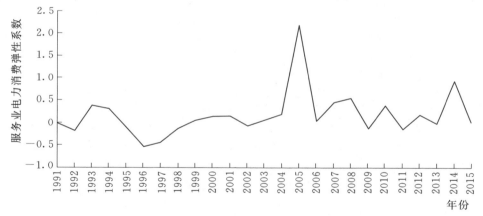

图 3-24　1991—2015 年俄罗斯服务业电力消费弹性系数

（三）服务业单位产值电耗

俄罗斯服务业单位产值电耗与俄罗斯电力单位产值电耗变化趋势大致相同。1990—1997 年处于波动变化，1999 年达到最高值 0.57。1999—2014 年俄罗斯服务业单位产值电耗总体呈降低趋势。1990—2015 年俄罗斯服务业单位产值电耗如表 3-23、图 3-25 所示。

表 3-23　　　　　　　　　　1990—2015 年俄罗斯服务业单位产值电耗　　　　　　　　单位：千瓦时/美元

年　份	1990	1991	1992	1993	1994	1995	1996	1997	1998
单位产值电耗	0.37	0.34	0.28	0.30	0.32	0.27	0.29	0.27	0.40
年　份	1999	2000	2001	2002	2003	2004	2005	2006	2007
单位产值电耗	0.57	0.45	0.37	0.31	0.25	0.20	0.25	0.20	0.17
年　份	2008	2009	2010	2011	2012	2013	2014	2015	
单位产值电耗	0.15	0.20	0.18	0.13	0.12	0.11	0.12	0.18	

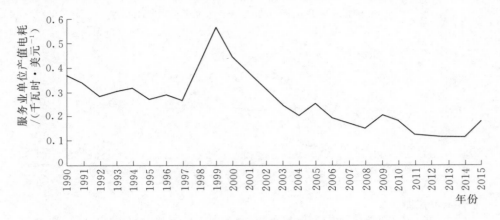

图 3-25　1990—2015 年俄罗斯服务业单位产值电耗

第四节　电力与经济发展展望

一、经济发展展望

2015 年起，俄罗斯经济复苏态势较为明显，2015 年开始俄罗斯的 GDP 和人均 GDP 的下降速率远低于 2014 年的 0.22%。失业率保持稳定状态。2016 年外国直接投资为 329.76 亿美元，保持较快增长状态。自西方制裁之后，俄罗斯政府出台了一系列稳定经济政策。从 2013 年，俄罗斯的单位产值电耗有小幅度的上升，2015 年达到 0.53，俄罗斯面临着能源依赖、外国直接投资缺乏的问题。

2017 年 5 月普京批准的《2030 年前经济安全战略》指出，俄罗斯经济的主要威胁是：投资不足、原料依赖、中小企业 GDP 占比不高、地缘政治局势紧张、腐败和贫困。俄罗斯储蓄银行分析师强调"如果不进行结构性改革，俄罗斯经济将每年增长 1.5%，GDP 翻番需要约 50 年；如果进行结构性改革，则增长速度将提高到 3.5%，GDP 翻番需要 20 年"。俄罗斯央行行长纳比乌林娜曾在国家杜马坦言"如果经济结构不发生改变，预测 GDP 潜在的增长速度将低于 1.5%～2.0%"。国际货币基金组织提出"俄罗斯应该加大力度推进经济结构改革，只有结构改革才能保证经济的持续发展，并且减轻对能源领域的依赖"。普京执政后，在稳定经济发展的同时，更特别重视经济结构的调整和与此相关的经济发展模式的转变。

俄罗斯在调整与优化经济结构方面的主要设想与措施是：

（1）要控制石油、天然气等部门的生产规模，大幅度提高非原材料与加工工业产品的生产与出口。

（2）加速发展高附加值的高新技术产业与产品，发展新经济。俄罗斯强调，要把发展新经济作为一项具有战略意义的国策加以实行。

（3）积极发展中小企业，这是俄罗斯经济中的一个薄弱环节。

（4）加快农业发展，促使农业现代化，提高农业生产技术水平。

二、电力发展展望

俄罗斯的用电量处于下滑状态，2010—2013 年用电量处于缓慢增长状态，从 2014 年开始下降。俄罗斯 2014—2016 年发电量维持不变，保持在 10600 亿千瓦时左右。俄罗斯在逐渐降低能源与电力的强度，这与俄罗斯的能源政策、节能政策相关。预计在市场需求的影响下，专门从事高科技和科技密集型产业的低能耗工业生产部门将会加速发展。随着经济结构发生变化，节能燃料和组织技术措施的深入实施也是一个有针对性的节能政策。

（一）电力需求展望

2014—2016 年俄罗斯的发电量维持稳定状态，存在小幅度的上升。2015 年俄罗斯发电量的同比增速达到 0.31%。装机容量在稳定上升中，2015 年达到 235.3 亿千瓦。预计 2020 年前，工业、建筑、交通等领域的电气化水平稳步上升，电力需求持续增长。2020—2030 年俄罗斯的发电量年增速达到 1.5%，预测发电装机容量增速将达到每年 1.5%。

俄罗斯的能源转型应该重点从水电和核电出发，大力发展这两种可再生能源，增大电力装机容量，实现绿色能源的发展。俄罗斯三面环海有利于核电站的建造和运行，与此同时俄罗斯工业发达、技术先进，有良好的技术经济环境有利于核电的发展。发展核电和水电有利于适应本国高耗能产业的发展，促进俄罗斯经济。俄罗斯 2020 年、2025 年、2030 年发电量及发电装机容量预测如表 3-24 所示。

表 3-24　　　　2020 年、2025 年、2030 年俄罗斯发电量、发电装机容量预测　　　单位：亿千瓦时

年　份	2020	2025	2030
发电量预测	12110	13010	14030
发电装机容量预测	2600	2740	2900

资料来源：北极星电力网。

（二）电力发展规划与展望

1. 火电发展展望

俄罗斯的火电在发电构成中的占比始终处于主导地位，随着能源结构调整逐年减少。2005—2015 年俄罗斯的火力发电占比从 68% 降至 66%。俄罗斯推出了减少火力发电和优先发展可再生能源的政策，未来几年俄罗斯的火力发电在发电结构中的占比将会继续降低。

2. 水电发展展望

水电在苏联时期就得到了重视并且一直发展至今，2016 年俄罗斯已经投入生产运行的水电装机容量为 5171 万千瓦，水电占总发电量的 17.2%。2005—2015 年，俄罗斯的水电占比一直保持稳定状态。预计未来几年，俄罗斯的水电也会保持稳定发展。

3. 核电发展展望

俄罗斯在大力发展核能发电，从 2005 年核能发电占比由 15% 提高至 2015 年的 18%。《2020 俄能源战略》中的核电政策，将热核能、氢能、快中子核反应堆、潮汐发电、太阳能和化学发电作为新能源的优先发展方向。俄罗斯预计在 2020 年之前将新建 11 座电站，对 10 座现有核电站进行现代化改造和扩建。其中，计划新建的核电站包括阿尔汉格尔斯克核电站、摩尔曼斯克科拉 2 号核电站、列宁格勒 2 号核电站、新沃罗涅日 2 号核电站。

4. 风电发展展望

俄罗斯具有丰富的风力资源，风能经济可开发潜力为 2000 亿～3000 亿千瓦时/年。2016 年俄罗斯风电总装机容量仅为 100 兆瓦，主要分布在西部的加里宁格勒州、楚科奇自治区以及西南部的巴士科尔斯坦共和国。俄罗斯拥有许多风电在建项目，受投资者对于风电行业的慎重、俄罗斯测风数据不足和俄罗斯政府本地化要求，以及卢布汇率不稳定的影响，风电发展缓慢。随着优先发展可再生能源政策的出台，俄罗斯将会加大发展风力发电。

俄罗斯工业和贸易部宣布，首个 35 兆瓦风电站于 2017 年在乌里扬诺夫斯克州投入运行。其他风

能设施将建在摩尔曼斯克州和俄罗斯南部地区。到 2024 年计划建成 3600 兆瓦的风力发电设施。

5. 可再生能源发电发展展望

俄罗斯能源部计划到 2035 年在可再生能源方面吸引投资 530 亿美元，中小型企业将在这一领域发挥重要作用，可再生能源的投资潜力将是同时期化石燃料投资潜力的 2 倍以上。俄罗斯能源部预计，到 2035 年，全球可再生能源发电领域投资潜力有望达到 5.8 万亿美元。

第四章

南　非

南非共和国简称南非，位于非洲大陆最南端，国土面积达 122 万平方公里。南非东濒印度洋与澳大利亚相望，西临大西洋与巴西、阿根廷相望，北邻纳米比亚、博茨瓦纳、津巴布韦、莫桑比克和斯威士兰，另有莱索托为南非领土所包围，极佳的地理位置使南非成为非洲南部最大的货物集散地。南非矿产资源丰富，是世界五大矿产资源国之一。中国和南非共和国于 1998 年建立外交关系，随后双边贸易额稳步快速增长。自 2009 年以来，中国连续 8 年成为南非第一大出口目的地和进口来源地。2010 年，南非正式成为"金砖国家"的第五位成员。作为"金砖国家"中唯一的非洲成员，南非是与非洲其他国家进行交流的重要门户。

第一节　经济发展与政策

一、经济发展状况

（一）经济发展及现状

南非属于中等收入发展中国家，是非洲经济最发达的国家之一，相比其他非洲国家劳动生产率较高、经济相对稳定、工业体系较为完善、国民生活水平较高，同时作为"金砖国家"的新成员，拥有巨大的经济发展潜力。

南非金融、法律体系比较完善，通信、交通、能源等基础设施良好。矿业、制造业、农业和服务业均较发达，是经济四大支柱。南非贫富差距较大，城乡经济特征较为明显。新南非政府成立后，政治上奉行种族和解政策，并采取了一系列促进经济发展、种族融合的举措，为南非经济社会持续、健康发展提供了重要前提。

20 世纪 80 年代初至 90 年代初，受国际制裁影响，南非经济出现衰退。新南非政府成立后，制定了"重建与发展计划"，强调提高黑人的社会、经济地位。1996 年为促进经济增长，增加就业，南非推出"增长、就业和再分配计划"，旨在通过推进私有化、削减财政赤字、增加劳动力市场灵活性、促进出口、放松外汇管制、鼓励中小企业发展等措施逐步改变分配不合理的情况。2006 年实施"南非加速和共享增长倡议"，加大政府干预经济力度，旨在通过加强基础设施建设、实行行业优先发展战略、加强教育和人力资源培训等措施，促进就业和减贫。

2008 年受国际金融危机影响，南非经济增速放缓，2009 年一度陷入衰退。为应对金融危机冲击，南非自 2008 年 12 月以来 6 次下调利率，并出台增支减税、刺激投资和消费、加强社会保障等综合性政策措施，以遏止经济下滑势头。在政府执行经济刺激措施、国际经济环境逐渐好转和筹办世界杯足球赛的共同作用下，南非经济逐渐企稳。

2010年以来，南非相继推出"新增长路线"和《2030年国家发展规划》，围绕解决贫困、失业和贫富悬殊等社会问题，以强化政府宏观调控为主要手段，加快推进经济社会转型。

在全球经济增长缓慢及欧债危机局势下，南非经济总体低迷，增长乏力。2012年8月爆发的马利卡纳铂金矿大罢工演变成严重流血冲突，并引发新一轮罢工潮，重创南非矿业和交通运输业等支柱产业，加上国际评级机构先后调降南非长期主权信用评级展望和政府债券评级，令经济再度面临严峻形势，兰特兑美元汇率大幅下跌。2013年以来，受美国执行量化宽松政策等因素影响，南非出现大幅资本外流。

2008年以来，南非主要面临劳动力供求结构失衡、产业结构发展不平衡、社会治安形势严峻等压力，经济增长势头减弱，增速低于预期，经济增长疲软给其降低失业率和收入差距造成较大阻碍。2012年以来，南非重点实施"工业政策行动计划"和"基础设施发展计划"，旨在促进高附加值和劳动密集型制造业发展，改变经济增长过度依赖原材料和初级产品出口的现状，同时加快铁路、公路、水电、物流等基础设施建设以支持经济发展。

（二）主要经济指标分析

1. GDP及增速

1994年新南非政府成立后，制定了"重建与发展计划"，并采取了一系列措施减少贫困，增加就业，促进经济增长。1998年开始，南非实行"三年中期开支框架"，即三年滚动预算，以保证公共财政良好运行，削减政府开支，改进国内储蓄，降低通货膨胀。1994—2008年，除1998年外，南非GDP均保持稳定增长。

受2008年金融危机影响，2009年南非GDP增速为－1.54%。南非自2008年12月6次下调利率，并出台增支减税、刺激投资和消费、加强社会保障等综合性政策措施，以遏止经济下滑势头，2010年GDP恢复正增长。

2010年以来，在全球经济增长缓慢背景下，南非GDP增速放缓。受劳动力供求结构失衡、产业结构发展不平衡等内部因素和信用评级调低、兰特兑美元汇率大幅下跌、资本外流等外部因素影响，2010—2016年南非GDP整体上呈下滑趋势，2016年GDP增速仅为0.28%，同时2016年南非取代尼日利亚再度成为非洲最大的经济体。相比2016年，2017年南非GDP增幅有了很大提高，但相比历史水平仍较低。1990—2017年南非GDP及增速如表4-1、图4-1所示。

表4-1　　　　　　　　　1990—2017年南非GDP及增速

年　份	1990	1991	1992	1993	1994	1995	1996
GDP/亿美元	1155.53	1239.43	1345.45	1343.10	1397.52	1554.60	1476.08
GDP增速/%	－0.32	－1.02	－2.14	1.23	3.23	3.12	4.31
年　份	1997	1998	1999	2000	2001	2002	2003
GDP/亿美元	1525.86	1377.74	1366.32	1363.62	1216.01	1157.48	1752.57
GDP增速/%	2.65	0.52	2.36	4.15	2.74	3.67	2.95
年　份	2004	2005	2006	2007	2008	2009	2010
GDP/亿美元	2289.37	2576.71	2718.11	2990.34	2871.00	2972.17	3752.98
GDP增速/%	4.55	5.28	5.60	5.36	3.19	－1.54	3.04
年　份	2011	2012	2013	2014	2015	2016	2017
GDP/亿美元	4168.78	3963.33	3668.29	3509.05	3177.41	2957.63	3494.19
GDP增速/%	3.28	2.21	2.49	1.85	1.28	0.57	1.32

数据来源：联合国统计司；国际货币基金组织；世界银行。

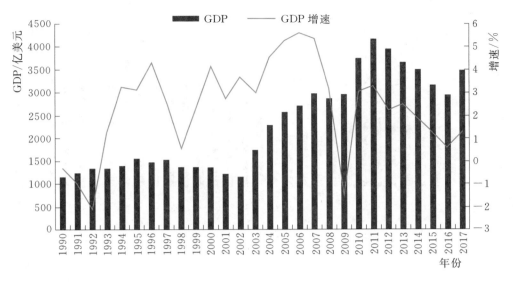

图 4-1 1990—2017 年南非 GDP 及增速

2. 人均 GDP 及增速

南非人均 GDP 及其增速变化趋势与 GDP 及其增速大体一致。

1994 年南非新政府成立后，人均 GDP 逐渐提升，1994—2008 年期间，除 1998 年增速为负值外，南非人均 GDP 均稳定增长，在 2006 年其增速达到 4.44% 的最高水平。

受金融危机影响，2009 年南非人均 GDP 增速降为 -2.62%。为应对金融危机，南非政府采取一系列经济刺激政策，2010 年南非人均 GDP 恢复正增长。在全球经济增速放缓、大宗商品市场低迷及欧债危机的背景下，受劳动力供求结构失衡、产业结构发展不平衡等结构性问题的制约，2010 年以来南非经济陷入低增长困局，人均 GDP 增速下降，2015 年、2016 年人均 GDP 降为负值。2017 年南非人均 GDP 恢复正增长，增幅为 0.07%。1990—2017 年南非人均 GDP 及增速如表 4-2、图 4-2 所示。

表 4-2　　　　　　　　　　　　1990—2017 年南非人均 GDP 及增速

年　份	1990	1991	1992	1993	1994	1995	1996
人均 GDP/美元	3076.46	3224.51	3418.30	3332.74	3390.49	3693.68	3440.86
增速/%	-2.49	-3.28	-4.43	-1.13	0.93	0.99	2.34
年　份	1997	1998	1999	2000	2001	2002	2003
人均 GDP/美元	3495.11	3104.98	3032.31	2982.00	2621.55	2461.36	3678.10
增速/%	0.86	-1.10	0.80	2.63	1.28	2.2544	1.6040
年　份	2004	2005	2006	2007	2008	2009	2010
人均 GDP/美元	4745.07	5277.93	5506.20	5994.20	5695.06	5831.12	7275.38
增速/%	3.26	4.04	4.44	4.26	2.12	-2.62	1.81
年　份	2011	2012	2013	2014	2015	2016	2017
人均 GDP/美元	7976.47	7478.23	6822.52	6433.94	5746.68	5280.02	6160.73
增速/%	1.94	0.80	1.02	0.41	-0.10	-0.73	0.07

数据来源：联合国统计司；国际货币基金组织；世界银行。

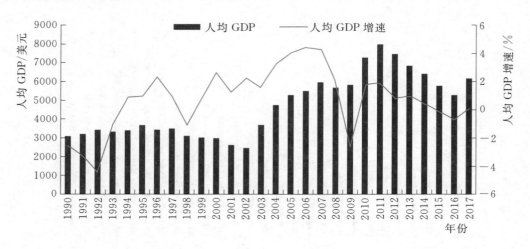

图 4 - 2　1990—2017 年南非人均 GDP 及增速

3. GDP 分部门结构

1990—2017 年，南非制造业增速放缓，服务业增速相对较高，农业、工业占比逐渐降低，服务业占比逐渐提高，经济发展呈现较为缓和的"去工业化"趋势。1990—2017 年南非 GDP 分部门占比如表 4 - 3、图 4 - 3 所示。

表 4 - 3 　　　　　　　　　　1990—2017 年南非 GDP 分部门占比　　　　　　　　　　　　%

年　份	1990	1991	1992	1993	1994	1995	1996
农业	4.21	4.17	3.51	3.83	4.21	3.54	3.86
工业	36.41	35.10	33.68	32.69	32.04	31.92	30.81
服务业	50.47	52.39	55.34	55.44	55.28	56.08	57.06
年　份	1997	1998	1999	2000	2001	2002	2003
农业	3.69	3.45	3.24	2.99	3.22	3.38	3.05
工业	30.14	29.49	28.54	29.07	29.55	29.69	28.01
服务业	57.84	58.20	59.26	59.07	58.46	58.26	60.09
年　份	2004	2005	2006	2007	2008	2009	2010
农业	2.76	2.39	2.33	2.64	2.86	2.71	2.39
工业	27.31	27.14	26.24	26.53	28.28	27.58	27.38
服务业	60.13	60.10	60.71	60.17	59.07	60.51	61.02
年　份	2011	2012	2013	2014	2015	2016	2017
农业	2.29	2.17	2.10	2.17	2.08	2.18	2.29
工业	26.94	26.68	26.67	26.55	26.04	26.01	25.90
服务业	60.87	61.29	61.17	61.02	61.37	61.02	61.49

数据来源：联合国统计司；国际货币基金组织；世界银行。

4. 工业增加值增速

制造业、建筑业、能源业和矿业是南非工业四大部门。

2008 年经济危机以后，南非制造业生产有所下滑，政府强调重振制造业。2016 年 5 月南非财政部总司长表示，为促进制造业发展，南非政府已拨款 162 亿兰特用于推动制造业、小型企业以及合作社发展，并将每年对制造业减免税收 240 亿兰特。2017 年汽车行业已跃升为南非第一大制造业，南

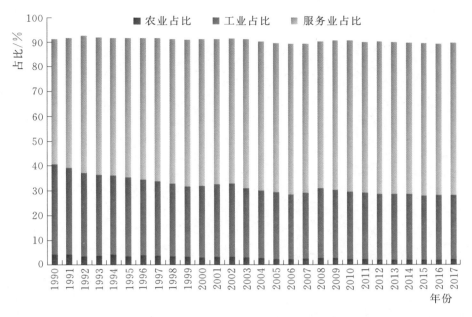

图 4-3 1990—2017 年南非 GDP 分部门占比

非汽车行业向非洲的大多数国家，以及德国、日本、英国等许多国家出口汽车和零部件。

南非 2010 年世界杯场馆建设及房地产开发热促进了南非建筑业较快发展，但设备陈旧、技术工人缺乏等问题较为突出。此后南非进行大规模的基础设施建设，并致力于将建筑行业打造成国民经济的支柱行业。

南非矿产资源丰富，矿业是其最重要的经济产业之一。南非曾经是最大的黄金开采国，2007 年以来南非矿业萎缩，矿工罢工频繁，矿业生产率下降。2017 年 6 月，南非矿业部表示将黑人持股比例从 26% 提高至 30%，且新的探矿权的 50% 必须由黑人控制，一定程度上打消了投资者的积极性。

1994 年南非新政府成立以来，除 2009 年受金融危机影响工业增加值增速降为 -6.00% 以外，南非工业增长较为稳定。2009 年以来，电力等能源产业供应紧张、电价偏高是制约南非工业发展的重要因素。1990—2017 年南非工业增加值增速如表 4-4、图 4-4 所示。

表 4-4　　　　　　　　　　1990—2017 年南非工业增加值增速　　　　　　　　　　%

年　份	1990	1991	1992	1993	1994	1995	1996
工业增加值增速	-1.37	-3.10	-0.78	0.69	1.95	1.87	1.23
年　份	1997	1998	1999	2000	2001	2002	2003
工业增加值增速	2.44	-1.04	-0.40	3.95	1.57	2.37	1.14
年　份	2004	2005	2006	2007	2008	2009	2010
工业增加值增速	4.04	4.68	4.08	4.12	0.12	-6.00	4.71
年　份	2011	2012	2013	2014	2015	2016	2017
工业增加值增速	1.41	0.43	2.18	0.03	0.82	-0.84	1.21

数据来源：联合国统计司；国际货币基金组织；世界银行。

5. 服务业增加值增速

南非金融、法律体系较为完善，服务业较为发达。1994 年南非新政府成立后，服务业增加值稳定增长，2009 年受金融危机影响服务业增加值增速降低，随着政府制定一系列经济刺激政策，2010年起服务业增加值增速回升。2012 年以来随南非经济发展陷入困局，服务业增加值增速放缓。

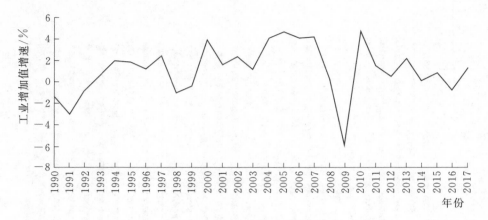

图 4-4　1990—2017 年南非工业增加值增速

1990—2017 年南非服务业增加值增速如表 4-5、图 4-5 所示。

表 4-5　　　　　　　　　　　1990—2017 年南非服务业增加值增速　　　　　　　　　　%

年　份	1990	1991	1992	1993	1994	1995	1996
服务业增加值增速	0.08	−0.10	−1.61	0.84	3.41	5.08	5.28
年　份	1997	1998	1999	2000	2001	2002	2003
服务业增加值增速	2.84	2.06	4.31	4.67	3.89	4.40	4.08
年　份	2004	2005	2006	2007	2008	2009	2010
服务业增加值增速	4.90	5.75	6.72	6.14	4.25	0.73	2.27
年　份	2011	2012	2013	2014	2015	2016	2017
服务业增加值增速	4.07	3.04	2.65	2.33	1.62	1.37	0.84

数据来源：联合国统计司；国际货币基金组织；世界银行。

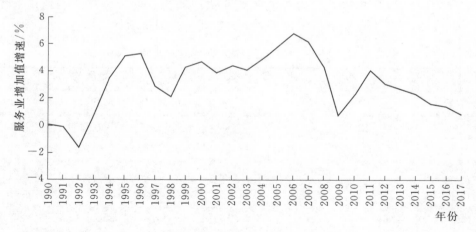

图 4-5　1990—2017 年南非服务业增加值增速

6. 外国直接投资

1990—2017 年，南非外国直接投资波动较大。1994 年南非新政府成立后，外国直接投资较之前大幅度提升。其中 2008 年外国直接投资达到最大值 98.85 亿美元。由于国内外对南非经济预期普遍较悲观，2015—2017 年，南非外国直接投资较之前显著降低。1990—2017 年外国直接投资及增速如表 4-6、图 4-6 所示。

表 4 – 6   1990—2017 年外国直接投资及增速

年 份	1990	1991	1992	1993	1994	1995	1996
外国直接投资/亿美元	−0.76	2.54	0.03	0.11	3.74	12.48	8.16
增速/%	62.37	435.61	−98.68	236.23	3216.14	233.44	−34.61
年 份	1997	1998	1999	2000	2001	2002	2003
外国直接投资/亿美元	38.11	5.50	15.03	9.69	72.70	14.80	7.83
增速/%	366.76	−85.56	173.17	−35.55	650.42	−79.65	−47.08
年 份	2004	2005	2006	2007	2008	2009	2010
外国直接投资/亿美元	7.01	65.22	6.23	65.87	98.85	76.24	36.93
增速/%	−10.43	829.84	−90.44	956.78	50.07	−22.87	−51.56
年 份	2011	2012	2013	2014	2015	2016	2017
外国直接投资/亿美元	41.39	46.26	82.33	57.92	15.21	22.15	13.72
增速/%	12.08	11.76	77.96	−29.65	−73.74	45.63	−38.07

数据来源：联合国统计司；国际货币基金组织；世界银行。

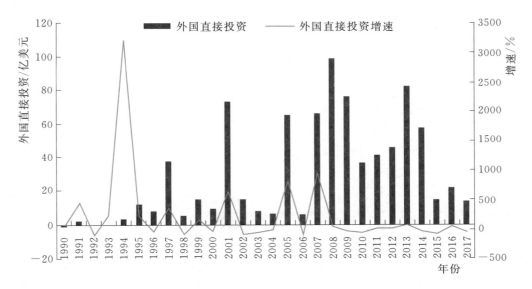

图 4 – 6   1990—2017 年外国直接投资及增速

7. CPI 涨幅

1994 年南非新政府成立以来，CPI 较之前逐渐下降，1994—2016 年，南非 CPI 总体上较为稳定。其中 2008 年受经济危机影响，南非 CPI 达到 11.54%。2010 年以来南非 CPI 较低，意味着南非通胀有所放缓，消费者承受的物价压力有所下降，同时南非经济低迷，消费者购买力下降。1990—2017 年南非 CPI 涨幅如表 4 – 7、图 4 – 7 所示。

表 4 – 7   1990—2017 年南非 CPI 涨幅   %

年 份	1990	1991	1992	1993	1994	1995	1996
CPI 涨幅	14.32	15.33	13.87	9.72	8.94	8.68	7.35
年 份	1997	1998	1999	2000	2001	2002	2003
CPI 涨幅	8.60	6.88	5.18	5.34	5.70	9.16	5.86

续表

年　份	2004	2005	2006	2007	2008	2009	2010
CPI 涨幅	1.39	3.40	4.64	7.10	11.54	7.13	4.26
年　份	2011	2012	2013	2014	2015	2016	2017
CPI 涨幅	5.00	5.65	5.75	6.07	4.59	6.33	5.3

数据来源：联合国统计司；国际货币基金组织；世界银行。

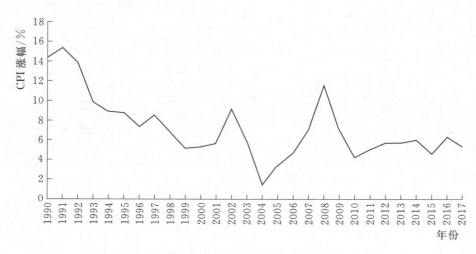

图 4-7　1990—2017 年南非 CPI 涨幅

8. 失业率

南非的失业率很高，长期处于 20％以上，结构性失业特征明显，解决就业是南非当前面临的最重大挑战。南非的高失业率本质上由种族隔离导致，长期以来白人阻止黑人得到技术水平的提升，以致黑人的人力资本在劳动力市场缺乏竞争力；同时南非经济低迷，不足以提供足够的就业岗位。1990—2017 年南非失业率如表 4-8、图 4-8 所示。

表 4-8　　　　　　　　　　　　　1990—2017 年南非失业率　　　　　　　　　　　　　　　　％

年　份	1990	1991	1992	1993	1994	1995	1996
失业率	18.78	29.42	30.30	24.38	20	16.9	21
年　份	1997	1998	1999	2000	2001	2002	2003
失业率	22.9	25	25.37	23.27	25.37	27.18	27.12
年　份	2004	2005	2006	2007	2008	2009	2010
失业率	24.67	23.84	22.62	22.33	22.43	23.54	24.69
年　份	2011	2012	2013	2014	2015	2016	2017
失业率	24.65	24.73	24.57	24.89	25.16	26.55	27.72

数据来源：联合国统计司；国际货币基金组织；世界银行。

二、主要经济政策

（一）税收政策

南非的税种类型较多，其中所得税、流转税收入是南非税收的"双主体"，其他税种占比很低。南非实行中央、省和地方三级课税，其中，个人所得税、企业所得税、企业二次所得税、增值税、关税、遗产与遗赠税、资源税、印花税由中央政府征收，利息税、技能发展税、土地和财产转让税、资

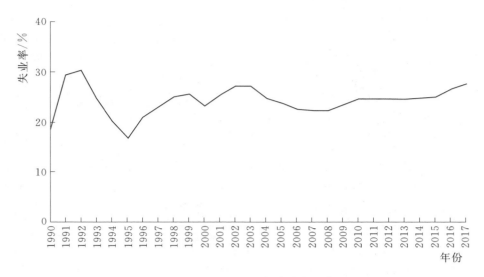

图 4-8 1990—2017 年南非失业率

本转移税由省和地方征收。

1994 年南非新政府成立以来，在扩大税基、降低税率、吸引投资等方面逐步对税收制度进行改革。

在扩大税基方面，南非于 1996 年引入"退休基金税"，之后相继开征飞机乘客离境税、资本利得税、钻石出口税以及多种与环境保护相关的税种；改革财产税，对房产的保有环节征税；将企业与居民纳税人在全球范围内的所得列入所得税课税范畴。

在降低税率方面，1994 年将企业所得税税率从 40％下调到 35％，进而下调至 28％（外国公司在南非所设分支或代表机构按 33％税率纳税，分公司按 36.5％税率缴税，矿业公司另有规定）；于 1996 年起将公司附加税税率从 25％逐步下调至 12.5％，又于 2007 年下调至 10％。

在吸引投资方面，南非从 1996 年起对总资产超过 300 万兰特的投资项目减税；为鼓励科技创新，企业每年用于科研开发的固定资产投资可减税 25％。

2008 年以来，南非经济陷入衰退，为弥补财政收入，政府提高了部分税种的税率。2015 年，南非提高了燃油税、烟酒产品消费税、电力消费税等。2017 年，南非计划提高对高收入群体征税，将年收入超过 150 万兰特（约合 11.5 万美金）群体的税率从 41％增至 45％；同时提高燃油税、烟草税和交通意外险征税等。

（二）金融政策

南非金融形势严峻，金融管理能力较差，金融政策对推动经济增长的影响较小。

2017 年 3 月，受到广泛好评的南非财政部长被撤换。同年 4 月，标普与惠誉先后下调南非评级，随后在 6 月穆迪也下调了南非债务评级，南非在未来仍存在评级下调的风险。在南非被降级后，在任南非总统祖马强调南非仍将执行稳健的财政政策。2017 年 7 月，南非央行宣布将关键利率下调至 6.75％，旨在避免经济增长前景进一步恶化，这是南非央行五年来首度降息。

2017 年 6 月国际货币基金组织发布的报告指出，南非经济存在脆弱性，通过财政和货币工具推动经济的政策空间很小，通过财政和货币政策推动经济的可能性较低。南非财政部总司长也曾表示，不太可能通过调整财政政策、减税或增加开支来刺激经济增长。

（三）产业政策

1. 转变产业结构

2015 年 2 月，南非总统祖马发表国情咨文时提出，南非将从积极应对能源短缺问题、充分利用矿产资源、重振农业发展、发展海洋经济、提高工业生产效率、刺激私营领域投资、缓解劳资纠纷、改革国有企业、挖掘企业发展潜力等 9 个方面促进经济增长。

2017 年 5 月，南非贸工部长戴维斯发布第九次"工业政策行动计划"，主要支持农业加工业和金属工业，包括铸工和铸造行业，旨在重振金属行业以支持更为广泛的制造业，降低南非经济对大宗商品出口和进口产品的依赖，提升产业化水平，转变经济结构。

在第九次"工业政策行动计划"中，强调为第四次工业革命做准备，发展信息和通信技术、物联网和三维打印技术。

2. 推动绿色产业发展

为鼓励发展绿色产业，南非政府推出一系列财政支持政策，包括"再生能源保护价格""可再生能源财政补贴计划""可再生能源市场转化工程""可再生能源凭证交易"以及"南非风能工程"等。

2010 年 9 月起，南非政府对新的载客汽车征收二氧化碳排放税，促进使用更节能、更环保的汽车，引导汽车产业向绿色环保转型。

南非日照每年长达 2500 小时，有利于推广太阳能发电。2010 年，南非能源部计划在阿平顿及附近地区建设一个预计总投资达 1500 亿兰特（约 215 亿美元）的大型太阳能工业园区，打造非洲最大的"太阳能之都"。

（四）投资政策

南非发展资金严重依靠外资，外资政策较为开放，有多项投资优惠政策，但 2008 年金融危机以来投资环境趋紧，政府出台、调整了多项法规，将外商优惠政策与本地化和黑人持股比例挂钩。南非外资保护、工作签证等政策趋紧，货币兰特汇率波动频繁，工会组织程度高，罢工频繁，这些对吸引外商投资产生了一定的消极影响。

1. 投资优惠政策

南非制定了"外国投资补贴"规定，以鼓励外国投资者投资制造业，对在公司中占 50% 以上股份的外国投资者，根据实际运输费用和机器设备价值 15% 两者相比较低的费用给予现金补贴（每个项目最多不超过 1000 万兰特），用于将机器设备（不包括车辆）从海外运抵南非。

南非政府对本地企业和外资企业，针对投资农业、制造业和商业服务等领域，在税收减免、补贴、低息贷款等方面给予同等优惠待遇。其中"产业政策项目计划"提供总额 200 亿兰特的资金，用于资助创新工艺流程或新技术的使用；"制造业投资计划"鼓励本地和外国资本新建或扩建项目，进行生产性资产投资可能获得投资成本 10%~30%，不超过 3000 万兰特的税收减免；"中小型企业发展计划"规定，制造业、农业及农产品加工业、水产业、生物技术、旅游、信息、通信、环保和文化行业的中小型企业，若固定资产投资额在 1 亿兰特之下，可享受每年 1%~10% 的补贴，且企业享受的现金补贴无须纳税；"技能支持计划"规定，凡在南非经营的当地和外籍公司，其职工技术培训费用可获得部分补贴。

南非对工业园区内的投资执行类似"自由贸易区"的优惠和便利政策：如免除区内与生产有关的原材料进口关税，对企业在南非境内采购的原材料实行增值税零税率，对企业申请、设立及其他事项提供一站式服务，设立专门的经济特区基金和开放性金融机构为区内企业和园区基础设施发展提供资金支持。

2. 其他投资政策

自 2000 年起，南非施行以《黑人经济振兴法》为主的一系列法律制度，旨在通过国内公司强制向黑人转让一定比例的股份、吸收黑人进入公司管理层等方式提高黑人的经济地位，在一定程度上引起了投资者对黑人管理能力的顾虑，对吸引外国投资起到消极作用。

2015 年，南非通过《投资促进与保护法案》修正案，旨在将外资和内资纳入同一管理框架，并最终取代《双边投资条约草案》。与之前签署的双边投资保护协定相比，《法案》在"投资"的界定、投资待遇、征收与补偿，以及投资争议解决等方面的规定有很大变化：该法案的规定可能导致投资者获得的补偿额低于被征收财产的市场价值；该法案不允许投资者将有关投资争议提交国际仲裁解决。

第二节 电力发展与政策

一、电力供应形势分析

（一）电力工业发展概况

一直以来，南非经济发展严重依赖煤炭，在可再生能源领域开发和使用进程缓慢，能源结构较为单一，在人均二氧化碳排放量国际排名中，在2016年及过去10年间始终维持在10～15位。

南非是非洲第一大电力生产国，是周边国家如纳米比亚、博茨瓦纳和津巴布韦等国的重要电力供应商。南非新政府成立后经济快速发展，而政府对电力需求的预判不足，疏于对电力系统的维护和发展，2007年以来南非开始出现电力供应紧张情况，高电价增加了南非企业的经营压力，采矿业等南非支柱产业纷纷遭受限电压力，电力危机成为制约南非经济发展的重要因素。为此南非政府提出加大电力投资，积极探索页岩气勘探与新核电站厂建设的可行性，大力发展新能源，提高太阳能、风能等新能源的应用比例，致力于大幅度提高煤炭以外能源的发电占比。

南非发电量几乎都由国家电力公司Eskom供应。南非运行的发电机组基本上均在20世纪80年代或之前所建设，面临更新换代的巨大压力，到2030年之前，共计约有1000万千瓦的发电机组将面临退役。

随着南非电力建设持续推进，2017年1月，南非国家电力公司表示已扭转电力短缺局势，目前电力处于供过于求的状态，短期内电力需求能够得到满足。为减轻空气污染，调整发电结构，未来南非将改进火电机组技术，在继续建设火电的同时积极推进发展可再生能源发电。受财政资金不足、国内反对呼声较高影响，核电发展变数较大。

（二）发电装机容量及结构

1. 总装机容量及增速

1994年南非新政府成立以后，南非装机容量整体呈上升趋势，2000年总装机容量达到峰值。受资金不足影响，2001年起整体装机容量的增长处于停滞阶段。2001年南非修订《综合资源规划2010》之后，开始进行整改，一些高能耗低产量的发电机组逐渐被关闭。2014年以来南非总装机容量缓慢增加。1990—2015年南非总装机容量及增速如表4-9、图4-10所示。

表4-9　　　　　　　　　1990—2015年南非总装机容量及增速

年　份	1990	1991	1992	1993	1994	1995	1996	1997	1998
总装机容量/万千瓦	3385.3	3623.8	3685.6	3764.6	3593.6	3776.0	3657.3	3913.2	3944.7
增速/%	—	2.39	0.62	0.79	−1.71	1.82	−1.19	2.56	0.32
年　份	1999	2000	2001	2002	2003	2004	2005	2006	2007
总装机容量/万千瓦	4121.5	4612.3	4192.1	4188.1	4188.1	4188.1	4209.0	4274.7	4297.4
增速/%	1.77	4.91	−4.20	−0.04	0	0.21	0.66	0.23	
年　份	2008	2009	2010	2011	2012	2013	2014	2015	
总装机容量/万千瓦	4433.6	4432.0	4419.5	4423.9	4434.0	4462.3	4584.5	4727.5	
增速/%	1.36	−0.02	−0.13	0.04	0.10	0.28	1.22	1.43	

数据来源：国际能源署；联合国统计司。

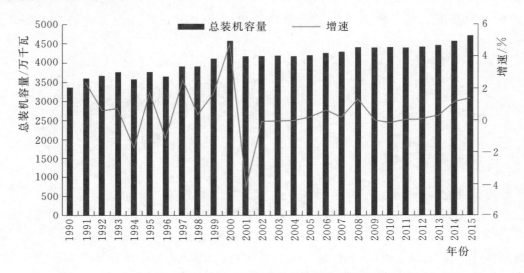

图 4－9　1990—2015 年南非总装机容量及增速

2. 各类装机容量及占比

南非发电结构较为单一，长期以来传统火电占比高达 90％左右，水电、核电占比较小。2011 年以来南非逐渐调整能源结构，2014 年以来传统火电占比逐渐降低。可再生能源等发电方式处于兴起阶段，在总装机容量中占比较低。根据南非电力规划，可再生能源发电将成为南非发电建设的重点领域，2013 年以来风电、光伏发电和生物质发电占比都逐渐升高。1990—2015 年南非各类装机容量及占比如表 4－10、图 4－11 所示。

表 4－10　　　　　　　　　　　　　　1990—2015 年南非各类装机容量及占比

年　份		1990	1991	1992	1993	1994	1995	1996
水电	装机容量/万千瓦	55.0	55.0	55.0	55.0	61.0	61.0	61.0
	占比/%	1.62	1.52	1.49	1.46	1.70	1.62	1.67
传统火电	装机容量/万千瓦	3006.3	3244.8	3306.6	3385.6	3208.6	3391.0	3272.3
	占比/%	88.80	89.54	89.72	89.93	89.29	89.80	89.47
核电	装机容量/万千瓦	184.0	184.0	184.0	184.0	184.0	184.0	184.0
	占比/%	5.44	5.08	4.99	4.89	5.12	4.87	5.03
年　份		1997	1998	1999	2000	2001	2002	2003
水电	装机容量/万千瓦	66.8	66.8	66.8	66.8	66.1	66.1	66.1
	占比/%	1.71	1.69	1.62	1.45	1.58	1.58	1.58
传统火电	装机容量/万千瓦	3522.4	3553.9	3730.7	4221.5	3802.0	3802.0	3802.0
	占比/%	90.01	90.09	90.52	91.53	90.69	90.78	90.78
核电	装机容量/万千瓦	184.0	184.0	184.0	184.0	184.0	180.0	180.0
	占比/%	4.70	4.66	4.46	3.99	4.39	4.30	4.30
年　份		2004	2005	2006	2007	2008	2009	2010
水电	装机容量/万千瓦	66.1	66.1	66.1	66.1	66.1	66.1	66.1
	占比/%	1.58	1.57	1.55	1.54	1.49	1.49	1.50
传统火电	装机容量/万千瓦	3802.0	3802.0	3862.7	3884.3	4019.9	4018.1	4017.1
	占比/%	90.78	90.33	90.36	90.39	90.67	90.66	90.89

续表

年 份		2004	2005	2006	2007	2008	2009	2010
核电	装机容量/万千瓦	180.0	180.0	180.0	180.0	180.0	180.0	180.0
	占比/%	4.30	4.28	4.21	4.19	4.06	4.06	4.07
风电	装机容量/万千瓦	—	0.3	0.3	0.3	0.8	0.8	1.0
	占比/%	—	0.01	0.01	0.01	0.02	0.02	0.02
光伏发电	装机容量/万千瓦	—	0.6	1.6	1.7	1.8	2.0	2.3
	占比/%	—	0.01	0.04	0.04	0.04	0.05	0.05
生物质发电	装机容量/万千瓦	—	1.0	4.0	4.0	4.0	5.0	5.0
	占比/%	—	0.03	0.09	0.09	0.09	0.10	0.12

年 份		2011	2012	2013	2014	2015
水电	装机容量/万千瓦	66.1	66.1	66.1	66.1	66.1
	占比/%	1.49	1.49	1.48	1.44	1.40
传统火电	装机容量/万千瓦	4014.1	4020.2	4018.5	4018.5	4097.4
	占比/%	90.74	90.67	90.05	87.65	86.67
核电	装机容量/万千瓦	183.0	186.0	186.0	186.0	186.0
	占比/%	4.14	4.19	4.17	4.06	3.93
风电	装机容量/万千瓦	1.0	1.0	10.2	57.0	105.0
	占比/%	0.02	0.02	0.23	1.24	2.22
光伏发电	装机容量/万千瓦	6.7	7.2	28.0	103.4	119.0
	占比/%	0.15	0.16	0.63	2.26	2.52
生物质发电	装机容量/万千瓦	15.0	16.0	63.0	226.0	252.0
	占比/%	0.34	0.37	1.41	4.92	5.32

数据来源：国际能源署；联合国统计司。

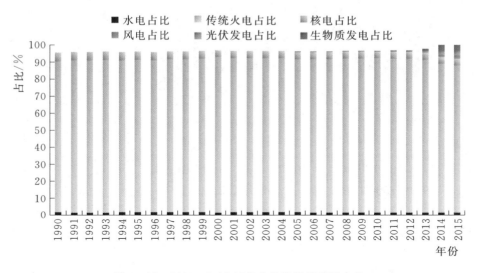

图 4-11 1990—2015 年南非各类装机容量占比

(三）发电量及结构

1. 总发电量及增速

1990—2017 年，南非发电量总体呈上升趋势。受电力装机规模限制，南非总发电量增速较缓。2005—2017 年，发电量增速进一步放缓。1990—2017 年南非总发电量及增速如表 4-11、图 4-12 所示。

表 4-11   1990—2017 年南非总发电量及增速

年 份	1990	1991	1992	1993	1994	1995	1996
总发电量/亿千瓦时	1672.26	1683.16	1680.90	1747.06	1816.90	1866.55	2017.16
增速/%	2.37	0.65	−0.13	3.94	4.00	2.73	8.07
年 份	1997	1998	1999	2000	2001	2002	2003
总发电量/亿千瓦时	2103.62	2053.74	2030.12	2106.70	2101.00	2205.75	2342.29
增速/%	4.29	−2.37	−1.15	3.77	−0.27	4.99	6.19
年 份	2004	2005	2006	2007	2008	2009	2010
总发电量/亿千瓦时	2446.05	2449.22	2537.98	2634.79	2582.91	2495.57	2596.01
增速/%	4.43	0.13	3.62	3.81	−1.97	−3.38	4.02
年 份	2011	2012	2013	2014	2015	2016	2017
总发电量/亿千瓦时	2625.38	2579.19	2561.37	2547.65	2501.48	2527.47	2551.04
增速/%	1.13	−1.76	−0.69	−0.54	−1.81	1.04	0.93

数据来源：国际能源署；联合国统计司。

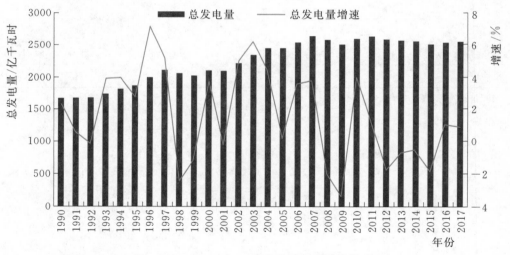

图 4-12   1990—2017 年南非总发电量及增速

2. 各类发电量及占比

南非电力结构单一，长期以来以火电为主，水电、核电占比较少。2011 年以来，南非开始重视发展可再生能源，非水可再生能源发电量占比逐渐提高。1990—2015 年南非各类发电量及占比如表 4-12、图 4-13 所示。

(四）电网建设规模

南非的燃煤电厂大多建在北部的煤田附近，用电负荷中心位于西南部和北部地区，需通过远距离输电向负荷中心送电，以北电南送、东电西送为主。国有电力公司 Eskom 负责运行整个南非高压输电网的建设、运行和管理，拥有和运行全国的高压输电网，南非输电系统电压等级以 400 千伏和

275 千伏为主，此外还运行 765 千伏线路和直流 533 千伏线路。

表 4－12　　　　　　　　　　　1990—2015 年南非各类发电量及占比

年 份		1990	1991	1992	1993	1994	1995	1996
水电	发电量/亿千瓦时	28.51	37.84	20.85	14.91	25.91	18.03	35.39
	占比/%	1.60	2.25	1.24	0.85	1.43	0.97	1.75
传统火电	发电量/亿千瓦时	1669.26	1553.88	1567.17	1659.60	1694.02	1735.51	1863.42
	占比/%	93.66	92.32	93.23	94.99	93.24	92.98	92.38
核电	发电量/亿千瓦时	84.49	91.44	92.88	72.55	96.97	113.01	117.75
	占比/%	4.74	5.43	5.53	4.15	5.34	6.05	5.84
生物质发电	发电量/亿千瓦时	—	—	—	—	—	—	0.60
	占比/%						0	0.03
年 份		1997	1998	1999	2000	2001	2002	2003
水电	发电量/亿千瓦时	47.00	40.15	33.16	39.34	39.12	43.94	36.82
	占比/%	2.23	1.95	1.63	1.87	1.86	1.99	1.57
传统火电	发电量/亿千瓦时	1928.69	1875.27	1866.62	1934.19	1951.62	2039.31	2176.19
	占比/%	91.68	91.31	91.95	91.81	92.89	92.45	92.91
核电	发电量/亿千瓦时	126.47	136.01	128.37	130.10	107.19	119.91	126.63
	占比/%	6.01	6.62	6.32	6.18	5.10	5.44	5.41
风电	发电量/亿千瓦时	—	—	—	—	—	—	0.06
	占比/%	—	—	—	—	—	—	0
生物质发电	发电量/亿千瓦时	1.46	2.31	1.97	3.07	3.07	2.59	2.59
	占比/%	0.07	0.11	0.10	0.15	0.15	0.12	0.11
年 份		2004	2005	2006	2007	2008	2009	2010
水电	发电量/亿千瓦时	46.25	41.99	58.45	38.47	39.75	41.42	50.67
	占比/%	1.89	1.71	2.30	1.46	1.54	1.66	1.95
传统火电	发电量/亿千瓦时	2263.41	2291.52	2376.44	2480.29	2410.13	2322.97	2420.15
	占比/%	92.53	93.56	93.64	94.14	93.31	93.08	93.26
核电	发电量/亿千瓦时	133.65	112.93	100.26	113.17	130.04	128.06	120.99
	占比/%	5.46	4.61	3.95	4.30	5.03	5.13	4.66
风电	发电量/亿千瓦时	0.12	0.12	0.12	0.12	0.21	0.30	0.34
	占比/%	0	0	0	0	0.01	0.01	0.01
生物质发电	发电量/亿千瓦时	2.62	2.66	2.70	2.74	2.78	2.82	2.86
	占比/%	0.11	0.11	0.11	0.10	0.11	0.11	0.11
年 份		2011		2012		2013	2014	2015
水电	发电量/亿千瓦时	50.19		42.11		50.50	40.82	37.20
	占比/%	1.91		1.63		1.96	1.62	1.49
传统火电	发电量/亿千瓦时	2436.90		2414.22		2375.44	2324.51	2289.35
	占比/%	92.82		93.60		92.40	92.03	91.70

续表

年 份		2011	2012	2013	2014	2015
核电	发电量/亿千瓦时	135.02	119.54	141.06	137.94	122.37
	占比/%	5.14	4.63	5.49	5.46	4.90
风电	发电量/亿千瓦时	0.37	0.37	0.37	8.60	22.70
	占比/%	0.01	0.01	0.01	0.34	0.91
光伏发电	发电量/亿千瓦时	—	—	0.46	10.86	21.83
	占比/%	—	—	0.02	0.43	0.87
生物质发电	发电量/亿千瓦时	2.90	2.95	3.00	3.05	3.10
	占比/%	0.11	0.11	0.12	0.12	0.12

数据来源：国际能源署；联合国统计司。

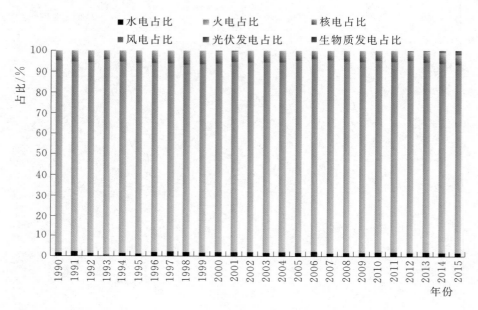

图 4-13 1990—2015 年南非各类发电量占比

2011 年末南非输电网总长度为 29556 千米。Eskom 和 184 家市政配电公司拥有和运营的配电线路总长度为 361856 千米。市政配电公司一般在当地政府管辖地域内向用户供电，在各自行政区域内垄断经营配电业务，其用户数和售电量约占总用户数和售电量的 60% 和 40%，Eskom 向偏远地区供电。

南非电网环节发展较为缓慢，投资建设相对不足。2005—2011 年的 6 年间，输电线路长度从 27406 千米增加至 29556 千米，增幅 7.84%；配电线路长度从 333722 千米增加至 374693 千米，增幅 12.36%；总变电容量从 205662 兆伏安增加至 234221 兆伏安，增幅 13.88%。到 2015 年，Eskom 公司约 60% 的变压器及 55% 的电源线使用年限已超过 25 年，需要不断维护和翻新；南非针对输电网络基础设施投资要求，已开始实施为期 10 年的输电开发计划。

2011 年以来，南非电网不断接纳许多新投运的发电项目，中标可再生能源独立电力生产采购计划（REIPPPP）的部分项目已建成或处于调试状态，南非电网的无法充分接纳新增电站所发的电能。随着 REIPPPP 计划的不断推进，相对滞后的电网投资可能会减缓南非光热发电装机容量的增长速度，南非投资电网基础设施建设、扩大电网接纳能力已成为当务之急。

2015 年 10 月，Eskom 公司表示，为消除投资者对电力短缺的担忧，促进经济发展，南非将在未来 10 年斥资 2130 亿兰特来巩固输电网，每年支出 600 亿兰特用于改善电力基础设施，计划 10 年内建设 10000 千米高压电力线路。

2016 年 7 月，南非政府扩大可再生能源基础设施建设的计划成功获得非洲开发银行（AFDB）的融资支持，用于扩大和加强其电力传输网络，有利于增强 Eskom 公司接纳电力的能力，推进更多光热发电等可再生能源项目的开发。

二、电力消费形势分析

（一）总用电量

1990—2015 年，受电力装机容量限制，南非总用电量上升缓慢。2012—2015 年，总用电量负增长，2015 年用电量水平与 2006 年近似。1990—2015 年南非总用电量及增速如表 4-13、图 4-14所示。

表 4-13　　　　　　　　　　　　　1990—2015 年南非总用电量及增速

年　份	1990	1991	1992	1993	1994	1995	1996	1997	1998
总用电量/亿千瓦时	1384.86	1377.92	1271.35	1310.1	1364.41	1409.73	1670.25	1751.15	1698.71
增速/%	—	−0.5011	−7.7341	3.0479	4.1455	3.3216	18.4801	4.8436	−2.9946
年　份	1999	2000	2001	2002	2003	2004	2005	2006	2007
总用电量/亿千瓦时	1669.28	1741.37	1670.77	1791.99	1857.94	1882.63	1931.94	1992.49	2088.75
增速/%	−1.7325	4.3186	−4.0543	7.2553	3.6803	1.3289	2.6192	3.1342	4.8311
年　份	2008	2009	2010	2011	2012	2013	2014	2015	
总用电量/亿千瓦时	2019.94	1944.27	2029.37	2070.97	2005.26	1998.13	1987.59	1984.61	
增速/%	−3.2943	−3.7462	4.3770	2.0499	−3.1729	−0.3556	−0.5275	−0.1499	

数据来源：国际能源署；联合国统计司。

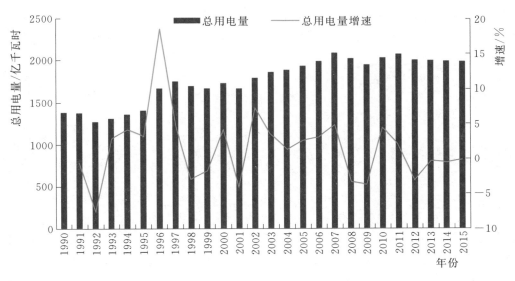

图 4-14　1990—2015 年南非总用电量及增速

（二）分部门用电量

1990—2015 年，南非各部门用电量结构较为稳定。南非农业、林业用电量占比长期以来处于 3% 左右的水平；工业用电量占比和居民生活用电量占比整体呈上升趋势。2009 年以来服务业用电量占比和居民生活用电量占比逐渐下降，工业用电量占比逐渐上升。1990—2015 年南非分部门用电量及占比如表 4-14、图 4-15 所示。

表 4 - 14　　　　　　　　　　　　　1990—2015 年南非分部门用电量及占比

年 份		1990	1991	1992	1993	1994	1995	1996
农业、林业	用电量/亿千瓦时	36.41	37.11	40.38	31.08	48.8	53.01	51.03
	占比/%	2.63	2.69	3.18	2.37	3.58	3.76	3.06
工业	用电量/亿千瓦时	823.41	824.3	728.04	757.06	756.81	806.57	899.04
	占比/%	59.46	59.82	57.27	57.79	55.47	57.21	53.83
运输业	用电量/亿千瓦时	39.58	36.85	46.29	40.17	43.88	42.90	42.62
	占比/%	2.86	2.67	3.64	3.07	3.22	3.04	2.55
商业、公用服务	用电量/亿千瓦时	170.11	171.16	126.24	135.87	140.58	173.14	197.81
	占比/%	12.28	12.42	9.93	10.37	10.30	12.28	11.84
居民生活	用电量/亿千瓦时	224.43	230.71	193.94	215.42	221.15	243.69	295.52
	占比/%	16.21	16.74	15.25	16.44	16.21	17.29	17.69
其他	用电量/亿千瓦时	90.92	77.79	136.46	130.5	153.19	90.42	184.23
	占比/%	6.57	5.65	10.73	9.96	11.23	6.41	11.03
年 份		1997	1998	1999	2000	2001	2002	2003
农业、林业	用电量/亿千瓦时	56.4	56.27	57.55	39.54	41.75	46.44	51.43
	占比/%	3.22	3.31	3.45	2.27	2.50	2.59	2.77
工业	用电量/亿千瓦时	914.6	1018.66	996.73	969.42	1038.4	1130.26	1067.14
	占比/%	52.23	59.97	59.71	55.67	62.15	63.07	57.44
运输业	用电量/亿千瓦时	45.48	46.14	44.02	53.80	55.18	62.00	54.73
	占比/%	2.60	2.72	2.64	3.09	3.30	3.46	2.95
商业、公用服务	用电量/亿千瓦时	221.84	139.99	177.35	171.95	183.01	182.27	210.71
	占比/%	12.67	8.24	10.62	9.87	10.95	10.17	11.34
居民生活	用电量/亿千瓦时	307.22	301.63	295.11	286.8	346.23	304.18	340.75
	占比/%	17.54	17.76	17.68	16.47	20.72	16.97	18.34
其他	用电量/亿千瓦时	205.61	136.02	98.52	219.86	6.2	66.84	133.18
	占比/%	11.74	8.01	5.90	12.63	0.37	3.73	7.17
年 份		2004	2005	2006	2007	2008	2009	2010
农业、林业	用电量/亿千瓦时	61.59	55.2	58.41	60.62	59.31	57.7	59.3
	占比/%	3.27	2.86	2.93	2.90	2.94	2.97	2.92
工业	用电量/亿千瓦时	1128.8	1100.24	1135.25	1178.64	1170.94	1140.47	1203.74
	占比/%	59.96	56.95	56.98	56.43	57.97	58.66	59.32
运输业	用电量/亿千瓦时	62.10	54.44	33.79	66.37	35.71	35.39	35.91
	占比/%	3.30	2.82	1.70	3.18	1.77	1.82	1.77
商业、公用服务	用电量/亿千瓦时	249.9	271.03	288.33	299.25	292.77	284.84	292.74
	占比/%	13.27	14.03	14.47	14.33	14.49	14.65	14.43
居民生活	用电量/亿千瓦时	362.31	369.7	396.71	411.73	402.82	391.92	402.79
	占比/%	19.24	19.14	19.91	19.71	19.94	20.16	19.85

续表

年　份		2004	2005	2006	2007	2008	2009	2010
其他	用电量/亿千瓦时	17.93	81.33	80	72.14	58.39	33.95	34.89
	占比/%	0.95	4.21	4.02	3.45	2.89	1.75	1.72
年　份		2011		2012		2013		2014		2015

年　份		2011	2012	2013	2014	2015
农业、林业	用电量/亿千瓦时	59.55	56.22	55.93	55.56	55.16
	占比/%	2.88	2.80	2.80	2.80	2.78
工业	用电量/亿千瓦时	1240.2	1218.4	1216.05	1210.72	1215.62
	占比/%	59.88	60.76	60.86	60.91	61.25
运输业	用电量/亿千瓦时	37.71	38.17	37.29	36.98	34.47
	占比/%	1.82	1.90	1.87	1.86	1.74
商业、公用服务	用电量/亿千瓦时	293.98	277.53	276.08	274.27	272.28
	占比/%	14.20	13.84	13.82	13.80	13.72
居民生活	用电量/亿千瓦时	404.49	381.86	379.87	377.37	374.63
	占比/%	19.53	19.04	19.01	18.99	18.88
其他	用电量/亿千瓦时	35.04	33.08	32.91	32.69	32.45
	占比/%	1.69	1.65	1.65	1.64	1.64

数据来源：国际能源署；联合国统计司。

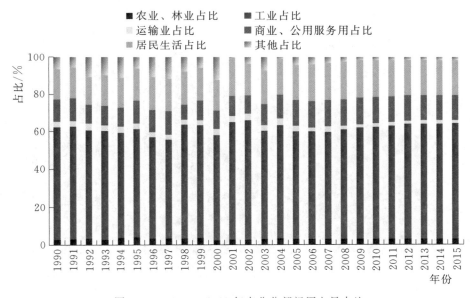

图 4-15　1990—2015 年南非分部门用电量占比

三、电力供需平衡分析

南非新政府成立、种族隔离制度被废除以后，国民经济增长速度较快，人民生活水平显著提高，而政府部门对于电力需求的预估不足，电力建设较缓慢，电力装机容量和供电量增速缓慢。2008 年以来，南非整个国家已经进入电力紧急状态，矿业等支柱产业均受到限电影响，市政用电也无法得到保障，突然停电和限电发生频率越来越高，不同地区电力供应水平差异巨大，电力短缺成为南非经济发展的最大阻碍。南非对周边国家如纳米比亚、博茨瓦纳和津巴布韦等国供电，南非电力紧缺对其电力出口国也造成巨大影响。

1990—2015 年南非电力进口量、出口量、可供量及增速如表 4-15、图 4-16 所示。

表 4-15　　　　　　　　　1990—2015 年南非电力进口量、出口量、可供量及增速

年　份	1990	1991	1992	1993	1994	1995	1996	1997	1998
电力进口量/亿千瓦时	2.67	2.54	3.34	1.00	0.54	1.49	156.04	162.48	157.01
电力出口量/亿千瓦时	15.30	18.81	18.15	25.89	26.79	30.00	32.42	33.81	33.01
电力可供量/亿千瓦时	1659.63	1666.89	1666.09	1722.17	1790.65	1838.04	2140.78	2232.29	2177.74
电力可供量增速/%	—	0.4374	−0.0480	3.3660	3.9764	2.6465	16.4708	4.2746	−2.4437
年　份	1999	2000	2001	2002	2003	2004	2005	2006	2007
电力进口量/亿千瓦时	152.99	157.19	92.00	94.96	81.94	98.18	110.79	106.24	113.48
电力出口量/亿千瓦时	32.63	33.86	69.96	72.42	102.63	132.54	134.22	135.89	144.96
电力可供量/亿千瓦时	2150.48	2230.03	2123.04	2228.29	2321.60	2411.69	2425.79	2508.33	2603.31
电力可供量增速/%	−1.2518	3.6992	−4.7977	4.9575	4.1875	3.8805	0.5847	3.4026	3.7866
年　份	2008	2009	2010	2011	2012	2013	2014	2015	
电力进口量/亿千瓦时	105.72	122.95	121.93	118.90	100.06	94.28	111.77	130.59	
电力出口量/亿千瓦时	141.68	140.52	146.68	149.64	150.35	139.29	138.36	146.09	
电力可供量/亿千瓦时	2546.95	2478.00	2571.26	2594.64	2528.90	2515.72	2499.19	2481.05	
电力可供量增速/%	−2.1649	−2.7072	3.7635	0.9093	−2.5337	−0.5212	−0.6571	−0.7258	

数据来源：国际能源署；联合国统计司。

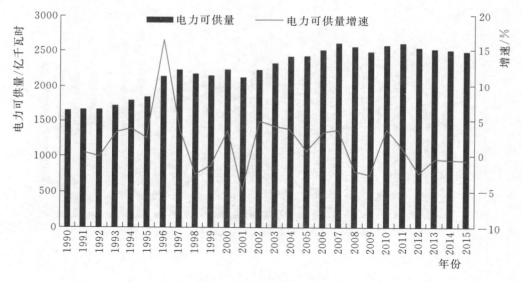

图 4-16　1990—2015 年南非电力可供量及增速

随着南非电力建设的持续推进，2017 年 1 月，南非国家电力公司表示已扭转电力短缺局势，目前电力处于供过于求的状态。南非经济复苏缓慢，短期内电力需求能够得到满足，电力供给形势趋于宽松。

四、电力相关政策

（一）电力投资相关政策

2010 年以来，南非电力发展面对的问题主要为发电量不足和过于依赖火电，为此南非政府制定

计划加大电力投资，并积极发展核电和新能源发电。

为满足日益增长的用电需求，南非国有电力公司 Eskom 自 2005 年以来启动了资本扩张计划，预计到 2018—2019 年，相关投入将达到约 3400 亿兰特，以提高发电产能和输电能力。

为了鼓励发展可再生能源，南非政府通过征收碳税来优化能源结构，且"碳税"直至 2020 年每年增加 10%，征得资金用于输电线路和发电设施的建设。

2011 年 3 月，南非能源部修订《综合资源规划 2010》（IRP2010）草案，对 2011—2030 年的 20 年电力供应与发展做出计划。IRP2010 计划为南非未来 20 年 GDP 以年均 4.6% 的速度增长提供了电力保证；根据修订后的规划，在 2030 年之前，需要新建 5653 万千瓦的发电能力。

2011 年，南非能源部推出再生能源电力独立生产计划（REIPPPP），随之进行了总量达 3725 兆瓦的可再生能源发电项目招标。Eskom 公司已与此前几轮项目招标的中标方签订协议，现有购电协议下的相关项目预计于 2018 年年底并网投运。截至 2016 年年中，Eskom 公司签约的可再生能源发电站总容量达到 3901 兆瓦，其中 2145 兆瓦已并网投运。

2014 年 12 月，南非与中国达成《中华人民共和国和南非共和国 5～10 年合作战略规划 2015—2024 年》以及经贸、投资、农业、装备制造、核电、文化等领域多项合作文件的签署。南非核能集团与中国国家核电签署《南非核能项目培训协议》，南非标准银行与中国国家核电、中国工商银行签署《南非核电项目融资框架协议》。根据培训协议，中国国家核电将针对南非本地化人才培养需求，通过为期逾 2 年的培训为南非培养近 300 名核电专业技术和管理人员。根据规划，培训于 2015 年 3 月正式启动实施。根据融资框架协议，中国国家核电、中国工商银行和南非标准银行有意向开展融资合作，为中国国家核电拟在南非进行的海外核电项目开发工作提供融资支持。

2016 年 7 月，南非政府扩大可再生能源基础设施建设的计划成功获得非洲开发银行（AFDB）的融资支持，用于扩大和加强其电力传输网络，有利于增强 Eskom 公司接纳电力的能力，并推进更多光热发电等可再生能源项目的开发。

2017 年，南非财政部宣布在未来 5 年内为国家电力公司提供占国家财政预算 40% 的（600 亿兰特，约 76 亿美元）贷款，用于火力和核能发电建设。政府的投入并不能满足电力建设的总体计划，国家电力公司的扩建计划总投资预算高达 3430 亿兰特，其中的 3/4 用于扩大发电能力。国家电力公司的电力建设计划包括重新启用 3 座发电站，新建 2 座发电站，建成后新增发电能力总计将超过 12700 兆瓦。

（二）电力市场相关政策

1. 售电与电价情况

南非电力市场一直以来被 Eskom 公司垄断，Eskom 公司还参与非洲其他国家的电力建设。南非市政配电公司的用户数和售电量约占总用户数和售电量的 60% 和 40%，而 Eskom 公司向偏远地区供电。Eskom 直接销售给终端用户（含少量跨国转售）的电量约占 60%，其余占全国 40% 的用电量由 Eskom 趸售给 184 家市政供电公司后再转售给有关终端用户。

南非曾是世界上电费最低的国家之一。2008 年之前南非采取低电价政策来促进经济增长，南非终端用户电价仅为 0.19 兰特/千瓦时（约为 2.2 美分/千瓦时）。多年来南非电力投资不足，生产和管理滞后，2007 年开始出现了全国性的电力短缺现象，南非逐渐改变以往的低电价政策。为了保证长期稳定的电力供应，南非政府推动电力体制改革、逐渐放松发电管制，并逐渐提高电价以保证电力公司维持正常运营，同时吸引私人投资者参与电力投资，保证电力工业的持续稳定发展。从 2008 年开始电价连续上涨，经过每年约 25% 的涨价后，至 2012 年达到 0.60 兰特/千瓦时（约为 6.9 美分/千瓦时）。南非电价上调由 Eskom 公司提出申请，需经过南非国家能源管理局批准。南非不断上调电价给南非的居民和企业带来巨大的电价压力。

南非的各个城市在人口规模、人口密度、供电水平、成本结构、居民收入水平等方面均存在较大差异，供应商通过市政部门出售电力时，根据市政当地的税收以及利率，根据客户收入、客户群以及城乡不同，提供不同层次的交叉补贴。这些差异因素导致各市政电力经销商和南非国家电力公司的电价与收费结构存在巨大差异。

2. 辅助服务政策

2017 年 8 月，为保障电力系统稳定可靠运行，南非 Eskom 公司制定了 2018—2022 年的《辅助服务技术要求》，对系统备用（包括瞬时备用、调整备用、十分钟储备、补充备用、事故备用）、系统恢复、无功电压控制和发电系统约束四方面进行了详细规定。

第三节　电力与经济关系分析

一、电力消费与经济发展相关关系

（一）电力消费量增速与 GDP 增速

南非新政府成立后经济快速发展，而政府对电力需求的预判不足，电力系统发展较缓慢。2007 年以来，南非电力投资建设不足限制了其电力消费，南非电力消费增长速度十分缓慢，而电力紧缺局面也成为制约南非经济发展的重要原因之一，电力消费量增速与 GDP 增速变化趋具有较高的一致性。

1990—2016 年南非电力消费量增速与 GDP 增速如图 4 - 17 所示。

图 4 - 17　1990—2016 年南非电力消费量增速与 GDP 增速

（二）电力消费弹性系数

1991—2015 年，南非电力消费弹性系数波动较大，且经常出现负值。南非服务业占经济比重最大，长期以来服务业增加值占 GDP 比重在 60％以上，而服务业用电量占比仅为 15％左右。电力紧缺对南非占 GDP 比重较大的服务业的影响较弱，对占 GDP 比重较小的工业影响较大，常常出现电力消费量负增长，而 GDP 正增长的情况。

1991—2015 年南非电力消费弹性系数如表 4 - 16、图 4 - 18 所示。

（三）单位产值电耗

1990—2015 年，南非单位产值电耗总体呈下降趋势，究其原因一方面在于南非服务业占比高达 60％以上且 2008 年以来呈缓慢上升趋势，而服务业耗电量占比较小，另一方面在于南非处于电力紧缺状态。1990—2015 年南非单位产值电耗如表 4 - 17、图 4 - 19 所示。

表 4-16　　　　　　　　　　　1991—2015 年南非电力消费弹性系数

年　份	1991	1992	1993	1994	1995	1996	1997	1998	1999
电力消费弹性系数	0.49	3.62	2.47	1.28	1.07	4.29	1.83	−5.79	−0.73
年　份	2000	2001	2002	2003	2004	2005	2006	2007	2008
电力消费弹性系数	1.04	−1.48	1.98	1.25	0.29	0.50	0.56	0.90	−1.03
年　份	2009		2010	2011	2012	2013	2014		2015
电力消费弹性系数	2.44		1.44	0.62	−1.43	−0.14	−0.31		−0.12

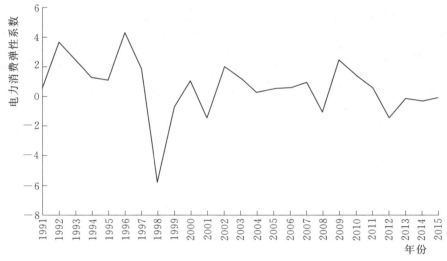

图 4-18　1991—2015 年南非电力消费弹性系数

表 4-17　　　　　　　　　　1990—2015 年南非单位产值电耗　　　　　　　　　　　单位：千瓦时/美元

年　份	1990	1991	1992	1993	1994	1995	1996	1997	1998
单位产值电耗	1.20	1.11	0.94	0.98	0.98	0.91	1.13	1.15	1.23
年　份	1999	2000	2001	2002	2003	2004	2005	2006	2007
单位产值电耗	1.22	1.28	1.37	1.55	1.06	0.82	0.75	0.73	0.70
年　份	2008	2009	2010	2011	2012	2013	2014		2015
单位产值电耗	0.70	0.66	0.54	0.50	0.51	0.55	0.57		0.63

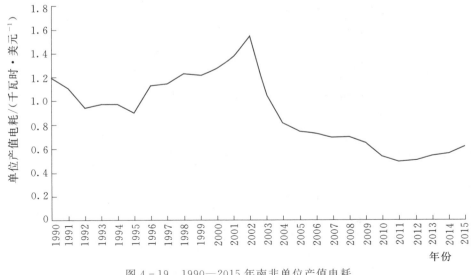

图 4-19　1990—2015 年南非单位产值电耗

（四）人均用电量

南非属于新兴经济体，人均用电量接近世界平均水平。2008年以来由于电力建设缓慢，南非电力紧缺，经济低迷，需求不足，自2011年起人均用电量逐渐下降。1990—2015年南非人均用电量如表4-18、图4-20所示。

表4-18　　　　　　　　　　　1990—2015年南非人均用电量　　　　　　　　　　　单位：千瓦时

年 份	1990	1991	1992	1993	1994	1995	1996	1997	1998
人均用电量	3829.81	3728.14	3365.14	3394.04	3462.97	3503.31	4069.81	4191.36	3998.85
年 份	1999	2000	2001	2002	2003	2004	2005	2006	2007
人均用电量	3871.24	3985.74	3716.95	3934.12	4027.62	4028.74	4080.13	4151.89	4292.54
年 份	2008	2009	2010	2011	2012	2013	2014	2015	
人均用电量	4093.92	3883.88	3995.61	4017.40	3831.22	3758.71	3680.72	3617.59	

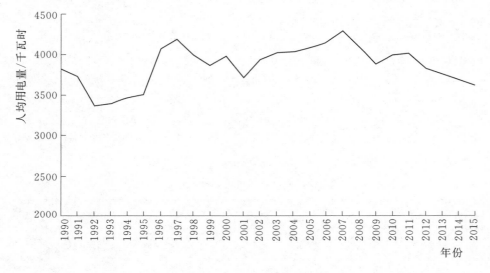

图4-20　1990—2015年南非人均用电量

二、工业用电与工业经济增长相关关系

（一）工业用电量增速与工业增加值增速

长期以来，制约南非工业发展的因素主要包括技术缺乏、劳动力供给结构不平衡、社会治安不稳定、罢工频繁。1991—2015年，南非工业增加值增速缓慢，且经常出现负增长。2008年以来，电力短缺成为限制南非工业发展的最严重瓶颈。2006年以来，工业用电量增速与工业增加值增速一致性较高。

1990—2016年南非工业用电量增速与工业增加值增速如图4-21所示。

（二）工业电力消费弹性系数

1991—2015年，南非工业电力消费弹性系数波动较大，工业用电量增速与工业增加值增速之间的规律性较弱。1991—2015年南非工业电力消费弹性系数如表4-19、图4-22所示。

（三）工业单位产值电耗

2008年之前南非采取低电价政策促进经济增长，各企业缺乏节能动力，导致了工业单位产值电耗较高，其中1996—2004年工业单位产值电耗相比于其他时期均处于较高水平。2005—2015年，受电价较高影响，且出现限电问题，工业单位产值电耗水平相对较低。1990—2015年南非工业单位产值电耗如表4-20、图4-23所示。

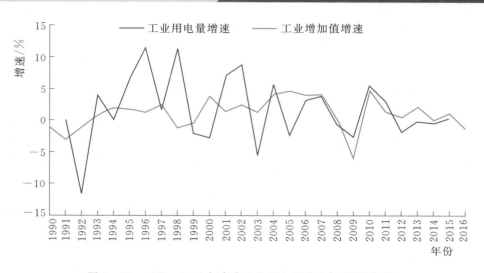

图 4-21 1990—2016 年南非工业用电量增速与 GDP 增速

表 4-19 1991—2015 年南非工业电力消费弹性系数

年　份	1991	1992	1993	1994	1995	1996	1997	1998	1999
工业电力消费弹性系数	-0.03	10.23	5.55	-0.02	3.66	8.41	0.70	-9.45	4.96
年　份	2000	2001	2002	2003	2004	2005	2006	2007	2008
工业电力消费弹性系数	-0.72	4.99	3.70	-4.10	1.40	-0.54	0.79	0.93	-5.29
年　份	2009	2010		2011	2012	2013		2014	2015
工业电力消费弹性系数	0.43	1.18		2.15	-4.04	-0.09		-6.89	0.36

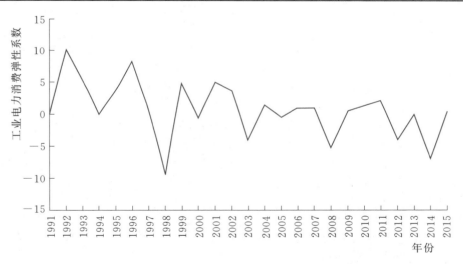

图 4-22 1991—2015 年南非工业电力消费弹性系数

表 4-20 1990—2015 年南非工业单位产值电耗　　　　单位：千瓦时/美元

年　份	1990	1991	1992	1993	1994	1995	1996	1997	1998
工业单位产值电耗	1.78	1.73	1.49	1.59	1.55	1.49	1.81	1.82	2.28
年　份	1999	2000	2001	2002	2003	2004	2005	2006	2007
工业单位产值电耗	2.32	2.23	2.64	3.01	1.98	1.63	1.41	1.42	1.33
年　份	2008	2009	2010	2011	2012	2013	2014	2015	
工业单位产值电耗	1.30	1.27	1.06	1.00	1.04	1.12	1.17	1.30	

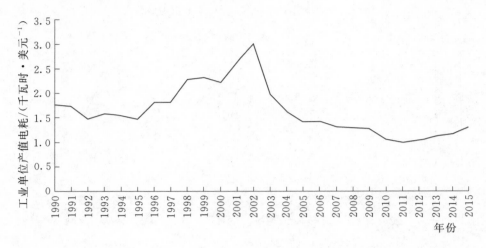

图 4-23 1990—2015 年南非工业单位产值电耗

三、服务业用电与服务业经济增长相关关系

（一）服务业用电量增速与服务业增加值增速

1990—2016 年，南非服务业用电量增速波动较大，服务业增加值增速较为平稳。1990—2016 年南非服务业用电量增速与服务业增加值增速变化情况如图 4-24 所示。

图 4-24 1990—2016 年南非服务业用电量增速与服务业增加值增速

（二）服务业电力消费弹性系数

1991—2015 年，南非服务业电力消费弹性系数波动较大，服务业用电量增速与服务业增加值增速之间的规律性较弱。1991—2015 年，南非服务业电力消费弹性系数如表 4-21、图 4-25 所示。

表 4-21　　　　　　　　1991—2015 年南非服务业电力消费弹性系数

年　份	1991	1992	1993	1994	1995	1996	1997	1998	1999
服务业电力消费弹性系数	7.78	10.57	2.42	1.40	3.37	2.14	3.94	−14.71	4.39
年　份	2000	2001	2002	2003	2004	2005	2006	2007	2008
服务业电力消费弹性系数	0.42	1.42	0.58	2.13	3.58	0.75	−0.15	2.20	−2.39
年　份	2009	2010	2011	2012	2013	2014	2015		
服务业电力消费弹性系数	−3.43	1.16	0.23	−1.58	−0.28	−0.29	−0.89		

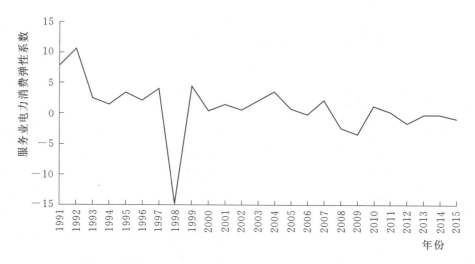

图 4-25 1991—2015 年南非服务业电力消费弹性系数

（三）服务业单位产值电耗

1990—2015 年，南非服务业单位产值电耗整体上呈降低趋势，究其原因一方面在于南非推动节能技术的应用，另一方面在于南非处于电力紧缺的局面。1990—2015 年南非服务业单位产值电耗如表 4-22、图 4-26 所示。

表 4-22　　　　　　　　　1990—2015 年南非服务业单位产值电耗　　　　　　　　单位：千瓦时/美元

年　份	1990	1991	1992	1993	1994	1995	1996	1997	1998
服务业单位产值电耗	0.33	0.29	0.21	0.22	0.22	0.23	0.26	0.28	0.21
年　份	1999	2000	2001	2002	2003	2004	2005	2006	2007
服务业单位产值电耗	0.25	0.26	0.31	0.33	0.23	0.20	0.19	0.17	0.18
年　份	2008	2009	2010	2011	2012	2013	2014	2015	
服务业单位产值电耗	0.17	0.16	0.13	0.12	0.12	0.13	0.13	0.14	

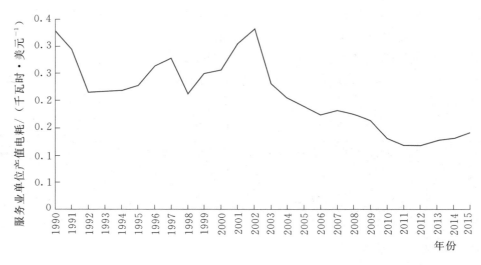

图 4-26 1990—2015 年南非服务业单位产值电耗

第四节 电力与经济发展展望

一、经济发展展望

南非是资源和原材料出口大国，经济的外部依赖性强。2008 年以来全球经济低迷对南非经济发展产生消极影响，而中国与南非的经济联系逐年加强，对南非经济发展带来积极影响。

2017 年 12 月南非执政党非洲人国民大会（简称"非国大"）举行了全国党代会，并选举了西里尔·拉马福萨为接替祖马的党主席。以拉马福萨为代表的南非执政党新领导层的选出，成为外界期待南非经济政策改善、营商环境向好、投资吸引力增强的新契机，有利于提振投资者和消费者的信心。现任总统祖马还将继续留任总统到 2019 年，能否获得足够的政策空间在很大程度上取决于祖马是否会于 2018 年早期卸任，同时也受制于祖马在其任期内是否会阻挠新领导集体的建立及相关的政策转向。

当前的兰特前景向好，经济增长预期较为乐观，但财政、不平等、就业、贫穷和电力紧缺等问题没有根本解决，仍存在被国际评级机构进一步调低信用评级的风险。

世界银行预计，南非 2017 年国内生产总值增速为 0.6%。南非统计局 2017 年 12 月发布数据显示，三季度南非经济保持稳定增速，较上一季度增长 2%。农业、制造业、矿业均有增长，2017 年南非经济有企稳回升的可能。

国际货币基金组织将南非经济下行趋势减缓称为"脆弱的复苏"，经济复苏乏力，下行风险仍然存在。

受货币政策宽松、商品价格走强、市场信心提振的影响，国际上对南非 2018 年经济发展的普遍预期是将继续保持增长趋势，但增长速度与该国政治环境密切相关。

二、电力发展展望

（一）电力需求展望

2011 年以来南非政府意识到电力供需不平衡的问题，持续对电力产业进行优化，投资额度逐年加大。随着南非电力建设持续推进，2017 年 1 月，南非国家电力公司表示已彻底扭转电力短缺局势，目前电力处于供过于求的状态。南非经济复苏乏力，短期内电力需求能够得到满足，在一段时间内电力产能过剩，电力需求增长空间较小。南非能源部副总司长表示，在 2022 年前，南非没有大型能源建设项目的需求，但之后随经济发展相关需求将会大量涌现。

2017 年南非国有电力公司对 2017—2022 年的电力需求作出预测，其预测基于经济发展预期分为稳健增长需求预测和低增长需求预测，其预测结果如表 4-23、图 4-27 所示。

表 4-23　　　　　　　　　　　2017—2022 年南非电力需求预测　　　　　　　　　　单位：亿千瓦时

年 份	2017	2018	2019	2020	2021	2022
稳健增长需求预测	2465.00	2501.00	2561.00	2633.00	2693.00	2750.08
低增长需求预测	2486.07	2517.30	2525.32	2534.16	2528.26	2499.76

数据来源：Eskom 公司官网。

（二）电力发展规划与展望

1. 电力建设规划与展望

南非能源部 2011 年修订的《综合资源规划 2010》（IRP2010）草案提出：煤电仍将集中在南非北

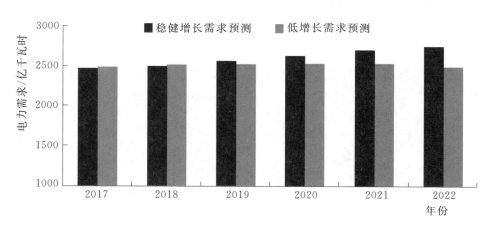

图 4-27 2017—2022 年南非电力需求预测

部，规划建设 Medupi、Kusile 大型坑口电厂；在南部沿海规划建设 2～3 座核电站；西南沿海将规划建设燃气电站；风电将集中在南部沿海一带，太阳能集中在广大内陆地区，并在东部沿海开发甘蔗等生物质能发电项目。

按照 IRP2010 要求，到 2030 年，南非全国发电能力达到 8953 万千瓦，其中煤电占 45.9%、可再生能源占 2.0%、核电占 12.7%、开式循环燃气轮机发电（OCGT）占 8.2%、联合循环燃气轮机发电（CCGT）占 2.6%、水力发电占 5.3%、抽水蓄能发电占 3.3%。

2016 年 11 月，南非内阁会议批准了《综合能源计划草案》，为天然气和可再生能源在 2050 年前大规模扩建装机容量指明方向。与 2011 年的计划草案相比，燃煤发电的装机容量显著减少，但煤电和核能仍然是南非 2050 年之前混合能源的主要构成。根据该草案，到 2050 年，在新装机容量方面，核能将达到 2000 万千瓦，天然气为 3500 万～4000 万千瓦，煤电为 1500 万千瓦，风能和太阳能总计 5500 万千瓦。

2. 电力结构展望

在 2030 年之前，火力发电仍会是南非的主要发电方式。老旧火电机组能耗和碳排放过高，将关停淘汰，对于可维护的火电机组进行技术升级和维护，南非将继续兴建火电厂以满足供电需求。总体来看火电占比会逐渐减小，在 2030 年预计会降至 45%。

南非可利用水资源有限，在 2021 年之前水电建设规模将比较小，建设小型机组的可能性较大。

2014 年，南非商界联合会向政府呼吁推迟"耗资巨大且极具风险"的核能建设计划，转而把更多精力放在当前迫在眉睫的电力供应问题上，认为后者对经济造成的负面影响亟待解决，建议搁置大规模投资，发展短期、小规模的能源开发计划。南非经济低迷、政府预算不够充裕、国内对投资建设核电站的反对声音强烈，核电领域的开发将充满变数。南非的发展重心将会放在可再生能源方面，核电项目由于耗资较大，在 2021 年前可能不会作为首选。

2017 年南非重视实施"空气质量补偿计划"，且随着风能、光伏等可再生能源的成本大幅下降，未来南非在较长时间内，为改善空气质量，将缩减和改造煤电，积极发展可再生能源发电。

南非的风电仍属于新兴产业，有巨大的发展潜力。根据南非政府的规划，到 2020 年南非风电装机容量可能超过 300 万千瓦，届时累计装机容量将达到 560 万千瓦。但由于南非经济低迷，政府财政资金不足，在 2021 年之前建设大规模风力发电的可能性较低。

南非日照时间长，有利于发展太阳能发电。随着发电成本的降低，太阳能发电逐渐受到重视，发展相对迅速。在未来几年南非经济得到一定恢复的情况下，南非启动大面积太阳能发电项目的可能性较高。

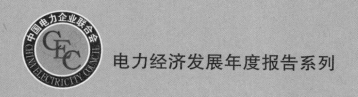

电力经济发展年度报告系列

2018

全球典型国家电力经济发展报告（四）

——"一带一路"国家

中国电力企业联合会　编

中国水利水电出版社

www.waterpub.com.cn

·北京·

内 容 提 要

《电力经济发展年度报告系列·全球典型国家电力经济发展报告2018》通过对全球电力供需和经济发展形势进行分析，结合环境需求、电力发展趋势及电力行业政策导向，对全球电力和经济未来发展进行展望；并将典型发达国家、金砖国家和"一带一路"典型国家的电力与经济状况及特点进行了整体的梳理与分析。

本报告可供与电力相关的政府部门、研究机构、企业、海内外投资机构、图书情报机构、高等院校等参考使用。

图书在版编目（CIP）数据

全球典型国家电力经济发展报告. 2018. 四，"一带一路"国家 / 中国电力企业联合会编. -- 北京 ： 中国水利水电出版社，2019.1
（电力经济发展年度报告系列）
ISBN 978-7-5170-7328-4

Ⅰ. ①全… Ⅱ. ①中… Ⅲ. ①电力工业－工业发展－研究报告－世界－2018 Ⅳ. ①F416.61

中国版本图书馆CIP数据核字(2019)第016433号

书　　名	电力经济发展年度报告系列 **全球典型国家电力经济发展报告（四）2018——"一带一路"国家** QUANQIU DIANXING GUOJIA DIANLI JINGJI FAZHAN BAOGAO（SI）2018——"YIDAIYILU" GUOJIA
作　　者	中国电力企业联合会　编
出版发行	中国水利水电出版社 （北京市海淀区玉渊潭南路1号D座　100038） 网址：www. waterpub. com. cn E - mail：sales@ waterpub. com. cn 电话：(010) 68367658（营销中心）
经　　售	北京科水图书销售中心（零售） 电话：(010) 88383994、63202643、68545874 全国各地新华书店和相关出版物销售网点
排　　版	中国水利水电出版社微机排版中心
印　　刷	北京博图彩色印刷有限公司
规　　格	210mm×285mm　16开本　44.5印张（总）　1286字（总）
版　　次	2019年1月第1版　2019年1月第1次印刷
印　　数	0001—1000册
总 定 价	**1800.00**元（全4册）

前　言

随着我国供给侧结构性改革的不断深化，国内电力投资及建设需求已经不能满足快速发展的供给能力，电力能源企业向全球扩张的意愿不断加强。同时，全球主要经济体逐步走出经济危机阴影，正全面复苏。在新的全球经济格局下，国际多边投资贸易格局正在酝酿调整，全球投资合作是备受各界关注的焦点。由于海外市场与国内市场存在差异、信息不对等，加上国内机构对全球电力经济形势研究项目较少，企业获取信息存在一定难度。

在这样的形势和背景下，编写了《电力经济发展年度报告系列·全球典型国家电力经济发展报告 2018》。报告通过收集大量的国际能源数据和相关信息，对全球电力与经济情况进行梳理，综合分析各国电力与经济的发展趋势，为国内机构研究各国电力与经济情况提供信息支持，为国内企业对外投资提供借鉴参考。

《电力经济发展年度报告系列·全球典型国家电力经济发展报告 2018》包括《全球综述》《发达国家》《金砖国家》《"一带一路"国家》四册。《全球综述》分册介绍全球电力经济发展概况，主要对全球电力供需形势和经济发展形势进行分析，并结合环境需求、电力发展新形势以及电力行业政策导向，对全球电力与经济未来发展趋势进行分析；并将典型发达国家、金砖国家、"一带一路"典型国家的电力与经济形势分别进行了整体的梳理与分析。《发达国家》分册以美国、日本、德国、英国、法国和澳大利亚为代表，《金砖国家》选取中国、印度、巴西、俄罗斯和南非金砖五国，《"一带一路"国家》分册以印度尼西亚、泰国、菲律宾、马来西亚、越南、缅甸、柬埔寨和老挝为代表，对这些国家的电力与经济发展形势进行研究，分析该国电力与经济的相关关系，并通过研究各国电力与经济政策导向，对各国电力与经济发展趋势进行展望。

本丛书由中国电力企业联合会牵头，电力发展研究院组织实施，中图环球能源科技有限公司和华北电力大学共同编写完成。中图环球能源科技有限公司负责丛书主体设计，《全球综述》分册和美国、巴西、马来西亚等 3 个国家的编写，华北电力大学负责其余国家的编写。报告的编写得到了中国电力企业联合会的大力支持以及中国电

力企业联合会专家们的精心指导，在此谨向他们表示衷心的感谢！

本书部分内容引用国际机构相关研究成果数据，内容观点不代表中国电力企业联合会立场。由于时间仓促，本报告难免存在不足和错误之处，恳请读者谅解并批评指正！

编者

2018 年 9 月

目 录

第一章

印 度 尼 西 亚

印度尼西亚共和国（简称"印尼"）位于亚洲东南部，由太平洋和印度洋之间的 17508 个大小岛屿组成，陆地面积 190 多万平方公里，海洋面积 317 万平方公里，是世界上岛屿最多、面积最大的群岛国家，也是东南亚领土面积最大的国家，国土面积位居世界第十五位。印尼横跨赤道，东西达 5300 公里，南北约 2100 公里，有人居住的岛屿 6000 个。2017 年人口超过 2.63 亿，是世界上人口第四大的国家。

1945 年 8 月 17 日，印尼宣布独立，成立印度尼西亚共和国。1950 年印尼成为联合国第 60 个成员国。1967 年印尼与马来西亚、菲律宾、新加坡和泰国成立东南亚国家联盟（简称"东盟"），印尼是其最具有影响力的国家，在地区和国际事务中发挥着重要的作用。自 1990 年中国与印尼恢复外交关系以来，双边经贸合作全面发展，主要表现在双向投资、工程承包和劳务合作等领域。

第一节 经济发展与政策

一、经济发展状况

（一）经济发展及现状

印尼作为一个发展迅速的发展中国家，其经济发展备受瞩目。2017 年，依国际汇率计算，印尼为世界第十六大经济体，印尼 GDP 总额为 10155.39 亿美元，首次突破万亿美元大关，增速为 5.10%，经济保持较快增长。印尼作为新兴的经济体，经济结构发生了转型，农业、工业、服务业均在国民经济中发挥着重要的作用，2017 年，农业占比 13.14%、工业占比 39.37%、服务业占比 47.49%。印尼是一个农业大国，全国耕地面积约 8000 万公顷，农村人口约 1.18 亿，印尼得益于得天独厚的自然条件和经济的发展，已经由技术性较低的粗放型农业发展成为技术性较高的集约型农业，农、林、渔业协调发展，产业化水平不断提高。印尼矿产资源极为充裕，含有丰富的煤炭、石油、天然气和包括镍、铁、锡、金在内的金属矿产品，是出口创汇、增加印尼中央和地方财政收入的重要来源，也为保持经济活力、创造就业和发展地区经济做出了积极贡献。印尼的工业化水平相对不高，制造业有 30 多个不同种类的部门，主要包括纺织、电子、木材加工、钢铁、汽车。另外，印尼已经成为东南亚最大的汽车市场，汽车销量不断增加；同时印尼还是东南亚地区的纺织品生产出口大国。对外贸易在印尼国民经济中也占重要地位，对印尼经济发展有重要的作用，出口产品主要有石油、天然气、纺织品与成衣、木材、棕榈油、橡胶等。近年来，旅游业也成为印尼的一个新的经济增长点，印尼改善旅游景点设施，提高旅游产品吸引力，为印尼创造了更多的外汇收入。

印尼不断增长的国内需求和庞大的国内市场是印尼经济发展的稳定动力。印尼经济发展有优势，也有劣势。优势在于政局较为稳定，自然资源丰富，地理位置重要，有丰富、廉价的劳动力，经济增长前景看好，市场化程度高，市场潜力巨大；劣势在于基础设施严重滞后，物流成本高，通信条件普遍较差，电力供应难以满足需求，基础工业落后，产业链上、下游配套不完备。

（二）主要经济指标分析

1. GDP 及增速

1990—1997 年，印尼国内经济保持 6.93％的年均增长，从 1990 年的 1061.41 亿美元增长至 1997 年的 2157.49 亿美元。1998 年爆发的东南亚经济危机给印尼经济发展带来了重创，印尼经济严重衰退，货币大幅贬值，GDP 急速下滑，跌至 954.46 亿美元，经济增速出现负值，为 −13.13％。1999—2013 年，印尼经济开始缓慢复苏，此阶段 GDP 经历了一个快速增长期。2008 年爆发了国际金融危机，印尼经济所受影响较小，经济仍保持较快增长，此阶段印尼的经济结构不同于东南亚其他国家，是全球少数侧重于内需的经济体，并且采取多项措施促进内需市场的发展，经济危机对其影响较小。印尼中央统计局从 2014 年开始，将实际 GDP 的计算基准年由 2000 年改成了 2010 年，2014 年经济增速为 5.01％；印尼 2015 年名义 GDP 为 8612.56 亿美元，经济增速为 4.88％，为 2010 年以来的最低增速。2017 年印尼 GDP 为 10155.39 亿美元，同比增长 5.10％，GDP 增速放缓。1990—2017 年印尼 GDP 及增速如表 1−1、图 1−1 所示。

表 1−1　　　　　　　　　　　　　1990—2017 年印尼 GDP 及增速

年　份	1990	1991	1992	1993	1994	1995	1996
GDP/亿美元	1061.41	1166.22	1280.27	1580.07	1768.92	2021.32	2273.70
GDP 增速/%	7.24	6.91	6.50	6.50	7.54	8.22	7.82
年　份	1997	1998	1999	2000	2001	2002	2003
GDP/亿美元	2157.49	954.46	1400.01	1650.21	1604.67	1956.61	2347.72
GDP 增速/%	4.70	−13.13	0.79	4.92	3.64	4.50	4.78
年　份	2004	2005	2006	2007	2008	2009	2010
GDP/亿美元	2568.37	2858.69	3645.71	4322.16	5102.29	5395.80	7550.94
GDP 增速/%	5.03	5.69	5.50	6.35	6.01	4.63	6.22
年　份	2011	2012	2013	2014	2015	2016	2017
GDP/亿美元	8929.69	9178.70	9125.24	8909.15	8612.56	9322.59	10155.39
GDP 增速/%	6.17	6.03	5.56	5.01	4.88	5.02	5.10

数据来源：联合国统计司；国际货币基金组织；世界银行。

2. 人均 GDP 及增速

印尼是世界上人口第四大国家，1990—1997 年，印尼人均 GDP 保持高速增长，1997 年人均 GDP 为 1063.71 美元；1998 年印尼是东南亚经济危机的重灾国，人均 GDP 为 463.97 美元；1999—2012 年，人均 GDP 保持高速增长，增加至 3687.95 美元；2013—2017 年，人均 GDP 增速放缓，人均 GDP 波折中增加，2017 年达到 3846.90 美元。1990—2017 年印尼人均 GDP 及增速如表 1−2、图 1−2 所示。

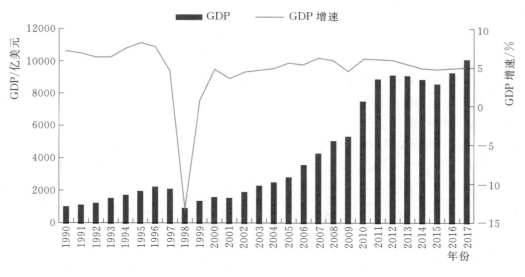

图 1-1 1990—2017 年印尼 GDP 及增速

表 1-2   **1990—2017 年印尼人均 GDP 及增速**

年 份	1990	1991	1992	1993	1994	1995	1996
人均 GDP/美元	585.00	631.70	681.84	827.78	912.07	1026.27	1137.33
人均 GDP 增速/%	5.35	5.08	4.71	4.76	5.84	6.56	6.22
年 份	1997	1998	1999	2000	2001	2002	2003
人均 GDP/美元	1063.71	463.97	671.71	780.09	747.98	899.56	1064.51
人均 GDP 增速/%	3.20	−14.35	−0.61	3.47	2.21	3.06	3.34
年 份	2004	2005	2006	2007	2008	2009	2010
人均 GDP/美元	1148.57	1260.93	1586.21	1855.09	2160.53	2254.45	3113.48
人均 GDP 增速/%	3.59	4.25	4.07	4.91	4.59	3.24	4.83
年 份	2011	2012	2013	2014	2015	2016	2017
人均 GDP/美元	3634.28	3687.95	3620.66	3491.60	3336.11	3570.29	3846.90
人均 GDP 增速/%	4.79	4.68	4.24	3.73	3.65	3.83	3.90

数据来源：联合国统计司；国际货币基金组织；世界银行。

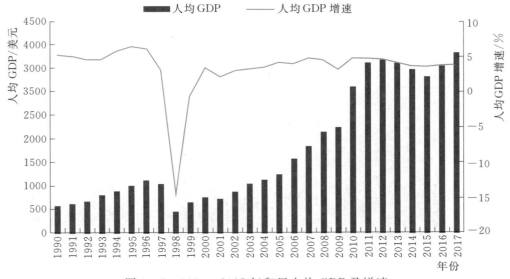

图 1-2 1990—2017 年印尼人均 GDP 及增速

3. GDP 分部门结构

印尼农业已经由单一种植转变成为大农业体系，种植业趋向多元化发展，印尼农业实现了现代化，农业占比表现出"逆经济周期"发展的趋势，农业 GDP 占比逐年降低，总量仍保持增加。自 2005 年以来印尼产业结构演变停滞不前，进入了一种相对稳定的状态，作为主导国民经济发展的工业发展缓慢，"去工业化"现象在印尼开始出现，对印尼经济增长产生负面影响。印尼制造业和矿业是工业内部结构演变的主线，电力、天然气、水供应业和建筑业发展滞后；印尼传统制造业占主导、新兴制造业发展缓慢的格局短期内难以改变，工业化进程进入了消费资料工业与资本资料工业在规模上大致相当的阶段。印尼交通运输业、金融业、旅游业等主要服务业部门发展较快，从 2010 年开始，印尼服务业 GDP 占比超过工业占比，2017 年服务业 GDP 占比为 47.49%，为印尼 GDP 增长做出了突出贡献。1990—2017 年印尼分部门 GDP 占比如表 1-3、图 1-3 所示。

表 1-3 　　　　　　　　　　　1990—2017 印尼分部门 GDP 占比 　　　　　　　　　　%

年　份	1990	1991	1992	1993	1994	1995	1996
农业	21.55	19.66	19.52	17.88	17.29	17.14	16.67
工业	39.38	41.20	39.98	39.68	40.64	41.80	43.46
服务业	39.07	39.13	40.50	42.44	42.07	41.06	39.87
年　份	1997	1998	1999	2000	2001	2002	2003
农业	16.09	18.08	19.61	15.68	15.99	16.32	15.19
工业	44.33	45.23	43.36	41.97	47.89	47.75	43.75
服务业	39.58	36.69	37.03	42.35	36.11	35.93	41.07
年　份	2004	2005	2006	2007	2008	2009	2010
农业	14.34	13.13	12.97	13.72	14.48	15.29	13.93
工业	44.63	46.54	46.94	46.80	48.06	47.65	42.78
服务业	41.04	40.33	40.08	39.48	37.46	37.06	43.29
年　份	2011	2012	2013	2014	2015	2016	2017
农业	13.51	13.37	13.36	13.34	13.49	13.47	13.14
工业	43.91	43.59	42.64	41.93	40.05	39.29	39.37
服务业	42.57	43.03	44.01	44.73	46.46	47.24	47.49

数据来源：联合国统计司；国际货币基金组织；世界银行。

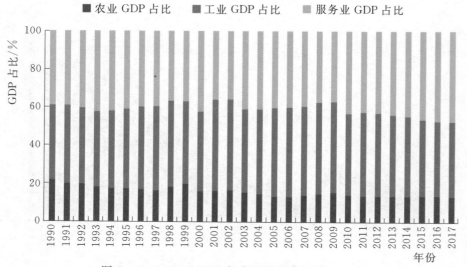

图 1-3　1990—2017 年印尼分部门 GDP 占比

4. 工业增加值增速

1998年，因东南亚金融危机印尼实施的工业化政策出现中断，工业增加值增速急剧下降，失业人数猛增，外资纷纷撤离，外债大幅增加，经济增速出现负数。面对这种局面，印尼采取了妥善的宏观经济政策与国际政策，印尼政府决定要更大程度地融入世界市场和加快贸易自由化进程，包括经济自由化改革和"稳定至上"的谨慎经济政策改革，2000—2017年印尼工业增加值增速有一个先上升后缓慢下降的趋势，整体波动较小，2011年达到最高增速6.35%，2015年是自2002年以来的最低增速。1990—2017年印尼工业增加值增速如表1-4、图1-4所示。

表1-4 　　　　　　　　　　　　1990—2017年印尼工业增加值增速 　　　　　　　　　　　%

年　份	1990	1991	1992	1993	1994	1995	1996
工业增加值增速	9.89	10.27	5.77	7.21	11.17	10.42	10.69
年　份	1997	1998	1999	2000	2001	2002	2003
工业增加值增速	5.17	−13.95	1.97	5.89	2.73	4.26	3.76
年　份	2004	2005	2006	2007	2008	2009	2010
工业增加值增速	3.94	4.70	4.49	4.72	3.74	3.59	4.92
年　份	2011	2012	2013	2014	2015	2016	2017
工业增加值增速	6.35	5.31	4.34	4.23	2.99	3.83	4.09

数据来源：联合国统计司；国际货币基金组织；世界银行。

图1-4　1990—2017年印尼工业增加值增速

5. 服务业增加值增速

1990—1997年，印尼的服务业增加值保持年均6.96%的高速增长。1998年，东南亚经济危机对印尼服务业也造成了巨大的冲击，服务业增加值增速跌落至−16.46%，随后印尼采取了一系列的措施使经济缓慢恢复。2004年，第一任民选总统上任，政局逐渐稳定，经济发展向好，服务业增加值保持高速增长。2008年爆发的经济危机，印尼所受影响较小，服务业增加值增速有稍微下落。2010—2016年，服务业增加值增速稍稍放缓。1990—2016年印尼服务业增加值增速如表1-5、图1-5所示。

表 1-5   **1990—2016 年印尼服务业增加值增速**   %

年 份	1990	1991	1992	1993	1994	1995	1996	1997	1998
服务业增加值增速	7.26	6.15	7.21	8.00	7.09	7.61	6.75	5.58	−16.46
年 份	1999	2000	2001	2002	2003	2004	2005	2006	2007
服务业增加值增速	−1.03	5.17	4.89	5.20	6.36	7.11	7.87	7.33	9.00
年 份	2008	2009	2010	2011	2012	2013	2014	2015	2016
服务业增加值增速	8.66	5.83	8.41	8.41	6.82	6.39	6.02	5.47	5.60

数据来源：联合国统计司；国际货币基金组织；世界银行。

图 1-5   1990—2016 年印尼服务业增加值增速

6. 外国直接投资及增速

1990—1997 年，印尼政局动荡，经济发展缓慢，印尼吸引外国直接投资净流入增加缓慢。1998 年遭受了亚洲经济危机，连续 4 年外国直接投资净流入为负值。近年来，印尼内需疲乏，能源出口也有所下降，吸引的外国直接投资也出现骤减情况，由 2014 年的 251.21 亿美元降低至 2017 年的 37.62 亿美元。1990—2017 年印尼外国直接投资及增速如表 1-6、图 1-6 所示。

表 1-6   **1990—2017 年印尼外国直接投资及增速**

年 份	1990	1991	1992	1993	1994	1995	1996
外国直接投资/亿美元	10.93	14.82	17.77	20.04	21.09	43.46	61.94
增速/%	—	35.59	19.91	12.77	5.24	106.07	42.52
年 份	1997	1998	1999	2000	2001	2002	2003
外国直接投资/亿美元	46.77	−2.41	−18.66	−45.50	−29.77	1.45	−5.97
增速/%	−24.49	105.15	674.76	143.91	−34.57	−104.87	−511.43
年 份	2004	2005	2006	2007	2008	2009	2010
外国直接投资/亿美元	83.36	49.14	69.28	93.18	48.77	152.92	83.36
增速/%	339.66	−41.05	40.99	34.49	−47.66	213.53	339.66
年 份	2011	2012	2013	2014	2015	2016	2017
外国直接投资/亿美元	205.65	212.01	232.82	251.21	197.79	45.42	205.65
增速/%	34.48	3.09	9.82	7.90	−21.26	−77.04	34.48

数据来源：联合国统计司；国际货币基金组织；世界银行。

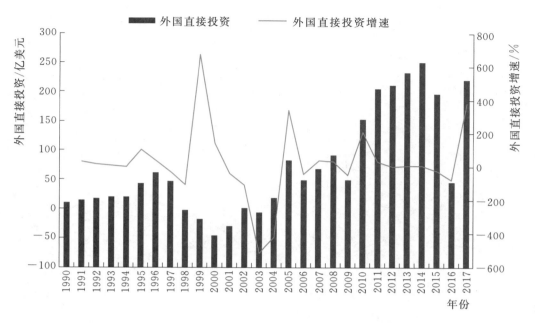

图 1-6 1990—2017 年印尼外国直接投资及增速

7. CPI 涨幅

CPI 是反映与居民生活有关的产品及劳务价格统计出来的物价变动指标，通常作为观察通货膨胀水平的重要指标。1990—1997 年，印尼 CPI 涨幅围绕 8.5% 上、下波动；1998 年，遭受东南亚经济危机，CPI 涨幅突增至 58.39%；2000—2017 年，印尼通货膨胀率存在轻微波动，整体处于稳定状态。1990—2017 年印尼 CPI 涨幅如表 1-7、图 1-7 所示。

表 1-7 　　　　　　　　　　　　1990—2017 年印尼 CPI 涨幅　　　　　　　　　　　　%

年　份	1990	1991	1992	1993	1994	1995	1996
CPI 涨幅	7.81	9.42	7.53	9.69	8.52	9.43	7.97
年　份	1997	1998	1999	2000	2001	2002	2003
CPI 涨幅	6.23	58.39	20.49	3.72	11.50	11.88	6.59
年　份	2004	2005	2006	2007	2008	2009	2010
CPI 涨幅	6.24	10.45	13.11	6.41	9.78	4.81	5.13
年　份	2011	2012	2013	2014	2015	2016	2017
CPI 涨幅	5.36	4.28	6.41	6.39	6.36	3.53	3.18

数据来源：联合国统计司；国际货币基金组织；世界银行。

8. 失业率

印尼经历了 1998 年经济危机之后，制造业萎靡不振，经营状况普遍不佳，企业裁员、工厂减产、吸纳劳动力的能力每况愈下，2000—2005 年的失业率不断增加。2004 年 12 月，印尼发生了强烈地震并引发海啸，造成了大量的人员伤亡和财产损失。印尼政府反应迅速、处置得当，并获得了大量国际援助，灾后重建刺激基础设施建设，并且没有影响对中国和美国的出口，国内消费持续走高，不断推动经济发展，使得从 2005 年以来印尼 GDP 增长迅速，失业率不断下降。1990—2017 年印尼失业率如表 1-8、图 1-8 所示。

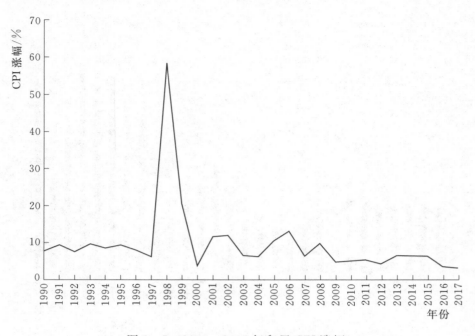

图 1-7　1990—2017 年印尼 CPI 涨幅

表 1-8　　　　　　　　　　　　　　　1990—2017 年印尼失业率　　　　　　　　　　　　　　　　%

年　份	1990	1991	1992	1993	1994	1995	1996
失业率	2.4	2.6	2.8	2.83	4.47	7.42	5
年　份	1997	1998	1999	2000	2001	2002	2003
失业率	4.77	5.46	6.36	6.08	8.1	9.06	9.5
年　份	2004	2005	2006	2007	2008	2009	2010
失业率	9.86	11.24	10.28	9.11	8.39	7.87	7.14
年　份	2011	2012	2013	2014	2015	2016	2017
失业率	6.56	6.14	6.25	6.1	5.8	5.6	5.4

数据来源：联合国统计司；国际货币基金组织；世界银行。

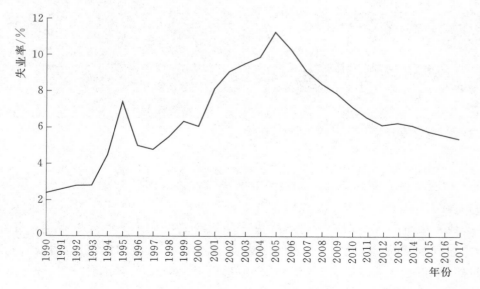

图 1-8　1990—2017 年印尼失业率

二、主要经济政策

2014年，印尼第二任民选总统佐科维对传统的依靠原材料出口的经济增长模式进行改革，消减燃油补贴用于基础设施建设和民生项目。2015年，为了促进经济平衡发展，佐科维政府颁布了一系列相关配套的经济措施，包括简政放权、金融外汇管理、制定新劳工薪资制度、资产重估优惠、建立8个经济特区、减轻劳工密集型企业所得税、放宽私人油气业限制、简化投资手续等。除此之外，还鼓励海外印尼籍科技人才回国创业，带动印尼经济从消费驱动型向投资驱动型转变。

（一）税收政策

印尼实行中央和地方两级课税制度，税收立法权和征收权主要集中在中央，依照属人原则和属地原则行使其税收管辖税。现行的主要税种有公司所得税、个人所得税、增值税、奢侈品销售税、离境税、土地和建筑物税、印花税、电台和电视税、娱乐税、道路税、机动车税、自行车税、广告税、外国人税、发展税等。2008年7月17日印尼国会通过了新的《所得税法》，企业所得税税率为30％，2009年过渡期税率28％，2010年后降为25％。印尼对中、小、微型企业实行鼓励措施，减免50％的所得税。2013年印尼税务总署向现有的约100万家印尼中、小企业按销售额的1％征税。

2007年1月1日起，印尼政府对包括电力在内（供家庭用户6600瓦以上者例外）的6种战略物资豁免增值税。2010年，印尼政府拟对环保型企业、大型投资项目、在落后地区投资的基建项目，以及具有较多附加值、提供广泛就业和运用先进科技的工业部门提供税收减免等优惠。2011年，印尼政府推行财政奖励政策进行行业鼓励。2013年，印尼政府又为企业获得税收优惠进一步简化手续，并降低获得免税区和免税津贴的标准。根据印尼政府的现行规定，包括天然气和可再生能源在内的5个工业部门，投资额超过1万亿印尼盾的企业，可获得5～10年的所得税免税期。

（二）金融政策

1. 金融监管改革政策

2004年，印尼颁布了《2005—2025年国家发展长期计划》，此计划注重经济、社会和政治三者之间的平衡发展，收紧货币政策和财政政策，注意控制外债的数量和规模。与此同时，进行金融改革确保宏观经济的稳定，颁布政策刺激实体经济的发展。2016年，印尼政府颁布了第9号《金融体系危机预防和应对法》，主要目的是促进国民经济发展，建立稳定的金融体系来面对国内外的威胁。

2. 货币政策

2017年8月，印尼盾稳定，有升值趋势，印尼盾兑美元升值0.02％，至每美元13343印尼盾。2017年9月印尼盾月底走弱，但平均强劲。在9月的每日基础上，印尼盾趋于上涨0.27％至每美元13307印尼盾。美国加息预期上升，货币政策正常化和税收改革计划使世界货币都经历了月底出现的疲软。印尼盾汇率的波动性维持不变，印尼央行在维持市场机制的同时，继续实行符合其基本价值的汇率稳定措施。

2017年9月，印尼央行决定从4.50％降低7天逆回购利率（BI）至4.25％，存款利率下降25个基点至3.00％和贷款利率下降25个基点至5.00％。2017年10月18日，印尼央行董事会决定保留BI7天逆回购利率4.25％，存款利率维持3.50％，贷款基金维持5.00％，自2017年10月20日起生效。印尼实施的降息政策将有助于国内经济的持续复苏。

（三）产业政策

2012年，印尼开始进行产业结构调整，既肯定了劳动密集型产业为国民经济所做出的重要贡献，还非常重视新兴产业的培育扶持，力求以创新引领科技突破，其中包括创意经济、绿色能源和再生能源、汽车产业、有色金属和棕榈油等产业。为鼓励支持传统产业的结构调整和技术改造，在项目审批、资源配置、银行贷款、税收管理、出口扶持等领域坚持政策优先优惠。例如，针对劳动密集型产业，提出了以下措施：一是劳动密集型产业的技术改造、研发项目的银行贷款，可根据企业贡献大小进行差异化扶持，政府可以按照贷款基准利率进行降息和贴息；二是对于劳动密集型企业的增量税收，实现一定比例的返还；三是在用电、用水等方面可以享受工业企业的同等政策，以降低零售企业的成本。有色金属产业调整振兴的方向包括：加快淘汰落后产能，加大技术改造和研发力度，促进企业重组，优化产业布局，增强资源保障能力，加快建设有色金属再生利用体系，稳定国内市场，拓展国际市场等。印尼为了增加棕榈油的附加值，大力发展国内棕榈油产业并带动农业经济增长，印尼政府从 2015 年开始，只允许出口 50％的棕榈原油，这个限制指标在 2020 年将继续下降至 30％。

印尼含有丰富的矿产资源，能源矿业在印尼经济中占有重要地位，产值占 GDP 的 10％左右。绝大多数的矿产资源属于不可再生资源，并且主要是原矿出口，单价较低。随着开采的增加，印尼为了规范能源矿业，促进能源矿业新的发展，印度尼西亚政府制定了一系列法律政策，并对以往的政策进行调整，主要包括以下 3 个方面：一是引进外资的政策由松到紧的转变；二是能源矿业进出口政策的转变，2014 年 1 月 12 日起，开始实施新的矿业法规，印尼原矿出口禁令正式生效，未经加工的矿石不得出口，在印尼采矿的企业必须在当地冶炼或精炼后方可出口；三是开发、普及清洁能源，印尼能矿部计划 2014—2019 年将可再生能源的装机总量从目前的 1070 万千瓦增加至 2150 万千瓦，新增 1080 万千瓦的可再生能源量。

（四）投资政策

印尼主管投资的政府部门及分工如表 1-9 所示。

表 1-9　　　　　　　　　　印尼主管投资的政府部门及分工

序号	部　门	职　责
1	印尼投资协调委员会	负责促进外商投资，管理工业及服务部门的投资活动，不包括金融服务部门
2	财政部	负责管理包括银行和保险部门在内的金融服务投资活动
3	能矿部	负责批准能源项目，与矿业有关的项目由能矿部的下属机构负责

印度尼西亚政府为了加大招商引资力度，刺激经济快速发展，制定了多期经济措施配套，其中主要的经济配套措施如表 1-10 所示。

表 1-10　　　　　　　　　　印尼吸引外资的主要经济配套措施

序号	经济配套措施	主　要　内　容	发布时间/（年.月.日）
1	第 1 期经济配套措施	振兴实体经济，包括简化市场准入规则以招商引资、扶持印尼盾币值及扶贫计划等，推动持续放缓的经济取得更高的增长	2015.9.9
2	第 2 期经济配套措施	全面加大招商引资的力度，扶持印尼盾币值及刺激增长，削减探矿及投资工业经济特区所需的准证数量，免除船只、飞机与火车的增值税	2015.9.29
3	第 3 期经济配套措施	改善投资环境，增强投资者信心；加强工业生产，降低能源价格，以达到降低生产成本的目的	2015.10.7
4	第 6 期经济措施配套	对 8 个经济特区提供所得税、增值税和奢侈品销售税、海关、外籍人士拥有房地产、劳动力、移民、土地、许可证等方面的优惠政策	2015.11.9
5	第 8 期经济配套措施	一是"一地图政策"，有助于解决在开发一个地区或兴建基础设施的过程中面临有关使用土地和空间的问题；二是关注国内能源安全，加快炼油厂的施工，以满足国内燃油需求以及减少进口量；三是为飞机维修服务企业提供优惠，即有关飞机维修的 21 种零部件进口税降为 0	2015.12.23

序号	经济配套措施	主　要　内　容	发布时间 /（年．月．日）
6	第 9 期经济配套措施	包括电力基础设施建设、稳定牛肉价格、整顿城乡物流规则	2016.1.27
7	第 10 期经济配套措施	允许外国投资家完全掌控或者 100％持有 35 种行业的股权	2016.2.12
8	第 11 期经济配套措施	一是为中、小、微型企业提供出口融资贷款，提升其生产和外销能力；二是启动房地产投资基金，并把房地产销售税从 5％降为 0.5％，把申请土地和建筑物使用权费及所得税从 5％降为 1％；三是实行港口单一风险管理制度；四是加速发展制药业与医疗保健器材产业，保障药物与医疗器材供应，提供合理的惠民药价和安全的医保设施	2016.4.1
9	第 12 套经济配套措施	一是简化各种登记及许可证申请手续；二是简化缴税手续；三是提供贷款便利；四是为对外贸易提供方便；五是保护中、小投资者权益，制订相关中、小投资者保护条例；六是完善解决微型及中、小型企业合同争议及破产机制	2016.4.29
10	第 14 期经济配套措施	鼓励电子商务发展，鼓励全国人民以高效率并与全球连接来提高与扩大经济活动	2016.11.11
11	第 16 期经济配套措施	加大力度简化外资审批程序，改善投资环境，吸引更多投资，创造就业机会，促进国内消费，加速经济增长	2017.8.31

第二节　电力发展与政策

一、电力供应形势分析

（一）电力工业发展概况

印尼已探明煤炭储量占世界煤炭总量的 3.1％，约有 280 亿吨的煤炭资源储备，是世界第四大煤炭生产国和出口国；印尼富含天然气资源，储量在亚太地区位列第三，是东南亚最大的天然气供应国；印尼还是亚洲第二大石油生产国。另外，印尼地处太平洋板块与亚欧板块碰撞带，属于热带气候，拥有丰富的地热、风能、太阳能及水力资源等，是世界上最大的生物燃料生产国，具备良好的建设电站的资源条件。印尼发电由印尼国家电力公司（PLN）主导，作为印尼经营发、输、配、售环节的国家电力公司，PLN 掌握着印尼 80％以上的装机容量，是印尼电源侧最重要的供应来源。2009 年 9 月，印尼发电端寡头格局逐渐放开，本土民营企业与外资企业纷纷在印尼投资电站建设。另外，印尼作为东南亚的千岛之国，具有丰富的水资源，已开发利用约 5000MW，仅占可开发水资源的 7％，水电开发潜力巨大。

2017 年，印尼电气化率为 95.35％，印尼电价机制相对成熟、完备，上网电价为两部制电价，对购电方和售电方而言均相对公平，尤其对于投资方而言，电价回收风险相对较低。电费价格由国家进行控制，制定全国统一的电力销售价格，分为低压居民用电电价、中压商业用电电价、高压工业用电电价。

（二）发电装机容量及结构

1. 总装机容量及增速

1990—1997 年，印尼的总装机容量从 1291.9 万千瓦增加至 2134.3 万千瓦；1998—2007 年，受亚洲经济危机的影响，多项购电合同中断，印尼总装机容量无明显变化，几乎没有建设新的发电站。2006 年和 2008 年，印尼提出了两个"一万兆瓦应急计划"，大力建设电站，提高电力供应，2008—2016 年，印尼总装机容量不断增加，至 2016 年达到 5965.63 万千瓦。1990—2016 年印尼装机容量及增速如表 1-11、图 1-9 所示。

表 1-11　　　　　　　　　　　　　1990—2016 年印尼装机容量及增速

年　份	1990	1991	1992	1993	1994	1995	1996	1997	1998
总装机容量/万千瓦	1291.9	1301.9	1406.1	1591.5	1829.1	1914.8	1955.5	2134.3	2486.8
增速/%	—	0.77	8.00	13.19	14.93	4.69	2.13	9.14	16.52
年　份	1999	2000	2001	2002	2003	2004	2005	2006	2007
总装机容量/万千瓦	2516.3	2565.8	2606.2	2612.3	2623.6	2648.9	2667.4	2699.7	2732.9
增速/%	1.19	1.97	1.57	0.23	0.43	0.96	0.70	1.21	1.23
年　份	2008	2009	2010	2011	2012	2013	2014	2015	2016
总装机容量/万千瓦	3111.4	3677.5	3850.6	3989.9	4525.35	5089.81	5306.55	5552.81	5965.63
增速/%	13.85	18.19	4.71	3.62	13.42	12.47	4.26	4.64	7.43

数据来源：联合国统计司；印尼能源局。

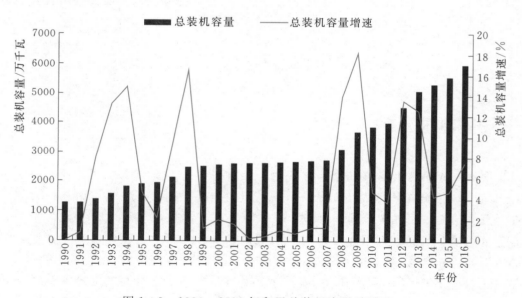

图 1-9　1990—2016 年印尼总装机容量及增速

2. 各类装机容量及占比

印尼煤炭资源丰富，尽管来自环境保护方面的诉求，降低煤电依赖度的压力不断加大，但由于燃煤开采成本低，燃煤发电成本相对较低，加之煤炭资源可获得性较好，为尽快解决印尼电力供应缺口问题，燃煤发电规模还在不断扩大。水电装机容量是印尼第二大类型装机容量，印尼含有丰富的水资源，但是整个印尼主要由六大岛屿组成，岛屿之间无法形成连通整个印尼的电网，制约了地区性水电的发展。另外，许多大型水电和水利项目在无法妥善解决移民问题的前提下，暂时无限期搁置，指标较好的水电站存在开发权的争夺，也造成了在一些项目上进展缓慢。1990—2016 年水电装机容量基本保持不变，水电装机占比存在下降趋势。印尼拥有丰富的可再生能源，但开发率低，装机容量少。1990—2016 年印尼分类型装机容量及占比如表 1-12、图 1-10 所示。

表 1-12   1990—2016 年印尼分类型装机容量及占比

年 份		1990	1991	1992	1993	1994	1995	1996
火电	装机容量/万千瓦	963.4	968.4	1068.5	1247.7	1466.8	1549.7	1588.6
	占比/%	74.57	74.38	75.99	78.40	80.19	80.93	81.24
地热发电	装机容量/万千瓦	14	14	14	14	30.5	30.8	30.8
	占比/%	1.08	1.08	1.00	0.88	1.67	1.61	1.58
水电	装机容量/万千瓦	314.5	319.5	323.6	329.8	331.8	334.3	336.1
	占比/%	24.34	24.54	23.01	20.72	18.14	17.46	17.19
年 份		1997	1998	1999	2000	2001	2002	2003
火电	装机容量/万千瓦	1740	2016.4	2043	2074.6	2080.5	2081.7	2089.8
	占比/%	81.53	81.08	81.19	80.86	79.83	79.69	79.65
地热发电	装机容量/万千瓦	30.5	36	36	52.5	78.5	78.5	80.5
	占比/%	1.43	1.45	1.43	2.05	3.01	3.01	3.07
水电	装机容量/万千瓦	363.8	434.4	437.3	438.7	447.2	452.1	453.3
	占比/%	17.05	17.47	17.38	17.10	17.16	17.31	17.28
年 份		2004	2005	2006	2007	2008	2009	2010
火电	装机容量/万千瓦	2109.9	2126.6	2128	2152.7	2500.3	3079.2	3231.5
	占比/%	79.65	79.73	78.82	78.77	80.36	83.73	83.92
地热发电	装机容量/万千瓦	82	82	82	93.3	105.2	110	113
	占比/%	3.10	3.07	3.04	3.41	3.38	2.99	2.93
水电	装机容量/万千瓦	457	458.8	489.7	486.9	505.9	487.62	505.36
	占比/%	17.25	17.20	18.14	17.82	16.26	13.26	13.12
其他能源	装机容量/万千瓦	—	—	—	—	—	0.02	0.02
	占比/%	—	—	—	—	—	0.02	0.02
年 份		2011	2012	2013	2014	2015	2016	
火电	装机容量/万千瓦	3976.02	4438.35	4642.61	4882.74	5262.82	3976.02	
	占比/%	87.86	87.20	87.49	87.93	88.22	87.86	
地热发电	装机容量/万千瓦	134.38	134.54	140.54	143.54	164.04	134.38	
	占比/%	2.97	2.64	2.65	2.58	2.75	2.97	
水电	装机容量/万千瓦	414.64	516.56	522.94	526.07	538.24	414.64	
	占比/%	9.16	10.15	9.85	9.47	9.02	9.16	
其他能源	装机容量/万千瓦	0.31	0.36	0.46	0.46	0.53	0.31	
	占比/%	0.01	0.01	0.01	0.01	0.01	0.01	

数据来源：联合国统计司；印尼能源局。

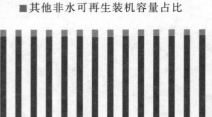

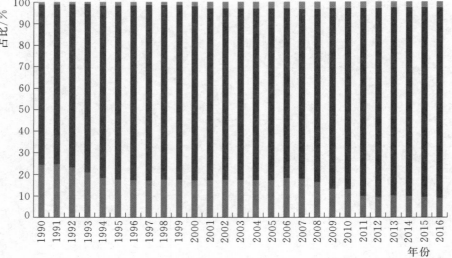

图 1-10　1990—2016 年印尼分类型装机容量占比

（三）发电量及结构

1. 总发电量及增速

1990—2017 年，印尼总发电量呈现不断增长的趋势，2017 年印尼总发电量达到 2603.59 亿千瓦时。1998 年遭受东南亚金融危机，发电量同比增幅急剧下降。2012—2017 年，印尼总发电量保持增长，达到一定水平，增速整体上呈放缓趋势。1990—2017 年印尼总发电量及增速如表 1-13、图 1-11 所示。

表 1-13　　　　　　　　　　1990—2017 年印尼总发电量及增速

年　份	1990	1991	1992	1993	1994	1995	1996
总发电量/亿千瓦时	326.67	373.4	415.13	453.78	513.58	591.93	677.24
发电量增速/%	—	14.30	11.18	9.36	13.12	15.26	14.41
年　份	1997	1998	1999	2000	2001	2002	2003
总发电量/亿千瓦时	746.27	780.38	859.15	933.25	1012.54	1082.17	1129.74
发电量增速/%	10.19	4.57	10.09	8.62	8.50	6.88	4.40
年　份	2004	2005	2006	2007	2008	2009	2010
总发电量/亿千瓦时	1201.63	1275.29	1330.72	1421.51	1503.26	1567.74	1697.55
发电量增速/%	6.36	6.13	4.35	6.82	5.05	4.99	8.28
年　份	2011	2012	2013	2014	2015	2016	2017
总发电量/亿千瓦时	1834.17	2000.3	2160.2	2278.76	2339.84	2486.12	2603.59
发电量增速/%	8.05	9.06	7.99	5.49	2.68	6.25	4.73

数据来源：国际能源署；联合国统计司；BP 世界能源统计年鉴。

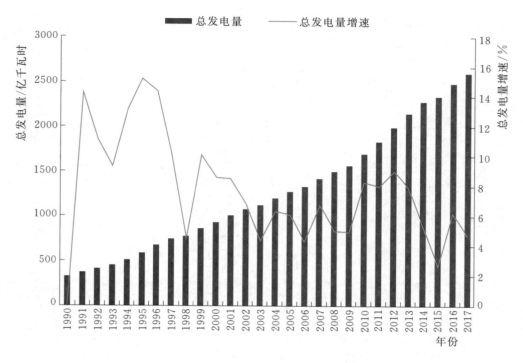

图 1-11 1990—2017 年印尼总发电量及增速

2. 发电量结构及占比

2017 年，印尼发电量分类型构成中，火力发电为 2289.76 亿千瓦时，占比高达 87.95%，火力发电主要为燃煤和燃气发电，印尼的石油产量大幅下降，已经成为石油净进口国，燃油发电占比急剧下滑。水力发电为 183.56 亿千瓦时，占比 7.05%。地热发电为 123.89 亿千瓦时，占比 4.76%。其他可再生能源发电 6.38 亿千瓦时，占比 0.24%。2005—2017 年的印尼发电量结构不断变化，火电占比增加了 1.56%；水电占比从 8.41% 下滑至 7.05%；地热发电量占比稳定，变化较小；其他可再生能源发电量占比增加了 0.22%。1990—2017 年印尼发电量结构及占比如表 1-14、图 1-12 所示。

表 1-14   **1990—2017 年印尼发电量结构及占比**

年 份		1990	1991	1992	1993	1994	1995	1996
火力	发电量/亿千瓦时	258.34	296.64	316.17	364.00	433.17	494.48	572.06
	占比/%	79.08	79.44	76.16	80.18	84.34	83.54	84.47
水力	发电量/亿千瓦时	57.08	66.27	88.12	78.84	61.02	75.3	81.61
	占比/%	17.47	17.75	21.23	17.37	11.88	12.72	12.05
地热能	发电量/亿千瓦时	11.25	10.49	10.84	10.9	19.35	22.1	23.52
	占比/%	3.44	2.81	2.61	2.40	3.77	3.73	3.47
其他能源	发电量/亿千瓦时	—	—	—	0.04	0.04	0.05	0.05
	占比/%	—	—	—	0.06	0.01	0.01	0.01

续表

年　份		1997	1998	1999	2000	2001	2002	2003
火力	发电量/亿千瓦时	669.11	657.35	737.81	784.34	835.60	920.35	975.66
	占比/%	89.66	84.23	85.88	84.04	82.53	85.05	86.36
水力	发电量/亿千瓦时	51.06	96.81	94.01	100.16	116.55	99.33	90.99
	占比/%	6.84	12.41	10.94	10.73	11.51	9.18	8.05
地热能	发电量/亿千瓦时	26.05	26.17	27.28	48.69	60.31	62.38	62.94
	占比/%	3.49	3.35	3.18	5.22	5.96	5.76	5.57
其他能源	发电量/亿千瓦时	0.05	0.05	0.05	0.06	0.08	0.11	0.15
	占比/%	0.01	0.01	0.01	0.01	0.01	0.01	0.01

年　份		2004	2005	2006	2007	2008	2009	2010
火力	发电量/亿千瓦时	1038.13	1101.78	1167.59	1238.08	1294.42	1360.28	1428.42
	占比/%	86.39	86.39	87.74	87.10	86.08	86.77	84.15
水力	发电量/亿千瓦时	96.74	107.25	96.23	112.86	115.28	113.84	174.56
	占比/%	8.05	8.41	7.23	7.94	7.64	7.26	10.28
地热能	发电量/亿千瓦时	66.56	66.04	66.58	70.21	93.09	92.95	93.57
	占比/%	5.54	5.18	5.00	4.94	6.23	5.93	5.51
其他能源	发电量/亿千瓦时	0.20	0.22	0.32	0.36	0.47	0.67	1.00
	占比/%	0.02	0.02	0.02	0.03	0.04	0.04	0.06

年　份		2011	2012	2013	2014	2015	2016	2017
火力	发电量/亿千瓦时	1614.05	1775.38	1894.94	2017.09	2090.52	2179.73	2289.76
	占比/%	88.00	88.76	87.72	88.52	89.34	87.68	87.95
水力	发电量/亿千瓦时	124.19	127.99	169.23	151.62	137.41	193.7	183.56
	占比/%	6.77	6.40	7.83	6.65	5.87	7.79	7.05
地热能	发电量/亿千瓦时	93.71	94.17	94.14	100.38	100.48	106.56	123.89
	占比/%	5.11	4.71	4.36	4.41	4.29	4.29	4.76
其他能源	发电量/亿千瓦时	2.22	2.76	1.89	9.67	11.43	6.13	6.38
	占比/%	0.12	0.14	0.09	0.42	0.49	0.24	0.24

数据来源：国际能源署；联合国统计司；BP。

（四）电网建设规模

印尼电网互联程度较低，电网呈现分布式结构，主要覆盖人口和商业活动密集的地区。印尼现有的电网主要分布在各个岛屿内，主电网为爪哇—巴厘—马都拉电网，电网跨度小，岛屿之间的跨

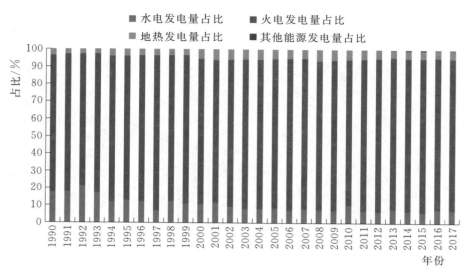

图 1-12 1990—2017 年印尼各能源发电量占比

海电网规模也很小。受限于多岛屿等地理条件的限制，印尼输变电网建设主要集中在高压及以下线路，空间各电压等级的电网长度呈现出较快的增长趋势，并且印尼政府支持私营企业参与电网建设。印尼群岛地形催生微电网需求，农村电气化项目的展开促进印尼微电网市场发展。印尼 15～20 千伏配电网建设总体水平较低，中低压配网是扩建主要目标。截至 2016 年年底，印尼输电线路长44065.42 千米，其中超高压输电线路长 5056.27 千米，高压输电线路 39009.15 千米。配电线路长888459.08 千米，中压配电线路长 359747.24 千米，低压配电线路 528711.84 千米。

二、电力消费形势分析

（一）总用电量

1990—2016 年，印尼电力消费不断增长，1998 年，受东南亚金融危机影响，用电量年增速仅为1.24％。2016 年用电量为 2028.48 亿千瓦时。2012—2015 年，用电量增速下降。1990—2016 年印尼总用电量及增速如表 1-15、图 1-13 所示。

表 1-15　　　　　　　　　　1990—2016 年印尼总用电量及增速

年　份	1990	1991	1992	1993	1994	1995	1996	1997	1998
总用电量/亿千瓦时	282.88	314.82	349.64	389.61	446.69	497.49	569.32	644.64	652.61
用电量增速/％	—	11.29	11.06	11.43	14.65	11.37	14.44	13.23	1.24
年　份	1999	2000	2001	2002	2003	2004	2005	2006	2007
总用电量/亿千瓦时	713.35	791.64	845.2	870.86	904.41	1000.97	1077.05	1134.15	1216.14
用电量增速/％	9.31	10.97	6.77	3.04	3.85	10.68	7.60	5.30	7.23
年　份	2008	2009	2010	2011	2012	2013	2014	2015	2016
总用电量/亿千瓦时	1288.1	1360.53	1479.7	1598.67	1750.41	1875.41	1986.02	2028.48	2160.04
用电量增速/％	5.92	5.62	8.76	8.04	9.49	7.14	5.90	2.14	6.49

数据来源：国际能源署；联合国统计司；印尼能源局。

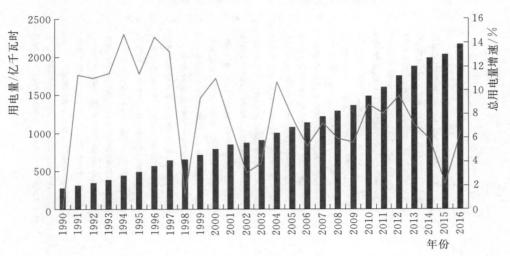

图 1-13 1990—2016 年印尼总用电量及增速

（二）分部门用电量

印尼的用电结构主要分为农业用电、工业用电、商业服务用电和居民生活用电。2015 年，农业用电量为 26.29 亿千瓦时、工业用电量为 640.8 亿千瓦时、服务业用电量为 500.85 亿千瓦时、居民生活用电量为 860.54 亿千瓦时。印尼是为数不多的依靠内需推动经济发展的经济体，随着经济的不断发展，居民生活水平不断提高，居民生活用电量增幅最大，2008 年居民生活用电量超过工业用电量。1990—2015 年印尼分行业用电量如表 1-16、图 1-14 所示。

表 1-16   1990—2015 年印尼分行业用电量

年 份		1990	1991	1992	1993	1994	1995	1996
工业	用电量/亿千瓦时	145.43	160.26	177.55	195.51	224.65	247.23	279.49
	占比/%	51.41	50.91	50.78	50.18	50.29	49.70	49.09
服务业	用电量/亿千瓦时	46.46	51.3	55.38	62.25	70.42	69.06	94.32
	占比/%	16.42	16.30	15.84	15.98	15.76	13.88	16.57
居民生活	用电量/亿千瓦时	90.99	103.26	116.71	131.85	151.62	181.2	195.51
	占比/%	32.17	32.80	33.38	33.84	33.94	36.42	34.34
年 份		1997	1998	1999	2000	2001	2002	2003
农业	用电量/亿千瓦时	—	—	—	18.09	17.59	17.95	18.18
	占比/%	—	—	—	2.29	2.08	2.06	2.01
工业	用电量/亿千瓦时	314.41	279.85	313.38	340.13	355.93	368.28	364.97
	占比/%	48.77	42.88	43.93	42.97	42.11	42.29	40.35
服务业	用电量/亿千瓦时	103.07	124.2	131.11	145.88	155.87	162.64	181.91
	占比/%	15.99	19.03	18.38	18.43	18.44	18.68	20.11
居民生活	用电量/亿千瓦时	227.16	248.56	268.86	287.54	315.81	321.99	339.35
	占比/%	35.24	38.09	37.69	36.32	37.37	36.97	37.52

年 份		2004	2005	2006	2007	2008	2009	2010
农业	用电量/亿千瓦时	18.86	18.88	18.99	19.93	21.01	22.45	23.18
	占比/%	1.88	1.75	1.67	1.64	1.63	1.65	1.57
工业	用电量/亿千瓦时	385.88	427.15	439.27	459.41	478.91	467.09	512.18
	占比/%	38.55	39.66	38.73	37.78	37.18	34.33	34.61
服务业	用电量/亿千瓦时	211.85	235.47	254.21	282.05	308.16	337.98	366.54
	占比/%	21.16	21.86	22.41	23.19	23.92	24.84	24.77
居民生活	用电量/亿千瓦时	384.38	395.55	421.68	454.75	480.02	533.01	577.8
	占比/%	38.40	36.73	37.18	37.39	37.27	39.18	39.05
年 份		2011	2012	2013	2014	2015		
农业	用电量/亿千瓦时	22.93	24.08	24.85	24.7	26.29		
	占比/%	1.43	1.38	1.33	1.24	1.30		
工业	用电量/亿千瓦时	553.75	605.39	643.81	659.09	640.8		
	占比/%	34.64	34.59	34.33	33.19	31.59		
服务业	用电量/亿千瓦时	386.08	419.43	459.49	486.07	500.85		
	占比/%	24.15	23.96	24.50	24.47	24.69		
居民生活	用电量/亿千瓦时	635.91	701.6	747.26	816.16	860.54		
	占比/%	39.78	40.08	39.85	41.10	42.42		

数据来源：国际能源署；联合国统计司。

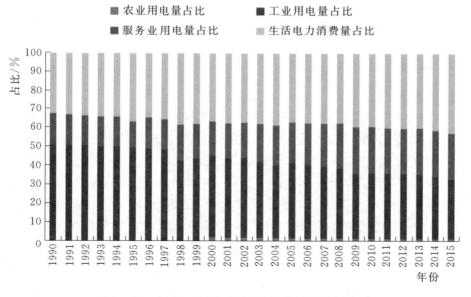

图 1-14　1990—2015 年印尼分部门用电量占比

三、电力供需平衡分析

截至 2017 年 12 月，印尼的供电覆盖率为 95.35%，国内电力发展不平衡，存在落后地区或农村地区还未供应上电能的情况，局部停电状况时有发生，岛屿之间电网不连通，存在较大的电力缺口。印尼工业、制造业体系较为落后，大型电力设备均需进口，为降低建设成本，印尼逐渐开放电力市场，部分电源建设通过国际招标的形式引入独立发电商（IPP），IPP 生产的电能以长期购电协议的形式销售给 PLN，PLN 的发电份额约为 86%，PLN 的电网份额为 100%。印尼的电力供应在地区之间发展极不平衡，72.4% 的装机位于爪哇岛和巴厘岛，16.7% 的装机位于苏门答腊岛，9.1% 的装机位于印尼东部地区。印尼大部分地区都存在电力供不应求的情况，除中部的苏拉威西岛的装机容量尚可满足当地负荷需求外，其他各岛均处于电力紧缺状态。受制于客观地理环境的影响，印尼各岛屿之间的电网建设比较落后，全国没有统一的电网系统，最大的电网是爪哇—巴厘—马都拉电网，也是印尼的主电网。苏门答腊岛的电网正在加速建设，尚未形成一个完整的电网体系，其他很多岛屿的电网基本是通过几个电站简单连接起来，形成区域小电网进行供电，有些地区的电站是孤立的，只对周围区域供电。

从 2009 年，印尼开始进口电力，呈现逐年增多趋势，电网不连通是印尼进口电力的瓶颈。2006—2016 年印尼电力供需平衡情况如表 1-17 所示。

表 1-17　　　　　　　　　2006—2016 年印尼电力供需平衡情况　　　　　　　　　单位：亿千瓦时

年　份	发电量	用电量	进口电量	电力损失	年　份	发电量	用电量	进口电量	电力损失
2006	1330.72	1134.15	—	196.93	2012	2000.30	1750.41	0.03	249.89
2007	1421.51	1216.14	—	206.21	2013	2160.20	1875.41	0.03	286.47
2008	1493.26	1288.10	—	206.26	2014	2278.76	1986.02	0.09	299.53
2009	1567.74	1360.53	0.01	207.45	2015	2339.84	2028.48	0.13	311.35
2010	1697.55	1479.70	0.02	218.15	2016	2486.12	2160.04	—	227.06
2011	1834.17	1598.67	0.03	235.54					

注　电力损失包括厂用电和线损。

数据来源：国际能源署；联合国统计司。

四、电力相关政策

（一）电力投资相关政策

印尼颁布的《2000 年关于禁止和开放的投资目录的总统令》及其修正案是其他企业（合资企业和私人企业）有机会进入电力领域的开端。该法案提出以下领域对外资开放：装机容量在 50 兆瓦以上的水电站；装机容量在 55 兆瓦以上的蒸汽电站；装机容量在 50 兆瓦以上的地热电站；500 千伏以上的重要电力中转站；500 千伏以上的输电网。在国家电力投资方面，印尼政府努力实现使用自有资金进行电力开发，满足电力需求和供应。印尼政府资金有限，财政部、能矿部和国企部等相关部门积极鼓励私人部门和外资企业在符合印尼法律法规要求的情况下，更多地参与印尼电站项目的投资和开发，尤其是兴建独立电站，并制订更有效透明的投资政策。当私人企业和外资企业进入印尼电力领域时必须以国家电力总体规划（RUKN）制订的电力领域投资计划为指引，主要有兴建独立电站（IPP）和总承包（EPC）两种方式。一般情况下，所有独立电站项目都要经过投标程序，可再生能源电站，天然气电站、坑口电站、电力过剩地区电站、系统危机项目和原有电站增容除外。

2013 年 12 月，印尼官方投资统筹机构公布了最新修订的投资负面清单。该举措扩大了外商投资的领域，开放了部分 2007 年第 25 号《投资法》《2007 年关于有条件的封闭式和开放式投资行业的标准与条件的第 76 号总统决定》和《2007 年有关于有条件的封闭式和开放式行业名单的第 77 号总统决定》中原先仅限当地投资的行业，并且对投资的持股比例要求放宽，一些行业外商可以控股。公私合营的基础设施项目领域中，10 兆瓦以下发电厂外资可持股比例调整为 49%，10 兆瓦以上的外资可持股比例为 100%，输电和配电的外资可持股比例分别为 100%。

2016 年 5 月，印尼对《禁止类、限制类投资产业目录》进行了调整，对外资开放了更多行业。其中，为了促进电力行业的发展，印尼允许外国企业通过合作方式参与开发 0.1 万千瓦和 1 万千瓦的发电项目；对于 1 万千瓦以上的发电项目，外资股权比例不得超过 95%。

1. 水电政策

2006 年第 67 号总统令和 2010 年第 13 号总统令，提出大于 10 兆瓦的水电项目的独立发电厂（IPP）项目必须招标，若某公司已经发现了一个项目建设点，做了可行性研究报告，并向能源部申请立项的，可委托 PLN 进行项目招标，该开发商在 PLN 对该项目招标时有优先权，只要价格高于最低价不超过 10% 就可中标；若未中标，PLN 赔付给开发商前期勘测和可行性研究支付的费用，费用不得超过中标价格的 10%。

2006 年印尼能源部第 1 号条例，小于 10 兆瓦的 IPP 项目无需招标，开发商做了可行性研究并申请用地权之后，可直接与 PLN 进行谈判，签订购电协议。印尼政府规定 PLN 必须无条件以国家指导价格收购 10 兆瓦以下小型水电站发出的电，开发权不需要通过印尼国家电力公司进行竞标，地方政府可以直接指定，并且将来小水电的电力收购价格会上涨。2006 年第 11 号法令规定，只要满足下面 3 个条件其中之一的水电：坝高高于 15 米、水库面积大于 200 公顷、总装机容量超过 50 兆瓦，需要进行环境影响评价。2015 年印尼能源部第 19 号法令，10 兆瓦以下的小水电项目的上网电价等于基准电价乘以地区系数。印尼的水电政策倾向于小水电，小水电成为投资方关注的焦点。

2. 火电政策

2007 年提出清洁能源倡议，旨在减少化石燃料燃烧排放，实现 2020 年减少温室气体排放 26%，计划通过采用清洁煤技术，清洁燃料技术，减少燃烧气体的使用以及在家庭、商业、交通和工业部门应用节能技术等措施来实现。

印尼于 2006 年提出了第一个"一万兆瓦应急计划"、2008 年提出第二个"一万兆瓦应急计划"、2014 年佐科维政府上台提出"3500 万千瓦电力规划"。印尼含有丰富的煤炭和天然气资源，这 3 个电力计划中新建的电站主要以火电站为主。

3. 核电政策

2014 年 1 月，印尼国家能源政策第 11 条规定，为了提供大规模能源并减少碳排放，在优先使用可再生能源、并能确保安全的前提下，才考虑使用核能，并作为最后的能源选择。2014 年颁布的第 2 号总统令《关于核设施和核材料的规定》，明确发展核能可造福印尼人民。条例规定，在印尼的核反应堆的建设、运营、废止等，都必须经过印尼政府批准，核反应堆建设有关许可证包括工地平面图许可证、建筑许可证、核反应堆运营许可证和废止许可证等。印尼对于开发建设核电站采取谨慎的态度。

4. 非水可再生能源政策

2007 年印尼颁布了《国家能源法》，旨在降低国民经济对进口成品油的依赖，同时推广天然气、生物燃油、地热、太阳能和风能等替代能源，争取在 2015 年前调整各种能源消费结构，石油消费在全国能耗中的比例由 60% 降为 30%，同时保证煤炭、水电、太阳能、核能、生物能源等占到全国总能耗的 70%。

2010 年提出清洁能源基金计划，要扩大大型地热发电厂，并通过建立风险分担机制来解决中小型投资的融资障碍，加快提高能源效率和可再生能源发展。2014 年第 21 号的《地热法》，政府提出将继续清除地热发展的阻碍。

2016 年第 19 号能源与矿产部法令提出为公用事业规模太阳能光伏系统提供适当的支持机制，将每千瓦时太阳能上网电价补贴升至 0.25 美元。

2016 年第 38 号能源与矿产部长条例，印尼为加速偏远、落后、边境与有人居住小岛的电气化，规定地方政府具有让企业来供应小型电站的权利，下放小型电站的开发权，此类小型电站应利用可再生能源作为电站燃料。

（二）电力市场相关政策

印尼作为一个群岛国家，受山地地形限制和电网建设能力不足等因素的影响，岛屿之间的电网建设较落后，全国没有建立统一的电网系统，互联程度低，PLN 垄断全国电网 100％份额。

2009 年 9 月，印尼国会通过第 30 号能源法《电力市场自由化法案》，终结了印尼 PLN 对电力行业的垄断，授权地方权力机构给私人行业颁发电力营业执照，私营企业可以绕开 PLN 电网直接向地方提供电力。

2015 年第 3 号能源矿产部令《PLN 电力采购流程与价格的规定》，规定了 PLN 与独立发电商（IPP）签购电协议的权限，简化了 IPP 电力项目开发流程。水电、燃气 IPP 项目可由 PLN 直接指定。IPP 电站扩机：如果原址扩机，可以直接指定；如果同电网扩机，如有多家投标人报出方案，可以直接选定。IPP 坑口电站：如果在同一电网只有一家报出方案，可以直接指定；如果有多家投标人报出方案时，采用直接选定的方法。

第三节　电力与经济关系分析

一、电力消费与经济发展相关关系

（一）用电量增速与 GDP 增速

1990—1997 年，印尼用电量增速与 GDP 增速变化基本一致，存在轻微波动。1998 年遭受东南亚经济危机，用电量增速和 GDP 增速都急剧下滑，电力作为经济的一部分，经济发展不景气影响电力的发展。2000—2017 年，印尼经济增速平稳，随着印尼国内开展的电力项目建设，装机容量不断增加，用电量增加，用电量增速有轻微波动。1990—2017 年印尼用电量增速与 GDP 增速如图 1－15 所示。

图 1－15　1990—2017 年印尼用电量增速与 GDP 增速

（二）电力消费弹性系数

1990—1997 年，印尼的电力弹性系数变化平稳，整体波动幅度为 1.38～2.81。2008 年经济危机，电力弹性系数出现负值，相应地 1999 年也受到影响，电力弹性系数高达 11.76。2000—2016 年，波动区间为 0.44～2.23，相对比较平稳，总体大于 1，电力消费量的增长大于国内生产总值的增长，印尼的产业结构趋于合理化阶段，使用电力来替代直接使用的一次能源和其他动力的范围不断扩大。1990—2016 年印尼电力消费弹性系数如表 1-18、图 1-16 所示。

表 1-18　　　　　　　　　　　　1990—2016 年印尼电力消费弹性系数

年　份	1990	1991	1992	1993	1994	1995	1996	1997	1998
电力弹性系数	—	1.63	1.70	1.76	1.94	1.38	1.85	2.81	−0.09
年　份	1999	2000	2001	2002	2003	2004	2005	2006	2007
电力弹性系数	11.76	2.23	1.86	0.67	0.81	2.12	1.34	0.96	1.14
年　份	2008	2009	2010	2011	2012	2013	2014	2015	2016
电力弹性系数	0.98	1.21	1.41	1.30	1.57	1.29	1.18	0.44	1.29

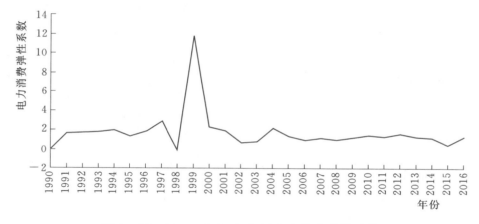

图 1-16　1990—2016 年印尼电力消费弹性系数

（三）单位产值电耗

1990—1997 年，印尼单位产值电耗变化平稳，平均单位产值电耗为 0.26 千瓦时/美元。1998 年遭受经济危机，单位产值电耗上升至 0.68 千瓦时/美元。1999—2011 年，单位产值电耗平稳下降至 0.18 千瓦时/美元。2012—2016 年，印尼经济增速放缓，单位产值电耗略有上升。1990—2016 年印尼单位产值电耗如表 1-19、图 1-17 所示。

表 1-19　　　　　　　　　　1990—2016 年印尼单位产值电耗　　　　　　　　　单位：千瓦时/美元

年　份	1990	1991	1992	1993	1994	1995	1996	1997	1998
单位产值电耗	0.27	0.27	0.27	0.25	0.25	0.25	0.25	0.30	0.68
年　份	1999	2000	2001	2002	2003	2004	2005	2006	2007
单位产值电耗	0.51	0.48	0.53	0.45	0.39	0.39	0.38	0.31	0.28
年　份	2008	2009	2010	2011	2012	2013	2014	2015	2016
单位产值电耗	0.25	0.25	0.20	0.18	0.19	0.21	0.22	0.24	0.23

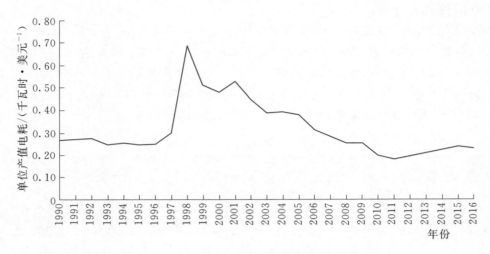

图1-17 1990—2016年印尼单位产值电耗

（四）人均用电量

1990—2015年，印尼人均用电量平稳增加，2016年的人均用电量达到818.23千瓦时，印尼是依靠内需推动经济发展的经济体，印尼人们生活水平提高，用电量不断增加，早日实现"无电户"的目标在不断推进印尼电力的发展。1990—2016年印尼人均用电量如表1-20、图1-18所示。

表1-20 1990—2016年印尼人均用电量 单位：千瓦时

年　份	1990	1991	1992	1993	1994	1995	1996	1997	1998
人均用电量	153.23	167.67	183.17	200.89	226.79	248.85	280.69	313.36	312.83
年　份	1999	2000	2001	2002	2003	2004	2005	2006	2007
人均用电量	337.22	369.05	388.58	394.87	404.45	441.51	468.61	486.78	514.97
年　份	2008	2009	2010	2011	2012	2013	2014	2015	2016
人均用电量	538.19	560.99	602.22	642.34	694.52	735.08	769.29	776.85	818.23

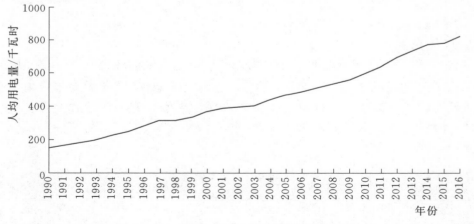

图1-18 1990—2016年印尼人均用电量

二、工业用电与工业经济增长相关关系

（一）工业用电量增速与工业增加值增速

整体上，印尼的工业增加值增速和工业用电量增速呈大致相同的趋势，工业用电量增速变化相对于工业增加值增速变化有一定的滞后性。2001—2015年，印尼政府重视基础设施的建设，不断有

新的电力项目建设，工业用电量增速波动较大。1990—2015年印尼工业用电量增速与工业增加值增速如图1-19所示。

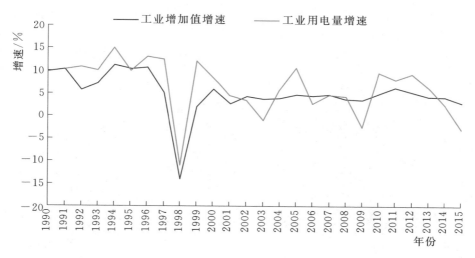

图1-19　1990—2015年印尼工业用电量增速与工业增加值增速

（二）工业电力消费弹性系数

随着印尼的工业化进程逐步加深，产业结构持续调整，用电结构和经济结构的差异不断加大，印尼的工业电力弹性系数短期内存在大幅波动现象，部分年份出现负值现象，波动区间为-0.69～6.09。1990—2015年印尼工业电力消费弹性系数如表1-21、图1-20所示。

表1-21　　　　　　　　　　1990—2015年印尼工业电力消费弹性系数

年　份	1990	1991	1992	1993	1994	1995	1996	1997	1998
工业电力消费弹性系数	—	0.99	1.87	1.40	1.33	0.96	1.22	2.42	0.79
年　份	1999	2000	2001	2002	2003	2004	2005	2006	2007
工业电力消费弹性系数	6.09	1.45	1.70	0.81	-0.24	1.45	2.27	0.63	0.97
年　份	2008	2009	2010	2011	2012	2013	2014	2015	
工业电力消费弹性系数	1.14	-0.69	1.96	1.28	1.76	1.46	0.56	-0.93	

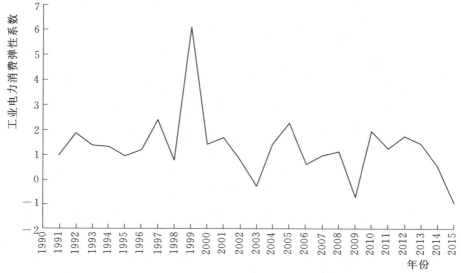

图1-20　1990—2015年印尼工业电力消费弹性系数

（三）工业单位产值电耗

1990—1997 年，工业单位产值电耗基本保持在 0.32 千瓦时/美元左右。1998 年工业单位产值电耗突增至 0.65 千瓦时/美元。1990—2011 年，随着科技的进步，印尼工业发展采用新技术、新工艺，调整产品结构，不断发展节能技术，耗电量大的设备逐渐被淘汰，单位产值电耗下降迅速，降低至 0.14 千瓦时/美元。2012—2015 年，有略微上升趋势。1990—2015 年印尼单位产值电耗如表 1-22、图 1-21 所示。

表 1-22 　　　　　　　　　　　　　　　　**1990—2015 年印尼工业单位产值电耗** 　　　　　　　　　　单位：千瓦时/美元

年　份	1990	1991	1992	1993	1994	1995	1996	1997	1998
工业单位产值电耗	0.35	0.33	0.35	0.31	0.31	0.29	0.28	0.33	0.65
年　份	1999	2000	2001	2002	2003	2004	2005	2006	2007
工业单位产值电耗	0.52	0.45	0.48	0.42	0.33	0.36	0.34	0.32	0.26
年　份	2008	2009	2010	2011	2012	2013	2014	2015	
工业单位产值电耗	0.23	0.20	0.18	0.14	0.15	0.17	0.18	0.19	

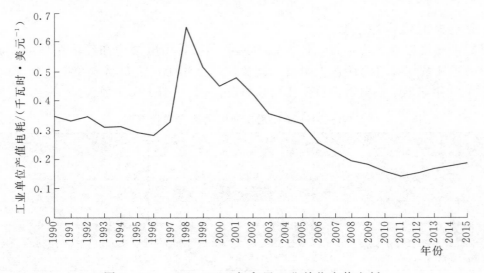

图 1-21 　1990—2015 年印尼工业单位产值电耗

三、服务业用电与服务业经济增长相关关系

（一）服务业用电量增速与服务业增加值增速

1990—2000 年，印尼服务业用电量增速波动较大。相反，除 1999 年，服务业增加值增速出现急剧下滑，其他年份服务业增加值增速变化平稳。2001—2015 年，印尼服务业用电量增速和服务业经济增加值增速大致相同，服务业用电量增速变化相对于服务业增加值增速有一定的滞后性。1990—2015 年印尼服务业用电量增速与服务业增加值增速如图 1-22 所示。

（二）服务业电力消费弹性系数

1991—1994 年，印尼服务业电力弹性系数都大于 1，印尼服务业用电量增速大于服务业增加值增速；1995—1999 年，印尼服务业电力弹性系数有较大幅度的波动，此间印尼受到经济危机的重创，经济发展受到阻碍，但服务业的用电量平稳增加；2000—2015 年，印尼摆脱经济危机的阴影，政局稳定，经济积极快速发展，服务业电力弹性系数在 0.56～2.31 之间平稳波动，随着印尼产业结构的调整，服务业的快速发展，服务业 GDP 占比逐年增加，服务业用电效率不断提高。1990—2015 年印

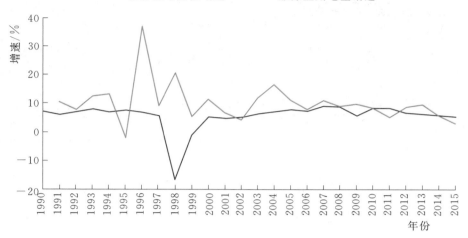

图 1-22 1990—2015 年印尼服务业用电量增速与服务业增加值增速

尼服务业电力消费弹性系数如表 1-23、图 1-23 所示。

表 1-23 1990—2015 年印尼服务业电力消费弹性系数

年 份	1990	1991	1992	1993	1994	1995	1996	1997	1998
服务业电力消费弹性系数	—	1.69	1.10	1.55	1.85	−0.25	5.42	1.66	−1.25
年 份	1999	2000	2001	2002	2003	2004	2005	2006	2007
服务业电力消费弹性系数	−5.40	2.18	1.40	0.84	1.86	2.31	1.42	1.09	1.22
年 份	2008	2009	2010	2011	2012	2013	2014	2015	
服务业电力消费弹性系数	1.07	1.66	1.00	0.63	1.27	1.49	0.96	0.56	

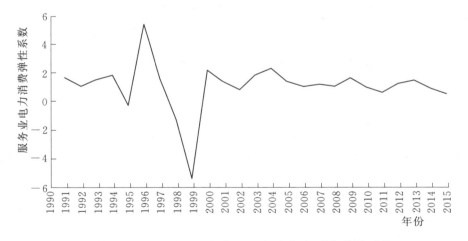

图 1-23 1990—2015 年印尼服务业电力消费弹性系数

（三）服务业单位产值电耗

1990—1997 年，印尼服务业单位产值电耗在 0.10 千瓦时/美元左右平稳波动；1998 年，印尼服务业用电量保持平稳增加，受经济危机影响小，但服务业 GDP 受经济危机影响较大，服务业单位产值电耗突增。1999—2011 年，服务业单位产值电耗呈逐渐下降趋势，2011 年为 0.10 千瓦时/美元；2012—2015 年，服务业单位产值电耗有略微上升趋势。1990—2015 年印尼服务业单位产值电耗如表1-24、图 1-24 所示。

表 1-24　　　　　　　　　1990—2015 年印尼服务业单位产值电耗　　　　　　　单位：千瓦时/美元

年　份	1990	1991	1992	1993	1994	1995	1996	1997	1998
服务业单位产值电耗	0.11	0.11	0.11	0.09	0.09	0.08	0.10	0.12	0.35
年　份	1999	2000	2001	2002	2003	2004	2005	2006	2007
服务业单位产值电耗	0.25	0.23	0.25	0.21	0.19	0.20	0.20	0.17	0.17
年　份	2008	2009	2010	2011	2012	2013	2014	2015	
服务业单位产值电耗	0.16	0.17	0.11	0.10	0.11	0.11	0.12	0.13	

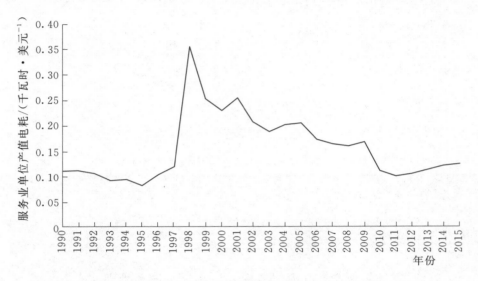

图 1-24　1990—2015 年印尼服务业单位产值电耗

印尼的电力消费与经济发展之间有密切的关系，尤其是工业，工业年用电量变化趋势和工业增加值基本保持一致。另外，在印尼的各产业中，工业用电单位产值电耗最大，服务业次之，农业最小。

第四节　电力与经济发展展望

一、经济发展展望

作为东南亚地区的最大经济体、东盟和 G20 集团的成员国，印尼经济发展潜力巨大。印尼 2015 年名义 GDP 为 8612.56 亿美元，经济增速为 4.88%，为 2010 年以来的最低增速。2016 年印尼 GDP 为 9322.59 亿美元，同比增长 5.02%，GDP 增速放缓，印尼民众的消费结构正处于转型期，加上电力和燃油补贴逐步取消，均对实际可支配收入和消费意愿产生了影响，经济增速慢于预期。

印尼是东盟人口最多、资源最丰富的国家，巨大的内部市场、丰富的自然资源和廉价的劳动力资源，都将为各国企业在印尼、甚至在整个东盟区域内进行资本、商品和劳务的跨国流动带来较大的便利和商机，这使印尼在东南亚地区具备一定的竞争优势。另外，印尼政府通过扩大宣传、修改劳动法等加大吸引外资的力度，继续加强农业基础地位和重视发展农业。印尼政府努力加强经济增长的三大动力，即：大力开拓出口市场，保持对外贸易的稳定；创造良好的投资环境，吸引国外和私人投资；开发更多的基建项目，促进内需，为外资流入创造较好的条件。

印尼正在继续推进基础设施建设、改善投资环境、简化行政手续，并积极应对复杂国际环境带来的负面影响，将继续成为东南亚经济增长的领跑者。印尼希望通过一系列的经济结构调整，保持实际经济年增速为 7%～8%，预计到 2025 年人均 GDP 将达到 13000～15000 美元，跻身世界十强行列。

二、电力发展展望

（一）电力需求展望

随着印尼投资环境的逐步改善，并且近几年印尼国内经济保持 5%左右的稳健增长速度，需要新建更多的发电站保持电力供应。根据 PLN 的预测，2015—2025 年，印尼电力需求年均增速将超过 7.5%，电力用户将从 2015 年的 6090 万户增加到 2025 年的 8260 万户。随着印尼消除"无电户"政策的推行，印尼全国电力需求还将进一步增加。2018—2025 年印尼电力需求如表 1-25 所示。

表 1-25　　　　　　　　　　　　　2018—2025 年印尼电力需求

年　份	2018	2020	2022	2024	2025
电力用户/万户	6990	7470	7800	8110	8260
电力需求增速/%	9.9	8.1	7.7	7.7	7.6
人均售电量/千瓦时	267.9	315.3	366.0	424.9	457.0

数据来源：印尼《2016—2025 年电力供应商业计划（PUPTL）》。

（二）电力发展规划及展望

1. 电力供应展望

在印尼《2016—2025 年电力供应商业计划（RUPTL）》中，为满足印尼年均 6.7%的经济增长规划，印尼需要新增加装机容量 80538 兆瓦，年均增加约 8000 兆瓦。新增装机容量中，燃煤电站占 43%，燃气和联合循环电站占 29%，新能源占 25%左右。发电能力计划由目前的 44 千兆瓦增至 2025 年的 115 千兆瓦，人均使用电力约为 2500 千瓦时；到 2050 年达到 430 千兆瓦，人均使用电力约 7000 千瓦时。为了实现 2019 年的 97.35%供电覆盖率，印尼能源与矿产部提出 2018—2019 年的电力发展规划如表 1-26 所示。

印尼政府在制定的《2015—2019 年电力供应商业计划（PUPTL）》中，计划 5 年内建成约 4290 万千瓦的发电厂，到 2019 年装机容量约达到 9500 万千瓦。其中 2018—2019 年印尼分类型装机容量规划如表 1-27 所示。

表 1-26　　2018—2019 年印尼电力发展规划

年　份	2018	2019
供电覆盖率/%	95.15	97.00
每年新增装机容量/兆瓦	9237	19319
年总装机容量/兆瓦	77205	96524
每年新建输电线路/千米	7759	5417
电厂主要燃料油份额/%	2.08	2.04

数据来源：印尼《2015—2019 年电力供应商业计划（PUPTL）》。

表 1-27　　2018—2019 年印尼分类型装机容量规划　单位：万千瓦

年　份	2018	2019
水电装机容量规划	1008.2	1062.2
地热能发电装机容量规划	261.0	319.5
生物质能发电装机容量规划	255.9	287.2
光伏发电装机容量规划	18.0	26.03

数据来源：印尼《2015—2019 年电力供应商业计划（PUPTL）》。

2. 电网建设展望

印尼在 2015—2019 年电力战略规划中，分别从电气传输和配电网计划两方面提出了规划。电气传输计划 5 年左右建设 46000 千米输电线路，平均每年建设约 9000 千米。印尼电网扩建的主要目标是中低压配网，计划 2015—2019 年在印尼各地蔓延，包括湄南甘紧急应变网（JTM）发展规划 82100 千米，低压电网发展规划 67.1 万千米以及变电站分布发展规划 16.4 万千伏安。

第二章

泰　国

　　泰国是一个位于东南亚的君主立宪制国家。泰国位于中南半岛中部，其西部与北部和缅甸、安达曼海接壤，东北与老挝接壤，东南与柬埔寨接壤，南边与马来西亚相连。泰国实行自由经济政策，是一个新兴工业化国家。泰国是东南亚第二大经济体，仅次于印尼。泰国是东南亚国家联盟成员国和创始国之一，同时也是亚太经济合作组织、亚欧会议和世界贸易组织成员。泰国是世界最闻名的旅游胜地之一。泰国是佛教之国，大多数泰国人信奉四面佛，佛教徒占全国人口的九成以上。

第一节　经济发展与政策

一、经济发展状况

（一）经济发展及现状

　　20世纪80年代起，泰国积极调整工业结构，引进技术密集型和附加值高的中轻型工业，寻求适合泰国的工业发展模式，取得良好效果。电子工业等制造业发展迅速，经济持续增长。

　　20世纪90年代以来，政府加强农业基础投入，促进制造业和服务业发展。1996年人均GDP达3035美元，被列为中等收入国家。

　　1997年从泰国开始爆发的亚洲金融危机使泰国经济受到沉重打击，1999年经济开始复苏。

　　进入21世纪，泰国政府将恢复和振兴经济作为首要任务，采取积极的财政政策和货币政策，扩大内需，刺激出口，并全面实施"三年缓偿债务""农村发展基金""一乡一产品"及"30铢治百病"等扶助农民计划，经济持续好转。2003年7月，提前两年还清金融危机期间向国际货币基金组织（IMF）借贷的172亿美元贷款。

　　2006年10月开始实施的泰国第十个社会经济发展五年计划制定了发展"绿色与幸福社会"的目标，以泰国国王倡导的"适度经济"为指导原则，在全国创建和谐及持续增长的环境，提高泰国抵御风险的能力。

　　2008年全球金融危机对外向型的泰国经济影响颇深，加之国内政局动荡，使泰国经济出现近年来最大幅度衰退，2009年泰国GDP下降0.69%。2010年，泰国经济全面复苏，尽管经历了政局问题和自然灾害等负面因素影响，但仍实现7.51%的高增长。

　　2011年因遭遇特大洪灾，影响全年经济，GDP增速减至0.184%。洪灾造成泰国经济损失达1.4万亿泰铢（约合467亿美元）。

　　2012年，泰国经济逐步从水灾影响中恢复，英拉政府实施的一系列加大投资的政策效果呈现，当年 GDP 增速 7.24％。2013 年，因政治危机等因素影响，GDP 增幅仅 2.73％。2016 年泰国经济年增速为 3.23％。

泰国是东南亚第二大经济体，近 5 年来，受全球金融危机影响，泰国经济发生波动，但一直呈现正增长，2010 年和 2012 年分别出现 7.5％和 7.2％的高增速。2013 年以来受政治动荡和全球经济复苏乏力影响，经济增速放缓。

2016 年泰国的 GDP 构成为：农业占 9.1％、制造业及其他工业产业占 30.1％、服务业占 60.8％。2016 年泰国出口总额同比下降 8.9％，占 GDP 的 53.3％。投资同比增长 1.8％，消费同比增长 3.0％。2016 年，泰国通货膨胀率为 1.05％，低于亚洲和世界的平均水平。

农业是泰国的支柱产业，2015 年，泰国农业产值 361 亿美元。农产品是外贸出口的主要商品之一，主要农产品包括水稻、橡胶、木薯、玉米、甘蔗、热带水果等。2015 年，泰国大米出口 980 万吨，出口金额 45.0 亿美元；天然橡胶出口 375 万吨，出口金额 49.8 亿美元；木薯出口 729 万吨，木薯淀粉出口 289 万吨，出口金额合计 27.3 亿美元。全国耕地面积 1573.5 万公顷，占全国土地面积的 30.8％。

制造业主要门类有采矿、纺织、电子、塑料、食品加工、玩具、汽车装配、建材、石油化工等。2016 年泰国汽车产量达 200 万辆，跻身全球十大汽车生产国，是东盟最大的汽车生产国和出口国。

泰国旅游资源丰富，有 500 多个景点，主要旅游点有曼谷、普吉、帕塔亚、清迈、华欣、苏梅岛等。2015 年到访的外国游客达 2988 万人次，同比增长 20.44％。旅游业收入约为 822 亿美元，同比增长约 1.6 倍。旅游及其带动的相关产业占泰国 GDP 的近五分之一。

（二）主要经济指标分析

1. GDP 及增速

泰国 GDP 总体呈上升趋势，期间由于经济危机、政局问题和自然灾害等问题有所波动。

20 世纪 90 年代以来，政府加强农业基础投入，促进制造业和服务业发展。1996 年人均 GDP 达 3042.90 美元，被列为中等收入国家。1997 年从泰国开始爆发的亚洲金融危机使泰国经济受到沉重打击，1998 年经济下降 7.63％。1999 年经济开始复苏。2008 年全球金融危机对外向型的泰国经济影响颇深，加之国内政局动荡，使泰国经济出现近年来最大幅度衰退，2009 年泰国 GDP 下降 0.69％。2010 年，泰国经济全面复苏，尽管经历了政局问题和自然灾害等负面因素影响，但仍实现 7.51％的高增长。2011 年因遭遇特大洪灾，影响全年经济增速减至 0.84％。

2011—2017 年经济波动增长，出口水平的波动影响 GDP 增长水平波动，一旦出口受阻，泰国经济就会出现波动。1990—2017 年泰国 GDP 及增速如表 2-1、图 2-1 所示。

表 2-1　　　　　　　　　　　1990—2017 年泰国 GDP 及增速

年　份	1990	1991	1992	1993	1994	1995	1996
GDP/亿美元	853.43	982.35	1114.53	1288.90	1466.83	1692.79	1830.35
GDP 增速/％	11.17	8.56	8.08	8.25	7.80	8.12	5.65
年　份	1997	1998	1999	2000	2001	2002	2003
GDP/亿美元	1501.80	1136.76	1266.69	1263.92	1202.97	1343.01	1522.81
GDP 增速/％	−2.75	−7.63	4.57	4.46	3.44	6.15	7.19
年　份	2004	2005	2006	2007	2008	2009	2010
GDP/亿美元	1728.95	1893.18	2217.58	2629.43	2913.83	2817.10	3411.05
GDP 增速/％	6.29	4.19	4.97	5.44	1.73	−0.69	7.51
年　份	2011	2012	2013	2014	2015	2016	2017
GDP/亿美元	3708.19	3975.60	4205.29	4065.22	3992.35	4068.40	4552.45
GDP 增速/％	0.84	7.24	2.73	0.91	2.94	3.23	3.90

数据来源：联合国统计司；国际货币基金组织。

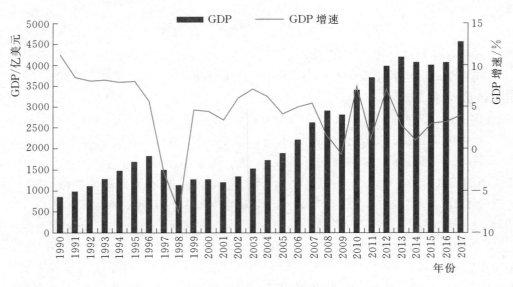

图 2-1　1990—2017 年泰国 GDP 及增速

2. 人均 GDP 及增速

泰国人均 GDP 总体呈上升趋势，期间由于经济危机、政局问题和自然灾害等问题有所波动。

20 世纪 90 年代以来，政府加强农业基础投入，促进制造业和服务业发展。1996 年人均 GDP 达 3042.9 美元，被列为中等收入国家。1997 年从泰国开始爆发的亚洲金融危机使泰国经济受到沉重打击，1998 年人均 GDP 下降 25.21%。1999 年经济开始复苏。2008 年全球金融危机对外向型的泰国经济影响颇深，加之国内政局动荡，使泰国经济出现近年来最大幅度衰退，2009 年泰国人均 GDP 下降 3.81%。2010 年，泰国经济全面复苏，尽管经历了政局问题和自然灾害等负面因素影响，但人均 GDP 仍实现了 20.49% 的高增长。2011 年因遭遇特大洪灾，人均 GDP 增速放缓。2011—2017 年经济波动增长，出口水平的波动影响人均 GDP 增长水平波动，一旦出口受阻，泰国经济就会出现波动。1990—2017 年泰国人均 GDP 及增速如表 2-2、图 2-2 所示。

表 2-2　　　　　　　　　　　　　　　1990—2017 年泰国人均 GDP 及增速

年　份	1990	1991	1992	1993	1994	1995	1996
人均 GDP/美元	1508.29	1715.64	1926.99	2208.35	2490.31	2845.41	3042.90
人均 GDP 增速/%	16.48	13.75	12.32	14.60	12.77	14.26	6.94
年　份	1997	1998	1999	2000	2001	2002	2003
人均 GDP/美元	2467.49	1845.47	2032.99	2007.56	1893.15	2096.05	2358.93
人均 GDP 增速/%	−18.91	−25.21	10.16	−1.25	−5.70	10.72	12.54
年　份	2004	2005	2006	2007	2008	2009	2010
人均 GDP/美元	2659.84	2893.65	3368.95	3972.21	4378.69	4212.05	5075.30
人均 GDP 增速/%	12.76	8.79	16.43	17.91	10.23	−3.81	20.49
年　份	2011	2012	2013	2014	2015	2016	2017
人均 GDP/美元	5491.16	5859.92	6171.26	5941.84	5814.86	5907.91	6589
人均 GDP 增速/%	8.19	6.72	5.31	−3.72	−2.14	1.60	11.53

数据来源：联合国统计司；国际货币基金组织；世界银行。

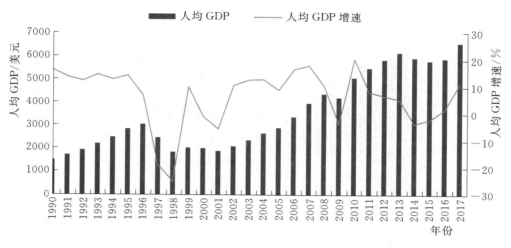

图 2-2 1990—2017 年泰国人均 GDP 及增速

3. GDP 分部门结构

1990—1993 年，农业 GDP 占比逐年下降，工业 GDP 占比保持平稳，服务业 GDP 占比逐年上升。1994—1998 年，GDP 分部门结构保持稳定。2017 年泰国的 GDP 构成为：农业占 8.7%、制造业及其他工业产业占 35.0%、服务业占 56.3%。服务业占比大，产业结构优化效果好。

表 2-3   1990—2017 年泰国分部门 GDP 占比   %

年 份	1990	1991	1992	1993	1994	1995	1996
农业	12.5	12.6	12.3	8	8.6	9.1	9.1
工业	37.2	38.7	38.1	37.1	37.2	37.5	37.3
服务业	50.3	48.7	49.6	54.9	54.1	53.4	53.6
年 份	1997	1998	1999	2000	2001	2002	2003
农业	9.1	10.3	8.9	8.5	8.6	8.7	9.4
工业	36.8	36.3	36.5	36.8	36.5	37	38.1
服务业	54.1	53.5	54.6	54.7	55	54.3	52.5
年 份	2004	2005	2006	2007	2008	2009	2010
农业	9.3	9.2	9.4	9.4	10.1	9.8	10.5
工业	38	38.6	39.3	39.5	39.6	38.7	40
服务业	52.7	52.2	51.3	51.1	50.3	51.5	49.4
年 份	2011	2012	2013	2014	2015	2016	2017
农业	11.6	11.5	11.4	10.2	9.1	8.5	8.7
工业	38.1	37.5	37	36.8	35.7	35.8	35.0
服务业	50.3	51	51.6	53	55.1	55.7	56.3

数据来源：联合国统计司；国际货币基金组织。

4. 工业增加值增速

泰国工业增加值增速在逐年趋缓，其中 1997 年从泰国开始爆发的亚洲金融危机使泰国经济受到沉重打击，1998 年工业增加值增速变为 −11.28%，2008 年全球金融危机加之国内政局动荡，使泰国经济出现衰退，2009 年泰国工业增加值增速为 −1.96%，2011 年因遭遇特大洪灾，影响工业的发展，工业增加值增速为 −4.10%。2012—2017 年工业增加值增速稳定增长。1990—2017 年泰国工业增加值增速如表 2-4、图 2-4 所示。

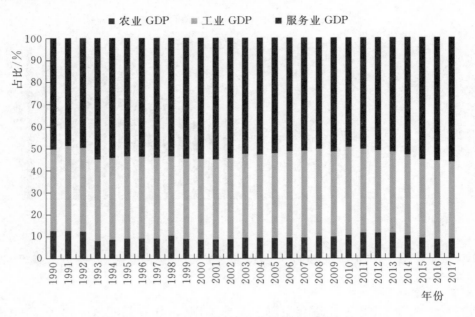

图 2-3　1990—2017 年泰国分部门 GDP 占比

表 2-4　　　　　　　　　　　　　1990—2017 年泰国工业增加值增速　　　　　　　　　　　　　　　%

年　份	1990	1991	1992	1993	1994	1995	1996
工业增加值增速	16.06	12.13	9.91	14.27	9.68	10.52	6.74
年　份	1997	1998	1999	2000	2001	2002	2003
工业增加值增速	-4.04	-11.28	6.71	2.66	2.32	8.38	9.05
年　份	2004	2005	2006	2007	2008	2009	2010
工业增加值增速	7.20	5.24	5.23	6.61	2.31	-1.96	10.47
年　份	2011	2012	2013	2014	2015	2016	2017
工业增加值增速	-4.10	7.28	1.55	0.02	2.84	2.04	1.58

数据来源：联合国统计司；国际货币基金组织。

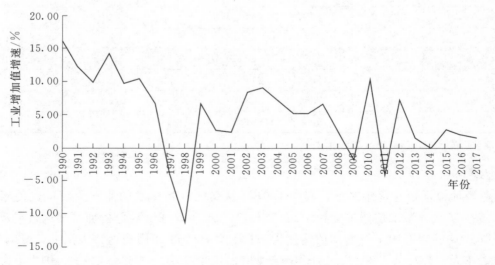

图 2-4　1990—2017 年泰国工业增加值增速

5. 服务业增加值增速

1990—1998 年泰国服务业增加值增速逐年降低，其中 1997 年从泰国开始爆发的亚洲金融危机使泰国经济受到沉重打击，1998 年服务业增加值增速变为－7.16％，2008 年全球金融危机加之国内政局动荡，使泰国经济出现衰退，2009 年泰国服务业增加值增速为 0.18％，2011 年因遭遇特大洪灾，影响服务业的发展，服务业增加值增速为 3.79％。2012—2016 年服务业增加值增速稳定增长。1990—2016 年泰国服务业增加值增速如表 2-5、图 2-5 所示。

表 2-5　　　　　　　　　　　1990—2016 年泰国服务业增加值增速　　　　　　　　　　　%

年份	1990	1991	1992	1993	1994	1995	1996	1997	1998
服务业增加值增速	12.70	6.14	7.51	9.27	7.27	7.15	4.78	－2.78	－7.16
年份	1999	2000	2001	2002	2003	2004	2005	2006	2007
服务业增加值增速	2.64	5.25	4.28	5.60	5.16	6.91	4.11	4.93	5.12
年份	2008	2009	2010	2011	2012	2013	2014	2015	2016
服务业增加值增速	1.12	0.18	6.55	3.79	7.86	3.82	1.71	4.10	4.31

数据来源：联合国统计司；国际货币基金组织。

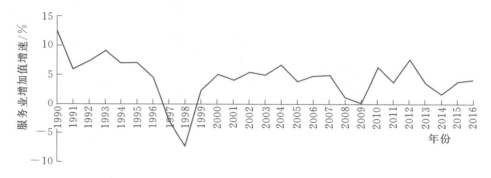

图 2-5　1990—2016 年泰国服务业增加值增速

6. 外国直接投资

优良的投资环境使泰国在吸引外资方面取得了显著成绩，尤其是 1995—2005 年期间，外国投资大幅增加，年均增速约为 10％。其中，经合组织成员国的投资占较大比重，从 1990 年的 52.7％增加到 2000 年的 62.6％，主要集中在工业制造领域。2001 年以来，虽然受到国内政治动荡和金融危机影响，但仍保持较高水平。伴随中国—东盟自贸区的全面建成及 2015 年东盟经济共同体的建成，泰国吸引外资重新进入快速增长期。

2016 年，泰国吸收外资流量为 108.45 亿美元；截至 2016 年年底，泰国吸收外资存量为 1754.42 亿美元。1990—2017 年外国直接投资及增速如表 2-6、图 2-6 所示。

表 2-6　　　　　　　　　　　　1990—2017 年外国直接投资及增速

年份	1990	1991	1992	1993	1994	1995	1996
外国直接投资/亿美元	24.43	20.13	21.13	18.04	13.66	20.67	23.35
增速/%	37.62	－17.58	4.92	－14.62	－24.26	51.34	12.95
年份	1997	1998	1999	2000	2001	2002	2003
外国直接投资/亿美元	38.94	73.14	61.02	33.65	50.67	33.41	52.32
增速/%	66.74	87.81	－16.57	－44.84	50.54	－34.05	56.58

续表

年　份	2004	2005	2006	2007	2008	2009	2010
外国直接投资/亿美元	58.60	82.15	89.17	86.33	85.61	64.11	147.46
增速/%	12.00	40.19	8.54	−3.18	−0.84	−25.11	130.00
年　份	2011	2012	2013	2014	2015	2016	2017
外国直接投资/亿美元	24.73	128.99	159.35	49.75	90.03	17.11	116.48
增速/%	−83.23	421.45	23.54	−68.78	80.96	−81.00	580.77

数据来源：联合国统计司；国际货币基金组织。

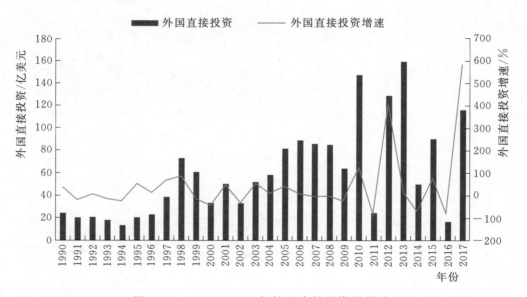

图 2-6　1990—2017 年外国直接投资及增速

7. CPI 涨幅

CPI 涨幅用来反映居民家庭购买消费商品及服务的价格水平的变动情况。泰国消费者物价指数涨幅在逐年趋缓，说明泰国控制通货膨胀的效果显著。其中 1997 年从泰国开始爆发的亚洲金融危机使泰国经济受到沉重打击，1998 年消费者物价指数变为 7.99%，2008 年全球金融危机加之国内政局动荡，使泰国经济出现衰退，2009 年泰国 CPI 涨幅为 −0.85%，2012—2017 年，CPI 涨幅趋于稳定。1990—2017 年泰国 CPI 涨幅如表 2-7、图 2-7 所示。

表 2-7　　　　　　　　　　　　　　1990—2017 年泰国 CPI 涨幅　　　　　　　　　　　　　　　%

年　份	1990	1991	1992	1993	1994	1995	1996
CPI 涨幅	5.86	5.71	4.14	3.31	5.05	5.82	5.81
年　份	1997	1998	1999	2000	2001	2002	2003
CPI 涨幅	5.63	7.99	0.28	1.59	1.63	0.70	1.80
年　份	2004	2005	2006	2007	2008	2009	2010
CPI 涨幅	2.76	4.54	4.64	2.24	5.47	−0.85	3.25
年　份	2011	2012	2013	2014	2015	2016	2017
CPI 涨幅	3.81	3.02	2.19	1.90	−0.90	0.19	0.59

数据来源：联合国统计司；国际货币基金组织。

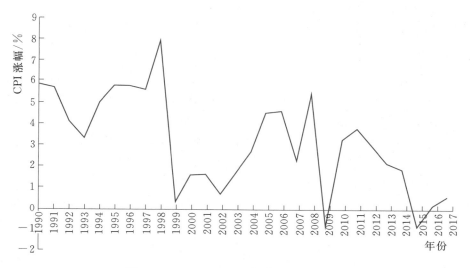

图 2-7　1990—2017 年泰国 CPI 涨幅

8. 失业率

1990—1997 年，泰国的失业率稳步降低，政府在解决就业方面的努力效果显著。其中，1997 年从泰国开始爆发的亚洲金融危机使泰国经济受到沉重打击，1998 年失业率达到 3.40%，2008 年经济危机和 2011 年特大洪水的影响，失业率有所提高，其他年份失业率得到有效控制。1990—2017 年泰国失业率如表 2-8、图 2-8 所示。

表 2-8　　　　　　　　　　　　　　1990—2017 年泰国失业率　　　　　　　　　　　　　　%

年　份	1990	1991	1992	1993	1994	1995	1996
失业率	2.89	2.70	1.39	1.50	1.35	1.14	1.07
年　份	1997	1998	1999	2000	2001	2002	2003
失业率	0.87	3.40	2.96	2.39	2.60	1.76	1.54
年　份	2004	2005	2006	2007	2008	2009	2010
失业率	1.51	1.35	1.22	1.18	1.18	1.49	1.04
年　份	2011	2012	2013	2014	2015	2016	2017
失业率	0.66	0.58	0.77	0.84	0.67	0.63	1.08

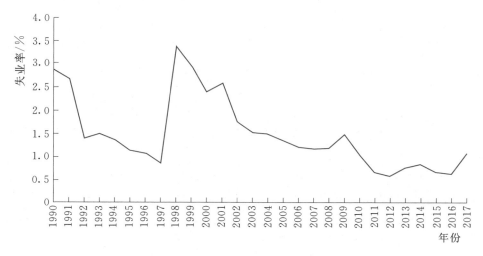

图 2-8　1990—2017 年泰国失业率

二、主要经济政策

(一) 税收政策

1. 税收体系和制度

泰国关于税收的根本法律是1938年颁布的《税法典》，财政部有权修改《税法典》条款，税务厅负责依法实施征税和管理职能。外国公司和外国人与泰国公司和泰国人一样同等纳税。泰国对于所得税申报采取自评估的方法，对于纳税人故意漏税或者伪造虚假信息逃税的行为将处以严厉的惩罚。目前泰国的直接税有3种，分别为个人所得税、企业所得税和石油天然气企业所得税，间接税和其他税种有特别营业税、增值税、预扣所得税、印花税、关税、社会保险税、消费税、房地产税等。

2. 主要税赋和税率

(1) 企业所得税。在泰国具有法人资格的公司都须依法纳税，纳税比例为净利润的30%，每半年缴纳一次。基金、联合会和协会等缴纳净收入的2%~10%，国际运输公司和航空业的税收为净收入的3%。未注册的外国公司或未在泰国注册的公司只需按在泰国的收入纳税。正常的业务开销和贬值补贴，按5%~100%不等的比例从净利润中扣除。对外国贷款的利息支付不用征收公司的所得税。企业间所得的红利免征50%的税。对于拥有其他公司的股权和在泰国证券交易所上市的公司，所得红利全部免税，但要求持股人在接受红利之前或之后至少持股3个月以上。企业研发成本可以作双倍扣除，职业培训成本可以作1.5倍扣除。注册资本低于500万铢的小公司，净利润低于100万铢的，按20%计算缴纳所得税；净利润在100万~300万铢的，按25%计算缴纳所得税。在泰国证交所登记的公司净利润低于3亿铢的，按25%计算缴纳所得税。设在曼谷的国际金融机构和区域经营总部按合法收入利润的10%计算缴纳所得税。国外来泰投资的公司如果注册为泰国公司，可以享受多种税收优惠。

(2) 个人所得税。个人所得税纳税年度为公历年度。泰国居民或非居民在泰国的合法收入或在泰国的资产，均须缴纳个人所得税。税基为所有应税收入减去相关费用后的余额，按从5%到37%的超额累进税率征收。按照泰国的有关税法，部分个人所得可以在税前根据相关标准进行扣除，如租赁收入可根据财产出租的类别，扣除10%~30%不等；专业收费中的医疗收入可扣除60%，其他30%，著作权收入、雇用或服务收入可扣除40%，承包人收入可扣除70%。

(3) 增值税。泰国增值税的普通税率为7%。任何年营业额超过120万泰铢的个人或单位，只要在泰国销售应税货物或提供应税劳务，都应在泰国缴纳增值税，进口商无论是否在泰国登记，都应缴纳增值税，由海关厅在货物进口时代征。免征增值税的情况包括年营业额低于120万泰铢的企业；销售或进口未加工的农产品、牲畜以及农用原料，如化肥、种子及化学品等；销售或进口报纸、杂志及教科书；审计服务、法律服务、健康服务及其他专业服务；文化及宗教服务；实行零税率的货物或应税劳务包括出口货物、泰国提供的但用于国外的劳务、国际运输航空器或船舶、援外项目下政府机构或国企提供的货物或劳务、向联合国机构或外交机构提供的货物或劳务、保税库或出口加工区之间提供的货物或劳务。当每个月的进项税大于销项税时，纳税人可以申请退税，在下个月可返还现金或抵税。对零税率货物来说，纳税人总是享受退税待遇。与招待费有关的进项税不得抵扣，但可在计算企业所得税时作为扣除费用。

(4) 特别营业税。征收特别营业税的行业有银行业、金融业及相关业务、寿险、典当业和经纪业、房地产及其他皇家法案规定的业务。其中，银行业、金融及相关业务为利息、折旧、服务费、外汇利润收入的3%，寿险为利息、服务费及其他费用收入的2.5%，典当业经济为利息、费用及销售过期财务收入的2.5%，房地产业为收入总额的3%，回购协议为售价和回购价差额的3%，代理业务为所收利息、折扣、服务费收入的3%。同时在征收特别营业税的基础上还会加收10%的地方税。

（二）金融政策

1. 货币政策

自 1997 年 7 月 2 日通过浮动汇率制度以来，泰国得到了国际货币基金组织的财政援助。此制度以财务编制方式定位国内货币供应，确保宏观经济一致性，实现可持续增长和价格稳定的最终目标。在此制度下，泰国中央银行将确定日常流动性管理所依据的日常和季度货币基准目标。日常的流动性管理主要是为了防止金融体系的利率和流动性过度波动。

2016 年 9 月泰国中央银行发布了新的货币政策，泰国的经济增长在外需拉动下进一步改善，国内需求持续复苏，开始更为广泛。不过，支撑国内需求的因素还不稳定，仍然需要宽松的货币政策。

2. 利率政策

由于供给方面和结构性因素的影响，总体通货膨胀率预计将缓慢上升。新的贷款利率（NLR）在前一个时期下降后稳定在低水平，反映出财政状况依然宽松。与此同时，泰铢兑美元升值与大多数地区货币一致。

整体而言，金融稳定性仍然稳健，但在长期低利率的环境下，仍存在一些风险，可能会对金融稳定造成危害。货币政策保持宽松，以支持经济持续增长，这将一定程度上舒缓通货膨胀压力。

3. 汇率政策

自 1997 年 7 月以来，泰国采取了管理浮动汇率制度，这也符合自 2000 年以来实行的通货膨胀目标制度。在通货膨胀目标制框架和管理浮动下，泰铢的价值由市场决定，反映了泰铢在外汇市场的供求情况。

在管理浮动汇率制度下，泰国银行的目标为：①稳定汇率水平；②随时准备干预投机资本流动造成的过度波动情况。

某些情况下，供求可能处于不平衡状态，导致泰铢价值过度波动。泰国中央银行的目的是确保泰铢价值的波动相对稳定。

（三）产业政策

1. 工业政策

（1）根据国家的目标和国家发展战略调整工业部门和促进投资。促进基础产业发展，与相关配套产业挂钩，作为产业结构调整和发展的一部分。根据未来的产业发展战略，培养工业部门的技术人才和劳动力。支持提高工业生产的附加值。促进和发展高标准、无污染或低环境影响的生产工艺，同时确保管理的透明度和效率。

（2）通过支持和促进公共或私营部门和教育机构在产品和技术研发方面的合作，发挥中、小工业在国家工业部门的重要作用以及建立一个有关产销因素的信息网络。发挥金融机构的作用。支持风险投资基金的建立和运营，以及中、小企业发展信贷保证机制。支持新型知识经济中、小型工业企业新型企业家的成长。

2. 服务业政策

改善和发展提高泰国服务业效率和提升竞争力所需的基本因素。安排有关的机构和团体共同制订策略，充分利用服务业的潜力。加快发展服务业企业家，为他们提供语言、服务标准和管理方面的适当知识和技能。

3. 旅游业政策

加快恢复和加强与周边国家的关系和合作，使泰国发展为本地区旅游业在营销、运输、投资和管理方面的主要门户，并解决这些旅游发展的障碍。采用积极的营销策略管理旅游业。加快城市内外文化遗产和资产的开发、恢复和复兴，打造旅游新焦点。以生态旅游、健康旅游、自然旅游为目标。增加旅游设施，确保旅游安全，采取有效措施消除旅游者遇到的困难。

（四）投资政策

1. 优惠政策框架

根据泰国投资促进委员会（BIO）最新的七年投资促进战略（2015—2017年），泰国主要以投资所属的行业为基础，按行业的重要性给予不同程度的优惠政策，另外也按项目所在地区及价值的不同给予额外的优惠。

泰国投资促进委员会向投资者提供两种形式的优惠政策：一是税务上的优惠权益，主要包括免缴或减免法人所得税及红利税、免缴或减免机器进口税、减免必需的原材料进口税、免缴出口产品所需要的原材料进口税等；二是非税务上的优惠权益，主要包括允许引进专家技术人员、允许获得土地所有权、允许汇出外汇以及其他保障和保护措施等。

2. 行业鼓励政策

BIO将鼓励投资的行业分为七大类，其中包括电子与电气工业和可替代能源工业。为促进可再生能源发展投资，泰国政府启动了一项上网电价补贴计划，帮助新投资者减少可再生能源的投资风险。上网电价是指电厂建设初期投资计算的固定购电费率，以及全寿命周期的运行维护费用。此外，预计用于生物能源生产（废物、生物质和沼气）的原材料价格上涨。该方案还将通过在固定电费率之上增加额外费率来弥补这一支出。

批准的可再生能源电力生产项目，可获得8年企业所得税免税期，机械进口关税、生产出口产品所用原材料进口关税的豁免以及非税收优惠。

3. 地区鼓励政策

BIO对鼓励投资的地区在行业优惠政策基础上给予不同程度的额外优惠政策。泰国目前重点促进南部边境地区和经济特区的投资。南部边境地区包括南部边境3个府以及宋卡府的4个县。泰国政府经济特区发展委员会首期已确定了5个经济特区。在20个人均收入较低的府投资也可享受到一些额外优惠。

第二节 电力发展与政策

一、电力供应形势分析

（一）电力工业发展概况

与其他东盟国家不同的是，泰国电力基础设施相对较好。泰国电力基础设施在东南亚地区国家中属于相对完善的市场。其电力接入水平高达99.3%。其电力项目的建设有两条路径：一是提高自身发电能力；二是加大电力进口。

泰国目前以天然气发电为主导的电源结构受到了天然气资源不足的挑战。泰国希望调整其电源结构以适应这种变化。

泰国计划加大可再生能源发电比例，这吸引了很多国外投资者，如西门子参与泰国两座风电场的风电机组的供应；光伏组件和逆变器制造商在泰国曼谷建立一个基地，以服务于快速增长的东南亚太阳能市场。日本和泰国企业也积极介入泰国的可再生能源领域。

（二）发电装机容量与结构

泰国的装机容量逐年增加，电力生产能力越来越强。2009年受经济危机的影响，装机容量出现小幅下滑。2010—2016年，装机容量平稳增长，为经济的发展提供了保障。1990—2016年泰国装机容量及增速如表2-9、图2-9所示。

表 2－9				1990—2016 年泰国装机容量及增速				
年 份	1990	1991	1992	1993	1994	1995	1996	1997	1998
装机容量/万千瓦	799.15	962.96	1104.46	1218.59	1295.62	1465.92	1572.53	1696.69	1793.53
增速/%	9.5738	20.4974	14.6943	10.3337	6.3211	13.1443	7.2729	7.8956	5.7076
年 份	1999	2000	2001	2002	2003	2004	2005	2006	2007
装机容量/万千瓦	1909.77	2107.40	2200.48	2375.48	2564.70	2596.90	2645.02	2710.72	2853.03
增速/%	6.4811	10.3484	4.4168	7.9528	7.8956	7.9656	1.2556	1.8528	2.4841
年 份	2008	2009	2010	2011	2012	2013	2014	2015	2016
装机容量/万千瓦	2984.09	2921.20	3092.00	3144.67	3260.02	3368.10	3466.80	3568.44	3683.94
增速/%	5.2497	4.5939	－2.1074	1.7034	3.6681	3.3153	2.9305	2.9317	3.2368

数据来源：国际能源署；联合国统计司。

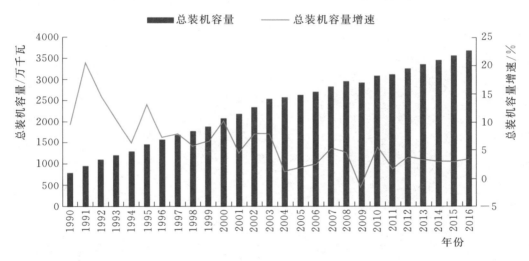

图 2－9 1990—2016 年泰国装机容量及增速

泰国发电总装机容量中，天然气发电占比大，占比一直维持在 70%～80%，泰国能源管理部门提出优化电力结构，减少对化石燃料的依赖，化石燃料装机容量有所下降。出于技术限制和安全考虑，泰国一直没有发展核电。水力发电是泰国装机容量占比第二大的发电方式。2004 年开始使用生物质能，2010 年开始使用太阳能和风能。泰国装机结构趋于多样化，解决了发电结构单一的问题，有效地缓解了天然气供应不足的情况。1990—2015 年泰国装机容量结构占比如表 2－10、图 2－10 所示。

表 2－10			1990—2015 年泰国装机容量结构占比				%
年 份	1990	1991	1992	1993	1994	1995	1996
水电	0.24	0.22	0.19	0.17	0.17	0.15	0.15
化石燃料发电	0.74	0.75	0.79	0.80	0.81	0.83	0.82
年 份	1997	1998	1999	2000	2001	2002	2003
水电	0.14	0.13	0.13	0.14	0.13	0.11	0.11
化石燃料发电	0.83	0.84	0.84	0.84	0.85	0.84	0.84

年　份	2004	2005	2006	2007	2008	2009	2010
水电	0.13	0.12	0.12	0.11	0.11	0.11	0.10
生物质能发电	0.00	0.02	0.04	0.04	0.05	0.05	0.05
化石燃料发电	0.83	0.82	0.81	0.81	0.81	0.80	0.81
年　份	2011		2012		2013	2014	2015
水电	0.10		0.10		0.09	0.09	0.09
太阳能发电	0.00		0.01		0.02	0.03	0.03
风电	0.00		0.00		0.01	0.01	0.01
生物质能发电	0.06		0.06		0.07	0.07	0.08
化石燃料发电	0.81		0.80		0.79	0.78	0.77

数据来源：国际能源署；联合国统计司。

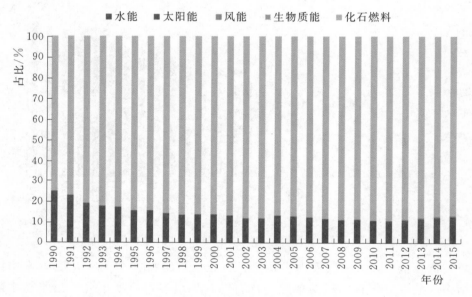

图 2-10　1990—2015 年泰国装机结构占比

（三）发电量及结构

　　1998 年受亚洲金融危机的影响，2011 年受政治动荡和特大洪水等自然灾害影响，总发电量呈出现负增长，其余年份的总发电量均实现正增长。其中 1990—1996 年增速较快，1997 年受亚洲金融危机影响，增速降至 0.16％，2009 年受全球经济危机的影响，发电量增速降至 0.57％。2012 年发电量增速增加到 11.03％，是 2010—2016 年的最大增速。1990—2016 年泰国总发电量及增速如表 2-11、图 2-11 所示。1990—2015 年泰国发电结构如表 2-12、图 2-12 所示。

表 2-11　　　　　　　　　　　1990—2016 年泰国总发电量及增速

年　份	1990	1991	1992	1993	1994	1995	1996	1997	1998
总发电量/亿千瓦时	436.54	474.05	538.85	597.85	671.32	756.3	831.98	833.32	822.404
增速/％	—	8.59	13.67	10.95	12.29	12.66	10.01	0.16	-1.31

年　份	1999	2000	2001	2002	2003	2004	2005	2006	2007
总发电量/亿千瓦时	847.873	896.043	958.023	1016.123	1089.913	1171.783	1230.578	1293.229	1323.79
增速/%	3.10	5.68	6.92	6.06	7.26	7.51	5.02	5.09	2.36
年　份	2008	2009	2010	2011	2012	2013	2014	2015	2016
总发电量/亿千瓦时	1364.35	1372.1	1452.97	1408.46	1563.76	1704.17	1725.52	1777.6	1784.34
增速/%	3.06	0.57	5.89	—3.06	11.03	8.98	1.25	3.02	0.38

数据来源：国际能源署；联合国统计司。

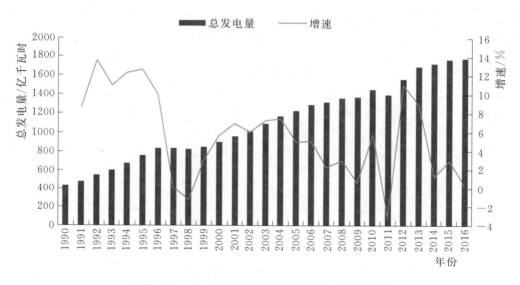

图 2-11　1990—2016 年泰国总发电量及增速

表 2-12　　　　　　　　　　1990—2015 年泰国发电结构　　　　　　　　　　单位：亿千瓦时

年　份	1990	1991	1992	1993	1994	1995	1996
水力发电量	49.26	45.41	41.97	36.63	44.69	66.46	72.68
地热能发电量	0.01	0.01	0.01	0.01	0.01	0.01	0.02
生物质能发电量	0	0	0	0	0	2.88	8.6
矿物燃料发电量	387.27	428.63	496.87	561.21	626.62	686.95	750.68
年　份	1997	1998	1999	2000	2001	2002	2003
水力发电量	71.28	51.25	35	59.66	62.4	73.96	72.26
地热能发电量	0.02	0.02	0.02	0.02	0.02	0.02	0.02
风力发电量	0	0.004	0.003	0.003	0.003	0.003	0.003
生物质能发电量	3.43	3.19	8.66	5.09	4.92	6.86	11.51
矿物燃料发电量	758.59	767.94	804.19	831.27	890.68	935.28	1006.12

续表

年 份	2004	2005	2006	2007	2008	2009	2010
水力发电量	59.8	57.4	80.44	80.33	70.42	70.77	54.82
地热能发电量	0.02	0.02	0.02	0.02	0.01	0.01	0.02
风力发电量	0.003	0.008	0.009	0	0	0.01	0.01
太阳能发电量	0	0	0.01	0.01	0.03	0.09	0.2
生物质能发电量	12.8	15.28	14.59	17.82	25.71	29.88	31.72
矿物燃料发电量	1099.16	1157.87	1198.16	1225.61	1268.18	1271.34	1366.2

年 份	2011	2012	2013	2014	2015
水力发电量	80.81	86.66	57.48	55.4	47.39
地热能发电量	0.02	0.01	0.01	0.01	0.01
风力发电量	0.05	1.41	3.05	3.05	3.29
太阳能发电量	0.3	4.93	10.8	13.85	23.78
生物质能发电量	31.72	43.88	66.8	71.44	72.11
矿物燃料发电量	1295.56	1426.87	1563.64	1578.6	1625.82

数据来源：国际能源署；联合国统计司。

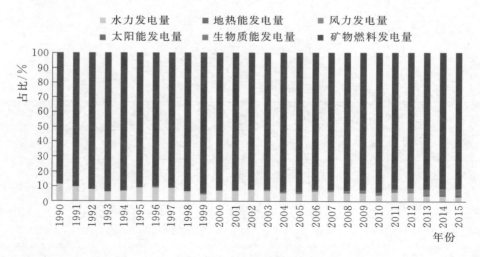

图 2-12　1990—2015 年泰国发电结构占比

二、电力消费形势分析

（一）总用电量

21 世纪以来，泰国总用电量整体呈上升趋势。2000—2003 年，泰国总用电量增速呈上升趋势，到 2003 年，达到 9.15%。2004—2009 年，泰国总用电量增速呈下降趋势，到 2009 年只有 0.20%，总用电量为 1295.68 亿千瓦时。在 2011 年，泰国总用电量出现下降，下降了 1.04%。近年来，泰国总用电量增长缓慢，到 2017 年，只有 0.11% 的增长，总用电量为 1766.40 亿千瓦时。1990—2017 年泰国用电量及增速如表 2-13、图 2-13 所示。

表 2-13 1990—2017 年泰国用电量及增速

年 份	1990	1991	1992	1993	1994	1995	1996
总用电量/亿千瓦时	396.09	426.53	485.91	551.14	608.07	696.86	762.34
增速/%	—	7.69	13.92	13.42	10.33	14.60	9.40
年 份	1997	1998	1999	2000	2001	2002	2003
总用电量/亿千瓦时	759.62	752.37	783.15	821.14	865.34	940.23	1026.22
增速/%	−0.36	−0.95	4.09	4.85	5.38	8.65	9.15
年 份	2004	2005	2006	2007	2008	2009	2010
总用电量/亿千瓦时	1102.13	1161.20	1225.52	1266.82	1293.05	1295.68	1411.49
增速/%	7.40	5.36	5.54	3.37	2.07	0.20	8.94
年 份	2011	2012	2013	2014	2015	2016	2017
总用电量/亿千瓦时	1396.83	1558.66	1643.22	1687.84	1748.71	1764.43	1766.40
增速/%	−1.04	11.59	5.43	2.72	3.61	0.90	0.11

数据来源：国际能源署；联合国统计司。

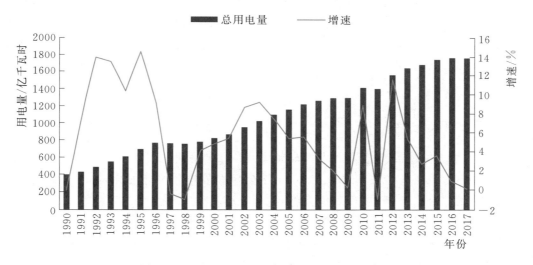

图 2-13 1990—2017 年泰国用电量及增速

（二）分部门用电量

泰国的用电结构主要分为农业用电、工业用电和服务业用电。2015 年，农业用电量为 4.29 亿千瓦时，工业用电量为 764.41 亿千瓦时，服务业用电量为 523.06 亿千瓦时。随着经济的不断发展，泰国服务业用电量在电力消费结构中占比增加，工业用电量有所下降。1990—2015 年泰国电力消费结构如表 2-14、图 2-14 所示。

表 2-14 1990—2015 年泰国电力消费结构 单位：亿千瓦时

年 份	1990	1991	1992	1993	1994	1995	1996	1997	1998
农业	0.96	0.94	1.18	1.3	0.96	1.03	1.25	1.65	2.11
工业	179.29	198.14	204.07	223.73	289.2	328.59	346.45	345.42	308.35
服务业	119.83	139.76	180.49	214.48	201.16	230.26	257.82	292.04	299.21

年　份	1999	2000	2001	2002	2003	2004	2005	2006	2007
农业	1.63	1.54	1.78	1.96	2.23	2.24	2.45	2.4	2.68
工业	361.78	401.39	419.04	457.32	490.62	532.32	568.85	593.15	611.68
服务业	263.96	276.81	287.28	317.2	337.33	367.49	379.19	405.93	430.09
年　份	2008	2009	2010	2011	2012	2013	2014	2015	
农业	2.82	3.18	3.36	3.04	3.81	3.52	4.14	4.29	
工业	574.3	566.7	636.3	634.18	671.05	686.06	737.82	764.41	
服务业	482.22	471.54	512.29	511.25	564.32	565.92	504.86	523.06	

数据来源：国际能源署；联合国统计司。

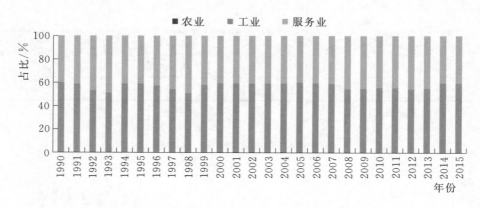

图 2-14　1990—2015 年泰国电力消费结构

三、电力供需平衡分析

2016 年泰国电力局电力系统总体需求高峰为 29618.80 兆瓦，发生在 2016 年 5 月 11 日 22：28 时，同比增长 2273.00 兆瓦，增长 8.31%。2016 年全年净发电量需求从上年的 1834.67 万千瓦时上升到 1890.00 万千瓦时。比上年增加 55.33 万千瓦时，增长 3.02%。

2016 年，泰国电力局系统的总容量为 41556.25 兆瓦，其中泰国电力局发电厂的发电量为 16385.13 兆瓦，占总量的 39.43%；独立发电企业的发电量为 14948.50 兆瓦，占总量的 35.97%；小发电量为 6345.02 兆瓦，占总量的 15.27%；电力进口总量为 3877.60 兆瓦，占总量的 9.33%。

2016 年全年平均净能量为 51781 万千瓦时，比上年增加 1516 万千瓦时，增长 3.02%（5.026 亿千瓦时）。

2016 年，泰国电力局发电燃料仍以天然气为主，可产生净电量 1247.616 亿千瓦时，占发电电量的 66.00%。其次是煤炭，可以产生 3509.82 亿千瓦时，占发电总购电量的 18.57%。净可再生能源（水电等可再生能源）发电量为 80.05 亿千瓦时，即 4.24%。国外购买 198.347 亿千瓦时，占 10.50%。燃料油、棕榈油和柴油的发电量为 10.7514 亿千瓦时，占 0.57%，其他发电量为 2.287 亿千瓦时，占 0.12%。

泰国电力局的能源销售总额为 1850.47 亿千瓦时。其销售额包括向大城市电力局（MEA）销售的 56585.63 百万千瓦时，向省电力局（PEA）供应的 12579870 万千瓦时，向直接客户供电的 159885 万千瓦时，向邻国（老挝、马来西亚和柬埔寨）的 89975 万千瓦时，向临时用电和其他用户供电的 17121 万千瓦时。

2016 年，泰国电力局发电厂总体表现持续改善，发热量比上年下降。由于计划外停电的控制措施，泰国电力局发电厂的发电加权等效可用率（GWEAF）为0.85%，高于上年。2015年计划中断因素（POF）和计划外中断率（UOF）分别比2015年下降0.36%和0.28%。2015年的计划外中断率（UDF）比2015年下降0.21%。自2010年以来，计划外中断率一直控制在3%以内。

四、电力相关政策

（一）电力投资相关政策

1. 火电政策

国家能源政策委员会（NEPC）通过了2017—2025年期间批准热电联产小电力生产商的原则。

2. 核电政策

由于泰国现在没有核电，所以没有出台相关政策。只是规划在2036年核能的发电量不超过总发电量的5%，提高公民对核电的认识。

3. 可再生能源政策

可再生能源在电力系统中发挥重要作用。为了成为一个低碳社会，泰国政府一直在努力推动替代能源发展计划（AEDP）。在新的替代能源发展计划中，可再生能源促进计划旨在减少对矿物燃料的依赖，解决诸如城市固体废物和农业废料等社会问题。

4. 电网政策

泰国能源部《2015—2036年智能电网发展总体规划》分为四个阶段。第一阶段：准备（2015—2016年）；第二阶段：短期（2017—2021年）；第三阶段：中长期（2022—2031年）；第四阶段：长期（2032—2036年）。总体规划五大战略领域，即电力体制改革得更加安全、充分、环保和有效的可管理机制。

（1）电源的可靠性和质量。作为电力系统运行指标的电力可靠性和质量是泰国三大电力公司的主要关注点。该战略对电力系统的容量、可靠性和质量的技术方面予以考虑。智能电网的发展应该改善电力系统的发电充足性和连续性、减少电压和电流两个方面的电能质量问题，以及可能会对电力系统设备造成的损害。

（2）能源的可持续性和效率。能源生产和消费的可持续性和效率是许多国家正在关注的问题。如何制定有效的能源管理方法，以减少燃料消耗和温室气体排放，这是目前全球的主要问题。智能电网的发展应改善能源生产和消费，降低成本，减轻燃料资源采购问题，尽量减少对环境的影响，适应未来大量的可再生能源发电。

（3）公用事业运营和服务。智能电网的发展要求电力公司的运营和服务性能更加高效、准确，有利于缩短运营时间，直接为用户提供更好的服务。

（4）集成和互操作性。集成和互操作性是一个需要慎重考虑的重大问题，因为智能电网的发展将涉及大量的创新设备，它们之间将始终存在信息交换和通信。要整合所有的设备，以适应统一和标准化的控制系统。此外，还将考虑到可再生能源或最终用户发电对系统和电网连接时段的可及性。智能电网的发展将通过使用信息通信技术（information communications technology，ICT）来提高所有设备的互操作性，也将为客户带来新的服务。

（5）经济和工业竞争力。如果智能电网的发展只依赖于他国技术，将是不可持续的，并可能对国家经济体系造成一些负面影响。因此，智能电网技术的人力资源开发和国内产业推广至关重要。另外，智能电网的发展将刺激国家的经济和工业增长。

（二）电力市场相关政策

1. 电价政策目标

泰国政府分别在2000年和2005年两次实施电价政策调整与改革，并在此基础上提出了以下目标：

（1）使电价更合理地反映经济成本并促进电能合理使用。

（2）保证三大电力企业财务状况良好。

（3）减少电力用户之间的交叉补贴，为所有电力消费者提供公平用电的机会。

（4）重新设计一种灵活的、自动化的电价调整机制，使电价调整更多地与竞争性市场中的燃料价格挂钩。

2. 特殊的电价结构

为了有效实现上述目标，泰国政府对电价进行了特殊的结构设计，将销售电价分为基础电价和变动电价两部分并分别进行管理。

（1）基础电价。基础电价由上网电价以及每个管制期间京都电力局（MEA）和地方电力局（PEA）向电力用户收取的固定销售电价构成。基础电价随经济、财政、社会甚至政治等因素的变化进行调整。

基础电价的制定包括以下主要指标：

1）负荷特征。1991年泰国电力市场首次采用分时电价政策，即在一天不同时段，电价随负荷需求变动而变化，高峰时段电价水平相对较高，而低谷时段电价水平相对较低。

2）边际成本。采用两部制电价来获得需求费用和燃料费用，更能反映边际成本。

3）国有电力企业（SOEs）的收入要求和财务指标。每年三大国有电力企业都会在燃料价格、负荷预测以及每一企业投资计划的基础上进行财务预测。

（2）变动电价。为了使电价能够反映实际成本，减少燃料价格波动对电力企业财务状况的影响，变动电价调整机制首先在1991年引入并在1992年首次实施。

第三节　电力与经济关系分析

一、电力消费与经济发展相关关系

（一）用电量增速与 GDP 增速

1990—1997 年，泰国用电量增速与 GDP 增速变化基本一致，存在轻微波动。1998 年遭受东南亚经济危机，用电量增速和 GDP 增速都急剧下滑，电力作为经济的一部分，经济发展不景气影响电力的发展。2000—2015 年，泰国经济增速平稳，随着泰国国内开展的电力项目建设，装机容量不断增加，进而电力消费增加，用电量增速有轻微波动。1990—2015 年泰国用电量增速与 GDP 增速如图2-15所示。

图 2-15　1990—2015 年泰国用电量增速与 GDP 增速

（二）电力消费弹性系数

电力消费弹性系数反映了电力工业与国民经济之间关系的宏观性指标。1990—1996 年，电力消费弹性系数比较稳定。2000—2008 年电力消费弹性系数大于 1，电力工业增长速度快于国民经济增长速度。2009—2011 年电力消费弹性系数小于 1，电力工业增长速度慢于国民经济增长速度。1990—2015 年泰国电力消费弹性系数如表 2－15、图 2－16 所示。

表 2－15　　　　　　　　　1990—2015 年泰国电力消费弹性系数

年　份	1990	1991	1992	1993	1994	1995	1996	1997	1998
电力消费弹性系数	1.02	1.00	1.69	1.33	1.54	1.56	1.77	－0.06	0.17
年　份	1999	2000	2001	2002	2003	2004	2005	2006	2007
电力消费弹性系数	0.68	1.28	2.01	0.99	1.01	1.19	1.20	1.02	0.43
年　份	2008	2009	2010	2011	2012	2013	2014	2015	
电力消费弹性系数	1.78	－0.82	0.78	－3.65	1.52	3.29	1.37	1.03	

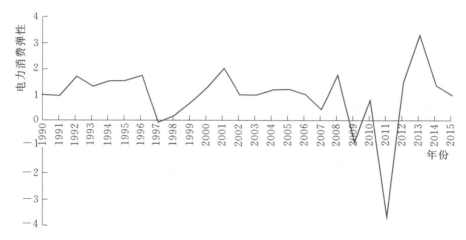

图 2－16　1990—2015 年泰国电力消费弹性系数

（三）单位产值电耗

2000—2011 年，随着泰国经济结构的调整，不断地淘汰一些耗能高的旧设备，采用新技术，改进工艺过程，调整产品结构，不断发展节能技术，降低了单位产值电耗；2011—2016 年生产的电气化水平日益提高，则使单位产值电耗提高。1990—2016 年泰国单位产值电耗如表 2－16、图 2－17 所示。

表 2－16　　　　　　　1990—2016 年泰国单位产值电耗　　　　　　单位：千瓦时/美元

年　份	1990	1991	1992	1993	1994	1995	1996	1997	1998
单位产值电耗	0.46	0.43	0.44	0.43	0.41	0.41	0.42	0.51	0.66
年　份	1999	2000	2001	2002	2003	2004	2005	2006	2007
单位产值电耗	0.62	0.65	0.72	0.70	0.67	0.64	0.61	0.55	0.48
年　份	2008	2009	2010	2011	2012	2013	2014	2015	2016
单位产值电耗	0.44	0.46	0.41	0.38	0.39	0.39	0.42	0.44	0.43

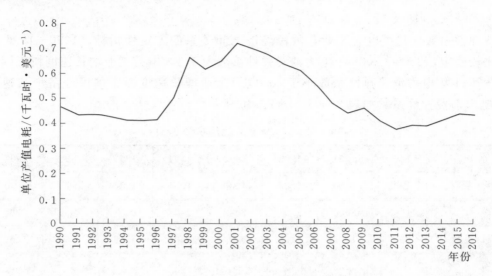

图 2-17 1990—2016 年泰国单位产值电耗

（四）人均用电量

1999 年受金融危机的影响，泰国的人均用电量比 1998 年有所下降。2011 年由于特大洪灾的影响，人均用电量也出现了下降。除这两年以外，其他年份的人均用电量均呈上升趋势。1990—2016年泰国人均用电量如表 2-17、图 2-18 所示。

表 2-17　　　　　　　　　　　1990—2016 年泰国人均用电量　　　　　　　　　单位：千瓦时

年　份	1990	1991	1992	1993	1994	1995	1996	1997	1998
人均用电量	691.53	720.76	819.64	915.07	994.91	1132.07	1237.00	1360.62	1383.28
年　份	1999	2000	2001	2002	2003	2004	2005	2006	2007
人均用电量	1230.35	1292.86	1417.10	1386.19	1462.36	1606.39	1699.00	1702.13	1695.88
年　份	2008	2009	2010	2011	2012	2013	2014	2015	2016
人均用电量	1770.61	1914.24	1908.63	1884.51	2193.08	2265.89	2425.39	2531.23	2553.44

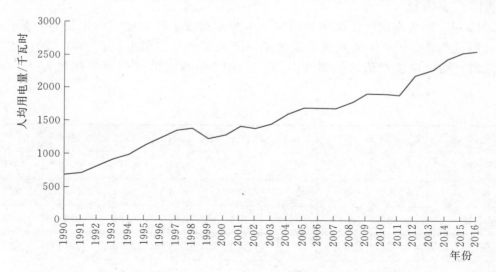

图 2-18　1990—2016 年泰国人均用电量

二、工业用电与工业经济增长相关关系

（一）工业用电量增速与工业增加值增速

整体上，泰国的工业增加值增速和工业用电量增速呈大致相同的趋势，工业用电量增速变化相对于工业增加值增速变化有一定的滞后性。2001—2015 年，泰国政府重视基础设施的建设，不断有新的电力项目建设，工业用电量增速波动较大。1990—2015 年泰国工业用电量增速与工业增加值增速如图 2-19 所示。

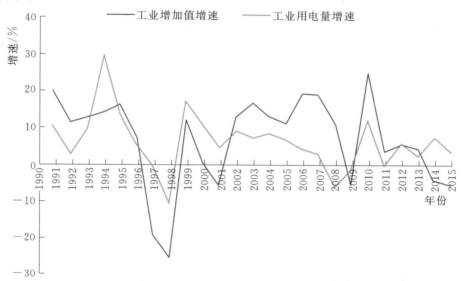

图 2-19　1990—2015 年泰国工业用电量增速与工业增加值增速

（二）工业电力消费弹性系数

1990—1999 年经济发展处于工业化初期或产业结构趋于合理化阶段，使用电力来替代直接使用的一次能源和其他动力的范围不断扩大，特别是在发展中国家高电耗的重工业和基础工业的比重增大过程中，电力总消费量增长会超过国内生产总值的增长，使电力消费弹性系数呈现大于 1 的趋向。

2000—2015 年产业结构由合理化向高级化转变，产业结构和产品结构向节能型方向调整和转变，用电效率不断提高，节能工作加强，单位产品电耗降低时，电力消费弹性系数会呈现小于 1 的趋向。1990—2015 年泰国工业电力消费弹性系数如表 2-18、图 2-20 所示。

表 2-18　　　　　　　　　1990—2015 年泰国工业电力消费弹性系数

年　份	1990	1991	1992	1993	1994	1995	1996	1997	1998
工业电力消费弹性系数	0.47	0.53	1.38	−1.69	0.91	0.70	−0.65	−9.44	0.24

年　份	1999	2000	2001	2002	2003	2004	2005	2006	2007
工业电力消费弹性系数	0.04	−0.12	−0.07	0.94	1.85	2.79	1.32	2.33	0.96

年　份	2008	2009	2010	2011	2012	2013	2014	2015
工业电力消费弹性系数	−3.05	0.73	−51.41	1.29	16.92	−0.28	0.65	−0.34

（三）工业单位产值电耗

1990—2016 年，泰国的工业单位产值电耗先上升后下降。说明这几年泰国的工业技术水平有所提高，产生单位 GDP 所需的电量降低。

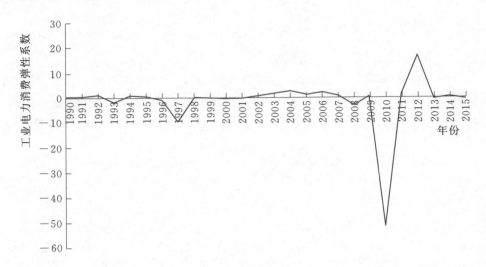

图 2-20 1990—2015 年泰国工业电力消费弹性系数

随着经济结构的调整，不断地淘汰一些耗能高的旧设备，采用新技术，改进工艺过程，调整产品结构，不断发展节能技术，降低了单位产值电耗；而生产的电气化水平日益提高，则使产值单耗提高，加之价格因素的综合作用，使得单位产值电耗降低。1990—2016 年泰国工业单位产值电耗如表 2-19、图 2-21 所示。

表 2-19　　　　　　　　　1990—2016 年泰国工业单位产值电耗　　　　　　单位：千瓦时/美元

年　份	1990	1991	1992	1993	1994	1995	1996	1997	1998
工业单位产值电耗	0.56	0.52	0.48	0.47	0.53	0.52	0.51	0.63	0.75
年　份	1999	2000	2001	2002	2003	2004	2005	2006	2007
工业单位产值电耗	0.78	0.86	0.95	0.92	0.85	0.81	0.78	0.68	0.59
年　份	2008	2009	2010	2011	2012	2013	2014	2015	2016
工业单位产值电耗	0.50	0.52	0.47	0.45	0.45	0.44	0.50	0.54	0.49

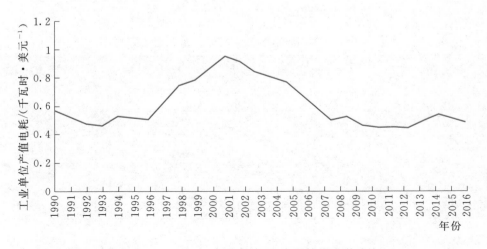

图 2-21 1990—2016 年泰国工业单位产值电耗

三、服务业用电与服务业经济增长相关关系

（一）服务业用电量增速与服务业增加值增速

1991—2000 年，泰国服务业用电量增速波动较大。除 1999 年，服务业增加值增速出现急剧下滑，其他年份服务业增加值增速变化平稳。2001—2015 年，泰国服务业用电量增速和服务业增加值增速大致相同。1991—2015 年泰国服务业用电量增速与服务业增加值增速如图 2-22 所示。

图 2-22 1991—2015 年泰国服务业用电量增速与服务业增加值增速

（二）服务业电力消费弹性系数

经济发展过程中基本保持原来产业结构和原有技术水平，其扩大再生产是以扩大外延方式为主时，电力总消费量年均增速和 GDP 年均增速将会同步增长，使电力消费弹性系数保持等于 1 的趋向。1991—2015 年泰国服务业电力消费弹性系数如表 2-20、图 2-23 所示。

表 2-20 1991—2015 年泰国服务业电力消费弹性系数

年 份	1991	1992	1993	1994	1995	1996	1997	1998
服务业电力消费弹性系数	0.47	0.53	1.38	−1.69	0.91	0.70	−0.65	−9.44
年 份	1999	2000	2001	2002	2003	2004	2005	2006
服务业电力消费弹性系数	0.24	0.04	−0.12	−0.07	0.94	1.85	2.79	1.32
年 份	2007	2008	2009	2010	2011	2012	2013	2014	2015
服务业电力消费弹性系数	2.33	0.96	−3.05	0.73	−51.41	1.29	16.92	−0.28	0.65

（三）服务业单位产值电耗

随着经济结构的调整，服务业调整产品结构，不断发展节能技术，降低了单位产值的电耗；而生产的电气化水平日益提高，则使产值单耗提高，加之价格因素的综合作用，使单位产值电耗降低。1990—2015 年泰国服务业单位产值电耗如表 2-21、图 2-24 所示。

表 2-21 1990—2015 年泰国服务业单位产值电耗 单位：千瓦时/美元

年 份	1990	1991	1992	1993	1994	1995	1996	1997	1998
服务业单位产值电耗	0.16	0.17	0.19	0.18	0.15	0.16	0.16	0.20	0.27
年 份	1999	2000	2001	2002	2003	2004	2005	2006	2007
服务业单位产值电耗	0.24	0.25	0.27	0.30	0.30	0.28	0.26	0.26	0.24
年 份	2008	2009	2010	2011	2012	2013	2014	2015
服务业单位产值电耗	0.24	0.22	0.22	0.20	0.20	0.19	0.16	0.17

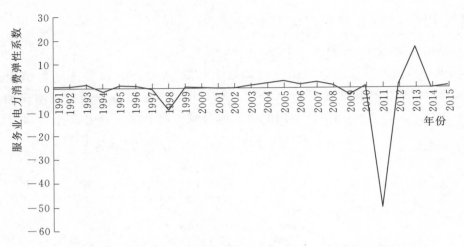

图 2-23　1991—2015 年泰国服务业电力消费弹性系数

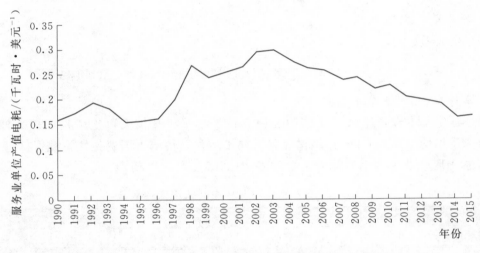

图 2-24　1990—2015 年泰国服务业单位产值电耗

第四节　电力与经济发展展望

一、经济发展展望

经济情报委员会评估了 2017 年泰国经济面临的主要外部风险。2016 年的长期经济问题将继续影响经济年发展，包括中国和欧洲金融部门的问题，欧美的地缘政治和经济政策，以及经济放缓、旅游人数不断下降的问题。尽管如此，泰国经济将受到国内经济复苏的推动。商品价格上涨有助于提高一些农业家庭的收入，同时，政府的开支也会随着基础设施大型项目的扩大而增加。预算预计2017 年公共投资项目规模将比上年翻一番。而且，泰国经济也将从政府采取的刺激措施中受益。经济情报委员会预计国内居民支出和公共投资增长将成为泰国的主要增长动力。

从货币政策变化看，2017 年全球金融市场依然动荡。经济情报委员会预测美联储将会在今年加息 1~2 次。相反，包括欧洲、日本和中国在内的其他主要经济体在内仍将面临国内经济问题，这将导致全球经济复苏不平衡。在这种环境下，新兴经济体包括泰国可能会经历额外的资本外流，导致长期债券上涨。但是，泰国的经济依然健康。经济情报委员会估计，泰国央行将在 2017 年全年保持

1.5%的政策利率。

二、电力发展展望

（一）电力需求展望

未来的电力需求增长并不明显，未来 25 年内，泰国的总电力需求预计将迎来 1.6%的复合年增长率（CAGR），并在 2040 年达到 266 太瓦时。由于能源效率的提升以及国内经济向服务业转型，预计泰国的人均经济财富增长并不会大幅拉升当地的电力密度。

未来的能源发展将基于市场机制，泰国正在减少化石燃料补贴并建立一套市场机制，从而通过拍卖实现可再生能源的可持续发展。根据这套功能性市场机制的到位时间，2017 年后，泰国可再生能源发电容量的增长将主要受到各个开发商之间进行成本竞争的驱动。

（二）电力发展规划与展望

1. 火电发展展望

尽管油价和煤炭价格均处于低位，泰国电力市场从"以化石燃料为主"到"多元化零碳能源系统"的转型进程仍在继续。未来 25 年内，太阳能预计将凭借 22.8 吉瓦的新增容量领跑泰国的电力领域转型。届时，光伏发电占泰国总装机容量中的比例将从现在的 5%上升至 29%。

对进口电力的依赖日益加重。泰国将越来越倚赖从周边邻国进口电力。到 2040 年，泰国将有 70 太瓦时（27%）的电力需求必须通过国外互联电网满足。天然气发电容量将被继续挤压。2040 年，泰国国内总发电量的 42%（87.6 太瓦时）均将来自可再生能源，而这一比例在 2015 年仅为 10%。到 2040 年，化石燃料占泰国总发电量的比例将从 2015 年的 72%下降至 32%。由于在成本竞赛中不敌可再生能源，到 2040 年，天然气容量在总发电量中的比例将从 2015 年的 73%下降至 33%。

原油和煤炭价格"走低"对可再生能源"走高"影响不大，尽管原油价格预计将长期保持在每桶 90 美元以下的低位（比过去更低），泰国天然气的度电成本不会发生太大变化。未来几十年内，虽然煤炭价格将有所下降，但由于煤电机组的运行时间也将不断减少，因此降价带来的效果并不明显，预计煤炭的度电成本反而将呈上升趋势。根据预测，未来光伏和风电容量的度电成本将大幅下降，并在 21 世纪 20 年代早期降至能够与天然气竞争，并在 2025 年后降至能够与煤电竞争的水平。

2. 核电发展展望

由于泰国现在没有核电，所以没有出台相关政策。只是规划在 2036 年核能的发电量不超过总发电量的 5%，提高公民对核电的认识。

3. 可再生能源发电发展展望

光伏领跑，可再生能源占比不断提升。到 2040 年，化石燃料在泰国总发电容量中的比例将从 2015 年的 72%下降至 32%，而可再生能源的比例则将从 21%上升至 55%。太阳能发电技术将凭借 22.8 吉瓦的新增容量（相当于泰国发电容量缺口 62.9 吉瓦中的 36%），在泰国电力领域转型中处于领军地位。

近一半能源领域投资均将流入光伏和风电项目。未来 25 年内，泰国电力领域将迎来价值 800 亿美元的投资。其中，48%均将流入光伏和风电项目，其余 52%则将被化石燃料与其他清洁能源发电技术（如水电、核电和生物质发电等）平分。以下是统计到的几组数据：未来 25 年内，泰国的累计装机容量将翻一倍，达到 87 吉瓦；化石燃料发电容量将增加大约 15.5 吉瓦，但另有 18.5 吉瓦容量退役，因此净增长将减少 3 吉瓦；到 2040 年，可再生能源仅将占到泰国国内总发电量的 27%，其中光伏和陆上风电分别占 16%和 11%。

第三章

马 来 西 亚

马来西亚国土面积 33 万平方公里，位于太平洋和印度洋之间，全境被南中国海分成马来西亚半岛和马来西亚沙砂两部分。境内自然资源丰富。橡胶、棕油和胡椒的产量和出口量居世界前列。石油储量丰富，此外还有铁、金、钨、煤、铝土、锰等矿产。马来西亚民族关系融洽，三大种族和谐相处，政治动荡风险低。世界经济论坛《2015—2016 年全球竞争力报告》显示，马来西亚在全球最具竞争力的 140 个国家和地区中排名 18 位。

第一节 经济发展与政策

一、经济发展状况

（一）经济发展及现状

马来西亚是一个多元化的新兴工业国家和世界新兴市场经济体。20 世纪 90 年代，马来西亚经济突飞猛进，成为"亚洲四小虎"之一。

随着经济的发展，马来西亚的产业结构发生了显著的改变。其服务业发展迅猛，逐渐取代工业成为主导产业，农业发展保持稳定。20 世纪上半叶，马来西亚经济以农业为主，随着 20 世纪 70 年代后产业结构的不断调整，政府大力推行出口导向型经济，马来西亚工业得以发展，汽车、电子、钢铁和石油化工等行业快速崛起，工业逐步取代农业成为马来西亚的主导产业。作为亚洲主要经济体中唯一的石油净出口国，和世界第二大液化天然气出口国，丰富的油气资源推动了马来西亚经济的快速发展，能源创造的价值占到马来西亚国内生产总值的五分之一。工业的发展带动了服务业需求的提高，政府大力促进经济改革，加速产业结构转型升级，降低传统工业比重，将经济发展重心从制造业转移到服务业。经过产业结构调整，批发与零售、金融保险、教育旅游、房地产与商业服务、通信、运输与仓储、酒店饭馆业等领域都得到了快速发展。伴随着城市化和工业化进程加速，马来西亚服务业结构逐步转变，传统服务业的比重下降，现代服务业的比重日益提高。

1997 年东南亚金融危机爆发，马来西亚受到严重波及，经济出现衰退。此后在政府一系列稳定汇率、重组银行企业债务、扩大内需和出口等政策带动下，经济逐步恢复并保持平稳增长。2008—2009 年，国际经济危机爆发，原油价格大幅波动，外部需求持续下降，以外向型经济为主导的马来西亚在出口和工业生产方面都出现了大幅萎缩，加上甲型 H1N1 流感肆虐，整体经济下滑。政府推出了两项总额为 670 亿林吉特的经济振兴计划，通过加大投资手段有效遏制了经济恶化。2010 年，马来西亚发布了以"经济繁荣与社会公平"为主题的"第十个五年计划",并出台了《新经济模式》,继续推进经济转型,GDP增速达到7.42%。2010—2014年,马来西亚GDP稳步上升。

2015年,国际石油和天然气价格大幅下降,对严重依赖能源市场的马来西亚造成了冲击,政府石油税收大幅减少。同期,马来西亚货币林吉特大幅贬值,2015年汇率下跌幅度高达19%。为了保持经济增长的势头和国家持续繁荣,2015年5月21日,马来西亚总理纳吉布发布了2016—2020年的《马来西亚第十一个五年计划》。宣布政府在未来五年增加2600亿林吉特拨款,加大产业和基础设施投资力度,并创造150万个新就业机会。此外,2015年4月7日,马来西亚投资发展局宣布实行4项新的税务津贴,对在未开发地区或领域的企业实行税收减免,用以吸引外资。在政策刺激之下,面对多重压力和挑战的马来西亚经济保持了基本稳定,2016年与2017年GDP增速维持在4.22%、5.90%。

(二)主要经济指标分析

1. GDP及增速

1997年,马来西亚受到东南亚金融风暴的严重波及。其汇率大幅度贬值,股票市场也受到重挫。1998年GDP增速下滑至—7.36%。为了防止经济持续的恶化,马来西亚政府采取了多项政策。1999年GDP增速转负为正,达到6.14%。

2008年,受国际金融危机以及原油产品价格波动和国内政局不稳定等影响,马来西亚经济发展遭遇巨大挑战。政府积极应对,保住了全年4.83%的GDP增速。进入2009年,随着国际金融危机影响日益扩大,整体经济下滑。政府推出第二套振兴经济计划,有效遏制了经济恶化。2010—2014年,马来西亚GDP稳步上升。

2015年,马来西亚在经济上经历了国际油价大幅下降以及国内货币林吉特大幅贬值,给经济增长造成了严重压力。在面对多重压力和挑战下,马来西亚经济保持了基本稳定,2015年GDP增速5.03%,2016年GDP增速4.22%,2017年GDP增速5.90%。1990—2017年马来西亚GDP及增速如表3-1、图3-1所示。

表3-1　　　　　　　　　　　1990—2017年马来西亚GDP及增速

年　份	1990	1991	1992	1993	1994	1995	1996
GDP/亿美元	440.24	491.42	591.67	668.94	744.77	887.04	1008.54
GDP增速/%	9.01	9.55	8.89	9.89	9.21	9.83	10.00
年　份	1997	1998	1999	2000	2001	2002	2003
GDP/亿美元	1000.05	721.68	791.49	937.90	927.84	1008.45	1102.02
GDP增速/%	7.32	—7.36	6.14	8.86	0.52	5.39	5.79
年　份	2004	2005	2006	2007	2008	2009	2010
GDP/亿美元	1247.50	1435.34	1626.91	1935.48	2308.14	2022.58	2550.17
GDP增速/%	6.78	5.33	5.58	6.30	4.83	—1.51	7.42
年　份	2011	2012	2013	2014	2015	2016	2017
GDP/亿美元	2979.52	3144.43	3232.77	3380.69	2962.83	2963.59	3145.00
GDP增速/%	5.29	5.47	4.69	6.01	5.03	4.22	5.90

数据来源:联合国统计司;国际货币基金组织;世界银行。

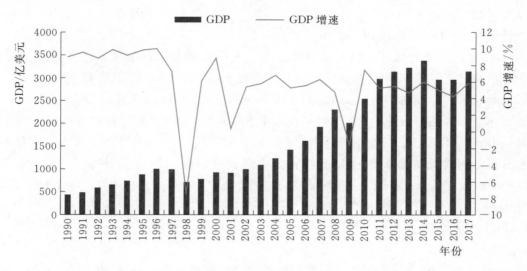

图 3-1 1990—2017 年马来西亚 GDP 及增速

2. 人均 GDP 及增速

马来西亚人均 GDP 及增速变化趋势与 GDP 及增速大体一致。2017 年，马来西亚人均 GDP 为 9944.90 美元，人均 GDP 增速 4.44%。2011—2014 年，人均 GDP 呈逐年小幅上升趋势，2015—2017 年较前三年有所下降。1990—2017 年马来西亚人均 GDP 及增速如表 3-2、图 3-2 所示。

表 3-2 1990—2017 年马来西亚人均 GDP 及增速

年　份	1990	1991	1992	1993	1994	1995	1996
人均 GDP/美元	2440.59	2652.14	3111.98	3431.37	3726.34	4328.00	4797.29
人均 GDP 增速/%	5.97	6.64	6.12	7.18	6.52	7.10	7.24
年　份	1997	1998	1999	2000	2001	2002	2003
人均 GDP/美元	4637.32	3263.52	3493.47	4045.17	3915.12	4167.36	4463.68
人均 GDP 增速/%	4.63	−9.66	3.59	6.37	−1.66	3.21	3.69
年　份	2004	2005	2006	2007	2008	2009	2010
人均 GDP/美元	4955.48	5593.82	6222.98	7269.17	8513.63	7326.74	9071.36
人均 GDP 增速/%	4.72	3.34	3.63	4.37	2.96	−3.28	5.49
年　份	2011	2012	2013	2014	2015	2016	2017
人均 GDP/美元	10405.1	10779.5	10882.3	11184.0	9643.64	9502.57	9944.90
人均 GDP 增速/%	3.37	3.54	2.80	4.18	3.34	2.67	4.44

数据来源：联合国统计司；国际货币基金组织；世界银行。

3. GDP 分部门结构

随着经济的发展，马来西亚的产业结构发生了显著的改变。服务业发展迅猛，逐渐取代工业成为主导产业，2000 年以来，农业发展保持稳定。农业占比从 1990 年的 15.2% 降至 2000 年的 8.6%，之后发展趋于稳定，2017 年占比为 8.8%；工业占比稍有下降，从 1990 年的 42.2% 降至 2017 年的 38.8%；服务业占比从 1990 年的 42.6% 升至 52.4%。1990—2017 年马来西亚 GDP 分部门占比如表 3-3、图 3-3 所示。

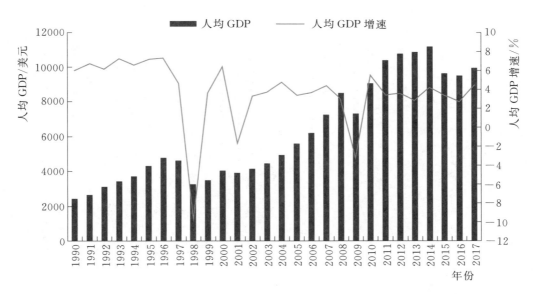

图 3-2　1990—2017 年马来西亚人均 GDP 及增速

表 3-3　1990—2017 年马来西亚 GDP 分部门占比　　　　　　　　　　　　　　%

年　份	1990	1991	1992	1993	1994	1995	1996
农业	15.2	14.4	14.6	13.8	13.7	12.9	11.7
工业	42.2	42.1	41.1	40.1	40.0	41.4	43.5
服务业	42.6	43.5	44.3	46.1	46.3	45.6	44.8
年　份	1997	1998	1999	2000	2001	2002	2003
农业	11.1	13.3	10.8	8.6	8.0	9.0	9.3
工业	44.6	43.9	46.5	48.3	46.2	45.1	46.6
服务业	44.3	42.8	42.7	43.1	45.8	45.9	44.1
年　份	2004	2005	2006	2007	2008	2009	2010
农业	9.3	8.3	8.6	10.0	10.0	9.2	10.1
工业	48.5	45.9	46.1	42.2	42.9	38.5	40.5
服务业	42.2	45.8	45.3	47.8	47.1	52.3	49.4
年　份	2011	2012	2013	2014	2015	2016	2017
农业	11.5	9.8	9.1	8.9	8.5	8.7	8.8
工业	39.8	40.1	39.9	39.9	39.1	38.3	38.8
服务业	48.7	50.1	51.0	51.2	52.4	53.0	52.4

数据来源：联合国统计司；国际货币基金组织；世界银行。

4. 工业增加值增速

马来西亚工业增加值增速与 GDP 增速相似，同在 1998 年、2009 年出现明显的低谷。1998 年、2009 年的工业增加值增速分别为 -9.31%、-6.67%。1990—2017 年马来西亚工业增加值增速如表 3-4、图 3-4 所示。

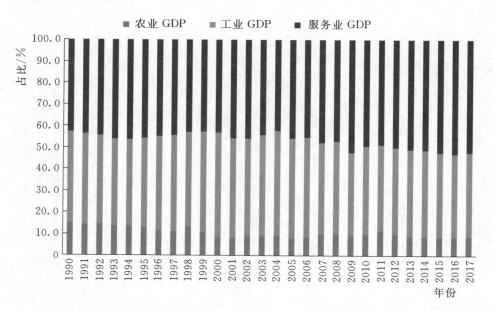

图 3-3　1990—2017 年马来西亚 GDP 分部门占比

表 3-4 　　　　　　　　　　　**1990—2017 年马来西亚工业增加值增速** 　　　　　　　　　　　%

年　份	1990	1991	1992	1993	1994	1995	1996
工业增加值增速	8.37	9.73	6.77	7.56	9.97	16.52	12.19
年　份	1997	1998	1999	2000	2001	2002	2003
工业增加值增速	6.77	−9.31	8.24	10.74	−2.50	4.19	7.39
年　份	2004	2005	2006	2007	2008	2009	2010
工业增加值增速	6.98	3.13	4.31	0.79	−0.87	−6.67	4.86
年　份	2011	2012	2013	2014	2015	2016	2017
工业增加值增速	2.47	4.93	3.65	5.87	5.25	4.31	4.74

数据来源：联合国统计司；国际货币基金组织；世界银行。

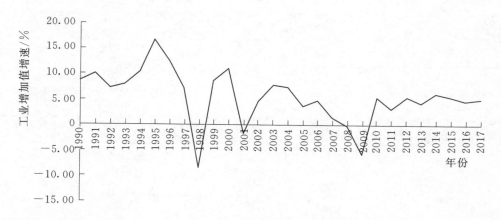

图 3-4　1990—2017 年马来西亚工业增加值增速

5. 服务业增加值增速

服务业在马来西亚 GDP 中的比重日益提高，由 2000 年的 43.1%增长至 2016 年的 53.0%，成为马来西亚的主导产业。1990—2006 年服务业增加值整体呈上升趋势。1998 年受亚洲金融危机的影响，服务业增加值增速出现负值，其余年份均为正值。2011 年以来，服务业增加值增速趋于平稳。1990—2016 年马来西亚服务业增加值增速如表 3-5、图 3-5 所示。

表 3 - 5		1990—2016 年马来西亚服务业增加值增速							%
年　份	1990	1991	1992	1993	1994	1995	1996	1997	1998
服务业增加值增速	18.54	14.90	12.88	20.00	13.29	7.24	9.30	10.22	−6.45
年　份	1999	2000	2001	2002	2003	2004	2005	2006	2007
服务业增加值增速	5.52	7.49	4.39	7.47	3.96	7.15	8.57	6.90	18.66
年　份	2008	2009	2010	2011	2012	2013	2014	2015	2016
服务业增加值增速	8.64	2.46	5.29	7.29	6.81	6.02	6.84	5.52	5.73

数据来源：联合国统计司；国际货币基金组织；世界银行。

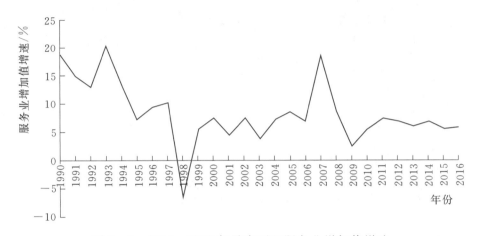

图 3 - 5　1990—2016 年马来西亚服务业增加值增速

6. 外国直接投资及增速

马来西亚处于东南亚核心地带，是进入东盟市场和中东澳新的桥梁。自 2006 年推行"经济走廊计划"以来，马来西亚政府鼓励外资的政策力度稳步加大，投资环境日益提升，投资法律逐步完善。联合国贸易发展会议发布的 2016 年《世界投资报告》显示，截至 2015 年年底，马来西亚吸收外资存量为 1744.4 亿美元。2015 年，马来西亚外国直接投资额为 98.57 亿美元；2016 年增至 134.70 亿美元，较 2015 年增长 36.65%，2017 年外国直接投资下降，较 2016 年增速为 −29.39%。1990—2017年外国直接投资及增速如表 3 - 6、图 3 - 6 所示。

表 3 - 6		1990—2017 年外国直接投资及增速					
年　份	1990	1991	1992	1993	1994	1995	1996
外国直接投资/亿美元	23.32	39.98	51.83	50.06	43.42	41.78	50.78
增速/%	—	71.43	29.63	−3.43	−13.26	−3.77	21.54
年　份	1997	1998	1999	2000	2001	2002	2003
外国直接投资/亿美元	51.37	21.63	38.95	37.88	5.54	31.93	32.19
增速/%	1.14	−57.88	80.05	−2.76	−85.37	476.39	0.82
年　份	2004	2005	2006	2007	2008	2009	2010
外国直接投资/亿美元	43.76	39.25	76.91	90.71	75.73	1.15	108.86
增速/%	35.95	−10.31	95.95	17.95	−16.52	−98.49	9393.45
年　份	2011	2012	2013	2014	2015	2016	2017
外国直接投资/亿美元	151.19	88.96	112.96	106.19	98.57	134.70	95.12
增速/%	38.89	−41.16	26.98	−5.99	−7.18	36.65	−29.39

数据来源：联合国统计司；国际货币基金组织；世界银行。

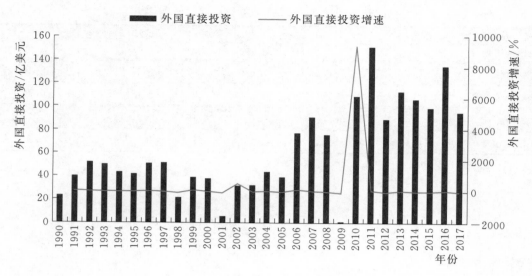

图 3-6　1990—2017 年外国直接投资及增速

7. CPI 涨幅

1998 年受亚洲金融危机的影响，马来西亚 CPI 涨幅出现局部峰值。2000 年之后，马来西亚 CPI 涨幅相对平稳，除 2008—2010 年全球经济危机时期波动较大外，基本在 1%～4% 波动。2017 年，马来西亚 CPI 涨幅为 3.82%，达到 2010 年以来的最高值。1990—2017 年马来西亚 CPI 涨幅如表 3-7、图 3-7 所示。

表 3-7　　　　　　　　　　　　　　　**1990—2017 年马来西亚 CPI 涨幅**　　　　　　　　　　　　　　　%

年　份	1990	1991	1992	1993	1994	1995	1996
CPI 涨幅	2.62	4.36	4.77	3.54	3.72	3.45	3.49
年　份	1997	1998	1999	2000	2001	2002	2003
CPI 涨幅	2.66	5.27	2.74	1.53	1.42	1.81	0.99
年　份	2004	2005	2006	2007	2008	2009	2010
CPI 涨幅	1.52	2.96	3.61	2.03	5.44	0.58	1.71
年　份	2011	2012	2013	2014	2015	2016	2017
CPI 涨幅	3.20	1.65	2.10	3.17	2.08	2.13	3.82

数据来源：联合国统计司；国际货币基金组织；世界银行。

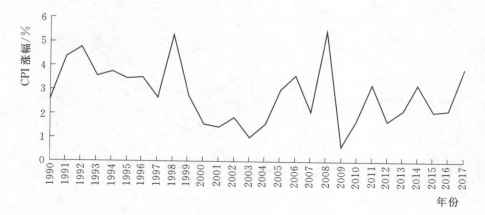

图 3-7　1990—2017 年马来西亚 CPI 涨幅

8. 失业率

1990—1999年马来西亚失业率呈一定程度的波动,1996年和1997年马来西亚失业率降至3%以下。2000—2017年,马来西亚经济发展平稳,失业率始终保持在3%～4%的较低水平,在全球经济危机爆发后的2009年的,失业率升至3.69%。2017年,失业率为3.41%。1990—2017年马来西亚失业率如表3-8、图3-8所示。

表 3-8 　　　　　　　　　　　　　　　1990—2017年马来西亚失业率　　　　　　　　　　　　　　　 %

年　份	1990	1991	1992	1993	1994	1995	1996
失业率	—	3.76	3.71	3.00	3.00	3.14	2.52
年　份	1997	1998	1999	2000	2001	2002	2003
失业率	2.45	3.20	3.43	3.00	3.53	3.47	3.61
年　份	2004	2005	2006	2007	2008	2009	2010
失业率	3.54	3.53	3.33	3.23	3.34	3.69	3.25
年　份	2011	2012	2013	2014	2015	2016	2017
失业率	3.09	3.02	3.11	2.87	3.10	3.44	3.41

数据来源:联合国统计司;国际货币基金组织;世界银行。

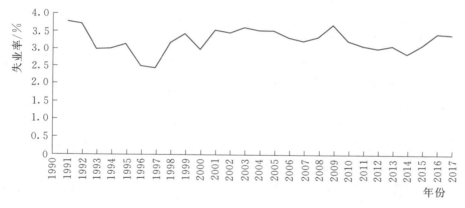

图 3-8　1990—2017年马来西亚失业率

二、主要经济政策

2015年,马来西亚政府公布《第十一个五年计划》,定位为"以人为本的成长",2016—2020年,将从提高生产力、创新领域、扩大中产阶级人口、发展技能教育培训、发展绿色科技和投资有竞争力的城市等六大策略出发,增加国民收入,提升人民生活水平和培养具备先进国思维的国民,从而实现在2020年使马来西亚成为高收入国家的《2020宏愿》,即2020年把马来西亚建设成发达的工业化国家,人均国民收入达到1.5万美元。

(一)税收政策

2013年以来,马来西亚政府扩大了商品和服务消费的征税范围,对公司税实行减税率政策。

《2014年马来西亚财政预算案》提出,将公司营业所得税税率从25%降至24%。但对实收资本低于250万林吉特的公司,第一个50万林吉特收入的税率为20%,之后收入按标准纳税。

2015年4月1日起,马来西亚实施消费税,取代现有的销售税和服务税。与原有的销售税和服务税相比,消费税的征税范围更广,除了少数属于豁免和零税率供应的项目之外,所有的商品和服务都必须被征收消费税。

《货品和服务税法案》于 2015 年 4 月实施，对货物和服务加征 6% 的消费税，以应对政府之前采取以降低补贴来削减财政赤字政策对国内消费产生的影响。

（二）金融政策

2005 年 7 月 21 日，马来西亚针对汇率制度进行改革，将联汇制改为浮动的汇率制度。

2016 年 7 月，马来西亚中央银行将隔夜政策利率降至 3%，较 2014 年 7 月—2016 年 5 月维持的政府利率（OPR）3.25% 降低了 0.25%。

2017 年 11 月，马来西亚中央银行发布最新《货币政策声明》，在目前的 3% 隔夜政策利率水平下，维持货币宽松政策。

（三）产业政策

《经济刺激计划》是马来西亚政府分别在 2008 年 11 月和 2009 年 3 月实行的两次应对全球经济危机的"救市"措施。由于全球经济危机后国际需求萎缩，马来西亚实体经济受到较大影响，出口出现负增长，外国直接投资大幅下降。为减缓经济危机的冲击，马来西亚政府推出总额达 670 亿林吉特的两项经济刺激计划以加强基础设施建设和产业发展。

《新经济模式》于 2010 年 3 月发布，提出到 2020 年，马来西亚将着力提高人民收入、推动经济可持续发展和加强社会包容性，并提出了使马来西亚跻身发达国家行列的三大指导方针和八大策略改革方案。

《第十个五年计划》于 2010 年 6 月发布，马来西亚政府将以私营经济和以创新为主导的行业作为引领国家经济腾飞的主动力，逐步改革偏高的国内补贴制度，以减轻政府财政负担。《第十个五年计划》共拨出 2300 亿林吉特用于发展，其中 55% 用于经济领域。

《经济转型计划》于 2010 年 10 月发布，该计划关注支柱产业发展，提出了 12 个国家关键经济领域，同时提出了总额达 1380 亿美元的《切入点计划》，并计划到 2020 年新增 330 万个就业岗位。

（四）投资政策

马来西亚投资政策以《1986 年投资促进法》《1967 年所得税法》《1967 年关税法》《1972 年销售税法》《1976 年国内税法》以及《1990 年自由区法》等为法律基础，这些法律涵盖了对制造业、农业、旅游业等领域投资活动的批准程序和促进措施。

2006 年推行"经济走廊计划"以来，马来西亚政府鼓励外资的政策力度逐步加大，为平衡区域发展，陆续推出五大"经济发展走廊"，基本涵盖了西马半岛大部分区域。凡投资该地区的公司，均可申请 5～10 年免缴所得税，或 5 年内合格资本支出全额补贴。根据具体区域实际情况，马来西亚政府制定了不同的重点发展行业。其中东海岸经济区重点鼓励投资行业包括油气及石化产业等，沙捞越再生能源走廊拥有丰富的能源资源，重点鼓励投资油气产品等。

2010 年，马来西亚政府出台了一系列新的举措，以促进投资增长。包括设立国家投资委员会（National Committee on Investment，NCI），负责实时审批投资项目；将投资发展局企业化，授予更多权限，以提高该机构的施政灵活性，吸引更多投资；修订了《促进行动及产品列表》（即鼓励外商投资产业目录）；关注五大"经济发展走廊"吸引外资投资情况，强化各"走廊"发展局的职能。

第二节　电力发展与政策

一、电力供应形势分析

（一）电力工业发展概况

马来西亚政局稳定，经济平稳较快发展，特别是 2010 年推行《第十个五年计划》和《经济转型计划》

以来，马来西亚经济连续增长。随着经济的发展，马来西亚电力需求逐年增加，电力基础设施不断完善。世界经济论坛发布的《2016—2017年全球竞争力报告》显示，马来西亚供电质量排名39/138。

马来西亚电力行业的监管组织为马来西亚能源委员会，电力运行方面有三家事业单位，即马来西亚国家能源有限公司（TNB）、马来西亚沙捞越能源公司（SEB）和沙巴电力公司（SESB），进行发电、输电、供电业务，电力价格由政府管理并制定，不同地区电价有所不同。

马来西亚电力工业目前仍然属于国家垄断，政府在电力市场的长期规划方面，希望能够完全实现市场化的竞争机制，但因各方阻力较大，各方面条件尚不具备，其改革仍处在探索、起步阶段。

（二）发电装机容量及结构

1. 总装机容量及增速

1990—2016年，马来西亚装机容量总体呈上升态势，多个年份装机增速超过10%。2016年，马来西亚装机容量为3420.2万千瓦，增速为2.58%。1990—2016年马来西亚装机容量及增速如表3-9、图3-9所示。

表 3-9　　　　　　　　　　1990—2016 年马来西亚装机容量及增速

年　份	1990	1991	1992	1993	1994	1995	1996	1997	1998
总装机容量/万千瓦	503.7	606.0	670.0	685.7	900.0	1060.0	1250.0	1354.1	1360.6
增速/%	—	20.31	10.56	2.34	31.25	17.78	17.92	8.33	0.48
年　份	1999	2000	2001	2002	2003	2004	2005	2006	2007
总装机容量/万千瓦	1269.6	1376.2	1481.3	1567.1	2011.9	2443.2	2373.3	2306.2	2353.0
增速/%	-6.69	8.40	7.64	5.79	28.38	21.44	-2.86	-2.83	2.03
年　份	2008	2009	2010	2011	2012	2013	2014	2015	2016
总装机容量/万千瓦	2393.3	2606.6	2778.6	2917.8	2919.4	3010.1	2989.5	3334.0	3420.2
增速/%	1.71	8.91	6.60	5.01	0.05	3.11	-0.68	11.52	2.58

数据来源：国际能源署；联合国统计司。

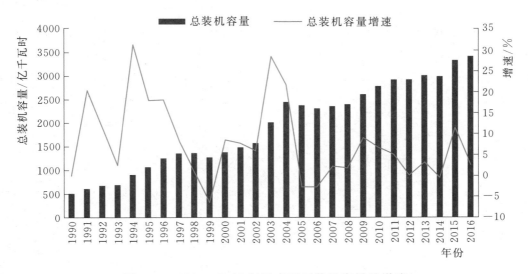

图 3-9　1990—2016 年马来西亚装机容量及增速

2. 各类装机容量及占比

马来西亚是亚洲主要经济体中唯一的石油净出口国，也是全球第二大液化天然气出口国。借此优越的能源条件，马来西亚发电以火力发电为主，主要燃料有天然气、煤炭和石油，其中天然气为最主要的发电燃料。

2016年马来西亚装机构成中，火电装机容量为2790.9万千瓦，占比81.6%；水电装机容量为489.1万千瓦，占比14.3%；生物质能发电装机容量为109.4万千瓦，占比3.2%；太阳能发电装机容量为30.8万千瓦，占比0.90%。1990—2016年马来西亚装机容量及增速如表3-10所示。1990—2016年马来西亚装机结构如图3-10所示。

表3-10　　　　　　　　　　1990—2016年马来西亚装机容量及增速

	年　份	1990	1991	1992	1993	1994	1995	1996
水电	装机容量/万千瓦	145.7	145.4	154.5	157.7	166.0	176.0	223.2
	占比/%	28.93	23.99	23.06	23.00	18.44	16.60	17.86
火电	装机容量/万千瓦	358.0	460.6	515.5	528.3	734.0	884.0	1026.8
	占比/%	71.07	76.01	76.94	77.00	81.56	83.40	82.14
	年　份	1997	1998	1999	2000	2001	2002	2003
水电	装机容量/万千瓦	202.5	210.4	181.4	205.4	211.8	210.6	211.5
	占比/%	14.95	15.46	14.29	14.93	14.30	13.44	10.51
火电	装机容量/万千瓦	1151.6	1150.2	1088.2	1170.8	1269.5	1356.5	1800.4
	占比/%	85.05	84.54	85.71	85.07	85.70	86.56	89.49
	年　份	2004	2005	2006	2007	2008	2009	2010
水电	装机容量/万千瓦	209.5	209.1	212.0	212.0	212.0	210.7	211.5
	占比/%	8.57	8.81	9.19	9.01	8.86	8.08	7.61
火电	装机容量/万千瓦	2233.7	2124.2	2049.6	2085.3	2123.4	2327.8	2497.8
	占比/%	91.43	89.50	88.87	88.62	88.72	89.30	89.89
生物质能发电	装机容量/万千瓦	—	40.0	44.0	55.0	57.0	67.0	68.0
	占比/%	—	1.69	1.91	2.34	2.38	2.57	2.45
光伏发电	装机容量/万千瓦		0	0.6	0.7	0.9	1.1	1.3
	占比/%		0	0.03	0.03	0.04	0.04	0.05
	年　份	2011	2012	2013	2014	2015	2016	
水电	装机容量/万千瓦	301.4	331.7	393.1	394.0	466.8	489.1	
	占比/%	10.33	11.36	13.06	13.18	14.00	14.30	
火电	装机容量/万千瓦	2539.0	2504.2	2505.2	2505.2	2737.0	2790.9	
	占比/%	87.02	85.78	83.23	83.80	82.09	81.60	
生物质能发电	装机容量/万千瓦	76.0	80.0	98.0	70.0	104.0	109.4	
	占比/%	2.60	2.74	3.26	2.34	3.12	3.20	
光伏发电	装机容量/万千瓦	1.4	3.5	13.8	20.3	26.2	30.8	
	占比/%	0.05	0.12	0.46	0.68	0.79	0.90	

数据来源：国际能源署；联合国统计司。

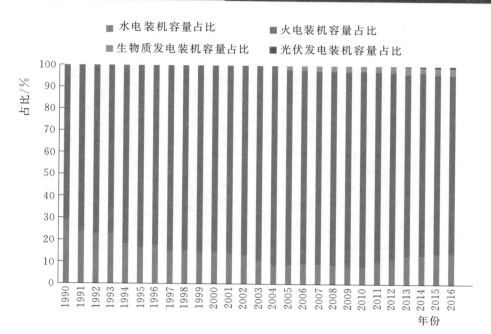

图 3-10　1990—2016 年马来西亚装机结构

（三）发电量及结构

1990—2017 年，马来西亚发电量整体呈上升态势，其中 1996 年增速达到 33.29%。2017 年，马来西亚发电量为 1623.03 亿千瓦时，同比增长 1.92%。1990—2017 年马来西亚发电结构及占比如表 3-11、图 3-11 所示，马来西亚总发电量及增速如图 3-12 所示。

表 3-11　　　　　　　　　1990—2017 年马来西亚发电结构及占比

	年份	1990	1991	1992	1993	1994	1995	1996
水电	发电量/亿千瓦时	39.89	44.08	42.86	48.53	64.83	61.84	51.84
	占比/%	17.33	16.60	14.70	15.10	17.75	16.78	10.55
火电	发电量/亿千瓦时	190.27	221.44	248.77	272.84	300.38	306.74	439.43
	占比/%	82.62	83.40	85.30	84.90	82.25	83.22	89.45
	年　份	1997	1998	1999	2000	2001	2002	2003
水电	发电量/亿千瓦时	41.34	44.57	75.52	69.94	60.66	54.15	50.90
	占比/%	7.20	7.65	12.06	10.84	8.65	7.13	6.58
火电	发电量/亿千瓦时	532.90	527.69	550.68	575.02	640.41	705.51	722.74
	占比/%	92.80	92.35	87.94	89.16	91.35	92.87	93.42
	年　份	2004	2005	2006	2007	2008	2009	2010
水电	发电量/亿千瓦时	55.73	60.07	63.23	59.57	78.07	68.88	63.54
	占比/%	6.10	6.39	6.32	5.75	7.31	6.20	5.30
火电	发电量/亿千瓦时	857.27	880.00	936.63	975.68	990.14	1027.29	1122.00
	占比/%	93.90	93.61	93.68	94.25	92.69	92.41	93.57
生物质能发电	发电量/亿千瓦时	—	—	—	—	—	15.44	15.52
	占比/%	—	—	—	—	—	1.13	1.27
光伏发电	发电量/亿千瓦时	—	—	—	0.0001	0.0001	0.0001	0.0001
	占比/%	—	—	—	0	0	0	0

续表

年 份		2011	2012	2013	2014	2015	2016	2017
水电	发电量/亿千瓦时	80.12	91.82	116.91	134.47	154.59	217.58	247.71
	占比/%	6.63	7.21	8.46	9.37	10.50	13.66	15.26
火电	发电量/亿千瓦时	1113.18	1166.04	1253.32	1289.70	1304.84	1360.64	1359.71
	占比/%	92.10	91.57	90.64	89.84	88.67	85.44	83.78
生物质能发电	发电量/亿千瓦时	15.38	15.02	11.04	9.18	9.47	10.76	11.50
	占比/%	1.27	1.18	0.80	0.64	0.64	0.68	0.71
光伏发电	发电量/亿千瓦时	0.0001	0.47	1.41	2.27	2.73	3.54	4.11
	占比/%	0	0.04	0.10	0.16	0.19	0.22	0.25

数据来源：国际能源署；联合国统计司。

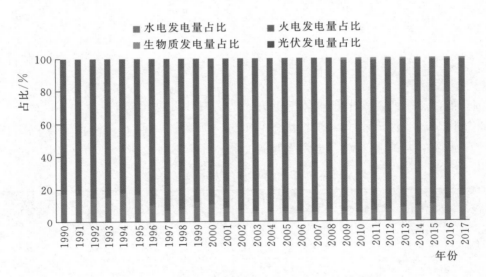

图 3-11 1990—2017 年马来西亚发电结构占比

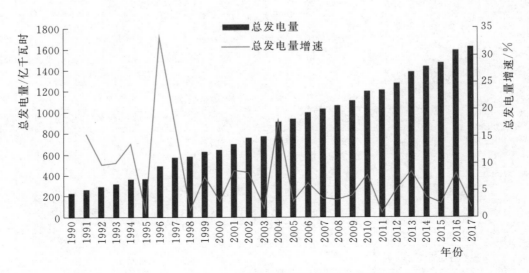

图 3-12 1990—2017 年马来西亚总发电量及增速

在马来西亚发电结构中，火电是最主要类型。2017 年马来西亚发电量分类型构成中，火力发电量占比达到 83.78％；水力发电、生物质发电和光伏发电总量占比为 16.22％。其中水力发电量为 247.71 亿千瓦时，占比 15.26％；生物质发电量为 11.50 亿千瓦时，占比 0.71％；光伏发电量为 4.11 亿千瓦时，占比 0.25％。

2006—2017 年，马来西亚发电结构变化明显，天然气、石油发电量比重较大幅度下滑，煤炭、可再生能源比重增加。水力发电量占比提高 8.94 个百分点；太阳能发电量实现从无到有，可再生能源发展逐步加强。

（四）电网建设规模

马来西亚输电网络中，500 千伏线路 886 千米，275 千伏线路 9725 千米，132 千伏线路 13550 千米，66 千伏线路 119 千米。配电网络中，架空线路 565784 千米，地下电缆 705611 千米。2016 年统计数据显示，仅有马来西亚国家电力公司（TNB）架设 866 千米 500 千伏线路。马来西亚输电网络长度和配电网络长度如表 3-12、表 3-13 所示。

表 3-12　马来西亚输电网络长度　单位：千米

公司名称	500 千伏	275 千伏	132 千伏	66 千伏
TNB	866	8028	11245	—
SESB	—	493	1921	119
SEB	—	1204	384	

数据来源：马来西亚能源委员会。

表 3-13　马来西亚配电网络长度　单位：千米

公司名称	架空线路	地下电缆
TNB	532403	697159
SESB	9350	764
SEB	24031	7688

数据来源：马来西亚能源委员会。

二、电力消费形势分析

（一）总用电量

1990 年以来，马来西亚用电量总体呈上升趋势，同比增速曲线呈波浪形。2009 年用电量明显上升，增速达到 22.71％。2015 年用电量为 1325.5 亿千瓦时，较 2014 年有所下降，增速为 -0.06％。1990—2015 年马来西亚用电量及增速如表 3-14、图 3-13 所示。

表 3-14　1990—2015 年马来西亚用电量及增速

年　份	1990	1991	1992	1993	1994	1995	1996	1997	1998
总用电量/亿千瓦时	223.5	242.5	260.0	287.4	340.3	392.2	433.7	506.1	523.9
增速/％	—	8.51	7.19	10.54	18.44	15.23	10.60	16.70	3.51
年　份	1999	2000	2001	2002	2003	2004	2005	2006	2007
总用电量/亿千瓦时	563.6	603.3	607.8	640.5	683.2	711.0	691.3	752.5	819.2
增速/％	7.58	7.04	0.75	5.38	6.67	4.06	-2.78	8.86	8.86
年　份	2008	2009	2010	2011	2012	2013	2014	2015	
总用电量/亿千瓦时	840.1	1030.9	1101.1	1142.2	1185.5	1273.6	1326.4	1325.5	
增速/％	2.54	22.71	6.81	3.74	3.79	7.43	4.14	-0.06	

数据来源：国际能源署；联合国统计司。

（二）分部门用电量

1990—2015 年，马来西亚行业用电量结构变化不大，工业用电占比由 48.40％降至 45.62％，下降 2.78 个百分点；商业用电量占比由 31.34％升至 32.14％，增长 0.8 个百分点；居民用电量

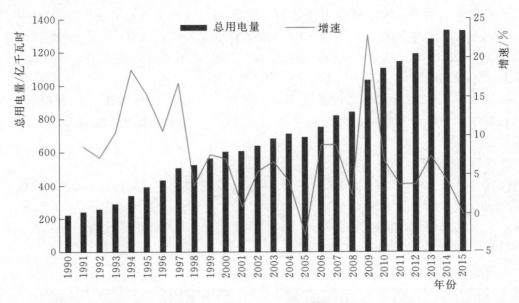

图 3-13 1990—2015 年马来西亚用电量及增速

占比由 20.26% 增加至 21.68%，增长 1.42 个百分点；农业/林业用电与交通运输用电从无到有，分别增加 0.36 个和 0.2 个百分点。1990—2015 年，马来西亚用电结构变化不大，但民众消费能力提高和服务业比重增大的趋势得到充分显现。1990—2015 年马来西亚分部门用电量及占比如表 3-15、图 3-14 所示。

表 3-15　　　　　　　　　1990—2015 年马来西亚分部门用电量及占比

年　份		1990	1991	1992	1993	1994	1995	1996
工业	用电量/吉瓦时	9653	10897	13223	15154	18224	21236	23597
	占比/%	48.40	48.67	51.26	53.18	53.45	54.10	53.72
交通运输	用电量/吉瓦时	0	0	0	0	0	0	12
	占比/%	0	0	0	0	0	0	0.03
居民生活	用电量/吉瓦时	4041	4512	4937	5238	6233	7074	7978
	占比/%	20.26	20.15	19.14	18.38	18.28	18.02	18.16
商业	用电量/吉瓦时	6251	6979	7635	8102	9641	10941	12340
	占比/%	31.34	31.17	29.60	28.43	28.27	27.87	28.09
工业	用电量/吉瓦时	28168	28040	30133	32622	34078	35574	37702
	占比/%	55.25	52.67	53.81	53.30	52.38	51.65	51.35
交通运输	用电量/吉瓦时	12	12	47	51	35	50	59
	占比/%	0.02	0.02	0.08	0.08	0.05	0.07	0.08
居民生活	用电量/吉瓦时	8955	10164	10293	11339	12577	13500	14518
	占比/%	17.56	19.09	18.38	18.53	19.33	19.60	19.77
商业	用电量/吉瓦时	13851	15019	15526	17193	18366	19753	21141
	占比/%	27.17	28.21	27.73	28.09	28.23	28.68	28.79

续表

年 份		2004	2005	2006	2007	2008	2009	2010
工业	用电量/吉瓦时	38846	39204	40415	41712	42879	49798	52715
	占比/%	50.28	48.55	47.79	46.68	46.17	48.39	47.55
交通运输	用电量/吉瓦时	54	63	63	41	173	145	209
	占比/%	0.07	0.08	0.07	0.05	0.19	0.14	0.19
居民生活	用电量/吉瓦时	15340	16224	17614	18581	19393	20836	22527
	占比/%	19.86	20.09	20.83	20.79	20.88	20.24	20.32
商业	用电量/吉瓦时	23012	25264	26481	29024	30210	31896	35123
	占比/%	29.79	31.28	31.31	32.48	32.53	30.99	31.68
农业/林业	用电量/吉瓦时	0	0	0	0	226	245	279
	占比/%	0.00	0.00	0.00	0.00	0.24	0.24	0.25

年 份		2011	2012	2013	2014	2015
工业	用电量/吉瓦时	51609	56650	60123	63205	60473
	占比/%	46.14	46.96	47.21	47.65	45.62
交通运输	用电量/吉瓦时	209	244	242	256	266
	占比/%	0.19	0.20	0.19	0.19	0.20
居民生活	用电量/吉瓦时	22911	24725	26306	27284	28738
	占比/%	20.48	20.50	20.65	20.57	21.68
商业	用电量/吉瓦时	36821	38670	40313	41473	42604
	占比/%	32.92	32.05	31.65	31.27	32.14
农业/林业	用电量/吉瓦时	302	349	375	419	471
	占比/%	0.27	0.29	0.29	0.32	0.36

数据来源：国际能源署；联合国统计司。

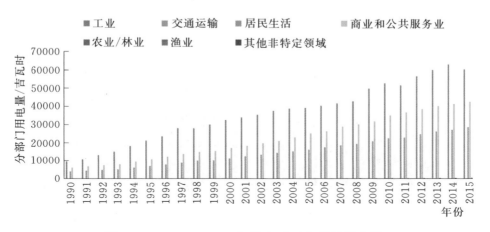

图 3-14 1990—2015 年马来西亚分部门用电量

三、电力供需平衡分析

1998—2007 年，马来西亚电力供应充足，除可以满足本国电力需求外，还向泰国、文莱等国出口少量电力。但随着本国用电需求的增长，马来西亚电力供给已经不能满足国内需求，需要进口少量电力。在"第十个五年计划"（2011—2015 年）期间，国内的电力缺口逐步弥补，2014 年以来，电力供需已经基本平衡。虽然马来西亚电力供需平稳，但国内供电仍存在地区性差异，经济发达的西部地区的电力需求较大，供电相对紧张，而东部地区人口较少，电力需求较低，供电比较充足。1990—2015 年马来西亚电力供需平衡情况如表 3-16、图 3-15 所示。

表 3-16　　　　　　　　　　1990—2015 年马来西亚电力供需平衡情况　　　　　　　　单位：亿千瓦时

年　份	1990	1991	1992	1993	1994	1995	1996	1997	1998
发电量	230.16	265.52	291.63	321.37	365.21	368.58	491.27	574.24	582.26
用电量	223.5	242.5	260.0	287.4	340.3	392.2	433.7	506.1	523.9
电力损失	16.3	25.5	17.4	41.8	30.9	39.1	51.7	39.6	48.6
进口电量	1.0	1.3	1.6	1.3	1.0	1.5	1.3	0.8	0
出口电量	0.8	1.5	1.8	1.0	0.5	0.4	1.4	0.8	0.3
年　份	1999	2000	2001	2002	2003	2004	2005	2006	2007
发电量	626.2	644.96	701.07	759.66	773.64	913	940.07	999.86	1035.25
用电量	563.6	603.3	607.8	640.5	683.2	711.0	691.3	752.5	819.2
电力损失	52.2	55.4	56.9	59.4	62.8	65.8	66.1	71.9	78.0
进口电量	0	0	0	0	0	1.0	0	0	0
出口电量	0.8	0.3	0.9	0.7	1.0	0.5	22.3	23.3	22.7
年　份	2008	2009	2010	2011	2012	2013	2014	2015	
发电量	1068.21	1111.61	1199.06	1208.68	1273.34	1382.67	1435.62	1471.62	
用电量	840.1	1030.9	1101.1	1142.2	1185.5	1273.6	1326.4	1325.5	
电力损失	78.2	65.8	77.0	83.3	83.6	—	—	—	
进口电量	1.1	0.1	0	3.7	1.1	2.2	0.2	0.1	
出口电量	5.8	1.0	1.5	0.1	0.1	0.3	0.1	0.03	

数据来源：国际能源署；联合国统计司。

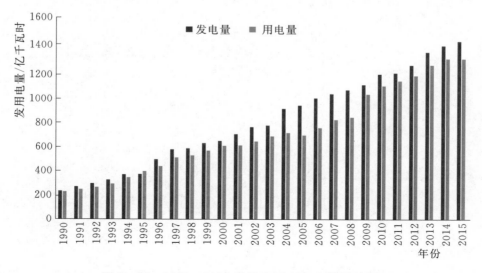

图 3-15　1990—2015 年马来西亚电力供需情况

四、电力相关政策

马来西亚的"五年计划"中关于能源发展的规划对电力相关政策制定起一定的指导作用。目前，马来西亚正处于第十一个"五年计划"时期，高度重视可再生能源开发和新能源战略的实施，提出进一步加大可再生能源发展，计划在未来五年大力发展可再生能源发电，在 2020 年实现可再生能源新增装机容量 208 万千瓦，占比达到全部新增装机容量的 27％以上。马来西亚第七～十一个"五年计划"中关于能源的发展规划如表 3–17 所示。

表 3–17   马来西亚第七～十一个"五年计划"中关于能源的发展规划

计划及周期	关于能源发展的规划
第七个"五年计划"（1996—2000 年）	确保发电能力的充分性，扩大和改进输电和配电基础设施； 鼓励利用新能源和替代能源，提高能源的有效利用
第八个"五年计划"（2001—2005 年）	将生物质能源列入基础能源，与石油、天然气、煤炭和水电并列； 加大力度确保能源供应的充分性和安全性，更加重视能源安全； 鼓励有效利用天然气和可再生能源，并确保提供充足的电力； 支持能源相关产品和服务产业的发展，对使用可再生资源给予相应奖励
第九个"五年计划"（2006—2010 年）	鼓励通过改变燃料来源的方式更好地利用可再生资源； 进一步减少对石油的依赖； 促进可再生能源的激励措施进一步加强
第十个"五年计划"（2011—2015 年）	提高公众对采用和应用绿色技术的认识； 在各产业广泛地利用和认可绿色技术； 增加国内外在制造业和服务业中绿色技术的直接投资； 扩展科研院所和高等院校在绿色技术的研究、开发和创新活动
第十一个"五年计划"（2016—2020 年）	提出绿色增长，到 2020 年，温室气体排放量较 2005 年减少 40％； 新增装机容量 763 万千瓦； 新增可再生能源装机容量 208 万千瓦

数据来源：马来西亚能源委员会。

（一）电力投资相关政策

马来西亚政府提倡并支持可再生能源的发展。

1980 年以来，马来西亚政府在能源结构上一直实行"四种燃料多样化战略"，在马来西亚第八个"五年计划"（2001—2005 年）下，政府于 1999 年把"四种燃料政策"变为"五种燃料政策"，增加了生物质能源作为第五种燃料来源。

2001 年马来西亚政府推行了"小型能源（SREP）"计划，这些能源包括生物质量、生物气体、市政府垃圾、太阳能、微型水力发电、风力发电等。

2006 年马来西亚政府制订了"国家生物燃料政策"（NBP 2006），马来西亚本土公司和海外公司将更多地采用生物燃料技术。

2008 年马来西亚制定了《生物燃料行业法案》。生物燃料生产、贸易、服务公司只需申请相应的许可证即可准入，该法案通过简化准入程序来减少行政壁垒。

2009 年马来西亚启动了"国家绿色技术政策"，该政策由能源、环境、经济和社会四大支柱组成，以期为绿色技术发展提供体制和战略框架。

2010 年马来西亚政府启动"绿色技术融资计划"，以改善绿色技术的供应和利用。政府将承担利息/利润总额的 2%。此外，政府将通过马来西亚信用担保公司（CGC）为融资额度提供 60% 的担保，其余 40% 的融资风险由参与金融机构（PFIs）承担。此外，总理还任命马来西亚绿色科技公司为绿色技术融资计划（GTFS）申请的渠道。该计划预计将为 2010 年 1 月 1 日开始申请的 140 多家公司提供福利。

2012 年 12 月实施了"清洁能源上网补贴政策"，可再生能源上网电价补贴机制（FiT）将重点扶持生物质能、沼气以及小型水电和太阳能项目，通过奖励投资可再生能源的个人、企业及团体，全面推动马来西亚的清洁能源发展。

2014 年 1 月提出"国家能源效率行动计划"，旨在解决能源效率的几个障碍，并将通过降低政府机构用电量来削减消费。

（二）电力市场相关政策

2001 年马来西亚颁布《能源委员会法》，成立能源委员会，为电力安全监管及管道燃气和电力有关的事宜向政府提供意见，包括能源效率和可再生能源问题。

2010 年推出了"新能源政策"，政策指出能源供应将继续加强，创造一个更具竞争性的市场，并分期减少能源补贴。合理化能源定价，使其逐渐与市场价格相匹配，支持向市场定价过渡，同时提供援助以减轻对低收入群体的影响。

2011 年 4 月 1 日马来西亚实施《2011 年可再生能源法》，建立上网电价补贴机制（FiT），上限为 2030 年。该系统的成本转移到电力消费者身上，这些电力消费者在分配许可证持有者收取的电费之上支付 1% 的额外附加费，并存入可再生能源基金，大约 75% 的用电量低于 300 千瓦时的用户将免除为可再生能源基金捐款。

2016 年 1 月 1 日推出"加强分时电价（EToU）政策"，选择 EToU 的消费者如果在高峰时段使用较少的电能，将使用时间移至夜间和周末等非高峰时段，则可以减少电费。

2016 年 10 月，能源、绿色科技与水务部部长发起"净用电电费（NEM）政策"，允许符合条件的消费者安装自用光伏系统，其多余的能源可以输出到电网。

第三节　电力与经济关系分析

一、电力消费与经济发展相关关系

（一）用电量增速与 GDP 增速

马来西亚用电量增速与 GDP 增速变化趋具有较高的一致性，即电力发展与经济发展之间维持了一定的均衡。1990—2015 年马来西亚用电量增速与 GDP 增速如图 3-16 所示。

（二）电力消费弹性系数

1991—2015 年，马来西亚技术进步带来服务业增加值比重提高，电力消费弹性系数呈现下滑趋势，平均值从 1991—2000 年的 1.1 下滑至 2001—2015 年的 0.6。1991—2015 年，GDP 年均增速为 5.9%，用电量年均增速为 7.5%，电力消费弹性系数为 1.3，整体波动幅度为 -0.5~2.3（剔除异常值）。

2001 年，马来西亚通过积极的金融政策，逐步走出了东南亚金融危机带来的衰退，内生需求增长，经济增长动力强劲。2001—2005 年，马来西亚电力消费弹性系数呈现稳定下滑趋势；2008—2009 年，全球经济危机导致外部需求下降，马来西亚经济也受到了影响，GDP 增速由 2007 年的增长 6.30% 快速下滑至 2009 年的 -1.51%，电力消费弹性系数达 -15。在马来西亚政府的积极应对下，经济增长稳步恢复到 5% 左右的水平，电力需求也平稳增长。2014—2015 年，马来西亚电力消费弹性

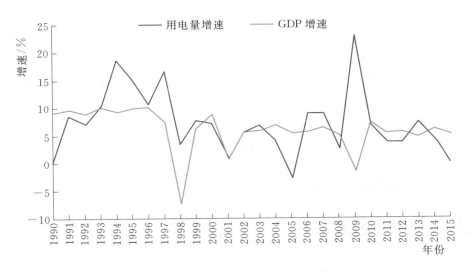

图 3-16 1990—2015 年马来西亚用电量增速与 GDP 增速

系数重新回归 1 以下区间，电力与经济稳步向好。1990—2015 年马来西亚电力消费弹性系数如表 3-18、图 3-17 所示。

表 3-18　　　　　　1990—2015 年马来西亚电力消费弹性系数

年　份	1990	1991	1992	1993	1994	1995	1996	1997	1998
电力消费弹性系数	—	0.89	0.81	1.07	2.00	1.55	1.06	2.28	−0.48
年　份	1999	2000	2001	2002	2003	2004	2005	2006	2007
电力消费弹性系数	1.24	0.79	1.45	1.00	1.15	0.60	−0.52	1.59	1.41
年　份	2008	2009	2010	2011	2012	2013	2014	2015	
电力消费弹性系数	0.53	−15.00	0.92	0.71	0.69	1.58	0.69	−0.01	

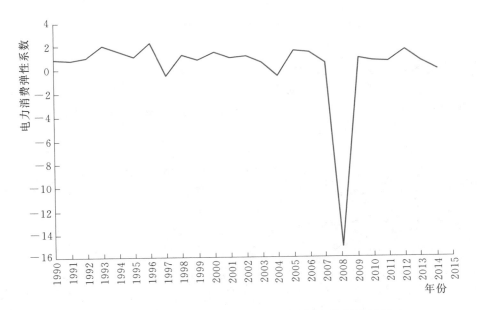

图 3-17 1990—2015 年马来西亚电力消费弹性系数

（三）单位产值电耗

马来西亚单位产值电耗总体呈下降趋势。1997 年马来西亚遭遇东南亚金融危机，1998 年经济衰退，当年单位产值电耗最大，达到 0.73 千瓦时/美元。随着国家响应节能、减排的要求，不断地淘汰一些耗能高的旧设备，采用新技术，改进工艺过程，调整产品结构，不断发展节能技术，降低了单位产值电耗。2015 年单位产值电耗降至 0.45 千瓦时/美元。1990—2015 年马来西亚单位产值电耗如表 3-19、图 3-18 所示。

表 3-19　　　　　　　　　　1990—2015 年马来西亚单位产值电耗　　　　　　　单位：千瓦时/美元

年　份	1990	1991	1992	1993	1994	1995	1996	1997	1998
单位产值电耗	0.51	0.49	0.44	0.43	0.46	0.44	0.43	0.51	0.73
年　份	1999	2000	2001	2002	2003	2004	2005	2006	2007
单位产值电耗	0.71	0.64	0.66	0.64	0.62	0.57	0.48	0.46	0.42
年　份	2008	2009	2010	2011	2012	2013	2014	2015	
单位产值电耗	0.36	0.51	0.43	0.38	0.38	0.39	0.39	0.45	

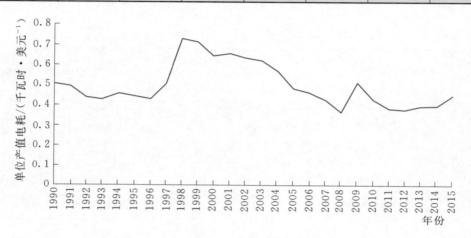

图 3-18　1990—2015 年马来西亚单位产值电耗

（四）人均用电量

1990—2015 年马来西亚人均用电量总体呈上升趋势，从 1990 年的 1239.03 千瓦时上升至 2015 年的 4313.34 千瓦时。除 2005 年、2015 年的人均用电量较前一年有所下降外，其他年份的同比增速均为正值。2014 年达到最大值为 4387.98 千瓦时。1990—2015 年马来西亚人均用电量如表 3-20、图 3-19 所示。

表 3-20　　　　　　　　　　　1990—2015 年马来西亚人均用电量　　　　　　　　　单位：千瓦时

年　份	1990	1991	1992	1993	1994	1995	1996	1997	1998
人均用电量	1239.03	1308.73	1367.51	1474.23	1702.62	1913.58	2062.95	2346.82	2369.14
年　份	1999	2000	2001	2002	2003	2004	2005	2006	2007
人均用电量	2487.61	2602.05	2564.68	2646.82	2767.26	2824.33	2694.14	2878.34	3076.71
年　份	2008	2009	2010	2011	2012	2013	2014	2015	
人均用电量	3098.73	3734.42	3916.79	3988.81	4064.04	4287.24	4387.98	4314.34	

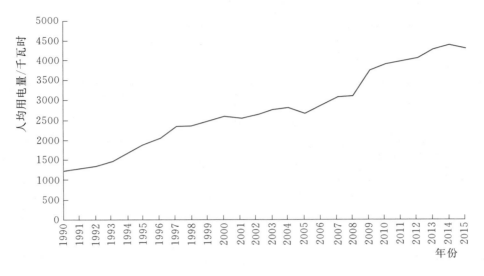

图 3 - 19　1990—2015 年马来西亚人均用电量

二、工业用电与工业经济增长相关关系

（一）工业用电量增速与工业增加值增速

1990—1999 年马来西亚工业用电量增速略高于工业增加值增速。在"再工业化"的背景下，马来西亚工业用电量增速波动上涨，工业增加值增速波动也较为明显，1999 年后，工业用电量增速与工业增加值增速变化趋势具有较高的一致性。1990—2015 年马来西亚工业用电量增速与工业增加值增速如图 3 - 20 所示。

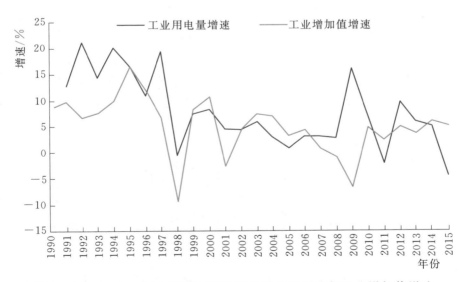

图 3 - 20　1990—2015 年马来西亚工业用电量增速与工业增加值增速

（二）工业电力消费弹性系数

工业是马来西亚的主导产业之一。在"再工业化"的背景之下，工业用电量增速波动上涨，工业电力消费弹性系数波动也比较明显。1990—2015 年马来西亚工业电力消费弹性系数如表 3 - 21、图 3 - 21 所示。

表 3 - 21　　　　　　　　1990—2015 年马来西亚工业电力消费弹性系数

年　份	1990	1991	1992	1993	1994	1995	1996	1997	1998
工业电力消费弹性系数	—	1.32	3.15	1.93	2.03	1.00	1.32	2.86	0.05
年　份	1999	2000	2001	2002	2003	2004	2005	2006	2007
工业电力消费弹性系数	0.91	0.77	−1.79	1.05	0.81	0.43	0.29	0.72	4.06
年　份	2008	2009	2010	2011	2012	2013	2014	2015	
工业电力消费弹性系数	−3.22	−2.42	1.21	−0.89	1.98	1.71	0.83	−0.82	

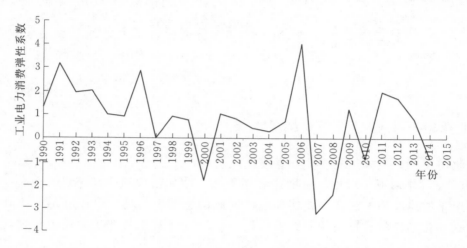

图 3 - 21　1990—2015 年马来西亚工业电力消费弹性系数

（三）工业单位产值电耗

马来西亚工业单位产值电耗高于服务业单位产值电耗。1997 年马来西亚遭遇东南亚金融危机，1998 年经济衰退，当年工业单位产值电耗有明显的上升，由 0.63 千瓦时/美元增长至 0.86 千瓦时/美元。1998—2014 年，工业单位产值电耗逐年下降，2014 年降至 0.50 千瓦时/美元。2015 年有小幅度的上升，工业单位产值电耗为 0.56 千瓦时/美元。1990—2015 年马来西亚工业单位产值电耗如表 3 - 22、图 3 - 22 所示。

表 3 - 22　　　　　　　1990—2015 年马来西亚工业单位产值电耗　　　　　　单位：千瓦时/美元

年　份	1990	1991	1992	1993	1994	1995	1996	1997	1998
工业单位产值电耗	0.52	0.53	0.54	0.57	0.61	0.58	0.54	0.63	0.89
年　份	1999	2000	2001	2002	2003	2004	2005	2006	2007
工业单位产值电耗	0.82	0.72	0.80	0.78	0.73	0.64	0.60	0.54	0.51
年　份	2008	2009	2010	2011	2012	2013	2014	2015	
工业单位产值电耗	0.43	0.64	0.55	0.47	0.48	0.50	0.50	0.56	

三、服务业用电与服务业经济增长相关关系

（一）服务业用电量增速与服务业增加值增速

服务业在马来西亚 GDP 中的占比日益提高，由 2000 年的 44％增长至 2016 年的 53％，成为马来

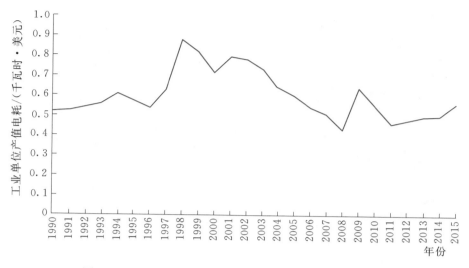

图 3-22 1990—2015 年马来西亚工业单位产值电耗

西亚的主导产业。服务业用电量增速与服务业增加值增速变化趋势具有较高的一致性，其电力发展与经济发展之间维持了一定的均衡。2011 年以来，服务业增加值增速略高于服务业用电量增速，发展态势良好。1990—2015 年马来西亚服务业用电量增速与服务业增加值增速如图 3-23 所示。

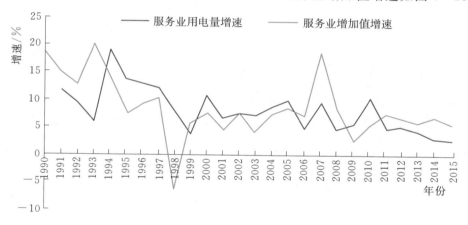

图 3-23 1990—2015 年马来西亚服务业用电量增速与服务业增加值增速

（二）服务业电力消费弹性系数

马来西亚服务业电力消费弹性系数总体表现平稳。受 1997 年东南亚金融危机的影响，1998 年服务业电力消费弹性系数出现负值。2011 年以来，服务业电力消费弹性系数均处于 1 以下区间。1990—2015 年马来西亚服务业电力消费弹性系数如表 3-23、图 3-24 所示。

表 3-23 1990—2015 年马来西亚服务业电力消费弹性系数

年 份	1990	1991	1992	1993	1994	1995	1996	1997	1998
服务业电力消费弹性系数	—	0.78	0.73	0.31	1.43	1.86	1.39	1.20	−1.31
年 份	1999	2000	2001	2002	2003	2004	2005	2006	2007
服务业电力消费弹性系数	0.65	1.43	1.53	1.02	1.78	1.23	1.14	0.70	0.51
年 份	2008	2009	2010	2011	2012	2013	2014	2015	
服务业电力消费弹性系数	0.52	2.22	1.94	0.66	0.75	0.70	0.42	0.50	

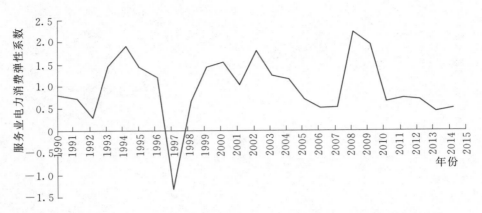

图 3-24 1990—2015 年马来西亚工业电力消费弹性系数

（三）服务业单位产值电耗

马来西亚服务业单位产值电耗总体呈下降趋势。1997 年马来西亚遭遇东南亚金融危机，1998 年经济衰退，当年服务业单位产值电耗有明显上升，由 0.31 千瓦时/美元增长至 0.49 千瓦时/美元。1998—2014 年，服务业单位产值电耗逐年下降，2014 年降至 0.23 千瓦时/美元。2015 年有小幅上升，服务业单位产值电耗为 0.26 千瓦时/美元。1990—2015 年马来西亚服务业单位产值电耗如表 3-24、图 3-25 所示。

表 3-24　　　　　　　　　　1990—2015 年马来西亚服务业单位产值电耗　　　　　　　单位：千瓦时/美元

年　份	1990	1991	1992	1993	1994	1995	1996	1997	1998
服务业单位产值电耗	0.33	0.33	0.29	0.26	0.28	0.27	0.27	0.31	0.49
年　份	1999	2000	2001	2002	2003	2004	2005	2006	2007
服务业单位产值电耗	0.46	0.43	0.43	0.43	0.44	0.44	0.39	0.36	0.31
年　份	2008	2009	2010	2011	2012	2013	2014	2015	
服务业单位产值电耗	0.28	0.30	0.27	0.24	0.24	0.23	0.23	0.26	

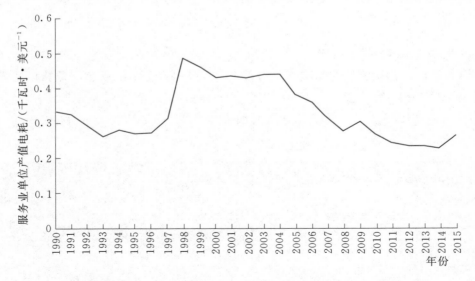

图 3-25　1990—2015 年马来西亚服务业单位产值电耗

第四节　电力与经济发展展望

一、经济发展展望

马来西亚第十个"五年计划"（2011—2015 年）共拨出 2300 亿马币用于发展支出，其中 55％用于发展经济。2010 年下半年，纳吉布总理又提出经济转型计划，推出包括批发零售、旅游、商业服务、电子电器、教育、医疗保健等在内的 12 个国家关键经济领域的发展目标，具体措施包括推出总值 1380 亿美元和 670 亿马币的共 150 项"切入点计划"，预计到 2020 年将创造 330 万个新的就业机会。一方面，随着时间的推移，马来西亚政府早前采取的降低补贴以削减财政赤字的政策将对国内消费产生一定的影响。但另一方面，马来西亚政府继续推行经济转型计划，尤其是其中的基础设施项目将有利于刺激投资继续增长。

马来西亚第十一个"五年计划"（2016—2020 年）指出要重点发展制造业以及特定的服务业。对特定的服务业提出的要求主要有：建立基于需求的总和运输系统，加强区域之间的连通性，提高运输业务的服务水平，促进物流增长，使贸易便利化；加强水务服务业的监管架构，强化污水处理服务；扩大和升级宽带基础建设。预计未来几年，马来西亚制造业及服务业会有较快发展。

2017 年，全球贸易走强，马来西亚出口贸易大幅增长，在内需持续扩张和出口的带动下，马来西亚经济表现总体看好。受全国第 14 届大选影响，政府基础设施投资力度有所加大，同时，政府对私人投资领域的积极鼓励态度，对经济增长也有拉动效果。上半年，马来西亚 GDP 同比增长 5.8％，比一季度提高 0.2 个百分点，比上年同期提高 1.8 个百分点。第三季度，马来西亚国内市场越发强劲，内需拉动强势，推动经济增长延续了上半年的势头，达到 6.2％，同比增速持续扩大。

2017 年 10 月，国际货币基金组织将 2017 年马来西亚经济增长预期由 4.8％上调至 5.4％，2018—2020 年分别为 4.8％、4.8％和 4.9％。未来三年，马来西亚经济增长保持稳定。1990—2020 年马来西亚 GDP 增速变化趋势及预测如图 3－26 所示。

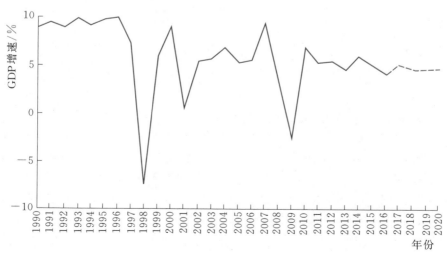

图 3－26　1990—2020 年马来西亚 GDP 增速变化趋势及预测

（资料来源：国际货币基金组织）

二、电力发展展望

（一）电力需求展望

随着可再生能源上网电价补贴机制的实施和大型光伏（LSS）项目的提出，可再生能源有了一定的发展，未来可期可再生能源将快速渗透到电网用户侧中。马来西亚《2016年电力需求展望报告》指出，电力需求量实际值比预测值低11%，即累计节约电费11%。基于可再生能源上网电价补贴机制、大型光伏（LSS）项目、净用电电费（NEM）政策和电动汽车的新特点，以及工业部门当前需求缓慢的趋势，马来西亚能源委员会发布《2017年电力需求展望报告》，需求预测在去年的基础上被下调。2018—2025年，年平均增速稳定在1.8%左右。2016—2020年的电力需求平均增速约为1.99%。马来西亚电力需求展望如图3-27所示。

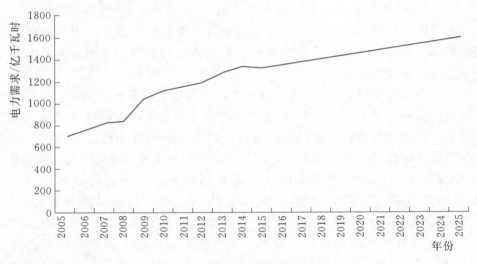

图 3-27　马来西亚电力需求展望

（资料来源：马来西亚能源委员会）

（二）电力发展规划与展望

随着经济水平的提高，马来西亚电力行业发展迅速。2005—2015年，发电量年均增速为6.1%。根据马来西亚第十一个"五年计划"，到2020年，马来西亚将新增装机容量762.6万千瓦，达到4000万千瓦以上。

在电力供应结构方面，虽然马来西亚对可再生能源发展支持力度较大，未来5年会快速发展，但由于基数偏小，电力结构变化不大，火电的主导地位不会改变。

1. 火电发展展望

马来西亚是全球第二大液化天然气出口国和亚洲唯一石油净输出国，在能源领域具有明显的优势。借此优越的能源条件，马来西亚火力发电发展迅速，2015年火力发电量占发电总量的90.0%。虽然政府对可再生能源发展给予了充分的政策支持，但从规模和经济效益角度来讲，在未来5年，火力发电仍具有绝对的主导地位。火电燃料仍将以煤炭和天然气为主，政府对天然气实行"补贴合理化"计划，会每6个月削减一次补贴，未来5年内天然气价格会逐步走高直至达到市场价格水平，届时煤炭发电占比将会增加。预计到2020年，马来西亚火力发电量将达到1620亿千瓦时，年均增速为3.7%。2005—2020年马来西亚火力发电量、结构变化趋势及预测如图3-28所示。

2. 水电发展展望

马来西亚内陆水系多为短小河流，水力发电发展条件先天不足，水电发展水平较低，至今只有

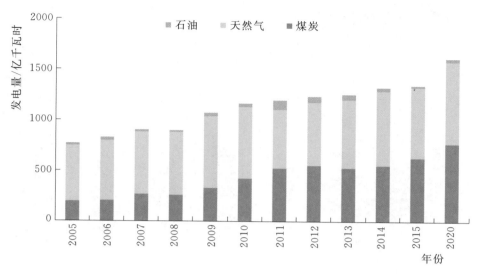

图 3-28 2005—2020 年马来西亚火力发电量、结构变化趋势及预测
（资料来源：国际能源署）

11 个水电站，且装机容量都比较小，主要供给东部沙捞越和沙巴州等经济发展水平较低的地区。未来 5 年，马来西亚水电仍将低速发展。预计 2020 年，马来西亚水力发电量将达到 160 亿千瓦时，2015—2020 年年均增速约为 2.8%。2005—2020 年马来西亚水力发电量及预测如图 3-29 所示。

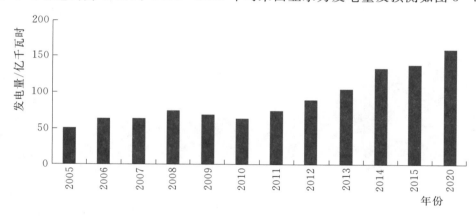

图 3-29 2005—2020 年马来西亚水力发电量及预测
（资料来源：国际能源署）

3. 核电发展展望

马来西亚政府于 2010 年年底宣布推动核能计划，计划 10 年内兴建两座核电站，以开拓新能源。但 2011 年日本福岛核电站泄漏事件导致国内民众反对情绪高涨，该计划暂时停滞。预计 2020 年之前，马来西亚核电不会有实质进展。

4. 可再生能源发展展望

马来西亚可再生能源发电起步较晚，在 2010 年之前，可再生能源发电量很少。在马来西亚第十一个"五年计划"中，强调了可再生能源开发，实施新能源战略，进一步加大可再生能源发展力度。将开展研究以确定新的可再生能源来源，如风能、地热能和海洋能，使发电组合多元化。到 2020 年马来西亚计划新增可再生能源装机容量 208 万千瓦，其中包括光伏发电装机容量 19 万千瓦，生物质发电装机容量 79 万千瓦和其他可再生能源装机容量 110 万千瓦。预计到 2020 年，马来西亚可再生能源发电量将大幅增长，达到 21 亿千瓦时，2015—2020 年可再生能源发电量年均增速将接近 20%。

2010—2020 年马来西亚可再生能源发电量及预测如图 3-30 所示。

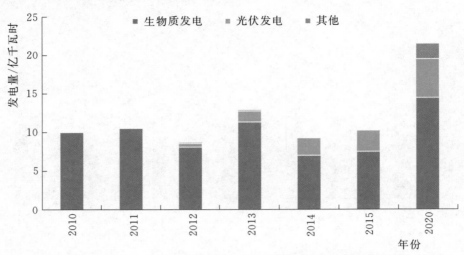

图 3-30 2010—2020 年马来西亚可再生能源发电量及预测

（资料来源：国际能源署）

第四章

菲　律　宾

菲律宾共和国（简称菲律宾）位于亚洲东南部，国土面积达 29.97 万平方公里，共有大小岛屿 7000 多个，其中吕宋岛、棉兰佬岛、萨马岛等 11 个主要岛屿占全国总面积的 96%，海岸线长约 18533 公里。菲律宾人口为 1 亿 98 万（2015 年 8 月）。菲律宾是东南亚国家联盟（ASEAN）主要成员国，也是亚洲太平洋经济合作组织（APEC）的 24 成员国之一。矿藏主要有铜、金、银、铁、铬、镍等 20 余种。铜蕴藏量约 48 亿吨、镍 10.9 亿吨、金 1.36 亿吨。地热资源丰富，预计有 20.9 亿桶原油标准能源。

第一节　经济发展与政策

一、经济发展状况

（一）经济发展及现状

20 世纪 60 年代后期，菲律宾采取开放政策，积极吸引外资，经济发展取得显著成效。80 年代中期，菲律宾政府对经济发展模式进行调整，推行出口导向型工业化发展战略。80 年代后期，受西方经济衰退和自身政局动荡影响，经济发展明显放缓。90 年代初，拉莫斯政府采取一系列振兴经济措施，经济开始全面复苏，并保持较高增长速度。1997 年，受亚洲金融危机影响，菲律宾经济增速再度放缓。阿基诺总统执政后，增收节支，加大对农业和基础设施建设的投入，扩大内需和出口，国际收支得到改善，经济保持较快增长。

旅游业是菲律宾外汇收入的重要来源之一。菲律宾交通运输以公路和海运为主，铁路不发达，主要集中在吕宋岛。航空运输主要由国家航空公司经营。菲律宾主要出口产品为电子产品、服装及相关产品、电解铜等；主要进口产品为电子产品、矿产、交通及工业设备；主要贸易伙伴有美国、日本和中国等。

菲律宾是服务业带动、工业为辅、农业疲软的经济结构。2012—2016 年，菲律宾经济呈现高速增长趋势。2016 年菲律宾 GDP 为 3049.05 亿美元，增速为 6.92%，在东盟十国中增速最快，服务业占比为 59%；农业和工业占比分别为 10% 和 31%。与 2005 年产业结构相比，2016 年服务业占比增加 6%，农业和工业占比均减少 3%。

（二）主要经济指标分析

1. GDP 及增速

1991 年、1998 年和 2004 年菲律宾 GDP 增速出现了负值，均为 −0.58%。2009 年，受全球金融危机影响，GDP 增速为 1.15%。2010 年，全球经济复苏带动出口增长，选举支出的拉动和央行采取了适当的货币政策，GDP 增速反弹到 7.63%。2011 年，菲律宾受欧元区经济下滑、美国经济复苏缓慢以及台风灾害的负面冲击，GDP 增速为 3.66%。2012—2016 年，菲律宾经济实现高速增长，增速分别为 6.68%、7.06%、6.15%、6.07% 和 6.92%。2017 年，菲律宾 GDP 为 3135.95 亿美元，增速为 6.92%，在东盟十国中增长最快。1990—2017 年菲律宾 GDP 及增速如表 4-1、图 4-1 所示。

表 4-1　　　　　　　　　　　1990—2017 年菲律宾 GDP 及增速

年　份	1990	1991	1992	1993	1994	1995	1996
GDP/亿美元	443.12	454.18	529.76	543.68	640.84	741.20	828.48
GDP 增速/%	3.04	−0.58	0.34	2.12	4.39	4.68	5.85
年　份	1997	1998	1999	2000	2001	2002	2003
GDP/亿美元	823.44	722.07	829.95	810.26	762.62	813.58	839.08
GDP 增速/%	5.19	−0.58	3.08	4.41	2.89	5.85	5.19
年　份	2004	2005	2006	2007	2008	2009	2010
GDP/亿美元	913.71	1030.72	1222.11	1493.60	1741.95	1683.35	1995.91
GDP 增速/%	−0.58	3.08	4.41	2.89	4.15	1.15	7.63
年　份	2011	2012	2013	2014	2015	2016	2017
GDP/亿美元	2241.43	2500.92	2718.36	2845.85	2927.74	3049.05	3135.95
GDP 增速/%	3.66	6.68	7.06	6.15	6.07	6.92	6.68

数据来源：联合国统计司；国际货币基金组织；世界银行。

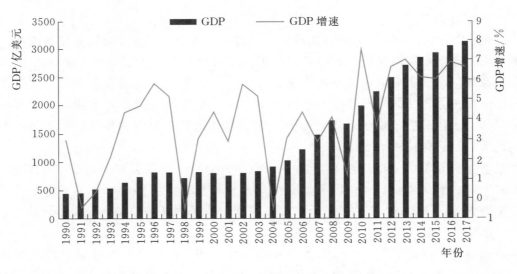

图 4-1　1990—2017 年菲律宾 GDP 及增速

2. 人均 GDP 及增速

1990—2017 年，菲律宾人均 GDP 和人均 GDP 增速均呈波浪式上升趋势。1991—1993 年菲律宾人均 GDP 增速为负值，分别为 −3.02%、−2.08%、−0.30%。1998 年，菲律宾受亚洲经济危机影响，人均 GDP 为 966.71 美元，人均 GDP 增速为 −2.74%。2009 年，菲律宾受全球金融危机影响，人均 GDP 为 1825.34 美元，增速为 -0.46%。2010 年，全球经济复苏带动其出口增长，选举支出的拉动和央行采取了适当的货币政策，菲律宾人均 GDP 为 2129.50 美元，人均 GDP 增速反弹到 5.90%。2011 年，菲律宾受欧元区经济下滑、美国经济复苏缓慢以及台风灾害的负面冲击，人均 GDP 增速下降为 1.97%。2012—2017 年菲律宾人均 GDP 呈现高速增长，人均 GDP 增速分别为 4.93%、5.31%、4.43%、4.38%、5.26% 和 5.06%，2017 年菲律宾人均 GDP 为 2988.95 美元。1990—2017 年菲律宾人均 GDP 及增速如表 4-2、图 4-2 所示。

表 4-2　　　　　　　　　　　1990—2017 年菲律宾人均 GDP 及增速

年　份	1990	1991	1992	1993	1994	1995	1996
人均 GDP/美元	715.31	715.14	814.08	815.72	939.16	1061.35	1159.59
人均 GDP 增速/%	0.45	-3.02	-2.08	-0.30	1.96	2.28	3.46
年　份	1997	1998	1999	2000	2001	2002	2003
人均 GDP/美元	1127.00	966.71	1087.24	1038.91	957.28	1000.07	1010.55
人均 GDP 增速/%	2.86	-2.74	0.86	2.19	0.73	1.50	2.85
年　份	2004	2005	2006	2007	2008	2009	2010
人均 GDP/美元	1079.04	1194.7	1391.77	1672.69	1919.47	1825.34	2129.50
人均 GDP 增速/%	4.62	2.84	3.40	4.84	2.48	-0.46	5.90
年　份	2011	2012	2013	2114	2015	2016	2017
人均 GDP/美元	2352.52	2581.82	2760.29	2842.94	2878.34	2951.07	2988.95
人均 GDP 增速/%	1.97	4.93	5.31	4.43	4.38	5.26	5.06

数据来源：联合国统计司；国际货币基金组织；世界银行。

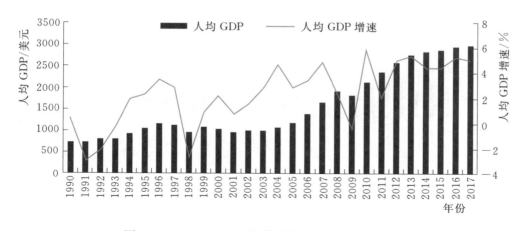

图 4-2　1990—2017 年菲律宾人均 GDP 及增速

3. GDP 分部门结构

1990—2017 年，菲律宾服务业占比增加了 17.3%，工业占比减少了 4.0%，农业占比减少了 12.2%。2017 年菲律宾农业占比为 9.7%，工业占比为 30.5%，服务业占比为 59.9%。菲律宾是服务业带动、工业为辅、农业疲软的经济结构。1990—2017 年菲律宾 GDP 分部门结构如表 4-3、图 4-3 所示。

表 4 - 3　　　　　　　　　　　　1990—2017 年菲律宾 GDP 分部门结构　　　　　　　　　　　　%

年　份	1990	1991	1992	1993	1994	1995	1996
农业	21.9	21	21.8	21.6	22	21.6	20.6
工业	34.5	34	32.8	32.7	32.5	32.1	32.1
服务业	43.6	45	45.3	45.7	45.5	46.3	47.3
年　份	1997	1998	1999	2000	2001	2002	2003
农业	18.9	14.8	15.2	14	13.2	13.1	12.7
工业	32.1	34.4	33.1	34.5	34.5	34.6	34.6
服务业	49	50.9	51.7	51.6	52.3	52.3	52.7
年　份	2004	2005	2006	2007	2008	2009	2010
农业	13.3	12.7	12.4	12.5	13.2	13.1	12.3
工业	33.8	33.8	33.5	33.1	32.9	31.7	32.6
服务业	52.9	53.5	54.1	54.5	53.9	55.2	55.1
年　份	2011	2012	2013	2014	2015	2016	2017
农业	12.7	11.8	11.3	11.3	10.3	10	9.7
工业	31.3	31.2	31.1	31.3	30.8	31	30.5
服务业	55.8	56.9	57.6	57.4	59	59	59.9

数据来源：联合国统计司；国际货币基金组织；世界银行。

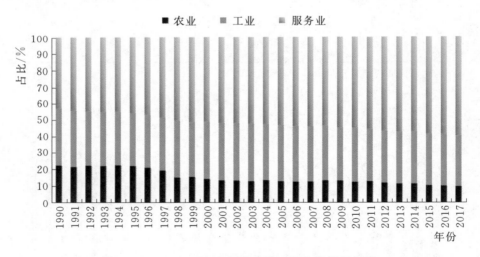

图 4 - 3　1990—2017 年菲律宾 GDP 分部门结构

4. 工业增加值增速

1991 年、1992 年菲律宾工业增加值增速为负值，分别为 -2.67%、-0.54%。1994—1997 年菲律宾工业增加值增速较快。1998 年和 1999 年，菲律宾受亚洲经济危机影响，工业增加值增速分别为 -2.12%、-1.48%。2002—2008 年，菲律宾工业增加值增速较稳定，其中 2008 年工业增加值增速为 4.81%。2009 年，菲律宾受全球金融危机影响，工业增加值增速出现负值，即 -1.92%。2011 年，菲律宾受欧元区经济下滑、美国经济复苏缓慢以及台风灾害的负面冲击，工业增加值增速下降为 1.85%。2012—2016 年，菲律宾工业增加值增长速度较快，增速分别为 7.26%、9.24%、7.76%、6.45% 和 8.37%。1990—2016 年菲律宾工业增加值增速如表 4-4、图 4-4 所示。

表 4-4　　　　　　　　　　　　　**1990—2016 年菲律宾工业增加值增速**　　　　　　　　　　%

年　份	1990	1991	1992	1993	1994	1995	1996	1997	1998
工业增加值增速	2.56	−2.67	−0.54	1.65	5.77	6.72	6.44	6.14	−2.12
年　份	1999	2000	2001	2002	2003	2004	2005	2006	2007
工业增加值增速	−1.48	6.55	0.96	2.89	4.28	5.23	4.19	4.61	5.77
年　份	2008	2009	2010	2011	2012	2013	2014	2015	2016
工业增加值增速	4.81	−1.92	11.58	1.85	7.26	9.24	7.76	6.45	8.37

数据来源：联合国统计司；国际货币基金组织；世界银行。

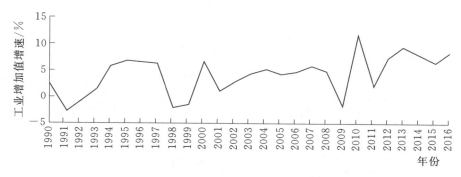

图 4-4　1990—2016 年菲律宾工业增加值增速

5. 服务业增加值增速

1990—2016 年，菲律宾服务业增加值增速呈波浪式上升趋势。2008 年和 2009 年菲律宾受全球金融危机影响，服务业增加值增速放缓。2011 年，菲律宾受欧元区经济下滑、美国经济复苏缓慢以及台风灾害的负面冲击，服务业增加值增速下降为 4.94％。2016 年，菲律宾服务业增加值增速为 7.44％。1990—2016 年菲律宾服务业增加值增速如表 4-5、图 4-5 所示。

表 4-5　　　　　　　　　　　　**1990—2016 年菲律宾服务业增加值增速**　　　　　　　　　　%

年　份	1990	1991	1992	1993	1994	1995	1996	1997	1998
服务业增加值增速	4.20	0.33	0.93	2.43	4.00	4.42	6.02	5.10	2.17
年　份	1999	2000	2001	2002	2003	2004	2005	2006	2007
服务业增加值增速	4.52	3.31	4.04	4.22	5.50	8.26	5.79	6.02	7.58
年　份	2008	2009	2010	2011	2012	2013	2014	2015	2016
服务业增加值增速	3.99	3.40	7.16	4.94	7.15	6.99	6.03	6.89	7.44

数据来源：联合国统计司；国际货币基金组织；世界银行。

6. 外国直接投资及增速

1990—2005 年，菲律宾每年的外国直接投资均不足 23 亿美元。受 2004 年 5 月菲律宾总统阿罗约获得连任和 2005 年菲律宾进行财政和金融改革的影响，2004—2007 年间菲律宾外国直接投资呈上升趋势，2007 年的外国直接投资达到 29.19 亿美元。2008 年，菲律宾受全球金融危机影响外国直接投资为 13.40 亿美元，同比增速为 −54.09％。2010 年，菲律宾受欧洲主权债务危机、朝鲜半岛局势紧张、新兴市场国家资产价格泡沫等影响，外国直接投资增速为 −48.16％。2011—2017 年菲律宾外国直接投资总体呈上升趋势。2017 年，外国在菲律宾直接投资总额为 100.49 亿美元，较 2016 年的

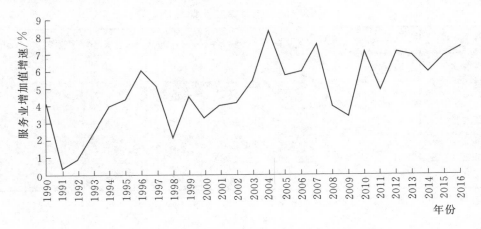

图 4-5　1990—2016 年菲律宾服务业增加值增速

79.33 亿美元上升了 26.68%。1990—2017 年外国直接投资及增速如表 4-6、图 4-6 所示。

表 4-6　　　　　　　　　　　　　1990—2017 年外国直接投资及增速

年　份	1990	1991	1992	1993	1994	1995	1996
外国直接投资/亿美元	5.30	5.44	2.28	12.38	15.91	14.78	15.17
增速/%	−5.86	2.64	−58.09	442.98	28.51	−7.10	2.64
年　份	1997	1998	1999	2000	2001	2002	2003
外国直接投资/亿美元	12.22	22.87	12.47	14.87	7.60	17.69	4.92
增速/%	−19.45	87.15	−45.47	19.25	−48.89	132.76	−72.19
年　份	2004	2005	2006	2007	2008	2009	2010
外国直接投资/亿美元	5.92	16.64	27.07	29.19	13.40	20.65	10.70
增速/%	20.33	181.08	62.71	7.80	−54.09	54.07	−48.16
年　份	2011	2012	2013	2014	2015	2016	2017
外国直接投资/亿美元	20.07	32.15	37.37	57.40	56.39	79.33	100.49
增速/%	87.52	60.20	16.23	53.57	−1.75	40.68	26.68

数据来源：联合国统计司；国际货币基金组织；世界银行。

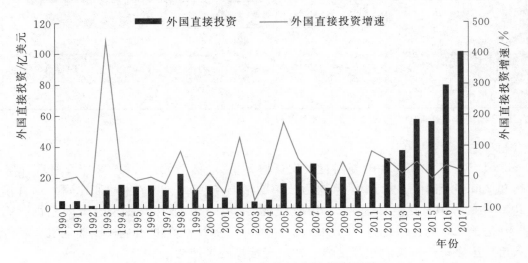

图 4-6　1990—2017 年外国直接投资及增速

7. CPI 涨幅

1990—2017 年菲律宾 CPI 涨幅总体呈下降趋势。2008 年的 CPI 涨幅为 2000 年以来最高值 8.26%；2015 年 CPI 涨幅为 1990 年以来最低值 1.43%。2016 年的 CPI 涨幅为 1.77%。1990—2017 年菲律宾 CPI 涨幅如表 4 - 7、图 4 - 7 所示。

表 4 - 7　　　　　　　　　　　　　1990—2017 年菲律宾 CPI 涨幅　　　　　　　　　　　　　%

年　份	1990	1991	1992	1993	1994	1995	1996
CPI 涨幅	12.18	19.26	8.65	6.72	10.39	6.83	7.48
年　份	1997	1998	1999	2000	2001	2002	2003
CPI 涨幅	5.59	9.23	5.94	3.98	5.35	2.72	2.29
年　份	2004	2005	2006	2007	2008	2009	2010
CPI 涨幅	4.83	6.52	5.49	2.90	8.26	4.22	3.79
年　份	2011	2012	2013	2014	2015	2016	2017
CPI 涨幅	4.65	3.17	3.00	4.10	1.43	1.77	3.07

数据来源：联合国统计司；国际货币基金组织；世界银行。

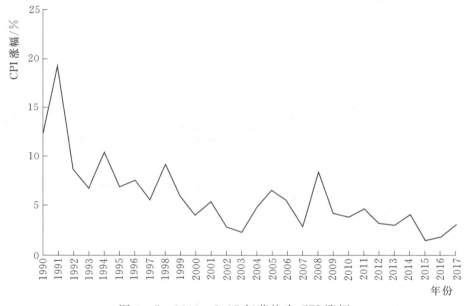

图 4 - 7　1990—2017 年菲律宾 CPI 涨幅

8. 失业率

1991—2017 年菲律宾失业率总体呈下降趋势。1998—2004 年菲律宾失业率相对较高，2004 年达到最高为 11.85%。2005 年菲律宾进行了财政和金融改革，失业率相比 2004 年下降 4.11%。2017 年菲律宾失业率为 2.78%。1991—2017 年菲律宾失业率如表 4 - 8、表 4 - 8 所示。

表 4 - 8　　　　　　　　　　　　　1991—2017 年菲律宾失业率　　　　　　　　　　　　　%

年　份	1991	1992	1993	1994	1995	1996	1997	1998	1999
失业率	8.99	8.64	8.87	8.43	8.36	7.41	7.85	9.38	9.43
年　份	2000	2001	2002	2003	2004	2005	2006	2007	2008
失业率	11.19	10.95	11.51	11.39	11.85	7.74	7.98	7.39	7.33
年　份	2009	2010	2011	2012	2013	2014	2015	2016	2017
失业率	7.47	7.35	7.03	6.99	7.1	6.59	6.29	5.88	2.78

数据来源：联合国统计司；国际货币基金组织；世界银行。

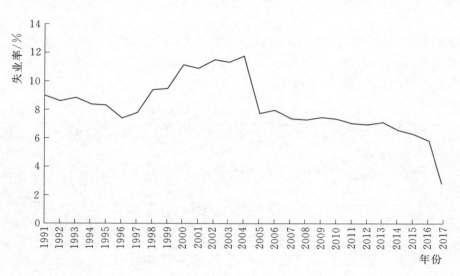

图 4-8 1991—2017 年菲律宾失业率

二、主要经济政策

(一)税收政策

菲律宾税率相关政策如表 4-9 所示。

表 4-9 菲律宾税收相关政策

执行订单号	签署/发布日期	标 题
EO23	发布时间： 2017 年 5 月 24 日 马尼拉公报 有效日期： 2017 年 5 月 24 日	第 23 号行政令 行政命令扩大了根据《共和国法》第 20 条规定的最有利的国家对某些农产品的税率的作用
EO22	发布时间： 2017 年 5 月 18 日 马尼拉公报 有效日期： 2017 年 5 月 18 日	第 22 号行政令 降低董事会投资项目——注册的新兴企业进口的设备和附件的税率
EO21	发布时间： 2017 年 5 月 18 日 马尼拉公报 有效日期： 2017 年 5 月 18 日	第 21 号行政令 修改了《海关现代化和关税法》第 1611 节关于某些信息技术产品的名称和进口税率
EO20	发布时间： 2017 年 5 月 18 日 马尼拉公报 有效日期： 2017 年 6 月 17 日	第 20 号行政令 根据《共和国法》第 1611 条修改了各种产品的命名和进口费率

续表

执行订单号	签署/发布日期	标 题
EO191	签署时间：2015 年 11 月 5 日 发布时间： 2015 年 11 月 12 日 马尼拉公报	第 191 号行政令 修改某些农产品执行令下的税率。851（S. 2009）为实施菲律宾的东盟—澳大利亚—新西兰自由贸易区（AANZFTA）关于世界贸易组织关于菲律宾水稻特殊处理豁免的决定的关税承诺
EO190	签署时间：2015 年 11 月 5 日 发布时间： 2015 年 11 月 12 日 马尼拉公报	第 190 号行政令 修改了菲律宾关税和海关编码（TCCP）下对某些农产品（最惠国）税率的修订

数据来源：菲律宾关税管理委员会。

（二）金融政策

2002 年 1 月采用通货膨胀目标制的货币政策框架，货币政策的主要目标是"促进有利于经济平衡和可持续增长的价格稳定"（第 7653 号共和国法令）。货币政策工具包括：鼓励/遏制存款拍卖设施期限下的存款；常设流动性设施，即隔夜借贷设施和隔夜存款设施；增加/减少准备金要求；调整向银行机构短期贷款的再贴现率，使其符合银行借款人的合格抵押品；直接销售/购买 BSP 持有的政府证券。

《第 103 号行政令》，指导政府继续实施紧缩政策。

2016 年 6 月菲律宾货币委员会决定维持 BSP 的隔夜逆回购（RRP）工具利率为 3.0%。隔夜贷款和存款的相应利率也保持稳定。存款准备金率也保持不变。

（三）产业政策

1. 服务业

2011 年 5 月菲律宾是世界上领先的服务外包目的地之一。菲律宾政府鼓励电信自由发展，启动了"投资优先计划"，将服务外包纳入优先发展产业计划，制定了一系列优惠政策。从事服务外包的企业在任何区域或经营场所均可向政府申请成为经济特区，享受优惠政策。

2. 农业、林业和渔业

农业、林业和渔业相关政策如表 4-10 所示。

表 4-10　　　　　　　　　　菲律宾农业、林业和渔业相关政策

编　号	标　题
第 10086 号共和国法	《2010 有机农业法》及其实施细则和条例（IRR）
第 178 号公告	宣布 2011—2020 年为菲律宾国家生物多样性十年
第 10068 号共和国法（2009 年 7 月 27 日）	为菲律宾发展和促进有机农业发展颁布法律
第 8435 号共和国法	农业和渔业现代化法（AFMA）
第 8550 号共和国法	菲律宾渔业守则
第 261 号公告	全国渔民日
第 33 号公告	农民和渔民月
第 10601 号共和国法	促进农业和渔业机械化发展

数据来源：菲律宾农业部。

（四）投资政策

2011—2016 年菲律宾政府透过 13 个投资促进机构给予已注册投资者税收和财政奖励，吸引更多的外资进入菲律宾。

2013 年 3 月 7 日菲律宾公布第 10398 号共和国法，对互惠国家的客机及邮轮公司免征 3％共同航空税及每季 2.5％毛额收费税。

2014 年 7 月 15 日菲律宾总统签署第 10641 号共和国法，修正原 1994 年 5 月公布的第 7721 号法有关外国银行在菲律宾营运及设立的规定。

2014 年 12 月 25 日菲律宾适用欧盟普惠制加法律（GSP Plus），菲律宾出口至欧盟的 6274 项产品享有零关税待遇，约占菲国三分之二出口项目。菲律宾国为东盟协会 10 国中唯一享有此优惠待遇的国家。

2014—2016 年 IPP 投资对具有 IPP 先驱地位的出口企业给予 6 年所得税假期，并视其出口表现再延长 2 年优惠；不具有先驱地位的出口企业则给予 4 年所得税假期，并视其出口表现再延长 2 年优惠。

2015 年 1 月菲律宾海关总局发布备忘录通令第 04－2015 号，该命令规定菲律宾国所有在经济特区的投资者，无须再向国内营收局登记为进口商。由经济特区认证的投资者可以直接从海关总局获得进口商认证，无需经过 BIR 审查。

2016 年 12 月 5 日菲律宾参议院批准《亚洲基础设施投资银行协定》。该协定有助于国家推进基础设施建设，实现经济高速增长。

（五）能源政策

1. 石油政策

《第 110 号行政令》指导政府能源管理计划的制度化。根据《1992 年能源法案》，提出采取长期措施，尽量减少原油价格上涨对国家基本经济活动的不利影响。

《第 126 号行政令》，加强应对世界石油价格大幅上涨的措施，指导加强政府节能减排工作的实施。

《第 8479 号共和国法》解除下游石油工业限制的法案。

2. 新能源推广政策

《第 183 号行政令》指示在政府设施使用节能照明/照明系统。

《第 9513 号共和国法令》是促进可再生能源开发，利用和商业化以及其他目的的法案。

《促进可再生能源开发、使用和商业化法》为可再生能源的开发利用提供了财税激励措施，搭建了制度框架。税收优惠包括：可再生能源开发者可享受的税收优惠包括；可再生能源设备与材料的制造商和供应商可享受的税收优惠；对于种植生物质能作物（麻风树、甘蔗、椰子等）的农民，进口或购买肥料、杀虫剂和农用机器设备，免征进口税和增值税。该法借鉴欧美发达国家推进可再生能源发展的经验，规定了以下几项特殊政策：可再生能源组合标准；固定电费政策；电费结算协议。为了推进这些政策的实施，该法专门设立了国家可再生能源委员会和可再生能源信托基金。该法还在能源部内设立了可再生能源管理局，从事可再生能源开发的企业须注册以获得许可证，并到贸工部投资署登记以享受该法规定的优惠政策。

第二节　电力发展与政策

一、电力供应形势分析

（一）电力工业发展概况

菲律宾是东南亚地区能源投资的主要新兴市场，菲律宾也是东南亚地区两个自由电力市场之一，另一个自由电力市场是新加坡。2016年，菲律宾能源部出台了多项新政，旨在同时提高该国电力产出和电力零售市场的竞争力。

在亚洲国家中，菲律宾的电价仅次于日本。菲律宾国内能源的短缺和不利的地理位置导致能源问题长期无法解决，过去10年中，菲律宾的电力需求一直处于稳步上升之中。为满足不断增长的电力需求，需加强建设并完善智能电网。

2016年，用电量大幅增长10%，主要原因包括厄尔尼诺现象加剧，气温上升，制冷设备利用率加大，因国家和地方选举导致上半年经济增速加快，大型发电厂进入等。住宅和工业部门是该国电力消费的主要驱动因素，吕宋岛是每个电网的最大消费地区。菲律宾供应基础的增长补充了需求的增长，总装机容量从1881.60万千瓦（2015年）增长13.07%，达到2127.60万千瓦（2016年），主要来自燃煤电厂。其中，棉兰老岛的能源记录增速最高，达到2015年的31%。

2016年，除了主要的电网干扰和负载下降事件之外，吕宋和米沙鄢的系统运营商还宣布了几个黄色和红色警报。在三大电网中，棉兰老岛受到厄尔尼诺影响，2016年上半年水力发电量下降，供应减少。2016年下半年棉兰老岛大型燃煤电厂的投入使用，解决了上半年供应短缺的问题。

（二）发电装机容量及结构

1. 总装机容量及增速

1990—2016年，菲律宾装机容量总体呈上升的趋势。1993年、1994年、1996年和2002年菲律宾装机容量高速增长，增速分别为14.31%、14.49%、14.98%和9.86%。2008年、2009年和2011年菲律宾装机容量增速出现负值，分别为-1.60%、-0.45%和-1.20%。2013—2016年菲律宾装机容量同比增速呈上升趋势。2016年菲律宾装机容量为2127.60万千瓦，增速为13.07%。1990—2016年菲律宾总装机容量及增速如表4-11、图4-9所示。

表4-11 1990—2016年菲律宾总装机容量及增速

年 份	1990	1991	1992	1993	1994	1995	1996	1997	1998
总装机容量/万千瓦	689.20	689.90	705.90	806.90	923.80	975.70	1121.90	1178.80	1195.70
增速/%	—	0.10	2.32	14.31	14.49	5.62	14.98	5.07	1.43
年 份	1999	2000	2001	2002	2003	2004	2005	2006	2007
总装机容量/万千瓦	1245.80	1321.10	1340.60	1472.80	1515.00	1557.40	1564.50	1582.90	1596.20
增速/%	4.19	6.04	1.48	9.86	2.87	2.80	0.46	1.18	0.84
年 份	2008	2009	2010	2011	2012	2013	2014	2015	2016
总装机容量/万千瓦	1570.60	1563.50	1638.60	1618.90	1705.20	1735.10	1797.00	1881.60	2127.60
增速/%	-1.60	-0.45	4.80	-1.20	5.33	1.75	3.57	4.71	13.07

数据来源：UNdata；世界银行；国际能源署。

2. 各类装机容量及占比

菲律宾的发电装机结构有火电、水电、地热、风电和光伏发电。2005年菲律宾开始利用风力发电，风电装机容量为2.6万千瓦；2006年开始利用光伏发电，光伏装机容量为0.1万千瓦。菲律宾以火电装机为主，1990—2016年菲律宾火电装机容量从383.6万千瓦增加到1448.5万千瓦。1990—2016年菲律宾各类装机容量及占比如表4-12、图4-10所示。

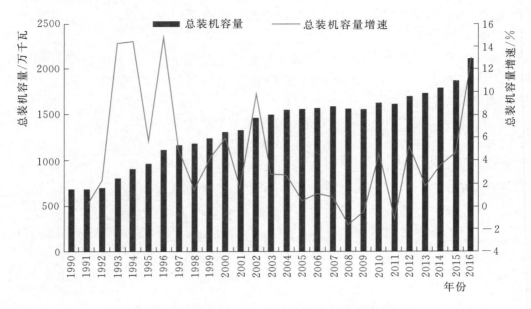

图 4-9 1990—2016 年菲律宾总装机容量及增速

表 4-12 1990—2016 年菲律宾各类装机容量及占比

年份		1990	1991	1992	1993	1994	1995	1996
水电	装机容量/万千瓦	216.8	217	227.2	227.4	226.9	231.8	231.9
	占比/%	31.46	31.45	32.19	28.18	24.56	23.76	20.67
火电	装机容量/万千瓦	383.6	384.1	389.9	483.2	589.5	628.5	745.4
	占比/%	55.66	55.67	55.23	59.88	63.81	64.42	66.44
地热能发电	装机容量/万千瓦	88.8	88.8	88.8	96.3	107.4	115.4	144.6
	占比/%	12.88	12.87	12.58	11.93	11.63	11.83	12.89
年份		1997	1998	1999	2000	2001	2002	2003
水电	装机容量/万千瓦	231.9	232.0	232.0	231.7	253.4	253.4	288.3
	占比/%	19.67	19.40	18.62	17.54	18.90	17.21	19.03
火电	装机容量/万千瓦	758.3	778.1	820.7	896.3	894.1	1026.3	1033.5
	占比/%	64.33	65.07	65.88	67.84	66.69	69.68	68.22
地热能发电	装机容量/万千瓦	188.6	185.6	193.1	193.1	193.1	193.1	193.2
	占比/%	16.00	15.52	15.50	14.62	14.40	13.11	12.75
年份		2004	2005	2006	2007	2008	2009	2010
水电	装机容量/万千瓦	323.3	323.8	327.3	330.5	330.7	330.7	341.6
	占比/%	20.76	20.70	20.68	20.71	21.06	21.15	20.85
火电	装机容量/万千瓦	1040.9	1040.3	1055.2	1067.3	1040.7	1031.1	1093.1
	占比/%	66.84	66.49	66.66	66.87	66.26	65.95	66.71
地热能发电	装机容量/万千瓦	193.2	197.8	197.8	195.8	195.8	195.3	196.6
	占比/%	12.41	12.64	12.50	12.27	12.47	12.49	12.00
风电	装机容量/万千瓦	—	2.6	2.5	2.5	3.3	6.3	7.1
	占比/%	—	0.17	0.16	0.16	0.21	0.40	0.43
光伏发电	装机容量/万千瓦	—	0.1	0.1	0.1	0.1	0.2
	占比/%	—	—	0.01	0.01	0.01	0.01	0.01

年 份		2011	2012	2013	2014	2015	2016
水电	装机容量/万千瓦	350.7	353.7	353.7	355.9	363.2	345
	占比/%	21.66	20.74	20.38	19.81	19.30	16.22
火电	装机容量/万千瓦	1078.2	1151.4	1179.3	1205.6	1245.5	1448.5
	占比/%	66.60	67.52	67.97	67.09	66.19	68.08
地热能发电	装机容量/万千瓦	178.3	184.8	186.8	191.8	191.7	191.6
	占比/%	11.01	10.84	10.77	10.67	10.19	9.01
风电	装机容量/万千瓦	11.5	15.0	15.0	40.0	68.5	67.1
	占比/%	0.71	0.88	0.86	2.23	3.64	3.15
光伏发电	装机容量/万千瓦	0.2	0.3	0.3	3.7	12.7	75.4
	占比/%	0.01	0.02	0.02	0.21	0.67	3.54

数据来源：UNdata；世界银行；国际能源署。

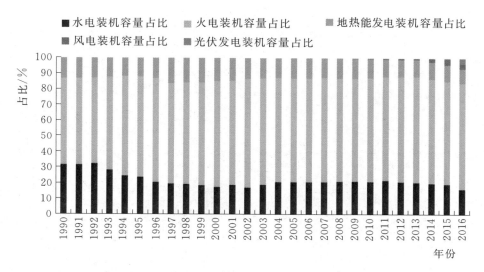

图 4-10　1990—2016 年菲律宾各类装机容量占比

　　菲律宾的火电装机结构包括煤炭发电装机、石油发电装机和天然气发电装机。2006—2016 年，煤炭发电装机容量占比从 26% 增加到 35%，石油发电装机容量占比从 23% 减少到 17%，天然气发电装机容量占比从 18% 减少到 16%。2006 年和 2016 年火电装机容量及结构如表 4-13、图 4-11 所示。

表 4-13　　　　　　　　　　　2006 年和 2016 年火电装机容量　　　　　　　　　　　单位：万千瓦

年 份	2006	2016
煤炭发电装机容量	417.7	741.9
石油发电装机容量	360.2	361.6
天然气发电装机容量	276.3	343.1

数据来源：菲律宾能源部；世界银行；国际能源署。

（三）发电量及结构

1. 总发电量及增速

　　1990—2005 年，菲律宾发电量总体呈上升趋势。1994—1997 年、2000 年、2003 年菲律宾发电量增速较快，分别为 14.64%、10.16%、9.42%、8.36%、9.31% 和 9.23%。2017 年总发电量为 943.70 亿

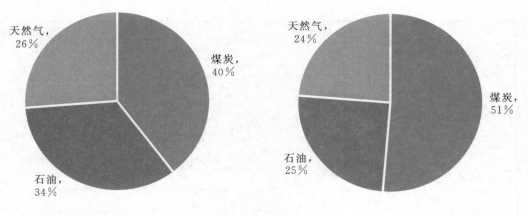

(a) 2006 年   (b) 2016 年

图 4－11   2006 年和 2016 年火电装机结构

千瓦时，同比增速为 3.93％。1990—2017 年菲律宾总发电量及增速如表 4－14、图 4－12 所示。

表 4－14   1990—2017 年菲律宾总发电量及增速

年　份	1990	1991	1992	1993	1994	1995	1996
总发电量/亿千瓦时	263.27	256.49	258.7	265.79	304.71	335.66	367.27
总发电量增速/％	—	−2.58	0.86	2.74	14.64	10.16	9.42
年　份	1997	1998	1999	2000	2001	2002	2003
总发电量/亿千瓦时	397.97	415.78	414.32	452.9	470.5	484.67	529.4
总发电量增速/％	8.36	4.48	−0.35	9.31	3.89	3.01	9.23
年　份	2004	2005	2006	2007	2008	2009	2010
总发电量/亿千瓦时	559.57	565.67	567.83	596.11	608.21	619.21	677.42
总发电量增速/％	5.70	1.09	0.38	4.98	2.03	1.81	9.40
年　份	2011	2012	2013	2014	2015	2016	2017
总发电量/亿千瓦时	691.76	729.21	752.66	772.62	824.13	907.98	943.70
总发电量增速/％	2.12	5.41	3.22	2.65	6.67	10.17	3.93

数据来源：世界银行；国际能源署。

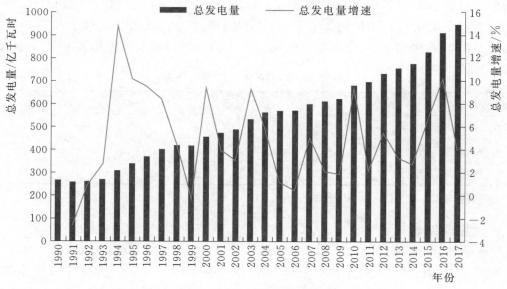

图 4－12   1990—2017 年菲律宾总发电量及增速

2. 各类发电量及占比

1990—2004 年菲律宾的主要发电方式有火电、水电和地热发电，其中火电占主导地位。2005 年菲律宾出现风电和光伏发电；2010 年出现垃圾发电和生物质发电。2015 年菲律宾水电发电量为 86.65 亿千瓦时，水电发电量占比为 10.51%；火电发电量为 614.5 亿千瓦时，占比 74.56%；地热发电量为 110.44 亿千瓦时，占比为 13.4%；风电发电量为 7.48 亿千瓦时，占比为 0.91%；其他新型可再生能源发电量和为 5.06%，占比为 0.62%。1990—2015 年菲律宾各类发电量及占比如表 4-15、图 4-13 所示。

表 4-15　　　　　　　　　　　　1990—2015 年菲律宾各类发电量及占比

年 份		1990	1991	1992	1993	1994	1995	1996
水电	发电量/亿千瓦时	60.62	51.45	44.4	50.3	58.62	62.32	70.3
	占比/%	23.03	20.06	17.16	18.92	19.24	18.57	19.14
火电	发电量/亿千瓦时	143.68	147.46	157.3	158.82	182.89	211.99	231.63
	占比/%	54.58	57.49	60.80	59.75	60.02	63.16	63.07
地热能发电	发电量/亿千瓦时	54.66	57.58	57	56.67	63.2	61.35	65.34
	占比/%	20.76	22.45	22.03	21.32	20.74	18.28	17.79
年 份		1997	1998	1999	2000	2001	2002	2003
水电	发电量/亿千瓦时	60.69	50.66	78.4	77.99	71.04	70.33	78.7
	占比/%	15.25	12.18	18.92	17.22	15.10	14.51	14.87
火电	发电量/亿千瓦时	264.91	275.98	229.98	258.65	295.04	311.92	352.48
	占比/%	66.57	66.38	55.51	57.11	62.71	64.36	66.58
地热能发电	发电量/亿千瓦时	72.37	89.14	105.94	116.26	104.42	102.42	98.22
	占比/%	18.18	21.44	25.57	25.67	22.19	21.13	18.55
年 份		2004	2005	2006	2007	2008	2009	2010
水电	发电量/亿千瓦时	85.93	83.87	99.39	85.63	98.43	97.88	78.03
	占比/%	15.36	14.83	17.50	14.36	16.18	15.81	11.52
火电	发电量/亿千瓦时	370.82	382.59	363.25	407.74	401.93	417.44	499.2
	占比/%	66.27	67.63	63.97	68.40	66.08	67.41	73.69
地热能发电	发电量/亿千瓦时	102.82	99.02	104.65	102.15	107.23	103.24	99.29
	占比/%	18.37	17.50	18.43	17.14	17.63	16.67	14.66
风电	发电量/亿千瓦时	—	0.17	0.53	0.58	0.61	0.64	0.62
	占比/%	—	0.03	0.09	0.10	0.10	0.10	0.09
光伏发电	发电量/亿千瓦时	—	0.02	0.01	0.01	0.01	0.01	0.01
	占比/%	—	0	0	0	0	0	0
垃圾发电	发电量/亿千瓦时	—	—	—	—	—	—	0.14
	占比/%	—	—	—	—	—	—	0.02
生物质能发电	发电量/亿千瓦时	—	—	—	—	—	—	0.13
	占比/%	—	—	—	—	—	—	0.02

年　份		2011	2012	2013	2014	2015
水电	发电量/亿千瓦时	96.98	102.52	100.19	91.37	86.65
	占比/%	14.02	14.06	13.31	11.83	10.51
火电	发电量/亿千瓦时	493.31	521.61	553.63	574.52	614.5
	占比/%	71.31	71.53	73.56	74.36	74.56
地热能发电	发电量/亿千瓦时	99.42	102.5	96.05	103.08	110.44
	占比/%	14.37	14.06	12.76	13.34	13.40
风电	发电量/亿千瓦时	0.88	0.75	0.66	1.52	7.48
	占比/%	0.13	0.10	0.09	0.20	0.91
光伏发电	发电量/亿千瓦时	0.01	0.01	0.01	0.17	1.39
	占比/%	0	0	0	0.02	0.17
垃圾发量	发电量/亿千瓦时	0.44	0.36	0.6	0.66	0.38
	占比/%	0.06	0.05	0.08	0.09	0.05
生物质能发电	发电量/亿千瓦时	0.72	1.46	1.52	1.30	3.29
	占比/%	0.10	0.20	0.20	0.17	0.40

数据来源：世界银行；国际能源署。

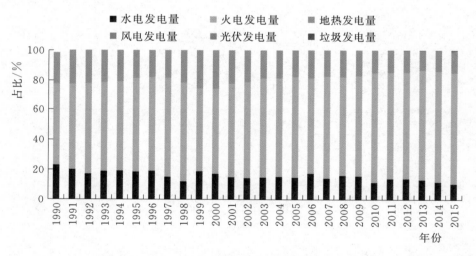

图 4-13　1990—2015 年菲律宾各类发电量占比

　　菲律宾火电结构中，煤炭发电量占比从 2006 年的 42% 增加为 2016 年的 63%，石油为基础的发电量占比从 2006 年的 13% 减少为 2016 年的 8%，天然气发电量占比从 2006 年的 45% 减少为 2016 年的 29%。2006 年和 2016 年菲律宾火电发电量如表 4-6、图 4-14 所示。

表 4-16　　　　　　　　　　**2006 年和 2016 年菲律宾火电发电量结构**　　　　　　　单位：亿千瓦时

年　份	2006	2016
煤炭	152.94	433.03
石油	46.65	56.61
天然气	163.66	198.54

数据来源：菲律宾能源部；世界银行；国际能源署。

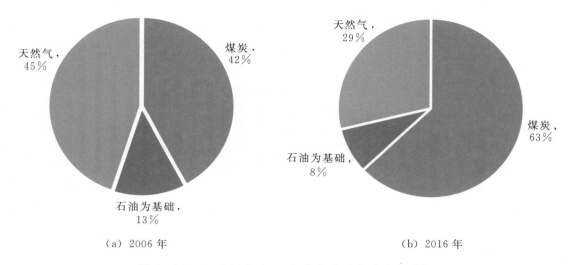

（a）2006年　　　　　　　　　　　　（b）2016年

图 4-14　2006 年和 2016 年菲律宾火电发电量结构

（四）电网建设规模

菲律宾输电公司拥有并管理着菲律宾全国的输电资产，电网由吕宋、维萨亚、棉兰老三大部分组成。其电压等级为交流 500 千伏、230 千伏、138/115 千伏、69 千伏和直流±350/250 千伏。

二、电力消费形势分析

（一）总用电量

1990—2015 年菲律宾用电量总体呈上升趋势。2004—2015 年菲律宾总用电量增速波动相对较小，2015 年总用电量为 678.08 亿千瓦时，增速为 7.05%。1990—2015 年菲律宾总用电量及增速如表 4-17、图 4-15 所示。

表 4-17　　　　　　　　　　　1990—2015 年菲律宾总用电量及增速

年　份	1990	1991	1992	1993	1994	1995	1996	1997	1998
总用电量/亿千瓦时	212.14	213.87	206.44	212.08	245.94	265.91	292.39	322.88	341.39
总用电量增速/%	—	0.82	-3.47	2.73	15.97	8.12	9.96	10.43	5.73
年　份	1999	2000	2001	2002	2003	2004	2005	2006	2007
总用电量/亿千瓦时	341.41	365.53	391.41	386.24	427.20	440.76	451.58	456.73	480.08
总用电量增速/%	0.01	7.06	7.08	-1.32	10.60	3.17	2.45	1.14	5.11
年　份	2008	2009	2010	2011	2012	2013	2014	2015	
总用电量/亿千瓦时	492.06	508.98	552.66	560.99	592.11	615.67	633.45	678.08	
总用电量增速/%	2.50	3.44	8.58	1.51	5.55	3.98	2.89	7.05	

数据来源：世界银行；国际能源署。

（二）分部门用电量

1990—2015 年，菲律宾农业用电量占比从 5.02% 减少为 3.48%；工业用电量占比从 46.87% 减少为 33.20%；服务业用电量占比从 24.32% 增加为 29.76%；生活用电量占比从 26.44% 增加为 33.55%。2015 年菲律宾农业用电量为 23.63 亿千瓦时，工业用电量为 225.15 亿千瓦时，服务业用电量为 201.83 亿千瓦时，生活用电量为 227.47 亿千瓦时。1990—2015 年菲律宾分部门用电量及占比如表 4-18、图 4-16 所示。

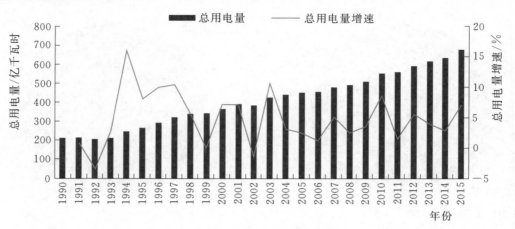

图 4 – 15 1990—2015 年菲律宾总用电量及增速

表 4 – 18　　　　1990—2015 年菲律宾分部门用电量及占比

年　份		1990	1991	1992	1993	1994	1995	1996
农业	用电量/千瓦时	5.02	4.16	3.71	3.68	3.84	3.72	3.33
	占比/%	2.37	1.95	1.80	1.74	1.56	1.40	1.14
工业	用电量/千瓦时	99.44	93.4	88.59	93.94	106.84	109.48	118.55
	占比/%	46.87	43.67	42.91	44.29	43.44	41.17	40.55
服务业	用电量/千瓦时	51.59	53.82	53.61	50.78	62.44	70.48	79.01
	占比/%	24.32	25.16	25.97	23.94	25.39	26.51	27.02
居民生活	用电量/千瓦时	56.09	62.49	60.53	63.68	72.82	82.23	91.5
	占比/%	26.44	29.22	29.32	30.03	29.61	30.92	31.29
年　份		1997	1998	1999	2000	2001	2002	2003
农业	用电量/千瓦时	3.37	3.09	2.54	2.91	3.95	3.38	3.32
	占比/%	1.04	0.91	0.74	0.80	1.01	0.88	0.78
工业	用电量/千瓦时	125.35	125.48	124.49	131.95	144.59	136.33	151.94
	占比/%	38.82	36.76	36.46	36.10	36.94	35.30	35.57
服务业	用电量/千瓦时	89.39	93.46	95.63	101.73	107.4	109.38	118.37
	占比/%	27.69	27.38	28.01	27.83	27.44	28.32	27.71
居民生活	用电量/千瓦时	104.77	119.36	118.75	128.94	135.47	137.15	153.57
	占比/%	32.45	34.96	34.78	35.27	34.61	35.51	35.95
年　份		2004	2005	2006	2007	2008	2009	2010
农业	用电量/千瓦时	4.98	4.91	4.80	4.93	12.83	14.13	14.84
	占比/%	1.13	1.09	1.05	1.03	2.61	2.78	2.69
工业	用电量/千瓦时	146.95	154.11	156.24	162.37	170.31	170.84	185.77
	占比/%	33.34	34.13	34.21	33.82	34.61	33.57	33.61
服务业	用电量/千瓦时	129.63	132.25	137.39	149.02	142.48	148.67	163.72
	占比/%	29.41	29.29	30.08	31.04	28.96	29.21	29.62
居民生活	用电量/千瓦时	159.20	160.31	158.30	163.76	166.44	175.34	188.33
	占比/%	36.12	35.50	34.66	34.11	33.83	34.45	34.08

续表

年 份		2011	2012	2013	2014	2015
农业	用电量/千瓦时	13.36	15.50	18.59	20.75	23.63
	占比/%	2.38	2.62	3.02	3.28	3.48
工业	用电量/千瓦时	193.34	200.72	206.78	214.29	225.15
	占比/%	34.46	33.90	33.59	33.83	33.20
服务业	用电量/千瓦时	167.35	178.94	184.16	188.72	201.83
	占比/%	29.83	30.22	29.91	29.79	29.76
居民生活	用电量/千瓦时	186.94	196.95	206.14	209.69	227.47
	占比/%	33.32	33.26	33.48	33.10	33.55

数据来源：世界银行；国际能源署。

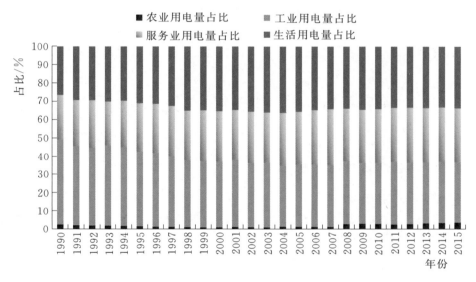

图 4-16　1990—2015 年菲律宾分部门用电量占比

三、电力供需平衡分析

2017 年 1—6 月，菲律宾电力系统遭受了自然和人为的灾难，导致三大电网负荷下降，但基本保持稳定。能源利益相关者之间的协调和关键供应期间电力需求的相对较低，有利于维持电力系统的稳定性。美国能源部启动了针对所有能源设施的弹性政策发布政策，开展绩效评估和技术审计，并重新启动了确保能源设施的机构间工作组。菲律宾没有进出口电量。

四、电力相关政策

（一）电力投资相关政策

2007 年菲律宾能源小组通过电力工业改革修正议案，该议案旨在促进执行久受拖延的政府对电力工业的开放计划，以便让更多私营投资者参与发电、电力输送及分配。

（二）电力市场相关政策

1. 电力市场竞争性调节政策

2001 年菲律宾通过《电力工业改革法》，启动了全面的电力工业改革进程，目的是打破购电垄断、实现需求侧竞争。

2013 年菲律宾引入零售竞争和开放政策。

2016 年 6 月，"可竞争型消费者（即有权自主选择电力供应商的消费者）"的最低用电门限从 1000 千瓦下降至 750 千瓦。

2. 网格代码和分配代码的实施政策

菲律宾网格代码。电网规范确定并确认了 3 个关键的独立功能团体（电网所有者、系统运营者和市场运营者）的责任和义务，旨在与批发电力现货市场的市场规则一起使用，以确保电网安全、可靠和高效运行。

菲律宾分配代码规定了管理菲律宾配电系统运行、维护、开发、连接和使用的基本规则和程序。

3. 电价调整政策

2016 年 7 月菲律宾可再生能源委员会总裁公布了第三轮太阳能发电和风力发电上网补贴电价。太阳能发电方面，上网补贴电价定为 7.66 比索／千瓦时，低于第二轮的 8.69 比索／千瓦时。风力发电方面，上网补贴电价定为 6.97 比索／千瓦时，低于第二轮的 7.40 比索／千瓦时。

2017 年 2 月，菲能源部签订协议降低经济园区电价，确保经济园区获得稳定充足、价格合理的电力供应。通过采用 ISO50001 能源管理系统，降低企业电力成本，提高能源使用效率。

第三节　电力与经济关系分析

一、电力消费与经济发展相关关系

（一）用电量增速与 GDP 增速

1991—2004 年菲律宾用电量增速与 GDP 增速波动幅度均相对较大，2005—2015 年菲律宾用电量增速与 GDP 增速波动幅度均相对较小。用电量增速与 GDP 增速变化趋势具有较高的一致性。1991—2015 年菲律宾用电量增速与 GDP 增速如图 4-17 所示。

图 4-17　1991—2015 年菲律宾用电量增速与 GDP 增速

（二）电力消费弹性系数

菲律宾在 1991 年、1992 年、1998 年、2002 年和 2004 年电力消费弹性系数出现负值，分别为 -1.41、-10.29、-9.94、-0.23 和 -5.50。2005—2015 年电力消费弹性波动相对较小，2015 年菲律宾电力消费弹性系数为 1.16。1991—2015 年菲律宾电力消费弹性系数如表 4-19、图 4-18 所示。

表 4 - 19　　　　　　　　　　　**1991—2015 年菲律宾电力消费弹性系数**

年　份	1991	1992	1993	1994	1995	1996	1997	1998
电力消费弹性系数	−1.41	−10.29	1.29	3.64	1.74	1.70	2.01	−9.94
年　份	1999	2000	2001	2002	2003	2004	2005	2006
电力消费弹性系数	0	1.60	2.45	−0.23	2.05	−5.50	0.80	0.26
年　份	2007	2008	2009	2010	2011	2012	2013	2014	2015
电力消费弹性系数	1.77	0.60	2.99	1.12	0.41	0.83	0.56	0.47	1.16

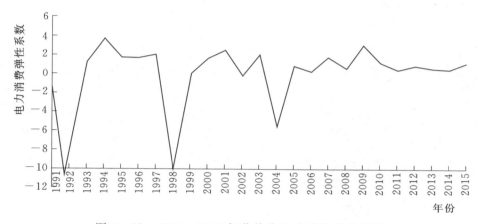

图 4 - 18　1991—2015 年菲律宾电力消费弹性系数

（三）单位产值电耗

1990—1996 年菲律宾单位产值电耗呈下降趋势；1996—2003 年单位产值电耗总体呈上升趋势；2003—2014 年单位产值电耗总体呈下降趋势；2015 年菲律宾电力单位产值电耗为 0.23 千瓦时/美元，比 2014 年增加了 0.01 千瓦时/美元。1990—2015 年菲律宾单位产值电耗如表 4 - 20、图 4 - 19 所示。

表 4 - 20　　　　　　　　　　　**1990—2015 年菲律宾单位产值电耗**　　　　　　　单位：千瓦时/美元

年　份	1990	1991	1992	1993	1994	1995	1996	1997	1998
单位产值电耗	0.48	0.47	0.39	0.39	0.38	0.36	0.35	0.39	0.47
年　份	1999	2000	2001	2002	2003	2004	2005	2006	2007
单位产值电耗	0.41	0.45	0.51	0.47	0.51	0.48	0.44	0.37	0.32
年　份	2008	2009	2010	2011	2012	2013	2014	2015	
单位产值电耗	0.28	0.30	0.28	0.25	0.24	0.23	0.22	0.23	

（四）人均用电量

1990—1992 年菲律宾人均用电量呈下降趋势；1993—2015 年人均用电量总体呈上升趋势，2015 年菲律宾人均用电量为 740 千瓦时。1990—2015 年菲律宾人均用电量如表 4 - 21、图 4 - 20 所示。

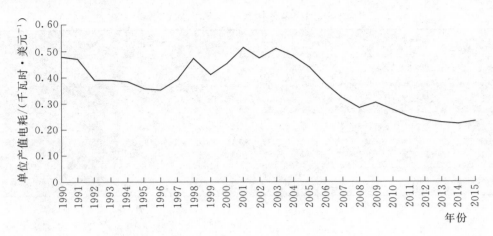

图 4-19 1990—2015 年菲律宾单位产值电耗

表 4-21 **1990—2015 年菲律宾人均用电量** 单位：千瓦时

年 份	1990	1991	1992	1993	1994	1995	1996	1997	1998
人均电力消费量	360	350	330	340	380	400	430	460	480
年 份	1999	2000	2001	2002	2003	2004	2005	2006	2007
人均电力消费量	470	500	520	520	560	580	580	570	580
年 份	2008	2009	2010	2011	2012	2013	2014	2015	
人均电力消费量	590	590	640	650	670	690	710	740	

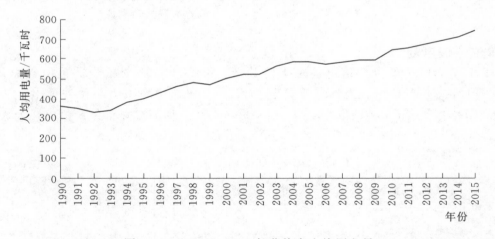

图 4-20 1990—2015 年菲律宾人均用电量

二、工业用电与工业经济增长相关关系

（一）工业用电量增速与工业增加值增速

1991—2015 年菲律宾工业用电量增速与工业增加值增速具有较高一致性，工业用电量增速相比工业增加值增速波动幅度更大。1991—2015 年菲律宾工业用电量增速与工业增加值增速如图 4-21 所示。

（二）工业电力消费弹性系数

1998 年、2002 年、2004 年和 2009 年菲律宾工业电力消费弹性系数出现负值，分别为 -0.05、-1.98、-0.63、-0.16。2005—2015 年菲律宾工业电力消费弹性系数波动相对较小。1991—2015 年菲律宾工业电力消费弹性系数如表 4-22、图 4-22 所示。

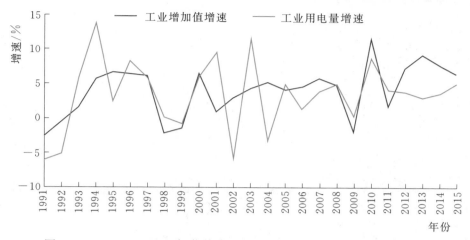

图 4-21　1991—2015 年菲律宾工业用电量增速与工业增加值增速

表 4-22　　　　　　　　　**1991—2015 年菲律宾工业电力消费弹性系数**

年　份	1991	1992	1993	1994	1995	1996	1997	1998
工业电力消费弹性系数	2.27	9.60	3.67	2.38	0.37	1.29	0.93	−0.05
年　份	1999	2000	2001	2002	2003	2004	2005	2006
工业电力消费弹性系数	0.53	0.92	9.96	−1.98	2.68	−0.63	1.16	0.30
年　份	2007	2008	2009	2010	2011	2012	2013	2014	2015
工业电力消费弹性系数	0.68	1.02	−0.16	0.75	2.20	0.53	0.33	0.47	0.79

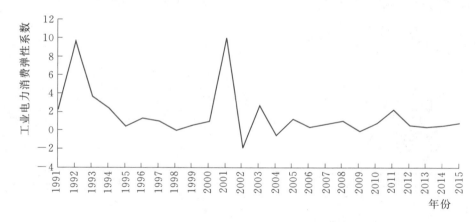

图 4-22　1991—2015 年菲律宾工业电力消费弹性系数

（三）工业单位产值电耗

1990—1996 年菲律宾工业单位产值电耗呈现下降趋势；1997—2003 年工业单位产值电耗呈现波浪式上升趋势；2004—2015 年工业单位产值电耗总体呈下降趋势。2015 年菲律宾工业单位产值电耗为 0.25 千瓦时/美元。1990—2015 年菲律宾工业单位产值电耗如表 4-23、图 4-23 所示。

表 4-23　　　　　　　　　**1990—2015 年菲律宾工业单位产值电耗**　　　　　　　　单位：千瓦时/美元

年　份	1990	1991	1992	1993	1994	1995	1996	1997	1998
工业单位产值电耗	0.65	0.60	0.51	0.53	0.51	0.46	0.45	0.47	0.51
年　份	1999	2000	2001	2002	2003	2004	2005	2006	2007
工业单位产值电耗	0.45	0.47	0.55	0.48	0.52	0.48	0.44	0.38	0.33
年　份	2008	2009	2010	2011	2012	2013	2014	2015
工业单位产值电耗	0.30	0.32	0.29	0.28	0.26	0.24	0.24	0.25

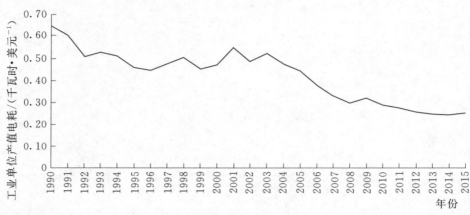

图 4-23　1990—2015 年菲律宾工业单位产值电耗

三、服务业用电与服务业经济增长相关关系

(一) 服务业用电量增速与服务业增加值增速

1991—2005 年菲律宾服务业用电量增速与服务业增加值增速具有较高一致性,服务业用电量增速相比服务业增加值增速波动幅度更大。1991—1998 年菲律宾服务业用电量增速波动幅度相对较大;1999—2015 年菲律宾服务业用电量增速波动幅度相对较小。1991—2015 年菲律宾服务业用电量增速与服务业增加值增速如图 4-24 所示。

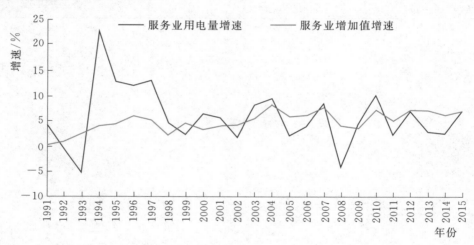

图 4-24　1991—2015 年菲律宾服务业用电量增速与服务业增加值增速

(二) 服务业电力消费弹性系数

1992 年、1993 年和 2008 年菲律宾服务业电力消费弹性系数出现负值,分别为 -0.42、-2.17、-1.10。2011—2015 年菲律宾服务业电力消费弹性系数波动相对较小。1991—2015 年菲律宾服务业电力消费弹性系数如表 4-24、图 4-25 所示。

表 4-24　　　　　　　　　1991—2015 年菲律宾服务业电力消费弹性系数

年　份	1991	1992	1993	1994	1995	1996	1997	1998	1999
服务业电力消费弹性系数	13.26	-0.42	-2.17	5.75	2.91	2.01	2.57	2.10	0.51
年　份	2000	2001	2002	2003	2004	2005	2006	2007	2008
服务业电力消费弹性系数	1.93	1.38	0.44	1.50	1.15	0.35	0.65	1.12	-1.10
年　份	2009	2010	2011	2012	2013	2014	2015		
服务业电力消费弹性系数	1.28	1.41	0.45	0.97	0.42	0.41	1.01		

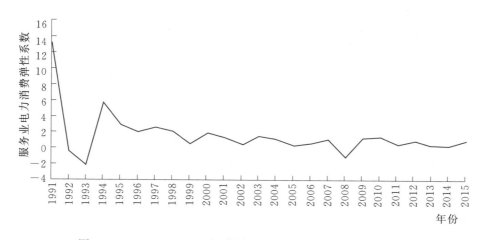

图 4-25 1991—2015 年菲律宾服务业电力消费弹性系数

（三）服务业单位产值电耗

1990—1996 年菲律宾服务业单位产值电耗总体呈下降趋势；1997—2003 年服务业单位产值电耗呈波浪式上升趋势；2004—2015 年服务业单位产值电耗总体呈下降趋势。2015 年菲律宾服务业单位产值电耗为 0.12 千瓦时。1990—2015 年菲律宾服务业单位产值电耗如表 4-25、图 4-26 所示。

表 4-25　　　　　　　　1990—2015 年菲律宾服务业单位产值电耗　　　　　　单位：千瓦时/美元

年　份	1990	1991	1992	1993	1994	1995	1996	1997	1998
服务业单位产值电耗	0.27	0.26	0.22	0.20	0.21	0.21	0.20	0.22	0.25
年　份	1999	2000	2001	2002	2003	2004	2005	2006	2007
服务业单位产值电耗	0.22	0.24	0.27	0.26	0.27	0.27	0.24	0.21	0.18
年　份	2008	2009	2010	2011	2012	2013	2014	2015	
服务业单位产值电耗	0.15	0.16	0.15	0.13	0.13	0.12	0.12	0.12	

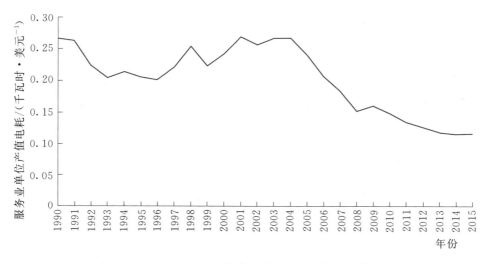

图 4-26 1990—2015 年菲律宾服务业单位产值电耗

第四节 电力与经济发展展望

一、经济发展展望

2017 年 6 月 6 日，"菲律宾发展计划"（PDP）2017—2022 年，为实现 AmBisyon Natin 2040。PDP 制定了政府要实现的目标，到 2022 年，菲律宾将成为中高收入国家。国内生产总值增速在中期为 7％～8％。总体贫困率目标是从 2015 年的 21.6％下降到 2022 年的 14％。农村贫困发生率从同期的 30％下降到 20％。失业率也将从 2016 年的 5.5％下降到 2022 年的 3％～5％。

《2018—2020 三年滚动基础设施计划》指出，菲政府将在未来三年内推出 4895 个基建项目，项目覆盖交通、水资源、污水处理、防洪、固体废物处理、海运、社会基础设施、能源等领域。

2017 年菲律宾财政部部长呼吁东盟继续推动经济一体化，东盟已经提出了《东盟经济共同体蓝图 2025》和《东盟互联互通总体规划 2025》。

2017 年 8 月菲律宾财政部长力推税制改革方案，意图通过降低个人所得税、统一企业所得税、拓宽税基等简化菲征税体制，同时还期望调整燃油、汽车和含糖饮料等的消费税，最终实现税收增长。

（一）GDP 预测

国际货币基金组织预测，菲律宾 2018 年 GDP 增速为 6.7％，2019—2022 年 GDP 增速均为 6.8％。2000—2022 年菲律宾 GDP 增速如表 4－26、图 4－27 所示。

表 4－26　　　　　　　　　　　　2000—2022 年菲律宾 GDP 增速　　　　　　　　　　　　%

年　份	2000	2001	2002	2003	2004	2005	2006	2007
GDP 增速	4.4	2.9	3.6	5	6.7	4.8	5.2	6.6
年　份	2008	2009	2010	2011	2012	2013	2014	2015
GDP 增速	4.2	1.1	7.6	3.7	6.7	7.1	6.1	6.1
年　份	2016	2017	2018	2019	2020	2021	2022	
GDP 增速	6.9	6.6	6.7	6.8	6.8	6.8	6.8	

数据来源：国际货币基金组织。

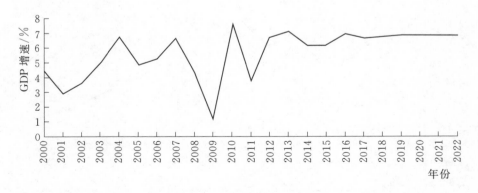

图 4－27　2000—2022 年菲律宾 GDP 增速

（二）人均 GDP 预测

国际货币基金组织预测，2018—2022 年菲律宾人均 GDP 分别为 3300.87 美元、3596.77 美元、3919.61 美元、4271.91 美元、4631.64 美元。2000—2022 年菲律宾人均 GDP 如表 4－27、图 4－28 所示。

表 4 - 27　　　　　　　　　　　　　2000—2022 年菲律宾人均 GDP　　　　　　　　　　　单位：美元

年　份	2000	2001	2002	2003	2004	2005	2006	2007
人均 GDP	1051.97	970.38	1013.42	1024.77	1093.48	1208.93	1405.21	1683.69
年　份	2008	2009	2010	2011	2012	2013	2014	2015
人均 GDP	1941.00	1851.07	2155.41	2379.94	2591.63	2768.89	2841.91	2866.36
年　份	2016	2017	2018	2019	2020	2021	2022	
人均 GDP	2926.6	3022.45	3300.87	3596.77	3919.61	4271.91	4631.64	

数据来源：国际货币基金组织。

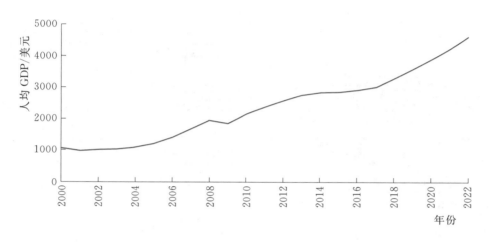

图 4 - 28　2000—2022 年菲律宾人均 GDP

（三）通货膨胀率预测

国际货币基金组织预测，2018—2022 年菲律宾通货膨胀率为 3.0％。2000—2022 年菲律宾通货膨胀率如表 4 - 28、图 4 - 29 所示。

表 4 - 28　　　　　　　　　　　　2000—2022 年菲律宾通货膨胀率　　　　　　　　　　　　　　％

年　份	2000	2001	2002	2003	2004	2005	2006	2007
通货膨胀率	8.7	3.7	2.1	2.5	7.1	5.9	4.1	3.7
年　份	2008	2009	2010	2011	2012	2013	2014	2015
通货膨胀率	7.8	4.4	3.6	4.2	3.0	4.1	2.7	1.5
年　份	2016	2017	2018	2019	2020	2021	2022	
通货膨胀率	2.6	2.9	3.0	3.0	3.0	3.0	3.0	

数据来源：国际货币基金组织。

二、电力发展展望

（一）电力需求展望

菲律宾能源部预测，2018—2023 年菲律宾电网峰值需求分别为 1457.5 万千瓦、1542.2 万千瓦、1632.3 万千瓦、1722.1 万千瓦、1817.3 万千瓦、1918.1 万千瓦。2017—2040 年菲律宾电网峰值需求预测如表 4 - 29 所示。

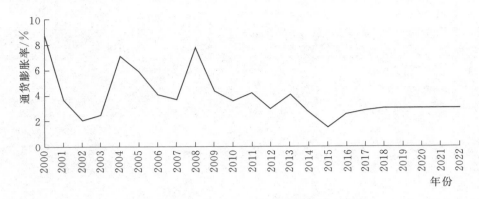

图 4 - 29 2000—2022 年菲律宾通货膨胀率

表 4 - 29　　　　　　　　　　2017—2040 年菲律宾电网峰值需求预测　　　　　　　　单位：万千瓦

年　份	2017	2018	2019	2020	2021	2022	2023	2024
电网峰值	1377.8	1457.5	1542.2	1632.3	1722.1	1817.3	1918.1	2025.2
年　份	2025	2026	2027	2028	2029	2030	2031	2032
电网峰值	2138.4	2258.6	2385.8	2520.8	2664.0	2815.8	2976.4	3146.7
年　份	2033	2034	2035	2036	2037	2038	2039	2040
电网峰值	3327.0	3518.0	3720.3	3934.8	4162.1	4402.8	4658.1	4928.7

数据来源：菲律宾能源部。

（二）电力发展规划及展望

2010 年 7 月菲律宾能源部制定了《2009—2030 年能源规划》，提出在 2030 年将可再生能源电力装机容量在 2008 年的基础上翻一番。

《2016—2040 年电力发展计划》是从 2016 年开始为国家提供动力的途径，通过清洁、高效、健全和可持续的体系确保电力供应的质量、可靠性、安全性和可负担性。《2016—2040 年电力发展计划》包括所有分部门发电、输电、配电和供电，以及市场的发展，其他体制支持机制和电气化路线图。能源部设想将当前的系统转变成一体化的、气候适应的、技术先进的和完全竞争的电力工业。

2017 年 2 月菲律宾国家电网公司拟投资 20 个项目，以提升菲律宾输电网络效率。资金来源均为其此前投资收益，工期预计 3~5 年。其中，7 个是干路输电网项目，包括 Calaca - Dasmariñas 500kV 项目、Hermosa - San Jose 500kV 项目、Pagbilao 超高压项目、Cebu - Negros - Panay 230kV 互连项目、Mindanao 230kV 干路项目、Luzon 及 Visayas 电压改进项目和 Tuguegarao - Magapit 230kV 项目。2016—2040 年菲律宾的电力系统容量如表 4 - 30 所示。

表 4 - 30　　　　　　　　　2016—2040 年菲律宾的电力系统容量　　　　　　　　单位：万千瓦

年　份	2016	2017	2018	2019	2020	2021	2022	2023
总现有可用容量	1387.7	1387.7	1387.7	1387.7	1387.7	1387.7	1387.7	1387.7
系统需求高峰	1339.0	1377.8	1457.5	1542.2	1632.3	1722.1	1817.3	1918.2
储备要求（25%的峰值需求）	334.7	344.5	364.4	385.5	408.1	430.5	454.3	479.5
总容量	260.5	270.5	280.5	288.7	316.9	413.8	535.7	648.4

续表

年　份	2024	2025	2026	2027	2028	2029	2030	2031
总现有可用容量	1387.7	1387.7	1387.7	1387.7	1387.7	1387.7	1387.7	1387.7
系统需求高峰	2025.1	2138.4	2258.5	2385.9	2520.9	2664.0	2815.8	2976.5
储备要求（25％的峰值需求）	506.3	534.6	564.6	596.5	630.2	666.0	703.9	744.1
总容量	774.3	910.7	1060.3	1215.2	1367.1	1540.2	1733.8	1930.9
年　份	2032	2033	2034	2035	2036	2037	2038	2039	2040
总现有可用容量	1387.7	1387.7	1387.7	1387.7	1387.7	1387.7	1387.7	1387.7	1387.7
系统需求高峰	3146.7	3327.0	3518.0	3720.4	3934.8	4162.0	4402.8	4658.1	4928.7
储备要求（25％的峰值需求）	786.7	831.8	879.5	930.1	983.7	1040.5	1100.7	1164.5	1232.2
总容量	2148.0	2378.3	2615.9	2865.2	3129.5	3417.0	3718.5	4035.0	4376.5

数据来源：菲律宾能源部。

第五章

越　南

越南位于东南亚的中南半岛东部，北与中国广西、云南接壤，西与老挝、柬埔寨交界，国土狭长，面积约 33 万平方公里，紧邻南海，海岸线长 3260 多公里，是以京族为主体的多民族国家。越南矿产资源丰富，种类多样，主要有近海油气、煤、铁、铝、锰、铬、锡、钛、磷等，其中煤、铁、铝储量较大。1986 年改革开放以来，越南经济保持较快增长，经济总量不断扩大，对外开放水平不断提高，基本形成了以国有经济为主导、多种经济成分共同发展的格局。国际货币基金组织统计显示，2016 年越南 GDP 全球排名第 48 位。

第一节　经济发展与政策

一、经济发展状况

（一）经济发展及现状

1. 经济发展历程

越南是传统的农业国，工业基础较薄弱，主要依靠投资拉动增长，科技创新对经济发展贡献不高。1986 年，越共六大以来，实行全面的经济改革，确立农、轻、重的经济发展次序，经济机制逐步转向国家控制的市场机制，获得了不少令人瞩目的经济发展成就。

2000 年，越南主要经济目标全面超额完成，遏制住增速下滑趋势。全年 GDP 增长速度约达 6.78％，这是自 1997 年 7 月东南亚金融危机以后的最高增速，越南经济已恢复增长。

2005 年，越南国内生产总值超过 576.33 亿美元，比上年增长 7.54％。财政收入首次超过 100 亿美元，外贸出口达 322 亿美元。外汇储备达 83 亿美元。越南经济结构进一步改善，三大产业占 GDP 比重分别为工业 38.1％、服务业 42.6％、农业 19.3％。

2007 年，越南加入了 WTO，GDP 增速约达 774.14 亿美元，比上年增长约 7.13％，人均年收入约达 919.21 美元，GDP 高速增长。其中农、林、渔业产值增长 3.25％；工业和建筑业产值增长 10.6％；服务业产值增长 8.66％。加入 WTO 刺激了越南本年度的进出口贸易，出口增长 21.5％，达 484 亿美元；进口增长 35.3％，达 606 亿美元。2007 年越南吸引国外直接投资（FDI）达到了历史最高水平，共吸引外资 203 亿美元，同比增长 68.8％；吸收政府发展援助资金（ODA）54 亿美元，到位 20 亿美元，均为历史最高。2007 年越南国家财政总收入达近 287.9 万亿盾，支出约 368.3 万亿盾，国家财政预算透支是 GDP 的 495％，与提出的预算基本持平。全社会投资金额达 GDP 的 40.6％。创造就业和新增加就业 168 万人；40 个省、市将普及基本义务教育，高校在校人数增加 11.7%，贫困户比例减少至 14.7%，生育比例减少 0.025%，营养不良儿童比例下降至 22.3%。

2008 年越南经济经历了 20 多年来最剧烈的变化。上半年越南出现了通货膨胀现象，国内市场上的商品价格也飞速上涨，消费者物价指数（CPI）在 5 月超过了 25.2%。财政赤字和外贸赤字剧增，股市跌幅达 60%，主要城市房地产价格下跌了 15%～20%，市场上出现了大米抢购现象，外汇市场上的美元和黄金价格急剧上涨并出现了短缺，银行流动性告急。2008 年 4 月 17 日，越南政府正式颁布了关于控制通货膨胀、稳定宏观经济、保障民生和可持续发展的八项措施的第 10/NQ-CP 决议，包括了货币、财政和行政管理等各种配套措施，涉及面广，综合考虑了经济、民生和社会安定等问题。越南经济形势恶化的势头得到控制，2008 年 GDP 比 2007 年增长了 6.23%，越南人均 GDP 超过 1000 美元。

受世界经济危机的影响，越南 2009 年第一季度的实际 GDP 增长率停滞在 3.1%。第二季度以后转入恢复状态，2009 年整体增长率达到了 5.32%，实现了 V 字形的恢复。

2012 年 GDP 同比增长 5.24%，低于 2011 年的 6.24%，没有实现原定 6% 的目标，是 1999 年以来最低增速。2006—2011 年，越南的经济平均增速为 6.5% 左右。其中，农、林、水产业增长 2.72%；工业和建筑业增长 4.52%；服务业增长 6.42%。2012 年，越南通胀率得到控制，国内市场较为稳定，宏观经济保持稳定。越南居民消费价格指数同比增长 6.81%。稳定市场价格、对市场商品供求进行调配与控制、发展商品流通网络等措施已及时和有效展开，市场管理、防伪劣产品、反投机、反贩卖、反逃税等工作已取得积极进展。

2013 年越南经济发展状况稳步提升，人均 GDP 接近 2000 美元，GDP 同比增速 5.42%，高于 2012 年 5.25% 的增速。其中第一季度 4.76%，第二季度 5.00%，第三季度 5.54%，第四季度 6.04%。各产业的增速为：农林渔业增长 2.67%，增速基本上与上年持平，贡献率 0.48%；工业和建筑业 5.43%，低于上年的 5.75%，贡献率为 2.09%；服务业 6.56%，高于上年的 5.9%，贡献 2.85%。服务业增速最快，贡献最大。当年经济结构为：农林水产业占 18.4%，工业和建筑业占 38.3%，服务业 43.3%。

2015 年越南经济形势延续稳中向好趋势，增速达 6.68%，超过 6.2% 的政府目标，创下近五年来最高水平。出口总值上涨 8.1%，进口总值增长 12%，外来投资增至 17.4%，达到 145 亿美元。2015 年越南的通货膨胀率为 0.63%，创近 14 年来新低。2015 年越南经济社会劳动生产率按现价约达 7930 万越盾/人，相当于 3657 美元/人。

2. 经济现状

世界银行发布《2016 年营商环境报告》显示，越南在全球 189 个经济体中排名 90 位。世界经济论坛《2015—2016 年全球竞争力报告》显示，越南在全球最具竞争力的 140 个国家和地区中，排第 56 位。

2016 年越南 GDP 增速为 6.21%，服务业增速为 6.98%（2015 年为 6.33%），制造与加工工业增速为 11.9%（2015 年为 10.6%），建筑业增速为 10%（2015 年为 10.82%）。越南第一、第二、第三和第四季度 GDP 增速分别为 5.48%、5.78%、6.56% 和 6.68%。

（二）主要经济指标分析

1. GDP 及增速

1995 年，越南加入东南亚国家联盟，申请加入世界贸易组织，GDP 增速达到 9.54%，是 1990—2016 年的最高点。1996 年越共八大提出要大力推进国家工业化、现代化，经济维持高速增长，1998 年受亚洲金融危机的影响，GDP 增速降至 5.76%，1999 年尚未从金融危机中走出来，经济持续低迷，出现了 1990—2016 年 GDP 增速的最低点。2000 年以后，经济逐渐恢复，2008 年受全球经济危机的影响，GDP 增速降低，2010 年经济逐渐恢复，GDP 增速为 6.42%。2010—2017 年经济平稳运行，GDP 不断上升。1990—2017 年越南 GDP 及增速如表 5-1、图 5-1 所示。

表 5-1　　　　　　　　　　　　1990—2017 年越南 GDP 及增速

年　份	1990	1991	1992	1993	1994	1995	1996
GDP/亿美元	64.72	96.13	98.67	131.81	162.86	207.36	246.57
GDP 增速/%	5.10	5.96	8.65	8.07	8.84	9.54	9.34
年　份	1997	1998	1999	2000	2001	2002	2003
GDP/亿美元	268.44	272.10	286.84	336.40	352.91	379.48	427.17
GDP 增速/%	8.15	5.76	4.77	6.79	6.19	6.32	6.90
年　份	2004	2005	2006	2007	2008	2009	2010
GDP/亿美元	494.24	576.33	663.72	774.14	991.30	1060.15	1159.32
GDP 增速/%	7.54	7.55	6.98	7.13	5.66	5.40	6.42
年　份	2011	2012	2013	2014	2015	2016	2017
GDP/亿美元	1355.39	1558.20	1712.22	1862.05	1932.41	2026.16	2238.64
GDP 增速/%	6.24	5.25	5.42	5.98	6.68	6.21	6.81

数据来源：联合国统计司；国际货币基金组织。

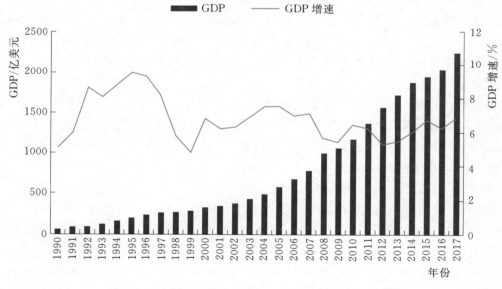

图 5-1　1990—2017 年越南 GDP 及增速变化趋势

2. 人均 GDP

1995 年，越南加入东南亚国家联盟，人均 GDP 增速达到 7.76%，是近几年最高点。1996 年越共八大提出要大力推进国家工业化、现代化，经济维持高速增长；1998 年受亚洲金融危机的影响，人均 GDP 增速降至 4.15%；1999 年尚未从金融危机中走出来，经济持续低迷，出现了近几年人均 GDP 增速的最低点。2000 年以后，经济逐渐恢复，2008 年受全球经济危机的影响，人均 GDP 增速降低，2010 年经济逐渐恢复，人均 GDP 增速为 5.31%。2010—2017 年经济平稳运行，人均 GDP 不断上升。1990—2017 年越南人均 GDP 及增速如表 5-2、图 5-2 所示。

表 5-2 　　　　　　　　　　　　　　　　1990—2017 年越南人均 GDP 及增速

年　份	1990	1991	1992	1993	1994	1995	1996
人均 GDP/美元	98.03	142.97	144.15	189.26	229.95	288.02	337.05
人均 GDP 增速/%	3.12	4.03	6.73	6.22	7.03	7.76	7.60
年　份	1997	1998	1999	2000	2001	2002	2003
人均 GDP/美元	361.25	360.60	374.47	433.33	448.88	477.11	530.86
人均 GDP 增速/%	6.48	4.15	3.21	5.36	4.86	5.09	5.66
年　份	2004	2005	2006	2007	2008	2009	2010
人均 GDP/美元	606.90	699.50	796.67	919.21	1164.61	1232.37	1333.58
人均 GDP 增速/%	6.26	6.30	5.80	5.98	4.54	4.29	5.31
年　份	2011	2012	2013	2014	2015	2016	2017
人均 GDP/美元	1542.67	1754.55	1907.56	2052.32	2107.01	2185.69	2343.12
人均 GDP 增速/%	5.12	4.12	4.31	4.85	5.53	5.08	5.73

数据来源：联合国统计司；国际货币基金组织。

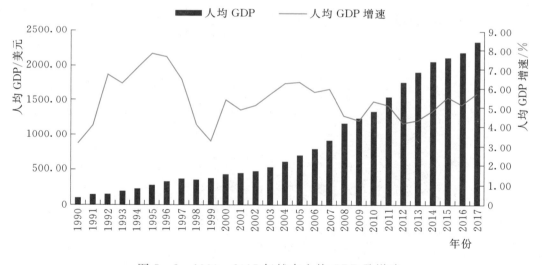

图 5-2 　1990—2017 年越南人均 GDP 及增速

3. GDP 分部门结构

越南农业由单一种植已经转变成为大农业体系，种植业趋向多元化发展，越南农业实现现代化，越南的农业占比表现出"逆经济周期"发展的趋势，农业 GDP 占比逐年降低，总量仍保持增加，2016 年农业 GDP 增加额为 1162.70 亿美元。自 2005 年以来越南产业结构演变格局停滞不前，进入了一种相对稳定的状态，作为主导国民经济发展的工业发展缓慢，"去工业化"现象在越南开始出现，对越南经济增长产生负面影响。越南传统制造业占主导、新兴制造业发展缓慢的格局短期内难以改变，工业化进程中消费资料工业与资本资料工业在规模上大致相当。1990—2017 年越南的产业结构产生明显变化，农业 GDP 占比从 1990 年的 38.7% 降为 2017 年的 15.3%。2011—2015 年，服务业 GDP 占比稳定在 41%～45%。1990—2017 年越南分部门 GDP 占比如表 5-3、图 5-3 所示。

表 5-3 1990—2017 年越南分部门 GDP 占比 ％

年 份	1990	1991	1992	1993	1994	1995	1996
农业	38.7	40.5	33.9	29.9	27.4	27.2	27.8
工业	22.7	23.8	27.3	28.9	28.9	28.8	29.7
服务业	38.6	35.7	38.8	41.2	43.7	44.1	42.5
年 份	1997	1998	1999	2000	2001	2002	2003
农业	25.8	25.8	25.4	22.7	21.5	21.3	20.9
工业	32.1	32.5	34.5	34.2	35.5	35.7	36.7
服务业	42.2	41.7	40.1	38.7	38.6	38.5	38
年 份	2004	2005	2006	2007	2008	2009	2010
农业	20	19.3	18.7	18.7	20.4	19.2	21
工业	37.4	38.1	38.6	38.5	37.1	37.4	36.7
服务业	38	38	38.1	38.2	37.9	38.9	42.2
年 份	2011	2012	2013	2014	2015	2016	2017
农业	22.1	21.3	20	19.7	18.9	16.3	15.3
工业	36.4	37.3	36.9	36.9	37	32.7	33.3
服务业	41.5	41.4	43.1	43.4	44.2	51.0	51.3

数据来源：联合国统计司；国际货币基金组织。

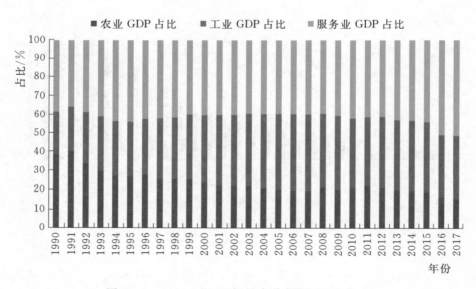

图 5-3 1990—2017 年越南分部门 GDP 占比

4. 工业增加值增速

1995 年，越南加入东南亚国家联盟，申请加入世界贸易组织，工业增加值增速达到 13.60％。1996 年越共八大提出要大力推进国家工业化、现代化，经济维持高增速；1998 年受亚洲金融危机的影响，工业增加值增速降至 8.33％；1999 年尚未从金融危机中走出来，工业增加值增速降低为 7.68％。2000 年以后，经济逐渐恢复，2008 年受全球经济危机的影响，工业增加值增速降低，2011—2017 年经济平稳运行，工业增加值增速稳定。1990—2017 年越南工业增加值增速如表 5-4、图 5-4 所示。

表 5 - 4　　　　　　　　　　　　　**1990—2017 年越南工业增加值增速**　　　　　　　　　　　　%

年　份	1990	1991	1992	1993	1994	1995	1996
工业增加值增速	2.27	7.71	12.79	12.62	13.39	13.60	14.46
年　份	1997	1998	1999	2000	2001	2002	2003
工业增加值增速	12.62	8.33	7.68	10.07	8.57	7.24	9.38
年　份	2004	2005	2006	2007	2008	2009	2010
工业增加值增速	9.93	8.42	7.29	7.36	4.13	5.98	9.92
年　份	2011	2012	2013	2014	2015	2016	2017
工业增加值增速	7.60	7.39	5.08	6.42	9.64	7.57	8.00

数据来源：联合国统计司；国际货币基金组织。

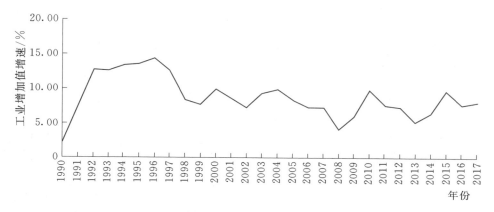

图 5 - 4　1990—2017 年越南工业增加值增速

5. 服务业增加值增速

1990—1997 年，越南服务业增加值增速维持在 7%～10%。1998 年受亚洲金融危机的影响，服务业增加值增速降至 5.04%；1999 年尚未从金融危机中走出来，服务业增加值增速降低为 2.25%。2000 年以后，经济逐渐恢复，服务业增加值增速维持较高水平，2010 年受全球经济危机的影响，服务业增加值增速降至 −7.65%，2011—2016 年经济恢复，服务业增加值增速稳定。1990—2016 年越南服务业增加值增速如表 5-5、图 5-5 所示。

表 5 - 5　　　　　　　　　　　　**1990—2016 年越南服务业增加值增速**　　　　　　　　　　%

年　份	1990	1991	1992	1993	1994	1995	1996	1997	1998
服务业增加值增速	10.22	7.74	7.46	8.62	9.57	9.83	8.80	7.18	5.04
年　份	1999	2000	2001	2002	2003	2004	2005	2006	2007
服务业增加值增速	2.25	5.32	5.99	6.78	6.54	7.09	8.59	8.39	8.54
年　份	2008	2009	2010	2011	2012	2013	2014	2015	2016
服务业增加值增速	7.55	6.55	−7.65	7.47	6.71	6.72	6.16	6.33	6.98

数据来源：联合国统计司；国际货币基金组织。

6. 外国直接投资

1994 年，外国直接投资达到了 19.45 亿美元。1996 年越共八大提出要大力推进国家工业化、现代化，经济维持高速增长，吸引外国投资 23.95 亿美元。1998 年受亚洲金融危机的影响，外国直接投资增速降至 −24.73%；1999 年尚未从金融危机中走出来，外国直接投资维持低位。2000 年以后，

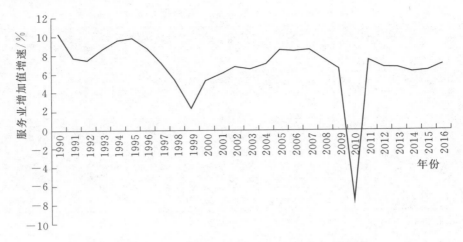

图 5-5 1990—2016 年越南服务业增加值增速

经济逐渐恢复，2009 年受全球经济危机的影响，外国直接投资出现负增长，2010 年经济逐渐恢复，外国直接投资增速为 5.26%。2012—2017 年经济平稳运行，外国直接投资增速稳定。1990—2017 年外国直接投资及增速如表 5-6、图 5-6 所示。

表 5-6　　　　　　　　　　　　1990—2017 年外国直接投资及增速

年　份	1990	1991	1992	1993	1994	1995	1996
外国直接投资/亿美元	1.80	3.75	4.74	9.26	19.45	17.80	23.95
增速/%	—	108.44	26.32	95.45	109.92	−8.44	34.52
年　份	1997	1998	1999	2000	2001	2002	2003
外国直接投资/亿美元	22.20	16.71	14.12	12.98	13.00	14.00	14.50
增速/%	−7.31	−24.73	−15.50	−8.07	0.15	7.69	3.57
年　份	2004	2005	2006	2007	2008	2009	2010
外国直接投资/亿美元	16.10	19.54	24.00	67.00	95.79	76.00	80.00
增速/%	11.03	21.37	22.82	179.17	42.97	−20.66	5.26
年　份	2011	2012	2013	2014	2015	2016	2017
外国直接投资/亿美元	74.30	83.68	89.00	92.00	118.00	126.00	141.00
增速/%	−7.13	12.62	6.36	3.37	28.26	6.78	11.90

数据来源：联合国统计司；国际货币基金组织。

7. CPI 涨幅

1990—1994 年，越南 CPI 涨幅一直稳定在 10%～12%。1995 年，越南加入东南亚国家联盟，申请加入世界贸易组织，CPI 涨幅降低至 5.82%。1996 年越共八大提出要大力推进国家工业化、现代化，CPI 涨幅维持降低水平，1998 年受亚洲金融危机的影响，CPI 涨幅达 7.26%，1999 年尚未从金融危机中走出来，经济持续低迷。2000 年以后，经济逐渐恢复，2008 年受全球经济危机的影响，CPI 涨幅达 23.12%，2011 年越南经济出现了高通胀、高赤字、货币贬值、银行信贷危机、证券市场萎靡等问题，CPI 涨幅达 18.67%。2013—2017 年政府抗通胀政策效果显著，CPI 涨幅维持较低水平。1990—2017 年越南 CPI 涨幅如表 5-7、图 5-7 所示。

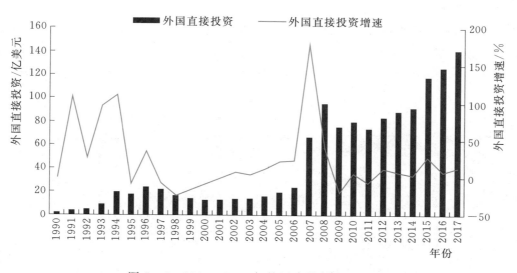

图 5-6 1990—2017 年外国直接投资及增速

表 5-7 　　　　　　　　　　　　　　**1990—2017 年越南 CPI 涨幅**　　　　　　　　　　　　　　%

年 份	1990	1991	1992	1993	1994	1995	1996
CPI 涨幅	12.33	10.39	11.00	10.60	10.30	5.82	5.67
年 份	1997	1998	1999	2000	2001	2002	2003
CPI 涨幅	3.20	7.26	4.11	−1.71	−0.43	3.83	3.22
年 份	2004	2005	2006	2007	2008	2009	2010
CPI 涨幅	7.75	8.28	7.38	8.30	23.12	7.05	8.86
年 份	2011	2012	2013	2014	2015	2016	2017
CPI 涨幅	18.68	9.09	6.59	4.09	0.88	3.24	4.37

数据来源：联合国统计司；国际货币基金组织。

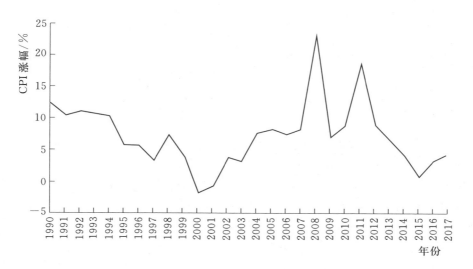

图 5-7 1990—2017 年越南 CPI 涨幅

8. 失业率

越南的失业率波动较小，一直维持在 1%～3%。1995 年，越南加入东南亚国家联盟，申请加入世界贸易组织，失业率降低。1996 年越共八大提出要大力推进国家工业化、现代化，经济维持高速增长，失业率维持低位。1998 年受亚洲金融危机的影响，失业率为 2.30%，1999 年尚未从金融危机中走出来，经济持续低迷，失业率维持在 2.30%。2009 年受全球经济危机的影响，失业率增加，2010—2017 年，失业率得到有效控制，维持在较低水平。1990—2017 年越南失业率如表 5-8、图 5-8 所示。

表 5-8　　　　　　　　　　　　　　　1990—2017 年越南失业率　　　　　　　　　　　　　　　　%

年　份	1990	1991	1992	1993	1994	1995	1996
失业率	—	2.69	2.62	2.90	2.46	2.14	1.90
年　份	1997	1998	1999	2000	2001	2002	2003
失业率	2.90	2.30	2.30	2.30	2.80	2.10	2.30
年　份	2004	2005	2006	2007	2008	2009	2010
失业率	2.10	2.33	2.45	2.42	2.29	2.61	2.64
年　份	2011	2012	2013	2014	2015	2016	2017
失业率	2.02	1.80	1.95	1.87	2.12	2.18	2.05

数据来源：联合国统计司；国际货币基金组织。

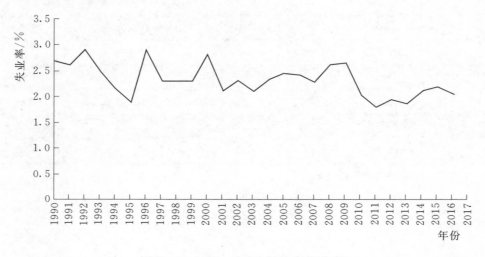

图 5-8　1990—2017 年越南失业率

二、主要经济政策

越南正在进行积极的政策调整，增强经济发展的活力，越南提出的转型目标是到 2020 年实现国家的工业化和现代化，主要的调整政策如下：

（1）进行积极的国有企业改革。进行国有企业重组，加大市场调节在经济中的作用。

（2）进行外资政策调整。国内储蓄不足导致的资本短缺是越南面临的主要问题，吸引外资仍是其主要政策目标。加大吸引外资力度，加强对外资的管理，尽可能引导外资投资符合越南经济发展的产业。

（3）进行通货膨胀治理或信贷政策调整。2006 年之后，越南开始推行大幅宽松的货币政策，货币发行快速增长，国际大宗商品价格上涨，越南成为高通货膨胀的重灾区。房地产泡沫引致的大量坏账开始涌现。2008 年之后，两位数的高通货膨胀率影响越南经济增长的质量。越南也在加大货币政策的调整，控制信贷增长、抑制通货膨胀、解决坏账问题，以保障经济增长有序、平稳、高速运行。

（4）加强基础设施建设。越南基础设施建设滞后是越南经济增长的瓶颈，越南政府正在积极致力于基础设施建设。

（5）减贫计划。按照越南新贫困标准，1996—2016年越南贫困户比例已从58％下降至20％。目前，越南仍有250余万户贫困家庭（占11.76％）。越南政府出台的"2012—2015年国家减贫计划"，专门拨付约13.5亿美元的专项资金，用于减贫。

（一）税收政策

越南的税收政策在能源、电力等重要行业上给予投资者不同程度的优惠。

从2006年7月1日起生效的"普通投资法"和"联合企业法"，鼓励国内外组织和个人通过建设—经营—转让（BOT）方式投资电力生产；对偏远地区的项目给予优惠待遇，如进口机器设备免税等。

2008年修订后的企业所得税法规定，在经济社会条件特别困难地区新设立的企业、新设立的支柱产业企业和新设立的已经社会化领域的企业可享受15年所得税为10％的优惠待遇，获得最高4年免税，9年减半征收的优惠政策。外国投资者还可以享受免税期，从企业开始盈利起的一定时期内可以免缴公司税，在以后的一定时期内按协商税率减半征税。出口加工区、工业区和高技术区的外国投资企业和建设—经营—移交项目，如果符合一定条件，还可以享受其他税收优惠。对在经济区、出口加工区和工业区工作的越南人和外国人个人收入所得税，按应纳税额的50％征收。

越南2016年修订了多部重要法律和法规，具体如下：

（1）进出口关税。2016年9月1日实行新的进出口关税法。根据新的法律法规，该类免税政策扩大适用到在一般购销合同项下的进口产品。这一政策取代了购销合同项下275天内必须加工为成品复出口的要求。

（2）特许权使用费的纳税问题。知识产权转让的特许权使用费需要代扣代缴5％的增值税和10％的企业所得税。

（3）增值税法的修订。新修订的增值税法、特别消费税和税收管理法（第106/2016/QH13号法）于2016年7月1日生效。新法取消了超过12个月或者四季度后仍可申请增值税退税的规定。

越南的标准企业所得税率为20％，从事石油、天然气及自然资源等企业须按项目类别缴纳32％～50％的企业所得税。从事鼓励投资项目或政府规定的社会、经济不发达地区进行投资的纳税人可分别享受15年内优惠税率为10％以及10年内优惠税率为17％。

（二）金融政策

2017年，越南允许非上市公开公司市场（UPCoM）的股份进行融资融券交易。该规定将取代现有的证券融资融券交易规定。根据新规定，UPCoM的股份可以进行融资融券交易购入，此前规定并不允许UPCoM股份进行该类交易。

2017年越南通过了《中小企业支持法》，该法将于2018年1月1日起实施。根据该法规定，中小企业是每年雇佣并缴纳申报员工人数不足200人的中等规模或小型规模的企业。该法要求对中小企业的支持政策应符合市场规律并与国际协定相一致，支持政策在政策内容、受益人、程序、支持规模等方面都应公开透明。

（三）产业政策

1．农业政策

2000年6月越南国民大会颁布《科学和技术法》，于2006年11月颁布了《法律技术转让法》，作为运用先进的科学技术推动农业发展的最高法律框架指导全国的农业生产。

2006年越南共产党第十次全国代表大会提出科学技术发展的总体目标：争取到2010年，科学技术在一些重要领域的产能达到先进国家的水平，尤其是农业部门，作为现代化发展的目标领域，必须切实解决农业、农村和农民问题，加强农村活动延伸，行业推广，推进林业、渔业、兽医，动物保护等服务。关注科技进步和应用，尤其是生物技术在种植业、养殖业和农产品加工业等方面的进步和发展。

2011年，越南共产党第十一次全国代表大会制定了2011—2020年越南经济社会发展战略，针对加快农业科技成果转化工作做出了明确指示。总结越南共产党历次全国代表大会的经验，越南共产党已经铺平了农业科技创新发展的道路，使其成为推动现代化建设的基础性任务，同时越南政府颁布了一系列法律法规和政策，力图创造有利于推动农业科技成果创新向广度和深度发展的优良环境。

2. 工业政策

2014年8月，越南政府发布《越南工业到2025年发展战略及到2035发展展望》，具体目标为工业增加值增速2020年达6.5%～7.0%，2021—2025年达7.0%～7.5%，2026—2035年达7.5%～8.0%。

（四）投资政策

1986年改革开放以来，越南各级政府一直在摸索并实践吸引外资的各项政策措施。越南国内的投资法律体系主要包含《投资法》《民法》《贸易法》《企业法》《进出口税法》《海关法》等法律法规。随着2007年加入世界贸易组织，越南也成了WTO第150个成员国。WTO法律体系中涉及投资的国际条约，如《与贸易有关的投资措施协议》《服务贸易总协定》《与贸易有关的知识产权协定》《争端解决规则与程序的谅解》等也均适用于越南。

通过新法简化土地回收和补偿程序。越南于2010年8月13日颁布的法令，目的在于满足行政改革需要以及简化《土地法》核心内容，特别是土地的回收和补偿问题。

越南财政部于2010年11月18日发布通知，将外国组织或个人在越南直接投资所获利润汇往海外提供指导性方针，为外国投资者将盈利汇往海外构建一个可靠的法律框架。

为落实2015年7月1日起实施的越南《投资法》，越政府出台相关配套优惠措施。具体规定了外国投资商在国内可享受投资优惠的项目、给予投资优惠的行业和地区。

2016年12月，越南十四届国会二次会议通过《关于修订和补充投资法第六条和附件四附条件的经营业务清单的法律》，取消了20项附加限制条件的经营业务类型，为企业和个人经营创造有利条件，同时新增了15项附加限制条件业务类型，用于满足国家对投资和经营活动管理的新要求。

第二节　电力发展与政策

一、电力供应形势分析

（一）电力工业发展概况

2011—2015年，越南国家电网规模和覆盖率持续扩大，电力生产力水平不断提高，有效满足了全国日益增长的用电需求。5年来，供售电量年均增长率达10.84%。工业、建设领域电力供应年均增长9.6%，贸易服务、农业领域电力供应分别增长14.1%和20.1%。2011—2015年，越南电力集团的投资总额达479.62万亿越盾（约合228亿美元），是上一个五年的1.37倍，完成计划的95.7%。越南电力集团34台机组已投入运营，总功率达9852兆瓦；动工兴建10个电力项目，总功率为5629兆瓦。

2015年，越南生产和购买电力1594亿千瓦时，比上年增长11.23%。2015年人均用电量达1536千瓦时，较2010年增长56%。2015年，越南电力集团售电量达1433.4亿千瓦时，超既定计划15.4亿千瓦时，较2014年增长11.44%。

2016—2020 年，越南电力集团将筹资 600 多万亿越盾（约合 285 亿美元），有针对性地对重点工程项目进行投资，保障工程项目的质量和施工进度。按照计划，未来越南电力集团将建设并投入运营总装机容量达 5819 兆瓦的 11 个电力项目，保障莱州水电站等重点项目的施工进度，为动工兴建越南宁顺省首个核电站做好准备。

（二）发电装机容量及结构

1990—2015 年，越南装机容量总体呈上升趋势，1999 年受亚洲金融危机的影响装机容量增速降至 1990—2015 年的最低点 −1.05%。2001 年，越南的装机容量增速达到了 1990—2015 年越南装机容量增速的最高点，达到了 33.19%。2015 年装机容量为 4049.4 万千瓦，同比增长 18.57%。1990—2015 年越南装机容量及增速如表 5−9、图 5−9 所示。

表 5−9 　　　　　　　　　　　1990—2015 年越南装机容量及增速

年　份	1990	1991	1992	1993	1994	1995	1996	1997	1998
装机容量/万千瓦	215.50	230.00	293.50	341.00	405.00	443.00	464.80	489.50	570.30
增速/%	—	6.73	27.61	16.18	18.77	9.38	4.92	5.31	16.51
年　份	1999	2000	2001	2002	2003	2004	2005	2006	2007
装机容量/万千瓦	564.30	624.90	832.30	856.90	902.90	1160.00	1238.50	1296.00	1335.00
增速/%	−1.05	10.74	33.19	2.96	5.37	28.47	6.77	4.64	3.01
年　份	2008	2009	2010	2011	2012	2013	2014	2015	
装机容量/万千瓦	1501.60	1700.60	1844.90	2219.00	2707.80	3064.40	3415.20	4049.40	
增速/%	12.48	13.25	8.49	20.28	22.03	13.17	11.45	18.57	

数据来源：国际能源署；联合国统计司。

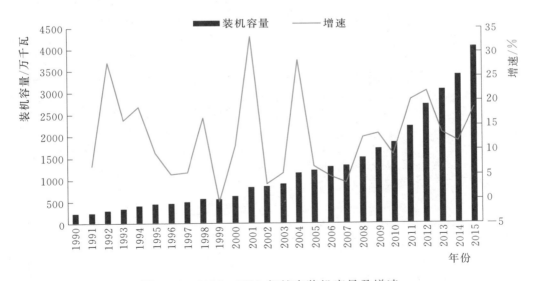

图 5−9　1990—2015 年越南装机容量及增速

2015 年越南装机容量构成中，火电装机容量 18368 万千瓦，占比 58%；水电装机容量 15603 万千瓦，占比 41%；生物质能发电装机容量 109 万千瓦，占比 1%。

近 20 年来，越南装机结构变化不大，主要还是以火电和水电为主，正在逐渐发展风电等可再生能源发电项目。按照越南国家第七个电力发展规划，将大力发展风电、太阳能发电等可再生能源发电项目，逐步优化越南的电力装机容量结构。1990—2015 年越南装机结构占比如表 5−10、图 5−10 所示。

表 5 - 10   1990—2015 年越南装机结构   %

年 份	1990	1991	1992	1993	1994	1995	1996	1997	1998
水电	31	33	47	55	62	65	62	59	51
生物质能发电	0	0	0	0	0	0	0	0	0
火电	69	67	53	45	38	35	38	41	49
年 份	1999	2000	2001	2002	2003	2004	2005	2006	2007
水电	51	53	50	48	46	36	34	35	36
生物质能发电	0	0	0	0	0	0	1	1	1
火电	49	47	50	52	54	64	65	64	63
年 份	2008	2009	2010	2011	2012	2013	2014	2015
水电	39	42	47	45	50	49	46	41
生物质能发电	1	1	1	1	0	0	0	1
火电	60	57	52	54	50	51	53	58

数据来源：国际能源署；联合国统计司。

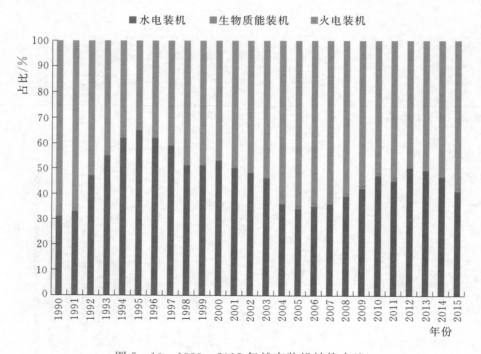

图 5 - 10   1990—2015 年越南装机结构占比

（三）发电量及结构

1990—2015 年，越南发电量总体在逐步平稳增长，年增长率变化较大，1995 年达到最大增速，为 19.21%，2013 年总发电量增速为 1990—2015 年最低值，降至 6.35%，变化波动大。1990—2015 年，越南总发电量不断上升，电力生产力水平不断提高，可有效满足全国日益增长的用电需求，尤其是南部地区居民生产生活用电需求。1990—2017 年越南发电量及增速如表 5 - 11、图 5 - 11 所示。

2015 年，越南生产和购买电力 1594 亿千瓦时，比上年增长 11.23%。人均用电量达 1536 千瓦时。

2015 年越南发电方式以火电为主，火电占比 63.27%，风电占比 0.08%，水电占比 36.61%，生物质能发电占比 0.04%，总发电量为 1532.83 亿千瓦时。

表 5-11　　　　　　　　　　　　　　1990—2017 年越南发电量及增速

年　份	1990	1991	1992	1993	1994	1995	1996
总发电量/亿千瓦时	86.81	92.10	97.05	106.62	122.88	146.48	169.44
增速/%	—	6.09	5.37	9.86	15.25	19.21	15.67
年　份	1997	1998	1999	2000	2001	2002	2003
总发电量/亿千瓦时	191.32	216.88	235.59	265.61	306.08	357.96	409.25
增速/%	12.91	13.36	8.63	12.74	15.24	16.95	14.33
年　份	2004	2005	2006	2007	2008	2009	2010
总发电量/亿千瓦时	462.09	536.56	604.93	670.08	733.96	831.75	949.03
增速/%	12.91	16.12	12.74	10.77	9.53	13.32	14.10
年　份	2011	2012	2013	2014	2015	2011	2012
总发电量/亿千瓦时	1040.72	1175.92	1250.54	1395.65	1532.83	1040.72	1175.92
增速/%	9.66	12.99	6.35	11.60	9.83	9.66	12.99
年　份	2011	2012	2013	2014	2015	2016	2017
总发电量/亿千瓦时	1040.72	1175.92	1250.54	1395.65	1532.83	1645.64	1901.00
增速/%	9.66	12.99	6.35	11.60	9.83	7.36	15.52

数据来源：国际能源署；联合国统计司。

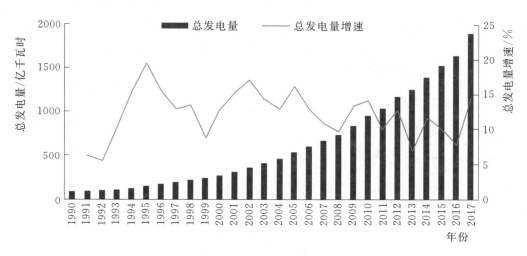

图 5-11　1990—2017 年越南发电量及增速

2017 年 1 月 3 日，国营越南电力集团公司发布 2017 年电力供应计划。生产电力和从外部购买的电量约为 1972 亿千瓦时，同比增加 11.4%。1990—2015 年越南发电结构如表 5-12、图 5-12 所示。

表 5-12　　　　　　　　　　　　　　1990—2015 年越南发电结构

年　份		1990	1991	1992	1993	1994	1995	1996
水电	发电量/亿千瓦时	53.69	63.17	72.28	79.65	92.43	105.82	120.08
	占比/%	61.85	68.59	74.48	74.70	75.22	72.24	70.87
火电	发电量/亿千瓦时	33.12	28.93	24.77	26.97	30.45	40.66	49.36
	占比/%	38.15	31.41	25.52	25.30	24.78	27.76	29.13

续表

年 份		1997	1998	1999	2000	2001	2002	2003
水电	发电量/亿千瓦时	116.57	110.95	137.74	145.51	182.10	181.98	189.86
	占比/%	60.93	51.16	58.47	54.78	59.49	50.84	46.39
火电	发电量/亿千瓦时	74.75	105.93	97.85	120.10	123.98	175.98	219.39
	占比/%	39.07	48.84	41.53	45.22	40.51	49.16	53.61

年 份		2004	2005	2006	2007	2008	2009	2010
水电	发电量/亿千瓦时	178.18	169.45	204.08	230.35	259.86	299.81	275.50
	占比/%	38.56	31.58	33.74	34.38	35.41	36.05	29.03
火电	发电量/亿千瓦时	283.91	366.61	400.20	438.94	473.54	531.22	672.48
	占比/%	61.44	68.33	66.16	65.51	64.52	63.87	70.86
风电	发电量/亿千瓦时	—	—	—	—	0.01	0.10	0.50
	占比/%	—	—	—	—	0	0.01	0.05
生物燃料	发电量/亿千瓦时	—	0.50	0.65	0.79	0.55	0.62	0.55
	占比/%	—	0.09	0.11	0.12	0.07	0.07	0.06

年 份		2011	2012	2013	2014	2015
水电	发电量/亿千瓦时	409.24	527.95	519.55	598.41	561.23
	占比/%	39.32	44.90	41.55	42.88	36.61
火电	发电量/亿千瓦时	630.05	646.53	729.54	795.78	969.79
	占比/%	60.54	54.98	58.34	57.02	63.27
风电	发电量/亿千瓦时	0.87	0.87	0.87	0.87	1.21
	占比/%	0.08	0.07	0.07	0.06	0.08
生物质能发电	发电量/亿千瓦时	0.56	0.57	0.58	0.59	0.60
	占比/%	0.05	0.05	0.05	0.04	0.04

数据来源：国际能源署；联合国统计司。

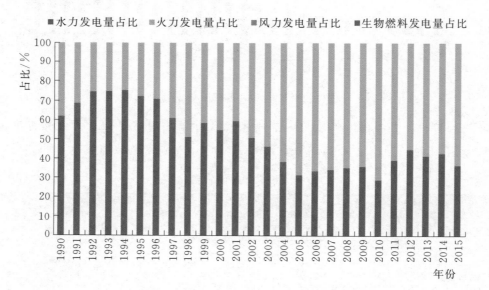

图 5-12 1990—2015 年越南发电结构

二、电力消费形势分析

（一）总用电量

1993—2015 年越南的电力消费稳步上升，年增速均超过 10％。1995 年增速最快，为 20.62％，1992 年最低，为 5.27％。

2015 年越南电力消费分行业构成中，工业和居民生活用电消费占比较大。

2010—2015 年，越南的电力消费结构变化不大，主要电力供给用于工业以及居民生活及管理，其余部分用于商业、农业以及其他行业。1990—2015 年越南总用电量及增速如表 5-13、图 5-13 所示。

表 5-13　　　　　　　　　　　　1990—2015 年越南总用电量及增速

年　份	1990	1991	1992	1993	1994	1995	1996	1997	1998
总用电量/亿千瓦时	61.86	65.83	69.30	78.38	92.84	111.98	133.75	153.03	177.25
增速/％	—	6.42	5.27	13.10	18.45	20.62	19.44	14.41	15.83
年　份	1999	2000	2001	2002	2003	2004	2005	2006	2007
总用电量/亿千瓦时	195.50	224.03	257.46	300.68	348.35	395.96	471.09	538.42	613.39
增速/％	10.30	14.59	14.92	16.79	15.85	13.67	18.97	14.29	13.92
年　份	2008	2009	2010	2011	2012	2013	2014	2015	
总用电量/亿千瓦时	678.36	769.13	869.25	946.75	1054.10	1161.60	1284.56	1434.94	
增速/％	10.59	13.38	13.02	8.92	11.34	10.20	10.59	11.71	

数据来源：国际能源署；联合国统计司。

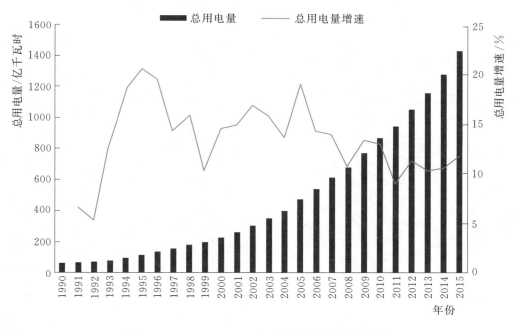

图 5-13　1990—2015 年越南总用电量及增速

（二）分部门用电量

1990 年以来，越南分部门用电量结构发生了变化，居民生活用电占比由 37.25％降至 35.11％，下降 2.14 个百分点；服务业用电量占比由 9.49％升至 9.59％，增长 0.1 个百分点；工业用电量占比由 46.01％下降至 53.71％，上升 7.7 个百分点。越南用电量结构中，工业用电量占比处于上升状态，服务业用电量处于上升趋势，这说明越南的服务业在国民经济中的比重越来越高。2015 年越南分部门用电量构成中服务业用电量为 137.05 亿千瓦时，占比 9.55％；居民生活用电量为 503 亿千瓦时，占比 35.11％；工业用电量为 770.77 亿千瓦时，占比 53.71％。1990—2015 年越南电力消费结构如表 5－14、图 5－15 所示。

表 5－14 　　　　　　　　　1990—2015 年越南电力消费结构

年　份		1990	1991	1992	1993	1994	1995	1996
工业	用电量/亿千瓦时	28.46	30.80	31.97	34.77	39.44	46.14	55.03
	占比/%	46.01	46.79	46.13	44.36	42.48	41.20	41.14
居民生活	用电量/亿千瓦时	23.04	23.92	25.41	30.81	39.64	51.05	62.78
	占比/%	37.25	36.34	36.67	39.31	42.70	45.59	46.94
商业及服务业	用电量/亿千瓦时	5.87	6.39	6.96	7.58	8.26	8.99	9.80
	占比/%	9.49	9.71	10.04	9.67	8.90	8.03	7.33
农业	用电量/亿千瓦时	4.49	4.72	4.96	5.22	5.50	5.80	6.14
	占比/%	7.26	7.17	7.16	6.66	5.92	5.18	4.59
年　份		1997	1998	1999	2000	2001	2002	2003
工业	用电量/亿千瓦时	61.63	67.81	75.68	90.88	105.03	126.81	152.02
	占比/%	40.27	38.26	38.71	40.57	40.79	42.17	43.64
居民生活	用电量/亿千瓦时	73.82	90.04	98.50	111.42	128.12	145.61	159.91
	占比/%	48.24	50.80	50.38	49.73	49.76	48.43	45.90
商业及服务业	用电量/亿千瓦时	11.00	12.22	13.57	15.06	16.72	20.20	15.24
	占比/%	7.19	6.89	6.94	6.72	6.49	6.72	4.37
农业	用电量/亿千瓦时	6.58	7.18	7.75	6.67	7.59	8.06	21.18
	占比/%	4.30	4.05	3.96	2.98	2.95	2.68	6.08
年　份		2004	2005	2006	2007	2008	2009	2010
工业	用电量/亿千瓦时	178.96	228.08	268.84	321.12	350.65	399.19	465.17
	占比/%	45.20	48.42	49.93	52.35	51.69	51.90	53.51
居民生活	用电量/亿千瓦时	173.29	194.64	216.46	234.80	260.65	291.73	314.95
	占比/%	43.76	41.32	40.20	38.28	38.42	37.93	36.23
商业及服务业	用电量/亿千瓦时	34.43	38.52	43.35	47.50	55.33	65.61	79.69
	占比/%	8.70	8.18	8.05	7.74	8.16	8.53	9.17
农业	用电量/亿千瓦时	9.28	9.85	9.77	9.97	11.73	12.60	9.44
	占比/%	2.34	2.09	1.81	1.63	1.73	1.64	1.09
年　份		2011		2012	2013		2014	2015
工业	用电量/亿千瓦时	500.95		553.27	615.81		691.97	770.77
	占比/%	52.91		52.49	53.01		53.87	53.71
居民生活	用电量/亿千瓦时	342.18		383.84	420.19		457.03	503.84
	占比/%	36.14		36.41	36.17		35.58	35.11
商业及服务业	用电量/亿千瓦时	92.83		102.06	110.02		116.63	137.05
	占比/%	9.81		9.68	9.47		9.08	9.55
农业	用电量/亿千瓦时	10.79		14.93	15.58		18.93	23.28
	占比/%	1.14		1.42	1.34		1.47	1.62

数据来源：国际能源署；联合国统计司。

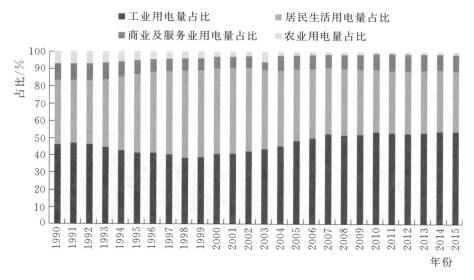

图 5-14　1990—2015 年越南电力消费结构

三、电力供需平衡分析

(一) 电力供需情况

1990—2015 年越南的可供电量逐步提升，1990—1995 年，可供电量增速提升，在 1995 年达到最大增速为 19.21%，1996—1999 年，可供电量增速下降，1999 年受亚洲金融危机的影响，可供电量增速降到 1990—2010 年最低点，增速为 8.63%。2013 年可供电量增速为 2010—2015 年最低值，增速为 7.00%。1990—2015 年越南电力供需平衡情况如表 5-15、图 5-15 所示。

表 5-15　　　　　　　　　1990—2015 年越南电力供需平衡情况

年　份	1990	1991	1992	1993	1994	1995	1996	1997	1998
电力可供量/亿千瓦时	86.81	92.10	97.05	106.62	122.88	146.48	169.44	191.32	216.88
增速/%	—	6.09	5.37	9.86	15.25	19.21	15.67	12.91	13.36
年　份	1999	2000	2001	2002	2003	2004	2005	2006	2007
电力可供量/亿千瓦时	235.59	265.61	306.08	357.96	409.25	462.09	540.39	614.59	696.38
增速/%	8.63	12.74	15.24	16.95	14.33	12.91	16.94	13.73	13.31
年　份	2008	2009	2010	2011	2012	2013	2014	2015	
电力可供量/亿千瓦时	766.16	869.04	995.38	1079.45	1190.44	1273.80	1410.36	1548.65	
增速/%	10.02	13.43	14.54	8.45	10.28	7.00	10.72	9.81	

数据来源：国际能源署；联合国统计司。

(二) 电力进出口情况

越南生产的电能为本国供应的同时，还与其他国家进行电量交换。从电能进出口来看，2005 年开始进口电能，2009 年开始出口电能。2010 年以后随着本国发电能力的提高，进口电量逐年下降。越南的电力出口量一直呈增长趋势。2005—2015 年越南电力进出口情况如表 5-16、图 5-16 所示。

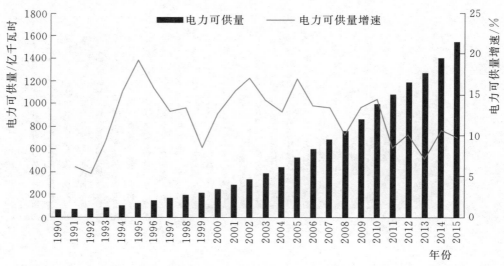

图 5-15 1990—2015 年越南电力供需平衡情况

表 5-16   2005—2015 年越南电力进出口情况

年 份	2005	2006	2007	2008	2009	2010
进口电量/亿千瓦时	3.83	9.66	26.3	32.2	41.02	55.99
出口电量占比/%	0	0	0	0	3.73	9.64
年 份	2011	2012	2013	2014	2015	
进口电量/亿千瓦时	49.6	26.76	36.63	23.26	23.93	
出口电量占比/%	10.87	12.24	13.37	8.55	8.11	

数据来源：国际能源署；联合国统计司。

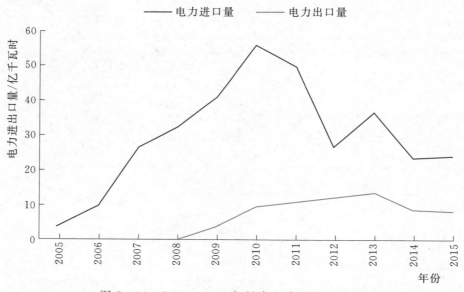

图 5-16 2005—2015 年越南电力进出口情况

四、电力相关政策

1. 水电政策

2013 年越南政府发布 13/1342001ND－CP 法令：对电力，水电站大坝的安全、节能和效率领域行政违法行为处罚规定自 2013 年 12 月 1 日起正式适用。其主要内容包括窃电两万度以上的将被移送刑事检控。该法令还详细规定了违规行为、制裁形式、级别和救济措施。

2. 火电政策

2012 年越南工商部颁布关于火电厂 BOT 投资形式的投资程序和手续的通知。按照《投标法》规定了采用国际招标和制定 BOT 业主的方法。规定了《投资火电厂 BOT 项目备忘录》谈判与确定的日期。

3. 核电政策

2013 年越南颁布了原子能领域培训人员的优待和支持政策。

该法令适用于在原子能专业领域接受过免费学习，免费入住的人员，根据国内培训形式，博士生或海外培训等方式，每月领取生活费，法令于 2013 年 12 月 1 日起施行。

4. 可再生能源政策

自 20 世纪 90 年代以来，EE&C 技术首先在越南引入，作为国际组织（主要来自荷兰、越南和日本）的技术和财政援助计划的一部分。在水泥和陶瓷工业部门和燃煤火力发电厂实施了合理利用能源的项目，以及需求侧管理项目。

2003 年颁布了第 3 号节能与能效政府法令第 102/2003/ND－CP 号。该法令规定了政府和社会各方在能源效率方面的角色和责任，并要求耗能设备和设施供应商在用户使用说明书和标签上声明设备的能耗。该法令还制定了一些措施，以提高能源效率，尤其是大型能源消费者。这些措施包括来自 1000TOE 或 300 万千瓦时电力消费者的强制性年度能源报告，以及改进的能源效率。

2004 年 7 月，工业部（MOI，后来更名为工业贸易部）发布了第 01/2004/TT/BCN 号通知，为生产企业实施环境与社会管理提供指导。

2006 年 11 月，工信部发布了第 08/2006/TT/BCN 号通知，为能耗产品注册、评估、发证和节能标识的顺序和程序提供指导。

2010 年 6 月 18 日在越南十二届七次会议上，"环境与社会责任法"共 12 章，48 条正式获得批准。该法使国家能源发展、能源安全、合理有效开发和利用国内能源的党和国家的政策路线制度化，履行了环境保护符合社会经济发展的要求。根据该法律，包括工业企业、公共设施和运输机构在内的强化能源消费者的目标群体必须严格遵守能效和管理要求。要遵循的强制性程序包括进行能源审计，年度能源消耗规划，采取特定的节能措施，定期向上级报告能源使用情况，并指派能源管理人员负责建设和帮助管理层执行计划。法律鼓励节能设备和材料的生产和使用，在高峰时段参与降低用电。该法律还规定了能源绩效标准和能源标签的一般准则，通过激励和科学技术发展促进节能，提高效率。

2011 年 3 月 29 日，政府颁布了"21/2011/ND－CP"法令详细说明并采取措施执行"环境与社会法"。该法令规定了能源使用的统计工作，主要能源用户，经济和有效利用国家预算资助的机构与单位的能源，耗能设备和设备的能源标签，促进经济和有效利用能源的措施，并对经济、高效利用能源进行检查。

2011 年 8 月，政府颁布了第 73/2011/ND－CP 号法令，规范了对能源行政违法行为的制裁，规定了行政违法行为的制裁形式以及制裁程度。

2012 年 4 月 4 日，MOIT 发布第 07/2012/TT－BCT 号通知，规定了总理签发的能源标签所要求的能源标签手段和设备清单的登记、评估、授权、暂停和吊销证书，检测机构的任命和能源标签的实施或其他方式，设备都是以自愿的形式进行能源标识。

第三节　电力与经济关系分析

一、电力消费与经济发展相关关系

（一）用电量增速与 GDP 增速

1990 年以来，越南的用电量增速和 GDP 增速的走势存在一定差异，整体走势大致相同。1995—2007 年用电量增速与 GDP 增速在一定范围内波动，走势基本相同。2008 年全球金融危机导致越南经济和电力受挫，2009 年 GDP 增速和用电量增速分别为 5.40％和 13.38％。2011 年后用电量增速逐渐恢复。1990—2015 年越南用电量增速与 GDP 增速如表 5-17、图 5-17 所示。

表 5-17　　　　　　　　　　　1990—2015 年越南用电量增速与 GDP 增速　　　　　　　　　　　　　%

年　份	1990	1991	1992	1993	1994	1995	1996	1997	1998
用电量增速	—	6.42	5.27	13.10	18.45	20.62	19.44	14.41	15.83
GDP 增速	5.10	5.96	8.65	8.07	8.84	9.54	9.34	8.15	5.76
年　份	1999	2000	2001	2002	2003	2004	2005	2006	2007
用电量增速	10.30	14.59	14.92	16.79	15.85	13.67	18.97	14.29	13.92
GDP 增速	4.77	6.79	6.19	6.32	6.90	7.54	7.55	6.98	7.13
年　份	2008	2009	2010	2011	2012	2013	2014	2015	
用电量增速	10.59	13.38	13.02	8.92	11.34	10.20	10.59	11.71	
GDP 增速	5.66	5.40	6.42	6.24	5.25	5.42	5.98	6.68	

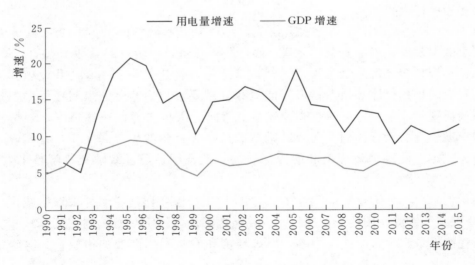

图 5-17　1990—2015 年越南用电量增速与 GDP 增速

（二）电力消费弹性系数

1990—2015 年越南 GDP 稳步发展，在 1999 年增速最低，为 4.77％，在 1995 年最高，为 9.54％。自 1986 年越南第六次全国人民代表大会，越南开始了改革开放政策，使越南的经济得到了快速发展。

电力消费弹性系数在 1993 年、1996 年、2001 年、2005 年、2010 年和 2011 年等年份大于 1，其他年份均小于 1，说明越南的生产结构仍需要不断优化，产业水平仍需提高。1990—2015 年越南电力消费弹性系数如表 5 - 18、图 5 - 18 所示。

表 5 - 18　　　　　　　　　　　1990—2015 年越南电力消费弹性系数

年　份	1990	1991	1992	1993	1994	1995	1996	1997	1998
电力消费弹性系数	—	0.0105	-0.5020	1.1272	-0.2274	0.9907	1.9372	0.3975	0.4814
年　份	1999	2000	2001	2002	2003	2004	2005	2006	2007
电力消费弹性系数	0.7939	0.7110	1.4413	0	0.3975	-1.6914	1.1052	0.2704	0.2953
年　份	2008	2009	2010	2011	2012	2013	2014	2015	
电力消费弹性系数	0.0805	-0.3110	1.0226	1.7333	-0.3530	0.1114	-1.0228	-1.0267	

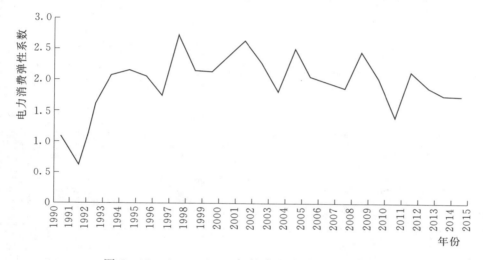

图 5 - 18　1990—2015 年越南电力消费弹性系数

（三）单位产值电耗

1990—1995 年，越南单位产值电耗处于下降趋势；1996—2001 年越南单位产值电耗一直在增长，在 2003 年迎来高峰值 0.82 千瓦时/美元，期间越南的 GDP 也一直在下降；2001 年之后受全球经济好转影响，越南的 GDP 基本一直处于增长状态。2008 年的金融危机影响了越南经济，使得越南单位产值电耗处于小幅波动状态。1990—2015 年越南电力消费单位产值电耗如表 5 - 19、图 5 - 19 所示。

表 5 - 19　　　　　　　1990—2015 年越南电力消费单位产值电耗　　　　　　　单位：千瓦时/美元

年　份	1990	1991	1992	1993	1994	1995	1996	1997	1998
单位产值电耗	0.96	0.69	0.70	0.59	0.57	0.54	0.54	0.57	0.65
年　份	1999	2000	2001	2002	2003	2004	2005	2006	2007
单位产值电耗	0.68	0.67	0.73	0.79	0.82	0.80	0.82	0.81	0.79
年　份	2008	2009	2010	2011	2012	2013	2014	2015	
单位产值电耗	0.68	0.73	0.75	0.70	0.68	0.68	0.69	0.74	

（四）人均用电量

1990—2015 年，越南人均用电量平稳增加，2015 年人均用电量达到 1564.59 千瓦时，越南是依靠内需推动经济发展的经济体，人民生活水平的提高，将会促使用电量不断增加。同时，越南为早

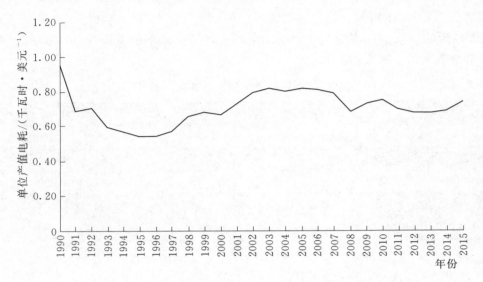

图 5 - 19　1990—2015 年越南电力消费单位产值电耗

日实现"无电户",也在不断地推进电力的发展。1990—2015 年越南人均用电量如表 5 - 20、图 5 - 20 所示

表 5 - 20　　　　　　　　　　1990—2015 年越南人均用电量　　　　　　　　　　单位:千瓦时

年　份	1990	1991	1992	1993	1994	1995	1996	1997	1998
人均用电量	93.70	97.90	101.24	112.54	131.08	155.54	182.83	205.94	234.90
年　份	1999	2000	2001	2002	2003	2004	2005	2006	2007
人均用电量	255.23	288.58	327.47	378.03	432.91	486.22	571.77	646.28	728.33
年　份	2008	2009	2010	2011	2012	2013	2014	2015
人均用电量	796.96	894.08	999.91	1077.56	1186.93	1294.12	1415.82	1564.59

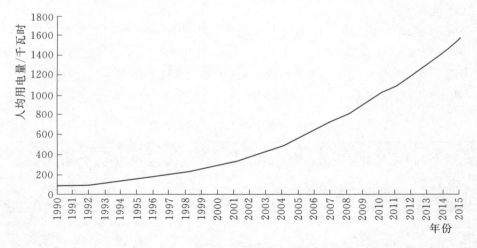

图 5 - 20　1990—2015 年越南人均用电量

二、工业用电与工业经济增长相关关系

(一)工业用电量增速与工业增加值增速

越南产业结构发展相对均衡。1990—2015 年期间,越南工业用电量增速与工业增加值增速相对

稳定，工业用电量增速与工业增加值增速一致性较高。受 2008 年金融危机影响，2011 年工业用电量增速和工业增加值增速达到 1990 年以来的最低水平。随着全球经济复苏，越南的工业增加值增速和工业用电量增速回归正常水平。1990—2015 年越南工业用电量增速与工业增加值增速如表 5-21、图 5-21 所示。

表 5-21　　　　　　　　1990—2015 年越南工业用电量增速与工业增加值增速　　　　　　　　%

年　份	1990	1991	1992	1993	1994	1995	1996	1997	1998
工业用电量增速	—	8.22	3.80	8.76	13.43	16.99	19.27	11.99	10.03
工业增加值增速	—	2.27	7.71	12.79	12.62	13.39	13.60	14.46	12.62
年　份	1999	2000	2001	2002	2003	2004	2005	2006	2007
工业用电量增速	11.61	20.08	15.57	20.74	19.88	17.72	27.45	17.87	19.45
工业增加值增速	8.33	7.68	10.07	8.57	7.24	9.38	9.93	8.42	7.29
年　份	2008	2009	2010	2011	2012	2013	2014	2015	
工业用电量增速	9.20	13.84	16.53	7.69	10.44	11.30	12.37	11.39	
工业增加值增速	7.36	4.13	5.98	-9.92	7.60	7.39	5.08	6.42	

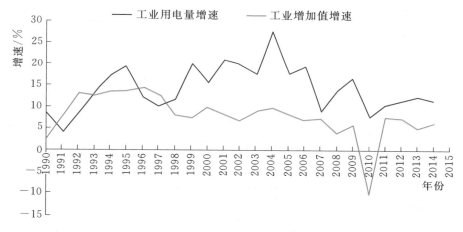

图 5-21　1990—2015 年越南工业用电量增速与工业增加值增速图

（二）工业电力消费弹性系数

1990 年以来，越南工业占 GDP 比重整体呈现递减趋势，经济危机对工业造成一定影响，越南工业电力消费弹性系数基本维持在 ±4 以内，在 1991 年达到最大值 3.63，2011 年达到最小值 -0.78。1990—2015 年越南工业电力消费弹性系数如表 5-22、图 5-22 所示。

表 5-22　　　　　　　　　1990—2015 年越南工业电力消费弹性系数

年　份	1990	1991	1992	1993	1994	1995	1996	1997	1998
工业电力消费弹性系数	—	3.63	0.49	0.68	1.06	1.27	1.42	0.83	0.79
年　份	1999	2000	2001	2002	2003	2004	2005	2006	2007
工业电力消费弹性系数	1.39	2.61	1.55	2.42	2.75	1.89	2.76	2.12	2.67
年　份	2008	2009	2010	2011	2012	2013	2014	2015	
工业电力消费弹性系数	1.25	3.35	2.77	-0.78	1.37	1.53	2.43	1.77	

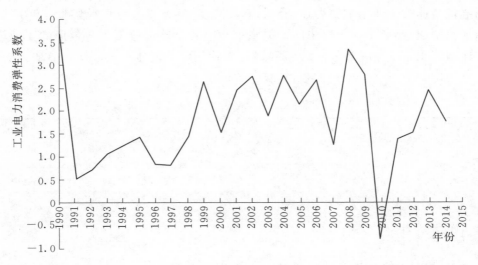

图 5-22 1990—2015 年越南工业电力消费弹性系数

（三）工业单位产值电耗

1990—1999 年，越南工业单位产值电耗整体处于下降趋势。1990—1995 年越南工业单位产值电耗下降较快；2000—2003 年越南工业单位产值电耗一直在增长，2001 年受全球经济好转影响，越南的 GDP 基本一直在增长，工业单位产值电耗也相应增长。2008 年的金融危机影响了越南经济，使得越南工业单位产值电耗处于小幅波动状态。1990—2015 年越南工业单位产值电耗如表 5-23、图 5-23 所示。

表 5-23　　　　　　　　　　　　　　1990—2015 年越南工业单位产值电耗　　　　　　　　　　单位：千瓦时/美元

年　份	1990	1991	1992	1993	1994	1995	1996	1997	1998
工业单位产值电耗	1.94	1.35	1.19	0.91	0.84	0.77	0.75	0.72	0.77
年　份	1999	2000	2001	2002	2003	2004	2005	2006	2007
工业单位产值电耗	0.76	0.79	0.84	0.94	0.97	0.97	1.04	1.05	1.08
年　份	2008	2009	2010	2011	2012	2013	2014	2015	
工业单位产值电耗	0.95	1.01	1.09	1.02	0.95	0.97	1.01	1.08	

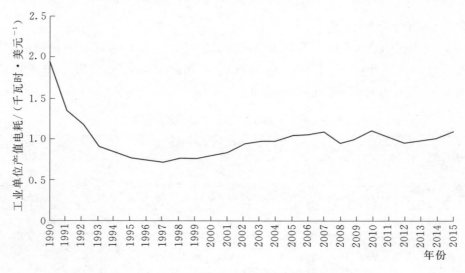

图 5-23　1990—2015 年越南工业单位产值电耗

三、服务业用电与服务业经济增长相关关系

(一) 服务业用电量增速与服务业增加值增速

1992—1999 年期间，服务业用电量增速与服务业增加值增速一致性较高。2000 年之后服务业用电量增速波动较大，服务业增加值增速波动范围相对较小。1990—2015 年越南服务业用电量增速与服务业增加值增速如表 5-24、图 5-24 所示。

表 5-24　　　　　　　　　1990—2015 年越南服务业用电量增速与服务业增加值增速　　　　　　　　%

年　份	1990	1991	1992	1993	1994	1995	1996	1997	1998
服务业用电量增速	—	8.86	8.92	8.91	8.97	8.84	9.01	12.24	11.09
服务业增加值增速	10.22	7.74	7.46	8.62	9.57	9.83	8.80	7.18	5.04
年　份	1999	2000	2001	2002	2003	2004	2005	2006	2007
服务业用电量增速	11.05	10.98	11.02	20.81	−24.55	125.92	11.88	12.54	9.57
服务业增加值增速	2.25	5.32	5.99	6.78	6.54	7.09	8.59	8.39	8.54
年　份	2008	2009	2010	2011	2012	2013	2014	2015	
服务业用电量增速	16.48	18.58	21.46	16.49	9.94	7.80	6.01	17.51	
服务业增加值增速	7.55	6.55	−7.65	7.47	6.71	6.72	6.16	6.33	

图 5-24　1990—2015 年越南服务业用电量增速与服务业增加值增速

(二) 服务业电力消费弹性系数

服务业占越南国民经济的比重越来越大，2015 年服务业占 GDP 的 44.20%，是国民经济的重要组成部分，1991—1997 年，越南服务业电力消费弹性系数较为稳定，稳定在 0.8～1.8。1998—2004 年越南服务业电力消费弹性系数出现波动，上下浮动幅度较大。2005—2009 年服务业电力消费弹性系数逐渐增长，2010 年和 2011 年出现较大波动，2012—2014 年缓慢降低，2015 年增长至 2.77。1990—2015 年越南服务业电力消费弹性系数如表 5-25、图 5-25 所示。

表 5-25　　　　　　　　　1990—2015 年越南服务业电力消费弹性系数

年　份	1990	1991	1992	1993	1994	1995	1996	1997	1998
服务业电力消费弹性系数	—	1.14	1.20	1.03	0.94	0.90	1.02	1.71	2.20
年　份	1999	2000	2001	2002	2003	2004	2005	2006	2007
服务业电力消费弹性系数	4.91	2.07	1.84	3.07	−3.75	17.76	1.38	1.50	1.12
年　份	2008	2009	2010	2011	2012	2013	2014	2015	
服务业电力消费弹性系数	2.18	2.84	−2.80	2.21	1.48	1.16	0.97	2.77	

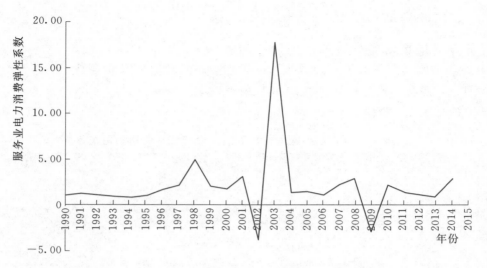

图 5-25 1990—2015 年越南服务业电力消费弹性系数

（三）服务业单位产值电耗

1990—2015 年，越南的服务业单位产值电耗整体呈下降趋势。1990—1995 年处于下降趋势；1996—2000 年呈增长状态，1990 年服务业单位产值电耗达到最高 0.24 千瓦时/美元。2004 年以后，服务业单位产值电耗总体呈下降趋势。1990—2015 年越南服务业单位产值电耗如表 5-26、图 5-26所示。

表 5-26 　　　　　　　　　　1990—2015 年越南服务业单位产值电耗 　　　　　　　单位：千瓦时/美元

年 份	1990	1991	1992	1993	1994	1995	1996	1997	1998
服务业单位产值电耗	0.24	0.19	0.18	0.14	0.12	0.10	0.09	0.10	0.11
年 份	1999	2000	2001	2002	2003	2004	2005	2006	2007
服务业单位产值电耗	0.12	0.12	0.12	0.14	0.09	0.18	0.18	0.17	0.16
年 份	2008	2009	2010	2011	2012	2013	2014	2015	
服务业单位产值电耗	0.15	0.16	0.16	0.17	0.16	0.15	0.14	0.16	

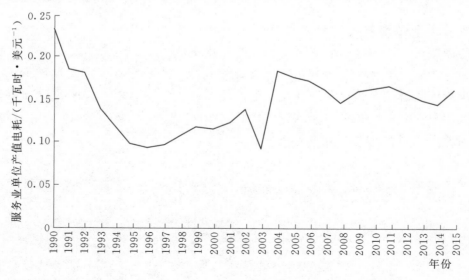

图 5-26 1990—2015 年越南服务业单位产值电耗

第四节　电力与经济发展展望

一、经济发展展望

越南国会十三届十一次会议讨论通过 2016—2020 年经济社会发展五年规划。规划指出，未来五年经济社会发展目标包括：保持宏观经济稳定，大力推进经济结构调整，提高生产效率和竞争力；GDP 增速达 6.5%～7%，到 2020 年，人均 GDP 达 3200～3500 美元；工业建筑业和服务业占 GDP 比重达 85%；社会总投资占 GDP 比重为 32%～34%；到 2020 年国家财政赤字占 GDP 比重为 4%；全要素生产率（TFP）对增长的贡献达 30%～35%；社会劳动生产率年平均增长 5%；单位 GDP 能耗年平均下降 1%～1.5%；2020 年城市化比例达 38%～40%。新的五年规划侧重于进行经济结构调整，转变经济增长方式。越南政府认为未来五年，关键在于改革经济体制，以期为经济增长提供动力。1980—2022 年越南 GDP 增速变化趋势及预测如图 5 - 27 所示。

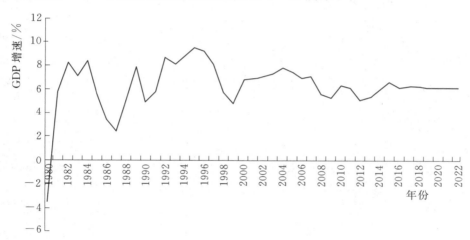

图 5 - 27　1980—2022 年越南 GDP 增速变化趋势及预测

二、电力发展展望

（一）电力需求展望

1. 煤电发展规划

越南 2017 年批准了到 2020 年的煤炭产业发展计划。将大力构建从矿区到发电站的煤炭运输道路网络，采用各方先进技术，坚持可持续发展，在强化煤炭生产能力的同时，减少和降低对环境的负面影响。为了推进上述计划的实施，2030 年之前，越南煤炭产业所需的投资总额达 269 万亿越盾。

2. 水电发展规划

越南政府 2011—2020 年电力发展长期计划包括进一步开发越南的水电资源。2020 年越南总发电装机容量预计将达到 41000 兆瓦，水电将占 36.4%。

3. 风电发展规划

2011 年 6 月，越南政府出台关于风电发展机制的 37 号决定，提出鼓励风电发展的政策措施，包括将风电并网价格提高至 7.8 美分/千瓦时（火电和水电并网价格约为 5.5 美分/千瓦时），将风力发电列入越南第七个电力发展规划，计划到 2020 年将风力功率提高到 100 万千瓦。越南还鼓励利用太阳能、生物质能和地热等可再生能源发电。2011—2030 年越南电力新增装机容量发展规划如表 5 - 27

所以。

表 5 - 27 　　　　　　　　2011—2030 年越南电力新增装机容量发展规划　　　　　　　　单位：兆瓦

年 份	2011	2012	2013	2014	2015	2016	2017	2018	2019	2020
总功率	4187	2805	2105	4279	6540	7136	6775	7842	7015	5610
风电和可再生能源	30	100	130	120	150	200	200	200	230	300
年 份	2021	2022	2023	2024	2025	2026	2027	2028	2029	2030
总功率	5925	5750	4530	4600	6100	5550	6350	7450	9950	9800
风电和可再生能源	400	450	500	550	600	600	700	800	950	1150

资料来源：越南电力局。

4. 太阳能发展规划

2017 年 7 月，越南政府总理阮春福签署关于鼓励发展越南太阳能电力项目的政府决议，将为关注越南电力市场建设的国内外投资商带来巨大的投资机会。决议要求越南电力集团（EVN）负责以 9.35 美分/度的价格收购全部并网太阳能电力。

（二）电力发展规划与展望

2016 年 8 月，越南政府批准了关于调整 2011—2020 年阶段电力发展规划及 2030 年展望的决定。该规划调整的目的是为了满足从 2016—2030 年越南经济增长平均达到 7% 对全国电力的需求。该规划要求促进各类清洁能源发展（水力、风力、太阳能、生物能源发电），逐渐提高清洁能源在各类能源中的比重。

1. 火电发展展望

适当提高热电所占比例，到 2020 年，热电总功率达到 26000 兆瓦，发电量为 1310 亿千瓦时，占各类电能比例 49.3%，消耗约 6300 万吨煤炭。到 2025 年，总热电功率达到 45800 兆瓦，发电量 2200 亿千瓦时，占各类电能比例达到 55%，消耗约 9500 万吨煤炭。

2. 水电发展展望

规划要求优先发展水电，从目前总装机容量近 17000 兆瓦，到 2020 年提高到 21600 兆瓦，到 2025 年提高到 24600 兆瓦（抽水蓄能装机容量 1200 兆瓦），到 2030 年提高到 27800 兆瓦（抽水蓄能水电 2400 兆瓦）。到 2020 年水电占各能源比例为 29.5%，到 2025 年占 20.5%，2030 年占 15.5%。

3. 核电发展展望

为保证将来传统能源枯竭后的电力供应，需要适当发展核电。规划在 2028 年投入使用一组核电站。到 2030 年核电总功率达到 4600 兆瓦，发电量约 325 亿千瓦时，占各类能源比例约为 5.7%。

4. 太阳能发电发展展望

促进太阳能发电的迅速发展，提高目前太阳能发电总功率，到 2020 年提高到约 800 兆瓦，2025 年提高到约 4000 兆瓦，2030 年提高到约 12000 兆瓦。太阳能发电所占各能源比例 2020 年达到 0.5%，2025 年达到 1.6%，2030 年达到 3.3%。

第六章

缅　　甸

缅甸位于东南亚，西南临安达曼海，西北与印度和孟加拉国为邻，东北靠中国，东南接泰国与老挝。缅甸面积约 67.85 万平方公里，地势北高南低，生态环境良好。缅甸有约 5141.9 万人口（2014 年人口普查）。矿产资源主要有锡、钨、锌、铝、锑、锰、金、银等，石油和天然气在内陆及沿海均有较大蕴藏量。水利资源丰富，伊洛瓦底江、钦敦江、萨尔温江、锡唐江四大水系纵贯南北，水利资源占东盟国家水利资源总量的 40%。缅甸主要以农业为主，农作物主要有小麦、玉米、甘蔗、棉花等。缅甸奉行"不结盟、积极、独立"的外交政策，按照和平共处五项原则处理国与国之间的关系。

第一节　经济发展与政策

一、经济发展状况

（一）经济发展及现状

1. 经济发展概况

1948 年缅甸独立，经济发展主要经历了三个阶段。第一阶段是独立之初，缅甸脱离英联邦统治，经济基础薄弱，主要是以大米出口为主，此时期国内政局不稳定，经济发展未达到预期。第二阶段缅甸开始走社会主义道路，建立计划经济体制，推行国有化。实行封闭的对外政策导致本国对外贸易受限，轻视外商投资，工业化程度低下。这一时期国家政府外债负担较重，人民生活水平低下，国家严重贫穷。第三阶段是 1988 年以后，实行市场经济制度，对外开放政策。国家支持外商投资，加大对外贸易，鼓励民营企业发展，增强经济发展活力。金融危机以来，受到其他国家的制裁，发展进程缓慢。随着对外开放政策的不断推进，经济增长加快，人民生活水平大幅提高。

2016 年，缅甸处于经济发展较快时期，经济增速为 6.50%。世界银行在 2017 年 10 月发布的缅甸经济观察报告中估计 2017 年缅甸经济增速为 6.37%。

2. 产业结构状况

缅甸是一个以农林渔业为主的发展中国家，主要生产水稻、小麦、玉米、甘蔗等农产品。缅甸的改革一直注重降低农业占比，大力发展工业与制造业。2007 年农业占比达到 43.30%，到 2017 年农业占比大幅下降，只占 26.18%。工业发展主要依靠得天独厚的自然资源条件，丰富的石油、天然气储量，以开采自然资源、小型机械制造，木材加工，原材料加工为主。工业占比从 2007 年的 20.40% 升至 2017 年的 31.64%。服务业的发展以旅游业为主，依赖本国特有的名胜古迹，大力发展旅游，吸引外资，建设旅游设施。服务业占比从 2007 年的 36.30% 升至 2017 年的 42.18%。2007 年和 2017 年缅甸产业结构变化如图 6-1 所示。

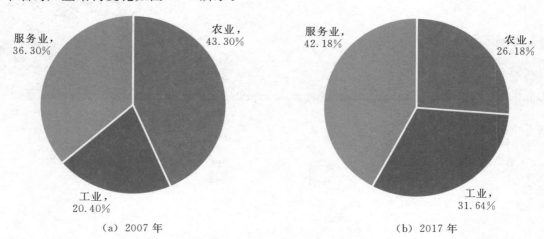

（a）2007 年　　　　　　　　　　（b）2017 年

图 6-1　2007 年和 2017 年缅甸产业结构变化

（数据来源：世界银行）

（二）主要经济指标分析

1. GDP 及增速

2000—2017 年，缅甸 GDP 逐步增长，GDP 增速逐渐减小。2000—2008 年缅甸 GDP 增长较快，从 89.05 亿美元增长至 318.63 亿美元。2008 年经济危机以来，缅甸金融体系与国外关联不大，一些发达国家对缅甸的制裁减弱很多，2008—2009 年，缅甸的 GDP 有所增长。

2010—2011 年，缅甸举行自 1990 年以来的首次大选。国内的政治局面飘摇不定，GDP 增速相比 2009 年下降较多。

2011 年以后，缅甸对众多国有企业实行私有化，放宽私人资本准入门槛；外交上，缅甸改善了与西方国家，尤其是美国的关系。2011—2017 年，缅甸的 GDP 一直保持平稳发展。2000—2017 年缅甸 GDP 及增速如表 6-1、图 6-2 所示。

表 6-1　　　　　　　　　2000—2017 年缅甸 GDP 及增速

年　份	2000	2001	2002	2003	2004	2005	2006	2007	2008
GDP/亿美元	89.05	64.78	67.78	104.67	105.67	119.87	145.03	201.82	318.63
GDP 增速/%	13.75	11.34	12.03	13.84	13.56	13.57	13.08	11.99	10.26
年　份	2009	2010	2011	2012	2013	2014	2015	2016	2017
GDP/亿美元	369.06	495.41	599.77	597.31	601.33	655.75	626.01	674.30	693.22
GDP 增速/%	10.55	9.63	5.59	7.33	8.40	7.99	7.29	6.50	6.37

数据来源：联合国统计司；国际货币基金组织；世界银行。

图 6-2　2000—2017 年缅甸 GDP 及增速

2. 人均 GDP 及增速

缅甸人均 GDP 变化趋势与 GDP 类似。2000—2010 年人均 GDP 快速增长，从人均 193.19 美元增长至 987.74 美元，增速平均在 12% 左右。2010 年以后，增速下降，人均 GDP 平稳上升。2011—2017 年人均 GDP 变化较平稳，波动较小。2000—2017 年缅甸人均 GDP 及增速如表 6-2、图 6-3 所示。

表 6-2　　　　　　　　　　　　2000—2017 年缅甸人均 GDP 及增速

年　份	2000	2001	2002	2003	2004	2005	2006	2007	2008
人均 GDP/美元	193.19	138.92	143.78	219.78	219.82	247.24	296.90	410.45	643.95
人均 GDP 增速/%	12.37	10.07	10.81	12.69	12.50	12.61	12.23	11.25	9.57
年　份	2009	2010	2011	2012	2013	2014	2015	2016	2017
人均 GDP/美元	741.08	987.74	1186.42	1171.51	1168.80	1262.89	1194.59	1275.02	1298.88
人均 GDP 增速/%	9.84	8.86	4.76	6.42	7.45	7.00	6.31	5.53	5.40

数据来源：联合国统计司；国际货币基金组织；世界银行。

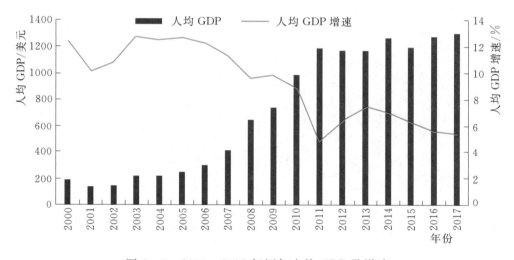

图 6-3　2000—2017 年缅甸人均 GDP 及增速

3. GDP 分部门结构

1990—2001 年，缅甸农业占 GDP 比重平缓下降。2002—2017 年，农业占比迅速下降，2017 年农业占比 26.18%。1990—1999 年，工业占比变化不大。2000—2017 年，工业占比快速增长，2017 年工业占比 31.64%，超过农业占比。1990—2017 年，服务业占比平均在 33.81%，增长较缓慢。1990—2017 年缅甸 GDP 分部门占比如表 6-3、图 6-4 所示。

表 6-3　　　　　　　　　　　　1990—2017 年缅甸 GDP 分部门占比　　　　　　　　　　　　%

年　份	1990	1991	1992	1993	1994	1995	1996
农业	57.3	58.8	60.5	63	63	60	60.1
工业	10.5	9.8	9.4	8.9	8.6	9.9	10.4
服务业	32.2	31.3	30	28.1	28.4	30.1	29.5
年　份	1997	1998	1999	2000	2001	2002	2003
农业	58.9	59.1	59.9	57.2	57.1	54.5	50.6
工业	10.2	9.9	9	9.7	10.6	13	14.3
服务业	30.9	31.1	31.1	33.1	32.4	32.5	35.1

续表

年 份	2004	2005	2006	2007	2008	2009	2010
农业	48.2	46.7	43.9	43.3	40.3	38.1	36.9
工业	16.4	17.5	19.2	20.4	22.7	24.5	26.5
服务业	35.5	35.8	36.8	36.3	37.1	37.4	36.7
年 份	2011	2012	2013	2014	2015	2016	2017
农业	32.5	30.6	29.5	27.8	26.7	25.46	26.18
工业	31.3	32.4	32.4	34.5	34.5	35.02	31.64
服务业	36.2	37	38.1	37.7	38.7	39.52	42.18

数据来源：联合国统计司；国际货币基金组织；世界银行。

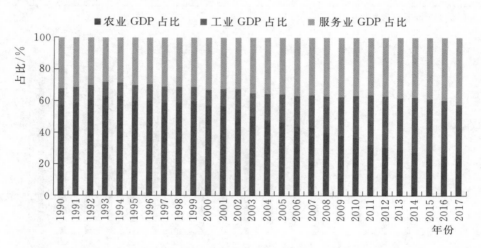

图 6-4 1990—2017 年缅甸 GDP 分部门占比

4. 工业增加值增速

总体工业增加值增速波动较大。进入 21 世纪以来，2010 年缅甸的工业增加值增速最大，为 36.68%。2016 年，工业增加值增速最低，为 4.51%。2014—2016 年，工业增加值增速呈下降趋势，工业生产表现尚佳。2017 年工业增加值增速开始增加至 8.90%。

2001—2017 年缅甸工业增加值增速如表 6-4、图 6-5 所示。

表 6-4   2001—2017 年缅甸工业增加值增速   %

年 份	2001	2002	2003	2004	2005	2006	2007	2008	2009
工业增加值增速	21.81	34.98	20.76	21.39	19.94	29.42	18.80	17.71	18.33
年 份	2010	2011	2012	2013	2014	2015	2016	2017	
工业增加值增速	36.68	10.23	8.00	11.41	12.15	8.72	4.51	8.90	

数据来源：联合国统计司；国际货币基金组织；世界银行。

5. 服务业增加值增速

2001—2016 年，缅甸服务业增加值增速呈下降趋势。2006 年呈最大值为 16.83%。2012—2016 年，服务业增加值增速平稳下降。

2001—2016 年缅甸服务业增加值增速如表 6-5、图 6-6 所示。

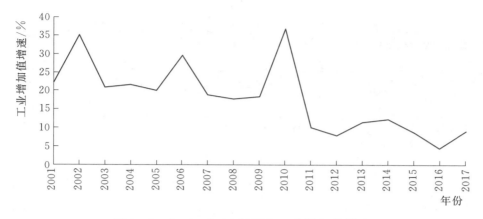

图 6-5　2001—2017 年缅甸工业增加值增速

表 6-5　　　　　　　　　　　　　　　　2001—2016 年缅甸服务业增加值增速　　　　　　　　　　　　　　　　　%

年　份	2001	2002	2003	2004	2005	2006	2007	2008
服务业增加值增速	12.85	14.76	14.56	14.37	13.09	16.83	13.07	11.42
年　份	2009	2010	2011	2012	2013	2014	2015	2016
服务业增加值增速	11.90	8.76	8.53	12.04	10.31	9.13	8.66	8.03

数据来源：联合国统计司；国际货币基金组织；世界银行。

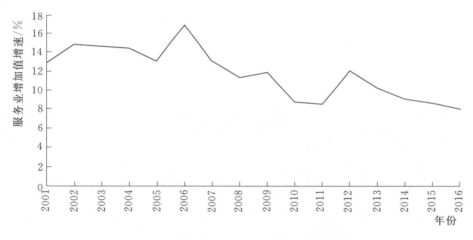

图 6-6　2001—2016 年缅甸服务业增加值增速

6. CPI 涨幅

2009 年以前，缅甸 CPI 涨幅波动较大。2002 年 CPI 涨幅最大达到 57.07%，2000 年最低，−0.11%，国内物价波动较大，人民生活水平有待提高。2009—2017 年，CPI 涨幅波动较小，最大值达到 9.49%。相比 2009 年以前，涨幅大幅度下降，物价波动稍有好转。1990—2017 年缅甸 CPI 涨幅如表 6-6、图 6-7 所示。

表 6-6　　　　　　　　　　　　　　　　1990—2017 年缅甸 CPI 涨幅　　　　　　　　　　　　　　　　%

年　份	1990	1991	1992	1993	1994	1995	1996
CPI 涨幅	17.63	32.27	21.91	31.83	24.10	25.19	16.28
年　份	1997	1998	1999	2000	2001	2002	2003
CPI 涨幅	29.70	51.49	18.40	−0.11	21.10	57.07	36.59

续表

年　份	2004	2005	2006	2007	2008	2009	2010
CPI 涨幅	4.53	9.37	20.00	35.02	26.80	1.47	7.72
年　份	2011	2012	2013	2014	2015	2016	2017
CPI 涨幅	5.02	1.47	5.52	5.47	9.49	6.96	6.50

数据来源：联合国统计司；国际货币基金组织；世界银行。

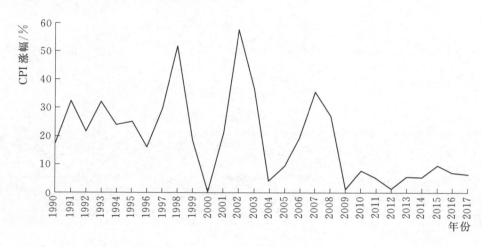

图 6-7　1990—2017 年缅甸 CPI 涨幅

7. 失业率

1991—2017 年，缅甸失业率一直处于较低的水平。2017 年失业率为 0.79%。1991—2017 年缅甸失业率如表 6-7、图 6-8 所示。

表 6-7　　　　　　　　　　　　　　1991—2017 年缅甸失业率　　　　　　　　　　　　　　　%

年　份	1991	1992	1993	1994	1995	1996	1997	1998	1999
失业率	0.92	0.92	0.91	0.91	0.90	0.90	0.89	0.89	0.89
年　份	2000	2001	2002	2003	2004	2005	2006	2007	2008
失业率	0.89	0.88	0.88	0.87	0.86	0.86	0.85	0.83	0.82
年　份	2009	2010	2011	2012	2013	2014	2015	2016	2017
失业率	0.82	0.81	0.81	0.80	0.80	0.80	0.80	0.81	0.79

数据来源：联合国统计司；国际货币基金组织；世界银行。

8. 外国直接投资

缅甸政府大力支持以资源为基础的外资投资项目、出口项目，以及以出口为导向的劳动密集型项目。其允许投资的范围广泛，包括农业、畜牧业、林业、矿业、能源、制造业、建筑业、交通运输业和贸易等。

缅甸的外国直接投资从 2007 年开始出现大幅度增长，对外招商力度不断加大，缅甸逐渐成为外商在东南亚地区的主要阵地。随着新政府的成立，国内的局部战乱增加，2010 年外国直接投资下降。

2011—2017 年，缅甸的外国直接投资出现较大的波动。在 2014 年，缅甸颁布了《缅甸投资法》修订版，这份法案进一步加大了缅甸对外商投资的支持力度，对多个产业采取大幅度优惠。2013 年、2014 年缅甸的外国直接投资相比 2012 年有了大幅度增长。1990—2017 年外国直接投资增速波动较大。1990—2017 年外国直接投资及增速如表 6-8、图 6-9 所示。

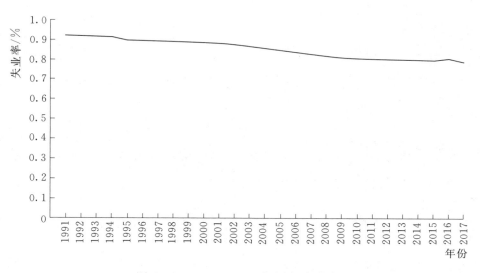

图 6-8 1991—2017 年缅甸失业率

表 6-8 1990—2017 年外国直接投资及增速

年 份	1990	1991	1992	1993	1994	1995	1996
外国直接投资/亿美元	1.63	2.40	1.73	1.06	1.27	2.80	3.13
增速/%	—	47.24	−27.92	−38.73	19.81	120.47	11.79
年 份	1997	1998	1999	2000	2001	2002	2003
外国直接投资/亿美元	3.91	3.18	2.56	2.55	2.08	1.51	2.49
增速/%	24.92	−18.67	−19.50	−0.39	−18.43	−27.40	64.90
年 份	2004	2005	2006	2007	2008	2009	2010
外国直接投资/亿美元	2.11	2.35	2.76	7.10	8.64	10.79	9.01
增速/%	−15.26	11.37	17.45	157.25	21.69	24.88	−16.50
年 份	2011	2012	2013	2014	2015	2016	2017
外国直接投资/亿美元	25.20	13.34	22.55	21.75	40.84	32.78	46.85
增速/%	179.69	−47.06	69.04	−3.55	87.77	−19.74	42.92

数据来源：联合国统计司；国际货币基金组织；世界银行。

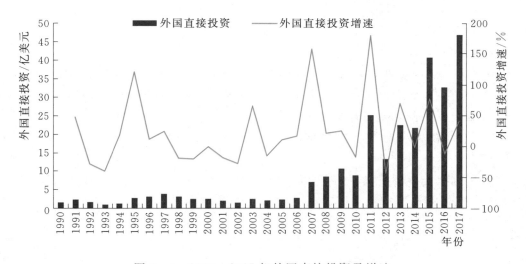

图 6-9 1990—2017 年外国直接投资及增速

二、主要经济政策

（一）税收政策

缅甸的财政税收由 5 个部所属的 6 个局管理。2008 年缅甸颁布新的《关税法》，具体内容如表 6-9 所示。

表 6-9　　　　　　　　　　　　　　　缅甸《关税法》

第一章	第二章	第三章	第四章
进口税	特许税	出口税	边境出口税
由 24 个税率组成，税率范围为 0～40%	免税或最高为 10%	一般商品出口不计税，但大米等农作物征收	0～15%

数据来源：缅甸财政部网站。

2012 年缅甸颁布《外国投资法》，在税收方面对外国投资企业提供了很多激励和担保措施。如按照《外国投资法》批准的企业将享受 5 年的免税期，其中包括企业运营的当年。

2014 年缅甸颁布了《缅甸税收法》，个人、企业、公司及其他团体产生的源于缅甸的所得都要缴税，非缅甸居民只对在缅甸的所得缴税。所得税主要包括企业所得税、个人所得税和资本所得税。具体内容如表 6-10 所示。

表 6-10　　　　　　　　　　　　　　　《缅甸税收法》

项目	税种	纳税人	税率/%
1	企业所得税	本地公司	25
		外资企业	35
		外资企业依照缅甸《外商投资法》成立公司	25
2	个人所得税	个人	收入超过 3000 万缅币按 25%
3	资本所得税	本地	10
		非本地	40

数据来源：缅甸财政部网站。

2017 年 4 月 1 日，《联邦税法》正式开始实施。规定黄金首饰买卖的税收按 1% 征收，年收入在 480 万缅元内的不缴纳个人所得税。

（二）金融政策

1. 金融市场政策

缅甸金融业主要包括银行业、保险业、证券业。其中银行业和保险业起步稍早，经历多次变迁；证券业起步较晚。随着缅甸民主改革和对外开放前景日益明朗，缅甸金融业备受国际关注。

2012 年 4 月缅甸废除多重汇率政策与特别提款权挂钩的浮动汇率制度。

2012 年 11 月缅甸新《外国投资法》出台，次年 1 月缅甸颁布外国投资实施条例，缅甸外资银行逐渐增多。

2013 年出台《缅甸证券交易法》，同年颁布《中央银行法》开始授予缅甸央行制定独立政策的权利。缅甸中央银行主要通过准备金制度、利率政策和公开市场操作等货币政策工具维持缅甸金融秩序的稳定。

2014 年 8 月缅甸证券交易委员会成立。2015 年 12 月 9 日缅甸首个交易所——仰光证券交易所正式开业。

2016 年 1 月 28 日，通过《缅甸银行和金融机构法》，将对银行资本金和存款准备金等方面提出更高要求。该法案规定银行存款准备金率为 5%，资本金不低于 200 亿缅币。

2. 货币政策

2011 年 7 月 18 日，缅甸财税部召开银监委及银行协会执委会第 130 次会议，探讨包括汇率和银行利率在内的财政金融改革。从 2012 年 4 月 1 日开始，缅甸政府实施有控制的汇率浮动制，并建立银行间的外汇市场。外汇交易基准价被定为 820 缅元兑 1 美元，上下浮动幅度为 2%，有利于外汇市场整合、调控及国际结算和汇兑业务。

（三）产业政策

缅甸经济发展目标由"以农业为基础全面发展其他领域经济"转变为"进一步发展农业、建立现代化工业国家、全面发展其他领域的经济"。政府开始引导外资从资源领域转向生产领域，调整及颁布了一系列法规、条例，以更优惠的方式扩大对外开放，如在 2012 年 11 月颁布的《外国投资法》加大了对制造业、基础设施建设的扶持。除了基础设施建设以外，缅甸的旅游业将作为创收和就业的重点领域。

（四）投资政策

缅甸新政府注重改善投资环境，重组投资委员会（MIC），提高对外资项目的审批进度，建立快捷的服务方式。2001 年中缅双方签订了《投资促进和保护协定》，增强了中国投资者对于在缅投资的信心。

2011 年，缅甸通过了《缅甸小型金融业法》，扶持小型企业的发展。同年，缅甸签署了《利润税法取缔案》《缅甸印花税条例修正案》《贸易税法修正案》《所得税法修正案》及《公务税条例修正案》等修正法案。2012 年签发《社会福利法》《农用地法》《外国投资法》及《缅甸进出口法》。其中《外国投资法》提出很多激励和担保措施，比如：对所有生产性和服务型企业，自开业第一年起 3 年免征所得税。同时，《外国投资法》还规定，对以外汇投资与缅甸公民合作的外国投资者有权获得利润并带出缅甸，有权在项目完成后重新立项。

第二节　电力发展与政策

一、电力供应形势分析

（一）电力工业发展概况

缅甸电力工业发展相对较为缓慢，1980 年以后，政府加大对电力行业的投资，电力工业发展初见成效，水平较低。

截至 2014 年 9 月，全国有 33% 的人口能够享受电力供应。缅甸共有大小 814 座发电厂，总发电量约 4581 兆瓦，其中 3044 兆瓦为水力发电。缅甸约 61% 的电力供应来自水力发电，35% 来自天然气电站，燃煤和柴油发电各占 2%。缅甸最大的水电站是耶瓦水电站，装机容量 7900 兆瓦。缅甸最大城市仰光的电力供应主要由天然气电站保障，最大的天然气电站位于仰光南部的阿隆电站，装机容量 2750 兆瓦。

（二）发电装机容量及结构

1. 总装机容量及增速

1990—2015 年缅甸总装机容量总体呈上升的趋势，从 109.7 万千瓦上升至 478.3 万千瓦。1990—1994 年总装机容量变化平稳，在 111 万千瓦左右。1995—1998 年稍有上涨，幅度较小。1999—2003 年有所下降，2004—2008 年到达一个上升期，2008 年达到 174.8 万千瓦。2008 年以后，总装机容量快速增长。

1990—2015 年缅甸总装机容量及增速如表 6-11、图 6-10 所示。

表 6-11　　　　　　　　　　1990—2015 年缅甸总装机容量及增速

年　份	1990	1991	1992	1993	1994	1995	1996	1997	1998
总装机容量/万千瓦	109.7	110.3	111	111.5	116.1	132.2	139.3	140.1	135.6
增速/%	—	0.55	0.63	0.45	4.13	13.87	5.37	0.57	−3.21
年　份	1999	2000	2001	2002	2003	2004	2005	2006	2007
总装机容量/万千瓦	115.1	115.1	119	119	120.5	156.2	169	168.4	171.7
增速/%	−15.12	0	3.39	0	1.26	29.63	8.19	−0.36	1.96
年　份	2008	2009	2010	2011	2012	2013	2014	2015	
总装机容量/万千瓦	174.8	254.4	341.3	358.9	372.8	415.1	477.9	478.3	
增速/%	1.81	45.54	34.16	5.16	3.87	11.35	15.13	0.08	

数据来源：国际能源署；联合国统计司。

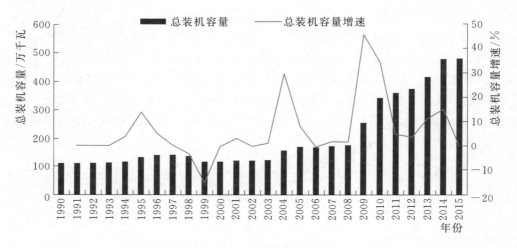

图 6-10　1990—2015 年缅甸总装机容量及增速

2. 各类装机容量及占比

缅甸电力发展依赖本国丰富的水力资源和石油、天然气资源。电力装机容量以水电和火电装机容量为主。1990—2015 年水电装机容量呈上升趋势，从 25.8 万千瓦增长至 315.1 万千瓦，对水电的开发利用增强。火电装机容量占比逐渐减小，2015 年占比只达 33.87%。2011 年开始出现光伏发电装机容量，重视对可再生能源发电的利用，光伏发电装机容量增长较小，2015 年只达到 1.2 万千瓦。1990—2015 年缅甸各类装机容量及占比如表 6-12、图 6-11 所示。

表 6-12　　　　　　　　　　1990—2015 年缅甸各类装机容量及占比

年　份		1990	1991	1992	1993	1994	1995	1996
水电	装机容量/万千瓦	25.8	26	28.9	29.1	29.9	31.7	32.8
	占比/%	23.52	23.57	26.04	26.10	25.75	23.98	23.55
火电	装机容量/万千瓦	83.9	84.3	82.1	82.4	86.2	100.5	106.5
	占比/%	76.48	76.43	73.96	73.90	74.25	76.02	76.45

年 份		1997	1998	1999	2000	2001	2002	2003
水电	装机容量/万千瓦	32.8	32.8	34	34	39	39	40.5
	占比/%	23.41	24.19	29.54	29.54	32.77	32.77	33.61
火电	装机容量/万千瓦	107.3	102.8	81.1	81.1	80	80	80
	占比/%	76.59	75.81	70.46	70.46	67.23	67.23	66.39
年 份		2004	2005	2006	2007	2008	2009	2010
水电	装机容量/万千瓦	74.6	74.6	77.1	80.3	84.7	165.4	252.2
	占比/%	47.76	44.14	45.78	46.77	48.46	65.02	73.89
火电	装机容量/万千瓦	81.6	94.4	91.3	91.4	90.1	89	89.1
	占比/%	52.24	55.86	54.22	53.23	51.54	34.98	26.11

年 份		2011		2012	2013	2014	2015
水电	装机容量/万千瓦	269.3		281.3	300.5	315.1	315.1
	占比/%	75.03		75.46	72.39	65.93	65.88
火电	装机容量/万千瓦	89.5		91.3	114.1	162	162
	占比/%	24.94		24.49	27.49	33.90	33.87
光伏发电	装机容量/万千瓦	0.1		0.2	0.5	0.8	1.2
	占比/%	0.03		0.05	0.12	0.17	0.25

数据来源：国际能源署；联合国统计司。

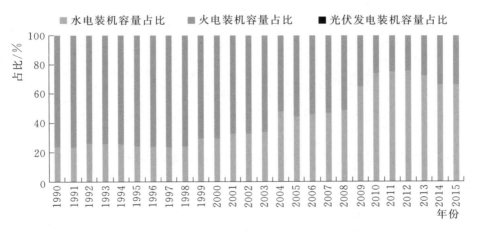

图 6-11　1990—2015 年缅甸各类装机容量占比

（三）发电量及结构

1. 总发电量及增速

1990—2015 年，缅甸发电量总体呈增长趋势，但增速波动较大，年均增速为 8.05%。1990—2015 年缅甸发电量及增速如表 6-13、图 6-12 所示。

表 6-13　　　　　　　　　　1990—2015 年缅甸发电量及增速

年 份	1990	1991	1992	1993	1994	1995	1996	1997	1998
总发电量/亿千瓦时	24.78	26.77	29.96	33.85	35.94	40.55	39.45	44.45	41.39
增速/%	—	8.03	11.92	12.98	6.17	12.83	−2.71	12.67	−6.88

续表

年 份	1999	2000	2001	2002	2003	2004	2005	2006	2007
总发电量/亿千瓦时	46.39	51.18	46.89	50.68	54.25	56.09	60.16	61.64	63.99
增速/%	12.08	10.33	−8.38	8.08	7.04	3.39	7.26	2.46	3.81

年 份	2008	2009	2010	2011	2012	2013	2014	2015
总发电量/亿千瓦时	66.22	69.64	75.43	98.68	107.32	122.47	141.57	159.7
增速/%	3.48	5.16	8.31	30.82	8.76	14.12	15.60	12.81

数据来源：国际能源署；联合国统计司。

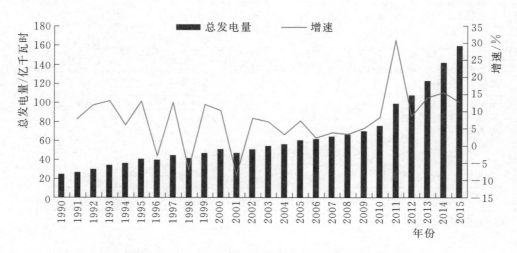

图 6-12 1990—2015 年缅甸发电量及增速

2. 发电量结构及占比

缅甸发电方式以煤炭发电、石油发电、天然气发电、水力发电为主。其中，水力发电是缅甸最主要的发电方式，1990—2015 年水力发电量快速增长，从 11.93 亿千瓦时升高至 93.99 亿千瓦时。1990—1999 年水电占比呈下降趋势，1999 年以后水电占比快速增加，2011 年达到了 76.19%，超过一半。

对于传统火电，主要以天然气发电为主，辅以少量的煤炭发电、石油发电。天然气发电量在1990—2008 年波动不大，平均在 20 亿千瓦时。2008 年以后天然气发电量增长较快，2015 年达到62.31 亿千瓦时，占 39.02%。煤炭发电和石油发电也占一定的比重，2001 年以前，石油发电量多于煤炭发电量；2001 年以后，石油发电量减少，煤炭发电量增加，发电结构变化显著。

缅甸地理位置优越，日照充足，风能资源丰富，拥有足够的地热、生物燃料等资源，利用风能、太阳能、地热能等可再生能源进行发电将是未来的发展重点。1990—2015 年缅甸发电量结构如表 6-14、图 6-13 所示。

表 6-14　　　　　　　　　　　1990—2015 年缅甸发电量结构

年 份		1990	1991	1992	1993	1994	1995	1996
煤电	发电量/亿千瓦时	0.4	0.5	0.05	0.05	0.05	0	0
	占比/%	1.61	1.87	0.17	0.15	0.14	0	0
石油	发电量/亿千瓦时	2.71	3.41	3.08	2.73	1.62	2.18	1.69
	占比/%	10.94	12.74	10.28	8.07	4.51	5.38	4.28

续表

年 份		1990	1991	1992	1993	1994	1995	1996
天然气	发电量/亿千瓦时	9.74	10.46	11.65	14.02	18.13	22.13	21.25
	占比/%	39.31	39.07	38.89	41.42	50.45	54.57	53.87
水电	发电量/亿千瓦时	11.93	12.4	15.18	17.05	16.14	16.24	16.51
	占比/%	48.14	46.32	50.67	50.37	44.91	40.05	41.85

年 份		1997	1998	1999	2000	2001	2002	2003
煤电	发电量/亿千瓦时	0	0	0	0	0	6.41	6.34
	占比/%	0	0	0	0	0	12.65	11.69
石油发电	发电量/亿千瓦时	2.55	2.68	7.23	6.91	5.32	0.29	0.31
	占比/%	5.74	6.48	15.59	13.50	11.35	0.57	0.57
天然气发电	发电量/亿千瓦时	25.04	29.22	28.78	25.35	23.35	22.87	26.85
	占比/%	56.33	70.60	62.04	49.53	49.80	45.13	49.49
水电	发电量/亿千瓦时	16.86	9.49	10.38	18.92	18.22	21.11	20.75
	占比/%	37.93	22.93	22.38	36.97	38.86	41.65	38.25

年 份		2004	2005	2006	2007	2008	2009	2010
煤电	发电量/亿千瓦时	4.05	5.89	7.86	8.55	6.14	4.73	6.71
	占比/%	7.22	9.79	12.75	13.36	9.27	6.79	8.90
石油发电	发电量/亿千瓦时	0.33	0.34	0.28	0.34	0.4	0.3	0.33
	占比/%	0.59	0.57	0.45	0.53	0.60	0.43	0.44
天然气发电	发电量/亿千瓦时	27.63	23.96	20.25	18.91	18.97	12.05	17.34
	占比/%	49.26	39.83	32.85	29.55	28.65	17.30	22.99
水电	发电量/亿千瓦时	24.08	29.97	33.25	36.19	40.71	52.56	51.05
	占比/%	42.93	49.82	53.94	56.56	61.48	75.47	67.68

年 份		2011	2012	2013	2014	2015
煤电	发电量/亿千瓦时	7.24	7.71	5.69	2.86	2.85
	占比/%	7.34	7.18	4.65	2.02	1.78
石油发电	发电量/亿千瓦时	0.38	0.51	0.61	0.65	0.55
	占比/%	0.39	0.48	0.50	0.46	0.34
天然气发电	发电量/亿千瓦时	15.88	21.44	27.94	49.77	62.31
	占比/%	16.09	19.98	22.81	35.16	39.02
水电	发电量/亿千瓦时	75.18	77.66	88.23	88.29	93.99
	占比/%	76.19	72.36	72.04	62.36	58.85

数据来源：国际能源署；联合国统计司。

2005 年、2015 年缅甸发电量结构变化如图 6-14 所示。

2015 年缅甸发电量分类型构成中，水力发电量占比最高，为 58.85%；天然气发电量占比39.02%；煤炭发电量占比 1.78%，石油发电量占比 0.34%。2005—2015 年，缅甸发电量结构变化明显。水力发电量占比由 49.82% 上升为 58.85%；天然气发电量占比由 39.83% 降至 39.02%，变化较小；煤炭发电量占比下滑 8.01 个百分点；石油发电变化不明显，仅下降 0.23 个百分点。

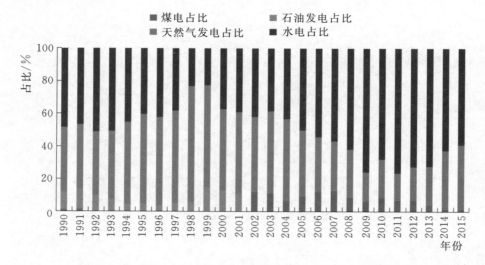

图 6-13　1990—2015 年缅甸各能源发电量占比变化趋势

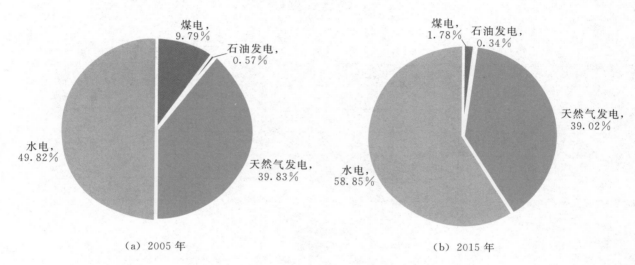

（a）2005 年　　　　　　　　　　　　（b）2015 年

图 6-14　2005 年、2015 年缅甸发电量结构变化

（数据来源：国际能源署）

（四）电网建设规模

　　缅甸电网由国家电网（主网）与偏远地区的孤立电网组成。主网围绕仰光和曼德勒两大负荷中心向周边延伸，覆盖了中部人口较多的 6 省 5 邦。国家电网主要分布在缅甸的南部和中部，南部形成 230 千伏为主的 U 字形骨干网架；中部是 132 千伏为主的辐射电网。缅甸电网的电压等级为 230 千伏、132 千伏、66 千伏、33 千伏，也有少数地方用 6.6 千伏和 3.3 千伏。缅甸孤立电网为边远地区以及供电不足区域提供电力，主要供给沿边沿海省份。全国 94% 的电力需求由国家电网供应，另外的 6% 由独立的小发电站输送。

　　缅甸主网内有 230 千伏输电线路 55 回，共 3862.39 千米；132 千伏线路 39 回，共 2194.06 千米，66 千伏线路 20 回，共 395.48 千米，33 千伏线路 8 回。缅甸的输电线路比较落后，老旧电网在配电和输电中电力损耗较大，损耗率近 30%，网架结构薄弱。

二、电力消费形势分析

（一）总用电量

　　1990—2015 年缅甸总用电量总体呈上升趋势。2005 年缅甸遭受风暴等自然灾害的影响，用电量明显下滑。2012年，缅甸用电量增速大幅度放缓。随着新政府对经济建设的扶持力度不断加大，缅甸的电力供应能力不断增强，2012年以后用电量保持较高速度增长。

1990—2015年缅甸总用电量及增速如表6-15、图6-15所示。

表 6-15　　　　　　　　　　　　　1990—2015年缅甸总用电量及增速

年　份	1990	1991	1992	1993	1994	1995	1996	1997	1998
总用电量/亿千瓦时	17.35	16.45	18.25	20.32	21.92	23.68	33.72	26.77	27.16
增速/%	—	−5.19	10.94	11.34	7.87	8.03	42.40	−20.61	1.46
年　份	1999	2000	2001	2002	2003	2004	2005	2006	2007
总用电量/亿千瓦时	29.11	32.69	29.57	34.84	38.5	39.09	36.63	43.56	44.38
增速/%	7.18	12.30	−9.54	17.82	10.51	1.53	−6.29	18.92	1.88
年　份	2008	2009	2010	2011	2012	2013	2014	2015	
总用电量/亿千瓦时	47.01	49.93	62.91	77.17	82.55	96.13	112.56	133.97	
增速/%	5.93	6.21	26.00	22.67	6.97	16.45	17.09	19.02	

数据来源：国际能源署；联合国统计司。

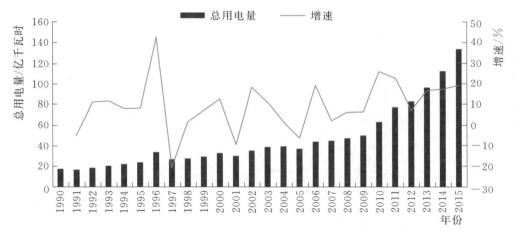

图 6-15　1990—2015年缅甸总用电量及增速

（二）分部门用电量

缅甸电力消费主要来自工业、服务业、居民生活用电及其他方面用电。1990—2015年，工业用电消费量占比变化较平稳，平均稳定在40%左右，消费量呈上升趋势。1990—2014年，从8.62亿千瓦时增加至29.85亿千瓦时；2015年工业用电量有所下降，为21.45亿千瓦时。2010—2015年工业用电占比有下降的趋势，工业发展有待加强。1990—2014年服务业电力消费量曲折式上升，2014年达到17.55亿千瓦时；2015年大幅度下降，消费14.64亿千瓦时。服务业用电占比1990—1998年呈上升趋势，1999—2003年占比下降，2003年以后又略有上升。2015年服务业用电占比10.93%。居民生活用电量整体呈上升趋势，占比在1990—2012年波动较小，2012年以后持续下降，2015年占比降至26.63%。其他产业用电量增长较快，2015年消费电量达62.21亿千瓦时，占比46.44%。

缅甸分行业用电量结构变化较大，工业用电明显增加，这与缅甸大力推动工业发展相一致。2005—2015年，居民生活用电占比由39.94%下降至26.63%，下降13.31个百分点；服务业用电量占比由18.65%下降至10.93%，下降7.72个百分点；其他用电占比上升较快。1990—2015年缅甸分部门用电量及占比如表6-16、图6-16所示。

表 6 - 16　　　　　　　　　1990—2015 年缅甸分部门用电量及占比

年　份		1990	1991	1992	1993	1994	1995	1996
工业	用电量/亿千瓦时	8.62	7.13	7.66	8.29	8.43	9.18	8.9
	占比/%	49.68	43.34	41.97	40.80	38.46	38.77	37.52
服务业	用电量/亿千瓦时	2.01	2.31	2.43	3.2	3.69	4.24	4.28
	占比/%	11.59	14.04	13.32	15.75	16.83	17.91	18.04
居民生活	用电量/亿千瓦时	6.28	6.58	7.66	8.83	9.8	10.26	10.54
	占比/%	36.20	40	41.97	43.45	44.71	43.33	44.44
其他	用电量/亿千瓦时	0.44	0.43	0.5	0	0	0	0
	占比/%	2.54	2.61	2.74	0	0	0	0
年　份		1997	1998	1999	2000	2001	2002	2003
工业	用电量/亿千瓦时	9.14	9.56	11.58	13.61	11.48	14.17	15.77
	占比/%	34.14	35.20	39.78	41.63	38.82	40.67	40.96
服务业	用电量/亿千瓦时	5.56	6.28	6.47	6.12	5.64	5.52	5.78
	占比/%	20.77	23.12	22.23	18.72	19.07	15.84	15.01
居民生活	用电量/亿千瓦时	12.07	11.32	11.06	12.96	12.45	14.31	16.12
	占比/%	45.09	41.68	37.99	39.65	42.10	41.07	41.87
其他	用电量/亿千瓦时	0	0	0	0	0	0.84	0.83
	占比/%	0	0	0	0	0	2.41	2.16
年　份		2004	2005	2006	2007	2008	2009	2010
工业	用电量/亿千瓦时	15.49	14.1	18.54	18.72	19.04	18.5	22.8
	占比/%	39.63	38.49	42.56	42.18	40.50	37.05	36.24
服务业	用电量/亿千瓦时	6.13	6.83	8.27	8.64	9.45	10.71	12.94
	占比/%	15.68	18.65	18.99	19.47	20.10	21.45	20.57
居民生活	用电量/亿千瓦时	16.62	14.63	16.14	16.47	17.99	20.15	26.52
	占比/%	42.52	39.94	37.05	37.11	38.27	40.36	42.16
其他	用电量/亿千瓦时	0.85	1.07	0.61	0.55	0.53	0.57	0.65
	占比/%	2.17	2.92	1.40	1.24	1.13	1.14	1.03
年　份		2011	2012		2013		2014	2015
工业	用电量/亿千瓦时	27.27	26.81		26.99		29.85	21.45
	占比/%	35.34	32.48		28.08		26.52	16.01
服务业	用电量/亿千瓦时	15.32	16.43		16.92		17.55	14.64
	占比/%	19.85	19.90		17.60		15.59	10.93
居民生活	用电量/亿千瓦时	33.81	36.5		37.64		41.13	35.67
	占比/%	43.81	44.22		39.16		36.54	26.63
其他	用电量/亿千瓦时	0.77	2.81		14.58		24.03	62.21
	占比/%	1.00	3.40		15.17		21.35	46.44

数据来源：国际能源署；联合国统计司。

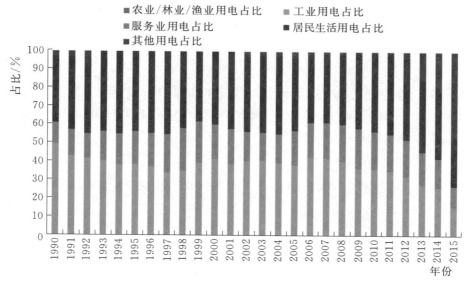

图 6-16　1990—2015 年缅甸分部门用电量占比

三、电力供需平衡分析

缅甸是世界上较为缺电的国家之一，其发电装机容量、发电量均落后于世界平均水平，电力供应不足，且人口密度大，电力需求较大。全国大部分地区的电力供应不能满足需求，主要城市经常停电，电力覆盖率虽然有所上涨，但仍然较低，大部分人口还处于无电状态。到了雨季，电力需求剧增，依靠从周边国家买电的现象较严重。缅甸电网建设落后，每年发出的电在电网中的损耗也很严重。随着缅甸经济的改革和发展，工业以及劳动密集型产业越来越多，缅甸对电力的需求逐年增多。缅甸的电力设施基础较为薄弱，其电力缺口越来越大。电力供给远远小于需求，供需严重不平衡。

四、电力相关政策

（一）电力投资相关政策

1. 火电政策

缅甸颁发《国家电力发展规划》，缅甸不仅拥有丰富的水资源，也拥有煤炭、天然气等一次能源。水电站建设周期较长，短期内并不能满足国内用电需求。缅甸计划利用先进技术建设燃煤电站项目，然而缅甸的煤炭储量并不多，依靠火电站建设来大幅提高电力供应，不符合国情，并且煤燃烧的污染较为严重。

2. 天然气发电政策

根据缅甸颁发的《国家电力发展规划》，缅甸拥有丰富的天然气资源，天然气发电占比较大，是目前比较适合缅甸当地条件的发电方式，也是缅甸政府和民众都比较能接受的电力供给方式。缅甸将继续开发天然气以解决短期内电力供应不足的情况。天然气作为一种清洁能源比煤炭更适合在缅甸发展。

3. 可再生能源政策

缅甸一直都在探索一系列解决能源短缺的计划，包括建设燃煤发电机、开采深海气体储备等。根据《国家电力发展规划》，为了能源得以持续发展，缅甸将普遍开发风能、太阳能、水能、地热与生物质能等可再生能源。缅甸的电力非常短缺，重点是发展电力设施来供应庞大的电力需求。对于可再生能源的利用，缅甸涉及较少。

（二）电力市场相关政策

缅甸电力以水电、天然气发电为主，电力市场发展水平较低，电力供应主要在城市地区，农村及偏远地区电力供应水平较低。中国、泰国、日本等国家的电力企业已经进入缅甸电力市场，竞争激烈。

2014 年缅甸联邦议会通过了关于电价调整的规定：实行分阶段电价。居民每月用电在 100 度内按 35 缅币/度计价，101～200 度内按 40 缅币/度收费，201 度以上按 50 缅币/度收费。工业用电另外计价。对于国外人士，用电视具体情况计价。

第三节　电力与经济关系分析

一、电力消费与经济发展相关关系

（一）用电量增速与 GDP 增速

缅甸是一个人口总量较大，水力资源丰富的发展中国家，是"一带一路"、孟中印缅经济体走廊合作的重点国家之一，在电力、交通、水利等基础设施建设方面需求较大。缅甸 2000—2015 年期间用电量增速波动较大，整体呈现上升趋势，GDP 增速波动较小，整体呈现下降趋势。2000—2015 年缅甸用电量增速与 GDP 增速如图 6 - 17 所示。

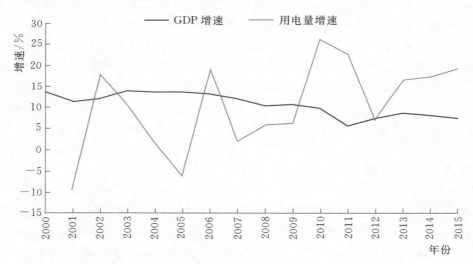

图 6 - 17　2000—2015 年缅甸用电量增速与 GDP 增速

（二）电力消费弹性系数

2005 年是缅甸自然灾害较为严重的一年，这一年南亚地区极端天气频发，肆虐的洪水摧毁了许多基础电力设施，严重的自然灾害导致缅甸用电量大幅度下降，该年经济衰退最终导致电力消费弹性系数转为负值；2008 年以后，随着全球经济危机爆发，美国等国家对缅甸的制裁逐步减少，缅甸有机会开始恢复经济建设，用电量显著增加。2012 年新政府成立后，着手于经济政治的改革，缅甸的用电量重新快速增长，电力消费弹性系数达 0.95。2012 年后该值继续小幅度上升，2015 年达 2.61。2001—2015 年缅甸电力消费弹性系数如表 6 - 17、图 6 - 18 所示。

（三）单位产值电耗

2002—2010 年，缅甸单位产值电耗持续下降，从 0.51 千瓦时/美元变化到 0.13 千瓦时/美元，降幅较大；2011—2015 年，单位产值电耗呈现缓慢上升趋势。2000—2015 年缅甸单位产值电耗如表 6-18、图 6-19 所示。

表 6-17　　　　　　　　　　**2001—2015 年缅甸电力消费弹性系数**

年　份	2001	2002	2003	2004	2005	2006	2007	2008
电力消费弹性系数	−0.84	1.48	0.76	0.11	−0.46	1.45	0.16	0.58
年　份	2009	2010	2011	2012	2013	2014	2015	
电力消费弹性系数	0.59	2.70	4.05	0.95	1.95	2.14	2.61	

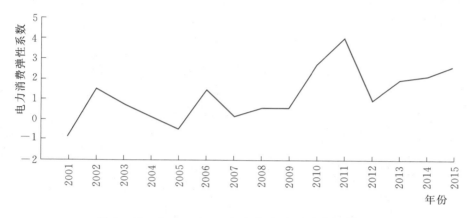

图 6-18　2001—2015 年缅甸电力消费弹性系数

表 6-18　　　　　　　　　　**2000—2015 年缅甸单位产值电耗**　　　　　　单位：千瓦时/美元

年　份	2000	2001	2002	2003	2004	2005	2006	2007
单位产值电耗	0.34	0.46	0.51	0.37	0.37	0.31	0.30	0.22
年　份	2008	2009	2010	2011	2012	2013	2014	2015
单位产值电耗	0.15	0.14	0.13	0.13	0.14	0.16	0.17	0.21

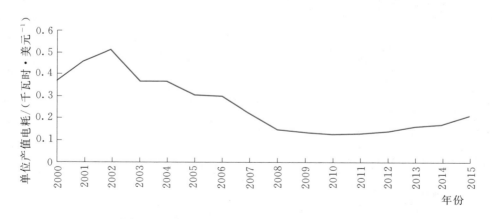

图 6-19　2000—2015 年缅甸单位产值电耗

（四）人均用电量

2007 年以前，缅甸人均用电量持续上升，变化较为平缓；2007—2015 年，人均用电量从 91.22 千瓦时上升至 258.38 千瓦时，变化速度较快，国民对电力的需求力度增加。2000—2015 年缅甸人均用电量如表 6-19、图 6-20 所示。

表 6-19 　　　　　　　　　　2000—2015 年缅甸人均用电量 　　　　　　　　　　单位：千瓦时

年　份	2000	2001	2002	2003	2004	2005	2006	2007
人均用电量	70.48	63.18	73.89	81.12	81.88	76.26	90.11	91.22
年　份	2008	2009	2010	2011	2012	2013	2014	2015
人均用电量	95.98	101.22	126.55	154.00	163.34	188.56	218.90	258.38

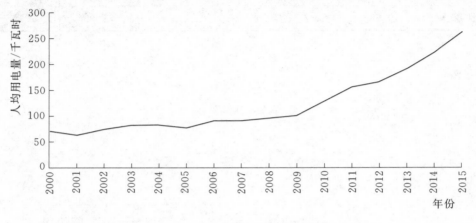

图 6-20　2000—2015 年缅甸人均用电量

二、工业用电与工业经济增长相关关系

（一）工业用电量增速与工业增加值增速

相比于缅甸工业增加值增速变化情况，工业用电量增速变化幅度较大。工业用电量增速与工业增加值增速变化趋势大体一致。2001—2016 年缅甸工业用电量增速与工业增加值增速如图 6-21 所示。

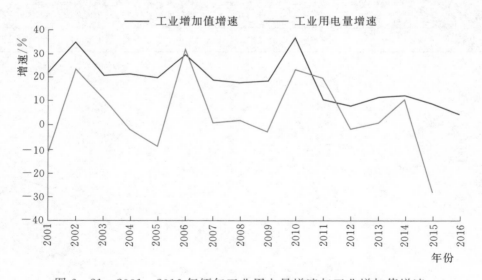

图 6-21　2001—2016 年缅甸工业用电量增速与工业增加值增速

（二）工业电力消费弹性系数

缅甸工业电力消费弹性系数基本上在 -1~1 范围内浮动；2011 年，工业电力消费弹性系数达到了 1.92，工业耗能较大。2015 年，工业电力消费弹性系数达到最小值，为 -3.23。2001—2015 年缅甸工业电力消费弹性系数如表 6-20、图 6-22 所示。

表 6-20　　　　　　　　　2001—2015 年缅甸工业电力消费弹性系数

年　份	2001	2002	2003	2004	2005	2006	2007	2008
工业电力消费弹性系数	−0.54	0.67	0.54	−0.08	−0.45	1.07	0.05	0.10
年　份	2009	2010	2011	2012	2013	2014	2015	
工业电力消费弹性系数	−0.15	0.63	1.92	−0.21	0.06	0.87	−3.23	

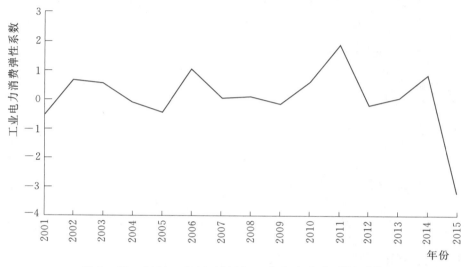

图 6-22　2001—2015 年缅甸工业电力消费弹性系数

（三）工业单位产值电耗

缅甸工业发展不平衡，基础设施相对落后，制约其经济发展。2000—2001 年，缅甸工业单位产值电耗出现小幅度增加，从 1.51 千瓦时/美元增加到 1.67 千瓦时/美元，2002—2015 年该值从 1.61 千瓦时/美元降至 0.10 千瓦时/美元。2000—2015 年缅甸工业单位产值电耗如表 6-21、图 6-23 所示。

表 6-21　　　　　　　　2000—2015 年缅甸工业单位产值电耗　　　　　　　单位：千瓦时/美元

年　份	2000	2001	2002	2003	2004	2005	2006	2007
工业单位产值电耗	1.51	1.67	1.61	1.05	0.89	0.67	0.67	0.45
年　份	2008	2009	2010	2011	2012	2013	2014	2015
工业单位产值电耗	0.26	0.20	0.17	0.15	0.14	0.14	0.13	0.10

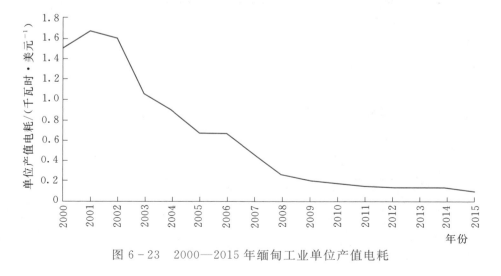

图 6-23　2000—2015 年缅甸工业单位产值电耗

三、服务业用电与服务业经济增长相关关系

（一）服务业用电量增速与服务业增加值增速

2000—2016年，缅甸服务业用电量增速波动较大，服务业增加值增速较为平稳。缅甸服务业用电量增速与服务业增加值增速变化情况如图6-24所示。

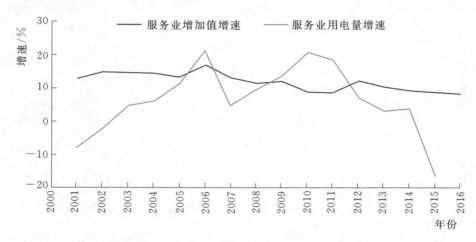

图 6-24　2000—2016年缅甸服务业用电量增速与服务业增加值增速

（二）服务业电力消费弹性系数

缅甸的服务业经济增长与旅游业发展较为密切，2011年缅甸的动荡局势引发外国旅客对国内安全的恐慌，外国游客大幅下降导致缅甸的服务业经济增长下降至历史最低点，电力消费弹性系数为2.16，2011年后缅甸电力消费弹性系数开始下降，至2014年达到0.41，2015年缅甸服务业增加值增速为8.66％，用电量增速为－16.58％，电力消费弹性系数出现负值。2001—2015年缅甸服务业电力消费弹性系数如表6-22、图6-25所示。

表 6-22　　　　　　　　　　2001—2015年缅甸服务业电力消费弹性系数

年　份	2001	2002	2003	2004	2005	2006	2007	2008
服务业电力消费弹性系数	－0.61	－0.14	0.32	0.42	0.87	1.25	0.34	0.82

年　份	2009	2010	2011	2012	2013	2014	2015
服务业电力消费弹性系数	1.12	2.38	2.16	0.60	0.29	0.41	－1.91

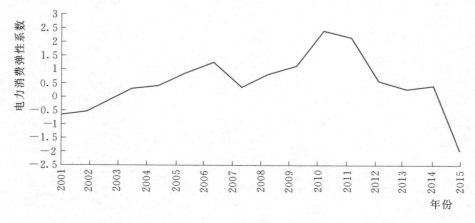

图 6-25　2001—2015年缅甸服务业电力消费弹性系数

（三）服务业单位产值电耗

缅甸服务业单位产值电耗从 2001 年的 0.27 千瓦时/美元持续下降至 2003 年的 0.16 千瓦时/美元，2003—2006 年单位产值电耗均在 0.16 浮动，2008 年后单位产值电耗持续小幅度下降，2015 年达到 0.06。2001—2015 年缅甸服务业单位产值电耗如表 6 - 23、图 6 - 26 所示。

表 6 - 23 　　　　　　　　　　**2001—2015 年缅甸服务业单位产值电耗**　　　　　　　单位：千瓦时/美元

年　份	2001	2002	2003	2004	2005	2006	2007	2008
服务业单位产值电耗	0.27	0.25	0.16	0.16	0.16	0.16	0.12	0.08
年　份	2009	2010	2011	2012	2013	2014	2015	
服务业单位产值电耗	0.08	0.07	0.07	0.07	0.07	0.07	0.06	

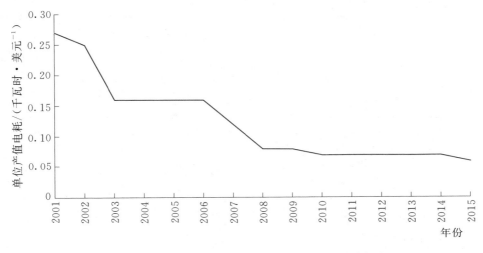

图 6 - 26 　2001—2015 年缅甸服务业单位产值电耗

第四节　电力与经济发展展望

一、经济发展展望

2017 年缅甸一季度 GDP 增速为 1.4%，二季度增速开始加快达到 3.1%，为 2015 年一季度以来最快，三季度受飓风等非经济因素影响，缅甸 GDP 增速达到 3.0%，好于市场预期。预计飓风灾后重建有助于稳定四季度和未来几个月的 GDP 增长。

缅甸在世界银行以及中国等国家的帮助下经济呈快速增长趋势。2011 年缅甸的大选导致国内经济秩序混乱，GDP 等诸多经济指标跌至近期历史最低点。外国投资是缅甸经济发展的主要动力，受缅甸大选动荡的影响，外商投资大幅下降，缅甸的经济严重受挫。

随着新政府的组建，缅甸在经历了 2011 年的谷底后，经济开始复苏。缅甸的新政策大力支持外商投资及基础建设，缅甸近几年的经济快速发展，随着开放相关的政策、法律法规，缅甸的经济还将迎来新的快速增长期。预计缅甸 2018 年的 GDP 增速为 7.5%，2020 年时 GDP 增速将能达到 9.15%。2000—2020 年缅甸 GDP 增速变化趋势及预测如表 6 - 24、图 6 - 27 所示。

表 6 - 24　　　　　　　　　　2000—2020 年缅甸 GDP 增速变化趋势及预测　　　　　　　　　　%

年　份	2000	2001	2002	2003	2004	2005	2006
GDP 增速	13.75	11.34	12.03	13.84	13.56	13.57	13.08
年　份	2007	2008	2009	2010	2011	2012	2013
GDP 增速	11.99	10.26	10.55	9.63	5.59	7.33	8.43
年　份	2014		2015	2016	2017	2018	2020
GDP 增速	7.99		7.29	6.50	6.37	7.5	9.15

数据来源：联合国统计司。

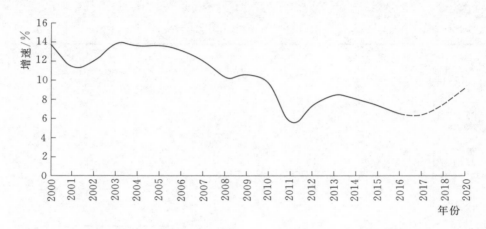

图 6 - 27　2000—2020 年缅甸 GDP 增速变化趋势及预测

二、电力发展展望

（一）电力需求展望

缅甸的新政策重点关注劳动密集型产业，其发展会带来用电量的显著增加，缅甸的电力需求会快速增长。根据缅甸的电力需求趋势，到 2020 年的发电量将达到 408 万千瓦，每年在电力领域投入的资金将达到 120 亿~170 亿美元。2020 年，缅甸最低用电量将达 323 万千瓦，到 2030 年将达到 1326 万千瓦。

（二）电力发展规划与展望

缅甸政府对于缅甸基础设施如电力尤为重视。缅甸电力在未来一段时期将会是东亚地区一个重要的发展市场。缅甸电力产业的发展方向主要如下：

（1）持续建设大型电站。包括大型水电站和大型天然气电站。

（2）持续建设电网，解决能源资源与电力负荷分布的不均衡。把电力主网不断向边远地区延伸，大力加强农村电网建设。借鉴中国西电东送经验，把大型电站的电力输送至更为广泛的国土。

（3）建设与周边邻国的电力输送大通道。缅甸国内电站无法满足电力需求，可以向周边的国家购买电力，让邻国的电力满足缅甸国内电力需求。当缅甸大型电站建设较为完备，电力供应大于需求时，可以向周边国家输出电力。

1. 火电发展展望

缅甸的水力资源非常丰富。水电项目的建设周期长，一次性投资过大，导致缅甸一直放弃水电资源的开发利用。天然气发电站的建设周期短，成本较低，天然气曾是缅甸的主要发电方式。在短期内缅甸仍会大力发展天然气发电项目来满足当下的电力短缺现状，从长期来看缅甸的天然气发电占比一定会不断下降。2000—2022 年缅甸火力发电量趋势及预测如表 6 - 25、图 6 - 28 所示。

表 6-25 　　　　　　　　2000—2022 年缅甸火力发电量趋势及预测 　　　　　　单位：亿千瓦时

年　份	2000	2001	2002	2003	2004	2005
发电量	32.26	28.67	29.57	33.5	32.01	30.19
年　份	2006	2007	2008	2009	2010	2011
发电量	28.39	27.8	25.51	17.08	24.38	23.5
年　份	2012	2013	2014	2015	2018	2022
发电量	29.66	34.24	53.28	65.71	20.00	15.00

数据来源：国际能源署；联合国统计司。

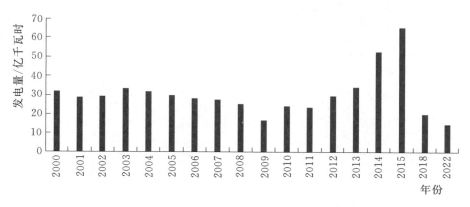

图 6-28　2000—2022 年缅甸火力发电量趋势及预测

2. 水电发展展望

水电为缅甸提供清洁、廉价、可靠的电力，能够减少"碳排放"。缅甸选择水电作为优先发展项目，可以提供大量电力和外汇，加快区域基础建设，拉动地方经济发展。缅甸为利用好伊洛瓦底江上游水能资源，邀请日本、中国等国家的多个公司对流域综合开发进行了规划研究。水电项目在缅甸发展潜力大，预计到 2021 年，将会达到 13 亿千瓦时左右。2000—2021 年缅甸水力发电量趋势及预测如表 6-26、图 6-29 所示。

表 6-26 　　　　　　　　2000—2021 年缅甸水力发电量趋势及预测 　　　　　　单位：亿千瓦时

年　份	2000	2001	2002	2003	2004	2005	2006	2007	2008
水力发电量	18.92	18.22	21.11	20.75	24.08	29.97	33.25	36.19	40.71
年　份	2009	2010	2011	2012	2013	2014	2015	2021	
水力发电量	52.56	51.05	75.18	77.66	88.23	88.29	93.99	130.00	

数据来源：国际能源署；联合国统计司。

3. 其他可再生能源发展展望

缅甸电力严重短缺，经济和教育落后。核电、风电及生物质发电等可再生能源发电方式因其高技术含量，主要集中在少数国家。在严重缺电同时水电资源又较为丰富的前提下，缅甸现阶段还不会考虑可再生能源发电。随着全球环境问题的日益凸显，国际社会对可再生能源的推崇会影响到缅甸的电力发展趋势，推测缅甸在未来几年内暂时还不会大力发展核能及其他可再生能源，长期来看，这些清洁的可再生能源也将成为缅甸能源发展的主流。

4. 电网建设展望

缅甸电网设施落后，每年生产出的电中有很大一部分损耗在电网运输过程中，缅甸需要改善现有电网。缅甸电力建设不断加快，电网建设与电力生产相辅相成，电网建设也会是一个新的经济增长点。

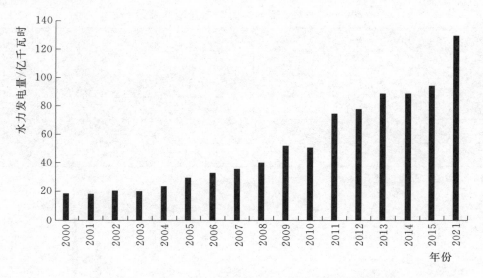

图 6 - 29　2000—2021 年缅甸水力发电量趋势及预测

第七章

柬 埔 寨

柬埔寨位于亚洲中南半岛南部，东部和东南部与越南接壤，西部和西北部与泰国毗邻，北部与老挝交界，国土面积18万多平方公里，海岸线长约460公里。柬埔寨国家政局稳定，市场高度开放，基本没有外汇管制，投资政策相对宽松，劳动力成本相对低廉。中国一东盟自由贸易区的全面建成和我国提出的"一带一路"倡议为中柬双边贸易的发展带来了强大的动力。柬埔寨的基础设施建设、农产品加工、矿业开发、工业体系建设、旅游业综合开发等领域吸引了较多的外国投资。

第一节 经济发展与政策

一、经济发展状况

（一）经济发展及现状

柬埔寨王国建立后，历届政府都十分重视经济建设，将国民经济建设作为政府工作重点。1993—1998年的第一届王国政府时期，新组建的联合政府确立了以改善人民生活为中心的经济建设路线，确立了自由市场经济体制，实施了全方位的对外开放策略，颁布实施了一系列经济方面的法律法规。柬埔寨在这一时期宏观经济运行良好，农业和工业生产恢复，基础设施得到了改善。1997年的柬埔寨国内政局动荡，再加上同期东南亚金融危机的冲击，使得GDP连续两年出现负增长。1998年，柬埔寨大选之后，使柬埔寨重新回到了经济稳定上升的轨道上。

1998—2003年的第二届王国政府时期，政府提出了维护国家和平与稳定、积极融入国际社会、坚定不移实行改革开放的"三角战略"，将经济建设的重心放在促进对外开放，精简和健全行政、财政、税收的管理与监督体制，促进水利、电力等基础设施建设，促进农业多领域发展等方面，并在2003年正式加入世界贸易组织。

2004—2008年的第三届王国政府时期，柬埔寨国家经济高速发展，政府改革举措稳步推进，进出口贸易增长突出，以制衣业和建筑业为龙头的工业规模拓展迅速，旅游业再创新高；农业发展态势良好，固定资产投资小幅增长，财政金融形势稳定，物价基本稳定，通货膨胀压力减轻。随着经济发展，柬埔寨经济也开始显露出一些弊端，比如：经济增长面狭窄，依赖外国投资和消费拉动经济；经济增长基础薄弱，过度依赖纺织业和建筑业；消费品进口比例过大，导致旅游收入外流；现代化程度较低，区域缺乏竞争力等。

2009年，全球金融危机对柬埔寨的经济发展带来显著影响，除农业取得丰收在一定程度上减少了经济危机的影响外，制衣业、建筑业、外来投资均受到严重冲击。经济危机导致订单大幅减少，全年出口额同比减少 18.9%，导致国内 172 家工厂倒闭或暂时停工，超 8.3 万名工人失业或者无法继续工作；外国直接投资减少 37.3%，全年只批准了 100 个投资项目，建筑业受到严重冲击；旅游业也受到直接冲击，外来游客人数增长率为 1%，旅游总收入减少 1%。

2010—2017 年，随着全球经济回暖，欧美市场需求逐渐复苏，柬埔寨制衣业、农业、旅游业均取得良好成绩，柬埔寨政府继续执行以农业、基础设施、私有经济和人民生活"四角战略"为内核的经济施政纲领，宏观经济运行情况进一步改善，经济保持较高增长。欧美债务危机对柬埔寨冲击较小，柬埔寨外债、汇率、通货膨胀均处于稳定态势。在谨慎金融政策影响下，国家财政收入增长，财政赤字减少，纺织业、建筑业、农业和服务业均取得快速发展。

柬埔寨的产业结构较为单一，农业、制衣制鞋业、建筑业、旅游业为该国传统四大支柱产业。农业收入在柬埔寨经济来源中占重要地位，农业人口占总人口的 85%，占全国劳动力的 75%，主要农产品有稻米、天然橡胶、玉米、豆类、薯类等。制衣制鞋业是柬埔寨支柱行业且占据出口创汇龙头地位，创造了大量就业岗位。柬埔寨建筑业快速回升，项目主要包括住宅、工厂、商业大楼、酒店和赌场等。旅游业也是柬埔寨的支柱产业，被政府誉为"绿金"，创造了众多就业岗位，促进了柬埔寨经济的发展。

（二）主要经济指标分析

1. GDP 及增速

1993 年柬埔寨第一届王国联合政府的成立，标志着柬埔寨结束了近 20 年的国内不稳定局势，实现了民族和解，国家的重心得以转移到经济建设上，柬埔寨 GDP 在 1993 年实现了较快增长；1997 年 7 月柬埔寨国内政局混乱和国际社会暂停援助，加上 1997 年年底东南亚金融风暴的影响，导致 1996—1998 年，GDP 增速减缓。

随着柬埔寨第二届王国政府于 1998 年年底成立，以及金融风暴的消退，柬埔寨经济逐渐回暖，GDP 总体上保持每年 7% 左右的增长势头。2004 年，第三届王国政府颁布了《四角战略——发展、就业、平等、效率》，确立了农业、基础设施、私有经济和人民生活四方面发展方向，有效地带动了经济增长，2004—2007 年实现了 GDP 连续四年均超过 10% 的增长。2009 年，受到全球经济危机的影响，柬埔寨经济发展受到重挫，GDP 增速跌至 0.09%；2011—2015 年，受中国—东盟自贸区各项经济合作逐步落实，以及中国成为柬埔寨第一大投资国利好影响，GDP 增速进一步上升至 7.04%，之后柬埔寨维持 7% 左右的 GDP 增速。2017 年，柬埔寨 GDP 为 221.58 亿美元，经济总量保持增长，增速放缓。1993—2017 年柬埔寨 GDP 及增速如表 7-1、图 7-1 所示。

表 7-1　　　　　　　　　　1993—2017 年柬埔寨 GDP 及增速

年 份	1993	1994	1995	1996	1997	1998	1999	2000
GDP/亿美元	25.34	27.91	34.41	35.07	34.43	31.20	35.17	36.54
GDP 增速/%	—	9.10	6.44	5.41	5.62	5.01	11.91	8.77
年 份	2001	2002	2003	2004	2005	2006	2007	2008
GDP/亿美元	39.84	42.84	46.58	53.38	62.93	72.75	86.39	103.52
GDP 增速/%	8.15	6.58	8.51	10.34	13.25	10.77	10.21	6.69
年 份	2009	2010	2011	2012	2013	2014	2015	2016	2017
GDP/亿美元	104.02	112.42	128.30	140.38	154.50	167.78	180.50	200.17	221.58
GDP 增速/%	0.09	5.96	7.07	7.31	7.43	7.07	7.04	6.88	6.80

数据来源：联合国统计司；国际货币基金组织；世界银行。

2. 人均 GDP 及增速

柬埔寨人均 GDP 及增速变化与 GDP 及增速变化趋势大体一致。

除受到东南亚金融风暴影响的 1997 年和 1998 年，以及受到全球金融危机影响的 2009 年以外，

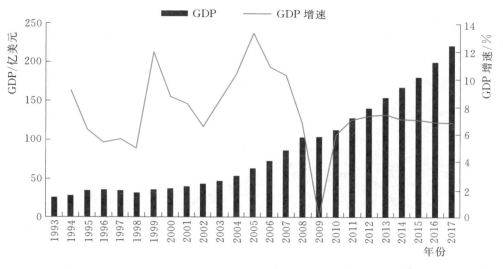

图 7-1　1993—2017 年柬埔寨 GDP 及增速

其余年份柬埔寨人均 GDP 增速均基本保持 4% 以上，2011—2017 年人均 GDP 增速平稳，保持
5.42% 的年均增速。1993—2017 年柬埔寨人均 GDP 及增速如表 7-2、图 7-2 所示。

表 7-2　　　　　　　　　　　　　　1993—2017 年柬埔寨人均 GDP 及增速

年　份	1993	1994	1995	1996	1997	1998	1999	2000
人均 GDP/美元	254.18	270.61	323.01	319.36	304.84	269.05	295.97	300.69
增速/%	—	5.43	3.06	2.28	2.67	2.28	9.22	6.36
年　份	2001	2002	2003	2004	2005	2006	2007	2008
人均 GDP/美元	321.23	339.07	362.42	408.61	474.22	539.88	631.68	745.79
增速/%	5.97	4.62	6.66	8.56	11.49	9.09	8.58	5.12
年　份	2009	2010	2011	2012	2013	2014	2015	2016	2017
人均 GDP/美元	738.23	785.69	882.49	950.02	1028.42	1098.69	1163.19	1269.91	1384.40
增速/%	-1.40	4.34	5.38	5.58	5.67	5.33	5.33	5.22	5.20

数据来源：联合国统计司；国际货币基金组织；世界银行。

图 7-2　1993—2017 年柬埔寨人均 GDP 及增速

3. GDP 分部门结构

在柬埔寨的分部门结构中，农业 GDP 占比呈现逐年下降趋势，从 1993 年的 45.29% 下降到 2017 年的 23.38%；柬埔寨的工业发展以轻工业为主，工业 GDP 呈缓慢上升趋势，从 1993 年的 12.65% 上升至 2017 年的 30.88%，对柬埔寨的经济发展起到了推动作用；服务业对柬埔寨的贡献最大，2017 年占比高达 45.74%，总体上服务业占比存在轻微波动，变化较小。1993—2017 年柬埔寨分部门 GDP 占比如表 7-3、图 7-3 所示。

表 7-3　　　　　　　　　　　　　1993—2017 年柬埔寨分部门 GDP 占比　　　　　　　　　　　　　%

年　份	1993	1994	1995	1996	1997	1998	1999	2000
农业	45.29	45.56	47.72	44.46	44.45	44.48	40.90	35.69
工业	12.65	13.72	14.26	14.99	16.39	16.71	18.04	21.71
服务业	42.06	40.72	38.01	40.55	39.17	38.81	41.06	42.60
年　份	2001	2002	2003	2004	2005	2006	2007	2008
农业	34.32	31.13	31.97	29.39	30.71	30.06	29.70	32.75
工业	22.29	24.25	24.99	25.65	24.99	26.18	24.94	22.37
服务业	43.39	44.62	43.04	44.96	44.30	43.76	45.36	44.88
年　份	2009	2010	2011	2012	2013	2014	2015	2016	2017
农业	33.49	33.88	34.56	33.52	31.60	28.87	26.58	24.74	23.38
工业	21.66	21.87	22.14	22.98	24.07	25.61	27.68	29.45	30.88
服务业	44.85	44.25	43.30	43.50	44.34	45.52	45.74	45.81	45.74

数据来源：联合国统计司；国际货币基金组织；世界银行。

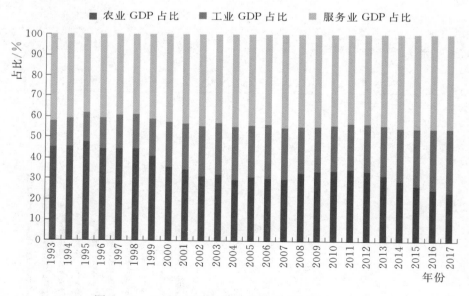

图 7-3　1993—2017 年柬埔寨分部门 GDP 占比

4. 工业增加值增速

2000 年之前，柬埔寨经济基数较小，工业产值绝对值较低，且不稳定，外国投资对工业增加值增速的影响较大，工业增加值增速呈现波动态势。2000 年之后，除 2008—2009 年全球经济危机造成增速急剧下降甚至负增长以外，工业增加值增速保持了稳定的增长势头，尤其是 2012—2017 年，工业增加值增速保持在 10% 左右的平稳增加。1994—2017 年柬埔寨工业增加值增速如表 7-4、图 7-4 所示。

表 7-4　　　　　　　　　　　1994—2017 年柬埔寨工业增加值增速　　　　　　　　　　　%

年　份	1994	1995	1996	1997	1998	1999	2000	2001
工业增加值增速	14.21	18.91	4.39	16.81	6.21	21.19	31.19	11.20
年　份	2002	2003	2004	2005	2006	2007	2008	2009
工业增加值增速	17.07	12.05	16.60	12.69	18.27	8.40	4.04	−9.49
年　份	2010	2011	2012	2013	2014	2015	2016	2017
工业增加值增速	13.56	14.48	9.34	10.97	9.84	11.73	10.45	9.86

数据来源：联合国统计司；国际货币基金组织；世界银行。

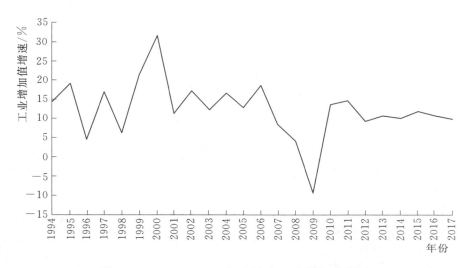

图 7-4　1994—2017 年柬埔寨工业增加值增速

5. 服务业增加值增速

1997 年，柬埔寨国内政局不稳定，服务业增加值增速跌至 2.94%；1998 年，柬埔寨遭受东南亚危机的重创，服务业增加值增速放缓。1999—2008 年，柬埔寨服务业增速回升，保持强劲发展势头，2004 年服务业增加值增速高达 13.08%；受全球经济危机的影响，2009 年服务业增加值增速跌至 2.02%；2010—2016 年，柬埔寨摆脱经济危机阴影，服务业增加值增速平稳增长。1994—2016 年柬埔寨服务业增加值增速如表 7-5、图 7-5 所示。

表 7-5　　　　　　　　　　　1994—2016 年柬埔寨服务业增加值增速　　　　　　　　　　　%

年　份	1994	1995	1996	1997	1998	1999	2000	2001
服务业增加值增速	0.62	8.28	9.19	2.94	4.96	14.59	8.88	11.84
年　份	2002	2003	2004	2005	2006	2007	2008	2009
服务业增加值增速	7.68	5.82	13.08	13.02	10.09	9.75	8.88	2.02
年　份	2010	2011	2012	2013	2014	2015	2016	
服务业增加值增速	3.10	4.84	7.80	8.50	8.73	6.99	6.75	

数据来源：联合国统计司；国际货币基金组织；世界银行。

6. 外国直接投资及增速

1992—2004 年，长期以来在柬埔寨直接投资的绝对数量相对较低，单一年度内的一项或几项大型投资项目便对整体投资增速产生巨大影响，柬埔寨外国直接投资增速的波动较为剧烈，总体来看处于良性增长的态势，2016 年突破 20 亿美元。柬埔寨社会政治逐步稳定，外国投资者对柬埔寨经济未来发展充满信心和期待，主要投资领域为基础设施、制衣、制鞋、大米、橡胶、木薯种植加工等。

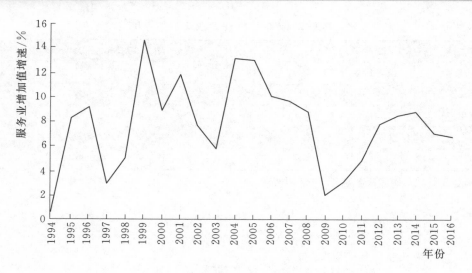

图 7-5　1994—2016 年柬埔寨服务业增加值增速

1992—2016 年外国直接投资及增速如表 7-6、图 7-6 所示。

表 7-6　　　　　　　　　　　1992—2016 年外国直接投资及增速

年　份	1992	1993	1994	1995	1996	1997	1998	1999
外国直接投资/亿美元	0.33	0.54	0.69	1.51	2.94	2.04	2.43	2.32
增速/%	—	64.01	27.30	118.87	94.69	−30.62	19.21	−4.36
年　份	2000	2001	2002	2003	2004	2005	2006	2007
外国直接投资/亿美元	1.18	1.46	1.31	0.82	1.31	3.77	4.83	8.67
增速/%	−49.06	23.81	−10.60	−37.70	61.09	187.01	28.11	79.49
年　份	2008	2009	2010	2011	2012	2013	2014	2015	2016
外国直接投资/亿美元	8.15	5.11	7.35	7.95	14.41	13.45	17.30	17.01	22.87
增速/%	−6.01	−37.30	43.84	8.20	81.15	−6.66	28.65	−1.70	34.45

数据来源：联合国统计司；国际货币基金组织；世界银行。

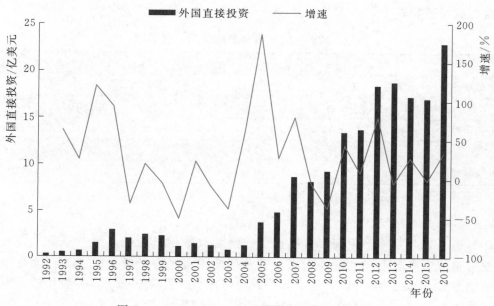

图 7-6　1992—2016 年外国直接投资及增速

7. CPI 涨幅

2000 年以来，得益于较为平稳的经济政治环境，柬埔寨国内美元与本土货币并用，本土货币与美元挂钩的货币政策，使得柬埔寨通货膨胀较为平稳，除了受经济危机影响 CPI 涨幅突破 20% 的 2008 年以外，柬埔寨的 CPI 涨幅在 2%～5% 区间内波动，2017 年 CPI 涨幅为 2.40。1995—2017 年柬埔寨 CPI 涨幅如表 7-7、图 7-7 所示。

表 7-7　　　　　　　　　　　　　1995—2017 年柬埔寨 CPI 涨幅　　　　　　　　　　　　　　%

年　份	1995	1996	1997	1998	1999	2000	2001	2002
CPI 涨幅	−0.80	7.15	7.96	14.81	4.01	−0.79	−0.60	3.23
年　份	2003	2004	2005	2006	2007	2008	2009	2010
CPI 涨幅	1.21	3.92	6.35	6.14	7.67	25.00	−0.66	4.00
年　份	2011	2012	2013	2014	2015	2016	2017	
CPI 涨幅	5.48	2.93	2.94	3.86	1.22	3.02	2.40	

数据来源：联合国统计司；国际货币基金组织；世界银行。

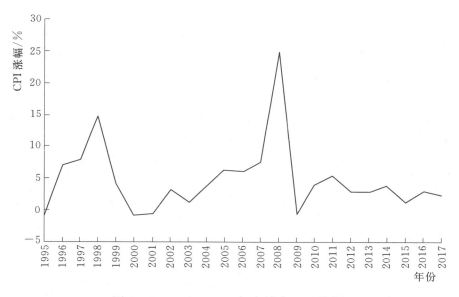

图 7-7　1995—2017 年柬埔寨 CPI 涨幅

8. 失业率

柬埔寨的失业率一直维持在较低水平，2008—2017 年失业率保持低于 0.5%。1991—2017 年柬埔寨失业率如表 7-8、图 7-8 所示。

表 7-8　　　　　　　　　　　　　1991—2017 年柬埔寨失业率　　　　　　　　　　　　　　　%

年　份	1991	1992	1993	1994	1995	1996	1997	1998	1999
失业率	0.48	0.23	0.59	1.78	1.28	0.84	0.61	0.75	1.60
年　份	2000	2001	2002	2003	2004	2005	2006	2007	2008
失业率	2.50	1.80	1.92	2.03	2.12	1.79	1.46	0.87	0.44
年　份	2009	2010	2011	2012	2013	2014	2015	2016	2017
失业率	0.19	0.35	0.20	0.20	0.30	0.10	0.18	0.26	0.30

数据来源：联合国统计司；国际货币基金组织；世界银行。

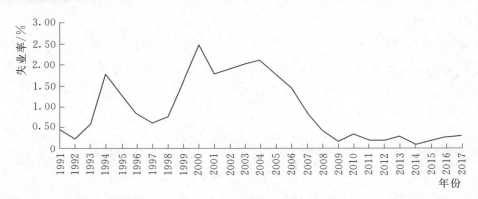

图 7 - 8 1991—2017 年柬埔寨失业率

二、主要经济政策

柬埔寨政治环境相对稳定，政府不断深化实施《四角战略》，加大对外合作力度，深化改革，积极融入区域一体化和东盟一体化建设，使农业、旅游业、制衣制鞋业和建筑业为主导的工业以及外国直接投资四大经济支柱继续稳步拉动宏观经济前行，保持了宏观经济的总体增长。柬埔寨实施经济发展的主要政策有《四角战略》《2015—2025 年工业发展计划》以及《2014—2018 年国家发展战略》。

2013 年 9 月新成立的柬埔寨第五届王国政府发布了《四角战略第三阶段政策》，重申了柬埔寨将在 2030 年成为中等偏上收入国家，并在 2050 年成为发达国家的目标，确定了今后五年的四大优先发展领域：一是发展人力资源，加大对专业技术工人的培养，制定适应劳工市场的法律规章，设立职业培训中心等；二是继续投资基础设施和建设商业协调机制，加大对交通基础设施的投入，建设具有灵活性的商业协调机制，加大能源开发力度，推动互联互通；三是继续发展农业和提高农业附加值，推动大米出口、大米增值，推动畜牧业和水产养殖发展，鼓励企业投资农产品加工业，提高农业的现代化和商业化水平；四是加强国家机构的良政实施力度，提高公共服务效率，改善投资环境，继续推进司法体系改革、公共行政改革、深入实施公共财政改革计划，加大吸引投资力度，鼓励经济特区的实施和运作。

柬埔寨政府在《四角战略》中，设定了四个政策"矩形"，共 16 个发展方向，如表 7 - 9 所示。

表 7 - 9　　　　　　　　　　　　　《四角战略》政策框架

四个政策"矩形"	具体发展方向
矩形 1：促进农业发展	1. 提高农业生产，促进农产品多样化与农业市场化
	2. 促进畜牧业与水产养殖
	3. 土地改革以及地雷与未爆炸弹药的排除
	4. 国有资源的可持续管理
矩形 2：基础设施建设	1. 交通及其他城市基础设施建设
	2. 水资源及灌溉系统建设与管理
	3. 电力建设
	4. 通讯信息设施建设
矩形 3：私营企业发展及促进就业	1. 推动私营企业发展，促进商业与投资
	2. 工业与中小企业发展
	3. 劳动力市场建设
	4. 银行业与金融业发展

续表

四个政策"矩形"	具 体 发 展 方 向
矩形4：能力建设与人力资源发展	1. 加强教育、科学及技术培训
	2. 提升健康水平，改善人民营养
	3. 健全发展社会保障体系
	4. 加大力度贯彻人口政策和性别平等政策

资料来源："Rectangular Strategy" for Growth，Employment，Equity and Efficiency Phase Ⅲ。

（一）税收政策

1997年颁布的《税法》和2003年颁布的《税法修正法》为柬埔寨税收制度提供了法律依据。

1. 所得税

应税对象是居民纳税人来源于柬埔寨或国外的收入，以及非居民纳税人来源于柬埔寨的收入。税额按照纳税人公司类型、业务类型、营业水平而使用实际税制计算。除0%和9%的投资优惠税率外，一般税率为20%，自然资源和油气资源类税率为30%。

2. 最低税

最低税是与所得税不同且不同时缴纳的独立税种，采用实际税制的纳税人应缴纳最低税，合格投资项目除外。最低税税率为年营业额的1%，营业额包含除增值税外的全部税额，应于税收年度届满后3个月内缴纳。所得税达到年度营业额1%以上的，纳税人仅缴纳所得税。

3. 代扣税

在针对服务纳税的场合，如果服务双方为居民企业/个人，接受服务或者提供服务一方没有增值税纳税资格，该服务适用代扣税，而不适用增值税。居民纳税人以现金或实物方式向居民支付的，按适用于未预扣税前支付金额的一定税率预扣，并缴纳税款。如付给居民企业/个人，对于租金，适用10%的税率，对于服务费、利息、使用费，适用15%的税率；对于付给非居民企业/个人的利息、使用费、管理和技术服务费、股息等，适用14%的税率。此税应预扣，并每月缴纳一次。

4. 增值税

增值税按照应税供应品应税价值的10%税率征收。应税供应品包括：柬埔寨纳税人提供的商品或服务；纳税人划拨自用品；以低于成本价格赠与或提供的商品或服务；进口至柬埔寨的商品。对于出口至柬埔寨境外的货物，或在柬埔寨境外提供的服务，不征收增值税。根据投资法修正法，由柬埔寨投资委员会批准的出口型合格投资项目可享受免税期或特别折旧。其出口产品增值税享受退税或贷记出口产品的原材料。该税每月缴纳一次。对于进口过程中产生的增值税，则在清关时缴纳。

5. 关税

根据进口货物的不同，具体由海关关税税则规定。海关法规定了诸多免予缴纳关税的情形，比如政府部门进口一般无需缴纳关税。普通进口货物经过柬埔寨发展委员会批准，也可免于缴纳关税。在《中国—东盟自由贸易区协定》中规定了许多针对原产中国的货物的优惠税率。除天然橡胶、宝石、半成品或成品木材、海产品、沙石等5类产品外，一般出口货物不需缴纳关税。

6. 特定商品服务税

针对某些特殊商品、服务，税法规定了特别的税率。比如酒精类产品、烟草制品10%，啤酒20%，娱乐服务、航空客运服务10%，电信服务3%。该税每月缴纳一次。

7. 其他税种

企业常见其他税种及税率如表7-10所示。

表 7 - 10　　　　　　　　　　　　　　柬埔寨其他税种及其税率

税　　种	税　率
针对特定商品或服务征收的特种税	10%
国内及国际航空机票	3%
国内及国际电信	20%
饮料烟草、娱乐、大型车辆、排气量125立方厘米以上摩托	10%
石油产品、排气量2000立方厘米以上汽车	30%
财产转移税不动产和某些类型车辆的所有权转让	转让价值的4%
土地闲置税（超过1200平方米以上的部分征收）	评估价值的2%
专利税（企业年度注册时缴纳）	300美元
房屋土地租赁税	租金的10%

2016年颁布的柬埔寨财务管理法，在实质上取消了柬埔寨税法第四条所规定的承包税制和简易税制，仅保留了实体税制，并将纳税者分为小型纳税者、中型纳税者和大型纳税者。年营业额超过50万美元的企业、外国企业的分公司、运营经柬埔寨发展理事会批准为合格投资项目（QIP）的企业均属于大型纳税者。该法对年营业额不足17.5万美元的小型纳税者进行了进一步的税收减免。

（二）金融政策

1. 金融政策规划

柬埔寨政府发布了《2016—2025年金融业发展战略》，反映了柬埔寨政府的长远视野和发展金融业的决心，目的是为国民提供更加快捷和广泛的金融服务。通过金融业发展扩大社会保障范围，同时将加强分期付款等金融业务的监管力度，积极保护消费者合法权益。柬埔寨政府还致力于建立外部经济冲击预警机制。该文件还提出要在实施担保和抵押的土地确权、发展商品市场、促进金融机构和中小企业股票上市等方面加快步伐。

2. 银行业政策

柬埔寨的银行业监管采用的是单一监管体系，中央银行为其监管机构，要求金融机构的资本充足率不得低于15%，并针对金融机构经营管理等方面制定了法律法规，涵盖金融机构监管、金融机构准入及退出机制，支付及清算管理、反洗钱等。柬埔寨央行主要通过非现场监控及现场检查对金融机构实行监管。柬埔寨央行对本国和外资商业银行实行统一标准，在机构设立、资本金要求、准备金等方面均未区分内资及外资。

3. 货币政策

柬埔寨货币瑞尔实行与美元挂钩的汇率政策。柬埔寨国家银行正逐步推行"去美元化"政策，包括以瑞尔为公务员发薪水、强制以瑞尔支付水电费等。柬埔寨政府制定"提高柬币使用率"政策和行动计划，积极维持柬币与美元的稳定汇率，鼓励企业和大众使用柬币，并鼓励使用柬币纳税。

柬埔寨《外汇法》规定：允许居民自有、持有外汇。通过授权银行进行的外汇业务不受到管制，但是单笔转账金额在1万美元（含）以上的，授权银行应向国家报告。只要在柬埔寨商业银行主管部门注册的企业均可以开立外汇账户。在柬埔寨，投资者可自由地从银行系统购买外汇转往国外用以清算与其投资活动有关的财政债务。

（三）产业政策

柬埔寨的核心产业有农业、轻工业、建筑业、旅游业。柬埔寨农业以种植水稻为主。随着经济的发展，农业已经呈现转变趋势，开始种植经济作物，农产品的多样化有助于转变农业的不乐观局势；柬埔寨工业以轻工业为主，2015年柬埔寨政府推动了新的"工业发展政策"，通过人力资源和技术开发帮助该国的工业发展，解决柬埔寨过度依赖低技能的制造业。政府的目标是创造更现代化的工业结构，重点是技能发展行业，而不是劳动密集型产业。从而增强抵御经济危机的能力，推动国家经济迈向工业化发展道路，实现经济现代化和多元化，在《2014—2018年国家战略计划》中，制定了制造业的三个政策方向，一是通过政府战略层面的支持来进行政策安排，以吸引投资，使中小企业数量增加；二是推动建立现代化的工业制度，以利于提高生产力；三是以长期政策为基础，通过激励和监管来促进生产专业化。同时规定了一些优先事项：一是吸引新兴产业在柬埔寨建设大量生产基地；二是发展制造业与农业、旅游业等领先产业的联动；三是发展非传统工业；四是确立了以农产品加工制造、电气/电子零部件和机械零部件的装配和生产、服装业和手工业的配套产业、塑料、化工、IT基础设施、软件开发等新兴产业为重点发展方向。还制定了支持新兴产业建立的三个阶段，第一阶段政府将加强产业走廊和经济特区，改善商业环境吸引外资，鼓励技术转让，拓宽出口市场；第二阶段重点是建立与全球价值链的国内联系，并通过创造竞争环境来促进出口；第三阶段目标是通过改善与外国企业的联系，保持长期的工业增长。

（四）投资政策

外国直接投资是柬埔寨经济发展的主要动力。柬埔寨无专门的外商投资法，对外资与内资基本给予同等待遇，其政策主要体现在《投资法》及其《修正法》等相关法律规定中。柬埔寨《投资法》制约所有柬埔寨人和外国人在柬埔寨境内的投资活动，对投资主管部门、投资程序、投资保障、鼓励政策、土地所有权及其使用、劳动力使用、纠纷解决等做出了明确的规定。《投资法》十二条规定，柬埔寨政府鼓励投资的重点领域包括：创新和高科技产业、旅游业、农工业及加工业、基础设施及能源等。在依法设立的特别开发区投资，投资优惠包括免征全部或部分关税和赋税。《投资修正法》是对《投资法》的补充和修正。在投资申请、投资项目购进与合并、合资经营、税收、土地所有权及其使用、劳动力、惩罚等方面给出相关定义，并做出明确规定；《关于柬埔寨发展理事会组织与运作法令》规定了柬埔寨投资主管部门——柬埔寨发展理事会的组织结构、职权任务和运作方式。《投资法》对土地所有权和使用做出规定：用于投资活动的土地，其所有权须由柬埔寨籍自然人、或柬埔寨籍自然人或法人直接持有51%以上股份的法人所有；允许投资人以特许、无限期长期租赁和可续期短期租赁等方式使用土地。投资人有权拥有地上不动产和私人财产，并以之作为抵押品。

在柬埔寨进行投资活动比较宽松，不受国籍限制。除禁止或限制的投资领域外，国外投资人可以个人、合伙、公司等商业组织形式在商业部注册并取得相关营业许可，即可自由实施投资项目。享受投资优惠的项目，需向柬埔寨发展理事会申请投资注册并获得最终注册证书后方可实施。

柬埔寨政府对投资者提供的投资保障包括：对外资与内资基本给予同等待遇，所有的投资者，不分国籍和种族，在法律面前一律平等；柬埔寨政府不实行损害投资者财产的国有化政策；已获批准的投资项目，柬埔寨政府不对其产品价格和服务价格进行管制；不实行外汇管制，允许投资者从银行系统购买外汇转往国外，用以清算其与投资活动有关的财政债务。

第二节 电力发展与政策

一、电力供应形势分析

（一）电力工业发展概况

自2007年以来，柬埔寨政府大力推动电力发展，采取多种措施鼓励水电站和火电站建设，同时柬埔寨实施发展多元化的电力发展方式，减少燃油发电，鼓励私人企业建设燃煤发电厂和水电站。2015年，柬埔寨超过90%的全国发电量来自于煤电和水电，其中水电占比为45.49%。水电项目全部来自于中国合资企业在柬埔寨的投资。柬埔寨政府"电力优先"战略取得了明显成效,利用外资实现了电力产业的跨越式发展。2015年总装机容量为165.9万千瓦,总用电量为49.84亿千瓦时。

在柬埔寨大部分城市和农村地区,电力供应质量不稳定,无法保证24小时供电。供电价格远高于国际标准,平均电价约为0.17美元/千瓦时,大部分居民未能享受稳定、低廉的供电。

柬埔寨国家电力发展计划提出将综合发展水电、煤电、生物质能等可再生能源,并且积极推进电力进口策略,使电力供应来源日趋多样化,满足国内电力需求。柬埔寨政府基于进一步扩大电力覆盖面、降低电费、加强电力组织机构和管理能力的目标,采取了提升电力供应,发展多样化发电的措施,减少电力行业对化石燃料的依赖;在新建水电站和火电站工程中优先选择产能更大而成本更低的建设方案,同时向邻国进口电力,以降低用电成本,并开发所有具备潜力的水电站。

(二)装机容量与结构

1. 总装机容量及增速

1990—2010年,柬埔寨总装机容量较低,增速缓慢。2011—2015年,柬埔寨总装机容量在波动中大幅上升,年均增速为39.71%。尤其是2013年,总装机容量实现跨越式发展,比2012年将近增长一倍,为115.7万千瓦;2015年总装机容量增至165.9万千瓦。1990—2015年柬埔寨总装机容量及增速如表7-11、图7-9所示。

表7-11 　　　　　　　　　　　1990—2015年柬埔寨总装机容量及增速

年　份	1990	1991	1992	1993	1994	1995	1996	1997	1998
总装机容量/万千瓦	4.5	6	6.5	7	8	8.5	8.5	9	11
增速/%	—	33.33	8.33	7.69	14.29	6.25	0.00	5.88	22.22
年　份	1999	2000	2001	2002	2003	2004	2005	2006	2007
总装机容量/万千瓦	12	13	17	18.9	26.4	26.6	23.1	30.1	31.5
增速/%	9.09	8.33	30.77	11.18	39.68	0.76	−13.16	30.30	4.65
年　份	2008	2009	2010	2011		2012	2013	2014	2015
总装机容量/万千瓦	38.6	37.3	36.2	57.1		58.4	115.7	151.3	165.9
增速/%	22.54	−3.37	−2.95	57.73		2.28	98.12	30.77	9.65

数据来源:国际能源署;联合国统计司。

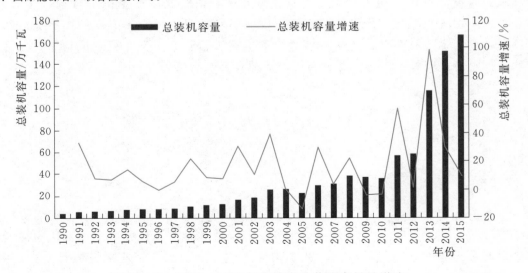

图7-9　1990—2015年柬埔寨总装机容量及增速

2. 各类装机容量及占比

1990—2015 年，柬埔寨发电装机结构发生了巨大改变。2015 年柬埔寨装机容量构成中，火电装机容量 72.8 万千瓦，占比 43.88％；水电装机容量 93 万千瓦，占比 56.06％；光伏发电装机容量 0.2 万千瓦，占比 0.06％。2010 年之前，柬埔寨以火电装机容量为主，水电装机容量逐年降低，火电占比曾高达 95.86％。在 2010 年之后，火电装机容量开始大幅下滑，水电发展迅猛。其中，火电装机容量占比由 95.86％下降至 43.88％，下滑 51.98 个百分点；柬埔寨电力行业鼓励外资投资，中国电力企业以 BOT 模式大规模参与柬埔寨水电建设，水电装机容量占比由 2004 年的 4.89％上升至 2015 年的 56.06％。按照柬埔寨未来几年投产发电项目趋势，水电装机容量占比还将继续提升。1990—2015 年柬埔寨分类型装机容量及占比如表 7-12、图 7-10 所示。

表 7-12 　　　　　　　　　　1990—2015 年柬埔寨分类型装机容量及占比

年 份		1990	1991	1992	1993	1994	1995	1996
水电	装机容量/万千瓦	1	1	1	1	1	1	1
	占比/％	22.22	16.67	15.38	14.29	12.50	11.76	11.76
火电	装机容量/万千瓦	3.5	5	5.5	6	7	7.5	7.5
	占比/％	77.78	83.33	84.62	85.71	87.50	88.24	88.24
年 份		1997	1998	1999	2000	2001	2002	2003
水电	装机容量/万千瓦	1	1	1	1	1.2	1.2	1.2
	占比/％	11.11	9.09	8.33	7.69	7.06	6.35	4.55
火电	装机容量/万千瓦	8	10	11	12	15.8	17.7	25.2
	占比/％	88.89	90.91	91.67	92.31	92.94	93.65	95.45
年 份		2004	2005	2006	2007	2008	2009	2010
水电	装机容量/万千瓦	1.3	1.3	1.3	1.3	1.3	1.3	1.3
	占比/％	4.89	5.63	4.32	4.13	3.37	3.49	3.59
火电	装机容量/万千瓦	25.3	21.8	28.7	30.2	37.1	35.9	34.7
	占比/％	95.11	94.37	95.35	95.87	96.11	96.25	95.86
光伏发电	装机容量/万千瓦	0	0	0.1	0.1	0.1	0.1	0.2
	占比/％	0.00	0.00	0.33	0.32	0.26	0.27	0.55
年 份		2011		2012		2013	2014	2015
水电	装机容量/万千瓦	20.7		22.5		68.3	92.9	93
	占比/％	36.25		38.53		59.03	61.40	56.06
火电	装机容量/万千瓦	36.2		35.7		47.2	58.2	72.8
	占比/％	63.40		61.13		40.80	38.47	43.88
光伏发电	装机容量/万千瓦	0.2		0.2		0.2	0.2	0.2
	占比/％	0.35		0.34		0.17	0.13	0.06

数据来源：国际能源署；联合国统计司。

（三）发电量及结构

1. 总发电量及增速

1995—2015 年，柬埔寨发电量趋势呈现小幅上升—小幅下降—大幅上升的态势，年均增速为 19.3％。2009 年及 2010 年受经济危机、进口电量增加、政府减少石油发电政策的影响，发电量连续

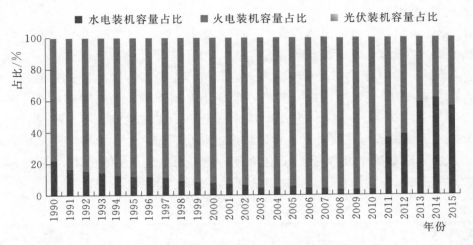

图 7-10 1990—2015 年柬埔寨分类型装机容量占比

两年大幅下降。随着中国投资建设的水电站陆续投产，从 2011 年起柬埔寨发电量大幅增长，2015 年柬埔寨发电量达 43.97 亿千瓦时，同比增长 43.60%，为 2011 年发电量的 4 倍以上。1995—2015 年柬埔寨总发电量及增速如表 7-13、图 7-11 所示。

表 7-13　　　　　　　　　1995—2015 年柬埔寨总发电量及增速

年　份	1995	1996	1997	1998	1999	2000	2001
总发电量/亿千瓦时	1.98	2.51	3.18	3.79	4.04	4.48	5.09
增速/%	—	26.77	26.69	19.18	6.60	10.89	13.62
年　份	2002	2003	2004	2005	2006	2007	2008
总发电量/亿千瓦时	7.28	7.63	8.15	9.64	11.79	14.92	14.82
增速/%	43.03	4.81	6.82	18.28	22.30	26.55	−0.67
年　份	2009	2010	2011	2012	2013	2014	2015
总发电量/亿千瓦时	12.66	10	10.6	14.34	17.78	30.62	43.97
增速/%	−14.57	−21.01	6.00	35.28	23.99	72.22	43.60

数据来源：国际能源署；联合国统计司。

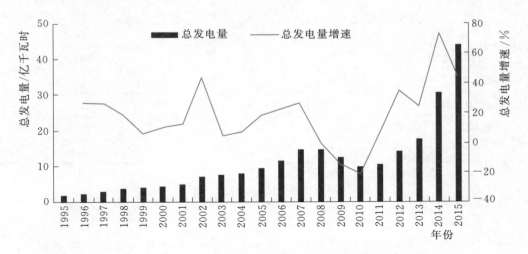

图 7-11 1995—2015 年柬埔寨总发电量及增速

2. 发电量结构及占比

2015年柬埔寨发电量分类型构成中，火力发电量为23.56亿千瓦时，占比最高为53.58％，其中：石油发电量为2.28亿千瓦时，占比5.2％；燃煤发电量为21.28亿千瓦时，占比48.4％。水力发电量为20亿千瓦时，占比45.5％；生物质能发电量为0.41亿千瓦时，占比0.86％；光伏发电量为0.38亿千瓦时，占比0.07％。

2005—2015年间柬埔寨发电量结构变化明显，火电发电量占比由93.9％降至53.6％，下滑40.3个百分点；水电发电量占比由4.6％增长至45.5％，上升40.9个百分点；生物质能发电和光伏发电合计占比由1.6％小幅下降至1％。1995—2015年柬埔寨发电量结构及占比如表7-14、图7-12所示。

表7-14　　　　　　　　　　　1995—2015年柬埔寨发电量结构及占比

年　份		1995	1996	1997	1998	1999	2000	2001
火电	发电量/亿千瓦时	1.98	2.51	3.18	3.79	4.04	4.47	5.08
	占比/％	100.00	100.00	100.00	100.00	100.00	99.78	99.80
光伏发电	发电量/亿千瓦时	—	—	—	—	—	0.01	0.01
	占比/％	—	—	—	—	—	0.22	0.20
年　份		2002	2003	2004	2005	2006	2007	2008
火电	发电量/亿千瓦时	6.98	7.14	7.73	9.05	11.11	14.24	14.17
	占比/％	95.88	93.58	94.85	93.88	94.23	95.44	95.61
水电	发电量/亿千瓦时	0.29	0.41	0.28	0.44	0.51	0.5	0.46
	占比/％	3.98	5.37	3.44	4.56	4.33	3.35	3.10
光伏发电	发电量/亿千瓦时	0.01	0.01	0.01	0.01	0.02	0.02	0.02
	占比/％	0.14	0.13	0.12	0.10	0.17	0.13	0.13
生物质能发电	发电量/亿千瓦时	—	0.07	0.14	0.14	0.15	0.16	0.17
	占比/％	—	0.92	1.60	1.45	1.27	1.07	1.15
年　份		2009	2010	2011	2012	2013	2014	2015
火电	发电量/亿千瓦时	11.98	9.45	9.85	8.94	7.48	11.9	23.56
	占比/％	94.63	94.50	92.92	62.34	42.07	38.86	53.58
水电	发电量/亿千瓦时	0.47	0.32	0.52	5.17	10.16	18.52	20
	占比/％	3.71	3.20	4.91	36.05	57.14	60.48	45.49
光伏发电	发电量/亿千瓦时	0.02	0.03	0.03	0.03	0.03	0.03	0.03
	占比/％	0.16	0.14	0.28	0.21	0.17	0.10	0.07
生物质能发电	发电量/亿千瓦时	0.19	0.2	0.2	0.2	0.11	0.17	0.38
	占比/％	1.50	2.00	1.89	1.39	0.62	0.56	0.86

数据来源：国际能源署；联合国统计司。

（四）电网建设规模

柬埔寨电网建设落后。多年来，柬埔寨政府侧重于115千伏输电网建设，输变电网形成了以电力来源为基础的局域输电网的态势，多以连接国外高压输电线入境后，通过与之连接的115千伏输电网络将电力输往临近各省。柬埔寨局域输电网络主要包括南部连接越南电力系统的中115千伏输电网系统、西部与泰国连接的115千伏转输电网系统、西哈努克省115千伏输电系统、磅湛省115千伏输电网系统、班迭棉吉省国家电网系统、与老挝连接的上丁省115千伏输电系统。2005年以后，在外资

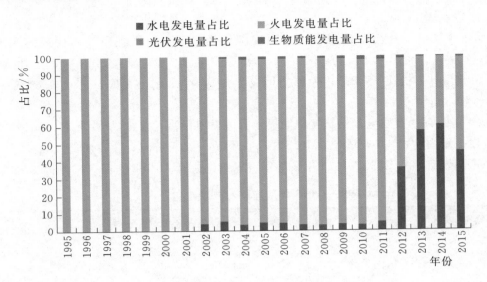

图 7-12 1995—2015 年柬埔寨发电量结构占比

企业帮助下，柬埔寨政府开始进行 230 千伏线路建设，连接金边的输变电网络已经投入使用，雨季可完全满足金边的用电需求。

二、电力消费形势分析

（一）电力消费总量

柬埔寨用电量处于高速上升趋势，2015 年用电量为 49.84 亿千瓦时，年均增速为 19.7％。柬埔寨为电力短缺国家，正逐渐推进全国电网建设，用电量增速存在较大波动。1995—2015 年柬埔寨用电量及增速如表 7-15、图 7-13 所示。

表 7-15   1995—2015 年柬埔寨用电量及增速

年　份	1995	1996	1997	1998	1999	2000	2001
总用电量/亿千瓦时	1.2	1.97	2.43	2.88	3.43	3.82	4.36
增速/％	—	64.17	23.35	18.52	19.10	11.37	14.14
年　份	2002	2003	2004	2005	2006	2007	2008
总用电量/亿千瓦时	6.15	6.39	7.04	8.58	10.53	13.19	15.62
增速/％	41.06	3.90	10.17	21.88	22.73	25.26	18.42
年　份	2009	2010	2011	2012	2013	2014	2015
总用电量/亿千瓦时	17.78	20.38	23.7	32.34	35.09	40.58	49.84
增速/％	13.83	14.62	16.29	36.46	8.50	15.65	22.82

数据来源：国际能源署；联合国统计司。

（二）分部门用电量

2015 年柬埔寨分部门用电量构成中，居民生活用电量为 25.12 亿千瓦时，占比最高，为 50.40％；服务业用电量为 13.78 亿千瓦时，占比 27.65％；工业用电量为 9.01 亿千瓦时，占比 18.08％；其他行业用电量为 1.93 亿千瓦时，占比为 3.87％。

近 10 年来，柬埔寨分部门用电结构变化较小，居民生活用电占比由 50.7％下降至 50.4％，降低 0.3 个百分点；服务业用电量占比由 27.62％增加至 27.65％，增加 0.03 个百分点；工业用电量占比由 16.7％增长至 18.1％，上升 1.4 个百分点。1995—2015 年柬埔寨分部门用电量及占比如表 7-

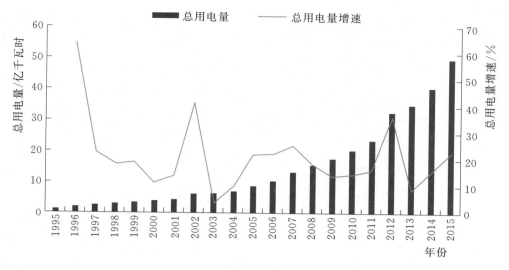

图 7-13 1995—2015 年柬埔寨用电量及增速

16、图 7-14 所示。

表 7-16 1995—2015 年柬埔寨分部门用电量及占比

年　份		1995	1996	1997	1998	1999	2000	2001
工业	用电量/亿千瓦时	0.06	0.14	0.21	0.29	0.35	0.37	0.45
	占比/%	5.00	7.11	8.64	10.07	10.20	9.69	10.32
服务业	用电量/亿千瓦时	0.32	0.49	0.59	0.76	0.86	1.09	1.35
	占比/%	26.67	24.87	24.28	26.39	25.07	28.53	30.96
居民生活	用电量/亿千瓦时	0.71	1.21	1.54	1.72	1.88	2.01	2.21
	占比/%	59.17	61.42	63.37	59.72	54.81	52.62	50.69
其他	用电量/亿千瓦时	0.11	0.13	0.09	0.11	0.34	0.35	0.35
	占比/%	9.17	6.60	3.70	3.82	9.91	9.16	8.03
年　份		2002	2003	2004	2005	2006	2007	2008
工业	用电量/亿千瓦时	0.86	0.95	1.17	1.43	1.87	2.38	2.78
	占比/%	13.98	14.87	16.62	16.67	17.76	18.04	17.80
服务业	用电量/亿千瓦时	1.72	1.89	1.93	2.37	2.9	3.76	4.47
	占比/%	27.97	29.58	27.41	27.62	27.54	28.51	28.62
居民生活	用电量/亿千瓦时	3.25	3.28	3.54	4.35	5.28	6.51	7.87
	占比/%	52.85	51.33	50.28	50.70	50.14	49.36	50.38
其他	用电量/亿千瓦时	0.32	0.27	0.4	0.43	0.48	0.54	0.5
	占比/%	5.20	4.23	5.68	5.01	4.56	4.09	3.20
年　份		2009	2010	2011	2012	2013	2014	2015
工业	用电量/亿千瓦时	3.23	3.79	4.3	5.85	6.35	7.34	9.01
	占比/%	18.17	18.60	18.14	18.09	18.10	18.09	18.08
服务业	用电量/亿千瓦时	4.71	5.44	6.57	8.94	9.7	11.22	13.78
	占比/%	26.49	26.69	27.72	27.64	27.64	27.65	27.65

续表

年 份		2009	2010	2011	2012	2013	2014	2015
居民生活	用电量/亿千瓦时	9.1	10.32	11.97	16.29	17.68	20.45	25.12
	占比/%	51.18	50.64	50.51	50.37	50.38	50.39	50.40
其他	用电量/亿千瓦时	0.74	0.83	0.86	1.26	1.36	1.57	1.93
	占比/%	4.16	4.07	3.63	3.90	3.88	3.87	3.87

数据来源：国际能源署；联合国统计司。

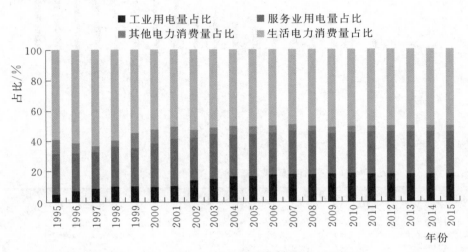

图 7 - 14　1995—2015 年柬埔寨分部门用电量

三、电力供需平衡分析

柬埔寨电网容量小，电网规划滞后，全国电网尚未形成，电源端与负荷端不匹配，大部缺电与局部电力富余两种对立问题共存。柬埔寨的电力工业仍然较为落后，装机容量和发电量较低，电力生产不能满足社会生活的需要，只有中大型城市可以满足基本的电力供应需求，电力自给率随着发电量的增加而逐年提升。随着柬埔寨大力加强国家电网建设，鼓励外资进入电力生产领域，提高电力生产和输送能力，电力自给率呈现逐年上升趋势。2005—2015 年柬埔寨电力供需平衡情况如表 7 - 17 所示。

表 7 - 17　　　　　　　　　　2005—2015 年柬埔寨电力供需平衡情况　　　　　　　　　单位：亿千瓦时

年份	发电量	用电量	进口电量	电力损失[①]	电力缺口
2005	9.64	8.58	0.29	1.35	0.29
2006	11.79	10.53	0.54	1.77	0.54
2007	14.92	13.19	1.03	2.71	1.03
2008	14.82	15.62	2.76	1.94	2.76
2009	12.66	17.78	7.25	2.04	7.25
2010	10	20.38	13.57	3.15	13.57
2011	10.6	23.7	16.44	3.27	16.44
2012	14.34	32.34	21.04	3.04	21.04
2013	17.78	35.09	22.82	5.51	22.82
2014	30.62	40.58	18.03	8.07	18.03
2015	43.97	49.84	15.26	9.39	15.26

①　电力损失包括厂用电量和线损电量。

数据来源：国际能源署；UNdata。

四、电力相关政策

（一）电力投资相关政策

柬埔寨 1994 年提出的电力局发展政策和 2001 年颁布的《电力法》是指导电力部门发展的两大主要政策。电力局发展政策的目标是"以合理和负担得起的价格提供充足的能源供应"，探索环境和社会角度可持续的能源资源，有效使用能源以及减少能源对环境带来的影响。2001 年柬埔寨颁布的《电力法》为电力工业投资和商业运营创造提供了治理框架，包括消费者保护原则，促进电力私有制，促进竞争。《2002—2012 年可再生能源电力行动计划（REAP）》是柬埔寨第一个促进可再生能源系统开发和使用的政府计划。该计划包括三个阶段：市场准备，早期增长和市场规模扩大。第一和第二阶段包括政策和监管、机构能力建设、消费意识和市场结构发展以及可再生能源项目的技术援助。REAP 预计将通过安装和运行 10～17 兆瓦的可再生能源发电为超过 14.5 万户家庭和商业机构提供电力。2006 年，政府批准了"可再生能源农村电气化"政策，主要目标是为可再生能源技术创造一个扶持框架，增加农村电力供应。该计划旨在大幅度扩大农村电力服务的接入，为实现到 2020 年实现 100％的乡村电气化和到 2030 年实现 70％的家庭进入电气化的目标提供帮助。与此同时，国家电网电气化，微型电网和基于电池的照明系统三个组成部分，来为剩余的 30％的家庭提供自给自足的能源。其中微型电网将使用生物质和微型水电，而电池将使用太阳能和风能为其充电。

柬埔寨政府为进一步增强电力供应能力，确保安全可靠供电，扩大供电覆盖面，增强保障能源安全的能力，改善人民的生活条件。在四角战略计划中提出进一步扩大低成本、高技术含量的电力产能，尤其是新能源与清洁能源，并确保安全、高质量、可靠且价格低廉的电力供应，以满足发展的需要；进一步鼓励私营部门以具有经济技术效应且对环境与社会影响最小化的方式，投资发电、输电和配电基础设施；加强对石油和天然气工业的勘探和商业化，这对于确保能源安全具有巨大潜力，并将长期为柬埔寨经济发展提供宝贵资源；进一步加强机构能力、人力资源以及能源部门的规划和管理；继续参与区域框架下的能源合作。

柬埔寨政府鼓励私人企业最大化地发挥资源潜力对一系列行业进行投资，其中包括服务于区域生产线和具有未来战略重要性的行业，能源行业也包括在内。近年来，柬埔寨通过 BOT（建设—经营—转让）与 BOO（建设—拥有—经营）模式吸引外资参与水电、煤电、气电等传统电力的投资建设。在该模式中，柬埔寨政府一般通过表 7-18 中的途径参与项目运作。

表 7-18 柬埔寨主管电力投资部门及运作方式

主管电力投资部门	运 作 方 式
柬埔寨工业矿产能源部 MIME	代表柬埔寨政府依据法律规定程序以国际招投标方式开发和实施该 BOT 项目，而后与成功中标的开发商签署项目实施协议和土地租赁协议
柬埔寨国家电力管理局 EAC	EAC 是柬埔寨全国电力管理机构，根据柬埔寨电力法行使其全国电力的监督和管理职能，并负责规范和监督全国的电力采购程序，在项目中负责与项目公司签署一定年限的购电协议
柬埔寨经济与金融部 MEF	以 MEF 为主代表柬埔寨政府承诺提供无条件不可撤销担保。承诺在 EAC 无法支付的情况下，由政府支付电费；并承诺如果由于政治不可抗力事件导致该电站无法实施和运营而被迫中止合同的情况下，柬埔寨政府保证从项目公司购买电站设施。政府担保由国会和参议院表决通过，予以法律上的确认

可再生能源行动计划（2002—2012 年），旨在通过可再生能源技术为农村地区提供成本效益和可靠的电力。作为计划的一部分，农村能源基金（REF）于 2005 年在世界银行支持下成立，主要是为了鼓励私人部门投资农村电力供应，以社会公平为目标的智能补贴和智能信贷计划。REF 为在农村地区以合理和实惠的价格获得电力供应提供便利，并可以作为优惠贷款获得，包括 850 千瓦微型水电，6000 千瓦微型水电，以及 12000 太阳能家庭系统。在 2013 年全年，柬埔寨电力公司向 REF 提供

了 400 万美元的资金，用于向农村用电家庭、太阳能供电机组以及获得执照对农村电力基础设施进行私人投资的资本提供帮助。

随着东南亚地区的快速发展及对能源的需求日益增多，柬埔寨正不断调整自己的能源策略，向核能发电时代进一步靠拢。柬埔寨先后于 2016 年和 2017 年分别同俄罗斯与中国签署有关核能合作的备忘录，俄罗斯和柬埔寨双方达成了建立俄柬和平利用核能合作联合工作组、在柬埔寨建立核能信息中心的合作共识；中国和柬埔寨双方将就核能的和平使用展开合作，尤其是人力资源发展合作。

（二）电力市场相关政策

为应对经济与人口增长导致的每年上升 25% 的电力需求，柬埔寨政府重视输电和配电线路的扩张，并努力减少输配电系统中电能的损失。2013 年之前，柬埔寨电力来源主要依靠自身的柴油发电以及从邻国（越南、泰国和老挝）进口，多年来，柬埔寨政府侧重于 115 千伏输电网建设，输变电网也形成了以电力来源为基础的局域输电网即国家电网多点布置的态势，多以连接国外高压输电线入境后，通过与之连接的 115 千伏输电网络将电力输往临近各省。柬埔寨国家电力发展计划表示，柬埔寨将发展全国输电线路、大湄公河次区域输电线路和东盟电网，最大限度地在农村发展微型电网，建设更多的高压、中压和低压输电线路。

柬埔寨工业发展面临的主要挑战是不稳定的供电以及高昂的用电成本。柬埔寨认为，吸引更多的电力投资将是确保电力稳定持续供应的关键。对于制造业而言，更应当针对性给予低而有竞争力的价格。以合理和可以承受的价格在柬埔寨各地提供充足的能源供应，以确保可靠和有保障的电价供应，促进柬埔寨投资和国民经济发展，鼓励和发展社会可接受的能源供应，更有效利用能源，并最大限度地减少对环境有害的能源供应和消费。

"柬埔寨千年发展目标"和"2009—2013 年国家战略发展计划"寻求增加发电能力，扩大城乡配电网络，为了加强供电可靠性以及扩大供电范围，柬埔寨提出以下发展政策：

（1）降低工业与商业用电价格，主要有以下三种情况：直接从子站购买，降至 12.6 美分/千瓦时；在金边等三个城市的国家电力公司购买，降至 16.5 美分/千瓦时；在子站（无论是国家电力公司还是私营企业）的次输电线路上购买，降至 16.4 美分/千瓦时。

（2）对日间和夜间用电进行差别定价。

（3）扩大电网覆盖的工业区的范围。

（4）降低供电系统故障概率，降低至一年不超过 12 次故障或者累计故障时间不超过 24 小时。

第三节 电力与经济关系分析

一、电力消费与经济发展相关关系

（一）总用电量增速与 GDP 增速

柬埔寨大力发展电力工业，总用电量增速大于 GDP 增速，总用电量增速波动较大。2013—2016 年，柬埔寨大力发展水电项目，用电量高速增加，每年用电量的增加速度超过 GDP 的增加速度。1994—2016 年柬埔寨总用电量增速与 GDP 增速如图 7-15 所示。

（二）电力消费弹性系数

2010—2015 年柬埔寨较多大型发电项目和电网项目投产运营，柬埔寨处于电力供应快速扩张的阶段，导致电力消费弹性系数长期高于 1。另外，2008 年柬埔寨遭受全球经济危机，导致 2009 年 GDP 总量骤然下降，电力消费弹性系数高达 159.50。1996—2015 年柬埔寨电力消费弹性系数如表 7-19、图 7-16 所示。

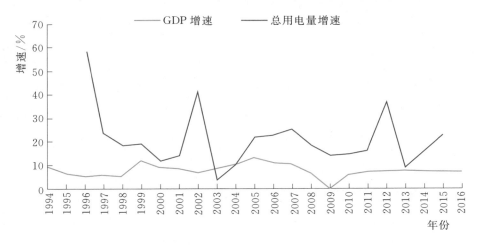

图 7-15 1994—2016 年柬埔寨总用电量增速与 GDP 增速

表 7-19   1996—2015 年柬埔寨电力消费弹性系数

年　份	1996	1997	1998	1999	2000	2001	2002	2003	2004	2005
电力消费弹性系数	11.86	4.16	3.70	1.60	1.30	1.73	6.24	0.46	0.98	1.65
年　份	2006	2007	2008	2009	2010	2011	2012	2013	2014	2015
电力消费弹性系数	2.11	2.47	2.75	159.50	2.45	2.30	4.98	1.14	2.21	3.24

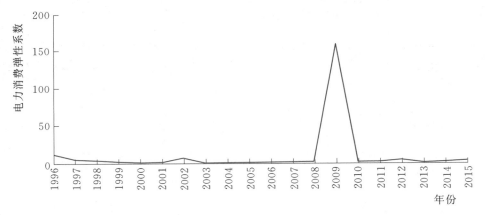

图 7-16 1996—2015 年柬埔寨电力消费弹性系数

（三）单位产值电耗

1995—2015 年，柬埔寨单位产值电耗总体呈上升趋势，随着柬埔寨不断引进外资，加强工业和服务业建设，生产中的用电量仍处于上升期，单位产值电耗逐渐上升。1995—2015 年柬埔寨单位产值电耗如表 7-20、图 7-17 所示。

表 7-20   1995—2015 年柬埔寨单位产值电耗   单位：千瓦时/美元

年　份	1995	1996	1997	1998	1999	2000	2001
单位产值电耗	0.03	0.06	0.07	0.09	0.10	0.10	0.11
年　份	2002	2003	2004	2005	2006	2007	2008
单位产值电耗	0.14	0.14	0.13	0.14	0.14	0.15	0.15
年　份	2009	2010	2011	2012	2013	2014	2015
单位产值电耗	0.17	0.18	0.18	0.23	0.23	0.24	0.28

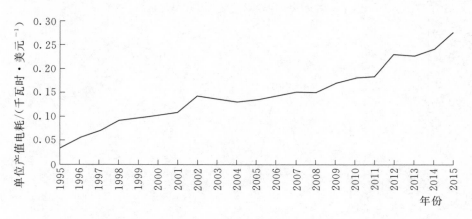

图 7-17　1995—2015 年柬埔寨单位产值电耗

（四）人均用电量

1995—2015 年，柬埔寨人均用电量呈不断上升趋势，由 10 千瓦时增加至 330 千瓦时。2008—2015 年，人均用电量增速较快。1995—2015 年柬埔寨人均用电量如表 7-21、图 7-18 所示。

表 7-21　　　　　　　　　1995—2015 年柬埔寨人均用电量　　　　　　　　单位：千瓦时

年　份	1995	1996	1997	1998	1999	2000	2001
人均用电量	10	20	20	30	30	30	40
年　份	2002	2003	2004	2005	2006	2007	2008
人均用电量	50	50	60	70	80	100	110
年　份	2009	2010	2011	2012	2013	2014	2015
人均用电量	130	140	170	220	240	270	330

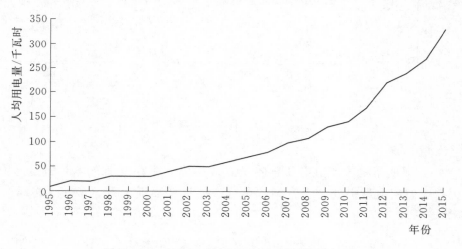

图 7-18　1995—2015 年柬埔寨人均用电量

二、工业用电与工业经济增长相关关系

（一）工业用电量增速与工业增加值增速

1994—2016 年，柬埔寨工业增加值增速缓慢，电力短缺和电价过高是限制柬埔寨工业发展的瓶颈。2003—2016 年，柬埔寨工业用电量增速与工业增加值增速较平稳，并保持较高的一致性。1994—2016 年柬埔寨工业用电量增速与工业增加值增速如图 7-19 所示。

图 7-19　1994—2016 年柬埔寨工业用电量增速与工业增加值增速

（二）工业电力消费弹性系数

1996—2015 年，柬埔寨工业电力弹性系数存在较大波动。柬埔寨的工业发展以轻工业为主，电力设施发展落后导致工业增加值变化与工业用电之间的规律性不明显。1996—2015 年柬埔寨工业电力消费弹性系数如表 7-22、图 7-20 所示。

表 7-22　　　　　　　　　1996—2015 年柬埔寨工业电力消费弹性系数

年　份	1996	1997	1998	1999	2000	2001	2002	2003	2004	2005
工业电力消费弹性系数	30.40	2.97	6.14	0.98	0.18	1.93	5.34	0.87	1.39	1.75
年　份	2006	2007	2008	2009	2010	2011	2012	2013	2014	2015
工业电力消费弹性系数	1.68	3.24	4.16	－1.71	1.28	0.93	3.86	0.78	1.58	1.94

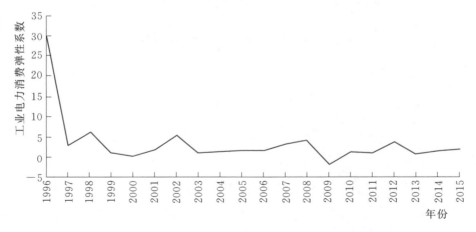

图 7-20　1996—2015 年柬埔寨工业电力消费弹性系数

（三）工业单位产值电耗

1995—2015 年，除 1998—2001 年因金融危机以及电力供应不足的影响出现下降以外，柬埔寨工业单位产值电耗总体上呈上升趋势。1995—2015 年柬埔寨工业单位产值电耗如表 7-23、图 7-21 所示。

三、服务业用电与服务业经济增长相关关系

（一）服务业用电量增速与服务业增加值增速

柬埔寨的服务业以旅游业为主，服务业用电量增速与服务业增加值增速都存在较大波动，并且

两者之间的规律性较弱。1994—2016 年柬埔寨服务业用电量增速与服务业增加值增速如图 7 - 22 所示。

表 7 - 23　　　　　　　　　　　**1995—2015 年柬埔寨工业单位产值电耗**　　　　　单位：千瓦时/美元

年　份	1995	1996	1997	1998	1999	2000	2001
工业单位产值电耗	0.01	0.03	0.04	0.05	0.05	0.04	0.05
年　份	2002	2003	2004	2005	2006	2007	2008
工业单位产值电耗	0.08	0.08	0.08	0.09	0.09	0.10	0.11
年　份	2009	2010	2011	2012	2013	2014	2015
工业单位产值电耗	0.13	0.14	0.14	0.17	0.16	0.16	0.17

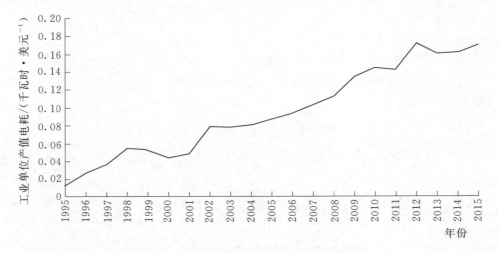

图 7 - 21　1995—2015 年柬埔寨工业单位产值电耗

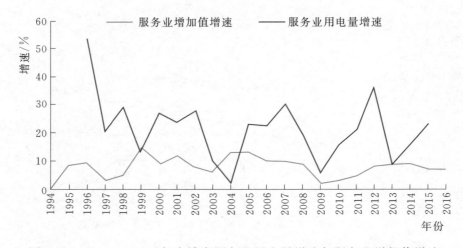

图 7 - 22　1994—2016 年柬埔寨服务业用电量增速与服务业增加值增速

（二）服务业电力消费弹性系数

1996—2015 年，柬埔寨服务业电力消费弹性系数存在较大波动，服务业用电量增速与服务业增加值增速的关联性不强。1996—2015 年柬埔寨服务业电力消费弹性系数如表 7 - 24、图 7 - 23 所示。

（三）服务业单位产值电耗

1995—2015 年，柬埔寨服务业单位产值电耗总体上呈上升趋势，服务业对电力的需求尚未得到充分满足。1995—2015 年柬埔寨服务业单位产值电耗如表 7 - 25、图 7 - 24 所示。

表 7-24　　　　　　　　　　1996—2015 年柬埔寨服务业电力消费弹性系数

年　份	1996	1997	1998	1999	2000	2001	2002
服务业电力消费弹性系数	5.78	6.93	5.81	0.90	3.01	2.01	3.57
年　份	2003	2004	2005	2006	2007	2008	2009
服务业电力消费弹性系数	1.70	0.16	1.75	2.22	3.04	2.13	2.66
年　份	2010	2005	2011	2012	2013	2014	2015
服务业电力消费弹性系数	5.01	1.75	4.29	4.62	1.00	1.80	3.26

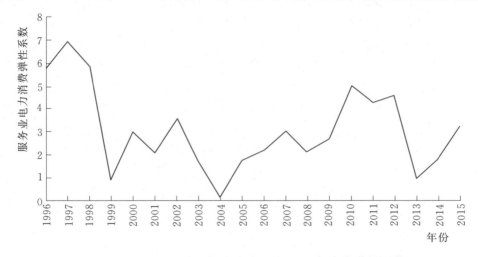

图 7-23　1996—2015 年柬埔寨服务业电力消费弹性系数

表 7-25　　　　　　　　　　1995—2015 年柬埔寨服务业单位产值电耗　　　　　　　　单位：千瓦时/美元

年　份	1995	1996	1997	1998	1999	2000	2001
服务业单位产值电耗	0.03	0.04	0.05	0.07	0.07	0.08	0.08
年　份	2002	2003	2004	2005	2006	2007	2008
服务业单位产值电耗	0.10	0.10	0.09	0.09	0.10	0.11	0.10
年　份	2009	2010	2011	2012	2013	2014	2015
服务业单位产值电耗	0.11	0.12	0.13	0.16	0.15	0.16	0.18

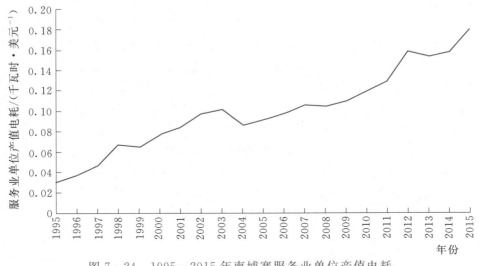

图 7-24　1995—2015 年柬埔寨服务业单位产值电耗

第四节 电力与经济发展展望

一、经济发展展望

2016 年，柬埔寨不再被认定为低收入国家，成为中低收入国家。柬埔寨国内工业的高速发展，弥补了农业及服务业发展滞后的不足。2017 年，受美国货币政策及全球贸易衰退等因素影响，柬埔寨经济增长受到很大制约，得益于东盟整合及中国"一带一路"倡议，鞋靴、电力机械和汽车配件出口增长，以及旅游业及农业发展将有所反弹，经济增长率预计为 6.8％。另外，受出口多元化、外国直接投资等积极因素影响，柬埔寨经济中长期前景依然向好。预计 2018 年柬埔寨经济增长率为6.9％，未来几年有望保持 7％左右的经济增长水平。

柬埔寨政府确定了现阶段四项战略目标，一是确保年经济增长率 7％，并使经济增长公平、灵活、可持续，经济结构多样化、更有竞争力，通货膨胀率低，汇率保持稳定，国际储备稳定增长；二是通过进一步提高柬埔寨的竞争力，吸引和鼓励国内外投资，为人民特别是青年创造更多的就业机会；三是贫困率每年降低 1％以上，按计划逐步实现柬埔寨千年发展目标，同时更加重视劳动力资源开发、环境与自然资源的可持续利用；四是进一步改善政府的工作，为人民提供更有效的公共服务。

二、电力发展展望

柬埔寨的电力发展目标是到 2020 年实现 100％的村庄获得国家电网或地方独立电网的电力供应，到 2030 年 70％以上的家庭可以获得来自电网的稳定的电力供应。柬埔寨制定了电力能源供应战略，即在平等竞争条件下，支持双边、多边及私有企业参与柬埔寨的电力能源建设，为经济快速发展，提供充足的电力能源。同时柬埔寨提出了未来电力的发展方向为：以油料、煤和天然气为原料，在沿海建设热电生产基地，减轻湄公河流域油料运输压力，实现金边至西哈努克市的联网；积极吸引外资，开展多种形式合作，加快大中型水电站建设；鼓励中小型柴油发电，鼓励建设小型水力发电，制定农村电力化发展战略，加强农网建设，解决农村偏远地区用电问题；积极发展风能、太阳能、沼气等可再生能源，减少对热力能源的依赖。

（一）电力需求展望

到 2016 年，从整个国家角度而言，柬埔寨城市居民的电气化率接近 100％，村庄电气化率仅为74.8％。对于农村家庭，大多数依赖当地小型电力生产者通过柴油发电机组和简易输电线路提供的电力，可用时间有限，功率仅能满足简单的照明要求，故障频繁，且电价较高。条件更为落后的农村家庭，仅能依靠蓄电池提供家庭用电，为铅蓄电池充电的价格高达 1 美元/千瓦时。随着 230 千伏输电系统建设的不断推进，越来越多的家庭将可以使用电网供电。预计到 2018 年，柬埔寨家庭用电户数将达到 183 万，人年均用电量达到 544 千瓦时。

柬埔寨目前仍未完全实现工业化，柬埔寨政府计划在 2025 年将工业部门国民生产总值占比保持在 30％，制造业占比提升至 20％，而电力短缺严重阻碍了非首都地区的工业集聚化和一些高技术高耗能产业的发展，阻碍了柬埔寨制造业从产业链下游走向上游的步伐。《2015—2025 年工业发展计划》估计到 2025 年柬埔寨平均每年电力需求增加量将达到 140～180 兆瓦。

（二）电力发展规划及展望

目前，电力工业已成为柬埔寨的优先发展领域，柬埔寨政府高度重视，相继出台有关政策，制定农村电力战略规划，加强服务质量，逐步改善电力工业落后局面，基本形成集生产和输送为一体的初级规模的电力体系。柬埔寨政府急需大力发展电力资源，未来将不断加大水电和火电资源的开发力度。同时，随着中资企业在柬埔寨投资的水电项目于2013—2015年陆续投入运行，一个全国互联的输电网络规划正在应运而生，柬埔寨电力领域蕴藏着巨大的发展潜力。柬埔寨政府也正努力争取人力、技术和资金等各方资源的支持，积极发展电力，通过发展电力，达到减贫，为市场提供充足、价格合理的电力能源。

1. 火电发展展望

在过去，柬埔寨私营电力生产者倾向投资建设集约程度低、建设成本低但发电成本高的燃油火力发电。今后，柬埔寨将在沿海地区通过建设大型燃煤和燃气火电来实现电力供应多元化，减少对石油的依赖性，降低发电成本。柬埔寨投产和即将投产的火电项目如表7-26所示。

表 7-26　　　　　　　　　柬埔寨投产和即将投产的火电项目

编号	项目名称	支援国家	类型	功率/MW	投产年份
1	200兆瓦西哈努克港燃煤电厂1（一期）	马来西亚＋柬埔寨	煤电	135	2017
2	700兆瓦西哈努克港燃煤电厂2（四期）	—	煤电	100	2017
3	700兆瓦西哈努克港燃煤电厂2（五期）	—	煤电	100	2018
4	700兆瓦近海燃煤电厂	—	煤电	200	2019
5	西哈努克港燃煤/天然气电厂	—	煤/天然气电	400	2020

2. 水电发展展望

柬埔寨拥有巨大的水电潜能，高达1万兆瓦，截至2015年，水电站发电能力仅占总蕴藏量的13%。柬埔寨的目标是未来有70%的电力都来自于水力发电。柬埔寨国内全部已投产的大型水电项目均由中资在BOT模式下投资建设，中国合资企业仍将是柬埔寨水电发展的主要推动力。柬埔寨投产和即将投产的水电项目如表7-27所示。

表 7-27　　　　　　　　　柬埔寨投产和即将投产水电项目

编号	项目名称	支援国家	类型	功率/MW	投产年份
1	赛桑河下游2号水电厂及斯雷博河下游2号水电厂	越南	水电	400	2017
2	Stung Chhay Areng 水电厂	中国	水电	108	2017
3	斯雷博河下游3号及4号水电厂	—	水电	368	2018
4	松博水电厂	中国	水电	450	2019

3. 太阳能发电发展展望

柬埔寨有13.45万平方千米的土地适合发展太阳能发电项目。2017年6月，柬埔寨电力公司与亚洲开发银行合作，在柬埔寨建设100兆瓦太阳能发电项目。2017年7月柬埔寨宣布支持白马省10兆瓦太阳能发电项目。另外，2017年8月，中国成套工程有限公司与柬埔寨全球清洁能源公司签署了柬埔寨225兆瓦太阳能发电项目合作谅解备忘录。该项目主要是在柬埔寨磅士卑省、磅清扬省和茶胶省分期建设总装机容量达225兆瓦的太阳能发电设施。项目将通过国际金融机构融资，中国成套作为项目EPC总承包商。另外，柬埔寨工矿能源部与联合国工业发展组织（UNIDO）合作，在菩萨、磅湛和拉达那基里三省建设太阳能充电站，并且还与韩国合作开发利用太阳能为电瓶充电项目。同时柬埔寨将推广基于太阳能发电的微型电网系统，以满足暂未能享受电网覆盖地

区民众的电力需求。

4. 电网建设展望

柬埔寨计划到 2020 年将电网覆盖至全国，总长度增加至 2106 公里。根据柬埔寨电力规划，计划在全国范围内建设三大主电网，以降低供电成本。另外，柬埔寨电力公司将不断建设输电线路，其他获得供电许可证的经营者也正在建设新的输电线路，以扩大其供电范围或者改善其运营区域的电力供应质量。

第八章

老　挝

老挝人民民主共和国（老挝）位于中南半岛北部，国土面积 23.68 万平方公里。老挝北邻中国，南接柬埔寨，东临越南，西北达缅甸，西南毗连泰国。老挝具有丰富的自然资源，拥有锡、铅、钾、铜、铁、金、石膏、煤、盐等矿产资源，水力资源丰富，其丰富的水力发电主要向泰国与越南输出。2006—2016 年，老挝的国内生产总值排名较为落后，但其保持着 7% 以上的增速，外来投资是老挝经济发展的重要依靠力量。国际货币基金组织统计显示，老挝 2016 年 GDP 排名第 122 位。

第一节　经济发展与政策

一、经济发展状况

（一）经济发展及现状

老挝是东南亚唯一的内陆国家，经济发展一度滞后。1986 年实行"革新开放"政策以来，老挝逐渐从中央计划经济转型为发展市场经济，出台了多项政策，经济形势发生了较大变化，老挝的国民经济得到快速发展。

随着国民经济的发展，老挝的产业结构发生了较为明显的变化。工业和服务业在整个经济结构中比重上升，农业所占经济比重显著下降。20 世纪上半叶，老挝经济以农业为主，随着产业结构的调整，农业占比有所下滑由 2005 年的 28.3% 下降至 2017 年的 16.2%，工业占比有所提升由 2005 年的 23.2% 提升至 2017 年的 30.9%。2005—2017 年，服务业占比由 48.5% 增加至 52.9%。老挝的产业结构中，服务业的主导地位日益明显，工业增长迅速，替代农业起到支撑作用。

1990—1996 年，老挝经济发展整体处于增长状态。1997 年东南亚金融危机爆发，老挝的经济发展受其影响，1998 年 GDP 增速降至 3.97%。东南亚金融危机之后，老挝政府实施了恢复经济的"五年计划"（2001—2005 年），实现老挝经济结构性转变。在 2006 年的"六五"计划和 2010 年的"七五"计划之后，老挝经济实现进一步增长。

21 世纪以来，老挝国内生产总值总体保持在 7% 以上的增长速度，成为了全世界少数几个保持高位增长的国家，这对老挝实现国家现代化提供了巨大的信心。在老挝经济发展的过程中，外来资本成为了老挝保持高速增长的重要力量，并且在未来相当长的一段时间内还将成为国民经济发展的中坚力量。

在老挝人民革命党的九大方针政策的引导下，老挝政治稳定，经济快速发展。其中投资和私人消费是主要增长动力，失业率总体较低。2016 年老挝经济增速为 7.02%，领先于亚洲新兴经济体

6.5%的平均水平。未来老挝仍有保持中高速增长的潜力。金融环境方面，存贷款利差较大，贷款利率从 2014 年的 19.2% 下调至 2016 年的 18.0%，存款利率从 2014 年的 3.1% 下调至 2.0%。财政收支方面，从 2012 年开始出现财政赤字，且规模逐渐增大，预算赤字、内外负债已成为其可持续发展的负面因素。贸易及国际收支方面，经常账户大额逆差，国际储备处于较低水平，目前仅能覆盖 2.6 个月的进口需求。外债规模较大，但短期外债占比较低，风险相对可控。

（二）主要经济指标分析

1. GDP 及增速

1986 年实行"革新开放"政策以来，老挝国民经济快速发展，国内生产总值明显提高。2000 年之前，老挝 GDP 增速波动较大；2006 年以来，GDP 增长较为平稳，年均增速保持在 7% 左右。1990—2017 年老挝 GDP 及增速如表 8-1、图 8-1 所示。

表 8-1　　　　　　　　　　　　　1990—2017 年老挝 GDP 及增速

年　份	1990	1991	1992	1993	1994	1995	1996
GDP/亿美元	8.66	10.28	11.28	13.28	15.44	17.64	18.74
GDP 增速/%	6.70	4.30	5.56	5.91	8.16	7.03	6.93
年　份	1997	1998	1999	2000	2001	2002	2003
GDP/亿美元	17.47	12.80	14.54	17.31	17.69	17.58	20.23
GDP 增速/%	6.87	3.97	7.31	5.80	5.75	5.92	6.07
年　份	2004	2005	2006	2007	2008	2009	2010
GDP/亿美元	23.66	27.36	34.53	42.23	54.44	58.33	71.28
GDP 增速/%	6.36	7.11	8.62	7.60	7.82	7.50	8.53
年　份	2011	2012	2013	2014	2015	2016	2017
GDP/亿美元	87.49	101.91	119.42	132.68	143.90	158.05	168.53
GDP 增速/%	8.04	8.03	8.03	7.61	7.27	7.02	6.99

数据来源：联合国统计司；国际货币基金组织；世界银行。

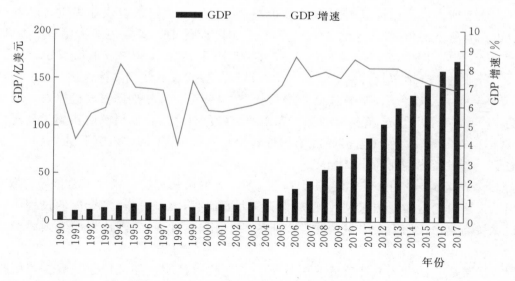

图 8-1　1990—2017 年老挝 GDP 及增速

2. 人均 GDP 及增速

老挝人均 GDP 增速变化趋势与 GDP 增速变化趋势大体一致。2000 年之前，人均 GDP 增速波动较大；2006 年以来，人均 GDP 增长较为平稳，年增速保持在 6% 左右。1990—2017 年老挝人均 GDP 及增速如表 8-2、图 8-2 所示。

表 8-2　　　　　　　　　　　　　1990—2017 年老挝人均 GDP 及增速

年　份	1990	1991	1992	1993	1994	1995	1996
人均 GDP/美元	203.26	234.72	250.49	287.19	325.63	363.47	377.97
人均 GDP 增速/%	3.70	1.40	2.69	3.14	5.49	4.57	4.66
年　份	1997	1998	1999	2000	2001	2002	2003
人均 GDP/美元	345.50	248.54	277.50	324.85	326.64	319.83	362.63
人均 GDP 增速/%	4.77	2.07	5.45	4.05	4.09	4.33	4.50
年　份	2004	2005	2006	2007	2008	2009	2010
人均 GDP/美元	417.75	475.42	590.30	709.77	899.50	948.13	1141.13
人均 GDP 增速/%	4.76	5.44	6.85	5.78	6.00	5.76	6.89
年　份	2011	2012	2013	2014	2015	2016	2017
人均 GDP/美元	1304.38	1588.64	1838.81	2017.59	2159.43	2338.69	2457.38
人均 GDP 增速/%	6.55	6.65	6.71	6.27	5.86	5.53	5.34

数据来源：联合国统计司；国际货币基金组织；世界银行。

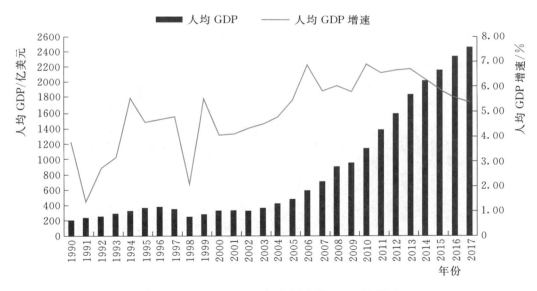

图 8-2　1990—2017 年老挝人均 GDP 及增速

3. GDP 分部门结构

1986 年开始老挝提出了经济改革政策，中央由计划经济转向市场经济，政府在各部门投入的加大、国外资本的投入、电力输出与服装出口增加、旅游业的开放等，使老挝各产业有了显著发展，产业结构发生了较为明显的变化。农业占比从 1990 年的 46.5% 降至 2017 年的 16.2%；工业占比从 1990 年的 14.4% 升至 2017 年的 30.9%；服务业占比从 1990 年的 39.1% 升至 52.9%。1990—2017 年老挝 GDP 分部门占比如表 8-3、图 8-3 所示。

表 8-3　　　　　　　　　　　　　　1990—2017 年老挝 GDP 分部门占比　　　　　　　　　　　　　%

年　份	1990	1991	1992	1993	1994	1995	1996
农业	46.5	44.0	46.7	43.4	44.1	42.2	40.5
工业	14.4	16.6	17.5	17.4	17.8	18.8	20.6
服务业	39.1	39.5	35.7	39.1	38.2	39.0	38.9
年　份	1997	1998	1999	2000	2001	2002	2003
农业	51.9	33.9	34.3	33.6	32.7	33.4	32.1
工业	20.6	22.3	22.5	16.5	17.0	18.4	20.1
服务业	27.5	43.8	43.2	49.9	50.3	48.2	47.8
年　份	2004	2005	2006	2007	2008	2009	2010
农业	30.5	28.3	26.7	25.8	24.2	24.2	22.6
工业	19.4	23.2	26.2	25.4	26.9	25.2	30.5
服务业	50.1	48.5	47.1	48.8	48.9	50.6	46.9
年　份	2011	2012	2013	2014	2015	2016	2017
农业	20.8	18.5	17.9	17.8	17.6	17.2	16.2
工业	30.8	32.4	30.4	28.8	27.7	28.8	30.9
服务业	48.4	49.0	51.6	53.3	54.7	54.0	52.9

数据来源：联合国统计司；国际货币基金组织；世界银行。

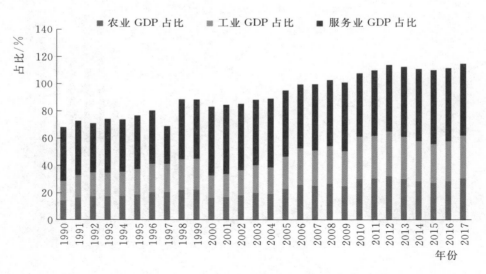

图 8-3　1990—2017 年老挝 GDP 分部门占比

4. 工业增加值增速

老挝工业基础薄弱，经济改革之后，工业发展加快。2001—2006 年，有 5 年均保持了 10% 以上的增速，2006 年增速达 17.58%。老挝工业的快速发展主要来自于水电、服装和采矿业的增长。2008年两个水电站与一个大金矿的投产使工业所占的比重进一步提升。2013—2015 年工业增加值增速有所下降，2016 年之后工业增加值增速回升，2017 年工业增加值增速为 11.6%。老挝 1990—2017 年工业增加值增速如表 8-4、图 8-4 所示。

表 8－4　　　　　　　　　老挝 1990—2017 年工业增加值增速　　　　　　　　　　%

年　份	1990	1991	1992	1993	1994	1995	1996
工业增加值增速	16.23	19.86	7.58	10.30	10.69	13.05	17.16
年　份	1997	1998	1999	2000	2001	2002	2003
工业增加值增速	8.22	8.55	8.60	8.50	10.13	10.11	18.33
年　份	2004	2005	2006	2007	2008	2009	2010
工业增加值增速	7.60	12.67	17.58	7.77	12.89	14.65	19.38
年　份	2011	2012	2013	2014	2015	2016	2017
工业增加值增速	16.58	12.95	7.70	7.31	7.01	12.00	11.6

数据来源：联合国统计司；国际货币基金组织；世界银行。

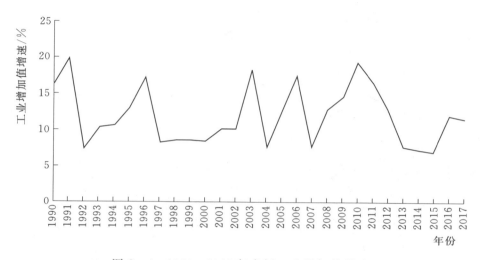

图 8－4　1990—2017 年老挝工业增加值增速

5. 服务业增加值增速

随着国民经济的发展，老挝的产业结构发生了较为明显的变化。1990—2016 年老挝服务业发展较快，服务业增加值均为正增长，增速曲线呈波浪形。2015 年服务业增加值增速为 8.02%，2016 年服务业增加值增速为 4.65%。1990—2016 年老挝服务业增加值增速如表 8－5、图 8－5 所示。

表 8－5　　　　　　　　1990—2016 年老挝服务业增加值增速　　　　　　　　　　%

年　份	1990	1991	1992	1993	1994	1995	1996	1997	1998
服务业增加值增速	1.53	7.47	0.87	6.84	6.68	8.83	8.09	7.52	4.96
年　份	1999	2000	2001	2002	2003	2004	2005	2006	2007
服务业增加值增速	7.69	5.34	5.81	5.94	3.77	8.90	9.91	7.65	7.66
年　份	2008	2009	2010	2011	2012	2013	2014	2015	2016
服务业增加值增速	8.65	6.87	5.62	7.39	7.79	9.73	8.11	8.02	4.65

数据来源：联合国统计司；国际货币基金组织；世界银行。

6. 外国直接投资及增速

2008 年之前，老挝外国直接投资同比增速波动较大，2008 年以后较为平稳，保持稳定增长。

1990—2004 年，老挝外国直接投资总体呈先上升后下降的趋势，2005 年以来，老挝经济步入上升通道，GDP 增长 7.8%，尤其是 2006 年老挝积极实行"资源换资金"战略，大力吸引外资，经济

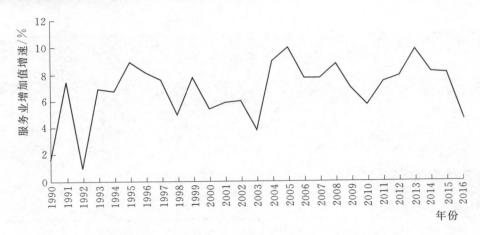

图 8-5 1990—2016 年老挝服务业增加值增速

快速增长，老挝外国直接投资明显上升，2017 年达到 11.52 亿美元。1990—2017 年外国直接投资及增速如表 8-6、图 8-6 所示。

表 8-6 　　　　　　　　　　　　　　　　**1990—2017 年外国直接投资及增速**

年 份	1990	1991	1992	1993	1994	1995	1996
外国直接投资/亿美元	0.07	0.07	0.08	0.30	0.59	0.95	1.60
增速/%	—	15.00	13.04	283.33	97.99	60.64	68.03
年 份	1997	1998	1999	2000	2001	2002	2003
外国直接投资/亿美元	0.86	0.45	0.52	0.34	0.24	0.04	0.19
增速/%	−45.99	−47.51	13.93	−34.33	−29.48	−81.38	337.75
年 份	2004	2005	2006	2007	2008	2009	2010
外国直接投资/亿美元	0.17	0.28	1.87	3.24	2.28	3.19	2.79
增速/%	−13.14	63.83	575.72	72.72	−29.60	39.88	−12.49
年 份	2011	2012	2013	2014	2015	2016	2017
外国直接投资/亿美元	3.01	2.94	4.27	9.13	14.21	9.97	11.52
增速/%	7.87	−2.11	44.94	114.04	18.17	−7.57	0.15

数据来源：联合国统计司；国际货币基金组织；世界银行。

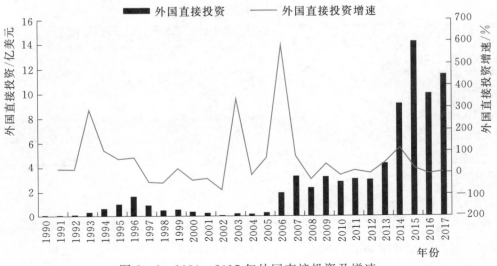

图 8-6 1990—2017 年外国直接投资及增速

7. CPI 涨幅

1990—2017 年，CPI 涨幅均为正值。1998—2000 年 CPI 涨幅较高，达到 100% 以上，其中 1999 年 CPI 涨幅达到最大值 125.27%。2002—2017 年，老挝的"六五"和"七五"规划颁布并实施，经济稳定增长，CPI 涨幅小幅度波动，近三年的 CPI 涨幅均在 3% 以下，2017 年 CPI 涨幅为 2.30%。1990—2017 年老挝 CPI 涨幅如表 8 - 7、图 8 - 7 所示。

表 8 - 7　　　　　　　　　　　　　　1990—2017 年老挝 CPI 涨幅　　　　　　　　　　　　　　%

年　份	1990	1991	1992	1993	1994	1995	1996
CPI 涨幅	35.64	13.44	9.86	6.27	6.78	19.59	13.02
年　份	1997	1998	1999	2000	2001	2002	2003
CPI 涨幅	27.51	90.98	125.27	25.08	7.81	10.63	15.49
年　份	2004	2005	2006	2007	2008	2009	2010
CPI 涨幅	10.46	7.17	6.80	4.52	7.63	0.04	5.98
年　份	2011	2012	2013	2014	2015	2016	2017
CPI 涨幅	7.58	4.26	6.36	4.14	1.28	1.51	2.30

数据来源：联合国统计司；国际货币基金组织；世界银行。

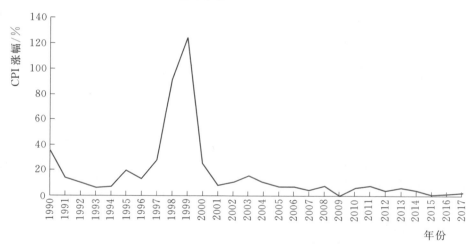

图 8 - 7　1990—2017 年老挝 CPI 涨幅

8. 失业率

1991—2005 年，老挝失业率有小幅度波动，受东南亚金融危机的影响，1998 年老挝失业率高达 2.11%。为恢复经济，老挝实施了"五年计划"，失业率逐渐下降。2005 年以后，老挝失业率较为平稳，2008 年以来，老挝失业率均处于 1% 以下。2017 年失业率为 0.67%。1990—2017 年老挝失业率如表 8 - 8、图 8 - 8 所示。

表 8 - 8　　　　　　　　　　　　　　1990—2017 年老挝失业率　　　　　　　　　　　　　　%

年　份	1990	1991	1992	1993	1994	1995	1996
失业率	—	2.61	2.63	2.61	2.62	2.60	2.44
年　份	1997	1998	1999	2000	2001	2002	2003
失业率	2.28	2.11	1.96	1.83	1.67	1.54	1.39
年　份	2004	2005	2006	2007	2008	2009	2010
失业率	1.26	1.35	1.21	1.06	0.91	0.76	0.71
年　份	2011	2012	2013	2014	2015	2016	2017
失业率	0.70	0.69	0.68	0.66	0.65	0.66	0.67

数据来源：联合国统计司；国际货币基金组织；世界银行。

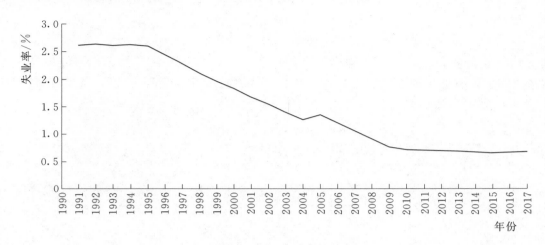

图 8-8　1990—2017 年老挝失业率

二、主要经济政策

(一) 税收政策

2004 年 11 月，老挝颁布了《鼓励外国投资法》，在规定的行业和地区给予税收优惠政策。利用先进技术的加工制造业，科学研究与开发项目，环境保护和生物多样性项目等行业，以及尚无基础设施提供给投资者的山区、高原和平原地区；有基础设施，并可以接受部分投资的山区、高原和平原地区；已接受过投资、且基础设施较好的山区、高原和平原地区享受不同程度的税收优惠。

2012 年 10 月，老挝政府修订了《税法》，其主要变化是增值税替代营业税，新增加了定额税，对消费税和个人所得税及企业所得税进行了部分调整。

1. 增值税替代营业税

土方开挖、捞砂、建造业的场地清理，以及在石油、天然气开发和基础设施建设中租赁机械设备等行业由原来《税法》规定征收税率 5％的营业税，提高到按照 10％税率征收增值税。

2. 新增定额税

引入定额税，主要适用于中小型制造业个人或者实体纳税，税率按照企业与税务部门签订的具体协议核定征收。

3. 消费税率调整

修订部分消费税的税率，如普通汽油税率由 2005 年的 24％降至 20％，使用天然气的车辆由 2005 年的零消费税率增至 10％。

4. 企业所得税调整

企业所得税的征收标准税率从 28％降至 24％，在老挝《外国投资法》下享受较低税率的商业企业仍将执行原来较低税率的所得税政策。

(二) 金融政策

老挝政府根据各个时期经济发展的不同情况适时地调整货币政策和利率政策，最大限度地实现稳定和刺激经济增长的目的。2016 年以来，老挝采取降低存贷款利率的政策和宽松的货币政策。

老挝中央银行 2016 年度报告指出，为促进信贷增长，2016 年商业银行存贷款利率继续下降。例如，短期（一年）基普的存款利率从 5.92％下降到 5.42％，短期（一年）基普的贷款利率从 9.72％下降到 9.28％。

2017 年 8 月，老挝中央银行宣布着手放宽货币政策，以确保更多的资金注入经济发展。

(三) 产业政策

为实现国民经济的持续稳定发展，老挝政府将继续推动工业领域的发展。能源行业作为老挝的重点产业，政府将加大力度促进其发展。政府推广发展沼气，促进和发展其他生物质能源。加强对农业和工业废料与城市废物的利用，加快可持续发展的步伐。

（四）投资政策

外资对技术相对落后的老挝的发展起到了重要作用，老挝政府对外商投资高度重视并提出一系列的优惠政策。2016年，老挝政府颁布了《投资促进法》，老挝外商投资法律制度是以《投资促进法》为代表的包括一系列法律法规在内的完整法律体系。老挝《外资法》主要从投资领域、投资方式，外国投资方的权利和义务、老挝外资管理机构和投资争议解决五个方面阐述了老挝对外投资的内容，外资法规定外来投资者与老挝要在互利互惠的基础上，遵守老挝的各项法律规定。

老挝对FDI（Foreign Direct Investment，外国直接投资）的重视程度比较高，出台了多项优惠政策。外国直接投资的范围广泛，除了不允许进入与国家安全、环境和公共健康相关的行业外，均可直接投资其他行业。在投资方式上，允许完全控股或合资：允许长期租赁的方式使用土地，允许将投资利润以外汇的方式汇往境外。老挝《宪法》和相关法律明确了对FDI的各种投资、财产所有权及其他的相关权益的保护，不可随意侵犯和收归国有。在促进行业投资方面，老挝政府对水电、农业、工业、基础设施改造等特殊领域和优先发展项目给予财政补助和预算惠利等优待政策。在财政补助方面，政府在财政补助、企业贷款和财产保险等各方面给予大力扶持，同时还向FDI企业下放一定的市场特权，例如照顾贸易进出口和准许市场垄断。在税收优惠方面，对来料加工所使用的原料和半制品免征贸易进口关税；对出口和再出口商品免征关税；老挝对政府支持的大型FDI项目也实施减免税。

第二节　电力发展与政策

一、电力供应形势分析

（一）电力工业发展概况

随着经济的发展，老挝电力需求逐年增加，电力基础设施不断完善。全国大部分发电、输电和配电工作由老挝国家电力公司（Électricité du Laos，EDL）负责，全国电力活动的管理由能源矿产部负责。

老挝的输电线路网络未实现全国覆盖，部分地区仍需要从泰国、越南和中国进口电力。老挝水电资源充沛，水力发电占比90％以上。老挝在电力出口方面的影响力正在提高。随着泰国和越南等"大湄公河圈"国家的电力需求不断增加，老挝电力出口将迎来更大的机遇。老挝国家电力发展规划预测，到2020年，老挝从电力出口得到的收入将达到3.5亿美元，全国98％的居民能用上电。

（二）发电装机容量与结构

1. 总装机容量及增速

老挝的装机容量在1990—2008年增长较为缓慢，1990年装机容量为26万千瓦，2008年装机容量为73万千瓦，较1990年增长180.77％。其装机容量在2008—2015年发展十分迅速，2015年的装机容量达454万千瓦，较2008年增长521.92％。1990—2015年老挝总装机容量及增速如表8-9、图8-9所示。

2. 各类装机容量及占比

老挝水电资源充沛，湄公河水能蕴藏量60％以上在老挝境内，全国200公里以上河流20余条，拥有60余座水能丰富的水电站建站点。老挝借助自然优势，大力发展水电，水电是老挝的主要发电方式。

表 8 - 9　　　　　　　　　　　　　　1990—2015 年老挝总装机容量及增速

年　份	1990	1991	1992	1993	1994	1995	1996	1997	1998
总装机容量/万千瓦	26	26	26	25	32	32	32	43	43
增速/%	—	0	0	−3.85	28	0	0	34.38	0
年　份	1999	2000	2001	2002	2003	2004	2005	2006	2007
总装机容量/万千瓦	43	64	64	67	72	72	73	73	73
增速/%	0	48.84	0	4.69	7.46	0	1.39	0	0
年　份	2008	2009	2010	2011	2012	2013	2014	2015	
总装机容量/万千瓦	73	186	257	262	302	306	337	454	
增速/%	0	154.79	38.17	1.95	15.27	1.32	10.13	34.72	

数据来源：国际能源署；联合国统计司。

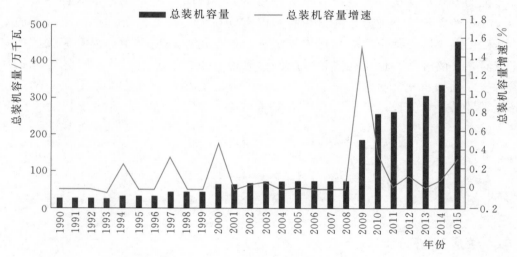

图 8 - 9　1990—2015 年老挝总装机容量及增速

　　2012 年之前，装机容量结构组成只有水电和火电，2013 年出现了生物质和垃圾发电，2015 年开始出现太阳能发电。老挝政府大力发展水电，水电占比由 2005 年的 93.15% 增至 2015 年的 98.22%，水电装机容量增长了 5.07%。2015 年老挝装机容量构成中，水电装机容量 446 万千瓦占比 98.22%，火电装机容量 5 万千瓦占比 1.1%，生物质和垃圾发电装机容量 3 万千瓦占比 0.66%，太阳能发电装机容量 0.1 万千瓦占比 0.02%。1990—2015 年老挝分类型装机容量及占比如表 8 - 10、图 8 - 10 所示。

表 8 - 10　　　　　　　　　　　　　1990—2015 年老挝分类型装机容量及占比

年　份		1990	1991	1992	1993	1994	1995	1996
水电	装机容量/万千瓦	23	23	23	23	30	30	30
	占比/%	88.46	88.46	88.46	92.00	93.75	93.75	93.75
火电	装机容量/万千瓦	3	3	3	2	2	2	2
	占比/%	11.54	11.54	11.54	8.00	6.25	6.25	6.25
年　份		1997	1998	1999	2000	2001	2002	2003
水电	装机容量/万千瓦	42	42	42	62	62	62	67
	占比/%	95.45	95.45	95.45	96.88	96.88	92.54	93.06
火电	装机容量/万千瓦	2	2	2	2	2	5	5
	占比/%	4.55	4.55	4.55	3.13	3.13	7.46	6.94

续表

年 份		2004	2005	2006	2007	2008	2009	2010
水电	装机容量/万千瓦	67	68	68	68	68	181	252
	占比/%	93.06	93.15	93.15	93.15	93.15	97.31	98.05
火电	装机容量/万千瓦	5	5	5	5	5	5	5
	占比/%	6.94	6.85	6.85	6.85	6.85	2.69	1.95

年 份		2011	2012	2013	2014	2015
水电	装机容量/万千瓦	257	297	298	329	446
	占比/%	98.09	98.34	97.39	97.63	98.22
火电	装机容量/万千瓦	5	5	5	5	5
	占比/%	1.91	1.66	1.63	1.48	1.10
生物质和垃圾发电	装机容量/万千瓦	—	—	3	3	3
	装机占比/%	—	—	0.98	0.89	0.66
太阳能发电	装机容量/万千瓦	—	—	—	—	0.1
	占比/%	—	—	—	—	0.02

数据来源：国际能源署；联合国统计司。

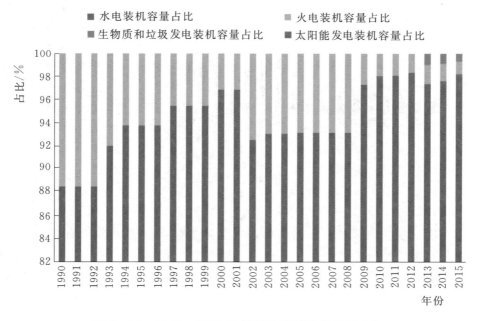

图 8-10 1990—2015 年老挝分类型装机容量占比

（三）发电量及结构

1. 总发电量及增速

老挝发电量变化呈现出一定程度的阶段性。1990—1997 年发电量稳定且缓步提升；1998 年发电量增长显著，增速升至 84.94%，1999—2009 年发电量保持稳定；2010 年发电量增速高达 149.67%，2011 年之后年发电量恢复平稳。1990—2015 年老挝发电量及增速如表 8-11、图 8-11 所示。

表 8－11　　　　　　　　　　　　　**1990—2015 年老挝发电量及增速**

年　份	1990	1991	1992	1993	1994	1995	1996	1997	1998
总发电量/亿千瓦时	8.78	8.79	7.95	9.63	12.42	11.28	12.91	12.62	23.34
增速/%	—	0.11	−9.56	21.13	28.97	−9.18	14.45	−2.25	84.94
年　份	1999	2000	2001	2002	2003	2004	2005	2006	2007
总发电量/亿千瓦时	30.62	40.48	40.02	38.29	34.96	33.45	35.1	35.96	33.74
增速/%	31.19	32.20	−1.14	−4.32	−8.70	−4.32	4.93	2.45	−6.17
年　份	2008	2009	2010	2011	2012	2013	2014	2015	
总发电量/亿千瓦时	37.17	33.84	84.49	129.8	127.6	155.12	156.39	165.01	
增速/%	10.17	−8.96	149.67	53.63	−1.69	21.57	0.82	5.51	

数据来源：国际能源署；联合国统计司。

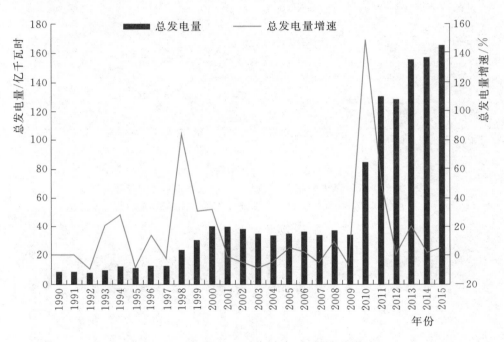

图 8－11　1990—2015 年老挝发电量及增速

2. 发电量结构及占比

2004—2012 年老挝为单一的水力发电结构，水电是老挝电力开发的重点。老挝水电资源充沛，湄公河水能蕴藏量 60% 以上在老挝境内，全国 200 公里以上河流 20 余条，拥有 60 余座水能丰富的水电站建站点。为了避免电力产业结构过于单一而带来的不稳定，2013 年以来，老挝开始发展太阳能、生物质和垃圾发电，并于国内建设完成一座大型燃煤火电站。2015 年老挝的发电量结构中水力发电产能为 142.52 亿千瓦时，占比 86.37%，火力发电 22.49 亿千瓦，占比 13.63%。1990—2015 年老挝发电结构如表 8－12、图 8－12 所示。

（四）电网建设规模

2013 年，老挝输配电线路主要由 115 千伏和 22 千伏高压输电线，以及 0.4 千伏配电线路组成。2012 年以来，老挝全国输配电损耗率不降反升，2015 年线损率达 21.03%，主要由电网线路设备老化导致，电网亟须更新升级。在跨境电网连接方面，老挝与泰国间主要为远距离高压电网，电网电压等级为 115 千伏、230 千伏和 500 千伏。老挝与越南间电网则以中压线路为主，电压等级为 22 千伏和 35 千伏。

表 8 - 12　　　　　　　　　　1990—2015 年老挝发电量结构

年 份		1990	1991	1992	1993	1994	1995	1996
水电	发电量/亿千瓦时	8.33	8.34	7.52	9.2	11.99	10.85	12.48
	占比/%	94.87	94.88	94.59	95.53	96.54	96.19	96.67
火电	发电量/亿千瓦时	0.45	0.45	0.43	0.43	0.43	0.43	0.43
	占比/%	5.13	5.12	5.41	4.47	3.46	3.81	3.33
年 份		1997	1998	1999	2000	2001	2002	2003
水电	发电量/亿千瓦时	12.19	21.58	28.01	36.8	36.32	34.69	31.78
	占比/%	96.59	92.46	91.48	90.91	90.75	90.60	90.90
火电	发电量/亿千瓦时	0.43	1.76	2.61	3.68	3.70	3.60	3.18
	占比/%	3.41	7.54	8.52	9.09	9.25	9.40	9.10
年 份		2004	2005	2006	2007	2008	2009	2010
水电	发电量/亿千瓦时	33.45	35.1	35.96	33.74	37.17	33.84	84.49
	占比/%	100.00	100.00	100.00	100.00	100.00	100.00	100.00
火电	发电量/亿千瓦时	0.00	0.00	0.00	0.00	0.00	0.00	0.00
	占比/%	0.00	0.00	0.00	0.00	0.00	0.00	0.00
年 份		2011		2012		2013	2014	2015
水电	发电量/亿千瓦时	129.8		127.6		155.06	156.33	142.52
	占比/%	100.00		100.00		99.96	99.96	86.37
火电	发电量/亿千瓦时	0.00		0.00		0.05	0.05	22.49
	占比/%	0.00		0.00		0.03	0.03	13.63

数据来源：国际能源署；联合国统计司。

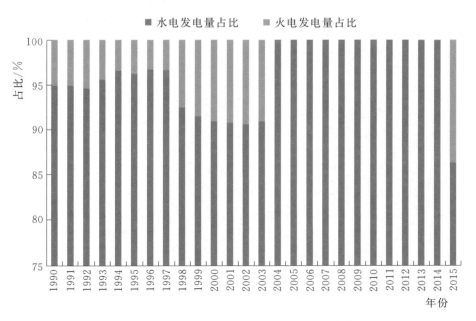

图 8 - 12　1990—2015 年老挝发电量结构

二、电力消费形势分析

1990—2015 年，老挝用电量总体呈上升趋势，年平均增速约为 14%。1991 年与 2006 年的用电量增速较高，分别达 33.94%、39.07%，其余年份的用电量增速较为平稳。1990—2015 年老挝用电量及同比增速变化情况如表 8-13、图 8-13 所示。

表 8-13　　　　　　　　　　　　1990—2015 年老挝用电量及增速

年　份	1990	1991	1992	1993	1994	1995	1996	1997	1998
用电量/亿千瓦时	1.65	2.21	2.53	2.65	2.79	3.37	3.8	4.34	5.13
增速/%	—	33.94	14.48	4.74	5.28	20.79	12.76	14.21	18.20
年　份	1999	2000	2001	2002	2003	2004	2005	2006	2007
用电量/亿千瓦时	5.66	6.4	7.1	7.67	8.84	9.03	10.11	14.06	16.16
增速/%	10.33	13.07	10.94	8.03	15.25	2.15	11.96	39.07	14.94
年　份	2008	2009	2010	2011	2012	2013	2014	2015	
用电量/亿千瓦时	19.16	22.58	24.41	25.56	30.75	33.81	37.91	42.39	
增速/%	18.56	17.85	8.10	4.71	20.31	9.95	12.13	11.82	

数据来源：国际能源署；联合国统计司。

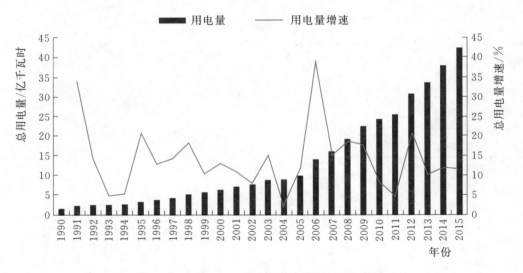

图 8-13　1990—2015 年老挝用电量及增速

三、电力供需平衡分析

老挝水电资源充沛，借助自然优势，政府大力发展水电。从地区分布来看，大型水电站集中在老挝的南部和中部地区，北部地区水电站装机容量较小。

老挝的输电网络未实现全国覆盖，部分地区仍需要从泰国、越南和中国进口电力。老挝水电资源充沛，主要向周边的泰国和柬埔寨出口电力，电力出口量呈上升趋势。2011 年以来，电力出口量达百亿千瓦时以上。1990—2015 年老挝电力供需平衡情况如表 8-14 所示。

四、电力相关政策

（一）电力投资政策

《老挝人民民主共和国电力法》提出，投资设立电力企业，必须进行审批。按照装机容量划分为

4 种规模，分别由不同部门审批。在老挝境内对电力进行开发、生产、消费等一切活动，都需要向政府申请获得电力特许经营权。

表 8 - 14　　　　　　　　　　1990—2015 年老挝电力供需平衡情况　　　　　　　　单位：亿千瓦时

年　份	1990	1991	1992	1993	1994	1995	1996	1997	1998
总发电量	8.78	8.79	7.95	9.63	12.42	11.28	12.91	12.62	23.34
总用电量	1.65	2.21	2.53	2.65	2.79	3.37	3.8	4.34	5.13
电力进口量	0.26	0.26	0.26	0.48	0.58	0.43	0.88	1.02	1.42
电力出口量	5.95	5.63	4.6	5.96	8.29	6.76	7.92	7.1	16.14
损失	1.44	1.21	1.08	1.5	1.92	1.58	2.07	2.2	3.49
年　份	1999	2000	2001	2002	2003	2004	2005	2006	2007
总发电量	30.62	40.8	40.02	38.29	34.96	33.45	35.09	35.96	33.74
总用电量	5.66	6.4	7.1	7.67	8.84	9.03	10.11	14.06	16.16
电力进口量	1.72	1.81	1.82	2.01	2.29	2.78	3.3	6.31	7.93
电力出口量	22.29	29.62	28.71	26.66	22.84	24.23	25.06	24.87	22.3
损失	1.83	2.96	2.55	3.72	2.39	2.97	3.22	3.33	3.21
年　份	2008	2009	2010	2011	2012	2013	2014	2015	
总发电量	37.17	33.84	84.49	129.8	127.6	155.12	156.39	165.01	
总用电量	19.16	22.58	24.41	25.56	30.75	33.81	37.91	42.39	
电力进口量	8.45	11.75	12.1	9.04	13.29	12.72	15.59	20.5	
电力出口量	23.15	19.23	66.72	106.17	103.63	124.94	119.36	108.42	
损失	3.31	3.78	5.46	7.11	6.51	9.09	11.22	34.7	

数据来源：国际能源署；联合国统计司。

《老挝 2020 年实现工业化建成次区域大通道战略规划草案》中明确指出：加大国内电力网的建设，尤其是加强向周边国家输送电力的建设，在发展电力建设的同时，加强矿产资源的开发力度。

"农村电气化总体规划"（2010 年）目标是到 2020 年实现 90%～95% 的家庭电力化。优先促进私营部门在农村电气化方面提供融资投资；开发的小型电力系统、生物燃料、太阳能和生物质能为农村和偏远地区提供电力和能源。

老挝第七个"五年计划"（2011—2015 年）针对水电发展提出：利用国际水电的专业知识和经验增加水电站装机容量的建设，做好水电发展对环境社会影响的评估工作，有利于老挝水电可持续发展。

"老挝人民共和国可再生能源发展战略"侧重小型发电系统、并网发电、生物燃料生产销售与国家其他清洁能源的开发。该战略旨在为生产清洁能源以满足国内需求的投资者提供财政奖励；为了更好地承担社会责任和环境责任，增加可再生能源项目的投资；制定和完善法律法规，促进可再生能源发展。

（二）电力市场政策

《老挝人民民主共和国电力法》规定：电价必须根据社会经济条件制定，并且与用户类型相适应。电价需保持稳定，确保投资的回报和开发。电价结构由能源矿产部和其他部门合作研究，并提交政府决定。电价分为进出口购买价格和售价、国内购买价格和售价；老挝政府享有各个时期的各类电价的决定权。

第三节 电力与经济关系分析

（一）用电量增速与 GDP 增速

电力是国民经济发展的基础，国民经济的发展也影响电力消费。1990—1999 年老挝电力发展速度与 GDP 不匹配，2000 年以来，老挝用电量增速与 GDP 增速变化趋势的一致性有所提升。1990—2016 年老挝用电量增速与 GDP 增速如图 8-14 所示。

图 8-14　1990—2016 年老挝用电量增速及 GDP 增速

（二）电力消费弹性系数

1990—2015 年，老挝电力消费弹性系数在一定区间波动。老挝经济发展迅速，GDP 增长平稳，随着水电的大力发展，发电量逐渐增加，电力消费弹性系数从 1991 年的 7.90 变为 2015 年的 1.63。1990—2015 年，GDP 年均增长 6.88%，用电量年均增速为 14.14%，电力消费弹性系数为 2.19，整体波动幅度在 0.3~4.6（剔除异常值），2010 年以来，电力消费弹性系数相对平稳，经济发展比较稳定。1990—2015 年老挝电力消费弹性系数如表 8-15、图 8-15 所示。

表 8-15　　　　　　　　　　1990—2015 年老挝电力消费弹性系数

年　份	1990	1991	1992	1993	1994	1995	1996	1997	1998
电力消费弹性系数	—	7.90	2.60	0.80	0.65	2.96	1.84	2.07	4.59
年　份	1999	2000	2001	2002	2003	2004	2005	2006	2007
电力消费弹性系数	1.41	2.25	1.90	1.36	2.51	0.34	1.68	4.53	1.97
年　份	2008	2009	2010	2011	2012	2013	2014	2015	
电力消费弹性系数	2.37	2.38	0.95	0.59	2.53	1.24	1.59	1.63	

（三）单位产值电耗

单位产值电耗可用来表示国民经济各部门产值及其用电量之间的关系。老挝的单位产值电耗的发展具有一定的阶段性。1994—1998 年有短暂的上升趋势，1998 年单位产值电耗达 0.40 千瓦时/美元。随着国家响应节能、减排的要求，不断地淘汰一些耗能高的旧设备，采用新技术，改进工艺过程，调整产品结构，不断发展节能技术，降低了单位产值的电耗。2015 年单位产值电耗降至 0.29 千

212

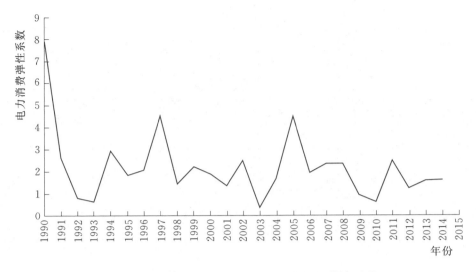

图 8-15　1990—2015 年老挝电力消费弹性系数

瓦时/美元。1990—2015 年老挝单位产值电耗如表 8-16、图 8-16 所示。

表 8-16　　　　　　　　　　　**1990—2015 年老挝单位产值电耗**　　　　　　　单位：千瓦时/美元

年　份	1990	1991	1992	1993	1994	1995	1996	1997	1998
单位产值电耗	0.19	0.21	0.22	0.20	0.18	0.19	0.20	0.25	0.40
年　份	1999	2000	2001	2002	2003	2004	2005	2006	2007
单位产值电耗	0.39	0.37	0.40	0.44	0.44	0.38	0.37	0.41	0.38
年　份	2008	2009	2010	2011	2012	2013	2014	2015	
单位产值电耗	0.35	0.39	0.34	0.31	0.30	0.28	0.29	0.29	

图 8-16　1900—2015 年老挝单位产值电耗

（四）人均用电量

　　1990—2015 年，老挝人均用电量整体呈上升趋势，从 1990 年的 38.75 千瓦时增加至 2015 年的 316.58 千瓦时。1990—2015 年老挝人均用电量及增速如表 8-17、图 8-17 所示。

表 8-17 　　　　　　　　　　　　1990—2015 年老挝人均用电量及增速

年 份	1990	1991	1992	1993	1994	1995	1996	1997	1998
人均用电量/千瓦时	38.75	50.46	56.19	57.32	58.86	69.46	76.66	85.83	99.60
增速/％	—	0.30	0.11	0.02	0.03	0.18	0.10	0.12	0.16
年 份	1999	2000	2001	2002	2003	2004	2005	2006	2007
人均用电量/千瓦时	107.99	120.09	131.13	139.52	158.43	159.41	175.70	240.37	271.61
增速/％	0.08	0.11	0.09	0.06	0.14	0.01	0.10	0.37	0.13
年 份	2008	2009	2010	2011		2012	2013	2014	2015
人均用电量/千瓦时	316.58	367.03	390.79	159.41		175.70	240.37	271.61	316.58
增速/％	0.17	0.16	0.06	0.01		0.10	0.37	0.13	0.17

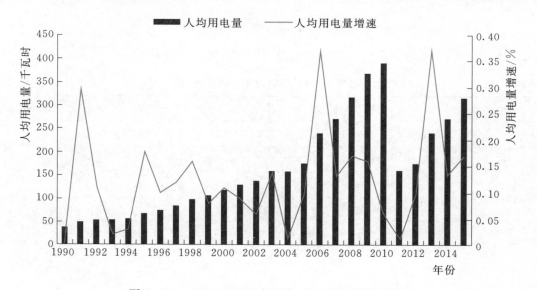

图 8-17　1990—2015 年老挝人均用电量及增速

第四节　电力与经济发展展望

一、经济发展展望

第八个五年社会经济发展计划（2016—2020 年）、十年社会经济发展战略（2016—2025 年）和 2030 年远景规划设定了目标，在未来的 10 年里，老挝政府将力求推动经济增长，GDP 比 2015 年增长 4 倍，年经济增速至少达 7.5％。政府亦预计农林业部门平均增速达 3.2％，服务业部门平均增速达 8.9％，工业部门平均增速达 9.3％。2025 年政府将力争将贫困率降到不超过 5％，2020 年贫困率设定为少于总人口数的 10％。老挝政府的目标为 2020 年摆脱最不发达国家的地位，2030 年成为中上等收入国家。

2016 年，老挝经济增速为 6.9％，比预计目标 7.5％低 0.6％，2017 年政府调整了经济增长目标为 7％。2017 年老挝宏观经济总体平稳，平均增速 6.83％，低于计划 0.17％，人均收入 2472 美元，6546 户家庭脱贫，超过计划约 1000 户。通货膨胀率保持在 1.2％，汇率小幅波动。2017 年老挝的计划完成率较 2016 有所提升，经济发展态势良好。据世界银行估计，2020 年老挝 GDP 将达到 207.13 亿美元。

二、电力发展展望

（一）电力需求展望

老挝政府推出了农村电气化项目，其目标是到 2020 年实现 90％～95％的家庭电气化，这对增加发电量和提升输电能力提出了要求。采矿活动（特别是铝土矿开采和加工）、水泥生产、铁路建设的扩大以及六个经济特区的开放，将对电力需求量产生重大影响。电力供应来源主要在北部和南部，而中部地区的需求增长将最快，老挝电力系统需进一步加强应对国内需求增加和输电能力的挑战，输电和配电系统的大量投资将伴随着发电方面投资的提升。结合电力工业超前发展规律，以及老挝近几年电力弹性系数的历史变化，预测 2018 年老挝本土电力消费量将达到 7526 吉瓦时，到 2020 年达到 9906 吉瓦时。

（二）电力发展规划与展望

随着经济水平的提高，老挝电力行业发展迅速。老挝能源与矿业部 2016 年的报告指出，老挝电力生产商 2016 年的发电量超过了 100 亿千瓦时，价值超过 15.4 亿美元。预计 2018 年发电量将达到 293.9 亿千瓦时，价值超过 18 亿美元。

老挝国家电力公司（EDL）规划指出，2020 年局部地区将以 115 千伏和 230 千伏电网作为地区主网，而国家级干网、跨区域电网连接以及外送越南和泰国的电力网络则通过 500 千伏输电线路传输。老挝计划争取到 2020 年让全国 98％的居民用上电。

1. 水电发展展望

老挝能源与矿业部 2017 年报告中指出，老挝有 46 个发电厂，装机容量为 6757 兆瓦，发电量约为 35608 吉瓦时。其中 43 个为水电站，1 个煤电厂和 2 个生物发电厂（将甘蔗废物的生物质能转化为电能）。另有 51 个水电站项目正在建设，装机容量约为 6302 兆瓦，预计到 2020 年全部建成并投入商业运营，每年生产约 30899 吉瓦时的电力。在建的 51 个水电站中，7 个将于 2017 年开始运营，11 个将于 2018 年完工，14 个将于 2019 年完工，19 个将于 2020 年完工。

2. 火电发展展望

老挝最大的燃煤火电厂——洪沙火电站已投入使用，该电厂由中国电力工程公司承建。该项目为当地居民创造了大量工作岗位，改善了居民生活水平，促进了老挝经济发展。随着所有机组的相继同步和发电投运，洪沙火电厂将有助于缓解老挝和泰国的电力短缺。

老挝的煤矿、天然气等资源丰富，为火电的发展提供了有利条件。老挝以水力发电为主，为了避免单一水电能源结构造成的季节性短缺，老挝发展一定的火电以提高本国电力供给的稳定性。"燃料混合政策"中提到煤炭将会在未来有较高的需求。

3. 核电发展展望

2017 年统计数据显示，老挝无建成的核电站。老挝正与俄罗斯商谈建立东南亚国家的第一座核电站。双方计划在基础和应用研究、核辐射安全、核医学技术研究和发展以及教育与培训方面进行合作。

4. 风电发展展望

老挝政府的目标是到 2025 年发展 50 兆瓦风力发电。截至 2017 年，老挝无建成的风电站。政府已提出 Monsoon 风电项目，预计 2020 年完工。

5. 太阳能发电发展展望

太阳能是老挝丰富的能源之一。该国平均接受太阳辐射 3.5～5 千瓦时/（平方米·天）。太阳能在实现政府目标向电网外和偏远地区提供能源服务方面发挥着重要作用。为了鼓励使用太阳能，以减少其他类型的商业能源消耗，减少对环境的影响，政府正采取措施在部分服务领域推动太阳能发展。

农村电气化总体规划（REMP）指出，政府鼓励发展离网太阳能光伏发电系统和太阳能光伏混合系统，如与小水电和风电并网，在旱季维持电力供应；推动居民用户、商业建筑和工业利用太阳热。